SCIENCE
YEAR BY YEAR

[ビジュアル版]

世界科学史大年表

SCIENCE YEAR BY YEAR
THE ULTIMATE VISUAL GUIDE TO THE DISCOVERIES THAT CHANGED THE WORLD

ロバート・ウィンストン【編】／荒俣宏【日本語版監修】／藤井留美【訳】　柊風舎

LONDON, NEW YORK, MELBOURNE,
MUNICH, AND DELHI

DK LONDON

Senior Art Editor
Ina Stradins

Project Art Editors
Alison Gardner, Clare Joyce,
Francis Wong

Senior Preproduction Producer
Ben Marcus

Producer
Vivienne Yong

Creative Technical Support
Adam Brackenbury

Jacket Designer
Mark Cavanagh

New Photography
Gary Ombler

New Illustrations
Peter Bull

Jacket Design Development Manager
Sophia MTT

Managing Art Editor
Michelle Baxter

Art Director
Philip Ormerod

Senior Editors
Peter Frances, Janet Mohun

Project Editors
Jemima Dunne, Joanna Edwards,
Lara Maiklem, David Summers,
Miezan van Zyl, Laura Wheadon

Editors
Ann Baggaley, Martyn Page,
Carron Brown

Editorial Assistant
Kaiya Shang

Picture Researcher
Liz Moore

Jacket Editor
Manisha Majithia

Indexer
Jane Parker

Managing Editor
Angeles Gavira Guerrero

Publisher
Sarah Larter

Associate Publishing Director
Liz Wheeler

Publishing Director
Jonathan Metcalf

DK INDIA

Deputy Managing Art Editor
Sudakshina Basu

Senior Art Editor
Devika Dwarakadas

Art Editors
Suhita Dharamjit,
Amit Malhotra

Assistant Art Editor
Vanya Mittal

Production Manager
Pankaj Sharma

Managing Editor
Rohan Sinha

Senior Editor
Anita Kakar

Editors
Dharini Ganesh, Himani Khatreja,
Priyaneet Singh

DTP Manager
Balwant Singh

Senior DTP Designer
Jagtar Singh

DTP Designers
Nand Kishor Acharya,
Sachin Gupta

SMITHSONIAN ENTERPRISES

Senior Vice President Carol LeBlanc
Director of Licensing Brigid Ferraro
Licensing Manager and Project Coordinator Ellen Nanney
Product Development Coordinator Kealy Wilson

Original Title: Science Year by Year
Copyright © Dorling Kindersley Limited, 2013
Foreword Text Copyright © Professor Robert Winston, 2013

Japanese translation rights arranged with
Dorling Kindersley Limited, London
through Tuttle-Mori Agency, Inc., Tokyo
For sale in Japanese territory only.

A CIP catalogue record for this book is available from
the British Library.
ISBN: 978 1 4093 1613 8
Colour reproduction by Alta Images, London
Printed and bound in Hong Kong by Printing Express

寄稿者紹介

ジャック・チャロナー
Jack Challoner
物理学を学んだサイエンスライター、コミュニケーター。DKの『Science』のほか、30冊以上の著作がある。

デレク・ハーヴェイ
Derek Harvey
博物学者。DKの『Science』、『The Natural History Book』などにも寄稿しているサイエンスライターでもある。

ジョン・ファーンドン
John Farndon
ポピュラーサイエンスの作家。地球科学と思想史が専門。

フィリップ・パーカー
Philip Parker
歴史学者、作家。DKの『Eyewitness Companion Guide: World History』、『History Year by Year』、『Engineers』などの著作がある

マーカス・ウィークス
Marcus Weeks
歴史、経済学、ポピュラーサイエンスの作家。DKの『Science』、『Engineers』、『Help Your Kids with Maths』にも寄稿している。

ジャイルズ・スパロウ
Giles Sparrow
ポピュラーサイエンスの作家。天文学と宇宙科学が専門。

メアリー・グリビン
Mary Gribbin
若い読者向けのサイエンスライター。サセックス大学客員研究員。

参考資料
リチャード・ビーティ
Richard Beatty
エディンバラで活動しているサイエンスライター、編集者、科学分野の辞書編集者。

編集総括

ロバート・ウィンストン
Professor Robert Winston
インペリアル・カレッジ・ロンドン名誉教授および科学・社会の教授。再生・発達生物学研究所で研究プログラムを主導している。さまざまな著作の著者であり、テレビ番組のキャスターも務めた。また世界中で放映されているポピュラーサイエンスの番組の制作に関わり、番組ホストも務めている。DKでは、受賞書籍『What Makes Me Me?』、『Science Experiments』、『Human』などを執筆している。

編集顧問

パトリシア・ファーラ
Patricia Fara
ケンブリッジ大学クレア・カレッジのシニアチューター。科学史に関する専門書から一般書までの著書があり、テレビ・ラジオ番組にたびたび出演している。

監修

ジョン・グリビン
John Gribbin
サイエンスライター、天体物理学者、サセックス大学の天文学のシニアチューター。『Science: A History』の著者である。

マーティ・ジョプソン
Marty Jopson
サイエンス・コミュニケーター、テレビ番組プレゼンター。植物細胞生物学でPhD取得。

ジェーン・マッキントッシュ
Jane McIntosh
ケンブリッジ大学アジア・中東学部シニア・リサーチ・アソシエイト。

スミソニアン協会

スミソニアン関係の寄稿者の所属組織は以下の通り。

国立航空宇宙博物館
世界でもっとも人気の高い博物館のひとつで、航空・宇宙飛行関連の収集品が保存・展示されている。

国立アメリカ歴史博物館
アメリカとそこに生きるさまざまな民族を幅広く理解する目的で、収集・展示と研究が行なわれている。

国立自然史博物館
世界の自然史博物館のみならず、スミソニアン協会の博物館でも最多の入場者数を誇る。

フリーア美術館とアーサー・M・サックラー・ギャラリー
膨大な数のコレクションを誇る両美術館。アジアの美術品と19世紀後半のアメリカ耽美主義の作品を所蔵している。収蔵品の収集・管理・研究・展示が行なわれている。

目 次

1 250万年前〜紀元799年

010 科学が誕生する前

特集
016 金属加工の始まり
020 車輪の話
026 幾何学の話
034 単純機械とは

2 800〜1542年

044 ヨーロッパとイスラムのルネサンス

特集
054 星の謎に迫る
062 歯車の話

3 1543〜1788年

074 発見の時代

特集
078 解剖学の話
084 測る道具
090 医学
100 惑星軌道の話
108 時を計る話
114 顕微鏡
120 ニュートンの運動法則の話
132 航海計器
146 気象観測

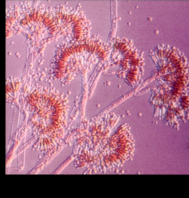

4
1789〜1894年

158　革命の時代

特集
164　化石
170　エンジンの話
174　化合物と化学反応
184　計算機の話
194　細胞
204　進化
212　手術
218　録音の話

5
1895〜1945年

230　原子力の時代

特集
234　電磁放射
240　航空機
244　相対性の話
250　原子の構造の話
260　プラスチックの話
266　放射能

6
1946〜2013年

276　情報の時代

特集
284　DNA
292　海洋学の話
298　宇宙探査の話
316　コミュニケーション
326　地球温暖化
334　ロボット工学の話
344　宇宙論

7

350　参考資料

部門
352　計測と単位
355　物理学
358　化学
360　生物学
364　天文学と宇宙
366　地球科学

368　人名一覧
375　用語集
382　索引
398　謝辞
399　日本語版監修者あとがき

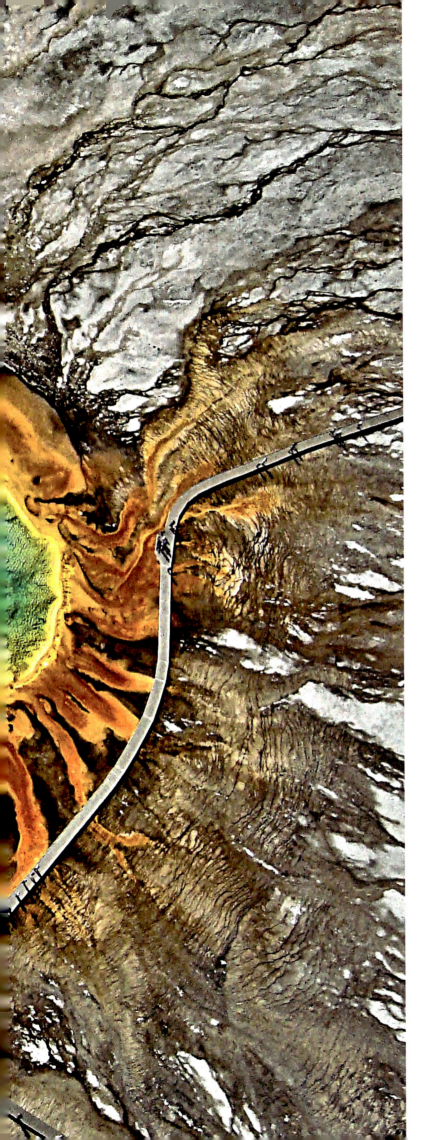

はじめに

　いまからおよそ150万年前、アフリカの大草原にいた我々の祖先は、石を削って簡単な握斧をつくった。そこから試行錯誤を重ねて——科学という営みのはしりだ——、獲物の骨から肉を削ったり、地面を掘ったりする道具が考案されていく。獲物を殺して皮をはぐこともできるようになり、衣服が誕生した。そして火を使えるようになると、食生活も向上した。

　石器と火——人類の祖先が獲得したこの2つの技術は、彼らの進化の方向までも決定づけた。道具を使用し、それによって子孫の進化に影響を及ぼした種は、地球上でヒトだけだ。さらに言うなら、その後のあらゆる発明のもととなった石斧が、100万年以上ものあいだほとんど変わっていないことも驚きである。この本は、私たち人類の創意工夫が時代とともに加速していった記録である。1万〜1万2000年前に農業が発明されてから、人類は環境に手を加えはじめた。それから数千年後には都市を建設し、文字を発明し、驚くほど速く進む車輪付きの乗り物を考案した。

　人類が誕生してから今日までの150万年を30センチの線で表わすとしよう。すると過去400年はわずか0.1ミリにすぎない。そんな短い線のなかで、1609年にガリレオは自作の望遠鏡で月や衛星を観察し、1712年にニューコメンは鉱山の排水に使う蒸気ポンプをつくった。1804年にはトレヴィシックの蒸気機関車がウェールズを走り、およそ100年後にはライト兄弟が手製の複葉機で初の有人飛行を成功させた。その後も高度な計算機を開発し、月面に着陸し、さらには細胞を操作して生物体を合成することにまで成功している。

　科学と、そこから派生する技術の進展はめまぐるしく、人類の創意が今後どこに向かうのか予測もつかない。人間はこれからも自らの進化の道筋を変えていくのだろうか。科学の歴史を振りかえると、私たちの生活がこれからますます健全でより良いものになることはまちがいないだろう。地球は深刻な問題をいくつも抱えているが、人類は豊かな創意で自らを改善していき、この地球を守るすべを見つけるにちがいない。

ロバート・ウィンストン
編集総括

極限環境微生物の繁殖地
アメリカ、イエローストーン国立公園にあるグランド・プリズマティック・スプリング。あざやかな色の部分は温泉周辺に生息するバクテリアの被膜（ひまく）だ。環境の温度によって微生物の種類も色も変わってくる。

250万年前〜紀元前8000年

スペイン、エル・カスティージョに残る世界最古の洞窟壁画。年代は4万1000年前とされる。天然顔料を用いて馬やバイソンを描いているが、最も古いものは単純な円や点だけだ。

人類が科学への道を踏みだした第一歩は石器の発明だった。およそ250万年前、ヒト科のホモ・ハビリスもしくはアウストラロピテクスが石どうしを打ちつけて切片を剝離させ、先端を尖らせた。打製石器の誕生である。これはオルドワン石器とも呼ばれ、仕留めた獲物を解体したり、骨を割って髄を食べたり、皮をはいだりするのに使用した。こうした技術はアフリカ全体に広がり、170万年前まで続いた。

初期のヒト科は、落雷で発生する野火を見て火の威力を理解したものと思われる。野火を枝に移して、猛獣を追いはらったり、光源や熱源として利用していただろう。約100万年前から散発的に火を管理した証拠が残っており、火の使用が定着したのは40万年前頃と思われる。イスラエルのゲシャー・ベノット・ヤーコヴ遺跡（79万年前）からは、人類が積極的に火を活用した証拠が見つかっている。

初期の人類は火鋤や火鑽を使って摩擦で火をおこしていた。火や暖をとったり外敵から身を守ったりするだけでなく、石を割る、木器を尖らせる、調理をするといった用途があった。食材を加熱することでタンパク質が分解され、消化しやすくなる。腐敗の進行を止めたり、有毒物質を含む植物を食べられるようにする効果もある。ゲシャー・ベノット・ヤーコヴ遺跡には、世界最古の調理の証拠として、焼けこげた植物の種や木片が見つかっている。176万年前からは、より進歩した石器が登場しはじめた。それがアシュール石器だ。多用途の握斧はオルドワン石器と異なり、意図的に成形されていた。石槌を打ちつけて切片を剝離させ、動物の骨や角で細部を整える手法である。

約30万年前に出現したムスティエ石器は、ネアンデルタール人と関係が深い。下準備をした石核からつくりだすルヴァロワ剝片（右ページの［囲み］参照）の技術は、ナイフ、槍の先端、削器などさまざまな用途の剝片石器を生みだした。中期後半から後期旧石器時代（約3万5000〜1万年前）になると、間接的に打撃を与える新技法によって、1個の石核から多くの石刃を割りだせるようになる。そして約7万年前に石器発達は最終段階を迎え、最後の氷河期が終わった約1万年前から広く波及した。そのなかにはコンポジット・ツールを構成する小さな剝片や刃、すなわち細石器も含まれていた。

人類最古の武器は石や握斧だったが、紀元前40万年頃の初期の人類は棒を槍がわりにしていた。当初は先端を尖らせただけだが、紀元前20万年頃になると石の槍頭が装着されて威力が増した。弓が発明されたのは紀元前6万4000年頃と思われるが、実物が残っているのは紀元前9000年のものである。このころの矢には、正確に遠くまで飛ばすために羽根をつけた形跡もあった。

摩擦熱で火をおこす

物体の表面どうしをこすりあわせると、運動エネルギーが表面の原子に伝わって熱が発生する。これが摩擦熱だ。表面がなめらかであればあるほど多くの熱が生まれ、そばにある素材に点火することができる。

オルドワン石器
最も古い形の石器。動物の皮を切断するのに適していた。切片を剝離したことで鋭利になっている。

火をおこす
初期の人類は火鋤や火鑽を使い、木片を強くこすりあわせて火をおこしていた。摩擦熱でくすぶったおがくずから、大きな焚きつけに火を移した。

後期旧石器時代の木葉形尖頭器
みごとに仕上げられたこの石器は、尖らせた動物の骨や角を石に押しあて、少しずつ削ってつくった。

- 約250万年前　オルドワン石器がつくられる
- 約176万年前　アシュール文化に握斧が登場する
- 約79万年前　イスラエルのゲシャー・ベノット・ヤーコヴでは火を制御しながら使用していた
- 紀元前50万年頃　イギリスのボックスグローヴで鹿角から道具がつくられる
- 紀元前40万年頃　オランダのフローニンゲンで最古の木槍がつくられる
- 紀元前12万5000年頃　ルヴァロワ技法を使ったムスティエ文化の剝片石器がヨーロッパで主流になる
- 紀元前6万4000年頃　弓が発明される
- 紀元前3万9000年頃　スペインのエル・カスティージョで最古の洞窟壁画が描かれる
- 紀元前3万年頃　ヨーロッパで骨製の針がつくられる
- 紀元前3万年頃　犬が家畜化される

南西アジアに自生するアインコルンは小麦の祖先で、小麦よりタンパク質に富む。

粘土を意図的に火で加熱して硬度を出す技術は、紀元前2万4000年頃に生まれた。現在のチェコ共和国、ドルニ・ヴェストニツェからはヴィーナスの土偶が見つかっている。最古の土器は紀元前1万8000年頃のもので、中国の仙人洞で出土した。現存する最も古い陶器は日本の縄文時代につくられたものだ。年代は紀元前1万4000年頃で、調理器具だったと考えられる。食べ物の保管と調理に便利な土器は、集落の安定にも役割を果たした。初期の土器は粘土の塊を手で成形していたが、やがてひも状に伸ば

縄文土器
1万年以上前の日本でつくられた。初期の土器は底が尖っているものが多い。

した粘土を巻きあげて器の形にする技法が生まれた。それを地面に掘った浅い穴に並べ、周囲に燃料を入れて火をつけ、焼成した。西アジアでは、粘土を焼かずにれんがをつくっていた。最初の容器は、石灰岩を焼いてつくる石膏製だった。トルコのチャヨヌ遺跡では、紀元前6900年頃の陶器が出土している。

骨を材料にした針が登場したのは、紀元前3万年頃のヨーロッパだ。動物の腸や腱でつくった糸で皮を縫ったり、貝殻やビーズなどに穴を開けてつなぐのに使った。

織布が最初につくられたのは紀元前2万7000年頃だが、粘土を使った型染はそのころから行なわれていた。繊維を撚りをかけて強度の高い糸にする撚糸は紀元前1万8000年頃に登場し、フランス南部のラスコー洞窟では3本撚りの糸が見つかっている。

初期人類は少なくとも1万3000年前までは、狩猟・採集生活を送っていた。特定の植物を栽培し、収穫した最も古い証拠はイラクのアブ・フレイラ遺跡で見つかっており、紀元前1万500年頃から野生のライ麦を種まきし、収穫していたと考えられる。約1000年後には、小麦の仲間であるアインコルンやエンマーコムギ、野生の大麦が栽培されるようになった。こ

骨製の針
動物の腸や亜麻繊維で素材を縫いあわせるには、骨でつくった針が使われた。

農業の発展

南西アジアに広がる肥沃な三日月地帯は、野生の穀類、それに羊と山羊の原産地である。気候が寒冷化した紀元前1万年頃、野生穀類の生息範囲が狭くなり、降水量の多い地域にしか生えなくなった。食料源の入手が困難になったために、集落で耕作が開始されたと考えられる。羊と山羊も肉が目的で家畜化された。こうして食料の生産性が改善されると人口密度も高くなり、農業により多くの時間と労力を費やす必要が出てくる。その結果集落は拡大し、定住性も高まった。

うした穀物栽培は南西アジア、とくにペルシア湾から近東沿岸の肥沃な三日月地帯で盛んになった。紀元前7000年には、大麦はインド亜大陸でも栽培植物となった。中国大陸では紀元前8000年頃からキビや米の栽培が始まった。

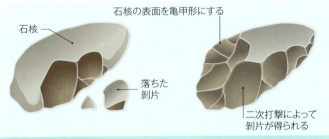

ルヴァロア技法

石核に強弱の打撃を加えて亀甲形に整え、そこに二次打撃を与えて剥片をつくる。できた剥片は縁が鋭利になっていて、仕上げの加工をしなくてもすぐに使うことができる。

- 紀元前2万4000年頃 チェコのドルニ・ヴェストニツェで土偶がつくられる
- 紀元前1万8000年頃 中国の仙人洞で土器が使用される
- 紀元前1万8000年頃 撚糸技術が誕生する
- 紀元前1万4000年頃 日本に縄文土器が現われる
- 紀元前1万500年頃 イラクのアブ・フレイラでライ麦が作物化される
- 紀元前1万年頃 野生コムギの一種アインコルンが作物化される
- 紀元前1万年頃 住居に泥れんがが使用される
- 紀元前8500年頃 羊が家畜化される
- 紀元前8000年頃 山羊が家畜化される

紀元前8000年〜紀元前3000年

1万5000頭
現存するソーア羊の数

スコットランド西岸沖に浮かぶソーア島に生息するソーア羊。ヨーロッパで最初に家畜化された羊に近いと考えられる。

山腹を耕す
丘陵地を階段状に切りひらいて耕作する方法は紀元前4000年頃のイエメンで始まり、中国やペルーの山岳地帯でも広く行なわれた。

　紀元前3万年頃、人類が初めて家畜化したのが犬だった。人に飼われるようになったオオカミをかけあわせて、狩猟に活用するようになった。紀元前8500年頃には、南西アジアでほかの動物も家畜化された。最初は羊や山羊である。紀元前7000年頃には世界各地で牛と豚が飼われるようになり、南北アメリカでは紀元前5000年頃にテンジクネズミが、紀元前4500年頃にはラマが家畜になった。

　大規模な石造建築物として最も古いのは、紀元前9000年頃にアナトリア南西部(現在のトルコ)のギョベクリ・テペに建てられた祭祀用の構造物だ。石積みの低い塀に囲まれたなかに、T字形の柱が立っている。紀元前8000年頃には、パレスティナのエリコで集落を囲む壁が建設された。石積みのこの壁は高さ約5メートル、周囲600メートルだった。建築技術も高度になり、紀元前4000年のヨーロッパ北西部では、石材を少しずつ重ねながら積んで丸屋根をつくるコーベル技法が開発されていたし、紀元前3400年頃のメソポタミアでは壁の強度を高める控え壁も見られるようになった。巨石を使った大規模構造物は、紀元前5000年頃からヨーロッパ西部全域で建てられるようになり、ブルターニュのカルナック列石(紀元前4500年頃)、アイルランドのニューグレンジ(紀元前3400年頃)、イングランドのストーンヘンジ(紀元前2500年)などの遺跡が現存している。

　紀元前6500年頃のメヘルガル(現在のパキスタン)では、天然油層からしみでる粘度の高い液体、瀝青を葦かごに塗って防水加工を施していた。紀元前2600年頃のインダス文明では、れんがの流し台の水漏れを防ぐために瀝青を使用した。紀元前4000年代のメソポタミアでは、瀝青と砂を混ぜたモルタルで建築物や船板の隙間をふさいでいた。雨の少ない地域では、耕作地に水を引く灌漑技術が発達した。イラク東部のチョガ・マミでは、紀元前6000年頃にティグリス川の水を引きこむ水路が建設された。西アジアでは紀元前4000年代に、貯水のためのダムや堀がつくられた。エジプトでは毎年起こるナイル川の氾濫で農地が水びたしになっていたが、少なくとも紀元前3000年からは余分な水を貯水池に流すようになっていた。紀元前4000年頃のイエメンでは、山の斜面を階段状に切りひらき、水路を引く棚田農業が始まった。中国では畦と水路をはりめぐらせて水稲栽培が行なわれるようになった。

　金や銅といった天然産出金属の冷間加工(叩く、打つなど)は、紀元前8000年から行なわれていた。鉱石を還元剤とともに加熱して純度の高い金属だけを取りだす製錬([紀元前1800〜700年]参照)は、トルコのチャタル・ヒュユクで紀元前6500年頃に始まり、紀元前5500年にはヨーロッパ南東部から南アジア

合金

2種類以上の金属を混ぜてつくる合金は、元の金属にない性質を持つことがある。紀元前5000年代の半ばから終わりにかけて、銅に少量の砒素を溶かしこむと、銅そのものより固く、強くなる事実が発見された。紀元前3200年頃になると、砒素の代わりに錫を配合する青銅が発明された。右は2世紀初頭につくられた青銅像。紀元前3000年代後半には、銅と亜鉛を混ぜて真鍮をつくる技術も確立していた。

- 紀元前8000年頃 パレスティナのエリコで石壁が建設された
- 紀元前7000年頃 近東などで牛と豚が家畜化された
- 紀元前7000年頃 イラクのジャルモでかご細工がつくられた
- 紀元前6500年頃 パキスタンのメヘルガルで防水剤として瀝青が使われた
- 紀元前6500年頃 トルコのチャタル・ヒュユクで銅が製錬されていた
- 紀元前6000年頃 トルコのチャタル・ヒュユクで紡錘車が使われた
- 紀元前6000年頃 メソポタミアのハッスーナ文化に製陶窯が登場する
- 紀元前5500年頃 南東ヨーロッパと近東で銅の製錬が始まる
- 紀元前5500年頃 イラクのチョガ・マミで灌漑用水路が建設される

フランス、ブルターニュにあるカルナック列石。紀元前4500年のものを筆頭に、3000本以上の巨石が屹立する。

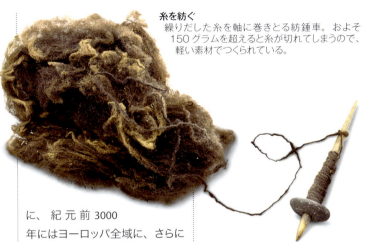

糸を紡ぐ
繰りだした糸を軸に巻きとる紡錘車。およそ150グラムを超えると糸が切れてしまうので、軽い素材でつくられている。

> **あなたのために大麦を脱穀し、小麦を刈りとる。それで月に一度の祭礼をまかない、半月に一度の祭礼をまかなう。**

古代エジプトのピラミッドの碑文（紀元前2400～2300年頃）

に、紀元前3000年にはヨーロッパ全域に、さらに紀元前2000年には中国と東南アジアに普及した。溶かした金属を型に流しこむ鋳造は紀元前5000年代に始まっており、メソポタミアで出土した最古の鋳造品は紀元前3200年頃のものである。

トルコのチャタル・ヒュユク遺跡では紀元前7000年代の紡錘車が出土しており、原繊維から糸をつくる紡糸はこのころ始まったと考えられる。織布は旧石器時代の網やかごをつくる技法から発展したと考えられる。機──複数の経糸を張りつめ、そこに緯糸をからませるための枠や固定具のこと──の原型は紀元前4000年代の西アジアとエジプトで考案された。2本の棒と、経糸の張りを保つための腰当てで構成される単純な腰機である。初期の農業では、地面は尖った棒や鍬で掘りかえして種をまいていた。やがて牛が導入されて、鋤の使用が可能になった。原始的な木製の鋤は先端が金属になっていることもあり、浅い畦を掘るのに適していた。こうした鋤は紀元前4000年代から使用された証拠が残っており、エジプト、西アジア、ヨーロッパに広く普及した。

紀元前6000年頃に窯が発明されたことで、陶器の品質は向上した。紀元前6000年頃のメソポタミアのハッスーナ文化では、2層式の昇炎窯（下段で火を燃やす）もつくられている。紀元前5000年頃には単純なターンテーブルが導入されて、回しながら成形する技法が生まれた。紀元前3500年になると、重たい石の台を高速に回転させ、その上で土を成形できるろくろが登場する。

地上の輸送手段は長いあいだ人間の足だけだった。人工的な輸送支援手段として最初に登場したのはそりで、紀元前6800年にフィンランドで使われていた。紀元前6300年頃にはロシアでスキーが使用されていた。しかし車輪の発明によって、物の輸送は劇的に変わる。紀元前3500年頃にはポーランドとバルカン地域に四輪車が出現し、やがてメソポタミアにもお目見えした。最初は円盤を木製の車軸で接続しただけだったが、紀元前2000年頃にスポークが発明されたことで、車は軽量化され、機動性も高まった。

紀元前3100年頃にはメソポタミアで家畜を四輪車につなぐ装具が発明され、輸送量も距離も飛躍的に向上した。

商取引が複雑になるにつれて、物品の正確な計量が不可欠になる。こうして紀元前4000年代後半には、メソポタミア、エジプト、インダス川流域で重さと長さの標準化が進んだ。重さは小麦や大麦の均一な粒を基準にすることが多かった。長さの単位はキュービットで、人間の上腕の長さが基準になっていた。

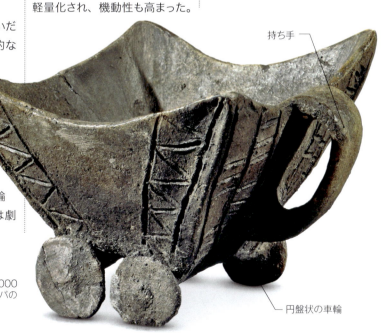

持ち手

円盤状の車輪

粘土の四輪車
四輪車形の粘土の鉢。紀元前3000年頃につくられ、中央・南ヨーロッパの初期の四輪車の特徴がよくわかる。

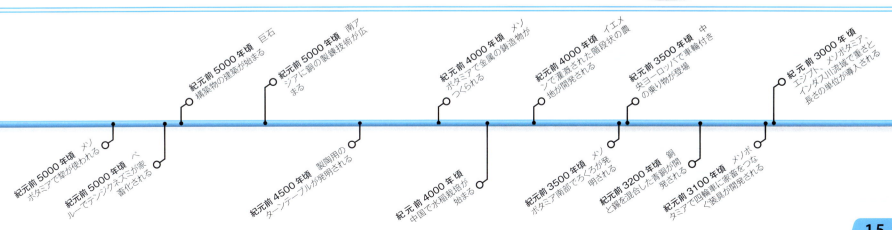

紀元前5000年頃　メソポタミアで鋤が使われる
紀元前5000年頃　巨石構築物の建築が始まる
紀元前5000年頃　ユーラシアでクマネズミが家畜化される
紀元前5000年頃　南アジアに銅の製錬技術が広まる
紀元前4500年頃　製陶用のターンテーブルが発明される
紀元前4000年頃　メソポタミアで金属の鋳造物がつくられる
紀元前4000年頃　中国で水稲栽培が始まる
紀元前4000年頃　イエメンで灌漑された階段状の農地が開発される
紀元前3500年頃　メソポタミア南部でろくろが発明される
紀元前3500年頃　中央ヨーロッパで車輪付きの乗り物が登場
紀元前3200年頃　銅と錫を混合した青銅が開発される
紀元前3100年頃　エジプトで四輪車に家畜をつなぐ装具が開発される
紀元前3000年頃　メソポタミア、エジプト、インダス川流域で重さと長さの単位が導入される

250万年前～紀元799年 ｜ 科学が誕生する前

手鎌
年代不詳
鉄器時代に入って金属が入手しやすくなり、また鋭利にする加工も燧石（ひうちいし）より容易だったため、金属を刃にした手鎌が主流になった。

にぎりばさみ
年代不詳
イタリア、トレント州リーヴァ・デル・ガルダで出土した鉄製のにぎりばさみ。羊毛の刈りこみばさみに似ている。

鋳鉄の型
紀元前300年頃
中国では紀元前500年頃に鉄を熔かせる高温の炉が開発され、融解した鉄を写真のような型に流しこんで農具をつくることも可能になった。

青銅の剣
紀元前1200年頃
剣の刃は銅と錫の合金である青銅の誕生とともにつくられるようになった。写真はフランスで出土した青銅器時代の剣で、裕福な者だけが持つことができた。

平たい柄頭

鉄の剣
紀元500～700年頃
アングロサクソン人は、2本の鉄の棒をねじりあわせて芯にし、端の部分をあとから追加する方法で剣をつくっていた。

尖った先端

先端は丸く加工されている

金属加工の始まり

殺傷能力の高い武器から装身具までさまざまなものがつくられた。

紀元前6500年頃に生まれた金属加工技術は、木製より耐久性が高く効率の良い道具や武器だけでなく、美しい装飾品も生みだした。

　最初期の金属加工は冷間加工、すなわち天然産出の金属を打ったり叩いたりするだけだったが、やがて鉱石を加熱して金属を取りだす製錬技術が登場し、発達していく。紀元前5000年頃に鋳造が始まり、紀元前5000年代に合金が誕生した。めっきや象嵌（ぞうがん）といった技法も発達し、金属加工は世界中に広がっていった。

ケルトの戦車の飾り
紀元前100～紀元100年頃
金属に融解したガラス質を焼きつけるエナメル技法は紀元前1200年頃に発明された。鉄器時代後期には赤いガラス質のエナメルが一般的だった。

ケルトの青銅のブローチ
紀元前800年頃
オーストリアのハルシュタットでつくられたもの。ケルト人は1500年以上にわたってこうした渦巻き模様を使いつづけた。

赤いエナメル

青銅のピン
1200年頃
円盤状の頭がついたピン。衣服を留めるのに使うが、装飾的な意味あいもあり、青銅器時代のヨーロッパで使われた。

アングロサクソンのバックル
620年頃
蛇や獣のモチーフがからみあう黄金のバックル。銀と銅、鉛、硫黄の合金でつくるエナメル様のニエロを使っている。

鳥の頭を横から見たパターン

蛇がからみあっている

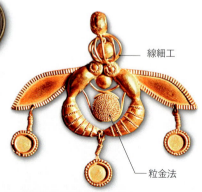

線細工

粒金法

ミノア文化の黄金のペンダント
紀元前1700～1550年頃
蜜を集める蜂がモチーフで、金の微細粒を付着させる粒金（りゅうきん）法や線細工の技法が用いられている。

コリントスのかぶと
紀元前700年頃
紀元前8〜6世紀のギリシアでよくつくられていたかぶと。青銅の一枚板から成形されているため強度がある。

半球部分は鉄製

鋲留めされた仮面

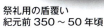
円形の装飾
赤いガラスの象嵌

祭礼用の盾覆い
紀元前350〜50年頃
青銅板を裏から叩いて模様を浮きださせるレプッセー技法が用いられている。

模様が刻印されている

銀の銘板
紀元前300〜200年頃
ギリシア神話の女神アプロディーテーとその息子エロース、お付きの少女がレプッセーで描かれ、めっきが施されている。

リュディアの硬貨
紀元前700年頃
世界最古の硬貨はリュディア（現在のトルコ）で製造された。素材は琥珀金（こはくきん）という天然産出の金と銀の合金で、それ自体が純粋な金属だと思われていた。

首を保護するしころ

アングロサクソンのかぶと（再現）
620年頃
イギリス、サットン・フーの船葬墓から出土したもので、鉄に錫めっきの青銅板をかぶせ、銀線とガーネットの飾りがついている。

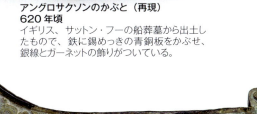

龍の脚をかたどっている

青銅の小像
紀元前1000年頃
カナンの神をかたどった小像は、蠟型（ろうがた）法でつくられている。使い捨ての型に溶かした金属を流しこみ、銀でおおった。

青銅器時代の水差し
紀元前800年頃
動物形の「匜（い）」と呼ばれる祭儀用の水差し。西周（せいしゅう）後期の中国で供犠（くぎ）の前に手を洗うのに使った。

トルコ石の目

銅の仮面
250年頃
ペルーのモチェ文化で貴族の墓から見つかった仮面。両目にはトルコ石がはめこまれていた。金属彫刻の優れた技術をしのばせる。

紀元前 3000 年～1800 年

現在のイラクにある世界最古の都市遺跡ウルク。紀元前 4800 年頃に定住がはじまり、紀元前 4000 年頃に都市ができあがった。

> "ウルクの城壁にのぼってその上を歩く。土台を眺め、石積みのわざを吟味する。"
>
> 《ギルガメシュ叙事詩》粘土板 I（紀元前 2000 年頃）

紀元前 3000 年代は灌漑技術が高度になり、紀元前 2400 年頃のメソポタミアでははねつるべが発明された。直立した台に長い棒が渡され、棒の片端には水を汲みあげる桶が、反対側には釣合おもりがついている。紀元前 1350 年にはエジプトでも使われていた。エジプトではナイル川の水位を測定するナイロメーターも考案され、収穫予測に活用された。

紀元前 4000 ～ 3000 年になると、メソポタミアの農業共同体が合同して世界最初の都市が形成された。たとえばウルクは紀元前 3400 年頃に誕生している。紀元前 3100 年には、ヒエラコンポリスを筆頭にエジプトでも都市が出現しはじめた。紀元前 2600 年には、モヘンジョ・ダロやハラッパーといったインダス文明の大都市が建設された。

都市や町の発達とともに詳細な記録の必要が生じ、紀元前 3300 年頃にはメソポタミアで書き文字が現われる。それ以前にも対象物を模した絵文字は存在していたが、このころの文字は尖筆で楔形の模様を刻んでいた。楔形文字は絵文字の輪郭をなぞるところから始まり、しだいに楔形の配列が様式化されていった。これらの記号は柔らかい粘土に刻まれ、あとで焼成することで文書の長期保存が可能になった。同じころエジプトでも別系統の書字システムが発明された。それはヒエログリフと呼ばれるもので、当初は象形文字の要素が濃かった。最古の例はアビドスで出土した粘土板で、紀元前 3300 年頃のものである。インダス川流域では紀元前 2600 年頃に、中国でも少なくとも紀元前 1400 年、メソアメリカでは紀元前 600 年頃に文字が発明されていた。

ソーダ石灰ガラスが初めてつくられたのは紀元前 3500 年頃のメソポタミアである。シリカ、ソーダ灰、石灰を炉で加熱してつくるが、最初は小さいものしかつくれなかった。エジプトでは紀元前 3000 年頃からファヤンス焼きが広まった。これは砕いた石英、方解石、ソーダ石灰を混ぜてつくるが、ガラス化したときに青緑色に変化する。エジプトでは小型の彫刻やビーズに使われた。

紀元前 3000 年代、銅と錫の合金である青銅の技法が確立し、紀元前 3000 ～ 2500 年のメソポタミアでは最も普及した金属になった。製錬用の粘土のるつぼ窯は紀元前 3000 年頃に登場している。メソポタミアでは紀元前 2500 年頃に粒金法が発明され、宝飾品の飾りに使われた。紀元前 3000 年代頃には造船技術も進歩している。舟らしきもの

古代の天文学

新石器時代のヨーロッパでは、月や太陽の特定の事象を意識した巨石建造物が数多く建てられ、天文現象への興味を物語る最古の証拠となっている。たとえばストーンヘンジ（最も古い石は紀元前 2500 年頃建立）は夏至と冬至を示す配列になっており、他にも月の運行と関係があると思われる配列がある。

古代エジプトの死者の船
クフ王の大ピラミッドの近くに埋められていた船の模型。死んだファラオの魂を天に運ぶ役目があった。

- 紀元前 3000 年頃 エジプトで都市の形成が始まる
- 紀元前 3000 年頃 エジプトでファヤンス焼きが普及する
- 紀元前 3000 年頃 メソポタミアで金属精錬に粘土のるつぼ窯が使われる
- 紀元前 3000 年頃 エジプトで板を縫いあわせた船が考案される
- 紀元前 2900 年頃 エジプトでマスタバと呼ばれる大墓が建造される
- 紀元前 2625 年頃 エジプトでジョセルの階段ピラミッドが建造される
- 紀元前 2600 年頃 インダス文明でモヘンジョ・ダロとハラッパー両都市が成立する
- 紀元前 2550 ～ 2472 年 エジプトでギザの大ピラミッドが建造される

1世紀
楔形文字がすたれた年代

紀元前3300年頃に発明された楔形文字は、世界最古の文字から発達し、シュメール語やアッカド語など古代近東のさまざまな言語に用いられた。

は紀元前5万年前から使われていたと思われるが、現存する最古の舟は紀元前7200年頃の丸木舟である。ペルシア湾周辺では、紀元前5000年から瀝青を塗った葦舟がつくられていた。

紀元前3000年頃になると、板を縫いあわせた船がエジプトで製造されていた。初期の船は櫂が唯一の動力源だった。横帆艤装の帆船が登場したのは紀元前3100年頃のエジプトで、動力源も人力から風力へと移行する。紀元前3000年には大型の舵取り櫂がエジプトで発明され、さらに紀元前2500年には側面の櫂と舵柄の組みあわせが登場した。

記念建築物が居住目的でも使用されるようになったのは、紀元前3000年以降のことである。盛り土の上に神殿を建設する習慣は紀元前4000年以前から始まっており、建てなおしのたびに盛り土は高くなっていった。紀元前2900年を過ぎると、シュメールのウルやキシュといった都市では神殿の土台がひときわ高くなり、ジッグラトの発展へとつながった。初期のジッグラトは3段構造で、最上段に聖堂が置かれていた。泥れんがを積みあげ、表面を焼成れんがで覆ったジッグラトは、構造物の建築技術が進歩したことを示している。エジプトでは、大規模建築物はほとんどが神殿か墓所だった。初期王朝時代（紀元前2900年前後）の貴族や支配者の墓は、泥れんがを単純な長方形に積みあげたマスタバと呼ばれるものだった。ジョセル王が統治していた紀元前2630〜2611年に建造されたマスタバは6段の台座が据えられており、階段ピラミッドになっている。

紀元前3000年代中期、クフ王、カフラ王、メンカウラー王の時代には表面の段差をなくす技術が完成し、各ファラオは自らの巨大な墓所をギザに建設した。これらは大ピラミッド群と総称され、いずれも方角が厳密に定められており、高度な測量技術があったことをうかがわせる。

天文観察への関心はメソポタミアで始まり、紀元前1650年頃にはアミサドゥカの金星板が作成されている。これは金星の出と入りの時刻を21年間にわたって記録したものだ。ドイツで出土したマンモスの牙はオリオン座を思わせる彫刻が入っており、こちらの年代は紀元前3万2500年頃とされるが、星座が体系的に設定された最古の記録はバビロニアにあり、紀元前1595年頃とされる。

紀元前3000年代になると、都市運営の観点から正確な暦が必要となる。最古の暦の例は紀元前2100年頃につくられたウマのシュルギ王の暦で、1年が12月に分割され、1か月は29ないし30日だった。1年が354日のこの暦が、実際の1年の長さ（365.25日）とずれてくると、王令で1か月が追加された。古代エジプトにも同様の暦があったが、こちらは1年に5日追加して365日にしていた。

地勢図と思われる彫刻は先史時代から存在しているが、地図作成法が発達して本当の意味の地図が出現したのは紀元前3000年代である。アッカド人がつくったガスール銘板（紀元前2500年頃）には、2つの丘に挟まれた土地の広さと位置が示されており、土地取引に使われたと考えられる。紀元前2125年頃につくられたラガシュ王クデア像の断片には、神殿の設計図が描かれていた。シュメールの都市ニップール（現在のイラク）の縮図は、紀元前1500年頃につくられた世界最古の市街図である。世界地図として最も古いのは紀元前600年頃のバビロニアで作成されたもので、バビロン周辺の地域が描かれている（[紀元前700〜400年]参照）。

度肝を抜く高さ
紀元前2560年頃に建てられたクフ王の大ピラミッドは高さ147メートル。数千年の時を経ていまなお世界最高の建築物だ。

古代エジプトのファヤンス焼き
中王国（紀元前1975〜1640年頃）時代の女性像。深い青はエジプトのファヤンス焼きの特徴だ。

舵（かじ）取り用の櫂
木の葉状の先端部分

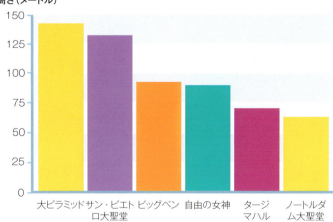
高さ（メートル）
大ピラミッド／サン・ピエトロ大聖堂／ビッグベン／自由の女神／タージマハル／ノートルダム大聖堂

- 紀元前2500年頃　バビロニアで世界最古の地図、ガスール銘板がつくられる
- 紀元前2500年頃　メソポタミアで粒金法が発明される
- 紀元前2500年頃　エジプトの船で側面の櫂と舵柄の組みあわせが考案される
- 紀元前2500年頃　イングランドで太陽と月の現象と結びついたストーンヘンジの建立が始まる
- 紀元前2400年頃　メソポタミアではねつるべが発明される
- 紀元前2200年頃　ソポタミアで最初のジッグラトが建設される
- 紀元前2100年頃　シュメール人が世界最古の暦であるシュルギ王のウマ暦をつくる

250万年前〜紀元799年｜科学が誕生する前

進軍スピード
軽量の戦車が登場したことで、軍隊は歩兵のみだった時代より迅速に作戦をできるようになった。青銅器時代の戦車（紀元前1200年頃）は、古代ローマ軍団の10倍の速度で進軍できたという。

古代エジプトの戦車
紀元前1600年頃、エジプトでスポーク入りの車輪と半円形のフレームを持つ軽量戦車が開発された。2人乗りで1人が高速で走る戦車を操り、もう1人が弓を放った。

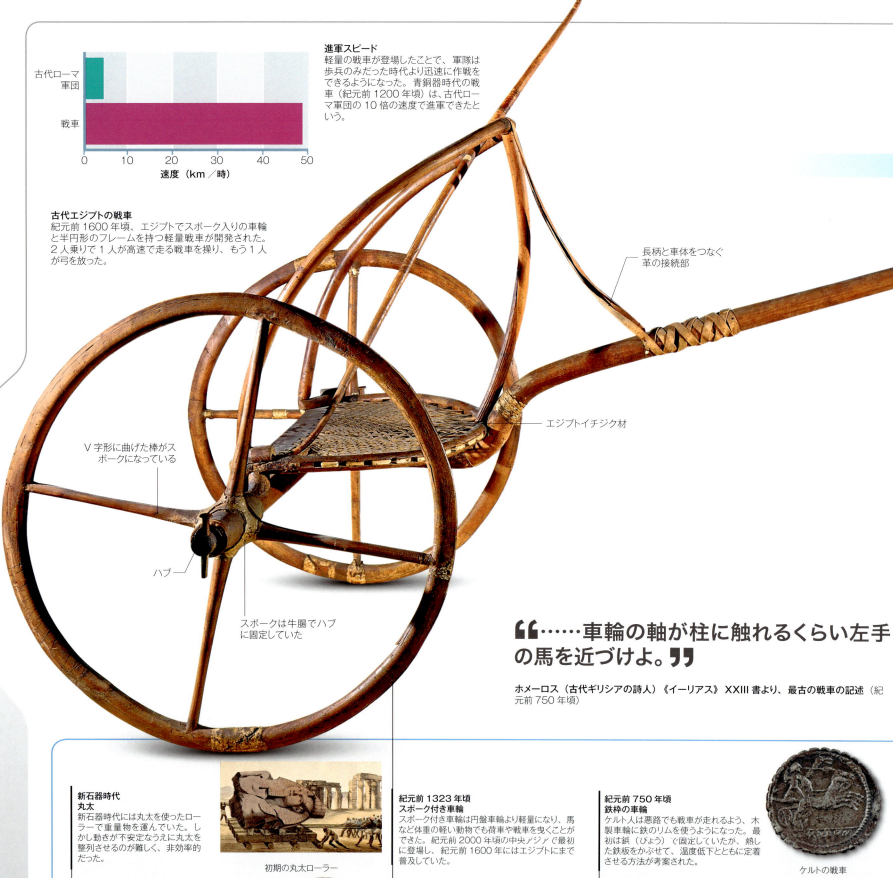

- 長柄と車体をつなぐ革の接続部
- エジプトイチジク材
- V字形に曲げた棒がスポークになっている
- ハブ
- スポークは牛腸でハブに固定していた

> "……車輪の軸が柱に触れるくらい左手の馬を近づけよ。"
>
> ホメーロス（古代ギリシアの詩人）《イーリアス》XXIII書より、最古の戦車の記述（紀元前750年頃）

新石器時代 丸太
新石器時代には丸太を使ったローラーで重量物を運んでいた。しかし動きが不安定なうえに丸太を整列させるのが難しく、非効率的だった。

初期の丸太ローラー

紀元前1323年頃 スポーク付き車輪
スポーク付き車輪は円盤車輪より軽量になり、馬など体重の軽い動物でも荷車や戦車を曳くことができた。紀元前2000年頃の中央アジアで最初に登場し、紀元前1600年にはエジプトにまで普及していた。

紀元前750年頃 鉄枠の車輪
ケルト人は悪路でも戦車が走れるよう、木製車輪に鉄のリムを使うようになった。最初は鋲（びょう）で固定していたが、熱した鉄板をかぶせて、温度低下とともに定着させる方法が考案された。

ケルトの戦車

紀元前3500年 ろくろ
メソポタミア南部に登場したろくろは、車輪がもの作りに応用された最初の例だ。重たい石を高速で回転させて粘土を成形した。

エジプトの陶工

紀元前2500年頃 円盤車輪
車軸に車輪を着けた輸送用の機構が出現したのはバルカン半島とメソポタミアである。シュメール人は戦闘用の馬車に応用した。

ウルの軍旗に描かれた円盤車輪

紀元前300年頃 水車
ギリシア人は流水の力を利用する水車を発明して、灌漑用に水を汲みあげたり、製粉に活用した。

車輪の話

単純な発明が軍隊を動かし、荷物を運び、産業の動力となった。

馬につなぐくびき

史上最も重要な発明のひとつ、車輪。車輪の登場によって長距離輸送が可能になり、戦争は様相をがらりと変え、機械化へのきっかけが生まれた。人類は世界各地を探索し、産業に革命を起こした。

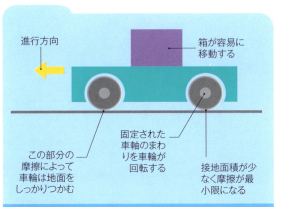

車輪と摩擦

地面に置いた物をそのまま押して動かそうとすると、転がり抵抗が生じて多大な力が必要となる。それを解決するのが車輪だ。車輪はつねに地面とわずかな面積しか接触せず、それ以外の部分は摩擦を受けずに回転できる。また接地部分が受ける摩擦によって、地面を横すべりせずに転がっていく。車輪は頑丈な車軸にはめることで、回転が安定する。

車輪らしきものが最初に登場したのは新石器時代で、巨石建築で重量物を運ぶのに使った丸太だった。紀元前3500年には、丸太の軸に木の円盤を取りつけた本格的な車輪が出現する。ただこの種の車輪はとても重かった。スポークの入ったより軽い車輪が発明されたのは、紀元前1600年頃である。耐久性のある鉄枠車輪はおよそ800年後に登場する。これによって、戦場や長距離輸送に耐える高速で丈夫な乗物が出現した。その後も鉄や鋼といった素材の登場と相まって、車輪の改良はたゆみなく続いた。現代の車輪はチタンやアルミの合金を使用し、少ない力でより速く進む工夫がされている。

スポーク付き車輪の構造
スポークは車輪にかかる力をリムに均等に分散させる。回転中のスポークは微妙に縮んでいる。
— 車輪の外リム
— ハブから放射状に伸びるスポーク

産業で用いられる車輪

紀元前4500年頃のろくろを筆頭に、車輪は産業のさまざまな工程に取りいれられている。紀元前300年のギリシアでは、水力を使って回すタービンが製粉に活用されていた。産業革命が起きるころには、産業用機械のほぼすべてで何らかの車輪が使用されるまでになった。紀元前100年頃にギリシアでつくられた天文計算機「アンティキテラ島の機械」には歯車が使われているが、歯車自体はそれ以前から中国にあったと思われる。歯車とコグは時計から自動車まであらゆる機械の部品として広く普及した。ただし中央アメリカとペルーの古代文明には車輪はなく、メキシコのアステカ人は子供の玩具でしか車輪を使っていない。

紀元前100年頃　一輪車
大きな車輪を中央に取りつけた一輪車は中国で発明された。全重量が車軸にかかるため押しやすく、最大6人を乗せることができた。

「木牛」と呼ばれた一輪車

1848年　マンセル車輪
鉄道用に考案されたマンセル車輪は、鋼製ボス(ハブ)を16個のチーク部材が取りかこむ構造で、音が静かで耐久性が高かった。

ガゼル蒸気機関車

1915年　ラジアルタイヤ
アーサー・サヴェッジが特許を取得したラジアルタイヤは、ゴムでコーティングした鋼かポリエステルのコードが使われ、現在の自動車タイヤの標準となった。

1960年代のミニ

中国の紡ぎ車

1035年頃　紡(つむ)ぎ車
中国では手回しの輪を紡錘(ぼうすい)に取りつけて、複数の紡錘を同時に操作できる工夫が考案された。

1845年　加硫ゴムタイヤ
ロバート・トムソンは、チャールズ・グッドイヤーが発明した加硫(かりゅう)ゴムタイヤをもとに軽量で耐久性のある空気タイヤを考案した。

1910年　自動車用スポーク付き車輪
初期の自動車の車輪はスポークが木製だったので、タイヤを細くつくることが可能だったが、たわみや割れに弱かった。

T型フォード

2010年　現代の車輪
超軽量のレース用自転車はスポークがカーボン製。自動車のホイールはマグネシウム、チタン、もしくはアルミニウムの合金だ。

ハイテクを駆使したレース用自転車

紀元前 1800年〜700年

古代エジプトのリンド・パピルス。幾何学図形の面積や立体の容積を求める問題とその解答など、紀元前1795年以前に書かれたオリジナルをもとにしている。

紀元前2000年代初頭、中央アジアの大草原地帯で複合弓が開発された。1本の木からつくられた単弓と異なり、複合弓は薄く削った動物の角、木、腱を貼りあわせることで飛距離と貫通力を増し、同時に小型化して馬上での使用が容易になった。さらに弓の両端を前方に曲げることで強度をつけた。複合弓は中国にも広がり、殷（紀元前1766〜1126年）や周（紀元前1126〜256年）の戦いに使

> **頭の半分を痛めたときのもうひとつの治療法。なまずの頭骨を揚げた油を塗布する。**
>
> 古代エジプトの医学書、エーベルス・パピルス250（紀元前1555年頃）

古代の海図
ミクロネシアのマーシャル諸島に伝わる海図。潮の流れや波が棒で表現されている。

われて、さらにエジプト、メソポタミアにも伝わった。

エジプトでは旧王国（紀元前2700〜2200年頃）から医者が存在していた証拠があり、神殿の壁には外科手術の模様も描かれているが、病気を神罰とする迷信から脱却した医学知識の大半は紀元前1550年頃に書かれたパピルスがもとになっている。エドウィン・スミス・パピルス（紀元前1600年頃）には、人体の解剖学的な構造図が描かれ、脈拍と鼓動の関係、診断の指示、さまざまな病気や負傷の治療法が記されている。エーベルス・パピルス（紀元前1555年頃）には病気や腫瘍、さらにはうつ病などの精神障害まで記述されている。

鉄が初めて意図的に生産されたのはトルコのアナトリアで、紀元前19世紀にはささやかながら鉄の輸出も行なわれていた。当初は製錬の規模もごく小さかったが、紀元前700年にはヨーロッパ全土に広がった。製錬法はアフリカやインドを含む各地で独自に発達し、インドでは紀元前1300年頃から鉄細工がつくられていた。

西洋では中世になるまで、製錬ではブルームまでしかつくることができず、槌で叩いて不純物を取りのぞいていた。鉄を熔かせる炉は中国で初めて考案され、そのおかげで鋳造も可能になった。中国では紀元前9世紀から鋳鉄がつくられていた証拠がある。

数学は紀元前1800年代のバビロニアで大きく進歩した。逆数、平方、立法表がつくられ、それを用いて二次方程式のような代数問題を解いていた。ピュタゴラスの定理（[紀元前700〜400年]参照）がすでに認識されていたと思われる表も残っている。バビロニア人は円周率を約3.125で計算しており、実際の約3.142にきわめて近い。古代エジプトの数学については、リンド・パピルスが最大の情報源となっている。これは紀元前1795年以前に書かれた数学の問題と解答で構成されている。単位分数（1/n）、一次方程式の解、三角形、長方形、円の面積の求めかた、円柱や三角錐の体積の求めかたが記されている。

紀元前6000年以前からすでに存在していた船だが、航海術は原始的なままだった。当時最も進んだ航海術を持っていたのは太平洋のラピタ人（ポリネシア人の祖先）で、紀元前1200年からヴァヌアツ、ニューカレドニア、サモア、フィジーへと活動領域を広げていた。彼らは風向きや星の位置、潮の流れといった知識を駆使して、フィジーまで850kmの外洋航海をやりとげた。ポリネシア人はイースター島やハワイ、

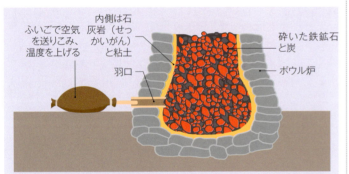

製錬

純粋な鉄の融点は1540度。それだけの温度を出すことは古代の技術では不可能だったので、炭を使って約1200度で鉄鉱石を熔かす方法が行なわれた。ボウル炉に鉄鉱石と炭を詰めて点火し、羽口で空気を送りこんで温度を上げる。熔けたものを冷やすと、鉄と不純物を含む「ブルーム」ができる。ブルームを何度も叩いて不純物を取りのぞき、鉄を取りだす。

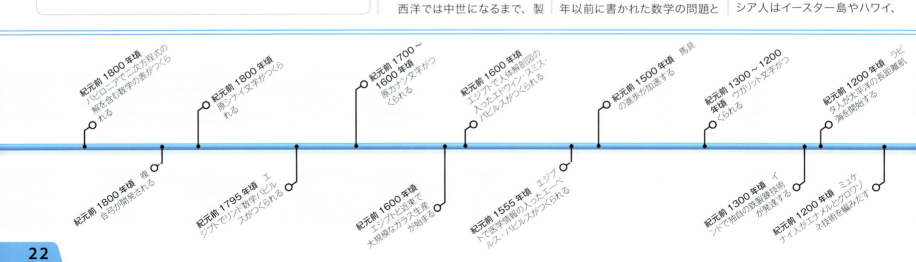

紀元前9世紀半ばにアッシリアでつくられた青銅製レリーフ。兵士たちが戦車でハザズ（現在のアザズ）に攻めこむ様子が描かれている。

それに紀元1000〜1200年にはニュージーランドにまで定着したが、彼らが使った原始的な海図は、祖先のラピタ人も活用していたと考えられる。

エジプトと近東では、紀元前1600年頃にはガラスの本格生産が始まっていた。紀元前2000年代後半、ガラスと陶器を合わせて光沢を出す技法が発見された。紀元前1200年頃のギリシアでは、ミュケナイ人がガラスのクロワゾネやエナメル（金属面に溶かしたガラス質を焼きつける）を開発した。鋳込みガラス（溶かしたガラスを型に流しこむ）は紀元前800年頃にメソポタミアで最初につくられた。それから約100年後、フェニキア人が透明ガラスをつくることに成功する。

スポーク付き車輪の発明は紀元前2000年頃である。馬の家畜化とともに陸上輸送の可能性が広がり、乗物が軽量化され、おとなしい動物に直接乗ることもできるようになった。馬具は紀元前3000年代から使われていたが、紀元前1500年頃以降にめざましい進歩を遂げた。家畜の首と胸を平たい革ひもで固定するホルターヨークの発明で、軽量戦車を馬に効率的に曳かせることが可能になった。2人乗りの戦車は重さわずか30kgで、近東の戦争には不可欠なものとなった。

遺体を保存する習慣は、砂漠で自然乾燥させたり、砂に埋めて保存したことから始まる。遺体は樹脂を浸した亜麻布の包帯で包むことで、腐敗を防いだ。紀元前2700年頃のエジプトではナトロン（炭酸塩鉱物）を使って遺体を脱水し、ミイラづくりが行なわれるようになった。その技術はしだいに洗練され、紀元前1000年頃に頂点に達した。遺体は内臓（心臓以外）を取りのぞき、内部をきれいに洗ってナトロンを詰め、40日間乾燥させる。その後新しいナトロンの包みと樹脂を浸した亜麻布に交換して形を整え、外側に樹脂を塗って包帯で巻くのである。

金属の融点
古代の冶金（やきん）で使われた金属のなかで、鉄が最も融点が高い。鉄を熔かす技術が最初に開発されたのは中国だった。

蛇の女神
ファヤンス焼きの技術はミノア文明で頂点に達する。写真の女神像（紀元前1700年頃）はその一例だが、やがてガラスの普及とともにガラスをかぶせた陶磁器に取って代わられた。

- ライオンの子を頭にのせている
- 冠にはケシのさやがあしらわれる
- 粘土の表面を水晶と金属の酸化物でおおっている

初期の文字

記号様の文字から、1文字が1音に対応するアルファベット文字への変遷が起きたのは、紀元前1800年頃、エジプトのシナイ砂漠の鉱山とされる。そこで使われた記号はエジプトの神官文字（ヒエログリフと並行して発達した筆記体文字）に由来するようだが、文字らしきものも少数ながら存在する。このシナイ文字は、まもなく出現した原カナン文字（紀元前17世紀）やウガリット文字（紀元前13世紀）の起源なのか、後者は独立して発達したのか定かでない。紀元前1050年には、原カナン文字からフェニキア文字が生まれ、ギリシア文字や他のヨーロッパ文字の祖先となった。

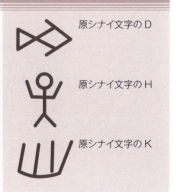

- 原シナイ文字のD
- 原シナイ文字のH
- 原シナイ文字のK

- 紀元前1050年頃 フェニキア文字が完成する
- 紀元前1000年頃 エジプトのミイラ技術が頂点に達する
- 紀元前1000年頃 近東で製鉄が一般的になる
- 紀元前900〜800年頃 中国で鋳鉄が初めてつくられる
- 紀元前800年頃 メソポタミアで鋳込みガラスがつくられる
- 紀元前800年頃 ギリシア文字がつくられる
- 紀元前700年頃 鉄の精錬がヨーロッパ全域に広がる
- 紀元前700年頃 フェニキア人が水晶を模した透明ガラスづくりに成功する

紀元前 700 年〜 400 年

16世紀イタリアの画家ラファエロの《アテナイの学堂》（一部）。ピュタゴラス（左で本を持つ人物）をはじめ古代ギリシアの思索家たちが一堂に会している。

紀元前 2300 年からバビロニアでは 60 進法の発達が始まり、位取りの概念も生まれた。紀元前 700 年には零を示す印もときおり使われていた。

円筒内部で軸に取りつけたらせん状の羽根車を回転させ、水を汲みあげるポンプが登場する。古代ギリシアの数学者アルキメデス（紀元前 287 〜 212 年）が紀元前 250 年頃に発明したとされ、アルキメデスのらせんと呼ばれるが、実際は紀元前 7 世紀初頭、アッシリアのセナケリブ王のニネヴェの庭園に水を供給するためにつくられたと思われる。

バビロニアでは紀元前 1000 年代を迎えるころ、すでに広範囲を対象にした地図を作成していた。紀元前 600 年頃にはバビロンと周辺 8 地域の関係を示した「世界地図」がつくられた。中国で知られている最古の地図は、中山王国靖王の墓所を飾る青銅板で、王自身が設計した墓地の平面図が描かれていた。

古代ギリシア世界で地図作成が始まったのは紀元前 6 世紀のイオニアである。アナクシマンドロス（紀元前 611 〜 546 年頃）が、大洋を陸地が囲む最初の世界地図を描いたとされる。ミレトスのヘカタイオス（紀元前 550 〜 480 年頃）もリビア（アフリカ）、アジア、ヨーロッパの 3 大陸を取りあげた自著《世界概観》に世界地図を添えた。

自然に対する科学的思考は、紀元前 6 〜 5 世紀のギリシアの哲学者たちから芽ばえた。ミレトスのタレス（紀元前 620 年頃生）は水こそが万物の根源であると考え、水面に浮かぶ陸地が揺れるのが地震だと説いた。これに対して同じくミレトス出身のアナクシマンドロスは、宇宙の根源にあるのはアペイロンで、ここから大気や火や水が生じると考え、人間も魚の一種から発達したと主張した。

最古の原子論を展開したのはギリシアの哲学者であるアブデラのデモクリトス（紀元前 460 〜 370 年）で、物質は分割不可能な無数の微小粒子で成りたっていると主張した。

古代世界で最も有名な数学者はサモスのピュタゴラス（紀元前 580 〜 500 年頃）である。彼

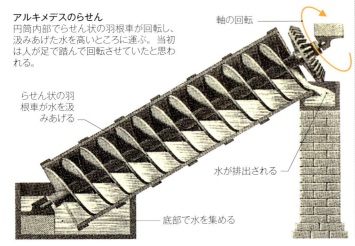

アルキメデスのらせん
円筒内部でらせん状の羽根車が回転し、汲みあげた水を高いところに運ぶ。当初は人が足で踏んで回転させていたと思われる。

- らせん状の羽根車が水を汲みあげる
- 軸の回転
- 水が排出される
- 底部で水を集める

古代の地図
紀元前 600 年頃のバビロニアの地図。バビロンと、アッシリアやウラルトゥなど西アジアの主要都市との位置関係を示している。

- 楔形文字
- 塩の海
- バビロン

紀元前 700 年頃 バビロニアで零を意味する印が使用される

紀元前 700 年頃 アルキメデスのらせんとのちに呼ばれる円筒形の揚水ポンプがアッシリアで使われる

紀元前 600 年頃 バビロンと 8 つの周辺地域を示した「世界地図」がバビロニアでつくられる

紀元前 580 年頃 ミレトスのタレスが万物の根源は水だと説いた

紀元前 550 年頃 アナクシマンドロスが古代の進化論を説く

紀元前 530 年頃 ピュタゴラスが直角三角形の三辺の関係を等式で表わす（ピュタゴラスの定理）

紀元前 530 年頃 サモス島のエウパリノスが水道を掘削

1.04km
サモス島にあるエウパリノスのトンネルの全長

紀元前6世紀につくられたエウパリノスのトンネル。地上で三角測量を繰りかえしながら正確に掘削していったと考えられる。

が設立した教団は数の神秘性を信じ、なかでも1から10までの整数を三角形に配置したテトラクティスを重視していた。その名を冠した定理（下［囲み］参照）で知られるピュタゴラスだが、本人は霊魂の転生を信じており、彼の信奉者たちは豆を忌むなど厳しい戒律を守っていた。

中国最古の数学書《周髀算経》（一部は紀元前500年から存在していた）にもピュタゴラスの定理の証明が記されている。これと同じころか、おそらくそれ以前に中国の数学者も魔方陣——縦、横、斜めのどの列でも数の合計が同じになる——を完成させていた。

ギリシアでは測量技術が発達

プラトン（紀元前424〜348年）

古代ギリシアで最も偉大な哲学者のひとり。哲人王が統治する理想社会を提唱し、正しい人生の道しるべとして倫理の重要性を説いた。さらに物質世界は完璧な「原型」の反映に過ぎないと主張した。その著作の多くは、師ソクラテスとの対話の形をとっている。

し、紀元前530年頃にはサモス島のエウパリノスが全長1.04kmの水道を掘削していた。丘の両端から掘りすすめた水道は真ん中でほぼぴったり一致している。掘削ルートはピュタゴラスの定理を応用した地上での三角測量で決定したと考えられる。

インドの天文学はインダス文明に端を発している。古代ヒンドゥー教の聖典《ヴェーダ》——紀元前500年頃完成——には、天文観察によって宗教儀式の日程を計算したり、28の星座を頼りに月の運行をたどるといった記述がある。

紀元前5世紀になると、ギリシアでは単純な宇宙論を脱し、宇宙の本質へと思考の舵を切りはじめる。ヘラクレイトス（紀元前535〜475年頃）は流転と変化であらゆる現象を説明しようとした。彼はまた対立物の調和を信じており、「道はのぼりであると同時に下りだ」と言った。アクラガスのエンペドクレス（紀元前494〜434年頃）は、万物は土・空気・火・水の配分で決まると考えたが、この四元素説はその後も長く影響力を持ちつづけた。メソアメリカのマヤ人は複雑な暦体系を確立したが、その基本は20という数だった。その起源は、メキシコ最古の本格的なオルメック文化で紀元前5世紀以前につくられたものだ。マヤ年は1か月20日ないし21日で18か月あり、

その他に異なる周期の暦もあった。マヤ人は春分と秋分の日の日没方向に建築物を向け、蝕を予測することもできた。

インダス川流域の都市は、紀元前2600年頃から碁盤の目のように通りが走っていた。ただしこうした都市計画を最初に理論化したのは、ミレトスのヒッポダモス（紀元前493〜408年）である。彼は格子状に街区を配した人口1万人の理想都市を設計したとされ、アテナイの港町ピレウスや、イタリア半島のトゥリオイの都市計画にも携わったという。

ピュタゴラスの定理

直角三角形の2つの短辺の2乗の和は斜辺の2乗に等しいというもの。古代ギリシアの数学者の名前を冠しているが、紀元前1800年頃のバビロニアや、さらに古く紀元前1900年頃のエジプトでも知られていた。

$a^2 + b^2 = c^2$
$9 + 16 = 25$
$b^2 = 16$
$a^2 = 9$

メソアメリカの暦
メキシコのモンテ・アルバンで見つかった、紀元前500〜400年のサポテク族の石碑。メソアメリカで最古の暦の絵文字が刻まれている。

「年」を意味する4の大蛇

「日」を意味する8の水

- 紀元前500年頃　ミレトスのヘカタイオスが世界地図を作成
- 紀元前500年頃　ヘラクレイトスが万物流転説を唱える
- 紀元前500年頃　中国で魔方陣が発明される
- 紀元前500年頃　中国最古の数学書《周髀算経》が成立する
- 紀元前500〜400年　メキシコのモンテ・アルバンにメソアメリカの日付が刻まれた石碑「ダンサンテ」が建立
- 紀元前500年頃　古代ヒンドゥー教の聖典「ヴェーダ」が完成
- 紀元前451年　ヒッポダモスがミレトスに格子状の都市計画を導入
- 紀元前450年　エンペドクレスが四元素説を唱える
- 紀元前420年頃　アブデラのデモクリトスが原子論を唱える

250万年前〜紀元799年｜科学が誕生する前

幾何学の話

数学のなかでも最古の分野である幾何学が、時代とともに応用範囲を広げていった。

幾何学（geometry）の語源は古代ギリシア語で、「陸地を測る」という意味だ。しかし地図づくり以外にも幾何学の出番はたくさんある。ものの大きさ、形、容積だけでなく、数や数学そのものの性質も掘りさげるのが幾何学だ。

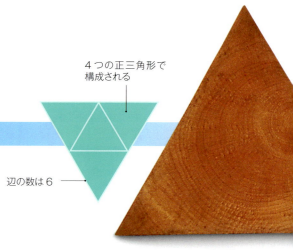

4つの正三角形で構成される

辺の数は6

四面体

幾何学の始まりは、建物の計画や建設、数学的な問題解決に使われていた特定の規則や公式に過ぎなかった。そうした決まりごとが空間の性質と深い関係にあると認識し、それ自体が探究に値するひとつの数学分野として確立したのは、タレス、ピュタゴラス、プラトンといったギリシアの哲学者たちだった。アレクサンドリアの教師エウクレイデス（ユークリッド）はプラトンに学んだとされ、紀元前300年頃に初期ギリシア幾何学の集大成である《原論》を著わした。彼は単純な公理から導きだした複雑な幾何学モデルを通じて、基礎数学と科学原理を確立した。

幾何学理解の飛躍的発展

中世に入っても、世界各地の哲学者や数学者はそれぞれの宇宙モデルに幾何学を活用していた。そんな幾何学を飛躍的に発展させたのは、17世紀フランスの数学者であり哲学者のルネ・デカルトである。二次元および三次元空間上の位置を示す座標系を考案したことで、解析幾何学という領域が出現し、幾何学問題の記述や解決に代数学の手法を利用できるようになった。

デカルトはそれまでにない変わった幾何学の登場をもうながした。球面など、ユークリッド幾何学の公理が通用しない例があることは昔から知られていたが、非ユークリッド幾何学を探究することで、幾何学と数を結びつけるさらに根本的な原理が明らかになってきた。1899年、ドイツの数学者ダヴィド・ヒルベルトは新たな公理集を編む。20世紀を経て21世紀に入っても、この公理は数学の幅広い場面に応用されている。

八面体

幾何学の公理集
エウクレイデスの打ちたてた幾何学は長いあいだ数学者に多大な影響を与えた。

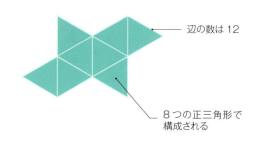

辺の数は12

8つの正三角形で構成される

紀元前2500年頃
実際的な幾何学
初期の幾何学は、ピラミッド建設の資材計算などの必要性から誕生した。

ギザのピラミッド

紀元前360年
プラトンの立体
5種類の凸正多面体は以前から知られていたが、物質の構造に関する概念と結びつけたのはプラトンが最初である。同一図形の辺どうしがつながって構成される。

400年頃
アルキメデスの立体
ギリシアの数学者パップスは2種類もしくはそれ以上の正多角形が同一頂点で接する13凸多面体を発見した。

1619年
ケプラーの多面体
ドイツの数学者ヨハネス・ケプラーは星型正多面体という新しい多面体を発見した。

紀元前500年頃
ピュタゴラス
ギリシアの哲学者ピュタゴラスの名前を冠した定理は、直角三角形の短辺から斜辺を求めるものだ。

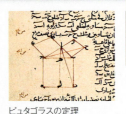
ピュタゴラスの定理

紀元前4世紀
幾何学の道具
プラトンが真の幾何学者はコンパスと直線定規のみを用いるべきと主張したおかげで、幾何学は実際的な技能から科学へと昇格した。

コンパス

9世紀
イスラム幾何学
イスラム世界の数学者と天文学者は球面幾何学の可能性を追求した。当時のイスラム装飾に用いられた幾何学模様には、現代のフラクタル幾何学との共通項が見られる。

アルハンブラ宮殿のモザイク

幾何学の話

プラトンの立体
同一の多角形のみでつくることができる多面体は5種類しかない。立方体、四面体、八面体、十二面体、二十面体で、これらはプラトンの立体と呼ばれる。

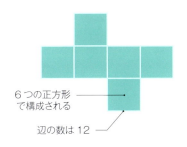
- 6つの正方形で構成される
- 辺の数は12

立方体

十二面体

二十面体

- 12の正五角形で構成される
- 辺の数は30

- 20の正三角形で構成される
- 辺の数は30

球面幾何学
地図上の地点、天文学者が使う仮想天球の星や惑星の位置など、球面上の角度や面積を計算するのが球面幾何学である。これはユークリッド幾何学の規則が当てはまらない。球面幾何学では三角形の内角の和は180度より大きくなり、平行線は最終的に交わる。

> **" 幾何学に暗い者は私の屋根の下に入ってはならない。 "**
>
> ギリシアの哲学者・数学者プラトンの言葉（紀元前427～347年頃）

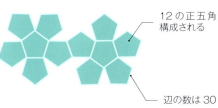
ケプラーの多面体

1637年 解析幾何学
デカルトの著作《幾何学》は、空間上の点が座標系で測定でき、また幾何学的構造体は等式で記述できるという概念を導入し、解析幾何学という分野を打ちたてた。

デカルト座標系

20世紀 フラクタル幾何学
コンピューターでフラクタル──同一構造があらゆるスケールで出現する──を視覚的に表現できるようになった。

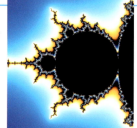
マンデルブロ集合

メビウスの輪

1858年 位相幾何学
特定の形ではなく、辺や表面を扱う位相幾何学に人気が集まった。それを象徴するメビウスの輪は、たったひとつの面と辺が連続する。

1882年 クラインの発見
四次元以上の幾何学を研究していたドイツのフェリックス・クラインは、表面に境界を持たない局面を発見した。

クラインの壺

現在 コンピューターによる証明
四色定理（どんなに複雑な地図でも、たった4色で隣接する領域を異なる色で塗りわけできる）はコンピューターの計算能力を活用して証明された。

4色地図

27

紀元前400～335年

エウクレイデス《原論》は古代世界で最も重要な数学書だ。全13巻で、原文はギリシア語で書かれている。

病を癒す手
ヒポクラテスが病気の女性を治療する様子を描いた小壁。彼は病気の根本原因を探るためにていねいに診察するべきだと主張した。

> " 頭を切りひらいたら、そこには湿った脳がある。脳は汗をかき、悪臭を放っている…… "
>
> ヒポクラテス《神聖病について》（紀元前400年）

　ギリシアの天文学者たちは天体の位置予測に力を入れており、クニドスのエウドクソス（紀元前408～355年頃）は太陽、月、惑星が27の同心天球内を動いているとする宇宙モデルを提唱した。さらに1年の長さを365.25日と正確に計算した。地球が太陽系の中心にあって動かないというのが当時の定説だったが、ポントスのヘラクレイデス（紀元前388～312年）は地球は軸を中心に回転しており、それが季節の変化を引きおこすと考えた。

　ギリシアでは、クロトンのアルクメオンが体内バランスが健康の源という説を主張したころから、医学が科学の様相を呈しはじめた。コスのヒポクラテス（紀元前460～370年）は患者の脈を測るなど臨床での観察を重視しており、アルクメオンの教えに基づいて、体内の不均衡と空気の汚染が病気を引きおこすと考えた。紀元前5世紀半ば、ヒポクラテスと対立する学派に属していたクニドスのエウリュポーンは、体内に蓄積する剰余物が不調の原因であり、それを中和する必要があると説いた。

天体の運行

ギリシアの天文学者たちは、惑星の不規則な運行は太陽と月と惑星が同心円の球面上に位置しているため、速度の異なる円運動が惑星の軌道をつくっていると考えた。
2世紀の天文学者プトレマイオスは、この球面を円に置きかえて太陽系モデルを組みたてた。

　博識のアリストテレスは、土、空気、火、水の四元素説をさらに発達させ、アイテルという第5の要素が星や惑星の円運動を可能にしていると考えた。エウドクソスの理論に手を加えて変則的な現象を説明し、宇宙モデルの天球も55に増やした。さらに物体の速度は重さと力、媒体の密度に比例するとして、力学研究への道も切りひらいた。

　幾何学の基礎を築いたのは、ギリシアの数学者で幾何学の父と呼ばれたアレクサンドリアのエウクレイデス（紀元前325～265年）である。彼は全13巻の《原論》を著わし、そこで示した5つの公準と9つの公理からピュタゴラスの定理を含む各種定理を導きだし、三角形の内角の和は180度であることを示した。《原論》には、最大公約数のアルゴリズムなど数論の先駆的研究も含まれている。

- 紀元前400年頃　ヒポクラテスが身体の不均衡が病気を引きおこすと説く
- 紀元前387年　プラトンがアテナイにアカデメイアの学園を設立
- 紀元前390～350年頃　プラトンが「原型」の概念を提唱する
- 紀元前375年頃　クニドスのエウドクソスが天体運行の理論を唱える
- 紀元前350～300年頃　デンマークのヨルトスプリングで発見された、世界最古のよろい張りの舟がつくられた年代
- 紀元前350年頃　ポントスのヘラクレイデスが地球の自転を説く
- 紀元前350～322年頃　アリストテレスが天体運行の理論をさらに改良する

紀元前334〜300年

1万4000
エピダウロス劇場の収容人数

紀元前4世紀に小ポリュクレイトスが設計したギリシアのエピダウロス劇場。音響効果がすばらしく、舞台から60m離れた客席でもせりふがはっきり聞きとれる。

ギリシア医学は紀元前4世紀、カリストスのディオクレスが人体解剖を行ない、解剖学書を著わしたことで飛躍的に進歩する。エジプトのプトレマイオス1世(紀元前367〜283年)はアレクサンドリアにムセイオンを創設し、医学のアレクサンドリア学派隆盛を後押しした。そのひとりであるカルケドンのヘロフィロス(紀元前335〜280年)は、神経系が脳にあることを突きとめ、また動脈と静脈の区別も発見した。

ギリシアの物理学を推進したのはランプサコスのストラト(紀元前335〜269年頃)だった。ストラトは、空気のように軽い物体を上に押しあげる力と、重い物

アッピア街道
ローマ帝国が整備した最初の街道。ローマとカプアを結んでいた。当初は砂利道だったが、紀元前295年に敷石で舗装された。

体を引きさげる力が拮抗するという発想を否定した。また空気は圧縮可能なので、空気の粒子のあいだには何もない空間があるはずだとして真空の存在を主張した。

ヨーロッパでは湿地や沼地を通るための木道が新石器時代から存在していたが、本格的な道路建設とその維持には中央化された強力な政体が必要だった。紀元前312年、ローマ人は広大な帝国をまとめるための道路網建設に取りかかる。最初に完成したのはローマとカプアを結ぶアッピア街道だった。ローマの道路は幅3〜8m、粘土または木材の下地の上に燧石や砂利を敷きつめた。表面を石灰モルタルで固めたり、都市部では丸石で舗装することもあった。

アレクサンドリアにあるファロスの灯台は、紀元前300年頃にプトレマイオス1世が建設を命じたもので、高さ125〜150mと古代世界で最も高い灯台だった。夜間に頂上部で燃やす燃料を供給するために、最新鋭の水圧機械が用いられた。日中は金属またはガラスの鏡が太陽光を反射して船に合図を送っていた。

紀元前6世紀にピュタゴラスが音響実験をすでに行なっていたが、紀元前4世紀にはアリストテレスがその研究をさらに進めて、音は空気の伸縮であることを理論化した。エピダウロス劇場は、階段状の座席が低周波のバックグラウンドノイズを消す役割を果たし、舞台上で発した役者のせりふを最後列まで完璧に聞きとることができた。

紀元前300年に成立した中国の《黄帝内経》は、人体の生理学と病理学を、対立しながらもたがいに不可欠な陰と陽、五行(土、火、木、水、金)、そして万物の本質である気のバランスで説明していた。陰と陽、気、五行は人間の臓器や周囲の環境と対応しており、その不均衡が病気を招くと考えられていたのである。

ファロスの灯台
アレクサンドリアにあったこの灯台は世界七不思議のひとつだったが、14世紀に地震で倒壊した。

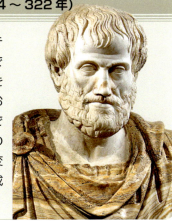

アリストテレス(紀元前384〜322年)

西洋哲学の祖であるアリストテレスは、プラトンがアテナイで開いた学園で学んだ。150を超える著作は、ギリシア哲学および科学のあらゆる面に及んでいる。知識は経験から得るものという経験主義者で、万物は変わりうる素材と不変の原型で成りたっていると主張した。

5
ユークリッド幾何学におけるプラトンの立体(正多面体)の種類

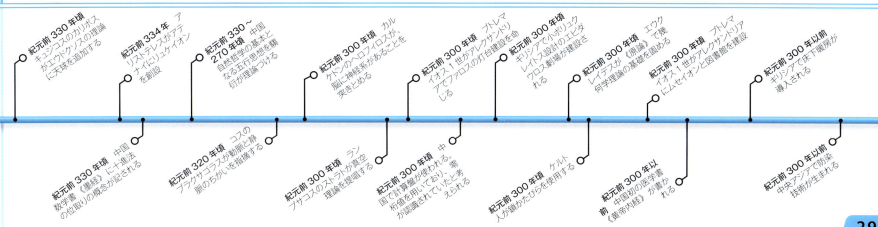

- 紀元前330年頃 カリッポスがエウドクソスの理論に天球を追加する
- 紀元前330年頃 中国 数学書《墨経》に十進法の位取りの概念が記される
- 紀元前334年 アリストテレスがアテナイにリュケイオンを創設
- 紀元前330〜270年頃 中国 自然哲学の基本となる五行思想を翳衍が理論づける
- 紀元前320年頃 コスのプラクサゴラスが動脈と静脈のちがいを指摘する
- 紀元前300年頃 カルケドンのヘロフィロスが、脳に神経系があることを突きとめる
- 紀元前300年頃 ランプサコスのストラトが真空理論を提唱する
- 紀元前300年頃 プトレマイオス1世がアレクサンドリアでファロスの灯台建設を命じる
- 紀元前300年頃 中国で計算盤が使われる。人が桁値を用いており、零が認識されていたと考えられる
- 紀元前300年頃 ギリシアで小ポリュクレイトス設計のエピダウロス劇場が建設される
- 紀元前300年頃 エウクレイデスが《原論》で幾何学理論の基礎を固める
- 紀元前300年以前 中国初の医学書《黄帝内経》が書かれる
- 紀元前300年頃 プトレマイオス1世がアレクサンドリアにムセイオンと図書館を建設
- 紀元前300年以前 ギリシアで床下暖房が導入される
- 紀元前300年以前 中央アジアで防衛技術が生まれる

紀元前300～250年

> **"エウレカ！　わかったぞ！"**
>
> ギリシアの発明家・哲学者アルキメデス（紀元前287頃～212年頃）の言葉

ローマの建築家ウィトルウィウスによると、アルキメデスは入浴中に浴槽からあふれでた湯を見てアルキメデスの原理を思いついたという。

中国では紀元前3世紀の文献に鉄の天然磁石の記述があり、紀元83年頃の《論衡》には琥珀をこすると静電気を帯びると記されていた。

同じころ中国の占術師も、天然磁石に鉄をこすりつけると磁気を帯び、特定の方向を指すことを知っていた。占術盤に置かれた鉄のれんげは原始的ながら世界最古の羅針儀と言える。

ギリシアではレスボスのテオプラストス（紀元前370～287年頃）が、師アリストテレスの後継者としてアテナイのリュケイオンを率い、植物学を中心にアリストテレスの学問を発展させた。また著書《植物誌》《植物原因論》で植物を木、灌木、草に分類しただけでなく、植物の繁殖を研究し、最適な耕作法や、害虫を寄せつけない随伴植物についても論じた。

天文学ではサモスのアリスタルコス（紀元前310～230年頃）が、地球が太陽系の中心であるという通説を否定し、地球は太陽の周囲を回っていると唱えた。他の惑星についての見解は不明である。また太陽と地球の大きさは20：1であり、地球と太陽の距離は地球の半径の499倍と算出した。空気力学は紀元前3世紀初頭にアレクサンドリアのクテシビオスが確立した。クテシビオスは理髪師の父親のために、釣合いおもりを上下させ、圧縮空気で高さを調節できる鏡を発明したとされる。この発想をさらに発展させた「クテシビオスの装置」は、2室構造の押しあげポンプで、揺り軸につけたピストンで圧力を生じさせるものだった。装置を水に入れると揺り軸が上下して片方の室に水が吸いこまれ、もういっぽうから排出される。

哲学者で発明家のアルキメデス（紀元前287～212年）は、古代ギリシアで最も偉大な数学者でもあった。著書『円周の測定』で円の面積と円周の算出方法を示したほか、立体の体積の計算方法を確立し、球とそれに外接する円柱の体積比は2：3であることを証明した。流体静力学の創始者でもあり、物体を水に沈めると、その浮力に等しい量の水が押しのけられることを確かめた。静力学の理論を体系化して、2個の重りは相対的な質量に比例する距離で釣りあうことを示した。実用志向が強かった彼は、シュラクサイのために建造した巨大船から水を汲みだすために、アルキメデスのねじを開発している（[紀元前700～400年]参照）。紀元前214年、シチリアがローマの侵攻を受けたときは、シュラクサイ防衛のための装置をいくつも考案した。そのひとつで

クテシビオスのポンプ
揺れ腕が片方のピストンを押しさげると、生じた圧力で吸込み弁が閉まり、水が流出管を通る。反対側の圧力が下がると弁が開いて水が入ってくる。

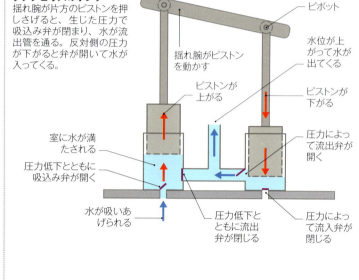

中国の羅針盤
漢代の羅針盤。磁気を帯びた蓮華が置かれた青銅板には宇宙の構造が描かれている。

- 紀元前300年頃　レスボスのテオプラストスが植物の分類を開始
- 紀元前250年頃　サモスのアリスタルコスが太陽中心説を唱える
- 紀元前260年頃　アルキメデスが円周と円の面積の計算に取りくむ
- 紀元前250年頃　アレクサンドリアのクテシビオスが水圧ポンプを発明

紀元前249〜100年

エラシストラトスは、シリアのセレウコス1世の息子アンティオコスの重病を治癒させたとされる。病気の原因は義母ストラトニケへの恋慕で、世界初の心身症診断とされる。

あるアルキメデスの鉤爪はクレーンの一種で、敵船を転覆させるために使われた。

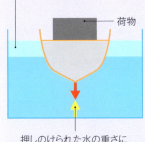

押しのけられた水の容積は物体の容積に等しい

荷物

押しのけられた水の重さに等しい力が上向きにかかる

アルキメデスの原理

一部または全部が液体に浸かっている固体は、固体が押しのけた液体の重さに等しい浮力を受ける。物体の相対的な密度は、物体の重さを、押しのけられた液体の重さで割ることで得られる。上図のボートが重い荷物を支えられるのは、多くの水を押しのけることでそれに等しい浮力を得ているからだ。

コスのエラシストラトス（紀元前304〜250年頃）によって、ギリシアの解剖学は大いに前進した。彼は循環説を唱え、血液は血管を通って全身をめぐり、動脈はプネウマ（気）を主要臓器に届けていると考えた。また小脳を含む脳の構造を正確に描写し、運動神経の感覚を区別した。

キュレネのエラトステネス（紀元前275〜195年頃）は、紀元前240年頃に経線と緯線の入った世界地図を初めて作成した。またエジプトのアレクサンドリアとシエネの正午の影の角度を比較して、そこから地球の大きさを算出した。その結果は25万スタディオン、すなわち4万8070kmで、実際の値との誤差はわずか1%である。素数を簡単に見つけられるエラトステネスのふるいも考案した（右［囲み］参照）。

古代ギリシアの幾何学は、紀元前3世紀後半に活躍したペルガのアポロニウス（紀元前262〜190年頃）の功績で前進した。彼は著作『円錐曲線論』のなかで、円錐の断面は楕円、放物線、双曲線になると述べた。また周転円理論——大円の円周上を回る円軌道——を展開し、天体運行の理論をさらに精密なものにした（［紀元前400〜335年］参照）。

紀元前2世紀後半、ローマで砂利を固めたコンクリートが発明される。ポゾラン（先史時代の火山灰）と石灰を混ぜて、強い固着力を持つモルタルもつくられ、丈夫な巨大建造物を安上がりに建設できるようになった。コンクリート造りの最古の建築物は、紀元前193年にローマでつくられたアエミリウスの柱廊である。

ニカイアのヒッパルコス（紀元前190〜120年頃）は850個の星を記録した新しい天体図を作成し、観測天文学に革命を起こした。さらに天文観察の道具も発明し、なかでも経緯儀はアーミラリ天球儀が登場するまで使われつづけた。ヒッパルコス自身、星が春分点・秋分点に対して少しずつ移動するように見える歳差運動を経緯儀を使って発見している。さらに彼は1年の長さを365.2467日とかなり正確に計算した。

中国では紀元前3世紀後半から紙の製法が発達しつつあった。織物を水に浸してパルプ状にしたものを、枠に広げて乾燥させる。こうしてできた薄い繊維質には字を書くことができた。紙の発明者は蔡倫（50〜121年）とされるが、彼はこうした製法を改良し、樹皮など新しいパルプ素材を工夫したと考えられる。

○で囲んであるのが素数　×は非素数

2 3 ×4 5 ×6 7 ×8 ×9 ×10
11 ×12 13 ×14 ×15 ×16 17 ×18 19 ×20
×21 ×22 23 ×24 ×25 ×26 ×27 ×28 29 ×30
31 ×32 ×33 ×34 ×35 ×36 37 ×38 ×39 ×40
41 ×42 43 ×44 ×45 ×46 47 ×48 ×49 ×50

エラトステネスのふるい

素数を見つける簡単なアルゴリズム。2から始めて、2の倍数（2そのものは残す）を消していく。次に3でも同じことを繰りかえす。こうして残ったのが素数である。

マクセンティウスのバシリカ
4世紀初頭に建てられたコンクリート製のバシリカは当時ローマで最大の建物だった。

- 紀元前250年頃　コスのエラシストラトスが大脳と小脳を区別する
- 紀元前240年頃　キュレネのエラトステネスが地球の大きさを測定
- 紀元前230年頃　ペルガのアポロニウスが円錐曲線の特性を示す
- 紀元前200年以前　ケルト人が鉄を一体成型した車輪をつくる
- 紀元前200年頃　南アメリカのモチェ文化で複雑な型を使った土器がつくられる
- 紀元前200年頃　アンデス山脈で鉛鉱石から銀が抽出される
- 紀元前200〜紀元500年　ペルーでナスカの地上絵の大半が描かれる
- 紀元前200年頃　北アメリカの北極地帯でカヤックがつくられる
- 紀元前193年　大規模なコンクリート建造物であるアエミリウスの柱廊がつくられる
- 紀元前160年頃　ニカイアのヒッパルコスが春分点歳差について記述する

紀元前100年～紀元49年

ウィトルウィウスの下射式水車を描いた中世の絵。水車が回転すると桶が水を汲みあげ、頂上で空にする。

> "力学の法則は自然法則に基づいており、宇宙の基本運動を観察することで明らかになる。"
>
> マルクス・ウィトルウィウス・ポッリオ（ローマの建築家・工学者）《建築について》（紀元前15年頃）

この時代の歯車機構を知る最適な証拠がアンティキテラ島の機械だ。紀元前80年頃に製作され、1900年にギリシアのアンティキテラ島沖で難破船から発見されたこの機械は、最低30本の歯を持つ青銅の歯車をいくつも組みあわせたもので、日食や月食の予測のほか、古代ギリシアの暦の基本となっていた19年のメトン周期などを知るのに使っていたと思われる。

マヤ文明は、紀元前1世紀には長期暦を使用していた。長期暦は5125年にわたるもので、20トゥン（年）が1カトゥン、20カトゥンが1バクトゥン、13バクトゥンが全期間になる。長期暦として確認できる最古の日付は紀元前36年12月9日で、メキシコのチャパ・デ・コルソの石碑に刻まれている。マヤ人は52年を単位とする周期暦も使用していた。こちらは260日のツォルキン暦と365日のハアブ暦の組みあわせである。

紀元前90年頃、アパメイアのポセイドニオス（紀元前135～50年頃）が、アレクサンドリアとロードスから見たカノープスの相対的な位置をもとに地球の大きさを算出した。その結果は24万スタディオンで、キュレネのエラトステネス（紀元前250～100年）の数値よりわずかに少ないだけだった。ポセイドニオスは月の大きさも計算し、潮汐と月の満ち欠けを結びつけた。

同じころギリシアの医師ビテュニアのアスクレピアデス（紀元前129～40年）は、感覚は脳にあるという自論を掘りさげていた。そして紀元前5世紀の哲学者デモクリトスの原子論に基づいて、体内の原子の流れと病気を結びつけ、入浴法や運動といった治療法を考案した。彼を信奉していたラオディキアのテミソンは、ヒルを使った瀉血を最初に行なった医者とされる。

ローマの学者ケルスス（紀元前25～紀元50年頃）は、当時の医学知識を百科事典的にまとめた《医学論》を編纂した。そこにはアヘンや緩下剤の使用について記され、腎臓結石や白内障の外科的処置についても記述があった。

この時代のローマでは工学も発達した。建築家ウィトルウィウス（紀元前84～15年）は、ポンプの水圧を下げるためにサイフォンを使うことを考えた。また汲みあげた水を頂上部分の水路に流しいれる水車も考案している。これは下射式水車と呼ばれ、以前から存在していたが、ウィトルウィウスが改良して効率を高めた。

紀元前50年頃、ローマ支配下のシリアで開発されたのが吹きガラスだ。融かしたガラスを型に流しこむのではなく、管で吹くことでなめらかに成形することが可能になった。その結果、ローマ帝国全域で高品質のガラス製品づくりが盛んに行なわれるようになった。

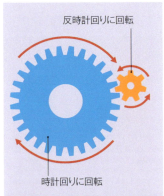

歯車

紀元前330年頃にアリストテレスが言及しているように、ローマではこの時代に水車や巻揚げ機で使われるようになった。歯を刻んだ円盤が嚙みあっており、歯車の大きさが変わることで駆動機構の速度が変化する。

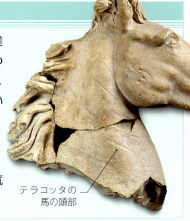

古代ローマの獣医学

ローマ時代の獣医学は農業と、大規模な騎馬部隊を持つ軍隊の必要性から発達した。軍隊ではムロメディクスという専門職が軍用ロバと軍馬を世話していた。紀元45年頃、コルメッラという著述家が農耕用家畜の世話と病気について詳しく書いている。

テラコッタの馬の頭部

300万スタデオン
ポセイドニオスが計算した太陽の直径

古代ローマのガラス
レバノンで出土した紀元1世紀の色あざやかな瓶。帝政初期の典型的なガラス器である。

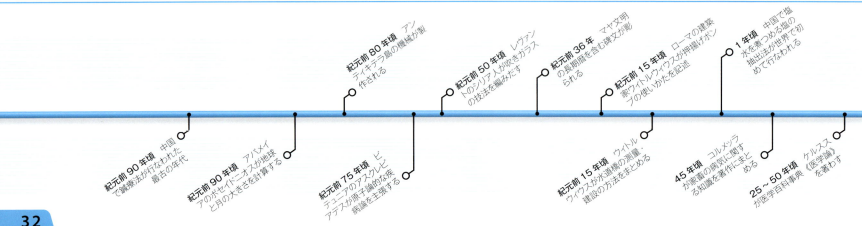

- 紀元前90年頃　中国で鍼療法が行なわれた最古の年代
- 紀元前90年頃　アパメイアのポセイドニオスが地球と月の大きさを計算する
- 紀元前80年頃　アンティキテラ島の機械が製作される
- 紀元前75年頃　ビテュニアのアスクレピアデスが原子論的な疾病論を主張する
- 紀元前50年頃　レヴァントのシリア人が吹きガラスの技法を編みだす
- 紀元前36年　マヤ文明の長期暦を含む碑文が彫られる
- 紀元前15年頃　ローマの建築家ウィトルウィウスが押揚げポンプの使いかたを記述
- 紀元前15年頃　ウィトルウィウスが水道橋の測量・建設の方法をまとめる
- 1年頃　中国で塩水を煮つめる塩の抽出法が世界で初めて行なわれる
- 45年頃　コルメッラが家畜の病気に関する知識を著作にまとめる
- 25～50年頃　ケルススが医学百科事典《医学論》を著わす

50年～74年

> "自然は人間に従わないが、人間は自然の法則に従わねばならない。"
>
> ギリシアの医師、植物学者ディオスコリデスの《薬物誌》（50頃～70年）

循環機能の改善に昔から用いられてきたビルベリー。ディオスコリデス《薬物誌》の6世紀の写本より。

モチェ文化の医学

ペルーに栄えたモチェ文化の陶器像。仰向けになった患者を医者が治療している。

インド医学は紀元前1000年以前のヴェーダ期から始まり、紀元前100～紀元100年には最古の医学書《チャラカ・サンヒター（チャラカー概論）》が成立した。臨床での診察、薬や食事による治療法などが書かれている。インド伝統のアーユルヴェーダは4種類の体液を均衡させ、体内のスロータス（経路）を滞りなく体液が流れることを重視した。古代南アメリカの医学は、1世紀後半以降につくられたモチェ族の陶器像から知ることができる。顔面麻痺などさまざまな症状の患者と、松葉杖や原始的な義足などが描かれている。

世界初の薬局方を編んだのはギリシアのディオスコリデスである。それには600種類以上の植物について、外見の特徴と効能が記されたこの本は影響力が多大で、中世まで医者に愛用されていた。

《淮南子》は紀元前122年以前に編まれた中国の知識大全である。哲学、形而上学、自然科学、地理学と多岐にわたるが、特筆すべきは数学と和音の分析で、中国伝統の12音音階に関する記述もある。

ギリシアの幾何学者で発明家だったアレクサンドリアのヘロン（紀元前10～70年頃）はさまざまなクレーンを考案した。たとえばバルルコスは逆回転しないウォーム歯車を用いており、荷物がすべらない工夫がされていた。ねじを正確に切るための旋盤の記述もある。風車の羽根が回転してピストンを動かし、パイプオルガンを鳴らす装置も構想した。ヘロンは蒸気の研究で知られ、その知識をもとに「アイオロスの球」を製作した。これは蒸気の勢いで中空の球を回転させるもので、いわば蒸気エンジンの走りである。

- 球が蒸気の力で回転する
- 釜の蒸気を球に送りこむパイプ
- ノズルから蒸気が排出される勢いが球を動かす
- 大釜の蓋
- 水を張った大釜
- 台座
- 水を沸かすための薪（まき）

ヘロンが考案した「アイオロスの球」
古代の蒸気機関で、大釜で発生させて球に送りこんだ蒸気が、ノズルから排出されることで球が高速で回転する。

600種類
ディオスコリデス著《植物誌》に収録されている植物の種類

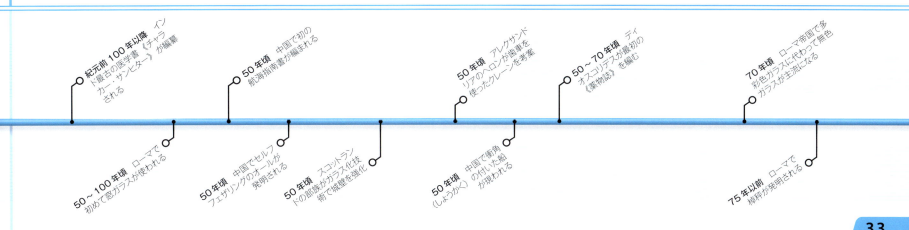

- 紀元前100年以降 インドで最古の医学書《チャラカー・サンヒター》が編纂される
- 50～100年頃 ローマで初めて窓ガラスが使われる
- 50年頃 中国で初の航海指南書が編まれる
- 50年頃 中国でセルフフェザリングのオールが発明される
- 50年頃 スコットランドの部族がガラス化技術で城壁を強化
- 50年頃 アレクサンドリアのヘロンが歯車を使ったクレーンを考案
- 50年頃 中国で衝角（しょうかく）の付いた船が現われる
- 50～70年頃 ディオスコリデスが最初の《薬物誌》を編む
- 70年頃 ローマ帝国で多彩色ガラスに代わって無色ガラスが主流になる
- 75年以前 ローマで樽桶が発明される

250万年前〜紀元799年｜科学が誕生する前

単純機械とは

力の大きさと方向を変える装置は古代から使われていた。

機械装置はいくつもの要素で成りたっているが、なかでも基本の6種類——車輪と車軸、傾斜、てこ、滑車、くさび、ねじ——は単純機械と呼ばれ、古代から数学者や工学者が研究を重ねてきた。

1世紀に活躍したアレクサンドリアのヘロンは、著書《メカニカ》で斜面を除く単純機械を初めて総合的に取りあげた人物である。ヘロンは重量物を持ちあげるさまざまな装置を図解し、説明しているが、その仕組みの研究はヘロン以前から行なわれていた。シュラクサイのアルキメデス（紀元前3世紀）は、てこの原理を研究し、力点と作用点にかかる力の比は、支点から力点および作用点までの距離の比に等しいことを突きとめた。したがって大きな「機械的倍率」を獲得して力を増大させ、重量物を動かすには、長いてこを用いたうえに、重量物を支点にできるだけ近づける必要がある。ただし古代の工学者は、力と距離のあいだで分配が働くことをわかっていなかった。大きな機械的倍率を得るとき、てこの長いほうは動く距離が大きくなり、重量物は少ししか動かない。滑車も同様で、重い物を持ちあげるときは、物体が動く距離以上の長さでロープを引かなくてはならない。力が行なう「仕事」の量は、重量物が行なう仕事と等しくなるのである（摩擦の影響は無視する）。

ヘロン
アレクサンドリアのヘロンは古代ギリシアで最大の成果をものした工学者だった。左は蒸気機関の元祖であるアイオロスの球を動かしているところ。

車輪と車軸

車輪は紀元前3500年頃にメソポタミアで発明された。車軸に車輪を固定すると、両者はいっしょに回転する。古代のエンジニアは車軸にロープを巻きつける巻揚げ機などに応用していた。巻揚げ機の機械的倍率はクランクホイール径と車軸径の比で決定され、クランクホイール径が車軸径の2倍あれば、作用力も2倍になる。ドアの取っ手や自転車のクランクも車輪と車軸の活用例だ。歯車は相互に噛みあう車輪で車軸は持たず、機械的倍率は隣接する歯車の直径比で決まる。

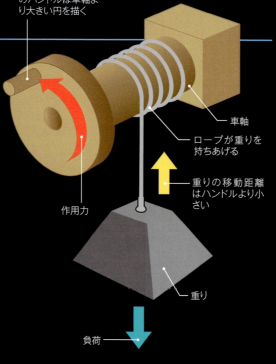

車輪（クランク）のハンドルは車軸より大きい円を描く

車軸

ロープが重りを持ちあげる

作用力

重りの移動距離はハンドルより小さい

重り

負荷

回転する力
車輪が回転すると車軸がロープを引っぱりあげる。車軸に対して車輪を大きくすると、より大きな機械的倍率が得られるが、ハンドルを回す距離が長くなる。

傾斜

単純な傾斜は先史時代から機械的倍率を得るのに使われていた。物体を直接持ちあげるより、斜面を押しあげたほうが少ない力ですむ。ただし移動距離は斜面のほうが長くなる。

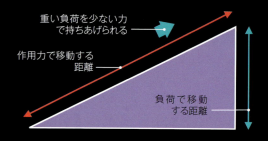

重い負荷を少ない力で持ちあげられる

作用力で移動する距離

負荷で移動する距離

斜面
傾斜利用の最も単純な形が斜面だ。負荷を真上に持ちあげるより、斜面を押しあげるほうが少ない力ですむ。

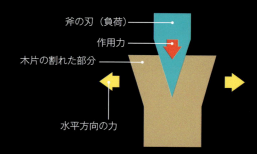

斧の刃（負荷）

作用力

木片の割れた部分

水平方向の力

くさび
2つの傾斜面の端が接するとくさびができる。斧の刃はくさびになっており、木片に垂直に打ちこむと水平方向に強い力が働き、その力で木片が割れる。ただし割れた部分はわずかな距離しか離れない。

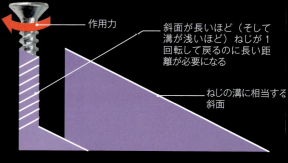

作用力

斜面が長いほど（そして溝が浅いほど）ねじが1回転して戻るのに長い距離が必要になる

ねじの溝に相当する斜面

ねじ
ねじは軸に斜面が巻きついている状態と考えられる。ねじを対象物に回しこむと奥へと引きこまれる。ねじは水や穀物などかさばる物を移動させるコンベヤーにも使われる。

34

滑車

自由回転の円盤にロープをかけただけの単純な滑車(かっしゃ)では、機械的倍率は得られない。しかし円盤の下を通すと、ロープの左右で負荷を分けあうので必要な力は半分になる。この場合、負荷はロープを動かした距離の半分まで移動する。2種類以上のブロックを組みあわせると、機械的倍率はさらに増大できる。

定滑車
1個の滑車にロープをかけ、一端に重量物を固定する。機械的倍率は得られないが力の方向を変えられるので、重量物を単純に持ちあげるときに便利である。

- 固定された滑車
- 滑車に沿ってロープが動く
- 重量物が持ちあがる
- ロープの端は重量物と同じ距離を移動する
- 負荷に等しい作用力
- 負荷は物体の重量

動滑車
単純な滑車で機械的倍率を2にするには、滑車の下にロープを通せば滑車の左右で負荷が分割される。

- 作用力は負荷の半分
- 自由に動く滑車
- 重量物はロープの移動距離の半分だけ持ちあがる

複滑車1
定滑車と動滑車を組みあわせたもの。機械的倍率は2で変わらないが、ロープを下向きにひっぱるので操作しやすい。

- 定滑車
- 動滑車
- 作用力は負荷の半分
- 負荷は物体の重量

複滑車2
滑車の数を増やした複滑車は機械的倍率がさらに多くなる。右図の例では、重量物を持ちあげる仕事がロープの4つの部分で分配されるので、機械的倍率は4になる。

- 滑車が2個の定滑車
- ロープを動かす距離は重量物を持ちあげる距離の4倍
- 滑車が2個の動滑車
- 作用力は重量物の4分の1
- 負荷は物体の重量

てこ

てこの機械的倍率は支点と力点・作用点の距離で決まるが、1のこともあれば、1より大きい、あるいは小さいこともある。てこには支点に対する力点・作用点の位置関係で3種類ある。

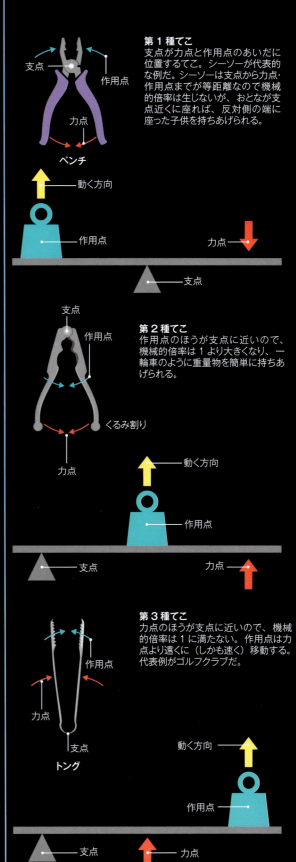

第1種てこ
支点が力点と作用点のあいだに位置するてこ。シーソーが代表的な例だ。シーソーは支点から力点・作用点までが等距離なので機械的倍率は生じないが、おとなが支点近くに座れば、反対側の端に座った子供を持ちあげられる。

ペンチ

第2種てこ
作用点のほうが支点に近いので、機械的倍率は1より大きくなり、一輪車のように重量物を簡単に持ちあげられる。

くるみ割り

第3種てこ
力点のほうが支点に近いので、機械的倍率は1に満たない。作用点は力点より遠くに(しかも速く)移動する。代表例がゴルフクラブだ。

トング

75年〜249年

> 生まれたばかりのクマはネズミより少し大きい不定形の白い肉塊で、鉤爪だけがそれとはっきりわかる。

大プリニウス《博物誌》第8巻（77年）

中世につくられた《博物誌》写本の口絵で、分割機を持つ大プリニウス。

ローマの歴史家で哲学者だった大プリニウス（23〜79年）は、古今の知識を集大成した《博物誌》を77年に完成させた。内容は鉱物学、天文学、数学、地理学、民族誌学、さらには植物学、動物学と多岐に渡り、現代の我々にとって古代ギリシアとローマの科学に関する情報源であるだけでなく、古代の科学者の業績を知る貴重な資料でもある。

この時代、解剖学と疾病に関する重要な3つの著作が世に出ている。1世紀後半にカッパドキアのアレタイオスが書いた《急性・慢性疾患の原因と徴候》には、様々な病気とその診断、原因、治療法が紹介されている。糖尿病とセリアック病を最初に記述したのもアレタイオスで、他にも胸膜炎、肺炎、喘息、コレラ、肺結核を取りあげ、とくに肺結核では海辺の転地療養を勧めている。

100年にギリシアの医師エフェソスのルフスが著わした《人体各部の名称について》には、ローマ時代の解剖学の知識が集約されている。とりわけ目の記述は詳細で、視神経の一部が交差して脳につながる視交叉も最初に確認している。ルフスは膵臓の命名者であり、うつ病も研究した。

2世紀初頭、ギリシアの医師エフェソスのソラヌスは《女性の疾病について》を書いた。古代世界における婦人科疾患の総合医学者である。助産婦の適切な訓練や、助産椅子の使用といった助産行為、内視鏡の使いかた、子宮内注射の説明のほか、婦人科疾患の詳細な記述など豊富な内容を誇っていた。これに対して小児科学の先駆的存在だったのがエフェソスのソラヌスである。彼の医学書には、授乳のための人工乳首づくり、扁桃炎、発熱、熱射病など子供のかかりやすい病気の記述など、乳幼児を育てる際の助言が盛りこまれている。

張衡（78〜139年）は中国の博識家で、2世紀初頭の著作には円周率の計算、124の星座、惑星の運行がわかる天球儀のつくりかたが記されているが、彼の業績で最も有名なのは132年に完成した世界最古の地震感知器だろう。青銅の壺の内部に振り子が仕込まれており、地震が起こると振り子が揺れ、8つある龍の頭のどれかが開いて球を落とし、下で待ちうけているカエルの口に飛びこむ仕組みだ。138年に起きた地震ではこの感知器を宮廷で実演し、640km以上離れた震源地の方向を当てることができた。

紀元前3世紀、ローマではアーチ構造で重量を支える原理が発見され、橋梁建設に活用された。104年頃、ダマスカスのアポロドロスはドナウ川にかかる大橋を建設し、トラヤヌス帝のダキア（現在のルーマニア）侵略を

30% ローマの乳幼児死亡率
1〜2世紀は医学が発達したが、それでもローマの乳幼児死亡率は約30%もあった。

張衡の地震感知器
地面の揺れを感知して振り子が動くと、龍がくわえた球がカエルの口に落ち、震源の方向を示す。

- 龍の口はクランク機構で開閉
- 球
- 球がカエルの口に落ちる

- 75年頃　デモステネス・フィラリテスが眼科学の論文を執筆
- 77年　ローマの歴史家大プリニウスが《博物誌》を完成
- 100年　エフェソスのルフスが解剖学の論文を執筆
- 100年頃　小アジアの医師ヘロドトスが天然痘について記述
- 100年頃　ギリシアの医師エフェソスのソラヌスが婦人科学の論文を執筆
- 100年頃　カッパドキアのアレタイオスが糖尿病について記述
- 100年頃　アレクサンドリアのメネラウスが三角法の著作で球面三角形の定理を記述
- 100年以降　中国で足踏み式織機が考案される
- 100年以降　イーワーン（柱のない）トンネル形ヴォールト）が考案される
- 100年以降　アルキメネスが膨拍測定の10の基準を策定

ローマ時代の状態がほぼそのまま残るアエリウス橋。ハドリアヌス帝が自らの霊廟（現在のサンタンジェロ城）に行きやすくするために建造した。当時はアーチが8つあった。

プトレマイオスの地図
プトレマイオス著《アルマゲスト》に記載された座標と地誌的情報から、彼の世界観を反映した地図がつくられた。写真は1492年のもの。

支援した。トラヤヌスの橋は120年頃に後継者ハドリアヌス帝が破壊した。ハドリアヌス帝自身も、134年頃にローマで建造したアエリウス橋をはじめ、大規模な橋をいくつかかけている。

ローマ市民権を持つギリシア人天文学者、アレクサンドリアのプトレマイオス（90〜168年頃）は、数学の要素を取りいれた地理学と天文学の著作で知られる。《ゲオグラフィア》では経線と緯線の座標（緯線は1年で最も長い日から割りだした）付きで世界を記述し、世界地図作成の方法を指示した。《数学全書（アルマゲスト）》は1000個の星と48個の星座を一覧にしている。さらに天球理論を掘りさげ、太陽と月の不規則な動きや、太陽系の一部の星が他の天体に対して逆行するように見える動きを、周転円を追加して説明した。観測データから数学的モデルを構築し、球体三角法を使って自らの理論の裏づけとした最初の天文学者である。プトレマイオスの太陽系モデルは、ルネサンス期まで天文学の基礎となった。

169年、クラウディウス・ガレノスがマルクス・アウレリウス帝の侍医に就任する。ガレノスの専門は解剖学で、剣闘士養成学校の外科医時代に人体の生理機能と外科的処置の知識を培い、四体液説（右［囲み］を参照）を唱えた。

現在のパキスタンで見つかった200年頃のバクシャーリー写本には、平方根の求めかたが書かれていた。十進法で零の記号が使われた最古の文献であり、数と記号が1対1で対応する完全な十進記数法が登場した最初の例である。この記数法はアラブ世界を経由して西に伝播したことで、アラビア・インド数字と呼ばれるようになった。

中国の数学がめざましい進歩を遂げたのは、179年には存在していた《九章算術》の時代だった。この数学書には円弧の面積計算、円錐などの立体、常分数（x/yで表現される）の規則が記され、負数の入った方程式など一次方程式の計算も説明されていた。

クラウディウス・ガレノス（130頃〜210年頃）

古代ギリシアのペルガモンに生まれたガレノスは、先達の業績をひとつの科学的枠組みにまとめあげ、350を超える医学書を著わした。自らの目で観察することを重視し、人体の臓器は神の定めに従って機能していると考えた。

四体液説

人体には血液、粘液、黄胆汁、黒胆汁が流れていると考える。血液だけは宇宙の4要素（火、空気、土、水）が均等に混ざっているが、残りはいずれかの要素が突出している。黄胆汁が多いと黄疸に、黒胆汁が多いとハンセン病に、粘液が多いと肺炎になるというように、4種類の体液のどれかが過剰になると病気になると考えられていた。

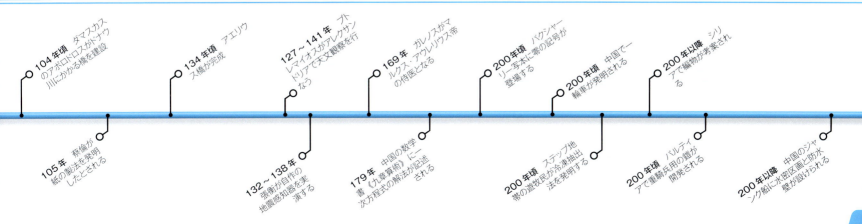

250年～499年

算術、音楽、天文学、修辞学、文法学など、5世紀の著述家マルティアヌス・カペッラが体系化し、中世初期の教育の基本となった自由技芸を象徴する15世紀の絵画。

アレクサンドリアのディオファントス（200頃～284年頃）は250年頃、未知数とその累乗を表わす記数体系を導入して代数学を確立した。たとえば $x^2 - 3 = 6$ では、x が未知数で2が冪指数である。ディオファントスは著書《算術》で一次方程式（$ax + b = 0$ のように、2以上の冪指数を持つ変数を含まない）と二次方程式（$ax^2 + bx + c = 0$ のように少なくとも変数のひとつが2乗になっている）の解法を示している。さらに不定方程式（ディオファントス方程式とも呼ばれる）の研究では大きな業績を残しており、その解法を提示した。その最も有名な例がフェルマーの最終定理（[1635～37年] 参照）である。

320年頃、アレクサンドリアのパップス（290年頃～350年頃）が全8巻の数学書を編纂し、過去の偉大な数学者たちの業績と最新の概念を紹介した。そのなかには重心や、平面図形の回転で得られる容積の研究も含まれていた。パップスは、のちに本人の名を冠した六角形の定理も提示している。これは同一直線上の3点と、別の直線上の3点を結んで得られる3つの交点は同一直線上にあるというものだ。

3世紀に活躍したプロティノス（205～270年頃）がプラトンの教義（[紀元前700～400年] 参照）を発展させた新プラトン主義は、中世まで強い影響力を保ちつづけた。プロティノスは、語りえない超越的な存在（一者）が、それ以外のすべてのものを流出させていると考えた。人間の魂の源泉である「神聖な精神」および「世界の魂」もその一者に含まれる。プロティノスの信奉者だったアパメイアのイアンブリコス（245～325年頃）はその思想をさらに掘りさげ、ピュタゴラス（[紀元前700～400年] 参照）に由来する記数法を付けくわえた。イアンブリコスは、数学の定理が神聖な存在を含む全宇宙に適用可能で、数それ自体が具象的存在の一形態であると考えた。

3～4世紀は過去の科学者の業績をまとめる試みが活発で、ペルガモンのオリバシウス（323～400年）はガレノスをはじめとする医学者の仕事を集大成した全70巻の《全集》を編んだ。現存するのはそのうち20巻のみだが、そのうち4巻は《エウポリスタ》と題され、飲食物や食餌の指導書となっている。また骨が砕けたあごの固定法を、1世紀の医師ヘラクラスに由来するものとして紹介している。オリバシウスはローマ皇帝ユリアヌスの侍医となったが、363年に戦場で槍を受けたユリアヌスの生命を救うことはできなかった。

中国では数学が発展を続けていた。263年に成立した《海島算経》には直角三角形が論じられている。300年頃に書かれ

ローマの手術器具
古代ローマではさまざまな手術器具が使われていた。写真は圧舌子（あつぜつし）と鉤（かぎ）で、その他に内視鏡やのこぎりもあった。

> 数の性質と力を説明するために、まずは万物の構造を支える基礎から始めることにした。

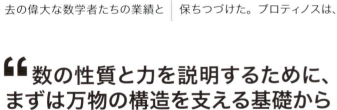

ギリシアの数学者アレクサンドリアのディオファントス《算術》（250年頃）

盛り土の畑
マヤ人は沼地に溝を掘り、その縁に肥沃な泥を写真のように盛りあげて作物を植えた。

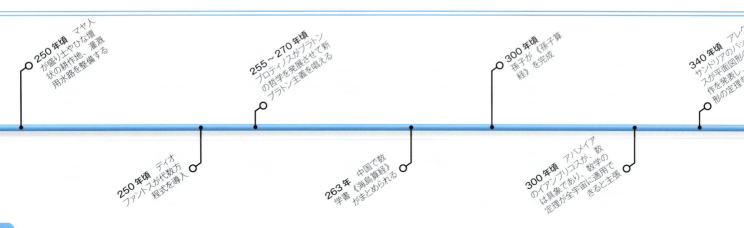

- **250年頃** マヤ人が盛り土やひな壇状の耕作地、灌漑用水路を整備する
- **250年頃** ディオファントスが代数方程式を導入
- **255～270年頃** プロティノスがプラトンの哲学を発展させて新プラトン主義を唱える
- **263年** 中国で数学書《海島算経》がまとめられる
- **300年頃** 孫子が《孫子算経》を完成
- **300年頃** アパメイアのイアンブリコスが、数は具象であり、数学の定理が全宇宙に適用できると主張
- **340年頃** アレクサンドリアのパップスが平面図形の著作を発表し、六角形の定理を提唱

> 地球を大きく広がる円盤のように思いえがく者もいるが、あいにく地球は平坦ではない……

マルティアヌス・カペッラ《文献学とメルクリウスの結婚》（410〜439年）

7科目 ローマの著述家カペッラが定めた自由技芸の種類

た《孫子算経》は不定方程式を分析していたほか、モジュール算数（数が円形に並ぶので時計の算数とも呼ばれる）で解を得るための、いわゆる「中国の剰余定理」も紹介している。5世紀には祖沖之（429〜500年）が補間法に関する数学書《綴術》を著わし、そのなかで円周率を355/113としている。その後小数点第7位まで計算することに成功し、これ以上の正確な値は16世紀まで現われなかった（下［囲み］参照）。

北アフリカのマダウルス出身のマルティアヌス・カペッラは、中世初期ヨーロッパ教育の礎を築いた人物である。彼は著書《文献学とメルクリウスの結婚》（410〜439年）のなかで、学問的知識を三学（文法、修辞、論理）と四学（幾何、算術、天文、音楽）に大別した。さらに火星と金星は太陽のまわりを回っていると述べ、のちにコペルニクスはこれをもとに太陽中心説を展開した（［1543年］参照）。

ローマ帝国の数学は前進が遅かった。450年頃、新プラトン主義の哲学者プロクルス（410〜485年頃）が《エウクレイデス原論注解》を著わし、過去の数学者の業績を集大成した。同時代に活躍したラリッサのドムニヌス（410〜480年頃）は《算術入門》で整数論の概略を記した。

マヤ人は5世紀には精緻な暦を考案し、わずか3種類の記号（点が1、棒が5、貝殻が0）ですべての数を表わす記数法を確立していた。マヤの天文学では太陰周期、太陽、日食・月食、金星の運行を重視していた。

マヤ文明では肥沃ながら水を多く含む土壌を活用するため、3世紀半ばから盛り土農業が行なわれていた。

円周率

円周を直径で割って求める円周率は、バビロニア人は3.125と推測していた。ギリシア人は円の内部に接する多角形の辺を使って円周の近似値を出す方法を編みだし、アルキメデスはそれに基づいて22/7とした。475年、祖沖之は3.1415926という小数点第7位まで正確な数字をはじきだした。現在はコンピューターが小数点数兆位まで計算している。

天文学の写本
9世紀マヤ文明の天文書、ドレスデン・コデックスの一部。金星の詳細な運行表も含まれている。

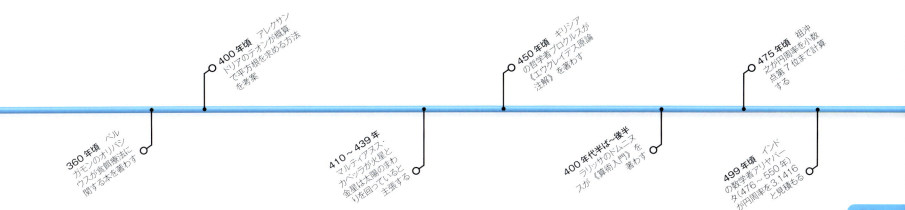

360年頃 ペルガモンのオリバシウスが食餌療法に関する本を著わす

400年頃 アレクサンドリアのテオンが概算で平方根を求める方法を考案

410〜439年 マルティアヌス・カペッラが火星と金星は太陽のまわりを回っていると主張する

450年頃 ギリシアの哲学者プロクルスが《エウクレイデス原論注解》を著わす

400年代半ば〜後半 ラリッサのドムニヌスが《算術入門》を著わす

475年頃 祖沖之が円周率を小数点第7位まで計算する

499年頃 インドの数学者アリヤバータ（476〜550年）が円周率を3.1416と見積もる

500年〜540年

> "それは石積みの上に載っているのではなく、天から吊りさげる黄金のドームで空間を覆っているように見える。"
>
> ビザンティン帝国の学者プロコピオス《建築について》（500頃〜565年）

ハギア・ソフィア大聖堂。537年に完成したが、558年の地震で損壊。再建にあたった小イシドロスは強度を増すためドームを6m高くした。

古代の学問的知識が中世に受けつがれたのは、ローマの貴族ボエティウス（480頃〜524年頃）の功績によるところが大きい。彼は古代ギリシア・ローマの科学の伝達役として、アリストテレスの著作を翻訳し、数学者ニコマコス（60頃〜120年頃）の《算術入門》を翻案し、エウクレイデス幾何学やプトレマイオス天文学など自由技芸の手引書を編纂した。ボエティウスがいなければ、西ヨーロッパにおいて古代の叡智の多くは失われていただろう。

フラウィウス・カッシオドルス（480頃〜575年頃）もボエティウスと同様、イタリア半島にある東ゴート王国の宮廷で活躍した貴族だが、540年頃に引退し、半島南部に自らが設立したウィウァリウム修道院に隠棲し、《聖書ならびに世俗的諸学研究綱要》を編纂した。これは修道院生活の手引書で、7種類の自由技芸に分けられる世俗的知識（[250〜500]参照）がまとめられていた。さらに古代の科学や哲学の論文を収蔵する図書館も建設した。写本づくりの慣習を確立し、重要な著作を中世後期にまで伝えたのもカッシオドルスの功績である。

6世紀までは、運動は物体に固有であるか、物体が移動する媒体（空気など）が引きおこすというアリストテレスの説がおおむね受けいれられていた。これに異論を唱えたのがギリシアの哲学者ヨハネス・ピロポノス（480頃〜570年頃）で、媒体はむしろ物体の運動に抵抗すると考え、人または物が外から与えるエネルギーが運動を起こすと主張した。これは推進力および慣性理論の萌芽と言える。

500年頃、中国の李時珍が《瀕湖脈学》のなかで腕足動物の化石に言及し、石牡蠣、石燕などと呼んだ。これらは岩から生じ、嵐のときは空を飛ぶと考えられていた。7世紀半ばになると、こうした化石は酢に溶かして漢方薬として使われるようになった。

6世紀初頭、中国の数学者張丘建は近代的な除法——除数を逆にして掛ける——の最初の例を示した。また等差数列（隣接する項の差が一定）が関係する問題も解決している。

532〜537年頃、ビザンティン帝国の建築家トラレスのアンテミウス（474頃〜534年頃）とミレトスのイシドロスが、穹隅（きゅうぐう）を使って正方形の建物の上部にドームを載せることに成功する。こうしてつくられたハギア・ソフィア大聖堂（トルコのイスタンブールにある）のドームは、1000年近く世界最大のドームの地位を保ちつづけた。

穹隅

ハギア・ソフィア大聖堂に見られる穹隅は、正方形の建築物に球状のドームを載せるための凸面状の建築構造だ。ドームの重量を下部の壁や支柱に均等に分配することで、より大きいドームを構築することが可能になる。

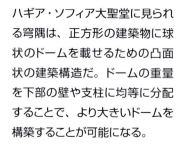

最上部のドーム部分／支えとなる柱とアーチ／正方形部分／正方形部分の四隅を凸面状の穹隅にする

頭脳対決
数字を書いているボエティウスと、計算盤を使うピュタゴラスが対決している。

腕足動物の化石
鳥が翼を広げた形に似ているため、中国では石燕と呼ばれた。

溝のある貝殻様の「翼」

- **500年頃** インドでウォーム歯車を用いた綿繰機が使われる
- **500年頃** 中国で木版印刷が始まる
- **500年頃** 張丘建が逆数を使った除法について記す
- **500年頃** 中国の李時珍が腕足動物の化石について記録する
- **徐岳が《数術記遺》を著わす**
- **510〜524年** ボエティウスが算術と幾何学について本を書き、アリストテレスの著作を翻訳する
- **531〜579年** ペルシアでナーラワン運河がつくられる
- **532〜537年** 正方形の構造物に初めて円形ドームを載せたハギア・ソフィア大聖堂がつくられる
- **540年** カッシオドルスがウィウァリウム修道院に隠棲し、《聖書ならびに世俗的諸学研究綱要》を著わす
- **540年頃** コスマス・インディコプレウステスが《キリスト教地誌》を著わす

541年～609年

約 200万枚
マダバ地図に使用されたタイルの枚数

パレスティナと下エジプトを描いたマダバ地図のエルサレム部分。聖書に登場する町や場所が強調されている。

腺ペストに関する最古の記述は、ローマの歴史家プロコピオス（500頃～565年頃）の著作にみられる。542年に腺ペストがコンスタンティノポリス（現在のイスタンブール）で流行したときに居あわせたプロコピオスは、腋窩と鼠蹊部の特徴的な腫れと、敗血症が引きおこす譫妄で患者がわめきながら走りまわる様子を記述している。

6世紀になると、プトレマイオスに始まる地図作成の伝統は薄れ、代わりに宗教的な世界観が主流となった。このころ作成されたと思われるマダバ地図は、聖書に登場する町を記載した現存する最古の地図である。540年頃にアレクサンドリアの商人コスマス・インディコプレウステスが編んだ《キリスト教地誌》では、世界は天と地下世界を隔てる平坦なところで、エルサレムが中心になっている。天国は世界を囲む大洋の先にあるとされた。

ビザンティン帝国のユスティニアヌス帝の時代を代表する医師が、トラレスのアレクサンドロス（525頃～605年頃）である。その著作《医術に関する12書》は、腸内寄生虫が引きおこす病気をはじめ、さまざまな疾病を取りあげている。自殺傾向の要因としてメランコリー（うつ病）を特定した最初の医師でもある。

570年頃、中国の甄鸞が2世紀の文献に注釈を加えた著作のなかで、計算盤に初めて言及している。それは14種類の計算法のひとつ「珠算」で、木枠にわたした針金に上段に1個、下段に4個の珠を通し、5つの位を表現するというものだった。

運河利用の長い伝統を持つ中国では、隋代に小規模な運河を連結して長安と洛陽を結ぶ大運河が500万の人員を投入

70%
腺ペストの死亡率
542年にビザンティン帝国を襲った腺ペストは、首都コンスタンティノポリスだけで1日1万人の死者を出した

虹橋
中国、無錫（むしゃく）の大運河にかかる橋。特徴的な形から「虹橋」と呼ばれる。

して605年に完成した。中心となる「渠（大運河のこと）」は長さ1000kmにもなる。

中国では7世紀初頭になると、半円形のアーチなしで橋を架設できるようになった。605年には、李春が河北に安済橋を完成させる。三角小間（アーチ外側の曲線と隣接する壁面のあいだの三角部分）が重量を均等に分散させるので、アーチは平たくなり、しかも中心となるアーチひとつですむ。

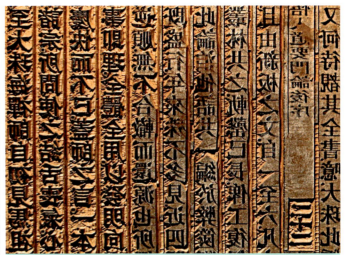

中国の木版印刷

木版による印刷は6世紀中国で始まったとされるが、現存する完全な状態の版木は868年のものだ。文字を書いた蝋引き紙を板に押しつけて転写し、彫りこんで版木をつくる。

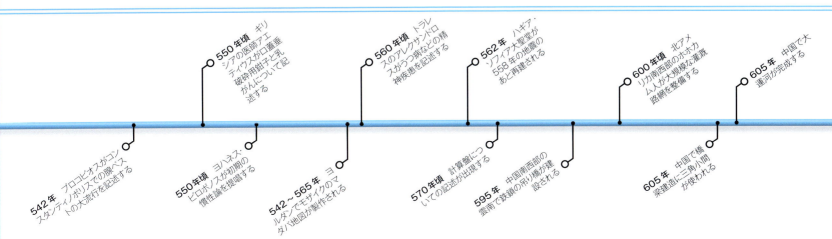

- 542年 プロコピオスがコンスタンティノポリスでの腺ペストの大流行を記述する
- 550年頃 ヨハネス・ピロポノスが初期の慣性論を提唱する
- 550年頃 ギリシアの医師アエティウスが口蓋垂破砕用鉗子と乳がんについて記述する
- 542～565年 ヨルダンでモザイクのマダバ地図が製作される
- 560年頃 トラレスのアレクサンドロスがうつ病などの精神疾患を記述する
- 562年 ハギア・ソフィア大聖堂が558年の地震のあと再建される
- 570年頃 計算盤についての記述が出現する
- 595年 中国南西部の雲南で鉄鎖の吊り橋が建設される
- 600年頃 北アメリカ南西部のホホカム人が大規模な灌漑路網を整備する
- 605年 中国で橋梁建造に三角小間が使われる
- 605年 中国で大運河が完成する

610年〜699年

ギリシア火薬を使う様子を描いた12世紀の写本の挿絵。手に持った管から火炎が噴射されている。

中国では610年に、巣元方（550〜630年）がさまざまな疾病を総合した医学書を編纂した。そこに出てくる病気のひとつが天然痘で、紫色または黒色の病変は、白い膿が出るものよりはるかに致死率が高いと説明されている。また歯磨き習慣を推奨し、口をゆすぎ、うがいをしてから7回歯ぎしりするのが良いと書いている。

ペルシアでは644年以前に風車が開発されていた。風軸に取りつけた羽根を風が動かすことで回転エネルギーが生まれ、小麦の製粉に活用する。最古の風車は、その後ヨーロッパで普及したものと異なり、風軸が縦方向になっていた。

7世紀スペインのセビーリャ大司教イシドールスは宇宙論や算術など多くの著作を残した。またローマの著述家マルクス・テレンティウス・ウァロ（紀元前116〜27年）をはじめ過去の百科事典的な著作をもとに、当時の知識を集大成した全20巻の《語源》を編纂し、古典知識を中世に伝えるうえで大いに貢献した。

外科の分野では、ギリシアの医師アエギナのパウロス（625頃〜690年頃）が、ガレノスなど古代医学の優れた論文の概要をまとめた《医学梗概》を編纂した。これには気管切開術や、傷口を滅菌する焼灼法といった新しい技術も紹介されている。

中国の数学者、王孝通（580頃〜640年頃）は三次方程式（$a^3 + ba^2 + ca = n$）の解法を初めて示した。ヨーロッパでこの方程式が解決するのは、フィボナッチ（1220〜1249年）まで待たねばならない。

インド初期を代表する数学者ブラーマグプタ（598〜668年頃）は著書《ブラーマスプタシッダーンタ》のなかで、負数使用の規則や、2つの負数を掛けると正数になる規則を最初に記した。

7世紀後半のビザンティン帝国で、ギリシア火薬と呼ばれる新しい火炎兵器が登場する。管から噴きだした炎は水をかけても燃えつづけた。詳細は不明だが、ナフサ（炭化水素の混合物）が使われていたと思われる。

> "太陽がその輝きで星を翳らせるように、叡智を持つ者が人びとの集まりのなかで代数の問題を示し、ましてやそれを解こうものなら、他者のいかなる名声も曇らせるだろう。"
>
> インドの数学者ブラーマグプタ著《ブラーマスプタシッダーンタ》（628年）

縦型風車
ペルシア（イラン）のニシュタフンは風が強く水の少ない地域だったため、風車の利用が盛んになった。

セビーリャのイシドールス（560頃〜636年）

30年以上セビーリャ大司教を務めたイシドールスには、百科全書的な《語源》のほか、同義語集、基礎物理の手引書など重要な著作が多い。聖職者養成のための神学校制度も確立した。1598年、教皇クレメンス8世によって列聖される。

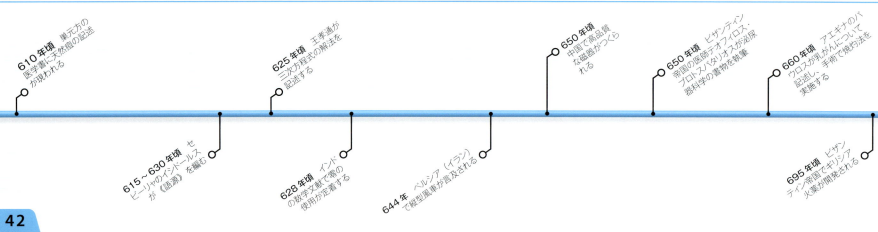

- **610年頃** 巣元方の医学書に天然痘の記述が現われる
- **615〜630年頃** セビーリャのイシドールスが《語源》を編む
- **625年頃** 王孝通が三次方程式の解法を記述する
- **628年頃** インドの数学文献で零の使用が定着する
- **644年** ペルシア（イラン）で縦型風車が言及される
- **650年頃** 中国で高品質な磁器がつくられる
- **650年頃** ビザンティン帝国の医師テオフィロス・プロトスパタリオスが必尿器科学の書物を執筆
- **660年頃** アエギナのパウロスが乳がんについて記述し、手術で焼灼法を実施する
- **695年頃** ビザンティン帝国でギリシア火薬が開発される

700年〜799年

エデッサ（現在のトルコ）で錬金術の講義をするジャービル・イブン＝ハイヤーン。この町はギリシア科学をイスラム世界に伝播するうえで重要な役割を果たした。

イスラム世界で最初の本格的な動物学の論文は、イラクはバスラ出身の言語学者、アル＝アスマイの手になる《馬の書》と《ラクダの書》で、それぞれの動物の生理機能が詳細に記されていた。羊や野生動物のほか、人体の解剖学についての著書もある。

ギリシア天文学の知識を得たイスラム世界では、バグダード出身のイブラヒム・アル＝ファザーリ（796年頃没）がアストロラーベに関する最初の論文を書いた。アストロラーベとは天体観測の結果を

アストロラーベ
ギリシアで考案され、アラビアの天文学者が改良したアストロラーベは、天文学の複雑な計算に使われた。

- 軸で回転する照準儀
- 使用地の緯度を特定する座標付きの気候板
- 星図板

13か所
一行が天文観察を行なった場所

平たい板に移しかえ、天体の位置を予測するものである。

中国では725年頃、工学者で天文学者の蘇頌（683〜727年）が時計の脱進機を発明した。これは水力式のアーミラリ天球儀に取りつけて、エネルギーを天球儀の可動部分に伝え、動きを調節する。蘇頌は大がかりな天文観測を実施して日食をより正確に予測し、暦を改定した。

インドでは数学者・占星術師のラッラ（720〜790年頃）が初めて永久機関について記述した。その著作《学生の知性増大論》は惑星の運行、合、食についても詳述していたが、地動説は否定している。

762年、カリフのアル＝マンスールがイスラム世界で最初の計画都市バグダードを建設する。完璧な円形の配置はペルシアの占星術師アル＝ナウバクトが案出した。その息子アル＝ファディ・イブン・ナウバクトが設立した知恵の館は、イスラムの科学研究の一大拠点となった。

ジャービル・イブン＝ハイヤーン（722頃〜804年）はイスラム世界初期を代表する錬金術師で、アラブ錬金術の父と呼ばれる。液体を加熱するためのランビキを発明し、物質を金属と非金属に分ける分類法を確立したほか、酸とアルカリの特性も明らかにした。

ジュリシュ・イブン・バクティシュは、バグダードでアッバース朝カリフに仕えた侍医一族の祖である。765年にカリフであるマンスールの胃病を治したことで名をあげた。その孫ジブリルは805年頃にバグダードで最初の病院を開いた。

空気　土　金　水銀　純化　磁石

錬金術

ヘレニズム時代（紀元前4〜1世紀）のエジプトで、パノポリスのゾシモスらが始めた錬金術は、その後8〜9世紀にアラビアのイブン＝ハイヤーン、アル・ラーズィーらによって発展した。鉛などの金属を「哲学者の石」を使って貴重な金に変えることが、錬金術の最大の目的だったが、その研究過程で蒸留や醱酵といった化学作用が実用化されていった。

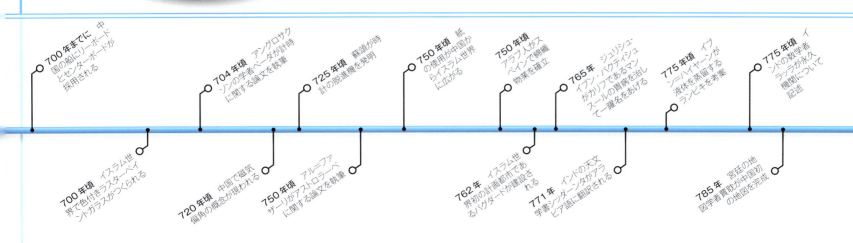

- 700年までに　中国の船にリーボードとセンターボードが採用される
- 700年頃　イスラム世界で色付きラスターペイントステンドグラスがつくられる
- 704年頃　アングロサクソンの学者ベーダが計時に関する論文を執筆
- 720年頃　中国で磁気偏角の概念が現われる
- 725年頃　蘇頌が時計の脱進機を発明
- 750年頃　アル＝ファザーリがアストロラーベに関する論文を執筆
- 750年頃　紙の使用が中国からイスラム世界に広がる
- 750年頃　アラブ人がスペインで綿織物業を確立
- 762年　イスラム世界初の計画都市であるバグダードが建設される
- 765年　ジュリシュ・イブン・バクティシュがカリフのマンスールの胃病を治して一躍名をあげる
- 771年　インドの天文学書《シンドヒンド》がアラビア語に翻訳される
- 775年頃　イブン＝ハイヤーンが液体を蒸留するランビキを考案
- 775年頃　インドの数学者ラッラが永久機関について記述
- 785年頃　宮廷の地図学者賈耽が中国初の地図を完成

ヨーロッパと
イスラムのルネサンス
800〜1542年

古典期の知識をよみがえらせ、発展させたのはモスクや宮廷に所属するイスラムの学者たちだった。彼らがアラビア語で書いたテキストはラテン語に翻訳され、西ヨーロッパに広まって近代科学の基礎となった。

800〜820年

バグダードの知恵の館はイスラム学術研究の拠点として、イスラム世界全土から優れた思索者が集まった。

アラブおよびペルシアは学問の長い伝統を誇り、イスラム教が誕生したあともその流れは続いた。イスラム教は、科学と哲学を神学と両立しうるものとして奨励した。イスラムの「黄金時代」には各地で図書館など学術拠点がつくられたが、その代表格が9世紀はじめにバグダードにつくられた知恵の館（バイト・アル゠ヒクマ）だろう。ここには数十万冊

40万冊
知恵の館の蔵書数

の書物が収蔵され、古代ギリシアの数学、科学、哲学の文献の研究・翻訳が盛んに行なわれた。

ペルシアの数学者・天文学者ムハンマド・イブン゠ムーサ・アル゠フワーリズミー（780頃〜850年）は知恵の館で最も重要な学者であり、ギリシアとインドの科学論文を研究した。820年頃、彼はアストロラーベについて記述している。アストロラーベは星の位置を観察するための機器で、その記述はアル゠フワーリズミーが最初ではないが、アストロラーベは毎日の祈禱時間の計算に活用できるため、イスラム世界では重要な意味を持っていた。

印刷技術は中国が最先端だった。紀元前2世紀から中国で使われていた紙は、パピルスや羊皮紙より印刷に向いていた。絹地に木版で印刷する手法は200年頃から見られたが、それを紙に応用し、書物の大量生産を可能にした。9世紀には約束手形も印刷されるようになり、これが実質的には国が発行する紙幣の役割を果たした。

821〜860年

> " 科学好きが高じ……ささやかながら最も簡単で最も役に立つ算術の本を書いた。"
>
> ペルシアの数学者アル゠フワーリズミー（780頃〜850年）

生誕の地であるウズベキスタンのヒヴァに立つアル゠フワーリズミーの彫像。

830年頃、アル゠フワーリズミーは代表的な著作《約分と消約の計算の書》を出版し、代数学と呼ばれる数学の一分野について記した。ギリシアやインドの文献など（[250〜500年]参照）、複数の情報源から引用しているにもかかわらず、アル゠フワーリズミーは代数学の創始者という位置づけである。この本では等式（アラビア語で「アル゠ジャブル」、代数学を意味するalgebraの語源）の左右を等しくする処理を説明し、500年近く昔にギリシアの数学者アレクサンドリアのディオファントスが言及していた四次方程式の解法を示した。項を反対側に移し、左右両方にある項を消すのが基本である。

知恵の館を代表するもうひとりの学者が、アブ・ユースフ・ヤアクーブ・イブン・アル゠キンディーである。9世紀半ば、アル゠キン

アル゠キンディー（801頃〜873年）

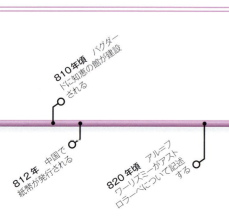

バグダード近くのクファで生まれ、教育を受けたアル゠キンディーは、知恵の館で活躍した最初の大物学者のひとりだった。ギリシア科学・哲学の文献をアラビア語に翻訳し、ヘレニズムの思想を伝えた。また医学、化学、天文学、数学と多岐に渡る論文を著わした。

$$ax^2 + bx + c = 0$$

代数

代数は数学の一分野。未知の数値（変数）に文字を、加法や減法などの演算に記号を当てはめて、$a+3$といった代数式を用いる。$a+3=7$のような式は等式と呼ばれる。未知数の冪指数が2までの等式は上記のような二次方程式、3だと三次方程式となる。

ディーは数学、天文学、光学、医学、地理学と幅広い分野でおびただしい数の論文を執筆した。神学と哲学も研究していた彼は、ギリシア古典のテキストを翻訳し、イスラム的思考にとりこんだ。インドの数字がイスラム世界に伝わり、さらには近代的な記数法の基礎となったのは、アル゠キンディーの翻訳に負うところが大きい。ただし零の「発見」はもう少しあとと思われる（[861〜899年]参照）。

アル゠キンディーは錬金術に懐疑的で、金属の変成という錬金術の根幹を論駁している。それでも中国における錬金術は、重要な発見のきっかけをつくった。

- 810年頃 バグダードに知恵の館が建設される
- 812年 中国で紙幣が発行される
- 820年頃 アル゠フワーリズミーがアストロラーベについて記述する
- 830年頃 アル゠フワーリズミーが《約分と消約の計算の書》で代数について記述
- 850年頃 アル゠キンディーが光学、遠近法、医学、暗号作成について記す
- 855年 中国の錬金術師が火薬を発見したと記述

861〜899年

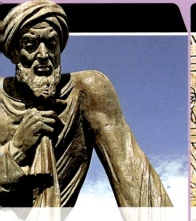

現存する世界最古の印刷書籍は仏教経典《金剛経》である。中国でつくられたもので、木版印刷の巻物になっている。

9世紀はじめ、中国では不老不死の薬を見つけるために、さまざまな物質を混合して実験していた。その副産物として、855年頃に発見されたのが人工の爆発物である火薬だ。材料は硫黄、炭素、硝石とすべて天然産出の鉱物である。当初は花火づくりやのろしの打ちあげに使われた火薬だが、のちに火器の開発につながっていく。

1907年に中国北西部の敦煌で発見された仏教経典《金剛経》は最古級の木版印刷書籍で、868年5月11日と製作日が明記されている。文章も挿絵も洗練されており、中国の紙印刷技術がかなり進んでいることがうかがえる。巻末には一定数が印刷され、配布されたことを示す記述がある。

876年にインドのグワーリヤルでつくられた石碑は、零の記号「0」が最初に使われた例である。それ以前はただの空白だったため不明確で、位取り法（数字の位置が桁を示す）の発達を妨げていた。インド数学で0という記号が導入されたことは、今日使われている十進法の出現に大きな役割を果たした。十進法はイスラムの数学者を経由してヨーロッパにもたらされ、扱いにくいローマ数字に取って代わった。

9世紀末、アラブの錬金術師は蒸留法を開発して、混合液体の内容物を分離できるようになった。ムハンマド・イブン・ザカリヤ・アル・ラーズィー（854頃〜925/935年）をはじめとする錬金術師たちがこの技術をさらに進歩させ、ワインを蒸留してアルコール——エタノールもしくはエチルアルコール——の抽出に成功する。アルコールという言葉はアラビア語のアル・クールで、鉱物から抽出した粉末のことだったが、のちに液体の「精（スピリット）」を指すようになった。今日使われる蒸留装置は、基本的にアル＝ラーズィーが考案したものと変わっていない。

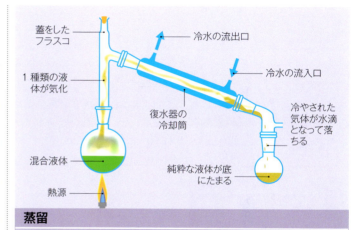

蒸留

混合液体の内容物を分離する方法。液体を加熱したとき、物質によって沸点が異なり、気化の速度が変わることを利用する。アルコールやガソリンなどの抽出、塩水などの純化に活用される。

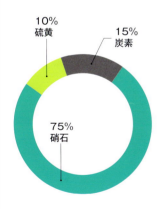

火薬の組成
硫黄、炭素、硝石はそれぞれ単独では無害だが、一定の割合で混合すると高い爆発性を帯びる。

錬金術師ジャービル・イブン＝ハイヤーン
イスラム世界の錬金術は実験中心で、その後化学で用いられる多くの方法が考案された。

- **868年** 現存する世界最古の印刷書籍《金剛経》が中国で制作される
- **876年** インドの数学者が零の記号を使用する
- **890年頃** アル＝ラーズィーがワインを蒸留してアルコールを得る

900〜930年

> 医学の真実は到達しえない目的地だ。書物に書かれている技術など、経験豊かで思慮ぶかい医師の知識に遠くおよばない。

アラブの医師アル＝ラーズィー（10世紀）

アラブの医師・化学者アル＝ラーズィーは物質を使った実験を重視し、元素の分類という発想に至った。

アラブ世界で最も偉大な医師ムハンマド・イブン＝ザカリヤ・アル＝ラーズィー（ラーゼス）は、900年頃に著書《ガレノスについての疑問》でガレノスの四体液説を批判した（[75〜250年]参照）。そのなかで4種類の体液の均衡が健康に必要であり、飲み物の温度が体温を上下させるという発想を否定している。アル＝ラーズィーの手で臨床診療はおおいに前進し、彼自身も精神病棟を運営するほか、専門教育を受けていない医師を攻撃する論文を書いた。臨床記録をまとめた《医学集成》は全23巻で、枯草熱（ばら熱）を最初に記述したほか、診断の手引きが記されている。また小論《天然痘と麻疹の書》は天然痘の症状を詳細に記した初の論文である。ただし妊娠中に胎児に残った経血が後年皮膚に現われるという原因説は、共感呪術への傾倒をうかがわせる。天然痘の膿疱で起きる失明を憂慮していたアル＝ラーズィーは、ばら水での定期的な洗眼を推奨した。

錬金術師でもあったアル＝ラーズィーは、元素をスピリッツ、金属、鉱物に分類した。鉱物はさらに石、礬、植物の灰、塩などに分かれ、それぞれが溶解や抽出といった工程でどのような変化を見せるかを詳述した。原油を蒸留して灯油とガソリンを得る方法や、塩化水素酸と硫酸のつくりかたも書きのこしている。

920年頃、アラブの天文学者・数学者アル＝バッターニー（858頃〜929年）が、円盤を何枚も重ねて天文観察をする平面アストロラーベの仕組みについて鋭い洞察を行なった。平面アストロラーベは8世紀にアル＝ファザーリがすでに記述しているが、その数学的基盤を明らかにしたのはアル＝バッターニーである。さらにプトレマイオスの幾何学的手法に代わる球面三角形の公式も提示した。

アル＝ラーズィー（865年頃〜925年）

メソポタミアのレイ（現在のイラン）生まれの医師・哲学者・錬金術師。新知識の発見手段として実験を奨励。彼の臨床ノートは中世の重要な医学書となった。レイで病院長を務めたのち、バグダードでは2つの病院を率いた。臨床試験を行なった最初の医師で、対象は髄膜炎の患者だった。

アストロラーベ
特定の日付または時間に合わせると、さまざまな天体の位置がわかる。

- 天体図
- 特定の星の位置を示す指示器
- 緯度板をはめこむメーター
- 回転棒
- 太陽の運行を示す食環（しょくかん）

- **900年頃** イスラムの数学者アル＝カミルがアル＝フワーリズミーの代数学を発展させ、3以上の冪数を扱う
- **912年頃** クスタ・イブン・ルカが麻痺に関する論文を執筆
- **900〜930年** アル＝ラーズィーが天然痘の症状を記述
- **900〜930年** アル＝ラーズィーがガレノスの四体液説を批判
- **920年頃** アル＝バッターニーがアストロラーベの基礎となる数学的原理を発見
- **925年頃** アル＝ファラービーが音楽療法に関する論文を執筆
- **927年頃** イスラムの天文学者ナストゥルスが、現存する最古のアストロラーベを製作

931〜999年

約200種類
アル＝ザフラウィーが考案した手術道具の数

最新の手術道具が描かれた14世紀の写本。スペイン系アラブ人の医師アル＝ザフラウィー（アルブカシス）が考案した。

計算盤
計算盤は紀元前2700年頃のメソポタミアで考案され、中世ヨーロッパには990年頃ゲルベルトが紹介した。写真は現代のそろばん。

　十進法を記述する近代記数法は、976年にスペイン北部の修道院でビギラという修道僧が書いた論文に初めて登場する（ただしそこに記された記号は1から9までで、0はなかった）。インド・アラビア数字と呼ばれるこの記数法は、紀元前3世紀半ば、インドのブラーフミー文字の記数法に端を発する。それが8世紀初頭にインドと接触しはじめたアラブ人を経由して西に伝播した。

　アーミラリ天球儀と時計の脱進機は、それぞれ2世紀の張衡と8世紀の蘇頌が考案していたが、979年に張思訓がさらに改良する。水車で汲みあげた水を水時計に供給して回転させ、時間の長さを測るというものだった。冬場は水が凍るので、蘇頌は代わりに水銀を使っていたが、張思訓はこちらも改良して1日に1回転させ、15分おきと毎正時に男が出てきて鐘と太鼓を叩いたり、時刻を表示したりする仕組みを作った。この時計は天球儀上の太陽、月、5つの惑星の位置も示すことができ、あまりに先端的な装置なので張思訓の死後は誰も動かせなかったと言われている。

　984年、ペルシアの数学者イブン・サール（940頃〜1000年）が《燃焼装置について》という論文を書き、レンズと曲面鏡で光が曲がる現象を考察した。屈折の幾何学的理論について述べたのもイブン・サールが最初である。光は媒体（ガラスなど）に入ったときに偏向するが、その程度は媒体の屈折率で変わると記した（［1621〜24年］参照）。

　キリスト教修道士で学者だったゲルベルト（943頃〜1003年）は999年に教皇に就任した人物で、中世期西ヨーロッパ初の数学者である。ボエティウスなど古代の数学・天文学の著作を復元するとともに、イスラム数学を研究した。またヨーロッパに計算盤を導入して、乗法と除法での使いかたを指導した。

　中世アラブで最も偉大な外科医は、アブ・アル＝カシム・アル＝ザフラウィー、別名アルブカシス（936頃〜1013年）である。コルドバのウマイヤ朝カリフだったハカム2世に仕え、著書《解剖の書》では人体の解剖学とさまざまな疾病の病理を詳細に記述し、中世ヨーロッパの重要な医学教科書となった。

> "……外科手術にわが身を捧げる者は解剖学に精通せねばならない。"
>
> アル＝ザフラウィー（アルブカシス）著《解剖の書》（990年頃）

バビロニア	古代エジプト	古代ギリシア	古代ローマ	古代中国	マヤ	現在のアラビア数字
𒁹	l	α	I	一	•	1
𒈫	ll	β	II	二	••	2
𒐀	lll	γ	III	三	•••	3
𒐁	llll	δ	IV	四	••••	4
𒐂	lllll	ε	V	五	─	5
𒐃	llllll	ϛ	VI	六	•̄	6
𒐄	lllllll	ζ	VII	七	••	7
𒐅	llllllll	η	VIII	八	•••	8
𒐆	lllllllll	θ	IX	九	••••	9
𒌋	∩	ι	X	十	═	10

数の発達

エジプトなど古代の記数法は加法的で、数の値は位置に無関係だった。つまり20を表わすには、10の記号を2つ並べるだけだった。紀元前2000年頃、バビロニアで部分的な位取り記数法が考案される。10を基本とする位取り記数法が考案されたのはインドで、そこから少しずつ進化して現在のようなインド・アラビア数字になった。

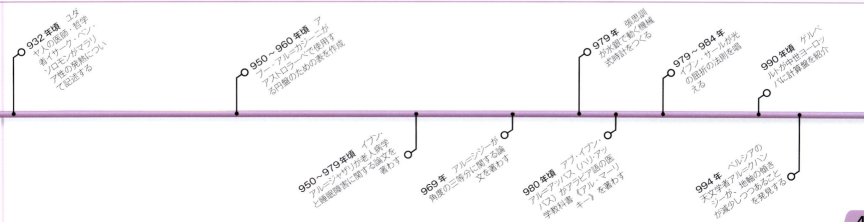

- 932年頃　ユダヤ人の医師・哲学者イサーク・ベン・ソロモンがマラリア性の発熱について記述する
- 950〜960年頃　アブー・アル＝カシーニがアストロラーベで使用する円盤のための表を作成
- 950〜979年頃　イブン・アル＝ジャザリが老人病学と睡眠障害に関する論文を著わす
- 969年　アル＝シジーが角度の三等分に関する論文を著わす
- 979年　張思訓が水銀で動く機械式時計をつくる
- 980年頃　アブ・イブン・アル＝アッバス（ハリ・アッバス）がアラビア語の医学教科書《アル＝マーリキー》を著わす
- 979〜984年　イブン・サールが光の屈折の法則を唱える
- 990年頃　ゲルベルトが中世ヨーロッパに計算盤を紹介
- 994年　ペルシアの天文学者アル＝ハハンシーが、地軸の傾きが減少しつつあることを発見する

1000〜29年

> 科学において、原因と結果を探らないことにはいかなる知識も得られないことがはっきりした。

アラブの博識家イブン・スィーナー（アヴィセンナ）著《医学典範》（1005年頃）

イブン・スィーナー著《医学典範》で四体液説の説明に出てくる心臓と頭蓋骨の絵。

1005年頃、アラブの医学者・博識家イブン・スィーナー（ヨーロッパではアヴィセンナと呼ばれた）が当時の医学知識を体系化した《医学典範》を著わし、四体液説（血液、粘液、黄胆汁、黒胆汁、[100〜250年]参照）とアリストテレスの3つの生の力（霊魂、自然、人間）を統合する理論を打ちたてようとした。全5巻の《医学典範》は生理学、診断法、治療法、病理学、薬理学に分かれており、医学の手引書としてその価値は測りしれなかった。後世になってもアラブの医師が注解を書き、ラテン語訳も36回行なわれている。

ペルシアの天文学者・数学者のアブ・サフル・アル＝クーヒー（940〜1000年頃）は、988年にシャラフ・アル＝ダウラが設立した天文台の所長を務めた人物だが、2より大きい冪指数の等式において、曲線を交差させる幾何学的な手法で解を求める研究で名を残している。1000年頃には《既知の正方形内の正五角形の構造について》という著作のなかで、冪指数4の等式の解を導いている。

1005年、ファーティマ朝のカリフ、アル＝ハーキムがカイロに知識の館（ダール・アル＝イルム）を創設した。イスラム哲学・法学から物理学、天文学まで幅広く網羅した蔵書を持つ館は、哲学者や神学者の重要拠点となっ

レンズの仕組み

中央がふくらんだ凸面レンズに入った光は屈折して、反対側の焦点に収束する。近くにあるものに焦点が合うので、遠視用眼鏡に使われる。中央が薄い凹面レンズは、入った光を発散させるので、レンズの手前で焦点が合うように見える。そのため近視用眼鏡に使用される。

凸面レンズ — 光、主軸、焦点距離、光線が収束、焦点

凹面レンズ — 主軸、焦点距離、見かけの光線、光線が発散

た。当初は講義を公開していたが、宗教的な異端分子が存在感を増すことを恐れて1015年に公開は終了した。アルハゼンの名でも知られるアラブの賢人イブン・アル＝ハイサム（965〜1039年頃）は、1011〜1021年に書いた《光学の書》で知られる。このなかで彼は、強い光で目がくらむ現象と残像現象をもとに、視覚は目に入ってくる光が引きおこすという説を立てた。さらに目の生理学にも関心を向け、目はいくつもの丸い空間に分かれており、それぞれ異なる体液で満たされていると考えた。

アルハゼンの目
アルハゼン著《光学の書》のラテン語訳（1575年）に掲載された目の模式図。

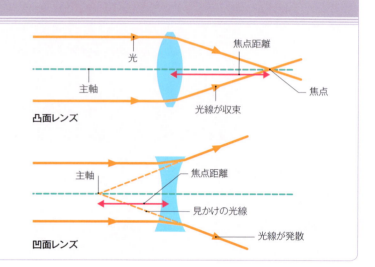

イブン・スィーナー（980〜1037年）

ウズベキスタンのブハラ近郊に生まれたイブン・スィーナーは医学の天才で、16歳のとき初の患者を治療したとされる。ブハラのサーマーン朝に仕えたが999年に追放され、ハマダーンのシャムス・アル＝ダウラの宮廷で《医学典範》を執筆した。

- **1000年** アル＝クーヒーが二次以上の方程式の解法を示す
- **1005年** カリフのアル＝ハーキムがカイロに知識の館を建設
- **1005年** イブン・スィーナー（アヴィセンナ）が《医学典範》を著わす
- **1006年** イスラムの天文学者アリ・イブン・リドワーンが超新星について初めて記述する
- **1011〜1021年** アルハゼンが自著《光学の書》で視覚に関する理論を提唱
- **1015年** アラブの医師マスイヤー・アル＝マリンディが宝石の粉末からつくった錠剤（しさい）をつう病に処方する

1030〜49年

中国最古の可動活字。最初は粘土で、のちに木でつくられた。写真のような金属の可動活字が一般的になったのは17世紀の明朝以降である。

11世紀初頭、スペイン生まれのアラブ人天文学者アブダラー・イブン・ムアド・アル＝ジャヤニ（989〜1079年）が三角法と光学を統合させた研究を行なった。著書《天球の未知の弧の書》は球面三角法の最初の本格的な研究書である。1030年頃、アル＝ジャヤニは《黄昏の書》のなかで、水平線に沈んだ太陽の角度を球面三角法を用いて18度と計算した。これを太陽光線が大気圏上端に当たるもっとも低い角度と見なし、大気圏の高さを103kmとはじきだした。

木版印刷は6世紀頃の中国ですでに行なわれていたが、1ページごとに新たに彫る必要があり、とても手間がかかるものだった。1040年、畢昇がひとつの文字を刻印して焼いた薄い粘土片をつくり、それを鉄製の盆に並べて1ページ分の組版を製作する。粘土片は並べかたを変えることで別のページもつくることができた。この方法は畢昇の死後すたれたが、13世紀半ばに復活する。しかし朝鮮半島では鉄を使った耐久性の高い活字が発明され、1234年に初めて使われた。

天然磁石を使って針に極性を持たせられることは、中国では何世紀も前から知られていたが（［紀元前300〜250年］参照）、実地に応用されることはなかった。1044年、悪天候時に方角を知るため、「鉄の魚」を使う馬車の記述が最初に登場する。初期の羅針盤は水鉢に浮かせて使ったと思われ、その後海上航海にも応用されるようになった。1086年頃のことを記述した文書には、「南を示す針」が夜間に方角を知るのに使われていたと書かれている。1123年に南朝鮮を訪れた外交使節団が、船乗りたちが羅針盤を使っていたとする記述もある。この知識がヨーロッパに伝わったのは67年後のことだった。

弩が中国に登場したのは紀元前8世紀で、ギリシアでも紀元前3世紀に記録がある。手持ちの弩は10世紀のフランスで使われるようになったが、弦を手で引かなくてはならないため、威力には限界があった。11世紀半ばにはあぶみが取りつけられ、射手はそこを足で押して弦を引けるようになった。張力を増すためのクランクも考案された。重量物を持ちあげる巻揚げ機は、13世紀はじめには高度に発達しており、その工夫は弩にも応用された。

弩
16世紀ドイツの弩。弓をしならせるクレインクイン（クランクに装着する歯状突起付きの輪）なしでは使えない。

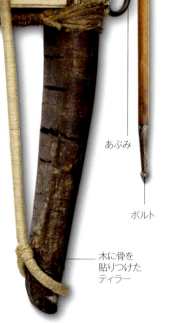

矢羽 / クレインクイン / 弓の弦をつかむ鉤爪 / 歯状突起のあるラック / ティラーピンで固定した紐 / トリガーで解放される回転ピン / スパニング機構に使う鋼鉄製ピン / 骨、腱、木を組みあわせたレイス / あぶみ / ボルト / 木に骨を貼りつけたティラー

最も危険な武器？
中世の弩射手は長弓の10分の1の速さでしか発射できないが、ボルトの威力は大きかった。

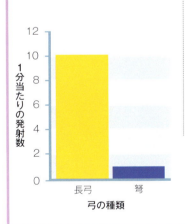

1分当たりの発射数 / 長弓 / 弩 / 弓の種類

- **1030年頃** ペルシアの天文学者アブ＝ビルーニーが証明不能ながら地動説を唱える
- **1030年頃** グイード・ダ・レッツォが音楽記譜法の新たな理論を構築し、六声音階を確立した
- **1030年頃** アル＝ナサウィがエウクレイデス《原論》を要約し、開立法（かいりつほう）を記述した
- **1040年頃** 畢昇が粘土を使った可動活字を発明
- **1044年** 中国で航海用の方位磁石が初めて記述される
- **1050年頃** イブン・ブトラーンが著書《健康全書》で食生活と衛生の重要性を強調

1059〜69年

> "そのときイングランドの空全体に、いままで誰も見たことのない徴候が現われた……"

《アングロサクソン年代記》より、1066年の彗星についての記述

11世紀中国の数学者賈憲は、数列を用いた平方根と立方根の計算法を記述した。この数列は上段に行くにつれて数が増えていく三角形になっており、隣接する数を足すと下段の数になる。これが賈憲三角形だが、600年後にフランスの数学者ブレーズ・パスカルが同じ数列を記述したことから西洋ではパスカルの三角形と呼ばれるようになった。

1054年、超新星の巨大爆発（現在のかに星雲を形成した）が地球からも観測され、中国では「客星」と名づけられたが、ヨーロッパの天文学者たちは重視しなかった。

1066年、76年周期のハレー彗星が地球に接近。ヨーロッパの天文学者たちが記録に残した。占星術師はノルマン人の征服と結びつけて有事の前兆と見なした。

22か月
1054〜1055年に超新星が見えた期間

バイユーのタペストリー
1066年のヘイスティングズの戦いを描いた刺繍のタペストリー。上空に彗星が見える。

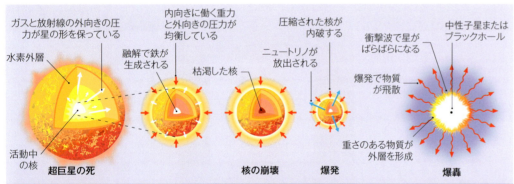

超巨星の死 / 核の崩壊 / 爆発 / 爆轟

- ガスと放射線の外向きの圧力が星の形を保っている
- 水素外層
- 活動中の核
- 内向きに働く重力と外向きの圧力が均衡している
- 融解で鉄が生成される
- 圧縮された核が内破する
- 枯渇した核
- ニュートリノが放出される
- 衝撃波で星がばらばらになる
- 中性子星またはブラックホール
- 爆発で物質が飛散
- 重さのある物質が外層を形成

超新星の誕生

超新星とは、超巨星が一生を終えるときに起きる大爆発である。星の内部では、気の遠くなるような長い時間をかけて鉄の核が形成されていくが、融解の燃料が枯渇すると崩壊して内破が起こり、急速に星が加熱されて融解が再開される。内破のとき亜原子粒子ニュートリノが放出され、制御不能となった星は爆轟して太陽の数十億倍の膨大な量のエネルギーを放出する。この状態の星は他の星より明るく輝き、あらゆる方向に残骸を飛ばす。

1050年頃 賈憲がいわゆる賈憲三角形（のちにパスカルの三角形と呼ばれる）について記述

1054年 中国とアラブの天文学者がかに星雲を形成する超新星を観測

1066年 彗星（のちのハレー彗星）が観測される

1070〜99年

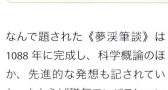

> 神のありがたきご加護により、代数学は科学となった。

ウマル・ハイヤーム《代数学の諸問題の証明についての論文》（1070年）

ウマル・ハイヤームは数学、天文学、機械装置、哲学の分野で膨大な論文を著わした。

ウマル・ハイヤーム（1048〜1131年）

ペルシア（現在のイラン）に生まれ、幼少期から天文学と数学に才能を示した。25歳までに膨大な論文を著わす。1073年、スルタンのマリク・シャーに招かれ、イスファハン天文台の所長となる。ここで暦や天文表の改定に携わったのち、故郷に戻った。

　1070年、ペルシアの数学者・天文学者ウマル・ハイヤームはウズベキスタンのサマルカンドに移って学究に専念し、《代数学の諸問題の証明についての論文》の執筆に取りかかった。このなかで彼は三次方程式（x + y3 = 15のように冪指数が3の等式）の完全な分類を行ない、幾何学を使って解を求める総合的な理論を初めて打ちたてた。それは円錐曲線と曲線を用いる手法だった。また二次方程式および三次方程式には、解がひとつでないものもあることを理解していた。

　ハイヤームは天文学者としても傑出しており、1073年からはイランのイスファハンで天文台長を務めた。その業績の多くは天文表の編纂であったが、暦の完成度を高めるうえでも大きな貢献をした。イスファハンでは詩作にも励み、のちに《ウマル・ハイヤームのルバイヤート》を編んでいる。1079年には1年の長さを365.24219858156日と算出した。これはかつてない精度であり、365.242190日という現在の数値にきわめて近い。この数値をもとにイスラム世界には新しい暦が導入されたが、それは当時ヨーロッパで使われていたユリウス暦より正確だった。

　中国では宋朝の官吏・軍人として成功を収めた博識家、沈括が現役を退いて学究生活に入った。彼の著作は政治、占い、音楽、科学諸分野と多岐に渡る。自らの庭園にち

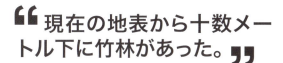

> 現在の地表から十数メートル下に竹林があった。

沈括《夢渓筆談》（1088年）

竹
冷涼な乾燥地帯で竹の化石を発見した沈括は、過去の気候が温暖で湿潤だったと判断した。

なんで題された《夢渓筆談》は1088年に完成し、科学概論のほか、先進的な発想も記されていた。たとえば磁気コンパスについて初めて記述し、航海で北の方角を知るのに使えると説明している。古生物学や地質学での貢献も大で、海岸から何百kmも離れた崖の地層から見つかる海洋生物の化石について、長いあいだ覆っていた沈泥が浸食を受けたこと、崖が遠い昔は沿岸地域にあったことを示唆している。また竹が育たない土地なのに、土砂崩れで竹の化石が出土したのは、はるか昔は気候が異なっていたためだと推測した。

- 1070年 ウマル・ハイヤームが《代数学の諸問題の証明についての論文》の執筆を開始
- 1079年 ウマル・ハイヤームが1年の長さを計算し、暦を改定する
- 1088年 沈括が《夢渓筆談》を著わす

星の謎に迫る

熱を帯び、イオン化ガスをまとった巨大な星のエネルギー源は核反応だ。

私たちの銀河には数千億個の星がある。宇宙にはそんな銀河が数千億個存在し、それぞれに同じ数だけのプラズマ球（熱いイオン化ガスの塊）がある。星が光るのは熱を持っているからで、その熱は星の内部で起きる核反応で生じている。

夜空を裸眼で眺めて確認できる星は約6000個。太陽以外の星はひじょうに遠く、高性能の望遠鏡を使っても小さな光の点にしか見えない。

太陽も星の仲間

地球に最も近い星は太陽だ。太陽が発する光やその他の放射物は8分間で地球に届くが、それ以外の星はどんなに近くても4年はかかる。太陽も他の星と同じく水素とヘリウムが主成分で、微量ながらそれ以外の物質も含んでいる。光り輝く表層（光球）は約5500℃にもなり、最外層のコロナはさらに高い。太陽の年齢はおよそ50億年で、寿命の半分ほどまで来ている。

星の一生

星を形づくっているのは巨大な質量のガスと塵（分子雲）だ。分子雲の密度が高い領域では、重力によって凝集が起こり原始星が形成される。このとき熱が発生し、原子から放出された電子がイオン化して原始星はプラズマ——イオンと電子の混合物——となる。原始星の中心は高温・高圧であるため、水素原子の原子核が融合してヘリウムをはじめ重い物質の核に変化する。この核融合反応で放出されるエネルギーが、原始星をさらに加熱し、星が誕生する。水素を使いきったら核融

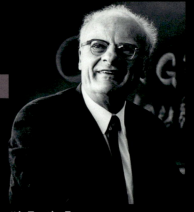

ハンス・ベーテ
ドイツ生まれの物理学ハンス・ベーテ（1906〜2005年）は核融合が星の内部でエネルギーをつくりだす仕組みを明らかにして、1967年ノーベル物理学賞を受賞した。

合反応は終了し、星は温度が下がり、自らの重力で崩壊していく。その末路は星の質量によって変わり、最も重い星はブラックホールになる（右ページ参照）。

星の誕生
龍骨座（りゅうこつざ）星雲（写真はハッブル宇宙望遠鏡がとらえた星雲の一部）の分子雲は、私たちのいる天の川銀河系のなかで星が生まれる場所として知られている。

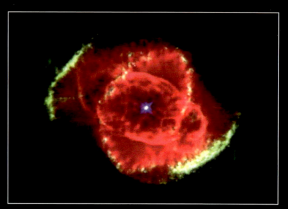

星の死
中間質量に対して小さい星は、寿命が近づくにつれて熱せられたガスのハーローを放出し、惑星状星雲を形成する。こうした星雲の中心には、はるかに大きい白色矮星の名残りがある。

109倍
地球とくらべた太陽の直径

星の大きさ

星の大きさは実に幅広く、最大級の超巨星は太陽の1500倍以上になる。太陽の直径は約140万kmで、おおむね平均的な大きさだ。最も小さい星である中性子星は約20kmしかない。

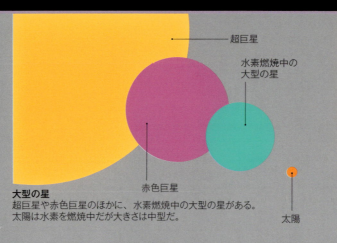

大型の星
超巨星や赤色巨星のほかに、水素燃焼中の大型の星がある。太陽は水素を燃焼中だが大きさは中型だ。

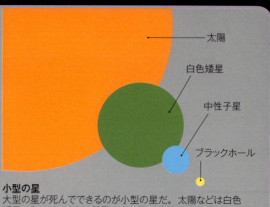

小型の星
大型の星が死んでできるのが小型の星だ。太陽などは白色矮星になるが、さらに質量の高い星は中性子星かブラックホールになる。

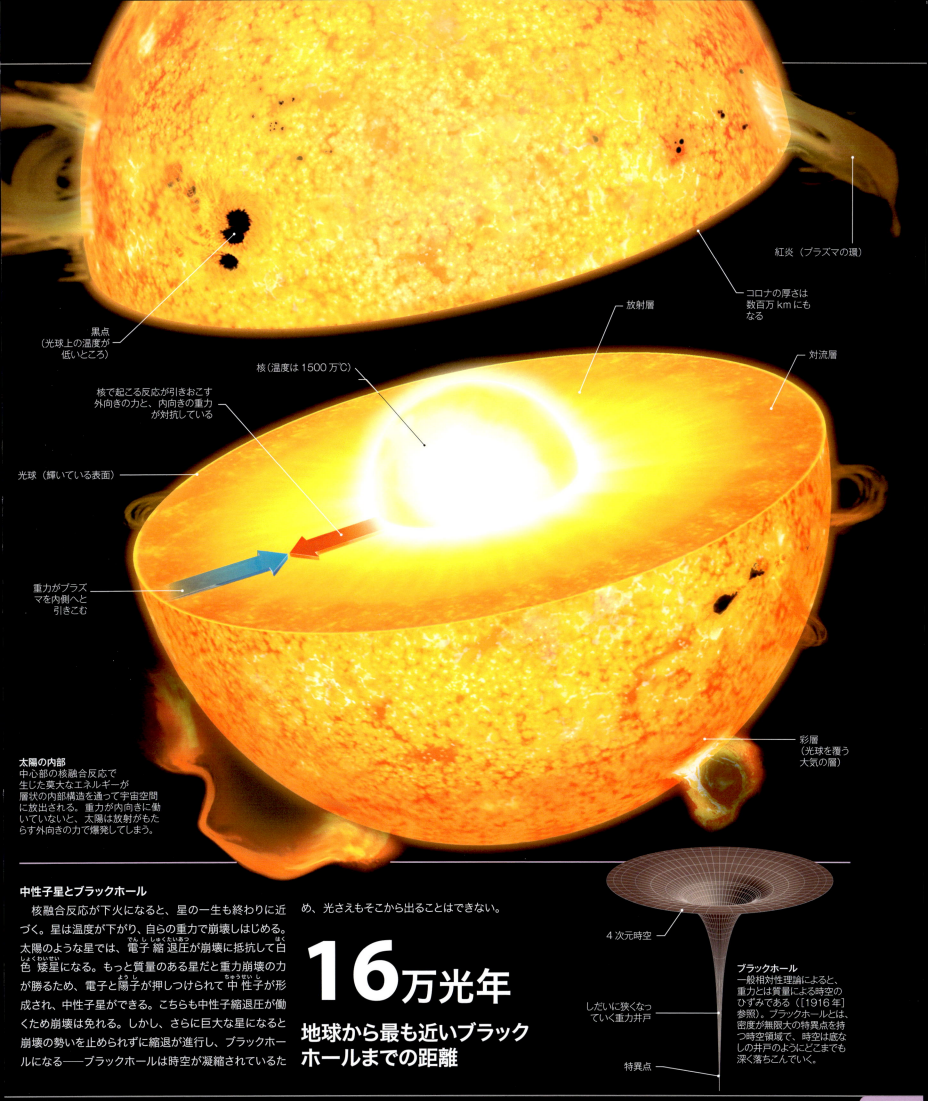

紅炎（プラズマの環）

コロナの厚さは数百万kmにもなる

放射層

対流層

核（温度は1500万℃）

核で起こる反応が引きおこす外向きの力と、内向きの重力が対抗している

黒点（光球上の温度が低いところ）

光球（輝いている表面）

重力がプラズマを内側へと引きこむ

彩層（光球を覆う大気の層）

太陽の内部
中心部の核融合反応で生じた莫大なエネルギーが層状の内部構造を通って宇宙空間に放出される。重力が内向きに働いていないと、太陽は放射がもたらす外向きの力で爆発してしまう。

中性子星とブラックホール
　核融合反応が下火になると、星の一生も終わりに近づく。星は温度が下がり、自らの重力で崩壊しはじめる。太陽のような星では、電子縮退圧が崩壊に抵抗して白色矮星になる。もっと質量のある星だと重力崩壊の力が勝るため、電子と陽子が押しつけられて中性子が形成され、中性子星ができる。こちらも中性子縮退圧が働くため崩壊は免れる。しかし、さらに巨大な星になると崩壊の勢いを止められずに縮退が進行し、ブラックホールになる——ブラックホールは時空が凝縮されているため、光さえもそこから出ることはできない。

16万光年
地球から最も近いブラックホールまでの距離

4次元時空

しだいに狭くなっていく重力井戸

特異点

ブラックホール
一般相対性理論によると、重力とは質量による時空のひずみである（［1916年］参照）。ブラックホールとは、密度が無限大の特異点を持つ時空領域で、時空は底なしの井戸のようにどこまでも深く落ちこんでいく。

1100〜49年

1万6000人
17世紀ヴェネツィアのアルセナーレで帆船建造に従事した労働者の数

ヴェネツィアのアルセナーレを描いた17世紀の絵画。先進的な建造技術のおかげで、ヴェネツィアは長く海運国として繁栄した。

1104年頃、ヴェネツィア共和国に国営造船所・兵器工場であるアルセナーレが設立され、17世紀には1万6000人が働くまでになった。アルセナーレで最先端の生産技術が導入され、あらかじめつくった部品を用いる型枠工法で、わずか1日で船を完成させることができた。

中国では漢滅亡（220年）以前から、ステンシルを用いて絹地に模様を刷りこんでいたが、1107年頃に木版の多色刷りが始まった。1340年にはこの技法を応用した《金剛経》（[861〜899年]参照）も製作され、本文は黒、祈禱文は赤と使いわけていた。

11世紀、イブン・スィーナー（アヴィセンナ）は、発射体の運動が続くのは、傾向または原動力が投射器によって移動するからだと考え、ただしそうした力は物体に一度にひとつしか存在しないと主張した。この説はのちにフランスの司祭ジャン・ビュリダン（[1350〜62年]参照）が裏づける。1120年頃、バグダードの哲学者アブル・バラカトが、発射体には2つ以上の傾向または原動力が存在しうると反論した。前方方向の傾向または原動力が弱まると、別の傾向または原動力が現われて下方向に加速するというのだ。加速を起こすのはこの傾向または原動力のしわざだった。これは力と加速の関係の最初の理念化だった。

> 実体験の頻度の高さから、たとえ理由が知られていなくともこれらの判断はまちがいないであろう。

アブル・バラカト・アル＝バグダディ《キタブ・アル＝ムタバール》（12世紀初頭）

過去の文書を翻訳する

古典期の哲学者の著作は、西ローマ帝国の滅亡とともに散逸したが、8〜9世紀にアラビア語に翻訳されて命脈を保っていた。こうした翻訳が12世紀以降ヨーロッパで入手できるようになり、クレモナのジェラルドらによってラテン語に翻訳された。

トレド司教ライモンド
1135年、アルフォンソ7世の戴冠式で国王の前に立つライモンド。王家の庇護の重要性を示している。

1121年頃、ペルシアのメルヴという町で、アル＝ハジニが《知恵のはかりの書》を著わし、そのなかで重力の中心という概念を提唱した。重力は世界の中心からの距離で決まり、遠いほど重たくなるというのがアル＝ハジニの考えだった。

イギリスの哲学者バースのアデラード（1080〜1152年）はサレルノとシチリアに滞在した7年間にアラビア語を学び、アラブ文化の広範な知識を身につけた。そして1126年、アル＝フワーリズミーの天文学の著作《シンドヒンドの天文表》を翻訳して多くの読者を獲得した。

トレド司教ライモンドも、1126〜1152年にアラビア語からラテン語への翻訳を奨励した。1167年にその活動を受けついだのがクレモナのジェラルド（1114〜1187年）で、彼は80点以上のアラビア語の著作を翻訳した。

1150〜99年

インドの数学者・天文学者バースカラ2世（1114〜1185年）は、一度力を加えただけでずっと動きつづける永久機関を著作で紹介している。それは車輪構造で、スポークに水銀が入っている。水銀は重いので、車輪が回ると水銀がスポークの外側に寄り、その重さで車輪を回すというものだ。

バースカラ2世は天文学と数学の著作で知られ、中世インドで最も尊敬される数学者だった。その集大成的な著作は娘の名にちなんだ《リーラーヴァティ》で、分数、代数、アルゴリズム、順列、

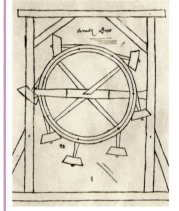

永久運動
13世紀に考えだされた永久機関。不均衡な車輪の縁に蝶番（ちょうつがい）で槌（つち）が取りつけてある。

- **1104年** ヴェネツィアでアルセナーレの建設が始まる
- **1107年頃** 中国で木版の多色刷りが始まる
- **1120年** アブル・バラカトが力と加速の関係について考察
- **1121年** ペルシアのアル＝ハジニが初歩的な重力理論を唱える
- **1125年** 中国の艦隊が朝鮮半島遠征で水に浮かべる方位磁石を使用
- **1126年** バースのアデラードがアラビア語の《原論》をエウクレイデスをラテン語に翻訳
- **1126〜1151年** トレド司教ライモンドの命令でアラビア語版の古典の著作がラテン語に翻訳される
- **1145年** スペイン系ユダヤ人の数学者サバスダが二次方程式に関する著作を執筆
- **1150年** バースカラ2世が、数の平方根が正負の2つがあることを証明する
- **1150年** ヨーロッパで知られる最初の女性医師、トロトゥーラ・ディ・サレルノがイタリアで活躍する

56

哲学者イブン・ルシュド（アヴェロエス）は、侍医を務めていたムラービト朝が倒れ、ムワッヒド朝の宮廷から追放された。

> "知識とは対象と知性の一致である。"
>
> イブン・ルシュド（アヴェロエス）《物理学注釈》（12世紀後半）

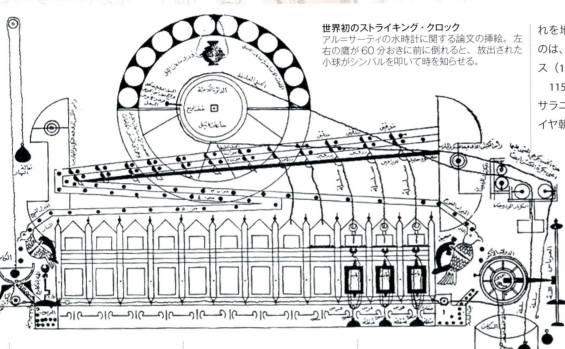

世界初のストライキング・クロック
アル＝サーティの水時計に関する論文の挿絵。左右の鷹が60分おきに前に倒れると、放出された小球がシンバルを叩いて時を知らせる。

組み合わせ、三角形および四辺形の幾何学を論じている。また《ビージャガニタ》では、有限数を零で割ると無限大になるとのべている。またすべての数に正負の平方根がひとつずつ存在することを理解した最初の数学者だとされている。1150年に著わした天文学の著作《シッダーンタ・シロマーニ》では、運動の微増に関する計算を示しているが、これは数量変化の速度を研究する微分法に近い。ただ5世紀後にアイ

2
あらゆる数には平方根が2つ存在する

ザック・ニュートンやゴットフリート・ライプニッツが発展させた微分学にくらべると、範囲がきわめて狭かった。

スペイン生まれの哲学者イブン・ルシュド（1126～1198年）はアヴェロエスの別名を持つ。彼は紀元前4世紀のアリストテレスの業績について詳細な注釈を行ない、イスラム神学との統合を試みた。1154年頃に書いたアリストテレスの運動理論に関する著作で、アヴェロエスは物体の原動力（重さ）と固有の抵抗力（質量）を初めて区別したが、対象は天体に限定していた。そ

れを地球上の物体にまで広げたのは、13世紀のトマス・アクィナス（1224～1274年頃）である。
1154年、アラブのアル＝カイサラニが、ダマスカスにあるウマイヤ朝のモスク近くに世界初のストライキング・クロックを完成させた。水力で動くこの時計は、1203年に息子のリドワーン・アル＝サーティが《時計の製造とその用途について》のなかで説明している。イスラム世界の水時計はしだいに高度なものになり、1235年にバグダードにつくられた時計は、昼夜の祈りの時間を知らせていたという。
中国では地図作成と印刷の技術が進み、1155年頃には早くも印刷地図が登場していた（ヨーロッパでは1475年）。《六経図》（六経で言及されている6つの対象を描いた）に収録されており、中国西部の河川と地方名が記され、万里の長城を表わす線も確認できる。
中国・宋代につくられた地図の傑作と言えば、1137年に石に彫られた地図「禹跡図」だろう。

これには碁盤目の線が引かれ、縮尺まで示されていた。
ヨーロッパでは穀物を挽くために水車が使われてきたが、1180年頃に風力を活用する発想が出てきた。ペルシアの風車は水平式だったが、ヨーロッパは垂直式で、直立し、自由に回転する塔に羽根車を取りつける構造だった。風車はまたたく間に普及し、教皇セレスティウス3世は1190年代に風車税をかけた。

羽根の力
ドイツに残る風車。垂直軸に取りつけた4つの羽根車が回転する典型的な構造だが、それ以前のポストミルと異なり、風を正面から受けるために回転するのはキャップのみだ。

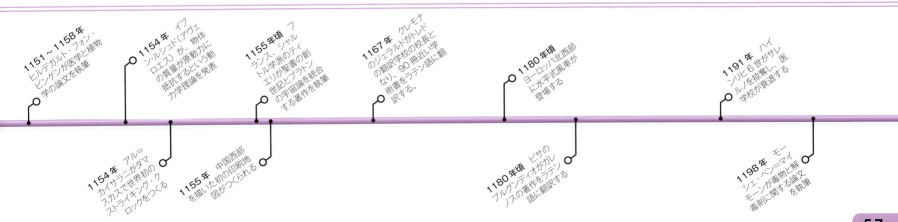

1200〜19年

独自の工夫
アル＝ジャザリが考案した装置のひとつ。甕（かめ）の水を注いだ人形が小部屋に戻り、水を満たす。

> " アル＝ジャザリの数々の発明は、現在の機械工学にいまだに影響を与えている。"
>
> ドナルド・ヒル《中世イスラムの技術研究》（1998年）

イタリアの数学者レオナルド・ピサーノ（フィボナッチ）が1202年に出版した《算盤の書》は、インド・アラビア数字と位取り記数法（[861〜899年]参照）を西ヨーロッパに広めるのに貢献した。またこの本では、アル＝フワーリズミー（[821〜860年]参照）から引用したと思われる代数の諸規則と、平方根、立方根の求めかたも紹介している。さらにフィボナッチは、ピサの商人たちが活用していた方眼を使った掛け算、物々交換の助言、硬貨鋳造での合金の使用といったことも書いている。フィボナッチ数列（下[囲み]参照）も、発端はウサギの繁殖問題だった。

1206年、アラブの機械工学者イブン・イスマイル・アル＝ジャザリは《巧妙な機械装置に関する知識の書》を出版した。そこでは50種類の機械が登場し、クランク軸とカム軸も紹介されている。なかでも目を惹くのは高さ2mもある水時計で、象の形をしており、不死鳥が毎正時30分を伝える仕組みだった。

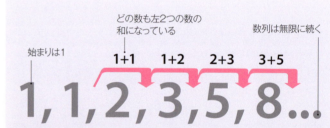

フィボナッチ数列

フィボナッチ数列とは、隣りあった2つの数の和がその右にある数になる数列のこと。それぞれの数をフィボナッチ数と呼ぶ。自然界ではおなじみで、花弁の数がフィボナッチ数になっている花はたくさんあるし（ひなぎくは13、21、34）、茎から生える葉の並びがこの数列に対応している植物もある。

- **1202年** フィボナッチが《算盤の書》でインド・アラビア記数法を詳細に解説
- **1206年** アル＝ジャザリ《巧妙な機械装置に関する知識の書》にクランク軸とカム軸が登場
- **1210年** 教会会議がパリ大学でアリストテレスを学ぶことを禁止
- **1214年** イタリアの医師ルッカのウーゴがワインを防腐剤として利用、感染症における膿（うみ）の役割を解明
- **1217年** スコットランドのマイケル・スコットがアルペトラギウスの《惑星の理論》をラテン語に翻訳する

1220〜49年

14万4800km
人体に張りめぐらされた血管の総延長

血管が全身に血液を運ぶ様子を描いた13世紀の絵。心臓の最上部が見える。

中国で考案された火薬武器は、当初は手榴弾や火矢といった比較的非力なものばかりだった。しかしモンゴルの侵略が迫ってきた1231年、中国宋王朝の守備軍が考案した「震天雷」は硝石を多量に含む火薬を使い、鉄管を爆発させた。その音は50km先でも聞こえ、破片は鉄の甲冑を粉々に打ちくだいたという。1232年には、槍に火薬を詰めた竹の容器を着けた原始的なロケットも登場した。この「火槍」は、点火すると爆発による推進力で前方に飛んでいく。さらに2mもの火炎を噴射し、敵に重傷を負わせる火炎放射器も使われた。

リンカーン司教ロバート・グロステスト（1168頃〜1253年）は、アリストテレス《分析論後書》の注釈を1220〜1235年に出版し、アリストテレスの哲学や科学手法とキリスト教思想を統合するうえで決定的な役割を果たした。自ら「分割と構成」と呼ぶ厳密な論理構築では、可能であれば実験も辞さずに仮説の立証を試み、観察に基づかない結論の排除を徹底していた。万物の変化は媒介を通じた力の作用で生じると考えたグロステストは、光学にも関心を持ち、虹や天文学に関する論文も書いた。

1230年頃、ヨーロッパの数学者ネモレのヨルダヌスが、著書《重さに関する原論》のなかで「てこ」の新理論を発表する。支点から等距離にある同じ重りは平衡する（p.34〜35参照）というアリストテレスの公理に基づいて、仮想変位の概念（微小な変化が機械系に及ぼす影響に着目する）を力学に導入したのである。また著書《重さについて》では、動いている物体の軌跡に沿って下向きの力が働いている問題を考察した。そして軌跡が曲がれば曲がるほど、下向きの力は小さくなることを示した（のちに位置重力と呼ばれるようになる）。ヨルダヌスはさらに、角度のついた（あるいは曲がった）てこでも平衡する地点を見つける方法を示した。

シリアの碩学で解剖学者のイブン・アル＝ナフィス（1213〜1288年）は《イブン・シーナの規準における解剖学注釈》のなかで、解剖学上の重要な発見をいくつも発表しているが、彼の画期的業績は血液が心臓と肺のあいだをいかに循環しているかを発見したことだった。心臓の右手側から肺を通って左手側に循環するという発想は、右心室から隔壁の小孔を通って左心室に移るというガレノス（[100〜250年]参照）の説に反していた。ただしアル＝ナフィスは、血液が左心室から右心室に戻る過程は説明していない。血液循環を完全に説明してみせたのは、17世紀のウィリアム・ハーヴィーだった（[1628〜30年]参照）。

ロケットの始まり
1232年の開封包囲で使われた中国初期のロケット。兵士が竹の台に火薬を詰めた本体を乗せ、導火線に着火しようとしている。

> "線と角度と図形を考えることはきわめて有用だ。自然哲学はそれらを抜きにして解明できない。"
>
> ロバート・グロステスト（イギリスの哲学者・神学者）《線、角度、図形について》（1235年頃）

フィボナッチ（1170〜1250年頃）

レオナルド・ピサーノ（フィボナッチ）はピサの裕福な家に生まれた。父親がチュニジアの交易植民地ベジャイアで仕事をしていた関係で、フィボナッチはアラビア数学に親しんだ。32歳のとき出版した《算盤の書》で一躍名をあげ、シチリアのフェデリーコ2世の前で数学の実演を行なった。

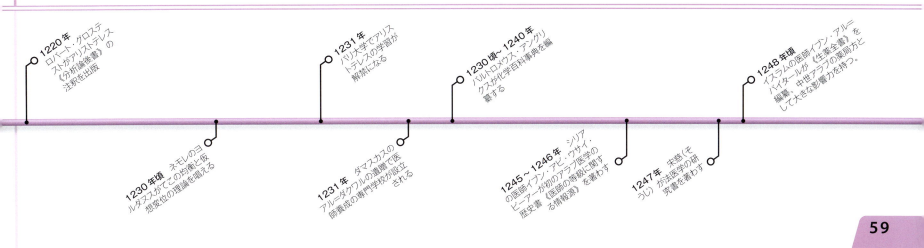

- 1220年 ロバート・グロステストがアリストテレス《分析論後書》の注釈を出版
- 1230年頃 ネモレのヨルダヌスがてこの均衡と仮想変位の理論を唱える
- 1231年 パリ大学でアリストテレスの学習が解禁になる
- 1231年 ダマスカスのアル＝ダクワルの遺贈で医師養成の専門学校が設立される
- 1230頃〜1240年 バルトロメウス・アングリクスが化学百科事典を編纂する
- 1245〜1246年 シリアの医師イブン・アビ・ウサイビーアーが初のアラブ医学の歴史書《医師の等級に関する情報源》を著わす
- 1247年 宋慈（そうじ）が法医学書を著わす
- 1248年頃 イスラムの医師イブン・アル＝バイタールが《生薬全書》を編纂、中世アラブの薬局方として大きな影響力を持つ。

1250〜68年

> "気のふさぎを治すには……頭骨に……十字の穴を開け、患者を鎖につなぐことだ。"
>
> ルッジェーロ・フルガルディ（イタリアの外科医）《外科学》（12世紀後半）

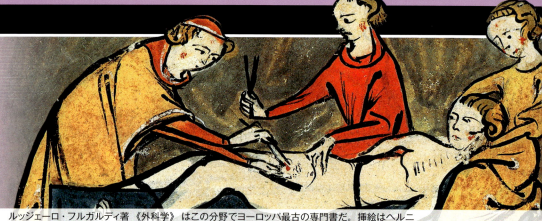

ルッジェーロ・フルガルディ著《外科学》はこの分野でヨーロッパ最古の専門書だ。挿絵はヘルニア手術の様子。

1250年頃、聖職者で医師だったイギリス人ギルバートが著わした《医学概論》は頭、心臓、呼吸器、熱、婦人病の巻に分かれており、中世で最も普及した医学書としてラテン語からドイツ語、ヘブライ語、カタルーニャ語、英語に翻訳された。ギルバートはハンセン病の診断基準として皮膚感覚の麻痺を挙げている。

1266年、イギリスの修道士・学者ロジャー・ベーコンは《大著作》を完成させる。教会改革の嘆願書の形を取りながらも、内容の大半は実験的観察や自然科学で、新しい知識を学ぶことの価値を教会に認めさせることを意図していた。また西ヨーロッパ

> "実験科学こそが科学の女王であり、あらゆる考察のめざすところである。"
>
> ロジャー・ベーコン《第三著作》（1267年）

で初めて火薬について記述したほか、飛行装置や蒸気船の発想も盛りこまれていた。とりわけ重要なのは光学の項目で、対象物から放射される光線が目に入って視覚が生まれるというアラブのイブン・アル＝ハイサム（[1000〜29年]参照）の説を踏襲している。ベーコンは形の異なるレンズを調べ、拡大レンズの用途や数学的特性について記しているが、俗説と異なり眼鏡の発明には至っていない。

イタリアの外科医ウーゴ・ボルゴニョーニ（1180頃〜1258年）とテオドリーコ・ボルゴニョーニ（1205〜1298年）は、当時医学の中心地だったボローニャの医師の家に生まれた。1260年代、テオドリーコは手術の切開箇所をワインで洗浄し、急いで閉じるべきだと主張した。当時行なわれていたのは膿がたまるまで待つガレノス式で、それとは正反対の発想だった。ボルゴニョーニ兄弟は軟膏や湿布を使わず、乾いた包帯で傷を覆う方法も提唱している。また手術時にアヘンやドクニンジンなどを海綿に染みこませて患者にかがせるという、初期の麻酔法も実践した。

ロジャー・ベーコン（1220〜1292年）

オクスフォード大学に学んだベーコンは、パリでアリストテレスについて講義を行なう。1247年、職を捨てて学究生活に専念。1257年には研究を続けるためにフランシスコ会の修道士となった。教皇クレメンス4世の特命で教会改革に関する著作を執筆し、1267年の《大著作》に結実する。

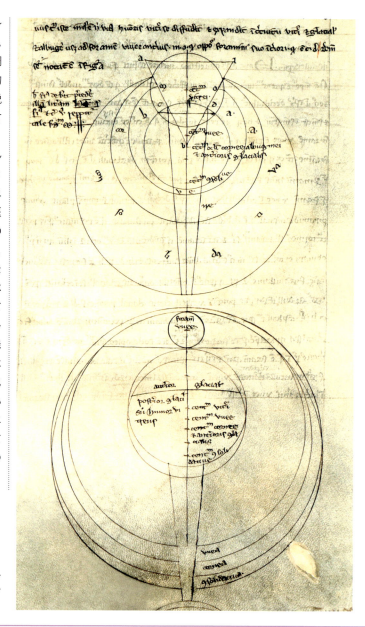

《大著作》
目の構造とレンズの曲率、光線がレンズに当たって視覚を生む仕組みを示した模式図。

- **1250年** ギルベルトゥス・アングリクスが《医学概論》でハンセン病の診断について記す
- **1260年頃** テオドリーコ・ボルゴニョーニが手術中の切開箇所をワインで洗浄し、麻酔を使用することを主張
- **1260年** アルベルトゥス・マグヌスが火山は地下を吹く風で生まれると主張
- **1267年** ロジャー・ベーコンが目の構造と、拡大レンズの性質について記述

60

1269〜79年

> 世界のどこの町や島、どんな場所にも歩を進めることができるだろう。

ピエール・ド・マリクール（フランスの科学者）《磁気書簡》（1269年）より、羅針盤に関する記述。

1280〜99年

パリのノートルダム寺院に飾られた「ユダの裏切り」（1491年）の一部。眼鏡をかけた人物像が宗教美術に登場するようになった。

観星台
2つある塔のひとつにアーミラリ天球儀が設置され、塔のあいだには12メートルもの指時針で影を測る「天測尺」があった。

1269年にフランスの学者ピエール・ド・マリクールが書いた《磁気書簡》は、磁気の特性を取りあげた最初の著作である。磁力と反発力の法則のほか、羅針儀の極の見分けかたも解説されていた。この成果をもとにつくられた磁気羅針儀は海洋航海に不可欠な道具となった。ド・マリクールは磁気を使った永久機関も考案している。

1276年、中国を支配していたモンゴル帝国のフビライ・ハンが、数学者・工学者である郭守敬（1231〜1316年）に暦の改定を依頼した。そのためにまず郭守敬は、天文観測機器をつくらせた。そのひとつが巨大な赤道アーミラリ天球儀——赤道を表わす環が基準になる——だっ

た。同様の天球儀がヨーロッパで使われるのは、3世紀後のティコ・ブラーエ（1565〜1574年）の時代である。次に1279年から1280年にかけて、北京と、洛陽に近い藁城に天文台を建設する。後者の天文台は三角錐の上に高さ12mの指時針が乗り、冬至や夏至のときにそれが落とす影を測定して、高度な三角法を用いて1年の長さを計算した。

1280年、郭守敬はついに暦を完成させる。それによると1年の長さは365.2425日だった。

現存する最古の大砲は中国で1288年頃につくられたものだ。丈夫な鋳鉄の砲身が現われるまで、中国の大砲は青銅製の筒を使い、火薬の爆発力で砲弾を飛ばしていた。もっとも1274年と1277年の文書には、モンゴル人が城壁を破壊するために爆発武器を使っていた記述があるので、大砲の発明はもう少し早い可能性もある。

ガラスレンズが対象物を拡大して見せる特性は、イギリスのロバート・クロステスト（1175〜1253年）やロジャー・ベーコンが研究していた。しかし眼鏡に関する記述は、ドミニコ会修道士ジョルダーノ・ダ・

ピサ（1260頃〜1310年）が1286年に実際に眼鏡を使ってみたというものがいちばん古い。初期の眼鏡は遠視を矯正するための凸レンズだった。近視用の凹レンズが出現するのは1世紀以上のちのことである。

1290年、フランスの天文学者サンクロウのウィリアムが、5年前に自身が観察した日食について記した。当時の観察者の多くは、太陽を直接見て目を損傷していた。それを防ぐためにウィリアムが考案したのがカメラ・オブスクラである。これはピンホールカメラの一種で、真っ暗な部屋のわずかな隙間から光が差しこむと、奥の壁に貼ったカードなどに太陽の像が投影される。この技術は11世紀のイブン・アル＝ハイサムなどが、交差する光線が干渉しないことを証明するときに活用していたが、太陽観察の用途を明言したのはウィリアムが最初である。彼は夏至や冬至の太陽の位置を観察して、地球の軸の傾きも計算した。ウィリアムが作成した天文年鑑には、1292〜1312年の太陽、月、惑星の詳細な位置が掲載されている。

26秒
郭守敬が計算した1年の長さと実際の数値の誤差

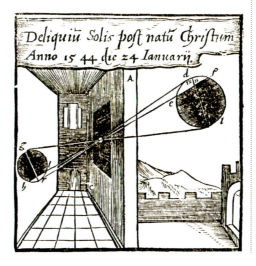

カメラ・オブスクラ
16世紀の挿絵に登場するカメラ・オブスクラ。暗室に開けられた隙間を光が通過すると、逆転した太陽の像が得られる。

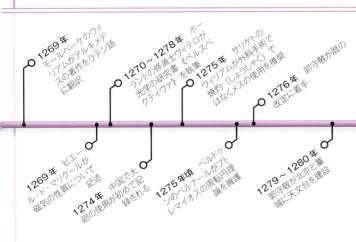
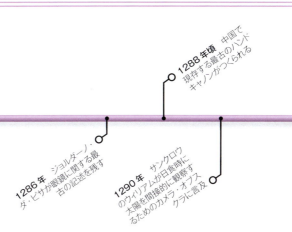

800〜1542年｜ヨーロッパとイスラムのルネサンス

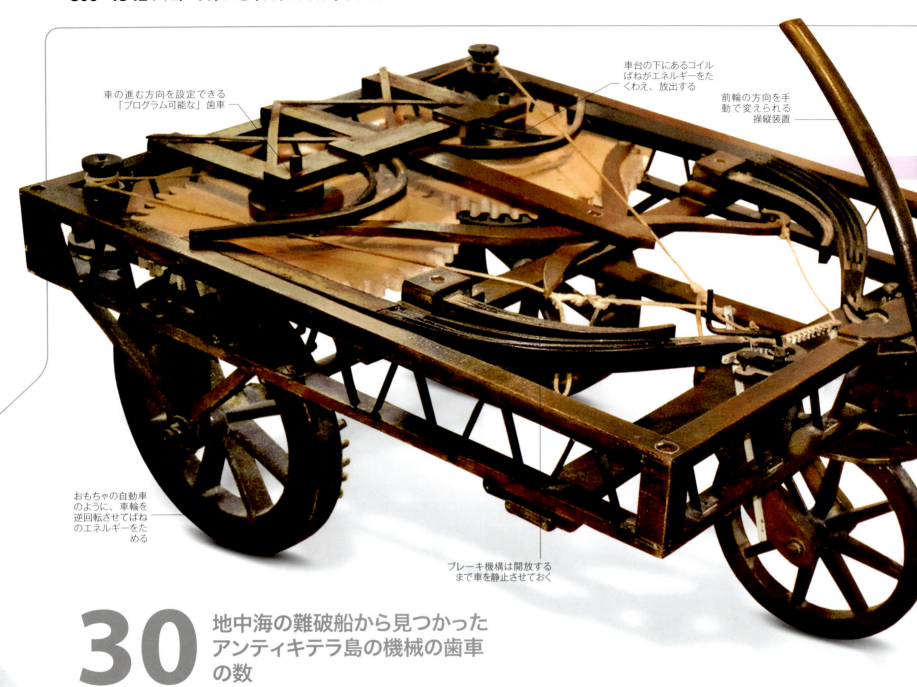

車の進む方向を設定できる「プログラム可能な」歯車

車台の下にあるコイルばねがエネルギーをたくわえ、放出する

前輪の方向を手動で変えられる操縦装置

おもちゃの自動車のように、車輪を逆回転させてばねのエネルギーをためる

ブレーキ機構は開放するまで車を静止させておく

30
地中海の難破船から見つかった
アンティキテラ島の機械の歯車
の数

指南車

**紀元前230年頃
初期の歯車**
中国の指南車。歯車を組みあわせることで、車輪が向きを変えても上部の人形がつねに南を指す。

**紀元前125年頃
張衡のアーミラリ天球儀**
中国の張衡（ちょうこう）は歯車と水力で動くアーミラリ天球儀をつくった。太陽、月、星の運行を示すこの天球儀は、歯車技術のみならず時計製作にも多大な影響を与えた（[700〜799年] 参照）。

ソールズベリー大聖堂の時計

**13世紀
ヨーロッパの機械時計**
世界初の機械時計は歯車で針を回転させ、時鐘を制御していた。駆動チェーンに付けた重りの落下で動かした。

中国の水車

**紀元前200年頃
水車**
歯車で水力を活用する水車はギリシアで生まれ、ギリシア・ローマ世界に広まった。中国では約200年後に、歯車機構でさまざまな動きを起こす独自の水車技術を発達させた。

風車の歯車

**7世紀
ペルシアの風車**
実用化された最初の風車はペルシアでつくられ、水平羽根が垂直軸を回転させる仕組みだった。

**1206年
《巧妙な機械装置に関する知識の書》**
アラブの博識家アル＝ジャザリがこの本で100種類もの機械を紹介しているが、そのなかで歯車を使うことが多いクランク軸もあった。

《知識の書》の挿絵

歯車の話

単純ながら効率良く動力を伝達する歯車には、長く複雑な歴史がある。

力の方向を変えたり、別の回転軸に伝達したり、力を運動に変換したりできないと、現代の機械は成立しない。これらの機能を実現してくれるのが、長い歴史を持つ歯車装置なのである。

歯車とは中心部に回転軸を持つ車輪で、外周の歯のような突起がほかの歯車の突起と噛みあう。歯によって角運動が隣の歯車に伝達され、伝動装置を形成する。2番目の歯車の回転速度と力は、2つの歯車の歯数の比で決まり、そこにいわゆる「機械的倍率」が生じる。2番目の歯車の歯数が少ないと回転は速くなるが、トルク、すなわち回転力は小さくなる。

歯車を使った最古の装置は、紀元前3世紀に方角を知るのに使われた中国の指南車で、つねに南を指していた。古代ギリシアでも歯車技術は高度に発達し、1900年頃に地中海の難破船から見つかったアンティキテラ島の機械は天文学の複雑な計算をこなす装置だった。

実用面への応用

歯車には、水の流れや風の力を活用する実用的な用途もあり、古代世界に少しずつ普及していった。動物や人が動かす踏み輪はその典型である。歯車を使うところとしては製粉所が最も一般的だが、切断用の刃を回転させたり、重たいハンマーを持ちあげては落として、金属を叩いたり、硬貨を鋳造したりする用途もあった。

歯車の進歩によって、13世紀のヨーロッパではぜんまい仕掛けが発達し、産業革命では蒸気機関の力を効率よく伝達する機構も生まれた。そして現在でも、自動車からインクジェット・プリンターまで歯車は幅広く使われている。

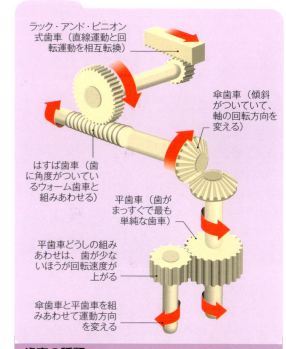

- ラック・アンド・ピニオン式歯車（直線運動と回転運動を相互転換）
- 傘歯車（傾斜がついていて、軸の回転方向を変える）
- はすば歯車（歯に角度がついているウォーム歯車と組みあわせる）
- 平歯車（歯がまっすぐで最も単純な歯車）
- 平歯車どうしの組みあわせは、歯が少ないほうが回転速度が上がる
- 傘歯車と平歯車を組みあわせて運動方向を変える

歯車の種類

運動の方向を転換する歯車は、さまざまな形と組みあわせが可能だ。複雑な伝動機構を使えば、1本の駆動軸を回転させるだけで、さまざまな直線運動を生みだしたり、別の回転軸を自由な速度で動かすことができる。

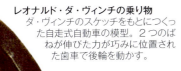

レオナルド・ダ・ヴィンチの乗り物
ダ・ヴィンチのスケッチをもとにつくった自走式自動車の模型。2つのばねが伸びた力が巧みに位置された歯車で後輪を動かす。

1480年 レオナルド・ダ・ヴィンチの歯車
イタリアの天才レオナルド・ダ・ヴィンチは歯車の機能を理論的に理解しており、レンズ研磨機、金属板圧延機（あつえんき）など歯車を巧みに組みあわせた装置を発明した。

1781年 マードックの歯車装置
スコットランドの技術者ウィリアム・マードックが考案した遊星（ゆうせい）歯車機構は、蒸気ビームエンジンなど垂直方向の運動を、駆動軸の回転運動に変換することができた。

遊星歯車機構

1835年 歯車研削
イギリスの技術者ジョゼフ・ホイットワースが、精密な歯車研削を効率よく行なうホビング工程を考案した。

プラスチックの歯車

1990年代 ナノテクノロジー
ナノスケールの機械にも、直径がマイクロメートル単位の微小な歯車機構が使われている。

18世紀 産業革命
蒸気動力の普及にともなって歯車技術も大幅に進歩する。蒸気ピストンの直線運動を機関車車輪の回転運動に変換するために歯車が使われた。

蒸気機関車

19世紀 自転車の進歩
1817年に発明された自転車は、足で蹴って進む速足機に過ぎなかった。しかし19世紀を通じて改良が進み、ペダルで歯車と駆動チェーンを動かす方式が登場した。

ペニー・ファージング型自転車

1950年代 プラスチック製歯車の登場
1950年代、新素材プラスチックを使った歯車が登場する。精密に機械加工された金属製歯車ほどの強度はないが、安価でかつ簡単に生産できた。

1300〜10年

ロジャー・ベーコンやフライベルクのテオドリックは虹の色の解明を試みた。

0.45 kg 1常衡ポンドの重さ

中世初期のヨーロッパでは、ローマ・ポンドが重さの単位だった。1ポンドは12ウンキアエ（オンス）で、主に薬品や硬貨の重さに使われていた。しかし1303年頃の特許状で、羊毛などかさのある物に適した別の重量単位が導入される。それが常衡だった。16オンスを1ポンドとする常衡は、以後700年にわたって使われる。

常衡の起源は、羊毛の重量計算にほぼ同一の単位が使われていたフィレンツェにあると考えられる。イギリスではその後1309年にハンドレッドウェイト（112ポンド）を追加する布告が出された。

虹は、古くはアリストテレスから興味の対象だった。ロジャー・ベーコンは、雲に含まれる球状の雨滴に光が反射して色が生まれると考えた。1310年頃、ドミニコ修道会の修道士だったフライベルクのテオドリック（1250頃〜1311年）は、水を満たしたガラス球に光を通過させてスクリーンに投影する実験を行ない、光は雨滴に入るときと出るときにそれぞれ屈折していることを確認した。テオドリックは色のスペクトルも正確に記述していた。ガラス球を通過して投影された光は、虹と同じ色の配列（赤、黄、緑、青）になっていたのだ。

重大な問題
1582年にイギリスのエリザベス1世が発布した常衡の原器のひとつ。こうした原器は1820年代まで使われた。

1311〜16年

モンディーノ・デ・ルッツィ著《解剖学》の題扉挿絵。解剖台に載せられた死体がすでに腹を切開され、内臓が取りだされている。

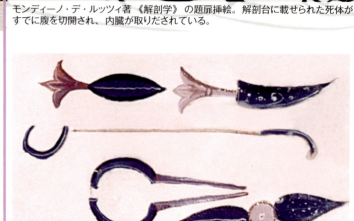

初期の外科手術と解剖

外科は医学分野としてなかなか認められなかったが、それでも1170年以降の記録によると、技術的に洗練されてきたようだ。1200年までに膀胱結石、ヘルニア、骨折の手術が一般化した。14世紀に入るころには感染症を避ける意識が外科医に浸透し、ワインで切開箇所を洗ったり、手ばやく閉じるようになった。

イタリアの詩人ダンテ・アリギエーリが書いた《神曲・天国篇》（1313頃〜1321年）には振り子時計の最初の記述が見られるが、実際に時計が出現したのはその数十年前と考えられる。重りをエネルギー保存装置として使うこの時計は、一定時間動きつづける（1日や1週間など）。重りの紐を巻きあげると、重力によってゆっくりと降下していくが、その位置エネルギーで機構を動かすのである。初期の時計は、教会の1日を律するキリスト教の祈禱時で盤面が区切られていたと思われ、時間が12等分された時計が最初につくられたのは1330年のことだった。

アンリ・ド・モンドヴィル（1260頃〜1316年）は軍で外科医を務めていたが、モンペリエで医学を指導するようになった。1308年には、解剖図と頭蓋骨模型を教材として使っていた。1312年頃、自ら死体を解剖して得た知見も盛りこんで指導書《外科》

1317〜49年

> "少しですむことに多くを費やすのは無益である。"

オッカムのウィリアム（フランシスコ会修道士）《大論理学》（1323年頃）

> "泥からアダムを、自らの肋骨からイブをおつくりになった神こそが外科医だ。"

アンリ・ド・モンドヴィル（フランスの外科医）《外科》（1312年頃）

を執筆したが、内容はかならずしも正確ではなかった。

ボローニャで医学教授をしていたモンディーノ・デ・ルッツィ（1275頃〜1326年）は、1315年に公開解剖を実施した。彼は指導のなかで定期的に解剖を行ない、1316年に《解剖学》を出版した。これは（外科ではなく）解剖学に特化した初の指導書である。

人体地図
アンリ・ド・モンドヴィル著《外科》に収録されている解剖図。上半身の下半分が開かれて、内臓が見えている。

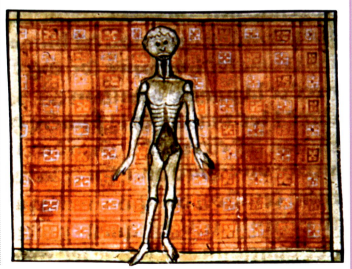

1323年、オッカムのウィリアムが中世を代表する論理学の名著《大論理学》を著わし、そのなかで伝統的なキリスト教哲学と袂を分かった。彼の理念で最もよく知られているのは、証明に不要な事柄は切りすてるべきだという節約の発想で、のちに「オッカムの剃刀」と呼ばれるようになった。世界についてのすべての知識は、ひとつひとつの認識に支えられていると考えたオッカムは、昔ながらの形而上的な宇宙秩序の説明に反発し、世俗と教会権力の分離も主張した。

ヨーロッパでは12世紀から小麦を挽くのに風車が使われていたが、記録では1345年からオランダで土地の排水に利用されるようになった。こうしてできた干拓地は国土の2割を占め、堤防で海と区切られている。

1349年頃、フランスのニコラ・オレーム（1320頃〜1382年）は関数の増加（物体の速度など）を表わすのにグラフを使用する方法を詳述し、数学的分析の進歩に貢献した。その後1377年には、《天体・地体論》のなかで地球は宇宙の中心で不動という従来の宇宙論に異を唱え、軸を中心に回転していると述べた。それだと鳥が振りきられてしまうという反論もあったが、オレームは譲らず、海もいっしょに回転していると主張した。

オッカムのウィリアム（1285頃〜1349年）

フランシスコ会修道士。オックスフォード大学に学び、1315年には聖書の講義を行なっていた。彼の論理はキリスト教批判と受けとられることが多く、アヴィニョンの教皇庁で異端審問を受けた。しかし結論が出される前に逃亡し、神聖ローマ帝国皇帝ルートヴィヒ4世の宮廷に召しかかえられて生涯を過ごした。

20%

オランダ国土のうち、干拓によって得た土地の割合

- 1315年 モンディーノ・デ・ルッツィがボローニャで初の公開解剖を実施
- 1316年 デ・ルッツィが《解剖学》を出版、この分野で初の専門的教科書となる
- 1319年 ヨーロッパで初めて大砲が登場
- 1323年 オッカムのウィリアムが《大論理学》で「オッカムの剃刀」について述べる
- 1340年頃 イギリスでダンブルトンのジョンが凝縮によって物質のいかなる部分も消失しないと主張し、分子理論に道を開く
- 1343年 ヴェネツィアで世界初の公衆衛生委員会が設置される
- 1345年 オランダで風車で排水する干拓が始まる

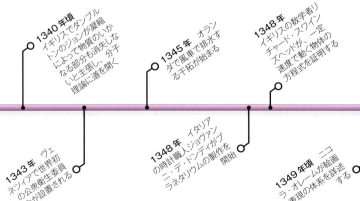

- 1348年 イタリアの時計職人ジョヴァンニ・デ・ドンディがプラネタリウムの製作を開始
- 1348年 イギリスの数学者リチャード・スワインズヘッドが、一定速度で動く物体の方程式を証明する
- 1349年頃 ニコラ・オレームが絵画表現の体系を詳述する

1350〜62年

> 発射体は投者から得たインペトゥスによって運動……インペトゥスが抵抗より強いあいだは運動が続く。

ジャン・ビュリダン（フランスの司祭）《アリストテレスの物理学に関する疑問》（1357年頃）

エデッサの砦から攻城塔に向けて球を発射するカタパルト。ジャン・ビュリダンの理論では、カタパルトが発射体に「インペトゥス（起動力）」を与えたことになる。

1340年代後半、前代未聞の恐ろしい疫病がヨーロッパ、中東、北アフリカを襲う。それが黒死病と呼ばれる腺ペストで、ネズミにたかるノミから感染した。病原体がペスト菌であることが判明したのは後世のことだ。腺ペストは1347年にコンスタンティノポリスに到達し、船で地中海全域に広がり、1348年にフランスとイギリスに上陸した。患者は鼠蹊部や腋窩に横痃と呼ばれる腫れが現われ、全身に高熱に苦しむ。ヨーロッパ全土で数百万人が死亡した。

腺ペストの正体を知らない当時の医者は、湿気や朽ちかけた死体の腐敗物が風に乗って広がるのが原因だと考えた。治療法は「腐りやすい」食べ物である肉や魚を避ける、部屋を燻蒸する、香料を詰めた匂い玉を鼻のそばに置くといったものだった。

腺ペストに対して医学は無力だったが、流行がようやく終息したのを機に新たな動きが活発になる。1351年にはパドヴァに12人の医学教授が誕生した（1349年には3人）。公衆衛生を推進する手段も実行された。1377年にラグーザ共和国（ドゥブロヴニク）、1383年にマルセイユが、腺ペストが流行した地域からの来訪者に30日間の検疫期間を設けた。ミラノは1450年までに常設の保健局を設置した。1480年にはイタリア半島全域で健康旅券が導入された。

発射体の運動に関するアリストテレスの説明は、学者たちを長年悩ませてきた。1357年、フランスの司祭ジャン・ビュリダン（1300頃〜1358年）は《アリストテレスの物理学に関する疑問》を出版。投げた石が手を離れてからも動きつづける点に着目し、投げた者が飛ぶ力を石に与えたからだと考え、その力をインペトゥス（起動力）と名づけた。インペトゥスが抵抗力を上回っているあいだは、石は飛びつづける。物体のインペトゥスの量は物体の内容量で決まるので、羽根よりも重たい物のほうが投げたとき遠くに飛ぶとビュリダンは説明した。

腺ペストの患者
15世紀スイスの手稿本の挿絵。典型的な症状である横痃が全身に現われている。

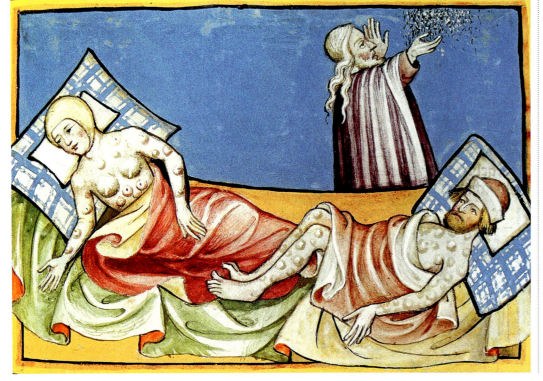

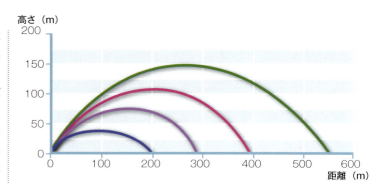

自由落下
物体をより高く投げれば、それで得られる起動力によって、下向きの力で地面に引きもどされるまで遠くに飛ぶことになる。

50%
14世紀半ばにヨーロッパで大流行した黒死病の最盛期の死亡率

1351年 最盛期にヨーロッパでの死亡率が50%にもなった黒死病が終息

1357年 フランスの司祭ジャン・ビュリダンがインペトゥス論を出版

1363〜99年

> "外科医が解剖学の知識を持たないのは、盲人が丸太を彫るようなものだ。"
>
> ギー・ド・ショーリアック（フランスの医師）《大外科書》（1363年）

ギー・ド・ショーリアック著《大外科書》の挿絵。腕の骨折、目の損傷などさまざまな患者が外科医のもとを訪れている。

フランスの医師ギー・ド・ショーリアック（1300頃〜1368年）は3人の教皇の侍医を務めた。1348年に黒死病が大流行を始めたとき、ショーリアックはアヴィニョンに留まったが、このときの経験から肺ペストと腺ペストの区別ができるようになる。

ショーリアックが1363年に出版した全7巻の《大外科書》は中世で最も重要な外科指導書となった。たとえば骨折には患部を滑車と重りで伸ばすこと、頭蓋骨骨折では脳脊髄液が失われることが書かれている。気管切開術や、牡牛の骨を使った義歯を入れる方法も解説しているが、ガレノス（[紀元前100〜250年]参照）の業績に頼りすぎたきらいがあり、傷の消毒をせず、膿を生じさせるといった時代遅れな治療も推奨していた。

1364年、イタリアの時計技師ジョヴァンニ・デ・ドンディ（1318〜1389年）が出版した《プラネタリウム》には、彼が16年の歳月をかけて完成した複雑な天文時計（アストラリウム）が詳細に記述されていた。これは高さ1mもある振り子式で、脱進機構とテンプは当時最新のものだった。7つある盤面は太陽と月の運行と5種類の暦を示し、復活祭の日までわかる万年暦にもなっていた。釣合重りは1時間に1800回揺れ、小さい重りを増減することで進みや遅れを調節できた。

記録によると、ヨーロッパで初めてロケットが兵器として使用されたのは、1380年にヴェネツィアとジェノヴァの艦隊が衝突したキオッジアの戦いだった。ロケットが空中で継続的な推進力を得るためには、大砲と異なって点火装置が必要になる。筒に詰めた火薬に火をつけるだけでは燃焼にむらがあり、しかも表面だけで終わる。そこで筒の中心に先細りの穴を開けることで、均一な燃焼と十分な推進力を得ることに成功した。またロケット自体も、後部の小さい開口部以外は気密性が保たれた。こうした工夫は、軍事技術者コンラート・カイザー（1366〜1405年以降）が1405年に著わした《ベルフォルティス》で論じている。カイザーはさらに、ロケットの弾道を安定させ、目標に正確に到達させるために、後部に（矢のような）羽根や重りを付けることを提案している。

正確に時間を計る
デ・ドンディが1364年につくったアストラリウムの復刻。文字盤は全部で7つあり、テンプやその動きを調節する重りが見える。

火薬の調合
ドイツでは、火薬を発明したのは錬金術師ベルトルト・シュヴァルツとされている。上は材料を混ぜて火薬をつくっている様子を描いた木版画。

- 1363年 フランスの医師ギー・ド・ショーリアックが《大外科書》を完成
- 1364年 イタリアの時計技師ジョヴァンニ・デ・ドンディが16年かけてアストラリウムを完成
- 1368年 ロンドンで外科医の団体が結成される
- 1370年 イギリスの外科医ジョン・アーダーンが新しい種類の注射器について言及
- 1377年 アウデナールデの包囲戦でヨーロッパで初めて大砲が威力を発揮
- 1377年 フランスの哲学者ニコラ・オレームが、地球は軸を中心に回転すると主張
- 1377年 ラグーザ共和国が検疫法を制定
- 1380年 キオッジアの戦いでヨーロッパで初めてロケットが使用される
- 1383年 マルセイユで検疫制度が導入される
- 1391年 スペインで初の解剖が実施される

67

1400〜21年

イタリアの画家マソリーノ・ダ・パニカーレは遠近法を導入した先駆的存在だった。フィレンツェのブランカッチ礼拝堂に描いた壁画「足に障害のある人を治癒する聖ペテロ」「タビタの蘇生」には遠近法が効果的に使われている。

線遠近法の原理は古代ギリシアから知られており、エウクレイデスも《原論》で言及していたが、ローマ帝国の分裂後は長らく忘れられていた。

イタリアの画家・建築家ジョット（1266〜1337年）は代数式で遠近法を生みだそうとしたが、部分的にしか成功しなかった。しかしイタリアの数学者ビアージョ・ペラカーニ（1347頃〜1416年）が1377年から20年にわたって研究し、真の線遠近法を実現させる。ペラカーニは遠くの対象を見るのに鏡を活用した。1415〜

42m
サンタ・マリア・デル・フィオーレ大聖堂のドームの直径

1416年、イタリアの建築家フィリッポ・ブルネレスキ（1377〜1446年）は鏡を使って公開実演を行ない、フィレンツェのサン・ジョヴァンニ洗礼堂を30cmのカンバスに正確に模写してみせた。

ブルネレスキにこの技法を教えたのが、フィレンツェの医師パオラ・トスカネッリ（1397〜1482年）とされるが、トスカネッリがその理論を公表したのは1460年だった。位置決めのための方眼の使用、消失点や地平線の原理など、線遠近法の絵画への応用を詳細に述べた著作が、やはりトスカネッリの弟子だったレオン・バッティスタ・アルベルティ（1404〜1472年）が1436年に出版した《絵画論》である。

ブルネレスキは新たな素描技法を生みだすだけでなく、建設機械を考案してはフィレンツェでの建築作業に役だてた。そのひとつがコッラ・グランデ（大クレーン）と呼ばれる巻揚げ機で、3段階の速さで1tを超える重量物を吊りあげ、荷をはずすことなく逆進させることもできた。1421年、フィレンツェ共和国は記録に残る最も古い専売特許をブルネレスキに与える。ヴェネツィア共和国は特許制度をさらに整備し、発明が正しく登録されれば10年間の専売権が認められた。

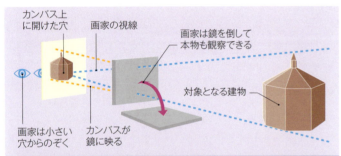

ブルネレスキの透視図法

フィレンツェの建築家・画家フィリッポ・ブルネレスキは、鏡を使って洗礼堂を正確に模写した。彼は立体物を平面を正確に描いた印象を与えるための線遠近法を発見する。ひとつの点（カンバスの穴）と1枚の鏡で、本物と寸分たがわぬ絵を描いてみせた。

1422〜49年

フィレンツェにあるサンタ・マリア・デル・フィオーレ大聖堂。ドームは直径42m、高さ54mある。設計者はブルネレスキで、完成まで16年かかった。

1420年、モンゴルを支配していたティムール朝のウルグ・ベク（1411〜1449年）がサマルカンドに科学研究所を設立し、さらに天文台の建設にも着手した。天文台には半径40mという巨大な六分儀が設置された。ここで働いた天文学者のひとり、ジャムシード・アル＝カシ（1380頃〜1429年）は数学百科事典を編纂する。それには天文学計算の項目があり、πの値を小数点17桁まではじきだし、正確きわまりない三角関数表が収録されていた。

アラビア語の文字　　演算記号

新しい数学言語
数学者アル＝カラサディは数の計算にアラビア語の単語を使った。加法は「ワ」、除法は「アラ」である。

1437年、天文台に所属する学者たちは、1018個の星の位置を示す天文表《ズ＝イ＝スルタニ》を刊行した。

1430年から1440年のあいだに、スペインのイスラム教徒で数学者だったアリ・アル＝カラサディ（1412〜1486年）が出版した著作には代数式の計算に短い単語や略語を用いていた。こうしたアラビア語の略語は1世紀前の北アフリカにも見られ、古代ギリシアのディオファントスも代数の表記法を考案していたが、アル＝カラサディの本が広く読まれたおかげで一般化した。

1436年、ブルネレスキが手がけたフィレンツェのサンタ・マリア・デル・フィオーレ大聖堂のドームが16年の歳月を経て完成した。支持構造を持たないドームとしては当時最大級で、軽量の内殻の外側にドームを築く二重構造になっていた。2つの殻のあいだは石や木の環や肋材で支え、れんがも矢筈積みにして重量を分散させた。

ドイツの哲学者ニコラウス・クザーヌス（1401〜1464年）は、《知ある無知》をはじめとする多くの著作を世に送りだした。そこには

68

> **地球は太陽より小さく、太陽の影響を受けているからといって、太陽より劣っているわけではない。**

ニコラウス・クザーヌス（ドイツの哲学者）《知ある無知》（1440年）

16世紀初頭の木版画。ニコラウス・クザーヌスが自らと同じ教会改革派と、保守的な教皇支持派のあいだで板ばさみになっている。

ヨハネス・グーテンベルク（1400頃～1468年）

マインツ生まれ。シュトラースブルクで「冒険と芸術」と称する謎の活動に従事したが、おそらく印刷術開発の最初の試みだったと思われる。1448年にはマインツに戻り、1450年には自作の印刷機を稼働させていた。しかし商売は傾き、1459年に破産した。

天文学や宇宙論の斬新な発想も記され、コペルニクスより100年も早く、地球は軸を中心に自転しつつ、太陽のまわりを回っていると考えていた。

1440年頃、ヨハネス・グーテンベルクは可動活字を使った印刷機の試作に取りくんでいた。版木ははずして再利用することができた。1450年には印刷所を設立し、《文法学》など現存するヨーロッパ最古の印刷物を製作した。グーテンベルクは印刷技術の改良をさらに進め、1454年には聖書も刊行した。

印刷物が庶民のものに
グーテンベルクがマインツで四十二行聖書（1段が42行だった）の製作に使ったのと同じ種類の印刷機。

- プレートを強い力で合わせてインクをのせるためのレバー
- 紙置き台
- 可動活字を並べたプレート
- 版木に塗るインク

> **印刷機からは……尽きることなく川が流れる……無知の闇に光をまき散らす新しい星のように。**

ヨハネス・グーテンベルク（ドイツの印刷業者）（1450年頃）

- **1430～1440年** アル＝カラサディが演算記号を使った著作を出版
- **1436年** ブルネレスキがサンタ・マリア・デル・フィオーレ大聖堂のドームを完成させる
- **1436年** レオン・バッティスタ・アルベルティが著書《絵画論》で遠近法の数学的原理を解説
- **1437年** サマルカンド天文台が《スルターニー》を出版
- **1440年頃** グーテンベルクが可動活字を用いた印刷の実験を開始
- **1440年** ニコラウス・クザーヌスが、地球は太陽のまわりを回っており、他の星にも惑星がある可能性があると主張

1450〜67年

グーテンベルク四十二行聖書の彩色ページ。現存する48冊はまさに稀覯本の代表格だ。

1454年、ドイツでヨハネス・グーテンベルクが1ページ42行に印刷した聖書を製作。これはヨーロッパで初めてまとまった部数が印刷された書物で、180部余りはすぐに完売した。すぐにグーテンベルク自身や他の印刷業者もさまざまな書籍を出版するようになり、科学概念の急速な普及に一役買った。

1464年、ドイツの数学者ヨハネス・ミュラー、またの名をレギオモンタヌス（1436〜1476年）が三角法の体系的な教科書《三角法全書》を出版。アラビアの数学者に多くを学び、三辺の比が等しい三角形は角度も同じであるという基本的な命題を証明した。

暗号法の最初の著作は13世紀に書かれ、15世紀には外交通信に広く使われていた。ただしアルファベットを1対1で置きかえる単一字換字法が主流だった。1466年、イタリアの画家・哲学者レオン・バッティスタ・アルベルティ（1404〜1472年）が暗号円盤を考案、多表換字法を可能にした。円盤を回転させることで、置きかえるアルファベットの組みあわせを新しくできる。

30 フローリン

グーテンベルク聖書の当初の価格

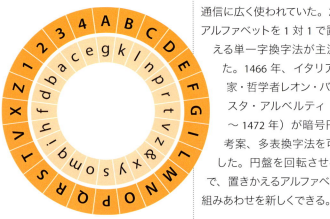

暗号を解読
アルベルティが考案した暗号円盤。内側の円を回して、任意の文字（たとえばg）をAに置きかえる。

1468〜82年

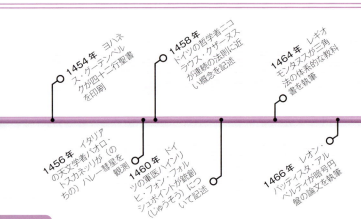

- 1454年 ヨハネス・グーテンベルクが四十二行聖書を印刷
- 1456年 イタリアの天文学者パオロ・ドスカネッリがのちのハレー彗星を観測
- 1458年 ドイツの哲学者ニコラウス・クザーヌスが連続性の法則に近い概念を記述
- 1460年 ドイツの軍医ハインリッヒ・フォン・フォルビ・フュオントが銃創（じゅうそう）について記述
- 1464年 レギオモンタヌスが三角法の体系的な教科書を執筆
- 1466年 レオン・バッティスタ・アルベルティが暗号円盤の論文を執筆

- 1472年 オーストリアの天文学者ゲオルク・プールバッハ著《惑星の新理論》を出版、印刷された天文学書として広く普及する
- 1478年 印刷された初の数学教科書《トレヴィーゾ算術書》がイタリアで出版される

1483〜99年

コロンブスが率いたニーニャ号、ピンタ号、サンタ・マリア号は5週間かけて大西洋を渡り、ついに南北アメリカを発見する。

> "自然は道理で始まり経験で終わるが、我々はその逆を行なう必要がある……"
>
> レオナルド・ダ・ヴィンチ（イタリアの画家、建築家、工学者）《手稿》

15世紀後半になると、実用的な数学教科書が多く出版されはじめた。1478年刊の《トレヴィーゾ算術書》は加法、減法、除法に加えて、乗法はたすき掛けや「チェス盤」法など5種類を解説していた。さらに複合則（合金中の貴金属の割合を示す）や黄金数（[1723〜24年]参照）の計算法も収録されていた。

1483年には《トレヴィーゾ》のドイツ版である《バンベルク算術書》が出版される。こちらも5種類の乗法のほか、幾何学的・算術的数列の規則が載っていた。

イタリアの画家・建築家・工学者だったレオナルド・ダ・ヴィンチは科学にも大いに関心を持ち、飛行の原理を研究しはじめた。「鳥は数学的法則で作動する装置だ」と考えたダ・ヴィンチは、鳥の翼をまねた飛行装置を設計する。

ダ・ヴィンチは1481年にパラシュートも設計する。防水加工した亜麻布に木の棒を張ってピラミッド状にし、落下時の加速を遅らせるとともに、衝撃を吸収させる仕組みだった。もっともこれらの先端的な装置が実際に製作された証拠はない。

15世紀後半には、数学記号の開発が進んだ。《ドレスデン手稿》（1461年）にはx4を表わす特殊な記号が登場し、1489年頃にはドイツの数学者ヨハネス・ヴィドマン（1462〜1498年）が加法と減法を意味する「＋」「−」を初めて使った。ヴィドマンは「＝」を長い横線で表現した。

1489年頃、ダ・ヴィンチは人体の研究に取りくむ。動物や人間の死体を解剖し（10回行なったと本人は書いている）、そこから得た知見を1507年までに手稿にまとめた。手稿には、過去に例のない詳細な解剖図が描かれている。

1490年、ダ・ヴィンチは毛細管現象を初めて記述した。これはごく狭い場所の水が、重力など自然の力に逆らって「這いあがる」現象である。

1492年10月、ジェノヴァの探検家クリストファー・コロンブス

> "カナリア諸島に向けて船を進めたが……方向がそれてインドに着いた。"
>
> クリストファー・コロンブス《第一次航海の日誌》（1492年）

がバハマのサン・サルバドルに上陸し、11世紀のヴァイキング以来最初に南北アメリカ大陸に到達したヨーロッパ人となった。コロンブスの航海は人種の混血、食用作物や病気の伝来、さらにラマやアルマジロといった未知の動物の発見などを後押しした。

レオナルド・ダ・ヴィンチ（1452〜1519年）

トスカーナが生んだ、ルネサンス期で最も創造的な知性。彫刻家の弟子となったが、その後ミラノ公スフォルツァに仕える。「最後の晩餐」（1495〜1498年）や「モナ・リザ」（1503年頃）など絵画の傑作のほか、科学的な興味も掘りさげ、1万3000ページに及ぶ手稿を残した。

レオナルド・ダ・ヴィンチの手稿
飛行装置のスケッチが描かれている。文章は鏡文字で書かれているが、その理由は不明だ。

航海術と世界地図

1409年にプトレマイオス著《ゲオグラフィア》がギリシア語からラテン語に翻訳されたこと、ポルトガル人がアフリカ西海岸を船で南下したことが刺激となり、地図製作技術はめざましい進歩を遂げる。左は1540年にヴェネツィアの修道士・地図製作者フラ・マウロが、プトレマイオスの著作と船乗りの海図から得た情報でつくった世界地図。距離を正確に反映する投影法は用いられていない。投影法が初めて使われたのは、フランドルの地理学者・地図製作者ゲラルドゥス・メルカトルが1569年につくった世界地図で、船乗りが航路を決めるのに役だった。

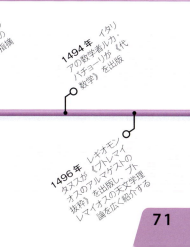

- 1481年 レオナルド・ダ・ヴィンチがパラシュートを設計
- 1489年 ヨハネス・ヴィドマンが「＋」「−」の記号を初めて使用
- 1489年 レオナルド・ダ・ヴィンチが実際の解剖をもとに人体の解剖学的素描を描く
- 1490年 ダ・ヴィンチが毛細管現象を記述
- 1492年 クリストファー・コロンブスがバハマに上陸
- 1492年 イタリアの学者エルモラオ・バルバロが《プリニウス《博物誌》の誤りを数千か所も指摘
- 1494年 イタリアの数学者ルカ・パチョーリが《代数学》を出版
- 1496年 レギオモンタヌスが《プトレマイオスのアルマゲストの抜粋》を出版し、プトレマイオスの天文理論を広く紹介する

1500〜16年

マルティン・ヴァルトゼーミュラーが1507年につくった世界地図。アメリカの文字が初めて記されているが、南北アメリカ大陸の海岸線は大部分が未踏だった。

15世紀後半からの新大陸探検行、なかでも1492年のコロンブスのアメリカ大陸発見と、インドをめざしていたヴァスコ・ダ・ガマによる1497〜1498年のアフリカ周航は、地図作成のための新しい素材をもたらした。

1504年、アメリゴ・ヴェスプッチ（1454〜1512年）が書いた3度目のアメリカ航海の詳細な記録を、ロートリンゲン（現在のフランス）のザンクト・ディーデルを拠点に活動するグループが入手した。そのひとりマルティン・ヴァルトゼーミュラー（1470頃〜1522年）は1507年に地球儀と世界地図を製作し、新発見の大陸に初めてアメリカの文字を入れた。

1508年、ヴァルトゼーミュラーは測量に関する論文のなかで経緯儀（本人はポリメトルムと呼んだ）に言及した。経緯儀を使えば、測量や地図製作で最大

初の懐中時計
ペーター・ヘンライン作の携帯時計（1512年頃）。徐々に緩むばねを動力源とし、精巧な機構をコンパクトに納めた。ポケットに入れて持ちはこびができる最初の時計だった。

4年
スイス製ミリタリーウォッチの電池寿命

40時間
16世紀の手巻き懐中時計の持続時間

電池とばね
ヘンライン作の最初の時計は2日ももたずに巻きなおす必要があったが、それでも当時としては画期的だった。

360度まで測ることができる。

15世紀後半の時計職人たちは、徐々に緩むぜんまいばねを動力に機構を動かす時計づくりに力を入れはじめる。ニュルンベルクの時計職人ペーター・ヘンライン（1485〜1542年）はこの仕組みを使って携帯時計を完成させた。1512年には一度巻けば40時間動きつづける懐中時計をつくった記録がある。

1513年、ポーランドの天文学者ニコラウス・コペルニクス（1473〜1543年）は《コメンタリオルス》を出版、地球が太陽を中心とする軌道を回っているという革新的な考察の概略を示す。天球が複数あり、地球を中心とするプトレマイオスの太陽系モデルと、それに当てはまらない例（一部の惑星が明らかに後退の動きをする）に納得できなかったコペルニクスは、惑星の周期は太陽からの距離に比例して変わると考えた。しかし彼は教会の反応を恐れ、この理論を30年間秘密にしていた。

1500年頃、小火器にホイールロック機構が登場する。鋸歯状の鋼輪を回転させ、黄鉄鉱石に当てて生じる火花で火薬に点火する仕組みである。

1517〜35年

> " フラカストロは……すべての化石は元は生物だったと断言した。"
>
> チャールズ・ライエル（スコットランドの地質学者）《地質学原理》（1830〜1833年）

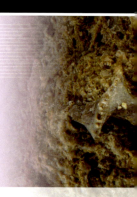

13世紀のアルベルトゥス・マグヌスは「動物の形をした」石について記述しているが、アラブや中世の他の学者たちは、地球の作用がつくりだしたものか、あるいは聖書に出てくる大洪水で溺死した動物の残骸だと考えていた。1517年、イタリアの医師ジローラモ・フラカストロ（1478〜1553年）は、化石は動物が長い時代を経て石化した有機物であると初めて明言した。

1522年8月、フェルディナンド・マゼランの艦隊で生きのこった18人が初の世界一周航海を成しとげてスペインに帰還した。3年間の航海で、マゼラン自身を含む230人以上が命を落としたが、地球の円周が約4万kmであることが立証された。

1525年、ドイツの画家アルブレヒト・デューラー（1471〜1528年）は《コンパスと定規を使った測定法》を出版した。これは曲線、らせん、多角形や多面体の特性を詳細に述べ、画家

パラケルスス
医師・化学者のパラケルススは薬品製造に化学的手法が重要であると主張した。

が科学的に正確な絵を描けるよう支援する内容だった。

ドイツの化学者・医師テオフラストゥス・フォン・ホーエンハイム（1493〜1541年）はパラケルススの名で知られ、アリストテレスやガレノスの四体液説を排し、化学物質の新たな分類法を考案した。《鉱物論》では、基本物質である硫黄、水銀、塩をもとに鉱物を分類した。パラケルススは解剖学に見向きもせず、

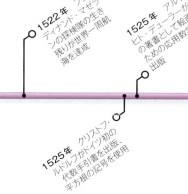

1536～42年

> "いにしえの王国や事件の記憶を生かしつづけるには……次世代に伝える必要がある。"

ゲラルドゥス・メルカトルの地球儀に関する勅許（1535年頃）

ジローラモ・フラカストロは、化石が生物由来であると考えた最初の人物。写真はコケムシの一種アルキメデスの化石。

肉体（小宇宙）は自然（大宇宙）と均衡しなければならないと説いた。化学物質の抽出に強い関心を抱いていた彼は、硫酸（痛風対策に使った）、水銀、砒素などの有毒物質を薬として使用した。1529年以前には、疼痛緩和のためにアヘンチンキも用いている。

1533年、フランドルの地図製作者ゲンマ・フリシウス（1508～1555年）が、正確に測定した基本線から広い面積を測量できる三角測量を初めて詳細に記述した。1547年には出発地点と到着地点のそれぞれの時刻がわかる携帯時計を活用して、経度を算出する新しい方法を提案する。ただし当時はそこまで正確な時計がなかったため、本格的な実用には至らなかった。

1521年、イタリアの外科医で、ボローニャ大学で解剖学を教えていたベレンガリオ・ダ・カルピ（1460頃～1530年）が、人体を含む解剖の重要性を説いた。そしてそれをもとに《カルピ解剖学》を出版した。文章のほかに図版も添えられた、印刷物として初の解剖学書である。

細部への関心
《カルピ解剖学》の説明図。心臓につながる血管が描かれている。ダ・カルピが人体解剖をもとに正確に描きおこしたことがわかる。

ゲラルドゥス・メルカトル（1512～1594年）

フランドル生まれのメルカトルは科学機器の製作をしていたが、1537年から地図づくりを開始、1538年に最初の世界地図を出版した。1569年には航程線が直線になる投影図法で世界地図を製作。のちにメルカトル図法と呼ばれるようになった。

ルネサンス期に植物学が盛んになった背景には、古代ローマのプリニウスをはじめとする古典的著作に出てくる植物を描きおこし、しかもそれを印刷物にしたいという願望があった。1530～1536年にドイツのカルトゥジオ会修道士オットー・ブルンフェルス（1488頃～1534年）が手がけた《本草写生図譜》は、精緻をきわめた260枚の木版画が収録され、その後の植物画の基準となった。

1530年、ゲンマ・フリシウスは地球儀のつくりかたを説明する手引書を作成する。1541年にはフランドルの地図製作者ゲラルドゥス・メルカトルが現存する最古の地球儀を完成させた。これには代表的な星の位置と航程線（同一緯度の2点間を結ぶ直線）という、航海に欠かせない手がかりも記されていた。

1542年、ドイツの植物学者レオンハルト・フックス（1501～1566年）が刊行した《植物誌》には、薬草を中心に550種あまりの植物の名称と効能が紹介されていた。図版も鮮明で、一般の人も植物学の書物を愛読するきっかけとなった。

植物画
フックス《植物誌》は、このルリヂサのように正確かつ美しい挿絵で植物学の重要な手引書となった。

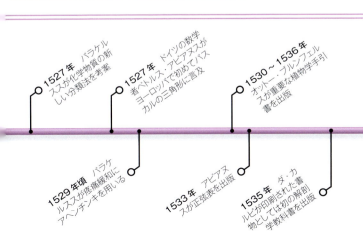

- **1527年** パラケルススが化学物質の新しい分類法を考案
- **1527年** ドイツの数学者ペトルス・アピアヌスがヨーロッパで初めてパスカルの三角形に言及
- **1529年頃** パラケルススが疼痛緩和にアヘンチンキを用いる
- **1530～1536年** オットー・ブルンフェルスが重要な植物学手引書を出版
- **1533年** アピアヌスが正弦表を出版
- **1535年** ダ・カルピが印刷された書物としては初の解剖学教科書を出版
- **1537年** イタリアの数学者ニコロ・タルタリアが近代弾道学の最初の研究書《新科学》を出版
- **1539年** ドイツの植物学者ヒエロニムス・ボックが植物を薬草、草、木、灌木に分類
- **1541年** メルカトルが地球儀を製作
- **1542年** 550種の植物を正確に描いたレオンハルト・フックス《植物誌》が刊行

発見の時代
1543〜1788年

国境をまたいだ移動が盛んになるにつれて、直接見聞きした記録が重視され、正確な機器が求められるようになる。過去の文献頼みだった科学者たちも、実験によって立証可能な理論を構築しはじめる。

1543年

> だが万物の中心に腰を据えているのは太陽なのだ。
>
> ニコラウス・コペルニクス《天体の回転について》（1543年）

宇宙の中心は地球ではなく、すべての惑星は太陽のまわりを回転しているというコペルニクスの主張は、従来の定説をくつがえし、教会の権威を脅かすものだった。

400部 コペルニクス著《天体の回転について》の初版部数

グーテンベルクが可動活字（[1450〜67年]参照）で印刷技術に革命を起こして1世紀もすると、科学者は多数の読者に向けて著作を出版し、新しい発想を広めることが可能になった。そんな科学出版の歴史のなかで、1543年は重要な著作がいくつも世に出た記念すべき年である。なかでもニコラウス・コペルニクス《天体の回転について》と、アンドレアス・ヴェサリウス《人体の構造》は、天文学と解剖学、それぞれの分野で従来の権威に疑問を投げかけ、新しい科学の時代の幕を開けた。

それまでの天文学では、地球が宇宙の中心であるというのが定説だった——2世紀にプトレマイオスが唱えた概念である。ところがコペルニクスは、地球をはじめとするすべての惑星は太陽を中心に回っていると考えた。コペルニクスはこの着想を1510年頃から持ちつづけ、1530年代には数学的計算で裏づけもすませていた。しかし定説をくつがえし、教会にはむかうこの理論を公表することには及び腰だった。しかしオーストリアの数学者で、彼のもとで学んでいたゲオルク・レティクスの説得で、《天体の回転について》を出版することに同意した。できあがった本をコペルニクスは死の床で手にしたという。

《天体の回転について》は高価だったため数百部しか売れず、すぐには反響は現われなかった。それでもコペルニクスが数学的根拠とともに主張した太陽中心説はすぐに多くの天文学者に受けいれられ、教会との対立を招くことになる。

ヴェサリウスが7巻に及ぶ《人体の構造》を出版したのは28歳のときだった。これは完全図解がついた初の人体解剖の専門書で、ヴェサリウス自身が解剖を実施して得た新たな知見が詳細に述べられていた。コペルニクスの著書とは対照的に《人体の構造》はよく売れ、1543年には内容を1巻にまとめた概略書も出版している。

1543年は数学の世界でも画期的な著作が出版された。イタリアの技術者・数学者であるニッコロ・フォンターナ・タルタリアがエウクレイデス（ユークリッド）の《原論》イタリア語版を世に出した。これは現代ヨーロッパ語への初の翻訳だった。

ウェールズの数学者ロバート・レコードが出版した《知恵の砥石》は、英語で書かれた初の印刷による数学書で、1世紀以上にわたって数学の教科書として利用された。

《人体の構造》
ヴェサリウスによる人体の解剖学書は、解剖のさまざまな段階を詳細な図で説明しているが、描かれる人体は当時の寓意的な絵画と同じポーズを取っていた。

太陽中心説
コペルニクスは《天体の回転について》のなかで、地球と5つの惑星が太陽を中心とする円軌道を描くことを数学と天文観察を用いて証明した。

ニコラウス・コペルニクス（1473〜1543年）

ポーランドのトルンでドイツ系の家庭に生まれ、父親の死後叔父に育てられた。ボローニャ大学で法律を、パドヴァ大学で医学を学び、ローマで数学を教えたあと、ポーランドに戻って医師となる。太陽中心説を構想するが、その著作が刊行されたのは1543年に死去したあとのことだった。

5月 ニコラウス・コペルニクスが宇宙の中心は太陽であると死後に発表

アンドレアス・ヴェサリウスが人体解剖学の先駆的な研究書《人体の構造》を出版

1543〜1788年

肩の構造
レオナルド・ダ・ヴィンチの解剖学研究には、持ち前の芸術表現と科学的探究が発揮されている。正確さを期するために解剖学者と共同で作業することも多かった。

- 三角筋（さんかくきん）
- 上腕二頭筋（じょうわん にとうきん）
- 僧帽筋（そうぼうきん）
- 肩甲骨（けんこうこつ）（上腕骨と鎖骨をつなぐ）
- 鎖骨（さこつ）
- 上腕骨
- 胸筋（きょうきん）
- 胸郭（きょうかく）
- 胸骨

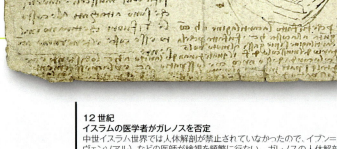

紀元前1600年　ミイラづくり
古代エジプトでは死体をミイラにしていた。宗教的な理由と保存性を高めるために内臓を除去し、カノープスの壺と呼ばれる容器に入れた。

カノープスの壺

12世紀　イスラムの医学者がガレノスを否定
中世イスラム世界では人体解剖が禁止されていなかったので、イブン＝ズフル（アヴェンゾアル）などの医師が検視を頻繁に行ない、ガレノスの人体解剖学（バーバリーエープの解剖をもとにしていた）を修正した。

15世紀後半　新たな知識
レオナルド・ダ・ヴィンチは、ガレノスの解剖学に疑問を抱く医師たちと人体の研究に取りかかる。イタリアの医師ベレンガリオ・ダ・カルピの《カルピ解剖学》はこの分野に独自の知見をもたらした。

紀元前500年　古代ギリシアの解剖学
ギリシアの医師ヒポクラテスは人体研究の一環として動物の解剖を積極的に行なった。

ヒポクラテス

紀元前180年　ガレノスの血液循環説
ギリシア生まれの医師ガレノスは血液が体内をたえず循環していると考えた。この説が否定されたのは17世紀に入ってからだった。

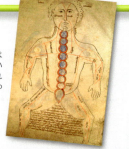
ガレノスの解剖学

1300年代　モンディーノ・デ・ルッツィ
イタリアの医師モンディーノ・デ・ルッツィは1315年頃に最初の公開人体解剖を行なったが、彼の著書には古代の誤りがそのまま収録されていた。

ルッツィの解剖

解剖学の話

生きた人間の身体は、科学者と芸術家を惹きつけてやまない秘密の宝庫だった。

身体の生物学的な構造を明らかにする解剖学は、人体の働きを理解するための礎石である。初期の解剖学者はごく単純な疑問に答えを見つけるのにも、死体を切りひらく必要があった。しかし時代とともに顕微鏡などの機具も発達し、人体の構造は細部にわたって解明された。

古代世界では、動物解剖は可能だったが、神聖とされる人体にメスを入れることは許されなかった。古代ローマを代表する医師ガレノス（129～200年）の人体知識も動物の解剖で得た知識に基づいており、その誤った情報が長年受けつがれることになる。それでも人体解剖が認められるようになると、学者たちは直接その目で確かめ、正しい情報に修正していった。

解剖学用の蠟細工
蠟細工でつくられた19世紀の胎児模型。こうした立体模型は医学教育に重要な役割を果たした。

ルネサンス期にはレオナルド・ダ・ヴィンチ（[1468～82年]参照）などの芸術家が精緻な表現で人体を描き、解剖学の書物も世に登場して、少しずつ人体の構造が明らかになり、各部分の名称も生まれていった。なかでもフランドル生まれの解剖学者、アンドレアス・ヴェサリウス（[1543年]参照）が出した《人体の構造》は解剖学書の金字塔である。

さらに掘りさげる

1600年代に顕微鏡が発明されたことで、臓器は細胞組織でできていることが判明した。1900年代には、X線が解剖学の世界に新しい方向を切りひらく。今日では電子顕微鏡で細胞のさらに微細な構造も観察可能になり、新しい画像技術で生体を切ることなく内部の立体構造を見ることもできるようになった。

解剖標本の保存
肉体は死後すぐに腐敗する。アルコールに漬ければ防げるが、水分が奪われるのでゆがんでしまう。標本の定着剤にはホルマリンが長く使われていたが、最近は水分と脂肪をプラスチックに置きかえ、乾燥状態で保存する技術も開発されている。

> 人間の足は工学的な傑作であり、芸術作品でもある。

レオナルド・ダ・ヴィンチ（イタリアの画家・建築家・工学者）《手稿》（1508～1518年）

《人体の構造》の挿絵

ミクロトーム

MRIスキャン画像

1543年 解剖学の父
フランドル生まれのアンドレアス・ヴェサリウスが行なう解剖には画家が立ちあい、正確な図解が《人体の構造》に掲載された。

1770年 ミクロトーム
高性能の光学顕微鏡で見るために、組織をほとんど透明になるまで薄く切る装置。

1940年代～1950年 MRI装置
1946年、アメリカの物理学者グループが原子の発する信号を検知する技術を開発、生体の柔らかい内部構造を画像化できるようになった。

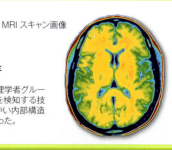

1665年 複合顕微鏡
マルチェロ・マルピーギ、ヤン・スワンメルダム、ロバート・フックといった解剖学者が顕微鏡で細胞、毛細血管、組織の構造を記録した。

19世紀半ば 比較解剖学
チャールズ・ダーウィンが1859年に発表した進化論をきっかけに、異なる種に共通の祖先の証拠を探す試みが始まった。

1895年 X線
ドイツの物理学者ヴィルヘルム・レントゲンが新発見のX線で妻の手を撮影すると、骨だけがくっきりと写った。これによって、切開することなく骨の構造を観察することが可能になった。

フックの顕微鏡

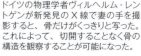
チンパンジーの骨格

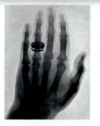
手のX線写真

1544〜45年

パドヴァ植物園はヨーロッパに現存する最古の植物園。いまも植物学・薬理学研究の重要な拠点である。

ドイツの聖職者で機器製作者のゲオルク・ハルトマン（1489〜1564年）は、1544年に伏角を発見・記述した。これは羅針盤の針が地磁気の影響を受けて、北半球ではわずかに下向きに、南半球では上向きに傾く現象である。ハルトマンのこの発見が注目されたのは数世紀後のことだった。1581年には、イギリスの機器製作者ロバート・ノーマンも独自にこの現象について記している。

1545年、イタリアの数学者ジェロラモ・カルダーノ（1501〜1576年）が代数学の重要な著作《偉大なる術》を刊行した。こ

ミカエル・セルヴェトゥス（1511〜1553年）

スペインの科学者ミゲル・セルベートはラテン語名ミカエル・セルヴェトゥスでも知られ、医学や人体解剖学について論文を著わした。著書《キリスト教の回復》でヨーロッパで初めて肺循環について正しく説明した。神学の著作が異端とみなされ、ジュネーヴで火刑に処せられた。

れには冪指数が3および4に対する未知数など、三次および四次方程式の解が示されていた。カルダーノは同じイタリア人で、エウクレイデス（ユークリッド）やアルキメデスの著作を翻訳したニッコロ・フォンターナ・タルタリア（1499〜1557年）の概念も大いに参考にしていた。またこの著作では初めて虚数も取りあげられた――－1の平方根の倍数である。

1545年、ヴェネツィア共和国参事会がパドヴァにつくった植物園はその後の植物園の原型となり、これをきっかけとしてイタリアは植物研究の中心地となる。各種薬草の栽培と研究が目的で、世界を象徴する円形の畑が濠が囲んでいた。初代園長はルイジ・スカレルモ（1512〜1570年）、またの名をアングイッラーラである。彼は約1800種の薬草を育て、近代植物学、医学、薬理学に多大な貢献を行なった。

> 数学とは……事実が事実であり、拠るべき原因であるという認識を説明することだ。
>
> ジェロラモ・カルダーノ（イタリアの数学者）《我が人生の書》

1546〜50年

> 衣服、亜麻布など……はそれ自体が汚染されていなくとも、伝染の種を育成して感染の原因となりうる。
>
> ジローラモ・フラカストロ（イタリアの医師、詩人、地質学者）（1546年）

医師で地質学者、詩人でもあったジローラモ・フラカストロ（1478〜1553年）は、最も重要な著作《伝染病について》を1546年にイタリアで出版した。1530年の《梅毒あるいはフランス病》と題する詩作で知られていたフラカストロだが、《伝染病について》ではさらに考察を掘りさげ、病気が蔓延するメカニズムについて初歩的ながら説明を行なっている。病気の原因はきわめて微細な「種子」であり、それが感染者の体内、皮膚、衣服にくっついて運ばれる。この種子は急速に増殖し、汚れた衣服を扱うなどの物理的接触や、空気感染でも人から人に伝染すると

34億年前

オーストラリアで発見された最古の化石（単細胞生物）の年代

考えた。この発想は医学界で受けいれられたものの、実際の治療や予防に応用されたのは、後年ルイ・パスツール（1857〜1858年）らがその理論の正しさを証明してからである。フラカストロは、当時芽ばえたばかり

アンモナイトの化石
化石は当初ノアの洪水の産物と考えられていたが、16世紀には別の説が浮上してきた。

1551〜54年

フラカストロは病気の蔓延について研究し、大きな成果をあげた。

コンラート・フォン・ゲスナー《動物誌》には、細部まで正確で躍動感あふれる動物の挿絵が多数収録されていた。

> "すべての脈動に神への感謝を、すべての呼吸に歌を。"
>
> コンラート・フォン・ゲスナー（ドイツの博物学者）（1550年代）

の地質学にも関心を寄せていた。ヴェローナの工事現場で作業員が見つけた海洋生物の化石を調べ、大昔にそこに生息していた動物が石化したものだと主張して論議を呼んだ。

しかし他の地質学者はこの説を受けいれなかった。ドイツのゲオルク・パウエル、別名ゲオルギウス・アグリコラ（1494〜1555年）は、岩石中の「脂肪質」に熱が加わって化石ができると考えた。この説は誤りだが、アグリコラは地質学研究の科学的基礎を築いた人物である。1546年の著作《化石の本性について》ではさまざまな鉱物や岩石の分類を試みている。別著《鉱山書》と合わせると鉱物学と地質学を俯瞰することができ、当時の採鉱技術や機械の実用的なガイドにもなっていた。さらにローマ時代以来変わっていない理論について、不備も指摘している。

イギリスの測量技師レオナルド・ディッグズ（1520〜1559年）は、1551年に経緯儀を発明し、距離の正確な測定を可能にした。

同じ年、ドイツの博物学者コンラート・フォン・ゲスナー（1516〜1565年）は全5巻の《動物誌》の第1巻を刊行。世界の実在や伝説の生き物を網羅したこの本には、数多くの挿絵や版画が添えられていた。外国の珍しい動物や、新発見の動物をヨーロッパに紹介した功績は大きい。北ヨーロッパでは評判になったこの本だが、フォン・ゲスナー自身がプロテスタントだったせいでカトリック教会は禁書にした。

イタリアの医師バルトロメオ・エウスタキオ（1520頃〜1574年）が1552年に完成させた解剖学図は、カトリック教会から破門されることを恐れ、1714年まで公表されなかった。エウスタキオは人間の歯を研究し、副腎について初めて記述した人物だが、それ以上に耳の仕組みの研究で知られており、なかでも耳管は後年エウスタキオ管と名づけられた。

ミカエル・セルヴェトゥス（左ページ［囲み］参照）は、1553年に出版した《キリスト教の復活》で、カトリックとプロテスタントの両方からにらまれることになる。この本で彼は肺循環を初めて正しく記述した。

ジャンバティスタ・ベネデッティ（1530〜1590年）が提唱した、自由落下における「物体」の理論も物議をかもした。1554年の著作で、同素材の物体は重さに関係なく同じ速度で落下すると述べたが、これはアリストテレスの法則に反するものだった。ベネデッティは第2版で空気抵抗を加味したものの、真空状態では同じ速度になると主張した。

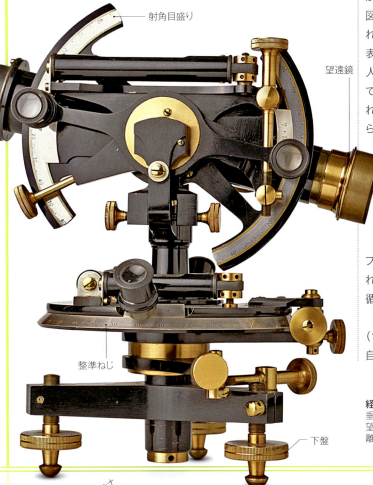

経緯儀
垂直と水平の角度を測る装置。写真は望遠鏡を備えた現代版で、さらに長距離も測量できる。

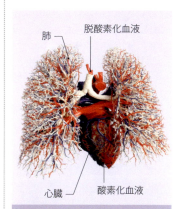

肺循環

脱酸素化した血液は、心臓から肺動脈を通り肺付近の毛細血管に押しだされ、肺で二酸化炭素と酸素を交換する。この血液を心臓に戻すのが肺静脈である。1553年、このことに初めて言及したのはミカエル・セルヴェトゥスだった。当時はまったく注目されなかった。

- 1550年　ジェロラモ・カルダーノが自然科学の研究書《精妙さについて》を出版
- 1550年代　タキ・アルディンが重りで動かすプログラム可能な天文時計を設計
- 1551年　レオナルド・ディッグズが経緯儀を発明
- 1551年　コンラート・フォン・ゲスナー《動物誌》第1巻が刊行
- 1552年　バルトロメオ・エウスタキオが《解剖学小論》を出版
- 1553年　スペインの医師ミカエル・セルヴェトゥスが《キリスト教の復活》を出版
- 1554年　ジャンバティスタ・ベネデッティが自由落下の理論を提唱

1555〜57年

> 「に等しい」のわずらわしい反復を避けるために、同じ長さの2本の平行線で……代用する。

ロバート・レコード（ウェールズの医師、数学者）（1557年）

ロバート・レコードはイギリスで初めて代数の理論書を出版した。

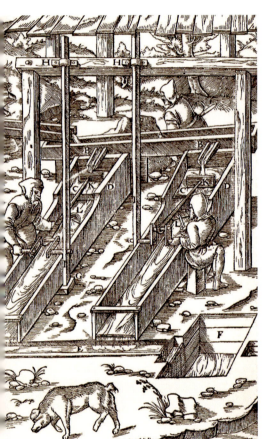

《鉱山書》
ゲオルギウス・アグリコラ著。地中での鉱石の状態、鉱石から金属を抽出する方法など、採鉱技術が豊富な図版で解説されている。

ゲオルギウス・アグリコラの《鉱山書》は本人の死後の1556年に出版された。坑道から鉱石を引きあげるための水車など、さまざまな採鉱技術を紹介している鉱山学の古典的名著で、岩盤中の鉱脈の描写、鉱物抽出法、当時知られていた鉱物を網羅した図録など充実した内容だった。「鉱物学の父」とも呼ばれるアグリコラは地質学、冶金学、化学の発展に大きく貢献した。

ウェールズの数学者ロバート・レコードは算術書《技術の基礎》（1543年）、地質学書《知識の小道》（1551年）に続いて、1557年に《知恵の砥石》を出版した。これは英語としてはおそらく初の代数学論文であり、代数学の原理を説くのみならず、ドイツの一部の数学者しか使っていなかった「＋」「－」記号を確立させた。さらに等号「＝」も考案している。イギリスに数学を広めた人物として知られるレコードだが、最初は医学を学び、王室の侍医を務めていた時期もある。このように高い名声と地位を獲得しながらも、《砥石》から1年後に債務者監獄で死去した。

中央・南アメリカで先住民が装身具や装飾品に使っていたプラチナだが、ヨーロッパで知られるようになったのは16世紀で、イタリア生まれのフランス人学者ユリウス・カエサル・スカリゲル（1484〜1558年）の1557年の著作に最初の記述がある。スカリゲルはスペインの探検家がこの未知の金属に出会ったこと、融点がきわめて高く、腐食に強いことを記している。当初は「白金」と呼ばれていたプラチナだが、その後南アメリカ、ロシア、南アフリカで純粋な、あるいは合金の形で産出する金属であることがわかった。

1768℃
プラチナの融点

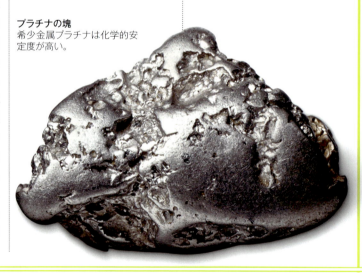

プラチナの塊
希少金属プラチナは化学的安定度が高い。

1558〜59年

喫煙は16世紀ヨーロッパで流行した。

ポルトガルでフランス大使を務めていたジャン・ニコ（1530〜1600年）は、アメリカからスペイン人探検家が持ちかえったタバコに初めて接する。アメリカ大陸の先住民は、宗教儀式でタバコを吸うだけでなく、その葉を薬草として摂取したり、湿布に使っていた。ニコがフランス宮廷にタバコの苗と嗅ぎタバコを送ると、たちまち喫煙が流行した。タバコの学名 Nicotiana と化学物質ニコチンは彼の名前に由来する。

イタリアの解剖学者レアルド・

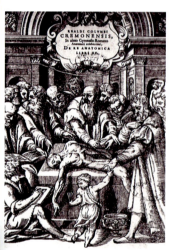

《解剖学》題扉
レアルド・コロンボは解剖学の本を1冊しか書いていないが、アンドレアス・ヴェサリウスやガブリエレ・ファロッピオに匹敵する数々の発見を行なった。

- 1556年 ゲオルク・バウエルがラテン語名ゲオルギウス・アグリコラで《鉱山書》を出版
- 1557年 ロバート・レコードが《知恵の砥石》で初めて等号（＝）を使用
- 1557年 ユリウス・カエサル・スカリゲルがヨーロッパで初めてプラチナに言及

1560〜64年

アンブロワーズ・パレは戦場で軍医として働きながら新しい外科技術を開発し、学生に指導した。

ガブリエレ・ファロッピオ（1523〜1562年）

イタリアのモデナに生まれ、フェラーラで医学を学ぶ。フェラーラ大学とパドヴァ大学で解剖学と外科学を教えるかたわら、パドヴァ植物園長も務めた。
人間の頭や生殖システムなど、解剖学上の重要な発見を行なったが、39歳の若さでパドヴァで没した。

コロンボ（1516頃〜1559年）は、外科医としての臨床経験をもとに1559年に《解剖学》を出版した。コロンボは同時代のアンドレアス・ヴェサリウスと鋭く対立したが、肺循環の研究をはじめ、解剖学の進歩に貢献した。

> **煙と燃えさしで身体を満たすほど楽しいことはない。**
>
> ベン・ジョンソン（イギリスの劇作家）
> 《癖者（くせもの）ぞろい》（1598年）

イタリアの博識家で劇作家のジャンバティスタ・デッラ・ポルタ（1535頃〜1615年）は科学にことのほか興味を持ち、「自然の秘密を解きあかす」ために同好の士を募り、ナポリで「有閑の徒」という会を結成した。正式名称は「自然の秘密アカデミー」であり、これが世界初の科学協会とされている。自然科学で新発見を行なった者なら誰でも入会でき、デッラ・ポルタの自宅で会合を開いていた。しかし彼自身がオカルト哲学に関心を寄せたことが災いし、1578年に教皇パオロ5世から解散命令を受ける。デッラ・ポルタはくじけず、1603年には「オオヤマネコ協会」を設立した。

レアルド・コロンボの後を継いで、1551年にパドヴァ大学解剖学・外科学部長に就任したガブリエレ・ファロッピオは、1561年に最大の業績である《解剖学的観察》を出版した。この年は解剖学における重要発見が相次いだ黄金時代だった。ラテン語名ファッロピウスとしても知られる彼は、耳、目、鼻、生殖機能と性行動の研究への貢献が大だった。顔面神経管や、卵巣と子宮をつなぐ卵管は、彼にちなんでともにファロピウス管と呼ばれている。ファロッピオは優れた解剖学者であり、外科医として優秀な腕を持ち、人徳も優れていた。外科学、投薬法、治療法についての論文も多いが、生前に出版されたのは《解剖学的観察》だけだった。ファロッピオの研究は同国人ヴェサリウスやコロンボの業績を補完するものが多く、彼らの誤りも冷静に指摘していた。

フランス人のアンブロワーズ・パレ（1510〜1590年）は近代外科学の手引書を初めて著わしたひとりである。戦場で軍医を務めた経験をもとに、ラテン語ではなくフランス語で書かれた論文には、自ら考案した手順も説明されていた。外科手術は回復手段のひとつであり、苦痛を最小限に抑えるべきだとパレは考え、疼痛緩和、治癒、さらに慰めさえも外科手術の成功に必要だと主張していた。たとえば手足切断の際、傷口には熱くたぎった油を流す焼灼法が一般的で、組織を傷めることも多かったが、パレは代わりに香油と軟膏を塗布した。実地の観察に基づいた彼の科学的姿勢は、「床屋医者」として医師より一段低く見られていた外科医の地位向上を後押しすることになった。

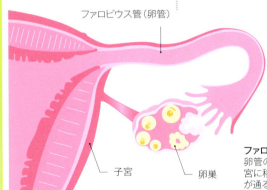

ファロピウス管
卵管のこと。卵巣から子宮に移動するときに卵子が通る管。

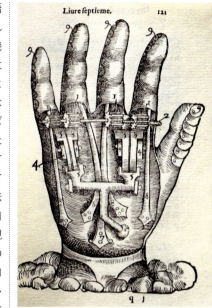

パレの義手
パレは失われた手足の代わりとなる精密な義手や義肢を開発した。上は1585年の素描。

- 1559年 ジャン・ニコがフランスにタバコを紹介
- 1559年 レアルド・コロンボが《解剖学》を出版
- 1560年 ジャンバティスタ・デッラ・ポルタがナポリに初の科学協会を設立
- 1561年 ガブリエレ・ファロッピオが人間の卵巣と子宮、卵管について記述
- 1564年 アンブロワーズ・パレが外科学の論文を発表

1543〜1788年 | **発見の時代**

古代ローマの三角定規
紀元前1世紀頃
青銅製の定規は、建設資材をまっすぐ並べるのに使われたと思われる。

- 直角になっている

- 三脚に固定された回転台

レーザー水平器
21世紀
建設現場でレーザー光線を使って垂直を測る。

- 真鍮製の円形スケール

地平測角器
1676年
経緯儀発明以前に測量で使われていた。水平方向と垂直方向で角度を測り、距離を計算する。

半円経緯儀
19世紀
経緯儀とは水平方向と垂直方向の角度を測るもので、測量に不可欠な器具だ。この経緯儀には望遠鏡が付いており、遠くの対象物に焦点を合わせ、水平方向と垂直方向の目盛で位置を特定する。

- 接眼レンズ
- 目盛りが刻まれた垂直半円

測る道具

単純だったり複雑だったり。ものを測る道具は用途によってさまざまだ。

日常生活では正確な計測はかならずしも必要ない。米や麦を計るには木鉢で充分だ。だが科学の世界で顕微鏡レベルの微細な対象物の寸法を知るには、精密な器具が不可欠になる。

科学の実験や研究で信頼できる結果を得るには、程度にもよるが慎重かつ正確な測定が不可欠だ。したがって測定装置は、国際的に認められた標準単位を使い、容認できる範囲の誤差で数値を出せるものが求められる。現在、ほぼすべての国が標準単位として使用しているのが、1960年代に導入された国際単位系（SI）である。

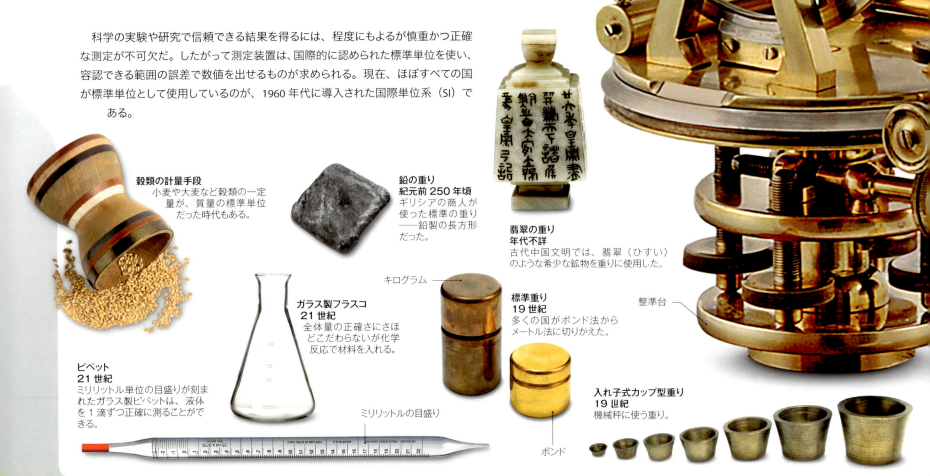

穀類の計量手段
小麦や大麦など穀類の一定量が、質量の標準単位だった時代もある。

鉛の重り
紀元前250年頃
ギリシアの商人が使った標準の重り──鉛製の長方形だった。

翡翠の重り
年代不詳
古代中国文明では、翡翠（ひすい）のような希少な鉱物を重りに使用した。

ガラス製フラスコ
21世紀
全体量の正確さにはさほどこだわらないが化学反応で材料を入れる。

- キログラム

標準重り
19世紀
多くの国がポンド法からメートル法に切りかえた。

- ポンド

ピペット
21世紀
ミリリットル単位の目盛りが刻まれたガラス製ピペットは、液体を1滴ずつ正確に測ることができる。

- ミリリットルの目盛り

入れ子式カップ型重り
19世紀
機械秤に使う重り。

- 整準台

84

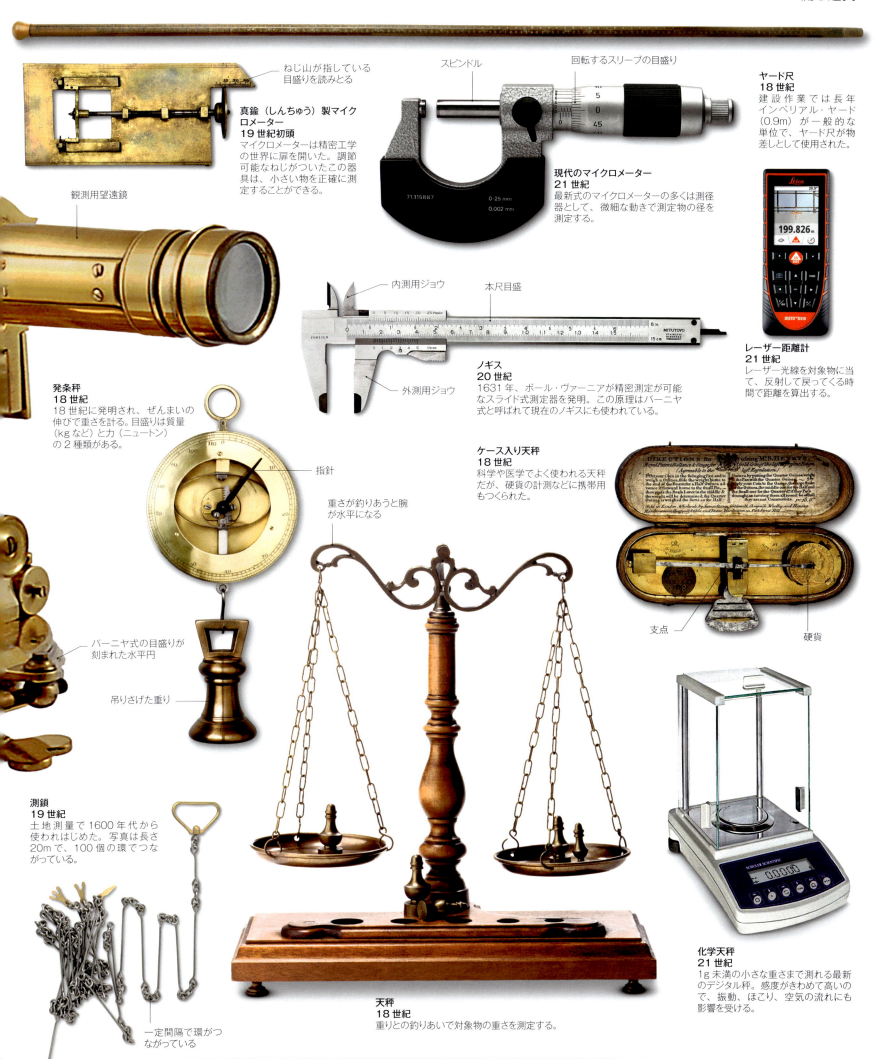

1565〜69年

イギリス内陸のエクセター港と海を結ぶエクセター運河。エクセ川の航行不能になっていた部分を迂回する形でつくられた。

1564年に建設が始まったエクセター運河が1566年（もしくは1567年）に完成した。水車用に築いた堰のためにエクセ川は何世紀も封鎖されていたが、この運河によってエクセターはイギリス内陸の港町として息を吹きかえした。イギリス初の人工水路とされるエクセター運河は、18世紀の産業革命時に盛んになる運河建設の先駆けとなった。

> 笑った彼の顔には、インド諸島が加わった新しい地図よりも多くの線が刻まれている。

ウィリアム・シェイクスピア《十二夜》（1602年頃）

16世紀に入り、貿易商や探検家が世界中を旅するようになると地図の重要性も高まってくる。海洋や大陸を示した正確な地球儀はすでに存在していたが、航海には不都合で、球である地球を平面にどう表現するかが問題だった。1569年、フランドルの地図製作者であり、すでに優れた地球儀やヨーロッパ地図で名が知られていたゲラルドゥス・メルカトル（1512〜1594年）が新しい地図表現法を思いつく。それがメルカトル投影法で、あたかも地球儀に円筒をかぶせて写しとったかのように、経線を等間隔の平行線で表わし、そこに緯線が直角に交わっていた。この方法だと面積の広い陸地や海洋はいびつになるものの、羅針盤を頼りに進む航路は必ず直線になるので、航海にはとても便利だった。

ドイツ系スイス人の錬金術師・医師パラケルスス（1493〜1541年）は自己宣伝の巧みな多作家だったが、生前に出版されたものはほとんどない。後世に最も大きな影響を与えた《アルキドクセン》も1569年にクラクフでやっと世に出た。錬金術の魔術的要素が排除されたこの本は、近代化学・医学の発達に重要な役割を果たした。

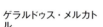

ゲラルドゥス・メルカトル

メルカトル投影法は丸い地球を平面の地図で表現するための工夫で、正確な航海路の確定に役だち、今日の地図にも使われている。

1570〜71年

近代的な初の世界地図《世界の舞台》には16世紀大航海時代の足跡も示されていた。

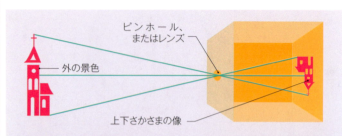

カメラ・オブスクラ

ラテン語で「暗い部屋」を意味するカメラ・オブスクラは、壁の1か所に小さな穴（ピンホール）を開けた部屋または箱のこと。ピンホールを通った外からの光が、反対側の壁に外の景色の像を結ぶ。像は上下さかさまで、穴が小さいほど鮮明になり、大きいほど明るく映る。レンズを使うことで画像を改良できる。

フランドルの地図製作者アブラハム・オルテリウス（1527〜1598年）は友人のメルカトルに励まされ、1570年に《世界の舞台》を刊行した。以前にも8枚組の大版世界地図や、地域ごとの地図を単独で製作していたが、《舞台》は全53枚、文章も添えられた書籍形式で、初の近代的な世界地図帳（ワールド・アトラス）だった。ちなみにアトラスはメルカトルの命名である。《世界の舞台》はラテン語版だったが、のちに数か国語に翻訳され、オルテリウスは翻訳版に新たな地図を加え、また誤りも修正している。

イタリアの博識家ジャンバティスタ・デッラ・ポルタ（1535頃〜

53

初の世界地図に収録された地図の枚数

- **1566/67年** エクセター運河が完成
- **1569年** ゲラルドゥス・メルカトルが完全な世界地図を出版
- **1569年** パラケルススの錬金術と医学に関する論文《アルキドクセン》が死後出版
- **1570年** アブラハム・オルテリウスが近代的世界地図帳《世界の舞台》を出版
- **1570年頃** ジャンバティスタ・デッラ・ポルタが改良版カメラ・オブスクラについて記述

1572〜74年

星の大規模な爆発である超新星はとても明るく、新しい星が誕生したように見える。1573年にティコ・ブラーエが初めて記録した。

1615年）はあらゆる科学について記述し、所見を述べた《自然魔術》を1558年に出版する。この本はたちまち評判となって版を重ね、最終的には全20巻の大作になった。1570年頃の版にはカメラ・オブスクラの記述が登場する。原理自体は2000年前の中国やギリシアから知られていたが、ピンホールの代わりに凸レンズを使うことで、明るくしても像がより鮮明になると指摘したのはデッラ・ポルタが初めてである。さらに複合レンズを使ったカメラ・オブスクラも実際に使用した。これは次世紀にケプラーが人間の目の仕組みを研究するうえで、大いに役だった（[1598〜04年]参照）。

フランソワ・ヴィエト（1540〜1603年）、またの名をフランシスクス・ヴィエタは法律家として成功しながらも数学の研究に没頭した。計算の補助になる三角関数表をつくったのが最初の業績である。著書《三角関数法教則》の刊行は1571年に始まった。

ラファエル・ボンベリ（1526〜1572年）が死の直前に出版したその名も《代数学》は、この分野を網羅しつつも、専門家外の人にも理解できるように書かれた著作だった。彼は平易な言葉で当時の代数学を解説し、当時ほとんど理解されていなかった虚数——2乗して0未満になる数——に言及した。虚数は他の数と同等に扱うことはできないが、冪指数が2、3、4の等式の解を求めるには不可欠だとボンベリは考え、虚数使用の規則も明らかにした。だがこの先駆的な業績にもかかわらず、虚数が数学者に受けいれられたのは200年近くたってからである。

ティコ・ブラーエがカシオペア座にひときわ明るい星を見つけたのは1572年のことだった。翌年彼はその観察を《新星について》という論文にまとめたが、実際は新しい星ではなく星の大爆発だった。それでも標題のラテン語 nova から、星が突如激しく輝く現象は超新星と呼ばれるようになる。この「新星」が地球からはるかに遠く、月の軌道より向こうにあることをブラーエは理解していた。地球から少しでも離れた空間は星さえも不変だというのがアリストテレス以来の定説だったが、ブラーエの観察はそれを否定するものだった。

この時代で最も精巧な天文時計のひとつが、過去200年間使われて寿命を終えた先代の時計の代わりとしてストラスブールのノートルダム大聖堂に設置された。新しい時計は数学者クリスティアン・エルランが1540年代に設計したものだが、製作の予備段階だった1547年にエルランが死去したため作業が中断した。さらに政治問題もからんで進行が遅れたが、エルランの弟子で数学者のコンラート・ダシポディウス（1532〜1600年）が引きつぎ、最終的にはイザークとヨシアスのハブレヒト兄弟が完成させた。この時計には天球儀、アストロラーベ、暦盤、自動人形など、

> "コペルニクスの太陽中心説にあらがうのは教会だけではなかった。"
>
> ティコ・ブラーエ（デンマークの天文学者）（1587年）

からくり人形

階段

天文時計
1547〜1574年に製作され、19世紀までストラスブール大聖堂に設置されていた天文時計。現在は1840年代につくられた複製が置かれている。

ティコ・ブラーエ（1546〜1601年）

デンマークのスカニア（現在はスウェーデン領）に生まれ、コペンハーゲンで法律を学びながらも天文学に関心を持ちはじめる。デンマーク王フレゼリク2世の支援で精巧な天文機器を備えた天文台を設立した。

数学、天文学、時計製作の最新技術が満載されていた。

- 1571年 フランソワ・ヴィエトが三角関数表の出版を始める
- 1572年 ラファエル・ボンベリが《代数学》を出版
- 1573年 デンマークの天文学者ティコ・ブラーエが《新星について》を出版
- 1574年 ストラスブール大聖堂の天文時計が完成

87

1575〜77年

タキ・アル=ディンの設計でイスタンブールに完成した天文台は最新技術を導入し、オスマン帝国の優秀な天文学者が集められた。

ギリシア出身でシチリアで活動した数学者・天文学者フランチェスコ・マウロリコ(1494〜1575年)は数学の論文もいくつか発表している。1575年の《2つの算術書》では、論理的な段階を連続的に踏む証明法である数学的帰納法を初めて用いた。

デンマーク王フレゼリク2世はティコ・ブラーエ([1572〜74年]参照)を故国に呼びもどすために、ヴェン島(現在はスウェーデン領)の土地と資金を提供して天文台を建設することにした。ウラニボリと名づけられた天文台の建設は1576年に始まった。しかし完成した建物は安定性に欠け、正確な観測に不向きだと判明。そこで1584年、隣接地にステルネボリを建設して繊細な機器を移した。この2つの施設は天文学・科学研究の重要な拠点となった。

イタリアの博識家ジェロラモ・カルダーノは医学を学び、医師として尊敬されていた。彼は1576年の論文のなかで、チフスの特徴的な症状として初めて発熱に言及している。16世紀後半は植物学にも多くの前進が見られた。研究の重点は薬効のある植物からさらに総合的な研究に移り、植物の分類にも関心が高まった。カロルス・クルシウス(1526〜1609年)はシャルル・ド・レクリューズの名でも知られる植物学者で、1576年にスペインの植物相研究で最初の著作を出版した。彼はオランダのライデン大学に植物園もつくり、こうした活動がオランダのチューリップ栽培の基礎を築いた。

ブラーエがデンマーク王の支援を受けていたころ、オスマン帝国の工学者・天文学者タキ・アル=ディンはイスタンブールに立派な天文台をつくりたいとスルタンのムラト3世に働きかけた。1577年に完成した天文台はイスラム世界最大級を誇ったが、短命に終わる。占星術による戦いの勝敗予想がはずれたため、怒ったスルタンの命令で1580年に破壊されたのだ。

ステルネボリ天文台
ティコ・ブラーエのウラニボリ天文台に代わってつくられ、最新式の天文機器が備えられた。

1578〜81年

1579年、パドヴァ大学で解剖学・外科学の教授をしていたヒエロニムス・ファブリキウス(1537〜1619年)は、解剖中に血管の内側に折りかえしたような組織を見つけた。彼はそれを弁だと記述したが、具体的な用途までは言及しなかった。これが心臓に戻る血液の逆流を防ぐためだとわかったのは、のちのことである。ファブリキウスの論文《血管の弁について》は、後年の弟子ウィリアム・ハーヴィー([1628〜30年]参照)にとりわけ大きな影響を与えた。

ヴェネツィアの医師プロスペロ・アルピーニ(1553〜1616年頃)は、医学よりもむしろ植物学に強い関心があった。1580年、駐エジプトのヴェネツィア領事に医師として随行したのをきっかけに、本格的に植物の研究を始める。ナツメヤシのプランテーション管理も担当したアルピーニは、花が受粉しないと結実しないことを知り、ナツメヤシには雌雄があると考えた。エジプトでの研究を機に、アルピーニは異国の植物に関する本を数冊世に送りだす。《エジプト植物誌》は1592年にヴェネツィアで、《外国産植

- **1575年** フランチェスコ・マウロリコが数学的帰納法を初めて使用
- **1576年** ジェロラモ・カルダーノがチフスの発熱について記述
- **1576年** ティコ・ブラーエがデンマークのヴェン島にウラニボリ天文台を建設
- **1576年** カロルス・クルシウスが植物学の最初の著作を刊行
- **1577年** タキ・アル=ディンがイスタンブールのガラタに天文台を建設
- **1579年** ヒエロニムス・ファブリキウスが血管の弁について記述

1582〜84年

プロスペロ・アルピーニはエジプトでナツメヤシ栽培を管理するかたわら、この植物が雌雄異株であることを発見した。

> 物体の形と色……［そして］光が瞳孔を通じて目に入ってくると……レンズによって［視神経に］投影される。

フェリックス・プラッター（スイスの医師）（1583年）

> 振り子の驚くべき特性は、振幅に要する時間が……つねに等しいことだ。

ガリレオ・ガリレイ（イタリアの天文学者・物理学者）

《物誌》は死後の1629年に出版された。バナナとバオバブをヨーロッパに紹介したのもアルピーニだと言われている。

イギリスの探検家・航海家スティーヴン・バラ（1525〜1584年）は、当時の代表的な航海術指導書である、マルティン・コルテス・デ・アルバカル著《航海術》の英語版を手がけたこともあり、1581年には磁力と羅針盤の針が受ける影響を自らの論文にまとめている。自らの航海体験に基づいたこの論文は、航海や地図作成における磁気羅針盤の活用に道を開いた。

父の命でピサで医学を学んでいたガリレオ・ガリレイ（［1611〜13年］参照）だが、数学や物理学への興味も大きくふくらんでいた。1581年、ガリレオはピサ大聖堂のシャンデリアを眺めていて、揺れ幅に関係なく往復にかかる時間は同じであることに気づく。彼は振り子で実験を行ない、長さが同じ振り子は振れ幅がちがっても往復のタイミングが一致していることを確かめた。ガリレオは、こうした振り子の等時性について本も書いた。

ガリレオと振り子
ガリレオは自分の脈を計りながらシャンデリアの揺れを観察し、振り子の等時性を発見した。

16世紀の日時計
携帯式の日時計で、指時計（斜めの紐）をつねに南北方向と一致させるための磁気羅針盤がついている。

1582年、ローマ時代からヨーロッパで使われてきたユリウス暦が、春分や秋分から約10日もずれてきたため、教皇グレゴリウス13世は新しい暦を導入すると教令を発布した。ユリウス暦は春分から春分までの1年間を365.25日としていたが、これだと400年間で約3日の誤差が生じる。新しいグレゴリオ暦は1年をもっと精密に計算しており、当初はカトリック諸国に採用されたが、のちに他の国々にも広がっていった。

新世界の植民地化は16世紀末に向けて加速していた。作家リチャード・ハクルート（1552〜1616年）はイギリス人の北アメリカ入植を奨励した。1582年の《アメリカ発見に至るいくつかの航海》やその後の作品で、彼は食料作物やタバコのプランテーションが経営できると述べ、植民の利点を強調した。

イタリアの医師・植物学者アンドレア・チェザルピーノ（1519〜1603年）はピサ大学付属植物園の園長だったこともあり、1583年刊《植物分類体系》で初めて科学的な植物分類を行なった。たとえば花を咲かせる植物は、薬効性ではなく果実、種、根で分類している。

768種
チェザルピーノが収集した植物標本の種類

アンドレア・チェザルピーノ
16世紀を代表する植物学者のひとり。植物分類に多大な貢献を行なった。

- 1580年 スルタンのムラト3世がイスタンブールの天文台の破壊を命令
- 1580年頃 プロスペロ・アルピーニが植物のルピーニが植物の雌雄異株について記述
- 1581年 ガリレオ・ガリレイがピサ大聖堂で振り子の等時性を観察
- 1581年 スティーヴン・バラが《羅針盤の偏角について》を出版
- 1582年 スペインやイタリアなどのカトリック国がグレゴリオ暦を採用
- 1582年 リチャード・ハクルートが《アメリカ発見に至るいくつかの航海》を出版、イギリス人のアメリカ移住を奨励する
- 1583年 アンドレア・チェザルピーノが《植物分類体系》で果実、種子、根のちがいで分類を行なう
- 1583年 フェリックス・プラッターが網膜の光刺激反応仮説を唱える

1543〜1788年 | 発見の時代

本草書
16世紀
本草書（ほんぞうしょ）と呼ばれた初期の書物は、薬効性——あるいは魔力——で植物を分類していた。

鋼の鍼

治療用鍼
19世紀
鍼（はり）治療の歴史は紀元前3000年までさかのぼる。治療効果が高い場所を示す人体図もつくられていた。

鍼を入れるマホガニー材のケース

ホメオパシーの丸薬
19世紀
健康な人に症状を引きおこす物質をごく微量投与することで、同じ症状の病気が治癒する——これがホメオパシー理論で、古代ギリシアに端を発するが、1790年代にドイツの医師ザムエル・ハーネマンが実際の治療活動を開始した。

医学

習慣と伝統頼みだった医療に、科学的な手法が加わっていった。

医学の歴史は人類の歴史と重なる。人体への知識が探まり、技術が発展するにつれて、病気の診断と治療は飛躍的に進歩していった。

薬草学やシャーマニズムから発展してきた医学は、古典期の世界で最初の隆盛を迎える。医師たちは、それまでにない科学的な判断で患者の評価を行なうようになった。その後解剖学、生理学、そして各種疾病の研究が進み、薬物やワクチン、さらに新しい医療器具の出現によって、医学は複雑で多面的な領域へと発展していった。

耳当て

初期の双耳型聴診器
1870年頃
1850年、アメリカの医師ジョージ・カマンがゴムを使った両耳聴診器を開発した。この聴診器は使いやすく、商業的にも成功した。

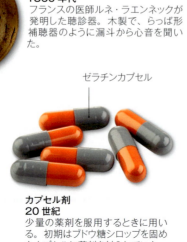

漏斗部分に耳を当てて心音を聞く

木製聴診器
1860年代
フランスの医師ルネ・ラエンネックが発明した聴診器。木製で、らっぱ形補聴器のように漏斗から心音を聞いた。

ゼラチンカプセル

カプセル剤
20世紀
少量の薬剤を服用するときに用いる。初期はブドウ糖シロップを固めたカプセルに薬剤を封入していた。

鎮痛剤の瓶

軍用タブレット缶
1942年頃
戦場では負傷や病気に迅速に対処するためにさまざまな薬品を装備した。軍医将校が携帯する応急タブレット缶には鎮痛剤、鎮静剤、消毒剤などが入っていた。

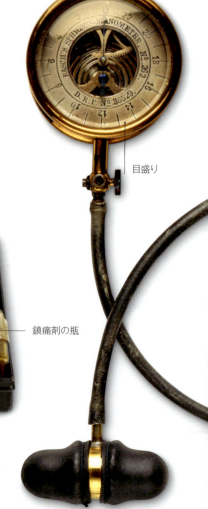

目盛り

検眼鏡
1875年頃
眼球の裏側を観察する最初の器具は1840年代と1850年代に開発された。初期のモデルは交換可能なレンズが付属していた。

使い捨て注射器
21世紀
プラスチック製の使い捨て注射器は、交差感染の危険を減少させる。1956年にニュージーランドの薬剤師コリン・マードックが発明し、特許を取得した。

皮下注射針
金属製の外筒
ガラスの外筒
ブランジャー

内視鏡
19世紀
ドイツの医師フィリップ・ボッツィーニが1805年に発明した真鍮製の原始的な内視鏡。ろうそくの明かりを使用した。

ろうそく
光を集める漏斗
接眼レンズ

機械式シリンジ
18世紀
ピストン式は古代からあったが、プランジャーを用いない金属製のシリンジも1600年代から1700年代に登場し、液体を抽出するのに使われた。

臨床用体温計
18世紀
ドイツの医師ヘルマン・ブールハーフェが1700年代にガラスの体温計を使いはじめた。1866年、イギリスの医師トマス・オールバットが長さ15cmで携帯可能な臨床用体温計を開発した。

保護ケース
水銀だまり
中空の針

デジタル体温計
21世紀
1950年代に開発された電子式体温計は精度が高く、デジタル表示で誤読の恐れがない。

デジタル式の体温表示窓

血圧計
1883年
正確な血圧測定が可能になったのは、オーストリアの医師ザムエル・リッター・フォン・バッシュが1876年に血圧計を発明してからである。初期のモデルは水を満たしたバルブを皮膚に当てていたが、その後空気で膨らませる加圧帯（かあつたい）が開発された。

ゴム管

X線
20世紀
ドイツの物理学者ヴィルヘルム・レントゲンが妻の手をX線撮影したのは1895年のことだった。今日では身体の内部を調べるためにさまざまなスキャン技術が活用されている。

ガラス製シリンジ
1940年代
1853年に極細の針が登場したことで、シリンジで薬剤を注入できるようになった。目盛り付きのガラス製注射器が1946年に開発されると、外筒とプランジャーが交換可能になり、まとめて滅菌することが可能になった。

金属のプランジャー

91

1585〜89年

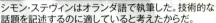

> [小数は] 数を壊すことなく、あらゆる勘定や計算の遂行を容易にする。

シモン・ステヴィン（フランドルの数学者・工学者）《十進法》（1585年）

シモン・ステヴィンはオランダ語で執筆した。技術的な話題を記述するのに適していると考えたからだ。

フランドルの数学者・工学者シモン・ステヴィン（1548〜1620年）は1585年に《十進法》と題する小冊子を出版、小数の使用を提唱し、度量衡に採用されると予言した。イスラムの数学者は何世紀も前から小数を使っており、ステヴィンは彼らの用法を余すところなく紹介して、計算が容易になると主張した。ただしその記数法は現在と異なり、いささかわかりづらい。

翌年ステヴィンは水と「静力学」に関する論文を2件発表し、水圧は水深に比例することを示した。彼の理論はその後の流体静力学の基礎となる。1588年、デンマークの天文学者ティコ・ブラーエは《新天文学入門》第2部など著作の刊行が続いた。《新天文学入門》では彗星の観察記録と使用した機器を紹介、星表も掲載して、惑星の大半は太陽のまわりを回っており、太陽と月は地球のまわりを回るという地球＝太陽中心の宇宙モデルを紹介した。

1589年、イギリスの発明家ウィリアム・リー（1563〜1614年）は手編みの動きを機械化した靴下編み機を完成させた。織物産業に革命を起こす可能性を秘めた機械だったが、手編み職人の反発を恐れたリーはイギリスでは特許を取得せず、フランスに移住した。

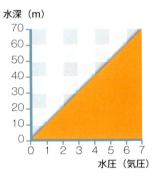

水圧は水深に比例し、10mごとに1気圧高くなる。

水圧

物体が水中に沈むと、その上にある水の重さが圧力となってかかる。そのため深く沈めば沈むほどかかる水圧は高くなる。水深約10mで水圧は水面気圧の2倍になり、大洋底の水圧は1000気圧（1気圧＝1kg/㎠）にもなる。

編み機
イギリスの発明家ウィリアム・リーは自作の編み機を改良し、1インチ当たりの針数を増やしてウール並みに目の細かい絹地をつくることに成功した。

ばねが糸の張りを保つ

針

できあがった編み地

羊毛糸または絹糸

1590〜93年

ガリレオが温度測定のために考案したサーモスコープ。

オランダのレンズ職人、ツァハリアス・ヤンセン（1580〜1638年）は顕微鏡の発明者と言われる。最初の顕微鏡は拡大レンズを1枚のみ使っていたが、1590年頃に2枚のレンズを組みあわせて、9倍まで拡大できる複合顕微鏡を完成させた。ヤンセンは望遠鏡の開発にも関わったが、1608年に完成させたのはライバルのハンス・リッペルスハイだった。フランスの数学者フランソワ・ヴィエトは、1591年に出版した《解析技法序論》で、近代代数学の基礎を築いた。ヴィエトの解析体系は「新代数学」と呼ばれ、等式の変数と未知数をアルファベットに置きかえた点が斬新だった。これによって、古典期およびイスラムの説明重視の修辞学的な代数学が、記号代数学へと生まれかわったのである。

1592年、イタリアの数学者ガリレオ・ガリレイはサーモスコープを発明した。温度変化に応じて液体が管を上下する仕組みである。この管に目盛りを刻めば、のちに登場する液体温度計となる。

1594〜95年

ヒエロニムス・ファブリキウスが解剖の模様を一般公開するために考えたパドヴァの解剖劇場。

アンドレアス・ヴェサリウスが1537年に外科学と解剖学の教授に就任したことで、パドヴァ大学は解剖学「黄金期」の中心的存在となっていた。解剖学科にはヨーロッパ全域から学生が集まり、指導者には著名な外科医や解剖学者が名を連ねた。

ヒエロニムス・ファブリキウスが解剖学教授になったのは1565年で、彼は人間と動物の解剖を実演し、研究解剖学という新しい形を確立した。解剖を多くの人に見せるために、ファブリキウスは解剖劇場を設計する。劇場は1594年、ヴェネツィア共和国参事会の資金提供で完成した。公開解剖はすでに行なわれていたが、そのための常設施設がつくられたのは初めてである。その後もファブリキウスの弟子であるユリウス・カセリウス、さらにアドリアン・ヴァン・デル・シュピーゲルが公開解剖の伝統を受けついだ。

1594年、シモン・ステヴィンが論文《算術》を著わした。これには二次方程式の解と、整数論の重要な概念が記されていた。

ヒエロニムス・ファブリキウス（1537〜1619年）

イタリアのアクアペンデンテに生まれ、パドヴァ大学で学ぶ。1562年に同大学の解剖学、1565年に外科学教授となる。公開解剖を実施し、血管の弁を初めて記述した。胎生学の先駆的存在でもある。

1596〜97年

> "無思慮な大衆に認知されるぐらいなら、知性あるひとりに鋭く批判されるほうがいい。"
>
> ヨハネス・ケプラー（ドイツの天文学者）

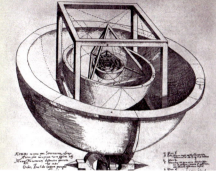
ケプラーの惑星モデル。《宇宙の神秘》より。

1596年、ドイツの天文学者ヨハネス・ケプラー（1571〜1630年）が初の重要著作《宇宙の神秘》を出版する。ここでコペルニクス（[1543年]参照）の太陽中心説を支持するとともに、既知の惑星が太陽をめぐる軌道を幾何学的に説明し、「宇宙に秘められた神の摂理」を解きあかそうとした。そのために「天体の調和」という古典的な概念を持ちだし、プラトンの立体──八面体、二十面体、十二面体、四面体、立方体──と結びつけた。これらの立体を天体に内接させ、入れ子のように重ねていくと、水星、金星、地球、火星、木星、土星の軌道が得られると主張した。

1596年、フランドルの地図製作者アブラハム・オルテリウスは、大西洋をはさむ海岸線を合わせるとぴたりと重なることに気づいた。アフリカ、ヨーロッパ、南北アメリカがかつて地続きだった可能性を示唆した最初の人物である。大陸が分離した原因を大洪水としたが、これは大陸移動説（1914〜1915年）を予見する発想だった。

同じ1596年には、イギリスの作家サー・ジョン・ハリントン（1561〜1612年）が《陳腐な話題の新しい語り：アイアースの変身》を出版している。これは政治的風刺でありながら、彼自身が発明した水洗トイレ「アイアース」の記述でもあった。アイアースとは、トイレを意味していた当時の俗語「ア・ジェイクス」のもじりである。この発明は、近代的な衛生観念の確立に向けた重要な一歩となった。

1597年、ドイツの冶金学者アンドレアス・リバヴィウスが出版した《錬金術論》は、この分野で最も重要な指導書となった。過去の著作と異なるのは、体系的な実験手順を重視していた点である。また薬剤や金属の一覧も収録しており、そのなかには亜鉛の特徴が初めて記されていた。

水洗トイレ
ジョン・ハリントンの「アイアース」。病気の蔓延を防ぐ目的で開発され、現在の水洗トイレの原型となった。

亜鉛
中国やインドでは14世紀から知られていた亜鉛だが、ヨーロッパでは錬金術師のアンドレアス・リバヴィウスが初めて記述した。

- **1594年** ヒエロニムス・ファブリキウスがパドヴァで常設の公開解剖場を開設
- **1594年** シモン・ステヴィンが《算術》を出版
- **1596年** ヨハネス・ケプラーが《宇宙の神秘》を出版し、コペルニクスの太陽中心説を擁護
- **1596年** アブラハム・オルテリウスが大陸の海岸線を比較して、かつてはひとつだった可能性を示唆
- **1596年** ジョン・ハリントンが水洗トイレ（アイアース）について記す
- **1596年** オーストリアの天文学者・数学者ゲオルク・レティクスの三角関数表が死後刊行される
- **1597年** アンドレアス・リバヴィウスが《錬金術論》を出版

1598年

1004個
ティコ・ブラーエ《天文学の観測装置》に収録されている星の数

1598年、デンマークの天文学者ティコ・ブラーエが、これまで観測した1000余の星をまとめた《天文学の観測装置》を出版した。その直前に後ろ盾だったデンマーク王フレゼリク2世が死去し、後継者は天文学に熱心でなかったため、ブラーエはヴェン島の天文台を辞すことになった。ブラーエは最後に、天文台で使っていた機器や道具の詳細な説明をこの本に記した。翌年、神聖ローマ帝国のルドルフ2世の後援を得てプラハに移る。

1598年9月、オランダ船がインド洋のモーリシャス島に上陸し、オランダ領とすることを宣言した。彼らがこの島で見たのが、ハトの仲間で島の固有種であるドードーだった。飛べない鳥ドードーは、入植者や彼らが持ちこんだ動物に簡単に捕まってしまい、1世紀もたたないうちに絶滅した。

当時の船は発見と交易のための航海用がほとんどだったが、1598年、朝鮮王朝の李舜臣（りしゅんしん）将軍は伝統的な亀甲船（きっこうせん）を装甲（そうこう）し、釘が飛びだした鉄板で覆う軍船を建造した。

絶滅した動物
ドードーは人間によって絶滅された記録が残る最初の生き物である。最後の目撃例は1662年だった。

マスト
索具
釘を打ちつけた鉄板

朝鮮王朝の軍船
李舜臣が改良した亀甲船は、19世紀の蒸気装甲艦船へと発展していく。

1599～1600年

ジョルダーノ・ブルーノは異端と見なされて1562年に投獄され、1600年に処刑された。

イタリアの博物学者ウリッセ・アルドロヴァンディ（1522～1605年）は1568年にボローニャ植物園を開設し、1599年には全3巻になる《鳥類学》の最初の巻を刊行した。そして植物園の設計や管理のかたわら、探検行もたびたび組織して膨大な植物標本を作製した。また博物学のあらゆる領域を対象に数多くの書物を著わし、近代植物学と動物学の基礎をつくった。

1600年、イギリスの医師・科学者ウィリアム・ギルバートが《磁石および磁性体ならびに大磁石としての地球の生理》を出版する。彼は「テレラ」と呼ぶ磁石球を地球に見たててさまざまな実験を行ない、羅針盤（らしんばん）の針が北を指すのは地球が巨大な磁石だからであり、地球の中心は鉄でで

50～55km
磁北（じほく）が1年にずれる距離

地球の磁極

地球の中心核は鉄が主成分で、いわば巨大な棒磁石が芯になっているようなものだ。磁気コンパスの針はこの磁極に引きよせられ、それが偶然北極や南極の方角と一致している。しかし中心核は液状なので、磁極はつねに移動している。

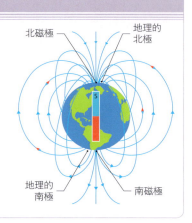

北磁極　地理的北極
地理的南極　南磁極

- 1598年 ティコ・ブラーエが《天文学の観測装置》を出版
- 朝鮮王朝の李舜臣が亀甲船を改良
- オランダ人船員がモーリシャス島でドードーを発見
- 1599年 イタリアの博物学者ウリッセ・アルドロヴァンディの《鳥類学》第1巻が刊行
- 1599年 ティコ・ブラーエがベナートキ・ナト・イゼロウに天文台を建設
- 1600年 ウィリアム・ギルバートが《磁石および磁性体ならびに大磁石としての地球の生理》を出版

1601年〜04年

> "自然をめぐる議論は……実験と実演から始めなくてはならない。"
>
> ガリレオ・ガリレイ（イタリアの天文学者・物理学者）
> 《哲学議論》「聖書の権威」

「物体落下の法則」を実演するガリレオ。斜めの溝に球を転がし、加速を測定している。

きていると結論づけた。ギルバートは磁気と電気が異なる力であると考え、静電気の特性を示すためにヴェルソリウムという検電器を考案した。これは磁化していない針が台座上で自由に回転するもので、静電気を帯びた琥珀を近づけると、羅針盤と同じように針が琥珀に近づいた。重力は磁気であり、地球は磁気によって月の軌道を維持しているとギルバートは推論したが、これは誤りだった。

同じ年、イタリアの修道士で天文学者のジョルダーノ・ブルーノ（1548〜1600年）が異端審問で有罪となり、火刑に処せられた。告発のきっかけは神学上の問題だったと思われるが、宗教裁判所を怒らせたのは彼の科学観だった可能性が高い。ブルーノはコペルニクスの発想（［1543年］参照）からさらに踏みこんでいたため、教会には脅威だったのである。ブルーノは太陽は宇宙の中心ではなく、ひとつの星に過ぎないこと、知的生物が存在する世界は地球だけではないと考えていた。

イギリスの天文学者・数学者のトマス・ハリオット（1560〜1621年）が関心を寄せたのは光の性質だった。空気と水のように異なる媒介物を通過するとき、光の屈折する角度が変わってくる。屈折の法則で説明されるこの現象は、ペルシアの数学者イブン・サールが984年に発見した。ハリオットは1602年にこの現象について論考したが、残念ながら公表する機会がなかった。その結果、この原理は約20年後に同じ現象を再発見したヴィレブロルト・スネル（［1621〜24年］参照）にちなんでスネルの法則と呼ばれるようになった。

翌1603年、博物学者フェデリコ・チェシ（1585〜1630年）がローマでアカデミア・デイ・リンチェイを創設した。リンチェイとはヤマネコのことで、1560年につくられたものの活動禁止となった「自然の秘密アカデミー」の後継的存在だった。この組織はのちにイタリア自然アカデミーに発展する。

ガリレオ・ガリレイ（［1611〜13年］参照）が、ピサの斜塔の頂上から重さの異なる球を落としたという逸話は信憑性が疑わしい。しかし「同材質で質量の異なる物体が同じ媒体中を落下するときは速度が同じになる」という仮説を1604年に立てたことはわかっている。それは、重い物ほど速く落下するというアリストテレスの理論に反するものだった。ガリレオが物体落下の法則の最終版を発表したのは1638年のことである。

天文学者として知られるヨハネス・ケプラーだが、光学研究でも先駆的業績を残しており、1604年に《天文学の光学部門》を出版した。この著作には天文機器の記述も見られるが、視差（異なる場所から天体を観測したときの見かけの位置のずれ）、平たい鏡とゆがんだ鏡の反射、ピンホールカメラの原理といった光学理論の説明が大部分を占めていた。さらにケプラーは人間の目の光学的構造も論じ、レンズが網膜に結ぶ像が逆転する仕組みを解き、脳内で修正されていることを示唆した。

1604年、イタリアの外科医・解剖学者ヒエロニムス・ファブリキウス（1594〜1595年）がさまざまな動物の胎児を解剖した知見を発表し、発生学という新たな学問の誕生に道を開いた。胎児の発達を段階ごとに示し、血液循環の研究成果と組みあわせて胚循環の論文を執筆した。

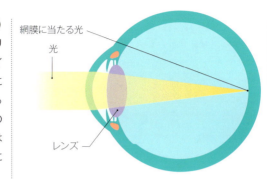

人間の目
外から入ってきた光は、前面近くにあるレンズによって奥側の網膜に収斂し、逆転した像を結ぶ。

ヨハネス・ケプラー（1571〜1630年）

ドイツに生まれたケプラーはテュービンゲン大学に学び、そこでコペルニクスの理論を知る。オーストリアのグラーツで教師をしたのちプラハに出て、1600年にティコ・ブラーエに師事した。ブラーエの死後は師の後を継いで宮廷付き天文学者となったが、政治や家庭がらみの問題で12年後にプラハを離れた。

> "人間よ、天空の力を発見せよ。ひとたび理解すれば、活用することができる。"
>
> ヨハネス・ケプラー（ドイツの天文学者）《天文学の上級基礎》（1601年）

- **1600年** ヨハネス・ケプラーがプラハでティコ・ブラーエの助手になる
- **1600年** ジョルダーノ・ブルーノが異端と見なされ火刑に処せられる
- **1602年** トマス・ハリオットが屈折の法則を発見
- **1603年** ローマでアカデミア・デイ・リンチェイが創設
- **1604年** ガリレオ・ガリレイが物体落下の法則の論証に取りかかる
- **1604年** ヨハネス・ケプラーが《天文学の光学部門》で目が光を収束させる仕組みを記述
- **1604年** ヒエロニムス・ファブリキウスが胎児の血液循環の研究を開始

1605〜08年

> "確信して始めたことは、疑いを抱いて終わる。しかし疑いを抱いて始めることができれば、確信を持って終わることができる。"
>
> フランシス・ベーコン（イギリスの哲学者）《学問の進歩》（1605年）

17世紀に入ってもまだ「自然哲学」と呼ばれていた科学だが、1605年、イギリスの哲学者フランシス・ベーコン（1561〜1626年）が最初の著作《学問の進歩》を発表、観察を通じて蓄積したデータから結論を導きだす帰納法を論じた。これはベーコン法とも呼ばれ、近代の実験科学の重要な手法となる。

1607年、ドイツの天文学者ヨハネス・ケプラーは彗星（のちにハレー彗星と命名される）を観測し、その形状や位置、進路を記録した。ケプラーは彗星が月の軌道のはるか外側を移動していることを認識しており、この観測記録がのちに惑星運動の法則（p.100-101参照）へと結実する。

2枚のレンズを使った初めての望遠鏡は、1608年にオランダの発明家ハンス・リッペルスハイ（1570頃〜1619年）がつくった。鏡を用いる後年の望遠鏡と異なり、両端にレンズが配置される構造だった。リッペルスハイは特許こそ取得できなかったものの、この発明で巨額の富を得るとともに、軍事・商業で幅広く活用されて名をあげた。

当時の戦争に革命を起こしたもうひとつの発明が、火打石式発火装置だった。鉄砲鍛冶でヴァイオリン製作者でもあったフランスのマラン・ル・ブールジョワ（1550頃〜1634年）が1608年頃に開発したとされる。それ以前のものより迅速確実に発火でき、再装塡時は安全に固定させることができるため、以後200年以上にわたって使われた。

望遠鏡を通して見たとき 3倍 / 実物

初期の望遠鏡の倍率
ハンス・リッペルスハイらがつくった望遠鏡は、実物の3倍までしか拡大できなかった。

リッペルスハイの工房
リッペルスハイは屈折式望遠鏡を開発する過程で、凹（おう）レンズと凸（とつ）レンズ、あるいは2枚の凸レンズの組みあわせを試したと思われる。

1609〜10年

地球から約1344光年の距離にあるオリオン座。オリオン大星雲は地球に最も近く、最も明るい星雲のひとつだ。

1609年、ドイツの天文学者ヨハネス・ケプラーが《新天文学》を出版し、火星の運行について詳細な測定・計算結果を紹介した。これによって惑星は太陽の周囲を回っていること、しかもその軌道は円ではなく楕円であることが確認された。また運行速度も一定ではなく、軌道上のどの位置にあるかで変化することもわかった。

ケプラーの法則のうち、第1と第2法則の基盤がこれでできあがった（p.100-101参照）。第1法則とは、惑星は太陽を焦点のひとつとする楕円軌道を描いていることであり、第2法則は惑星の運行速度が太陽からの距離に反比例する、すなわち太陽に近いほど速いということである。

屈折式望遠鏡が発明された話を1609年にイタリアで知ったガリレオ・ガリレイは、自らも製作に乗りだした。こうして完成した望遠鏡で、ガリレオは詳細な天文観測を行なった。初期の望遠鏡は倍率が約8倍だったが、その後約30倍にまで改善された。イギリスの天文学者トマス・ハリオット（1560〜1621年）は1609年に望遠鏡で月を観察し、月面のスケッチを残した。しかし翌年、絵画の訓練を受けていたガリレオがより優秀な望遠鏡を使い、クレーターや山脈まで表現した詳細な月面地形図を作成する。この地形図はきわめて正確だったため、山の高さまで推測することができた。

1610年、ガリレオは木星にも関心を向け、それまで知られていなかった3個の「星」を確認した。しかしその運行を見ると、正確には星ではなく月、つまり惑星の周囲を回る衛星であると推測され、そのうち1個が木星の陰に隠れたことから衛星であることが確認された。さらに観測を続けた結果、4個目の衛星も見つかった。これ

4

ガリレオが観測した木星の月の数

1611〜13年

> "科学の探求において、ひとりのつつましい理知は1000人の権威に匹敵する。"
>
> ガリレオ・ガリレイ、イタリアの数学者・天文学者（1632年）

らはのちにガリレオ衛星と呼ばれ、神話にちなんでイオ、エウロパ、ガニメデ、カリストと命名された。

望遠鏡はさらに新しい発見をうながした。フランスの天文学者ニコラ＝クロード・ファブリ・ド・ペーレスク（1580〜1637年）は1610年に望遠鏡を入手してガリレオ衛星を観測した。彼はその後オリオン大星雲を初めて観測している。

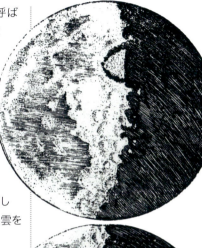

ガリレオの月地形図
月の地形図は以前からあったが、ガリレオの地形図はクレーターや山脈までわかる詳細なものだった。

ガリレオは1611年にも天文学上の重要な発見を行なっている。まず、太陽の表面に暗い部分が現われると報告し、これは現在太陽黒点と呼ばれている。ただガリレオ本人の主張と異なり、最初の発見者ではない可能性もある。現われては消える太陽黒点の存在は、天空は完璧であり不変であるというアリストテレスの宇宙論に対立するものだった。

1611年、ケプラーは自著《屈折光学》のなかで、顕微鏡と屈折式望遠鏡の仕組みを説明し、形状と焦点距離が異なるレンズを使うとどんな効果が出るかを調べた。さらに凸レンズと凹レンズを使ったガリレオ望遠鏡にも言及し、この機構ならば倍率がさらに増やせると指摘した。

同じ1611年、ケプラーは気宇壮大な「思考実験」である《夢》を書きあげた（出版は死後）。惑星間旅行を描いたこの物語は、地球中心説に拠らない立場で宇宙モデルを説明することを試みていた。

フィレンツェの聖職者で化学者だったアントニオ・ネリ（1576〜1614年）はガラスづくりの研究に心血を注いだ。1612年、彼はガラス製造と利用法を詳述した《ラルテ・ヴェトラリア》を出版。これは19世紀になるまでガラスづくりの指導書として広く読まれた。

ガリレオの興味の対象は天文学に留まらなかった。1613年には運動の概念を考察し、「水平な平面

ガリレオ・ガリレイ（1564〜1642年）

イタリアのピサに生まれ、大学で医学と数学を学ぶ。1592年、パドヴァ大学教授に就任。天文学と運動の原理にもっぱら関心を寄せた。ガリレオの科学観はカトリック教会から異端視され、1633年から死ぬまで軟禁状態にあった。

を動く物体は妨害されないかぎり一定方向と一定速度を保つ」という慣性の原理を提唱した。摩擦などの力が加わらないかぎり速度が変わらないということで、この概念はアイザック・ニュートンの運動の第1法則の成立に重要な役割を果たした（p.120-121参照）。

ガリレオの望遠鏡
ガリレオはリッペルスハイの望遠鏡のわずかな記述を頼りに、凸レンズと凹レンズを組みあわせた望遠鏡を自作した。

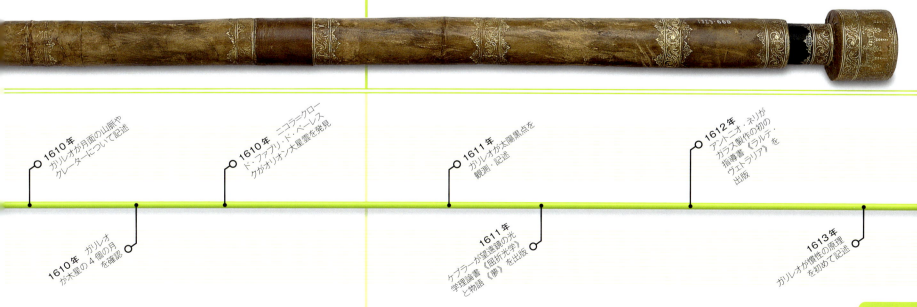

- **1610年** ガリレオが月面の山脈やクレーターについて記述
- **1610年** ガリレオが木星の4個の月を確認
- **1610年** ニコラ＝クロード・ファブリ・ド・ペーレスクがオリオン大星雲を発見
- **1611年** ケプラーが望遠鏡の光学理論書《屈折光学》と物語《夢》を出版
- **1611年** ガリレオが太陽黒点を観測・記述
- **1612年** アントニオ・ネリが、ガラス製作の初の指導書《ラルテ・ヴェトラリア》を出版
- **1613年** ガリレオが慣性の原理を初めて記述

1614〜17年

ネイピアの骨。数が刻まれた棒を並べることで、乗法と除法だけでなく、平方や平方根も求めることができる。

1618〜20年

世界初の水中航行船であるドレベル潜水艦を再現したもの。水平翼と舵があり、防水仕様の舷窓（げんそう）からオールが出ている。

1614年、スコットランドの数学者ジョン・ネイピア（1550〜1617年）が対数に関する著作を出版し、「冗長な乗除や比率……平方根や立方根の開方」を簡単に行なう方法を紹介した（対数とは、任意の数を得るために底につける冪指数のこと）。2つの数の積の対数は、それぞれの数の対数の和に等しい。この本に収録されている対数表を使えば、2つの数の対数を見つけてそれを加え、真数表でたどれば積を得ることができた。

サントリオ・サントリオ（1561〜1636年）はサンクトリウスの名でも知られており、パドヴァ大学の解剖学教授を務めていた。著書《医学的計測について》で代謝の実験を紹介している。彼は30年余にわたって自らの体重と摂取した飲食物、輩出した便と尿の重さを記録しつづけ、数字の差

6371km
地球の平均半径

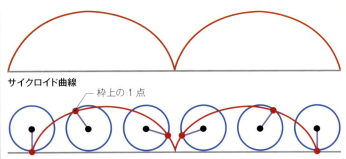

サイクロイド曲線
枠上の1点
直線に転がる車輪
サイクロイド
円形の車輪が平面を転がるとき、枠上の1点が描く曲線をサイクロイドと呼び、17世紀の数学者たちがこぞって研究した。

異は「無感覚の発汗」によるものと結論づけた。

1615年、フランスの数学者・神学者マラン・メルセンヌ（1588〜1648年）は、車輪の枠上の1点が描くサイクロイド曲線を初めて正しく定義した。彼は曲線が占める面積を計算しようと試みたがうまくいかず、17世紀に他の数学者もこの問題に取りくんだ。

1616年4月、ロンドンにある王立内科医協会で行なわれた年1回の講義の初回で、ウィリアム・ハーヴィー（1578〜1657年）は血液循環について話した。心臓が酸素の含まれた血液を全身に送りだす仕組みを説明したのは、ハーヴィーが初めてである。7年間続いたこの講義で、ハーヴィーは血液循環の理論を詳細に論じたが、論文として発表したのは1628年になってからだった。

1617年、オランダの天文学者・数学者ヴィレブロルト・スネル（1580〜1626年）が著書《オランダのエラトステネス》のなかで、地球の半径を測定する新しい方法を紹介した。それは三角測量法で、緯度が1度ちがう2地点の距離を測るというものだった。スネルの研究は近代測地学の基礎となった。

1617年、ネイピアは著書《測定棒》のなかで新しい計算道具を紹介した。九九表の数字を記した棒を使うもので、のちにネイピアの骨と呼ばれるようになった。

"私の方法は実践こそ難しいが説明は容易だ……確実性の漸進的な諸段階を確立することを提唱する。"

フランシス・ベーコン（イギリスの哲学者）《ノヴム・オルガヌム》（1620年）

1619年、ドイツの天文学者ヨハネス・ケプラー（[1601〜04年] 参照）は《世界の調和》を出版し、そのなかでピュタゴラスやプトレマイオスといった古代の哲学者を踏襲して、幾何学図形や音楽の和声で宇宙の構成と調和を説明しようとした。とくにケプラーが力を入れたのは天体の音楽だった――惑星が軌道をもとに独自の音を発しているというものである。また惑星間の角度といった占星術的な側面と音程との関係も論じていた。ただ最も影響力があったのは、最終章で紹介されていた惑星運動第3の法則で、太陽からの距離と軌道を1周する所要時間、運行速度の関係を明らかにしていた（p.100-101参照）。

オランダの発明家コルネリウス・ドレベルは1604年頃イギリ

フランシス・ベーコン（1561〜1626年）

貴族の家に生まれ、12歳でケンブリッジ大学のトリニティ・カレッジに入学。法律家・国会議員となり、ジェームズ1世よりナイト爵を授かり、法務総裁（1613年）、大法官（1618年）に任命された。1621年に汚職の疑いで有罪となり、その後は著述活動に専念した。

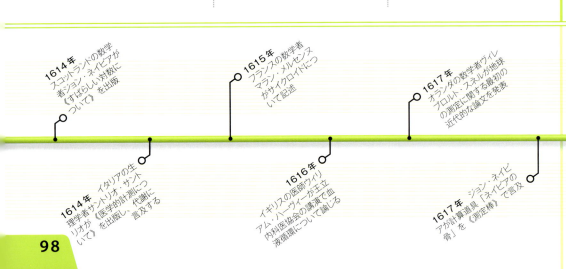

1614年 スコットランドの数学者ジョン・ネイピアが《すばらしい対数について》を出版

1614年 イタリアの生理学者サントリオ・サントリオが《医学的計測について》を出版し、代謝に言及する

1615年 フランスの数学者マラン・メルセンヌがサイクロイドについて記述

1616年 イギリスの医師ウィリアム・ハーヴィーが王立内科医協会の講演で血液循環について論じる

1617年 オランダの数学者ヴィレブロルト・スネルが地球の測定に関する最初の近代的な論文を発表

1617年 ジョン・ネイピアが計算道具「ネイピアの骨」を《測定棒》で言及

1619年 ドイツの天文学者ヨハネス・ケプラーが《世界の調和》で惑星運動の第3法則を提唱

1621〜24年

> 憂鬱は習慣であり、まぎれもない病気であり、断続的ではなく固定された気質である……

ロバート・バートン（イギリスの学者）《憂鬱の解剖学》（1621年）

ロバート・バートン著《憂鬱の解剖学》題扉より、ギリシアの哲学者デモクリトスを描いた版画。

スに移住、イギリス海軍に雇われて1620年に最初の潜水艦を完成させた。これはイギリスの作家ウィリアム・ボーン（1535頃〜1582年）が1578年に提案した設計図に基づいており、木造船に革を張り、オールで漕ぐものだった。ドレベルはその後、人も乗れるさらに大型の潜水艦を2隻建造し、テムズ川で実験を行なった。潜水時間は3時間以上に及んだので、何らかの手段で酸素を供給していたと考えられるが、ドレベル自身は説明を残していない。こうして潜水艦の実験は成功したが、海軍が実際に使うには至らなかった。

1605年、イギリスの哲学者フランシス・ベーコンは著書《学問の進歩》のなかで、科学的探究のための帰納法を提唱した。その後1620年にも論理学の著書《ノヴム・オルガヌム》で帰納法について述べている。またベーコンは、事物の性質を部分どうしの関係で説明する還元法も提唱した。

オランダのヴィレブロルト・スネルは1621年の論文《測円法》で、ヨーロッパ大陸で初めて屈折の法則に言及した。空気とガラスのように異なる透明な物質を通過するときの、入射角と屈折角の関係を示したものだ。これはスネルの法則（右［囲み］参照）と呼ばれているが、原理自体は984年にペルシアの数学者イブン・サールが発見しており、スネルの約20年前にもイギリスの数学者トマス・ハリオットが言及していた。

イギリスの学者ロバート・バートン（1577〜1640年）の代表作《憂鬱の解剖学》は1621年に出版された。さまざまな精神障害とその症状を記述し、考えられる原因と治療法を紹介した著作である。医学教科書の体裁をとっているものの、むしろ文学作品に近い内容だ。それでも精神障害の心理学、精神医学的研究の先駆けとなる一冊となった。

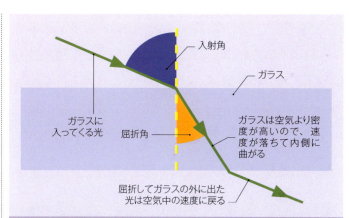

スネルの法則

スネルの法則とは光の屈折に関するもので、入射角（光が透明な媒質に入る角度）と屈折角（媒質を通過するときの角度）の関係を述べたものだ。入射角と屈折角の関係は一定だが、媒質の内容によって変わってくる。

ネイピアの対数発見に続いて、イギリスの数学者エドマンド・ガンター（1581〜1626年）が対数尺を考案した。これは船乗りが羅針盤または分割機を2個使って航路の計算をするときに役だつものだった。さらに1622年、同じくイギリスの数学者ウィリアム・オートレッド（1574〜1660年）が、ガンターの対数尺を2本スライドさせることで、乗除計算ができることを発見した——

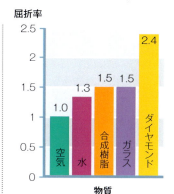

屈折率
真空状態での光の速さと、物質内を光が通過する速さの割合。

計算尺の原理である。オートレッドは円形などさまざまな形を試してみたが、固定尺と滑尺を組みあわせる構造に落ちついた。こうして誕生した計算尺は、300年後にポケット計算機が発明されるまで使われつづけた。

現代の計算尺
さまざまな対数が刻まれた滑尺を動かし、カーソルの目盛りを読みとることで複雑な計算を行なう。

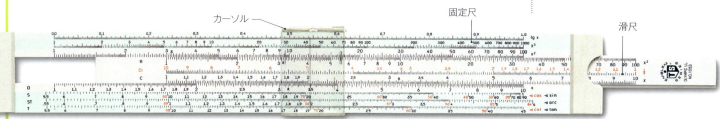

- 1620年 オランダの発明家コルネリウス・ドレベルが航行可能な潜水艦を初めて建造
- 1620年 イギリスの哲学者フランシス・ベーコンが《ノヴム・オルガヌム》を出版
- 1621年 オランダ人ヴィレブロルト・スネルが屈折の法則を再発見
- 1621年 イギリスの学者ロバート・バートンが《憂鬱の解剖学》を出版
- 1622年 イギリスの数学者ウィリアム・オートレッドが計算尺を発明

惑星軌道の話

惑星を動かすのは重力だ。その動きは3つの法則に支配されている。

太陽系に浮かぶ8つの惑星と、何百万個もの彗星や小惑星は、太陽のまわりの軌道に沿って動いている。軌道からはずれないでいられるのは、地球上で物体が地面に落ちるのと同じ力が働いているからだ──それが重力である。

宇宙の中心は地球であり、太陽、月、惑星、星は地球のまわりを回っているというのが長いあいだの定説だった。だが地球中心説では惑星の軌道が充分に説明できない。1543年、デンマークの天文学者ニコラウス・コペルニクス（1473〜1543年）は太陽中心説を提唱する。これは惑星が太陽のまわりで円軌道を描いているというものだった（［1543年］参照）。

ケプラーの法則

1600年代はじめ、ドイツの天文学者ヨハネス・ケプラー（1571〜1630年）は惑星運行の観測をもとに、コペルニクスが正しいことを証明しようとした。しかし太陽中心説が成りたつのは軌道が円ではなく、太陽を焦点のひとつとする楕円の場合だけだった（下左参照）。これがケプラーの第1法則である。第2法則（下右参照）は惑星が軌道上を移動する速度が変化するというもの。そして第3法則（右ページ参照）は、太陽からの距離と軌道周期の関係を規定するものだ。

重力

なぜ軌道は楕円になるのか。ケプラーはその理由を説明できなかった。答えを見つけたのはイギリスの科学者アイザック・ニュートン（1642〜1727年）で、地球上で物体が地面に落下するときの力──重力──が、月を地球のまわりの軌道上につなぎとめていると考えた。重力は地球の中心から離れるほど、すなわち距離の2乗に比例して弱くなることをニュートンは突きとめた。これを月に当てはめると軌道周期が算出できる。ニュートンはそこから万有引力の法則（［1687年］参照）を導きだし、太陽の周囲をまわる惑星にも重力が働いているはずだと考えた。

ヨハネス・ケプラー
デンマークの偉大な天文学者、ティコ・ブラーエの助手を務め、ブラーエの観測記録をもとに惑星の運動の法則を導きだしていった。

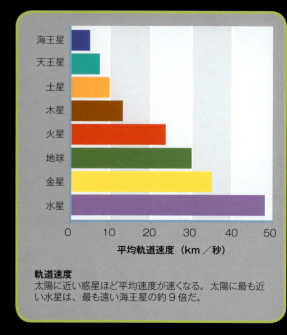

軌道速度
太陽に近い惑星ほど平均速度が速くなる。太陽に最も近い水星は、最も遠い海王星の約9倍だ。

1億4959万7871km
太陽と地球の平均距離

楕円軌道
ケプラーの第1法則は、すべての惑星の軌道が太陽をひとつの焦点とする楕円を描くというもの。楕円には焦点が2つあり、楕円上のどの点と直線で結んでも、長さの和はつねに等しい。

速度と距離
ケプラーの第2法則は、太陽と惑星を結ぶ線分が同じ時間に描く面積は等しいというものだ。つまり太陽に近い位置では速度が速く、遠い位置では遅くなる。

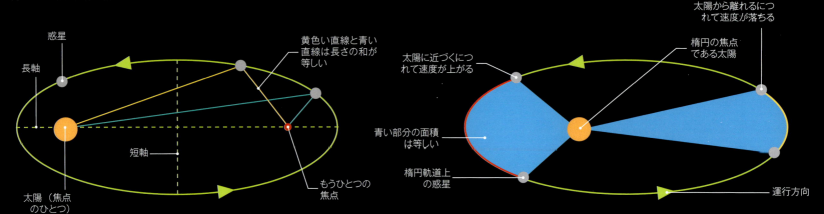

惑星軌道の話

力の均衡

太陽と惑星のあいだには重力が働いて、それぞれ相手を引きつけている。その結果惑星と太陽は重心を中心に軌道を描くことになる。もし重力がなければ、惑星は直線軌道を描いて宇宙空間に飛んでいってしまうだろう。楕円軌道を保っていられるのは重力のおかげだ。重心は太陽内部にあるので、太陽自身の軌道運動は小刻みな揺れでしかない。

- 惑星の楕円軌道
- 太陽は小刻みに揺れている
- 重力によって太陽が惑星のほうにひっぱられる
- 惑星
- 重力によって惑星が太陽のほうにひっぱられる
- 重心は太陽の内部にある
- 惑星の運動方向は重力によってたえず変化し、結果として楕円軌道になる
- 重力がないと惑星の運動は直線軌道になる

軌道周期

ケプラーの第3法則は、惑星と太陽の平均距離と軌道周期（軌道を1周するのに要する時間）の数学的関係を示したものだ。具体的には、軌道周期の2乗は楕円の長半径の3乗に比例する。これに基づいて、太陽からの距離が開くと、軌道周期がどれだけ伸びるか計算できる。この第3法則は第2法則ほど単純ではないが、ニュートンはここから万有引力の法則を導きだした。

惑星の1年

惑星の「1年」、すなわち軌道周期は太陽からの距離で決まる。最も内側にある水星は地球の88日で軌道を1周するのに対し、最も遠い海王星は6万190日（164.8年）かかる。各惑星の軌道周期を地球の年に換算すると右図のようになる（縮尺は一定ではない）。

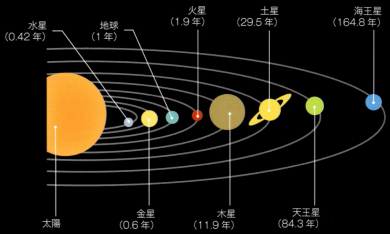

水星／地球（1年）／火星（1.9年）／土星（29.5年）／海王星（164.8年）／太陽／金星（0.6年）／木星（11.9年）／天王星（84.3年）

1625〜27年

硫酸ナトリウムの結晶。多くは天然鉱物から生産される。18世紀後半までグラウバー塩と呼ばれていた。

1625年、オランダ系ドイツ人化学者ヨハン・グラウバー（1604〜1670年）が泉の水を飲んで胃痛が治った経験をもとに、その水から「ザール・ミラビレ（奇跡の塩）」の結晶を得ることに成功した。その正体は硫酸ナトリウムで、グラウバー塩とも呼ばれ、緩下作用があった。グラウバー塩はその後300年近く、瀉下薬として処方された。

1626年、冷えこむロンドンを旅行中の哲学者フランシス・ベーコンは、経験的証拠から理論を構築するべきという自論を実践し、ニワトリの身体に雪を詰めて凍らせることを思いついた。実験は成功したがベーコンは肺炎にかかり、それがもとで世を去った。

1627年、コペルニクス以来最も正確な天文観測表が刊行され、太陽は太陽系の中心にあることが示唆された（[1543年] 参照）。収録データの大半はデンマークのティコ・ブラーエが収集したものだが、ブラーエがそれを公表する前に死去し、ドイツの天文学者ヨハネス・ケプラーが引きついでいた。完成した表は神聖ローマ帝国皇帝ルドルフ2世にちなんで《ルドルフ表》と呼ばれ、1500個近い星と、当時存在が知られていた惑星の位置データが記されていた。ケプラーは印刷代を負担し、完成した表をブラーエに捧げた。

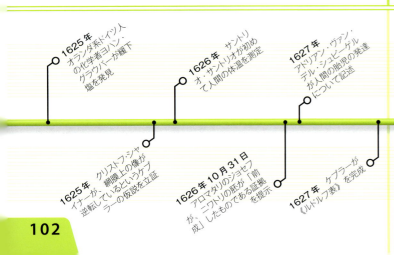

ルドルフ表の口絵
ヒッパルコス、プトレマイオス、ニコラウス・コペルニクス、ティコ・ブラーエなど古今の天文学者の業績を称える架空の記念碑。

1628〜30年

> 心臓は動物の生命の基盤である……生命の小宇宙の太陽であり、成長のよすがであり、そこからすべての力が生まれる。

ウィリアム・ハーヴィー（イギリスの医師）《解剖学的小論》（1628年）

動脈 20%　毛細血管 10%　静脈 70%

血液の配分
血液の大半は静脈を流れて循環している。静脈は厚みがなく圧力が低いため、必要な場所に血液を滞留させることができる。

1628年、イギリスの医師ウィリアム・ハーヴィーが代表作《動物の心臓と血液の動きに関する解剖学的小論》を発表する。科学の進歩には実験が不可欠だと信じていたハーヴィーは、さまざまな動物の血液の流れを綿密に調べあげた。心臓はポンプの役割を果たしているが、古代ギリシアで考えられていたのとちがって、吸いあげるのではなく押しだしている。このことは、前世紀に活躍したイタリアの医師マテオ・コロンボがすでに指摘していた。そのいっぽう、古代ギリシアの外科医で哲学者だったガレノスの説──血液は肝臓でつくられる──もまだ根強く残っていた。心臓のポンプ機能を研究していたハーヴィーは、この説に疑問を抱く。心臓から押しだされる血液の量が多く、肝臓がたえず血液を生成しているとは考えにくいのだ。むしろ血液量は一定で、それが体内を循環しているのではないか。ハーヴィーはそう推論した。心臓から押しだされる高圧の血液が動脈を流れて全身に運ばれる。反対に圧力の低い血液が静脈を通って戻ってくる。さらにハーヴィーは肺循環の仮説も立てた。

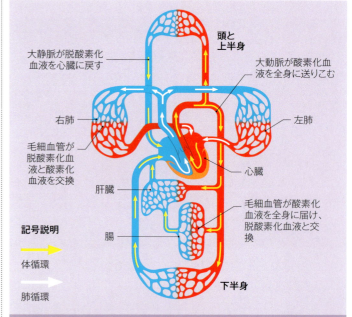

血液循環

血液循環システムは、酸素と二酸化炭素を交換し、肺および全身で最大限の血圧を確保するために二重になっている。肺で酸素を得た血液（赤）は心臓の左側から全身に向かって押しだされる。全身の組織に酸素を奪われた血液（青）は心臓の右側の働きで肺に押しもどされる。

- **1625年** オランダ系ドイツ人の化学者ヨハン・グラウバーが緩下塩を発見
- **1625年** クリストフ・シャイナーが、網膜上の像が逆転しているというケプラーの仮説を立証
- **1626年** サントーリオ・サントリオが初めて人間の体温を測定
- **1626年10月31日** アロマタリのヨセフがニワトリの胚が「前成」したものである証拠を提示
- **1627年** アドリアン・ファン・デル・シュピーゲルが人間の胎児の発達について記述
- **1627年** ケプラーが《ルドルフ表》を完成
- **1628年** ウィリアム・ハーヴィーが《動物の心臓と血液の動きに関する解剖学的小論》を出版
- **1629年** ジョン・パーキンソンが世界初の園芸書と言われる《日のあたる楽園、地上の楽園》を出版
- **1629年** ジョヴァンニ・ブランカが初期の蒸気機関を含む数々の発明を発表

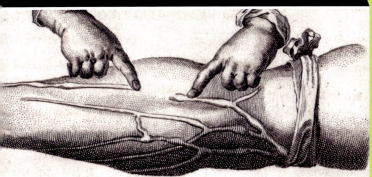

ウィリアム・ハーヴィーは、血管の弁が、手の方向への血流を防いでいることを実演してみせた。

1631〜34年

異端審問にかけられ、太陽中心説の撤回を迫られるガリレオ・ガリレイ。彼はこれ以降、死ぬまで軟禁状態にあった。

> **それでも地球は動く。**
>
> ガリレオ・ガリレイ（イタリアの天文学者）（1633年）太陽中心説を撤回させられたあとに発したとされる言葉。

ウィリアム・ハーヴィー（1578〜1657年）

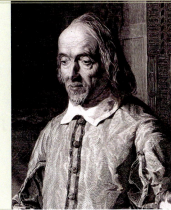

イギリスに生まれ、ケンブリッジ大学とイタリアのパドヴァ大学で学んだあと、イギリスに戻って血液と循環の研究に専念する。のちに生殖と発達の研究も行なった。ジェームズ1世とチャールズ1世の侍医を務めたほか、イングランド内戦で負傷者の治療にもあたった。

1629年、イタリアの発明家ジョヴァンニ・ブランカが、さまざまな機械を考案して本にまとめた。そのなかにはパイプから噴きだした蒸気が外輪の翼に当たり、外輪が回転を始めるという初期の蒸気機関もあった。ブランカはこの機械で水を汲みあげたり、石や火薬を挽くのに使えると考えたが、実際には使い道はほとんどなかった。その後出現する蒸気機関とも、仕組みはまったく異なる。

イギリスのジョン・パーキンソン（1567〜1650年）は国王付きの薬剤師を務めていた。古代以来の薬草医と、新しい世代の植物学者のはざまに位置する彼は、《日のあたる楽園、地上の楽園》という風変わりな標題で、初の本格的な園芸書を出版した。これは観賞用と薬効目的の両方において、植物栽培の重要な指導書となる。もっともこの本は史上初のガーデニング本と評されることが多く、植物の科学的理解への貢献はさほど大きくなかった。

約800種類
パーキンソンの1629年の著作に収録されている植物種数

1631年、フランスの数学者ピエール・ヴェルニエ（1580〜1637年）は長さを正確に測る器具を考案した。これはドイツの数学者クリストファー・クラヴィウスの発案を応用したもので、四分儀の縁に定規をつけてすべらせ、定規の最小目盛りよりさらに細かい長さを測ることができた。そこから発展した今日のバーニヤスケールは、精密な測定ができる最も優れた器具のひとつだ。

同じ1631年、イギリスの数学者で、計算尺を発明したウィリアム・オートレッドが重要な著作《数学の鍵》を発表する。ここでは乗法のxや比率を表わすコロンといった代数記号が導入され、イギリスで最も影響力の大きい数学書と評され、アイザック・ニュートンなどの数学者に読みつがれていった。

1632年はじめ、イタリアの天文学者ガリレオ・ガリレイが《二大世界体系に関する対話》を出版。地球が太陽系の中心であるとするプトレマイオスを否定し、コペルニクスの太陽中心説を支持した。ガリレオは異端審問で有罪となり、太陽中心説の撤回を余儀なくされた。

1630年代はじめ、イタリアは自然の脅威に翻弄されていた。数多くのローマ市民や教皇の生命を奪ったマラリアが北上し、湿度の高い低地帯に蔓延しつつあったのだ。ペルーで薬剤師をしていたアゴスティーノ・サルンブリノ（1561〜1642年）は、当地でマラリア治療に使われていたキナノキの樹皮をヨーロッパに送る。ヨーロッパではたちまちキナノキの需要が高まった。その有効成分キニーネは、以後300年以上ものあいだマラリア薬として活用された。

バーニヤスケール
ノギスで最小目盛りよりさらに細かい数値を読みとるための副尺。

- 1629年 ニール・オクラカンが腺ペストの治療体験をもとに論文を刊行
- 1631年 ピエール・ヴェルニエがバーニヤスケールについて記述
- 1631年 イギリスの数学者ウィリアム・オートレッドが代数記号を導入
- 1631年 ペルー人アゴスティーノ・サルンブリノがキナノキの樹皮をローマに送り、マラリア治療に役だてる
- 1632年2月22日 ガリレオ・ガリレイが《二大世界体系に関する対話》を出版
- 1632年 イタリアの外科医マルコ・セヴェリーノが外科病理学の初の教科書を刊行

1635〜37年

" 私が解決した問題のひとつひとつが、のちに他の問題の解決に役だつ規則となった。"

ルネ・デカルト（フランスの哲学者・数学者）《方法序説》（1637年）

知識は明快で正確でなければならないとデカルトは説いた。

1638〜40年

1639年、エレミア・ホロックスは金星の日面通過を初めて記録した。

1636年、フランスの数学者マラン・メルセンヌが楽音の数学的分析を行ない、長い弦ほど振動数が低くなるが、張力を強めると高くなるといった法則を発表した。

ガリレオ・ガリレイが1633年に異端審問で有罪になったため、フランスの哲学者・数学者のルネ・デカルトは著書《世界論》の刊行を遅らせることにした。ガリレオの地動説への賛同意見など、大胆な科学観が記されていたからだ。その一部は1637年の《方法序説》に収録された。これには天文学、幾何学、光学の小論が含まれ、《幾何学》と題された補遺では代数学と幾何学をいかにして結びつけるか説明されていた。直角に交わる2本の直線上にxとyという2つの値を設定すると、両者の関係を代数学の等式で表わせるというのである。やはりフランスの数学者ピエール・ド・フェルマー（1601〜1665年）が、1625年に独自にこの手法を発想していたが、名称はデカルト座標系となった（下[囲み]参照）。

フェルマーは「最終定理」で有名になる。nが3以上の自然数の場合、$a^n + b^n = c^n$ が成りたつ自然数の組は存在しないというものだ。彼はこれを古い教科書に記し、証明はできたが余白がないと書いていた。この定理が証明されたのは1995年のことだ。

ピエール・ド・フェルマー（1601〜1665年）

法律を学んだピエール・ド・フェルマーだが、数学のいくつかの領域に重大な足跡を残した。素人数学者を自称し、自らの発見の証明もしなかったが、幾何学での業績はルネ・デカルトを先どりするものだった。1654年にはブレーズ・パスカルと書簡を交わして確率論の構築を手助けした。

1638年、ガリレオ・ガリレイは物理学の最後の著作《新科学対話》を世に出した。この本では材質の強度と運動学を取りあげ、質量や力に言及することなく物体の運動を探究していた。1633年の異端審問以来、ガリレオはいかなる著作の発表も禁じられていたが、《新科学対話》は宗教裁判所の影響が及ばないオランダのライデンで出版された。

金星の研究をしていたイギリスの天文学者エレミア・ホロックス（1618〜1641年）は、1639年12月4日に金星が太陽の前を通過すると予測した。金星の日面通過は8年の間隔で2回起こり、その後は100年以上起きないとはじきだしたのである。当日、ホロックスが太陽を紙に映しだして観測を開始すると、予測とわずか15分のずれで金星の点を確認できた。ホロックスはそこから金星の大きさと距離を高い精度で算出した。

1640年、16歳のブレーズ・パスカル（1623〜1662年）は《円錐曲線試論》を発表。円に内接する六角形の幾何学的関係を論じた。そのなかで彼が証明した数学的定理はきわめて高度なものだったため、当初はデカルトをはじめ多くの数学者が代作説を信じていた。

1640年、イギリスの植物学者ジョン・パーキンソン（1566〜1650年）が《植物の劇場》と題した図録を出版した。当時最も多くの植物を網羅しており、植物学の案内書として長年愛読された。

デカルト座標系

代数学と幾何学を座標が結びつける——デカルトとフェルマーがそれに気づいた瞬間、科学は飛躍的な前進を遂げることになる。座標は水平なx軸と垂直なy軸で構成され、xとyに値を入れるだけで、平面のいかなる場所も定めることができる。

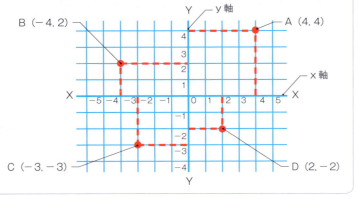

1万2000km
金星の直径

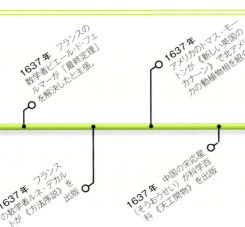
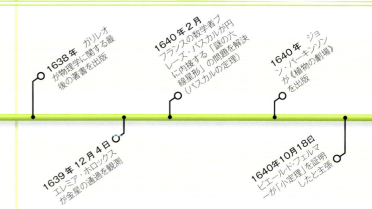

1641〜42年

コレラの症状は1600年代から記録があるが、写真のコレラ菌が特定されたのは19世紀に入ってからだ。

1643〜44年

76cm
海面の気圧計における水銀柱の標準の高さ

　トスカーナ大公フェルディナンド2世（1610〜1670年）は、1641年にガラスの密閉式温度計を発明する。イタリアの物理学者エヴァンジェリスタ・トリチェリの協力を得て、ガリレオのサーモスコープ（[1590〜93年] 参照）を改良し、ガラスの毛細管に水よりは凍りにくいワインを封入したのである。

パスカルの計算機
パスカリーヌと呼ばれる最初の計算機は主に会計士が使った。ダイヤルの目盛りはフランスの通貨に合わせてある。

　その1年後、ブレーズ・パスカルが税吏の父親を助けるために発明したのが計算機だった。パスカリーヌと名づけられたこの機械は、車輪と歯車を組みあわせて加減乗除ができるようになっていた。

　オランダの医師ヤコブス・ボニトゥス（1591〜1631年）は、1627年にオランダ東インド会社の仕事で東インド諸島を旅する。死後の1642年に刊行された《インド医学》は、脚気やコレラといった熱帯病の記述が最も早く登場する医学論文となった。

　オランダの探検家・商人のアベル・タスマン（1603〜1659年）は、ヴァン・ディーマンズ・ランド（現在は本人にちなんでタスマニアと呼ばれる）にヨーロッパ人として初めて上陸した。彼はニュージーランドや南西太平洋の島々も訪れ、オーストララシアの動植物相を観察・記録した。

　1640年代初頭、エヴァンジェリスタ・トリチェリは深い井戸から水を汲みあげる方法を模索していた。吸いあげポンプの働きをくわしく調べるために、トリチェリは細い管に水より重たい水銀を満たして密閉したところ、水銀が76cmの高さで止まり、上に隙間ができた（トリチェリの真空）。大気の圧力が水銀を押しあげたとトリチェリは推測する（p.106参照）。その後高度や気象条件によって気圧は変化し、とくに気圧の微妙な変化が天候の

トリチェリの管
エヴァンジェリスタ・トリチェリが考案した装置で、真空のガラス管に水銀が入っており、水銀柱の高さで気圧を測定した。

変化の予兆になることがわかった。トリチェリの考案した器具は最初の気圧計となった。
　1644年、ルネ・デカルトは《哲学原理》のなかで機械論的宇宙観を展開する。宇宙は目に見えない微小な粒子で満たされており、その動きは神がつかさどっている。あらゆる科学は、最終的にはその機械的原理で説明できると主張した。

入力値と計算結果が出る表示窓　　　入力のためのダイヤル

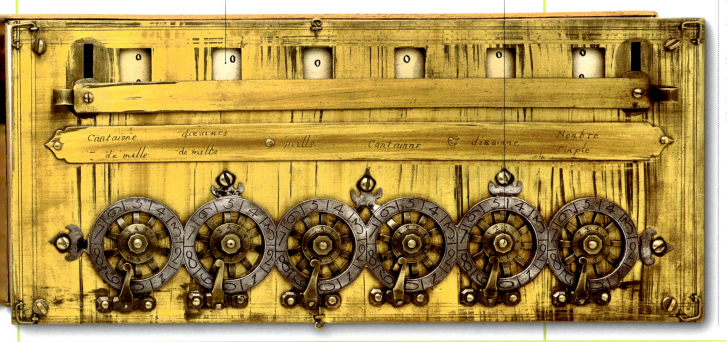

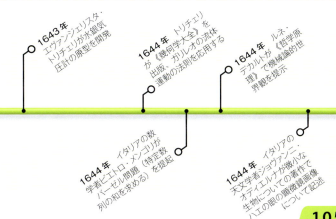

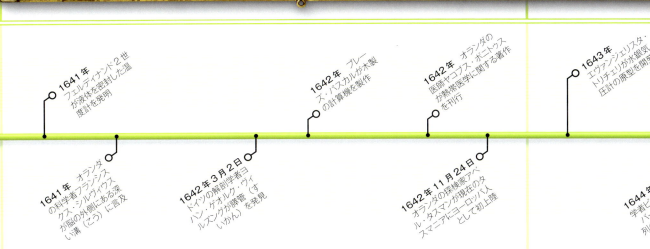

- 1641年 フェルディナンド2世が液体を密閉した温度計を発明
- 1641年 オランダの科学者フランシスクス・シルヴィウスが脳の外側にある深い溝（こう）に言及
- 1642年 ブレーズ・パスカルが木製の計算機を製作
- 1642年3月2日 ドイツの解剖学者ヨハン・ゲオルク・ヴィルスングが膵管（すいかん）を発見
- 1642年 オランダのボニトゥスが熱帯医学に関する著作を刊行
- 1642年11月24日 オランダの探検家アベル・タスマンが現在のタスマニアにヨーロッパ人として初上陸
- 1643年 エヴァンジェリスタ・トリチェリが水銀気圧計の原型を開発
- 1644年 《幾何学大全》が出版、ガリレオの流体運動の法則を応用する
- 1644年 イタリアの数学者ピエトロ・メンゴリがバーゼル問題（特定数列の和を求める）を提起
- 1644年 ルネ・デカルトが《哲学原理》で機械論的世界観を提示
- 1644年 イタリアの天文学者ジョヴァンニ・オディエルナが微小な生物についての著作で、ハエの眼の顕微鏡画像について記述

105

1645〜48年

ブレーズ・パスカルの義兄フローラン・ペリエは、フランスの火山ピュイ゠ド゠ドームにのぼり、高地での気圧変化を原始的な気圧計で測定した。

1649〜51年

> [原子が] 動きまわり……出会い、からみあい、混ざりあい、広がり、くっついてひとつになると、分子がつくられる。

ピエール・ガッサンディ（フランスの哲学者）《エピクロス学派の哲学》（1649年）

1640年代、フランスの哲学者ブレーズ・パスカルは流体の機械的特性を探る水力学の研究に取りくむ。流体は気体と異なり圧縮はできず、加えた力が流体を通過することを知ったパスカルは、液圧プレスとシリンジを発明した。また1646年には、ガラス内の液体が下向きの気圧に押されて上昇するというイタリアの物理学者エヴァンジェリスタ・トリチェリの観察を追認した（[1643〜44年]参照）。さらにパスカルは、気圧が高地では低くなると推測し、山岳地帯に暮らす義兄フローラン・ペリエに実験を依頼した。そしてこの実験結果から、さらに高い場所では空気がほとんどなくなり、真空状態になると考えた。

ポーランドの天文学者ヨハネス・ヘヴェリウス（1611〜1687年）は、1647年に最大の業績である《月面図》を刊行した。初の月面地図であるこの著作は、貴重な情報源として以後長く活用された。

1648年、フランドルの化学者ヤン・バプティスタ・ファン・ヘルモント（1580〜1644年）が生前著わした論文集が息子の手で出版された。ヘルモントは初歩的ながらも質量保存の法則を見いだしていた。5年かけてヤナギを育てた実験で、ヤナギと土壌の重さを計り、木を成長させる物質は水にあると推測したのである。それから1世紀以上ものちに、植物は大気中の二酸化炭素も多量に採りこんでいることが判明する。

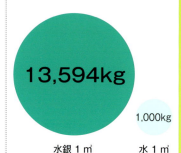

13,594kg 水銀 1㎥　　1,000kg 水 1㎥

密度のちがい
水の14倍近くも重い水銀は短い毛細管内で顕著に上下するので、気圧計に使うのに適している。

1644年、フランスの哲学者・数学者のルネ・デカルト（1596〜1650年）は、粒子で満たされた機械論的宇宙観を展開し、真空（粒子が不在である空間）はありえないと主張していた。だがフランスの聖職者で哲学者・実験家のピエール・ガッサンディ（1592〜1655年）は、万物が純粋な機械論で説明できるという考えに反発し、物質の特性は原子の形が決定し、原子が集まってより大きな分子になると考えた。ガッサンディは真空の存在を認めるのみならず、ほとんどの物質は「空虚」でできていると主張した。この発想は、原子の結合や、原子の質量が原子核に集中しているという、後年明らかになる事実につながっていく（[1911年]参照）。

ドイツの物理学者オットー・フォン・ゲーリケ（1602〜1686年）は真空の存在を証明するために数多くの実験を行なった。1650年頃、彼はピストン式の真空ポンプを考案する。これにはバルブが付いており、吸いこみではなくポンプ操作で内部の空気を

ピストン式真空ポンプ
オットー・フォン・ゲーリケは2個の半球を合わせ、ピストンを利用して内部に真空状態をつくった。彼はこれを生まれ故郷にちなんでマグデブルクの半球と名づけた。

気圧を測定する

大気には重さがないと長く考えられていたが、地球の表面にはかなりの重さがかかっている。パスカルは気圧の存在を示すため、水銀を満たしたガラス管をひっくりかえし水銀を入れた容器に入れた。ガラス管の水銀面が下がり空気のない空間（真空）ができるが、容器の水銀の気圧のためガラス管に水銀柱が残る。気圧が高いと水銀柱は高くなる。

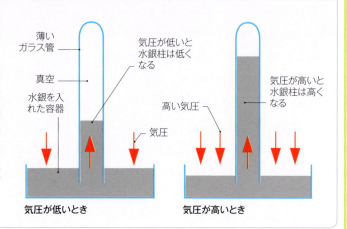

> 大気は……我々のまわりを流れている。上から頭を押さえつけ、足の裏から押しあげるといったぐあいに……身体のあらゆる部分に、あらゆる方向から力を加えている。

オットー・フォン・ゲーリケ（ドイツの物理学者）《新実験》（1672年）

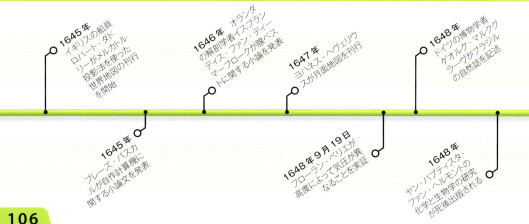

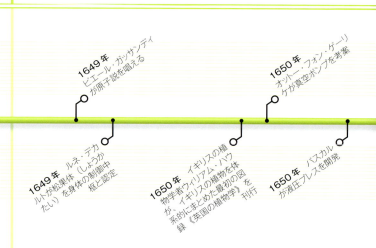

1652～54年

ピエール・ガッサンディの「原子」理論は時代を先どりしていた。

オットー・フォン・ゲーリケの実験。銅製の半球の縁に油を塗って合わせ、内部を真空にしたら、馬8頭ずつで左右に引いても離れなかった。

抜くことができた。フォン・ゲーリケは実験の成果を1672年の《新実験》にまとめたが、そこには真空ポンプの図版も掲載されている。

物理学の研究者たちが物質の本質を論じるいっぽう、生物学者は生命の起源を探究していた。生命は自然発生するという説が当時の主流だったが、イギリスの医師で血液循環説（[1628〜30年]参照）を唱えたウィリアム・ハーヴィーは、動物は卵からのみ発生すると主張した。ニワトリに続いて哺乳動物を調べたいと思ったハーヴィーは、国王の侍医だった関係でダマジカを使う許可を得る。交尾からまもない妊娠したメスを殺して解剖したが、期待したような卵は見つからない。シカの胎児は受精後8週間ほどたたないと成長しないことを知らなかったのだ。そのためハーヴィーは、卵は子宮内で自然に出現すると誤った結論に達した。哺乳動物の受精卵が確認できたのは、卵巣を顕微鏡で観察するようになった1800年代のことである。

イギリスの医師ニコラス・カルペパー（1616〜1654年）は医学と植物学への関心が高じて、薬草学と占星術を融合させた著作《イギリスの医者》を1652年に出版した。翌1653年には、薬用植物を網羅した《薬用植物総覧》も世に出している。カルペパーが取りあげた植物は、強心剤のフォックスグローブ（ジギタリス）をはじめ、いまでも薬として使われているものが多い。カルペパーはそれまで秘密とされてきた治療法も数多く紹介した。

1653年、ブレーズ・パスカル

確率
パスカル＝フェルマー理論では、サイコロ2個を振って両方6の目が出る確率は36分の1になる。

は心血を注いできた流体研究を《流体の平衡に関する論述》にまとめた。この論文にはいわゆるパスカルの法則が提示されてい

た——閉じられた小さい系のなかで、圧縮されない流体の圧力は全方向に等しくかかるというものだ。

2個の半球から空気を抜く真空ポンプの発明から4年たった1654年、オットー・フォン・ゲーリケはマグデブルクで史上最も劇的な公開実験を行なった。銅製の半球に油を塗って密着させ、ポンプで内部の空気を抜いたあと、馬8頭ずつで左右にひっぱったのである。しかし半球にかかる気圧のせいでびくともしない。見物人たちは仰天し、これによってゲーリケは真空の威力を証明することができた。

賭博好きだったフランスの貴族アントワーヌ・ゴンボウ（1607〜1684年）は、数学の新しい領域開拓に一役買った。さいころ賭博の必勝法を探していたゴンボウは、数学者ブレーズ・パスカルの協力を得て研究に取りかかる。パスカルはピエール・ド・フェルマー（[1635〜37年]参照）と書簡を交換しながら確率論を構築していった。そのやりとりを耳

にしたオランダの学者クリスティアン・ホイヘンスは1657年に確率論の最初の論文を発表する。賭博は広く人気があったため、内容をよく理解できない人びとも確率論に飛びついた。

ブレーズ・パスカル（1623〜1662年）

フランスのクレルモン＝フェランに生まれ、税吏の父から英才教育を受ける。10代で複雑な数学の問題を解き、計算機を発明した。確率論と水力学の基礎を築いた。

> " 薬用植物の抽出は最も勢いがあるとき……すなわち花が咲いているときに行なう必要がある。"
>
> ニコラス・カルペパー（イギリスの植物学者）《イギリスの医者》（1652年）

薬用植物総覧
イギリスの医師ニコラス・カルペパー著《薬用植物総覧》1850年版の図版。

 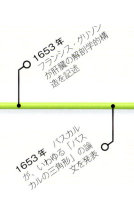 

- 1651年 ウィリアム・ハーヴィーがすべての動物は卵から発達すると主張
- 1652年12月 デンマークの医師トマス・バルトリンがリンパ系を命名
- 1652年 ニコラス・カルペパーが《イギリスの医者》を出版
- 1653年 カルペパーが《薬用植物総覧》を出版
- 1653年 パスカルが水力学と水理学の研究成果を出版
- 1653年 フランシス・グリソンが肝臓の解剖学的構造を記述
- 1653年 パスカルが、いわゆる「パスカルの三角形」の論文を発表
- 1654年5月8日 オットー・フォン・ゲーリケがマグデブルクで真空の実験を行なう
- 1654年7月 ピエール・ド・フェルマーとブレーズ・パスカルが確率論を発展させる

1543〜1788年 | 発見の時代

時を計る話

時間を正確に測ることは、現代の世界ではあらゆる面で不可欠だ。

時間を標準化された数量としてとらえる近代的な概念は、さまざまな分野で共有されている。時間という概念のなかで天体暦、そして星や惑星の目に見える運行に基づいた時計の知識がひとつになり、短い間隔の時間を計り、記録できる技術も登場した。

人類は意識を持ちはじめた当初から時の経過を認識していたにちがいない。とはいえ、1年を通じた季節の推移や1日の長さの変化が重要になってきたのは、紀元前8000年頃に農業が始まってからだった。イギリスのストーンヘンジなど、世界各地の先史時代の遺跡には、日の出と日の入りから季節を知る機能があることがわかっている。

短い間隔で時を計る必要が出てきたのは、紀元前2000年頃の古代メソポタミア文明だった。おそらく宗教や儀式、行政上の必要があったと思われる。このころは日時計で1日の時間を大まかに知り、それより短い時間は、水滴や、のちには細い口から砂を落として計測した。

時計の時間

重りを使う機械式時計は11世紀初頭のヨーロッパで最初につくられた。町や村では、教会などの公共の建物に時計がひとつあれば充分用が足りていた。しかし1500年頃、ぜんまい駆動が登場して携帯可能なほど小型化し、17世紀には精度も格段に向上した。産業革命に続き、移動の高速化、電信の登場で、広範囲で時間の標準化が不可欠になった。

星座を示す黄道帯

現地の太陽時を示す針

太陽は1年かけて黄道帯の星座の上を移動する

チェコ共和国、プラハの旧市街にある天文時計。

> **数学的な真の時間は……一定の速さで経過し……持続時間と呼ばれる。**
>
> アイザック・ニュートン《プリンキピア》(1687年)

紀元前2000年　最初の暦
記録が残る最古の暦（こよみ）は古代バビロニアでつくられた。太陰（たいいん）周期に基づいて1年を12か月に分割し、太陽周期とのずれを埋めるために1か月追加された。他の文明でも同様の暦が使われていた。

マヤの暦

520年　ろうそく時計
ろうそくや棒状の香（こう）をゆっくり燃やして時間の経過を知る手段は、もっぱら夜に用いられ、中国の古い詩に登場する。

800年　漏刻
漏刻（ろうこく）で水の代わりに砂を使った時計は14世紀に明確な記述があるが、9世紀にはすでにヨーロッパで発明されていたか、渡来していたと思われる。

紀元前1600年　水時計
メソポタミアで生まれたと思われる水時計は古代ギリシアとローマで広く使われた。底に小さな穴が開いた入れ物に水を満たし、水面の低下で時間がわかるよう目盛りがついていた。

ギリシアの水時計

紀元前1500年　初期の日時計
バビロニアとエジプトで使われた日時計は、ノーモンと呼ばれる棒の影で時間を計った。

古代エジプトの日時計

1088年　蘇頌の水運儀象台
中国の学者蘇頌（そしょう）がつくった時計塔。歯車を複雑に組みあわせていくつもの天文周期を示すことができ、ヨーロッパの時計製作技術の先駆けとなった。

水運儀象台

時を計る話

月は約29.5日で空を1周する。球は月相を表わす

現地の恒星時を示す星は、太陽が空の上にあるときに動く

24時間表示の数字が古チェコ語、ローマ数字、アラビア数字で示されている

当時のチェコでの1日の始まりと終わり

昼、夜、黄昏が色分けされている

天文時計の文字盤
1410年にプラハ市庁舎に設置された時計は24時間表示で、太陽と月の方角、月相もわかるようになっている。

時間帯

9世紀初頭まで、町や村は正午の太陽の位置を基準にした地方時で生活していた。しかし鉄道が出現し、移動が日単位から時間単位に短縮されると、場所ごとの時間のちがいが問題となってくる。鉄道会社は広範囲の地域、さらには国単位に適用される「平均時」の採用を推進した。19世紀も終わるころには、ほぼ瞬時に情報が伝わる電信が登場してさらにこの動きが加速される。大英帝国は、ロンドンにある王立グリニッジ天文台で計測する標準時を軸に、領土内の時間帯を設定した。1929年にはこの方式がほぼ全世界で採用されていた。

13世紀
重りを使った機械時計
イギリスのソールズベリーやノリッジの大聖堂に残る最古の機械時計は鎖に吊るした重りで歯車を回し、脱進・振り子機構で調整を行なっている。

1656年
ホイヘンスの振り子時計
オランダの発明家クリスティアン・ホイヘンスは重りを付けた振り子が規則正しく振幅する時計を考案した。この時計は1日にわずか数秒しか狂わなかった。

ホイヘンスの振り子時計

1927年
クォーツ時計
水晶振動子の高速振動から発生する電気を使う世界初の電子時計が誕生した。1日当たりの狂いは数分の1秒と精度が高い。

クォーツ時計

1967年
1秒の再定義
セシウム原子において、2つのエネルギーレベルの行き来が91億9263万1770回行なわれる時間を1秒と定めた。

1430年
ぜんまい時計
巻いたぜんまいを動力源とすることで、時計は小型化が可能になった。ドイツの時計職人ペーター・ヘンラインはこの仕組みを利用して初の懐中時計を完成させた。

ヘンラインの懐中時計

1759年
海洋クロノメーター
イギリスの時計職人ジョン・ハリソンは海上で長期にわたって正確に時を刻むぜんまい時計をつくった。これにより、初めて船上で経度を厳密に計算できるようになった。

1947年
原子時計
セシウムなどの原子の内部構造で起きるすばやい変化を利用したもの。桁ちがいの精度を誇る。

原子時計

1970年代
デジタルの時間表示
デジタル時計の液晶ディスプレイは、時刻の表示方法を一変させた。

カシオ製腕時計

1655〜59年

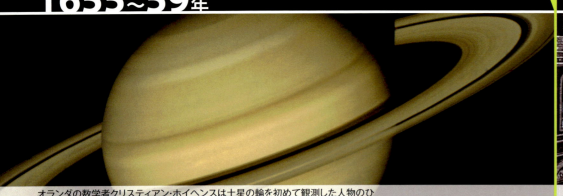

オランダの数学者クリスティアン・ホイヘンスは土星の輪を初めて観測した人物のひとりである。彼は土星の輪が固体の粒子でできていると考えた。

1655年、イギリスの数学者ジョン・ウォリスの貢献もあって、微積分法の基本である曲線の接線を求める方法が確立された。ウォリスは無限を意味する数学記号（∞）も考案している。4年後にはスイスの数学者ヨハン・ラーンが除法の記号（÷）を使いはじめた。

オランダの数学者で機器製作者だったクリスティアン・ホイヘンスは新しい種類の計時器と望遠鏡を発明した。そして1655年はじめには、兄と製作した望遠鏡で土星の最大の衛星であるタイタンを発見している。1656年末には、土星の表面に落ちる影から、周囲の環が独立した固体物質でできていると推論した。同じ年、彼は正確な振り子時計も発明している。1600年代初頭まで、時計は1日15分遅れるのが当たり前だった。ホイヘンスは1657年には数学の研究に戻り、ピエール・ド・フェルマーやブレーズ・パスカルと協力して確率論の本格的な教科書を初めて出版した。ホイヘンスの振り子時計は、1657年にアンクル脱進機が発明されてさらに向上する。イギリスのロバート・フックが実現

に関わったアンクル脱進機のおかげで、振り子時計は小さい振幅で動くようになり、振り子を長くして、重りを増やすことが可能になった。フックは1658年に改良版の脱進機構の一環としてひげぜんまいを考案した。

1657年、フィレンツェに新しい科学組織が誕生した。その名も実験学会で、実験による科学探究を目的としており、この学会の綱領は1700年代の研究手引書として重宝された。

オランダの生物学者ヤン・スワンメルダムは、顕微鏡を用いた解剖学研究に生涯の大半を捧げた。大学入学前の1658年に、早くも赤血球を観察したと言われている。

振り子時計
ホイヘンスの振り子時計。振幅に関係なく往復にかかる時間は同じという性質を利用し、正確に時を刻んだ。

血液の成分
1% 白血球と血小板
45% 赤血球
54% 血漿

白血球は数が少なく、顕微鏡での観察方法も適切でなかったため、17世紀は赤血球の存在しか知られていなかった。

1660〜61年

ロンドンにあるグレシャム・カレッジはサー・トマス・グレシャムの出資で創設され、王立協会の本部が置かれた。

世界最古の科学協会のひとつ、王立協会は1660年11月にロンドンで創設された。グレシャム・カレッジでの最初の会合には12名の自然哲学者が集まったが、そのなかには建築家クリストファー・レンやロバート・ボイルもいた。会合は週1回の割合で開かれ、「自然に関する知識」を論じ、実験を見学したりした。

初代の実験監督はロバート・フックだった。1年後、ロバート・ボイルは《懐疑的化学者》を出版、化学の父との評価を確立する。このなかで彼は旧来の錬金術を批判し、実験を柱に据える新しい化学研究のありかたを提唱した。また自然を構成する要素についても、それまでの古い概念を捨てて純粋な物質であると唱え、

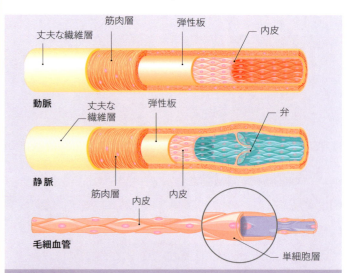

血管の種類

動脈は心臓から送りだされる高圧の血流に耐えられるよう、壁が厚く、伸縮性の高い繊維でできている。静脈は低圧の血流しか流れないので壁が薄く、逆流防止の弁がある。毛細血管は内皮細胞の層だけでできているので、栄養と酸素を体内の組織に簡単に受けわたしができる。

110

1662〜64年

ロバート・フックが1664年に観測した木星の赤斑。地球を3個のみこむほどの巨大な嵐だ。

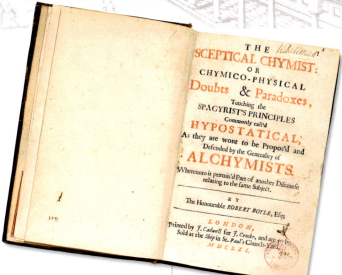

《懐疑的化学者》
ロバート・ボイルの著書。錬金術の支持者たちと「理性の声」との架空対話の形になっており、原子、定義可能な要素、実験に基づいた科学を賞賛している。

マルピーギは顕微鏡による解剖学的研究に多くの時間を費やし、腎臓、胎児、昆虫、さらには植物でも重要な発見をいくつも行なった。

単純な形に劣化するものではないと主張した。

30年以上前に血液循環の優れた論文を発表していたイギリスの医師ウィリアム・ハーヴィーは、動脈と静脈は微細な血管で接続され、それによって回路が完成すると考えていた。1661年、イタリアの医師で生物学者のマルチェロ・マルピーギは顕微鏡を使って、毛細血管の存在を確認する。

高度が上がると気圧が低くなることが証明されてから20年後、イギリスの気象学者リチャード・タウンリーは、一定量の空気を閉じこめて高地に持っていくと体積が増えると指摘した。ロバート・フックも実験でこの現象を確認し、「タウンリーの仮説」として1662年に発表したが、後年ボイルの法則という名称が定着した。

同じ1662年、ロンドンで腺ペストの流行が迫っていたころ、イギリスの商店主ジョン・グラントが《死亡表に関する自然的および政治的諸観察》を発表した。彼は学者ではなかったが、死亡表を使って人口動態を明らかにした。この努力を評価したチャールズ2世は、グラントを王立協会フェローとして迎えいれる。グラントの生命表は人口統計学の基礎となった。

1663年、スコットランドの天文学者ジェームズ・グレゴリーが反射式望遠鏡を考案した。レン

ロバート・ボイル（1627〜1691年）

イギリスの物理学者・発明家のロバート・ボイルは化学分野でも先駆的業績を残した。ガリレオの研究（[1611〜13年]参照）に影響を受け、実験と推論で科学を探究する姿勢を貫いた。空気ポンプを考案し気体の研究に活用、元素の近代的な概念を提示した。王立協会のフェローでもあった。

ズが異なる波長の光を屈折させるときに起こる色収差を避けるため、複数の鏡を使う発想だった。しかし実際に反射式望遠鏡を完成させたのは、アイザック・ニュートンだった（[1667〜68年]参照）。

木星は古くから観測されてきたが、大赤斑が記録されたのは1660年代になってからである。望遠鏡の精度が悪かったか、それ以前に赤斑が存在していなかった可能性もある。巨大な嵐の渦である大赤斑は1600年頃発生したと考えられ、1664年にロバート・フックが観測した。イタリアのジョヴァンニ・カッシーニは1655年にすでに観測していた。

ボイルの法則

気体は流体と異なり、圧縮できる。物理学者ロバート・ボイルは、気体にかかる圧力と体積の関係を発見した。温度が一定であれば、圧力と体積は反比例する。つまり圧力が2倍になると、体積は半分になる。その逆も成りたつ。

- 重り1個の圧力が容器内にかかる
- 分子は均一に散らばっている

拡散

- 重りが2個に増えると容器内の圧力は2倍になる
- 分子は半分の体積に押しこめられる

圧縮

> つまりある意味原始的な、もしくは単純な要素、あるいは完全に純粋な物体である……

ロバート・ボイル（イギリスの科学者・発明家）《懐疑的化学者》（1661年）

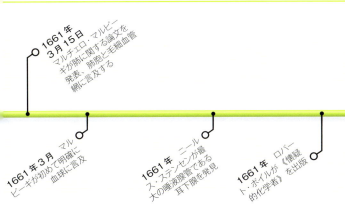

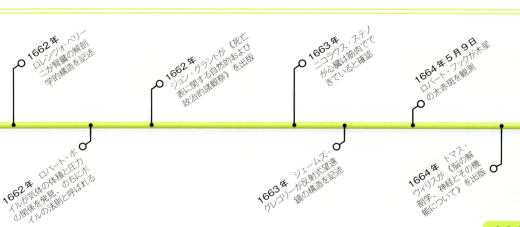

1665〜66年

> 我々の理解を待つ、目に見える新しい世界が見つかった。

ロバート・フック（イギリスの発明家）《顕微鏡図譜》（1665年）

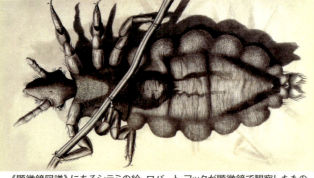

《顕微鏡図譜》にあるシラミの絵。ロバート・フックが顕微鏡で観察したものだ。

王立協会の実験監督を務めていた発明家ロバート・フックは、顕微鏡を使った研究に関心を向ける。1665年には協会初の小論《顕微鏡図譜》を出版し、微生物——カビ——を初めて描写するなど微細な生き物を正確に図解した。さらにフックはコルクの組織を観察して、その構造を「細胞」と名づけた。

同じ1665年、ケンブリッジ大学が腺ペスト流行に備えて閉鎖になった。学生のひとりで、物理学者・数学者だったアイザック・

火星の氷冠

ジョヴァンニ・カッシーニは火星の氷冠を観測した。ただしその正体が判明したのは何世紀ものちに写真のような鮮明な画像が得られてからだ。

ニュートン（1642〜1727年）は、この自由な時間を利用して偉大な発見を数多く成しとげている。わずか2年間に、彼は微積分学を創始し、重力に関する最初の洞察を得ただけでなく、複数のプリズムを使って虹の色を研究した。

1666年、イタリアの天文学者ジョヴァンニ・カッシーニ（1625〜

1712年）は、火星の氷冠を初めて観測した。また火星の自転周期はおよそ24時間40分であると計算した。彼は2年前から、木星と金星の自転周期も計算していた。

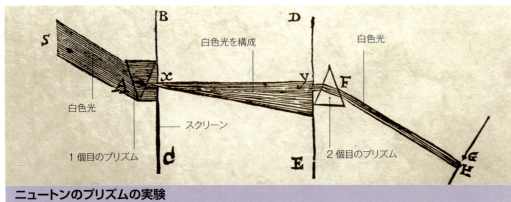

ニュートンのプリズムの実験

プリズムに白色光を当てると虹色の光が得られることはわかっていたが、ニュートンはこれらの色が白色光の成分であり、プリズムによって分けられると考えた。それを証明するために、ニュートンは別のプリズムを上下さかさまに置いて実験した。1個目のプリズムは白色光を7色の光に分ける。光はそれぞれ波長が異なり、最も波長が長い赤は、最も短い紫よりも曲がる角度が小さい。2個目のプリズムがその光をふたたび曲げて、元の白色に戻した。

1667〜68年

5.5リットル
成人の体内にある血液の量

1666年、王立協会で犬から犬への最初の輸血が行なわれた。翌1667年には「治療目的」で動物から犬への輸血も試みられた。動物の血液は「情欲や悪徳によって汚されていない」と考えられていたからだ。イギリスのリチャード・ロウアー（1631〜1691年）とフランスのジャン＝バティスト・デニ（1643〜1704年）の2人の医師は、それぞれ独自に子羊の血を患者に輸血した。患者たちが死ななかったのは、拒絶反応が最小限ですんだからだ。しかしその後は死亡例

3cm
ニュートンの望遠鏡に使われた対物レンズの直径

が続出したため、フランスでは輸血は禁止された。

1668年、アイザック・ニュートンは反射式望遠鏡を完成させた。屈折式で起きる色収差を避けるために、鏡を使う構造だった。スコットランドの天文学者ジェームズ・グレゴリーも5年前に同様の望遠鏡について記述している

接眼レンズ

が、製作することはできなかった。

イタリアの医師フランチェスコ・レディ（1626〜1697年）が1668年に出版した《昆虫の世代についての実験》はほとんど知られていないが、このなかには画期的な実験が記録されていた。蛆虫は自然発生するという定説に疑問を抱いたレディは、瓶に肉片を入れ、口をガーゼで覆ったものと、そうでないものを観察した。すると口が開いたままの瓶にだけ蛆虫が発生した——自然発生ではない証拠である。しかしレディの反証は、19世紀に入ってル

- 1665年1月5日 初の科学雑誌《ジュルナル・デ・サヴァン》がパリで創刊
- 1665年1月 イギリスの哲学者ロバート・フックが《顕微鏡図譜》を出版
- 1666年3月21日 フックが重力は引力であると記述
- 1666年 ニュートンがプリズムを使って光の屈折を観察、微積分学を創始
- 1666年 イタリアの天文学者ジョヴァンニ・カッシーニが火星の氷冠を発見

- 1667年6月15日 フランスの医師ジャン＝バティスト・デニが記録に残る最初の人体輸血を行なう
- 1667年10月 フックが心臓の機能は肺の膨張によると立証
- 1667年 デンマークの生物学者ニコラス・ステノが地質学論文を執筆

1669～74年

子羊の血を男性に輸血するリチャード・ロウアー。彼はヨーロッパを席巻した輸血ブームにひと役買った。

オランダの博物学者ヤン・スワンメルダムが、巣から女王バチを取りだしてほかのハチに襲われている様子を描いた19世紀の版画。

ニュートンの望遠鏡（複製）
ニュートンの望遠鏡は反射式で、接眼レンズが横に付いていたので使いやすかった。3cmの鏡が、従来の屈折式の欠点を緩和していた。
・革張りの筒部をスライドさせて焦点を合わせる
・可動式の台座

イ・パスツールが実験を行なうまで（［1870～71年］参照）生物学の思潮にほとんど影響を与えなかった。

1668年、イギリスの化学者ジョン・メイヨー（1640～1679年）は、燃焼はフロギストンの放出で起こるという従来の説に反して、酸化説を唱えた。金属元素のアンチモンを燃やすと重さが減るどころか増えるが、それは空気中の「精」の作用によると考えたのだ。この発想は1世紀後の酸素の発見を先どりするものだった。

ジョゼフ・ライト《錬金術師》
1771年作のこの絵は、ブラントが燐を発見したときの模様を画家の想像で劇的に再現したもの。

ドイツの錬金術師ヘニッヒ・ブラントは卑金属を金に変える「賢者の石」を探しもとめていたが、1669年についに見つけたと思った。だが光りかがやくその石の正体は燐だった。

同じ1669年、デンマークの生物学者・地質学者のニコラウス・ステノ（1638～1686年）は堆積物が層を形成していくなかで、岩石は上に行くほど新しくなるので、化石——絶滅した生物が石化したもの——の年代もそこからわかると述べた。

昆虫の科学的研究は、オランダのヤン・スワンメルダムが1669年に発表した《昆虫学総論》に始まったと言える。彼は顕微鏡を駆使して、昆虫の生活史における幼虫やさなぎの段階を詳述した。

1670年、イギリスの化学者ロバート・ボイルは金属に酸をかけて可燃性の気体を発生させた。それが水素である。

1671年に発表した論文で、カッシーニは地球から火星までの距離を計算している。これは太陽系の大きさを示す最初の数字だった。彼が1672年に算出した地球から太陽までの距離は、実際の

> 優秀な人間が計算などという労働に奴隷のように時間を浪費するのはむだなことだ。

ゴットフリート・ライプニッツ（ドイツの哲学者・数学者）（1685年）

値に近いものだった。

1672年、アイザック・ニュートンは白色光を構成する虹の光に関する論考（左ページ［囲み］参照）を王立協会に提出した。ニュートンは協会フェローに選ばれたが、実験監督のロバート・フックはニュートンの小論に批判的で、それが両者の論争の引き金になった。

1673年、ドイツの数学者ゴットフリート・ライプニッツは自作の計算機を王立協会に披露した。同じ年、オランダの天文学者クリスティアン・ホイヘンスは振り子時計を発明し、振り子の長さと重さが振幅にどう影響するかを考察した数学的分析を発表している。

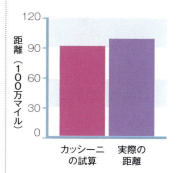
地球と太陽の距離
カッシーニは信仰上の理由から最初は太陽中心説を受けいれられなかったが、自ら距離を計算して考えを改めた。

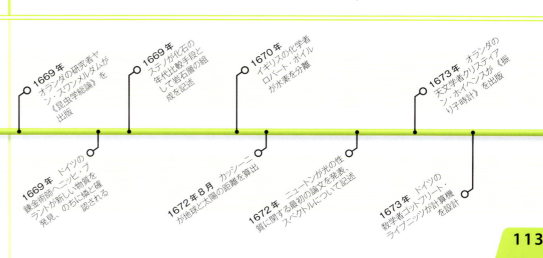

1543〜1788年 | 発見の時代

ロバート・フックの顕微鏡
1665年頃
イギリスの科学者ロバート・フックの複式顕微鏡は、水を満たしたガラス球でランプの光を集め、標本に当てる工夫がされている。

- ランプ用のオイル入れ
- 水を満たしたガラス球
- ボール紙製の胴
- 焦点ねじ
- 対物レンズ

ファン・ミュッセンブルークの顕微鏡
1670年代頃
オランダの機器製作者ヨハン・ファン・ミュッセンブルークがつくった単純な顕微鏡。玉軸受（たまじくうけ）で昆虫などの標本の位置を調節した。

- 予備のレンズ
- 標本固定具
- レンズ
- 玉軸受

レーウェンフックの顕微鏡
1674年頃
オランダの商人アントニ・ファン・レーウェンフックは1枚レンズの単純な顕微鏡を製作した。ごく小さな球形レンズで標本を観察する。

- レンズ
- 標本を上下させるねじ

顕微鏡

裸眼ではとうてい見られないミクロの世界が広がる。

微小な世界への扉を開いた顕微鏡のおかげで、科学者たちは世界を成りたたせる基本要素——生物の細胞から、さらに小さな分子、原子まで——を理解できるようになった。

1600年代初頭、オランダの眼鏡職人が2枚のレンズを筒にはめ、拡大倍率を高めた最初の顕微鏡を製作した。その後レンズを工夫することで、拡大画像の質も向上していく。20世紀には原子物理学の進歩によって電子顕微鏡が誕生した。光線の代わりに短波長の電子ビームを使い、さらに小さな粒子まで見ることができる。

- 標本に光を当てる鏡
- 鏡筒
- 粗焦点用つまみ

タリー＆サンズのアクロマティック顕微鏡
1835年頃
イギリスの科学者ジョゼフ・リスターが設計した顕微鏡で、異なる色に同時に焦点を合わせられる新開発のアクロマティックレンズを用い、より鮮明な画像を得ることができた。

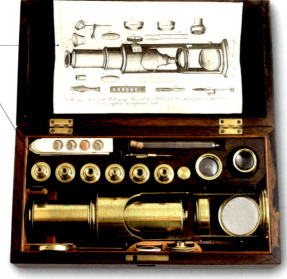

- 使用説明書
- 交換用対物レンズ

複合ドラム式顕微鏡
1850年頃
基台に標本を置き、レンズの付いた筒をスライドさせながら観察するドラム式顕微鏡は、携帯しやすく人気が高かった。

カルペパー型複式顕微鏡
1740年頃
イギリスの機器製作者エドマンド・カルペパーがつくった安価な三脚形顕微鏡。初期モデルは一部に木が使われていたが、直立式で可動部がなく、焦点も合わなかったため操作が難しく、使い勝手も悪かった。

- 標本台
- 鏡

1675年

4800km
土星のA環とB環の隙間（カッシーニの隙間）の距離

1676~78年

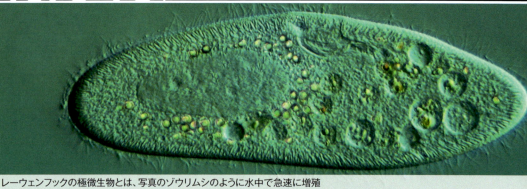
レーウェンフックの極微生物とは、写真のゾウリムシのように水中で急速に増殖する単細胞生物だった。

アイザック・ニュートンは1675年に光の仮説を発表、光は微粒子でできていると示唆した。光の性質については以前から物理学者が議論しており、ニュートンのような粒子説もあれば、波のように進むと考える者もいた。1800年代まで粒子説が優勢だったが、イギリスの物理学者トマス・ヤングが波の性質が強いことを立証した（［1801年］参照）。

3月、イギリス国王チャールズ2世はジョン・フラムスティード（1646～1719年）を初代王室天文官に任命、新しくできたグリニッジ天文台を統括させた。天文台は海洋航海で経度をより正確に測定するために設立され、のちに東西の境界線となる本初子午線はここを通ることになった。後年には、グリニッジ標準時（GMT）の午前0時が1日の始まりとなることが国際的に認められた。

イタリアの研究者マルチェロ・マルピーギ（1628～1694年）は代表作《植物解剖学》を出版する。植物組織の微細な構造が明らかにされ、葉の外層は表皮、呼吸のための小さな穴は気孔と名づけられた。

イタリアの天文学者ジョヴァンニ・カッシーニは、土星の環に隙間があることを発見する。これはのちにカッシーニの隙間と名づけられた。現在では、暗黒の隙間部分には微粒子が密度の低い状態で漂っていることがわかっている。

王立グリニッジ天文台
本初子午線が通り、グリニッジ標準時が定められる場所。1997年にユネスコ世界遺産に登録された。

1676年、オランダの天文学者オーレ・レーマー（1644～1710年）は天文測定を重ねて、光の速度は一定ではないかと推論した。しかしこの説が認められたのは1700年代半ばのことだった。

1668年、オランダの織物商アントニ・ファン・レーウェンフック（1632～1723年）はロンドンを訪れたとき、ロバート・フック著《顕微鏡図譜》に感銘を受けた。帰国した彼は、熱したガラスを糸状に引きだし、先端を丸めた球状レンズを使って顕微鏡を自作する（p.114参照）。その倍率は当時のどの顕微鏡にも遜色がなく、レーウェンフックはさっそくミクロの世界の探求を開始した。牡牛の舌にある味蕾を観察した彼は、味覚に興味を持つ。コショウや香料を水に浸すと、そこから微細な生き物がたくさん出現した。レーウェンフックは極微生物と名づけたが、いわゆる原生動物のことだったと考えられる。

1676年、レーウェンフックは自らの観察を初めて王立協会に報告した。最初は懐疑的な反応だったが、翌年に人間の精子を初めて見たと発表し、ねばり強く協会への報告を続けるうちに評価が上がっていった。

1677年、イギリスの天文学者エドモンド・ハレーが、金星の日面通過時に幾何学的な計測を行なえば、地球から太陽までの

アントニ・ファン・レーウェンフック
織物商の彼は、拡大鏡で商品を検品していた経験から顕微鏡づくりに乗りだし、微生物学上の発見をいくつも行なった。

フックの法則

当初は時計のぜんまいを想定したものだったが、変形しても元の形に復元する固体ならばすべて成りたつことがわかった。
かかる力（F）が2倍になると、ばねの伸び（X）も2倍になる。ただし弾性限度を超えるとばねは復元せずに切れる。

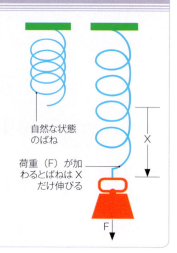

距離――のちに天文単位と定義される――を計算できると主張した。ハレー自身は存命中にこの仮説を実証することはできなかったが、1761年に起きた日面通過のときにその手法で計算したところ、現在の数値に近い結果が出た。

イギリスでは、ロバート・フックが伸縮性のあるぜんまいの物理的特性に関心を向けていた。彼は日常よく目にする現象――かけた力に比例してばねが伸びる――をフックの法則にまとめ、1678年に発表した。

1679〜81年

> 沖仲士が……120ポンドの荷を背負うとき……椎間板と筋肉にかかる力は2万5585ポンドにもなる。

ジョヴァンニ・ボレッリ（イタリアの生理学者）（1670年代）

パパンの蒸し煮釜
この釜にパパンが付けた安全弁は、蒸気を動力として活用するための重要な工夫だった。

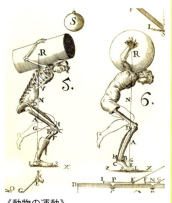

《動物の運動》
ジョヴァンニ・ボレッリはこの著書のなかで、生き物の身体の動きや運動に物理学の力学の原理を当てはめた。

ドイツの数学者ゴットフリート・ライプニッツは、数を0と1だけで表わす二進法を研究していた。1679年、彼はこの方式が計算機の基礎になると示唆している。

同じ1679年、フランスの発明家ドニ・パパン（1647〜1712年）がロバート・ボイルと協力して蒸し煮釜を開発した。高圧蒸気を利用する調理器具で、骨から脂肪を抽出することができ、その後の蒸気機関や圧力鍋のもととなった。

イタリアの生理学者ジョヴァンニ・ボレッリ（1608〜1679年）は、動物の動きの研究に力を注いだ。そして筋肉の収縮は化学作用と神経刺激が引きおこすことを突きとめ、生体力学という新しい分野を切りひらいた。しかしその研究成果が世に出たのは、死後の1680年のことだった。

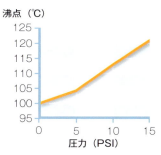

沸点
高圧下で水を加熱すると沸点が上昇する。圧力鍋はこの原理を利用して高温で調理する。

1682〜84年

土星の衛星のひとつディオネは、イタリアの天文学者ジョヴァンニ・カッシーニが1684年に発見した。

1682年、彗星の軌道を記録したイギリスの天文学者エドモンド・ハレーは、その特徴が1531年と1607年に接近した彗星と一致することに気づいた。ハレーはこれらが同一の彗星だと推測し、後年彼の名が冠されることになった。

同じ1682年には、イギリスの植物学者ネヘミア・グルー（1641〜1712年）が《植物解剖学》を出版している。これは総合的な植物学書としては最も古していた（[1916〜17年]参照）。

土星の研究を続けていたジョヴァンニ・カッシーニは、1684年までに4個の衛星を発見、パリ天文台の後援者であるルイ14世に敬意を表して「ルイの星」と名づけ、それぞれの衛星はヤペトゥス、レア、ディオネ、テテュスと命名した。

ロバート・フックとエドモンド・ハレーは、17世紀はじめにヨハネス・ケプラーが示した数学的な法則をもとに、惑星の運行を

> 自然は神がつくり、神の手のなかにあるひとつの巨大な機関である。

ネヘミア・グルー（イギリスの植物学者）《植物解剖学》（1682年）

い部類に入る。グルーは顕微解剖学的な研究ではイタリアのマルチェロ・マルピーギとよく協力しており、グルーが植物、マルピーギが動物を担当していた。グルーは今日葉緑素と呼ばれる緑色の植物色素の抽出に成功しており、葉緑体についても早くから言及していた。また有性生殖を行なう植物があること、花粉の表面が独特の形状をしていることも主張

説明しようと試みていた。行きづまったハレーは1684年にケンブリッジ大学のアイザック・ニュートンを訪ね、意見を求める。ところがニュートンは、その問題は解決ずみだと答えた。ハレーの勧めでニュートンは惑星の長円軌道の解明にも取りくみ、その成果が《プリンキピア》に収録された（[1687〜89年]参照）。

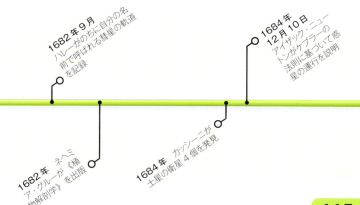

1685〜86年

> もし［歯の］腐敗と欠落がそれほどおぞましいことで、当人への偏見になるのなら、結局何をやっても嫌われるということだ。

チャールズ・アレン（イギリスの歯科医）《歯の治療者》（1685年）

《歯の治療者》に収録されているヘラルト・ファン・ホントホルストによる挿絵。17世紀に行なわれていた力づくの歯科治療の様子がわかる。

1685年、歯科医のはしりであるチャールズ・アレンが英語で書かれた初の歯科医療書《歯の治療者》を出版する。歯科医療は古代文明から試みられており、成功の程度もいろいろだったが、「歯の治療」を専門に行なう者が登場したのは17世紀に入ってからだった。初期の歯科医は歯の清潔を保つよう指導し、義歯をつくり、抜歯を行なっていた。抜歯に麻酔はなく、その形状から「ペリカン」と呼ばれる道具を使っていた。

17世紀後半は、生物の分類に大きな前進が見られた時代だった。博物学者は動植物の構造をもとに分類し、目録を作成した。そのために苦痛を伴う解剖を行なうことも多かった。こうした博物学者の代表格がジョン・レイ（1627〜1705年）で、ヨーロッパ旅行での成果をもとに、1686年に《植物誌》第1巻を出版した。レイはこの本のために分類法を考案し、種の概念を構築した。彼が重視したのは生殖面で、同じ親植物から生じた種は、たとえ偶発的な変異があったとしても同じ種に属すると考えた。レイのこの姿勢は、後世の博物学者に受けつがれていった。

イギリスのもうひとりの博物学者、フランシス・ウィラビイ（1635〜1672年）はケンブリッジ大学でジョン・レイに師事し、レイと共同で精力的に分類研究を行なった。ウィラビイは1672年に早世したため、レイは彼の業績をまとめて死後出版している。1676年に刊行された《鳥類学》は、鳥を科学研究の対象として取りあげた最初の著作である。また1686年の《魚類誌》も博物学における画期的な業績

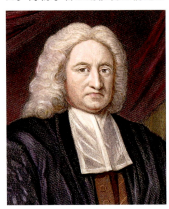

エドモンド・ハレー
天文学の業績で知られているが、数学者・地球物理学者でもあり、オックスフォード大学の幾何学の教授でもあった。

《植物誌》
ジョン・レイが1686〜1704年に刊行した全3巻の著作。植物を草と木に分け、さらに胞子植物と種子植物に分類した。

だった。しかしこの本はまったく売れず、版元の王立協会は1年後ニュートンの《プリンキピア》を出版することができなかった。

イギリスの数学者エドモンド・ハレーは、すでに天文学の発見で名をあげていたが、地表大気の研究も行なっていた。1686年には、風は一定パターンの大気循環から生まれるもので、突きつめれば太陽からの熱が引きおこすと考えた。赤道付近で暖められた空気が上昇し、さらに多くの空気を呼びこんで低気圧域ができる。ハレーはこの現象を軸に貿易風やモンスーンの動きを説明した。さらに、高度とともに気圧が低くなるという40年前の記述（［1645〜54年］参照）から、気圧と高度の数量的関係をさらに掘りさげ、測量には気圧計をかならず使用する手順を確立した。

> 植物の目録作成を始めるのであれば……まず「種」と呼ばれるものを分類する基準を発見せねばならない。

ジョン・レイ《植物誌》（1686年）

1687〜89年

月は地球の引力の影響下にあるとニュートンは考えた。

1687年夏、王立協会はアイザック・ニュートン著《自然哲学の数学的諸原理（プリンキピア）》を出版した。古今を通じて最も重要な科学書とされるこの本のなかで、ニュートンは物理学の基礎となる運動の法則と万有引力の法則を論じた。《プリンキピア》刊行の陰には、エドモンド・ハレー

アイザック・ニュートン
（1642〜1727年）

史上最も偉大な数学者と呼んでも過言ではない。古典力学の基盤を整え、微積分学を創始し、重力と光に関する画期的な発見を行なった。ケンブリッジ大学に学び、数学教授となる。王立鋳貨局で貨幣改鋳を担当したあと、1703年に王立協会の会長に選出され、1705年にはナイト爵を授与された。

- **1685年** イギリス人チャールズ・アレンが《歯の治療者》を出版
- **1686年** ジョン・レイ《植物誌》の第1巻が刊行、「種」が初めて定義された
- **1686年** フランシス・ウィラビイの《魚類誌》が死後出版される
- **1686年** エドモンド・ハレーが大気循環と、気圧と高度の関係を説明
- **1687年7月5日** アイザック・ニュートンが《プリンキピア》を出版、古典力学の基礎を完成させる

> **重力の法則に基づくと、すべての粒子は距離の2乗に反比例する力で他の粒子を引きつけることが考えられる。**
>
> アイザック・ニュートン（イギリスの数学者）《プリンキピア》（1687年）

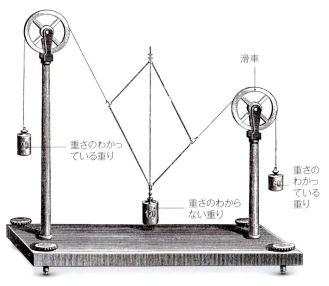

運動の第1法則
ニュートンによれば、これらの重りにはいかなる力も加わっていないため、静止を続ける。重さがわからない重りは、静止させるための力がわかれば重さが計算できる。

の尽力があった。王立協会はその年の出版予算を使いはたしていたため、ハレーが資金提供を行なった。そもそもニュートンがこうした研究を始めたのも、ハレーの後押しがあったからだ。

さかのぼること3年前、王立協会の3名——クリストファー・レン、ロバート・フック、ハレー——が惑星の軌道をつかさどる数学的法則を議論していたとき、ハレーは技術的な問題解決についてニュートンにたずねたのだ。惑星の運動に関する手稿をニュートンから受けとったハレーは感心し、本格的な論文にして王立協会に提出するよう働きかけた。ニュートンは物理法則の研究に打ちこみ、ついに全3巻の傑作が完成する。この《プリンキピア》のなかで、ニュートンは運動の3法則（p.120-121参照）と万有引力の法則（右［囲み］参照）を論じている。これが物理学の一分野で、力と運動を扱う力学の誕生につながった。

ポーランドの天文学者ヨハネス・ヘヴェリウス（1611～1687年）は死の直前、当時最も充実した天体図と星表を完成させた。そこには小三角座など新しい星座も収録されていたが、実際に出版されたのは数年後のことである。1688年、ドイツの天文学者でベルリン天文台長のゴットフリート・キルヒ（1639～1710年）は、プロイセンの州にちなんでブランデンブルクのおうしゃく座をつくった。今日ではエリダヌス座の一部に組みこまれている。

博物学の世界では、多様な生物の分類と記録が引きつづき行なわれていた。フランスでは、植物学者ピエール・マニョル（1638～1715年）がモンペリエにある国内最大の植物園の園長に就任した。マニョルは、植物の分類を独自に進めていたイギリスのジョン・レイと文通し、両者は解剖学的な共通点に従って種の分類を進めた。その結果、同じ植物集団が持つ類縁性が浮かびあがってきたが、それが進化との関係で明確に認識されるのは、2世紀近くのちのことである。マニョルは研究の成果を1689年に出版したが、驚くべきことに彼の分類の多くはいまでも通用している。

小児医学を扱った最初の著作が刊行されたのは1689年のことだった。著者はウォルター・ハリス（1647～1732年）である。子供のかかりやすい病気を取りあげたこの論文は、小児医学の教科書として広く読まれた。

9.8 ニュートン
地球上で1kgの物体にかかる重力

万有引力の法則
ニュートンは惑星の相互作用から万有引力の法則を導きだした。重力とは物体どうしが引きあう力のことである。物体の質量が大きいと力は強くなり、物体間の距離が離れると力は弱くなる。力と質量の関係は単純だが、力と距離の関係は逆2乗、すなわち距離が2倍になると力は4分の1になる。

- 重力によってピンクの玉はグリーンの玉にひっぱられる／グリーンの玉もピンクのほうにひっぱられる — **同じ質量の物体どうしは引きあう**
- 働く力は4倍になる — **質量が2倍になる**
- 働く力は4分の1になる — **距離が2倍になる**

- 1687年 ヨハネス・ヘヴェリウスが死の直前に星図を完成
- 1688年 ゴットフリート・キルヒが新しい星座「ブランデンブルクのおうしゃく座」をつくる
- 1689年 ピエール・マニョルが植物の分類を発表、「科」を設定
- 1689年 ウォルター・ハリスが小児医学の初の著作を発表

1543〜1788年 | 発見の時代

ニュートンの運動法則の話

単純明快な3つの法則が物体の運動を説明し、予測する。

17世紀後半、イギリスの物理学者・数学者のアイザック・ニュートンが、力と運動の学問である力学を確立した。彼が示した3つの法則は単純ながら画期的な内容で、いまもまったく色あせていない。

　ニュートンは学生時代、古代ギリシアの哲学者アリストテレス（紀元前384〜22年）の力と運動の概念を学んだ。物体は力が加わっているあいだだけ動くというのがアリストテレスの説で、たとえば発射体は背後の気流に押されていると考えた。中世の学者たちはこれをもとに「インペトゥス（起動力）」説を立てた。発射された物体には運動力が蓄えられているが、それが徐々に失われて落下するというのである。イタリアの数学者・物理学者のガリレオ・ガリレイ（1564〜1642年）はこの発想を逆転させ、物体はむしろ力――重力や空気抵抗――が加わらないかぎり動きつづけると考えた。ニュートンもこの立場から運動の第1法則をまとめ、自著《プリンキピア》（1687年）で数式を示した。ニュートンの法則はほとんどの場面で物体の運動を正確に記述・予測できるものだった。しかし超高速、あるいは強力な重力場では有効性が失われ、アインシュタインの相対性理論（p.244-245 参照）で説明することになる。

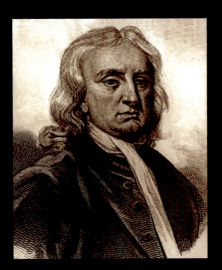

アイザック・ニュートン
17、18世紀で最も影響力のある思索家・実験家。重力、光、天文学、数学への貢献ははかり知れない。

5万km/時

ボイジャー1号が太陽系から遠ざかる速さ。空気抵抗を受けないため、ひたすら飛びつづける

静止状態のロケット
発射台に置かれたロケット。地球がひっぱる下向きの力がかかるため相当な重さになるが、発射台からの上向きの反作用と均衡しているおかげで、ロケットは静止している。

ロケットは力が加〔…〕まで静止している

燃料と酸素の入〔…〕タンク。ここに〔…〕することで力が〔…〕

液体燃料　液体酸素

ロケットの重さがすなわち重力の大きさ

反作用でロケットの重さと均衡している

第1法則
　物体は力が加わらないかぎり静止するか、直線運動を続ける。物体にはつねにさまざまな力が働いているが、その釣りあいがとれていることも多い。たとえばテーブルに置かれた本は、重力で下向きにひっぱられているが、テーブルが同じマグニチュード（第3法則を参照）で押しあげており、2つの力が均衡しているので本は静止している。

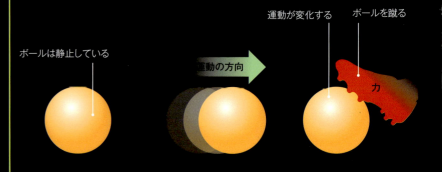

ボールは静止している　運動の方向　運動が変化する　ボールを蹴る　力

静止状態
外から力が加わらないかぎりボールは静止している。ボールの重さが下向きに働くが、地面が同じだけの力を上向きにかけているので、差し引きゼロになる。

運動中
動きだしたボールの速さ――あるいは速さと方向の組みあわせ――は変わらない。しかし実際にはボールと地面の摩擦で速度がしだいに落ちていく。

力が加わる
足で蹴るといった力が加わると、速度が変化する。加速である。ボールは遅くなるか、速くなるか、速度は変わらないまま方向が変化する。

ニュートンの運動法則の話

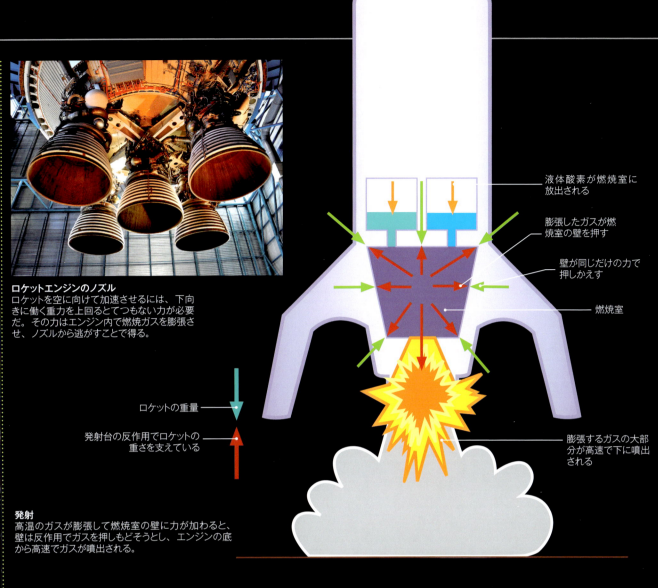

ロケットエンジンのノズル
ロケットを空に向けて加速させるには、下向きに働く重力を上回るとてつもない力が必要だ。その力はエンジン内で燃焼ガスを膨張させ、ノズルから逃がすことで得る。

液体酸素が燃焼室に放出される

膨張したガスが燃焼室の壁を押す

壁が同じだけの力で押しかえす

燃焼室

ロケットの重量

発射台の反作用でロケットの重さを支えている

膨張するガスの大部分が高速で下に噴出される

発射
高温のガスが膨張して燃焼室の壁に力が加わると、壁は反作用でガスを押しもどそうとし、エンジンの底から高速でガスが噴出される。

サターンV型ロケット
1960～1970年代、NASAのアポロ計画で使われたロケット。重さ2800万ニュートン、エンジンの推進力は3400万ニュートンだった。

第2法則

運動量に関する法則で、運動量の変化は、加わった力に比例する。運動量は質量×速度で求める。力が2倍になれば、物体の速度も2倍になる。質量が2倍の物体だと、かかる力が同じなら速度は半分に落ちる。第2法則は単純な等式 $a = F/m$ で表わされる。a は加速度、F は力、m は物体の質量。

第3法則

2つの力の組みあわせについて述べている。ある物体が別の物体に力を加えたとき、加えられたほうも同じ強さで反対向きの力で押しかえす。いっぽうの物体は動かないが、もうひとつが動きだすだろう。スケートリンクの壁を強く押せば、壁に押しかえされて自分がうしろ向きにすべっていく。どちらも動ける物体であれば、質量の小さいほうがより加速する。銃の引き金を引いたら、銃自体は反動があるだけだが、弾丸は高速で飛んでいく。

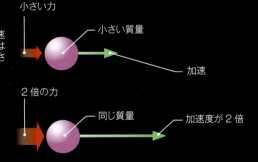

小さい質量、小さい力
力によって物体は加速する。加速──1秒当たりの速度変化──は力の大きさと物体の質量に左右される。

小さい力 / 小さい質量 / 加速

小さい質量、力が2倍
$a = F/m$ なので、力が2倍になって質量が変わらないときは、加速度が2倍になる。

2倍の力 / 同じ質量 / 加速度が2倍

質量が2倍、力が2倍
力をさらに2倍して4倍になっても、質量も2倍になるので加速度は変わらない。

力をさらに2倍 / 質量が2倍 / 加速度は同じ

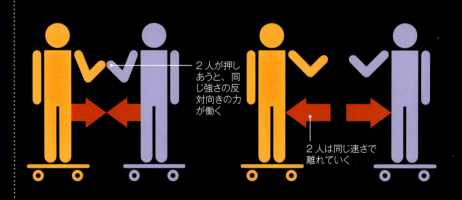

2人が押しあうと、同じ強さの反対向きの力が働く

2人は同じ速さで離れていく

同じ強さの反対向きの力
スケートボードに乗った2人がおたがいに押しあうと、2人は離れていく。押すのがどちらいっぽうでも、相手側に同じ強さの反作用が生じる。

同じ質量
2人の体重が同じであれば、加速度も等しい。体重に差がある場合は少ないほうが加速がつく。

1690〜91年

> "光は球面波で連続的に拡散していくと考えられる。"
>
> クリスティアーン・ホイヘンス（オランダの物理学者）《光についての論考》（1690年）

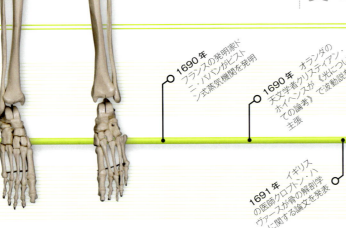

下顎骨
脊柱
大腿骨
脛骨

骨の微細構造
骨の内部には血管の通り道があり、発見者であるクロプトン・ハヴァースにちなんでハバース管と呼ばれる。

フランスの発明家ドニ・パパンは、最初の蒸し煮釜を開発してから10年後の1690年、ピストンを組みこんだ「大気圧機関」を完成させた。シリンダー内で水を沸騰させ、発生した蒸気がピストンを押しあげる。蒸気の密度が上昇するとシリンダー内は真空になり、大気圧によってシリンダーは引きもどされる。この発明は蒸気機関の原型となった。パパンの発明に助言を与えたのがオランダの天文学者クリスティアーン・ホイヘンス（1629〜1695年）だったが、彼は《光についての論考》で別の分野でも科学的貢献を行なった。光線が跳ねることなく直進するのを見たホイヘンスは、光が波であると推理した——1630年代にルネ・デカルトが、1660年代にロバート・フックが唱えた説と同じである。しかしアイザック・ニュートンの粒子説（［1675〜84年］参照）が100年以上優勢を続けることになる。

イギリスの医師クロプトン・ハヴァース（1657〜1702年）は、脊髄や軟骨など骨の解剖学的構造を初めて研究した人物だ。研究結果は1691年に出版され、骨には微細な孔や腔が通っていることを明らかにした。ハヴァース自身はそこを油が通ると考えていたが、現在は本人にちなんでハバース管と名づけられ、血液やリンパ液の通り道で、骨細胞に酸素や栄養物を供給する役目を果たしていることがわかっている。

70%
骨に占める無機質の割合

1692〜93年

魚など海洋生物の化石が内陸部で出土する事実の解釈は、博物学者と神学者で真っ向から対立した。

ジョン・レイ
哲学者・神学者だったジョン・レイは、イギリス博物学の父とも称される。

1692年、スコットランドの医師ジョン・アーバスノット（1667〜1735年）は《偶然の法則》を出版した。これはクリスティアーン・ホイヘンスが1657年に書いた確率論の古典的名著を翻訳したもので、イギリスでは初の確率論の専門書となった。

イギリスの博物学者ジョン・レイは1660年代から多様な植物を取りあげて記述してきたが、1690年代には古生物学や動物学にも精力的に取りくむようになった。化石に関するレイの正確な記述は、かつて生息していた種の遺物であるという説を強く裏づけるものだった。レイはまた化石が特定の地層から出土する点についても説明を試みた。化石は旧約聖書の大洪水の産物だという従来の説に対し、古代世界は海の底に沈んでいて、火山で隆起して陸地になったのだと考えた——これならば、海洋生物の化石が陸上で見つかるのも納得がいく。しかしながら神学にも傾倒していたレイには、神の創造した種が絶滅したと断

> "四足動物誌を書くとは思ってもいなかった。"
>
> ジョン・レイ《四足動物一覧》（1693年）

定するのもはばかられる。そこで、現在化石でしか見つからない生物も、はるか遠い場所で生きた状態で見つかるはずだと結論づけた。

1693年、レイは動物学におけ

- **1690年** フランスの発明家ドニ・パパンがピストン式蒸気機関を発明
- **1690年** オランダの天文学者クリスティアーン・ホイヘンスが《光についての論考》で波動説を主張
- **1691年** イギリスの医師クロプトン・ハヴァースが骨の解剖学に関する論文を発表
- **1692年** スコットランドの医師ジョン・アーバスノットが英語による初の確率論の著作出版

1694年

> "哲学者や聖職者は認めたがらないが、この世界からは多くの種が失われている。"

ジョン・レイ（イギリスの博物学者）《原始の混沌と世界の創造に関する物理神学的な3つの対話》（1713年）

花が有性生殖を行なうことは、17世紀末には知られていた。写真のクレマチス・マルモラリアも雌雄異株だ。

る最大の業績である《四足動物とヘビの一覧》を刊行した。ここでは解剖学的な特徴をもとに、動物の科学的な分類が行なわれていた。哺乳動物は胎生四足動物と位置づけられ、脚や歯の形で分類された。

同じ1693年、ベルギーの医師フィリップ・ヴェルヘイエン（1648〜1711年）が出版した図版入りの《人体の解剖学的構造》はヨーロッパ各地の大学で解剖学の教科書として使われた。脚のうしろ側にある腱に、ギリシア神話で脚に矢を受けて死んだ英雄にちなんでアキレス腱と名づけたのはヴェルヘイエンである。彼は20年前に病気で左脚を切断していたのだが、研究に使うために保存し、それをのちに自ら解剖している。そうした個人体験もあり、ヴェルヘイエンは幻肢──切断された手足がまだあるように感じる現象──を報告した最初の医師となった。

1693年、イギリスの天文学者で数学者のエドモンド・ハレーは、死亡表をもとに終身年金表を作成した。30年前に商店主ジョン・グラントが腺ペストの流行を監視するために「生命表」をつくっていたが、ハレーは数学の知識を駆使してさらに高度な分析を行なった。ヴロツワフの町の出生・死亡データを使い、町の人口と、市民が一定年齢まで生きる確率をはじきだした。この研究はその後の人口統計調査のモデルとなった。

17世紀も終わりを迎えるころ、博物学の世界では花を咲かせる植物の秘密が明らかになっていた。1694年、フランスの植物学者ジョゼフ・ピトン・ド・トゥルヌフォール（1656〜1708年）は花と果実、葉と根の構造をもとに植物の分類法を発表した。トゥルヌフォールの分類には誤りも多いが、種単位での記述が明確だったために長年にわたって影響力があった。また分類法のなかで、似たような種を集めた「属」を導入したのも彼が最初である。1700年代にリンネが整備した命名法の先駆けとなる研究成果だった（[1733〜39年]参照）。

ドイツの植物学者ルドルフ・カメラリウス（1665〜1721年）は花の研究をさらに掘りさげた。1694年に発表した植物の生殖に関する論文では、植物は生殖器官を持つだけでなく、花粉が雄の受精手段である実験的証拠を示した。カメラリウスは、雄株と雌株を隔離すると種ができないこと、花粉を生成するおしべを除去しても種は実らないことを確かめた。しかし花の役割をそれ以上探ることはできないことがカメラリウスには不満だった。植物の生殖の謎が解明されるのはそれより1世紀以上ものち、顕微鏡の性能が向上して細胞単位の観察が可能になってからだ。

イギリスの機器製作者ダニエル・クイア（1649〜1724年）は、二度打ち時計や長針の採用など、時計製作に多くの技術革新をもたらした。1694年には初の携帯型気圧計を製作し、翌年特許を取得している。それまでの気圧計を容易に動かせなかったが、この携帯型気圧計の出現によって、鉱坑や山地でも気圧を測定できるようになった。

ジョン・レイの哺乳動物分類

```
          Animalium viviparorum quadrupeda
                    哺乳動物
                  /            \
         Ungulata              Unguiculata
      蹄を持つ哺乳動物      鉤爪または爪を持つ哺乳動物
       /    |    \
 Solidipeda  Bifulca  Ungulata anomala
 堅い蹄を持つ 蹄が分かれた  複数の蹄を
  哺乳動物    哺乳動物    持つ哺乳動物
    /    \
Ruminantia  Non ruminantia
 反芻動物    非反芻動物
```

分類の基準は蹄、鉤爪、爪の有無だった。有爪類は今日では却下されているが、有蹄類は部分的ながら現代生物学でも認められている。レイは反芻動物──小室に分かれた胃を持ち、胃から口に戻して噛む草食動物──という分類も設けた。

携帯型気圧計
ダニエル・クイアがつくった気圧計は、持ちはこんでも空気が混入したり、水銀が漏れたりしない構造だった。

- 1693年　イギリスの博物学者ジョン・レイが初めて動物を科学的に分類
- 1693年　ベルギーの医師フィリップ・ヴェルヘイエンが人体解剖学の著作を出版
- 1693年　イギリスの天文学者エドモンド・ハレーが終身年金表を作成
- フランスの植物学者ジョゼフ・ピトン・ド・トゥルヌフォールが花の構造で分類を行なう
- ドイツの植物学者ルドルフ・カメラリウスが植物の有性生殖について論文を執筆
- イギリスの機器製作者ダニエル・クイアが携帯型気圧計を製作

1695～97年

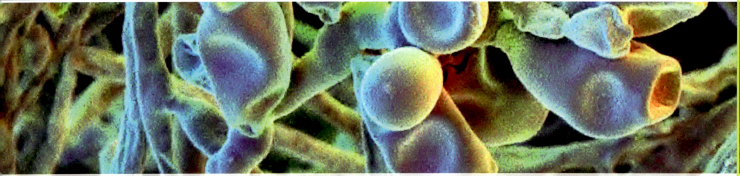

オランダの解剖学者アントニ・ファン・レーウェンフックは、写真のカビの胞子のような微生物を初めて観察した。

1698～99年

20年にわたって微生物の観察を続けてきたオランダのアントニ・ファン・レーウェンフックは（［1675～84年］参照）、1695年にこれまでの研究の集大成として《自然の秘密》を出版した。この本ではオタマジャクシから赤血球まで、めずらしいものが図版付きで紹介されているだけでなく、レーウェンフック自身が研究で用いていた技法も説明されていた。顕微鏡をはじめ、その多くはレーウェンフック自身が考案したものだった。

同じ1695年、イギリスの神学者・数学者のウィリアム・ホイストン（1667～1752年）は、宗教観と科学観を融合させた《地球の新説》を出版する。天地創造説を支持するホイストンの研究は、アイザック・ニュートンをはじめ多くの支持を集めた。ホイストンは、旧約聖書の洪水は彗星のしわざだと考えた。彼はニュートンの後を継いで、ケンブリッジ大学の数学関連分野で最も名誉あるルーカス教授職に就いた。

酸素が発見される数十年前の1697年、ドイツの化学者ゲオルク・シュタール（1660～1734年）は燃焼に関する独自の説を提唱した。金属と鉱物は2つの物質で構成されており、ひとつはカルクス（灰）、もうひとつは燃焼時に放出されるフロギストンである。フロギストンの含有量は種類によって異なり、石炭はフロギストンが多いので、燃やすと灰になるが、鉄は少ないので錆が浮くだけである。フロギストン説の起源はシュタールの師だった錬金術師ヨハン・ベッヒャーで、彼はフロギストンが3種類の元素のひとつ、「油性の土」だと考えた。その後フランスの化学者アントワーヌ・ラヴォアジェが、燃焼は酸化——空気中の酸素と物質が結びつくこと——が引きおこすという説を唱えた。シュタールの言うカルクスは、現代の酸化物に対応している。

1697年、スイスの数学者ヨハン・ベルヌーイは、ライバルでもあった兄に刺激を受けて曲線の問題を解決し、重力下で運動する粒子の軌道を記述した。この曲線に沿って動く速さを研究するなかで、ベルヌーイは微積分法の発展に重要な役割を果たした。

1697年には、イギリスの探検家ウィリアム・ダンピア（1651～1715年）が《最新世界周航記》を発表する。それには南北アメリカや東インド諸島の記述もあった。イギリス海軍省の命令で2度目の周航に乗りだす。ダンピアは都合3回も世界周航を成しとげた。ダンピアの航海術は探検家ジェームズ・クックに影響を与え、博物学の研究成果はアレクサンダー・フォン・フンボルトやチャールズ・ダーウィンといった生物学者も参考にした（［1859年］参照）。

単純な顕微鏡
アントニ・ファン・レーウェンフックは1695年の著作《自然の秘密》で自作の顕微鏡の使用法を説明した。

—主ねじ
—基板

ヨハン・ベルヌーイ（1667～1748年）

傑出した数学者の家系に生まれ、フローニンゲン（オランダ）とバーゼル（スイス）で教授となる。曲線の軌跡の数学的研究、光の反射と屈折など多くの業績を残した。兄ヤコブとともに、ニュートンとライプニッツの微積分法確立に協力した。

音がそれまで考えられていた横波ではなく、疎密波で移動することをすでに証明していたアイザック・ニュートンは、1698年に大気中の音速を計算し、秒速298mとはじきだした（現在では秒速343mとされる）。

オランダの天文学者クリスティアン・ホイヘンスは1695年に死去したが、最後の著作《天界発見》が出版されたのは1698年だった。刊行を遅らせたのは、他の惑星にも生命が存在しうるという予測が教会を刺激することを恐れたためである。

イギリスの医師エドワード・タイソン（1650～1708年）はロンドンにあるベスレム精神病院の院長で、精神疾患の原因を探るために解剖を定期的に実施していた。また動物の解剖も熱心に

343
m/秒
音の速さ

- 1695年 アントニ・ファン・レーウェンフックが《自然の秘密》を出版
- 1695年 ウィリアム・ホイストンが《地球の新説》を出版
- 1697年 ヨハン・ベルヌーイが曲線の問題を解決
- 1697年 ゲオルク・シュタールがフロギストンの存在を主張
- 1697年 ウィリアム・ダンピアが初の世界周航の記録を出版
- 1698年 イギリスの数学者アイザック・ニュートンが音速を計測

チンパンジーの解剖は1698年に初めて行なわれ、脳が人間とよく似ていることが確認された。

> "「ピグミー」は人間ではないが、ふつうのサルでもない。人間とサルのあいだに位置する動物である。"
>
> エドワード・タイソン（イギリスの医師）《オランウータン、またの名を森の人》（1699年）

蒸気

水を沸点まで熱すると蒸気になる。この蒸気を集めて密閉し、冷やすと水に戻るが、このとき体積が減り、圧力が下がって真空のような状態になる。そこに空気を入れると大きな力が生じる。蒸気のこの性質を利用して、1690年代には「大気圧機関」もつくられたが、いわゆる蒸気機関が実現するのは18世紀に入ってからだ。

行ない、比較解剖学の父と呼ばれた。1699年にはチンパンジー（タイソンはオランウータンと呼んでいた）の研究を発表し、尾の長いサルより人間との共通点が多いと結論づけた。

同じ年、イギリスの発明家トマス・セイヴァリー（1650～1715年）は最新の成果である「火で水を汲みあげる蒸気ポンプ」を王立協会で披露した。前年に特許も取得していたこの装置は、気体が真空を満たすときに大きな力が生じるという、発見されてまもない現象を利用したものだった。この装置は蒸気を発生させるボイラーが容器につながり、上に冷水シャワーがあった。容器内に蒸気が満たされて真空状態になると、下から水を吸いあげる。蒸気の制御は栓の開閉で行なった。このポンプは鉱坑の排水に使えるというのがセイヴァリーの触れこみだったが、高低差が7.5m以上あると作動せず、しかも爆発の危険があった。

1699年、ウェールズの博物学者エドワード・ルイド（1660～1709年）が化石の目録を出版した。そのなかには明らかに歯とわかるものがあり、のちに恐竜の歯と確認された。ルイドは、化石は海からもやのような卵がやってきて岩に入り、そこで成長したものだという自論を持っていた。

フランスの物理学者ギヨーム・アモントン（1663～1705年）は機器製作の腕も確かで、温度計や気圧計を自作した。絶対零度という概念を初めて論じたのも彼である。1699年、アモントンは力学に関心を向け、摩擦力は加重に左右されることを発見した。アモントンの法則は、レオナルド・ダ・ヴィンチが最初に行なった実験から紡ぎだされたものだった。

セイヴァリーの蒸気ポンプ
蒸気の原理を理解していたセイヴァリーは、蒸気の力で水を汲みあげるポンプを発明した。

ラベル: 冷水シャワー、栓、水を注ぐ漏斗、蒸気ボイラー、蒸気だまり、吸引管

- 1699年 エドワード・タイソンがチンパンジーに関する研究を発表
- 1699年 トマス・セイヴァリーが蒸気ポンプを実演
- 1699年 エドワード・ルイドが化石の目録を出版
- 1699年 ギヨーム・アモントンが摩擦の法則について記述

1700〜01年

エドモンド・ハレーが作成した地図。真の磁北とのずれを線で示してある。

18世紀を目前にして、イギリスの天文学者エドモンド・ハレーは3回目の大西洋航海に出発した。1700年1月、ハレーは南極収束線を初めて確認する。南極海域の冷たい海水と大西洋の暖かい海水の境界で、南極を囲む環状になっている。2月1日には側面が切りたち、上部が平たい卓状氷山を初めて観察・記録した。また地球の磁気の変動が大きすぎて、羅針盤で経度測定ができないことから、磁北は真北と一致していないと考えた。これは磁気偏差と呼ばれる現象である（[1598〜1604年]参照）。

同じ1700年には、フランスの医師ニコラ・アンドリ（1658〜1742年）が天然痘の原因である微小な生物を顕微鏡で確認したと発表した。

1701年、イギリスの農学者ジェスロ・タルが種を一定間隔で規則正しく播ける道具を考案した。

ジェスロ・タル（1674〜1741年）

イギリスのバークシャーに生まれ、政治を志してロンドンに出るものの健康を害して帰郷、農業に従事する。種を均等に播くことは手作業では難しいため、等間隔の列に種を播く道具を開発した。1700年代にイギリスで始まり、世界にも波及した農業改革の立役者である。

これによって作物の収量は900%も増加した。

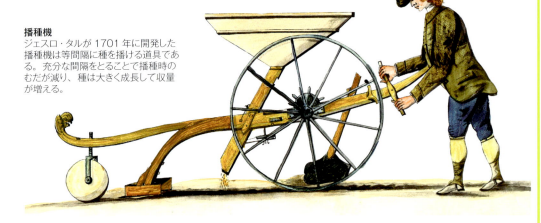

播種機
ジェスロ・タルが1701年に開発した播種機は等間隔に種を播ける道具である。充分な間隔をとることで播種時のむだが減り、種は大きく成長して収量が増える。

1702〜03年

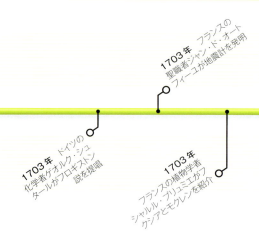
王立協会の会合で発言するアイザック・ニュートン。1703年に会長に選出された。

18世紀に入ると、アイザック・ニュートンの偉大な業績が広く知られるようになる。その名声が一気に高まったきっかけは、スコットランドの数学者デヴィッド・グレゴリーが1702年に刊行した《天文学・物理学・幾何学入門》である。これは重力や惑星の運行などニュートンの諸理論を一般向けに解説した初めての著作だった。ニュートン自身は1703年に王立協会の会長に選ばれ、1727年に死去するまでその地位にあった。

ヨハン・ベッヒャーは1667年に、木などを燃やすと「油性の土」が放出されるという説を発表したが、1703年、ドイツの化学者ゲオルク・シュタールはそれをさらに発展させてフロギストン説を打ちたてた。この説は18世紀を通じて定説とされていたが、終盤になってアントワーヌ・ラヴォアジェによって否定された（[1789年]参照）。

18世紀になると、地震などの自然現象を神のしわざではなく、科学の考察対象としてとらえる動きが生まれてくる。1703年には、フランスの聖職者で発明家でもあったジャン・ド・オートフィーユ（1647〜1724年）が地震の強さを計る地震計を製作した。それは振り子の揺れで地面の変動を知る単純なものだが、ヨーロッパで初めて使われた地震計となった。

50万回
1年に世界で発生する地震の数

植物学の世界では、新発見の土地に出向いてさまざまな植物を調べる動きが活発になる。フランスの植物学者シャルル・プリュミエは3度にわたって西インド諸島で植物採集を行ない、植物分類の革新的な大著《アメリカ産植物の新属》を刊行する。フクシアとモクレンが初めて紹介されたのはこの著作だった。

1704〜06年

ハレーは76年ごとに接近する彗星は同じものだと正しく推測した。その彗星はのちにハレー彗星と名づけられた。

> **1456年の彗星は……地球と太陽のあいだを逆行した……そこで私は、1758年に戻ってくると予言する。**
>
> エドモンド・ハレー《彗星天文学概論》（1705年）

> **物体が光に変化する、および光が物体に変化することは自然の摂理にきわめてかなっており、まさにそれを変容と呼ぶのである。**
>
> アイザック・ニュートン《光学》（1704年）

1704年、アイザック・ニュートンの2番目の代表作《光学》が出版された。このなかでニュートンは、太陽光をプリズムに通したときにできる色とりどりの光はガラスの作用ではなく、「白い」太陽光にすでに含まれている光を異なる角度で屈折させ、速度もわずかに遅らせることで出現することを実験で証明した（[1665〜66年]参照）。さらに光は微粒子の流れが猛スピードで移動しているとニュートンは考えた。光が粒子なのか、それともニュートンのライバルでオランダ人のクリスティアン・ホイヘンスが言うように波なのかという議論は、それから200年以上続くことになる。

同じ1704年、イギリスの機器製作者・実験家のフランシス・ホークスビー（1660〜1713年）は静電気の実験を王立協会で行なった。

光を分解する
アイザック・ニュートンは1704年の《光学》で、「白色光は虹のすべての色の光を含む」ことを示した。

ホークスビーはまた、水銀気圧計を振ると真空の上部が光る「気圧光」を実演して人びとを驚かせた。2年後、彼は世界初の電気装置をつくりあげる。これは「誘導機」と名づけられ、スピンドルを手で回して真空のガラス球のなかで羊毛と琥珀をこすりあわせると、静電気で発光する仕組みで、電光の先駆けとなるものだった。

1703年、オランダの数学者・天文学者のクリスティアン・ホイヘンスは1年を365.242日として太陽や惑星の運行を再現できる精密な歯車の組みあわせを論文で紹介した。その記述をもとに、イギリスの時計職人ジョージ・グラハム（1673〜1751年）とトマス・トンピオン（1639〜1713年）が1704年に完成させた太陽系儀は、太陽を中心に地球と月の運行を正確に知ることができるものだった。イギリスの貴族で第4代オレリー伯チャールズ・ボイルは、2人にもう1台つくってほしいと依頼する。やがて太陽系儀はオレリーと呼ばれるようになった。

1705年、イギリスの天文学者エドモンド・ハレーは彗星が太陽をめぐる巨大な長円軌道を描いており、そのため太陽と地球に定期的に接近すると説明した。ハレーによると、1456年、1531年、1607年、1682年に接近した彗星はすべて同じものであり、次は1758年に見られると予測した――これがハレー彗星である。

1706年、ウェールズの数学者ウィリアム・ジョーンズ（1675〜1749年）は、円周と直径の比率（概数で3.14159）をギリシア文字のπで表わすことを提唱し

月と太陽
ジョージ・グラハムとトマス・トンピオンが製作した太陽系儀。地球と月の運行がわかるようになっている。その後太陽系儀ではすべての惑星が追加された。

た。またイギリスの発明家トマス・ニューコメン（1663〜1729年）は蒸気エンジンの原型を完成させ、これがヨーロッパの産業革命の起爆剤となる（[1712〜13年]参照）。

- **1704年** イギリスの天文学者・数学者・物理学者アイザック・ニュートンが《光学》を出版
- **1704年** イギリスの時計職人ジョージ・グラハムとトマス・トンピオンが太陽系儀を製作
- **1704年** イギリスの科学者フランシス・ホークスビーが気圧光を実演
- **1705年** イギリスの天文学者エドモンド・ハレーがハレー彗星の再来を予測
- **1705年** ドイツの博物学者マリア・ジビーラ・メーリアンがチョウの重要な研究を出版
- **1706年** イギリスの科学者フランシス・ホークスビーが静電誘導機を発明
- **1706年** イギリスの鉄器職人トマス・ニューコメンが蒸気機関の原型を発明

1707〜09年

イギリスのシュロップシャー、コールブルックデール。技術者エイブラハム・ダービーがコークスを使った初の溶鉱炉をつくった。

15億4900万トン
世界で1年間に生産される鉄

人間の心拍が健康状態を知る手がかりであることは、2500年以上前からわかっていた。しかし1分間に心臓が鼓動する回数を計れるようになったのは、1707年にイギリスの医師ジョン・フロイヤーが心拍計を発明してからである。この心拍計は1分間を正確に計れるもので、医師はそのあいだに患者の心拍を数えた。

翌1708年、オランダの植物学者・医師のヘルマン・ブールハーフェは、患者の生活歴を考慮し、臨床で心拍を計り、排泄物を調べるといった体系的な診断手法を確立した。

同じ1708年には、ドイツの医師・数学者・実験家であるエーレンフリート・ヴァルター・フォン・チルンハウス（1651〜1708年）が、粘土と雪花石膏、硫酸カルシウムを混ぜた生地を焼くことで磁器がつくれることを発見する。

中国では何世紀も前から美しい磁器がつくられていたが、その製法は極秘で西洋には伝わっていなかった。

1709年、イギリスの実験家フランシス・ホークスビーは著書《多様な主題に関する物理機械的実験》のなかで、有名な静電気の実験をいくつも紹介している。内部を真空にしたガラス球をこすると、光が発生して駆けめぐる「電光」や、こすったガラスを顔に近づけてちくちくした刺激を与える「電風」、さらに反発や誘引といった現象である。

イギリスの技術者エイブラハム・ダービー（1678〜1717年）は1709年、製鉄技術に革命を起こした。コールブルックデールにコークスを燃料とする溶鉱炉をつくり、鋳鉄を生産したのである。これによって鉄を大きな形で鋳造することが可能となり、産業革命への道が開かれた。

アムステルダムでは、やはり1709年にポーランド系オランダ人の物理学者ガブリエル・ダニエル・ファーレンハイト（1686〜1736年）がアルコールを満たした温度計をつくった。目盛りが刻まれた小型の温度計は、今日使われているものに近い。温度表示の華氏（[1740〜42年]参照）は彼の名の中国音訳にちなんでいる。

リスボンではブラジル生まれの聖職者で博物学者のバルトロメウ・デ・グスマン（1685〜1724年）が、熱した空気を利用して球を屋根まで浮上させ、それをもとに熱気空中船を考案した。有人熱気球飛行が成功するのはそれから74年後のことだが、デ・グスマンのこの実験は航空学の発展を予見するものだった。

アルコール温度計
ガブリエル・ファーレンハイトが1709年に製作した温度計は当時としては小型で、着色アルコールの膨張度で温度を計測した。のちには水銀を使った温度計が主流になった。

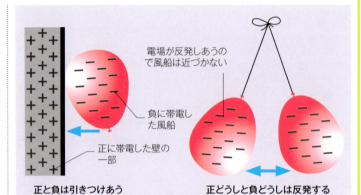
静電気
静電気は物質の原子内の電子が増えたり減ったりしたときに起きる。電子が多くなった物質の表面は、電子が少なくなった物質の表面を引きつける。静電気を発生させる実験は18世紀に広く行なわれ、興味深い結果をもたらした。この時代の静電気の代表的な研究者はイギリスのフランシス・ホークスビーである。

1710〜11年

植物のように見えるサンゴ礁だが、実態は動物のコロニーだ。

1710年、ドイツの画家ヤコブ・クリストフ・ル・ブロン（1667〜1741年）は、3色のインクでさまざまな色を再現し、印刷できることを発見する。三原色の配合でほぼすべての色はつくりだせるが、ル・ブロンはわざわざインクを混ぜることはせず、3層の重ね刷りで発色を実現させた。1710年には赤、青、黄の3色だったが、その後黒（K）と三原色の計4色のほうがより良い結果が得られることがわかった。それがシアン（C）、マゼンタ（M）、イエロー（Y）で、今日では合わせてCMYKカラーモデルと呼ばれている。

同じ1710年、フランスの昆虫学者ルネ・ド・レオミュール（1683〜1757年）は、クモがカイコのように絹糸をつくれるか研究を開始した。しかしできた絹糸はきわめて細く、しかもクモは

280ミリリットル
人間の心臓の容量

- 1707年 ジョン・フロイヤーが心拍を計測する時計を開発
- 1707年 ヘルマン・ブールハーフェが体系的な病気診断法を導入
- 1708年 エーレンフリート・ヴァルター・フォン・チルンハウスが磁器焼成法を発見
- 1709年1月10日 エイブラハム・ダービーがコークスを使って鋳鉄を生産する
- 1709年 ガブリエル・ファーレンハイトがアルコール温度計を製作
- 1709年8月8日 バルトロメウ・デ・グスマンが空中船を考案
- 1709年 フランシス・ホークスビーが静電気の実験を行なう
- 1710年 ヤコブ・ル・ブロンが3色印刷法を開発
- 1710年 ルネ・ド・レオミュールが、クモが絹糸をつくれることを発見

1712〜13年

イギリスの天文学者ジョン・フラムスティードによる夜空の綿密な観察が、近代的な最初の星表の基礎となった。

気質が荒いので実用化には向かないと結論づけた。

数学者ジョン・ケイル（1671〜1721年）は、ドイツの数学者ゴットフリート・ライプニッツが、アイザック・ニュートンから微積分法の発想を盗用したとする論文を発表する。しかし今日では、両者が独自に微積分法の基礎を築いたと考えられている。

1711年、イタリアのボローニャでは貴族のルイジ・フェルナンド・マルシリが、サンゴは動物ではなく植物であると主張した。当時はこの誤った説が主流となったが、サンゴが動物であると正しく認識している者もいた。

クモの巣
1710年、フランスのルネ・ド・レオミュールはクモが絹糸をつくれることを説明した。クモの巣は獲物を捕まえたり、幼虫を育てるのに使われる。

世界初の本格的な蒸気エンジンは、1698年にイギリスの技術者トマス・セイヴァリーが完成させていたが、ボイラー内の圧力が高くなると爆発することがあり、実用には危険すぎることが判明する。イギリスの鉄器商人トマス・ニューコメン（1663〜1729年）は1712年にこの問題を克服し、実用的な蒸気エンジンを開発した。これはボイラーを独立させ、ピストンを使って低圧状態で蒸気をシリンダーに送りこむ仕組みだった。蒸気がシリンダーに入るとピストンが上昇する。バルブが閉じて冷水が噴射されると蒸気は圧縮され、真空状態が生まれたピストンが下がり、ビームが動く。ニューコメンの蒸気エンジンは大成功となり、イギリスのみならずヨーロッパ大陸全土の鉱山で数千基が設置された。

1712年、アイザック・ニュートンとエドモンド・ハレーは、ジョン・フラムスティードが王立グリニッジ天文台で40年以上続けてきた観測記録をもとに、3000個以上の星を収録した星表を出版した。しかしフラムスティード本人はデータがまだ充分でないと思っていたため激怒し、400部中300部を集めて燃やしてしまった。

546リットル
ニューコメンがつくったエンジン第1号が1分間に汲みあげる水の量

スイスの数学者ヤコブ・ベルヌーイの《推測法》は本人の死後7年たった1713年に出版された。そこで紹介されていたのが大数の法則で、実験回数が多くなればなるほど結果は平均に近づくというものだった。その年、ベルヌーイの甥にあたるニコラス・ベルヌーイは、今日の確率論研究者にも広く知られているサンクトペテルブルクのパラドックスを考案した。これは、一見すると莫大な賞金が得られるようだが、実際は常識を働かせれば誰も参加したがらないコイン投げゲームを基にした思考実験だった。

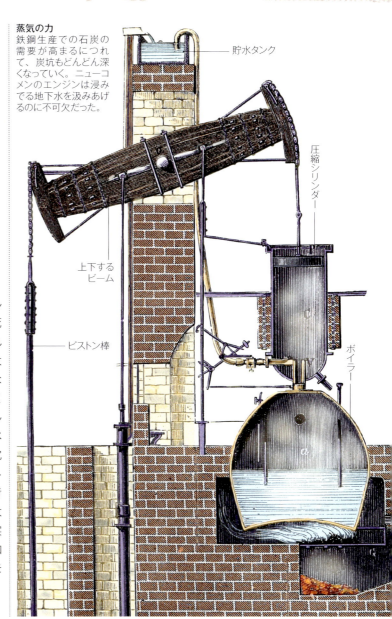
蒸気の力
鉄鋼生産での石炭の需要が高まるにつれて、炭坑もどんどん深くなっていく。ニューコメンのエンジンは浸みでる地下水を汲みあげるのに不可欠だった。

貯水タンク／圧縮シリンダー／上下するビーム／ピストン棒／ボイラー

- 1711年 ルイジ・フェルナンド・マルシリがサンゴは植物だと主張
- 1711年 イギリスの聖職者スティーヴン・ヘイルズが動物の血圧を測定
- 1712年 トマス・ニューコメンが実用的な最初の蒸気エンジンを発明
- 1712年 ジョン・フラムスティードの星表が出版される
- 1713年 ヤコブ・ベルヌーイ著《推測法》が死後出版される
- 1713年9月9日 スイスの数学者ニコラス・ベルヌーイがサンクトペテルブルクのパラドックスを発表

129

1714〜15年

50億年
太陽が惑星状星雲になるまでの年数

馬頭星雲（ばとうせいうん）は星間ガスや塵が集まったもの。エドモンド・ハレーは宇宙空間の不明瞭なもやが星雲であることを初めて示唆した。

1716年

ジョヴァンニ・ランチシはマラリアは蚊が媒介することを突きとめた。

17世紀の四分儀
数学者エドワード・ガンターが1605年につくった四分儀。これで緯度は計測できたが、経度を確実に知る方法はまだなかった。

- 角は直角になっている
- 角度の目盛り

18世紀に入るころ、イギリスは拡大する海外植民地に向けて何千隻もの船を送りこんでいたが、どの船も共通の問題を抱えていた──陸地が見えなくなると、現在位置がわからなくなるのである。太陽や北極星の角度から緯度──南北の位置──をはじきだすことはできても、東西の位置関係である経度を知ることは至難の業で、平均速度から推測するしかなかった。計算の誤りが災いして海底に沈んだ船も数しれない。1714年にはイギリス議会が、正確に経度を計る方法を見つけた者に賞金2万ポンドを与えると決めた。フランスやオランダでも同様のコンテストを実施した。

当時の時計が不正確きわまりなかったことも、経度測定が難しい理由のひとつだった。しかし1715年、ひとつの突破口が開かれる。イギリスの発明家ジョージ・グラハムが直進脱進機を考案したのだ。歯車が切れこみの上を動くことで反動を減らすこの機構は、1日1秒の誤差に抑えることができた──飛躍的な進歩である。直進脱進機を採用した時計は、その正確さが買われて以後200年間、科学観察に重宝されることになる。

1715年、イギリスの天文学者エドモンド・ハレーは、地球の年齢は海水の塩分濃度で決定できると示唆した。海水中の塩は陸地から流れだしたもので、濃度は歳月とともに上昇していくからだ。しかし塩分濃度はばらつきがあまりに大きく、この仮説を立証することは不可能だった。ハレーはまた、夜空に浮かぶ青白いもやは塵とガスでできた雲であると正しく指摘した。

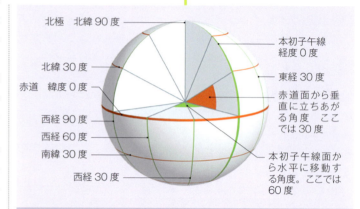

- 北極　北緯90度
- 本初子午線　経度0度
- 北緯30度
- 東経30度
- 赤道　緯度0度
- 赤道面から垂直に立ちあがる角度。ここでは30度
- 西経90度
- 西経60度
- 南緯30度
- 本初子午線面から水平に移動する角度。ここでは60度
- 西経30度

地理学的座標

海上で経度を知る──自分の船がいまどれぐらい東または西にいるのか──ことは、1700年代の重要な課題だった。経線はオレンジのように世界を南北に区切っている。経度ゼロはグリニッジ天文台を通る本初子午線であり、経度はそこから東か西への角度で表わす。

1716年、イタリアの医師ジョヴァンニ・マリア・ランチシ（1654〜1720年）はマラリアの原因を初めて明らかにした。ヨーロッパで死の病として恐れられていたマラリアは、ローマ周辺などの湿地で発生しやすかったため、「アグエ」「沼地熱（しょうちねつ）」と呼ばれ、湿地に立ちのぼる毒気が原因とされていた──マラリアという名称はイタリア語で「悪い空気」という意味である。ランチシは湿地に生息する蚊が原因だと主張

- 1714年7月　イギリス議会が経度測定法に賞金を出すことを決定
- 1715年　ジョージ・グラハムが時計の直進脱進機を開発
- 1715年　エドモンド・ハレーが5つの星雲を確認
- 1716年　イタリアの医師ジョヴァンニ・ランチシが、マラリアは蚊が媒介することを突きとめる

1717〜20年

18世紀には科学的なチョウのコレクションが初めてつくられた。写真はイギリスに生息するチョウのコレクションで、博物学者ジェームズ・ペティヴァーが命名を行なった。

したが、当時はまったく聞きいれられなかった。しかし今日、マラリアはハマダラカのメスが媒介することがわかっている（[1893〜94年] 参照）。

イギリスでは天文学者エドモンド・ハレーが安全かつ実用的な潜水鐘を開発した。これは釣鐘形の潜水装置で、内部に閉じこめられた空気で呼吸できる。潜水鐘の発想自体はアリストテレスの時代までさかのぼり、1600年代には難破船から荷物を回収するために簡単なものが使われていた。しかし20年にわたって研究を続けてきたハレーは、海中では空気が水圧によって圧縮されるため、ただ空気管を海上に出すだけでは機能しないことを理解していた。そこで思いついたのが、重りを付けた樽をいっしょに沈め、与圧された空気を鐘に送りこむ方法だった。さらに鐘がひっくりかえらないよう重りをつけ、明かりとりのガラス窓もつけた。

ハレーの潜水鐘
エドモンド・ハレーが開発した潜水装置。底に重りがついており、独立した胴体部から空気が供給される。

鐘には圧縮空気がたえず供給される

18世紀、天然痘は死の病だった。子供を中心に多くの人が命を失い、生きのびても顔に醜い跡が残った。ただ一度天然痘にかかった人は、以後二度と罹患しないことは中国では以前から知られていた。そこで中国の医師たちは、天然痘に感染している物で健康な人に引っかき傷をつけてみた。なかにはたちまち発症して死ぬ者もいたが、ほとんどは回復して免疫ができた。この「接種」はアジアのみならずトルコでも行なわれるようになった。これに着目したのがギリシア人医師ジアコモ・ピラリ（1659〜1718年）と、イギリス大使の若き妻レディ・メアリー・ワートリー・モンタギュー（1689〜1762年）だった。モンタギューは、接種を呼びかけた有名な手紙を故国に何通も書きおくっている。彼女は自らの子供たちに接種させ、イギリス上流階級に接種を浸透させようと積極的に活動を展開した。こうした努力が、エドワード・ジェンナーによる種痘法の開発につながっていく（[1796年] 参照）。

1717年、ロンドンの薬剤師ジェームズ・ペティヴァー（1685〜1718年）が《イギリスの蝶図解》を出版した。これはチョウを網羅した初の本格的図録で、元になったペティヴァーの標本は、現在ロンドンの自然史博物館が所蔵している。

1718年、イギリスの発明家ジェームズ・パックル（1667〜1724年）はマシンガンの先駆的な火器の設計に取りくんでいた。完成したパックルガンは三脚が支

レディ・メアリー・モンタギュー（1689〜1762年）
イギリスで天然痘の接種を推進し、免疫で疾病が予防できるという認識を広めた人物。自身も若いときに天然痘を経験した。作家としても優れた業績を残し、当時の著名人から尊敬を集めた。

世界全体 1万7500種
ペルー 3700種
イギリス 56種

チョウの種類
ジェームズ・ペティヴァーはイギリスのチョウ48種を確認した。現在は56種（世界全体では1万7500種）が確認されているが、生息域が失われて減少しつつある。

える火打石式ライフルで、ハンドルで回す回転シリンダーに11発の弾丸が装塡でき、7分間に63発発射できた――優秀な兵士が撃つマスケット銃の3倍の速さだった。

1720年、イギリスの機器製作者ジョナサン・シソン（1690〜1747年）が経緯儀に望遠鏡をつけ、広範囲の測量と地図製作に道を開いた。最初の経緯儀は1554年にレオナルド・ディッグズ（[1551〜54年] 参照）が開発していたが、望遠鏡がついたことで長距離の角度計測が可能になり、地形の高さや位置を三角測量法で定められるようになった。

- イギリスの天文学者エドモンド・ハレーが実用性のある潜水鐘を開発
- 1717年 ジェームズ・ペティヴァーがイギリスに生息するチョウの図録を出版
- 1718年5月15日 ジェームズ・パックルがパックルガンを発明
- 1720年 ジョナサン・シソンが望遠鏡式経緯儀を開発

1543〜1788年 | 発見の時代

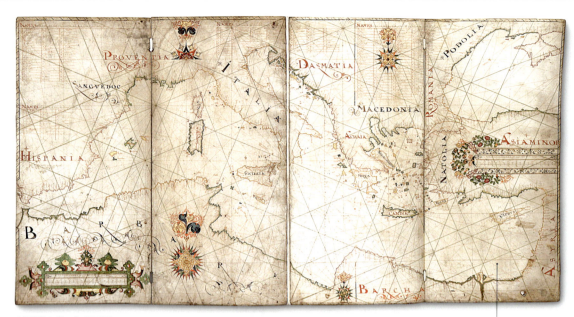

航海案内書 年代不詳
13世紀に登場したのが、羅針盤の方位が示されていて、港から港に移動する手がかりとなる航海案内書である。写真の案内書は地中海のもので、数百か所の港を結ぶ航海線が引かれている。

羅針盤の方位を示す線

星を見つけるための水平目盛環

星針

アストロラーベ 15世紀後半
2000年以上前に星を観測し、天文計算を行なうために開発されたアストロラーベは、その後単純化され、海上で太陽と星の角度を測定して緯度を見つける機器になった。

航海計器

計器の改良で正確な航行が可能になった。

古代の航海では、太陽と星で現在位置を知り、航路を決めていた。やがて羅針盤や正確な計時器の登場で、方角と位置を正確に知ることが可能になる。

船乗りたちは六分儀、アストロラーベ、四分儀を使って水平線と太陽や星の角度を測定し、緯度を割りだしていた。約1000年前には羅針盤で船を進める方向──方位──がわかるようになる。そして1700年代以降、クロノメーターが登場してついに経度が測定できるようになった。現代ではこうした計器の多くが衛星システムに取って代わられている。

航海士用羅針盤 1860年頃
13世紀以降、航海士は金属の針が自在に回転して北を指す磁気羅針儀を使うようになった。

磁性を帯びた鉱物

天然磁石 1550〜1600年頃
中国の船乗りは曇天時には天然磁石を揺らし、地磁気の方向と一致させて方向を確かめた。

ビナクル・コンパス 1930年頃
18世紀半ば以降、羅針儀はビナクルというケースに収められるようになった。ビナクルを支えるジンバルが、船がどんなに揺れても水平を保つ仕組みだった。

スライド式カバーがついた覗き窓

ビナクル

船体が帯びる磁気の影響を打ちけす鉄球

海洋クロノメーター 1893年頃
高精度の時計であるクロノメーターは、長期航海で経度を追跡するのに使われた。

1721〜22年

1722年、イギリスの時計職人ジョージ・グラハムはオーロラと地磁気の関係を発見した。

1723〜24年

ロシア科学アカデミーは1724年にサンクトペテルブルクで設立された。

18世紀の都市は建物の大部分が木造で、火災は深刻な脅威だった。1600年代のオランダでは、手押し車に乗せたポンプで消火にあたったが、少量の水しか使えなかった。しかしリチャード・ニューシャム（1743年没）というボタン職人が画期的な消火ポンプ車を開発し、1721年に北アメリカで特許を取得した。これは現代の消防車の先駆けとなるもので、640リットルのタンクを備え、左右に伸びる長いハンドルと足踏みペダルで1分間に380リットルの水を放水することができた。

1722年、時計職人ジョージ・グラハム（1674〜1751年）はオーロラと地磁気の関係に気づいた。磁気嵐によって羅針儀の針が振れ、オーロラの出る方角を指すのである。この発見のきっかけになったのが1716年に発生したオーロラで、ロンドンからも観測できたほど大規模なものだった。グレアムは鉛の代わりに水銀を入れたフラスコを重り'ぐしした正確な振り子時計も製作した。固体の重りは温度変化で膨張・収縮するため、長さや振幅に影響が出るが、水銀だとその心配は無用だった。

フランスではルネ・レオミュール（1683〜1757年）が鉄と鋼を比較し、両者のちがいは硫黄と塩の含有量にあることを突きとめた。鉄を精錬してくる鋼や鋳鉄が純粋な鉄よりもろいのは、硫黄分が多いからである。レオミュールは、鋳鉄を石灰に埋めて硫黄を抜くことで頑丈になることを発見したものの、費用がかかりすぎて現実的ではないと考えた。しかしその後この方法は広く行なわれるようになった。

ルネ・アントワーヌ・フェルショー・ド・レオミュール（1683〜1757年）

博物学者。フランスのラ・ロシェルに生まれ、24歳の若さでフランス科学アカデミーの会員に選ばれる。昆虫から陶磁器、冶金まで幅広い分野で活動し、とくに博物学では一部の甲殻類が脚を再生できることを突きとめた。

正確に時を計る
固体の重りだと気温変化で計時にずれが生じるが、水銀振り子を採用したことでこの問題が解消された。

1000km
オーロラが出現する高さ

1723年のパリで、イタリア人天文学者ジャコモ・フィリッポ・マラルディ（1665〜1729年）が、円盤の影の中心に明るい点があることに気づいた。これは円盤の縁を回りこんだ光が干渉してできるもので、その後アラゴ・スポットと名づけられた。マラルディのこの観察は、光が粒子ではなく波のように進むことの証明になった。干渉が起きるのは波だけだからである（[1801年]参照）。

同じ年、パリでは博物学者アントワーヌ・ド・ジュシュー（1686〜1758年）が、自然の産物だと思われていたセラウニア石と、ネイティブアメリカンの石器を比較した。両者の類似性から、セラウニア石は古代の斧や矢じりであることが判明した。

1724年、ロシアのピョートル大帝（1672〜1725年）がサンクトペ

先史時代の道具
セラウニア石は自然由来だと思われていたが、のちに人工物であることがわかった。

- 1721年 ロンドンのボタン職人リチャード・ニューシャムが北アメリカで消火ポンプの特許を取得
- 1722年 イギリスの時計職人ジョージ・グラハムがオーロラと地磁気の関係を指摘
- 1722年 ジョージ・グラハムが水銀振り子を紹介
- 1722年 フランスの博識家ルネ・レオミュールが鉄や鋼と硫黄の関係を示す
- 1723年 イタリアの天文学者ジャコモ・マラルディがアラゴ・スポットを発見

1725～26年

ウィリアム・ゲドのステロ版。活字を組んだページを複製するため、何度でも使える。

テルブルク科学アカデミーを創設し、スイスの数学者ダニエル・ベルヌーイ（1700～1782年）を教授に迎えた。この年ベルヌーイは、古くからある2つの概念、すなわち古代ギリシアで完璧な美しさの比率とされる黄金比（1:1.618）と、フィボナッチ数列（[1200～19年]参照）を結びつけた。黄金比の長方形は、短辺を一辺とする正方形を取りのぞくと、残った長方形も黄金比になる。いっぽうフィボナッチ数列とは、直前2つの数の和がその次の数になる数列で、ベルヌーイは隣接する数の比が黄金比になっていることを示した。

フランスのリヨンは16世紀以来ヨーロッパの絹織物生産の中心地だった。1725年、このリヨンで絹織物を手がけていたバシル・ブションが、織機にひもを掛けるシステムを開発した。ロール紙に穴を開けて針の上下を制御し、半自動化を実現したのである。時間と手間のかかる作業が時間短縮され、失敗も減った。ブションの考案したロール紙方式はプログラム可能な機械の登場に道を開き、今日のコンピューターにもつながっていく。

1700年になるころには、地球は太陽のまわりを回っていることが広く受けいれられていたが、実際に証明することは難しかった。1725年、イギリスの天文学者ジェームズ・ブラッドリー（1693～1762年）がγドラニコス星が通常と逆方向に動くのを観察した。これは説明のつかない現象だったが、ブラッドリーはテムズ川を航行中、船が進行方向を変えただけで風見の方向も変わったことに気づき、星の逆行は地球の運動が変わったからにちがいないと推測した。これが光行差である。ロンドンでは同じ1725年、スコットランド人の印刷業者ウィリアム・ゲド（1699～1749年）がステロ版を発明した。活字を組んだ原版を型どりして、複製をつくる方法である。これによって活字を組みなおす面倒な作業をせずに、何部でも印刷することが可能になった。

中国では清朝の康熙帝と雍正帝の命で、最大規模の百科事典《古今図書集成》がつくられた。これは全1万巻、80万ページ、1億文字という長大なもので、64部しか印刷されていない。

1万巻
《古今図書集成》の巻数

1726年、イギリスの聖職者スティーヴン・ヘイルズ（1677～1761年）は、馬の動脈にガラス管を差して直立させ、血圧を測定した。彼はさまざまな動物で心臓の強さと出力、動脈中の血流の速度や抵抗を計測した。

血圧測定
イギリスの聖職者スティーヴン・ヘイルズは馬の首動脈に長さ3.5mのガラス管を垂直に差しこみ、血液がガラス管をのぼる距離で血圧を測った。

黄金のらせん
オウムガイの内部にらせん状に並ぶ仕切りは、黄金比の割合で大きくなっている。

― オウムガイ

- 1723年 フランスの博物学者アントワーヌ・ド・ジュシューがセラウニア石は古代の道具であることを証明
- 1724年 サンクトペテルブルクに科学アカデミーが創設される
- 1724年 スイスの数学者ダニエル・ベルヌーイが黄金比とフィボナッチ数列を関連づける
- 1725年 フランスの絹織物業者バシル・ブションが半自動織機を発明
- 1725年 イギリスの天文学者ジェームズ・ブラッドリーが恒星光行差を観測
- 1725年 ウィリアム・ゲドがステロ版を発明
- 1725年 中国で《古今図書集成》が出版される
- 1726年 イギリスの聖職者スティーヴン・ヘイルズが血圧測定を行なう

1727~28年

《サイクロペディア》は人類の知識を集約しており、その根底には科学的な探究で世界を理解できるという信念が流れている。

18世紀インドでは天空の知識こそが力と知恵の象徴だった。ムガール帝国のマハラジャ、ジャイ・シン2世が領内の5か所に大きな天文台を建設したのはそのためだ。なかでも最大級はジャイプルにあるジャンタル・マンタルで、1727年に完成し、いまもそのままの姿を残している。ジャンタル・マンタルとは「計算機」という意味。世界最大の日時計サムラート・ヤントラはわずか2秒の誤差しかない正確なもので、科学のみならず、占星術や宗教にも重要な意味があった。

同じ1727年イギリスの聖職者スティーヴン・ヘイルズが植物生理学の実験をまとめた《植物の静力学》を出版する。ヘイルズは植物が根の圧力と蒸散作用（葉の表面から水分を蒸発させる）によって水を吸いあげるしくみを説明するとともに、日光のエネルギーを利用して空気から栄養を採りこんでいると考えた——のちの光合成につながる発想である（[1787～88年] 参照）。

ジャイプルのジャンタル・マンタル
ジャンタル・マンタルにあるサムラート・ヤントラは、27mと世界最大の日時計で、影は10秒ごとに1cm動く。

1728年、イギリスの物理学者ジェームズ・ブラッドリーが星を観察し、光の速さを当時としては最も正確に計算した。彼が用いたのは、地球の自転が引きおこす星の見かけの運行、すなわち惑星光行差で、1722年に本人が発見した現象だった。竜座の星で光行差を測定して計算したところ、光速は3億100万m／秒となった。ちなみに今日では、2億9979万2458m／秒とされている。

パリではフランス人医師ピエール・フォシャールが《外科歯科医》を発表し、近代歯科学の扉を開いた。彼は充塡法を導入し、虫歯予防には砂糖を減らすことだと主張した。ロンドンではイーフレイム・チェンバーズが英語で書かれた初の知識百科《サイクロペディア、または諸芸諸学の百科事典》を出版した。

27m ジャンタル・マンタルにある日時計サムラート・ヤントラの指時針の高さ

1729~30年

> 管が光を物体に伝達しても、同時に電気は伝わっていないかもしれない……

スティーヴン・グレイ（イギリスの実験家）《電気に関する諸実験を含むクロムウェル・モーティマーへの書簡》（1731年）

イギリス人スティーヴン・グレイは家業の染物を続けながら独学で知識を身につけた。1720年代、引退したグレイは電気の実験に挑戦しはじめる。単純なグレイの実験を通じて、多くの人が電気のさまざまな現象を目の当たりにした。なかでもグレイは絹地の紐を何百メートルも伸ばし、電気が伝わることを示した。

フランスでは偉大な数学者・天文学者のピエール・ブーゲが光の伝わりかたに関する重要な発見を行なった。15歳で物理学と数学の教授になったブーゲは、空気のような透明な物質に光が吸収される仕組みを研究し、光は空気を通過するとき算術的（一様に）ではなく幾何学的（一定割合で）に弱まることを突きとめた。

星の光をひずませるのは空気だけではない。当時の望遠鏡は色収差が悩みの種だった。単純なレンズでは、入ってくるすべての波長の光に対し、焦点を1点に絞ることができないためだ。そこでイギリスの発明家チェスター・ムーア・ホールが屈折率の異なるレンズを組みあわせ、色消しレンズを考案した。

同じ1729年、ジョゼフ・フルジャムが開発したロザラム犂は軽量で、人間ひとりと馬2頭で効

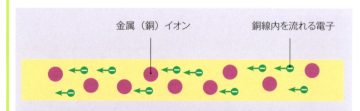

電気伝導

電気伝導とは電荷の移動であり、突きつめれば電子（1897年に発見される）のリレー競争である。通常電子は原子と結びついているが、自由になることがある。電子が容易に自由になる物質ほど、伝導性が高いことになる。銅などの金属がそうだ。

1731〜32年

湿らせた絹の紐で電気を伝導させるスティーヴン・グレイ。

フランスの技術者アンリ・ピトーは、パリを流れるセーヌ川の橋の下で自ら開発したピトー管を使い、流れの速さを計測した。

ケイツビーの植物・動物相
ケイツビーが紹介したこの鳥はハシジロキツツキ。いまは絶滅危惧種になっている。

1731年には、自然界を科学的に測定することへの関心が高まった。イタリアの発明家ニコラス・チェリッロは初めて近代的な地震計を発明する。微妙なバランスを保つ振り子が揺れると、その程度が紙に記録される仕組みだった。

イギリス人のジョン・ハドリーとアメリカ人のトマス・ゴドフリーは、鏡に星や太陽を映し、その像と水平線を合わせることで角度を測る反射八分儀をそれぞれ独自に開発した。1759年には望遠鏡も追加されて、反射八分儀は航海で広く使われるようになる。

1731年には農学者ジェスロ・タルが馬で耕作する農業法を著作で紹介し、休閑期なしに播種できることを示し、農業変革にはずみをつけた。

オランダの科学者・医師ヘルマン・ブールハーフェは1732年に《化学要論》を出版して化学の世界に重要な足跡を残す。このなかで彼は精密な測定を重視し、化学を原理に基づいた科学の一分野へと昇格させた。ブールハーフェは尿や牛乳といった物質の化学的性質に関しても鋭い知見を披露し、生化学の誕生に貢献した。

1732年、フランスの流体技術者アンリ・ピトーは、自ら開発したピトー管で川の流れの速さを測定した。直角に曲がった管を流れに向けて浸すと、管に入った水の高さで速さがわかる。ピトー管はいまでも航空機の対気速度計に使われている。

率よく土を耕すことができた。この犂は以後180年間広く使われ、初めて工場で生産された犂もこの形のものだった。

北アメリカではマーク・ケイツビーが大陸の動植物相を初めて記録し、発表した。

1.5 m/秒
パリを流れるセーヌ川の水の速さ

ラウラ・バッシ（1711〜1778年）
ボローニャの裕福な家に生まれ、ランベルティーニ枢機卿、のちの教皇ベネディクト14世の後援で科学研究を続けた。1731年にボローニャ大学解剖学教授、1732年に哲学教授に就任。ニュートン力学をイタリアに紹介、多くの女性が科学で活躍できる素地をつくった。

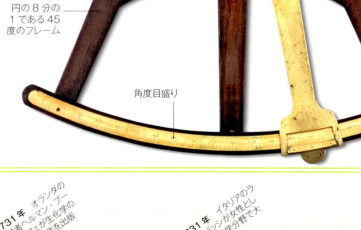

― 反射鏡
― 回転式の照準
― 八分儀
海上で太陽と星を鏡に映し、水平線と揃えることで簡単に角度を計測できた。
― 円の8分の1である45度のフレーム
― 角度目盛り

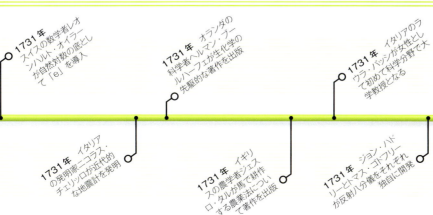

- **1730年** フランスの天文学者クランジャン・ド・フォシーが太陽と彗星の8の字型軌跡を発見
- **1731年** スイスの数学者レオンハルト・オイラーが自然対数の底として「e」を導入
- **1731年** イタリアの発明家ニコラス・チェリッロが近代的な地震計を発明
- **1731年** オランダの科学者ヘルマン・ブールハーフェが生化学の先駆的な著作を出版
- **1731年** イギリスの農学者ジェスロ・タルが馬で耕作する農業法について著作を出版
- **1731年** イタリアのラウラ・バッシが女性として初めて科学分野で大学教授となる
- **1731年** ジョン・ハドリーとトマス・ゴドフリーが反射八分儀をそれぞれ独自に開発
- **1732年** フランスの流体技術者アンリ・ピトーがピトー管を使って流体の速さを計測
- **1732年** ミハイル・グヴォステフとイワン・フョドロフがロシアからベーリング海峡を横断してアラスカに渡る

1733〜34年

ジョン・ケイの発明した飛び杼は織物生産を大きく変え、さらには産業革命まで引きおこした技術のひとつだ。

機械の時代は1733年に幕を開けた。この年、イギリスの発明家ジョン・ケイ（1704〜1779年頃）が飛び杼を使った綿織機を開発したことで、綿布の大量生産と価格低下が実現した。半自動のこの織機では、広幅織りという新しい規格の布地を短時間で織ることができた。

同じ1733年、パリでは裕福な実験家シャルル・フランソワ・システルニ・デュ・フェ（1689〜1739年）が電気の性質を調べるさまざまな実験を行なっていた。そして物質によって電気や熱の伝導性にちがいがあり、なかには絶縁する物質があること、またガラスをこすったときの電気と、樹脂をこすったときの電気は異なることを発見した。デュ・フェはそれぞれを「ガラス電気」「樹脂電気」と呼んだが、15年後に「正」「負」という名称がついた。デュ・フェはさらに、同じ種類の電気を帯びた物どうしは引きつけあい、異なる電気を帯びた物は反発しあうこ とも確認した。

同じころフランスの貴族ルネ・アントワーヌ・フェルショー・ド・レオミュール（1683〜1757年）が、昆虫に関する膨大な研究成果を《昆虫の自然史としての回想録》にまとめはじめた。当時知られていたほぼすべての昆虫の生態と生息域が正確に記述されたこの著作は、昆虫学の揺るぎない土台となった。

ヨーロッパでは哲学者たちがさまざまな定説に疑問を投げかけていた。1734年、イギリスの哲学者ジョージ・バークリー（1685〜1753年）は微積分学を批判し、単一インスタンスでの運動を明らかにするのであれば、極限値のあいだの無限小の距離を計算すればよいと主張した。

スウェーデンの哲学者エマヌエル・スヴェーデンボリは、太陽系がガスと塵の雲からできており、それが重力によって崩壊すると角運動量保存のために回転すると考えた。

92万5000種
今日知られている昆虫の種類

1735〜36年

> **「神が創造し、リンネが分類した。」**
>
> カール・リンネ（スウェーデンの植物学者）

1735年の科学界最大の問題は、地球の形を確かめることだった。アイザック・ニュートンは、地球は自転しているので完全な球形ではなく、赤道部分の円周がいちばん大きいと考えた。フランスの天文学者ジャック・カッシーニは、反対に極を通る円周が大きいと主張した。そこでフランス国王ルイ15世は、国の威信をかけて2つの調査隊を派遣、赤道付近と北極付近で同じ経度の2地点間の距離を測定することにした。数学者・生物学者ピエール・モーペルチュイ（1698〜1759年）率いる北極隊はラップランドをめざし、博物学者で探検家のシャルル＝マリー・ド・ラ・

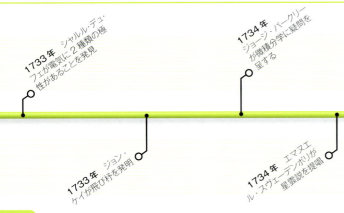

1737〜39年

> "新発見を行なったと標榜する者は……先人を貶めることで自らの体系をそれとなく高めようとする。"
>
> デヴィッド・ヒューム（スコットランドの哲学者）《人間本性論》（1739年）

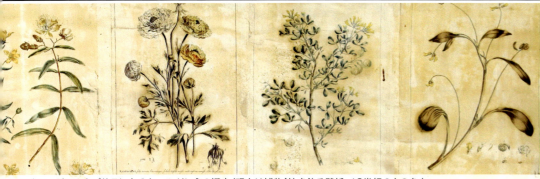
スウェーデンのウプサラにあるカール・リンネの旧宅（現在は博物館）を飾る壁紙。18世紀のものを忠実に再現した複製。

コンダミーヌ（1701〜1774年）の赤道隊はペルーとエクアドルに向かった。調査の結果、正しいのはカッシーニではなくニュートンであることが判明した——地球は赤道部分が張りだした楕円体だったのである。同じく1735年、フランスの探検隊が航海していたころ、イギリスの気象学者ジョージ・ハドリーが、大西洋横断を可能にする貿易風の原因を考察し、風が赤道に向かってまっすぐ吹きおろすのではなく、東から西に向かっているのは、地球の自転で偏向するからだと説明した。

同じ1735年には、イギリスの時計職人ジョン・ハリソン（1693〜1776年）が最初の海洋クロノメーターを完成させた。海上でも正確に時を刻むことで、経度の計算が可能になる時計である。1759年には、ハリソンは4台目となるH4をつくっている。これは懐中型であるにもかかわらず、精度はさらに高かった（［1759〜64］参照）。

モーペルチュイの探検隊がラップランドに出発する3年前には、スウェーデンの博物学者カール・リンネもこの地を旅し、植物や鳥の標本を集めた。この旅行をきっかけにリンネは生物の分類という壮大な仕事に取りくみ、1735年に《自然の体系》を出版する。リンネは自然界を動物界、植物界、鉱物界の3つに大別し、それぞれに網、目、属、種という小分類を設定した。さらにラテン語で属名＋種小名を示す二名法も導入し、現在ではこの命名法が世界的に定着している。

リンネの動物分類
《自然の体系》に収録されている動物の分類表。動物を哺乳類、鳥類、両生類、魚類、昆虫類、蠕虫類（ぜんちゅうるい）に分けている。

ハドリーセル

赤道付近には「セル」と呼ばれる南北の空気循環帯がいくつかあり、そのひとつが気象学者ジョージ・ハドリーにちなむハドリーセルである。地球は自転しているのでセルは東西に偏り、らせん状になる。それが緯度帯ごとに異なる風を引きおこす。

地球の自転方向／ハドリーセル

1737年5月28日、イギリスの医師で天文学者のジョン・ベヴィス（1695〜1771年）が王立グリニッジ天文台の望遠鏡でめずらしい現象を観測した——天体が別の天体と重なって見えなくなる掩蔽（えんぺい）である。彼が目撃したのは金星による火星の掩蔽で、惑星どうしの掩蔽が記録された唯一の例である。

スイスでは数学者ダニエル・ベルヌーイ（1700〜1782年）が、ロシアのサンクトペテルブルクでの研究をもとに《水力学》を出版する。このなかでベルヌーイは、流体の速度が上がると、内部の圧力は下がることを指摘した——これがベルヌーイの定理である。サンクトペテルブルクでは、フランスの天文学者ジョゼフ＝ニコラ・ドリルが太陽黒点（こくてん）の追跡方法を確立した。

1739年、フランスの探検家ジャン＝バティスト・ブーヴェ（1705〜1786年）は南大西洋に最も遠い島を発見し、のちにブーヴェ島と名づけた。フランスではエミリー・デュ・シャトレ（1706〜1749年）が1739年に燃焼に関する論文を発表し、そのなかで現在の赤外線の存在を予言した。同じフランスのアンジューでは、スコットランドの哲学者デヴィッド・ヒュームが人間の心理を解きあかそうとした代表作《人間本性論》を完成させた。

カール・リンネ（1707〜1778年）

スウェーデンのラスホルトに生まれた偉大な博物学者。医師のかたわら植物の分類に生涯のほとんどを費やした。弟子たちは世界を旅して標本を採取、ウプサラのリンネのもとに送った。1741年にウプサラ大学植物学教授に就任した。

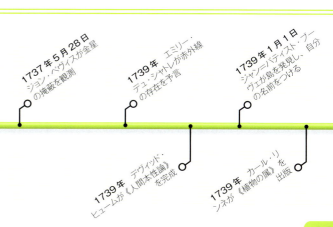

1735年 イギリスの時計職人ジョン・ハリソンが海洋クロノメーターを初めて完成

1736年 シャルル＝マリー・ド・ラ・コンダミーヌがゴムを発見

1737年5月28日 ジョン・ベヴィスが金星の掩蔽を観測

1739年 エミリー・デュ・シャトレが赤外線の存在を予言

1739年 デヴィッド・ヒュームが《人間本性論》を完成

1739年1月1日 ジャン＝バティスト・ブーヴェが島を発見し、自分の名前をつける

1739年 カール・リンネが《植物の属》を出版

1740〜42年

> "その動物は岸辺には決して上がらず……皮膚は黒く厚い……頭は……小さい。歯はなく、平たい白い骨が2本出ているだけだ。"
>
> ゲオルク・シュテラー、ドイツの動物学者（1740年）

ドイツの博物学者ゲオルク・シュテラーが1740年に発見した大型海獣はケルプを餌にしていたが、1767年には絶滅した。

丈夫で腐食に強い鉄は建築物や機械に適した実用的な金属だが、まとまった量を生産することが難しく、何千年も剣で使われるのみだった。しかし1740年、イギリスの時計職人ベンジャミン・ハンツマン（1704〜1776年）がイギリス、シェフィールドで「るつぼ」法を発明する。鋼鉄を粘土製のるつぼに入れ、コークスで1600℃まで熱することで、純度の高い大型の鋳塊にするというものである。このるつぼ鋼は製鉄に革命を起こし、シェフィールドの年間鉄鋼生産量は200トンから、ヨーロッパ全体のほぼ半分を占める8万トンに増えた。

1740年6月4日、デンマークの探検家ヴィトゥス・ベーリング（1681〜1741年）は、シベリアの北極圏沿岸の地図を作成する探検に出発する。仲間の探検家アレクセイ・チリコフ（1703〜1748年）を乗せた聖パーヴェル号とともに、ベーリングは聖ピョートル号でロシア東部のカムチャツカ半島を出発した。両船ははぐれ、ベーリングはアラスカの半島に到着、チリコフはアリューシャン列島を発見した。ベーリングは壊血病に倒れたあと聖ピョートル号は難破してアリューシャン列

アンデルス・セルシウス（1701〜1741年）

スウェーデンのウプサラに生まれ、1730年に父の後を継いでウプサラ大学天文学教授になる。その名を冠した温度単位を考案したことで知られるが、太陽の磁気嵐と地球で起きるオーロラ現象の関係も発見している。

島に漂着し、ベーリングはこの地で息を引きとった。乗組員が小さな船を建造してロシアに帰還したことで、ロシアは毛皮取引に乗りだし、財を得ることができた。生還者のひとりがドイツ人博物学者ゲオルク・シュテラー（1709〜1746年）で、彼はこの航海で未知の生き物の標本を採取した。ステラーカイギュウ、ステラーカケス、オオワシ、コケワタガモなどは彼にちなんで命名された動物である。だがステラーカイギュウは発見からわずか27年で乱獲によって絶滅した。

17世紀初頭に医師ロバート・フラッドや天文学者ガリレオ・ガリレイらによって開発された温度計は、ガラス管の液体の膨張や収縮で温度を知る仕組みだった。しかし温度の単位は1世紀たっても定まっていなかった。イギリスの物理学者・数学者のアイザック・ニュートンは、雪の融点と水の沸点のあいだを33分割した尺度を提唱する。しかし最終的に定着したのは、スウェーデンの天文学者アンデルス・セルシウス（1701〜1744年）が1742年に考案した温度目盛りで、これが現在の摂氏目盛りとなった（1948年までは百分目盛りと呼ばれていた）。当初の摂氏目盛りは標準的な気圧下で水が凍る温度を100度、水が沸騰する温度を0度とし、そのあいだを100分割していた。それから2年後、スウェーデンの博物学者カール・リンネは温室の温度計に摂氏目盛りを採用したが、上下をひっくり返して水の沸点を100度にした。

1742年、フランスの数学者ジャン・ル・ロン・ダランベール（1717〜1783年）は、仮想の「平衡力」を導入してニュートンの運動の第2法則をとらえなおした。これはダランベールの原理と呼ばれ、たえず変化する動力学の計算を静力学に帰着させることを可能にした。同年、アメリカの発明家・政治家ベンジャミン・フランクリンが開発した鋳鉄製ストーブは、部屋の真ん中に置くことで熱効率が上がり、たちまち各家庭に普及した。

6種 ゲオルク・シュテラーが1740年の航海で発見した新種

温度単位

1700年代にはレ氏などの温度単位が並立していたが、現在使われているのはケルビン（K、1848年承認）、摂氏（℃）、華氏（℉）の3種類である。いずれも一定温度間を等分したもの。ケルビンは絶対零度から始まり、1Kは摂氏1度に等しく、273.15Kは水の融点0℃、373.15Kは水の沸点100℃になる。

	ケルビン	摂氏	華氏
	373K	100℃	212℉
	300K	27℃	81℉
	273K	0℃	32℉
	255K	−18℃	0℉
	200K	−73℃	−99℉
	100K	−173℃	−279℉
絶対零度	0K	−273℃	−460℉

- **1740年** イギリスの時計職人ベンジャミン・ハンツマンがるつぼ鋼を開発
- **1741年5月** デンマークの探検家ヴィトゥス・ベーリングがアラスカと北極圏シベリア沿岸の地図を作成
- **1741年7月** ロシアの探検家アレクセイ・チリコフがアリューシャン列島を発見
- **1741年7月20日** ドイツの博物学者ゲオルク・シュテラーがアラスカに上陸
- **1742年** スウェーデンの天文学者アンデルス・セルシウスが温度の百分目盛りを提唱

1743〜44年

1744年3月、6本の巨大な光の尾が地平線から姿を現わした。大彗星である。

1745〜46年

フランスの哲学者ピエール=ルイ・モロー・ド・モーペルテュイの着想は、後年の進化論のきっかけとなった。

> " 今日存在する種は……先を見通せない運命の産物のごく一部に過ぎない……"
>
> ピエール=ルイ・モロー・ド・モーペルテュイ『宇宙論試論』（1750年）

1744年春、世界中の夜空がかつてないほど明るい彗星に照らされた。この彗星は、すでに1743年末にはドイツでヤン・デ・ムンクとディルク・クリンケンベルクが、スイスではジャン=フィリップ・ド・シェゾーが望遠鏡で確認しており、その後クリンケンベルク=シェゾー彗星と命名された。明るさを増したこの「大彗星」は金星をしのぐほどになり、1744年3月の数週間は昼間でも観察できた。

新しい測量機器のおかげで、角度を測定することで正確な位置を定める三角測量が可能になり、正確な地図が作成できるようになった。1744年、フランスのカッシニ3世ことセザール=フランソワ・カッシニ・ド・テュリ（1714〜1784年）が、8万4600分の1の縮尺でフランス全土の地図を作成する大事業に乗りだした。

同じ年、スイスの数学者レオンハルト・オイラー（1707〜1783年）はベルリンで光学の論文を著わした。その明快な内容のおかげで、光は「微粒子」であるとするニュートンの粒子説よりも、ホイヘンスの波動説が優勢になった（［1675年］参照）。

カッシニのフランス地図
詳細で正確なフランス地図を作成するため、カッシニは三角測量で距離を測定し、集落の正確な位置を定めていった。

1兆個
存在すると思われる彗星の数

80 大彗星の数
4185 確認された彗星の数

彗星
極度に明るい大彗星はめったに観察できない。いまだ発見されていない彗星も無数に存在する。

1745年、スイスの博物学者シャルル・ボネ（1720〜1793年）は『昆虫学概論』を出版、イモムシの気孔呼吸やアリマキの単為生殖について記した。

同じ1745年、フランスでは数学者・哲学者のピエール=ルイ・モロー・ド・モーペルテュイ（1698〜1759年）が《ヴィーナスの肉体》を著わし、必要が最善の形で満たされる動物だけが生きのこり、適切な特質を持たない動物は絶滅するという、のちの進化論につながる着想を示した。またすべての生命は共通の祖先を持つとも考えた。

同じくフランスでは、数学者セザール=フランソワ・カッシニ・ド・テュリがカッシニ投影図法を開発した。地図の投影図法は何らかの形でかならず歪みが出るものだが、カッシニ投影図法は中央子午線に直交する大円は正確だったため、方眼で区切る地域的な地図に適していた。有名なイギリスの陸地測量図もカッシニ投影図法が採用されている。

1746年、フランスの鉱物学者ジャン=エティエンヌ・ゲタール（1715〜1786年）は、国内の地表鉱物を表わした新しい種類の地図を作成した。これが世界初の地質図とされる。

オランダのライデンでは、ドイツ人聖職者エヴァルト・ゲオルク・フォン・クライスト（1700〜1748年）と、オランダ人物理学者ピーテル・ファン・ミュッセンブルーク（1692〜1761年）が、蓄電装置であるライデン瓶をそれぞれ独自に発明した。これはガラス瓶の内側と外側にある電極のあいだで静電気をためるもので、静電発電によって生じた静電荷を蓄積するが、それ自体が電荷を生みだすわけではないので、電池とは異なる。それでも小さくて手軽な蓄電装置として広く利用された。

> " 電気について多くのことがわかったが……まだ何ひとつ理解できていないし、何ひとつ説明できていない。"
>
> ピーテル・ファン・ミュッセンブルーク、オランダの物理学者（1746年）

ライデン瓶
静電気を蓄電し、放出できる装置。

電極／蓋は非伝導性／鎖または電線／電極／金属の被覆

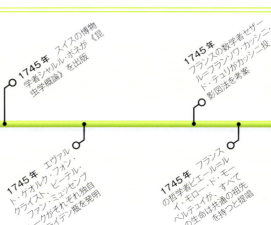

1743年 ドイツの天文学者ヤン・デ・ムンクとディルク・クリンケンベルクが大彗星を発見

1744年 フランスの数学者セザール=フランソワ・カッシニ・ド・テュリがフランスの地図作製を開始

1744年 スイスの数学者レオンハルト・オイラーが光学の重要な論文を発表

1745年 スイスの博物学者シャルル・ボネが《昆虫学概論》を出版

1745年 エヴァルク・ゲオルク・フォン・クライスト、ピーテル・ファン・ミュッセンブルークがそれぞれ独自にライデン瓶を発明

1745年 フランスの哲学者ピエール=ルイ・モロー・ド・モーペルテュイが、すべての生命は共通の祖先を持つと提唱

1745年 フランスの数学者セザール=フランソワ・カッシニ・ド・テュリがカッシニ投影法を考案

1746年 イギリスの薬剤師ウィリアム・クックワージがコーンウォールでカオリン石を発見

1747〜48年

ベルンハルト・ジークフリート・アルビヌス著《人体筋骨構造図譜》にはかつてない正確さの解剖学的図版が収録されていた。

イギリスの物理学者アイザック・ニュートンが重力の法則を発見してから（[1687〜89年] 参照）、月の重力は研究者の関心の的だった。1747年、フランスの数学者ジャン・ル・ロン・ダランベールは、月が海と同様に大気に引きおこす「干満」が風になると述べたが、誤りだった。暖かい空気は上昇し、そこに冷たい空気が入りこむ。太陽が空気を暖めるときのさまざまな変化が風を起こす。それでもこの研究は、複数の変数が関係する偏微分方程式の解法となって結実した。その後スイスの数学者レオンハルト・オイラーが発展させた偏微分方程式は、他の値が一定であるとき、ひとつの変数が変わる速さを知るのに使われ、たとえば音、熱、電気、流体の運動計算に欠かせないものとなっている。

長い航海では、壊血病で命を落とす船員が後を絶たなかった。壊血病の原因がビタミンC不足にあることは当時まだ知られていなかったが、レモンやライムを食べることで防げるのではないかという推測はあった。1747年、イギリス海軍の軍医だったジェームズ・リンド（1716〜1794年）が、壊血病にかかった12名の水兵を対象にさまざまな食品を与える実験を行なったところ、ライムを食べた2名だけが回復した。壊血病予防にはビタミンCを豊富に含む柑橘類が有効であることは、現在では常識となっている。

1748年、オランダの解剖学者ベルンハルト・ジークフリート・アルビヌス（1697〜1770年）が人体解剖学の重要な著作《人体筋骨構造図譜》を出版する。この本の図版には正確を期するために方眼が入っていた。

同じ1748年、イギリスの物理学者ジェームズ・ブラッドリーは、20年間研究してきた現象、章動を発表した。地球の軸が18.6年周期でわずかに動くというものだ。月の軌道が地球の公転軌道面とわずかにずれているために、非対称の重力変化が地球の自転の均衡を崩すのである。

骨の数

人骨
赤ん坊は成人より骨の数が多く、成長とともに融合してひとつの骨になるものもある。

壊血病対策
ジェームズ・リンドは1747年の論文で、柑橘類が壊血病予防に効果的だと述べた。しかし実際に対策として採用されたのは何年もたってからだった。

1749〜50年

イギリスの天文学者トマス・ライトは天の川が円盤状であることを示した。

1749年、フランスの博物学者ジョルジュ・ド・ビュフォン（1707〜1788年）が動物と鉱物の研究成果をまとめた全44巻の《博物誌》の出版を開始した。ビュフォンは、世界の歴史はとても長く、多くの種が生まれては消えていったことを最初に認識しており、それがのちにダーウィンの進化論の土台となる（p.204-205参照）。

同じ1749年、スイスの数学者レオンハルト・オイラーは《船舶科学》で船の安定性について論じた。海上における船の3次元運動を正確に分析するためには、長さと幅に加えて、深さという第3の座標軸をグラフに追加する必要があった。x軸、y軸、z軸を用いる座標系

ビュフォンの《博物誌》
ジョルジュ・ド・ビュフォン《博物誌》にはこの七面鳥をはじめ正確な図版が収録され、数か国語に翻訳された。

- 1747年 ジャン・ル・ロン・ダランベールが偏微分方程式の解法を示す
- 1747年 ジェームズ・リンドが壊血病に柑橘類が効くと提唱
- 1748年 イギリスの医師ジョン・フォザーギルがジフテリアについて記述
- 1748年 ジェームズ・ブラッドリーが地球の章動に関する説明を発表
- 1748年 ベルンハルト・ジークフリート・アルビヌスが人体解剖学の研究を出版
- 1749年 レオンハルト・オイラーが立体座標系を導入
- 1749年4月12日 レオンハルト・オイラーが素数に関するフェルマーの定理を証明
- 1749年 ピエール・ブーゲが探検で得た知見を《地球の形状》で発表
- 1749年 ジョルジュ・ド・ビュフォンが《博物誌》の出版を開始

1751〜52年

> 百科全書がめざすのは……地上の……あらゆる知識を集大成し……過去何世紀もの業績をむだにしないことである。

ドゥニ・ディドロ（フランスの哲学者）《百科全書》（1751年）

18世紀の最新式実験室。ドゥニ・ディドロとジャン・ダランベールの《百科全書》の図版編。

は、いまでは三角法の柱となっている（[1635〜37年]参照）。この年、オイラーはフランスの数学者ピエール・ド・フェルマーの素数の定理を証明した。素数とは1と自分自身以外では割りきれない数だが、一部の素数は2つの平方数の和で表わせることを示したのである。

フランスの水路学者ピエール・ブーゲ（1698〜1758年）もまた、地球の形状をめぐる議論に巻きこまれた。1730年代にはブーゲとシャルル＝マリー・ド・ラ・コンダミーヌの指揮で南アメリカへの探検も行なわれ（[1733〜39年]参照）、地球は赤道部分で張りだした楕円体であることが裏づけられたが、ブーゲとラ・コンダミーヌはこの結果で激しく対立した。ブーゲは1749年に自らの主張を《地球の形状》として出版し、2年後にはド・ラ・コンダミーヌも反論する著作を発表した。

1750年、イギリスの天文学者トマス・ライト（1711〜1786年）は天の川の形状を考察しはじめた。当時天の川はまだ銀河だとわかっていなかった。ライトは、地球が天の川の内部にあるので観察することはできないが、形は円盤状であると正しく推測した。

雷の実験
1752年6月、フィラデルフィアの実験家で政治家だったベンジャミン・フランクリンは命の危険も顧みず雷雲の日に凧を揚げ、雷が電気であることを確かめた。

1751年、フランスの数学者ピエール＝ルイ・モロー・ド・モーペルテュイ（1698〜1759年）は《自然の体系》を発表し、動物の特徴がいかに子孫に伝わるかを論じた。これがのちに遺伝学の基礎となる。モーペルテュイの発想は、チャールズ・ダーウィンが初期に唱えたものの否定された形質遺伝理論──パンゲン説──にもつながっている。パンゲン説は近年新たな角度からあらためて注目されている。

同じ1751年、フランスの哲学者ドニ・ディドロ（1713〜1784年）とジャン・ダランベールは、当時の知識を集大成した《百科全書》の編纂を開始する。世界中の知識をひとつにまとめ、著名な人物が寄稿した初めての百科事典である。

1751年のエジンバラで、スコットランドの医師ロバート・ホイット（1714〜1766年）が、瞳孔が光の量によって自動的に開閉することを突きとめた。これは刺激に対して身体が自動的に反応する反射の初の報告例である。

> 彼は天空から稲妻を、圧制者から笏を奪いとった。

アンヌ＝ロベール・ジャック・テュルゴー（フランスの経済学者・政治家）がサミュエル・P・デュ・ポンへの書簡でベンジャミン・フランクリンを評した言葉（1778年）

のちにアメリカ合衆国の政治家となるベンジャミン・フランクリン（1706〜1790年）は、自宅の実験で観察する電気の火花と雷が似ていることに興味を持ち、雷は自然発生する電気だと確信するようになった。そして1751年にロンドンで出版された著書《電気の実験と観察》のなかで、番小屋に立てた金属棒に落雷させる実験を紹介し、自説が正しいことを証明した。

1752年5月、フランスのジャン＝フランソワ・ダリバール（1703〜1799年）がフランクリンの実験を再現することに成功した。翌月、ダリバールの成果をまだ知らなかったフランクリンは、フィラデルフィアで嵐の日に凧を揚げ、雷雲の電気を凧紐に下げた鍵に伝える実験を行なった。感電を避けるために、凧紐の末端は絹紐に変えていた。鍵から火花が散ったことで、雷雲は帯電していることが確認できた。

同じく1752年には、イギリスの物理学者トマス・メルヴィル（1726〜1753年）が物質を燃やした炎をプリズムを通して観察すると、色の配列が異なることを発見する。たとえば塩は明るい黄が中心となった。これは、物質が放つ光の色で性質を探る分光学の始まりとなった。

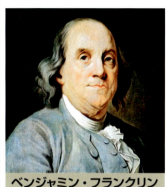

ベンジャミン・フランクリン（1706〜1790年）

アメリカのボストンに生まれ、フィラデルフィアの印刷業者として生涯の大半を過ごした。アメリカ独立の立役者のひとりであり、電気の性質の研究でも名をあげた。避雷針や鋳鉄こんろを発明し、メキシコ湾流の調査も行なった。

- 1750年 トマス・ライトが天の川は円盤状であると記述
- 1751年 ロバート・ホイットが瞳孔反射を発見
- 1751年 ピエール＝ルイ・モロー・ド・モーペルテュイがパンゲン説を唱える
- 1751年 ドニ・ディドロとジャン・ダランベールが《百科全書》の編纂を開始
- 1752年 ベンジャミン・フランクリンが雷は電気であることを証明する
- 1752年 イギリスの物理学者トマス・メルヴィルが分光学の先駆的研究を行なう

1753〜54年

カール・リンネの植物分類は生殖器、つまりおしべとめしべに重点を置いていた。上は1730年代にリンネのもとで働いた植物画家ゲオルク・エーレットの絵。

1755〜56年

> ……多くの星ははるか遠くにあるために、狭い空間に集まって……一様な青白い光でまたたいているように見える。

イマヌエル・カント（ドイツの哲学者）《天界の一般的自然史と理論》（1755年）

アメリカの発明家・博識家ベンジャミン・フランクリン（1705〜1790年）は1751年に雷が電気であることを証明し、2年後に建物を落雷から守る避雷針を発明・実演した。今日でも使われている避雷針は金属棒を建物の頂上に設置し、電線を通じて雷の電流を地中に逃がすという単純なものだ。屋根に棒を立てたらかえって雷を呼びこむという反論もあったが、避雷針はすぐに受けいれられた。同じころチェコの発明家プロコプ・ディヴィシュ（1698〜1765年）も独自に避雷針を発明しており、こちらの形のほうが広く使われるようになった。

イギリス海軍の軍医ジェームズ・リンドは、船乗りがかかる恐ろしい病気に柑橘類が効くことを6年かけて立証し、1753年に《壊血病に関する論文》を発表した。しかしこの対策が普及するまで数十年かかった。

スイスの数学者レオンハルト・

避雷針
フランクリンの避雷針は、最初はむしろ雷を呼びこむと思われて抵抗されていた。しかしすぐに多くの建物に避雷針が立つようになった。

オイラー（1707〜1783年）は、太陽・月・地球といった3つの天体の相互作用を研究した。それがいわゆる三体問題で、オイラーは著書《月の運行の理論》を発表し、1760年についに解を導くことに成功する。オイラーはまた、月と地球のあいだに働く引力が潮汐を起こす仕組みも研究した。こうした力はまだ耳慣れない話題だったが、1754年にオランダの水路技術者アルベルト・ブラームス（1692〜1758年）は、潮位の科学的な記録を開始した。

ドゥブロヴニク生まれのルジェル・ボスコヴィッチ（1711〜1787年）は少なくとも6つの科学分野で業績をあげた人物で、月に大気はないと主張した。今日では、空気は存在するものの、あまりに薄くて地球のように生命を維持することはできないとわかっている。ボスコヴィッチの説は完全に正しいとは言えないまでも、地球以外の世界を理解するうえで重要な一歩を刻んだ。

スコットランドの化学者ジョゼフ・ブラック（1728〜1799年）は二酸化炭素を発見し、地球の大気を知るうえで重要な貢献をした。ブラック自身は「固定空気」と呼び、燃焼を止め、窒息を起こし、動物が呼吸時に排出することまで突きとめた。

同じころスウェーデンの博物学者カール・リンネ（[1737〜39年]参照）は、6000種類の植物それぞれにラテン語の二名法（属名と種小名）で命名した《植物の種類》を出版した。この分類法は、今日の植物学で用いられている学名の基本となっている。

3万アンペア
落雷時の電流の強さ

1755年11月1日朝、ポルトガルのリスボンをマグニチュード8.5の大地震が襲い、壊滅的な被害をもたらした（[1935年]参照）。その影響を調べたイギリスの地質学者ジョン・ミッチェル（1724〜1793年）は、地震波が地面を伸び縮みさせながら伝わったと正しく推測した。さらに震央は大西洋東部、アゾレス諸島とジブラルタルのあいだにあることを明らかにした。

イギリスの技術者ジョン・スミートン（1724〜1792年）は、水と反応して硬化し、水中に置いたままでも劣化しない水硬性石灰を導入して建築物の安定性

大地震
1755年のリスボン大地震では大規模な建築物の多くと住宅1万2000戸が倒壊した。

15% 倒壊を免れた建物
85% 倒壊した建物

を改善した。イギリス南西部、エディストンの3代目の灯台を建設するとき、スミートンはこの水硬性石灰を使用している。

イマヌエル・カントは今日の多くの科学者と同様、太陽系は星間の塵の集まりから生まれたと考えていた。

1757〜58年

> 均質で力の法則の影響を受ける粒子は……他の粒子を引きつけるか、反発するか、あるいはまったく影響を及ぼさない……

ルジェル・ボスコヴィッチ《自然哲学理論》（1758年）

ロシアでは博識家ミハイル・ロモノーソフが、鉛板を瓶のなかで加熱して変性させても、全体の重さは変化がないことを示し、質量保存の法則を証明した。フランスの化学者アントワーヌ・ラヴォアジェ（[1781〜82年]参照）が同様の法則を打ちたてたのは、30年近くあとのことである。

ドイツの哲学者イマヌエル・カント（1724〜1804年）は、1730年代にスウェーデンの思索家・神秘主義者のエマヌエル・スヴェーデンボリ（1688〜1772年）が唱えた星雲説をさらに発展させた。太陽系は回転するガス雲から生まれ、自らの重力で崩壊して太陽や惑星ができたというのである。

ミハイル・ロモノーソフ（1711〜1765年）

西欧ではほとんど知られていないが、農民の子に生まれ、物理学、化学、天文学の分野で活躍したほか、詩人でもあり、ロシア啓蒙時代の重要な思索家だった。金星の大気について重要な発見を行なったほか、光の波や氷山形成についても独自の理論を打ちたてた。

都市の崩壊
1755年11月に起きたリスボン大地震では3万人以上が死んだ。

物質が原子でできているという発想は、17世紀初頭から注目を集めていた。クロアチア出身でヴェネツィアに暮らしていたルジェル・ボスコヴィッチは独自の原子論を展開し、《自然哲学理論》で発表する。ボスコヴィッチは、点のように微小な2個1組の粒子が物質を構成していると考えた。

フランスでは、地球が楕円体であることを示して注目された天文学者アレクシス・クロード・クレロー（1713〜1765年）が、今度は彗星について新理論を発表した。1759年に接近するハレー彗星は、別の彗星など未知の重力を受けているというのである。クレローは月の運行表も作成したが、ドイツのゲッティンゲンで天文学者トビアス・マイヤー（1723〜1762年）がつくり、海上で経度計算に使った運行表にくらべると、重要度も正確さもはるかに及ばなかった。このころやはり経度計算の問題に取りくんでいたのが、イギリスの時計職人ジョン・ハリソン（1693〜1776年）で、彼がつくったH3クロノメーターはいかなる状況でも経度測定が可能な精度を誇った。

スイスでは技術者のグルーベンマン兄弟──ヤコブ（1694〜1758年）、ヨハネス（1707〜1771年）、ハンス（1709〜1783年）──が、ライン川支流のライヘナウ島にかかる67mの橋など、世界最長の陸橋をいくつも建設した。

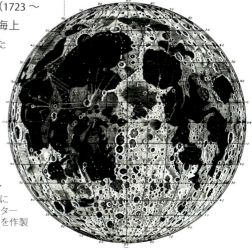

月面図
ドイツの天文学者トビアス・マイヤーは月を綿密に調べあげ、月面のクレーターの位置を正確に示す地図を作製した。

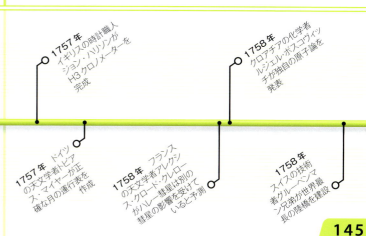

- **1756年** ロシアの博識家ミハイル・ロモノーソフが質量保存の法則を証明
- **1756年** イギリスの技術者ジョン・スミートンがコンクリートを開発
- **1757年** イギリスの時計職人ジョン・ハリソンがH3クロノメーターを完成
- **1757年** ドイツの天文学者トビアス・マイヤーが正確な月の運行表を作成
- **1758年** フランスの天文学者アレクシス・クロード・クレローがハレー彗星は別の彗星の影響を受けていると予測
- **1758年** クロアチアの化学者ルジェル・ボスコヴィッチが独自の原子論を発表
- **1758年** スイスの技術者グルーベンマン兄弟が世界最長の陸橋を建設

1543～1788年 | 発見の時代

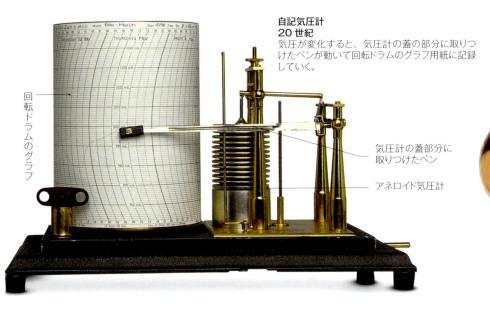

自記気圧計
20世紀
気圧が変化すると、気圧計の蓋の部分に取りつけたペンが動いて回転ドラムのグラフ用紙に記録していく。

回転ドラムのグラフ

気圧計の蓋部分に取りつけたペン

アネロイド気圧計

風向きを示す羽根

風を受けて回転する羽根車

気象観測

正確な気象観測が天気予報を可能にした。

人びとは昔から、天候を理解し、変化を予測する方法を求めてやまなかった。こうして大気の温度や圧力などを測定する装置が生まれていった。

気象観測装置が初めてつくられたのは17世紀イタリアである。最初のころは、温度変化は温度計、気圧は気圧計、風の強さは風速計、湿度は湿度計と、大気の状態を知るための単純なものばかりだった。それでも、計測結果から天候の予測ができることが明らかになってくる。いまでは世界各地の気象台のデータを強力なコンピューターで解析し、気象予測が行なわれている。

太陽光線を集めるガラスボール

太陽光線がカードを焦がす

日射計
1881年
ガラスボールが太陽光線を集めてカードを焦がすので、その軌跡を見れば日照時間がわかった。

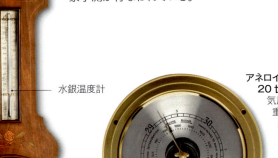

水銀温度計

アネロイド気圧計
20世紀
気圧の変化は天気を知る重要な手がかりだ。気圧が低下すると天候は悪化し、気圧が高い状態が続くと天候は良好になる。

気圧がミリバールで示される

アネロイド気圧計・温度計
20世紀
まだ天気予報の放送がなかった19世紀、家庭では写真のようなバンジョー形のケースに収めた温度計とアネロイド気圧計で天気を予測していた。

ドラムに巻かれた記録紙

風杯型風速計
20世紀
風杯型（ふうはいがた）風速計は1846年にアイルランドの天文学者ジョン・ロビンソンが発明した。写真の風速計はドラムに巻いた紙に風速を記録できる。

146

1759～60年

3万種
キュー・ガーデンズにある植物の種類

ロンドンのキューにあった植物園が1760年に拡大され、世界各地から持ちこまれためずらしい植物を収集するようになった。写真は1848年につくられたパーム・ハウス。

H4クロノメーター
ジョン・ハリソンがつくったH4クロノメーターは、直径13cm、重さ1.45kgの大きな懐中時計形で、海上で経度が計算できる初めての実用的な装置だった。

1759年、航海中に経度を測定する課題についに答えが出た。それは高精度の時計、つまりクロノメーターの使用である。だがクロノメーターは大きくて複雑なものだと誰もが思っていた。イギリスの時計職人ジョン・ハリソンは1730年から1759年までに3種類のクロノメーターを製作し、かなりの精度を実現していたが、満足のいくレベルではなかった。大きさはかならずしも必要ないと悟ったハリソンは、1760年に懐中時計サイズのクロノメーター、H4を完成させる。1761年の大西洋横断航海で、H4は2か月でわずか5.1秒遅れという驚異的な精度を見せつけた。

航海距離が伸びるにつれて、船乗りたちは世界中のめずらしい植物をヨーロッパに持ちかえるようになった。そうした植物を集めて植えるために、植物園も新たにつくられた。ロンドンのキュー・ガーデンズは、未亡人となっていたイギリス王太子妃オーガスタ・サクス＝コバーグが1760年に大幅に拡張していた。

南洋を航海した船乗りたちが持ちかえったのは、巨大な氷山の目撃譚だった。ロシアの博識家ミハイル・ロモノーソフはそれが未発見の大陸にあると考え、のちに南極大陸であることが明らかになった。またロモノーソフは岩石の年代にばらつきがあることに着目し、地球の地形は短期間の地殻変動の結果ではなく、はるかに長い時間をかけた複雑な歴史があると指摘した。

1759年、イタリアの地質学者ジョヴァンニ・アルドゥイノ（1714～1795年）は、地球の地質学的年代を第一期から第四（火山）期まで4つに分けることを提唱した。

1760年、シャルル・ボネは視力が落ちた祖父の経験から低視力者が幻覚を見る症状について記述し、その幻覚は脳がつくりだすものだと考えた。これはのちにシャルル・ボネ症候群と呼ばれるようになった。

> **精神という劇場は脳というからくりから生まれる。**
>
> シャルル・ボネ《精神の諸能力についての分析的試論》（1760年）

シャルル・ボネ（1720～1793年）

ジュネーヴ近郊に生まれ、死ぬまで生地を離れなかったシャルル・ボネは、昆虫の単為生殖や、イモムシの気孔を研究した。哲学者でもあった彼は、精神が脳の産物であるといち早く主張した。

- **1759年** ジョヴァンニ・アルドゥイノが地球の地質学的年代を4つに分けることを提唱
- **1760年** ロンドンのキュー・ガーデンズがオーガスタ・サクス＝コバーグによって拡張される
- **1760年** イギリスの地質学者ジョン・ミッチェルが地震の原因を考察
- **1760年** ジョン・ハリソンがH4クロノメーターを完成
- **1760年** ミハイル・ロモノーソフが地球の地形は長期間にわたる自然の作用で生まれたと主張

1761〜62年

> "水が蒸気に変わるときに熱がなくなるが、それは失われたわけではない。"
>
> ジョゼフ・ブラック（スコットランドの化学者）
> 《化学原理講義》（1760年）

ジョゼフ・ブラックはグラスゴー大学で熱に関する画期的な講義を行なった。

1763〜64年

エドワード・ストーンはヤナギの樹皮に薬効があることを発見し、緩和医療を大きく前進させた。

1761年、イギリスのバーミンガムにソーホー工場が設立されたことは、歴史が産業革命へと向かう重要な転換点となった。独創性豊かな起業家マシュー・ボールトンがつくったソーホー工場では、組立ラインが設けられ、ボタンやベルトのバックル、箱といった大衆向けの安価な製品を大量生産した。数年後、この工場ではイギリスの技術者ジェームズ・ワットの蒸気エンジンが組み立てられることになる（[1756〜66年]参照）。

ジェームズ・ワットの初期の後援者だったスコットランド人化学者ジョゼフ・ブラック（1728〜1799年）は、熱の特性のひとつを発見した。氷のように冷たい水を温めるより、氷を融かしたり、水を蒸発させるほうが多くの熱を必要とするのである。これがいわゆる潜熱である。熱と温度の差異を浮きぼりにする潜熱は、エネルギー理解の基本となった。ワットはこの発見をもとに、それまで効率無視の珍奇な仕掛けに過ぎなかった蒸気エンジンを、工業化時代の原動力へと変身させた。

スウェーデンでは、化学者ヨハン・ゴットシャルク・ワレリウス（1709〜1785年）が、科学を工業だけでなく農業にも応用できることを示していた。農芸化学の先駆的著作《農業の自然的・化学的原理》では、植物の成長を促す化学物質について論じている。

潜熱

物質は状態が変化するときに熱を吸収・放出する。固体が融けて液体になるときは熱エネルギーを吸収し、液体が固体になるときは熱を失う。このエネルギーは潜熱と呼ばれ、固体から液体、液体から気体に変化するには、物質の温度をただ上昇させるよりもはるかに多くのエネルギーが必要になる。

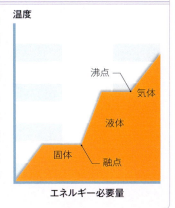

る。

同じスウェーデンのヨハン・カール・ヴィルケ（1732〜1796年）は、静電気を発生させる電気盆を設計した。

スイスでは数学者ヨハン・ハインリヒ・ランベルト（1728〜1777年）が、太陽系が星間の塵から生まれたとする星雲説に関して、独自の見解をまとめた論文を発表した。イギリスの天文学者トマス・ライトや、ドイツの哲学者イマヌエル・カントも同様の説を唱えている。ランベルトは、太陽とその近辺の星がひとつの集団を形成して天の川を動いていると考えたが、この説はのちに正しいことが証明された。

1763年、イギリスの聖職者エドワード・ストーン（1702〜1768年）は、ヤナギの樹皮に薬効があることを発見する。さらに慎重な試験を重ねた結果、マラリア熱に劇的な効き目があることが判明した。のちにその有効成分はサリチル酸であることが判明し、アスピリンの誕生へとつながる（[1897年]参照）。

1764年の発明のなかで最も影響力が大きかったのは、イギリスの大工・職工のジェームズ・ハーグリーヴス（1721〜1778年）が考案したジェニー紡績機だろう。従来の8倍の速さで綿を紡ぐことができる機械である。手動であり、操作に多少の技術が必要だったとはいえ、動力で大量に布地を生産する自動機械への重要な一歩となった。

1764年、イタリア生まれのフランス人数学者ジョゼフ・ルイ・ラグランジュ（1736〜1813年）が、月が秤動している理由を説明した。さらに月がつねに同じ面を地球に向けている理由も解きあかす。ラグランジュはこれをもとに、単一系での運動を簡単に計算できる方程式を編みだした。

100個以上
スターバースト銀河

1個
ふつうの銀河

銀河で1年間に生まれる星の数
1760年代に唯一知られていた銀河が天の川だが、ここでは1年に1個新しい星が生まれている。いっぽうスターバースト銀河は数百個が誕生する。

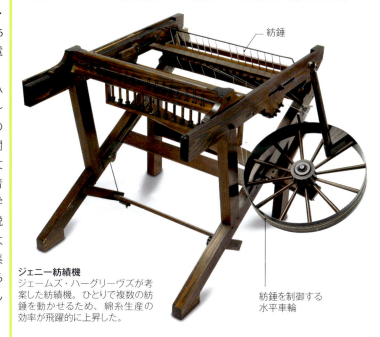

ジェニー紡績機
ジェームズ・ハーグリーヴスが考案した紡績機。ひとりで複数の紡錘を動かせるため、綿糸生産の効率が飛躍的に上昇した。

紡錘

紡錘を制御する水平車輪

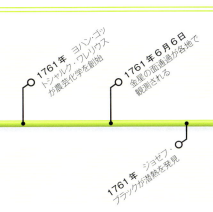

1761年 ヨハン・ゴットシャルク・ワレリウスが農芸化学を創始

1761年6月6日 金星の面通過が各地で観測される

1761年 ジョゼフ・ブラックが潜熱を発見

1762年 ヨハン・カール・ヴィルケが発電機を設計

1764年 ジェームズ・ハーグリーヴスがジェニー紡績機を発明

1764年 ジョゼフ・ルイ・ラグランジュが月が秤動していることを示す

1765～66年

2.02倍
木星の衛星ガニメデの重さ（月とくらべて）

数学者ジョゼフ・ルイ・ラグランジュは、18世紀当時知られていた木星の4個の衛星（イオ、エウロパ、ガニメデ、カリスト）の運行を計算した。

1765年、若きスコットランド人技術者ジェームズ・ワット（1736～1819年）はグラスゴー大学の作業場にこもり、トマス・ニューコメンの蒸気機関の改良に取りくんでいた。ニューコメンの蒸気機関は、シリンダーに送りこまれた蒸気がピストンを押しあげると、冷水を噴射して蒸気が凝縮され、真空状態となりピストンが引きさげられる仕組みで、小規模な使いかたしかできなかった。冷水が熱の大部分を奪っていることに気づいたワットは、シリンダー外に蒸気を凝縮する部分を追加した。1770年代に入り、ワットはバーミンガムの実業家マシュー・ボールトン（1728～1809年）の協力を得て実用化を推進する。ただのポンプでしかなかった蒸気機関は、産業革命を推進する原動力へと変貌したのである。

ボールトンはバーミンガム・ルナー・ソサエティを設立する。これは先駆的な知性が集う交流団体で、エラズマス・ダーウィン、ジョサイア・ウェッジウッド、ジョゼフ・プリーストリー（1733～1804年）が参加し、ワットもあとから加わった。プリーストリーと、化学者のジョゼフ・ブラックやヘンリー・キャヴェンディッシュ（1731～1810年）は空気や気体の研究に熱心だったので「空気化学者」と呼ばれた。1765年、キャヴェンディッシュは「燃えやすい空気」である水素を発見した。水素は元素のひとつであり、金属を酸に融かすことで発生させることができた。

1766年、スイスの数学者レオンハルト・オイラーはサンクトペテルブルク科学アカデミーに職を得て、前半生の大半をここで過ごす。この年彼は剛体の運動に関する重要な方程式を編みだし、あらゆる物体は惑星のように自らの形を保つことを示す。イタリア生まれのフランス人数学者、ジョゼフ・ルイ・ラグランジュ（1736～1813

工業化の原動力
ジェームズ・ワットが開発した蒸気機関は、複動式シリンダーによって蒸気が独立した復水器に入る画期的な仕組みだった。

ジェームズ・ワット（1736～1819年）

史上最も偉大な発明家のひとり。1736年1月19日、スコットランドのグリーノックに生まれる。鉱山用の不安定な取水ポンプでしかなかった蒸気機関に改良を加え、工業生産に欠かせない動力機関に押しあげた。ほかにも彫刻複製機や世界初の複写機も手がけている。

年）はオイラーの後任としてベルリンのプロイセン科学アカデミーに招かれ、木星の衛星で当時知られていた4個の軌道について論文を書いた。この4個がイオ、エウロパ、ガニメデ、カリストと命名されたのは1世紀後である。

日本の久留米では1766年に数学者有馬頼徸（1714～1783年）が円周率を29桁まで計算した。

- 1765年 イギリスの技術者ジェームズ・ワットが外部復水器の蒸気機関を開発
- 1765年 スイスの数学者レオンハルト・オイラーが剛体の運動を理論化
- 1766年 フランスの数学者ジョゼフ・ルイ・ラグランジュが木星の衛星の運行を分析
- 1766年 日本の数学者有馬頼徸が円周率を29桁まで計算
- 1766年 イギリスの化学者ヘンリー・キャヴェンディッシュが水素を発見

1767～68年

> 2つの伝導体を分離させ、正反対の種類の電気を持つ物質は帯電しているという。

ジョゼフ・プリーストリー（イギリスの聖職者・科学者）《電気学の歴史と現状》（1767年）

1769～70年

フランスの技術者ニコラ＝ジョゼフ・キュノーは大砲を運ぶための蒸気運搬車を開発したが、重すぎて実用性に欠け、上の古い挿絵にあるように壁に激突してしまった。

1667年から1773年までリーズで聖職者をしていたジョゼフ・プリーストリーは、化学と電気学の実験を重ね、1767年に出版した《電気学の歴史と現状》が大きな成功を収めた。「固定空気」と呼ばれていた二酸化炭素が、地元のビール醸造所の大桶から発生することにプリーストリーは気づいた。そして二酸化炭素をつくりだす実験中、その泡が融けこんだ水が刺激的でおいしくなることに気づいた。プリーストリーはこの水が船員の壊血病予防になると喧伝したが、それは誤りだった。しかし1783年、スイスの時計職人ヨハン・ヤコプ・シュヴェッペ（1740～1821年）はプリーストリーの着想をもとに世界初の炭酸飲料水をつくる。

イタリアの博物学者ラザロ・スパランツァーニ（1729～1799年）は、食品を密閉容器で保存できる可能性を示唆し、1767年には微生物が大気中に存在し、自然に増加することを確認して、自然発生説を否定した。しかしこの事実の発見者は、同じことを1世紀のちに実験で示したルイ・パストゥール（［1857～58年］参照）ということになってしまう。

レオンハルト・オイラーは、光の色は波長で決まることを理論レベルながら洞察した。

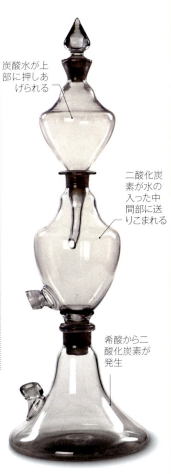

ヌースの装置
ジョン・マーヴィン・ヌース（1737～1828年）が、プリーストリーの発想に基づいて1774年に製作した炭酸水製造機。炭酸水は医療目的で使われた。

- 炭酸水が上部に押しあげられる
- 二酸化炭素が水の入った中間部に送りこまれる
- 希酸から二酸化炭素が発生

3万種

ジョゼフ・バンクスがオーストラリアのボタニー湾で発見した植物の種類

1769年に誕生した機械は、2つの重要な技術の発展につながった。ひとつはフランスの軍事技術者ニコラ＝ジョゼフ・キュノー（1725～1804年）がつくった蒸気車両で、自動車の前身とも言えるものだった。1770年代に入ってキュノーが試作した2台目は大きな車輪が3個付き、銅製の大型ボイラーが前輪の上にのっていた。しかし走行時間はわずか20分しかなく、しかも重たすぎて進路変更も停止もできず、のちには壁に激突したという。

もうひとつの技術革新はリチャード・アークライト（1732～1792年）が開発した動力作動の工業機械だった。これはアークライト紡績機とも呼ばれ、時計職人ジョン・ケイが依頼を受けて1769年に完成させたこの紡績機は、イギリス産の細い綿繊維から上部な綿糸を紡ぐことが可能で、アークライト最大の発明となった。アークライトの発想はこれだけに留まらず、この機械をずらりと並べ、人力ではなく水車で動かすことまで構想した。この画期的な水力紡績工場は1771年、ダービーシャーのダーウェント河畔にあるクロムフォードに誕生した。

世界の反対側では、イギリスの海軍将校ジェームズ・クック（1728～1779年）がエンデヴァー号を指揮して最初の航海に出発していた。彼と乗組員たちは、ヨーロッパ人として初めてオーストラリア東海岸に到達した。一行は、のちにボタニー湾と命名される入江から上陸する。同乗していた植物学者ジョゼフ・バンクスは、この地で3万点の植物を採集したが、そのうち1600点はヨーロッパに知られていない種類だった。1769年6月3日、クックたちはタヒチで金星の日面通過を観測する。この現象は世界各地で目撃された。同じ1769年、フランスの天文学者シャルル・メシエ（1730～1817年）が、現在オリオン星雲と呼ばれる巨大な雲を初めて記録する。オリオン星雲は新しい星が生まれる場所だった。

ボタニー湾
18世紀のボタニー湾の地図。オーストラリア東海岸探検でジェームズ・クックが作成した海図が基になっている。

137万7648 km
太陽の直径

1万2104km
金星の直径

大きさの比較
金星は太陽にくらべるときわめて小さいため、日面通過では黒い小さな点が動いているようにしか見えない。

- 1767年 イギリスの化学者ジョゼフ・プリーストリーが炭酸水を発明
- 1767年 イタリアの博物学者ラザロ・スパランツァーニが、微生物の自然発生説に疑いを唱える
- 1768年 レオンハルト・オイラーが光の色は波長で決まると主張
- 1769年3月4日 フランスの天文学者シャルル・メシエがオリオン星雲を初めて記録
- 1769年6月3日 金星の日面通過が世界各地で観測され、ジェームズ・クックもタヒチで目撃する
- 1769年 イギリスの発明家リチャード・アークライトの考案した水力紡績機をジョン・ケイが製作
- 1769年 フランスの技術者ニコラ＝ジョゼフ・キュノーが蒸気車両を製作する
- 1770年 ジェームズ・クックがオーストラリア・ボタニー湾に上陸して採集を行なう

1771〜72年

> "ふつうの空気より5、6倍も優れた気体を……発見した。"

ジョゼフ・プリーストリー（イギリスの化学者）が《各種気体の実験と観察》（1775年）で亜酸化窒素の発見に触れて

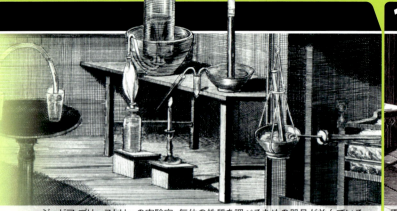

ジョゼフ・プリーストリーの実験室。気体の性質を調べるための器具が並んでいる。

1773〜74年

電信の実験をするスイスの物理学者ジョルジュ＝ルイ・ルサージュ。

ドイツの博物学者ペーター・シモン・パラス（1741〜1811年）はロシア東部からシベリアを6年かけて探検していたが、1771年からその成果の報告が届きはじめた。当時この地帯は、南アメリカ同様ヨーロッパにはほとんど未知の世界だった。パラスはマヌルネコをはじめ、数多くの新種の動植物を発見した。

1772年、スイスの物理学者・数学者レオンハルト・オイラーが、2,147,483,647がメルセンヌ素数——2n − 1——であると示した。この名称は17世紀に素数を研究したマラン・メルセンヌにちなんでいる。1世紀ぶりに見つかった当時最大の素数であり、証明には372回も除法計算が繰りかえされた。

1772年、レオンハルト・オイラーは《ドイツの一王女宛ての書簡》を出版してヨーロッパでの名声を確立した。1760年4月から1763年5月にかけて、1週間に2通の割合で書かれた書簡をまとめた800ページの大著で、プロイセンの若き王女、アンハルト＝デッサウのルイーゼ・ヘンリエッテ・ヴィルヘルミネに科学の初歩を説いていた。内容は光、色、重力、天文、磁気、光学など多岐に渡った。

同じ1772年、ベルリンの科学アカデミーでオイラーの後継者となったイタリア生まれのフランス人数学者ジョゼフ・ルイ・ラグランジュが《分析的力学》の執筆を開始する。ラグランジュは1766年から、天体の運行が数学的手法で計算できることを示す一連の著作を発表していた。なかでも彼が着目したのが三体問題である。これはたとえば太陽・地球・月が、たがいに重力の影響を受けながら空間内でどう動くかを考察するもので、90年間多くの数学者を惹きつけてやまない問題だった。ラグランジュは、月のような小さい物体でも、太陽と地球のような巨大な2個の物体と均衡状態を維持できる点が5つあることを見つけた。これは現在ラグランジュ点と呼ばれている。

イギリスでは同じ1772年に、科学者ジョゼフ・プリーストリーが亜酸化窒素を発見している。プリーストリーはこの気体を「フロギストン化した窒素気体」と呼んだ。亜酸化窒素は鎮静剤として使われ、吸いこむと多幸感が得られることから笑気ガスの別名もついた。この年、スコットランドの医師ダニエル・ラザフォード（1749〜1819年）が空気中の窒素を初めて抽出する。この気体を満たした場所にマウスを入れると死んでしまったことから、ラザフォードは「有毒気体」と呼んだ。彼は窒素が燃焼に関与しないことも確認している。

マヌルネコ
中央アジアの山岳地帯に生息する小型のネコで、絶滅の恐れがある種に指定されている。ドイツの博物学者ペーター・パラスが最初に確認した。

> "最大もしくは最小の規則が出現しない宇宙では何も起こらない。"

レオンハルト・オイラー（スイスの数学者）《曲線を発見する方法》（1744年）

科学史には第一発見者論争がつきものである。酸素をめぐってもそうした論争が起きた。酸素は燃焼に重要な役割を果たし、また燃焼のフロギストン説は当時広く支持されていたので（[1702〜03年]参照）、1770年代は多くの科学者が酸素の存在を確かめようとしていた。酸素の発見で最初に名乗りをあげたのはジョゼフ・プリーストリーで、1775年だった。1774年8月1日の実験で、ガラス管の酸化水銀に日光を照射し、酸素ガス（「脱フロギストン空気」と本人は呼んだ）を生成したと主張した。しかし1777年、スウェーデンの物理学者カール・ヴィルヘルム・シェーレ（1742〜1786年）が、1772年にすでに

酸素の発見

水素とともに空気の主成分である酸素は、生命維持と燃焼作用に不可欠だ。プリーストリーは、酸素がないとろうそくの炎は消え、ネズミは窒息することを突きとめた。その後1777年には、フランスの化学者アントワーヌ・ラヴォアジエがそれまでの定説をくつがえし、燃焼にはフロギストンではなく酸素が関与していることを立証した。

レオンハルト・オイラー（1707〜1783年）

スイスのバーゼルに生まれ、生涯の大半をサンクトペテルブルクとベルリンで過ごした。現代数学表記の基礎をつくり、微積分法とグラフ理論に多大な貢献を行なった。後年は視力を完全に失いながらも、頭のなかだけで計算を続けた。

- 1771年 ドイツの博物学者ペーター・シモン・パラスがシベリアの野生生物について報告
- 1772年 フランスの数学者ジョゼフ・ルイ・ラグランジュが三体問題を考察
- 1772年 スコットランドの医師ダニエル・ラザフォードが窒素を発見
- 1772年 スイスの数学者レオンハルト・オイラーが当時最大の素数を発見
- 1773年 イギリスのジェームズ・クックが南極圏を横断
- 1772年 スウェーデンの化学者カール・ヴィルヘルム・シェーレが酸素を発見
- 1772年 イギリスの化学者ジョゼフ・プリーストリーが亜酸化窒素を合成
- 1772年 スイスの数学者レオンハルト・オイラーが《ドイツの一王女宛ての書簡》を出版
- 1773年 フランスの天文学者シャルル・メシエが多くの星雲を発見、非星体物体に注目が集まる

1775～76年

26本
ルサージュの電信装置に使われた絶縁電線の数。

4万本
ジャイアンツ・コーズウェイに屹立する玄武岩の柱の数

スコットランドの化学者ジェームズ・ケアは、北アイルランドのジャイアンツ・コーズウェイは溶岩が固まったものであることを突きとめた。

酸化水銀や各種硝酸塩を加熱して酸素を発生させていたと反論。その後フランスの化学者アントワーヌ・ラヴォアジェ（1713～1794年）が酸素を発見したと発表するが、プリーストリーとシェーレが否定した。

1773年、アメリカの発明家デヴィッド・ブッシュネル（1742～1824年）は、南北戦争のために水中爆破装置を開発した。さらに1775年には、その装置を設置するための潜水艇も製作して実験を行なう。これが実際に稼働した世界初の潜水艦だ。この潜水艇はタートルと呼ばれたが、実際はレモン形に近く、気密性の高いハッチが上部にあり、プロペラ操作のクランクと舵が装備されていた。

1774年、カール・ヴィルヘルム・シェーレがクロリンを発見。塩酸に由来するのでシェーレは「脱フロギストン塩酸気体」と呼んだ。現在の塩化水素である。

1774年、スイスのジュネーヴでは、物理学者ジョルジュ＝ルイ・ルサージュ（1724～1803年）が初期の電信装置をつくった。アルファベット26文字のそれぞれに電線を割りあて、離れた部屋に信号を送ることに成功した。

世界初の潜水艦
ブッシュネルが開発したタートル潜水艦（写真は模型）は1775年に実際に使用され、ハドソン川に爆発物を設置することに成功した。

沈降用プロペラ
通風管
ハッチ

1775年には電気を使ったさまざまな実験が行なわれ、イタリアの物理学者アレッサンドロ・ヴォルタ（1745～1827年）は電気盆を開発した。樹脂板と、絶縁体の持ち手がついた金属盤で、毛皮や羊毛で樹脂板をこすり帯電させ、金属盤を近づけて静電誘導を起こす。単純ながら電荷を効率よく蓄積したり、強められる器具だった。

同じく1775年、スウェーデンの博物学者ペール・フォルスカル（1732～1763年）が調べた中東の動物相の観察記録が死後になって出版された。フォルスカルはイエメンで採集活動中にマラリアで命を落としていた。

フランスではのちに工学者となるピエール＝シモン・ジラール（1765～1836年）が10歳で水タービンを発明する。彼はその後も流体力学の分野で重要な業績をあげた。

地球の岩石や地形がいかにして形成されたかという探究も盛んに行なわれた。1776年、ドイツの地質学者アブラハム・ヴェルナー（1750～1817年）は、かつて地球を覆っていた海からすべての岩石が生成されたと主張。いわゆる水成論だが、誤りだった。これに対し火山活動で岩石がつくられたとする火成論を主張したのがスコットランドの化学者ジェームズ・ケア（1735～1820年）だ。北アイルランドのジャイアンツ・コーズウェイにある玄武岩の石柱が、溶岩の結晶化したものであることを確認した。

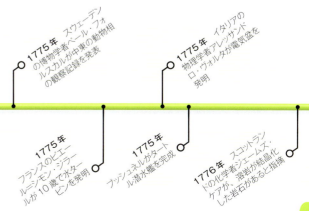

電気盆
アレッサンドロ・ヴォルタがつくった電気盆は、単純ながら電荷を集めるのに便利な器具だ。

絶縁性の持ち手
金属盤
蝋引きまたは樹脂の皿

- 1773年 アメリカの発明家デヴィッド・ブッシュネルが爆破装置を開発
- 1774年 スウェーデンの化学者カール・ヴィルヘルム・シェーレが塩素、マンガン、バリウムを発見
- 1774年 スイスの物理学者ジョルジュ＝ルイ・ルサージュが初めて電信を行なう
- 1774年8月1日 イギリスの化学者ジョセフ・プリーストリーが酸素を抽出
- 1775年 スウェーデンの博物学者ペール・フォルスカルが中東の動物相の観察記録を発表
- 1775年 フランスのピエール＝シモン・ジラールが10歳で水タービンを発明
- 1775年 ブッシュネルがタートル潜水艦を完成
- 1775年 イタリアの物理学者アレッサンドロ・ヴォルタが電気盆を発明
- 1776年 スコットランドの化学者ジェームズ・ケアが、溶岩が結晶化した岩石があると指摘

1783〜86年

> 移動可能な脱穀機が実現すれば……この国で最も価値ある設備となるだろう。

ジョージ・ワシントン（アメリカ合衆国初代大統領）脱穀機の重要性を説くトマス・ジェファーソン宛の書簡（1786年）

1783年11月21日、パリで世界初の有人飛行が行なわれて大きな話題を呼んだ。製紙業を営むジョゼフ＝ミシェル（1740〜1810年）とエティエンヌ（1745〜1799年）のモンゴルフィエ兄弟が開発した熱気球で、搭乗者はピラートル・ド・ロジェ（1754〜1785年）とダルランド侯爵だった。兄弟は、熱した空気を詰めた袋が宙に浮かぶ現象を発見していた。暖かい空気は冷たい空気より密度が下がるのである。

その10日後には、フランスの物理学者ジャック・シャルル（1746〜1823年）と職人ノエル・ロベール（1760〜1820年）が水素気球でパリの空を飛んだ。内部の空気が冷めやすい熱気球より、水素気球のほうが長時間飛行でき、制御も可能だった。

同じ1783年には、スペインのホセ（1754〜1796年）とファウスト（1755〜1833年）のエルヤル兄弟が、炭とタングステン酸を反応させて新しい金属を分離することに成功した。これはのちにタングステンと名づけられ、あらゆる金属のなかで最も硬いことがわかった。

1784年、イギリスの化学者ヘンリー・キャヴェンディッシュ（1731〜1810年）が、水は水素と酸素の2種類の気体からなることを実証した。また天文学者のジョン・ミッチェルは、充分な質量の星には強力な重力場ができて、光さえも逃げられなくなるとして、ブラックホールの存在を予見した。ロンドンでは発明家ジョゼフ・ブラマー（1748〜1814年）が、安全性の高い錠を考案して特許を取得。特定の組みあわせのスライダーが溝にはまらないと開かない仕組みだった。

地質学者にとって1780年代の最大のなぞは、海洋生物の化石がなぜ山の高いところで見つかるかだった。ドイツの地質学者アブラハム・ヴェルナー（1749〜1817年）は、大洪水のような一度の天変地異で世界の形が激変したと考えた（［1775〜76年］参照）。しかしスコットランドのジェームズ・ハットン（1726〜1797年）は、1785年に出版した《地球の理論》で、地形は浸食、沈降、隆起を繰りかえし長い時間でつくられるという説を発表。ハットン説に従えば、地球の年齢はそれまで考えられていたような数千年ではなく、何百万年にもなるが、最終的にはこちらが正しいことが証明された。

900メートル
1783年にモンゴルフィエの熱気球が到達した高度

ヘンリー・キャヴェンディッシュのユージオメーター
大気中の酸素など、化学反応で生じた気体の容積を測定する装置。写真はレプリカ。
- ここで気体が膨張する
- 真鍮製
- 気体の封入口

気球の実験
1783年11月、ピラートル・ド・ロジェとダルランド侯爵はモンゴルフィエの熱気球飛行実験に登場した。右はその様子を描いた19世紀の版画。

- 1783年11月21日　モンゴルフィエ熱気球の有人飛行実験がパリで行なわれる
- 1783年12月1日　パリで水素を使った気球の飛行実験が行なわれる
- 1784年1月15日　ヘンリー・キャヴェンディッシュが水は水素と酸素からできていることを実証
- 1784年8月21日　ジョゼフ・ブラマーが錠前の特許を取得
- 1785年　シャルル・ド・クーロンが電荷の法則を確立
- 1785年　アンドリュー・ミークルが脱穀機を発明
- 1785年　ジェームズ・ハットンが《地球の理論》を出版し、長期間にわたる地形の形成を示唆
- 1785年　ジャン・ブランシャールがパラシュートを発明
- 1785年　エドモンド・カートライトが力織機を発明

26本

ルサージュの電信装置に使われた絶縁電線の数。

1775～76年

スコットランドの化学者ジェームズ・ケアは、北アイルランドのジャイアンツ・コーズウェイは溶岩が固まったものであることを突きとめた。

酸化水銀や各種硝酸塩を加熱して酸素を発生させていたと反論。その後フランスの化学者アントワーヌ・ラヴォアジェ（1713～1794年）が酸素を発見したと発表するが、プリーストリーとシェーレが否定した。

1773年、アメリカの発明家デヴィッド・ブッシュネル（1742～1824年）は、南北戦争のために水中爆破装置を開発した。さらに1775年には、その装置を設置するための潜水艇も製作して実験を行なう。これが実際に稼働した世界初の潜水艦だ。この潜水艇はタートルと呼ばれたが、実際はレモン形に近く、気密性の高いハッチが上部にあり、プロペラ操作のクランクと舵が装備されていた。

1774年、カール・ヴィルヘルム・シェーレがクロリンを発見。塩酸に由来するのでシェーレは「脱フロギストン塩酸気体」と呼んだ。現在の塩化水素である。

1774年、スイスのジュネーヴでは、物理学者ジョルジュ＝ルイ・ルサージュ（1724～1803年）が初期の電信装置をつくった。アルファベット26文字のそれぞれに電線を割りあて、離れた部屋に信号を送ることに成功した。

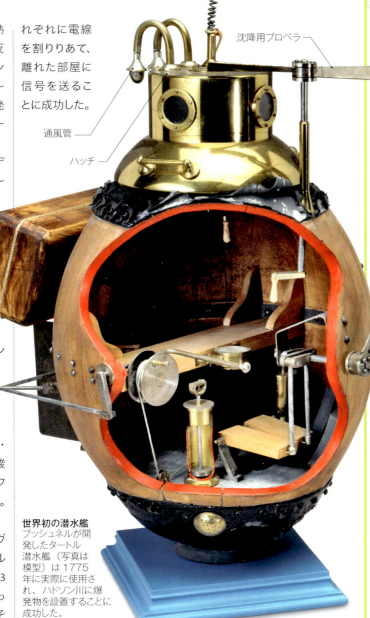

世界初の潜水艦
ブッシュネルが開発したタートル潜水艦（写真は模型）は1775年に実際に使用され、ハドソン川に爆発物を設置することに成功した。

沈降用プロペラ / 通風管 / ハッチ

1775年には電気を使ったさまざまな実験が行なわれ、イタリアの物理学者アレッサンドロ・ヴォルタ（1745～1827年）は電気盆を開発した。樹脂板と、絶縁体の持ち手がついた金属盤で、毛皮や羊毛で樹脂板をこすり帯電させ、金属盤を近づけて静電誘導を起こす。単純ながら電荷を効率よく蓄積したり、強められる器具だった。

同じく1775年、スウェーデンの博物学者ペール・フォルスカル（1732～1763年）が調べた中東の動物相の観察記録が死後になって出版された。フォルスカルはイエメンで採集活動中にマラリアで命を落としていた。

フランスではのちに工学者となるピエール＝シモン・ジラール（1765～1836年）が10歳で水タービンを発明する。彼はその後も流体力学の分野で重要な業績をあげた。

地球の岩石や地形がいかにして形成されたかという探究も盛んに行なわれた。1776年、ドイツの地質学者アブラハム・ヴェルナー（1750～1817年）は、かつて地球を覆っていた

4万本

ジャイアンツ・コーズウェイに屹立する玄武岩の柱の数

海からすべての岩石が生成されたと主張。いわゆる水成論だが、誤りだった。これに対し火山活動で岩石がつくられたとする火成論を主張したのがスコットランドの化学者ジェームズ・ケア（1735～1820年）だ。北アイルランドのジャイアンツ・コーズウェイにある玄武岩の石柱が、溶岩の結晶化したものであることを確認した。

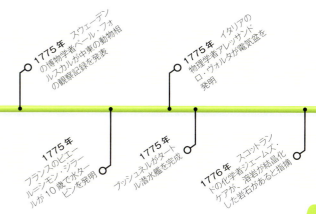

電気盆
アレッサンドロ・ヴォルタがつくった電気盆は、単純ながら電荷を集めるのに便利な器具だ。

絶縁性の持ち手 / 金属盤 / 蠟引きまたは樹脂の皿

- 1773年 アメリカの発明家デヴィッド・ブッシュネルが爆破装置を開発
- 1774年 スウェーデンの化学者カール・ヴィルヘルム・シェーレが塩素、マンガン、バリウムを発見
- 1774年 スイスの物理学者ジョルジュ＝ルイ・ルサージュが初めて電信を行なう
- 1774年8月1日 イギリスの化学者ジョゼフ・プリーストリーが酸素を抽出
- 1775年 スウェーデンの博物学者ペール・フォルスカルが中東の動物相の観察記録を発表
- 1775年 フランスのピエール＝シモン・ジラールが10歳で水タービンを発明
- 1775年 ブッシュネルがタートル潜水艦を完成
- 1775年 イタリアの物理学者アレッサンドロ・ヴォルタが電気盆を発明
- 1776年 スコットランドの化学者ジェームズ・ケアが、溶岩が結晶化した岩石があると指摘

1777〜78年

> 太陽を直視した者のように……視力がおかしくなり……すさまじい頭痛も始まりました。

サミュエル=オーギュスト・ティソ（スイスの医師）《神経および神経障害論》（1783年）より患者の症状の記録

1779〜80年

イギリスはシュロップシャーのセヴァーン川にかかるアイアンブリッジの鉄橋。成形された鉄の部品を組みたてる方法で、トマス・プリチャードが設計し、エイブラハム・ダービー3世が建造した。

　数学者たちは、2乗してもゼロを超えない「虚数」の問題に頭を悩ませてきた。1777年、スイスの数学者レオンハルト・オイラーが、2乗すると−1となる虚数単位 i を導入する。これによって負数の平方根を、実数の平方根の i 倍として等式に入れることができた。

　1777年、ロンドンの時計職人ジョン・アーノルド（1736〜1799年）が、1759年のハリソンH4を改良し、かつてない精度の経度測定用時計を製作して「クロノメーター」と名づけた。スイスの医師サミュエル=オーギュスト・ティソ（1728〜1797年）が偏頭痛を取りあげたとき、胃から始まるという原因こそ誤っていたものの、前ぶれなく激しい痛みが起きる、再発性がある、視力にまで影響が及ぶ、吐き気をともなうといった症状は正確だった。

　スコットランドの外科医ジョン・ハンター（1728〜1793年）は、歯の研究に関する重要な著作を世に出した。彼は虫歯を抜いて健康な歯を移植する方法を提唱したが、免疫が働いてうまくいかなかった。

歯の移植
ジョン・ハンターが金持ちの入れ歯用に貧者から健康な歯を買いとる様子を描いた風刺画。

　1779年、オランダ生まれの医師ヤン・インゲンホウス（1730〜1799年）が、植物が日光から栄養をつくりだす化学反応、すなわち光合成の基本を単純な実験で確かめた（［1783〜88年］参照）。ガラス容器に水を満たして植物を沈めると、葉の裏側から気泡が出て、それが酸素であることが判明した。暗闇では気泡はできないので、植物の呼吸には日光が必要だとインゲンホウスは考えた。空気中のガスを取りこんでエネルギー源となるブドウ糖を生成し、不要な副産物である酸素を排出するのである。

　1779年にイギリスの発明家サミュエル・クロンプトン（1753〜1827年）がミュール紡績機を開発すると、綿織物の工場生産はさらに加速した。これは紡績と織りを一度に行なって、原料から布地をつくりだす複合型の機械だった。同じく1779年には、イギリスのアイアンブリッジで鉄を使った大型構造物がつくられる。それはトマス・プリチャード（1723頃〜1777年）が設計し、エイブラハム・ダービー3世（1750〜1791年）が建造した鉄橋だった。

ラヴォアジェ=ラプラス熱量計
内容器にマウスを入れ、外容器で氷が融けてできた水の量で熱量を計測する。

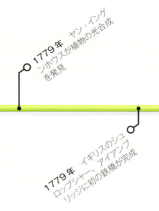

- 内容器にマウスを入れる
- 外容器に氷を入れる
- 融けた水の排出口

　1780年、フランスの化学者アントワーヌ・ラヴォアジェは回想録《燃焼総論》で、物を燃やすとフロギストンが失われるという説を完全に否定した。燃焼前後の重量を厳密に測定すると、減るどころか、空気中の酸素と結びつき逆に増えていたのである。ラヴォアジェは数学者ピエール=シモン・ラプラス（1749〜1827年）と協力して、化学的変化で生じる熱を測る氷熱量計を開発。熱化学の始まりでもあった。氷熱量計を使った実験で、動物は体重を減らすことなく熱を発生させることがわかり、体熱はフロギストンから生じると

- 1777年 レオンハルト・オイラーが虚数単位を導入
- 1777年 ドイツ系スウェーデン人の化学者カール・シェーレがモリブデンを発見
- 1778年 サミュエル=オーギュスト・ティソが偏頭痛について記述
- 1777年 ジョン・アーノルドが「クロノメーター」という用語を使用
- 1778年 イギリスの地質学者ジェームズ・レネルがアガラス海流の地図を作成
- 1778年 ドイツの解剖学者サミュエル・フォン・ゼンメリンクが12の脳神経を確認
- 1778年 ジョン・ハンターが《ヒトの歯の博物誌》を発表
- 1779年 ヤン・インゲンホウスが植物の光合成を発見
- 1779年 サミュエル・クロンプトンがミュール紡績機を発明
- 1780年 アントワーヌ・ラヴォアジェが燃焼における酸素の役割を実証
- 1779年 イギリスのシュロップシャー、アイアンブリッジに初の鉄橋が完成
- 1780年 ラヴォアジェとピエール=シモン・ラプラスが氷を使った熱量計を開発

1781〜82年

379トン 橋に使われた鉄

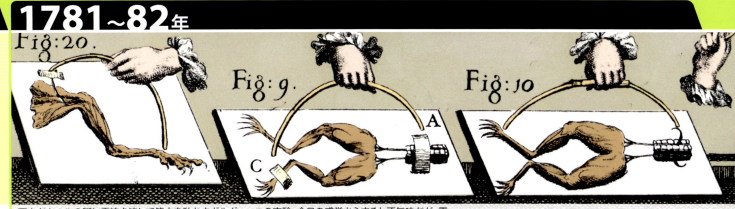

死んだカエルの脚に電流を流して筋肉を動かすガルヴァーニの実験。今日の感覚からすると不気味だが、電気の性質を理解する重要な知見が得られた。

ヤン・インゲンホウス（1730〜1799年）

オランダ、ブレダ生まれの医師。他の科学領域にも幅広い関心を寄せ、電気の研究も行なった。天然痘の種痘を初めて試みたひとりで、オーストリア女大公マリア・テレジアとその家族の接種に成功した。

1781年の科学界最大の事件は、ドイツ生まれのイギリス人天文学者ウィリアム・ハーシェル（1738〜1822年）が6番目の惑星である天王星を発見したことだろう。3月13日にバースで望遠鏡をのぞいていたハーシェルがこの星を見つけたとき、最初は彗星だと思った。しかし明るさがあり、楕円軌道を描いていることから、すぐに天文学者たちは惑星だと確信した。ハーシェルはイギリス国王ジョージ3世にちなんでジョージ星と名づけたが、最終的にはギリシアの天空の神ウーラノスから天王星と命名された。

1781年、フランスの天文学者シャルル・メシエ（1730〜1817年）が《星雲・星団表》の最終版を刊行した。メシエが1770年代から観察してきた103の星雲や星団が収録されており、現在の天文学でも彼がつけた番号でそのまま呼ばれている。同じ1781年には、チェコのクリスティアン・マイヤー（1719〜1783年）が80の連星表を出版した。連星はジョン・ミッチェルが1767年に2個1組で回転していると指摘し、ハーシェルをはじめとする天文学者も観測していた。

1781年、イタリアの医師ルイジ・ガルヴァーニ（1737〜1798年）が静電気の実験を開始し、切断したカエルの脚の筋肉が、静電気で痙攣することを示した。同年4月の実験では、嵐の日にカエルの脚につないだ電線を天に向けた。すると稲光が起きるたびに、カエルの脚は激しく飛びあがった（メアリー・シェリーはこの実験に着想を得て小説《フランケンシュタイン》を書いている）。また9月には、真鍮の鉤に脚を吊るして金属の手すりに近づけただけで、脚が痙攣した。こうした現象の解釈をめぐっては、ガルヴァーニとアレッサンドロ・ヴォルタのあいだで激しい議論になる。ガルヴァーニは原因は筋肉および生命に内在する（動物電気）と考え、ヴォルタは化学反応だと主張した。その後、結局どちらも同じことを意味していることが判明した。

1782年、ラヴォアジェが化学史上最も重要な法則である質量保存の法則を提唱する──化学反応は結びつきが変わるだけであって、物質自体から失われるものは何ひとつないのである。

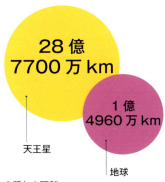

太陽との距離
天王星は太陽から28億7700万km離れた軌道を公転している。地球までの距離のほぼ20倍だ。天王星の公転周期は84年である。

28億7700万km 天王星
1億4960万km 地球

メシエの天体
メシエの目録に入っている天体の多くは、天の川よりはるか遠くにある銀河であることがわかった。しかしメシエの時代には、天の川が宇宙全体だと考えられていた。

いう従来の説が否定され、熱は酸素を使った燃焼で生まれることがわかった。

スイスの物理学者アミ・アルガン（1750〜1803年）はろうそくの10倍も明るいアルガンランプを発明。これは灯心を環状に成形し、円筒形ガラスで空気の流れを良くしたもので、家のなかをかつてないほど明るく照らした。

103個 メシエの目録に記されている天体の数

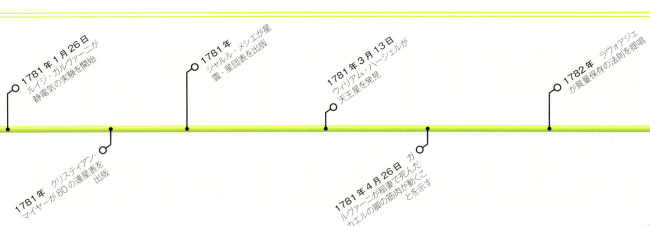

- 1780年 ラヴォアジェが動物は燃焼によって熱を発生させることを示す
- 1780年 アミ・アルガンがアルガンランプを発明
- 1781年1月26日 ルイジ・ガルヴァーニが静電気の実験を開始
- 1781年 クリスティアン・マイヤーが80の連星表を出版
- 1781年 シャルル・メシエが星雲・星団表を出版
- 1781年3月13日 ウィリアム・ハーシェルが天王星を発見
- 1781年4月26日 ガルヴァーニが稲妻で死んだカエルの脚の筋肉が動くことを示す
- 1782年 ラヴォアジェが質量保存の法則を提唱

1783〜86年

> 移動可能な脱穀機が実現すれば……この国で最も価値ある設備となるだろう。

ジョージ・ワシントン（アメリカ合衆国初代大統領）脱穀機の重要性を説くトマス・ジェファーソン宛の書簡（1786年）

1783年11月21日、パリで世界初の有人飛行が行なわれて大きな話題を呼んだ。製紙業を営むジョゼフ＝ミシェル（1740〜1810年）とエティエンヌ（1745〜1799年）のモンゴルフィエ兄弟が開発した熱気球で、搭乗者はピラートル・ド・ロジェ（1754〜1785年）とダルランド侯爵だった。兄弟は、熱した空気を詰めた袋が宙に浮かぶ現象を発見していた。暖かい空気は冷たい空気より密度が下がるのである。

その10日後には、フランスの物理学者ジャック・シャルル（1746〜1823年）と職人ノエル・ロベール（1760〜1820年）が水素気球でパリの空を飛んだ。内部の空気が冷めやすい熱気球より、水素気球のほうが長時間飛行でき、制御も可能だった。

同じ1783年には、スペインのホセ（1754〜1796年）とファウスト（1755〜1833年）のエルヤル兄弟が、炭とタングステン酸を反応させて新しい金属を分離することに成功した。これはのちにタングステンと名づけられ、あらゆる金属のなかで最も硬いことがわかった。

1784年、イギリスの化学者ヘンリー・キャヴェンディッシュ（1731〜1810年）が、水は水素と酸素の2種類の気体からなることを実証した。また天文学者のジョン・ミッチェルは、充分な質量の星には強力な重力場ができて、光さえも逃げられなくなるとして、ブラックホールの存在を予見した。ロンドンでは発明家ジョゼフ・ブラマー（1748〜1814年）が、安全性の高い錠を考案して特許を取得。特定の組みあわせのスライダーが溝にはまらないと開かない仕組みだった。

地質学者にとって1780年代の最大のなぞは、海洋生物の化石がなぜ山の高いところで見つかるかだった。ドイツの地質学者アブラハム・ヴェルナー（1749〜1817年）は、大洪水のような一度の天変地異で世界の形が激変したと考えた（［1775〜76年］参照）。しかしスコットランドのジェームズ・ハットン（1726〜1797年）は、1785年に出版した《地球の理論》で、地形は浸食、沈降、隆起を繰りかえし長い時間でつくられるという説を発表。ハットン説に従えば、地球の年齢はそれまで考えられていたような数千年ではなく、何百万年にもなるが、最終的にはこちらが正しいことが証明された。

900メートル
1783年にモンゴルフィエの熱気球が到達した高度

ヘンリー・キャヴェンディッシュのユージオメーター
大気中の酸素など、化学反応で生じた気体の容積を測定する装置。写真はレプリカ。
- ここで気体が膨張する
- 真鍮製
- 気体の封入口

気球の実験
1783年11月、ピラートル・ド・ロジェとダルランド侯爵はモンゴルフィエの熱気球飛行実験に登場した。右はその様子を描いた19世紀の版画。

- 1783年11月21日 モンゴルフィエ熱気球の有人飛行実験がパリで行なわれる
- 1783年12月1日 パリで水素を使った気球の飛行実験が行なわれる
- 1784年1月15日 ヘンリー・キャヴェンディッシュが水は水素と酸素からできていることを実証
- 1784年8月21日 ジョゼフ・ブラマーが錠前の特許を取得
- 1785年 シャルル・ド・クーロンが電気の法則を確立
- 1785年 アンドリュー・ミークルが脱穀機を発明
- 1785年 ジャン・ブランシャールがパラシュートを発明
- 1785年 ジェームズ・ハットンが《地球の理論》を出版し、長期間にわたる地形の形成を示唆
- 1785年 エドモンド・カートライトが力織機を発明

1787〜88年

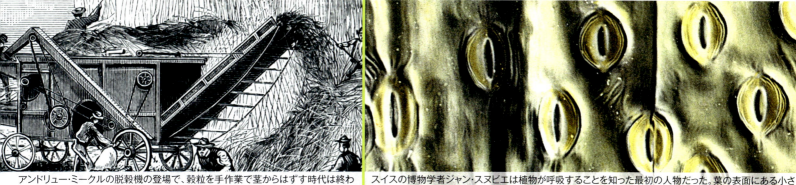

アンドリュー・ミークルの脱穀機の登場で、穀粒を手作業で茎からはずす時代は終わりを告げた。

スイスの博物学者ジャン・スヌビエは植物が呼吸することを知った最初の人物だった。葉の表面にある小さな気孔（写真は電子顕微鏡の画像）から気体を取り込み、排出している。

フランスでは物理学者のシャルル・ド・クーロン（1736〜1806年）が電荷の重要な法則を打ちたてた。2つの電荷が引きつけあう、あるいは反発する力は、両者の距離の2乗に反比例するというものだ。電荷の単位であるクーロンは彼に由来する。

1785年のフランスでは、ジャン・ブランシャール（1753〜1809年）が絹地の折りたたみ式パラシュートを発明。それまでのパラシュートは重たい木の骨組があって、うまく機能していなかった。ブランシャールは犬を入れたかごを風船で高く飛ばし、そこから犬を落として実験に成功した。彼はアメリカ人のジョン・ジェフリーズ（1744〜1819年）とともに、気球によるイギリス海峡横断を成功させる。予定より早く高度が低下しはじめたため、2人は気球を軽くするため砂袋はもちろん、着ている服まで脱ぎすてた。

同年、スコットランドの技術者アンドリュー・ミークル（1719〜1811年）が脱穀機を発明、エドモンド・カートライト（1743〜1823年）が蒸気を使った力織機を開発した。どちらも手作業の労力を大幅に減らしたため、余剰労働者が反発した。

> "……些細な原因が最大の変化をもたらしたと考えられる。"
>
> ジェームズ・ハットン（スコットランドの地質学者）《地球の理論》（1795年）

ジェームズ・ハットン（1726〜1797年）

エジンバラ生まれ。1753年にスコットランドのベリックシャーにある父の農場を受けついだのをきっかけに、地質学にのめりこむ。岩石の組成を研究した彼は、配列に連続性がないことに気づき、きわめて長い時間のなかでサイクルをくりかえしながら地形がつくられていったと考えた。

ドイツ生まれのイギリス人、ウィリアム・ハーシェルは、この時代の最も偉大な天文学者だった。自ら設計した強力な望遠鏡で太陽系外の宇宙空間を観測し、数えきれないほどの発見を行なった。1787年1月11日には、6年前に発見したばかりの天王星（［1781〜82年］参照）に衛星が2個あるのを発見し、シェイクスピア《真夏の夜の夢》に登場する妖精の王と王女にちなんでオベロン、ティタニアと名づけた。

スイスの博物学者ジャン・スヌビエ（1742〜1809年）は、1779年にヤン・インゲンホウスが発見した植物の光合成をもとに、植物は日光を浴びると空気中の二酸化炭素を吸収し、酸素を放出することを確かめた（［囲み］参照）。

珪素は酸素に次いで地球上に最も多く存在する物質だが、発見されたのは1787年だった。この年フランスの化学者アントワーヌ・ラヴォアジェが、砂は未知の物質の酸化物であることを突きとめ、その物質を珪素と呼んだ。

1787年は、蒸気を船の動力に活用する試みが行なわれた年でもある。アメリカの発明家ジョン・フィッチ（1743〜1798年）は、オール推進式蒸気船パーセヴェランス号の航行実験をデラウェア川で行なった。スコットランドの技術者ウィリアム・サイミントン（1764〜1831年）は外輪船をつくり、スコットランドのダルスウィントン・ロッホで試運転を行なった。ウェストヴァージニア州のポトマック川では、アメリカの技術者ジェームズ・ラムジー（1743〜1792年）が蒸気ポンプでジェット水流をつくるジェット推進式の船を走らせた。

1788年、フランスの数学者ジョゼフ・ルイ・ラグランジュ（1736〜1813年）が《解析力学》を出版する。これはニュートンの《プリンキピア》（［1685〜89年］参照）以来最も優れた力学の著作である。このなかでラグランジュは独自の微積分法を用いて、力学をいくつかの基本公式だけで計算できることを示した。

光合成

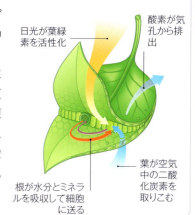

植物は光合成と呼ばれるプロセスのなかで、空気中の二酸化炭素を取りこむ。葉緑素が吸収した日光によって二酸化炭素と水が反応し、植物のエネルギー源であるブドウ糖が生成される。副産物で発生する酸素は、葉の裏側にある気孔から排出される。

8km/時 サイミントンの外輪船の速度

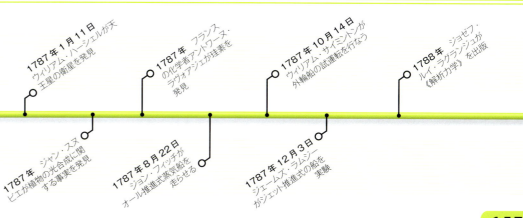

- 1786年 アメリカの科学者ベンジャミン・フランクリンが1770年に作成したメキシコ湾流の地図が出版される
- 1787年1月11日 ウィリアム・ハーシェルが天王星の衛星を発見
- 1787年 ジャン・スヌビエが植物の光合成に関する事実を発見
- 1787年8月22日 ジョン・フィッチがオール推進式蒸気船を走らせる
- 1787年 フランスの化学者アントワーヌ・ラヴォアジェが珪素を発見
- 1787年10月14日 ウィリアム・サイミントンが外輪船の試運転を行なう
- 1787年12月3日 ジェームズ・ラムジーがジェット推進式の船を実験
- 1788年 ジョゼフ・ルイ・ラグランジュが《解析力学》を出版

革命の時代
1789~1894年

効率と力の飽くなき追求が新たな技術を生みだし、工業を発展させた。
自然の秘密が明らかになり、地球に関する旧弊な概念はくつがえされる。
生命は進化という気の遠くなるような過程を経ていることが明らかになった。

1789年

> 元素としてのすべての物質は、手段はどうあれ分解によって減じることができることを認めるべきだ。

アントワーヌ・ラヴォアジェ（フランスの化学者）《化学原論》（1789年）

ハーシェルの望遠鏡
天文学者ウィリアム・ハーシェルがイギリスのスラウに建造した巨大な望遠鏡。費用は国王ジョージ3世が出した。1839年に解体された。

フランス革命の激動を背景に、1789年は科学でも革命が進行した。フランスの化学者アントワーヌ・ラヴォアジェは《化学原論》を完成させ、化学を科学の一分野として確立する土台を築いた。ラヴォアジェは初の元素表も作成したが、それには熱と光も入っていた。また国際的な化学記号を導入し、気体の酸素と水素、化合物の硝酸塩など現代でも使われる名称を考案した。

8月28日、ドイツ生まれのイギリスの天文学者ウィリアム・ハーシェルが、自作の望遠鏡で初めて観測を行なった。これまでも自作はしていたが、12mという巨大な反射式望遠鏡は最大級だった。ハーシェルはその日のうちに土星の新しい衛星エンケラドスを発見、3週間後には別の衛星ミマスも見つけた。

フランスの植物学者アントワーヌ・ローラン・ド・ジュシューは、顕花植物の分類法を発表した。リンネの考えたラテン語二名法（[1754年] 参照）を採用し、おしべとめしべの数で分類している。この方法は現在にも踏襲されている。

カナダでは、イギリスの探検家アレグザンダー・マッケンジーが（1764〜1820年）、地図にない川を1770kmも下り──マッケンジー川とのちに命名──、北極海に出た。

アントワーヌ・ラヴォアジェ（1743〜1794年）

パリに生まれたラヴォアジェは、化学の父とも評される。燃焼における化学の役割を立証し、近代化学の礎を築いた。また物質は化学変化で出現せず、破壊もされないことを示した。フランス革命のあおりを受け、1794年5月8日ギロチン刑に処せられた。

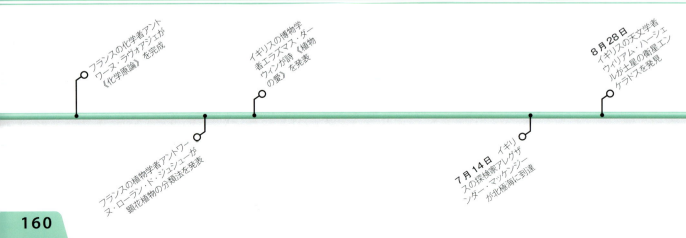

1790〜91年

北アイルランドで最も古い科学施設、アーマー天文台。1790年に建設され、当時としては最大級・最新鋭の天台のひとつだった。

1792年

ガス灯の登場を描いた1807年の漫画。人びとの反応は複雑だったが、ガス灯はすぐに都市の夜の姿を変えた。

フィラデルフィアの発明家オリヴァー・エヴァンズ（1755〜1819年）は、動力を備えた輸送機関につながる着想を思いついた。当時あったワットの蒸気機関は低圧で（[1765〜66年]参照）、大きくて重すぎるため陸上では使えない。エヴァンズは、蒸気温度をもっと高くすれば、その圧力だけでピストンが動き、真空状態をつくりだすための圧縮過程が不要になるのではと考えた。こうしてエヴァンズは、ワットのものより10分の1の大きさで同じ出力が得られる高圧蒸気機関を発明した。

イギリスのウォリックシャーでは、発明家ジョン・バーバー（1734〜1801年）がさらに革新的なガスタービンの開発を進めていた。木材や石炭を燃やしたガスを圧縮し、爆発燃焼させて外輪の羽根を回すのである。バーバーは試作品の完成には至らなかったが、この発想は何世紀ものちのジェットエンジンに活かされる。もうひとつ、現代の航空機につながる重要なできごとがチタンの発見だった。イギリスのコーンウォールで、地質学者ウィリアム・グレゴール（1761〜1817年）がチタン鉄鉱から抽出

9:1 落雷による死亡率
ジェームズ・パーキンソンは、落雷を受けると筋肉が麻痺し、皮膚が火傷を負うが、死亡するのは10人に1人だと述べた。

に成功した。その数か月後には、ドイツの化学者マルティン・クラプロート（1743〜1817年）もグレゴールとは別に発見し、チタンと命名した。

純粋科学の分野でも重要な進展がいくつかあった。スイスの物理学者ピエール・プレヴォー（1751〜1839年）がすべての物体は温度に関係なく熱を放射していることを立証し

チタン
チタン鉄鉱やルチルといった鉱石の主成分だが、岩石、水、土壌、生物にも含まれる。

た。ドイツの生理学者フランツ・ヨーゼフ・ガル（1758〜1828年）は、神経系が神経線維の集まり（神経節）からできていると指摘した。イギリスの外科医ジェームズ・パーキンソン（1755〜1824年）は落雷による負傷に初めて医学的に言及した。彼は治療法のない神経変性疾患にその名を残している。

天文学研究に裕福な後援者が後を絶たなかったのは、星空に魅せられただけでなく、海運業に利するところがあったからだ。北アイルランドのアーマー大主教リチャード・ロビンソンが立てた天文台は、今日でも科学研究の重要な拠点となっている。

この年、世界の都市を変貌させる技術が登場した。アレッサンドロ・ヴォルタによる化学電気の発見である。摩擦で静電気が発生することは知られていたが、金属どうしを接触させると、化学反応で電流が流れることを確認した。彼は世界初の電池をつくった（[1800年]参照）。

通信の分野では、フランスの発明家クロード・シャップがテレグラフを発明した——腕木の角度を変えてさまざまな形をつくり、それを目視して伝える仕組みである。この腕木式信号機を使うと、リールから送った信号が、220km離れたパリまでわずか1時間で届いたという。

スコットランドの技術者ウィリアム・マードック（1754〜1839年）はガス灯を発明し、コーンウォールの彼の自宅に世界で初めてガス照明がともった。ガス照明はすぐに住宅や工場、街頭にも普及した。

現代のミサイルの前身となる鉄筒ロケットは、マイソールを支配していたティプー・スルターンがイギリスとの戦いに使用した。

イギリスの科学者トマス・ウェッジウッド（1771〜1805年）は、

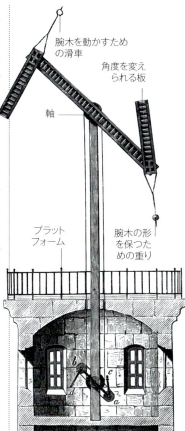
シャップ通信
シャップの腕木通信を利用した信号塔。腕木の角度を変えてメッセージを送る。

すべての物質は同一温度まで熱すると同じ色で光ることを発見したが、当時はまったく評価されなかった。けれども、いま太陽の温度が5527℃だとわかるのは、ウェッジウッドのおかげである。

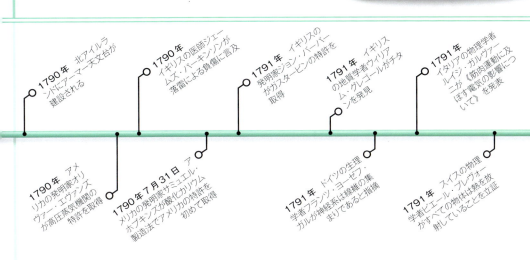

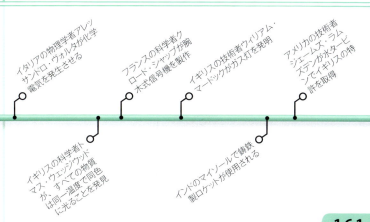

1793年

> 本書の目的は……人体の最も重要な部分の病理的作用から生じる構造面の変化を説明することにある。

マシュー・ベイリー（イギリスの医師）《人体の最も重要な諸部分の病理解剖》の序文（1793年）

1794～95年

フランスとスイスの国境にあるジュラ山脈。地質時代のジュラ紀は、ここの石灰岩層をもとに確定された。

革命下のフランス、パリで6月10日自然史博物館が開館した。1635年にルイ13世がつくった王立薬草園がもとになっており、薬草園はその後植物園となり、1795年には世界初の動物園のひとつもつくられた。

7月22日、イギリスの探検家アレグザンダー・マッケンジー（1764～1820年）がメキシコ北部を通る北アメリカ大陸横断に成功、ピース川探検ではカナダのブリティッシュ・コロンビア州ベラクーラの西で太平洋に出た。

イギリスにあるストロンティアン村近郊の鉛鉱山は、新元素ストロンチウム発見の地となった。1790年、アイルランドの化学者アデア・クロフォード（1748～1795年）とイギリス人化学者ウィリアム・クルックシャンク（1810年頃没）が、この地の鉛鉱石の組成がふつうと異なることに気づいた。ドイツの化学者マルティン・クラプロート（1743～1817年）をはじめとする多くの学者が研究し、1793年にイギリスの化学者トマス・チャールズ・ホープ（1766～1844年）が村にちなんでストロンチアナイトと命名した。1808年には、イギリスの化学者ハンフリー・デーヴィーがこの鉱石から柔らかい金属元素ストロンチウムを抽出した。

1803年に原子論を提唱したイギリスの科学者ジョン・ドルトン（1766～1844年）は、1793年に出版した《気象学的観察と小論》のなかで気圧計から雲の形成まであらゆる話題を論じ、大気が冷えると水蒸気が雨になることを説明した。

イギリスの医師マシュー・ベイリー（1761～1823年）が出版した《人体の最も重要な諸部分の病理解剖》は、初の近代的な病理学書であり、死後に臓器への影響を調べることで病気の理解が進むと説いた。

自然史博物館
ルイ16世がギロチン刑に処せられて数か月後、刑場の近くに世界初の自然史博物館が開館した。

360m
アギレラがつくったグライダーの滑空距離

1億9900万年前
ジュラ山脈が形成された時代

1794年、アメリカの発明家イーライ・ホイットニー（1765～1825年）が、綿花を種と繊維に分離する綿繰機を考案する。ホイットニーの綿繰機および類似の機械はすぐにアメリカ南部に普及し、1800年以降は原綿生産の大幅な拡大につながった。

綿生産の増加にともない、イギリス北西部ではマンチェスターなどの工業都市が成長した。そのマンチェスターで1794年、ジョン・ドルトンが色覚異常に関する先駆的な研究を発表した。ドルトン自身は緑色が認識できない異常を持ってお

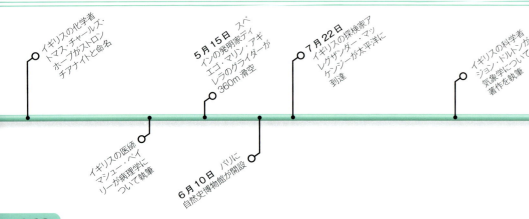

1796年

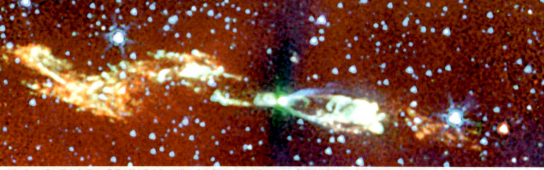

回転するガス雲から星や惑星が形成される様子をとらえた、スピッツァー宇宙望遠鏡の映像。太陽系も数十億年前にこうして生まれた。

り、眼球の液が青いせいで緑や赤を見る能力が奪われていると考えた。この仮説を裏づけるため、ドルトンの遺言で死後に解剖が行なわれたが、眼球の液は透明で正常だった。1990年代、保存されていたドルトンの眼球のDNA分析を行なったところ、先天性の色覚異常で緑に対する感受性が損なわれていることが判明し、自らの色覚異常の診断が正しいことが証明された。

1794年、ドイツの物理学者エルンスト・クラドニ(1756〜1827年)は、それまで火山から出てくると思われていた隕石は宇宙から来ると示唆した。翌年ヨークシャーのウォールド・ニュートンに巨大な隕石が落下した。この場所の近くに火山がなかったことが、クラドニ説立証の決め手になった。

1795年、フランス政府は十進法の新しい度量衡を導入し、「1辺を1mの100分の1とする立方体

ドルトンの色覚テスト
色のついた糸が貼られたこの本で、ドルトンは自らの色覚異常を確かめた。彼は先天赤緑色覚異常だった。

カール・フリードリヒ・ガウス (1777〜1855年)

ドイツのブラウンシュヴァイク公国に生まれ、幼いころから天才ぶりを発揮して人びとを驚かせた。偉大な数学者として数論、非ユークリッド幾何学、惑星天文学、確率、関数に多大な貢献を行なった。

に、氷が融ける温度で水を満たしたときの水の重さ」を1gと決めた。

同じくフランスでは、博物学者ジョルジュ・キュヴィエ(1769〜1832年)が、地球上にはすでに絶滅した種がたくさん存在していたと主張した。当時のヨーロッパでは、すべての動物は天地創造のときに誕生したとまだ信じられていたため、キュヴィエの説は衝撃的だった。

ジュラ山脈のフランス側、ジュラ石灰岩層からは多くの化石が見つかっていた。プロイセンの地理学者アレクサンダー・フォン・フンボルト(1769〜1859年)はこの岩層の年代を確定し、場所にちなんでジュラ紀と呼んだ。

フランスの数学者ピエール=シモン・ラプラス(1749〜1827年)は著書『世界の体系』のなかで軌道と潮汐について独自の理論を発表するとともに、イマヌエル・カントが1755年に発表した星雲説(太陽系は太陽のまわりを回転する巨大なガス雲が、冷えて収縮したことで惑星が誕生した)を詳細に解説した。

1796年は、ドイツの19歳の数学者カール・ガウスがめざましい業績を次々あげた年だった。3月30日には、十七角形を含む正多角形をコンパスと定規だけで作図できることを証明した──ピュタゴラス以来数学者を悩ませてきた問題が解決したのである。4月8日には二次方程式の解法に重要な貢献を行ない、さらに5月31日には素数の分布を示す定理を証明した。そして7月10日、ガウスが正の整数はほとんどの三角数3個の和になることを証明したの

息子に接種するエドワード・ジェンナー
1796年に接種が成功してもなお懐疑的な声が強かったため、ジェンナーは、生後11か月の自分の息子に接種して安全であることを証明した。

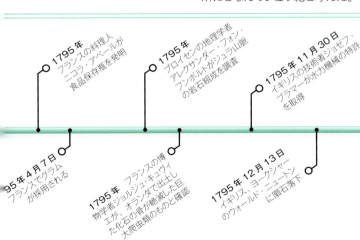

である。

死の病である天然痘だが、1720年代以降は天然痘ウイルスにあえて感染させる接種によって多くの人が救われていた。しかし接種は死の危険とつねに背中あわせだった。1796年、イギリスの田舎で医師をしていたエドワード・ジェンナー(1748〜1823年)が、乳搾りの女たちに天然痘患者が少ないことに気づき、天然痘に似ているがはるかに軽い牛痘で免疫が得られるのではないかと考えた。天然痘を接種するよりも、牛痘で「接種」を行なうほうが安全だと踏んだジェンナーは、雇っている庭師の息子に接種を行なった。接種はもともと天然痘ウイルスだけを意味していたが、現在は毒性を弱めたり、不活化させたウイルス全般に使われる。数週間後、庭師の息子は天然痘に免疫ができていることが確認され、しかもその効果は一生続いた。安全な方法で行なわれる接種は、いまも危険性の高い病気に対する効果的な予防法である。

1789〜1894年 | 革命の時代

シアノバクテリア
先カンブリア紀：40億〜5億4200万年前
現存するなかで最も古く、最も単純な生物に属する。写真はシアノバクテリアの群体に堆積物が積もってできた化石。

クラヴィリテスの貝殻　鮮新世：530万〜180万年前
クラヴィリテスは現在のエゾバイ科に近い。貝殻の化石が海から遠い場所で見つかるので、古代ギリシア人は陸地がかつて水没していたと考えた。

ストロマトライト
先カンブリア紀：40億〜5億4200万年前
沿岸部の浅瀬で古代の微生物の死骸が層状に堆積したもの。現在も成長を続けているストロマトライトもある。

三葉虫
シルル紀：4億4400万〜4億1600万年前
初期の学者からは「石化昆虫」と呼ばれていたが、18世紀に節足（せっそく）動物であると確認された。

アンモナイト
ジュラ紀前期：1億9960万〜1億7560万年前
古代ローマの博物学者プリニウスが、エジプトのアモン神に生えている羊の角にちなんで命名した。

ウミユリの化石種
古第三紀：6500万〜2300万年前
ウミユリのように繊細な形がそのまま残ったのは、生息していた柔らかい泥がそのまま石化したからだ。

化石

地球上の生命の歴史を理解するうえで、化石は昔から重要な手がかりだった。

先史時代から化石の存在は知られていたが、旧約聖書に記されている大洪水で死んだ動物の遺骸と考えられていた。しかし現在では、地球の変化と進化を伝える証人であることがわかっている。

化石（かせき）の科学的研究は、18世紀の啓蒙（けいもう）主義の時代に博物学者たちが化石について記述し、分類したところから始まった。1800年代に入るころには、岩層（がんそう）が長い時間をかけて形成されたこと、岩層によって出土する化石に特徴があることがわかっていた。やがてチャールズ・ダーウィンの進化論を、化石が裏づけていることが明らかになる。今日の古生物学では化石の年代を特定し、ときにはDNA分析を行なうことが常識になっている。

ハリシテス属の代表的サンゴ
シルル紀：4億4400万〜4億1600万年前
シルル紀の岩層内で化石になった蜂の巣状の床板サンゴ。床板サンゴはコロニーを形成しており、シルル紀の浅水（せんすい）動物相の中心的存在だった。

水生甲虫ヒドロフィルス種
古第三紀：6500万〜2300万年前
湿地の泥は生物の姿をそのまま保存するのに最適な環境だった。19世紀に最初に見つかった甲虫の化石は硬い鞘翅（しょうし）部分だったが、その後全身の化石も発見された。

ウニの一種
白亜紀：1億4500万〜6500万年前
突起や殻といった硬い部分を持つ動物は化石になりやすい。1850年までには、地質学者は化石をもとに岩層の年代を特定できるようになっていた。

殻 / 突起 / 硬化した琥珀

ハシリグモ
古第三紀：6500万〜2300万年前
現在は湿地に生息するハシリグモだが、琥珀（こはく）に閉じこめられた化石からは、かつては樹上に暮らし、垂れてきた樹脂に身動きがとれなくなり、そのまま硬化したことがわかる。

164

化石

ペクトプテリス属のシダ
類石炭紀：3億5900万～2億9900万年前
顕花植物が出現する前の森林は、ペクトプテリス属のように胞子（ほうし）で増えるシダなどが繁茂していた。

葉脈から伸びる小葉

イクチオサウルス
ジュラ紀：2億～1億4500万年前
捕食性の水棲爬虫類（すいせいはちゅうるい）で、1811年に化石採集者のメアリー・アニングが初めて完全な骨格化石を発見した。彼女は10年後にプレシオサウルスの化石も発見している。

ディプロミストゥス・デンタトゥス
古第三紀：6500万～2300万年前
アメリカのワイオミング州で出土したニシンの祖先の化石。1877年にアメリカ古生物学の先駆者エドワード・ドリンカー・コープが初めて記述した。

化石化した樹皮

木の化石
三畳紀：2億5100万～2億年前
木ぎれのような無生物は鉱物に変わるときに化石化する。化石を含む岩石は、放射性炭素年代測定で時代を特定できる。

恐竜の足跡
ジュラ紀：2億～1億4500万年前
足跡のような痕跡の化石は動物の行動を知る貴重な手がかりになる。捕食性のアロサウルスの足跡からは、獲物を追いかけていた様子が見てとれる。

アロサウルスの足跡

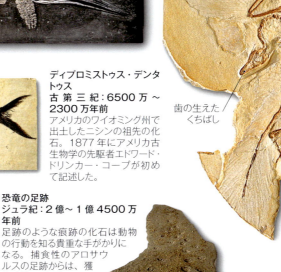

羽根の跡

歯の生えたくちばし

骨の通った尾

アルカエオプテリクス
ジュラ紀：2億～1億4500万年前
1861年に初めて発見されたとき、羽根と鋭い歯、骨の通った尾の奇妙な姿に衝撃が走った。この生き物は爬虫類と鳥類を結ぶ「失われた環」であることがわかった。

頭部はアヒルに似ている

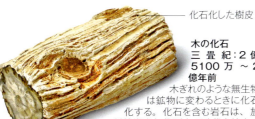

エドモントサウルス
白亜紀：1億4500万～6500万年前
1800年代の北アメリカでは「恐竜ハンター」たちが化石発掘に血道をあげていた。オスニエル・チャールズ・マーシュは数十種類もの恐竜の化石を発見したが、そのひとつエドモントサウルスは草食の「カモノハシ恐竜」である。現在は数多くの化石が見つかっている。

強力な後ろ足で二足歩行ができた

指の骨は短い

ぶあつい皮膚

永久凍土層から出土した子供のマンモス
鮮新世～完新世：530万～4500年前
寒冷な気候のシベリアではマンモスは比較的最近まで生息しており、なかには永久凍土層で「ミイラ化」したものもあって、DNAも採取可能だ。

張りだした眉弓（びきゅう）

ネアンデルタール人の頭骨
更新世：250万～1万2000年前
1829年に発見されていたが、ヒト属の別種であることが判明したのは、1856年にドイツのネアンデル谷でも化石が見つかってからである。

1797年

トマス・ビューイック著《イギリスの鳥の歴史》第1巻にあるカササギの木版画

1798～99年

760kg
ロゼッタストーンの重量

紀元前196年、エジプト王プトレマイオス5世のために出された勅令。同じ内容が3種類の文字で刻まれている。

炭素は黒鉛、ダイヤモンド、炭の形で存在する。しかしこれらが同じ物質であることが確認されたのは18世紀後半になってからだった。1772年、フランスの化学者アントワーヌ・ラヴォアジェが酸素中で黒鉛を燃やして、二酸化炭素しか発生しないことを立証。さらに1797年、イギリスの化学者スミソン・テナント（1761～1851年）が今度はダイヤモンドで同じ実験を行なう。ここでも二酸化炭素しか発生しなかったため、ダイヤモンドは炭素の同素体であることが証明された。

同じ1797年、革命後の混乱が続くフランスでイタリア系の数学者ジョゼフ・ルイ・ラグランジュ（1736～1813年）が《解析関数論》を出版し、微分積分学に新しい角度から光を当てた。当時は広く認められなかったものの、ラグランジュの理論は20世紀の科学、とくに量子力学に不可欠なものとなった。

アメリカ合衆国副大統領だったトマス・ジェファーソン（1743～1826年）は、フィラデルフィアのアメリカ哲学協会にメガロニクス（「大きな鉤爪」の意）と名づけた化石について報告した。これは地上性ナマケモノの化石で、現在はメガロニクス・ジェファーソニィという学名がついている。

イギリスの画家で鳥類学者のトマス・ビューイック（1753～1828年）はこの年に《イギリスの鳥の歴史》第1巻を刊行した。挿絵に木版画を使ったのは、印刷技術の進歩を反映している。

1798年、フランスの薬剤師・化学者ルイ・ヴォークラン（1763～1829年）は、エメラルドの一種である緑柱石（ベリル）を化学抽出することで、融点1287℃のベリリウムを発見した。

イギリスの経済学者・人口学者トマス・ロバート・マルサス（1766～1834年）は、サリーで英国教会の聖職者をしていたときに、匿名で《人口論》初版を出版した。人口増加が地球の収容力をいずれ上回ると警告するこの本は、チャールズ・ダーウィンの生存競争の概念に大きな影響を与えた（p.204-205参照）。

1798年は、イギリスの物理学者ヘンリー・キャヴェンディッシュ（1731～1810年）によって、科学史上最も重要な実験が行なわれた年だった。そこで使われたのは、友人の地質学者・天文学者のジョン・ミシェル（1724～1793年）が考案したねじり天秤である。針金で吊りさげた木の棒の両端にを大きい鉛球を下げ、天秤棒からは小さな鉛球を下げる。そして大小の鉛球のあいだに働く重力を計測し、小球の重さから小球にかかる重力も測定する。この2つの力の割合から、地球の重さと密度をはじきだした。キャヴェンディッシュの計算によると、地球の密度は水の5.48倍という結果になった——

結晶質炭素

ダイヤモンドは地中の炭素が高い圧力を受け、地殻変動で地表に現われた結晶質炭素だ。古くは30億年前の岩層で見つかっている。炭素原子はダイヤモンド格子と呼ばれる面心立方格子配列になっており、この結晶構造のおかげでダイヤモンドは硬さと透明性を両立している。

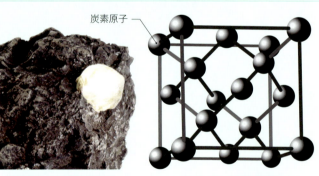

岩石内のダイヤモンド原石　　ダイヤモンドの原子構造

キャヴェンディッシュのねじり天秤
小鉛球を天秤棒に付け、大鉛球を吊りさげている。

- 金属線
- 木の天秤棒、長さ2m
- 小さい鉛球、直径5cm
- 望遠鏡
- 大きい鉛球、重さ159kg

現在では5.52倍ということになっている。それでも誤差の可能性も含めて慎重に計算し、綿密に考察を重ねており、初の近代的な物理実験と呼ぶにふさわしいものだった。

綿密な実験は、アメリカ生まれのイギリス人物理学者ベンジャミン・トンプソン（1753～1814年）の代名詞でもあった。ドイツのミュンヘンで働いていたとき、彼は大砲が摩擦で熱を帯びる様子を見て、熱は熱素という流体であるという説に疑問を抱き、1798年に論文を発表した。

その1年後、1.000025リットルの水に等しい質量のプラチナの特製円柱がつくられ、キログラ

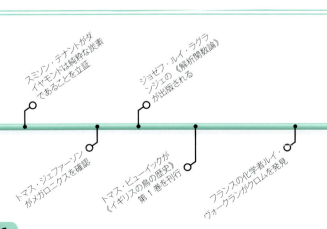

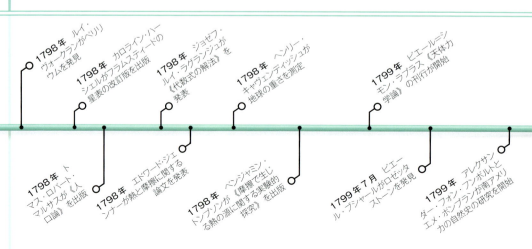

1800年

くちばしはカモで卵を産み、足に水かきがあるカモノハシは、水陸両方で生きられる両生類だ。イギリスの動物学者ジョージ・ショーが初めて記述した。

ム原器となった。現在のキログラムもこの原器から定められている。

1799年7月、ナポレオン1世時代のフランス軍将校ピエール・ブシャール（1772～1832年）が、エジプトのロゼッタで黒い花崗岩を見つけた。そこには同じ文章が3種類の文字——ヒエログリフ、エジプトの民衆文字、ギリシア文字——で記されており、ヒエログリフ解読の大きな手がかりとなった。このロゼッタストーンは1801年にイギリスに奪われた。

同じく1799年、フランスの天文学者ピエール＝シモン・ラプラス（1749～1827年）が全5巻になる《天体力学論》の第1巻を出版。「既知の6個の惑星とその衛星、およびそれらの形状、さらに地球の海洋の潮汐に関する幅広い計算を収録」とうたうこの本では、太陽系の時間が安定しており、人間が生きるのに適していることが裏づけられていた。

1799年、医師トマス・ベドーズ（1760～1808年）がイギリスのブリストルで、新しく発見された気体を医学的な視点から調べるために気体研究所を設立した。化学者ハンフリー・デーヴィーが勤めたのもこの研究所である。

1800年、イタリアの科学者アレッサンドロ・ヴォルタ（1745～1827年）は、のちのヴォルタのパイルを完成させ、ロンドンの王立協会に報告した。これはいわゆる「湿電池」である。ヴォルタは1799年に、亜鉛と銅と厚紙を重ねた層を塩水に浸すと電流が生じることを突きとめていた。層を増やせば増やすほど電流は強くなった。

1800年には、イギリスの動物学者ジョージ・ショー（1751～1813年）が保存されていた標本と、オーストラリアから送られたスケッチをもとに、カモノハシ（オルニトリンクス・アナティヌス）を初めて科学的に記述した。奇妙な姿をしたこの生き物に、ショーは最初腕利きの剥製職人のいたずらだと思った。

イギリス系ドイツ人の天文学者、ウィリアム・ハーシェルは、太陽光線をプリズムで分光し、それぞれの熱について調べていた。スペクトルの色別に温度計を置いてみたところ、紫から赤に向けて温度が高くなっていた。次に赤い部分のすぐ先に温度計を置くと、最も高い温度を記録した。目に見えないこの光は、赤外線と呼ばれている（p.234-235参照）。

産業界では、精密工学に向かう重要な一歩が動きだしていた。イギリスの技術者・発明家ヘンリー・モーズリー（1771～1831年）が初の実用的なねじ切り旋盤を発明したのである。これで正確なねじ山を切りだすことが可能になった。

1800年、ロンドンの英国王立科学研究所に特許状が与えられた。この組織は格式ある王立協会よりも大衆的な立場で科学を論じることが目的で、ヘンリー・キャヴェンディッシュやベンジャミン・トンプソンが設立に尽力し、ハンフリー・デーヴィーが所長に就任した。19世紀から20世紀にかけて、この研究書は研究の拠点として、また科学の大衆化の最前線として大きな役割を果たすことになる。

電池の仕組み

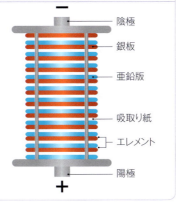

電池の内部には電気化学セルが入っており、化学反応で電子が陰極に移動し、負の電荷を高める。陽極には正の電荷が集まる。陰極と陽極を外部の金属線で接続することで、電子の流れが生じて電流が生まれる。これが単純な「湿電池」だ。

ヴォルタの電池
イタリアの科学者アレッサンドロ・ヴォルタが発明した「湿電池」は、亜鉛板と塩水に浸した厚紙と銅板を交互に重ねている。

- 電解液に浸した多孔性の厚紙
- 亜鉛版
- 銅板

- 1799年 トマス・ベドーズが気体研究所を設立
- 1799年 ハンフリー・デーヴィーが、熱は熱素ではなく「運動」であると主張
- 1799年 キログラム原器が製作される
- 英国王立科学研究所に特許状が与えられる
- ウィリアム・ニコルソンとアンソニー・カーライルが電気分解を発見
- アレッサンドロ・ヴォルタが王立協会への書簡で電池について記述
- ジョージ・ショーがカモノハシについて記述
- ビールの醸酵に初めてイースト菌が使われる
- ウィリアム・ハーシェルが赤外線を発見
- ヘンリー・モーズリーがねじ切り旋盤を発明

1801年

> 優秀なる高圧エンジンは……時代を超えて……トレヴィシックの名を高めることでしょう。

マイケル・ウィリアムス（ウェスト・コーンウォール議会議員）（1853年）

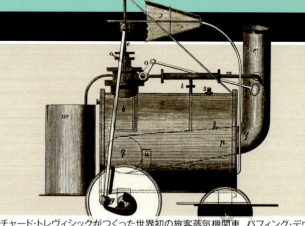

リチャード・トレヴィシックがつくった世界初の旅客蒸気機関車、パフィング・デヴィル号は線路ではなく道路上を走った。

トマス・ヤング（1773～1829年）

開業医で博識家のトマス・ヤングは、視覚、光、力学、エネルギー、言語、音楽、エジプト学と幅広い分野で業績をあげ、ロゼッタストーンの解読にも一役買った。21歳にして王立協会のフェローに選ばれ、1801年には王立英国科学研究所の自然哲学の教授に就任した。

1801年が始まった日、イタリアの天文学者ジュゼッペ・ピアッツィ（1746～1826年）がセレスを発見した。岩と氷でできたこの天体は、公転周期が1679.819日である。発見当時は惑星だと思われていたが、現在は典型的な矮星であることがわかっている。セレスは、火星と木星のあいだを通る軌道が偶然小惑星帯と重なっているため、小惑星に分類されることもあるが誤りである。

19世紀に入ると、原子と分子についての理解がしだいに深まっていく。1801年、ジョン・ドルトンが分圧の法則を発見した。混合気体の圧力は個々の気体の圧力――分圧――の合計であり、同じ空間内ではそれぞれが圧力をかけているというものだ。したがって窒素と酸素の混合気体の圧力は、それぞれの分圧の和になる。

イギリスの物理学者・数学者のアイザック・ニュートン（[1687～89年]参照）以来、光は粒子の流れであると広く信じられてきた。ところが1801年5月、イギリスの博識家トマス・ヤング（1773～1829年）が複スリットの実験を行ない（右参照）、光が波のようなふるまいをすることを実証した。現在では、光は波と粒子の両方の性質を持つことがわかっている。同じ年、ドイツの数学者ヨハン・ゲオルク・フォン・ゾルトナー（1776～1833年）が、光が粒子の流れであるならば、太陽の近くを通過するときその重力で偏向すると考え、偏差は0.84秒（角度単位）であると計算した。それから100年後、ドイツ系アメリカ人の物理学者アルベルト・アインシュタイン（1879～1955年）は、一般相対性理論に基づいてゾルトナーとは異なる予想を行なった（p.244-245参照）。

イギリスの科学者ウィリアム・ハイド・ウォラストン（1766～1828年）は、摩擦で生じる電気（静電気）といわゆる電池でつくられるガルヴァーニ電気は同じものであることを証明した。

フランスの生物学者ジャン＝バティスト・ラマルク（1744～1829年）は著書《無脊椎動物体系》のなかで、「無脊椎」という用語を考案し、この種類の生き物の分類法を編みだした。

工学の分野も急速に発展して

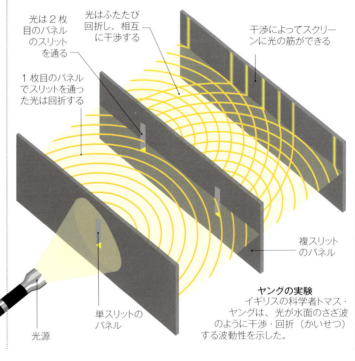

- 光は2枚目のパネルのスリットを通る
- 光はふたたび回折し、相互に干渉する
- 1枚目のパネルでスリットを通った光は回折する
- 干渉によってスクリーンに光の筋ができる
- 複スリットのパネル
- 単スリットのパネル
- 光源

ヤングの実験
イギリスの科学者トマス・ヤングは、光が水面のさざ波のように干渉・回折（かいせつ）する波動性を示した。

950 km
矮星セレスの直径

いた。アイルランド系アメリカ人の技術者ジェームズ・フィンリー（1756～1828年）が設計した、鋳鉄の鎖を使った最初の吊り橋はペンシルヴェニア州ジェイコブズ・クリークに完成した。費用は600ドルだった。

フランスの発明家ジョゼフ＝マリー・ジャカール（1752～1834年）は、パンチカードを使って織機を制御するシステムを考案した。プログラム可能な機械の時代の幕開けである。

この年のクリスマスイブ、イギリスの技術者リチャード・トレヴィシック（1771～1833年）が世界初の蒸気機関車の試運転に成功した。機関車は数名の人間を乗せてコーンウォールのキャンボーンの丘をのぼり、時速約6.4kmで走行した。

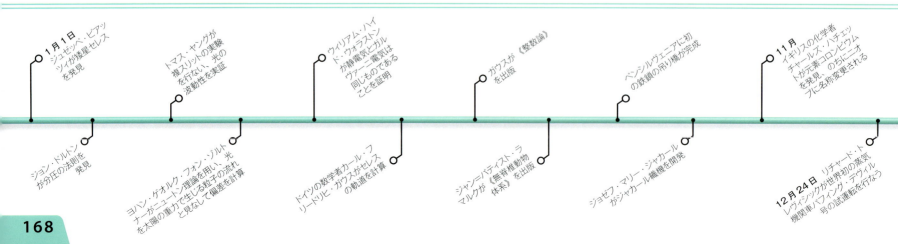

- 1月1日 ジュゼッペ・ピアッツィが矮星セレスを発見
- ジョン・ドルトンが分圧の法則を発見
- トマス・ヤングが複スリットの実験を行ない、光の波動性を実証
- ヨハン・ゲオルク・フォン・ゾルトナーがニュートン理論を用い、光を太陽の重力で生じる粒子の流れと見なして偏差を計算
- ウィリアム・ハイド・ウォラストンが静電気とガルヴァーニ電気は同じものであることを証明
- ドイツの数学者カール・フリードリヒ・ガウスがセレスの軌道を計算
- ガウスが《整数論》を出版
- ジャン＝バティスト・ラマルクが《無脊椎動物体系》を出版
- ペンシルヴェニアに初の鉄鎖の吊り橋が完成
- ジョゼフ＝マリー・ジャカールがジャカール織機を開発
- 11月 イギリスの化学者チャールズ・ハチェットが元素コロンビウムを発見、のちにニオブに名称変更される
- 12月24日 リチャード・トレヴィシックが世界初の蒸気機関車パフィング・デヴィル号の試運転を行なう

1802年

800
ウィリアム・ハーシェルが発見した連星の数

地球から1600光年の距離にある連星J0806を描いたもの。高密度の白色矮星が相互に軌道運動をするめずらしい例だ。

3月28日、ドイツの天文学者ヴィルヘルム・オルバース（1758〜1840年）がセレス（[1801年] 参照）によく似た軌道の小惑星パラスを発見する。このパラスやセレス、および後年発見された他の小惑星は爆発した惑星の破片だというオルバースの推論は誤りだった。

ガラスプリズムで実験をしていたウィリアム・ハイド・ウォラストンは、太陽スペクトルに暗い線があることに気づいた。当時は知られていなかったが、日光には特定の色が欠けていることを示す証拠で、ドイツの物理学者ヨゼフ・フォン・フラウンホーファー（1787〜1826年）にちなんでフラウンホーファー線と呼ばれている。彼は1814年に独自の暗線を再発見し、くわしく研究した。1860年代にはドイツの科学者グスタフ・ロベルト・キルヒホフ（1824〜1887年）とロベルト・ブンゼン（1811〜1899年）が、こうした暗線が元素の「指紋」の役割を果たすことを突きとめた。

進化の研究は着実に進んでいた。現代的な意味での「生物学」という用語を初めて使ったのは、ジャン＝バティスト・ラマルクである。ドイツの博物学者・植物学者のゴットフリート・ラインホルト・トレフィラヌス（1776〜1837年）も、著書《自然の生物の生物学あるいは哲学》で独自にこの言葉を使った。ラマルクとトレフィラヌスは、獲得形質の継承を通じて進化が起こるという説に到達し、この概念はラマルク説と呼ばれるようになる。ラマルク説を語るときによく引用されるのがキリンである。キリンは高い枝の葉を食べるために首が伸び、その子孫はますます首が長くなったというものだ（[1809年] 参照）。この説明は誤りだが、進化への理解を掘りさげる足がかりにはなった。

イギリスの発明家トマス・ウェッジウッド（1771〜1805年）は、写真技術の分野で重要な貢献をした。彼は硝酸銀を使って、恒久的な画像を定着させることに成功したのだ——これが写真の始まりである。イギリスの化学者ハンフリー・デーヴィー（1778〜1829年）が、1802年に《王立科学協会誌》でウェッジウッドの研究を紹介した。

連星という言葉は、1802年にドイツ生まれのイギリス人天文学者ウィリアム・ハーシェル（1738〜1822年）が考えだした。たがいに軌道運動をする2個の星のことである。どんなに離れていてもほぼ同一視線上に位置する点で二重星とは異なる。

天文学の探究が進むなか、フランスの化学者ジョゼフ・ゲイ＝リュサック（1778〜1850年）は気体のふるまいに関する法則を提唱した。一定体積の気体の圧力は気温に比例するというものである（その割合は現在ケルヴィン温度尺度と呼ばれている）。これは当初ゲイ＝リュサックの法則と呼ばれていたが、フランスの化学者ジャック・シャルルやアイルランド人化学者ロバート・ボイルの業績に直結しているため、気体第3法則と呼ばれるようになった（上 [囲み] 参照）。ちなみにこれとはまったく別にゲイ＝リュサックの法則も存在している。

ジャン＝バティスト・ラマルク
（1744〜1829年）

銀行員、軍将校だったが、植物学に関心を持つようになり、1773年に《フランスの植物相》を出版した。無脊椎動物の歴史と分類に関する著作も出し、分類学者として高い評価を受けた。形質は後の世代に受けつがれるという理論で最も知られる。

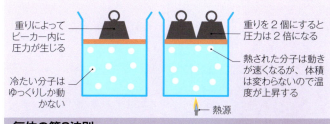

気体の第3法則

フランスの化学者ジョゼフ・ゲイ＝リュサックが定式化した法則で、体積と質量が一定の気体では、圧力と温度がたがいに比例するというもの。上の例では、ビーカー内の気体にかかる圧力が2倍になると、重りを支える気体の温度も上がる。

悪魔の足の爪
フランスの生物学者ジャン＝バティスト・ラマルクは多くの種に命名した。写真は中生代のカキの仲間グリファエア・アルクアタで、「悪魔の足の爪」という名前がついていた。

エンジンの話

1789〜1894年　革命の時代

産業活動の原動力であるエンジンは、自動車からロケットまであらゆる機械に動力を与えた。

燃料を燃やして気体を熱すると激しく膨張するが、それがさまざまな機械を動かす力となる。エンジンは時代とともに蒸気機関からロータリーエンジン、ガスタービンへと発展していった。

熱が動力になることは、2400年前の古代ギリシアではすでに知られていた。金属球から蒸気を吹きださせ、その勢いで回転させるアイオロスの球は紀元1世紀の文献に記録されている。しかし実用的な蒸気機関が誕生したのはそれから1600年あとのことだった。飛躍的な展開があったのは1670年代、真空の威力が明らかになってからだ。フランスの発明家ドニ・パパンは、蒸気をシリンダーに閉じこめると急速に凝縮が起こり、内部が半真空状態になる。その圧力でものを動かすのである。1698年、イギリスの発明家トマス・セイヴァリーはこの原理を使って初の本格的な蒸気機関をつくった。

自動車から火星まで

それから150年間はエンジンと言えば蒸気機関の時代が続いた。蒸気機関は産業革命を引きおこし、工業機械、船舶、機関車とあらゆるものに動力を供給した。そして19世紀半ば、シリンダー内部で燃焼を起こして気体を急激に膨張させる内燃機関が登場する。内燃機関は小型につくることができ、濃縮燃料であるガソリンも石炭とちがって自動的に供給できる。内燃機関がきっかけとなって自動車が発達し、20世紀の移動手段に革命を起こした。さらにジェットエンジン、ロケットエンジンの開発で、想像もしなかったスピードで空を飛べるようになり、ついに月やその先まで到達する宇宙船が実現したのである。

ハイブリッド車

ヒートエンジンは大量の燃料を消費し、排気ガスを出す。燃料資源の枯渇と環境問題への懸念から、内燃機関と電動機など異なる動力源を組みあわせたハイブリッド車が、コスト効率が高く環境に配慮した選択肢として注目を集めている。

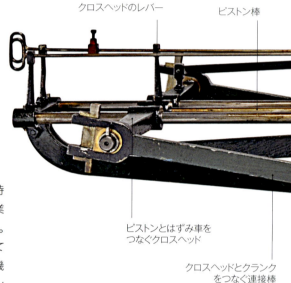

クロスヘッドのレバー　　ピストン棒

ピストンとはずみ車をつなぐクロスヘッド

クロスヘッドとクランクをつなぐ連接棒

アイオロスの球

1世紀　アイオロスの球
アレクサンドリアの学者ヘロンが設計した、蒸気の噴出力で球が回転する装置。実用性はなかった。

1712年　ニューコメンの蒸気ポンプ
イギリスの発明家トマス・ニューコメンは、蒸気発生装置を独立させ、ピストンを使って低圧でシリンダーに送りこむことで爆発の危険を回避した。

ニューコメンの蒸気ポンプ

1791年　バーバーのガスタービン
イギリスの発明家ジョン・バーバーは「馬なし馬車」のためにガスタービンの特許を取得した。空気と混ぜた燃料に点火し、発生した気体が膨張してタービンを回す。

1804年　トレヴィシックの蒸気機関
低圧の蒸気機関は大きくて重たい。そこでイギリスの技術者リチャード・トレヴィシックは小型で強力な高圧蒸気機関を開発した。

1679年　パパンの蒸し煮釜
フランスの発明家ドニ・パパンがつくった調理器具。蒸気をシリンダー内に閉じこめ、冷えて凝縮するときに生じる圧力を利用する。

蒸し煮釜

1698年　セイヴァリーの蒸気ポンプ
トマス・セイヴァリーは坑道から水を汲みあげるために最初の蒸気機関を製作したが、爆発の危険が高かった。

セイヴァリーの蒸気ポンプ

1774年　ワットの蒸気機関
スコットランドの発明家ジェームズ・ワットは蒸気機関を改良し、凝縮室を独立させて効率を高めた。

ワットの蒸気機関

エンジンの話

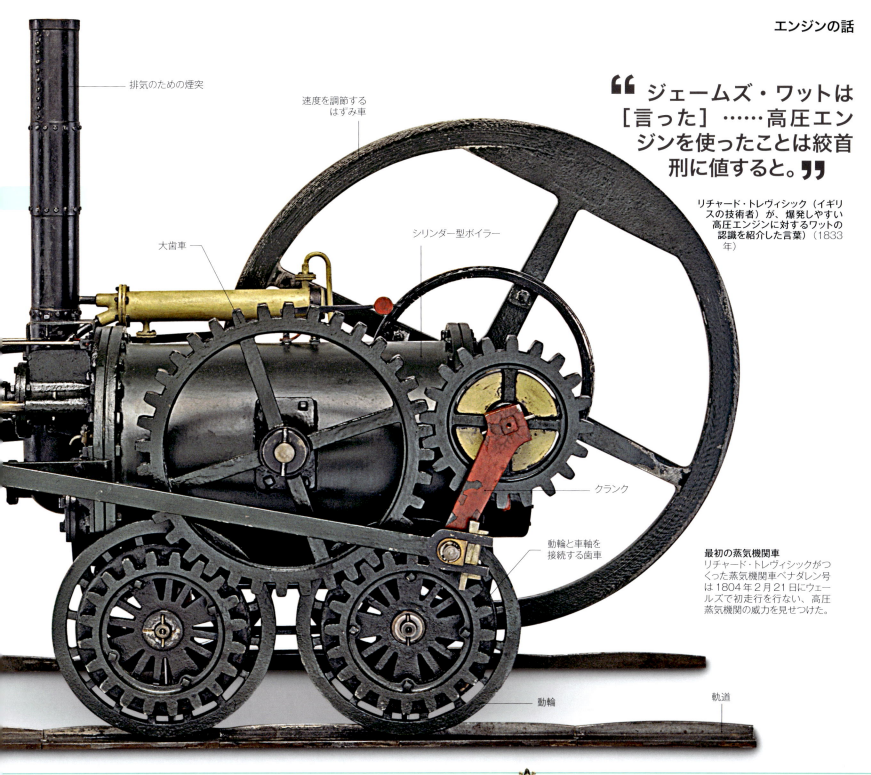

- 排気のための煙突
- 速度を調節するはずみ車
- 大歯車
- シリンダー型ボイラー
- クランク
- 動輪と車軸を接続する歯車
- 動輪
- 軌道

> "ジェームズ・ワットは［言った］……高圧エンジンを使ったことは絞首刑に値すると。"

リチャード・トレヴィシック（イギリスの技術者）が、爆発しやすい高圧エンジンに対するワットの認識を紹介した言葉）（1833年）

最初の蒸気機関車
リチャード・トレヴィシックがつくった蒸気機関車ペナダレン号は1804年2月21日にウェールズで初走行を行ない、高圧蒸気機関の威力を見せつけた。

1860年 ガスエンジン
ベルギーの技術者エティエンヌ・ルノアールが開発した初の内燃機関。ガスと空気をシリンダー内で燃焼させて動力を得る。

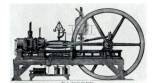
エティエンヌ・ルノアールのガスエンジン

1897年 ディーゼルエンジン
フランス系ドイツ人技術者ルドルフ・ディーゼルが開発したエンジンは、重たいがガソリンエンジンより効率が良く、点火には火花ではなく圧縮熱を利用した。

ディーゼルエンジン

1937年 ターボジェットエンジン
イギリスの技術者フランク・ホイットルとドイツ人技術者ハンス・フォン・オハインは、燃料を燃やして生じる排気流をファンを使って噴出し、推力を得るエンジンをそれぞれ独自に開発した。

W2/700 ターボジェットエンジン

1816年 密閉サイクル蒸気機関
スコットランドの技術者ロバート・スターリングが開発した蒸気エンジンは、ガスがシステム内に留まるので排気が出ず、音も小さかった。

1876年 4ストロークエンジン
ドイツの技術者ニコラウス・オットーの4ストロークエンジンは、4本のシリンダーを順番に点火し、4回目のストロークでピストンを押しさげるものだった。

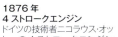

ダイムラーの4ストローク車

1926年 液体燃料ロケット
アメリカの技術者ロバート・ゴダードはロケットエンジンを発明する。液体燃料を燃やすことで、飛行に必要な推進力を得る。

1956年 ロータリーエンジン
ドイツの技術者フェリクス・ヴァンケルは、長円形のシリンダー内でピストンではなく三角形のローターが回転するロータリーエンジンを開発した。

ヴァンケルのロータリーエンジン

1803〜04年

> 凸状あるいは円錐形の山が水平な底から盛りあがっている。

ルーク・ハワード（イギリスの気象学者）《雲の変容に関する小論》より積雲の描写（1803年）

イギリスの薬剤師・気象学者ルーク・ハワードは「堆積」を意味するラテン語から「積雲（クムルス）」と名づけた。写真の積雲は底が平たく、綿のような雲が盛りあがっている。

1803年3月28日、イギリスの技術者ウィリアム・サイミントン（1764〜1831年）が設計したシャーロット・ダンダス号が、スコットランドのフォース・アンド・クライド運河で積荷をのせた2隻のはしけを引き、初の実用的な蒸気船となった。

翌1804年、やはりイギリスの技術者トマス・テルフォード（1757〜1834年）がスコットランドのカレドニアン運河の建設に着手した。1822年に完成した運河は全長100km、幅30.5m、閘門28か所と当時世界最大だった。

1803年10月、イギリスの化学者ジョン・ドルトンがマンチェスターで自らの原子説について聴衆に語った――すべての物質は原子からできており、原子はつくったり壊したりすることはできない。同じ元素の原子はすべて同じものだが、元素が異なれば原子も変わる。さらにドルトンは、化学反応で原子の配列が変わり、化合物は構成元素の原子でできているとも述べた。

同じ1803年、イギリスの科学者ウィリアム・ハイド・ウォラストンが新しい元素としてパラジウムとロジウムを追加した。

イギリスの薬剤師で気象学者のルーク・ハワード（1772〜1864年）は雲に関する著作を発表し、その形状を巻雲、積雲、層雲の3種類に分けた。この分類はいまも使われている。

1804年2月21日、スティーヴンソンのロケット号（[1829年]参照）より25年も早く、イギリスの技術者リチャード・トレヴィシック（1771〜1833年）が設計した蒸気機関車が乗客70人、鉄10t、貨車5両を牽引してウェールズのペナダレンの鉄工所からマーサー・カーディフ運河まで14kmを走行した。最高時速は8km近くになった。

スイスの化学者ニコラ＝テオドール・ド・ソシュール（1767〜1845年）が光合成の大まかな仕組み（[1787〜88年]参照）を明らかにし、植物は成長するとき水と二酸化炭素を吸収することを証明した。その後植物の灰を分析してミネラルの組成が土と異なることを確認、植物は栄養物を選択的に吸収していると主張した。

ドイツの薬剤師フリードリヒ・ゼルチュルネル（1783〜1841年）は、薬草の有効成分を初めて抽出した。1803年から始めた研究で、彼はアヘンからモルヒネを抽出することに成功し、1805年に成果を発表した。この物質は外科手術に不可欠になる。

1804年10月、日本の外科医華岡青洲（1760〜1835年）は薬草から調合した麻酔薬を経口投与し、全身麻酔による外科手術を初めて成功させる。

12% アヘンに含まれるモルヒネの割合

外科手術の革命
華岡青洲は60歳の乳がん患者に全身麻酔をかけて手術を行ない、成功した。

ドルトンの元素表
ジョン・ドルトンは元素記号を使い、原子量を計算した最初の人物。この表には20種類の元素の記号と原子量が記されている。

ジョン・ドルトン（1766〜1844年）
クエーカー教徒の教師だったジョン・ドルトンは、1800年にマンチェスター文学哲学協会の秘書の職を得た。原子説で有名なドルトンだが、気象学にも貢献し、自らの色覚異常も研究した。70代になっても気象観測を続け、科学論文を発表した。

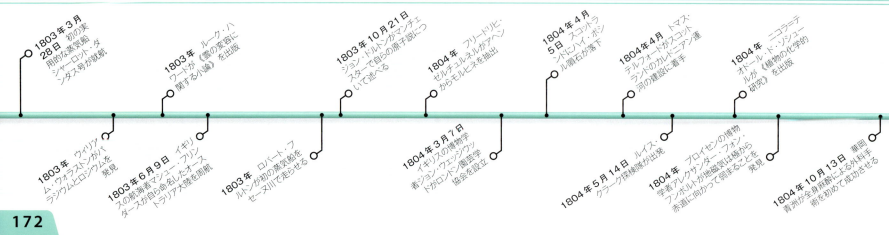

1805～06年　1807～08年

> "電気エネルギーの遠因を憶測するのは無意味だろう……"
>
> ハンフリー・デーヴィー（イギリスの化学者）《電気の科学的媒介について》（1806年）

イギリスの化学者ハンフリー・デーヴィーが、マグネシウムやバリウムなどの金属で実験を行なう様子。

アメリカのルイス・クラーク探検隊を描いた1920年の挿絵。

フランスの化学者ニコラ＝ルイ・ヴォークラン（1763～1829年）とピエール＝ジャン・ロビケ（1780～1840年）が1805年にアスパラガスからアスパラギンを抽出した。これは確認された最初のアミノ酸（タンパク質の構成要素）である。

翌1806年、イギリスの発明家レイフ・ウェッジウッド（1766～1837年）がカーボン紙で特許を取得した。もとは視覚障害者の筆記を助けるためだったが、文書の写しもとれることがわかった。

1806年9月、ルイス・クラーク探検隊が北米の太平洋岸に到達。探検隊を率いていたのはメリウェザー・ルイス大尉（1774～1809年）とウィリアム・クラーク少尉（1770～1838年）である。この探検はアメリカ合衆国大統領トマス・ジェファーソンの依頼により、1803年にフランス領だったルイジアナの土地210万km²を購入後、ミズーリ川流域の現地調査が目的だった。この探検では動植物の新種も発見された。

1806年11月、イギリスの化学者ハンフリー・デーヴィーがロンドンの王立協会で水の電気分解について報告した。水に電流を通すと水素と酸素に分解するというものだ（［1834年］参照）。

1807年、ノースリバー蒸気船、のちのクラーモント号がニューヨークからハドソン川を通り、240km離れたオールバニーまで乗客を運んだ。商業的に成功した初の蒸気船航海である。アメリカの技術者ロバート・フルトン（1765～1815年）設計の蒸気船で所要時間は30時間強だった。

イギリスでは化学者ハンフリー・デーヴィーが電気分解でマグネシウム、ナトリウム、バリウム、カルシウムを純粋な形で分離した。ちなみに最初に成功した金属はカリウムで、1807年のことだった。

1807年、ウィリアム・ハイド・ウォラストンは素描補助装置であるカメラ・ルシダを開発し、特許を取得した。4面プリズムで景色を映しだし、画家がそれをなぞることができた。

同じ1807年、フランスの発明家ニセフォール（1765～1833年）とクロード（1763～1828年）のニエプス兄弟が、内燃機関ピレオロフォール（ギリシア語で火、風、運び手を意味する単語を合成したもの）で特許を取得した。粉炭などの燃料を使うこの内燃機関は、船に搭載してセーヌ川で実験が行なわれた。

アメリカ初の蒸気船
ロバート・フルトンの外輪船（のちにクラーモント号と命名）は全長41m、幅4m、直径5mの2つの外輪を備えていた。

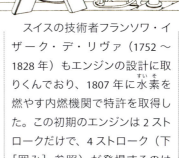

スイスの技術者フランソワ・イザーク・デ・リヴァ（1752～1828年）もエンジンの設計に取りくんでおり、1807年に水素を燃やす内燃機関で特許を取得した。この初期のエンジンは2ストロークだけで、4ストローク（下［囲み］参照）が登場するのは1876年のことである。

1808年、アイルランド生まれのアメリカ人数学者ロバート・エイドレイン（1775～1843年）は、ヨーロッパ数学界の過去の研究を知らないまま、最小二乗法の独自の見解を発表した。これはデータセット内の2乗誤差の和を最小にする統計手法で、カーブフィッティングに用いられる。

内燃機関

内燃機関はシリンダー内で燃料を燃し動力を得る。4ストロークエンジンは、4つの行程を繰りかえす。まずバルブが開き燃料と空気がシリンダ内に入り、ピストンが上昇して混合気を圧縮。点火プラグによって混合気に点火、爆発的な燃焼を起こしピストンを押しもどし、燃焼ガスを排出する。

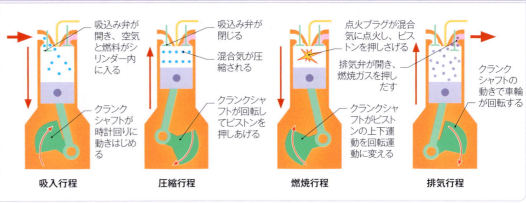

吸入行程 / 圧縮行程 / 燃焼行程 / 排気行程

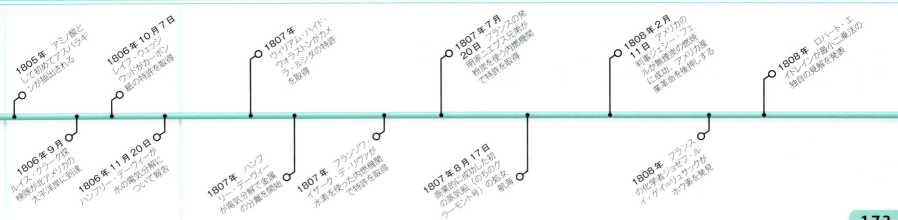

173

化合物と化学反応

化学反応で物質は形を変える。

化学化合物とは、2種類以上の原子が化学結合した物質のこと。たとえば水は水素原子と酸素原子が結合している。化学反応はそうした化学結合を壊したり、新しく生成したりして別の物質をつくることだ。

カリウムと水の反応
カリウムは水に反応して水素を放出する。同時に熱も発生するので、水素が燃える。

ほとんどの固体、液体、気体は元素の化合物である（元素とは1種類の原子だけで構成される物質のこと）。たとえば空気は窒素と酸素の2つの元素が大半を占め、あとは元素のアルゴン、それに水や二酸化炭素、メタンといった化合物で構成される。原子どうしが電子を共有して分子を形成することもあり（右参照）、これを共有結合と呼ぶ。また原子が電子を失ったり、獲得したりして電荷を帯び、たがいの静電引力で結合するものをイオン結合と呼ぶ。

10^{21} 個

水1滴に含まれる分子のおよその数

化合物

化合物はどこを切りとっても、構成元素の割合は一定だ。たとえばメタンを原子レベルまで分解すると、炭素原子（C）と水素原子（H）の割合は1：4になる。したがってすべての化合物は化学式で表わすことができ、メタンは CH_4 となる。

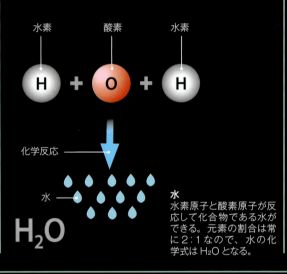

水
水素原子と酸素原子が反応して化合物である水ができる。元素の割合は常に2：1なので、水の化学式は H_2O となる。

化学式は構成原子の記号と割合を表わしている

分子

分子を構成する原子は共有結合でつながっている。ちなみに塩素酸ナトリウム（いわゆる塩だ）のような非分子化合物で原子を結びつけているのはイオン結合だ。最も小さい分子は原子2個だけだが、もっと大きな分子もある。たとえばタンパク質は原子数万個の集まりだ。元素のなかには分子としても存在するものがあり、純粋な水素や酸素は2価分子——H_2 と O_2 ——でできている。

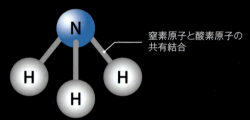

アンモニア分子
アンモニアの分子は窒素原子1個と酸素原子3個が共有結合しているので、化学式は NH_3 となる。

反応

化学反応に関わる元素や化合物を反応物と呼ぶ。反応によって反応物の結合は壊れ、新しい結合が形成されて、1種類かそれ以上の異なる物質——生成物——ができる。右図の反応では、2種類の反応物の原子が結合して1種類の化合物が生成された。原子は消えたり生じたりすることはなく、ただ配列が変わるだけなので、生成物の質量は反応物の質量と等しくなる。

エネルギー反応
反応物を混ぜると自発的に反応して新しい化合物ができるが、水とカリウムのように反応時にエネルギーが放出されることもある。

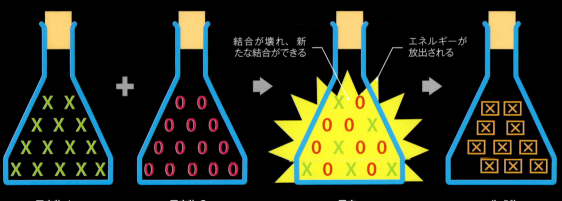

反応物1　　反応物2　　反応　　生成物

化合物と化学反応

反応の種類

反応には電気分解（電流で結合を切断する）、酸塩基反応（酸と塩基またはアルカリが同時に反応する）などさまざまな種類があるが、物質への作用という点では分解反応、合成反応、置換反応の3つに分けられる。分解反応では、化合物はより小さな部分に分かれるが、合成はその逆で2種類以上の化合物がひとつの生成物をつくりだす。置換反応は、ひとつの化合物の一部が離れて別の化合物の一部になる。

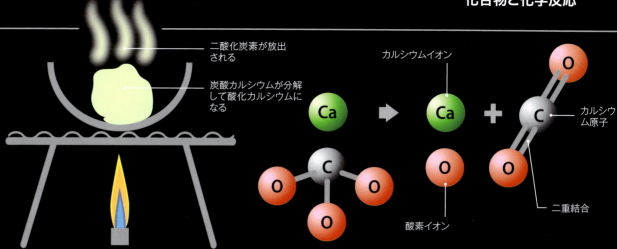

分解反応
石灰岩（炭酸カルシウム）を加熱すると、カルシウムと酸素と二酸化炭素に分解する。カルシウムと酸素はイオン（帯電粒子）状態なので、イオン性固体である酸化カルシウムになる。二酸化炭素は共有結合分子の気体である。

$$CaCO_3 \rightarrow CaO + CO_2$$

炭酸カルシウム　　酸化カルシウム　　二酸化炭素

> **化学反応は舞台に似ている。元素という役者が次から次へと場面を演じていく。**
>
> クレメンス・アレクサンダー・ヴィンクラー（ドイツの化学者）（1887年）

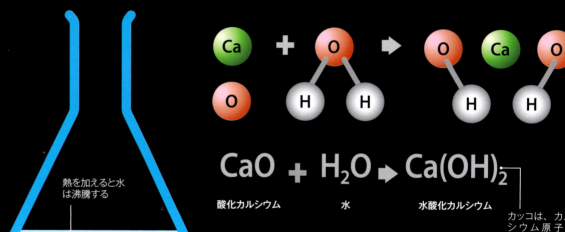

$$CaO + H_2O \rightarrow Ca(OH)_2$$

酸化カルシウム　　水　　水酸化カルシウム

合成反応
酸化カルシウムに水を加えると水酸化カルシウムが発生し、水に溶け込む。このように、生成物が2種類の成分のすべての原子で構成される反応を合成反応と呼ぶ。

カッコは、カルシウム原子1個に対し、水酸化物（OH）が2個の割合で存在することを示す

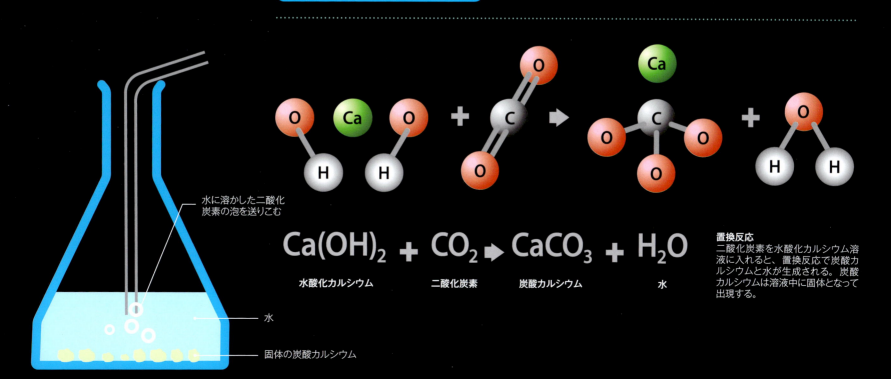

$$Ca(OH)_2 + CO_2 \rightarrow CaCO_3 + H_2O$$

水酸化カルシウム　　二酸化炭素　　炭酸カルシウム　　水

置換反応
二酸化炭素を水酸化カルシウム溶液に入れると、置換反応で炭酸カルシウムと水が生成される。炭酸カルシウムは溶液中に固体となって出現する。

175

1809年

キリンは高い枝の葉を食べるために首が長くなった──ラマルク説でよく引用される話である。

1810〜11年

メアリー・アニングが発見した化石はのちにイクチオサウルスと命名され、海には今日では絶滅した不思議な生き物が生息していたことが確認された。

1809年、フランスの生物学者ジャン＝バティスト・ラマルク（[1802年]参照）が、生命の進化に関して最初の理論体系を構築した。生命は単純なものから複雑なものへと変化していき、環境の変化が生物の変化を誘発すること、また生物に起きた変化は子孫に受けつがれる場合があるとラマルクは主張した。有用な特徴は世代を経るごとに発達していき、反対に無用な特徴は使われなくなって、最後に消失するというのがラマルクの考えだった。ただチャールズ・ダーウィン（[1859年]参照）とちがい、ラマルクはそうした変化のメカニズムまでは説明できなかった。生物は一生のなかでも環境に適応して変化し、その変化が子孫に引きつがれるという考えはラマルク説と呼ばれ、ダーウィン信奉者からは徹底的に嘲笑された。しかし環境が遺伝子とその発現に影響をおよぼすことがわかってきた近年（それを研究する学問は後生学と呼ばれる）、ラマルク説に新たな関心が向けられている。

ドイツでは数学者カール・フリードリヒ・ガウス（[1796年]参照）が引力定数を定めて、天文数学の基礎を形づくった。重力の大きさを示す定数が存在することは、ニュートンもすでに指摘していた。ガウスが優れていたのは、重力の効果を計算するのに設定したのが、わずか3つの測定値だったという点である。それは太陽質量、地球の軌道長半径、それに平均太陽日である。ガウスがはじきだした引力定数は 0.01720209895 で、これを使うと惑星軌道を計算することができた。現在では、ガウスが用いた測定値に当初思われていた以上の幅があることがわかっているが、それでも天文学研究に果した役割は大きかった。

0.01720209895

カール・フリードリヒ・ガウスの引力定数

イギリスの化学者ハンフリー・デーヴィー（1778〜1829年）は、ロンドンの公開実験で、最初の電灯であるアーク灯をともして人びとを驚かせた。炭素電極のあいだに高圧をかけるアーク灯は明るかったが、日常の照明には不向きだった。電灯を誰もが使えるようになったのは、アメリカの発明家トマス・エディソン（1847〜1931年）やイギリスの物理学者ジョゼフ・スワン（1828〜1914年）が白熱灯を開発してからである（[1878〜79年]参照）。デーヴィーはまた、塩素は元素であり、塩酸は水素と塩素の化合物（現在は塩化水素と呼ばれる）であることを証明した。これによってフランスの化学者アントワーヌ・ラヴォアジェが唱えた、すべての酸は酸素を含むという主張は否定された。

1811年、イタリアの化学者アメデオ・アヴォガドロ（1776〜1856年）が、ジョン・ドルトンの原子説（[1803〜04年]参照）と、ゲイ＝リュサックが1808年に唱えた、2種類の気体が反応するとき、反応物と生成物は整数比になるという法則の折りあい

メアリー・アニング（1799〜1847年）

イギリスの海辺の町、ライム・リージスの貧しい家具職人の娘に生まれ、当代最高の化石ハンターになった。なかでもイクチオサウルスやプレシオサウルスのほぼ完全な骨格を発見した業績は大きい。こうした化石生物の解剖学的知識では、右に出る者がいなかった。

" 大脳こそが精神と肉体を統一する偉大な臓器だと考える。"

チャールズ・ベル（イギリスの解剖学者）《脳の新しい解剖学》（1811年）

をつけた。アヴォガドロは、原子と分子のちがいを理解していた。水素や酸素といった単純な気体は、2個以上の原子が結合した分子でできている。そこでアヴォガドロは、温度と圧力が一定のとき、どんな気体も体積が同じなら含まれる分子数も同じではないかと仮説を立てた。

化学の世界ではもうひとつ重要なできごとがあった。1811年、スウェーデンの化学者イェンス・ヤコブ・ベルセリウス（1779〜1848年）が、今日も使われている化学記号と化学式の体系を確立したのである。元素は名称の最初の文字で表わし、頭文字が同じ場合は2文字目まで使うことにした。化合物内の元素の原子数を示す数字も添えた。したがって水の化学式 H_2O は、酸素原子1個に水素原子2個が結合していることを意味している。

イギリス南岸では11歳の少女

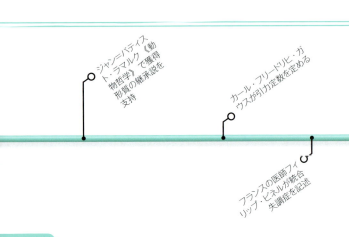

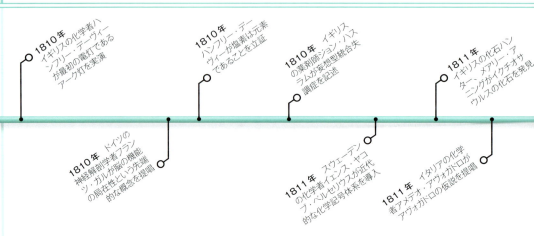

1812年

> 鉄道誘致を望む声は熱狂的で、採算のとれないところにも鉄道が敷かれた。

ジョージ・スティーヴンソン（イギリスの土木技師）ジョゼフ・サンダースに宛てた書簡（1824年12月）

ミドルトン炭坑鉄道で、石炭運搬車を引く蒸気機関車サラマンカ号（1814年）。

原子番号　原子量
26　55.845
Fe
鉄
名称　化学記号

化学記号

ベルセリウスが考案した化学記号体系は現在も使われている。ラテン語名の最初の1ないし2文字をとり、たとえば鉄はラテン語名 ferrum から Fe と表わす。周期表の各元素の枠には、原子番号、原子量、原子核内の陽子数を表記することになっている。

メアリー・アニングが重要な化石を発見した。それはイルカに似た水棲爬虫類イクチオサウルスで、恐竜と同じ時代に生息していた。

同じくイギリスでは、神経解剖学者チャールズ・ベルが《脳の新しい解剖学》を出版し、脳の感覚神経と運動神経を識別した。

1790年代、フランス革命時に導入されたメートル法は国を大混乱に陥れ、人びとは町ごとに異なる度量衡の単位を変わらず使いつづけた。そこで1812年、フランス皇帝ナポレオン・ボナパルトは、メートルとキログラムという基本単位と、従来の単位を折衷させた習慣的度量衡を導入した。この度量衡が役割を終えたのは1840年、メートル法に完全移行したときである。

1812年、ドイツの地質学者フリードリヒ・モース（1773〜1839年）は鉱物を識別する方法を考案した。これは硬さ、色、形といった物理的な特徴に基づいたものだった。硬い鉱物で柔らかい鉱物を引っかくと跡が残ることに気がついたモースは、それで硬度を調べる方法を開発し、10種類の標準的な鉱物で硬度スケールをつくった——いわゆるモース硬度である。

フランスの古生物学者ジョルジュ・キュヴィエ（1769〜1832年）が発表した《予備的論説》は、四足動物の化石に関する論文の導入部にあたるものだった。その

新しいメートル法
メートル法採用で混乱するフランスの人びとを描いた風刺版画。ナポレオンは妥協策として習慣的度量衡を導入した。

なかでキュヴィエは、大昔の地球にはいまよりはるかに多くの種が生息しており、岩盤には異なる時代の化石が埋もれていると主張した。これは、過去に何度となく繰りかえされた大変動で世界が形成されたとする地質学の説とも足並みが揃う発想であり、そうした大変動で種の多くが絶滅したとキュヴィエは考えた。

スコットランドのクライド川では、外輪船コメット号がヨーロッパ初の蒸気船運航を開始した。ウェスト・ヨークシャーのミドルトンでは、蒸気機関車が初めて貨車を引いて走ることに成功した。使われた線路は、もとは1750年代にミドルトンの鉱山から石炭を馬車で運びだすために敷設されたものだった。

1790年代、フランスのニコラ・アペールは食品保存のための密閉ガラス瓶を開発していた。だがガラスは割れやすかった。1810年、イギリスの商人ピーター・デュランドが鉄に錫メッキをほどこして錆を防ぐブリキ缶の特許をとる。1812年、アメリカの彫刻師トマス・ケンゼット（1786〜1829年）がニューヨークにアメリカ初の保存食品工場をつくり、牡蠣、肉、果物、野菜のガラス瓶詰を製造した。ケンゼットは1825年に缶詰工場も設立している。

ジェームズ・バリー（1792頃〜1865年）——本名はマーガレット・アン・バルクレーが——は大学に入るために男として生きる道を選んだ。1812年、彼女はエディンバラ大学を卒業し、医師の資格を取得した初の女性となった。その後バルクレーは優秀な外科医として活躍した。

モース硬度

鉱物の硬さを1から10まで表わしたもの。硬度は引っかきテストで判定する。たとえば燐灰石に傷をつけ、逆に水晶に傷つけられる鉱物は硬度6となる。

硬度	鉱物	
1	滑石	
2	石膏	
3	方解石	
4	螢石	
5	燐灰石	
6	正長石	
7	水晶	
8	トパーズ	
9	鋼玉	
10	ダイヤモンド	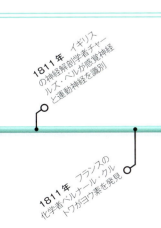

- 1811年 イギリスの神経解剖学者チャールズ・ベルが感覚神経と運動神経を識別
- 1811年 フランスの化学者ベルナール・クルトワがヨウ素を発見
- ドイツの地質学者フリードリヒ・モースが硬度基準を考案
- 2月12日 ナポレオン・ボナパルトが習慣的度量衡を導入
- フランスの古生物学者ジョルジュ・キュヴィエが、過去の大変動で絶滅した種があると主張
- 8月12日 ウェスト・ヨークシャーのミドルトン炭坑鉄道で初めて蒸気機関車が貨車を引いて走る
- 8月15日 スコットランドのクライド川で蒸気船の運航が開始
- マーガレット・アン・バルクレーがジェームズ・バリーの偽名でイギリス最初の女性医師となる
- アメリカの彫刻師トマス・ケンゼットがアメリカ初の保存食品工場を設立

1813〜14年

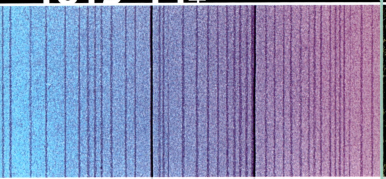

光スペクトルに現われるフラウンホーファー線。特定波長が気体に吸収されるために発生する暗線で、そのパターンは気体の種類によって決まっている。

1813年3月13日、イギリスの技術者ウィリアム・ヘドリー（1779〜1843年）が蒸気機関車パフィング・ビリー号の設計で特許を取得した。パフィング・ビリー号は1814年からノーサンバーランドで石炭運搬車を引きはじめた。現存する世界最古の蒸気機関車でもある。蒸気機関車の発展に最も貢献したジョージ・フラウンホーファーは、光を異なる色に分ける光学ガラスを製作した。日光をこれに通したとき、光スペクトラムのあいだに黒い線が走っていることに気づく。この暗線の存在を発見したのは彼が最初ではないが、フラウンホーファーは1814年に暗線を本格的に研究し、それが分光学の始まりとなった（[1884〜85年]参

> **"彼［ウェルズ］は明らかに、他に先駆けて自然選択の原理を認めている……ただし彼はヒトにしかそれを当てはめていない。"**
>
> チャールズ・ダーウィン（イギリスの博物学者）《自然選択の方途による種の起源》第4版（1866年）

スティーヴンソン（1781〜1848年）も、イングランド北部で最初の蒸気機関車を完成させ、1814年7月25日に初走行を行なった。

1813年、アメリカ人医師ウィリアム・チャールズ・ウェルズ（1757〜1817年）がロンドンの王立協会で、人種の相違は自然選択による進化が背景にあるとする小論を読みあげた。

ドイツの光学者ヨゼフ・フォン・照）。

この年、ロンドンの《ザ・タイムズ》紙は蒸気機関を用いた印刷機を導入した。

コネティカット州では、発明家イーライ・テリー（1772〜1852年）が、熟練職人による手作業ではなく、機械で生産できる画期的な量産型時計を開発した。これによって時計はより身近なものになった。

1815年

インドネシア、スンバワ島にあるタンボラ山は記録に残る史上最大の噴火を起こした山。噴出物は上空1400mに達した。

4月5日、インドネシアのタンボラ山が噴火した。記録が残る最大級の噴火で、2600km先まで轟音が聞こえたという。

イギリスの地質学者ウィリアム・スミス（1769〜1839年）は、地球の歴史を探るうえで化石が重要な役割を果たすことを示した。測量士として各地の運河掘削に立ちあううちに、距離の離れた露頭が同じ岩層かどうかは内部の化石で判断できることに気づいた。スミスはこれをもとに1799年に初の地質図をつくり、1815年にはブリテン島の地質図を出版した。これはその後作成されるすべての地質図の基礎となった。

スミスも建設に参加した運河は、イギリスの産業革命を加速させるうえで不可欠だった。蒸気機関などの燃料になる石炭も同様だが、当時採鉱は危険な作業だった。メタンなど引火性のあるガスにろうそくの炎が接触すると爆発するからだ。そこでイギリスの科学者ハンフリー・デーヴィーは、金網の筒を使って引火性ガスとの接触を減らす安全灯を発明した。

化学の世界では、元素の原子説がしだいに支持を集めていた。イギリスの科学者ウィリアム・プラウト（1785〜1850年）は原子量表（[1803〜04年]参照）を調べ、すべての原子量は水素原子の倍数になることから、水素原子が唯一の基本粒子であると考えた。これは誤りだったが、1世紀後の1920年、アーネスト・ラザフォード（1871〜1937年）はプラウトにちなんで陽子をプロトンと命名した。

ウィリアム・スミスの地質図
ブリテン島の地質構成を示したこの先駆的な地図をきっかけに、多くの地質図が作成されるようになった。

フランスでは科学者ジャン＝バティスト・ビオ（1774〜1862年）が偏光──単一面でのみ振動する光（次ページ［囲み］参照）──の実験を行なっていた。10月23日、テレピン油を入れた試験管に偏光を当てたところ、振動面が回転したことに気づいた。レモン汁で試しても同様の結果が得られた。これが現在広く使われている液晶ディスプレイ（LCD）の基本原理である。

デーヴィー灯
坑内で安全に使える照明。灯心を細かい金網の筒が囲む構造になっている。

坑内のガスに引火を防ぐための金網

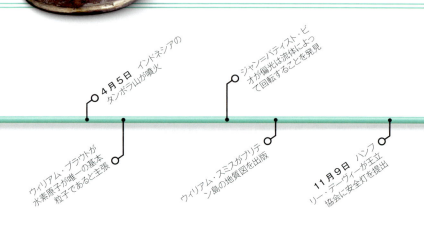

- 1813年 イギリス系アメリカ人の医師ウィリアム・チャールズ・ウェルズが自然選択による進化について明言
- 1813年3月13日 ウィリアム・ヘドリーがパフィング・ビリー号の設計で特許を取得
- 1814年 ウィリアム・ヘドリーの蒸気機関車パフィング・ビリー号が運行開始
- 1814年7月25日 イギリスの技術者ジョージ・スティーヴンソンが最初の蒸気機関車ブリュッヘル号を初走行
- 1814年 アメリカの発明家イーライ・テリーが量産型時計を開発
- 1814年 ヨゼフ・フォン・フラウンホーファーが分光学を創始、フラウンホーファー線を発見
- 1814年11月29日 《ザ・タイムズ》紙が蒸気機関を用いた印刷機で印刷される
- 4月5日 インドネシアのタンボラ山が噴火
- ウィリアム・プラウトが水素原子が唯一の基本粒子であると主張
- ウィリアム・スミスがブリテン島の地質図を出版
- ジャン＝バティスト・ビオが偏光は流体によって回転することを発見
- 11月9日 ハンフリー・デーヴィーが王立協会に安全灯を提出

1816～17年

16 km/時
ドライスのラウフマシーネの平均速度

カール・フォン・ドライスが発明したラウフマシーネ（人力走行車）。世界初の個人用2輪車で、自転車の前身となった。

オーギュスタン＝ジャン・フレネル（1788～1827年）

1803～1815年のナポレオン戦争で技師として働いたあと、光学の研究に専念し、光の波動性や回折、偏光の解明に大きな業績を残した。溝を彫りこんだフレネルレンズの発明で最も知られており、このレンズはいまも灯台で使用されている。

光の波動説（[1801年] 参照）は、1816年にフランスの技術者オーギュスタン＝ジャン・フレネルが行なった回折現象――光が障害物の背後に回りこむ――の一連の実験で裏づけられた。スリットに光を通したところ、波の干渉でしか生まれない小さな縞が生じたのだ。彼は光の波の動きと回折の様子を綿密な計算式で示した。

1817年、フレネルは物理学者フランソワ・アラゴ（1786～1853年）と協力し、波動理論とは両立しないとされていた偏光の研究を開始した。偏光は単一面にしか反射しない。偏光の振動面を変えても干渉縞は生まれないことをフレネルは確認した。

1816年、イギリスの物理学者デヴィッド・ブリュースター（1781～1868年）は、偏光が最大になるための光の入射角、いわゆるブリュースター角を計算した。

1817年には新元素が3つ見つかった。ドイツの化学者フリードリヒ・シュトロマイヤー（1776～1835年）がカドミウム、スウェーデンの化学者ヨアン・アルフェドソン（1792～1841年）がリチウム、スウェーデンの化学者イェンス・ベルセリウス（1779～1848年）がセレンを発見している。

ドイツではカール・フォン・ドライス男爵（1785～1851年）がラウフマシーネという自転車の元祖となる乗物を発明した。ペダルではなく足で蹴って進むもので、1817年6月12日に公開試乗が行なわれた。

溝ごとに光の反射角度は異なる

溝入りのレンズで光線を集中させる

フレネルレンズ
光学の実験を重ねたフレネルが開発した灯台用の特殊レンズ。劇場でも使われることがあった。分厚い1枚レンズではなく、同心円状に溝を入れたレンズを複数枚組みあわせている。

偏光

オーギュスタン＝ジャン・フレネルは、光が進行方向に対して直角に振動しながら前進することを突きとめた。ふつうの光だと振動面はあらゆる角度に分散しているが、偏光フィルターを通すことで振動面をひとつに揃えることができる。

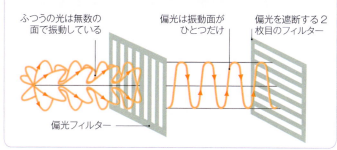

ふつうの光は無数の面で振動している　偏光は振動面がひとつだけ　偏光を遮断する2枚目のフィルター

偏光フィルター

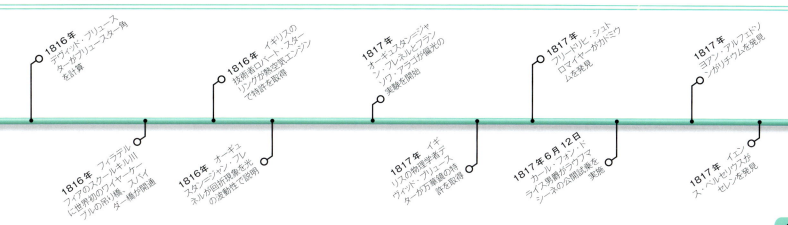

1818年

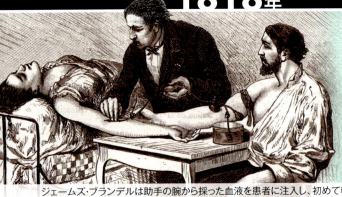

118 ml
ブランデルが輸血で採取した血液の量

ジェームズ・ブランデルは助手の腕から採った血液を患者に注入し、初めて輸血を成功させた。

1819年

ウィリアム・パリーが率いるヘクラ号とグライパー号が北極海の氷に閉じこめられる。

イギリスの物理学者マイケル・ファラデー（1791〜1867年）はのちに電磁気研究で有名になるが、最初のころは化学研究が中心だった。ファラデーは刃物類の職人ジェームズ・ストダートと協力して、プラチナなどの貴重な金属を使った合金鋼の実験に着手した。できあがった合金は高価すぎて商売にはならなかったが、科学的な取りくみとしては成果があった。

産業活動が技術の進歩と技術者の地位向上を後押しする。そんな時代背景を受けてロンドンで土木工学協会が創設された。蒸気機関車は新奇な見世物の域を脱していたものの、費用がかかりすぎるうえに爆発の危険と隣あわせだった。そこでイギリスの技術者ロバート・スターリングが発明したのが熱空気エンジンだった。これは閉じられた空間のなかで空気などの気体をたえず圧縮・膨張させるものだった。当時は受けいれられなかったが、近年になって第三世界での利用から宇宙開発まで、メンテナンスの楽な動力源として注目を集めている。

同じころ自然界も多くの研究者を魅了していた。フランスの博物学者ジョルジュ・キュヴィエは、イギリスの聖職者ウィリアム・バックランドが数年前にストーンズフィールドで発掘した化石の数々をくわしく調べ、それが巨大なトカゲの骨格であることを突きとめた。

この時代は外科医をはじめとする医師の専門化が進んだ。ロンドンの医師ジェームズ・ブランデルは、出産時に大量出血に見舞われた母親に初めて輸血を成功させ、命を救った。提供者の腕から注射器で血液を採取し、患者の腕に注入する方法だった。しかし血液が凝固する仕組みや、血液型の知識はまだ皆無だった（［1901年］参照）。

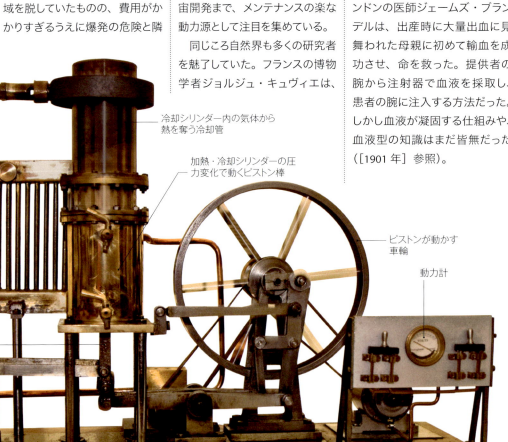

スターリングの熱空気エンジン
熱した空気の圧縮と膨張を交互に行なうことで、音が静かで効率も上がった。

- 加熱シリンダーで気体を加熱し、圧力を高めてピストンを動かす
- 冷却シリンダーで気体を冷却し、圧力を下げる
- 熱を加熱シリンダーに送る導管
- 冷却シリンダー内の気体から熱を奪う冷却管
- 加熱・冷却シリンダーの圧力変化で動くピストン棒
- ピストンが動かす車輪
- 動力計

- この面を患者の身体に当てる
- **聴診器** ラエンネックの聴診器。胸郭内の雑音を聞きとることができた。
- 耳当て

1816年、パリの医師ルネ・ラエンネック（1781〜1826年）が患者の心拍や呼吸を聞きとるための単純な聴診器を発明したことは、医学における大きな前進だった。ラエンネックは1819年の著書《間接聴診法》で自作の聴診器について初めて記述している。この聴診器の登場で、医師は病気をより早く、正確に診断できるようになった。

同じくパリでは、フランスの化学者アレクシス・プティ（1791〜1820年）とピエール・デュロン（1785〜1838年）が、元素の原子量を確認する方法を見つけた。イギリスの化学者ジョン・ド

1820年

> "アンペールの実験的研究が確立した電流間の力学的作用の法則は、科学における最も輝かしい業績のひとつである。"
>
> ジェームズ・クラーク・マクスウェル（イギリスの理論物理学者）《電気・磁気学論》の序文（1873年）

西経112度51分
ヘクラ号とグライパー号が到達した経度

ルトンが、元素は特定の重さを持つ原子で構成されているという原子説を発表したのは1803年だったが、その重さを確定するのが難しかった。プティとデュロンは、元素の比熱（[1761～62年] 参照）——温度を1℃上昇させるのに必要な熱量——が原子量と反比例することを突きとめた。そして元素の比熱を測定し、原子量を推測することができた。

ヨーロッパでは、距離が長く嵐の多い南回りではなく、北極圏を通って太平洋に出る航路への期待が高まっていた。1819年、イギリスの海軍将校ウィリアム・パリーは北西航路開拓の探検を成功させる。北極圏のメルヴィル島に到達したパリーは、西経110度を通過した者に議会が与える懸賞金を獲得することになった。パリーが率いていたヘクラ号とグライパー号は海氷に閉じこめられ、1820年春に氷が融けてようやく帰還できた。

1819年5月22日、アメリカのサヴァナを出発した蒸気船サヴァナ号は18日後にイギリスのリヴァプールに到着し、初の大西洋横断を成しとげた。以後20年間、大西洋横断に挑戦する蒸気船は現われなかった。サヴァナ号には豪華な船室もあったが、外輪を備えた蒸気船でありながら帆も張るという奇妙な外見が災いして乗客は皆無だった。

デンマークの物理学者ハンス・クリスティアン・エルステッド（1777～1851年）は、初めて電気と磁気の関係を示した。コペンハーゲンでの公開講座では、電気を流した針金に羅針盤を近づけて針が動く様子を実演し、人びとを驚かせた。この発見に刺激を受けたフランスの物理学者アンドレ＝マリ・アンペールは電磁気の基礎理論を確立し、電流を反対方向に流すと、そこに生じる磁場によって針金は引きつけあい、電流の方向を同じにすると反発すると説明した。

イギリスの物理学者ジョン・ヘラパス（1790～1868年）は、気体の温度と圧力は分子の運動が決定するという気体分子運動論の先駆けとなる説を提唱した。

パリではフランスの博物学者ジョルジュ・キュヴィエが、種は時代とともに変容もしくは進化するというジャン＝バティスト・ラマルクの説を嘲笑していた。しかしラマルク説は進化論の一部を構成する理論として、現在は認められている。

同じくパリでは、化学者ピエール＝ジョゼフ・ペレティエ（1788～1842年）とジョゼフ・ビヤンネメ・カヴェントゥ（1795～1877年）が、植物から薬効成分を抽出する研究に取りくんでいた。1820年、キナノキからキニーネを取りだすことに成功、マラリアの特効薬として使われた。

アンドレ＝マリ・アンペール（1775～1836年）

リヨン近郊に生まれ、数学者・教師として優れた業績を残した。電磁気学の基礎を確立し、2本の電線のあいだに起こる磁気的相互作用は電線の長さと電流の強さに比例することを突きとめた。これはアンペールの法則と呼ばれる。

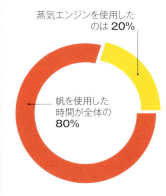

サヴァナ号の航海
蒸気船として初めて大西洋を横断したサヴァナ号だが、蒸気エンジンを使っていたのは207時間中41.5時間だった。

- 蒸気エンジンを使用したのは20%
- 帆を使用した時間が全体の80%

電磁石

電流がつくりだす独自の磁場が電磁石のもとになる。強い磁力を発揮し、電流の有無がスイッチがわりになる。筒型コイルが一般的な形で、巻き数が多いほど磁場は強くなる。電話のスピーカーから電動機まで、電磁石はあらゆる場面に使われる。

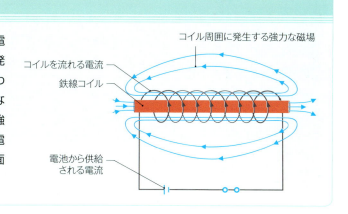

- コイル周囲に発生する強力な磁場
- コイルを流れる電流
- 鉄線コイル
- 電池から供給される電流

- 6月20日　蒸気船サヴァナ号が初の大西洋横断
- 8月　ウィリアム・パリー率いる北極探検隊が西経112度51分に到達
- ジョン・H・ホール大尉が交換可能な部品を使ってM1819ライフルを開発
- フランスの化学者ピエール・デュロンとアレクシ・プティが、元素の原子量が比熱と反比例することを発見
- 1月28日　ファビアン・ベリングスハウゼンのロシア隊が南極大陸を目撃
- 1月30日　エドワード・ブランスフィールドのイギリス隊が南極大陸を目撃
- 4月21日　デンマークの物理学者ハンス・クリスティアン・エルステッドが電気と磁気の関係を示す
- 7月　ハンス・クリスティアン・エルステッドが電磁気の概念を述べた小冊子を出版
- 9月20日　アンドレ＝マリ・アンペールが電磁気の基礎理論確立に取り組む
- 11月17日　アメリカ人探検家ナサニエル・パーマーが南極大陸を目撃

1821〜22年

> 傷口はずたずたで火傷をおこし、肺の一部が七面鳥の卵の大きさほどはみだしていた。

ウィリアム・ボーモント（アメリカの軍医）《消化液の実験と観察、および消化の生理学》（1833年）

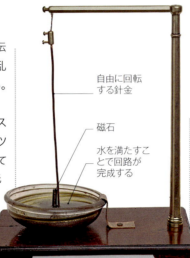

銃撃で負傷した兵士アレクシス・サンマルタンの胃に管を差しこむアメリカの軍医ウィリアム・ボーモント。

1820年、ハンス・クリスティアン・エルステッドが、電流によって磁石が動くことを実証した。それを受けてイギリスの科学者マイケル・ファラデー（[1837年]参照）が、電流を流した針金が固定した磁石のまわりを回転し、反対に固定した針金のまわりを吊るした磁石が回転することを実験で示した。これが電磁回転で、電動機の原理となった。

ドイツ系エストニア人の科学者トマス・ヨハン・ゼーベック（1770〜1831年）は、2種類の異なる金属で輪をつくり、片方を加熱してもういっぽうを冷却すると、近くに置いた羅針盤の針が揺れる現象を観察した。金属の種類によってわずかに熱の伝わりかたが異なり、原子が攪乱されて電流が生まれたのである。これは熱電効果と呼ばれる。

地質学の分野では、スイスの研究者イグナーツ・フェネッツ（1788〜1859年）が、かつてヨーロッパはいまより気温が低く、大地を氷河が覆っていたという説を発表した。

イギリスのドーセット、ライム・リージスの近くでは、化石コレクターのメアリー・アニング（[1810〜11年]参照）がプレシオサウルスの化石を初めて発見した。1億9500万〜6500万年前に生息していた巨大な水棲爬虫類である。翌年には、ギデオン・マンテル（1790〜1852年）がやはり巨大な爬虫類の歯を発見し、イグアノドンと名づけた。これはのちに恐竜の一種であることが判明する。ヨークシャーではイギリス人博物学者ウィリアム・バックランド（1784〜1856年）が古代のハイエナの巣を調べたところ、サイやゾウ、ライオンの骨が見つかり、イギリス諸島にはいま異なる野生動物がいたことが確認された。

地質学者たちは、出土する化石から地球の年代分けをするようになる。1822年、イギリスのウィリアム・フィリップス（1775〜1828年）とウィリアム・コニビア（1787〜1857年）が最初に地質年代を特定し、イングランド北部に石炭の地層があることから石炭紀と名づけた。

同じ1822年、コンピューター研究の先駆者であるイギリスのチャールズ・バベッジ（1791〜1871年）が階差機関という画期的な概念を提唱した。これは歯車と棒を使う計算機で、自動的に計算を行ない、人為的ミスを排除できるというものだった。

アメリカの軍医ウィリアム・ボーモント（1785〜1853年）は、人間の胃の消化活動を初めて観察した人物である。彼は腹を撃たれた兵士でさまざまな実験を行ない、胃のなかに管を差しこんで観察する内視鏡検査も実施した。

ファラデーの実験
マイケル・ファラデーが、電動機の基礎となる電磁回転の原理を実証するために使った装置の複製。

- 自由に回転する針金
- 磁石
- 水を満たすことで回路が完成する

地質年代

重なりあう岩層は、逆転が起きていないかぎり下に行くほど古くなる。地球の歴史を地質年代に分ける最初の手がかりは、それぞれの岩層に含まれる化石だった。年代が測定できる最も古い化石は5億4200万〜4億8800万年前で、この時代をカンブリア紀と呼ぶ。

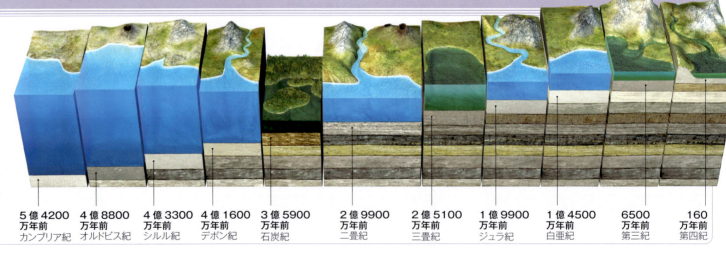

5億4200万年前 カンブリア紀 | 4億8800万年前 オルドビス紀 | 4億3300万年前 シルル紀 | 4億1600万年前 デボン紀 | 3億5900万年前 石炭紀 | 2億9900万年前 二畳紀 | 2億5100万年前 三畳紀 | 1億9900万年前 ジュラ紀 | 1億4500万年前 白亜紀 | 6500万年前 第三紀 | 160万年前 第四紀

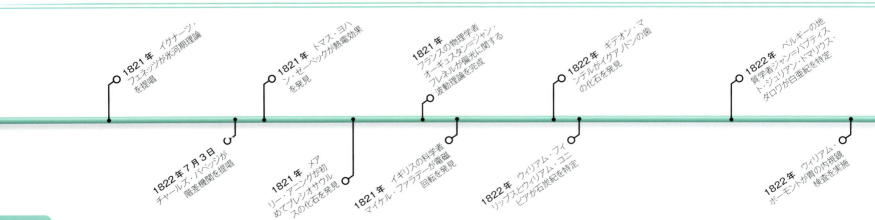

- 1821年 イグナーツ・フェネッツが氷河期理論を提唱
- 1822年7月3日 チャールズ・バベッジが階差機関を提唱
- 1821年 トマス・ヨハン・ゼーベックが熱電効果を発見
- 1821年 メアリー・アニングが初めてプレシオサウルスの化石を発見
- 1821年 フランスの物理学者オーギュスタン・ジャン・フレネルが偏光に関する波動理論を完成
- 1821年 イギリスの科学者マイケル・ファラデーが電磁回転を発見
- 1822年 ギデオン・マンテルがイグアノドンの化石を発見
- 1822年 ウィリアム・フィリップスとウィリアム・コニビアが石炭紀を特定
- 1822年 ベルギーの地質学者ジャン＝バプティスト・ジュリアン・ドマリウス・ダロワが白亜紀を特定
- 1822年 ウィリアム・ボーモントが胃の内視鏡検査を実施

1823〜24年

> "ブライユ点字は知識だ。知識は力だ。"
>
> ルイ・ブライユ（ブライユ点字の考案者）

目の見えない少年ブライユが考案した点字は、視覚障害者に読書の喜びを与えた。

1823〜24年、科学者たちは地球の歴史だけでなく夜空も熱心に観察していた。ドイツのフランツ・フォン・グイトゥイゼン（1774〜1852年）は、月のクレーターが隕石衝突の跡であることを突きとめる。やはりドイツのハインリヒ・オルバース（1758〜1840年）は、なぜ夜空が暗いのか疑問を抱いた。空に無限個の星があるのなら、あらゆる方向に星が見えるのだから、夜空は明るいはずだというのである。この問題は過去にも提起されていたが、オルバースのパラドックスと呼ばれるようになった。宇宙が膨張を続けており、はるか遠い星の見かけの明るさが減しているために夜空は暗い、というのが今日の説明である。

イギリスの博物学者ウィリアム・バックランドは地質学に2つの大きな業績を残した。ひとつはウェールズの海岸にある洞窟で、化石人骨を初めて発見したことである。バックランド自身は古代ローマの女性の骨だと考えたが、放射性炭素年代測定（[1955年]参照）で3万3000年前の女性であることが判明した。もうひとつの業績は1824年に恐竜について初めて記述したことである（恐竜という言葉ができたのは1824年）。彼は絶滅した巨大な爬虫類の骨をメガロサウルスと名づけた。

フランスの数学者ジョゼフ・フーリエは、地球と太陽は遠く離れすぎているので、太陽の日射だけでは地球の温度はいまほど上昇しないと考えた。そして地球の大気が熱を閉じこめているという説を考えた。これは、のちに温室効果と呼ばれる現象が最初に認識された例である。

ハンガリーの数学者ヤーノシュ・ボーヤイ（1802〜1860年）は新しい非ユークリッド幾何学を創始した。これはエウクレイデスの2次元平面での平行線の定義（[紀元前400〜335年]参照）から離れ、時空と宇宙の曲がりや、交わる平行線といった抽象的な多次元概念に踏みこむものだった。

フランスの15歳の少年ルイ・ブライユ（1809〜1852年）が発明した、6個の点を組みあわせて文字を表わす方法は、その後ブライユ点字と呼ばれるようになった。これによって視覚障害者も本が読めるようになり、現在ではほぼすべての国で採用されている。

同じくフランスでは、技術者ニコラ・レオナール・サディ・カルノー（1796〜1832年）が《火の動力およびその動力機械に関する考察》を出版した。これはカルノーサイクルと呼ばれる有効な熱機関理論を展開した最初の論文である。熱機関は気体を放出する際に熱を失い、効率が落ちる。しかしカルノーサイクルはあらゆるエンジンで理論的な最大効率を示し、熱力学の確立に貢献した（[1847〜48年]参照）。

ジョゼフ・フーリエ（1768〜1830年）

優れた数学者だったフーリエは、1798年のナポレオンのエジプト遠征に同行し、ヒエログリフを解読した。また熱伝導を研究し温室効果を発見。波の研究からフーリエ解析を確立、波形解析のこの手法は、現在ではタッチスクリーンから脳機能研究まで応用されている。

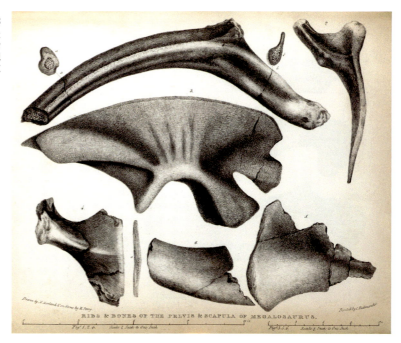

メガロサウルスの骨
ウィリアム・バックランドが1824年の論文に掲載したメガロサウルスの骨のスケッチ。これは恐竜を科学的視点から記述した最初の論文だった。

700種類
現在確認されている恐竜の種類

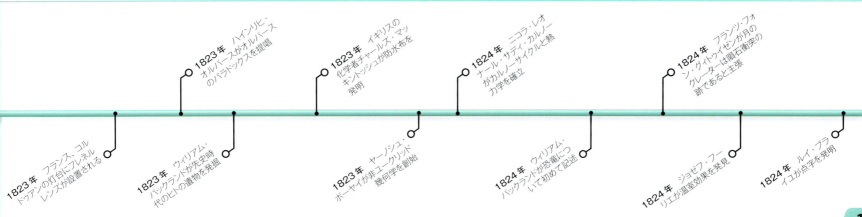

- 1823年 フランス、コルドゥアンの灯台にフレネルレンズが設置される
- 1823年 ハインリヒ・オルバースがオルバースのパラドックスを提唱
- 1823年 ウィリアム・バックランドが先史時代のヒトの遺物を発掘
- 1823年 イギリスの化学者チャールズ・マッキントッシュが防水布を発明
- 1823年 ヤーノシュ・ボーヤイが非ユークリッド幾何学を創始
- 1824年 ニコラ・レオナール・サディ・カルノーがカルノーサイクルと熱力学を確立
- 1824年 ウィリアム・バックランドが恐竜について初めて記述
- 1824年 フランツ・フォン・グイトゥイゼンが月のクレーターは隕石衝突の跡であると主張
- 1824年 ジョゼフ・フーリエが温室効果を発見
- 1824年 ルイ・ブライユが点字を発明

183

1789〜1894年 | 革命の時代

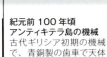
そろばん

紀元前2700年頃
最初のそろばん
シュメール（現在のイラク）で考案されたそろばんはすぐに各地に普及した。

1617年
ネイピアの骨
ジョン・ネイピアが発明した計算機。「骨」と呼ばれる棒で、大きな数の乗法と除法を容易に行なうことができた。

ネイピアの骨

1642年
パスカリーヌ
ブレーズ・パスカルは簡単な計算ができる計算機を発明した。

パスカリーヌ

計数器

1820年
計数器
トマ・ド・コルマーが開発した機械式計算機は商業的にも成功した。

紀元前100年頃
アンティキテラ島の機械
古代ギリシア初期の機械で、青銅製の歯車で天体の位置を計算した。

1630年
計算尺
イギリスの数学者ウィリアム・オートレッドが発明した計算尺は乗法と除法のほか、平方根と対数も計算できた。

1801年
ジャカード織機
ジョゼフ・マリー・ジャカールが発明した織機は穴の開いたカードで制御するもので、その方式は初期のコンピューターにも導入された。

アンティキテラ島の機械

計算尺

ジャカード織機

計算機の話

計算は古代から現在に至るまで、科学と商工業の重要な位置を占めてきた。

calculate（計算する）という単語はラテン語の**calculus**（小石）に由来しており、昔は石を使って計算していたことがわかる。その後しだいに洗練された計算手段が発明され、科学の進歩とともに複雑な計算をこなすようになった。

最古の計算手段であるそろばんは、計算用の石を枠に並べたもので、17世紀まで広く使われていた。しかしスコットランドの数学者ジョン・ネイピア（［1614〜17年］参照）が対数を発見し、ネイピアの骨と呼ばれる計算盤を発明したことで一大転機が訪れる。同じ17世紀には、正確な天文表をつくるために機械式の計算機も初めて登場した。

プログラム可能な計算機

産業革命の時代、フランスの織物業者ジョゼフ・マリー・ジャカールがパンチカードで制御する織機を開発した。異なる機能をプログラムし、実行できる計算機の概念は、イギリスの数学者エイダ・ラヴレースが着想し、イギリスの発明家チャールズ・バベッジも「階差機関」を開発した。

電気式のコンピューターが登場したのは1930年代。その後集積回路の導入でコンピューターや計算機は小型化と強力化が進む。そして1970年代半ばには、シリコンチップに演算処理装置をのせたマイクロプロセッサによってパーソナルコンピューターが実現した。

二進数

十進法は0から9までの数字を使うが、二進法が使うのは0と1だけ。十進法の1は1だが、10は2、11は3、100は4になる。数字を2個しか使わない二進法は、電子回路のオンとオフに0と1を対応させればよいので、デジタルなコンピューターにぴったりだった。

> " 推論と計算で得られる結果ほど、美しく高貴なものはない。"
>
> シャルル・ボードレール（フランスの詩人）（1821〜1867年）

計算機の話

ホレリス・タビュレーター

1889年
ホレリス・タビュレーター
アメリカのハーマン・ホレリスが発明した電気式タビュレーティングマシン。パンチカードを使い、もっぱらデータ蓄積用だった。

1960年代
電卓
卓上電子計算機はトランジスタの発明で1960年代に登場し、すぐにポケット電卓も発売された。

ポケット電卓

1970年代
マイクロプロセッサ
数千個のトランジスタを使った集積回路が安価になり、コンピューターで使えるようになった。

マイクロチップ

1822年
バベッジの階差機関
チャールズ・バベッジは複雑な計算をこなす機械を設計した。

1939年
ボンブ
ポーランド人の設計をもとに、第2次世界大戦中にイギリスで開発された電子計算装置。暗号解読に使われた。

1980年代～現在
パーソナルコンピューター
1980年代に起きた「マイクロコンピューター革命」で、パソコンはより小型で強力になり、値段も安くなった。

初期のアップルコンピューター

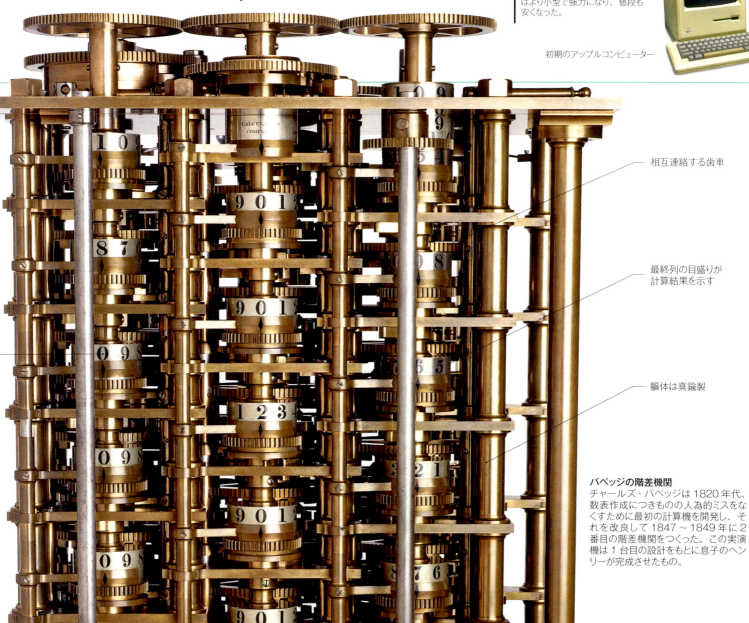

- 相互連絡する歯車
- 最終列の目盛りが計算結果を示す
- 躯体は真鍮製
- 歯車に数字が刻まれている

バベッジの階差機関
チャールズ・バベッジは1820年代、数表作成につきものの人為的ミスをなくすために最初の計算機を開発し、それを改良して1847～1849年に2番目の階差機関をつくった。この実演機は1台目の設計をもとに息子のヘンリーが完成させたもの。

1825年

ローヌ川のトゥルノン＝シュル＝ローヌとタン＝レルミタージュを結ぶ橋はマルク・スガンの設計で、ワイヤーケーブルで吊る画期的な設計だった。

9月27日、イングランド北部にストックトン・アンド・ダーリントン鉄道が開業して、いよいよ鉄道時代が幕を開けた。それまで小規模なものは存在していたが、この鉄道は鉄橋もある本格的なものだった。技術面の責任者はジョージ・スティーヴンソンで、鉄道で最初に採用された蒸気機関車ロコモーション No.1 号も彼の設計だった。

この鉄道に早々と乗車したのがフランスの技術者マルク・スガン（1786〜1875年）だ。この体験に刺激を受けたスガンは、フランスにも鉄道を敷こうと思いたつ。この年8月、彼はトゥルノン＝シュル＝ローヌとタン＝レルミタージュを結ぶ長さ 91m の吊り橋を完成させたばかりで、これはヨーロッパで初めてワイヤーケーブルを使った大規模な橋だった。

8%
地殻に含まれるアルミニウムの割合

この年に登場した新しい技術に電磁石がある。イギリスの電気技術者ウィリアム・スタージャン（1783〜1850年）が製作した。わずか 200g ながら 4kg を持ちあげられる強力なものだった。

デンマークの物理学者ハンス・エルステッドは1820年に電磁気を発見した人物だが、彼は1825年に化学反応でアルミニウムをつくりだすことに成功した。

イギリスの科学者マイケル・ファラデーもまた電磁気研究の先駆的存在だったが、この年ベンゼンを発見した。ガス灯用の石炭ガス生成でできた残留物から抽出したのである。ベンゼンは石油の主原料であり、現在はプラスチック製造に活用されている。

フランスの博物学者ジョルジュ・キュヴィエは、過去の大変動で多くの動物が絶滅したとする自説（1812年に最初に発表）を、著書《地球上の変動に関する議論》にまとめて出版した。ドイツの地質学者クリスティアン・フォン・ブーフ（1774〜1853年）は、自然変異が異なる種を生みだしたと主張した。

ストックトン・アンド・ダーリントン鉄道
ジョージ・スティーヴンソンの蒸気機関車が走るストックトン・アンド・ダーリントン鉄道は世界的に注目され、開業日には4万人の見物客が集まった。

1826〜27年

500種
ジョン・ジェームズ・オーデュボンが描いた鳥の種類

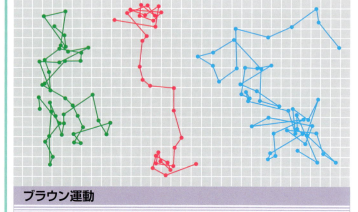

ブラウン運動

1827年、水中の花粉を顕微鏡で観察していたロバート・ブラウンが、微粒子の不規則な運動に気づいた。その理由は謎だったが、1905年にアルベルト・アインシュタイン（1879〜1955年）が、微粒子が水分子にぶつかって動いていることを証明した。上は微粒子1個ずつの運動の軌跡。

自然界では1826年にロシアの博物学者カール・フォン・ベーア（1792〜1876年）が、哺乳類の生命は卵子から始まることを発見。またスコットランドの生物学者ロバート・グラント（1793〜1874年）、ドイツの博物学者アウグスト・シュヴァイガー（1782〜1821年）、ドイツの解剖学者フリードリヒ・ティーデマン（1781〜1861年）が、植物と動物の起源は共通だと主張した。

1826年2月、ロシアの数学者ニコライ・ロバチェフスキー（1792〜1856年）は、仮想の面や直線を用いる双曲幾何学の体系を提示した。

1826年は、工学の世界で2つの重要な発展があった。アメリカの発明家サミュエル・モーリー（1762〜1843年）が初歩的ながら内燃機関で特許を取得した。

夏には、フランスの発明家ジョゼフ・ニセフォール・ニエプス（1765〜1833年）がカメラ・オブスクラを使い、光に反応する瀝青を塗った白目板に世界最古の写真を写しとることに成功した。

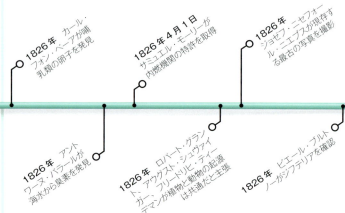

1828年

オーデュボン著《アメリカの鳥類》の図版。

当初は科学研究の場として開設されたロンドン動物学協会庭園（ロンドン動物園）は、1847年に一般公開された。

その近くのモンペリエでは、フランスの化学者アントワーヌ・バラール（1802〜1876年）が海水から臭素を発見した。またトゥールでは医師ピエール・ブルトノー（1778〜1862年）がジフテリアを確認している。

1827年、イギリスの化学者ウィリアム・プラウト（1785〜1850年）が食物を炭水化物、脂肪、タンパク質に分類した。この分けかたは現在も使われている。

スコットランドの博物学者ロバート・ブラウン（1773〜1858年）が、ブラウン運動と呼ばれる現象を観察（左［囲み］参照）。フランス系アメリカ人の博物学者ジョン・ジェームズ・オーデュボン（1785〜1851年）は《アメリカの鳥類》の第1部を出版した。

> **" 対象物は驚くほど鮮明で……細部まではっきり見てとれる……そのできばえはまさに魔法だ。"**

1824年9月16日、フランスの発明家ジョゼフ・ニセフォール・ニエプスが写真の実験について兄に語った言葉。

西洋世界で都市化が進むにつれて、自然界への関心が高まり、めずらしい外国の動植物を展示する植物園や動物園が開設されるようになる。科学研究のための最初の動物園は、1828年4月27日にロンドンに誕生した。

発生学の基礎を築いたエストニアの博物学者カール・エルンスト・フォン・ベーア（1792〜1876年）は、異なる種でも発達の初期段階はよく似ていることを示した。

イギリスの化石ハンター、メアリー・アニング（［1810〜11年］参照）はイギリスの海岸で先史時代の重要な化石をいくつも発見しており、1828年にも翼竜の化石を見つけている。翼竜としては3番目の発見だったが、確認されたのは最初だった。この化石は1859年に古生物学者リチャード・オーウェン（1804〜1892年）がディモルフォドンと命名した。

ドイツのベルリンでは、化学者フリードリヒ・ヴェーラー（1800〜1882年）がいわゆるヴェーラー合成を発見し、有機化学への扉を開こうとしていた。これは有機化学物質である尿素を生成する化学反応である。この発見で、ヴェーラーのかつての師であるスウェーデン人化学者イェンス・ヤコブ・ベルセリウス（1779〜1848年）の主張と異なり、有機化学物質は生物だけとはかぎらないことが証明された。そのベルセリウスも1828年、ノルウェーの地質学者モルテン・エスマルク（1801〜1882年）が発見した黒い鉱物から、密度の高い放射性金属元素トリウムを抽出した。

世界初の電動機が誕生したのはブダペストだった。つくったのはハンガリーの発明家と、ベネディクト会修道士のアーニョシュ・イェドリク（1800〜1895年）である。イギリスのノッティンガムでは独学の数学者ジョージ・グリーン（1793〜1841年）が電気と磁気の数学的理論に関する論文を発表した。この理論はのちにジェームズ・クラーク・マクスウェル（［1861〜64年］参照）によってさらに発展した。

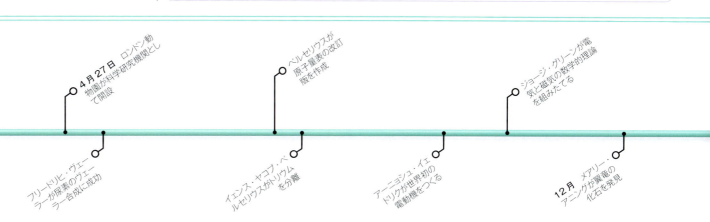

電動機

ハンガリーの発明家アーニョシュ・イェドリクは、永久磁石の両極と電磁石の反発力を利用した電動機をつくった。同極どうしの反発では半回転しかしないので、整流子で回路と接続し、半回転するたびにコイルの極を入れかえて永久磁石とつねに反発しあうようにする。

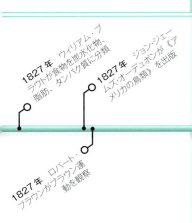

187

1829年

土木技師ロバート・スティーヴンソンは蒸気機関車ロケット号で世界的な名声を獲得した。

46km/時
ランカシャーで行なわれたレインヒル・トライアルでロケット号が達成した最高速度

スティーヴンソンのロケット号
ロケット号は、燃料を燃やす火室から熱い排気を運ぶ管が25本もあるマルチチューブボイラーを採用しており、蒸気の威力が大きかった。

— 煙突
— マルチチューブボイラー
— 車輪

ニューヨークではアメリカ人科学者ジョゼフ・ヘンリー（1797〜1878年）が電磁石の力を追求していた（［1820年］参照）。そして電線を絶縁し、さらに密度を高めて層状に巻くことで強力な電磁石がつくれることを突きとめた。1830年12月、ヘンリーは電磁石で340kgの鉄を持ちあげる公開実験に成功した。

10月、リヴァプール・アンド・マンチェスター鉄道が、ランカシャーのレインヒルで蒸気機関車の走りくらべを実施した。蒸気機関車の利点を大衆に知らしめ、同鉄道で採用する機関車を選定するのが目的である。参加した5台の機関車のうち、完走したのはロバート・スティーヴンソンのロケット号だけだったが、このトライアルは大成功で、いよいよ蒸気機関の時代が到来したことを物語っていた。

蒸気機関の進歩にともなって、技術者たちは効率も求めるようになり、エネルギーの概念を掘りさげる必要が出てきた。フランスの科学者ガスパール＝ギュスターヴ・コリオリ（1792〜1843年）は《機械の効果計算》という著書のなかでエネルギーと仕事の関係に着目し、物体が動いているときに生みだされるエネルギー、すなわち運動エネルギーという概念を導入した（［1847〜48年］参照）。

地質年代を確定する試みは順調に進行していた。フランス、セーヌ川渓谷で堆積物を調べていた地質学者ジュール・デノアイエ（1800〜1887年）は、強固な岩盤の上に砂利や砂、粘土がゆるやかに積もる最も新しい地質を、第四紀と呼ぶことにした。

ベルギーのアンジの洞窟を調査していたオランダ系ベルギー人の先史学者フィリップ＝シャルル・シュメルリング（1791〜1836年）は、小さな子供の頭骨のかけらを見つけた。これは化石人骨としては、1823年に地質学者ウィリアム・バックランドの発見に続いて2番目になる。シュメルリングが見つけたのは3万〜7万年前の骨で、ネアンデルタール人の最初の証拠だった。

電磁誘導

図のようにコイルに棒磁石を出し入れするとコイルに電流が流れる。棒磁石の磁場が電線の電子を引きつけて電圧を発生させる。このコイルを回路につなげば電流が流れ、棒磁石が逆に動けば電流の流れも逆転する。

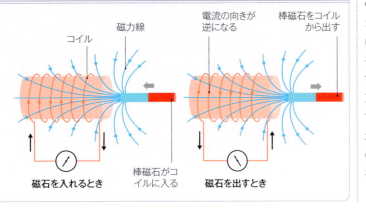

磁石を入れるとき ／ 磁石を出すとき

1830年

写真のような変成岩を最初に確認したのはチャールズ・ライエルだった。

19世紀初頭の地質学では2つの仮説が対立していた。ひとつは天変地異説で、いまの地球が洪水や大地震など数少ない天変地異で形成されたと考えるもの（［1812年］参照）。これに対して斉一説は、川の浸食など長い時間をかけて少しずつ進むプロセスで徐々にできあがったと考える。

しかししだいに斉一説に有利な証拠が見つかりはじめた。イギリスの地質学者チャールズ・ライエル（1797〜1875年）は、1830年から1833年にかけて3分に分けて出版された名著《地質学原理》のなかでそうした証拠を紹介し、地球の変化は継続的・漸次的であると主張した。《地質学原理》は揺るぎない権威と説得力を持つ著作となったので、地球が何百万年という歴史のなかで、いくつもの地質年代を経てきたことを疑う者はいなくなった。地質学における地球の壮大な歴史観が下敷きとなって、チャールズ・ダーウィンの進化論（［1859年］参照）が成立したと言っても過言ではない。事実、進化論も部分的ながらライエルの影響を受けていた。

同じ1830年、ドイツの天文学者ヨハン・ハインリヒ・メドラー（1794〜1874年）が火星表面の

- ガスパール＝ギュスターヴ・コリオリが運動エネルギーという用語を考案
- ジュール・デノアイエが第四紀という用語を考案
- フィリップ＝シャルル・シュメルリングがネアンデルタール人の頭骨化石を発見
- 7月23日 アメリカの発明家ウィリアム・バートがタイプライターの特許を取得
- ドイツの医師ヨハン・ルーカス・シェーンラインが血友病という用語を考案
- チャールズ・ライエルが《地質学原理》第1巻を出版
- 10月 ロバート・スティーヴンソンのロケット号がレインヒル・トライアルで優勝
- ジョヴァンニ・アミーチが花粉管の働きを確認
- ヨハン・ハインリヒ・メドラーとヴィルヘルム・ベーアが初めて火星の地図を作成

1831～32年

イギリスの植物学者ロバート・ブラウンは植物の細胞核を初めて観察し、その役割を理解した人物。写真は電子顕微鏡の画像で、オレンジ色の部分が細胞核。

植物の生殖

花をつける植物は有性生殖を行なうので、オスの部分である雄蕊（おしべ、葯と花糸で構成）とメスの部分である雌蕊（めしべ、柱頭と花柱と子房で構成）を持つ。葯から出た花粉が柱頭に付着すると、花粉から管が伸びて子房に到達し、精細胞を卵細胞に届ける。

電気と磁気の研究は1830年代初頭に急速に進み、最初の発見者をめぐる論争まで起こるほどだった。1831年、イギリスの科学者マイケル・ファラデーと、アメリカ人のジョゼフ・ヘンリーがそれぞれ電磁誘導の原理を発見した。これは電線の近くで磁場を動かすと電流が誘発される現象である。この原理のおかげで大量の電気をつくる装置が開発され、電気照明なども登場することになる。

ドイツの鉱物学者フランツ・エルンスト・ノイマン（1798～1895年）は、ピエール・デュロンとアレクシス・プティの発見——元素の比熱が原子量と反比例する（[1819年]参照）——を拡大して、分子にも適用した。原子と分子、およびそれぞれが持つ熱との関係から、化合物の分子熱はそれを構成する原子熱の合計に等しいことを示したのである。これはノイマンの法則と呼ばれる。

スウェーデンの化学者イェンス・ヤコブ・ベルセリウスは1825年に43種類の元素で原子量表を作成していたが、1831年に同じ化学組成でありながら異なる化合物を異性体と名づけた。

同じく1831年、イギリスの植物学者ロバート・ブラウンは生物学に初めて核という用語を導入し、ランの細胞を顕微鏡で観察したとき見つけた中央の小球を細胞核と名づけた。他の研究者も細胞核の存在は知っていたが、生殖と結びつけたのはブラウンが最初である。ドイツでは天文学者のハインリヒ・シュワーベ（1789～1875年）が木星の大赤点を初めて詳細に模写した（[1662～64年]参照）。

1832年、フランスの技術者ヒポライト・ピクシー（1808～1835年）が初の直流発電機を製作した。イギリスの物理学者イギリスの医師トマス・ホジキン（1798～1866年）がホジキンリンパ腫について記述している。

模写に取りかかった。これがのちに初の火星地図となる。

イタリアの顕微鏡研究者・天文学者のジョヴァンニ・バティスタ・アミーチ（1786～1863年）は花の研究をしており、1824年には精細胞を卵細胞に届ける単細胞の花粉管の働きに気づいていた。1830年に、顕微鏡を使い花粉管が形成される過程の観察に成功した。

ファラデーディスク
単極発電機とも呼ばれ、1831年にマイケル・ファラデーが発明した。磁場のなかで円盤が回転すると弱い電流が生じる。

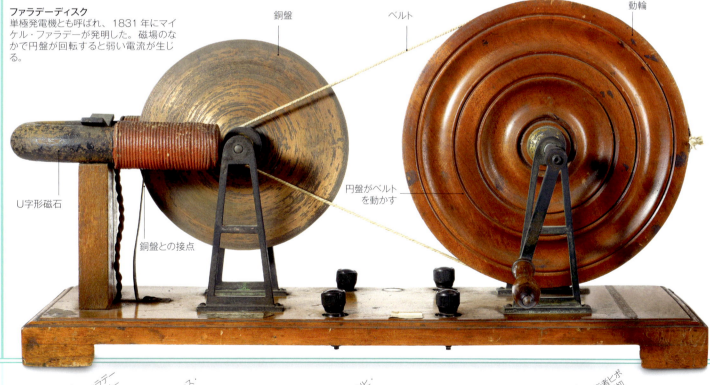

銅盤　ベルト　動輪
U字形磁石　銅盤との接点　円盤がベルトを動かす

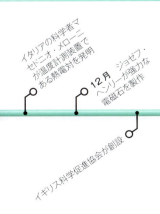
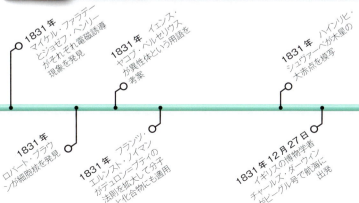

1833年

ルイ・アガシーの化石研究に刺激されて、絶滅した生き物への関心が高まった。

1834年

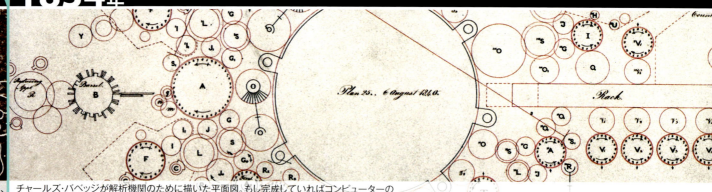

チャールズ・バベッジが解析機関のために描いた平面図。もし完成していればコンピューターの先駆的装置になっていたと思われる。

生物にまつわる化学現象を探る生化学は、1833年に始まったと言える。この年、フランスの化学者アンセルム・パヤン（1795〜1871年）が酵素ジアスターゼを発見、分離した。酵素は生物が生成するもので、生化学反応（[1893〜94年]参照）の触媒になる。ジアスターゼはビールの原料に含まれ、オオムギのデンプンを溶解しやすい糖に分解する。

「科学者（scientist）」という語もこの年に生まれた。命名は博識家ウィリアム・ヒューエル（1794〜1866年）である。それまでは「自然哲学者」「科学人」しかなかった。

イギリスの物理学者・生理学者マーシャル・ホール（1790〜1857年）は、人体の神経系のなかで原始的な部分である反射弓を発見した。感覚器の情報を脳が受け、処理して反応するには時間がかかるが、反射弓によって脳を経由せず迅速で自動的な反応が可能になる。たとえば熱いものに触ったとき、感覚信号は脊髄までしか行かないので、脳の指令より早く手をひっこめられる。

ドイツの数学者カール・フリードリヒ・ガウスと物理学者ヴィルヘルム・ヴェーバー（1804〜1891年）は、初の実用的な電気電信を開発した。

イギリスの科学者マイケル・ファラデーは、1833年に電気分解——電流が流体を通るときの化学反応（[囲み]参照）——の法則を発見した。翌1834年には、これに関連してさらに2つの法則を発表している。第1法則は、化学反応が電流の量に比例するというもの。第2法則は、反応によって電極にできる物質の量は、反応する物質の質量に比例するというものだ。

電気に関しては、ロシアの物理学者ハインリヒ・レンツ（1804〜1865年）が発見した法則もある。電磁場などが誘発した電流は、かならず誘発源と反対の方向に流れるというものだ。

フランスの技術者エミール・クラペイロン（1799〜1864年）もまた、科学の重要な法則を形成しつつあった。彼は同じフランスの物理学者ニコラ・レオナール・サディ・カルノー（[1823〜24年]参照）の熱機関研究を図解した。物体にたくわえられる位置エネルギーは、新たなエネルギーを取りこまないとかならず減っていくというカルノーの知見が明確に示されたのである。たとえば燃料を燃やすことは不可逆プロセスなので、自動車はつねに燃料を補給しなければならない。これが熱力学第2法則の基礎になった（[1849〜51年]参照）。

同じく1834年には、機械的計算機である階差機関（[1822年]参照）をつくったイギリスの発明家チャールズ・バベッジ（1791〜1871年）が、解析機関の研究を

— メモリーラック

— 金属製フレーム

— 計算輪

チャールズ・バベッジの解析機関
バベッジは1871年に死去したが、自作の解析機関の設計を単純化し、一部分のみの製作に成功していた。

- アンセルム・パヤンがビールのモルトから初の酵素ジアスターゼを発見
- 「科学者（scientist）」という言葉が登場
- マーシャル・ホールが反射弓を発見
- カール・フリードリヒ・ガウスとヴィルヘルム・ヴェーバーが初の電気電信を開発
- マイケル・ファラデーが電気分解の法則を発表
- ハインリヒ・レンツが起電力の法則を確立
- 3月14日 イギリスの天文学者ジョン・ハーシェルがNGC3630星団を発見
- ドイツの医師ヘルマン・ヘルムホルツが太陽の熱は重力収縮による誤った説を提唱
- 6月21日 アメリカの発明家サイラス・コーミックがトウモロコシ収穫機の特許を取得
- エミール・クラペイロンがニコラ・レオナール・サディ・カルノーの熱機関研究を紹介

1835〜36年

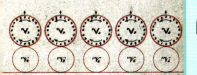

> 我々はコウモリ人間という優れた種を発見した……彼らは……画家が描く天使に負けず劣らず麗しい見目をしていた。

《ニューヨーク・サン》に掲載された月の住人の描写（1835年）

《ニューヨーク・サン》の「グレート・ムーン・ホークス」は大評判となり、月に生息するヒトの挿絵に多くの人がだまされた。

開始した。もしこれが完成していれば、コンピューターの直接の祖先になっただろう（p.184-185参照）。プログラム可能で、記憶媒体を備え、単純な計算だけでなく多くのタスクをこなせたはずだからだ。

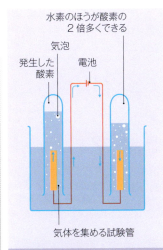

水の電気分解

水を電気分解すると、電流が通ることで構成元素である水素と酸素に分かれる。負の電極にかぶせた試験管には水素が、正の電極の試験管には酸素が集まる。水素のほうが酸素の2倍多くできる。

科学史のなかで1835年を彩ったのは「ほら話」だった。《ニューヨーク・サン》紙に連載された「グレート・ムーン・ホークス」は、著名なイギリス人天文学者ジョン・ハーシェル（1792〜1871年）の「数々の発見」を紹介するという触れこみで、月には生命はもちろん文明まで存在するという内容を挿絵入りで伝えていた。これがジョークであることは数週間後に種明かしされた。

1835年、フランスの技術者ガスパール＝ギュスターヴ・コリオリ（1792〜1843年）が、いわゆるコリオリの力を発見した。これは地球の自転が風と海流に影響を与える現象で、風は北半球では東に、南半球では西にそれ、ときには時計回り、反時計回りに回転を始める。海流でも同様のことが起こる。

地球の歴史に関する知識はさらに深まり、新たに2つの地質時代が確定した（[1821〜22年]参照）。イギリスの地質学者アダム・セジウィック（1785〜1873年）が定めたカンブリア紀は、イギリスでこの時代の岩石が最も露出しているウェールズのラテン名にちなんでいる。スコットランドの地質学者ロデリック・マーチソン（1792〜1871年）が提唱したシルル紀は、古代ケルトのシルリア人から命名された。2人は

コリオリの力

地球の自転が生みだすコリオリの力は、風向きや海流に大きな影響を与える。

ネガを露光するタルボット

フォックス・タルボットが開発したカロタイプは、映像を記録した1枚のネガから大量のポジプリントを製作することができた。

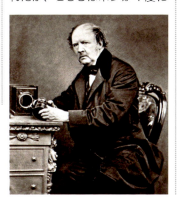

ダーウィンのノート

ビーグル号での航海中（1831〜1836年）、ダーウィンはノートに観察記録を記していた。このノートが以後20年にわたって進化論を構築する助けとなった。

共同執筆の論文でこの研究成果を発表した。

1835年9月16日、チャールズ・ダーウィン（1809〜1882年）は初めてガラパゴス諸島に上陸した。この島での観察が、進化論の構築に多大な影響を及ぼす（[1857〜58年]参照）。

イギリスでは発明家ヘンリー・フォックス・タルボット（1800〜1877年）が世界初の写真のネガ（画像が暗く反転している）をつくった。フランスの物理学者ルイ・ダゲール（1787〜1851年）が開発したダゲレオタイプ（[1837年]参照）のほうが先に公表されたが、こちらはポジが1度に

1枚しかつくれなかったのに対し、タルボットのカロタイプは1枚のネガから多くのポジを焼くことができた。

大西洋の反対側では、1836年にアメリカの発明家サミュエル・モース（1791〜1872年）が、長短の信号を巧みに組みあわせてアルファベットに対応させたモールス式符号を開発した。

同じくアメリカでは、サミュエル・コルト（1814〜1862年）がリボルバーでアメリカの特許を取得した。回転式シリンダーが自動的に新しい銃弾を送りこみ、6発の銃弾を短時間に連射することができた。

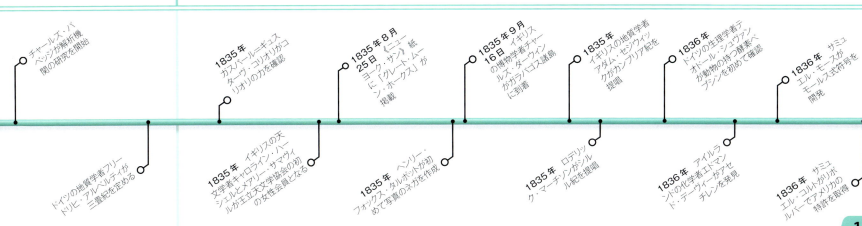

1837年

> 太古にこれほど巨大な機械が……地球表面を掘り、こねまわしたとは……いったい何の目的だったのか？氷河は神の偉大な鋤である。

ルイ・アガシー（スイスの地質学者）《地質学小論集》（1866年）

アラスカ、グレーシャー・ベイにあるマージェリー氷河。山から全長34kmあり、海に流れこむ。

　1837年は電気通信元年である。電気通信の試みは、すでに3人が行なっていた――アメリカのサミュエル・モースとウィリアム・クック（1806～1879年）、それにイギリスのチャールズ・ホイートストーン（1802～1875年）である。その努力が、この年についに現実のものになった。ロンドンのユーストンとカムデン間の2kmで最初に通信を成功させたのはクックとホイートストーンだった。しかしモースの電信機は電線が1本だけ、しかも長短のコードを組みあわせて文章を送れる簡便さで優っており、ホイートストーン＝クック電信機はすたれていった。

　この年に起きたもうひとつの記念碑的な技術革新は、フランスの画家ルイ＝ジャック＝マンデ＝ダゲール（1787～1851年）が開発した初の実用的な写真技術である。画家が使うカメラ・オブスクラの像をいかに定着させるか研究していたダゲールは、ダゲレオタイプとして知られる方法を編みだした。銀めっきを施し、化学物質を付着させた銅板に露光して像を直接記録する方法だった。1837年に撮影された最初のダゲレオタイプはぼやけていたが、数年後には驚くほど鮮明な画像が得られるようになった。

ダゲレオタイプ
1840年代に何種類か登場した世界最初の写真機のひとつ。写真板を背後に差しこんで撮影した。

　この年には革新的な科学的洞察も生まれたが、当時は着想した本人であるイギリスの化学者マイケル・ファラデーしかその価値を理解していなかった。それが力の場――磁石や電流の影響が認められる範囲――である。力の場においては、電荷は目に見えない力の線（磁石を近づけた鉄粉が描く模様だ）の動きに押される。磁場に入ると羅針盤の針が揺れるのも、磁石が帯電粒子を動かして電流をつくるのもそのためだ。

　フランスの数学者シメオン・ドニ・ポワソン（1781～1840年）は統計上の重要な概念であるポワソン分布を考案した。平均的に起こる事象が、一定時間内に一定回数発生する確率である。

　パリでは1817年に植物の葉の葉緑素が発見されたのに続き、フランスの生理学者アンリ・デュトロシェ（1776～1847年）が、葉緑素は日光を使って空気中の酸素を固定しており、光合成の鍵を握る物質であると主張した。

　スイスでは地質学者ルイ・アガシー（1807～1873年）が《氷河の研究》を出版し、かつて地球は氷河に覆われた時代があり、巨大氷河や氷床による浸食や堆積物の痕跡が、今日の地形にはっきり認められると書いた。

マイケル・ファラデー（1791～1867年）

ロンドンの貧しい鍛冶屋の息子に生まれる。1813年、王立科学研究所で化学者ハンフリー・デーヴィーの助手に採用された。電磁気学における数々の発見のおかげで、電動機や発電機が生まれた。豊かな発想の持ち主である彼は、場の力という概念を構想し、光は電磁気であると主張した。

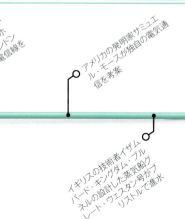

氷河作用

氷河とは長い時間をかけて氷が形成され、その重さで地形までも変えられる重さになったものだ。氷河は深いU字谷を掘り、山を切りくずし、あとに大量の岩屑を残していく。これが氷河作用で、氷河期の氷河が形成した地形は、今日の地質学者が見てもその特徴がはっきりわかる。

圏谷／氷が急斜面を流れる氷瀑／クレバス／鼻／氷河湖／氷河／圏谷／懸谷／U字谷／川／堆積にせきとめられた湖／タルン（圏谷の底が削られてできた小さな湖）／氷河に浸食された地形

1838～40年

> **"発明家は熱の効果を確かめるために実験を行なった……熱したストーブに置かれた標本は革のように黒こげになった。"**
>
> チャールズ・グッドイヤー（アメリカの発明家）《加硫弾性ゴムの応用と用途》（1853年）

アメリカの発明家チャールズ・グッドイヤーは、ゴムを加熱して硫黄を加えることで強度が増すことを実験で示した。これが「加硫法」である。

初期の顕微鏡には、色がぼやける色収差という現象が付き物だった。しかし1838年までにはこの問題を解決した収差補正顕微鏡が登場し、生きた細胞を鮮明に観察できるようになった。ドイツの生理学者テオドール・シュヴァン（1810〜1882年）は動植物の細胞を顕微鏡で観察し、すべての生き物は細胞および細胞生成物でできており、細胞こそが生命の基本単位であると理解した。

オランダの化学者ゲラルドゥス・ムルデル（1802〜1880年）は、細胞の基本物質について重要な結論に到達した。卵白、血液、乳固形分、植物グルテンを灰汁（強アルカリ溶液）に入れて加熱したところ、最後には同じ物質が残ったのだ。ムルデルはこれがすべての生物に共通の、単一の大きな分子だと考えた。この物質にプロテイン（タンパク質）という名称を提案したのはスウェーデンの化学者イェンス・ヤコブ・ベルセリウス（1779〜1848年）である。現在では、タンパク質は生命の基本となる化学物質であり、数多くの種類があることがわかっている。

1838年、フランスの物理学者クロード・プイエ（1791〜1868年）が太陽定数（地球が受ける太陽熱の量）を初めて正確に測定した。

ドイツの天文学者フリードリヒ・ベッセル（1784〜1846年）は視差（地球の運動に起因する、星の見かけの位置のずれ）を使って初めて星までの距離を正確に推測した。

ドイツ系スイス人化学者クリスティアン・フリードリヒ・シェーンバイン（1799〜1868年）は、水素などの燃料から化学エネルギーを変換して電気を取りだす燃料電池の概念を着想した。翌1839年には、イギリスの物理学者ウィリアム・グローヴ（1811〜1896年）が世界初の燃料電池を製作する。水を電気分解すると水素と酸素に分かれるが、グローヴは逆に水素と酸素で水をつくることで電気を生みだした。彼は同じ年に発明したグローヴ電池ですでに知られていた。

アメリカの発明家チャールズ・グッドイヤー（1800〜1860年）が、ゴムの強度を増してタイヤなどに使えるようにするため、加硫ゴムの製法を考案した。

1840年、スウェーデンの化学者イェンス・ベルセリウスは、同じ元素なのに構造が異なるものを同素体と呼ぶことを提唱した。

太陽定数
1839年、クロード・プイエが日射計を用いて計算した太陽の熱放射の量は、今日の値にきわめて近かった。

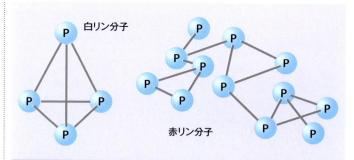

同素体

元素のなかには、構成原子が同じでも物理的配列が異なるものがあり、それらを同素体と呼ぶ。炭素にはダイヤモンド、黒鉛、フラーレンなど8種類の同素体が存在する。リンも赤リンや白リンなど12種類ある。

同素体は原子の結合が違うため、異なった化学的・物理的特性を持っている。同じく1840年には、クリスティアン・フリードリヒ・シェーンバインが酸素の同素体を発見し、オゾンと命名した。

グローヴ電池
ウィリアム・グローヴが発明した電池。硝酸溶液に浸した亜鉛とプラチナの電極が電荷を生みだす。

亜鉛板とプラチナ板の電極

硫酸溶液が入っている

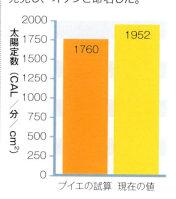

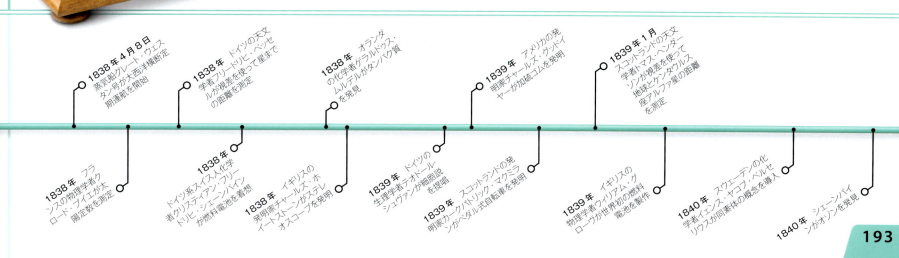

細胞

最も小さな生命体である細胞には、極小の複雑な世界がある。

植物や動物を構成する細胞は、歴史が始まって以来の全人類の数より多い。ピンの先端ほどの組織でさえ何百個という細胞からできている。細胞の内部ではきわめて複雑な化学作用が行なわれ、成長や生殖、栄養摂取を管理している。

テオドール・シュヴァン
ドイツの科学者で、細胞説の創始者。「生命の力」といった曖昧な概念を抜きにして、あくまで化学的に細胞を理解するべきだと主張した。

最初に細胞が観察されたのは1663年。イギリスの科学者ロバート・フックが顕微鏡でコルクの細胞を見たのが始まりだ。しかし細胞の重要性が認識され、ドイツの生物学者たちが「細胞説」を唱えたのは19世紀に入ってからだった。細胞はすべての生命体の基本単位であり、他の細胞からのみ生じるというのが当時の細胞説だった。つまり自然発生的にできるものではないということだ。1900年までには、細胞の生殖は核と染色体が強く結びついていることがわかっていた。核のなかにある自己複製のための化学物質——DNA——が発見されたことで、細胞生殖の研究はひとつの頂点に達した。

バクテリアのような単純な構造の細胞もあるが、動物や植物の細胞は役割ごとにさらに細かく区切られている。それが細胞小器官で、特定の仕事をこなすために必要な化学物質を閉じこめる役目もある。

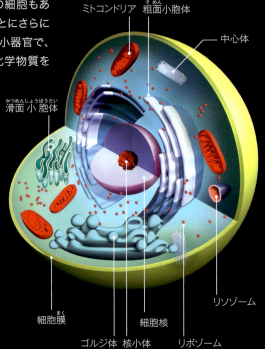

動物細胞
動物細胞は、堅い細胞壁がないぶん植物の細胞よりおおむね小さく、丸みを帯びた形になっている。植物の細胞（右）に見られる細胞小器官の多くは動物も持っている。

60兆個 人体を構成する細胞の数

細胞分裂

1800年代後半には、顕微鏡の機能が向上して分裂する細胞の観察が可能になった。糸のような染色体——新しい細胞を生成するための情報が入ったDNAの束——の精巧な動きを科学者たちは目の当たりにしたのである。分裂直前、DNAは自己複製で2倍に増える。これで分裂した娘細胞は、それぞれ染色体を1組ずつ持てることになる（有糸分裂）。ただし生殖細胞は別で、染色体の数が半分になる（減数分裂）。こうしてできた卵細胞と精子が受精によってひとつになると、染色体の数が元に戻る。

有糸分裂
この分裂でできる細胞はすべて遺伝的に同一のものだ。紡錘体（ぼうすいたい）と呼ばれるタンパク質の紐が染色体を分配することで、娘細胞は母細胞と同じ数だけの染色体を持つことができる。

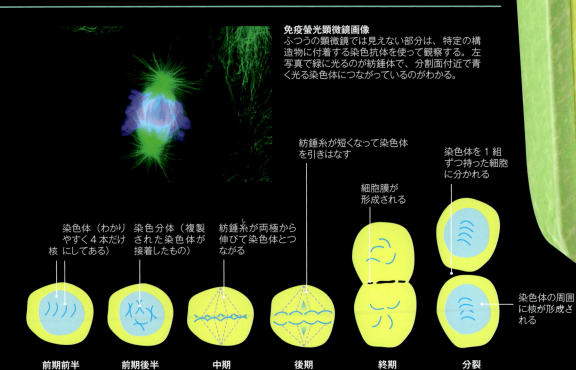

免疫螢光顕微鏡画像
ふつうの顕微鏡では見えない部分は、特定の構造物に付着する染色抗体を使って観察する。左写真で緑に光るのが紡錘体で、分割面付近で青く光る染色体につながっているのがわかる。

細胞

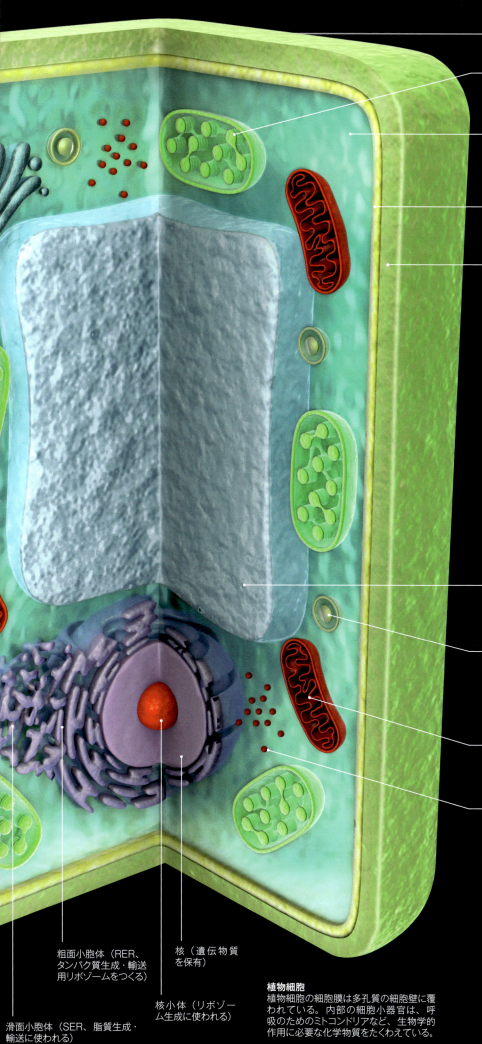

植物細胞
植物細胞の細胞膜は多孔質の細胞壁に覆われている。内部の細胞小器官は、呼吸のためのミトコンドリアなど、生物学的作用に必要な化学物質をたくわえている。

葉緑体（光合成反応が起きる）
細胞質（核と細胞膜のあいだに存在する流体）
細胞膜（細胞への出入りを制御）
細胞壁（細胞の形を保つセルロース繊維の硬い層）
空胞（物質、色素、毒性物質を貯蔵）
小胞（細胞物質を貯蔵する流体で満たされた嚢）
ミトコンドリア（細胞のエネルギーを生成）
リボゾーム（タンパク質を生成）
粗面小胞体（RER、タンパク質生成・輸送用リボゾームをつくる）
核（遺伝物質を保有）
核小体（リボゾーム生成に使われる）
滑面小胞体（SER、脂質生成・輸送に使われる）

細胞膜を隔てたやりとり

細胞や細胞小器官は脂肪質の細胞膜で隔てられているおかげで、それぞれがたくわえる水様の化学物質が混ざらずにすんでいる。しかし分子が小さかったり、油に混ざりやすい物質は膜を通りぬけ、濃度が高いほうから低いほうへと受動拡散していく。特殊な分子がポンプの役割を果たして、能動輸送と呼ばれる作用で移動する粒子もある。能動輸送でエネルギーを使いきると、細胞は酸素を取りこみ、二酸化炭素を排出する呼吸作用（下記参照）でエネルギーを獲得する。ただし塩など大きい分子は、能動輸送で移動させる。

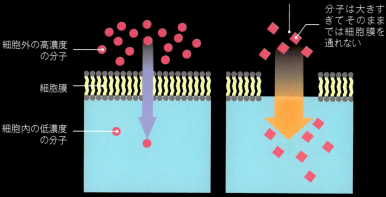

分子を細胞に「押しだす」のにエネルギーが必要
分子は大きすぎてそのままでは細胞膜を通れない
細胞外の高濃度の分子
細胞膜
細胞内の低濃度の分子

受動拡散
濃度が高いほうから低いほうへと物質が移動する。濃度差が大きい（濃度勾配がきつい）ときほど、移動量は多くなる

能動輸送
濃度が低いほうから高いほうへと移動させる作用。細胞質や細胞小器官内に物質を蓄積するときに使われる。

エネルギー放出

細胞が活動するには、栄養物からエネルギーを得る必要がある。植物は、二酸化炭素と水が光と葉緑素に反応する光合成で栄養物をつくりだす。ブドウ糖を分解してエネルギーを得る仕組みは、ほぼすべての細胞に共通する。そのプロセスは細胞質で始まり、ミトコンドリアと呼ばれる細胞小器官で終わる。ミトコンドリアはいわば細胞の「発電所」で、効率の良い独自の方法で酸素を使ってエネルギーを抽出し、ATPと呼ばれる化合物を生成。それが細胞のさまざまな活動の動力となる。

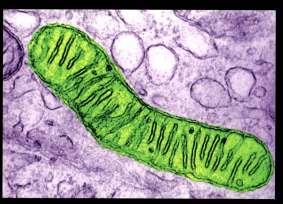

ミトコンドリア
細胞のエネルギーを生みだす化学反応はミトコンドリアの内膜で起きている。活発な細胞ほどミトコンドリア内膜も多い。

1841年

スイスの生理学者アルベルト・フォン・ケリカーは、精子が核を持つ単細胞であることを示した。

1～3mm/分
精子の移動速度

　1841年、ユリウス・フォン・マイヤー（1814～1878年）がエネルギーは創出も破壊もできないという概念を初めて提唱した。これが現在の熱力学第1法則である（[1847～48年]参照）。フォン・マイヤーはさらに、仕事と熱は変換可能である――一定量の仕事は一定量の熱を生む――ことも示唆した。2年後には、イギリスの物理学者ジェームズ・ジュール（1818～1889年）も独自に同じ結論に達した。しかしフォン・マイヤーとジュールの見解が認められたのはしばらくたってからである。

　対照的に、スイスの生理学者アルブレヒト・フォン・ケリカー（1817～1905年）が考案した染色などの顕微鏡観察技法は、すぐに認められ、普及した。

ねじ山
ジョゼフ・ホイットワースによってねじ山の角度は55°が基準となった。

　フォン・ケリカーは精子と卵子がそれぞれ核を持つ単独の細胞であることを示し、生きた細胞を調べる組織学の分野で早くも成果をあげた。

　イギリスではジョゼフ・ホイットワース（1803～1887年）が精密機械を組み立てる際の根本的な障害だった、ねじのばらつき問題を解決した。ねじ山の角度とピッチに標準規格を導入したのだ。この規格は複数の鉄道会社が採用したのを受けて急速に普及した。現在ではBSW（ブリティッシュ・スタンダード・ホイットワース）規格と呼ばれている。

　イギリスの探検家ジェームズ・クラーク・ロス（1800～1862年）が南極大陸でヴィクトリア・バリアを発見した。ここはのちにロス棚氷と命名された。

1842～43年

イギリスの技術者ジェームズ・ナスミスの蒸気ハンマー。19世紀の工学的需要の高まりを受けて開発され、大きな鋳鉄を打ちこむことができた。

ドップラー効果

　パトカーがサイレンを鳴らしながら近づいてくると、前方ではサイレンの音波の振動間隔が狭まるため、音が上ずって聞こえる。パトカーが通りすぎると音波はうしろに遠ざかるので、振動間隔が広がって音は下がっていく。

　最初の化石が見つかってから25年後の1842年、イギリスの生物学者リチャード・オーウェン（1804～1892年）が「巨大爬虫類」に恐竜（dinosauria）という名称を与えた。皮肉なことだが、イギリスの地質学者ギデオン・マンテル（1790～1852年）がイグアノドンの化石を絶滅した大型爬虫類のものと主張したとき、最初に嘲笑したひとりがオーウェンだった。

　製造業の世界では、1842年6月にイギリスの技術者ジェームズ・ナスミス（1808～1890年）が特許を取得した蒸気ハンマーで革命が起きた。それまで鉄の鋳造には、機械的に持ちあげて落とすチルトハンマーが使われていたが、力が弱く、正確性にも欠けていた。しかしナスミスの垂直蒸気ハンマーは威力があるだけでなく、ワイングラスの卵を完全に割らず、ひびを入れるところで止めることもできた。これによって機関車の車輪や船体を鋼鉄で製造することが可能になり、製造工程が飛躍的に前進した。

　イギリスの発明家ジョン・ストリングフェロー（1799～1883年）とウィリアム・ヘンソン（1812～1888年）は共同で動力飛行の研究を行なっていたが、1842年、蒸気による大型旅客機を設

イグアノドンの骨格
1822年にイギリスの地質学者ギデオン・マンテルが発見した恐竜の骨格。ただし「恐竜（dinosaur）」という言葉ができたのは1842年のこと。

25t
ナスミスの蒸気ハンマーの最大重量

1844年

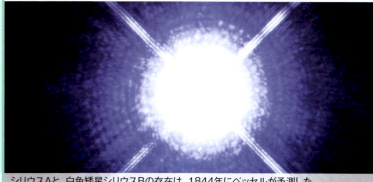

シリウスAと、白色矮星シリウスBの存在は、1844年にベッセルが予測した。

20 天文単位
シリウスAとシリウスBのおよその距離

計し、翌1843年には特許を取得してエアリアル・スチーム・トランジット・カンパニーを設立した。空を飛んでピラミッドも見にいけるという触れこみだったが、実現には至らなかった。

1842年、オーストリアの科学者クリスティアン・ドップラー（1803～1853年）が、対象物が観測者に接近して遠ざかるとき、音と光の振動数が変わると述べた（［囲み］参照）。これがドップラー効果である。これに基づくドップラー・シフトから、宇宙が膨張していることが明らかになった（［1929～30年］参照）。

世界初「コンピュータープログラム」は1843年、詩人バイロン卿の娘である数学者エイダ・ラヴレースによって書かれた。ラヴレースはイギリスの発明家チャールズ・バベッジ（1791～1871年）のもとで、解析機関の研究をしていた。実現すればコンピューターの元祖になったかもしれない装置である（［1834年］参照）。1842年から43年にかけて、ラヴレースはイタリアの数学者ルイジ・メナブレア（1809～1896年）が書いた解析機関の論文を翻訳したが、そこにつけた訳注に解析機関用のアルゴリズムが含まれていた。もし解析機関が完成していれば、このアルゴリズムが最初のコンピュータープログラムになっていたはずだ。

エイダ・ラヴレース（1815～1852年）

詩人バイロンの娘に生まれ、優れた数学者となった。1843年、イギリスの発明家チャールズ・バベッジが構想した解析機関を世間に紹介し、その際に付けた注釈は世界初のコンピュータープログラムとされている。さらに解析機関がたんなる計算以上の用途を持つ可能性も見ぬいていた。

肋骨 / 大腿骨

> 「現生の最大の爬虫類をもはるかに上回る生き物……私はそれを恐竜と名づけることを提唱する。」
>
> リチャード・オーウェン（イギリスの生物学者）《イギリスの化石爬虫類に関する報告》（1842年）

1844年、ドイツの天文学者フリードリヒ・ベッセル（1784～1846年）がシリウスとプロキオンを観察していて、動きがおかしいことに気づいた。遠く離れた星でも、アイザック・ニュートンの重力の法則（p.120-121参照）を使えば綿密な計算が可能で、その結果との矛盾が明らかになったのだ。ベッセルはこの2つに暗黒伴星があるのではないかと推測した。のちに暗黒伴星シリウスB、プロキオンBの存在が確認された。

同じくドイツの天文学者ハインリヒ・シュヴァーベ（1789～1875年）が、太陽黒点は10年周期で変化することを観測で確かめた——現在では正確な周期が11年であることがわかっている。

5月24日、アメリカの発明家サミュエル・モースが、ワシントンとボルティモア間に敷設した電線を使い、アメリカ初の長距離電信に成功した。送ったメッセージは聖書の一節「神は何を造りたまいしか？」で、彼自身が考案したモールス符号を使っていた。即時通信の時代の始まりである。

モールス信号機
長短の音を組みあわせたモールス符号でメッセージを送信する。

電鍵 / 軸 / 接点

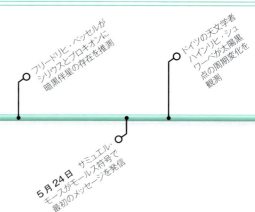

- 1843年 ヘンソンとストリングフェローが蒸気による旅客機の特許を取得
- 1843年3月25日 イギリスの技術者マーク・イザムバード・ブルネルが手がけた初のロンドン底トンネル、テムズ・トンネルが完成
- 1843年7月19日 ブルネル設計で船体が鉄製の蒸気船グレート・ブリテン号が進水
- 1843年 エイダ・ラヴレースが世界初のコンピューターアルゴリズムを書く
- フリードリヒ・ベッセルがシリウスとプロキオンに暗黒伴星の存在を推測
- 5月24日 サミュエル・モースがモールス符号で最初のメッセージを発信
- ドイツの天文学者ハインリヒ・シュワーベが太陽黒点の周期変化を観測

1845年

大西洋の北西航路を見つけようとしたジョン・フランクリン率いるテラー号とエレバス号は、バフィン湾に入ったあと消息を絶った。

今日の科学の主要テーマのひとつが、各種の力と物質の統一である。1845年、イギリスの物理学者マイケル・ファラデーは一連の実験でその問題に最初の貢献をした。光が分厚い鉛ガラスを通過するとき、磁場が偏光を変化させることを実証したのである。これによって、光と磁気と電気の関係というまったく新しい課題が浮上し、電磁スペクトルの発見に道が開かれた（p.234-235参照）。

そのあいだも天文学者たちは夜空の観測に余念がなかったが、イギリスの天文学者である第3代ロス伯はアイルランドに巨大望遠鏡「パーソンズタウンのレヴァイアサン」を完成させた。口径1.8mもあるこの望遠鏡で、ロス伯はM51星雲──現在は子持ち銀河と呼ばれる──を発見した。これは観測された初めての渦巻銀河だった。

340t
3階建ての蒸気船グレート・ブリテン号の重量

そのころ天文学者たちは、ケプラーの法則（p.100-101参照）やニュートンの法則（p.120-121参照）ではあるはずのない場所に天王星が見えることに首をかしげていた。イギリスの数学者ジョン・クーチ・アダムズ（1819〜1892年）は、天王星の先に別の惑星があり、それが天王星の軌道を阻害していると推測した。そしてフランスの天文学者ユルバン・ル・ヴェリエ（1811〜1877年）は天王星の軌道のずれから、海王星の位置を計算した。

イギリスの探検家ジョン・フランクリンは、エレバス号とテラー号を率いて北極海の北西航路を探索していたが、バフィン湾に入ったあと消息不明になった。

外輪ではなくスクリュープロペラで推進する鉄製船体の蒸気船グレート・ブリテン号は、リヴァプールから大西洋を横断してニューヨークに入港した。

ロス伯の反射望遠鏡
1845年にアイルランド、オファリー州につくられた「パーソンズタウンのレヴァイアサン」は70年以上ものあいだ世界最大の望遠鏡だった。

1846年

衛星トリトンの向こうに姿を現わす海王星。惑星探査機ボイジャーが撮影した写真をもとに構成した画像。どちらも1846年に発見された。

全身麻酔

全身麻酔薬の登場で外科手術の様相は一変し、患者に苦痛を与えることなくあらゆる手術を実施できるようになった。麻酔薬は感覚情報が脳に届くのを阻害する。最も初期の麻酔薬はエーテル、笑気ガス（亜酸化窒素）、クロロホルムだった。

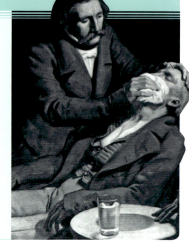

1846年9月23日、ドイツの天文学者ヨハン・ゴットフリート・ガレ（1812〜1910年）はフランスの天文学者ユルバン・ル・ヴェリエから1通の手紙を受けとった。それには、のちに海王星と呼ばれる太陽系8番目の惑星を見つけるには、どこを探せばよいかが記されていた。海王星を発見したのは、ユルバン・ル・ヴェリエと、前年に存在を推測していたジョン・クーチ・アダムズのどちらなのかは長年議論の的だったが、ガレが即座に見つけられたほど正確な位置を計算していたル・ヴェリエを支持する向きは多い。海王星発見から17日後、イギリスの天文学者ウィリアム・ラッセル（1799〜1880年）が海王星の衛星を発見し、1世紀後にトリトンと命名された。

麻酔の進歩は大西洋の西と東で同時に起こっていた。1846年10月16日、アメリカのボストン

> 対象は接触に対して……無感覚ということだ。したがって「麻酔状態」を表現してよいだろう。

オリヴァー・ウェンデル・ホームズ・シニア（アメリカの医師）ウィリアム・モートンに宛てた書簡（1846年）

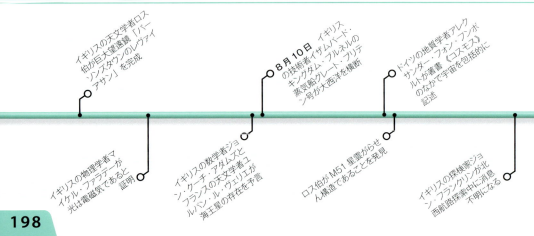

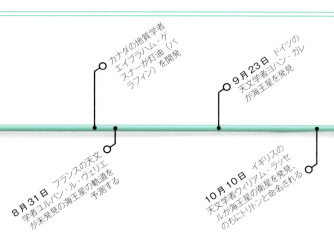

1847〜48年

> 知性と動物的傾向との……均衡は……破壊された。

ジョン・マーティン・ハーロー（アメリカの医師）《鉄棒の頭部貫通からの回復》（1868年）

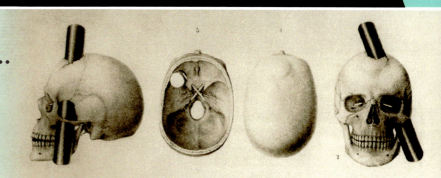

フィニアス・ゲイジは頭蓋骨と脳を鉄棒が貫通する事故にあったのを機に、性格が激変した。彼の研究は脳の機能の解明に大きな役割を果たした。

にあるマサチューセッツ総合病院で、外科医ウィリアム・モートン（1819〜1868年）が患者ギルバート・ヤングにエーテル蒸気を吸わせて眠らせ、首の腫瘍を切除した。ヤングは30分後に目を覚ましたが、手術中のことはまったく覚えていなかった。それ以前にも、外科医クロフォード・ロング（[1842〜43年]参照）や歯科医ホレス・ウェルズなど麻酔を行なうアメリカ人医師はいたものの、世間に注目されたのはモートンだった。2か月後にはスコットランドの外科医ロバート・リストン（1794〜1847年）が、ロンドンで全身麻酔のもと脚の切断手術を行なった。

カナダの地質学者エイブラハム・ピネオ・ゲスナー（1797〜1864年）が、石炭もしくは石油から灯油（パラフィン）を生成したことも、この年の重要な発見である。ゲスナーは石炭と石油を蒸留する方法で実験を開始し、1853年にはランプに使える新しい燃料、灯油の精製法を確立した。それまでのランプは鯨油を使用していたが、灯油のほうがはるかに安価だったため、人びとはより明るい光を長時間ともせるようになった。

1847年、ハンガリーの医師イグナーツ・センメルヴェイスが重要な発見を行なった。当時の妊婦は分娩時の産褥熱で命を落とすことが多かったのだが、医師が手洗いをすれば感染の危険を減らせるとわかったのだ。しかしその習慣が定着したのは何年もあとのことだった。

スコットランドの外科医ジェームズ・シンプソンは、長時間におよぶ大手術ではエーテルや笑気ガスでは不充分であることに気づき、麻酔薬としてクロロホルムを導入した。

ドイツの物理学者ヘルマン・フォン・ヘルムホルツは、ユリウス・フォン・マイヤー（[1841年]参照）が提唱していたエネルギー保存の法則の概要を示した。エネルギーは創出も破壊もできないというこの法則は、現在では熱力学第1法則と呼ばれている。

翌1848年、スコットランドの物理学者ウィリアム・トムソン（ケルヴィン卿）が絶対零度の概念で熱力学第3法則を定めた。すべての分子が運動を停止する温度があると仮定し、−273.15℃であると算出した。さらにトムソンはこれをもとに新しい温度目盛り、ケルヴィンスケールを考案した（[1740〜42年]参照）。

1848年頃には、強力な望遠鏡で太陽系の秘密が次々と明かされた。惑星の多くは2個以上の衛星を持つこともわかってきた。ウィリアム・ラッセルとアメリカの天文学者ウィリアム・ボンド（1789〜1859年）は、土星の8個目の衛星ヒペリオンを発見した。

イギリスの発明家ジョン・ストリングフェロー（1799〜1883年）とウィリアム・ヘンソン（1812〜1888年）は、蒸気飛行機エアリアル・スチーム・キャリッジで10mの飛行に成功した。世界初の動力飛行だが、これ以上大型の飛行機では成功しなかった。

ヴァーモント州の鉄道作業員フィニアス・ゲイジは、頭部に長さ1mの鉄棒が貫通する事故にあった。命は取りとめたものの、それ以来知的能力や人格が一変してしまう。前頭葉の損傷による機能不全の最初の記録である。

患者が装着する吸入マスクに接続する

クロロホルムの液体を入れる

クロロホルム吸入器
1848年に考案された。クロロホルムの蒸気を患者に吸いこませることで、迅速に麻酔をかけることができる。

球が斜面を転がるとき、位置エネルギーは失われるのではなく、運動エネルギーに変換されている

斜面の頂上で静止している球は、重力による位置エネルギーを持っている

位置エネルギー　運動エネルギー

エネルギー保存の法則

宇宙に存在するエネルギーの総量は不変だというのが、エネルギー保存の法則である。エネルギーは形を変えるだけであり、創出したり、破壊したりすることはできない。何らかの仕事が行なわれるときは、エネルギーの形が変換されるか、ある物体から別の物体に移動する。たとえば静止した物体の位置エネルギーは、運動エネルギーに変わる。

- 10月16日 アメリカの外科医ウィリアム・モートンが全身麻酔で手術を行なう
- 12月21日 スコットランドの外科医ロバート・リストンが全身麻酔で脚の切断手術を行なう
- 1847年 ドイツの物理学者ヘルマン・フォン・ヘルムホルツがエネルギー保存の法則を正式に発表
- 1847年 ハンガリーの医師イグナーツ・センメルヴェイスが分娩時の感染症を防ぐため手洗いを推奨
- 1847年10月1日 アメリカの天文学者マリア・ミッチェルが1847Ⅵ彗星を発見
- 1847年11月4〜8日 スコットランドの外科医ジェームズ・シンプソンが手術にクロロホルムを使用
- 1848年6月 イギリスの発明家ジョン・ストリングフェローとウィリアム・ヘンソンが初の動力飛行を行なう
- 1848年 スコットランドの物理学者ウィリアム・トムソンが絶対零度を算出
- 1848年9月13日 アメリカの鉄道作業員フィニアス・ゲイジが頭部に鉄棒が貫通する事故にあう
- 1848年9月20日 アメリカ科学振興会が創設

1849〜51年

惑星探査機ボイジャー2号が撮影した天王星の衛星の一部。アリエルとウンブリエルは最大級の2個で1851年に発見された。最小のミランダは1948年の発見。

1849年、フランスの天文学者エドゥアール・ロシュ（1820〜1883年）が、土星に衛星と環がある理由を説明した。惑星や衛星が土星に接近しすぎると、それぞれが回転しているせいで重力が変化し、潮汐力で壊れてしまう。破壊されることなく接近できるぎりぎりの距離はロシュ限界と呼ばれる。惑星と衛星の密度が同じであるとすれば、ロシュ限界は惑星の半径の2446倍となる。月のロシュ限界は1万8470kmなので、もし月がそれ以上接近すれば粉々に砕けて地球にも環ができるだろう。

1849年、フランスの物理学者イッポリート・フィゾー（1819〜1896年）とジャン・フーコー（1819〜1868年）が、高速回転する車輪のスロットを通した光を35km離れた場所の鏡に反射させて光の速度を測定した。光が戻ってくるあいだに車輪は回転しているので、光は別のスロットを通る。車輪の回転速度とスロットの間隔、鏡との距離から、光速を算出したのである。

しかしこの方法では正確な数字を得るのは難しかった。そこで1850年、フーコーは車輪を鏡に変えてふたたび実験を行なった。鏡も回転するので、戻ってきた光を反射する位置が微妙に変わる。これでフーコーは光速を29万8000km／秒と計算した。

1850年、ドイツの物理学者ルドルフ・クラウジウス（1822〜1888年）が熱運動の論文を発表して、科学の進歩に大きな貢献をした。彼は2つの基本法則で熱力学の基礎を築いた。ひとつはエネルギー保存の法則で、エネルギーは再分配されるだけで決して失われないというもの。もうひとつは、熱は熱いほうから冷たいほうに移動するが、その逆はないということだ。

1850年、イギリスの化学者ジェームズ・ヤング（1811〜1883年）が石炭から灯油を合成する方法で特許を取得した。家庭用のランプの燃料は、しだいに鯨油から灯油に移行していく。スコットランド生まれのアメリカ人発明家ジョン・ゴリー（1803〜1855年）は冷蔵技術を開発し、液体を循環させて熱を奪う方式の製氷機をつくった（[1872〜73年] 参照）。

1851年、イギリスの天文学者ウィリアム・ラッセル（1799〜1880年）が天王星の衛星をさらに2個発見した。アリエルとウンブリエルである。イギリスの彫刻家フレデリック・スコット・アーチャー（1813〜1857年）は、コロジオンという粘性の液体を塗った写真板を使う湿板撮影法を開発した。ダゲレオタイプ（[1837年] 参照）並みの鮮明な像が得られて、フォックス・タルボットのカロタイプ（[1835年] 参照）のように何枚も複製できる特長があった。

フィゾーの装置
回転歯車の隙間に光線を通し、35km離れた場所の鏡に反射させて光速を測定した。

湿板カメラ
湿板が乾かないうちに、携帯暗室を使って10分以内に撮影と現像を終わらせる必要があった。

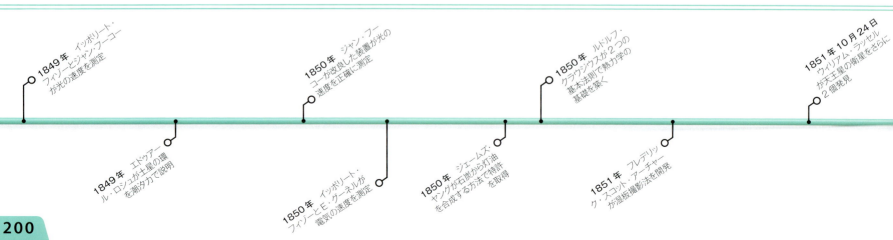

1852～53年

ジョージ・ケイリーが設計し、1853年にヨークシャーで初の固定翼機飛行に成功したグライダーの複製。

> **" 空中航行こそが文明の進歩を如実に象徴するものになると私は確信している。"**
>
> ジョージ・ケイリー（イギリスの航空技術者）（1804年）

北大西洋一帯では昔からオオウミガラスが盛んに捕獲されていたせいで、1840年代にはほとんど姿が見られなくなった。1852年、カナダのニューファンドランドでの目撃例を最後にオオウミガラスは絶滅した。

1852年、イギリスの物理学者ジェームズ・ジュール（1818～1819年）とウィリアム・トムソン（1824～1907年）がジュール=トムソン効果を発見した。これは気体と流体が細い管を通過したあと、温度が下がって膨張するというものだ。冷蔵庫やエアコンは、このジュール=トムソン効果を利用したものだ。

1852年9月24日、フランスの技術者アンリ・ジファール（1825～1882年）が初の動力制御飛行でパリからトラップまでの27kmを飛び、航空機時代の幕を開けた。葉巻型の飛行船に水素を満たして上昇させ、蒸気プロペラで推進するというものだった。1853年には別の試験飛行が行なわれた。イギリスの技術者ジョージ・ケイリー（1773～1857年）が製作したグライダーで、人が乗れる大きさの航空機による初の飛行を成功させたのである。ケイリーは飛行理論を早くから理解していた。ヨークショーのブロンプトン・デイルで行なわれた試験飛行の詳細は不明で、操縦士役はケイリーの執事だったとも、下男だったとも言われている。いずれにせよ、これは歴史的快挙だった。

オオウミガラス
体長80cmと北大西洋最大級の鳥だったオオウミガラスは1853年に絶滅した。

1853年は医学・生理学の分野にとっても重要な年だった。フランスの生理学者クロード・ベルナール（1813～1878年）が、人体のエネルギー源であるブドウ糖を発見した。さらにブドウ糖はグリコーゲンの形で肝臓に一時的にたくわえられ、必要に応じてブドウ糖に変換されて血液中に放出されることも突きとめた。

フランスの医師アントワーヌ・デソルモー（1815～1882年）は外科手術用の内視鏡を開発した。長い金属管を体内に挿入し、灯油ランプの光を鏡に反射させて内部の様子を観察することができた。

フランス人外科医シャルル・プラヴァ（1791～1853年）とイギリス人医師アレグザンダー・ウッド（1817～1884年）は、実用的な皮下注射器を独自に発明していた。中空の金属針を体内に刺しこみ、静脈に直接薬剤を送りこむもので、経口服用より速い効果が期待できた。

1854年

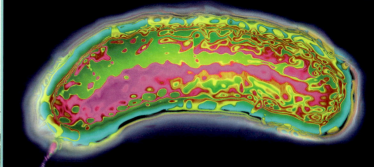

着色したコレラ菌の顕微鏡写真。

ドイツの物理学者ヘルマン・フォン・ヘルムホルツ（1821～1894年）とイギリスの技術者ウィリアム・ランキン（1820～1872年）は、イギリスの物理学者ウィリアム・トムソンの示唆を受けて、熱は冷たいほうから暖かいほうに移動しないというルドルフ・クラウシウスの理論をさらに発展させた。そして熱は宇宙全体に均等に広がっていくが、これ以上進めなくなって「宇宙の熱力学的死」になると主張した。

ジョージ・エアリー（1801～1892年）は、地上と地下383mの炭坑で振り子の振動を測定し、地球の密度を計算した。振動の差は重力のちがいであることから、密度は6.566g/cm³とはじきだした。現在は5.52g/cm³とされている。

1854年には2つの新しい数学が誕生した。ひとつはドイツの数学者ベルンハルト・リーマン（1826～1866年）の非ユークリッド幾何学である。ユークリッド幾何学は平面にしか適用されないが、リーマン幾何学は曲面が対象だった。地球が丸いことを考えるとこれは大きな意味を持つ。ユークリッド幾何学では三角形の内角の和は180度であり、2点間の最短線は直線だが、リーマン幾何学では三角形の内角の和は180度より大きく、曲面上に直線は存在しない。

イギリスの数学者ジョージ・ブール（1815～1864年）が提唱した新しい代数学は、論理学を哲学ではなく数学にしようという試みだった。すべての命題は

5.52 g/cm³
地球の平均密度

「and」「or」「not」に還元して結論を導きだせるとブールは主張した。今日、ブール代数は2進法と合わせてコンピュータープログラムの基本になっている。

8月、ロンドンのソーホー地区でコレラが流行したとき、医師ジョン・スノウ（1813～1858年）は水道ポンプが発生源であると特定し、コレラは飲料水を媒介とするという自説を立証した。

1855年

ベッセマー製鋼法で鋼を安く効率的に製造することが可能になった。

1855年の科学の最前線では、イギリスの数学者ジェームズ・クラーク・マクスウェル（1831～1879年）が光と電気と磁気を統一する理論に取りくみ、また別の科学者たちは原子が光を放つ仕組みを探る実験を行なっていた。原子は種類ごとに一定波長の光を放出・吸収しており、暗線になる波長（ギャップ）と明るい線になる波長（ピーク）があることはすでにわかっていた。さらにスウェーデンの物理学者アンデルス・オングストローム（1807～1874年）とアメリカの科学者デヴィッド・オルター（1807～1881年）は、水素のスペクトルをそれぞれ独自に記述したことが、光と原子の関係を理解するうえで決定的な役割を果たした。

ドイツの物理学者ユ

ガイスラー管
気体を満たしたガラス管は形も、発光する色もさまざまだった。

らせん状の放電管

リウス・プリュッカー（1801～1879年）は、空気の影響を受けない放電現象からスペクトルを調べようとした。そこでドイツの機器製作者ハインリヒ・ガイスラー（1814～1879年）に依頼して、両端に電極がついたほぼ真空の密閉ガラス管を製作してもらった。そして高い電圧をかけると電極間に火花が走り、ガラス管内がまぶしく光った。

フランスの化学者シャルル・ジェラール（1816～1856年）は1853年、炭素と水素、塩化水素、水、アンモニア分子を結合させることで、4種類の基本的な有機物質を生成できると示唆していた。1855年、イギリスの化学者ウィリアム・オドリング（1829～1921年）がメタンと結合させた5番目の物質を追加した。ドイツの化学者フリードリヒ・ケクレ（1829～1896年）とスコットランドの化学者アーチボルド・クーパー（1831～

> **原子が目の前で跳ねまわっていた……**
>
> フリードリヒ・ケクレ（ドイツの化学者）

1892年）はこの成果をもとに分子構造理論を練りあげていく。

この年、技術面ではイギリスの技術者ヘンリー・ベッセマー（1813～1898年）が新しい炉を開発し、銑鉄から大量の鋼を安く製造できるようになった。

ドイツのリーデンブルクではめずらしい化石が見つかった。飛翔する爬虫類だと長年思われていたが、1970年に羽を持っていたことが確認され、始祖鳥の最初の化石であることが判明した。これは鳥類が恐竜から進化した証拠でもある。

1856年

モンゴメリーはインド大三角測量の一環でカラコルム山脈を測量した。そこには世界第2の高峰K2もあった。

遺伝学は、オーストリアの修道士グレゴール・メンデル（1822～1884年）の研究から始まった。しかし彼の業績が正しく評価されたのは後年になってからである。メンデルは1856年に修道院の畑でエンドウマメの実験に取りくみ、両親から受けとった特徴が「粒子」によって次の世代へと引きつがれることを確かめた。この粒子は、のちに遺伝子と名づけられた。

もうひとつ、やはり後代になってやっと評価された発見がある。それは人類の祖先の化石だ。1856年、ドイツのネアンデ

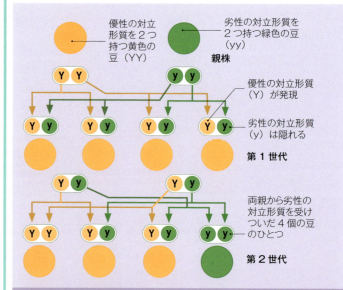

優性遺伝と劣性遺伝

メンデルによるエンドウマメの研究で、色などの特徴を子孫に伝えるかどうかを決定する粒子があることがわかり、のちに遺伝子と名づけられた。遺伝子が現わす形質は対立形質の形をとり、さまざまな組みあわせで子孫に伝わる。豆を黄色にする対立形質Yは優性なので、Yをひとつ受けつぐだけで黄色になる。緑色の形質yは劣性なので、2つ揃わないと緑色にならない。

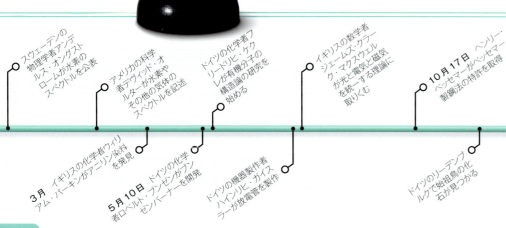

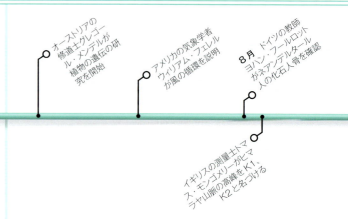

202

1857〜58年

17時間
1858年の実験で最初のメッセージが到達するのに要した時間

大西洋横断電信ケーブルの検査風景。最初のメッセージは「至高の神に栄光あれ、地の人間に平和と善あれ」だった。

ル渓谷にある採石場の洞窟から骨が出てきたとき、ドイツの教師ヨハン・フールロット（1803〜1877年）は人間に近い生き物のものだと判断した。これがネアンデルタール人（Homo Neanderthalensis）である。ネアンデルタール人は30万〜3万年前にヨーロッパに生息していたとされるが、発見当時は人間に似た生き物が存在したこと自体なかなか受けいれられなかった。

アメリカでは気象学者ウィリアム・フェレル（1817〜1891年）が、上昇した暖かい空気が、地球の自転によって中緯度帯で渦巻状になる過程を説明した。これはフェレル循環と呼ばれる。この空気循環が、中緯度帯に特徴的な激しい西風を引きおこしている。

インドでは、イギリスの測量士トマス・モンゴメリー（1830〜1878年）が1802年に始まったインド大三角測量の一環でカラコルム山脈を測量した。

イギリスの発明家アレグザンダー・パークス（1830〜1890年）が、セルロースを酸と溶剤で処理して世界初のプラスチックであるパークシンを製造した。

1857年、フランスの化学者で微生物学者のルイ・パストゥール（1822〜1895年）が酸酵と酵母増殖に関する論文を発表し、ビールやワインの酸酵は化学物質ではなく、酵母と呼ばれる微生物の働きであると述べた。パストゥールはのちに、この酵母を熱で殺して食物を長持ちさせる殺菌処理法を開発する。

1858年2月13日、イギリスの探検家リチャード・バートン（1821〜1890年）とジョン・スピーク（1827〜1864年）が、アフリカにある世界第2の淡水湖、タンガニーカ湖をヨーロッパ人として初めて見た。スピークはその後も単独で探検を続けヴィクトリア湖も発見する。

人口が増加していた都市部では、技術者や建築業者がさまざまな工夫を凝らしていた。ニューヨークでは1857年3月23日、イライシャ・オーティス（1811〜1861年）がブロードウェイ488番地に設置したエレベーターが動きはじめた。オーティスはケーブルが切れても落下しない安全装置も発明した。ドイツでは1858年にフリードリヒ・ホフマンが連続して煉瓦を製造できるホフマン窯の特許を取得、これも都市化に貢献した。海を隔てた大都市間の通信も盛んになり、アイルランド西部とカナダのニューファンドランドを結ぶ大西洋横断の海底電信ケーブルが敷設され、1858年8月から運用開始。

1858年7月1日、ロンドンのリンネ協会に1本の論文が届けられた。それは博物学者チャールズ・ダーウィンとアルフレッド・ラッセル・ウォレスの共著による、自然選択による進化論だった。種が時間とともに進化する発想は以前からあったが、ダーウィンとウォレスは地球上のすべての種が自然選択で徐々に進化していったと主張した——環境に適さない種の個体は生殖できなかったり、早死にするため、劣った性質を残せなかったというのである。ウォレスはインドネシアで調査を行なっていた1858年6月、この発想をダーウィンに書簡で伝えていたが、ダーウィン自身が20年前から温めていた理論であることは知らなかった。

医学史で最も広く活用されている書物が、1858年に出版された。それはイギリスの外科医ヘンリー・グレイ（1827〜1861年）が現わした《解剖学の記述と外科的応用》で、《グレイの解剖学》の名で親しまれている。

アルフレッド・ウォレス（1823〜1913年）

自然選択による進化の理論を独自に構想した。地理的範囲から生物を研究する生物地理学の先駆者でもあり、1854年から1862年までインドネシアで行なった調査から、アジアとオーストラリアの生物分布境界線（ウォレス線）を確定させた（p.204〜205参照）。

《グレイの解剖学》
1858年にイギリスの外科医ヘンリー・グレイが出版した解剖学の解説書。すでに40版を重ねている。

673km
アフリカ、タンガニーカ湖の南北長

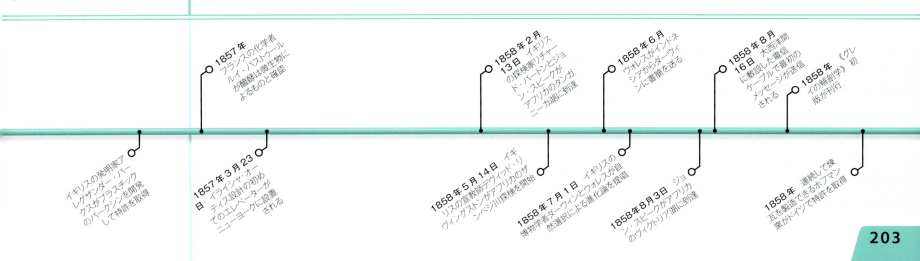

1789〜1894年　革命の時代

進化

生物の多様性の源である進化は、人類のはるか遠い祖先とのつながりも明らかにしてくれる。

化石が物語るように、先史時代の生物の姿はいまと大きく異なっていた。しかしさまざまな種を調べていくと、すべての生命は何十億年も昔に存在した単純なひとつの祖先から始まっていることがわかる。今日の科学者は、進化の背後にある生物学的、遺伝学的な作用を探って、生命が多様化した道筋を明らかにしようとしている。

1800年代はじめ、フランスの博物学者ジャン＝バティスト・ラマルクは、生物が一生のあいだに獲得した特徴は次世代に伝わると主張したが、これは誤りだった。その後チャールズ・ダーウィン（［1859年］参照）が、生まれたときから個体によって少しずつ差異があり、より「適した」者が生きのびてその特徴を子孫に伝えると考えた。それは自然選択による進化説である。現在では、特徴は遺伝子が決定し、偶然に起きる遺伝子変異が差異を生みだすことがわかっている（p.284-285 参照）。それでも環境により適した特徴が支配的になっていく仕組みは、自然選択でしか説明できない。

収斂進化

身体的特徴が似ていれば祖先が共通であると推測されるが、まったく無関係の種が独自に進化を遂げた結果、外見が似てしまうこともある。これが収斂進化だ。同じ環境内で、同じような役割を果たす種どうしに自然選択が働いた結果である。

適応放散

祖先が共通でも、子孫が異なる環境に適応して多様化していくことを適応放散と言う。新しい生活様式を開拓できる生息環境だと、適応放散は加速する。たとえば新しく誕生したばかりの島は競争相手がおらず、食料源もこれまでとちがってくるため、最初の集団から枝わかれしてそれぞれ微妙に異なる役割に適応した新種ができる。

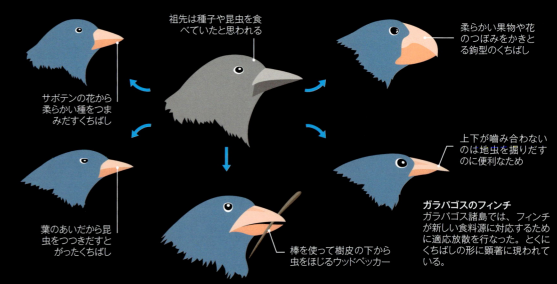

祖先は種子や昆虫を食べていたと思われる

サボテンの花から柔らかい種をつまみだすくちばし

柔らかい果物や花のつぼみをかきとる鉤型のくちばし

葉のあいだから昆虫をつつきだすとがったくちばし

棒を使って樹皮の下から虫をほじるウッドペッカー

上下が噛み合わないのは地虫を掘りだすのに便利なため

ガラパゴスのフィンチ
ガラパゴス諸島では、フィンチが新しい食料源に対応するために適応放散を行なった。とくにくちばしの形に顕著に現われている。

雌雄選択

生存率を高めることだけが適応とはかぎらない。異性を惹きつけるかどうかが、利点として選択されることもある。たとえば雄鳥の羽根が派手になると、捕食者に襲われやすくなるが、交尾の成功率は高くなる。その結果多くの子孫を残すため、派手な羽根の遺伝子が継承される。

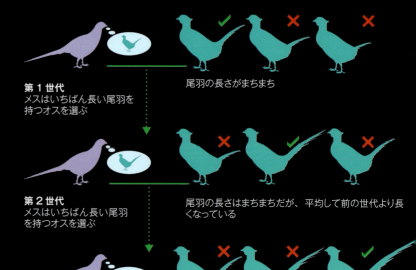

第1世代
メスはいちばん長い尾羽を持つオスを選ぶ

尾羽の長さがまちまち

第2世代
メスはいちばん長い尾羽を持つオスを選ぶ

尾羽の長さはまちまちだが、平均して前の世代より長くなっている

第3世代
メスはいちばん長い尾羽を持つオスを選ぶ

尾羽の長さはまちまちだが、平均して前の世代よりさらに長くなっている

キジの尾羽
キジのオスは、メスより長くて華やかな尾羽を持つ。長い尾羽の遺伝子が何代にもわたって受けつがれていくなかで、しだいに長く伸びていった。

シャチは哺乳類なので噴気孔で呼吸する
横揺れを防ぐ背びれ
上から見たときわかりにくいよう上半分は黒っぽい

シャチ

横揺れを防ぐ背びれ
上から見たときわかりにくいよう上半分は体色が濃い
サメは魚なのでえらで呼吸する

ホホジロザメ

シャチとホホジロザメ
どちらも海の捕食動物で、獲物を猛スピードで追うために身体は流線型になり、見つかりにくいよう体色も上半分は暗く、下半分が白っぽくなった。

1859年

ダーウィンは1835年にガラパゴス諸島で調査を行ない、ここでの動植物の観察が進化論学者としての道を決定づけたとされる。ただし調査の成果をまとめた著作《種の起源》が出版されたのは1859年だった。

1859年11月24日、チャールズ・ダーウィンが《種の起源》を出版し、1858年に初めて発表した理論を詳説した。種は自然選択を通じて自動的に変化し、発達していくというもので、哲学者ハーバート・スペンサー（1820～1903年）はこの概念を「適者生存」と呼んだ。ダーウィンはさらに、偶発的な変異が生存の可能性を高めれば、その特徴が子孫に引きつがれる可能性が高いと述べた。しかし変異の適合・不適合は状況によって異なるので、徐々に種は多様化していき、特定の生息環境に適応していく。ただし環境が変われば、利点だった特徴が反対に弱点になることもあり、そうなると種は絶滅する。

ダーウィンの説が画期的だったのは、そのメカニズムがあらゆる生物で通用し、すべての生物の祖先が共通であると示したところにある。ダーウィンの主張には説得力があり、それを受けいれた人も多かったが、厳しく批判する者もいて激しい論議を呼んだ。

4月、イギリスの考古学者ジョン・エヴァンズ（1823～1908年）とジョゼフ・プレストウィッチ（1812～1908年）が、人類の起源が遠い先史時代にあったと思わせる大発見を行なった。フランス北部、サン・アシュールで彼らが発掘した石斧は、同じ地層にマンモスなど絶滅した動物の化石があった。もしヒトがマンモスと同じ時代に生きていたとしたら、その歴史は数万年前までさかのぼることになる。

化学物質が、加熱したときに発する光のスペクトルで特定できることはすでに知られていたが、1859年秋、ドイツの科学者ロベルト・ブンセン（1811～1887年）とグスタフ・キルヒホフ（1824～1887年）が元素の放つ光の体系的な研究を開始した。ブンセンが1855年に考案した特殊なガスバーナーで化学物質を加熱して調べたところ、元素には固有のスペクトルがあり、どんなに微量でもその元素の存在が確認できることがわかった。キルヒホフが太陽光線をナトリウムの炎に通したところ、スペクトルの特定の線が吸収されていた——太陽にナトリウムが存在することが確かめられたのである。

チャールズ・ダーウィン（1809～1882年）

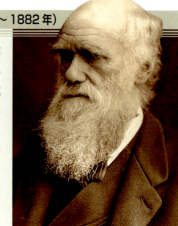

医学教育を受けたのち、博物学者として1831～1836年のビーグル号世界一周航海に参加。自然選択による進化論はこのとき芽ばえたが、最終的に発表されたのは1858年だった。進化論をヒトに当てはめた《人間の由来》は1871年に出版された。

地球上に生息する種の数
現在確認されているのは125万種だが、全体では870万種以上が存在していると思われる。

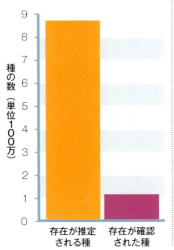

分光器
スペクトル分析のための機器は、最初は古い望遠鏡を改造してつくられていたが、まもなく専用の分光器も登場した。

- スペクトルを見るための接眼レンズ
- 望遠鏡
- 光をスペクトルに分割するための回折格子
- 台
- 接眼レンズをコリメーターに替えた望遠鏡

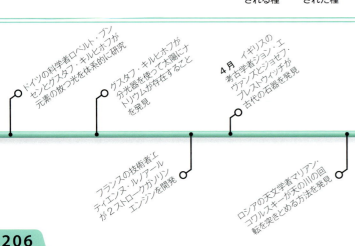

1860年

> 皆既食に至る数分前から……太陽が直視できるとわかった。
>
> ウォレン・デ・ラ・ルー（イギリスの天文学者）

1860年7月18日の日食をスペインで撮影するために、ウォレン・デ・ラ・ルーは特殊なカメラを開発した。

《種の起源》の波紋は広がるいっぽうで、6月にはオクスフォード・ハウス・ミュージアムで公開討論が開かれた。宗教的な立場から異を唱えたのがサミュエル・ウィルバーフォース主教（1805～1873年）で、ダーウィンおよび科学を擁護する側に回ったのがイギリスの生物学者トマス・ハクスリー（1825～1895年）である。人間はサルの子孫なのか否かが議論の焦点だったが、ダーウィン自身はそのことを示唆していない。この議論はハクスリーの勝利に終わったとされている。

1859年に大きな成果をあげたブンセンとキルヒホフは、分光学の研究をさらに深めていた。ブンセンは鉱水が吸収する光のスペクトルから、新しい元素を2種類発見した。ひとつはスペクトルの鮮やかな色にちなんで、ラテン語でスカイブルーを意味するセシウム、もうひとつはダークレッドを意味するルビジウムと命名された。キルヒホフは太陽光線のスペクトルをもとに太陽の構成物質を探るなかで、16種類以上の元素を発見した。イギリスの天文学者ウォレン・デ・ラ・ルー（1815～1819年）が撮影した日食の写真から、日食時に月の周囲に見られる炎、いわゆるプロミネンスが太陽の表面に由来することがわかった。

1860年4月、フランスの書店主エドゥアール＝レオン・ド・マルタンヴィル（1817～1879年）が、音の振動を炭を塗ったシリンダーで記録するフォノグラフを発明し、世界で初めて人間の声を録音した。ただしフォノトグラフに再生機能はなく、音の振動を波形にするだけだった。近年、コンピューターテクノロジーを使ってこの波形から音を再現することに成功した。

イギリスの科学者ジョゼフ・ウィルソン・スワン（1828～1914年）が初の白熱電球の点灯に成功した。真空のガラス球のなかで、細い炭素フィラメントに電流を通すと、加熱されたフィラメントが強い輝きを放った。しかしガラス球が半真空状態だと、フィラメントはたちまち燃えつきてしまった。スワンはさらに改良を重ね、1878年に特許を取得した（[1878～79年] 参照）。

12月29日、テムズ川で進水した軍艦ウォーリア号は海軍の技術を示す画期的な船だった。ウォーリア号は、1859年に完成したフランスのラ・グロワール号に続く世界2番目の鉄製船殻の装甲船で、全長127m、重量1万t近くと従来の船とはけたちがいの大きさを誇った。

イギリスの植物学者ジョゼフ・フッカー（1817～1911年）は、1839年から1843年にかけて海軍のエレバス号とテラー号を率いて南極を探検し、当時知られていなかった多くの植物を発見した。

ウォーリア号
鉄製の船殻に装甲をほどこした初の近代的な戦艦。前装砲26門を備え、31kg弾を2700m先まで飛ばすことができた。

甲板／蒸気エンジン／鉄の装甲板

114mm
ウォーリア号の鋳鉄製装甲帯の厚さ

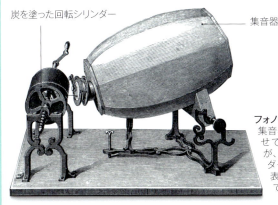

フォノトグラフ
集音器の振動に合わせて動く硬い毛先が、手回しシリンダーの炭を塗った表面に波形を描いていく。

炭を塗った回転シリンダー／集音器

40万種
地球上で存在が知られている植物の種類

1500種
エレバス号とテラー号を率いたジョゼフ・フッカーの南極航海で採集された植物

植物の種類
現在確認されている植物は40万種だが、たえず新種が発見されている。ジョゼフ・フッカーは南極航海で1500種を発見した。

- ドイツの化学者ロベルト・ブンセンがスペクトルからセシウムとルビジウムを発見
- イギリスの植物学者ジョゼフ・フッカーがエレバス号とテラー号による南極探検の成果をまとめる
- イギリスの科学者ジョゼフ・スワンが初の白熱電球を実演
- 4月9日 フランスの書店主エドゥアール＝レオン・ド・マルタンヴィルがフォノトグラフで世界最古の音声録音を行なう
- 5月26日 イギリスの考古学者ジョゼフ・プレストウィッチが石斧に関する論文を王立協会に提出
- 6月30日 オクスフォードで進化に関する激しい議論が起こる
- 7月9日 ロンドンにナイチンゲール看護学校が開設
- 7月18日 イギリスの天文学者ウォレン・デ・ラ・ルーが日食のときにプロミネンスを発見
- 9月3～5日 ドイツで初の国際化学者会議であるカールスルーエ会議が開かれる
- 12月29日 鉄製の軍艦ウォーリア号が進水

1861～64年

1864年6月30日にエイブラハム・リンカーン大統領がヨセミテ・グラントに署名し、カリフォルニア州ヨセミテ地域の雄大な自然が保存されることになった。

赤血球が赤いのはヘモグロビンというタンパク質があるためだ。1864年、フェリクス・ホッペ＝ザイラーは酸素運搬というヘモグロビンの役割を発見した。

イギリスの物理学者ジェームズ・クラーク・マクスウェルは、電気と磁気の科学を画期的に進歩させる2つの著作を世に出した。《物理的力線について》（1861年）と《電磁場の動力学的理論》（1864年）である。マクスウェルは電磁場が外側に放射線状に広がる波でつくられると考え、その波は光と同じ速度で広がっていくことを証明。それはすなわち、光も電磁波であることを示していた。彼がまとめた4つの方程式はマクスウェルの方程式と呼ばれ、アイザック・ニュートンの方程式が運動のあらゆる研究の基礎になったように、電気と磁気に関係するあらゆる計算のもとになった。

1861年、マクスウェルは世界初のカラー写真を撮影している。3原色（右［囲み］参照）の強さのちがいがさまざまな色となって私たちの目に映ることはわかっていた。それを実証するために、マクスウェルは写真家トマス・サットン（1819～1875年）に依頼して、格子模様のリボンを赤、緑、青のフィルターをかけた白黒写真で3枚撮影した。できあがった3枚の写真を重ねると、画像はフルカラーになった。

スウェーデンの物理学者アンデルス・オングストローム（1814～1874年）は太陽光のスペクトルの色を分析して、太陽には水素が存在することを証明した。

同じ1861年、フランスの医師ポール・ブローカ（1824～1880年）は、しゃべれないが相手の話は理解できる患者を研究して、脳には発話をつかさどる領域があることを発見した。この患者の死後解剖を行なったブローカは、特定の領域が損傷していることを突きとめ、ブローカ野と命名した。

三原色

赤、緑、青の3色を混ぜる割合で、虹に含まれるすべての色がつくれる。絵の構成部分で、これら3つの色の光の量を決めて表示すれば、どんな画像も再現可能だ。こうして最初のカラー写真から携帯電話のディスプレイまで、さまざまな色がつくりだされてきた。

> ……光は同一媒体の横方向の波動であり、その媒体が電気および磁気現象の原因となる。

ジェームズ・クラーク・マクスウェル（イギリスの物理学者）（1862年1月）

1861年、オーストリアの地質学者エドアルト・ジュース（1831～1914年）は、グロッソプテリスというシダの化石がアフリカ、インド、南アメリカで発見されたことから、かつてこの3つの大陸は陸橋でつながった巨大大陸だったが、海面が上昇して分断されたと考えた。ジュースはこの古代大陸をゴンドワナランドと名づけた。巨大大陸説は正しかったが、

始祖鳥のベルリン標本
1874年に見つかった始祖鳥のベルリン標本は、恐竜のように歯の生えたくちばし、鳥ににて羽のある翼といった特徴が最もよくわかる。

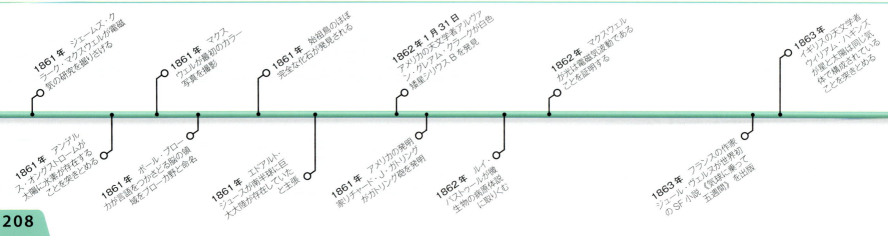

1865年

15g
健康な人間の血液1リットル中に含まれるヘモグロビンの量

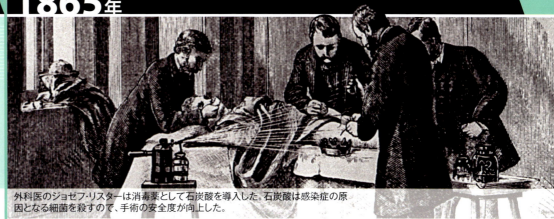
外科医のジョゼフ・リスターは消毒薬として石炭酸を導入した。石炭酸は感染症の原因となる細菌を殺すので、手術の安全度が向上した。

現在では3つに分割されたのは海面上昇ではなく、大陸移動のためだったことがわかっている。

ドイツのランゲナルトハイムでは、始祖鳥のほぼ完全な化石が発見された。翼があり、羽根がはえていながら、爬虫類の歯を持つ1億5000万年前のその生き物は、恐竜から鳥への進化の過程を物語っており、ある種が少しずつ別の種に進化していくというダーウィンの説を裏づけるものだった。しかし1862年、ダーウィンの理論に逆風が吹く。イギリスの物理学者ウィリアム・トムソンが、地球が形成されてから冷えるまでの時間をもとに地球の年齢を算出したところ、長くて4億年、短くて2000万年という結果が出たのだ。仮に4億年だとしても、ダーウィンの主張する漸進的な進化にはとうてい足りない。ただし現在では、地球が誕生したのは45億年前ということになっている。

1862年、フランスの化学者ルイ・パストゥール（1822～1895年）が産褥熱の研究から、多くの感染症は微生物が関係しているという結論をほぼ確実なものにした。1864年の医学界では、フェリクス・ホッペ＝ザイラー

ジェームズ・クラーク・マクスウェル（1831～1879年）

スコットランドのエディンバラに生まれ、電磁気理論の礎石を確立した。優れた数学的才能を活かして電気、磁気、光が電磁場の形態であることを証明し、彼が確立した4つの方程式は古典電磁気学の基礎となった。

（1825～1895年）が、鉄分を含むヘモグロビンが酸素と赤血球を結びつけ、血液で酸素を運ぶ役割を果たしていることを発見した。アメリカ合衆国のエイブラハム・リンカーン大統領がヨセミテ・グラントに署名し、1890年にカリフォルニアのヨセミテ国立公園が誕生する素地をつくったのもこの年だ。

1865年、ルドルフ・クラウジウスが熱力学第2法則（熱は温度が高いほうから低いほうにしか移動しない）に基づいて、エントロピーという当時としては画期的な概念を提唱。エントロピーとは数学的な無秩序の尺度である。秩序をつくりだすには、熱が集中する必要があり、このためにエネルギーを要する。そこで人体から宇宙全体まですべてのシステムにおいて、外部から継続的にエネルギーを導入して熱の集中を維持しないかぎり、エントロピーと無秩序は増大することになる。たとえば地球上の生命は太陽からのエネルギーに依存している。太陽の燃料が枯渇したら、エネルギーも得られない。

ドイツでは、オットー・フリードリヒ・カール・ダイテルス（1834～1863年）が神経細胞の基本的な特徴を初めて顕微鏡で確認した。神経細胞は細胞体から長い軸索が伸び、樹状突起

> " 宇宙のエネルギーは一定であり、宇宙のエントロピーは最大に向かう。"
>
> ルドルフ・クラウジウス（ドイツの物理学者）《熱の動力、およびそこから熱理論のために演繹しうる諸法則について》（1865年）

が細かく枝わかれしてしていた。

医学では、イギリスの外科医ジョゼフ・リスター（1827～1912年）が手術中に殺菌剤として石炭酸を導入、手術器具や傷口を消毒して感染の危険を減らした。

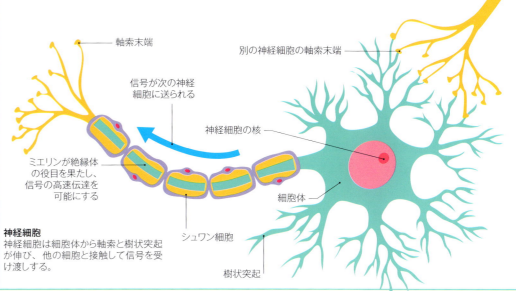

神経細胞
神経細胞は細胞体から軸索と樹状突起が伸び、他の細胞と接触して信号を受け渡しする。

- 軸索末端
- 別の神経細胞の軸索末端
- 信号が次の神経細胞に送られる
- 神経細胞の核
- ミエリンが絶縁体の役目を果たし、信号の高速伝達を可能にする
- 細胞体
- シュワン細胞
- 樹状突起

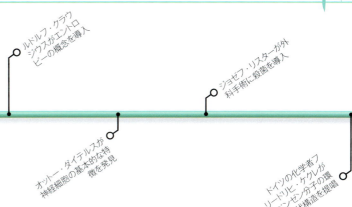

- 1864年6月30日 ヨセミテ・グラントが成立し、ヨセミテ国立公園が誕生する
- 1864年 マクスウェルが電磁気学の4方程式を確立
- 1864年8月20日 イギリスの化学者ジョン・ニューランズが元素の周期表を作成
- 1864年 ウィリアム・トムソンが地球の年齢を計算
- 1864年 フェリクス・ホッペ＝ザイラーがヘモグロビンの役割を発見
- ルドルフ・クラウジウスがエントロピーの概念を導入
- オットー・ダイテルスが神経細胞の基本的な特徴を発見
- ジョゼフ・リスターが外科手術に殺菌を導入
- ドイツの化学者フリードリヒ・ケクレがベンゼン分子の環状構造を提唱

1866〜67年

エルンスト・ヘッケルは単細胞の原生生物を独立した生物に分類したが、厳密な定義はいまだに論議が続いている。

1868〜69年

10年の歳月と数万人の労働力を費やしたスエズ運河は1869年11月17日に開通した。

　ダーウィン進化論は初期の宗教論争（[1860年]参照）が鳴りをひそめた代わりに、科学的な疑義が生じてきた。そのひとつが形質の存続である。1867年、イギリスの工学教授フリーミング・ジェンキン（1833〜1885年）は、いくら適応しても最終的には集団全体に薄められ（「水びたし効果」）、特徴は消えるのではないかと指摘した。

　だがダーウィンもジェンキンも知らないところで、オーストリアの修道士グレゴール・メンデル（1822〜1884年）がエンドウマメの遺伝の研究を1866年に完成させ（[1856年]参照）、この論争に決着をつけていた。メンデルは、形質は「粒子」、すなわち遺伝子で受けつがれるので、消えてなくなることはないと結論づけていたのだ。この研究が進化論に果たした重要な役割が正しく理解されたのは、20世紀に入ってからである。

　進化論に関しては、ドイツの博物学者エルンスト・ヘッケル（1834〜1919年）も声をあげた。彼は1866年、胎児の発達が進化の歴史を再現しているという誤った説を発表した。ヘッケルはそれを証明するために、魚とヒトの胎児の図で共通点まで示した。同じ年、彼は原生生物が動植物とは別の界を形成しているとも主張した。

　1866年、ドイツの顕微鏡学者マックス・シュルツェ（1825〜1874年）は網膜の構造を探る最も重要な研究に取りくんだ。網膜は目の内部にある光感受性を持つ組織だが、それが層状になっていることを確認したシュルツェは、光や色に反応する桿体細胞、錐細胞の詳細なスケッチも残した（[1935年]参照）。

　イギリスの技術者ロバート・ホワイトヘッド（1823〜1844年）は1866年に自己推進式魚雷を開発した。これは2度の世界大戦で強力な兵器となる。1年後、スウェーデンの化学者アルフレッド・ノーベル（1833〜1896年）はダイナマイトを発明した。

　1867年、パリの鍛冶職人ピエール・ミショー（1813〜1883年）はペダルとチェーンを備えた最初の実用的自転車、ヴェロシペードを発明した。小型の蒸気エンジンを動力とする世界初のオートバイも開発している。

　1868年、化学の教科書を執筆していたロシアの化学者ドミトリ・メンデレーエフ（1834〜1907年）は、元素を原子量や特性で表にすることを思いついた。当時知られていた60種類の元素を原子量順に並べたところ、特性が周期的に繰りかえされていて、8つのグループ、すなわち周期に分けられることがわかった。各周期の特定の位置にある元素どうしは、類似する特性を持っている。

　メンデレーエフは1869年3月6日、ロシア化学協会の会合にこの周期表を提出した。以来この周期表は化学に不可欠な基礎資料となっている。さらに驚異だったのは、メンデレーエフが周期表の空白から、当時まだ知られていなかった3つの元素の存在を予言したことである。それから16年のあいだに、ガリウム、スカンジウム、ゲルマニウムが次々と見つかった。さらにその後、50種類以上の新しい元素が発見されている。

　1868年には、すべての物質は固有のスペクトルで光を発する事実（1884〜1885年）からも新しい元素が発見された。イギリスの天文学者ノーマン・ロッキャー（1836〜1920年）とフランスの天文学者ジュール・ジャンサン（1824〜1907年）は皆既日食時に太陽の縁から放たれる光のスペクトルを分析し、明るい黄の線が既知のどの物質にも対応

ホモ・サピエンスの頭骨
フランスのクロマニョン洞窟で見つかったヨーロッパ初期新人の骨。人類進化の大きな証拠になった。

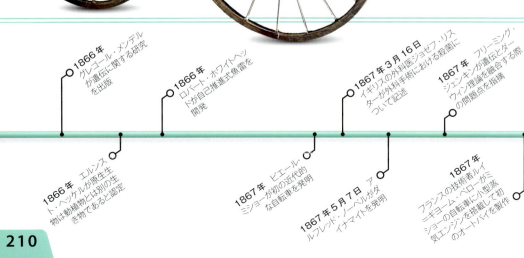

小型蒸気エンジン / 鉄製の自転車用フレーム

初期のオートバイ
1867〜1871年にピエール・ミショーが製作した小型蒸気エンジン付き自転車。世界初のオートバイとされる。

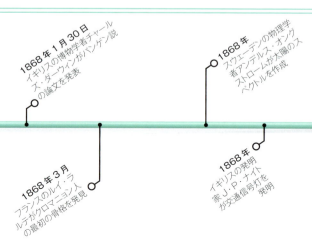

27 km ジファールの飛行船が飛んだ距離

- 1866年　グレゴール・メンデルが遺伝に関する研究を出版
- 1866年　エルンスト・ヘッケルが原生生物は動植物とは別の生き物であると認定
- 1866年　ロバート・ホワイトヘッドが自己推進式魚雷を開発
- 1867年　ピエール・ミショーが初の近代的な自転車を発明
- 1867年3月16日　イギリスの外科医ジョセフ・リスターが外科手術における殺菌について記述
- 1867年5月7日　アルフレッド・ノーベルがダイナマイトを発明
- 1867年　フリーミング・ジェンキンが遺伝とダーウィン理論を融合する際の問題点を指摘
- 1867年　フランスの技術者ルイ＝ギョーム・ペローがミショーの自転車に小型蒸気エンジンを搭載して初のオートバイを製作
- 1868年1月30日　イギリスの博物学者チャールズ・ダーウィンがパンゲン説の論文を発表
- 1868年3月　フランスのルイ・ラルテがクロマニヨンの最初の骨格を発見
- 1868年　スウェーデンの物理学者アンデルス・オングストロームが太陽のスペクトルを作成
- 1868年　イギリスの発明家J.P.ナイトが交通信号灯を発明

164km
スエズ運河の開通当初の距離

していないことにそれぞれ気づいた。そして太陽に未発見の物質があると考え、ロッキャーはギリシア語で太陽を意味するヘリオスからヘリウムと名づけた。同じ年、スウェーデンの物理学者アンデルス・オングストローム（1814～1874年）も、太陽光線の完全なスペクトルを作成した。このとき1000本にもなるスペクトル線を表現するのに用いた単位は、のちに彼の名前で呼ばれることになった。

進化をめぐる議論はなおも続いていた。ダーウィンは、形質の世代を超えた継承をパンゲン論で説明しようとした。生物の体内には無数の遺伝粒子が存在しており、植物の種のように生物全体を再生させる能力を有しているというのである。この遺伝粒子とデオキシリボ核酸（DNA）との共通点を指摘する声もある。すべての体細胞内にある遺伝物質DNAは、翌1869年スイスの生物学学生フリードリヒ・ミーシェル（1844～1895年）が偶然発見したものだ。現在では、生殖細胞（卵子と精子）内のDNAだけが、新しい生物をつくるのに使われることがわかっている。

フランスでは地質学者ルイ・ラルテ（1840～1899年）が、いわゆるクロマニョン人の最初の骨格を発見したことで、ヒトも進化の産物であるという説が有力になりつつあった。この化石人骨はフランスのレゼジー近郊の洞窟にちなんで命名され、今日ではヨーロッパ初期現生人類と位置づけられている。

1869年にダーウィンの従兄弟のフランシス・ゴルトン（1822～1911年）が、ダーウィンの理論をもとに人間の知能も遺伝で決まると示唆したが、こちらは激しい論議を呼んだ。ゴルトンはここから優生学を発達させた。

技術革新の勢いは加速し、イギリスの発明家J・P・ナイト（1828～1886年）は交通信号灯を発明した。アメリカでは技術者ジョージ・ウェスティングハウス（1846～1914年）がエアブレーキを発明している。やはりアメリカ人の発明家ジョン・ハイアット（1837～1920年）はセルロイドの開発に成功した。

1869年11月、スエズ運河の航行が開始され、紅海と地中海が結ばれた。当初は全長164kmで、完成までに10年の歳月を要した。

ドミトリ・メンデレーエフ（1834～1807年）

1834年にシベリアのトボリスクに生まれ、サンクトペテルブルクで大学に入学、結核の持病を抱えながらも、ロシアを代表する化学者となり、周期表で世界的に知られるようになった。またガリウム、スカンジウム、ゲルマニウムの存在を予言した。

元素の周期表
ロシア語の周期表。メンデレーエフの周期表に基づいており、彼が存在を予言したガリウム、スカンジウム、ゲルマニウムも記載されている。

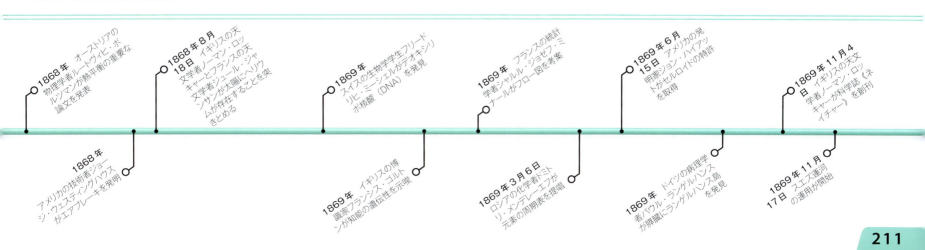

1789〜1894年　革命の時代

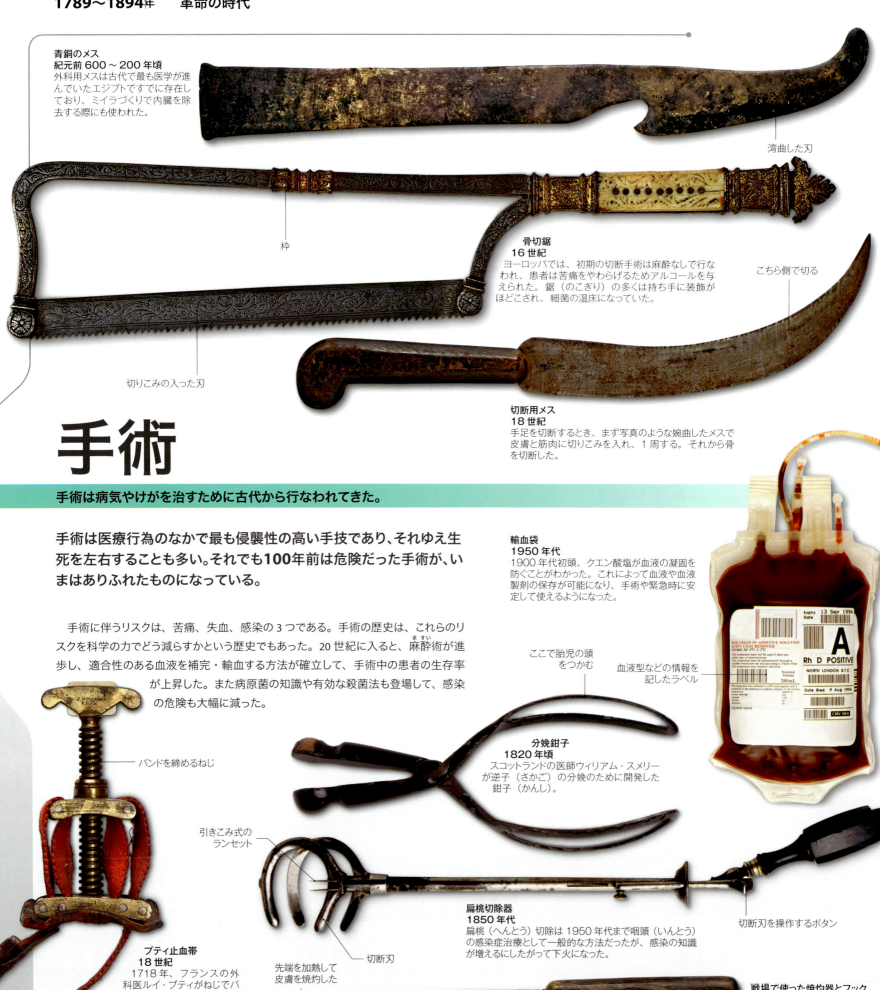

青銅のメス
紀元前600〜200年頃
外科用メスは古代で最も医学が進んでいたエジプトですでに存在しており、ミイラづくりで内臓を除去する際にも使われた。

湾曲した刃

枠

骨切鋸
16世紀
ヨーロッパでは、初期の切断手術は麻酔なしで行なわれ、患者は苦痛をやわらげるためアルコールを与えられた。鋸（のこぎり）の多くは持ち手に装飾がほどこされ、細菌の温床になっていた。

こちら側で切る

切りこみの入った刃

切断用メス
18世紀
手足を切断するとき、まず写真のような彎曲したメスで皮膚と筋肉に切りこみを入れ、1周する。それから骨を切断した。

手術

手術は病気やけがを治すために古代から行なわれてきた。

手術は医療行為のなかで最も侵襲性の高い手技であり、それゆえ生死を左右することも多い。それでも100年前は危険だった手術が、いまはありふれたものになっている。

手術に伴うリスクは、苦痛、失血、感染の3つである。手術の歴史は、これらのリスクを科学の力でどう減らすかという歴史でもあった。20世紀に入ると、麻酔（ますい）術が進歩し、適合性のある血液を補完・輸血する方法が確立して、手術中の患者の生存率が上昇した。また病原菌の知識や有効な殺菌法も登場して、感染の危険も大幅に減った。

輸血袋
1950年代
1900年代初頭、クエン酸塩が血液の凝固を防ぐことがわかった。これによって血液や血液製剤の保存が可能になり、手術や緊急時に安定して使えるようになった。

ここで胎児の頭をつかむ

血液型などの情報を記したラベル

バンドを締めるねじ

分娩鉗子
1820年頃
スコットランドの医師ウィリアム・スメリーが逆子（さかご）の分娩のために開発した鉗子（かんし）。

引きこみ式のランセット

扁桃切除器
1850年代
扁桃（へんとう）切除は1950年代まで咽頭（いんとう）の感染症治療として一般的な方法だったが、感染の知識が増えるにしたがって下火になった。

切断刃

切断刃を操作するボタン

プティ止血帯
18世紀
1718年、フランスの外科医ルイ・プティがねじでバンドを締めあげ、血流を止める止血帯（しけつたい）を開発した。

先端を加熱して皮膚を焼灼した

戦場で使った焼灼器とフック
18世紀
出血を止め、傷口の皮膚を焼いて閉じる焼成法は腺（せん）ペストから負傷兵まで広く用いられた。

手術

石炭酸蒸気噴霧器
1860年代
イギリスの外科医ジョゼフ・リスターが開発した、手術現場で石炭酸を噴霧する装置。石炭酸は殺菌剤として、傷口から感染症にかかるのを防いだ。

- ノズル
- 水入れ
- 石炭酸入れ

手術用滅菌装置
1860年代
戦場での手術では、器具を携帯アルコールバーナーの炎で消毒した。

床屋外科医の器具
1860年代後半
写真のスクレーパーと圧舌子（あつぜんし）は、床屋外科医組合（1540年にヘンリー8世が創設したギルド）の会員が使っていたもの。

- スクレーパーの先端
- この部分で舌を押す

エスマルク・クロロホルム＝エーテル点滴器
1890年頃
イギリスの外科医ジェームズ・シンプソンは1847年、麻酔薬としてエーテルに替えてクロロホルムを使った。ガラスの点滴器は正確な投与量を測ることができたが、1950年代により安全な麻酔法が開発されるまで、過剰投与の危険はつきものだった。

- 点滴管
- 目盛り

南北戦争当時の手術器具
1860年代
南北戦争では戦闘での死者より、病気や感染症での死者が2倍も多かった。写真は限られた知識しかない衛生兵が使った器具。

- 筋肉を切るための鋭利なメス
- 切開用のメス
- 開頭用鋸

縫合糸
18世紀
ヒツジなどの腸からつくったガットは、組織が治癒したあと体内に吸収されるため、何千年も前から縫合糸（ほうごうし）として使われてきた。

- 湾曲した縫合針

ステンレス鋼の手術器具
20世紀
腐食せず、滅菌が容易なステンレス鋼の手術器具は1930年に登場した。その後の技術改良で、表面がより滑らかで、傷もつきにくくなった。

- ロック
- 刃が交換可能なメス
- 鉗子
- 鉤爪付きの開創器

213

1870〜71年

> 晴れわたった空からやってくる光は……宙に浮かんでいる小さな粒子によって、本来の進路からそれているものだ。

第3代レイリー男爵ことジョン・ウィリアム・ストラット《空からの光、その偏光と色について》（1871年）

空が青いのはレイリー散乱——空気中の分子によって太陽光線が散乱する——のせいだ。

1870年頃、イタリアの医師カミッロ・ゴルジ（1843〜1926年）が脳やその他の組織を染色して顕微鏡で観察できる方法を開発した。彼はこの方法で、脳と身体の他の部分で情報をやりとりしたり、処理したりする神経細胞の存在を確認した。ゴルジはこの分野での研究が評価され、1906年にノーベル医学生理学賞を受けている。

これと関連する発見として、ドイツの科学者グスタフ・テオドル・フリッチュ（1838〜1927年）とエドワルド・ヒッツィヒ（1839〜1907年）が電気と脳機能の結びつきを示した。イヌの脳のさまざまな部分に電気刺激を与えると、異なる部分の筋肉が収縮したのである。

同じ1870年、イギリスの数学者ウィリアム・キングダム・クリフォード（1845〜1879年）が、エネルギーと物質は空間のひずみから生じるという説を提唱した。クリフォードは早世したため、この概念を発展させることはできなかったが、ドイツ生まれの物理学者アルベルト・アインシュタインの一般相対性理論に活かされている（[1914〜15年]参照）。

イギリスの天文学者ノーマン・ロッキャー（1836〜1920年）とフランスの天文学者ジュール・ジャンサン（1824〜1907年）は、太陽光スペクトルに未知の元素による線があると独自に主張していた。1870年、ロッキャーはこの元素をギリシア語の太陽神ヘリオスにちなんでヘリウムと命名した。

1870年にはフランスの微生物学者ルイ・パストゥール（1822〜1895年）が、カイコを死なせる謎の病気の原因を微生物とする研究を発表した。炭疽菌発見（[1876〜77年]参照）と合わせて、病原菌理論が大きく前進した。

1871年、イギリスの科学者レイリー卿（1842〜1919年）は、光が微粒子に当たって跳ねかえり、散乱することを発見した——レイリー散乱である。可視光線が散乱を起こすには、粒子は光の波長より小さい400〜700ナノメートルでなければならないと説明した。

ルイ・パストゥール（1822〜1895年）

フランスのリール大学に在籍してビールやワイン（のちには牛乳も）の腐敗を研究し、バクテリアが原因で、低温殺菌が有効であることを突きとめた。この研究を足がかりに病原体説を打ちたて、種痘による病気予防法を確立した。

同じ年、イギリスの博物学者チャールズ・ダーウィンが人間の進化を論じた《人間の由来と性選択》を出版した。1859年に《種の起源》を出版したときの大騒ぎを思い、彼はこの本を世に出すことをずっとためらっていた。

> 身体あるいは精神が弱い未開人はすぐに排除され……我々文明人がその過程を探ろうと全力を尽くしている。

チャールズ・ダーウィン（イギリスの博物学者）《人間の由来》（1871年）

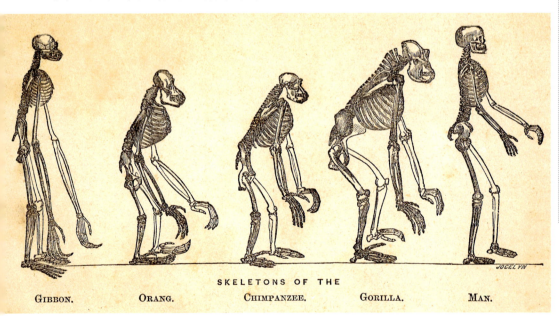

類人猿とヒト
1863年にイギリスの生物学者トマス・ヘンリー・ハクスリーが出版した著作の挿絵。ヒトと現生類人猿の類似点を示している。ハクスリーはダーウィン進化論の熱心な擁護者として知られる。

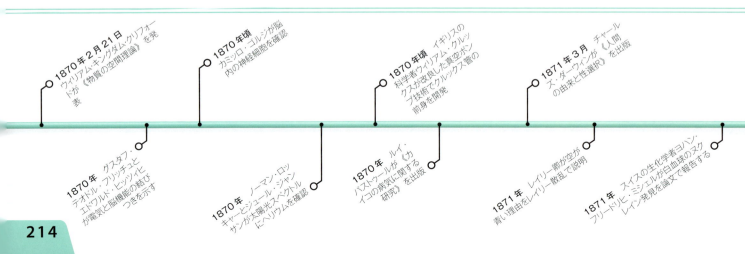

- 1870年2月21日 ウィリアム・キングダム・クリフォードが《物質の空間理論》を発表
- 1870年頃 カミッロ・ゴルジが脳内の神経細胞を確認
- 1870年 グスタフ・フリッチュとエドワルド・ヒッツィヒが電気と脳機能の結びつきを示す
- 1870年 ノーマン・ロッキャーとジュール・ジャンサンが太陽光スペクトルにヘリウムを確認
- 1870年頃 イギリスの科学者ウィリアム・クルックスが改良した真空ポンプ技術でクルックス管の前身を開発
- 1870年 ルイ・パストゥールが《カイコの病気に関する研究》を出版
- 1871年3月 チャールズ・ダーウィンが《人間の由来と性選択》を出版
- 1871年 レイリー卿が空が青い理由をレイリー散乱で説明
- 1871年 スイスの生化学者ヨハン・フリードリヒ・ミシェルが白血球のスクレイン発見を論文で報告する

1872~73年

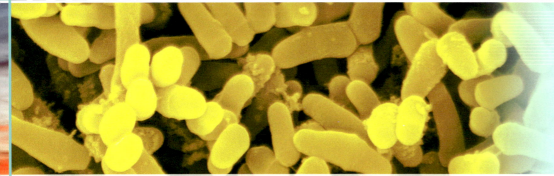
ハンセン病を引きおこすらい菌の顕微鏡写真。人間がかかる病気の原因として初めて特定された細菌である。

1872年、オーストリアの物理学者ルートヴィヒ・エドゥアルト・ボルツマン（1844～1906年）が、莫大な数の原子や分子の相互作用に確率分布を当てはめることで、流体（気体もしくは液体）のふるまいを記述する方程式を定めた。これは、系は平衡状態に向かうという熱力学第2法則の数学的根拠となった。

1872年12月、王立協会のチャレンジャー号がポーツマスから出航した。4年におよぶ探検航海では、大西洋中央海嶺、太平洋西部のマリアナ海溝など多くの発見を行なった。とくに後者では地球の最深部であるチャレンジャー海淵から標本を採集することに成功した。またそれまで知られていなかった動植物4700種の目録も作成した。

翌1873年、オランダの物理学者ヨハネス・ディーデリク・ファン・デル・ワールス（1837～1923年）が、液体と気体の状態が混ざりあう「平衡状態」の発想を導入した。彼は、有限の大きさの分子は弱い力でおたがいに引きあっていると考えた。これが今日のファンデルワールス力である。彼の業績は原子の理解を深めるのに大いに役だった。

1873年、スコットランドの物理学者ジェームズ・クラーク・マクスウェルが《電気と磁気に関する論文》を発表し、そのなかで独自の電磁気理論を提唱した（p.234-35参照）。この理論はラジオ波の存在を予言しており（[1886年]参照）、20世紀の科学に多大な影響を与えた。

イギリスの科学者ウィリアム・クルックスは、電磁放射としての光の性質を研究する過程で放射計を発明した。これは半真空で密閉したガラス球のなかに、水平風車のように軸で回転する羽根を入れたもので、羽根の片面は白、別の片面は黒に塗ってある。羽根に光が当たると白い面から回転が始まる。黒い面は多くの放射エネルギーを吸収して熱くなる。このエネルギーの一部が羽根の表面にぶつかる分子に伝わり、羽根が回りはじめるのだ。白い面でも同じことは起こるが、黒いほうが顕著だった。

病気の理解は1873年に大きく進歩した。ノルウェーの医師ゲルハール・ハンセン（1841～1912年）がらい菌（*Mycobacterium leprae*）を発見したのである。それまでハンセン病は遺伝か、瘴気と呼ばれる悪い空気が蔓延したせいで起こると考えられていた。

研究が始まってまもない遺伝のメカニズムの解明に大きく寄与したのが、ドイツの動物学者アントン・シュナイダー（1831～1890年）である。彼は減数分裂——分裂してできる娘細胞が染色体（当時は核フィラメントと呼ばれていた）のまったく同じコピーを持つ——を初めて正確に記述した（p.194-95参照）。

初の近代的な冷却システムを発明したのはドイツの技術者カール・フォン・リンデ（1842～1934年）である。ドイツのミュンヘンでマシーネンファブリーク・アウグスブルクがビール醸造業者のために実用化した。それから3年後、リンデはさらに信頼性の高い圧縮アンモニア式冷却装置を完成させた。この発明で商業的に大成功を収めたリンデは研究に専念し、空気を液化して酸素と窒素を取りだすことに世界で初めて成功する。

チャレンジャー号
1858年2月13日に進水したチャレンジャー号は帆船だが、予備的な蒸気エンジンも備えていた。

チャレンジャー海淵
チャレンジャー号が8.2kmと測定した地球の最深部はチャレンジャー海淵と名づけられた。最新の計測では最も深い場所は11kmとなっている。

深さ（km）: チャレンジャーが計測した最深 8.2／地球の最深部 11

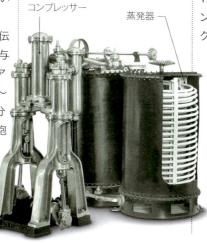

世界初の実用的な冷蔵庫
フォン・リンデは1873年の冷蔵庫を改良し、コンプレッサーをグリセリンで密封し、冷媒にアンモニアを使用した。

（コンプレッサー／蒸発器）

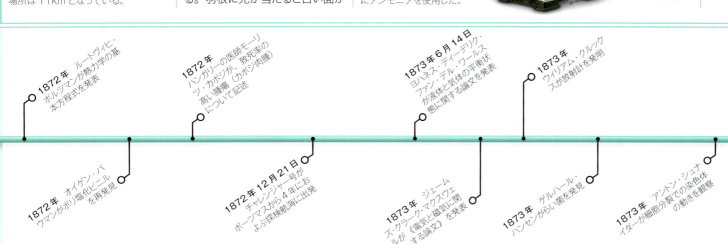

- 1872年 ルートヴィヒ・ボルツマンが熱力学の基本方程式を発表
- 1872年 オイゲン・バウマンがポリ塩化ビニルを再発見
- 1872年 ハンガリーの医師モーリツ・カポジが、致死率の高い腫瘍（カポジ肉腫）について記述
- 1872年12月21日 チャレンジャー号がポーツマスから4年におよぶ探検航海に出発
- 1873年6月14日 ヨハネス・ディーデリク・ファン・デル・ワールスが液体と気体の平衡状態に関する論文を発表
- 1873年 ジェームズ・クラーク・マクスウェルが《電気と磁気に関する論文》を発表
- 1873年 ウィリアム・クルックスが放射計を発明
- 1873年 ゲルハール・ハンセンがらい菌を発見
- 1873年 アントン・シュナイダーが細胞分裂での染色体の動きを観察
- 1873年 カール・フォン・リンデが初の近代的な冷却システムを発明

1874〜75年

> 人が生まれるとき、この世に持ってくるのは出自だけだ。そこから先は、出自以外のあらゆることが当人に影響を与える。

フランシス・ゴルトン《イギリスの科学人：その出自と生い立ち》（1874年）

イギリスの科学者フランシス・ゴルトンは双子の研究や気象学で多大な貢献をした。

1876〜77年

1874年、ドイツの数学者ゲオルク・カントール（1845〜1918年）が発表した《実代数的数の特徴的な性質について》は集合論の基礎となり、無限にはさまざまな種類があるという概念を導入した。

同じ年、ロシアの数学者ソフィア・コワレフスカヤ（1850〜1891年）がドイツのゲッティンゲン大学から、女性として初めて数学の博士号を授与された。1889年にはストックホルム大学で女性初の数学教授となった。

イギリスの経済学者ウィリアム・スタンレー・ジェヴォンズ（1835〜1882年）は《科学の原理：論理的・科学的手法論》を出版し、科学的概念を導きだすための帰納法を批判し、代わりにランダム仮説を推奨した。

オーストリアの化学者オトマール・ツァイドラー（1849〜1911年）は1874年、ストラスブール大学博士課程に在籍中にDDT（ジクロロジフェニルトリクロロエタン）を合成した。この物質が強力な殺虫剤になることがわかったのは、1930年代後半である。

1875年、フランスの化学者ポール＝エミール・ルコック・ド・ボアボードラン（1838〜1912年）は、分光器でガリウムを発見し、メンデレーエフの元素周期表

銀白色の金属
室温に近い温度で液状になるめずらしい金属がガリウムだ。水と同様、凝固すると体積が増える。

（[1868〜69年] 参照）の空白をひとつ埋めた。その年の終わりに、彼は水酸化カリウムに溶かした水酸化ガリウムを電気分解することで、純粋なガリウムの合成にも成功している。

1875年、オーストリアの地質学者エドアルト・ジュース（1831〜1914年）が生物圏という言葉を考案し（[囲み] 参照）、「地球上で生命が生息する空間」と定義した。これは地質学で言う岩石圏（地球表面の岩石層）、水圏（地球表面の水の層）、大気圏（地球を覆う気体の層）を補う概念だったが、科学界で注目されるようになったのは、ロシアの地球化学者ウラジミール・ヴェルナツキー（1863〜1945年）が1926年に《生物圏》を出版してからである。

1875年、イギリスの科学者フランシス・ゴルトンが（1822〜1911年）が発表した画期的な論文《双子の研究——生まれと育ちの相対的な影響力の基準として》は、双子研究に先鞭をつけるものだった。もっともゴルトン自身は、1個の受精卵から発達する一卵性と、2個の受精卵が成長する二卵性の区別を認識していなかった。その研究は20世紀に入ってから進むことになる。

0.4%
新生児に占める一卵性双生児の割合

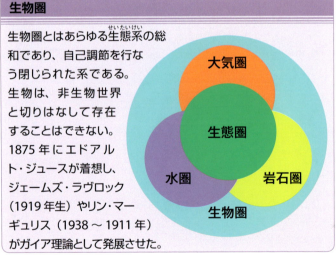

生物圏
生物圏とはあらゆる生態系の総和であり、自己調節を行なう閉じられた系である。生物は、非生物世界と切りはなして存在することはできない。1875年にエドアルト・ジュースが着想し、ジェームズ・ラヴロック（1919年生）やリン・マーギュリス（1938〜1911年）がガイア理論として発展させた。

1876年、イギリスの博物学者アルフレッド・ラッセル・ウォレス（[1855〜58年] 参照）が《動物の地理的分布》を出版した。チャールズ・ダーウィン（[1859〜60年] 参照）とともに自然選択説を提唱したウォレスは、動物の警戒色の概念、山地など交雑の障害が新種の進化に果たす役割など、生物地理学でも重要な業績を残した。

アメリカの発明家イライシャ・グレイ（1835〜1901年）とアレグザンダー・グラハム・ベル（[囲み] 参照）は、独自に電話の仕組みを着想した。開発競争を制して1876年3月7日に特許を取得したのはベルだった。その3日後、ベルは隣室にいる助手に電話をかけ、「ワトソンくん、ちょっと来てくれたまえ」と有名な言葉を発する。

それからわずか2か月後、ドイツの発明家ニコラウス・オットー（1832〜1891年）が初の実用的な4ストロークピストンの内燃機関を製作した（[1807〜09年] 参照）。

同じ1876年、ドイツの神経学者カール・ウェルニッケ（1848〜1905年）が、現在ではウェルニッケ野と呼ばれる特定の領域

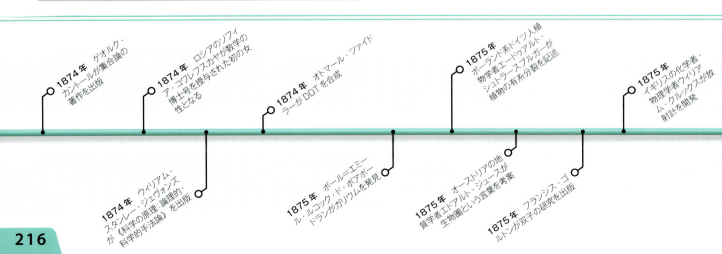

イギリスの写真家エドワード・マイブリッジが1878年に撮影した、速足をする馬の写真。1877年に撮影した最初の写真は現存していない。

274 トリプシンに含まれるアミノ酸の種類

アレグザンダー・グラハム・ベル（1847 ～ 1922 年）

1847年にスコットランドのエディンバラに生まれ、1870年にカナダのオンタリオに移住。その後アメリカのボストンに移って発明家として活動を開始した。母親と妻が聴覚障害者だったことから、言葉を話し、聞くことに関心を抱き、マイクロフォンや電話を発明した。

が損傷すると言語障害を引きおこすことを発見した。この領域は弓状束という神経線維の束でブローカ野（[1861 ～ 64 年] 参照）と接続していた。ウェルニッケ野が損傷すると、言葉は理解できても、自らは意味のある発話ができなくなる。

1876年、ドイツの生理学者ヴィルヘルム・キューネ（1837 ～ 1900年）が膵臓の酵素を発見してトリプシンと命名した。酵素という言葉もキューネの考案である。酵素とは大型の生体分子で、生物の細胞内で触媒の働きをしたり、化学反応を制御したりする物質のことだ。

1877年、ドイツの細菌学者ロベルト・コッホ（1843 ～ 1910年）が炭疽の原因となるバシルス・アントラシスを実験室で培養し、動物に注射して炭疽にかからせることに成功した。これは細菌が病気の原因となることを示した最初の例だった。

心理学では、チャールズ・ダーウィンが37年前に生まれた息子の観察をもとにした10ページの《乳児の生物学的小論》を出版した。ダーウィンは、息子の学習過程は祖先が何世紀も繰りかえしてきたものと同じだと考え、「個人は長い進化の痕跡を持ちつづけている」と述べた。

1877年、イギリスの写真家エドワード・マイブリッジ（1830 ～ 1904年）が、シャッター速度が1000分の1秒のカメラを製作した。このカメラと超感度写真板を使い、彼は馬の速足の動きを撮影することに成功した。これによって馬の脚は4本同時に地面が離れていることが確かめられ、世間の大きな話題となった。

1877年、アメリカの天文学者アサフ・ホール（1829 ～ 1907年）が火星の2個の衛星を発見した。8月12日にデイモス、8月18日にフォボスを確認している。ホールは火星の重さや衛星の軌道も計算し、土星の回転も測定した。

1877年、イタリアの天文学者ジョヴァンニ・スキアパレッリ（1835 ～ 1910年）も火星を観測していたとき、「カナーリ」を発見した。これはイタリア語でたんに「水路」という意味だったが、「運河」と誤訳されたせいで、火星には知的生命体が存在すると憶測された。この「水路」は光学上の錯覚であることがのちに判明した。

ベルの電話
初期の電話は音の振動と電気信号を相互に変換する送話器と受話器を兼ねていた。

外部接続端子／電線／Ｕ字形磁石／振動板／ラッパ状の送話口／銅線コイル

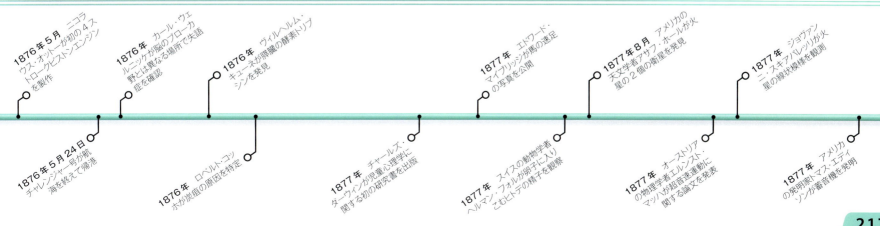

1789〜1894年 | 革命の時代

1815年
マルチシリンダーのミュージックボックス
1815年にスイスで製造されたもので、回転シリンダーから飛びだした釘が鋼の櫛歯（くしば）をはじいて音を出す。1862年にはシリンダーを交換して異なる曲を演奏できるものが考案された。

マルチシリンダーのミュージックボックス

1888年
グラモフォン・プレーヤー
エミール・ベルリナーが発明したグラモフォンはセラック盤を使うもので、真鍮の原盤から音質を損なうことなく何枚も複製が製作できた。

グラモフォン

1857年
フォノグラフ
エドゥアール＝レオン・スコットが発明した音声記録装置。ただし再生はできなかった。

1876年
自動ピアノ
自動ピアノは博覧会に展示されて人気が高まった。電磁石で動作し、紙製のミュージックロールを使用した。

自動ピアノ

1877年
エジソンの蓄音機
トマス・エジソンの蓄音機は録音と再生ができる初めての装置だった。音の振動はラッパを通じて集められ、錫箔を貼った円筒に記録される。

録音時は集音し、再生時は音を増幅するらっぱ

録音の話

音を記録することは古来からの人類の夢だったが、実現したのは19世紀である。

1世紀と少し前まで、ほとんどの人は生演奏でしか音楽を聴くことはできなかった。音を録音して再生する技術の出現は、人びとの音楽の聴きかたを変えただけでなく、放送、映画、サウンドアーカイブなど幅広い応用を実現した。

フランスのエドゥアール＝レオン・スコットが開発したフォノグラフは、煤を塗った面に針で溝をつける方法で音を記録することができた。1877年、アメリカのトマス・エジソンは再生までできる蓄音機を発明する。初期の録音機は、ラッパに集めた音の振動で針を動かし、円盤や円筒に溝を刻む機械的な仕組みだった。

1920年代、マイクロフォンの登場で録音技術は電気の時代を迎える。電磁石を使ったラウドスピーカーで電気的な音の再生が可能になり、音質・音量も向上した。

1945年以降、1分間に33ないし45回転（初期のものは78回転）するビニール製のレコードに音楽が録音されるようになった。さらに物理的に溝を刻むのではなく、磁気パターンで記録する装置も開発された。

デジタル

次に登場したのがデジタル録音である（右［囲み］参照）。デジタル技術によって劣化のない、実用的な録音システムが実現した。最初に登場したのはコンパクトディスクで、さらにMP3といったデジタルオーディオ形式によって膨大な量の音楽を小型の装置に保存したり、インターネットからダウンロードできるようになった。

エジソンと蓄音機
トマス・エジソンは1877年に蓄音機を発明した。円筒に巻いた錫箔（すずはく）に溝を刻む方式で、その後円筒の代わりに蠟（ろう）を塗った厚紙が使われるようになった。

" 音楽の王国にみなさんをお連れしましょう。"

エジソンの蓄音機に録音された宣伝文句（1877年）

録音の話

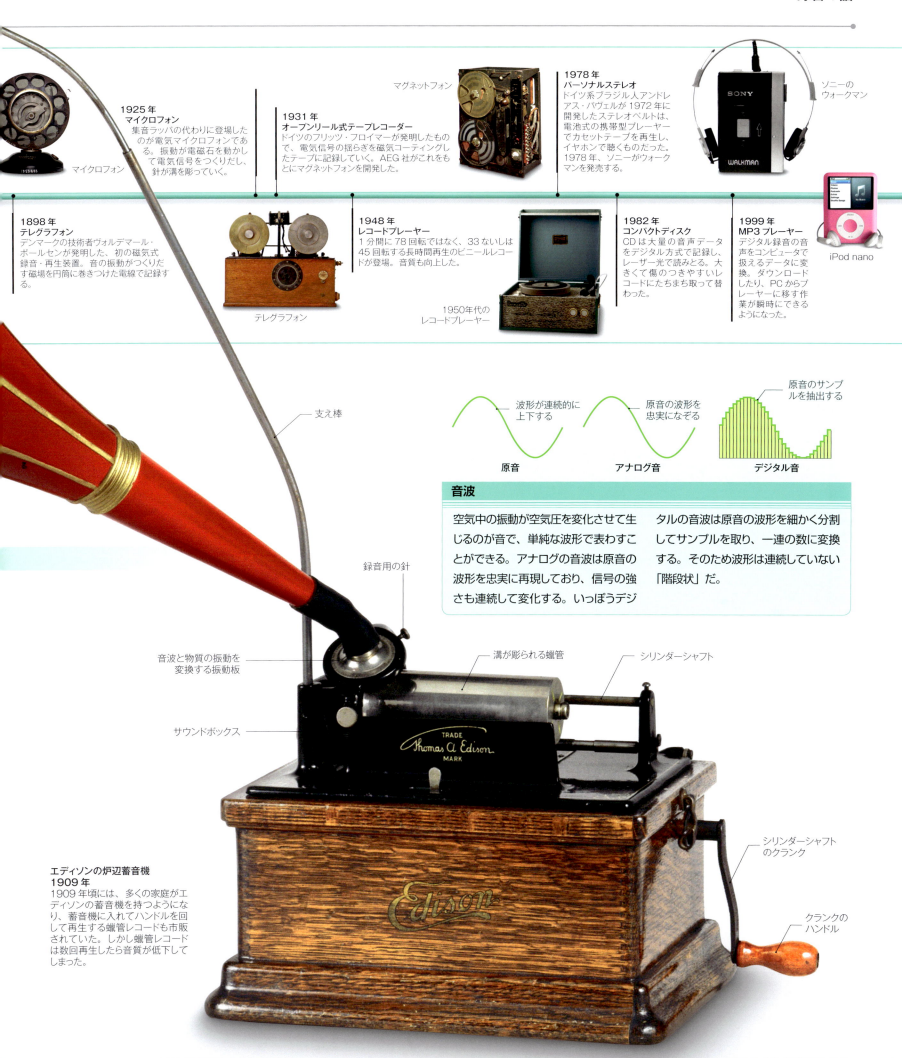

1925年 マイクロフォン
集音ラッパの代わりに登場したのが電気マイクロフォンである。振動が電磁石を動かして電気信号をつくりだし、針が溝を彫っていく。

1931年 オープンリール式テープレコーダー
ドイツのフリッツ・フロイマーが発明したもので、電気信号の揺らぎを磁気コーティングしたテープに記録していく。AEG社がこれをもとにマグネットフォンを開発した。

1978年 パーソナルステレオ
ドイツ系ブラジル人アンドレアス・パヴェルが1972年に開発したステレオベルトは、電池式の携帯型プレーヤーでカセットテープを再生し、イヤホンで聴くものだった。1978年、ソニーがウォークマンを発売する。

1898年 テレグラフォン
デンマークの技術者ヴォルデマール・ポールセンが発明した、初の磁気式録音・再生装置。音の振動がつくりだす磁場を円筒に巻きつけた電線で記録する。

1948年 レコードプレーヤー
1分間に78回転ではなく、33ないしは45回転する長時間再生のビニールレコードが登場。音質も向上した。

1982年 コンパクトディスク
CDは大量の音声データをデジタル方式で記録し、レーザー光で読みとる。大きくて傷のつきやすいレコードにたちまち取って替わった。

1999年 MP3プレーヤー
デジタル録音の音声をコンピュータで扱えるデータに変換。ダウンロードしたり、PCからプレーヤーに移す作業が瞬時にできるようになった。

音波

空気中の振動が空気圧を変化させて生じるのが音で、単純な波形で表わすことができる。アナログの音波は原音の波形を忠実に再現しており、信号の強さも連続して変化する。いっぽうデジタルの音波は原音の波形を細かく分割してサンプルを取り、一連の数に変換する。そのため波形は連続していない「階段状」だ。

エディソンの炉辺蓄音機 1909年
1909年頃には、多くの家庭がエディソンの蓄音機を持つようになり、蓄音機に入れてハンドルを回して再生する蠟管レコードも市販されていた。しかし蠟管レコードは数回再生したら音質が低下してしまった。

219

1878～79年

13km/時
ジーメンス電気機関車の速度

1879年のベルリン博覧会で客車をひっぱるヴェルナー・ジーメンス機関車。世界初の電気機関車である。

抵抗の強い炭素繊維
炭素処理したフィラメント
接続線
真空のガラス管
真空のガラス管
接続線

スワンの電球　　エディソンの電球

1878年、イギリスの発明家ジョゼフ・ウィルソン・スワンが電球の特許を取得。1860年にはすでに実演で点灯させていた。現在の電球の元祖とも言えるもので、真空のガラス管に炭素処理したフィラメントを入れてあり、電流を通すと明るく光った。電球の寿命を左右するのはガラス管内の真空度とフィラメントの質である。1879年にはアメリカの発明家トマス・アルヴァ・エディソンが同様の技術を用いた電球で特許を申請した。

1878年、イギリスの化学者・物理学者のウィリアム・クルックスがクルックス管を発明し、電子が直線状に動くことを示した。クルックス管はその後テレビをはじめとする各種ディスプレイの基礎になる。

1878年、ドイツの化学者コンスタンティン・ファールベルグ（1850～1910年）がアメリカでコールタールの研究中に、人工甘味料サッカリンを偶然発見した。サッカリンは砂糖の200倍の甘さがある。

ドイツの技術者カール・ベンツ（1844～1929年）が1シリンダー、2ストローク方式のガソリンエンジンを開発し、1879年12月31日に実演を行なった。

ロシアの地質学者ヴァシリー・ドクチャエフ（1846～1905年）は1879年に刊行した《ロシアの土壌地図》のなかで土壌学の概念を提唱した。

アメリカの物理学者エドウィン・ホール（1855～1938年）は、電流に対して垂直に磁場をかけると、導体に電位差が生じることを

十字
陰極
陽極

クルックス管
電子の流れが十字を通過して、蛍光ガラスに影を投影する。

発見。これはホール効果と呼ばれ、半導体技術や磁気センサーに応用されている。

オーストリアの物理学者ヨーゼフ・シュテファン（1835～1893年）は、いわゆるステファン・ボルツマンの法則を発見した。これは黒体——表面が電磁波をすべて吸収する——からの放射を計算するもので、1884年に弟子のルートヴィヒ・ボルツマン（1844～1906年）が熱力学を使って理論的に証明した。

アメリカの科学者アルバート・エイブラハム・マイケルソン（1852～1931年）が空気中の光速を29万9864km/秒と測定

初期の電球
スワンとエディソンがつくった電球はほぼ同じ形をしている。権利をめぐる訴訟の末、2人はエディソン＝スワン会社を設立して電球販売を開始した。

> いずれ電気は安価になり、ろうそくをともすのは金持ちだけになるだろう。

トマス・エディソン（アメリカの発明家）
（1879年）

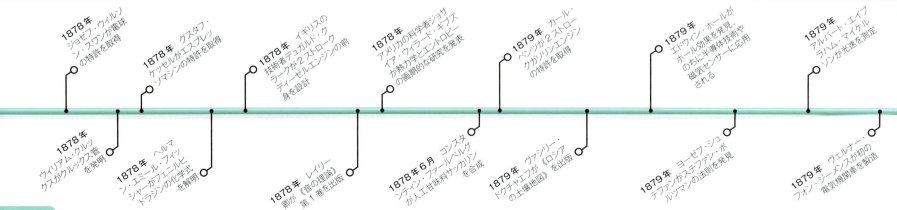

1880〜81年

> 炭疽菌ワクチンのおかげで大衆に微生物学への信頼感が芽ばえた。

エミール・デュクロ（フランスの化学者・微生物学者）《パストゥール：偉大な精神の物語》（1896年）

フランスの細菌学者ルイ・パストゥールが、1881年にフランスのプイィ＝ル＝フォールでヒツジに行なった炭疽菌ワクチン接種の様子。

した。これはイギリスの物理学者ジェームズ・クラーク・マクスウェルの計算と一致（[1872〜73年]参照）していた。

ドイツの技術者ヴェルナー・フォン・ジーメンス（1816〜1892年）が外部電源を使った初の電気機関車を製造し、1879年のベルリン博覧会で披露した。

トマス・アルヴァ・エディソン（1847〜1931年）

アメリカの発明家。電気通信の分野を中心に数多くの発明を生みだした。アメリカ国内だけで1000件以上の特許を取得、海外でも特許申請を行なった。大量生産やチームワークの発想を科学に応用し、世界初の産業研究機関をつくったことが最大の発明とも言える。

1880年、イギリスの論理学者・哲学者ジョン・ヴェン（1834〜1923年）が集合を円で囲み、共通する部分集合を円の重なりで表わすベン図を考案する。この概念は1881年に出版した《記号論理学》で紹介された。

1880年2月、トマス・アルヴァ・エディソンが以前に別の人間が観察していた現象を再発見した。それは真空の管内で熱したフィラメントから冷たい金属板に電流が流れるというものだ。エディソンが概念化して特許を取得したこの現象は、のちにエディソン効果と呼ばれるようになった。これを用いれば、水道管のバルブのように電気の流れを制御できる。エディソン効果は、トランジスタが発明されるまでテレビやラジオの電気信号の増幅に応用された。

電気の理解を深めるのに役だったのが、フランスの科学者ピエール・キュリー（1859〜1906年）とポール＝ジャック・キュリー（1856〜1941年）が発見した圧電効果である。適切な素材に圧力をかけることで電圧が生じるというものだ。反対に、たとえば水晶に電圧をかけると正確な波長で振動する。この効果は

地震計
ジェームズ・ホワイトがジョン・ミルンと共同で設計し、1885年に製作した地震計は地殻の揺れをロール紙に記録した。

金属線で吊りさげた振り子
金属コイル　ロール紙

呼ばれるこの装置は、水平振り子を使う仕組みだった。

1881年は電気の応用に重要な前進が見られた年だった。5月、ドイツのベルリン郊外で世界初の路面電車が開業した。イギリスのゴダルミンは、電気による街路灯が設置された世界初の町になった。1881年9月、ドイツの婦人科医フェルディナント・アドルフ・ケーラー（1837〜1914年）が初の近代的な帝王切開を行ない、母子ともに無事だった。

クォーツ時計をはじめ幅広い分野に応用されている。

近代地震学の父として知られるイギリスのジョン・ミルン（1850〜1913年）は、日本で科学と技術の教鞭をとっていたときに地震に関心を持った。1880年、彼は地震計を製作する。イギリスの技術者トマス・グレイ（1850〜1908年）の協力があったため、ミルン＝グレイ地震計と

フランスの細菌学者ルイ・パストゥールは、重クロム酸カリウムで毒性を弱めた炭疽菌ワクチンを開発した。パストゥールは、イギリスの外科医エドワード・ジェンナーが天然痘接種で使った「ワクチン」という言葉を、人為的に毒性を弱めた病原体すべてに当てはめるようになった（[1796年]参照）。

ドイツの科学者パウル・エールリヒ（1854〜1915年）がバクテリアに効果的な染料としてメチレンブルーを見つけた。ちなみに病理学者カール・ヴァイゲルト（1845〜1904年）は従兄弟で、1870年代に初めて細菌を染色している。エールリヒの開発した方法によって細菌の識別や研究が容易になり、ハインリヒ・コッホもこの手法で結核菌を発見した（[1882〜83年]参照）。

初の路面電車
電車を開発したヴェルナー・フォン・ジーメンスは、ドイツのグロス＝リヒターフェルデで路面電車を開業した。

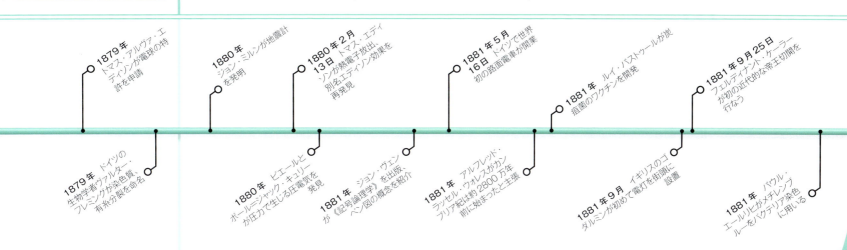

- 1879年 トマス・アルヴァ・エディソンが電球の特許を申請
- 1879年 ドイツの生物学者ヴァルター・フレミングが染色質・有糸分裂を命名
- 1880年 ジョン・ミルンが地震計を発明
- 1880年 ピエールとポール＝ジャック・キュリーが圧力で生じる圧電気を発見
- 1880年2月13日 トマス・エディソンが熱電子放出、別名エディソン効果を再発見
- 1881年 ジョン・ヴェンが《記号論理学》を出版、ベン図の概念を紹介
- 1881年5月16日 ドイツで世界初の路面電車が開業
- 1881年 アルフレッド・ラッセル・ウォレスがカンブリア紀は約2800万年前に始まったと主張
- 1881年 ルイ・パストゥールが炭疽菌のワクチンを開発
- 1881年9月 イギリスのゴダルミンが初めて電灯を街頭に設置
- 1881年9月25日 フェルディナント・ケーラーが初の近代的な帝王切開を行なう
- 1881年 パウル・エールリヒがメチレンブルーをバクテリア染色に用いる

1882〜83年

487 m
ブルックリン橋の全長

ニューヨーク、イースト川のブルックリンとマンハッタン島を結ぶブルックリン橋は当時世界最長だった。

ドイツの医師ロベルト・コッホ（1843〜1910年）は、イギリスの外科医ジョゼフ・リスターやフランスの細菌学者ルイ・パストゥールの業績をもとに、1882年に結核の原因となる細菌を分離することに成功した。またコッホは結核菌が飛沫感染するため、ごみごみしたスラムで急速に広がることも突きとめた。

医学界ではもうひとつ大きな前進があった。ロシアの生物学者イリヤ・メチニコフ（1845〜1916年）が食菌作用を発見したのである。これは免疫システムが外部から侵入した細菌を排除する働きで、細胞が別の細胞を飲みこみ、食べてしまう。この発見で免疫システムへの理解が進んだ。

ドイツの植物学者エードゥアルト・シュトラースブルガー（1844〜1912年）もまた、細胞の働きを解明するうえで大きな貢献をした。細胞の外縁にあるゼリーのような物質を細胞質、核内を満たす物質を核質と命名した。

1882年、イタリアの火山学者・気象学者のルイジ・パルミエリ（1807〜1896年）が、イタリアのヴェスヴィオ山が噴火したとき、溶岩のスペクトル解析（[囲み]参照）を行なって地球上のヘリウムを初めて確認した。それまでヘリウムは、太陽光線の解析でしか見つかっていなかった。

翌1883年、イギリスの博識家フランシス・ゴルトンが優生学という概念を提唱して論議を呼んだ。選択的交配で人類を改良することがねらいだったが、のちにナチに悪用されてユダヤ人虐殺の口実にされてしまった。優生学の科学的な基盤は、アウグスト・ヴァイスマン（1834〜1914年）の生殖細胞系理論にある。これは形質は卵子と精子によってのみ受けつがれ、体細胞から影響は受けないというものだ。だからボディビルダーがいくら身体を鍛えても、生まれる子供は筋肉隆々にはならない。外界から獲得した形質が遺伝するというラマルク説は（[1809年]参照）、ここで終焉を迎えた。

人間社会の利便性に貢献したのが、アイルランド生まれの技術者オズボーン・レイノルズ（1842〜1912年）である。1883年、彼は流体の流れかたの特徴を表わすレイノルズ数を定めた。レイノルズの業績は、流体を通す管の設計に役だっている。また縮尺模型を水槽に浮かべて試験を行なう造船にも活かされている。

1883年5月24日、ニューヨークに当時としては世界最長のブルックリン橋が開通した。この橋は世界初の鋼鉄ワイヤーの吊り橋でもあった。

1883年、アムステルダムの動物園でクアッガのメスが死亡したことで、この生き物は絶滅した。南アフリカ原産のクアッガは、野生では1870年代後半に姿を消していた。

> "この結核菌はあらゆる結核性障害に見られ、他の微生物と区別ができる。"
>
> ロベルト・コッホ（ドイツの医師）《結核の病因》（1882年）

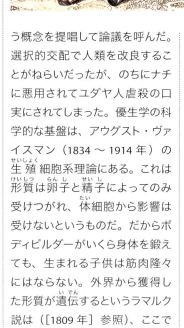

クアッガ
シマウマの近縁種で身体の前半分だけ縞がはいっていた。

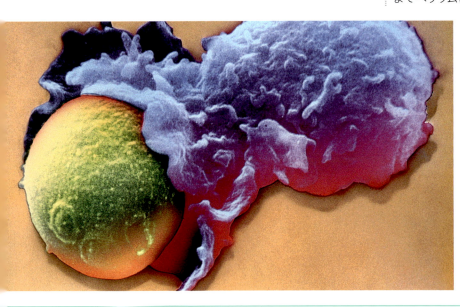

食菌
白血球が酵母細胞を飲みこもうとしている（人工的に着色した顕微鏡写真）。

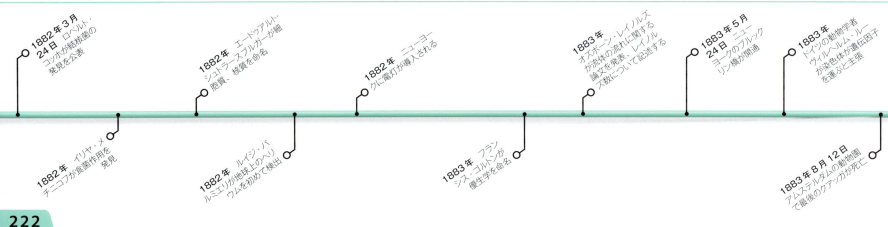

- 1882年3月24日 ロベルト・コッホが結核菌の発見を公表
- 1882年 イリヤ・メチニコフが食菌作用を発見
- 1882年 エードゥアルト・シュトラースブルガーが細胞質、核質を命名
- 1882年 ルイジ・パルミエリが地球上のヘリウムを初めて検出
- 1882年 ニューヨークに電灯が導入される
- 1883年 フランシス・ゴルトンが優生学を命名
- 1883年 オズボーン・レイノルズが流体の流れに関する論文を発表、レイノルズ数について記述する
- 1883年5月24日 ニューヨークのブルックリン橋が開通
- 1883年 ドイツの動物学者ヴィルヘルム・ルーが染色体が遺伝因子を運ぶと主張
- 1883年8月12日 アムステルダムの動物園で最後のクアッガが死亡

1884～85年

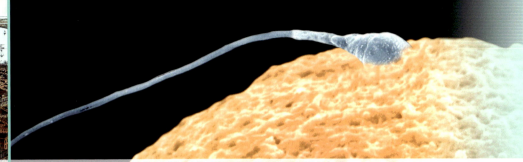

ヒトの精子が卵子に入りこむ受精の瞬間。両者の遺伝物質（生殖細胞系DNA）がひとつになる。

> " 新しい細胞核はほかの核の分裂によってのみ生じる。"
>
> エードゥアルト・シュトラースブルガー（ポーランド系ドイツ人植物学者）《細胞形成と細胞分裂について》（1880年）

1884年、フランスの化学者イレール・ド・シャルドンネ（1839～1924年）が人絹の特許を取得する。1878年、シャルドンネは引火性の高い硝酸繊維素の瓶をひっくりかえしてしまった。布で拭きとったところ、絹に似た繊維がくっついているのが見えた。しかし人絹からレーヨンなどの素材が開発されたのは20世紀に入ってからである。

19世紀には病気の理解も大きく進んだ。1884年にドイツの物理学者でロベルト・コッホの同僚だったフリードリヒ・レフラー（1852～1915年）がジフテリア菌を分離している。

1884年、コッホとレフラーは、微生物が病気の原因かどうかを判断するコッホの原則を確立した。コッホはこの研究成果を1890年に出版し、微生物学の発展に寄与した。

エードゥアルト・シュトラースブルガー、ドイツの動物学者ヴィルヘルム・ヘルトヴィヒ（1849～1922年）、それにスイスの解剖学者ルドルフ・フォン・ケリカー（1817～1905年）はそれぞれ独自に、細胞核こそが遺伝の源であることを突きとめた。ヘルトヴィヒは生物学の視点から、セックスは2つの細胞（厳密には2個の核）の結合に過ぎないと述べた。

オーストリアの眼科学者カール・コラー（1857～1944年）は、1884年に行なった目の手術で、コカインを使った表面局部麻酔を初めて行なった（[1846年]参照）。ウィーン総合病院の同僚ジークムント・フロイトの要請で、モルヒネ中毒の離脱にコカインが使えるかどうか研究していたコラーは、身体の表面の感覚を麻痺させる効果を発見していた。

1885年7月6日、フランスの化学者ルイ・パストゥールは、犬に噛まれた9歳の少年に狂犬病ワクチンを初めて使用した。この試みが成功したことで、ワクチン使用の普及にはずみがついた。

1885年8月20日、ドイツの天文学者エルンスト・ハルトヴィヒ（1851～1923年）がアンドロメダ星雲にひときわ明るい新しい星を観測した。天の川にある新星と似ていることから、星雲も天の川の一部であるという説が有力になった。しかし20世紀に入って、アンドロメダ星雲は天の川よりはるかに遠くに位置する銀河であり（[1924年]参照）、ハルトヴィヒが見つけた星は新星より明るい超新星であることがわかった。

分光学

化学元素は熱するとバーコードに似た固有のスペクトル線を放出し、そのパターンで元素を特定することができる。冷たい気体は同じ波長の光を吸収し、暗いスペクトル線を出す。スペクトルを分析することで、物質の構成を特定したり、遠い星の組成を測定することができる。

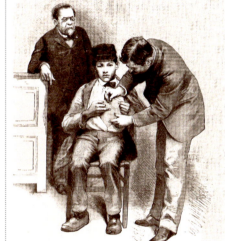

狂犬病ワクチン
狂犬病のイヌに噛まれた羊飼い、ジョゼフ・マイスターに助手が接種を行なうのを見守るルイ・パストゥール。1885年の版画。

天文学と原子物理学では、スイスの数学者ヨハン・バルマー（1825～1898年）が、水素スペクトル線——バルマー系列——の位置を記述する数式を定めた。バルマーは未発見の線の波長も予言した。

心理学の分野では、ドイツの心理学者ヘルマン・エビングハウス（1850～1909年）が記憶に関する実験的研究を行ない、忘却曲線という概念を打ちたてた。1885年、彼は《記憶：実験心理学への貢献》を出版した。

忘却曲線
エビングハウスは3文字語の無意味な一覧を被験者に見せ、それを覚えていられる時間を計測して、それをもとに忘却曲線を作成した。

- **1884年** イレール・ド・シャルドンネが人絹の特許を取得
- **1884年** フリードリヒ・レフラーがジフテリア菌を分離
- **1884年** 王立グリニッジ天文台を通る子午線が本初子午線に定められる
- **1884年** カール・コラーが局部麻酔に初めてコカインを使用
- **1884年** オーストリアの物理学者ルートヴィヒ・ボルツマンがシュテファン＝ボルツマンの法則を改良
- **1885年1月4日** アメリカの医師ウィリアム・W・グラントが虫垂切除に成功
- **1885年7月6日** ルイ・パストゥールが狂犬病ワクチンを初めて使用
- **1885年8月20日** エルンスト・ハルトヴィヒがアンドロメダ星雲に超新星を観察
- **1885年** ヨハン・バルマーが水素のスペクトル線の波長を求める公式を考案
- **1885年** ドイツの機械技術者カール・ベンツが最初の自動車を製造
- **1885年** ヘルマン・エビングハウスが《記憶：実験心理学への貢献》を出版
- **1885年** エオドール・エシェリヒが大腸菌を発見

1886年

> "マエストロ・マクスウェルは正しかった……裸眼では見えない謎の電磁波はたしかに存在している。"
>
> ハインリヒ・ヘルツ（ドイツの物理学者）（1887年）

1887〜88年

カリフォルニア州サンノゼ近郊のハミルトン山頂に立つリック天文台は、世界初の山頂につくられた常設天文台だ。

　1886年、アメリカの化学者チャールズ・マーティン・ホール（1863〜1914年）とフランスの科学者ポール＝ルイ＝トゥーサン・エルー（1863〜1914年）がアルミナ——アルミニウム酸化物の白い粉——を電気分解でアルミニウムにする方法をそれぞれ独自に開発した。

　同じ年、ドイツ生まれのアメリカ人発明家オットマー・マーゲンターラー（1854〜1899年）がライノタイプ行鋳植機を発明して出版技術に革命を起こした。一度にひとつの行をまとめて鋳造できるので印刷時間が大幅に短縮され、彼は「第2のグーテンベルク」とも称された（［1450年］参照）。

　ライノタイプをはじめとする機械の動力は、交流（AC）電源へと切りかわっていく（下［囲み］参照）。3月20日、アメリカの物理学者ウィリアム・スタンレー・ジュニア（1858〜1916年）が初の交流発電システムを完成させ、マサチューセッツ州グレート・バリントンの街灯をともした。

　ドイツの物理学者ハインリヒ・ヘルツは、スコットランドの物理学者ジェームズ・クラーク・マクスウェルが1867年に予言した長波長の電磁放射（p.234-235参照）——不可視光線の一種で現在はラジオ波と呼ぶ——の存在を確認。

　アメリカの物理学者ヘンリー・オーガスタス・ローランド（1848〜1901年）が自作の回折格子——平行線を何本も刻んだガラス板もしくは鏡——を使って太陽光を分析した。

交流

磁石の極のあいだで電線コイルを回転させると、回転のたびに電流の向きが入れかわる交流が生じる。3個のコイルを120度の角度で配置すれば三相交流が生まれる。家庭用の電気は50ないし60回／秒の速さで電流の向きが入れかわっている。

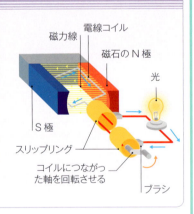

　1887年、アメリカの科学者アルバート・エイブラハム・マイケルソン（1852〜1931年）とエドワード・モーリー（1838〜1923年）が、光速は地球の運動に影響を受けないことを実験で確かめた。マクスウェルの方程式（［1867年］参照）で予言されていたように、物体が光線に対してどのような位置関係にあろうとも、相対的な光速は一定なのである。このマイケルソン＝モーリー実験は、その後ドイツ生まれのアメリカ人物理学者アルベルト・アインシュタインの特殊相対性理論（［1914〜15年］参照）の根拠となった。しかし当初、この実験は失敗と見なされていた。エーテル（宇宙空間を満たし、真空中の光の移動を可能にするとされていた物質）内の運動を証明できなかったからだ。

　ラジオ波の研究を続けていたハインリヒ・ヘルツは光電効果を発見した。接近させた2つの金属のあいだでラジオ波が火花を起こす現象を確認したのである。これは、電磁放射が金属表面から電子をはじきだしているためだ。ヘルツは1887年、この現象を《物理学紀要》に発表した。同じ年、アメリカの発明家ハーマン・ホレリス（1860〜1929年）がパンチカード式集計器で特許を取得した。国勢調査で活用されたこの集計器はコンピューターの先駆けとなった。

　1887年12月31日、カリフォルニアのリック天文台で直径91cmのレンズを使う屈折式望遠鏡が完成し、翌年1月3日から運用が始まった。当時としては世界最大の望遠鏡だった。

　セルビア系アメリカ人発明家ニ

ハインリヒ・ヘルツ（1857〜1894年）

ドイツの物理学者。ジェームズ・クラーク・マクスウェルの電磁気理論を実証する数々の実験で知られる。ラジオ波の伝播と検知といった実験を通じて、光が電磁振動の一形態であることを証明した。周波数の単位であるヘルツ（Hz）は彼に由来する。

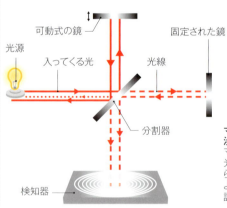

マイケルソン＝モーリーの干渉計
マイケルソンとモーリーは、光源と2枚の鏡、検出器から成る装置で、地面と平行および垂直に走る光線の干渉を調べた。

91 cm
リック望遠鏡の口径。当時としては世界最大の屈折式望遠鏡だった

1889年

パリのエッフェル塔は、1930年にニューヨークのクライスラー・ビルが完成するまで世界で最も高い人工構造物だった。

コラ・テスラ（1856～1943年）が、交流を応用した誘導電動機を発明し、翌1888年に特許を取得した。二相交流で磁場を回転させ、ローターを回す仕組みである。ウェスティングハウス・エレクトリック・カンパニーがこの特許を買いとって開発したモーターは、産業用から家庭用品まで幅広く使われた。

スコットランドの発明家ジョン・ボイド・ダンロップ（1840～1921年）は、1887年に自転車用空気タイヤを開発、1888年にイギリスで特許を取得した。しかし同じスコットランド人のロバート・トムソン（1822～1873年）が、1846年にフランスで、1847年にアメリカでこの原理で特許を得ていたことがわかり、ダンロップの特許は無効になった。しかし実用的な空気タイヤを初めてつくったのはダンロップである。

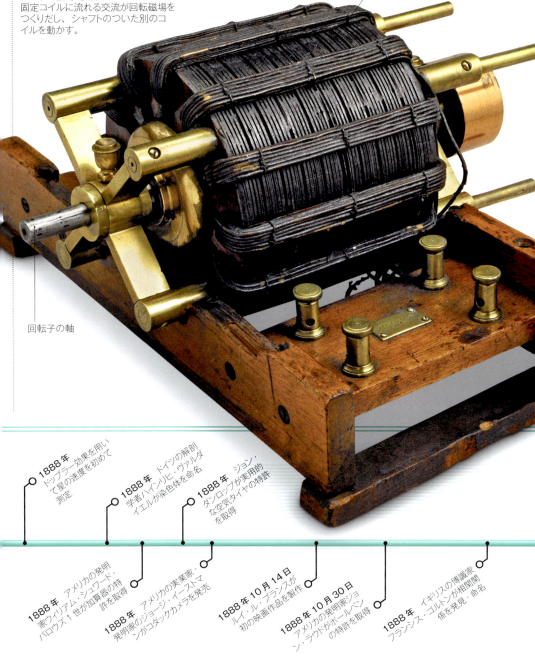

テスラの誘導電動機
固定コイルに流れる交流が回転磁場をつくりだし、シャフトのついた別のコイルを動かす。

固定コイル（固定子）

回転子の軸

23 km
アメリカ初の長距離送電線の長さ

ドイツの生理学者オスカー・ミンコフスキー（1858～1931年）と医師ヨゼフ・フォン・メーリンク（1849～1908年）が、膵臓が体内の血糖値を調整する物質（のちにインシュリンと判明）を分泌していることを発見し、糖尿病は膵臓の機能不全から生じることを示した。

イギリスの化学者フレデリック・エイベル（1827～1902年）とスコットランドの化学者ジェイムズ・デュワー（1842～1923年）がコルダイト火薬の特許を取得した。爆発力が大きく、高圧の燃焼ガスを発生させるので銃弾や砲弾を発射させるのに使われた。

フランスの技術者ギュスターヴ・エッフェルが設計したパリのエッフェル塔が3月31日に開業した。高さ300mで、当時世界で最も高い建築物だった。

6月3日、アメリカ初の長距離送電設備がオレゴン州に完成した。ウィラミット・フォールズの発電所とポートランドを結ぶもので、ポートランドの町に街灯が明るくともった。ロシアの生理学者イワン・ペトロヴィッチ・パヴロフ（1849～1936年）は、1889年に犬の条件づけの研究を開始した。餌をくれる実験技術者を見ると、犬がよだれを流すことに気づいたパヴロフは、餌やりのときメトロノームの音を聞かせてみた。すると犬はメトロノームを聞くだけでよだれを流すようになった（［1907年］参照）。

アイルランドの物理学者ジョージ・フィッツジェラルド（1851～1901年）が、電磁力が運動する物体を縮める事実をもとに、物体が運動の進行方向に収縮するとすれば、マイケルソン＝モーリー実験の結果が説明できると論文で示唆した。オランダの物理学者ヘンドリック・ローレンツ（1853～1928年）も同様の着想をした。この収縮は特殊相対性理論で自然に導きだされる（［1905年］参照）。

225

1890年

49m
アデール・エオールの飛行距離

1890年10月9日に試験飛行を行なったクレマン・アデールは、蒸気機関を搭載し、操縦士が乗った初の重航空機だった。

10月1日、アメリカ議会がヨセミテ国立公園を設置する法案を承認。1872年につくられた公園が連邦の管理下に置かれることになった。

生殖体を産生するための減数分裂は、1876年にウニの卵を研究していたドイツの生物学者オスカー・ヘルトヴィヒ（1849～1922年）が初めて記述した。しかし生殖と遺伝における減数分裂の意味を完全に解明したのは、ドイツの生物学者アウグスト・ヴァイスマン（1834～1914年）の業績である。2倍体細胞（染色体を2組持つ）が4個の半数体細胞（それぞれ染色体を1組持つ）に分かれて染色体の数を保つには、2度の分裂が必要

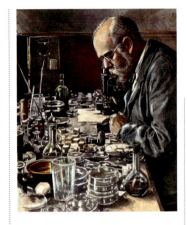

ロベルト・コッホ
牛疫ウイルスを研究するドイツの細菌学者ロベルト・コッホ。1890年代の写真から作成された石版画。

であることを突きとめた（[囲み]参照）。

ドイツの細菌学者エミール・フォン・ベーリング（1854～1917年）と日本の北里柴三郎（1853～1931年）は、ジフテリア菌や破傷風菌などの病原体を殺すか弱めたものを注射すると、血液中に抗体ができてその病気にかからなくなることを突きとめた。同じ年にドイツの医師ロベルト・コッホ（1843～1910年）が、フリードリヒ・レフラー（1852～1915年）と共同で研究した細菌と病気の関係を発表していたが、それを実践した形になった。

心理学における最も重要な著作とも評される《心理学の諸原理》を、アメリカの哲学者・心理学者のウィリアム・ジェームズ（1842～1910年）が1890年に出版した。全2巻、1200ページの大著にジェームズは12年の歳月をかけ、この分野のあらゆる知識を網羅した。

世界初の有人重航空機を製作したのは、実はライト兄弟ではない。フランスの発明家クレマン・アデール（1841～1926年）が、ライト兄弟より13年前に実現していた。アデール・エオールと名づけられたこの飛行機はコウモリのような形状で、翼幅が14mだった。動力はわずか51kgと軽量化された4シリンダー蒸気エンジンで、20馬力の出力があった。

> " 航空母艦は必要不可欠である……それは離着陸場のような形状になるだろう。"
>
> クレマン・アデール（フランスの発明家）《軍事航空》（1909年）

10月9日、アデール自身が乗りこんだ飛行機は地上からわずか20cm浮遊して、およそ50m飛行を続けた。

減数分裂

性生殖のための細胞分裂で、精子や卵子といった生殖体をつくりだす。両親から受けついだ染色体は配列の「組み換え」が起きて、遺伝子の新しい組みあわせが生じる。減数分裂でできる4個の細胞は、それぞれ染色体を1組ずつ持っている。

- 母親由来（青）と父親由来（赤）の染色体
- 核
- 核膜（かくまく）が溶けて染色体が中央に集まる
- 染色体の複製が起きて染色分体がつくられ、一部の遺伝子は混ざりあう
- 細胞の両極に微小管（びしょうかん）が形成されて染色体をつなぎとめる
- 微小管にひっぱられて染色体が両端に移動
- 核膜が形成される
- 2個の異なる娘（じょう）細胞は母細胞とちがう遺伝子組成になっている
- 減数第2分裂によって娘細胞が4個になる

減数第2分裂

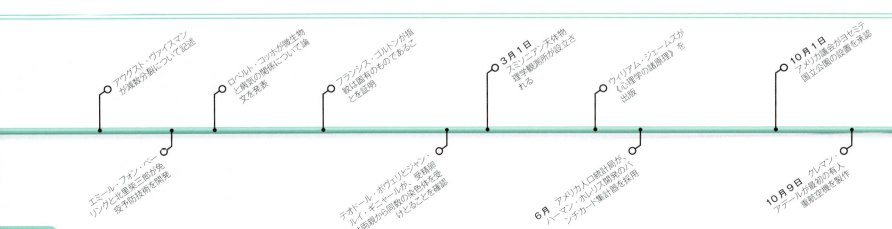

- アウグスト・ヴァイスマンが減数分裂について記述
- エミール・フォン・ベーリングと北里柴三郎が免疫防御技術を開発
- ロベルト・コッホが微生物と病気の関係について論文を発表
- フランシス・ゴルトンが指紋は固有のものであることを証明
- テオドール・ボヴェリとジャン・ルイ・ギニャールが、受精卵は両親から同数の染色体を受けとることを確認
- 3月1日 スミソニアン天体物理学観測所が設立される
- 6月 アメリカ人口統計局が、ハーマン・ホレリス開発のパンチカード集計器を採用
- ウィリアム・ジェームズが《心理学の諸原理》を出版
- 10月1日 アメリカ議会がヨセミテ国立公園の設置を承認
- 10月9日 クレマン・アデールが最初の有人重航空機を製作

226

1891〜92年

860億個
人間の脳にある神経細胞の数

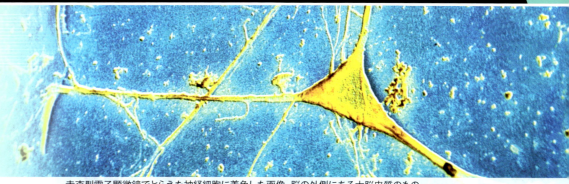
走査型電子顕微鏡でとらえた神経細胞に着色した画像。脳の外側にある大脳皮質のもの。

1891年、「台所の発見」が《ネイチャー》誌に報告された。ドイツ生まれで、女性ゆえに大学教育を受けられなかったアグネス・ポッケルス（1862〜1935年）が、洗い物をしているときの観察から水の表面張力を発見した。自らの所見をイギリスの物理学者レイリー卿（1842〜1919年）に書きおくったところ、卿は英語に翻訳して《ネイチャー》に発表した。ポッケルスはその後も15年間、科学論文を発表しつづけた。

同じころ、オランダの古人類学者ウジェーヌ・デュボワ（1858〜1940年）がインドネシアの東ジャワで「ヒトと類人猿の中間種」の化石を発見し、ピテカントロプス・エレクトゥスと名づけた。現在はホモ・エレクトゥスと呼ばれている。デュボワ自身の化石の解釈には異論もあったが、ヒトの進化を理解するうえで重要な発見だったことは疑いない。

パナール
1891年に発売されたパナールはレースで何度も優勝し、数々の記録を打ちたてて、新しい自動車時代の幕開けを告げた。

アメンボ
水に沈まないのは体重が軽く、アグネス・ポッケルスが研究した表面張力が働いているからだ。

同じ1891年、ドイツの解剖学者ハインリヒ・ヴィルヘルム・ゴットフリート・フォン・ヴァルダイエル＝ハルツ（1836〜1921年）が、神経パルスを伝達する細胞をニューロンと名づけた。

フランスではアンドレ（1853〜1931年）とエドゥアール（1859〜1940年）のミシュラン兄弟が取りはずせる空気タイヤの特許を取得した。彼らのタイヤは世界初の長距離自転車レースでパリ-ブレスト間を往復し、優勝した。

フランスの自動車メーカー、パナール・エ・ルヴァッソールがフロントエンジン、リアホイールの新モデルを発売した。この設計はシステム・パナールと呼ばれ、長いあいだ自動車の標準になった。もっともフランスの発明家アメデー・ボレ（1844〜1917年）は、1878年に蒸気エンジンで同じレイアウトの車をつくっていた。

1892年、フランス系ドイツ人の技術者ルドルフ・ディーゼル（1858〜1913年）がディーゼルエンジンの前身で特許を取得した。正式なディーゼルエンジンは2年後に特許を得ている。

1891年には、科学の世界にも最新技術が応用された。ドイツの天文学者マックス・ヴォルフ（1863〜1932年）がブルース・ダブルアストログラフという写真機を使って対象物の移動を調べ、小惑星を発見した。ヴォルフはこの小惑星を323ブルースと命名した。アストログラフの資金提供者がアメリカの慈善家キャサリーン・ブルースだったからである。

1892年、フランスの数学者アンリ・ポアンカレ（1854〜1912年）が《常微分方程式―天体力学の新しい方法》第1巻を出版、軌道計算の多彩な技法を紹介した。

オランダの物理学者ヘンドリック・ローレンツ（1853〜1928年）が、帯電粒子としての電子の理論に、電磁気の新しい発想を応用した。「エレクトロン」という名称はアイルランドの物理学者ジョージ・ジョンストン・ストウニー（1826〜1911年）の命名による。ローレンツは電子は原子の一部であり、原子は分割できないことを示唆した。

イギリスの科学者ジェームズ・デュワー（1842〜1921年）が魔法瓶、別名デュワー瓶を発明した。フランスの技術者フランソワ・エヌビック（1842〜1921年）が特許を取得した強化コンクリートは、その後の建築技術に大きな影響を与えた。

アンリ・ポアンカレ（1844〜1912年）

優れた直感を持ちながら、発想倒れで終わることも多かった。全3巻の《常微分方程式―天体力学の新しい方法》を完成させ、そのなかで天体力学――重量の影響を強く受ける軌道などの運動を扱う天文学の一領域――について詳述した。

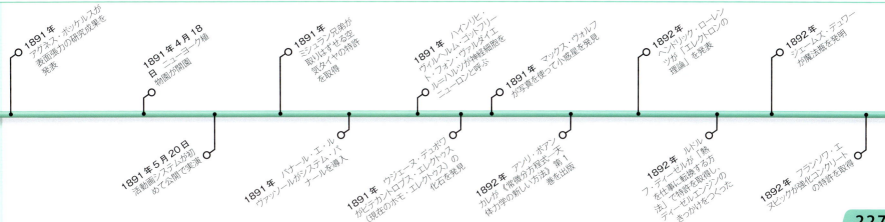

227

1893〜94年

> 棍棒で脅し、指をねじあげてでも、政治家たちに人類学の重要性を認識させます。

メアリー・キングズリー（イギリスの人類学者）が E・B・テイラーに宛てた書簡

アフリカのオゴウェ川を行くメアリー・キングズリー。彼女はアフリカ大陸とそこに生きる人びとについて詳細に記録した。

かつて南半球に広大なゴンドワナランドという大陸があったというオーストリアの地質学者エドアルト・ジュースの説は、認められてからすでに数十年がたっていた（［1861〜64年］参照）。そして1893年、ジュースは新説を提唱する。ゴンドワナランドは、北半球のローラシア大陸から内陸海のテチス海（ギリシアの海の女神にちなむ）によって分離したというのである。プレート・テクトニクスに基づいた現代の研究では、2億5100万〜6550万年前の中生代に、ジュースの想定よりはるかに大きなテチス海が存在していたと考えられる。

1893年2月1日、アメリカの発明家トマス・エディソンが映画制作のための世界初のスタジオを完成させた。キネトグラフィック・シアターという正式名称だったが、ブラック・マリア（囚人護送車）とも呼ばれていた。どちらも小さくで狭苦しく、内部が暗かったからだ。

アメリカの技術者ジョージ・ワシントン・ゲイル・フェリス・ジュニア（1859〜1896年）が設計した観覧車が1893年6月1日、シカゴで開業した。しかし同年11月6日には営業を終了した。

1893年7月、日本の発明家御木本幸吉（1858〜1954年）完璧な真珠を養殖でつくりだすことに成功した。淡水真珠の養殖は18世紀にスウェーデンの植物学者カール・リンネが手がけていたが、商業化を実現したのは御木本が最初である。

1893年8月17日、イギリスの人類学者メアリー・キングズリー（1862〜1900年）が初のアフリカ旅行でシエラレオネに上陸した。先住民との生活体験を詳細に伝える彼女の著作や講演は、アフリカ人を「野蛮人」と見なす固定観念を揺るがし、植民地主義に疑問を投げかけた。

1891年、ドイツの神経学者アルノルト・ピック（1851〜1924年）が10代後半に発症する精神障害を早発性痴呆と名づけた。1893年、ドイツの精神科医エミール・クレペリン（1856〜1926年）はこの病気を詳細に記述し、その後再解釈して統合失調症と名称を変更した。

1893年には、オーストリアの精神分析学者ジークムント・フロイト（1856〜1939年）と医師ヨゼフ・ブロイアー（1842〜1925年）が《ヒステリー現象の精神メカニズム》を発表し、精神分析学という分野を確立した。論文の柱となっているのはブロイアーが行なったアンナ・Oという女性患者の治療記録である。フロイトとブロイアーは1895年に《ヒステリー研究》も出版した。

1893年、アメリカの発明家エドワード・グッドリッチ・アチソン（1856〜1931年）が、精密に研磨されて交換可能な金属部品の製造に不可欠な工業用研磨剤カーボランダムの製法特許を取得した。1926年、アメリカ特許庁は工業化時代を支えた22の重要特許のひとつに、このカーボ

世界初の映画スタジオ
トマス・エディソンが設立した世界初の映画スタジオはニュージャージー州ウェスト・オレンジにあり、ブラック・マリアと呼ばれ、1891年12月から1901年まで製作が行なわれた。

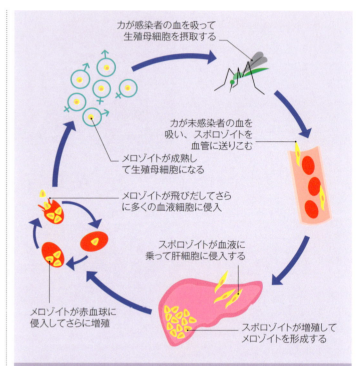

マラリア

マラリア原虫を持つメスのハマダラカは、人間の血を吸うときにスポロゾイトを血管に送りこむ。スポロゾイトは肝細胞で増殖する。感染した細胞の一部は生殖母細胞をつくりだし、それを別のカが取りこんで保菌者となる。

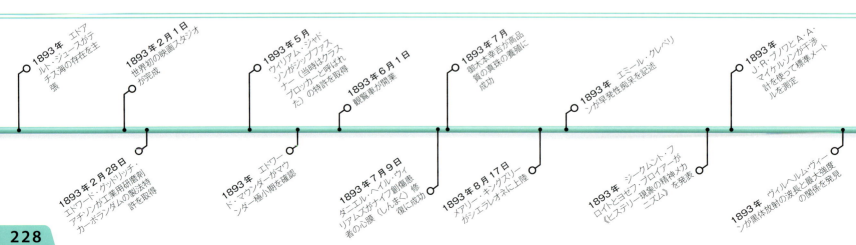

1894年に分離に成功したアルゴンは、高圧トランスがつくりだす磁場では紫色の光を放つ。

ラモン・イ・カハール（1852～1934年）

スペインの病理学者・組織学者。腸内で食物を移動させるゆっくりした収縮運動を制御する細胞を発見した。神経科学者でもあり、また催眠術にも長けて妻の出産時に応用した。1906年に神経系の業績が認められてノーベル賞を受賞。

ランダムを選んでいる。

1893年、アメリカの科学者アルバート・エイブラハム・マイケルソンと国際度量衡局のJ・R・ブノワが干渉計を使い、光の波長をもとに距離の基準を再定義した。そして加熱したカドミウムが放射する赤色光の波長を1mと定めた。プラチナとイリジウムの合金でつくられたメートル原器は、パリに保管されている。

1893年、王立グリニッジ天文台勤務のイギリスの天文学者エドワード・マウンダー（1851～1928年）は、過去に発生した太陽黒点の記録を調べ、1645～1715年にはほとんど黒点が観測されていないことに気がついた。これはのちにマウンダー極小期と呼ばれ、小氷期（1500～1800年頃）のなかでも地球の気温が最も低かった時代と一致していた。

1894年、イギリスの寄生虫学者パトリック・マンソン（1844～1922年）が、マラリアは蚊によって蔓延すると考えた。11月、マンソンはこの仮説をイギリスの医師ロナルド・ロス（1857～1932年）に語った。ロスはこの仮説を掘りさげて、1902年にノーベル賞を受賞している。

イギリスの物理学者ヘンリー・キャヴェンディッシュが、大気には微量ながら水素より反応性の低い気体が含まれていることを発見したのは1784年のことだった。ただし彼はその気体を分離することはできなかった。1894年8月、イギリスの科学者レイリー卿の助言を得て、化学者ウィリアム・ラムジー（1852～1916年）がこの気体を分離したと報告し、アルゴンと名づけた。これは抽出に成功した初の希ガスである。

フランスの技術者エドゥアール・ブランリー（1844～1940年）は、1890年代はじめに初期の無線電信の検波器を開発していた。1894年、イギリスの物理学者オリヴァー・ロッジ（1851～1940年）は王立科学研究所で行なった講演で、検波器にコヒーラーと命名した。ロッジはコヒーラーを研究に活用し、その業績はイタリアの物理学者グリエルモ・マルコーニの無線電信の発明に重要な役割を果たした。

1894年、スペインの組織学者

0.93%
大気中のアルゴンの割合

であり、近代神経科学の父と呼ばれるラモン・イ・カハールが、記憶で新しいニューロンが成長するのではなく、既存ニューロンの接続が変わるのだと主張した。この接続はのちにシナプスとして知られるようになった。

1894年、イギリスの生理学者エドワード・シャーピー＝シェイファー（1850～1935年）と医師ジョージ・オリヴァー（1841～1915年）が、副腎抽出物質が血圧を上昇させることに気がついた。これがアドレナリンの発見につながっていく。

1894年、ドイツの化学者エミール・フィッシャー（1852～1919年）が、酵素が対象分子に狙いを定め、効率よく機能する働きを「鍵と錠」理論で的確に説明。

酵素の働き

酵素とは特定の化学反応の速度を上げる触媒役のタンパク質である。小さな分子がはまる複雑な形状をしており、活性部位の働きで分子をくっつけたり、分離させたりするが、酵素自体は変化せず、同じプロセスを無限に繰りかえす。

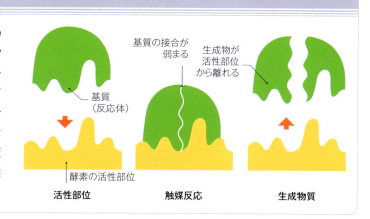

基質（反応体） / 基質の接合が弱まる / 生成物が活性部位から離れる / 酵素の活性部位

活性部位　触媒反応　生成物質

> 脳とは、未踏破の大陸と未知の領域が広がるひとつの世界だ……
>
> ラモン・イ・カハール（スペインの病理学者・組織学者）（1906年）

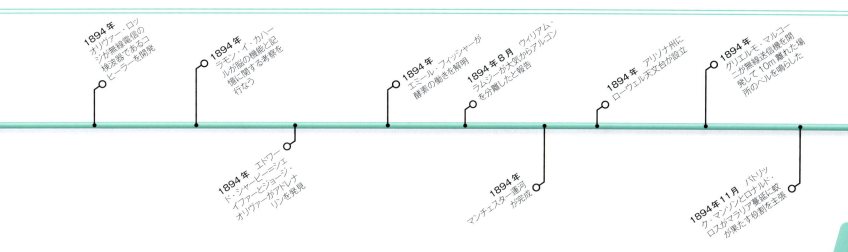

1894年　オリヴァー・ロッジが無線電信の検波器であるコヒーラーを開発

1894年　ラモン・イ・カハールが脳の機能と記憶に関する考察を行なう

1894年　エドワード・シャーピー＝シェイファーとジョージ・オリヴァーがアドレナリンを発見

1894年　エミール・フィッシャーが酵素の働きを解明

1894年8月　ウィリアム・ラムジーが大気からアルゴンを分離したと報告

1894年　マンチェスター運河が完成

1894年　アリゾナ州にローウェル天文台が設立

1894年　グリエルモ・マルコーニが無線送信機を開発して10m離れた場所のベルを鳴らした

1894年11月　パトリック・マンソンとロナルド・ロスがマラリア蔓延に蚊が果たす役割を主張

原子力の時代
1895～1945年

放射能の予想外の発見で、原子にはすさまじい量のエネルギーが潜み、しかもそれを利用できることがわかった。相対性と量子力学という斬新な理論が登場して、4次元時空として記述され、波と粒子はどちらにもなることができ、亜原子レベルでは絶対的な確実性はどこにもない宇宙が出現した。

1895〜96年

20世紀の植物学は、土壌がもろい砂丘など生息環境の特徴で植物群系を分けるようになった。

1897年

"時空との戦いに人類は日々勝利しつつある。"

グリエルモ・マルコーニ（イタリアの発明家）

オランダの植物学者ユーゲン・ヴァーミング（1841〜1924年）とドイツの植物学者アンドレアス・シンパー（1856〜1901年）が19世紀末に出した著作は、植物生態の研究が重要な到達点に来たことを物語っていた。両者はともに、気候や土壌で植生を分類できることを示した。

イギリスでは、物理学者のレイリー卿（1842〜1919年）とウィリアム・ラムジー（1852〜1916年）が気体アルゴンを発見した。

"死んだ自分を見たようです。"

アンナ・レントゲン（ヴィルヘルム・レントゲンの妻）が自らの手を写したX線写真を見て（1895年）

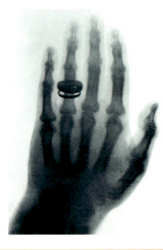

アンナ・レントゲンのX線写真
X線は皮膚と筋肉を通過し、密度の高い骨と指輪だけ黒く写しだしている。

大気中の窒素濃度と、研究室でつくった純粋な窒素の濃度が異なることから、大気に未知の化学物質が存在することはわかっていたが、大気中の窒素にアルゴンをはじめとする不活性元素の痕跡が確認できたのだ。こうした元素は希ガスと名づけられた。

1895年11月、ドイツの物理学者ヴィルヘルム・レントゲン（1845〜1923年）が、真空管に電圧をかけると光線が出て螢光板が明るく光ることに気づき、X線と名づけた。X線は人間の皮膚を通過して写真乾板を露光させることから、医療への応用につながった。1896年には、X線で気体が電離することがわかり、さらにはX線でガン治療を試みた医師もいた——放射線治療の走りである。

レントゲンの研究に触発されて、フランスの物理学者アンリ・ベクレル（1852〜1908年）が、ウラン塩などの燐光性物質がX線を出すかどうか実験を始めた。日光にさらさないと放射線は出ないとベクレルは思っていたが、ウラン塩は暗闇でも写真乾板を露光させた。これが放射能である。

1897年4月、イギリスの物理学者J・J・トムソン（1856〜1940年）は陰極線の研究をしていた。真空ガラス管に電圧をかけると陰極から陽極に向けて光線が発生し、ガラス管の末端が明るく光る。トムソンはこの光線が、原子より軽い粒子で構成されていることを証明し、その「微粒子」はすべての原子に存在している負粒子だと主張した。トムソンは初めて亜原子粒子を発見したのである。

5月、イギリスのブリストル海峡をはさんだ無線通信の実験が行なわれた。イタリアの発明家グリエルモ・マルコーニ（1874〜1937年）は無線技術を研究しており、1897年には彼を中心とする科学者チームがフラットホルム島からウェールズの海岸までモールス信号を飛ばすことに成功した。その後ドイツの物理学者カール・ブラウン（1850〜1918年）はこの技術を改良して到達範囲を拡大した。12年後、マルコーニとブラウンは無線電信の研究が評価されてノーベル賞を共同受賞した。

1897年、ブラウンは真空管の

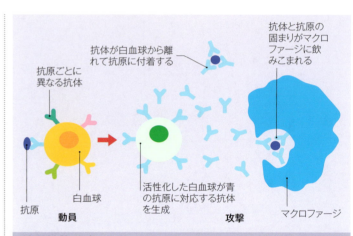

抗原抗体反応

パウル・エールリヒは免疫系が感染体を破壊する仕組みを解明した。白血球の側鎖が抗原と呼ばれる異質な粒子と結合すると、白血球が大量の抗体を生成する。それが抗原に群がると、マクロファージという別の免疫系細胞が抗原を破壊する。

実験も行なっていた。陰極線管に手を加え、光線が画像を生成できるようにした——電気信号を画像化するオシロスコープの誕

- 1895年11月8日 ヴィルヘルム・レントゲンがX線を発見
- 1895年 ユーゲン・ヴァーミングが『植物の形態』を出版し、植生形態を分類
- 1896年1月12日 アメリカの医師エミール・グラップがX線の乳ガン治療について記述
- 1896年3月1日 アンリ・ベクレルが偶然放射能を発見
- 1896年3月 J・J・トムソンがX線で気体が電離することを記述
- 1896年5月 ロナルド・ロスがマラリアは蚊が媒介すると示唆
- 2月15日 カール・フェルディナント・ブラウンがオシロスコープの設計を記述
- 4月30日 J・J・トムソンが陰極線は負粒子で構成されていると証明
- 4月 ドイツの生化学者エドゥアルト・ブフナーがイースト抽出物での醗酵に成功し、酵素の存在を証明
- 5月13日 グリエルモ・マルコーニが初めて海を越えて無線信号を飛ばす
- 5月19日 アメリカの天文学者アルヴァン・クラークが世界最大の望遠鏡を製作
- 8月10日 ドイツの化学者フェリックス・ホフマンがアセチルサリチル酸を生成、のちにアスピリンとして販売される
- パウル・エールリヒが免疫反応の基礎となる側鎖論を記述

1898年

マルコーニは1897年にワイヤレス・テレグラフ・アンド・シグナル社を創設した。

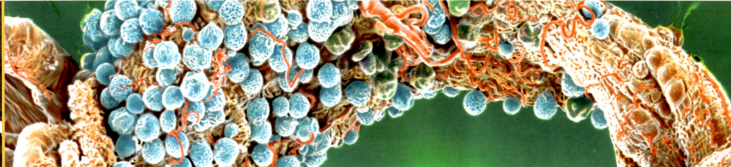

蚊の胃の内壁に貼りついたマラリアの「接合体」(青い粒)。ロナルド・ロスが発見した蚊の唾液腺を経由して、吸血した相手に入りこむ。

生である。この発明がその後のテレビや、心拍を記録する心電計などの応用のもとになった。

8月、バイエル薬学研究所に在籍していたドイツの化学者フェリクス・ホフマン(1868～1946年)がアセチルサリチル酸という鎮痛物質を開発した。古代ギリシアでも使われていた、ヤナギやシモツケなどの薬用植物に由来する成分をもとに合成したもので、その後アスピリンとして売りだされた([1899年]参照)。

医学界ではもうひとつ大きな前進があった。ドイツの医師パウル・エールリヒが、免疫系による感染体攻撃の仕組みを説明するために、側鎖論を提唱したのである。これは今日に至るまで免疫理論の基礎になっている。

陰極線管
X線と電子の発見で、真空ガラス管の出番が大幅に増えた。管を通過する光線が末端で描くパターンから、陰極帯電(たいでん)の粒子(電子)であることがわかる。

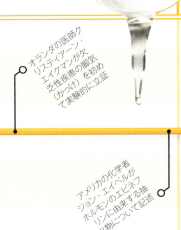

光線が偏向パターンをつくる

アンリ・ベクレルが放射能を発見したあと、ポーランド系フランス人物理学者マリー・キュリーと夫のフランス人物理学者ピエール・キュリー(1859～1906年)は、ベクレル研究所でライフワークとなる放射能研究に取りかかった。純粋なウランからの放射線が空気の伝導性を高めることは、すでにベクレルが確認していた。キュリー夫妻はピッチブレンドと呼ばれるウラン鉱石の放射線が300倍も強いことから、新しい元素が存在するにちがいないと予測し、マリーの故国ポーランドにちなんでポロニウムと名づけ、さらに放射能という言葉も考案した。同じ年、キュリー夫妻はもうひとつの放射性元素ラジウムを発見し、ポロニウムと合わせて純度を高め、さらに研究を進めた。

1890年代には不活性希ガスのヘリウムとアルゴンが発見されていたが、ウィリアム・ラムジーは周期表に空白があり、また大気を精密に分析して、他の元素も存在すると指摘した。そして1898年、イギリスの化学者モリス・トラヴァース(1872～1961年)と協力してさらに3種類の希ガスを発見する。それがクリプトン、ネオン、キセノンである。

7月、イギリス医師会の年次総会で、当時死の病として恐れられていたマラリアに関する重要な報告が行なわれた。インドで活動していたイギリスの医師ロナルド・ロス(1857～1932年)が、マラリア寄生体は蚊によって伝染

ウイルスと細菌
ウイルスの大きさはナノメートル(nm)単位。ウイルスはタンパク質と遺伝物質の粒子であり、細菌のような細胞構造を持たない。

することを証明したのである。ロスは蚊の胃の解剖を行ない、マラリア寄生体が内壁に存在することを突きとめた。マラリア寄生体のライフサイクルも明らかになり([1893～94年]参照)、媒介となる蚊の種類も特定された。

オランダの生物学者マルティヌ・ベイエリンク(1851～1931年)は、タバコモザイク病に感染したタバコの抽出物をフィルターに通し、細菌を取りのぞいたあとでも、感染力が保たれていることを知り、細菌より小さい感染粒子をウイルスと名づけた。しかしタバコモザイク病のウイルスが分離されたのは1930年代に入ってからである。

ドイツでは物理学者ヴィルヘルム・ヴィーン(1864～1928年)が、ある種の真空管内で生じる正の電荷を帯びた光線について調べていた。これは質量分析法という新しい分野を切りひらくことに

> 人生に理解するべきことはあっても、恐れることは何もない。より多くを理解し、恐怖が薄らぐ時代がやってきた。

マリー・キュリー(ポーランド系フランス人物理学者)

なる。分子をイオン化して構成を決定する手法で、ヴィーンは電磁場内のイオンを質量と電荷で種類分けする方法を開発した。正確な結果が得られる質量分析法は血液や尿の検査から、宇宙探査での大気試料分析まで幅広い分野で活用されるようになった。

マリー・キュリー(1867～1934年)

ポーランド生まれ。1895年にフランスでピエール・キュリーと結婚、1903年に夫妻は放射能の研究でアンリ・ベクレルとノーベル賞を受賞。マリーはポロニウムとラジウムの発見で1911年にも受賞。第2次世界大戦時には、数々の栄誉を物語るメダルを寄付しようとした。放射線被爆による白血病で死去。

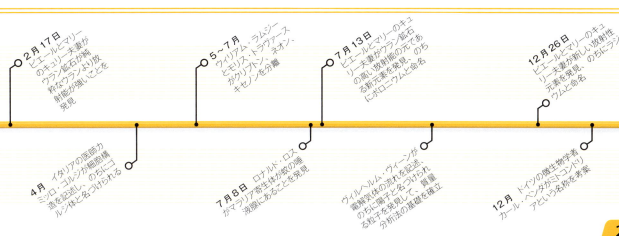

電磁放射

19世紀の数々の発見によって、放射線の性質が明らかになった。

太陽光線、赤外線、紫外線、X線、ガンマ線、マイクロ波、電波——大変な高速で空間内を伝播しているこれらはすべて電磁放射であり、光子と呼ばれる粒子でありながら、波の性質も持っている。

ジェームズ・クラーク・マクスウェル
電磁波の存在を理論的に証明し、熱力学という新しい領域でも重要な役割を果たした。世界初のカラー写真を撮影したのも彼である（［1861年］参照）。

19世紀までは、光は波として伝わり、波長が光という波の色を決めると考えられていた。目に見えない2種類の光、長波長の赤外線（IR）と、短波長の紫外線（UV）も発見されていた。

電気の場と磁気の場

1860年代イギリスの物理学者ジェームズ・クラーク・マクスウェルが電場と磁場が相互生成の関係にあることを示す一連の方程式を打ちたてる。マクスウェルは波のような運動から「波動方程式」と名づけたが、そこから導きだされる波の速度は光の速度とまったく同じだった。マクスウェルは光が「電磁波」であると結論づけ、当時まだ知られていなかった放射線の形態を予言した。それから20年後、ドイツの物理学者ハインリヒ・ヘルツが、光よりはるかに長い波長を持つ電磁波、電波の存在を確認した（［1887年］参照）。

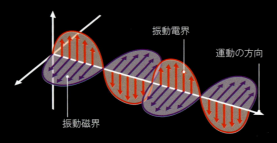

電磁波
振動電界および磁界はたがいに直角のまま同じ方向に進む。

（振動電界／振動磁界／運動の方向）

3300km
グリエルモ・マルコーニが1901年に行なった大西洋横断の送信実験で到達した距離

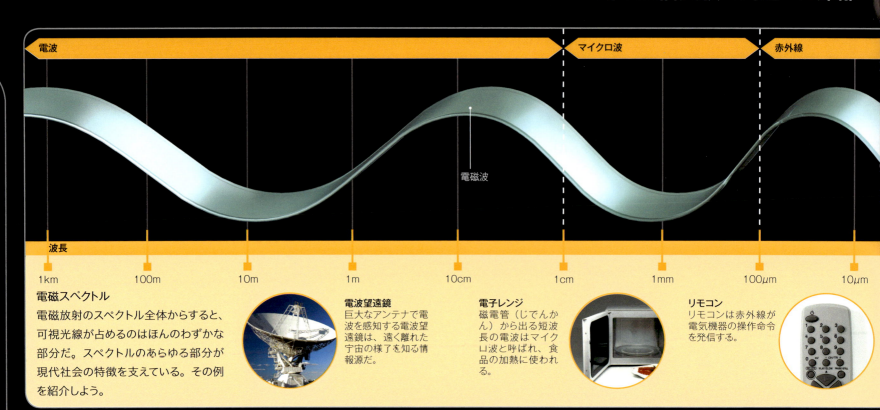

電波 ／ マイクロ波 ／ 赤外線

波長: 1km ／ 100m ／ 10m ／ 1m ／ 10cm ／ 1cm ／ 1mm ／ 100μm ／ 10μm

電磁スペクトル
電磁放射のスペクトル全体からすると、可視光線が占めるのはほんのわずかな部分だ。スペクトルのあらゆる部分が現代社会の特徴を支えている。その例を紹介しよう。

電波望遠鏡
巨大なアンテナで電波を感知する電波望遠鏡は、遠く離れた宇宙の様子を知る情報源だ。

電子レンジ
磁電管（じでんかん）から出る短波長の電波はマイクロ波と呼ばれ、食品の加熱に使われる。

リモコン
リモコンは赤外線が電気機器の操作命令を発信する。

電磁放射

波と粒子

光は粒子として空間を流れるのか、波として動いていくのか。科学者はこの問題を長年論じてきた。19世紀は波動説が優勢だったが、マクスウェルの発見で状況が変わった。また光電効果のように波動説では説明できない現象もある。

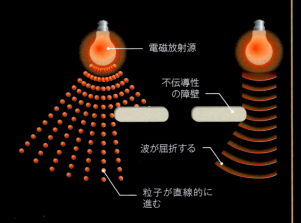

波動と粒子の二重性
すべての波は静止した障害物の縁を通るときに屈折して散っていく。港に向かう波がそうだ。だが光を粒子の流れと考えると、屈折の説明がつかない。

1887年、ヘルツは電池につないだ2個の電極を真空管のなかで少しだけ離しておいた。そこに光を当てると電極のあいだで電流が流れたが、一定波長を超えるとどんなに光を強くしてもだめだった。アルベルト・アインシュタインは、電磁放射が粒子（光子）として存在しており、光の色や放射の形態が異なるのは、光子が運ぶエネルギー量の差であることを証明して、この効果を説明した。

> "**X線はまやかしだとわかるだろう。**"
>
> ウィリアム・トムソン（ケルヴィン卿）イギリスの物理学者（1899年）

電磁放射の活用

1890年代、電磁放射は紫外線、赤外線、電波に加えてごく短い波長（高エネルギー光子）のものが発見された。X線とガンマ線である。

電磁放射を生成もしくは検知できる装置は、応用の幅が広い。たとえばさまざまな波長の電波はテレビ、ラジオ、電話に使われる。医療ではX線で体内の画像を撮影し、ガンマ線は放射線治療に活用されている。

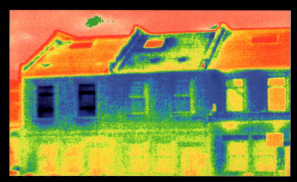

赤外線放射
赤外線カメラで撮影すると、対象の温度差が色のちがいとなって現われるので、たとえば住宅のヒートロスを調べるのに活用できる。

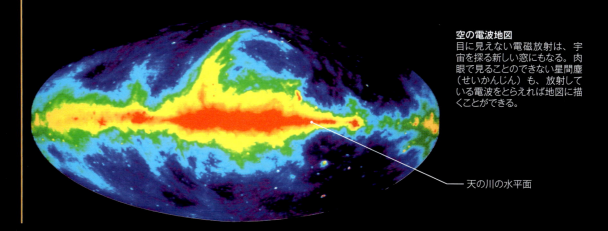

空の電波地図
目に見えない電磁放射は、宇宙を探る新しい窓にもなる。肉眼で見ることのできない星間塵（せいかんじん）も、放射している電波をとらえれば地図に描くことができる。

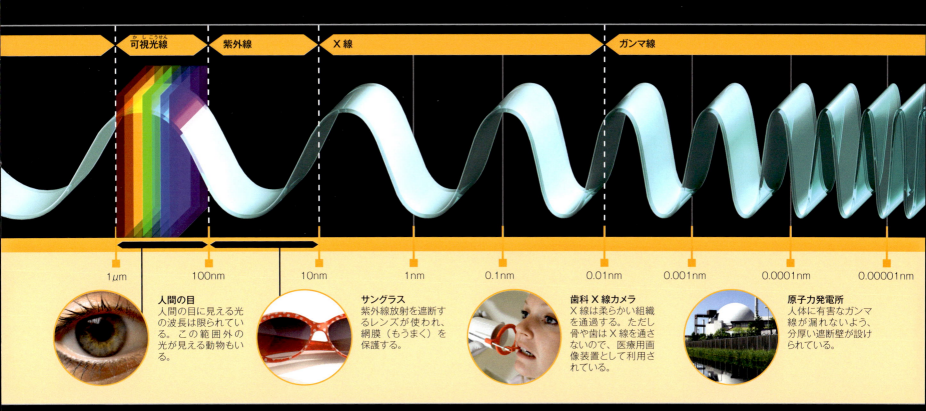

人間の目
人間の目に見える光の波長は限られている。この範囲外の光が見える動物もいる。

サングラス
紫外線放射を遮断するレンズが使われ、網膜（もうまく）を保護する。

歯科X線カメラ
X線は柔らかい組織を通過する。ただし骨や歯はX線を通さないので、医療用画像装置として利用されている。

原子力発電所
人体に有害なガンマ線が漏れないよう、分厚い遮断壁が設けられている。

1899年

1920年代に走っていたバイエル社のアスピリン宣伝車。オランダ語で「あらゆる痛みに勝つ」と書かれている。

ニュージーランド生まれの物理学者アーネスト・ラザフォード（1871～1937年）は、アンリ・ベクレル（[1896年]参照）が発見したウラン塩の放射線を研究していた。ラザフォードが興味を持ったのは、放射線が気体の伝導性を高めることだった。これは気体がイオン化するためで、放射線が負の電荷を持つ電子をはじき飛ばし、正の電荷だけ残るのである。ラザフォードはさらに、ウランが2種類の放射線を出すことを突きとめ、アルファ線、ベータ線と命名した。のちにアルファ線の正体はヘリウム原子核、ベータ線は電子の流れであり、どちらも放射性崩壊の副産物であることが判明した。

3月、ベルリンの帝国特許商標庁がドイツの製薬会社バイエルの新薬を承認した。それは鎮痛剤のアスピリンで、2年前に同社の研究者が開発したものだった。以来アスピリンは世界で最も多く売られている薬となった。

4万t
世界で1年間に消費されるアスピリン

電離作用
電離放射線（アルファ線、ベータ線、ガンマ線、X線）は原子をイオン化させるエネルギーを持っている。

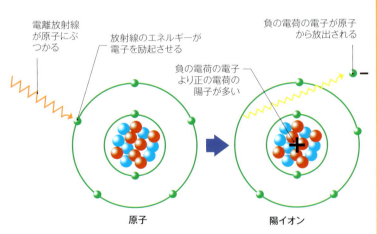

1900年

128m
ツェッペリン1号機の全長

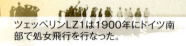

ツェッペリンLZ1は1900年にドイツ南部で処女飛行を行なった。

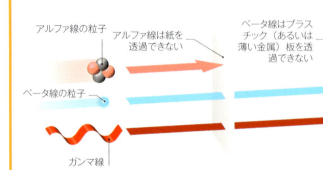

放射線の透過
アルファ線は紙を透過することはできないが、粒子がより小さいベータ線はできる。ガンマ線は非粒子の高エネルギー線なので鉛板でしか止められない。

フランスの化学者ポール・ヴィラール（1860～1934年）が、アルファ線とガンマ線の発見からわずか1年後に第3の放射線を発見したと発表する。ラジウム塩から出るこの放射線は透過能力がはるかに高く、X線に似ているが波長は短く、高エネルギーだった。ラザフォードはのちにガンマ線と命名した。

7月、ドイツのフェルディナント・フォン・ツェッペリン伯爵（1838～1917年）にちなんだ硬式飛行船が世界初の飛行に成功した。軽合金の骨組みと水素風船の構造は制御が難しかったものの、飛行船の商業運航の時代到来ともてはやされた。しかし1937年のヒンデンブルク号墜落事故で、飛行船は見向きもされなくなった。

10月、ドイツの物理学者マックス・プランクが物理学を斬新な視点からとらえる理論を着想する。彼が関心を持ったのは、白いものより黒いものが熱くなるという日常的な現象に潜む科学だった。理論上最も暗い物体、いわゆる黒体は、可視光線を含むすべての電磁放射を吸収すると同時に、完璧な放出体でもある。黒体の原子は不連続な振動をしていて、それらの総和が放出エネルギー量になるとプランクは考えた。光などの放射線はエネルギーのパッケージ、すなわち量子で表わされるという概念は量子力学の出発点となった。

この年は生物学でも革命の芽

マックス・プランク（1858～1947年）

ミュンヘンとベルリンで学び、キール大学とベルリン大学の教授を務めた。1911年の第1回ソルヴェイ物理学会議の実現に尽力し、集まった科学者たちは量子論について議論を戦わせた。1918年にノーベル賞を受賞。ナチ政権下でもドイツに留まった。

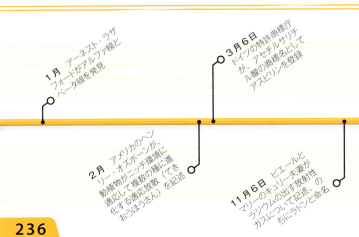
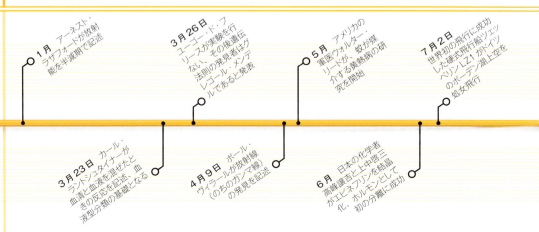

1901年

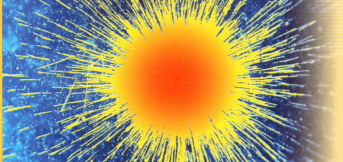

ラジウム塩を置いた写真乾板を現像したもの。黄色い線はアルファ粒子が放射された跡。

> **"放射能は……新しい種類の物質が生成される化学変化を伴う。"**
> アーネスト・ラザフォード《フィロソフィカル・マガジン》（1902年）

ばえがあった。グレゴール・メンデルが確立していた遺伝法則（[1866年] 参照）が複数の生物学者によって再発見されたのだ。オランダの植物学者ユーゴー・ド・フリース（1848〜1935年）は植物の形質遺伝が、メンデルがパンゲン（のちに遺伝子に変更）と呼んだ粒子の規則に従っていることを確認した。

オーストリアの生物学者カール・ラントシュタイナー（1868〜1943年）が、論文の脚注で血液型の適合性について書いた。ある人から採取した血清を別人の血液と混ぜると、赤血球が凝集したのである。輸血で患者が死亡する例があるのは、これが理由だった。

農園でのド・フリース
ユーゴー・ド・フリースは、かつてのグレゴール・メンデルのように植物交配の実験を行なった。1918年の引退後も死ぬまで研究を続けた。

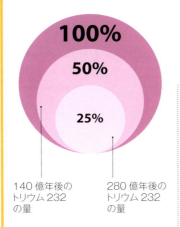

140億年後のトリウム232の量 / 280億年後のトリウム232の量

イギリスの技術者ヒューバート・セシル・ブース（1871〜1955年）はこの年の2月と8月、フィルターシステムで空気を吸入する装置の特許を申請した。世界初の電気掃除機である。11月、アメリカの電気技術者ミラー・リース・ハッチンソン（1876〜1944年）が猩紅熱で聴力を失った友人のために電気式補聴器を製作し、特許を取得した。アレグザンダー・ベルの電話技術を応用したこの補聴器は、マイクで集音した音をヘッドフォンで耳に送る仕組みだった。

アーネスト・ラザフォードとイギリスの物理学者フレデリック・ソディ（1877〜1956年）は、放射性元素が放射線を放出しな

放射性崩壊
放射性元素の粒子が崩壊して別の粒子に変化するまでの期間を半減期と呼ぶ。トリウム232の半減期は140億年。

がら別の形に変化することを突きとめた。核種変換とのちに呼ばれるこの現象（[1916年] 参照）は順序が決まっており、トリウムはかならずラジウムになる。ラザフォードは放射性物質の半分が崩壊して別の物質に変化するまでの期間を明らかにし、のちに半減期と名づけた。ソディは、一部の元素には放射性か否かにかかわらず同位体が存在することを突きとめた。放射性元素および同位体の半減期は幅広く、ベリリウムの同位体は数分の1秒だが、ビスマス209だと宇宙の年齢より10億倍も長い。

生物学者のカール・ラントシュタイナーは、血液適合性の持論をさらに掘りさげていた。11月14日、彼は適合パターンに応じてA、B、Oという3つの血液型があると発表した。その後数の少ないAB型も発見された。

ロンドン動物学協会の会合で、アフリカの森で新しい大型哺乳動物オカピが見つかったと報告された。発見者は探検家のハリー・ジョンストン（1858〜1927年）で、とくに皮と頭骨をくわしく調べていた。

11月、ドイツの精神科医アロイス・アルツハイマー（1864〜1915年）が重度の痴呆症の女性を診察してその症状を記述し、自らの名前を病名にした。1906年に患者が死去すると、アルツハイマーはその脳を解剖し、異常な斑ができていることを確認した。これはアルツハイマー病の重要な特徴となっている。

12月12日、イタリアの発明家グリエルモ・マルコーニは、イギリス南西部の突端にあるポートカーノから、北アメリカのニューファンドランドまで大西洋横断の電信に成功したと報告した。これに関しては、たんなる電波の干渉だったという声もあるが、明らかにモールス信号だったと主張する人もいた。

血液型
赤血球には、表面に抗原を発現するものとそうでないものがある。カール・ラントシュタイナーが発見した2つの型（A型とB型）は、感受性のある抗体を持つ人に輸血すると、血液が凝集して死を招くこともある。O型は抗原を持たないので、誰に輸血してもよい。AB型は両方の抗原を持つので、同じAB型の血液しか輸血できない。

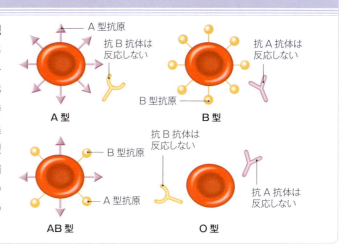

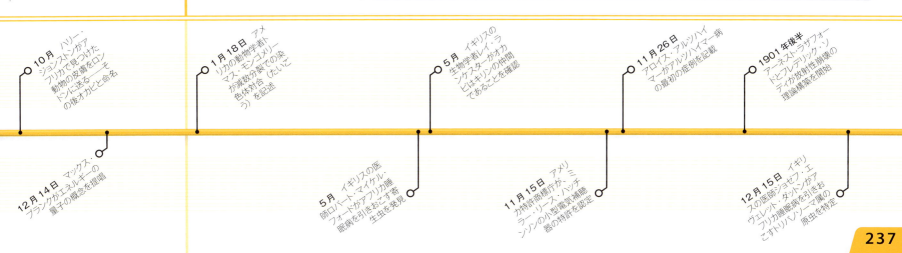

1902年

地表に近いオレンジ色の光の層が対流圏で、呼吸できる空気が存在し、気象の変化が起きるところだ。茶色がかった層は圏界面（けんかいめん）で、灰色がかった青色の成層圏との境界になる。

1903年

1903年、ノースカロライナ州キティ・ホー〔ク〕で初めて空を飛んだライト兄弟のフライヤー号

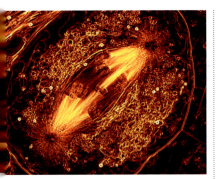

細胞分裂の顕微鏡写真
染色体が引きはなされ、新しくできる2個の細胞に遺伝子が受けつがれる。

ウォルター・サットン（1877～1916年）とテオドール・ボヴェリ（1862～1915年）は、染色体が遺伝物質の運搬役であることをそれぞれ独自に確認した。40年近く前、グレゴール・メンデルが遺伝形質は粒子の作用によることを明らかにしていたが（[1866年] 参照）、サットンはバッタの精子を形成する細胞を調べて、移動する染色体がメンデルの言う粒子に相当することを確かめたのである。ボヴェリは染色体が完全にそろっていないとウニの胚が正常に発達しないことを突きとめた。

1月1日、ケンタッキー州の農夫で発明家だったネイサン・スタブルフィールド（1860～1928年）が、声や音楽を約800m離れた場所に無線で飛ばす装置を製作した。この発明は論議を呼んだが、電波信号ではなく電磁誘導の妨害を使ったもので、干渉に弱かったためすぐに顧みられなくなった。

アメリカとドイツの生物学者ウォルター・サットン（1877～1916年）とテオドール・ボヴェリ（1862～1915年）は、染色体が遺伝物質の運搬役であることをそれぞれ独自に確認した。

> **染色体は各自異なる性質を有する。**
>
> テオドール・ボヴェリ《細胞分析の手段としての多極有糸分裂》（1902年2月17日）

地球の大気層
大気は4つの層に分かれており、気体はごく薄い対流圏に集中している。

- 1000kmまで 熱圏
- 85kmまで 中間圏
- 50kmまで 成層圏
- 16kmまで 対流圏
- 海面

4月、気象学者レオン・ティスラン・ド・ボール（1855～1913年）がフランス科学アカデミーに大気調査の結果を報告した。彼は10年前から200個以上の特殊な水素気球で観測を続けており、気象の変化は地上から少なくとも9km上空の層で起きていることを突きとめた。そこから上は空気が薄くなり、状態は安定していく。ド・ボールはのちにこの層を対流圏、その上を成層圏と命名した。

2月17日、1897年に初めてつくられた蒸気自動車を製造するためにアメリカでスタンレー自動車会社が創設された。この工場は1924年に閉鎖された。

スタンレー・スチーマー
初期モデルは座席下のボイラーで蒸気をつくっていた。スタンレー・スチーマーはガソリンバーナーを使用し、クランクで始動した。

1903年、ワルシャワ博物学協会の会合でひとつの科学技法が実演された。これはのちにクロマトグラフィーと呼ばれるもので、ロシアの植物学者ミハイル・ツヴェット（1872～1919年）が植物色素の化学成分を分離することに成功していた。ツヴェットは色素を石油エーテルに溶かし、炭酸カルシウムの粉を詰めた管に流しこんだ。するとオレンジ、黄、緑の色が帯状に現われた。溶液によく溶けた色素ほど速く移動したのである。この方法は混ざりあった物質を分離し、分析する重要な手段となる。

動力飛行への人類の試みは、この年の12月17日に大きく進展した。アメリカの発明家、オーヴィル（1871～1948年）とウィルバー（1867～1912年）のライト兄弟が有人動力飛行についに成功させたのである。先人たちは熱気球やグライダーなどさまざまな手段を試してきて、成功の度合いもまちまちだった。ライト兄弟はグライダーの設計を基本に揚力を最大限に高め、軽量アルミのガソ〔リン〕

- 1月1日 ネイサン・スタブルフィールドが音を無線で伝送する新しい装置を実演
- 2月17日 テオドール・ボヴェリが染色体が完全にそろわないと正常な発達ができないことを示す
- 2月17日 スタンレー自動車会社が創設
- 4月28日 レオン・ド・ボールが成層圏について記述
- アメリカの古生物学者バーナム・ブラウンがティラノサウルスの化石を発掘
- オーストリアの生物学者アルフレート・フォン・デカステロとアドリアノ・シュテルリがAB型血液型について記述
- 9月 アーネスト・ラザフォードとフレデリック・ソディが原子の崩壊で元素が別の形に変化するという説を裏づける
- 10月17日 ウォルター・サットンが染色体はメンデルの法則の物理的根拠であると主張
- 12月 ロバート・スコットの南極探検隊が史上最南端に到達
- 2月 アーネスト・ラザフォードがヴィラールの発見した放射線をガンマ線と命名
- 3月21日 ミハイル・ツヴェットがクロマトグラフィーを導入
- 6月21日 オランダの生理学者ウィレム・アイントホーフェンが心電計について記述
- ロシアの科学者コンスタンチン・ツィオルコフスキーが宇宙研究におけるロケットの有用性を主張

1904年

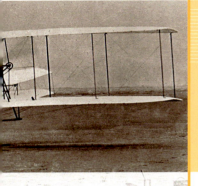

> 人類が大西洋間を無線で通信できる日が来ると、私は確信している。

グリエルモ・マルコーニ（イタリアの発明家）《無線による通信》（1901年）

マサチューセッツにあったマルコーニ無線基地の設備。イギリスのコーンウォールとを結んで大西洋横断通信を行なった。

リンエンジンで動力を供給した。1903 フライヤー号の最初の飛行は 12 秒で、距離は 37m だった。しかしその日のうちに飛行時間は 59 秒、距離は 260m にまで伸びていた。

ライト兄弟のこの飛行機は、

ライト兄弟
自転車屋を営みながら飛行機づくりに情熱を傾けた。1908 年までには乗客を乗せた 1 時間の飛行に成功していた。

荷重を最小限に抑え、柔軟性が最大限になるよう設計されていた。機体は木製の骨組みをモスリン地でおおい、翼にある程度の速度を与えて機体の自重以上の揚力を生みだせるよう、エンジンも工夫されていた。これが飛行の原理である。

大西洋横断無線通信を行なってから 3 年後、イタリアの発明家グリエルモ・マルコーニ（1874 〜 1937 年）は大西洋間の商用無線通信サービスを立ちあげる。1907 年には常時運用されるようになった。

科学誌《フィロソフィカル・マガジン》1904 年 3 月号に、イギリスの物理学者 J・J・トムソン（1856 〜 1940 年）の小論が掲載された。そこには、新しく発見されたばかりの電子を含む原子構造が、プラムプディング・モデルとして提唱されていた。原子は正電荷の「プディング」であり、そのなかに負電荷の電子が「プラム」のように埋めこまれているというのがこのモデルだった。同じ年、日本の物理学者長岡半太郎（1865 〜 1950 年）はこのモデルに異論を唱え、正負の電荷は混ざりあっているという土星型モデルを提案した。大きな正電荷の核があり、その周囲

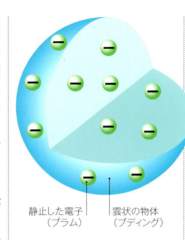

静止した電子（プラム）　雲状の物体（プディング）

トムソンのプラムプディング・モデル
トムソンが提唱した原子構造モデルは、中性である原子に共存する荷電粒子の説明を試みたものだった。

で負電荷の電子が土星の環のように軌道を描いているというものである。それからわずか数年後、イギリスで行なわれた実験で原子には密度の高い正電荷の核が存在し、電子に囲まれていることが判明した——長岡モデルのほうが実態に近かったのだ。

1148万km
ヒマリアと木星の距離

7 月、トスカーナ州の火山地帯ラルデレッロ出身の実業家ピエロ・コンティ（1865 〜 1939 年）が、地熱エネルギーを利用した蒸気エンジンで発電機を完成させた。この発電機は、電球 5 個をともすことができた。この業績を受けつぎ、現在世界の地熱発電の 10% がこのラルデレッロで行なわれている。

11 月、イギリスの物理学者ジョン・アンブローズ・フレミング（1849 〜 1945 年）が、エジソンの電球に陽極を追加した真空二極管の特許申請を行なった。熱したフィラメントから放出される電子が真空内を通って冷たい陰極に向かい、交流を直流に変えることができた。これがエレクトロニクスの始まりであり、以後フレミングの二極管を改良したものはラジオから初期のコンピューターまでさまざまな装置に使われた。

12 月はじめ、カリフォルニア州にあるリック天文台でアメリカ人天文学者チャールズ・ディロン・パーライン（1867 〜 1951 年）が発見した木星の新しい衛星は、のちにギリシア神話の精の名をとってヒマリアと名づけられた。ヒマリアは木星 6 番目の衛星で、木星の軌道に取りこまれた小惑星から形成されたと考えられる。

フレミングの二極真空管
陽極の役割を果たす金属板が、電球のフィラメントから電子を引きつけて直流を生む。

1895〜1945年 | 原子力の時代

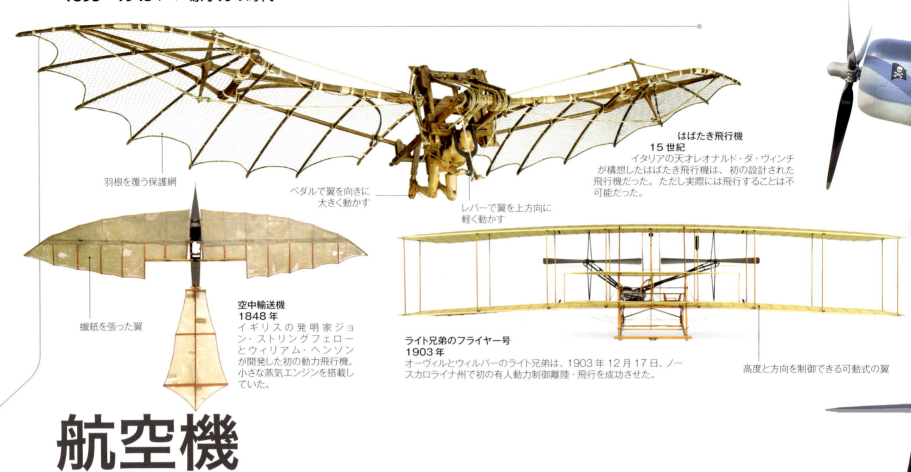

はばたき飛行機
15世紀
イタリアの天才レオナルド・ダ・ヴィンチが構想したはばたき飛行機は、初の設計された飛行機だった。ただし実際には飛行することは不可能だった。

羽根を覆う保護網
ペダルで翼を向きに大きく動かす
レバーで翼を上方向に軽く動かす

空中輸送機
1848年
イギリスの発明家ジョン・ストリングフェローとウィリアム・ヘンソンが開発した初の動力飛行機。小さな蒸気エンジンを搭載していた。

蠟紙を張った翼

ライト兄弟のフライヤー号
1903年
オーヴィルとウィルバーのライト兄弟は、1903年12月17日、ノースカロライナ州で初の有人動力制御離陸・飛行を成功させた。

高度と方向を制御できる可動式の翼

航空機

動力飛行機の登場は戦争と輸送に革命を起こした。

空を飛びたい──そんな人類の夢は、鳥の羽根と蠟で翼をつくったギリシア神話のダイダロスにまでさかのぼる。夢が現実になったのは18世紀に入ってからで、さまざまな航空機が登場するようになった。

人類が初めて空を飛んだのは1783年、フランスのモンゴルフィエ兄弟が熱気球を飛ばしたときだ。それから1世紀のあいだ、気球や飛行船など航空機はもっぱら気体を活用するものだった。翼と動力を持つ航空機は、1903年にライト兄弟が行なった記念的な初飛行で初めて空を飛んだ。

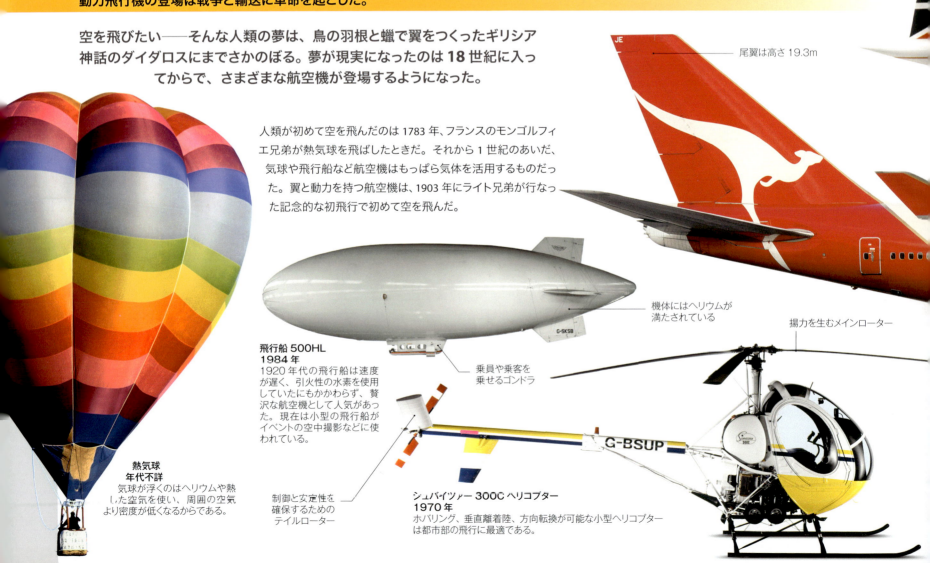

尾翼は高さ19.3m

飛行船500HL
1984年
1920年代の飛行船は速度が遅く、引火性の水素を使用していたにもかかわらず、贅沢な航空機として人気があった。現在は小型の飛行船がイベントの空中撮影などに使われている。

機体にはヘリウムが満たされている
乗員や乗客を乗せるゴンドラ

熱気球
年代不詳
気球が浮くのはヘリウムや熱した空気を使い、周囲の空気より密度が低くなるからである。

制御と安定性を確保するためのテイルローター

シュバイツァー300Cヘリコプター
1970年
ホバリング、垂直離着陸、方向転換が可能な小型ヘリコプターは都市部の飛行に最適である。

揚力を生むメインローター

1905年

> 顕微鏡レベルの物体は流体内で運動するがゆえに顕微鏡で観察できる。

アルベルト・アインシュタイン、ブラウン運動について（1905年7月18日）

1906年

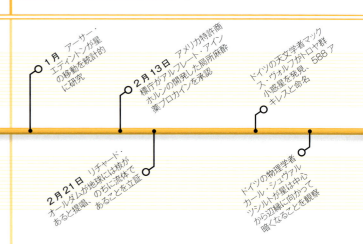

アルベール・カルメット（中央）は動物の持つ毒を研究し、蛇毒血清を最初につくった。その後カミーユ・ゲランと共同でBCGワクチンを開発する。

アルベルト・アインシュタインにとって、この年は画期的な論文を4本発表した「奇跡の年」だった。最初は1900年にマックス・プランクが唱えた、エネルギーは最小の「パケット」で存在するという理論を発展させて、光エネルギーのパケットで光電効果が説明できると考えた。そして光の波長（強さではなく）が、金属表面から電子を放出するのに必要なエネルギーを与えていると主張した。この考えはのちに実験で証明された（[1921年]参照）。

アインシュタインの2本目の論文は、気体や水のなかで粒子が見せる不規則な運動が、粒子にぶつかる分子運動によるものだと説明した──ブラウン運動で

3億m/秒
光の速さ

ある。そして9月には、特殊相対性理論を発表する（p.244-245参照）。このなかでアインシュタインは、光速の定常性と相対性原理──力学的プロセスは静止状態でも運動状態でも同じように起こる──を両立させた。それまで光は相対性の例外とされていたが、アインシュタインは時空の分析によって矛盾なく両立することを証明した。さらに11月には、相対性の研究から生まれた結論を世に問うた。物体がエネルギーを放射するとき、質量も失われるから、エネルギーと質量は互換性があると考え、その関係をE=mc²という単純な数式で表わしたのである。

イギリスの生物学者ウィリアム・ベイトソン（1861〜1926年）は、形質継承にことのほか関心を持ち、4月に書いた書簡で今年は「遺伝学（genetics）」の年だと書いた。

人口増大で食料需要が高まると、肥料の必要性が叫ばれてくる。ドイツでは、植物の成長に欠かせない窒素の元になるアンモニアの合成法が開発された。アンモニアは水素と窒素の化合物である。フリッツ・ハーバー（1868〜1934年）は、大気中の窒素と水素のあいだに起こる重要な反応を解明した。第1次世界大戦中、天然の硝酸塩山地が連合軍支配下に入ったため、カール・ボッシュ（1874〜1940年）はハーバーの原理を応用してアンモニアの大量生産化に成功した。

ドイツの化学者アルフレート・アインホルン（1856〜1917年）は局所麻酔薬プロカインを開発した。その後ノボカインとして発売され、鎮痛剤として普及した。

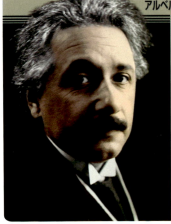

アルベルト・アインシュタイン（1879〜1955年）

ドイツ生まれでスイスの市民権を取得、1903年にベルンの特許庁に職を得た。この時代に画期的な論文をいくつも執筆してチューリヒ大学から博士号を授与される。1915年に一般相対性理論を完成させ、1922年にノーベル賞を受賞。その後アメリカ市民となった。

イギリスの地質学者リチャード・オールダム（1858〜1936年）は地震の際に地球を伝わる震動について研究しており、前世紀の終わりには2つの波を確認していた。高速の縦波であるP波と、ゆっくりした横波のS波である。さらに地球の深いところを伝わる震動──S波──はより遅くなり、つ

結核

ドイツの医師ロベルト・コッホ（1843〜1910年）は結核を引きおこす細菌を確認し、1905年にノーベル賞を受賞した。消耗性疾患とも呼ばれた結核は、肺に感染すると組織に結節をつくり、咳や鼻水の飛沫で感染を広げる。死に至ることも多かったが、BCGワクチンの登場で初めて結核予防が可能になった。

いには止まってしまうことも突きとめた。これは地球の中心に異なる素材の核があるためだとオールダムは考えた。その後、地球には地下2900kmのところに核があり、外核は流体であることが確かめられた。

カナダの発明家レジナルド・フェッセンデン（1866〜1932年）はグリエルモ・マルコーニのライバルとして通信の研究にいそしんでいた。1906年の12月24日、彼はマサチューセッツ州ブラント・ロックから世界初のラジオ番組を放送した。内容は声のメッセージと音楽で、モールス信号の通信に慣れていた大西洋の船に向けたものだった。

フランスのパストゥール研究書では、死の病だった結核から命を救うために、新しいワクチンを開発する計画が始まった。フランス人科学者アルベール・カルメット（1863〜1933年）やカミーユ・ゲラン（1872〜1961年）は、天然痘のワクチンに無害な牛痘を活用していた（[1796年]参照）昔の知恵を活かし、結核への応用を考えた。ウシの結核菌を雄ウシの胆汁に浸したジャガイモの薄片にのせ、培養を繰りかえして安全性を高めていく。BCG（カ

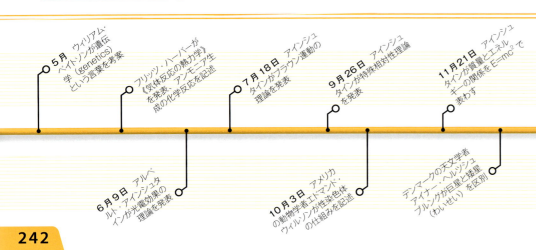

- 5月 ウィリアム・ベイトソンが遺伝学（genetics）という言葉を考案
- 6月9日 アルベルト・アインシュタインが光電効果の理論を発表
- フリッツ・ハーバーが《気体反応の熱力学》を発表、アンモニア生成の化学反応を記述
- 7月18日 アインシュタインがブラウン運動の理論を発表
- 9月26日 アインシュタインが特殊相対性理論を発表
- 10月3日 アメリカ：エドマンド・ウィルソンが性染色体の仕組みを記述
- 11月21日 アインシュタインが質量とエネルギーの関係をE=mc²で表わす
- デンマークの天文学者アイナー・ヘルツシュプルングが巨星と矮星（わいせい）を区別

- 1月 アーサー・エディントンが星の移動を統計的に研究
- 2月13日 アメリカ特許商標庁がアルフレート・アインホルンの開発した局所麻酔薬プロカインを承認
- 2月21日 リチャード・オールダムが地球には核で流体であることを立証
- ドイツの天文学者マックス・ウォルフがトロヤ群小惑星を発見、588アキレスと命名
- ドイツの物理学者カール・シュヴァルツシルトが星は中心から辺縁に向かって暗くなることを観察

1907年

イワン・パヴロフと研究スタッフ。ノーベル賞受賞者のパヴロフは、1907年には動物の条件反射の実験でその名を知られるようになった。

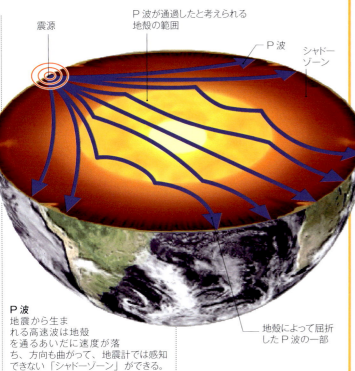

P波
地震から生まれる高速波は地殻を通るあいだに速度が落ち、方向も曲がって、地震計では感知できない「シャドーゾーン」ができる。

(震源／P波が通過したと考えられる地殻の範囲／P波／シャドーゾーン／地殻によって屈折したP波の一部)

ルメット・ゲラン桿菌）の動物実験が始まるまで10年かかり、人での実験は1921年にようやく実施された。

5500℃
地球内殻の温度

アメリカの発明家リー・ド・フォレストが三極管で特許を取得。これは電気信号を増幅させ、スイッチの役目を果たすもので、トランジスタが発明されるまで（[1947年]参照）、二極管と三極管はラジオやテレビ、コンピューターに広く使われた。

ベルギー生まれの化学者レオ・ベークランド（1863～1944年）が合成素材からプラスチックをつくることに成功。耐熱性と非伝導性に優れたこのプラスチックはベークライトと呼ばれ、絶縁体から家庭用品、玩具まで幅広く使われる素材となった。

フランスの映画製作者オーギュスト（1862～1954年）とルイ（1864～1948年）のリュミエール兄弟は、オートクロームと名づけた世界初のカラー写真技術で商売を始めた。これは着色したでんぷん粒を塗布したネガ板を使い、フィルター代わりのでんぷんを通過した光が感光乳剤の層に当たるという仕組みだ。

電子は粒子であることをJ・J・トムソンが証明したのを受け（[1896年]参照）、アメリカの物理学者ロバート・ミリカン（1868～1953年）は電子の電気量を測定する実験を開始した。

> **"1000通りの使い道がある素材。"**
> レオ・ベークランドがベークライトを評して

落下する油滴の電荷はつねにごく小さい値の整数倍になり、この値が電子1個の電気量であると判明した。ミリカンはこの研究結果を1910年に発表した。

放射性崩壊が一定の速度で起こることから、アメリカの科学者バートラム・ボルトウッド（1849～1936年）は岩石の年代をこれで測定できると考えた。ウラン鉱石には鉛が含まれているが、年代が古いほど鉛の含有量が多い。鉛はウラン崩壊の産物なので、長い時間を減るうちに鉛が増えたのである。こうして生まれた放射性炭素年代測定法は、その後イギリスの地質学者アーサー・ホームズ（[1913年]参照）が研究を引きついだ。

ドイツの化学者エミール・フィッシャー（1852～1919年）は、タンパク質の構成単位であるアミノ酸をつなげることに成功。アミノ酸にはさまざまな種類があるが、彼はその多くを識別し、どんな結合でタンパク質の鎖になっているかを突きとめた。その業績から、タンパク質化学という新しい研究領域が発展した。

ロシアの生理学者イワン・パヴロフ（1849～1936年）は、研究室を改造して動物行動の研究に専念した。ベルを聞かせただけでイヌが唾液を出す反応は、条件反射または学習反射と呼ばれるようになった（[1889年]参照）。

初期のカラー写真
乳母車に乗ったリュミエール兄弟の姪ドゥグと乳母を撮影したオートクローム。撮影は1906～1912年のどこかと思われる。

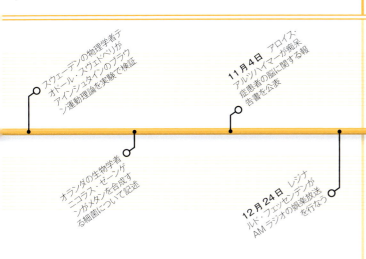

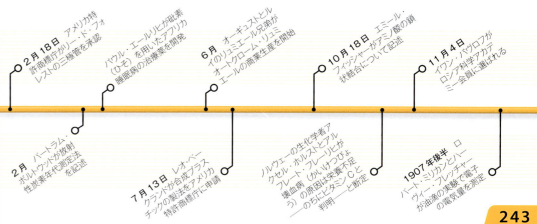

243

相対性の話

アインシュタインの画期的な理論によって、時間と空間は密接に結びついていることが明らかになった。

20世紀はじめ、ドイツ生まれの物理学者アルベルト・アインシュタインは空間、時間、エネルギー、重力に関するそれまでの概念をくつがえす2つの理論を発表した。ひとつは特殊相対性理論で、限られた状況にしか適用できない。もうひとつは一般相対性理論だった。

19世紀の物理学では、一見何もないように見える宇宙はエーテルという物質で満たされており、光はそのなかを定速で進むというのが定説だった。ただ地球は動いているので、測定した光の速度は実際の速度と異なると考えられていた――自分が動いているときに走っている自動車を見ると、実際の速度とちがって感じるのと同じだ。この説を証明し、地球が宇宙空間を動く「絶対」速度を決定するために、科学者たちは時期や角度を変えて何度も光速を測定したが、何度やっても数値は一定だった。

特殊相対性理論

光速が一定である事実は研究者を困惑させ、時空の性質に関するそれまでの前提を揺るがした。アインシュタインは特殊相対性理論のなかで、時間と空間は「相対的」な量であることを示した。相対的に動いている2人の観察者が、空間内の2点間の距離を測定する、または2つの事象のあいだの時間を測定しても、同じ答えにはならない。アインシュタインのこの理論はエーテルの存在を否定し、空間と時間には絶対的な基準点はないことを示唆していた。

アルベルト・アインシュタイン
特殊相対性理論を発表したときは、スイスのベルンで特許庁の職員をしていた。

時計の遅れ
地球を通りすぎる宇宙船内で、2枚の鏡のあいだを光が反射している。宇宙船内にいる飛行士は、垂直方向の光の動きしか観察できない。しかし地球上にいる観察者からは、光が前進しており、鏡にぶつかるまで時間がかかるように見える。つまり時間は「移動する」基準系のなかでゆっくりと流れているのだ。

> **特殊相対性理論**にしたがえば、質量とエネルギーは……同じことを表現している。

アルベルト・アインシュタイン、映画《原子物理学》(1948年)

質量とエネルギー

自らの相対性理論を数式で表現する道を探っていたアインシュタインは、驚くべき結果に遭遇する。物体は速度が上がると質量も増え、光速に到達すると質量が無限大になるのだ。光速は宇宙の速度限界にちがいないとアインシュタインは考えた。そして質量とエネルギーが等価であることを、最も有名な数式 $E=mc^2$ で示し、「質量エネルギー」という新しい量を定義した。

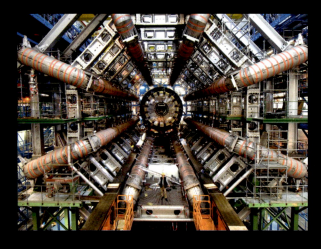

$$e=mc^2$$

エネルギー　質量　光速

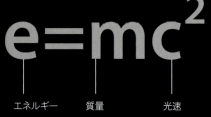

加速器
加速器を扱う物理学者はアインシュタインの理論を日常的に活用し、高速粒子の質量増大や、時間の遅れで起こる崩壊の始まりを予測している。

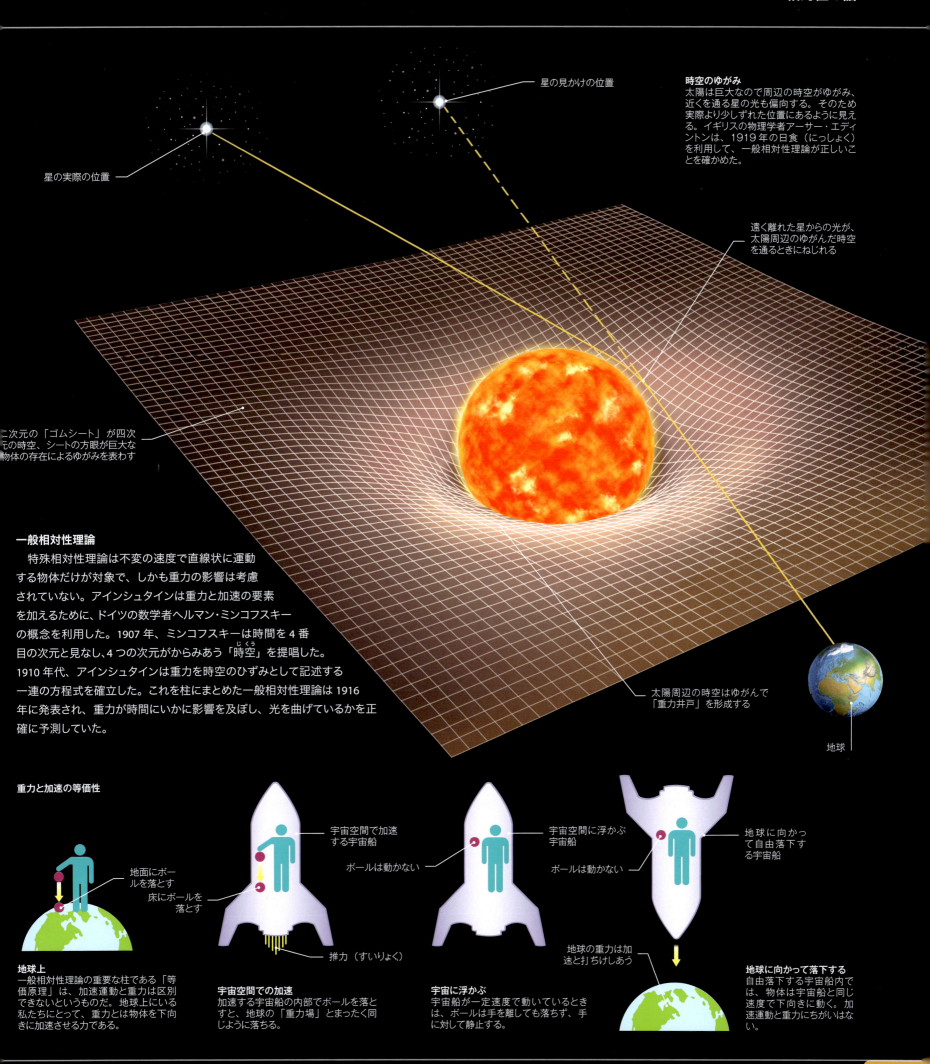

1908年

セロファンは、発明者ジャック・ブランデンベルガーがワインをテーブルクロスにこぼしたときに着想したとも伝えられる。できあがったセロファンは、ワインの染み防止だけでなく、防水パッケージに幅広く使われるようになった。

スイスの化学者ジャック・E・ブランデンベルガー（1872～1954年）が、木質セルロースを材料にした薄い防水フィルムの製法を発明した。このフィルムはセロファン（セルロースと、フランス語で透明を意味するディアファンの合成語）と命名された。液化セルロースを布地に噴霧して染みができないようにするのが当初の目的だったが、フィルム状にすれば用途が広がることがわかった。

ニュージーランド生まれの物理学者アーネスト・ラザフォードが唱えた放射能の半減期理論は研究者の注目を集めていた。彼はドイツの物理学者ハンス・ガイガー（1882～1945年）と共同で、閃光で放射能を測定する方法を開発した。硫化亜鉛のスクリーンに放射線を当てて閃光を計測するのである。2人は当時学生だったアーネスト・マースデン（1889～1970年）の協力を得ながら、障壁に放射線を当てる実験を行なった。ガイガーとマースデンは、金属箔にアルファ線が及ぼす影響を調べていたが、金箔のときに意外な結果が出た。当時の原子構造論（プラムプディング・モデル、［1904年］参照）では、アルファ粒子は金箔をまっすぐ通過するはずだったが、はねかえされる粒子が見つかったのだ。それは「ティッシュペーパーに撃ちこんだ弾丸がはねかえされた」ようなものだとラザフォードは言った。ラザフォードがこの実験結果を分析したところ、アルファ粒子は原子の中心にある密度の高い核に当たったことが判明した。

歴史的な処女飛行から5年たった1908年8月、ライト兄弟は今度は観衆の前で飛行を行なった。半信半疑のまなざしのなか、ウィルバーはフランスにおもむいて有人動力飛行機を披露し、数日にわたって実演を行なった。観衆は日増しに膨れあがり、ライト兄弟はたちまち有名人になった。

> "それは私の人生で最もすばらしいできごとだった。"
>
> アーネスト・ラザフォード（ニュージーランド生まれの物理学者）「原子構造理論の発展」と題した講演（1936年）

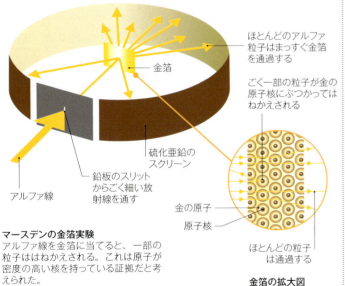

マースデンの金箔実験
アルファ線を金箔に当てると、一部の粒子がはねかえされる。これは原子が密度の高い核を持っている証拠だと考えられた。

- ほとんどのアルファ粒子はまっすぐ金箔を通過する
- ごく一部の粒子が金の原子核にぶつかってはねかえされる
- 金箔
- 硫化亜鉛のスクリーン
- 鉛板のスリットからごく細い放射線を通す
- アルファ線
- 金の原子
- 原子核
- ほとんどの粒子は通過する

金箔の拡大図

1909年

カナダのバージェス頁岩からは、5億年前のカンブリア紀の海洋生物が数多く化石として見つかっている。

ドイツの製薬会社で、アスピリンを開発したバイエルが、ある硫黄製剤で特許を取得した。これはスルホンアミドの誘導体で、抗菌物質として1932年に注目され、抗生物質が登場するまで圧倒的に支持されていた。スルホンアミドは、適切な医薬原理を活用して病気を治す化学療法の発展に重要な役割を果たすのだが、バイエル社は当時その意義を認識していなかった。同じころドイツの医師パウル・エールリヒと日本の生物学者秦佐八郎（1873～1978年）は性交渉で感染する梅毒の特効薬づくりに努力を重ねていた。

デンマークの化学者ソレン・ソーレンセン（1879～1963年）は、酸やアルカリの影響を受けやすいタンパク質の研究をするなかで、酸性度とアルカリ度を数量化するpHスケールを開発した。このスケールでは1～6が酸性、8～14がアルカリ性、7が中性となっていた。

フランスの技術者ルイ・ブレリオ（1872～1936年）は、1908年に行なわれたウィルバー・ライトの公開飛行を見て刺激を受けて、英仏海峡横断を敢行することにした。熱気球では、フランスの発明家ピエール・ブランシャールがすでに成功させていたが、1909年7月、ブレリオは有人動力飛行機ブレリオ11号で横断に挑戦した。7月25日の夜明けとともにカレーを出発したブレリオ11号は、36分後にドーヴァーに着陸する。ブレリオは一躍世界的な有名人になり、ロンドンの《デイリー・メール》紙から1000ポンドの賞金も獲得した。

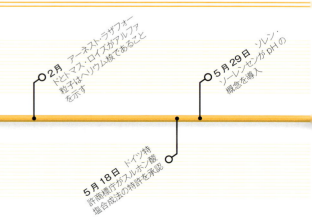

pH値の測定
pH試験紙は酸やアルカリに反応するさまざまな化学物質を含ませて、色の変化で酸性度、アルカリ度を判断する。

強い酸性 ← 1 2 3 4 5 6 7 8 9 10 11 12 13 14 → 強いアルカリ性
中性

- 1月13日 ドイツの医師ウィルヘルム・ワインベルクが集団遺伝学の数学的基礎を記述
- 2月11日 アーネスト・ラザフォードとハンス・ガイガーが放射能測定法を開発、その後のガイガー・カウンターにつながる
- イギリスの化学者ウィリアム・ラムジーとウィリアム・ホワイトロー・グレイがラドンから出る気体を分離、当初はニトンと名づける
- 1908年後半 ハンス・ガイガーとアーネスト・マースデンが金属薄片のアルファ粒子散乱を実験
- 2月 アーネスト・ラザフォードがアルファ粒子はヘリウム核であることを示す
- 5月29日 ソレン・ソーレンセンがpHの概念を導入

- 2月29日 オランダの物理学者ウィレム・ケーソンが固体ヘリウムを生成
- 7月10日 オランダの物理学者ヘイケ・カメルリング・オネスがヘリウムの液化に成功
- 8月8日 ライト兄弟が制御機構付きの有人動力飛行を実演
- 12月18日 オーストリアのカール・ラントシュタイナーとエルヴィン・ポッパーが小児麻痺はウイルス性であることを突きとめる
- 5月18日 ドイツ特許商標庁がスルホン酸塩合成法の特許を承認

1910年

6万5000点
バージェス頁岩からウォルコットが発掘した化石の数

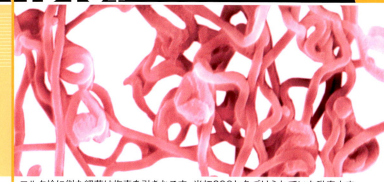
コルク栓に似た細菌は梅毒を引きおこす。当初606と名づけられていた砒素由来の薬が登場して完治が可能になった。

5月20日、ハレー彗星が地球に大接近した。1835年以来のことで、尾には有毒なシアン化物が含まれていると発言したことから、天文学者たちが《ニューヨーク・タイムズ》はすわ人類滅亡かと騒ぎたてた。だが結局は何ごともなく終わった。

デンマークとアメリカの天文学者、アイナー・ヘルツシュプルング（1873〜1967年）とヘンリー・ラッセル（1877〜1957年）は、星を分類するためのH-R図を考案した。温度、光度、大きさの関係を分散図にし、図のなかのどこに位置するかで白色矮星、主系列、超巨星、赤色巨星に分類できるH-R図は現在の天文学でも重用されている。

4月、パウル・エールリヒは砒素製剤606が完成したと発表する。11月にはドイツの製薬会社ヘキストAGがサルヴァルサンとして販売を開始する。この新薬は効果抜群だったため、たちまちひっぱりだこになった。しかし砒素成分の毒性が問題となり、30年後には抗生物質に取ってかわられた（［1940年］参照）。

アメリカの物理学者で光学研究の第一人者だったロバート・W・ウッド（1868〜1955年）は赤外線と紫外線で初めて写真を撮影して発表した。彼の開発した技術をもとに、紫外線と最小限の可視光線を放出するブラックライトがつくられた。

パウル・エールリヒ（1854〜1915年）

医学者として血液の研究をしていたエールリヒは、細菌を含む細胞を着色する方法を開発した。さらに「魔法の弾丸」——特定の細菌や細胞だけを破壊する薬の開発に力を注ぎ、化学療法の概念を打ちたてた。免疫の研究にも業績を残し、免疫反応を説明する理論を提唱した。

脳の働き

脳の最も複雑な部分の「地図」は、コルビニアン・ブロードマンの努力で完成した。大脳半球の表面に広がる大脳皮質は、感覚野、運動野、連合野に大別される。感覚野は全身から送られてくる信号を受けとり、運動野は筋肉に送りだす信号を制御する。連合野は複雑な意思決定や言語などの高次処理を行なう。

運動皮質：筋肉の協調運動を制御
前（ぜん）運動皮質：動こうとする意志をつくりだす
前頭（ぜんとう）前皮質：性格や思考の決定に関わる
ブローカ野：言葉の生成に関わる
一次聴覚皮質：耳からの神経信号を受けとり、分析する
聴覚皮質：聴覚データと記憶やその他の感覚を統合する
体性（たいせい）感覚皮質：触覚受容器からの神経信号を受けとり、分析する
感覚皮質：感覚情報を処理する
視覚皮質：視覚データと記憶やその他の感覚を統合する
一次視覚皮質：目からの神経信号を受けとり、分析する
ウェルニッケ野：言語に関わる

アメリカでは、古生物学者チャールズ・ウォルコット（1850〜1927年）が重大な発見を行なった。カナダ側のロッキー山脈で野外調査を終えようとしていたウォルコットは、化石が大量に埋まっているのを見つけた。のちの調査で、この場所からは最も古くて5億年前からの保存状態の良い化石が豊富に出土することが判明した。ウォルコットは発掘した動物たちを既存の分類に当てはめようとしたが、その多くは古代の進化の途上で絶滅したものだった。

ドイツの神経科学者コルビニアン・ブロードマン（1868〜1918年）は、脳のなかでも意思決定や情動といった高度な機能を受けもつ大脳皮質の領域を細かく調べていた。ブロードマンが線引きを行なった大脳皮質の機能別領域は、その後他の科学者が実験で確認していった。ブロードマンの皮質地図は、脳の高次機能理解の基礎的な手がかりとなる。

100万 塩化水素の水素イオン

1 水の水素イオン

pH値の比較 酸性度を決めるのは水素イオンだ。塩化（えんか）水素の水素イオン濃度は水の100万倍にもなる。

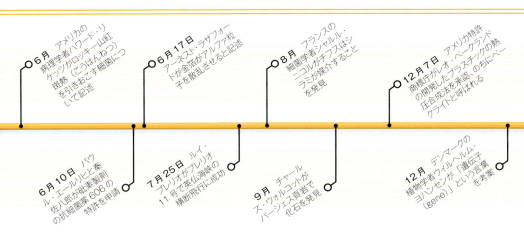

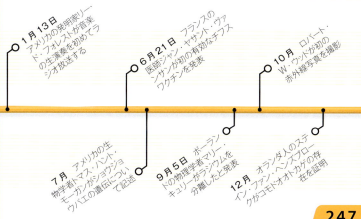

1911年

第1回ソルヴェイ会議の参加者。アーネスト・ラザフォード、マックス・プランク、アルベルト・アインシュタイン、マリー・キュリーなど錚々たる科学者が集まった。

> " この会議が……物理学の発展に重要な影響を与えられると期待する。"
>
> ヴァルター・ネルンスト（ソルヴェイ会議の発案者のひとり）（1911年）

ニュージーランド生まれの物理学者アーネスト・ラザフォードは原子構造の新理論の証拠を集めていた。数々の実験から、原子には高密度の核が存在し、プラムプディング・モデルは誤りであることがわかった（[1904年] 参照）。ラザフォードは、原子は中心に高濃度の質量が存在し、周囲を電子に囲まれていると考えた。1912年、彼はこの中心部を核と名づけ、その電荷量が原子の質量に関連していると指摘。オランダの物理学者アントニウス・ファン・デン・ブローク（1870～1926年）が、電荷量は元素の原子番号、つまり周期表の位置に等しいと示唆した。その後ヘンリー・モーズリーによって正しいことが証明された（[1913年] 参照）。

1908年、デンマークの物理学者ヘイケ・カメルリング・オネス（1853～1926年）がヘリウムの液化に成功、水銀を凍らせたときの電気的特性を研究した。−269℃で水銀の電気抵抗がゼロになった——超伝導である。

10月、ベルギーの実業家エルネスト・ソルヴェイの呼びかけでブリュッセルで第1回ソルヴェイ会議が開かれ、物理学者たちが初めて量子力学という新しい分野の議論を行なった。

コロンビア大学のアメリカ人生物学者トマス・ハント・モーガン（1866～1945年）はショウジョウバエの遺伝の実験を行なっていた。グレゴール・メンデル（[1866年] 参照）やユーゴー・ド・フリース（[1900年] 参照）の業績をもとに、モーガンはショウジョウバエの眼の色といった特徴の変異を調べ、遺伝のパターンをあぶりだした。1911年、遺伝子は染色体にあることを突きとめた。

ロバート・スコット（1866～1912年）率いるイギリスの探検隊を乗せたテラ・ノヴァ号が南極点めざして出発。のちに「世界最悪の旅」と呼ばれたが一部の任務は遂行され、真冬のコウテイペンギンの営巣地を発見することもできた。しかし12月、ノルウェーのロアール・アムンゼン（1872～1928年）率いる探検隊が先に南極点到達を果たす。イギリス隊は帰路に全員死亡。

ドイツの化学者フィリップ・モンナルツは、腐食に強いステンレス鋼の製造法を考案し、1912年に特許を取得。翌1913年には、イギリスの技術者ハリー・ブレアリー（1871～1948年）がイギリスのシェフィールドでステンレス鋼の商業生産を開始する。

アーネスト・ラザフォード（1871～1937年）

ニュージーランドに生まれ、カナダのマギル大学に学んだのち、1907年にイギリスのマンチェスター大学に進む。1919年、ケンブリッジ大学のキャヴェンディッシュ研究所の所長に就任。独自の原子モデルで原子物理学の分野を確立、放射能は原子の崩壊で発生すると唱えた。

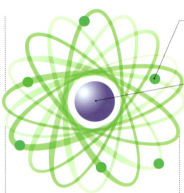

ラザフォードの原子モデル
原子には高密度の核があり、電子はその周囲の空間で軌道を描いていると考えた。

- 原子核を周回する電子
- 正電荷を帯びた高密度の原子核

モーガンのショウジョウバエの実験

トマス・ハント・モーガンの交配実験で、遺伝子は性染色体のひとつ——通常はX染色体——が担っていることから、形質遺伝は性別と結びついていることが判明した。ショウジョウバエの眼の色は赤が優性なので、赤眼のメスと白眼のオスから生まれる子供はすべてが赤眼だが、白眼の対立遺伝子も持っている。したがって次世代では、白眼の遺伝子を持つ赤眼のメスから、白眼のオスが生まれることもある。

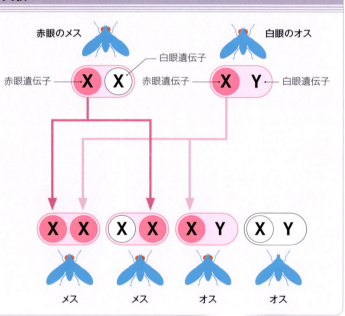

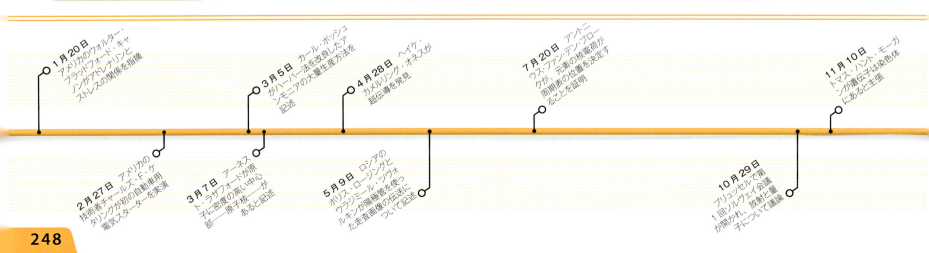

- 1月20日　アメリカのウォルター・キャノンがチャールズ・F・ケタリングとともに、アドレナリンとストレスの関係を指摘
- 2月27日　アメリカの技術者チャールズ・F・ケタリングが初の自動車用電気スターターを実演
- 3月5日　カール・ボッシュがハーバー法を改良したアンモニアの大量生産方法を記述
- 3月7日　アーネスト・ラザフォードが原子に密度の高い中心部——原子核——があると記述
- 4月28日　ヘイケ・カメルリング・オネスが超伝導を発見
- 5月9日　ロシアのボリス・ロージングとウラジミール・ツヴォルイキンが陽極線を使った走査画像の伝送について記述
- 7月20日　アントニウス・ファン・デン・ブロークが、元素の核電荷が周期表の位置を決定することを証明
- 10月29日　第1回ソルヴェイ会議がブリュッセルで開かれ、放射と量子について議論
- 11月10日　トマス・ハント・モーガンが遺伝子は染色体にあると主張

1912年

考古学者チャールズ・ドーソン（左）は、自らの発見が人類進化の失われた環であると主張し、古生物学者アーサー=スミス・ウッドワード（中央）もそれを信じた。

2月14日、イギリスの考古学者チャールズ・ドーソン（1864〜1916年）がイギリスのピルトダウンで霊長類の頭骨の断片とあごの骨を発掘した。これは人類と類人猿の進化の「失われた環」であるとされ、大英博物館の専門家も大いに関心を寄せた。ところが40年以上たった1953年、この「ピルトダウン人」は完全な捏造で、正体は現代人とオランウータンの骨であることが判明した。

1912年は化学構造解析に新しい方法が誕生した年でもある。ドイツの物理学者ヴァルター・フリードリヒ（1874〜1958年）とパウル・ニッピング（1883〜1935年）が、水晶のX線回折パターンを写真乾板に感光させると、水晶原子の配列がわかることを示した。その後ドイツの物理学者マックス・フォン・ラウエ（1879〜1960年）がその仕組みを解明し、X線は粒子ではなく短波長の波であることを確認した。X線回折は分析化学の柱となる。

イギリスの生化学者フレデリック・ホプキンズ（1861〜1947年）は動物の食餌を調べ、炭水化物、タンパク質、脂肪のほかに補助栄養物が必要であると断定した。ポーランド生まれの生化学者カシミール・フンク（1884〜1967年）は、そうした栄養物がアミン類であると考え「生命に不可欠なアミン」という意味でビタミン（vitamine）と命名した。しかしその後アミン類説は否定され、名称もvitaminに変更された。

300 km/秒
アンドロメダ星雲が太陽から遠ざかっていく速さ

アメリカの天文学者ヴェスト・スライファー（1875〜1969年）が分光技術を使い（［1860年］参照）、アンドロメダ星雲から出る光が赤の波長のほうに動いていることを発見する。これが赤方偏移で、銀河が遠ざかっていることを意味していた。スライファーの研究は、宇宙膨張説の最初の証拠だった。

1913年

> 母なる地球に年齢をたずねるのは……失礼かもしれないが、科学は自他ともに認める恥知らずであり……地球が慎重に隠している秘密を暴いてきた。

アーサー・ホームズ（イギリスの地質学者）《地球の年齢》（1913年）

イギリスの物理学者フレデリック・ソディは、アーネスト・ラザフォードのもとで放射能と崩壊生成物の識別の研究を行なっていた。そのなかで原子量が異なるものの、周期表では既知の元素と同じ位置にある生成物の存在を知る。これは既知の元素の変種であるとソディは考え、1913年に同位体と名づけた。

デンマークの物理学者ニールス・ボーア（1885〜1962年）は、ラザフォードの原子核モデルに量子力学の新発想を加味して修正を行なった。ボーアが提唱したのは、原子核のまわりで軌道を描く電子がいくつもの殻、言いかえれば軌道関数と呼ばれるエネルギーレベルを形成しているというものだ。元素が化学的にどう反応するかは、外側の殻にある電子が決めるとボーアは考えた。

ドイツの化学メーカーBASF社に所属していた化学者カール・ボッシュは、肥料に使うアンモニアの工業生産を実現させ、1914年にはフル生産状態になっていた。生産方法はフリッツ・ハーバー（［1905年］参照）が考案した方法に手を加えたもので、現在ではハーバー＝ボッシュ法と呼ばれている。

12月、イギリスの物理学者ヘンリー・モーズリー（1887〜1915年）が、元素は周期表の位置に応じた固有の波長のX線を出していることを発見した。これは原子核の正電荷量が周期表の位置、すなわち原子番号に対応しているというファン・デン・ブロークの主張を裏づけるものだった。

イギリスの地質学者アーサー・

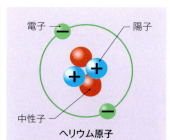

ヘリウム原子

原子番号

ヘンリー・モーズリーは原子番号のあいまいな概念と、原子核の物理的数値が結びついていることを証明した。その値はのちに、陽子の数であることが判明する。中性の原子は陽子と電子の数が等しい。原子核は陽子と中性子で構成されている。

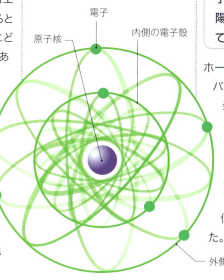

ボーアの原子モデル
原子核のまわりを「電子殻（かく）」が囲んでおり、電子が異なる殻を移動するたびに原子は電磁（でんじ）放射を放出・吸収する。

ホームズ（1890〜1965年）は、バートラム・ボルトウッドが開発した放射性炭素年代測定（［1907年］参照）を用いて岩石の年代を計算した。その結果は《地球の年齢》で発表したが、地球は1億6000万歳という数字は現代の数値より4000倍も若いものだった。

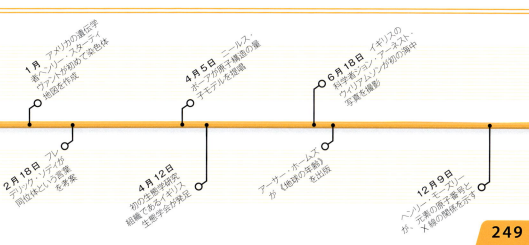

原子の構造の話

粒子と力がひとつになって、物質の基本単位である原子ができる。

固体、液体、気体――物質の主要3形態はすべて原子という粒子で構成されている。原子はとても小さいので、この文のピリオド1個にも何百万個と詰まっている。原子を構成するのは3種類の粒子――陽子、中性子、電子である。

科学者たちは19世紀から原子の存在を確信しており、原子が物質の最小単位であると考えていた――原子を意味するatomは「分割できないもの」という意味だ。しかし1897年に電子が発見され、原子に内部構造が存在する可能性が出てきた。電子は負の電荷を帯びているが、原子全体は中性だ。とすると正電荷の物体もあるはずである。放射性物質から生成されるアルファ粒子を使って、原子の構造を探る試みが続けられた。1911年、アーネスト・ラザフォードが、正電荷を持つアルファ粒子を金属箔に発射すると一部がはねかえされることから、原子の中心に正電荷が集中していると考えた。これが原子核である。

原子と元素

水素（右参照）は例外として、原子核には正電荷を持つ陽子と電荷を持たない中性子があり、「強い核力」と呼ばれる引力で引きあっている。元素の種類によって、原子核内の陽子の数は異なる（下参照）。電子は原子核のまわりで軌道を描いており、電気的な力で陽子に引きつけられ、外に飛びださないですんでいる。陽子と電子は同数なので、原子全体は中性となる。

アーネスト・ラザフォード
ニュージーランド生まれの物理学者。1911年に原子核を、1920年に陽子を発見。

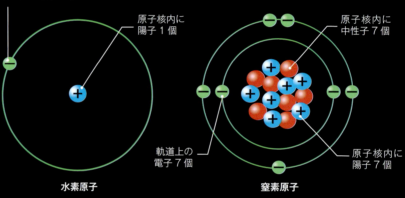

水素原子 / 窒素原子

軌道とは電子が見つかる蓋然性が高い領域のこと

原子の大きさ

原子の質量の大半を占める核はとても小さく、全体の容積のほとんどは電子で構成される。電子は原子核から一定距離の軌道を描いており、それぞれの軌道に乗れる電子の数は限られている。電子の数が多いほど軌道も多く、原子核からの距離も長くなって、原子の直径も大きくなる。

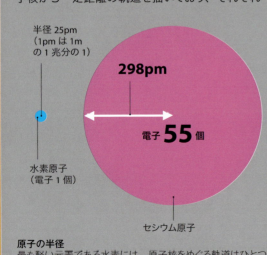

半径 25pm（1pmは1mの1兆分の1）
298pm
電子 55 個
水素原子（電子1個）
セシウム原子

ウラン238 原子（陽子92個、中性子146個）
水素-1原子（陽子1個、中性子0個）
水素原子 238個

原子の半径

最も軽い元素である水素には、原子核をめぐる軌道はひとつしかない。すなわち最も小さい原子である。セシウム原子は、原子核のまわりで55個の電子が軌道を描いており、水素原子の約12倍の大きさがある。

原子の質量

陽子と中性子の質量は等しい。電子の質量は無視できるほど小さい。したがって原子の質量は陽子と中性子の合計になる。同じ元素でも、同位体（どういたい）になると中性子の数が異なる。

> 陽子はいわば原子の顔で、電子は性格だ。

ビル・ブライソン（アメリカの作家）《人類が知っていることすべての短い歴史》（2003年）

原子の構造の話

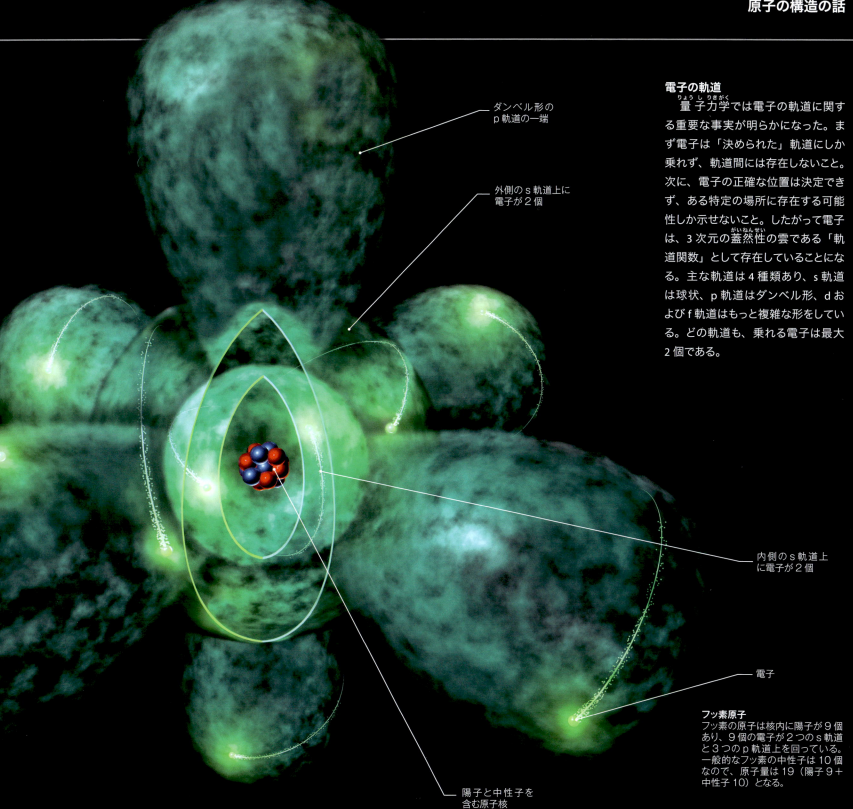

- ダンベル形のp軌道の一端
- 外側のs軌道上に電子が2個
- 内側のs軌道上に電子が2個
- 電子
- 陽子と中性子を含む原子核

電子の軌道

　量子力学では電子の軌道に関する重要な事実が明らかになった。まず電子は「決められた」軌道にしか乗れず、軌道間には存在しないこと。次に、電子の正確な位置は決定できず、ある特定の場所に存在する可能性しか示せないこと。したがって電子は、3次元の蓋然性の雲である「軌道関数」として存在していることになる。主な軌道は4種類あり、s軌道は球状、p軌道はダンベル形、dおよびf軌道はもっと複雑な形をしている。どの軌道も、乗れる電子は最大2個である。

フッ素原子

フッ素の原子は核内に陽子が9個あり、9個の電子が2つのs軌道と3つのp軌道上を回っている。一般的なフッ素の中性子は10個なので、原子量は19（陽子9＋中性子10）となる。

白熱とルミネセンス

　物質が放射する光には、白熱とルミネセンスの2種類がある。白熱は高温の物質から放出される光で、赤や白に輝く光である。これに対してルミネセンスが光るのに熱はいらない。紫外線に照らされて発する光や、照射されたあと暗闇で光る燐光などがその例だ。ルミネセンスがつくりだす光は、電子のエネルギーレベルが落ちて、原子核に近くなった結果である。

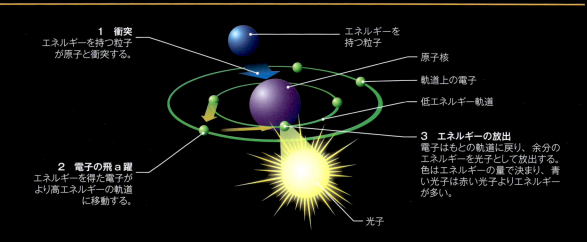

- 1　衝突　エネルギーを持つ粒子が原子と衝突する。
- 2　電子の飛躍　エネルギーを得た電子がより高エネルギーの軌道に移動する。
- 3　エネルギーの放出　電子はもとの軌道に戻り、余分のエネルギーを光子として放出する。色はエネルギーの量で決まり、青い光子は赤い光子よりエネルギーが多い。
- エネルギーを持つ粒子
- 原子核
- 軌道上の電子
- 低エネルギー軌道
- 光子

1914〜15年

> "ネオンの螢光性は……光源として高い輝度を実現する。"
>
> ジョルジュ・クロード《照明目的の真空放電管》アメリカ特許商標庁（1915年）

ガス放電管は低圧ガスに電圧をかけてイオン（帯電粒子）をつくりだし、螢光色の光を発生させる。

1914年、ベルギーの医師アルベール・ユスタン（1882〜1967年）が、血液にクエン酸ナトリウムを入れると凝固を防げることを発見。これまでは凝固の危険を避けるため、提供者から直接輸血する方法しかとれなかった。3月、ユスタンは抗凝固剤を使用して保管しておいた血液を使い、初の安全な間接輸血を実施した。

1915年、2人のドイツ人研究者が世界の見かたを変えた。まず地質学者アルフレート・ヴェーゲナーが1912年に提唱した大陸移動説（下記参照）をさらに発展させた。それ以上に画期的だったのが、物理学者アルベルト・アインシュタインの一般相対性理論だった。特殊相対性理論（[1905年]参照）では、基準系が変われば距離と時間の測定結果も変わるが、光速だけはどこでも一定であることを示した。観察者が

アルフレート・ヴェーゲナー（1880〜1930年）

ドイツに生まれ、気象学者として北極探検にも参加した。大陸移動説を唱え、地質学的な証拠は集まったものの、なぜ動くかの説明ができず、存命中は取りあってもらえなかった。

測定を行なう状況である基準系は、それぞれ一定速度で動いている。そして一般相対性理論では、加速と減速の影響も考慮した。加速は重力と等価である

輸血キット
第1次世界大戦の前線で使用された、抗凝固処理をされた血液の輸血キット。どの血液型にも使えるよう〇型の血が使われている。

ため、重力の影響で光が曲がる。さらに強い重力場が時間と見た目をゆがめるとアインシュタインは主張した。言いかえれば、時空連続体がゆがむということだ。現在の物理学では、空間と時間は関連があり、空間が3つの次元を構成し、時間が4番目の次元になると考える。

同じ年、フランスの技術者ジョルジュ・クロードのネオン放電管が特許を取得した。

— 血液を入れたガラス
— 輸血用チューブ

大陸移動説

アルフレート・ヴェーゲナーが、現在の大陸は先史時代の超大陸が何百万年も昔に分かれてできたと考え、それを裏づける証拠を集めた。大西洋をはさんだ大陸の海岸線の形状だけでなく、化石を含む地質構成も似ていることから、かつてはひとつの大陸だったというのがヴェーゲナーの主張だった。

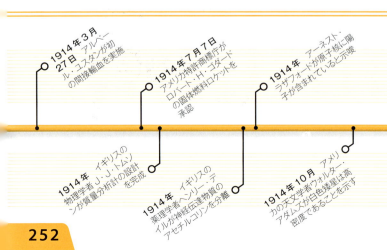

2億年前
古代の大陸が集まってパンゲアというひとつの超大陸が形成される。しかし構造プレートの移動は続き、しだいに断片に分かれていく。

1億3000万年前
インド（北西方向に移動）やオーストリア＝南極大陸などいくつかの大陸に分かれる。

7000万年前
数百万年かけて南アメリカがアフリカから分離し、大西洋ができる。

現在
インドがアジアと衝突してヒマラヤ山脈ができる。南アメリカと北アメリカがくっつき、細い中央アメリカ陸橋（りくきょう）が形成される。

- **1914年3月27日** アルベール・ユスタンが初の間接輸血を実施
- **1914年** イギリスの物理学者J・J・トムソンが質量分析計の設計を完成
- **1914年7月7日** アメリカ特許商標庁がロバート・H・ゴダードの固体燃料ロケットを承認
- **1914年** イギリスの生理学者ヘンリー・デイルが神経伝達物質のアセチルコリンを分離
- **1914年** アーネスト・ラザフォードが原子核に陽子が含まれていると示唆
- **1914年10月** アメリカの天文学者ウォルター・アダムスが白色矮星は高密度であることを示す
- **1915年1月19日** アメリカ特許商標庁ジョルジュ・クロードのネオン放電管を承認
- **1915年3月3日** NASAの前身であるNACAが創設
- **1915年3月19日** アリゾナ州にあるローウェル天文台が冥王星の写真撮影に成功するが、当初は新しい惑星だと認められなかった
- **1915年軍で初の戦車** イギリスの「リトル・ウィリー」が試験される
- **1915年9月15日** ロバート・ミリカンがアインシュタインの光電効果の理論を証明
- **1915年9月6日** アルベルト・アインシュタインが一般相対性理論を発表、重力と時空の関係を説明
- **1915年9月25日** アルフレート・ヴェーゲナーが《大陸の起源》を出版し、大陸移動説を提唱

1916〜17年

30万光年
シャプリーが計算した天の川銀河の直径

アメリカの天文学者ハーロー・シャプリーは天の川銀河の大きさを初めて計算したが、その数値は実際よりかなり大きかった。実際の直径は10万光年で、1000億個以上の星がある。

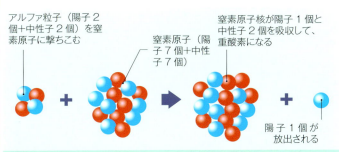

アルファ粒子（陽子2個+中性子2個）を窒素原子に撃ちこむ

窒素原子（陽子7個+中性子7個）

窒素原子核が陽子1個と中性子2個を吸収して、重酸素になる

陽子1個が放出される

原子核変換

イギリスの物理学者アーネスト・ラザフォードは、ある元素を別の元素に変える原子核変換を初めて行ない、原子核に他の粒子をぶつけることで、原子核の大きさを変えられることを示した。これを利用して、莫大なエネルギーを得ることが可能になった。

1916年、アメリカの化学者ギルバート・ルイス（1875〜1946年）は、原子が結合して大きな分子をつくるとき、外殻の電子を共有していることを突きとめた。1919年にはアーヴィング・ラングミュア（1881〜1957年）がこの発想をさらに推しすすめて共有結合と名づけた。

スウェーデンの地質学者レナート・フォン・オスト（1884〜1951年）が堆積物研究の新しい方向性を示した。植物によって花粉粒の形が異なることから、泥炭層の歴史的植生を明らかにしたのである。花粉学は法医学の証拠分析の重要な分野になっている。

アメリカの天文学者ハーロー・シャプリー（1885〜1972年）は、写真を使った星団観測を開始、体系的な計測によって銀河系の周囲には光輪のように星団が集まっており、地球が中心ではないことを突きとめた。

1917年、カリフォルニアのウィルソン山天文台で当時世界最大のフッカー反射式望遠鏡が完成した。これに使われている直径254cmの鏡は、ガラスの鏡としてはいまも世界最大である。望遠鏡は太陽以外の星の計測に活用された。

1917年11月、ニュージーランド生まれの物理学者アーネスト・ラザフォードが原子物理学の研究で画期的な成果をあげた。窒素原子にアルファ粒子を発射して、重酸素をつくりだしたのである。これは人為的に成功した初の原子核変換である。

アメリカが第1次世界大戦に参戦した1917年4月、イギリス生まれの軍医オズワルド・ロバートソン（1886〜1966年）が戦場に血液銀行システムを導入した。イギリス軍医療部隊は、これを戦争が貢献した最も重要な医学的進歩と呼んだ。抗凝固処理をされた血液は、より短時間で安全な輸血を可能にした。イギリスの医師アーサー・カシュニー（1866〜1926年）は腎臓の生理学に関する本格的な研究を発表した。彼は腎臓が血液を濾過して栄養物を再吸収し、残りを尿として排出する仕組みを正しく指摘していた。

花粉粒
独特の形状をしているので、顕微鏡で植物を特定するときの手がかりになる。

フッカー望遠鏡
星の大きさを初めて測定するのに使われ、宇宙膨張説の形成に一役買った。

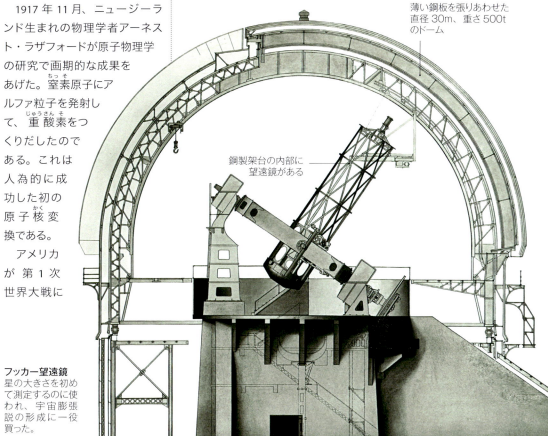

薄い鋼板を張りあわせた直径30m、重さ500tのドーム

鋼製架台の内部に望遠鏡がある

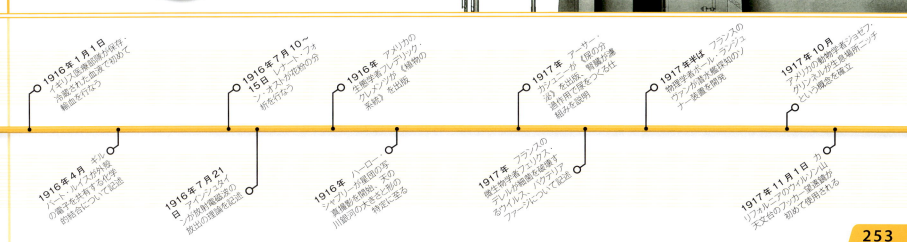

1916年1月1日 イギリス医療部隊が保存・冷蔵された血液で初めて輸血を行なう

1916年4月 ギルバート・ルイスが外殻の電子を共有する化学的結合について記述

1916年7月10〜15日 レナート・フォン・オストが花粉の分析を行なう

1916年7月21日 アインシュタインが放射電磁波の放出の理論を記述

1916年 アメリカの生態学者フレデリック・クレメンツが《植物の分類系統》を出版

1916年 ハーロー・シャプリーが星団の写真撮影を開始、天の川銀河の大きさと形の特定に至る

1917年 アーサー・カシュニーが《尿の分泌》を出版、腎臓が濾過作用で尿をつくる仕組みを説明

1917年 フランスの微生物学者フェリクス・デレルが細菌を破壊するウイルス、バクテリオファージについて記述

1917年半ば フランスの物理学者ポール・ランジュヴァンが潜水艦探知のソナー装置を開発

1917年10月 アメリカの動物学者ジョセフ・グリンネルが生息場所ニッチという概念を確立

1917年11月1日 カリフォルニアのウィルソン山天文台のフッカー望遠鏡が初めて使用される

1918～19年

スペイン風邪の流行で既存の施設では追いつかなくなり、アメリカでは体育館も急造の病院になった。

3000万人
1918年に流行したスペイン風邪の半年間の死者数

一般相対性理論の証明

アインシュタインの一般相対性理論は、太陽の強力な重力場が時空をゆがめると指摘していた。このゆがみによって太陽からの光も偏向し、見かけの太陽の位置は実際とずれる。この予想が正しいことは、アーサー・エディントンとアンドリュー・クロンメリンがそれぞれ行なった観測で確認された。日食のとき、彼らは太陽に近い星の位置を正確に観測し、見かけの位置と比較したところ、わずかながら差があることが判明したのだ。

第1次世界大戦後、今度は自然が引きおこした災厄が世界を襲った。スペイン風邪はすべての大陸に広がり、当時の医学は無力で、1300年代の腺ペスト流行より甚大な被害をもたらした。現代の研究では、突然変異のウイルスが原因だったため、ほとんどの人が免疫を持っていなかったことがわかっている。

1918年2月、フランスの物理学者ポール・ランジュヴァン（1872～1946年）が海中の潜水艦が発する音を検知するシステムを実演した。これはASDICS（援用ソナー探知等分類システム）と呼ばれ、ソナー装置の前身となるものだった（p.292-293参照）。

ドイツでは電気技術者アルトゥール・シェルビウス（1878～1929年）が暗号機を発明してエニグマと名づけた。複数のローターを使用する仕組みで、シェルビウスは1918年にこの装置をドイツ海軍に提供している。海軍では1926年2月から使用を開始し、すぐに陸軍でも採用された。

1917年、ニュージーランド生まれの物理学者アーネスト・ラザフォードは、放射性元素から窒素原子に向けてアルファ粒子を発射すると、小さな素粒子が生じることを突きとめた。これが正電荷の水素イオンに相当することを知った彼は、のちに陽子と名づけた。原子核が正電荷なのはこの陽子があるからである。

1919年に日食が起きたとき、イギリスの天文学者アーサー・エディントン（1882～1944年）とフランスの天文学者アンドリュー・クロンメリン（1865～1939年）が星からの光が太陽付近を通過するとき曲がる現象を観測した。これはアインシュタインの一般相対性理論の証明でもあった（p.244-245参照）。

電荷の均衡
イオン化されていない原子内の陽子の数は、電子の数と等しい。つまり原子全体としては中性になっている。中性子は電荷を持っていない。

- 陽子7個
- 電子7個
- 窒素原子のほとんどは中性子も7個ある

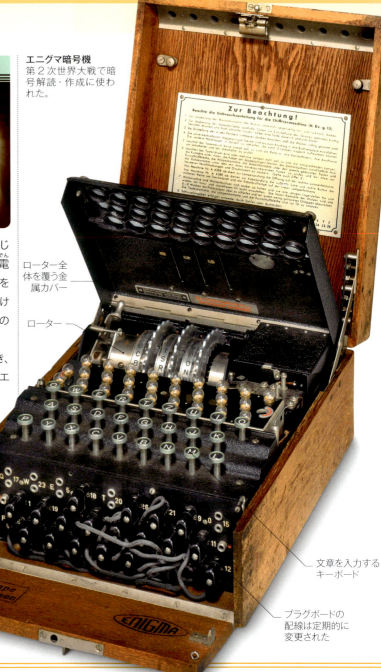

エニグマ暗号機
第2次世界大戦で暗号解読・作成に使われた。

- ローター全体を覆う金属カバー
- ローター
- 文章を入力するキーボード
- プラグボードの配線は定期的に変更された

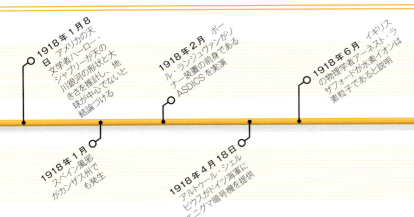

- 1918年1月8日 アメリカの天文学者ハーロー・シャプリーが天の川銀河の形状と大きさを推計し、地球が中心でないと結論づける
- 1918年1月 スペイン風邪がカンザス州でも発生
- 1918年2月 ポール・ランジュヴァンがソナー装置の前身であるASDICSを実演
- 1918年4月18日 アルトゥール・シェルビウスがドイツ海軍にエニグマ暗号機を提供
- 1918年6月 イギリスの物理学者アーネスト・ラザフォードが水素イオンは素粒子であると説明
- 1919年5月29日 アーサー・エディントンとアンドリュー・クロンメリンがアインシュタインの一般相対性理論を検証
- 1919年6月1日 アメリカの化学者アーヴィング・ラングミュアが原子と分子における電子配列や共有結合という言葉を考案
- 1919年11月30日 スペイン風邪の流行収束宣言される
- 1919年12月1日 アメリカの化学者フィーバス・レヴィーンがDNAの構造を記述

1920〜21年

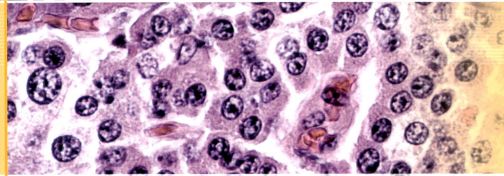

100万個
成人の膵臓にあるランゲルハンス島の数

膵臓内にあるランゲルハンス島。インスリンを分泌する。

アメリカの物理学者ロバート・ゴダード（1882〜1945年）がロケットによる宇宙旅行の構想を発表してまもなく、1920年1月13日付《ニューヨーク・タイムズ》がゴダードを揶揄する記事を載せた。しかし数年後、ゴダードは液体燃料ロケットの発射に成功していた（[1926年] 参照）。

1920年、イギリスの医師エドワード・メランビー（1884〜1955年）が、くる病と呼ばれる骨が軟化して変形する病気は、ポリッジ食が原因であること、タラ肝油で病状が改善することを確かめた。タラ肝油には成長に不可欠な要素が含まれていると推測したメランビーは、1922年にそれがビタミンDであると特定した。その後の研究で、日光に当たると体内でビタミンDの生成が促されることも判明した。

BCGワクチン
無害化したウシ型結核菌で体内の免疫系に働きかける。

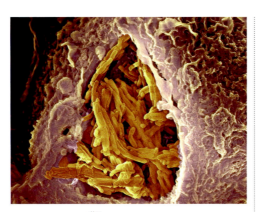

同じ1920年、アーサー・エディントンが星のエネルギー源は水素がヘリウムに変わる核融合だと示唆する。イギリスの天文学者セシリア・ペイン=ガポーシュキン（1900〜1979年）が星の組成は水素が大部分を占めることを証明して、エディントンの説は裏づけられた。

ドイツでは植物学者ハンス・ウィンクラー（1877〜1945年）が、「遺伝子（gene）」と「染色体（chromosome）」を合成して「ゲノム」という言葉を考案し、生殖に関する著書で1組の遺伝物質を指すのに使った。

1921年7月、BCG（カルメット・ゲラン桿菌）ワクチンの生体実験が初めて行なわれることになった。アルベール・カルメットとカミーユ・ゲランが開発に着手してから15年後のことである（[1906年] 参照）。フランス人医師ベンヤミン・ヴァイユ=アル（1875〜1958年）とレイモン・テュルパン（1895〜1988年）が、母親が結核で死んだ新生児にワクチンを経口投与した。これは現在世界中で実施されているワクチン接種活動の第一歩だった。

8月、カナダの生物学者フレデリック・バンティング（1891〜1941年）とチャールズ・ベスト（1899〜1978年）がインスリンの分離に成功した。膵臓が体内の血糖値を調節する分泌物を出していることはわかっており、その有効成分は「インスリン」と名づけられていたが、膵臓から分泌される消化酵素に破壊され、抽出が難しかった。バンティングは消化管を縛ることで、インスリンだけを取りだすことができた。

1921年のノーベル物理学賞は該当者なしで、翌年に持ちこされることになった。1922年に決定した受賞者はアルベルト・アインシュタインで、「奇跡の年」として画期的な理論を次々と発表した1905年から20年近くが経過していた。授賞理由は理論物理学への貢献であり、なかでも光電効果の法則を発見したからというものだった。

光電効果

金属の表面に光を当てると、電子が放出される。これを光電効果と呼ぶ。アルベルト・アインシュタインは、光子という一定エネルギーを持つ粒子でこの現象を説明した。赤色光（波長が長い）の光子はエネルギーが少ないので電子放出には至らないが、青色光（波長が短い）を当てれば電子が放出される。

赤色光はどんなに明るくてもエネルギーは小さい
青色光はエネルギーが多い
青色光が金属表面にぶつかると電子が放出される

血糖値調節の仕組み

食後などに血糖値が上昇すると、膵臓からインスリンが分泌される。すると肝臓が糖を炭水化物に変換するので、血糖値は下がる。グルカゴンという別のホルモンが分泌されると、肝臓は貯蔵した炭水化物を分解して糖をつくりだす。この2つのホルモンの働きで、血糖値が調節されている。

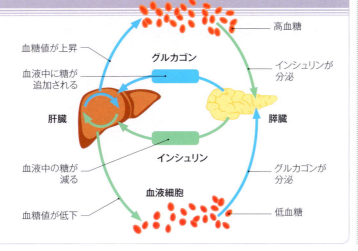

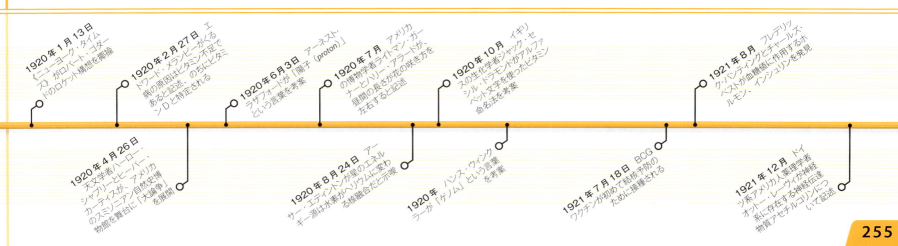

1922年

> "有機的な粘液が……最初の生物だったと考えられる。"
>
> A・オパーリン《生命の起源》（1924年）

ソ連の生化学者アレクサンドル・オパーリン（1894～1980年）が、生命は無生物から進化したという生命起源の自説を発表した。原始の地球の大気は還元的な気体の混合物で、生物を構成する分子のように結合した水素原子が豊富に含まれていた。そしてメタンから炭素、アンモニアから窒素、水蒸気から酸素というように、大気を構成する気体から元素がつくられていった。気体が反応して有機的分子の「スープ」が生まれ、それが細胞へと進化していったのである。1953年、アメリカの化学者スタンリー・ミラー（1930～2007年）は、無機的な分子から有機的な分子がつくれることを実験で示した。

ソ連の物理学者アレクサンドル・フリードマン（1888～1925年）は空間のひずみを研究していたが、彼が考えたあるモデルでは、宇宙の半径が時間とともに大きくなっていた。膨張する宇宙の概念は、ベルギーの天文学者ジョルジュ・ルメートル（[1927年] 参照）も提唱していた。数年後、アメリカの天文学者エドウィン・ハッブルは、銀河が後退している証拠を突きとめた（[1929～30年] 参照）。

1923年

カリフォルニアのフッカー望遠鏡で観測するエドウィン・ハッブル。

> "天文学の歴史は地平線を後退させた歴史である。"
>
> エドウィン・ハッブル（アメリカの天文学者）《星雲の宇宙》（1936年）

10月、エドウィン・ハッブルがアンドロメダ星雲の星は思ったより遠くにあり、天の川の外に位置してると発表した。当時は天の川が全宇宙だと思われていたので、ハッブルのこの説は衝撃的だった。

それと同じころ、アメリカの化学者ギルバート・ルイス（1875～1946年）とメール・ランドル（1888～1950年）が《熱力学と化学物質の自由エネルギー》を出版し、化学反応をエネルギーの視点から説明した。化学反応と結びついたエネルギーが数値化できることは、19世紀アメリカの物理学者ウィラード・ギブス（1839～1903年）が示していた。物質が異なれば、その化学組成に応じて化学エネルギーの量も変わり、反応の傾向も左右される。熱力学の法則にしたがえば、エネルギーの総量は変わらない。そのため生成物の化学エネルギーが反応物より少なければ、その分は熱などで放出しなければならない。ルイスとランドルは物質ごとに「自由エネルギー」値を設定し、それによって反応にともなうエネルギーの変化を計算できるようになった。

化学の世界では酸と塩基の再定義も進められていた。1884年、スウェーデンの化学者スヴァンテ・アレニウスは、酸と塩基がそれぞれ水素イオン（H+）とヒドロキシ基（OH-）の割合で区別できることを示していた。その後デンマークの化学者ヨハンス・ブレンステッド（1879～1947年）とイギリスの化学者マーティン・ローリー（1874～1936年）が水素イオン単独で両者を定義した。酸が電子イオンを提供し、塩基がそれを受けとるのである。ギルバート・ルイスはこの理論をさらに掘りさげ、電子で説明した——負電荷の亜原子粒子がすべての物質の化学的性質を決定しているというものである。

酸・塩基理論

酸と塩基を電子で定義するもので、酸は電子を受けとるもの、すなわち正電荷を帯びた水素イオン（陽子）を放出して、負の電子と結合する。塩基は電子を提供する側で、水素イオンが受けとる電子を出す。多くの塩基——アルカリと呼ばれる——は電子を豊富に含む水酸化物イオンを放出し、水素イオンと反応して水を生成する。

1924年

この年は早々に天文学で重要な進歩が見られた。イギリスの天文学者アーサー・エディントンは1920年、星のエネルギー源は水素がヘリウムに変わる核融合であると提唱し、同じイギリスの天文学者セシリア・ペイン、のちの

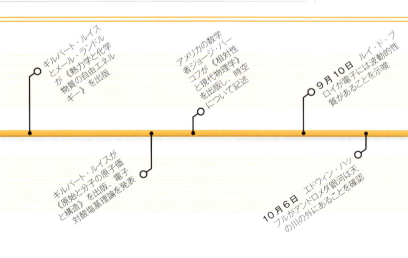

250万光年
地球とアンドロメダ銀河の距離

アンドロメダ銀河は天の川銀河からはるか遠くにあり、膨張を続ける中心部から長い腕が伸びてらせんを描いている。

セシリア・ペイン＝ガポーシュキン（1900〜1979年）が支持した。3月、エディントンは星の質量と光度の関係を分析した論文を発表する。星の光度は質量とともに上がるが、その関係は単純なものではなく、大きな星はすさまじく明るくなる。しかしエディントンの方程式を使えば、測定した光度から質量を算出することが可能だった。これは星の一生を理解するうえで重要な手がかりとなる。質量の大きい星ほど寿命が短いからだ。

11月、フランスの物理学者ルイ・ド・ブロイ（1892〜1987年）が、原子の概念をくつがえす新説を発表した。光などの物質は、粒子と波動の両方の性質を持つというのである。彼は電子などの粒子が持つ理論的波長を計算する方法も考案していた。その結果、原子より大きい粒子では波長が無視できるほど小さくなるが、亜原子粒子では波長が顕著になることがわかった。数年後、ブロイの説は実験で確かめられた。電子がまるで光のように回折したのである。

天の川の星よりはるかに遠い星があることを観測したエドウィン・ハッブルは、1924年の末、アンドロメダはこれまで考えられていたらせん星雲ではなく、天の川に匹敵するひとつの銀河であると発表した。アンドロメダを構成する星は、天の川の最も遠い星よりもさらに20倍も遠い。この発表は、1920年にスミソニアン自然史博物館でハーロー・シャプリーとヒーバー・カーティス（1827〜1942年）が激突した大論争に決着をつけるものだった。シャプリーは、天の川がすなわち宇宙であると主張していたが、エディントンの研究によって、宇宙はもっと大きく、いくつもの銀河で構成されるというカーティスに軍配が揚がった。

粒子と波動の二重性

薄い炭素板を通過した電子を発光スクリーンに当てると、環状の模様ができる。この種のパターンは、通常は回折した波がたがいに干渉しあって生じる。そのため通常は亜原子粒子と見なされている電子が、波と似た特性を持っていることがわかる。

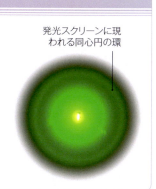

発光スクリーンに現われる同心円の環

アーサー・エディントン（1882〜1944年）

クエーカー教徒の家に生まれ、イギリスのケンブリッジ大学に学んで天文学の道に進んだ。アルベルト・アインシュタインの一般相対性理論を検証するために西アフリカで日食を観測、また星の寿命に関する理論を唱えた。1930年にナイト爵位を、1938年にメリット爵位を授けられた。

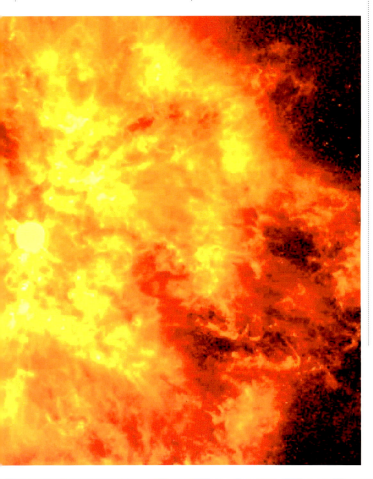

星の明るさ
星の核部分で起こる核反応は、光の形でエネルギーを放出する。エディントンの方程式で、星の明るさから質量を計算することが可能になった。基本的に明るく燃える星ほど質量が大きい。

- 3月5日 アーサー・エディントンが星の質量と光度の関係を説明
- イギリスの生理学者チャールズ・シェリントンが筋肉の伸展反射を発見
- アメリカの物理学者ヴォルフガング・パウリが、同じ量子状態に2つの粒子は存在できないとする排他原理の構築を開始
- インドのサティエンドラ・ボースとドイツのアルベルト・アインシュタインが、力を持つ基本的な粒子のふるまいについて説明、のちにボース粒子と呼ばれる
- 10月1日 イギリスの数学者ジョン・レナード＝ジョーンズが非結合性原子の相互作用を記述
- 11月25日 ルイ・ド・ブロイが物質の粒子・波動説を記述
- 12月30日 エドウィン・ハッブルがアンドロメダと天の川はどちらも銀河であり、宇宙はこれまで考えられていたよりも大きいと報告

1925年

> 物理学で我々ができることといえば、せいぜいわからないレベルをいまより深く掘りさげることだけだ。

ヴォルフガング・パウリ（オーストリアの物理学者）、カリフォルニア州バークリーのジャグディシュ・メーラに宛てた書簡（1958年）

1926年

ジョン・ロジー・ベアードは世界初のテレビ画像を王立協会と報道陣に公開した。このとき登場した腹話術の人形2体がTVパーソナリティーの元祖だ。

スコットランドの技術者ジョン・ロジー・ベアード（1888～1946年）は、半機械式装置で動く画像の伝送を実験していたが、ついに成功した。1925年3月、ロンドンのデパートでテレビジョンの公開実験が行なわれた。最初の画像は影だったが、10月には垂直線30本の白黒画像が1秒に5枚の絵を映しだした。

5月、テネシー州のジョン・スコープス（1900～1970年）が州で禁止されているダーウィンの進化論を教えたかどで逮捕された。スコープスは裁判で有罪になり、100ドルの罰金刑になった。

量子力学では原子内の電子が固定エネルギーレベルで存在していることを示していたが、オーストリアの物理学者ヴォルフガング・パウリ（1900～1958年）は同じ量子状態に同時に2つの粒子は存在しないという排他律を提唱した。その後粒子には物質関連でパウリの原理に従うフェルミ粒子と、力に関連しパウリの原理に従わないボース粒子があることがわかった。

ドイツの大西洋気象探検隊が、海底をとぎれることなく南北に走る大西洋中央海嶺の調査を開始した。

― 大西洋中央海嶺

大西洋中央海嶺
大西洋両岸の海岸線は、かつて大陸がひとつだったことをうかがわせる。海底が隆起して大陸を分割した。

1月、ジョン・ロジー・ベアードは改良版テレビジョンでふたたび公開実験を行なった。このときはロンドンの王立協会で、きれいなグレースケールを映しだすことに成功した。画像はぼやけていたものの、周波数を高くしたおかげで動きはなめらかだった。

オーストリアの物理学者エルヴィン・シュレーディンガー（1887～1961年）は、自然界の物質が粒子と波動の両方の性質を持つという概念を掘りさげていた。空間内の粒子のエネルギー分布――波動的な機能だ――を計算し、現実世界を理解するうえで不可欠なのは波動としての概念のみだと主張した。彼の研究は量子力学の基礎となる。

《ニューヨーク・タイムズ》に嘲笑されて6年後、アメリカの物理学者ロバート・ゴダード（1882～1945年）はロケットを実現させた。自作の液体燃料を使ったロケットは、発射から3秒以内で高さ12mに達した。

8月、アメリカの化学者ジェームズ・サムナー（1887～1955年）が生化学の世界で画期的な業績をあげた。サムナーはナタマメをすりつぶして酵素ウレアーゼの結

最初のロケット
ロバート・ゴダードはマサチューセッツ州にある叔母の農場で液体燃料ロケットの発射に成功した。立ちあったのはゴダードの妻と機械工、それに同僚の物理学者だった。

晶を取りだすことに成功した。酵素は生体組織内に存在し、代謝の化学反応を促進する役割を果たす。この結晶を分析したところ、タンパク質であることが判明した。

12月、アメリカの化学者ギルバート・ルイス（1875～1946年）が放射エネルギーの単位として光子（photon）という言葉を考案した。その後この言葉は光エネルギーの粒子を指すようになる。

PVC（ポリ塩化ビニル）が現在のような形で登場したのもこの年

量子論

量子論の登場は、マックス・プランクの黒体放射（[1900年]参照）に始まった20世紀物理学の大きな転換点だった。エネルギーは不連続の粒子、すなわち量子（quantum、ラテン語で「どれだけの量」という意味のquantusに由来）であるというのが基本的な考えかただ。量子は原子が吸収・放出したエネルギー量に等しい。たとえば放射線の固有の波長は、それぞれ固有のエネルギー量子に対応している。赤い光の波長は低エネルギーの粒子が、青い光は高エネルギー粒子が伝達するのである。デンマークの物理学者ニールス・ボーアはこれについて、原子内の電子がエネルギーレベル、すなわち軌道を移動していると説明した。

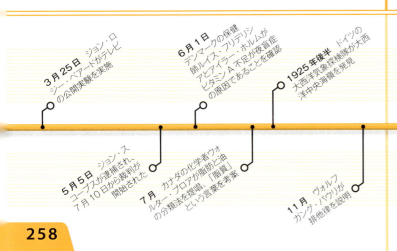

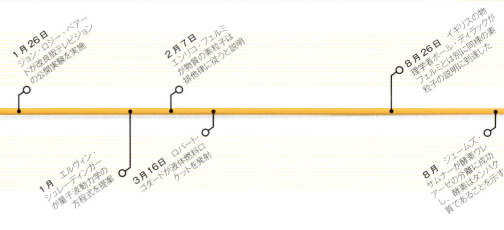

1927年

> " 私は……動く画像を送ることができた。世界で初めてだ。だが疑りぶかい科学界にどうやって納得させよう？ "
>
> ジョン・ロジー・ベアード《ザ・タイムズ》（1926年1月28日付）

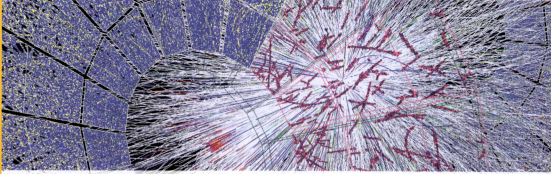

コンピューターでシミュレーションした粒子衝突の画像。ビッグバンから数マイクロ秒後に生成された物質が見える。

1927年は通信技術の革新で幕を開けた。1月7日、アメリカ電信電話会社とイギリス郵政省の協力で、大西洋間の電話サービスが開始されたのだ。初日はロンドンとニューヨークのあいだで31件の通話があった。

量子物理学の分野でも新たな前進があった。エルヴィン・シュレーディンガーが粒子の波動的性質を記述して量子力学の基礎を築いていたが、ドイツの物理学者ヴェルナー・ハイゼンベルク（1901～1976年）は、粒子の波動的機能は空間内の1点に局在化できず、明確な波長を持ちえないと考えた。ハイゼンベルクはこれを不確定性原理として発展させたが、その内容は常識をはるかに超えるものだった。粒子の位置を正確に測定すればするほど、その動きを正確に把握できなくなる。逆もまたしかりだ。その後コペンハーゲン解釈では、波動的性質と粒子的性質を実験で同時に測定することは不可能だということが示された。

ベアードがロンドンでテレビジョンの研究を続けていたころ、アメリカのベル電話会社も同じ技術の開発を進めていた。4月、ベルは半機械式テレビでワシントンからニューヨークへの長距離画像送信に成功した。5か月後には、アメリカの発明家フィロ・ファーンズワース（1906～1971年）が電子的な画像走査・伝送技術を開発する。ロシア系アメリカ人の発明家ウラジミール・ツヴォルキン（1888～1982年）も同じ技術を開発していたが、完成させたのはファーンズワースが先だった。

4月、ベルギーの天文学者ジョルジュ・ルメートル（1894～1966年）が、宇宙は膨張しているという画期的な学説を発表した。1931年にルメートルはイギリス科学促進協会でこの説をくわしく説明し、宇宙は太古の原子から誕生したと主張した。ルメートルが提示した「宇宙の卵の爆発」モデルは、アメリカの天文学者エドウィン・ハッブル（[1929年]参照）の理論を先どりしており、ビッグバン説の前兆と呼ぶべきものだった。

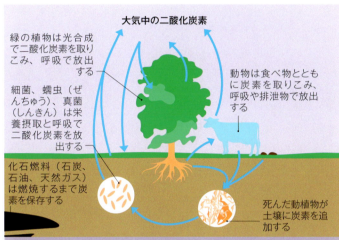

炭素循環

ウラジミール・ヴェルナドスキー著《バイオスフィア》の核心は、自然による物質の再生だった。さまざまな元素の原子が異なる形で反応し、再結合する。生命体——動物、植物、土壌細菌——の複雑な有機物質を構成する炭素原子が二酸化炭素として大気に放出され、光合成で植物が糖をつくるのに利用される。

だ。この化学ポリマーの研究は1800年代から続いていたが、アメリカの化学者ワルド・シーモン（1898～1999年）が可鍛性があり、壊れにくい形でつくりだすことに成功した。PVCはプラスチック素材のなかで最も広く使われるようになった。

ソ連の地球化学者ウラジミール・ヴェルナドスキー（1863～1945年）は、地質学と生物学、地球と生物の統合を模索しており、自らの考えを著書《バイオスフィア》にまとめて出版した。このなかで示されたのが、エコシステムと呼ばれる概念——生物が非生物と相互作用する系——である。地球上のすべての生物は太陽エネルギーに依存しており、物質の粒子が循環プロセスに乗っていると彼は説いた。

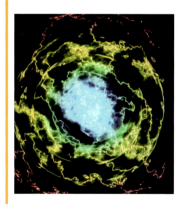

電子の雲

現代の量子力学では、ヘリウムなどの原子は固定軌道上に電子があるという説を見直し、電子は存在する確率として雲のように存在すると解釈している。

ヴェルナー・ハイゼンベルク（1901～1976年）

ミュンヘン大学とゲッティンゲン大学で物理学を学び、1922年に後者でニールス・ボーアと出会う。1925年、量子力学を数学的に理解するためのマトリックス力学を確立。さらに不確定性原理を導き、第2次世界大戦中はドイツの核エネルギープロジェクトにも携わった。

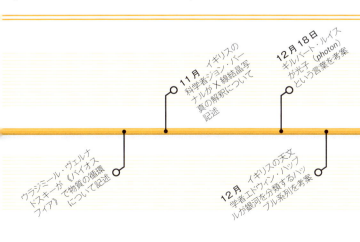
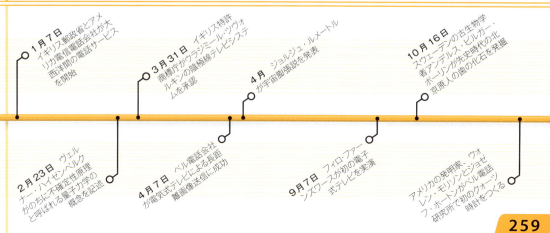

259

1895〜1945年　│　原子力の時代

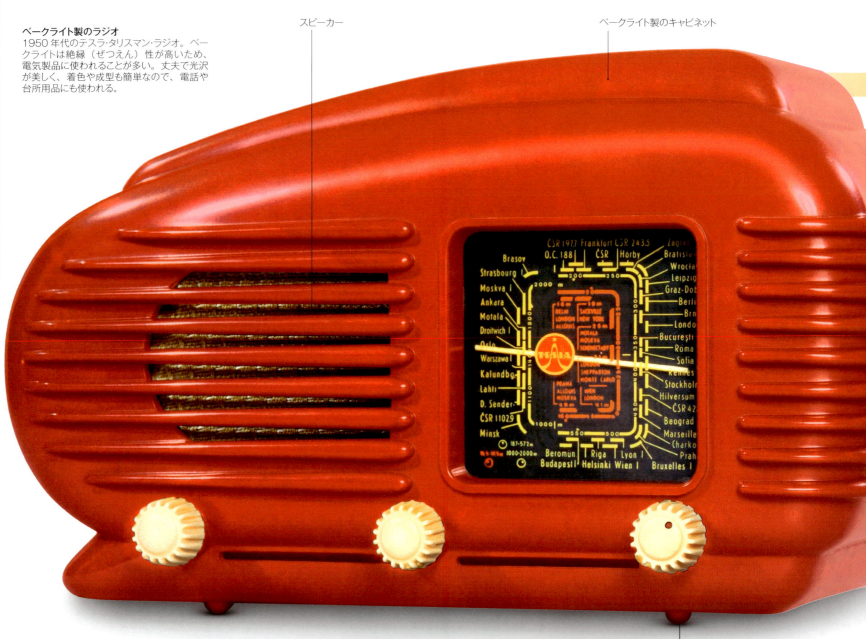

ベークライト製のラジオ
1950年代のテスラ・タリスマン・ラジオ。ベークライトは絶縁（ぜつえん）性が高いため、電気製品に使われることが多い。丈夫で光沢が美しく、着色や成型も簡単なので、電話や台所用品にも使われる。

スピーカー

ベークライト製のキャビネット

バークシンのボタン

**1862年
パークシン**
アレグザンダー・パークスが発明した世界初のプラスチック。これを原料に安価なボタンが量産された。

**1887年
セルロイド**
アメリカ人のジョン・ハイアットとイギリス人のダニエル・スピルが、パークシンに似たセルロイドを開発した。ガラス板に代わる写真フィルムとして使われ、映画製作にも重要や役割を果たした。

セルロイドのフィルム

**1909年
ベークライト**
アメリカの化学者レオ・ベークフンドが、コールタールから取りだしたフェノール樹脂とホルムアルデヒドでつくった初の合成プラスチック。成型可能だが、一度固まれば硬くて熱にも強い。

ゴルフボール

**1872年
PVC**
ドイツの化学者オイゲン・バウマンが開発したプラスチックで、強度が抜群に高かったが1920年代にはすたれていた。

ビスコースの繊維写真

**1894年
ビスコースレーヨン**
イギリスの2人の化学者が開発した。木材繊維を水酸化ナトリウムで処理し、糸に紡いだもの。

セロファン包みのキャンディ

**1912年
セロファン**
薄くて透明なセロファンは加工したセルロースが材料。密封包装や食品のパッケージに使われる。

260

プラスチックの話

20世紀末に幕を開けたプラスチックの時代は多くの産業と家庭に革命を起こした。

プラスチックはあらゆる人工物のなかで最もめざましい活躍をしている素材だ。宇宙船やコンピューター、飲み物のボトル、人工義肢にまでプラスチックが使われている。プラスチックの秘密は分子の形にあり、ポリマーと呼ばれる長い有機分子で構成されている。

19世紀半ば、セルロース（植物の木質部分）からニトロセルロースという物質がつくれることがわかった。1862年、イギリスの化学者アレグザンダー・パークスが樟脳を添加して割れやすい欠点を補い、成形可能なプラスチック、パークシンを生みだした。1869年にはアメリカの発明家ジョン・ハイアットが開発した同質素材のセルロイドは、1889年にコダック社が写真用フィルムの素材に採用した。今日、プラスチックは特性や用途に応じて何千種類とあるが、その多くは炭化水素（原料は石油または天然ガス）が元になっている。近年は炭素繊維などの素材が追加されて、ケヴラーやCNRPといった超軽量、超強度の素材も生まれている。

プラスチックの生産とリサイクル
近年、プラスチックのリサイクルが叫ばれて、回収拠点やリサイクル事業も整いつつある。しかしこのグラフが示すように、リサイクルプラスチックは全体の生産量のなかでは微々たるものだ。

リサイクル

プラスチックは耐久性があり、壊れにくいため広く使われている。しかし生分解性はないため、捨てても環境のなかで長いあいだ残ってしまう。海には数億トンもの廃棄プラスチックがあり、海洋生物に悪影響を与えている。プラスチックの使用量を減らし、リサイクルを推進することが重要だが、リサイクルが難しい種類もあり、再成型に熱エネルギーを使うため、リサイクル率はなかなか上がらない。

> いろんな形に成型できる柔らかい素材をつくろうと思った。
>
> レオ・ベークランド（ベルギーの化学者）ベークライト発明に関して

1926年 ビニール
アメリカの化学者ワルド・シーモンがPVCを加熱してビニールをつくることに成功。靴からシャンプーのボトルまで幅広く使われている。

1935年 ナイロン
アメリカの化学者ウォレス・カロザースが発明した初の熱可塑性プラスチック。温めると液化し、冷やすと固まる。ストッキングで知られるが他にも用途は多い。

ナイロン毛の歯ブラシ

1937年 テフロン
アメリカの化学者ロイ・プランケットが発明したテフロンは、炭化水素ではなく、炭素とフッ素を結合させた樹脂だ。主にフライパンに使われる。

テフロンのフライパン

1996年 ケヴラー
アメリカの化学者ステファニー・クウォレクが液状の炭化水素から耐熱性の繊維を紡ぎだすことに成功。これを織りあげた素材のひとつがケヴラーだ。

防弾ケヴラー

1933年 ポリエチレン
イギリスの化学者エリック・フォーセットとレジナルド・ギブソンが1933年に実用化したが、最初に合成に成功したのは1898年。丈夫で柔らかく、柔軟性があるのでプラスチック素材のなかで最も広く用いられている。

農業用温室

1936年 ポリスチレン
スチロールは、トルコ産モミジバフウの樹脂に含まれる油性の物質。1936年にドイツの化学メーカーIGファルベンがこれをもとにポリスチレンを開発した。

1954年 ポリプロピレン
溶剤や酸に強く、包装材から医療用化学物質の容器まで幅広く使われている。

ポリプロピレン製のロープ

1991年 CNRP
日本の物理学者飯島澄男が発見したカーボンナノチューブは、管状に丸まった炭素分子。これを活用して強度が高く、軽量のプラスチックCNRPが誕生した。

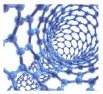
カーボンナノチューブ分子

1928年

> 変わったものを見つけ、それが重要な何かだと感じて調べてみた……私のやったことはそれだけです。
>
> アレグザンダー・フレミング（スコットランドの生物学者）エディンバラ大学の講演で（1952年）

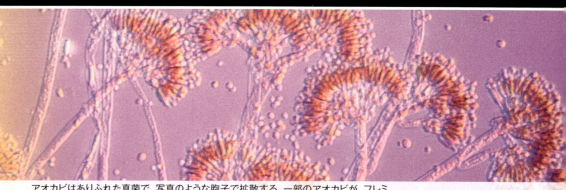

アオカビはありふれた真菌で、写真のような胞子で拡散する。一部のアオカビが、フレミングが発見したペニシリンを生成する。

1928年の幕開け、特徴や遺伝が化学物質で決まることが実験で証明された。イギリスの医師フレデリック・グリフィス（1879～1941年）が、病原性の有無で2種類に分かれる結核菌で調べたところ、形質転換因子の移動で、本来病原性を持たなかった菌が持つようになったのだ（下［囲み］参照）。のちにこの因子がDNAと特定される（［1943～44年］参照）。

物理学でも大きな前進があった。粒子の波動性についてはオーストリアの物理学者エルヴィン・シュレーディンガーが記述していたが（［1926年］参照）、今度はイギリスの物理学者ポール・ディラックが電子で新しい形のシュレーディンガー方程式を示したのだ。その結果、正電荷を持つ反電子なる物質が存在するとディラックは主張した。これは反物質に関する最初の理論である。その後反電子は実在が確認され、陽電子と命名される（［1932～33年］参照）。さらに亜原子粒子のほとんどで、対応する反物質粒子が存在することも明らかになった。

1927年9月、ジョン・ロジー・ベアードは技術助手をニューヨークに派遣して、テレビの壮大な実験の準備に取りかかった。初期段階で幾度かつまずいたものの、1928年2月8日の真夜中、ロンドンにいるベアードの顔がニューヨークの画面にぼんやり浮かびあがった。

第1次世界大戦を経て、スコットランドの生物学者アレグザンダー・フレミング（1881～1955年）が、感染症の新たな治療法開発に力を注いでいた。重傷を負うと通常の消毒剤では効果がなかったからだ。フレミングはロンドンのセントメリーズ病院にある研究室で感染力のある細菌を培養していたが、9月3日、培養皿にカビが生えていることに気づいた。よく見るとそのカビの周囲に細菌がまったくない部分がある。このカビに細菌を殺す作用があると考えたフレミングは、カビを培養としてアオカビ（*Penicillium*）であることを突きとめた。翌年、彼はこのカビを液体培養した濾液をペニシリンと名づけた。フレミングはペニシリンを純粋な形で分離することはできず、数十年後にようやく分離・製造が可能になり、抗生物質での治療が成功するようになった（［1940～41年］参照）。

オーストラリアのシドニーでも医学の重要な進歩があった。1926年、医師マーク・リドウェル（1878～1969年）とエドガー・ブース（1893～1963年）が携帯用心臓ペースメーカーを開発。1928年に仮死状態の新生児に使用した。

> あなたが謙虚で聞く耳を持っていれば、数学が導いてくれるでしょう……
>
> ポール・ディラック（イギリスの物理学者）（1975年11月27日）

ポール・ディラック（1902～1984年）

イギリスの物理学者。1932年から1969年まで、ケンブリッジ大学ルーカス教授職を務めた。アインシュタインの相対性理論（p.244-245参照）をもとに量子物理学を発展させた。量子波動方程式を確立し、反物質の存在を予言した。1993年、エルヴィン・シュレーディンガーとともにノーベル物理学賞を受賞。

細菌の形質転換

肺炎球菌には病原性のないR型と、病原性があるS型の2種類が存在する。フレデリック・グリフィスは、この特性を変化させる化学物質を菌どうしが交換していることを突きとめた。S型菌を熱で死なせると、自らは病原性を持たないが、生きたR型菌と混ぜるとS型菌の物質が移り、R型菌が病原性を持つようになる。これを注射されたマウスは発病して死亡した。

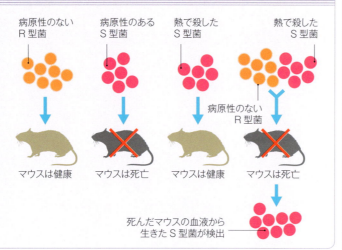

1929〜30年

460億光年
地球から見える範囲の宇宙の大きさ

ハッブル宇宙望遠鏡が撮影した写真。最も遠い銀河が写っている。その距離は手前の星から数十億光年にもなる。

　宇宙の中心が天の川ではなく、天の川は銀河のひとつに過ぎないことは、1920年にはわかっていた。それから10年近い歳月を経て、重大な事実が新たに浮上してきた。宇宙の大きさは有限ではないというのである。星の光スペクトルを調べると、波長が赤色の方向に「間延び」していることがわかる——これが赤方偏移と呼ばれる現象で（[囲み]参照）、星が遠ざかっていることを物語っていた。つまり宇宙は膨張しているのである。1929年、アメリカの天文学者エドウィン・ハッブル（1889〜1953年）は、最も遠い銀河が最も速く遠ざかっていると述べた。これがハッブルの法則である。

　この年の9月、テレビ技術は新しい一歩を踏みだした。アメリカのベル研究所がカラー画像の伝送に成功したのだ。花とアメリカ国旗を持った女性の映像は強烈な印象を与えた。

　1930年4月、アメリカの化学者エルマー・ボルトン（1886〜1968年）がゴムの合成に成功する。アセチレン派生物であるこの合成ゴムは、のちにネオプレンと命名された。天然ゴムより腐食に強く、消火ホースや耐熱コーティングなど極限状況での使用に適していた。

　1917年3月、アリゾナ州のローウェル天文台で撮影された写真にかすかに写っていた天体は、「X」と呼ばれていた。1930年2月、アメリカの天文学者クライド・トンボー（1906〜1997年）がXは惑星であると確認、5月に冥王星と命名された。

　アレグザンダー・フレミングが偶然ペニシリンを発見してから2年後、初めて実際の治療に使われることになった。イギリスの医師で、フレミングに師事したこともあるセシル・ジョージ・ペイン（1905〜1994年）が、イギリスのシェフィールドに標本を持ちかえり、1930年8月にその濾過液を目の感染症治療に使用した。

赤方偏移と青方偏移

銀河など光を出す物体の運動は、可視光スペクトルに影響を及ぼす。物体が遠ざかるときは、光の波長が長くなる。波長が長い光は赤いので、これを赤方偏移と呼ぶ。反対に物体が接近するときは波長が圧縮されて青方偏移が起こる。銀河で観察されるのは赤方偏移なので、銀河は遠ざかっていることになる。

　ポール・ディラック（左ページ[囲み]参照）は量子物理学の理論を用いて、反物質の存在を予言した。1930年に彼が出版した《量子力学の原理》は長いあいだこの分野の教科書として広く読まれた。

初のカラーテレビ実験
テレビ装置は内部が見えるようになっている。オペレーターに向けた光は、走査ディスク（中央）を通って光電管（こうでんかん）に入る。

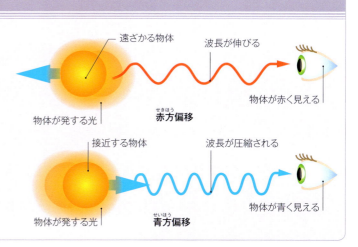

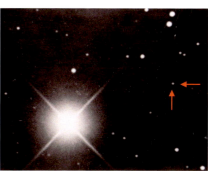
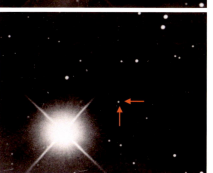

冥王星の存在
1930年に撮影された2枚の写真。左下で光っている天体の位置が少しちがうため、周辺の星より近いことがわかる。この天体は惑星で、冥王星と命名された。

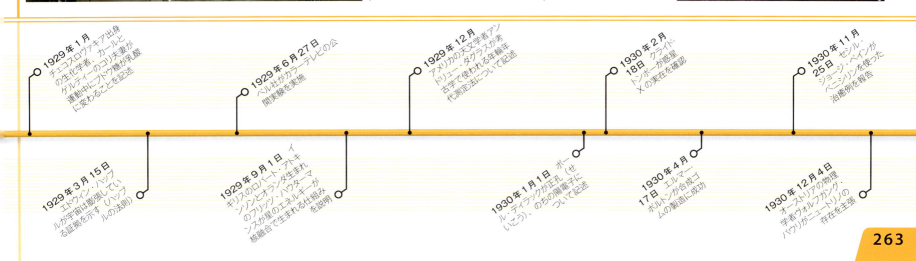

263

1931年

> 数多くの困難が解消され、多くの科学分野が……その恩恵を受けられるようになったのは奇跡であります。

エルンスト・ルスカが、ノーベル賞受賞講演で電子顕微鏡について語った言葉（1986年12月8日）

ドイツのジーメンス・ハルスケ社で働いていたエルンスト・ルスカは、1939年に電子顕微鏡を開発する。

1930年代には、微視的世界の秘密を解明する技術が次々と登場した。物理学では、帯電粒子を高速で発射し、衝突による生成物を調べる研究が行なわれるようになる。それには真空管内で粒子ビームを発射し、電場を利用して運動を続けさせる加速器が使われていた。1931年、アメリカの物理学者アーネスト・ローレンスが新しい発想の粒子加速器を発明する。これはサイクロトロンを中心に据え、水素イオンを発射するものだった。最初のモデルは直径12.5cm、8万電子ボルト（電子1個が1ボルトの電圧で加速するのに必要なエネルギー）だった。ローレンスの研究チームはさらに強力なサイクロトロンづくりに取りくみ、1946年にはカリフォルニア州バークリーの研究所で直径440cm、1億電子ボルトの装置を完成させた。

物理学者たちは、光学式顕微鏡で見えるより何十億倍も小さい粒子を見たいと考えるようになる。1930年まで、顕微鏡はレンズで光線を屈折させる光学式しか存在していなかった。しかし1mmの1万分の1単位という光の波長では、波長前後の大きさの物体を細部まで観察することができない。ドイツの物理学者エルンスト・ルスカ（1906～1988年）はこの問題を解決するために、可視光より短波長の電子ビーム放射を使うことを着想する。ガラスレンズの代わりに強力な電磁場で放射線を曲げると、電磁場が強ければ強いほど倍率が上がる。ルスカの電子顕微鏡はけたちがいの倍率を実現し、分子や原子までも観察可能になった。

化学の世界では、ドイツのエーリヒ・ヒュッケル（1896～1980年）が量子物理学を使って化学結合の性質についてより現実的な解釈を行ない、分子内の電子のふるまいで記述する説を発表した。

11月、アメリカの化学者ハロルド・クレイトン・ユーリー（1893～1981年）が、最も小さく、最も軽い元素である水素の同位体、重水素を発見した。水素の原子核には陽子が1個しかないが、重水素（のちにジューテリウムと命名）には新しい亜原子粒子が存在していた。その正体が判明したのは1932年になってからである。

サイクロトロン
電極間に電圧をかけると、陽子が回転しながら加速する。

半円形で中空の電極
陽子はここで行きどまりになる
フィラメントが水素から陽子をつくる
水素ガスの取りこみ口
半円形で中空の電極
陽子が中心部に入ってらせんを描く
電源と接続する管

> 物質の構造のより深い知識に光を当てるかもしれない。

アーネスト・ローレンス、ノーベル賞受賞講演にて（1940年11月29日）

重水素

重水素は、地球上の水素原子6000個に対して1個あるかないかだ。水素原子は正電荷の陽子を1個しか持たないので、原子番号は1となる（[1913年囲み]参照）。通常の水素は原子核内に陽子が1個あるだけだが、重水素の場合は中性子も存在している。

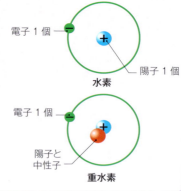

水素：電子1個、陽子1個
重水素：電子1個、陽子と中性子

1932～33年

明るく光る銀河のあいだに目に見えないダークマターがある。

陽子と同じぐらいの大きさの第2の亜原子粒子が存在することは、アーネスト・ラザフォードも予測していた（[1919年]参照）。1932年、イギリスの物理学者ジェームズ・チャドウィック（1891～1974年）が、原子から陽子をはじきだす種類の放射線を調べラザフォードの粒子――中性子を発見。4月、イギリスのジョン・コッククロフト（1897～1967年）とアイルランドのアーネスト・ウォルトン（1903～1995年）という2人の物理学者がリチウム原子をヘリウム原子に分割することに成功（次ページ[囲み]参照）。

イギリスの物理学者ポール・ディラックは、電子の反粒子の存在を予想していた（[1928年]参照）。1932年8月、アメリカの物理学者カール・アンダーソン（1905～1991年）が霧箱で帯

60万ボルト
原子分割に必要な電圧

1月2日 アーネスト・ローレンスが初めてサイクロトロンを使用

3月3日 エルンスト・ルスカとドイツの技術者マックス・クノールの原型で最初の電子による光学倍率を達成する

8月 アメリカの物理学者カール・ジャンスキーが天の川銀河から出た電波を発見

8月1日 アメリカの植物学者ハリエット・クライトンとバーバラ・マクリントックが染色体の断片を混ぜて遺伝子組み換えを説明する

11月26日 ハロルド・クレイトン・ユーリーが重水素を発見、のちにジューテリウムと命名

フランスの物理学者イレーヌ・ジョリオ＝キュリーがガンマ線放射を発見するが、のちにジェームズ・チャドウィックによって中性子であることが判明

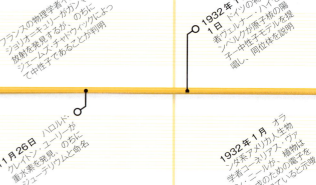

1932年1月 ドイツの物理学者ウェルナー・ハイゼンベルクが原子核の陽子-中性子モデルを提唱し、同位体を説明

1932年1月 オランダ系アメリカ人生物学者コーネリアス・ヴァン・ニールが、植物は光合成のための電子を自ら得ていると示唆

22.5%
宇宙に占めるダークマターの割合

陽電子 - 電子の軌跡
荷電粒子が上方に噴射され、落ちながら軌跡を描く。磁界のなかで、負電荷の電子と正電荷の粒子（陽電子）は反対向きのらせんを描く。

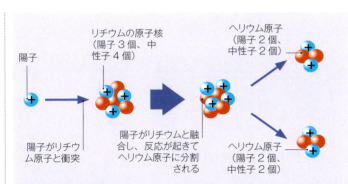

原子を分割する

元素の変換は、窒素から酸素への変換で初めて成功した（[1917年]参照）。ジョン・コッククロフトとアーネスト・ウォルトンは同様の技術を使ってリチウムの分割を行なった。リチウム原子は金属のなかで最も軽く、陽子が3個しかない。そこに別の陽子をぶつけると核反応が起こり、4個の中性子、4個の陽子が分かれてヘリウム原子2個になる。

電粒子の痕跡を調べ、電子のようでありながら負ではなく正の電荷を帯びた粒子を発見した。

1932年、ドイツ生まれの生化学者ハンス・クレブス（1900～1981年）は、体内で窒素が処理される仕組みを研究していた。余剰アミノ酸は炭水化物に再利用される。肝臓細胞が化学反応で窒素を処理して尿素に変え、体外に排出していることを発見した。

オランダのヤン・オールト（1900～1981年）とスイスのフリッツ・ツヴィッキー（1898～1974年）は、銀河の大きさが星の量から導きだされるよりはるかに大きいことに気づいた。つまり未発見の物質が存在するはずで、それは光を出さず、吸収もしないためダークマターと呼ばれた。

1933年7月、ポーランド生まれの化学者タデウシュ・ライヒスタイン（1897～1996年）が人工的な手段でアスコルビン酸（ビタミンC）をつくることに成功した。

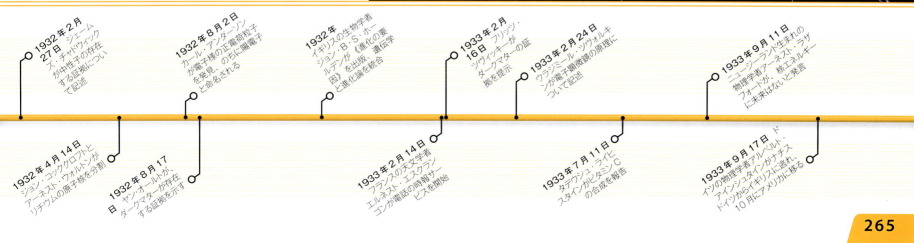

放射能

放射性元素の発見が物理学に革命を起こした。

1896年、フランスの物理学者アンリ・ベクレルは、ウランを含む化合物が目に見えない放射線を出していることに気づいた。それから数か月後、ポーランドの科学者マリー・キュリーはウラン原子自体が放射線を出していることを突きとめ、1898年にはこの現象を「放射能」と名づけた。

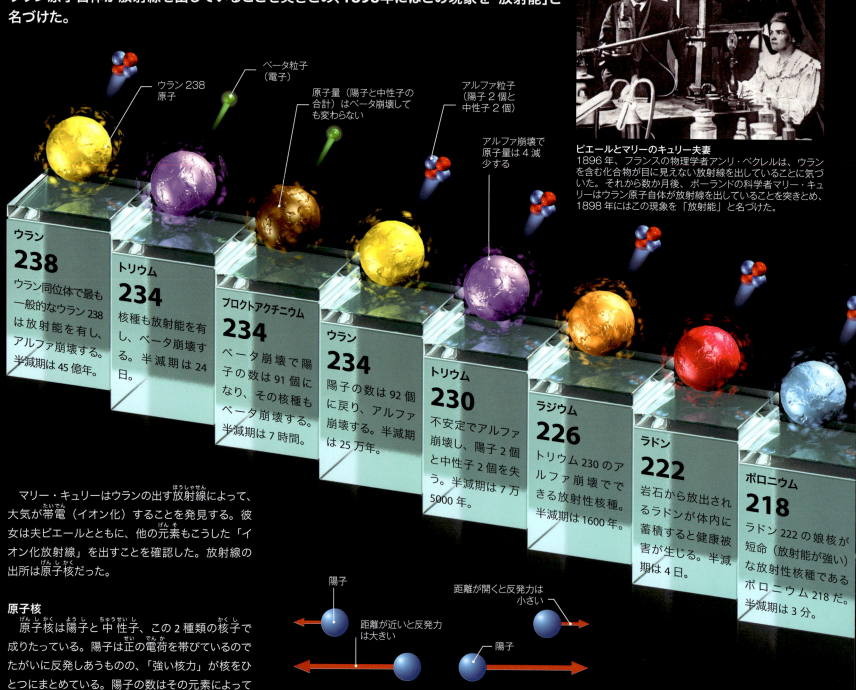

ピエールとマリーのキュリー夫妻
1896年、フランスの物理学者アンリ・ベクレルは、ウランを含む化合物が目に見えない放射線を出していることに気づいた。それから数か月後、ポーランドの科学者マリー・キュリーはウラン原子自体が放射線を出していることを突きとめ、1898年にはこの現象を「放射能」と名づけた。

- ウラン238原子
- ベータ粒子（電子）
- 原子量（陽子と中性子の合計）はベータ崩壊しても変わらない
- アルファ粒子（陽子2個と中性子2個）
- アルファ崩壊で原子量は4減少する

ウラン 238
ウラン同位体で最も一般的なウラン238は放射能を有し、アルファ崩壊する。半減期は45億年。

トリウム 234
核種も放射能を有し、ベータ崩壊する。半減期は24日。

プロクトアクチニウム 234
ベータ崩壊で陽子の数は91個になり、その核種もベータ崩壊する。半減期は7時間。

ウラン 234
陽子の数は92個に戻り、アルファ崩壊する。半減期は25万年。

トリウム 230
不安定でアルファ崩壊し、陽子2個と中性子2個を失う。半減期は7万5000年。

ラジウム 226
トリウム230のアルファ崩壊でできる放射性核種。半減期は1600年。

ラドン 222
岩石から放出されるラドンが体内に蓄積すると健康被害が生じる。半減期は4日。

ポロニウム 218
ラドン222の娘核が短命（放射能が強い）な放射性核種であるポロニウム218だ。半減期は3分。

マリー・キュリーはウランの出す放射線によって、大気が帯電（イオン化）することを発見する。彼女は夫ピエールとともに、他の元素もこうした「イオン化放射線」を出すことを確認した。放射線の出所は原子核だった。

原子核
原子核は陽子と中性子、この2種類の核子で成りたっている。陽子は正の電荷を帯びているのでたがいに反発しあうものの、「強い核力」が核をひとつにまとめている。陽子の数はその元素によって決まっているが、中性子の数だけ異なる同位体も存在している。陽子と中性子が一定の組みあわせになるものを核種と呼び、そのなかでも不安定なものは放射性核種と呼ばれる。

- 陽子
- 距離が近いと反発力は大きい
- 距離が開くと反発力は小さい
- 強い核力が陽子と中性子をくっつける
- 中性子
- 強い核力は反発力より大きい
- 陽子

力の均衡
陽子どうしの反発力（静電気）は、距離が近いほど強くなる。強い核力が陽子と中性子を束ねているが、これが有効なのはごく短い距離だけである。原子核が大きくなるほど不安定になるのはそのためだ。

放射能

放射性崩壊

不安定な原子核は崩壊を始める。一般的なのがアルファ崩壊とベータ崩壊である（下参照）。どちらも原子核には余剰エネルギーがあり、それが短波長・高エネルギーのガンマ放射線で運ばれる。特定の原子が崩壊する可能性は定まっているが、それがいつ起こるかはわからない。1種類の放射性元素の原子が大量に含まれている標本では、原子が崩壊して半分になる期間は決まっており、それを元素の半減期と呼ぶ。

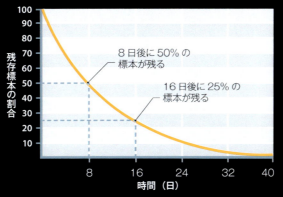

半減期
半減期8日の放射性核種の崩壊曲線。8日ごとに原子の数が半減している。

放射能の影響

放射能は熱を発する。この性質を利用した放射性同位体熱電気転換器は、無人宇宙衛星や探査機の動力として使われる。放射性物質はイオン化作用が生命活動に不可欠な物質の化学組成を壊すため、健康にも悪影響を及ぼす。細胞内のDNAも損傷を受けて変異し、ガンを引きおこすこともあるが、逆にその性質を利用してガンへの放射線治療も行なわれている。

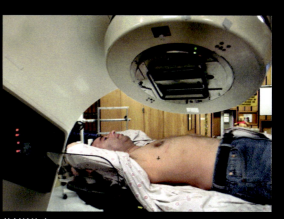

放射線治療
放射線がガン細胞を破壊する。健康な細胞まで殺さないよう、放射線量は厳密に管理されている。

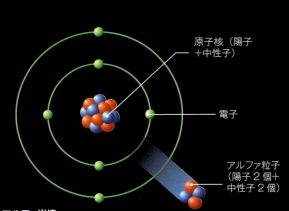

アルファ崩壊
不安定な原子核は、陽子2個と中性子2個から成るアルファ粒子を放出することで小さくなり、安定度が高まる。

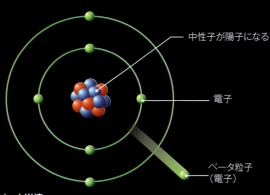

ベータ崩壊
不安定な原子核の内部で中性子が自発的に陽子になり、同時に電子を放出することがある。この電子をベータ粒子を呼ぶ。

放射性崩壊系列

元素の種類は原子核内の陽子の数で決定される。崩壊で陽子数が変わった「娘元素」はもう同じものではない。娘元素も放射性を持ち、下図のようにさらに崩壊系列をたどっていくことがある。

160g

人体に含まれているカリウムの量。毎秒約4400個の原子が崩壊している

鉛214 ポロニウム218はアルファ粒子を放出し、娘核の鉛214も放射能を持つ。半減期は27分。

ビスマス214 鉛214がベータ崩壊して生まれ、自らもベータ崩壊する。半減期は20分。

ポロニウム214 きわめて不安定で半減期も短い。半減期は0.0002秒。

鉛210 ポロニウム214のアルファ崩壊でできる鉛210は、自らも不安定だ。半減期は22年。

ビスマス210 ベータ崩壊してポロニウム210になる。半減期は5日。

ポロニウム210 暗殺手段として使われてきた。半減期は138日。

鉛206 長い崩壊系列の最終物質。安定した核種。

安定している

1934年

マリー・キュリーが1934年に死去したあとは、娘のイレーヌと夫のフレデリック・ジョリオ＝キュリーが研究を引きついだ。

フランスの化学者イレーヌ（1897～1956年）とフレデリック（1900～1958年）のジョリオ＝キュリー夫妻は、人為的に放射能を誘発することに成功。高エネルギー粒子を原子核に衝突させて核反応を引きおこした。1934年2月、夫妻はアルファ粒子を非放射性の標的に発射し、燐と窒素の放射性同位体をつくったと発表。

イタリアの物理学者エンリコ・フェルミ（1901～1954年）はアルファ粒子の代わりに、発見されてまもない中性子（[1932～33年]参照）で核反応を起こすことを考えた。周期表の元素をひとつずつ試した結果、さまざまな元素が中性子を捕獲することが判明したが、このときは中性子

テッポウエビ
巨大なハサミをすばやく打ちあわせて音を鳴らし、その熱と光で獲物をしとめる。

に原子を分割できるだけのエネルギーがあるとは誰も思わなかった。1934年1月、フェルミはウラン原子に中性子を衝突させ分裂することに成功。初めて超ウラン元素（原子番号が92よりも大きい元素）をつくりだしたと思っていたが、実際には核分裂を行なっていた（[1938年]参照）。

ドイツ出身の天文学者ウォルター・バーデ（1893～1960年）とスイスの天文学者フリッツ・ツヴィッキーは、検知できるなかで最も小さく、最も密度の高い星は中性子でできていると主張した。のちに中性子星は爆発した星の残骸で、星の寿命の末期に向かっていることが確認された。

超音波の実験を行なっていたドイツの科学者H・フレンツェルとH・シュルテスは、高周波数の音が写真乾板を感光させることに気づく。光が生成されていたのだ。これはソノルミネッセンスと呼ばれ、音波が水中でつくりだす気泡がエネルギーを1兆倍に増幅、光と熱を生みだすのである。自然界ではテッポウエビがこの原理で獲物を捕まえる。

1935年

熱帯雨林の生態系では、動植物と大気や土壌との相互作用で二酸化炭素の吸収や排出、栄養物の交換が行なわれている。

地震の揺れを測る装置は古代からあったが、1900年代初頭には地震計が使われるようになった。この原理で揺れの振幅を紙に記録する仕組みである。地震の多いカリフォルニア州で、アメリカの物理学者チャールズ・リヒター（1900～1985年）は地震で放出されるエネルギー量を容易に比較できるスケールを作成

480メガトン
マグニチュード9の地震で放出されるエネルギー

リヒタースケール
10	
9	半径数百kmの範囲が壊滅状態になる
8	
7	大規模な範囲で深刻な被害が発生する
6	半径100kmの範囲で深刻な被害が発生する
5	軽微な被害が発生する
4	多くの人が揺れを感じるがほとんど被害はない
3	
2	地震計に記録されるが、人が揺れを感じることはない
1	
0	

リヒターは地震の揺れを体感表現と結びつけ、誰にでもわかりやすい震度区分をつくった。

した。地元カリフォルニアで使うことを想定していたこのスケールだが、すぐに世界中に広まった。

ドイツの細菌学者ゲルハルト・ドーマク（1895～1964年）は、化学染料に強い抗菌性があることに気づいた。そして臨床実験の結果、この染料──のちにプロントジルの名称で販売される──が危険性の高い感染症の治療に活用できると報告した。その年のうちに、イタリアの薬理学者ダニエル・ボヴェット（1907～1992年）がプロントジルの有効成分は硫黄の化合物スルホンアミドであることを突きとめた。スルホンアミドは、ペニシリンが登場するまで最も重要な抗菌薬だった（[1940～41年]参照）。

1935年を通じて、アメリカの化学者ウォレス・カロザース（1896～1937年）が率いるデュポン社の研究チームは、新しいポリマーの開発を続けていた。ポ

リマーとは小さい分子が鎖状に長くつながった分子である。人工シルクのポリエステルはすでに完成していたが、彼らは別の種類のポリマーをめざしていた。こうして、引きのばすと丈夫なフィラメントになるポリアミド6-6が生まれ、のちにナイロンと命名された（[1937年]参照）。

7月、専門誌《生態学会誌》に掲載された論文で生態系という概念が提唱された。筆者であるイギリスの植物学者アーサー・タンスリー（1871～1955年）は、2つの重要な主題をひとつにまとめることをめざしていた。ひとつはアメリカの植物学者フレデリック・クレメントが1916年に発表したもので、植生はさまざまな種で構成されるコミュニティであり、その中身は時間とともに変化するというもの。もうひとつはロシアの科学者ウラジミール・ヴェルナドスキーの物質循環説である

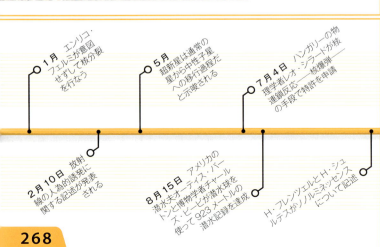

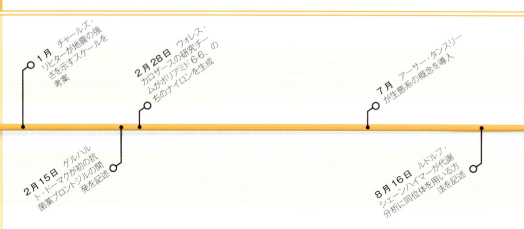

1936年

> "私たちがまず関心を寄せる……生命体は……独特の環境と合わせてひとつのシステムを形成しており、切りはなして考えることはできない。"
>
> アーサー・タンスリー《生態学会誌》（1935年）

孵化して最初にコンラート・ローレンツを見たガチョウのひ␪なは、彼を母親だと思ってどこにでもついていった。

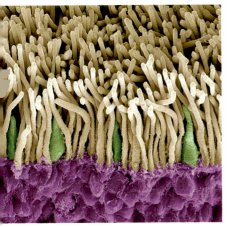

網膜の桿体と錐体
網膜上の細胞には光を吸収する色素が存在する。桿体（写真のセピア色の部分）は1種類の色素しか持たないが、錐体（緑色の部分）は3種類の色素でさまざまな色を感知する。

1936年、オランダの生物学者ニコ・ティンバーゲン（1907〜1988年）はオーストリアの生物学者コンラート・ローレンツ（1903〜1989年）とシンポジウムで出会い、動物行動のさまざまな側面について議論するようになった。2人の共同研究は動物行動学の基礎を形づくった。彼らは祖先から継承した生来の行動と、経験を通じて修正をきかせる学習行動を区別した。ローレンツは、孵化したばかりのガチョウのひなに刷りこみを行なった研究で知られる。ティンバーゲンはトゲウオの求愛行動を研究した。

世界初の実用的なヘリコプター——フォッケウルフ Fw61——が6月に処女飛行を行なった。ドイツの飛行士ハインリヒ・フォッケ（1890〜1979年）が開発したもので、胴体の左右に伸びる2枚のブレードが回転するものだった。最初の飛行時間はわずか28秒だったが、それまでの試作機よりはるかに制御しやすかった。

7月、ハンガリーの生物学者ハンス・セリエ（1907〜1982年）が、生理的ストレスの科学的根拠について述べた。19世紀フランスの生理学者クロード・ベルナールは、生体は体内調節で一定状態を保とうとしていると主張した。1900年代初頭には、神経系が状況に応じた身体反応を引きおこす——危険に対して「戦うか逃げるか」など——こともわかっていた。セリエはさらに踏みこんで、ストレスとホルモン変化が連動しており、それが身体の免疫系にも影響すると説明した。

9月、タスマニア島のホーバート動物園で飼育されていた最後のフクロオオカミが死んだ。飼育係が室内に入れるのをうっかり忘れ、悪天候にひと晩さらされたせいだった。肉食性の有袋動物として最大のフクロオオカミは、乱獲がたたって数年前から野生では姿を消していた。

基本手法となっている。

デンマークの眼科医グスターフ・オスターベリは目の奥にある網膜の構造について研究成果を発表した。19世紀のドイツの解剖学者マックス・シュルツェは、網膜の多層構造や、のちに桿体、錐体と呼ばれる細部のスケッチを残していた（[1866年]参照）。オスターベリは初めて桿体と錐体の数を正確に数えた。錐体は弱い光にも敏感に反応するが色の区別はつかない。色に反応する錐体は強い光でしか機能せず、中心窩と呼ばれる部分に集中している。中心窩は視野の中心の焦点から光を集め、画像を形成する。

（[1926年]参照）。タンスリーの生態系は、生命体どうし、および周囲の環境と相互作用を行なう生態構造だった。

ドイツの生化学者ルドルフ・シェーンハイマー（1898〜1941年）は、体内の複雑な化学反応である代謝を研究していた。そのさまざまなパターンを理解するため、特定の物質に同位体の「目印」を用いる方法を考案し、化学反応を調べた。この同位体標識は生化学における代謝研究の

> "研究者たる者、目を覚ましたら朝食前に自説を捨てるべきだ。この習慣で若さを保つことができる。"
>
> コンラート・ローレンツ《攻撃》（1966年）

最後のフクロオオカミ
ベンジャミンと名づけられた最後のフクロオオカミ。もっぱらカンガルーやワラビーを捕食していたが、家畜を襲う害獣とみなされ、絶滅に追いこまれた。

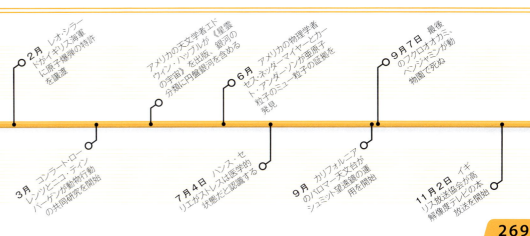

700万個 人間の目にある錐体の数
1億3000万個 人間の目にある桿体の数

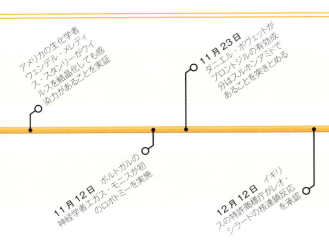

1937年

ドイツ生まれで1933年にイギリスに移ったハンス・クレブスは、1935年から1954年までシェフィールド大学に籍を置いて研究を行なった。

1月、イタリアの物理学者カルロ・ペリエ（1866〜1948年）とエミリオ・セグレ（1905〜1989年）が核反応で新しい元素テクネチウムを生成したと発表した。2人は放射能汚染されたサイクロトロンでテクネチウムをつくりだした（[1931年]参照）。

2月、アメリカの化学者ウォレス・カロザースが新しい化学ポリマー、ポリアミド6-6の特許を取得した。1938年には、デュポン社がナイロンと名づけて歯ブラシで初の商品化を行なった。

フランス系アメリカ人技術者ユージン・オードリー（1892〜1937年）は1927年、二酸化珪素とアルミナの触媒で原油からガソリンを精製する接触分解法を考案していた。10年後の1937年3月、サン・オイル社はこの方法を用いた石油精製設備を稼働させる。

9月、アメリカの電気技術者グロート・レーバー（1911〜2002年）が初の電波望遠鏡を完成。

ドイツ生まれの生化学者ハンス・クレブスは、クエン酸が細胞の活力を維持し、細胞にエネルギーを供給する過程の重要な一端を担っていることを突きとめた。これはクエン酸回路、またはクレブス回路と呼ばれるようになった。

ウクライナの生物学者テオドシウス・ドブジャンスキー（1900〜1975年）は《遺伝学と種の起源》を出版し、ダーウィンの自然選択（[1859年]参照）が、集団の遺伝構成から説明できると述べ、現代進化生物学の基礎を築いた。

> **種とは静的な単位ではなく、進歩の舞台である。**
> テオドシウス・ドブジャンスキー《遺伝学と種の起源》（1937年）

初の電波望遠鏡
アメリカ人天文学者グロート・レーバーは自宅裏庭に電波望遠鏡を設置し、宇宙からの電波信号を検知できることを実証した。

1938年

深海に生息するシーラカンスは、地元の漁師には知られていたが、古生物学者は化石でしか見たことがなかった。

アメリカの動物学者ドナルド・グリフィン（1915〜2003年）はコウモリの移動行動を研究していたが、暗闇でどうやって方向を知るのか謎だった。18世紀イタリアの生物学者ラザロ・スパランツァーニ（1729〜1799年）は、コウモリは目をふさいでも障害物を回避できるが、耳をふさがれるとぶつかってしまうと報告していた。グリフィンはアメリカの神経学者ロバート・ガランボス（1914〜2010年）と協力して、特製の超音波マイクでコウモリが人間の耳に聞こえない高周波音を発していることを突きとめた。コウモリは、この高周波音が障害物や獲物にぶつかったときの反響を感知しているとグリフィンは考えた。この説は最初は否定されたが、1944年には反響定位として認められた。

ドイツの化学者オットー・ハーン（1879〜1968年）は、核反応である元素を別の元素に変える原子核変換を研究していた。原子核変換は20年前にニュージーランド生まれの物理学者アーネスト・ラザフォード（1916〜1917年）が最初に行なっていたが、ウランのような最重量級の原子を壊しても軽い原子にならないというのが当時の見方だった。ところが1938年末、ウランを分裂させてバリウムを生成したとハーンは発表した――核分裂である。イタリアの物理学者エンリコ・フェルミも同じことをやっていたが、本人は新しい元素を合成したと思っていた（[1934年]参照）。その後フェルミは最初の核分裂連鎖反応を起こしている（[1942

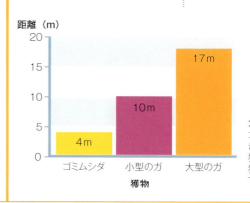

コウモリの反響定位
コウモリは高周波数の鳴き声を発し、その反響で獲物の位置を特定する。獲物が大きいほど、探知できる距離が伸びる。

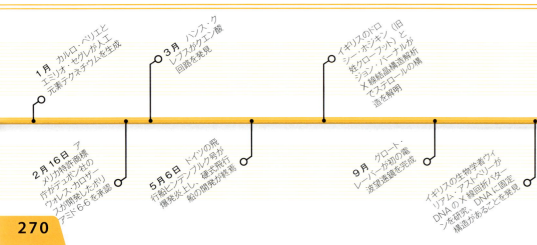

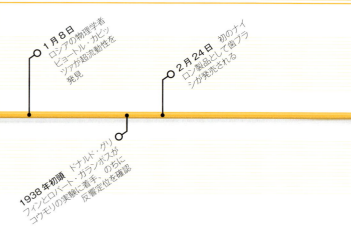

1939年

ドイツのハインケル社が1939年に開発した初のジェット機、He178は、第2次世界大戦末に活躍した戦闘機の原型となった。

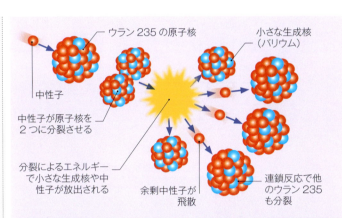

核分裂の連鎖反応

原子核が分裂すると核エネルギーを放出するが、エネルギーが最大に達すると連鎖反応が始まる。ウラン235は核分裂同位体として最もありふれたものであり、中性子を数多く持っている。ウラン原子核（分裂性）に外から中性子をぶつけると、原子核は断片化する。その副産物として中性子が放出され、他のウラン原子核を分裂させて連鎖反応が起きる。

年］参照）。

12月、南アフリカのイースト・ロンドン博物館の学芸員マージョリー・コートニー＝ラティマー（1907〜2004年）は、地元の漁港に揚がっためずらしい魚を取りにくるよう依頼された。彼女は種類もわからないこの魚を、しかたなく見よう見まねで剥製にした。南アフリカの動物学者ジェームズ・スミス（1897〜1968年）が、シーラカンスと特定する。それまで化石でしか知られておらず、恐竜とともに絶滅したと思われていた魚だった。シーラカンスは、総鰭類と呼ばれる古代魚に属し、その後陸生になった最初の脊椎動物とも関連がある。現生種はインド洋西部の深海でしか見つからなかった、1997年に別種がインドネシアでも発見された。

4月、グロート・レーバーが自作の電波望遠鏡で新しい天体を発見する——電波銀河はくちょう座Aである。これまで発見されたなかで最も強力な電波源のひとつだ。

ハンガリー生まれの物理学者レオ・シラード（1898〜1964年）が核連鎖反応でエネルギーを放出する発想を得てから6年後、科学者たちはナチスドイツが原爆を開発するのではないかと懸念していた。イタリアの物理学者エンリコ・フェルミとドイツの化学者オットー・ハーンは、連鎖反応で核分裂を制御できることをすでに示していた。8月、ドイツ生まれの物理学者で、アメリカのプリンストン大学に籍を置いていたアルベルト・アインシュタインは、ルーズヴェルト大統領に科学者の不安を代弁する書簡を送る。アインシュタインはさらに、アメリカが原爆開発競争に加わるべきだとも主張した。この働きかけによって、マンハッタン計画が発足する。連合国側の研究開発プログラムで、ここから戦争で使われた唯一の核兵器が誕生することになる。

第2次世界大戦直前には多くの科学者がドイツを離れたが、あえて残って科学技術の進歩に力を尽くした者もいた。ドイツの物理学者ハンス・フォン・オハイン（1911〜1998年）はジェットエンジンを設計し、特許を取得した。8月27日には、ターボジェットエンジンを積んだハインケルHe178が処女飛行を行なっている。戦後オハインは、ペーパークリップ作戦の一環としてアメリカに招聘され、科学技術の発展に貢献した。

アメリカの化学者ライナス・ポーリングは代表作《化学結合の本性》を出版、そのなかでイオン結合（異なる原子が電子を獲得・喪失することで結合する）と共有結合（電子を共有する結合）における電子のふるまいを記述した。なかでも共有される電子は位置が固定しておらず、原子核のまわりで軌道を描いていると主張したのは卓見だった。

> **" 科学とは真実を探究するもの——敵を倒したり、誰かを傷つけたりするゲームではない。"**
>
> ライナス・ポーリング（アメリカの化学者）《解放》（1958年）

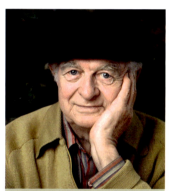

ライナス・ポーリング
（1901〜1994年）

アメリカの化学者・平和活動家。ノーベル賞を2度にわたって単独受賞した唯一の人物である。その活動は量子力学の化学への応用、タンパク質などの生物学的分子構造と多岐に渡る。第2次世界大戦後は核兵器反対運動に力を入れた。

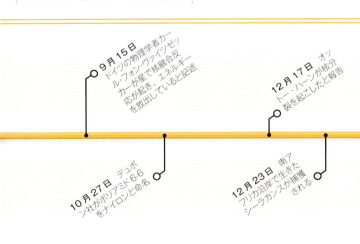
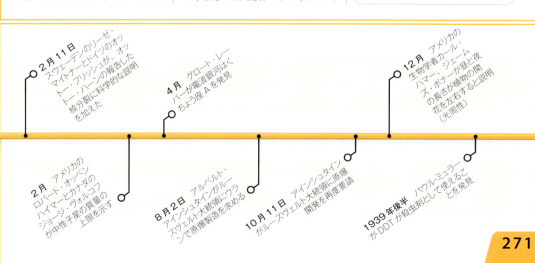

271

1940〜41年

1 kg
化学爆薬2万tに等しい爆発を得るのに必要なプルトニウムの量

放射性元素プルトニウムは、初期の原爆製造に不可欠だったため、製法が極秘にされていた。

20世紀の前半、地質学者たちは地震波のデータを分析して、地球には核が存在すると結論づけた（[1906年]参照）。波の伝わりかたから考えると、核の材質は他の部分と異なっていると推測されていた。1940年、カナダの地質学者レジナルド・アルドワース・デイリー（1871〜1957年）が《地球の強さと構造》を出版し、そのなかで地球の核を囲む多層構造を明らかにした。固いが砕けやすい外側の層の下に、半固体のぶあつい層があり、中心部になるほど温度が高くなる。現在では層によって化学的・物理的性質も異なることがわかっており、周縁部はシリコンを多く含む岩石で、核は80%が鉄である（下参照）。低密度の地殻の下には密度の高い岩石でできたマントル層がある。

1940年、カリフォルニア大学バークリー校で、粒子加速器を使って初の超ウラン元素——原子番号が92より大きい元素——の作出に成功した。原子番号93と94の新元素は、太陽系外の惑星である海王星（Neptune）と冥王星（Pluto）にちなんでそれぞれネプツニウム、プルトニウムと命名された。これら2元素の発見が公表されたのは第2次世界大戦後のことだった。プルトニウムは原爆の燃料として使える可能性があったからである。

スコットランドの細菌学者アレグザンダー・フレミングはアオカビ（Penicillium）に抗菌性を見いだしたが（[1928年]参照）、それから10年以上たって、オーストリアの生物学者ハワード・W・フローリー（1898〜1968年）とイギリスの生化学者エルンスト・B・チェイン（1906〜1979年）、そしてノーマン・ヒートリー（1911〜2004年）が、アオカビの分泌物であるペニシリンが感染症に効果があることを発見し（上[囲み]参照）、さらに大量に生成・分離できる可能性も明らかにした。1941年1月、ペニシリンの臨床試験が始まり、第2次世界大戦のさなかに大量生産の技術も開発された。

同じころ、代謝を研究していたドイツ生まれのアメリカ人生化学者フリッツ・アルベルト・リップマン（1899〜1986年）は、生きた細胞がエネルギーを処理する方法を明らかにした。1941年に発表されたリップマンの論文によると、その鍵を握るのはアデノシン三リン酸（ATP）だった。ATPが発見されたのは10年以上も前のことだが、ようやくその働きが解明されたのだ。炭水化物や脂肪といった高カロリーの栄養物はATPとなり、その分子のリン酸結合にエネルギーが蓄えられる。成長や運動でエネルギーが必要になったら、リン酸結合が壊れてエネルギーが取りだされるのだ。（[囲み]参照）。

ダウ・ケミカル社に所属していたアメリカ人技術者レイ・マキンタイア（1918〜1996年）は、軍事用の絶縁材開発を命じられる。彼はポリスチレン——樹木

ペニシリンはなぜ効くか
ペニシリンは抗生物質、つまり細菌の成長を妨げたり、細菌を殺したりする化学物質である。抗生物質は細菌の細胞にのみ存在する標的を攻撃し、組織は破壊しない。ペニシリンの場合は細胞壁をつくるプロセスを阻害するので、細胞壁が弱くなった細菌は水を吸収して破裂する。

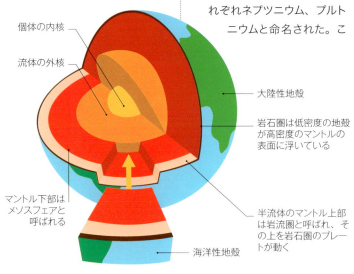

地球の内部
地球は鉄でできた核をぶあついマントルが囲み、その上を地殻が覆っている。マントル最上部と地殻の固い岩がプレートを形成し、それが動いて大陸を移動させる。

> 私は28歳の若造で、考えが及ばなかった。

グレン・セオドア・シーボーグ（アメリカの科学者）プルトニウム発見のチームに加わったことについて（1947年）

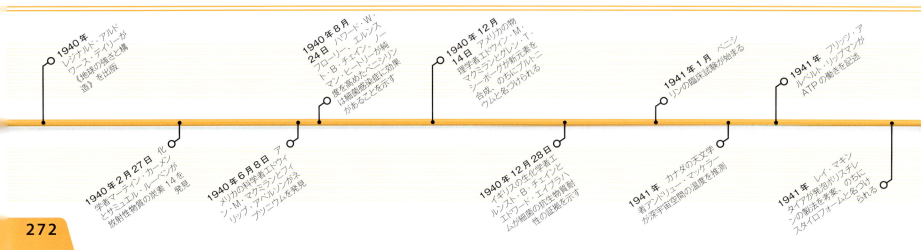

1942年

180万t
1940年以来世界で使用されたDDTの量

1940年代に飛行機で広域散布されたDDTは、長期にわたって環境を汚染した。

の樹脂を原料とするプラスチックの一種——を化学的に処理して、内部に無数の気泡を入れた。こうしてできた発泡ポリスチレンはスタイロフォームという商標名で発売され、安価で軽量な素材として広まった。

スイスの化学者パウル・ヘルマン・ミュラー（1899〜1965年）が、塩素を含む化学物質DDT（ジクロロジフェニルトリクロロエタン）に触れた昆虫が死ぬのを見て、殺虫剤としての可能性を発見する。ミュラーはその功績でノーベル賞を受賞した。1942年9月、アメリカは大量のDDTを入手して本格的な使用を開始した。第2次世界大戦中、DDTは発疹チフスを媒介するシラミや、マラリアを媒介する蚊を殺すのに使われ、戦後は農業の害虫対策でも広く利用された。しかし1960年代、DDTは食物連鎖に蓄積して環境を破壊することがわかり（[1962年] 参照）、ほとんどの国で使用禁止となった。

アメリカの2人の生物学者、ドイツ生まれのマックス・デルブリュック（1906〜1981年）とイタリア生まれのサルヴァドール・ルリア（1912〜1991年）は細菌に感染して殺すバクテリオファージ（単にファージとも言う）の共同研究を開始した。そのな

エンリコ・フェルミの原子炉
中性子を放出するウランのペレットが核連鎖反応の中心的役割を果たす。反応が暴走しないよう炭素で制御する。

かで、一部の細菌が遺伝子突然変異を起こして感染への抵抗力をつけることを発見する。1943年、この変異は環境が誘発するのではなく、自発的なものであると発表した。

核連鎖反応は、制御された条件下で自己持続的に起こすことができれば、実用化の可能性がある（[1938年] 参照）。12月、イタリア系アメリカ人物理学者エンリコ・フェルミは、シカゴ大学のフットボール競技場のスタンド下に世界初の原子炉、シカゴ・パイル1をつくった。ウラン標本に中性子を衝突させて連鎖反応を誘発し、中性子を吸収するカドミウム棒で反応を制御する実験は成功し、フェルミは4分半で反応を終わらせた。当時は戦争中で、アメリカ政府主導で初の原爆製造に向けたマンハッタン計画が進行していたが、フェルミのこの実験によって計画は大きく前進した。

エンリコ・フェルミ
1938年、イタリアの反ユダヤ政策を嫌ってユダヤ人の妻とともにアメリカに移住。その年にノーベル物理学賞を受賞した。

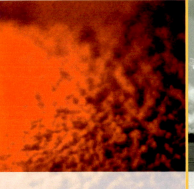

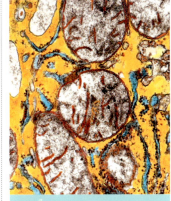

代謝とATP

動植物の細胞にはミトコンドリア（写真のセピア色の部分）という「発電所」がある。ミトコンドリアの内部の膜は高エネルギーの食物からアデノシン三リン酸（ATP）を合成する。ATPから出るエネルギーが、DNAやタンパク質生成といった細胞活動の指令となる。

> **" イタリア人航海士が新世界に上陸した。"**
> アーサー・コンプトン（シカゴ大学冶金学研究所所長）エンリコ・フェルミの実験成功を伝える暗号文（1942年）

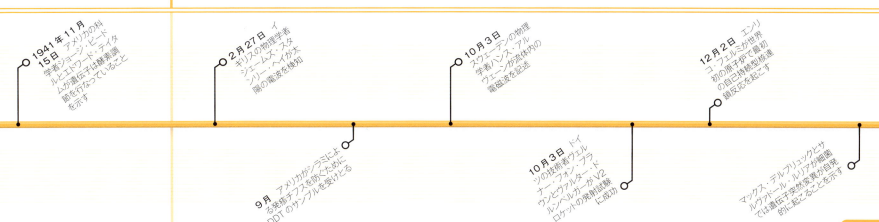

- **1941年11月15日** アメリカの科学者ジョージ・ビードルとエドワード・テイタムが遺伝子は酵素調節を行なっていることを示す
- **2月27日** イギリスの物理学者ジェームズ・スタンリー・ヘイが太陽の電波を検知
- **9月** アメリカがシラミによる発疹チフスを防ぐためにDDTのサンプルを受けとる
- **10月3日** スウェーデンの物理学者ハンス・アルヴェーンが流体内の電磁波を記述
- **10月3日** ドイツの技術者ウェルナー・フォン・ブラウンとヴァルター・ドルンベルガーがV2ロケットの発射試験に成功
- **12月2日** エンリコ・フェルミが世界初の原子炉で最初の自己持続型核連鎖反応を起こす
- マックス・デルブリュックとサルヴァドール・ルリアが細菌では遺伝子突然変異が自発的に起こることを示す

1943〜44年

世界初の電子的にプログラム可能なコンピューター、コロッサスの制御盤。第2次世界大戦中、ドイツの暗号を解読するのに使われた。

1945年

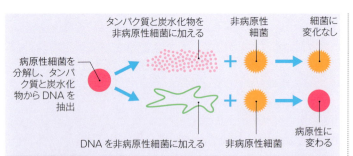

DNAの性質

オズワルド・エイヴリーは、非病原性細菌を病原性に変質させる化学物質を特定する研究をしていた。病原性細菌を殺してタンパク質、炭水化物、DNAなどの成分を非病原性細菌に加えたところ、DNAだけが変化を起こした。

第2次世界大戦中、イギリスの数学者アラン・チューリング（1912〜1954年）が行なった先駆的な暗号解読研究をきっかけに、コンピューター技術が飛躍的に進歩した。1943年にはイギリスで電子式デジタルコンピューター、コロッサスが製作された。

フランスの技術者エミール・ガニアン（1900〜1979年）は、フランスの生物学者ジャック・クストー（1910〜1997年）と協力してガスのレギュレーターを改良し、アクアラングに空気を送りこむ装置を開発。これによって水中探検の世界に革命が起きた。

1944年、遺伝子と遺伝の研究で大きな前進が見られた。カナダ生まれの医師オズワルド・エイヴリー（1877〜1879年）は、フレデリック・グリフィスが発見した形質転換の原理（[1928年] 参照）をさらに掘りさげるため、グリフィスと同じ実験を行ない、遺伝物質をもっとくわしく分析してみた。そして細菌からタンパク質と酵素を取りのぞいたあと、残った化学物質であるDNAが形質転換を起こすことを突きとめた。それまで遺伝子の構成物質はタンパク質だと思われていたが、実はDNAだったのである。

南アメリカのキナノキから採れるキニーネは、マラリアの特効薬として長いあいだ珍重されてきたが、第2次世界大戦で入手しづらくなっていた。1944年5月、アメリカの化学者ロバート・ウッドワード（1917〜1979年）とウィリアム・デーリング（1917〜2011年）がキニーネの合成に成功したと発表した。

子供の精神障害を研究していたオーストリアの医師ハンス・アスペルガー（1906〜1980年）は、自閉症の診断法を確立した。独特の学習行動を見せる自閉症の子供を観察した彼は、子供たちを小さな教授と呼んだ。この種の自閉症はのちにアスペルガー症候群と呼ばれるようになった。

> なぜエイヴリーはノーベル賞をもらえなかったのか？ きっと彼の主張を誰もまじめに受けとらなかったからだ。
> ジェームズ・ワトソン（アメリカの遺伝学者）
> 《ネイチャー》（1983年4月）

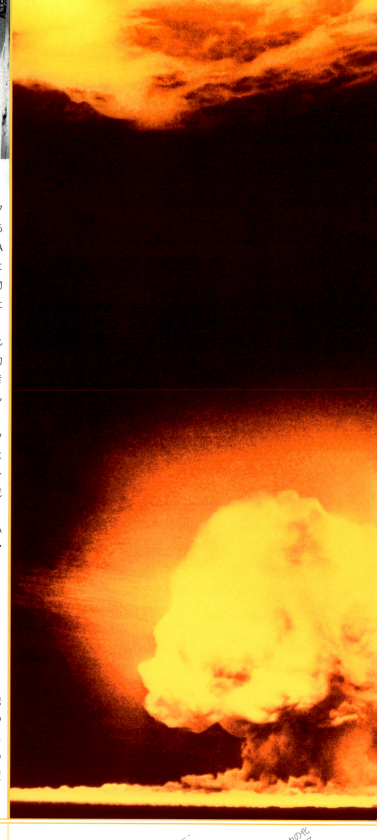

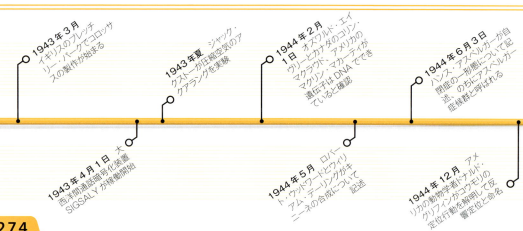

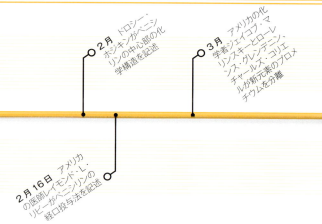

葉酸の結晶をとらえた顕微鏡写真。葉酸は胎児の成長に不可欠なビタミンだ。

第2次世界大戦も6年目に突入し、連合国が進めていた原爆製造のマンハッタン計画（[1939年] 参照）も佳境に入っていた。人工的に核分裂連鎖反応を起こす原理は、ハンガリー生まれの物理学者レオ・シラード（1898～1964年）が確立していたが、実現したのは1942年のことだった。核反応とは原子核が分裂もしくは融合することで、どちらもエネルギーを放出するが、人為的に起こせるのは核分裂だけだった。自然界では放射性元素が崩壊するときに起きるが、中性子が原子に衝突させて誘発することもできる（[1938年] 参照）。ウランやプルトニウムのように、核分裂連鎖反応を起こせる物質（核分裂性物質）を臨界質量まで圧縮しておけば、中性子の衝撃で瞬時に崩壊が始まり、莫大なエネルギーが放出される。7月16日、マンハッタン計画でつくられた最初の原子爆弾が、ニューメキシコ州の砂漠でアメリカ軍によって起爆された——トリニティ実験である。爆発を目撃したのは300人足らずだった。それから3週間後、広島と長崎に原爆が投下され、戦争は終結したが、おびただしい数の人命が失われた。

結晶内の原子配列を知る方法として、X線結晶構造解析法はすでに確立し（[1912年] 参照）、複雑な分子の構造を探るのに活用されていた。7月、イギリスの化学者ドロシー・ホジキンは、ペニシリンとコレステロールの構造解明に貢献した。

8月、アメリカの化学メーカー、アメリカン・サイアナミッド社が葉酸合成に成功したと発表した。葉酸は胎児の健康な発達に不可欠なビタミンである。イギリスの作家アーサー・C・クラーク（1917～2008年）は作品のなかでさまざまな未来予測を行なっていた。そのひとつが静止衛星（地球から見て静止しているように公転する衛星）の通信利用である。このアイデアは20年もたたずに現実のものになった。

> 甘美な技術を目の前にしたら、追究して実現するしかない。それが原爆だった。

J・ロバート・オッペンハイマー（アメリカの物理学者）の法廷証言（1954年）

世界初の爆発

1945年7月16日早朝、ニューメキシコ州アラモゴードの砂漠で初めて原子爆弾が爆発した。エネルギーはTNT火薬1万6000tに相当した。

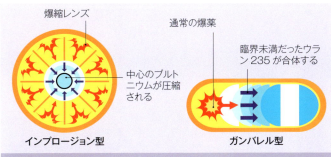

原爆の仕組み

原爆には二種類ある。トリニティ実験や長崎に投下された原爆はインプロージョン型で、火薬の爆発で中心の核分裂性物質を一気に圧縮する。広島の原爆はガンバレル型で、核分裂性物質が合体して反応を起こす。いずれも自然に放出された中性子が周囲の原子に衝突し、核分裂連鎖反応を引きおこして（[1938年] 参照）、莫大なエネルギーを放出する。

ドロシー・ホジキン（1910～1994年）

エジプト生まれで、オクスフォード大学に学び、ステロールの研究で博士号を取得。コレステロールやペニシリン、インシュリンなど複雑な分子の3次元構造解析で業績をあげ、1964年にはビタミンB12の研究でノーベル賞を受賞した。

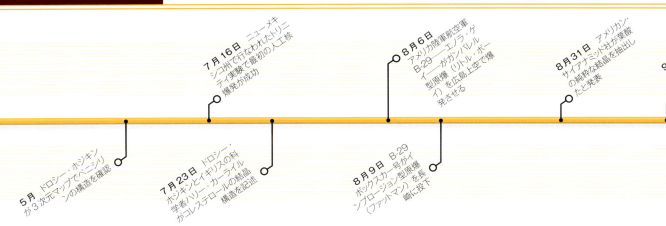

- 5月 ドロシー・ホジキンが3次元マップでペニシリンの構造を確認
- 7月16日 ニューメキシコ州で行なわれたトリニティ実験で最初の人工核爆発が成功
- 7月23日 ドロシー・ホジキンとイギリスの科学者ハリー・カーライルがコレステロールの結晶構造を記述
- 8月6日 アメリカ陸軍航空軍B-29エノラ・ゲイがガンバレル型原爆（リトル・ボーイ）を広島上空で爆発させる
- 8月9日 B-29ボックスカー号がインプロージョン型原爆（ファットマン）を長崎に投下
- 8月31日 アメリカン・サイアナミッド社が葉酸の純粋な結晶を抽出したと発表
- 9月13日 アメリカの化学者パリス・カニンガムとルイス・ワーナーがアメリシウム元素を分離
- 10月 アーサー・C・クラークが静止通信衛星のアイデアを記す

1946年

38万3000km
ダイアナ計画で測定された月と地球の距離

月にレーダー信号を当てて地球からの距離を測る。

1947年

ボーイングB-29の爆弾倉から発進するベルX-1有人実験機。高度記録を達成するとともに音速の壁を突破した。

1月10日、天体とのコンタクトが初めて行なわれた。アメリカの陸軍通信部隊が、月に向かって発射したレーダー信号の反射を検知したのだ——発射からわずか2.5秒後だった。ダイアナ計画は当初長距離レーダーで接近するミサイルを発見することが目的だったが、アメリカの宇宙開発計画の端緒にもなった。この実験は月との距離を測定するだけでなく、地球上で作成した信号が宇宙での通信に使えることの証明にもなった。

同じ1月、医療用画像技術に革命を起こすある現象の研究が発表された。それが核磁気共鳴（NMR）である。スイスの物理学者フェリックス・ブロッホ（1905～1983年）とアメリカの物理学者エドワード・パーセル（1912～1997年）が、試料を強力な磁場にさらすと、内部の原子核が固有の振動数で共鳴することを示した。この技術は分子構造の解明に活用されたが、のちにはMRI（磁気共鳴画像）として生体など大きなものの内部を画像化できるようになった。

アメリカの生物学者エドワード・テイタム（1909～1975年）とジョシュア・レーダーバーグ（1925～2008年）は、細菌が複雑な生物体に似た性的プロセスを行なっていることを発見した。異なる系統の細菌をいっしょにすると、一部の細菌は本来持っていない能力を発達させることがわかったのだ。細菌細胞は合体して遺伝物質を交換する、接合というプロセスが明らかになった。これは抗生物質の耐性を探るうえで大きな手がかりとなる。

7月、アメリカが戦後初の核実験を実施した。エイブル作戦と名づけられたこの実験は、太平洋のビキニ環礁で長崎に投下したのと同じ種類の原爆が使われた。現場には78隻もの実験船舶が停泊し、なかには動物を乗せた船もあった。ビキニ環礁ではその後も60回以上の核実験が実施された。

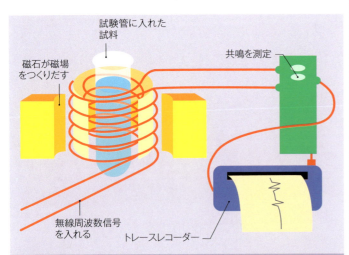

核磁気共鳴

原子核の磁気共鳴は、物質内の化学成分を検知するのに使われる。試料を強力な磁場に置くと、原子核が独自の振動数の電磁気放射を吸収・放出する。これをもとに原子の種類、さらには化学構造を決定できるのである。

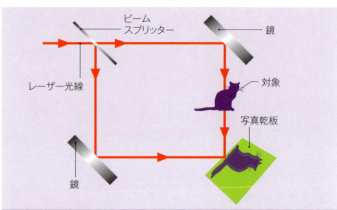

ホログラフィー

レーザー光線をスプリッターで分割し、鏡に反射させて写真乾板に当てる。光線の一部は対象に当たってから乾板に届き、残りは直接当たるので、乾板上には干渉パターンが描かれる。こうしてできたネガに最初と同じ角度でレーザー光線を当てると、立体画像が浮かびあがる。

1947年、アメリカの物理学者ルイス・アルヴァレズ（[1980年]参照）の指導のもと、バークリーで初の陽子線型加速器が完成した。同じ年、アメリカの物理学者ウィリアム・ハンセン（1909～1949年）がスタンフォード大学に初の電子線型加速器を完成させる。粒子加速は物質の基本単位を研究するうえで重要な手段となり、ガン治療など実用的な用途も生まれた。

9月、アメリカ化学会でジェイコブ・マリンスキー（1918～2005年）が原子番号61の放射性元素を発見、ギリシア神話のプロメテウスにちなんでプロメチウムと命名。プロメチウムは希土類元素であり、これで周期表の最後の空白が埋まった。

10月、アメリカ空軍のパイロット、チャックことチャールズ・イェーガー（1923年生）が音速の壁を破る。彼が乗った飛行機ベルX-1は、マッハ1.07（1311km／時）に到達したのだ。

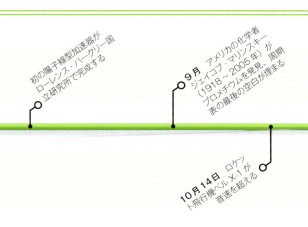

1948年

5.1m
ヘイル望遠鏡の主鏡の直径

ヘイル望遠鏡は長いあいだ世界最大の地位を保っていた。現在も年間約290日稼働してデータを収集している。

陽子線型加速器
陽子を一直線上に加速する初の装置の全長は12mだった。加速器は物質の基本粒子の研究と理解に貢献している。

3月、アメリカの物理学者ジュリアン・シュウィンガー（1918〜1994年）とリチャード・ファインマン（1918〜1988年）が、量子電磁力学という新しい領域を誕生させた。帯電粒子と、電磁放射のパケットである光子との相互作用を探るもので、開催された会議の席では、時間軸と空間軸のなかで亜原子粒子間の相互作用を示す「ファインマン・ダイアグラム」も紹介された。

12月、ハンガリー系イギリス人物理学者のガーボル・デーネシュ（1900〜1979年）がホログラムと呼ばれる3D画像の理論的技術で特許を申請した。見る角度によって被写体の方向が変わる仕組みをデーネシュは記述したが、これが実現するのは実用的なレーザー光線が開発された1960年になってからだ。

アメリカの技術者パーシー・スペンサー（1894〜1970年）はレイセオン社でレーダーの設計をしていたとき、レーダーの主要部品である磁電管が発生させるマイクロ波で、食べ物が熱くなることを偶然発見した。金属箱に食品を入れて加熱する電子レンジは1945年に特許を取得、レイセオン社は世界初の電子レンジを1947年に発売した。

4月、ソ連の物理学者ジョージ・ガモフ（1904〜1968年）とアメリカの宇宙論者ラルフ・アルファー（1921〜2007年）が、宇宙が誕生したとき（p.344〜345参照）から元素の割合は一定であると発表した。現在の宇宙では、水素とヘリウムが最も割合が多い元素である。

6月、カリフォルニア工科大学のパロマー天文台が完成した。ドーム内に設置されたヘイル望遠鏡はアメリカの天文学者ジョージ・ヘイルにちなんだもので、天文学者エドウィン・ハッブルが最初の使用者となった。この望遠鏡はクエーサーや遠い銀河の星を発見するのに役だった。

同じ6月、サルのアルバート1世が初の宇宙飛行士としてV2ロケットに登場することになった。しかし上空6万3000mの地点で窒息死してしまい、10万mのカルマン・ラインを突破して宇宙空間に入ることができなかった。

オーストリア系アメリカ人生化学者エルヴィン・シャルガフは、遺伝をつかさどる化学物質であることが判明したばかりのDNAについて、その基本構成を発表した。二重らせん構造が明らかになる5年前のことで、シャルガフの分析は塩基が一定割合になっていることを明らかにしていた。アデニンはチミンと、グアニンはシトシンと割合が同じで、その後の二重らせんモデルで、これらの塩基がそれぞれ対になっていることが確認された。二重らせん上の塩基配列が遺伝情報の基礎に

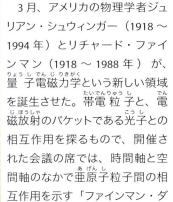
タカヘ
ニュージーランドに生息するタカヘは1948年に再発見され、保護のために捕食動物のいない島に移送された。

宇宙の構成
宇宙が誕生して最初に形成されたのは、最も軽い元素だった。重い元素は星の内部で核融合（かくゆうごう）によって生じたと考えられている。

元素：
- 水素
- ヘリウム
- リチウム
- 酸素
- 炭素
- ネオン
- 鉄
- 窒素

宇宙誕生から30万年後：76%, 24%, リチウムの痕跡

多くの星の誕生と死を経た現在：74%, 23%, 1%, 0.5%, 0.1%, 0.1%, 他の元素の痕跡

エルヴィン・シャルガフ（1905〜2002年）

オーストリア生まれの化学者。生物分子化学の分野で、血液凝固の研究に多大な貢献をした。ナチス勢力のヨーロッパ拡大にともなってアメリカに移住、DNAは種によって異なるものの、基本物質の割合は一定であることを発見した。

なっていることも、その後明らかになった。11月20日、イギリスの鳥類学者ジェフリー・オーベル（1908〜2007年）がニュージーランド南島の山中でタカヘを見つけた。クイナの仲間で飛べないタカヘは、50年前に絶滅したと考えられていた。

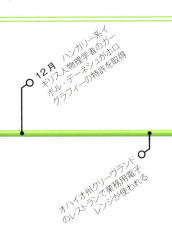
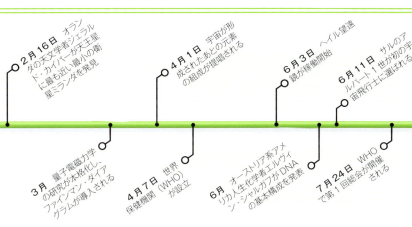

- 12月 ハンガリー系イギリス人物理学者のガーボル・デーネシュがホログラフィーの特許を取得
- オハイオ州クリーブランドのレストランで業務用電子レンジが使われる
- 2月16日 オランダの天文学者ジェラルド・カイパーが天王星の衛星で最も近い最小の衛星ミランダを発見
- 3月 量子電磁力学の研究が本格化し、ファインマン・ダイアグラムが導入される
- 4月1日 宇宙が形成されたあとの元素の組成が提唱される
- 4月7日 世界保健機関（WHO）が設立
- 6月3日 ヘイル望遠鏡が稼働開始
- 6月 オーストリア系アメリカ人生化学者エルヴィン・シャルガフがDNAの基本構成を発表
- 6月11日 サルのアルバート1世が初の宇宙飛行士に選ばれる
- 7月24日 WHOで第1回総会が開催される
- 11月20日 ニュージーランドでタカヘが再発見される

1949年

コンピューターというイメージに近い外見を持つ最初のマシンがEDSACだった。部屋がひとつ埋まるほどの大きさで、記憶装置には長さ152cmの水銀管が使われた。

3月28日、イギリスの天文学者フレッド・ホイルがBBCのラジオ番組に出演中、宇宙は過去も未来も無限であるという定常宇宙論を説明するなかで、「ビッグバン」という言葉を初めて使った。ホイルは「はるか昔のどこかの時点で、たった1度の大爆発」ですべての物質が生まれたという理論を批判する意味で使ったのだが、図らずもその理論の命名者となった。現在ではビッグバン理論が正しいとされている。

オランダ系アメリカ人の天文学者ジェラルド・カイパーは、火星の大気の成分は二酸化炭素であり、土星の環は氷であると立証した。5月には海王星からいちばん遠い衛星ネレイドを発見。カイパーはネレイドの偏心軌道の原因として、海王星の先に氷の天体の環が存在すると仮説を立てた。この環はカイパーベルトと呼ばれ、1992年に存在が確認された。

5月6日、ケンブリッジ大学がつくった新しいコンピューターEDSAC(電子遅延保存自動計算器)で最初のプログラムが走った。1秒に700回の演算をこなし、複雑な計算で科学者を助ける最初のコンピューターとなった。

アメリカは哺乳動物を初めて宇宙に送りこんだ([1948年]参照)。アカゲザルのアルバート2世を乗せたV2ロケットは高度13万600mの宇宙空間に到達。飛行を無事終えたアルバート2世だが、地球帰還時にパラシュートの異常で墜落死した。

フレッド・ホイル(1915～2011年)

イギリスの天文学者で、20世紀を代表する偉大な科学者のひとり。宇宙の定常状態を支持する独自の立場で、宇宙論への幅広い興味をかきたてた。ホイルの理論はビッグバン理論に取って替わられたが(p.344-345参照)、元素合成理論はいまも支持されている。

サルが宇宙へ
アカゲザルを乗せたV2ロケットが、地球の大気圏と宇宙空間の境界線であるカーマン・ラインを突破した。

3000本
EDSACに使われた真空管の数

1950年

オーストラリアで、増えすぎたウサギの駆除にミクソーマウイルスが導入されて大きな成果をあげた。

1950年は原子力技術が急速に進歩した年だった。1月31日、アメリカのトルーマン大統領が水素爆弾の開発を承認したと発表した。これは1949年8月に、ソ連が核実験を行なったことへの対応だった。水素爆弾の設計は、その後つくられるすべての熱核反応兵器の基本となった。トルーマン大統領の発表から1か月後、カリフォルニア大学で核化学者物理学者スタンリー・トンプソン(1912～1976年)のチームが周期表98番目の元素、カリホルニウムを発見する。カリホルニウムは不安定でありながら、元素のなかで急速に崩壊しない重い元素で、他の超重元素と異なり肉眼で見られる形にすることができた。

コンピューターサイエンスの世界も日進月歩だった。アメリカのコンピューターENIAC(電子数値積分計算機)が初めて天気予報に使われ、3月5日から24時間予測サービスを開始した。10月にはイギリスのコンピューター科学者アラン・チューリングが、人工知能の実験を提唱した。

オーストラリアでは、1世紀半前、ヨーロッパからの移住者が食用に持ちこんだウサギが増えすぎて頭を悩ませていた。捕食者のいない環境で爆発的に増殖し、作物や野生生物を脅かしていたのだ。狩猟、毒殺、囲いこみといった方策がすべて失敗に終わり、ついにオーストラリア国立大学の微生物学者フランク・フェナー(1914～2010年)がミクソーマウイルスを導入した――ウサギの致死率がきわめて高い粘液腫症を引きおこす細菌である。この対策は奏功し、ウサギは全滅

> " いずれコンピューターは知性体と呼ばれるにふさわしいものとなり、人間になりすますこともできるかもしれない。"
>
> アラン・M・チューリング(イギリスのコンピューター科学者)(1950年)

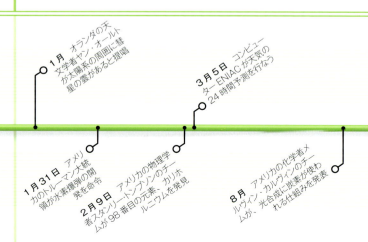

6億羽

ミクソーマ導入前の
オーストラリアのウサギの生息数

1951年

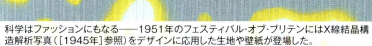

科学はファッションにもなる——1951年のフェスティバル・オブ・ブリテンにはX線結晶構造解析写真（[1945年]参照）をデザインに応用した生地や壁紙が登場した。

1951年、イギリスの医師リチャード・アッシャー（1912〜1969年）が医学雑誌《ランセット》に新しい精神障害を報告した。それは病気をでっちあげて注意を惹くもので、18世紀ドイツのほら吹き男爵からミュンヒハウゼン症候群と命名された。

この年は分子生物学でも大きな前進があった。タンパク質などの複雑な分子構造を明らかにすることは、分析化学の大きな課題のひとつだったが、イギリスの生化学者フレデリック・サンガー（1918年生）は、タンパク質の一種インシュリンが、アミノ酸の鎖でできていることを突きとめた。この鎖を化学的に切ることで、アミノ酸の種類を特定し、配列まで調べることができた。配列はすべてのインシュリン分子で共通しており、タンパク質の種類によってアミノ酸配列が異なることが明らかになった。しかしサンガーの発見の持つ意味が完全に解明されるまで、10年以上かかった。生体内では、DNAの遺伝子の命令でアミノ酸を正しい配列に並べ、タンパク質をつくっていたのである。

7月4日、ニュージャージー州にあるベル電話研究所にいたアメリカの物理学者ウィリアム・ショックリー（1910〜1989年）は、バイポーラトランジスタを発明したと発表した。1947年に最初のトランジスタはできていたが、さらに改良を加えたものが1951年に完成し、それから30年間電子機器に不可欠な部品として使われつづけた。

初期のトランジスタ
トランジスタの発明は電子装置と電子回路に革命を起こした。とくにスイッチ的な役割は、コンピューター技術の拡大に貢献した。

点接触トランジスタ

バイポーラトランジスタ

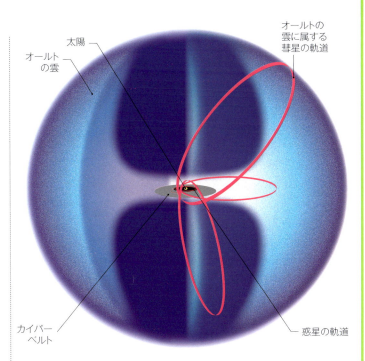

オールトの雲
太陽系を取りかこんで存在する仮想的な天体群で、数十億個の彗星で構成される。彗星の軌道周期は惑星の1000倍以上にもなる。

こそしなかったものの、1950年代のレベルに復活することはなくなった。1970年代、フェナーは疾病管理の技能を活かし、世界保健機関が取りくんだ天然痘撲滅プロジェクトで重要な役割を果たした。

地球の表面で最も謎が多い海底に、新たな光が当たりはじめた。マリー・サープ（1920〜2006年）やブルース・ヘーゼン（1924〜1977年）といった地質学者は、第2次世界大戦で海に沈んだ飛行機を探しあてるために写真技術を活用し、その流れで海底山脈を発見した。

オランダの天文学者ヤン・オールト（1900〜1992年）は、彗星が太陽系の周縁にある彗星だまりからやってくると仮説を立てた。多くの天文学者がこの仮説は正しいと考えている。

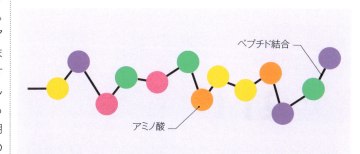

アミノ酸

タンパク質分子は、生き物の体内で代謝の原動力となったり、栄養物吸収を助けたりと重要な役割を果たす。1951年、フレデリック・サンガーは鎖状の分子構造を持つ分子——インシュリン——が、アミノ酸の独自配列で構成されていることを発見した。タンパク質の種類が異なると、その目的に応じて配列も変わる。

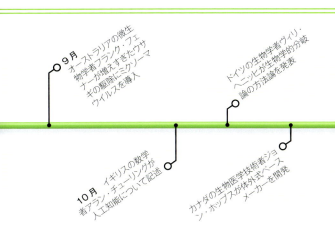
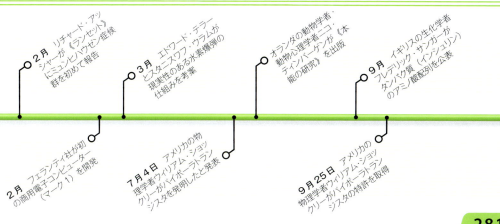

281

1952年

太平洋のエニウェトク環礁で行なわれた水爆実験は、核融合と核分裂を組みあわせる初の熱核反応による爆発だった。キノコ雲の高さは1万7000mに達した。

1952年は科学の画期的な発見が続いた年だった。ニューヨークにあるコールド・スプリング・ハーバー研究所で、アメリカの細菌学者アルフレッド・ハーシーと遺伝学者マーサ・チェイスは、遺伝物質はタンパク質かDNAかという問題に取りくんでいた。遺伝という複雑な仕事ができるのはタンパク質だけだとの意見もあった。ハーシーとチェイスは、ファージ——細菌に感染するウイルスを宿主細胞に注入して調べたら、細胞内に燐が存在することがわかった。DNAにはあるが、タンパク質には含まれない物質である。これは遺伝子がDNAでできていることを示していた。

南半球のオーストラリアでは、イギリス人医師アラン・ウォルシュが分析化学における画期的な技術を発明した。元素の種類によって、原子が吸収する波長に特徴がある事実を活用して、原子吸光分析法を開発したのだ。ごくわずかな元素まで検知できる原子吸光光度計は翌年特許を取得、法科学など高精度の化学分析が求められる分野で不可欠な手段となった。

アメリカではウォルトン・リレハイとジョン・ルイスが9月に初めての心臓切開手術を行なった。低体温法を導入し、わずか10分間で患者の先天性の心臓欠陥を修復したのである。そのわずか1週間後、チャールズ・ハフナゲルがリウマチ熱患者に人工心臓弁を移植し、患者の余命を10年近く延ばした。結合双生児の分離手術も計画された。前年に誕生したブローディ兄弟は頭部が結合していたが、オスカー・シュガーを中心とするチームが分離手術を行ない、1人を救うことに成功した。

11月1日、北西太平洋に浮かぶエニウェトク環礁で、世界初の水爆実験（暗号名はアイビー作戦のマイク実験）が行なわれた。直径5kmの火球によって、小さな島は跡形もなく消えた。それまでの熱核反応爆弾は核分裂を利用したものだったが（[1938年]参照）、マイク実験では、少なくとも部分的には核融合でも爆発を起こせることが明らかになった（[1988〜89年]参照）。

12 メガトン
（TNT火薬換算）
1952年の実験に使われた水爆の威力

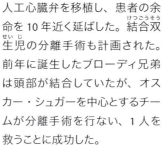

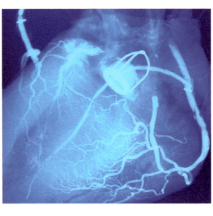

人工心臓弁
最初の人工心臓弁はボールの入った鳥かごのような形をしていた。血液が心臓から出るときにボールが枠に押しつけられ、心筋（しんきん）が弛緩するとボールが落ちて蓋をする。

1953年

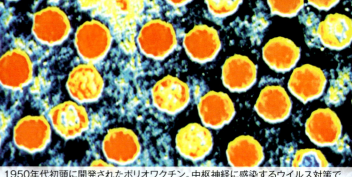

1950年代初頭に開発されたポリオワクチン。中枢神経に感染するウイルス対策で導入され、大勢の人が一生残る麻痺を免れた。

この年、遺伝と生殖が化学レベルで行なわれる仕組みが明らかになった。イギリスのジェームズ・ワトソンとフランシス・クリック（p.284〜285参照）は、DNAにねらいを定めていた。DNAの化学組成は部分的にわかっていたが、物理的な配置はまだ謎のままだった。

しかしX線結晶構造解析という新しい技術で、複雑な生体分子の構造を立体画像化することが可能になる。ロンドンのキングズ・カレッジでは、ロザリンド・フランクリンやモーリス・ウィルキンスらのチームがこの技術でDNAを調べていた。とくにフランクリンは試料作成の腕が抜群で、鮮明な画像を得ることができた。それを見るとDNAはらせんを思わせる形をしていた。フランクリン自身は早計だと思っていたが、ワトソンとクリックはこの画像をもとにDNAらせんモデルを組みたて、《ネイチャー》誌に論文を発表した。2本の分子鎖が二重らせんを描いているという彼らのDNAモデルは画期的なもので、生命体が自らの遺伝物質を複製する方法も示唆していた。

その1か月後、別の科学雑誌《サイエンス》で、1年前に行なわれた実験が報告された。アメリカのスタンリー・ミラーとハロルド・ユーリーが、生命の起源を実験室で再現したというものだ。アンモニア、水、メタン、水素をフラスコに入れて密閉し、雷の代わりに電極で火花を起こす。2週間後、フラスコ内にアミノ酸

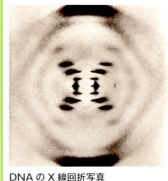

DNAのX線回折写真
フランクリンが撮影したDNAのX線回折写真にはX字パターンがくっきり写っており、DNAが二重らせん構造であることを明確に示していた。

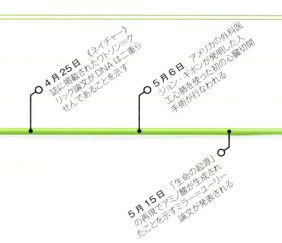

- **7月3日** 心臓手術の患者に初めて機械式人工心肺が使用される
- **8月28日** 神経インパルスの伝達の基本を記述した論文が発表される
- **9月2日** 初めての心臓切開手術がミネソタ州で行なわれる
- **9月11日** アメリカの外科医チャールズ・ハフナゲルが人工心臓弁を初めて移植
- **9月20日** 《一般生理学雑誌》にハーシーとチェイの論文が掲載され、遺伝物質はDNAであると発表
- **11月1日** 北西太平洋、アメリカ領マーシャル諸島のエニウェトク環礁で水爆実験が実施される
- **12月17日** シカゴの外科医グループが結合双生児の分離手術に初めて成功
- **4月25日** 《ネイチャー》誌に掲載されたワトソンとクリック論文がDNAは二重らせんであることを示す
- **5月6日** アメリカの外科医ジョン・ギボンが発明した初の心臓切開手術が行なわれる
- **5月15日** 「生命の起源」の再現でアミノ酸が生成されたことを示すミラー=ユーリー論文が発表される

1954年

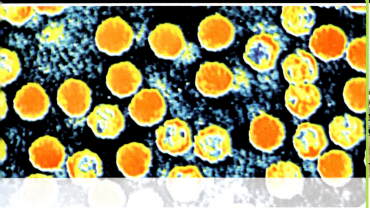

ボーイング367-80はボーイング707の原型機。707は初期の旅客ジェット機としてはなばなしく活躍した。367-80はテスト機として使われたあと、スミソニアン航空宇宙博物館に寄贈された。

フラスコで生まれた生命
スタンリー・ミラーとハロルド・ユーリーは、生命の始まりであるアミノ酸を生みだした「原始のスープ」を2週間でつくることに成功した。

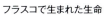──タンパク質の構成単位──ができていることが確認された。単純な物質の混合物から生命のもとができることが、この実験で証明された。

11月、アメリカのウイルス学者ジョナス・ソークが、死んだポリオウイルスからそれまでの生ワクチンより安全で成功率が高いワクチンをつくることに成功したと発表した。

すばらしい発見のいっぽうで、否定される発見もある。1912年にイースト・サセックスのピルトダウンで発掘され、ロンドンの自然史博物館が所蔵していたヒト科の頭蓋骨は、人類進化の失われた環だとされていたが、完全な偽物であることが判明した。解剖学や古生物学を専門とする研究者、ケネス・オークリー、ウィルフレッド・ル・グロ・クラーク、ジョゼフ・ワイナーが、中世の人間の頭蓋と、チンパンジーの歯の化石、それにオランウータンの顎骨を寄せあつめたものだと断定したのだ。これほど長いあいだ学界をだましおおせた例はほかにない。

ソークのポリオワクチンは予備治験の結果が良好だったため、全国規模に拡大されることになった。2月23日、180万人の児童を対象にした大規模接種が開始される。1955年には通常使用の免許も交付された。ソークのワクチンは世界中の子供たちをポリオから守り、世界保健機関が展開するポリオ撲滅運動の先駆けになった。

5月、アメリカの航空機メーカー、ボーイング社が新型ジェット機を世に送りだした。367-80を原型機とする707は、1960年代から70年代にかけて広く使われるようになった。それまでの民間航空はプロペラ機が中心だったが、367-80はジェット推進力が導入された。

1954年10月、フランスで開催された国際度量衡総会で温度の標準単位が認定された。この総会は、のちに国際単位系（SI）と呼ばれる度量衡の基準を定めるために設立されたもので、この年の総会では温度の国際単位としてケルビン（イギリスの物理学者ケルビン卿に由来）が採用された。

同じころ、ソ連科学アカデミーのニコライ・バソフとアレクサンダー・プロホロフがメーザー（誘導放出によるマイクロ波増幅）の

273.16 K
水と氷と水蒸気が共存できる温度

原理を発表した。メーザーは原子時計や長距離テレビ放送の信号増幅に使われるようになった。また医療用スキャナーへの応用も研究されている。

この年の12月、ボストンでジョゼフ・マレーによる世界初の腎臓移植が成功した。

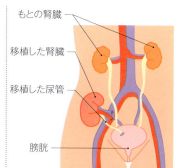
腎臓移植
機能不全に陥ったもとの腎臓は切除せず、新しい腎臓を別の血管につなぐ。

ロザリンド・フランクリン（1920～1958年）

化学の道に入り、優れた技能で生物分子の構造解明に貢献した。彼女が撮影したDNAのX線回折画像「写真51」には、交差するパターンが写っており、DNAのらせん構造を示唆していた。ワトソンとクリックが提唱した二重らせんモデルの重要な根拠である。フランクリンは1958年に死去したため、ノーベル賞の栄誉に浴することはできなかった。

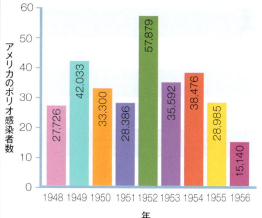

ポリオワクチン
アメリカではソークの開発したポリオワクチンを子供に接種したことで、ポリオ感染者数が激減した。

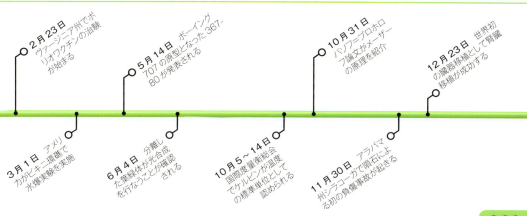

- 11月13日 《ニューヨーク・タイムズ》が、ジョナス・ソークのポリオワクチンについて報道
- 11月30日 《タイム》誌がピルトダウンの頭蓋骨は偽物だと報道
- 2月23日 ヴァージニア州でポリオワクチンの治験が始まる
- 3月1日 アメリカがビキニ環礁で水爆実験を実施
- 5月14日 ボーイング707の原型となった367-80が発表される
- 6月4日 分離した葉緑体が光合成を行なうことが確認される
- 10月5～14日 国際度量衡総会でケルビンが温度の標準単位として認められる
- 10月31日 バソフ＝プロホロフによるメーザーの原理の論文が紹介
- 11月30日 アラバマ州シラコーガで隕石による初の負傷事故が起きる
- 12月23日 世界初の臓器移植として腎臓移植が成功する

DNA

自己複製する分子DNAは生命の暗号である。

生命体が持つさまざまな特徴は、細胞内で起こる化学的プロセスがつくりだしている。20世紀の科学はそのプロセスを源流までたどることに成功した──それは遺伝情報を運ぶだけでなく、自己複製の驚くべき能力を持つ分子、DNAだった。

20世紀に入ってまもなく、形質遺伝は世代を超えて受けつがれる粒子が引きおこすことが判明した。しかしその遺伝物質、いまで言う遺伝子の中身は謎のままだった。細胞内にかならず存在する核酸も候補だったが、1919年にリトアニアの生化学者フィーバス・レヴィーンは、遺伝に関与するには構造が単純すぎると却下していた。しかしその後の実験で、この核酸こそが遺伝物質であることが証明された。

1950年代に入るころには分析技術も進み、核酸の代表的な形であるDNA（デオキシリボ核酸）をかつてないほど詳細に分析したり、さらにX線結晶構造解析で立体的にとらえることも可能になった。

塩基対

1953年、アメリカの生物学者ジェームズ・ワトソンとイギリスの生物物理学者フランシス・クリックが、DNAのらせんを確認した。正確には2本のらせんを塩基がつないでいる構造になっている。4種類ある塩基の割合はつねに一定であり、ワトソンとクリックはアデニンとチミン、グアニンとシトシンの組みあわせで固定されているからだと考えた。これはDNAの遺伝情報の伝えかただけでなく、生殖時の情報複製にも関わる重要な鍵だった。

ジェームズ・ワトソンとフランシス・クリック
ワトソンとクリックは模型をつくって二重らせんモデルを検証した。

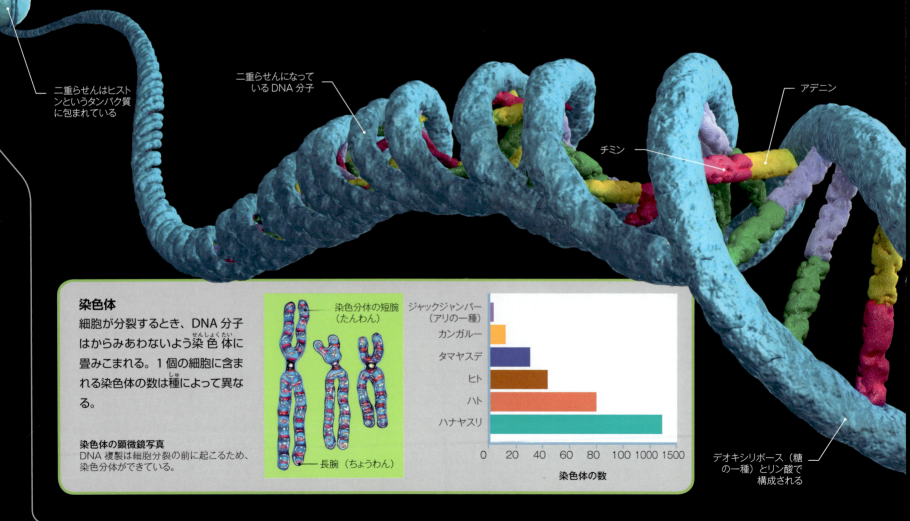

染色体
細胞が分裂するとき、DNA分子はからみあわないよう染色体に畳みこまれる。1個の細胞に含まれる染色体の数は種によって異なる。

染色体の顕微鏡写真
DNA複製は細胞分裂の前に起こるため、染色分体ができている。

DNA 複製

細胞は分割が始まる直前に DNA の複製を行なう。二重らせんになっていた鎖がジッパーをおろすようにほどけ、塩基対が分離して 1 本ずつになる。塩基の組みあわせは厳密に決まっているので、1 本の鎖の塩基の配列は、もう 1 本の配列とぴったり合わさる。自由に動く DNA ブロックがつながって、既存の鋳型鎖と合う配列の鎖を形成する。遺伝子的にまったく同じ二重らせんが 2 組できあがり、細胞分裂で分かれていく。

タンパク質をつくる

遺伝子とは、DNA のなかでタンパク質分子を組みたてる命令を持っている部分だ。タンパク質は、色素をつくるなどそれぞれの役割がある。つまり生物の特徴を決定するのが遺伝子ということになる。タンパク質を組みたてる前に、遺伝子の塩基配列を細胞核にコピーしなければならない。これを転写と呼ぶ。コピーは細胞質に送られ、そこで翻訳と呼ばれる別のプロセスを経て、塩基情報がタンパク質形成に活用される。

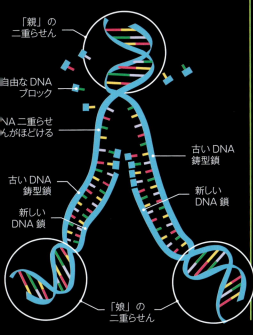

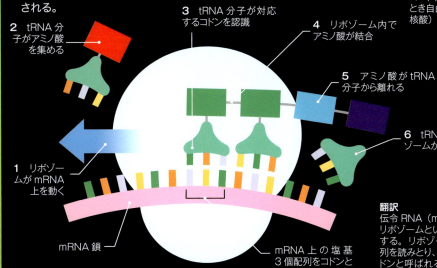

転写
細胞核内で DNA 二重らせんの一部がほどけ、コード領域が露出して複製の準備が整う。このとき自由 RNA ブロックをつないで RNA（リボ核酸）の鎖ができる。

翻訳
伝令 RNA（m RNA）が核から細胞質に移動し、リボゾームというタンパク質をつくる細粒に付着する。リボゾームは m RNA 上を動いて塩基配列を読みとり、正しいタンパク質を構成する。コドンと呼ばれる塩基の 3 個配列が、転写 RNA（tRNA）分子に特定のアミノ酸を収集させる。

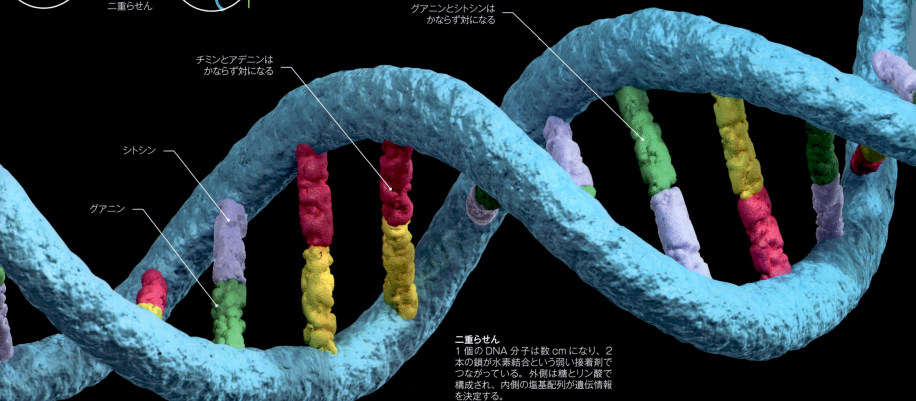

二重らせん
1 個の DNA 分子は数 cm になり、2 本の鎖が水素結合という弱い接着剤でつながっている。外側は糖とリン酸で構成され、内側の塩基配列が遺伝情報を決定する。

1955年

アメリカのブライス・キャニオンなどで行なわれた岩石層の放射性炭素年代測定では、地球は誕生してから約20億年という実際よりはるかに少ない結果が出た。

45億5000万年前
地球が誕生した年代

1955年、アメリカの地球化学者クレア・パターソン（1922～1995年）が岩石の原子を調べて地球の年齢を算出しようとした。彼が着目したのは太陽系、すなわち地球が誕生したときの名残りと考えられる隕石だった。岩石試料から鉛を分離し、鉛同位体との相対的な比率を計算した。ウランのような放射性元素の原子は崩壊速度が決まっており（p.267 参照）、そこから試料の年代の手がかりが得られる。ウラン原子は崩壊して鉛の同位体になるので、時代とともにその割合が増えていく。パターソンは地球の誕生が45億5000万年前とはじきだした――これまでの数字よりはるかに昔である。これを機に科学者たちの世界観も変わっていった。

イギリスの物理学者ルイス・エッセン（1908～1997年）は、イギリスの国立物理学研究所でセシウム原子の放射を利用した初の原子時計を設計した。300年間で1秒も狂わない原子時計の出現で、より精密な計時が可能になった。現在の原子時計のずれは600万年に1秒である。

12月、スウェーデンのルンドにある遺伝学研究所で、遺伝学者アルベルト・レヴァンの研究室に客員で来ていたジャワ出身のアメリカ人生物学者ジョー・ヒン・ティジョ（1919～2001年）が50年来の誤りを正す発見を行なった。それまでヒトの細胞には染色体が48本あるとされていたが、正常な細胞には実は46本しかないことが明らかになった。ティジョは最新の顕微鏡技術を使い、組織を切片にするのではなく、細胞を押しつぶして単層にして観察した。さらに試料内で微小な染色体を切断することなく散乱させ、見分けがつきやすくした。ティジョはアメリカで研究をつづけ、細胞遺伝学という新しい領域を切りひらいた。

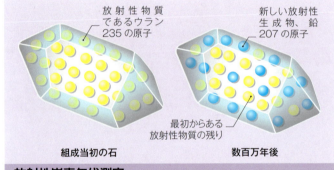

放射性炭素年代測定

放射性崩壊の速さを利用して岩石、鉱物、化石の年代を測定する方法。1900年代はじめの物理学の研究が発端となり、放射性物質（ウランなど）と崩壊生成物（鉛）の割合を調べることで、年代が計算できる。

1956年

3611.4km
大西洋横断電話ケーブルの全長

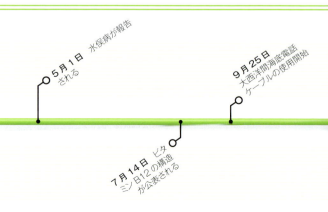

1956年5月、熊本県水俣市で新しい病気が報告された。水俣病と名づけられたこの病気は、神経系障害を思わせる進行性麻痺が特徴だった。重金属中毒説が浮上したのは11月で、化学工場が海に流した水銀を含む排水が原因と考えられている。水銀は魚介類に蓄積し、それを食べ

ビタミンB12の構造
ビタミンB12の複雑な模型。ドロシー・ホジキンがX線結晶構造解析という手法で明らかにした（[1945年] 参照）。

- アメリカの地球化学者クレア・パターソンが放射性炭素年代測定法で地球の年齢を再計算する
- 4月12日 アメリカの食品医薬品局がソークのポリオワクチンを承認
- 8月24日 イギリスの物理学者ルイス・エッセンがつくった初の原子時計が動きはじめる
- 12月22日 ジャワ出身の生物学者ジョー・ヒン・ティジョがヒトの染色体は46本しかないことを発見
- 5月1日 水俣病が報告される
- 7月14日 ビタミンB12の構造が公表される
- 9月25日 大西洋間海底電話ケーブルの使用開始

1957年

> **世界初の人工衛星が完成した。**
>
> 《プラウダ》紙に掲載された国営タス通信の発表（1957年10月5日）

大西洋横断ケーブルはコイル状のケーブルを船から敷設した。

世界初の人工衛星スプートニク1号から発信された信号は、世界中のアマチュア無線家が受信した。

22日間
スプートニク1号が地球に信号を送信した期間

た人間の神経をむしばむ。有毒な化学物質による食物連鎖汚染が、詳細に記録された初めての例である。

7月、イギリスの化学者ドロシー・ホジキン（［1945年］参照）がビタミンB12の構造を発表した。悪性貧血を防ぐのに重要な役割を果たすビタミンだ。ホジキンはX線結晶構造解析を使って、ビタミンB12が環状構造をしており、コバルト原子の周囲をポルフィリンが囲んでいることを明らかにした。

9月25日、世界初の大西洋を挟んだアメリカとヨーロッパのあいだで、海底電話ケーブルの使用が開始された。最初の24時間で、ロンドンからアメリカに588件の通話があり、これまでの大西洋間通信より明瞭な音質で話ができた。

同じ9月、IBMは305RAMAC（ランダムアクセスメモリー計算機）——ハードディスクドライブとランダムアクセスメモリーを使った初のコンピューター——を始動させた。RAMACは重さが1tを超え、50枚の大きなディスクの記憶容量は5MBだった。

1月に発売されたハミルトン・エレクトリック500は、初の自動巻き腕時計だった。電池の寿命は短かったが、自動巻きはたちまち人気を集めた。

デンマーク人化学者イェンス・スコウ（1918年生）は、神経系の働きの基本について発表した。カニの神経を使って、細胞膜内の分子がポンプでイオンを移動させ、膜表面の電荷を高めていること、それには細胞のエネルギーが使われているとスコウは説明した。こうして刺激を受けた分子は励起し、インパルス（下［囲み］参照）を伝達するのである。

10月4日、ソ連が初の人工衛星スプートニク1号を打ちあげた。

核兵器軍備競争の幕が開き、1953年にアイゼンハワー大統領が行なった「平和のための原子力」演説を受けて、国連は原子力を制御・発展させる目的で7月に国際原子力機関（IAEA）を設立した。13年後、IAEA主導で核兵器不拡散条約が締結される。

ボーイング社は初のジェット旅客機707を就航させた。タービンエンジンの搭載により、飛行機がより高く、より速く飛べるようになり、空の旅に新時代が訪れた。

11月、アメリカの物理学者ゴードン・グールド（1920〜2005年）が光を増幅して強力な光線にする方法を提唱、レーザー（「輻射の誘導放出による光増幅」の略語）と名づけた。ただし実用化されたのは1960年になってからである。

イギリスの科学者ジェームズ・ラヴロック（1919年生）は超高感度の気体分析装置である電子捕獲型検出器（ECD）を発明した。負電荷を帯びた電子を発射すると、特定の気体が吸収して信号を発する。殺虫剤のDDTや、冷蔵庫やスプレーに使われてオゾン層を破壊する（［1973年］参照）クロロフルオロカーボン（CFC）など、大気中のごく微量な汚染物質を検知するのに役だった。

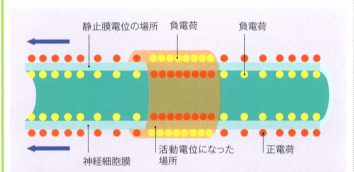

神経インパルス

神経線維を囲む膜にはタンパク質の「ポンプ」があり、ナトリウムイオン（帯電粒子）を押しだし、カリウムイオンを引きこむ。これによって表側に正電荷が蓄積し、いわゆる静止膜電位が生じる。刺激を受けると、タンパク質のチャネルが開いて正電荷が入りこみ、静止膜電位が活動電位に逆転する。活動電位の場所が神経インパルスとして神経線維膜を伝わる。

ジェームズ・ラヴロックとECD
電子捕獲型検出器（ECD）は、農薬内の塩素など、大気中にある電子と結びついたごく微量の化学物質を検知できる。

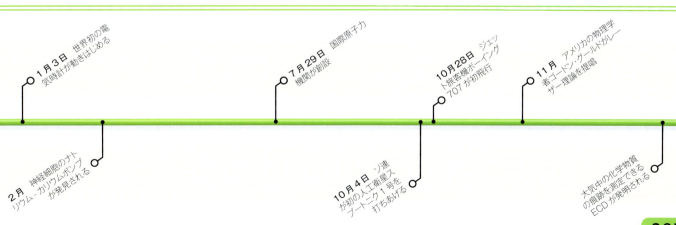

1958年

人工衛星による観測や調査によって、オーロラは太陽からの粒子が地球の磁気圏に呼びこまれ、大気と衝突して発生することがわかった。

1月4日、ソ連が打ちあげた初の人工衛星スプートニク1号が、3か月の軌道飛行を終えて燃えつきた。アメリカも同じ1月、初の人工衛星エクスプローラー1号を発射して宇宙開発競争に名乗りをあげる。これらの人工衛星は電池の寿命が尽きるまでのあいだ、「航空宇宙」の重要な情報を地球に送りつづけた──大気圏およびそのすぐ先の宇宙空間を指す新しい言葉である。スプートニク1号は上層大気の密度を測定し、エクスプローラー1号は地球の磁気圏（下［囲み］参照）が有害な放射を偏向させていることを突きとめた。

カリフォルニアでは、マシュー・メセルソン（1930年生）とフランクリン・スタール（1929年生）が、「生物学における最も美しい実験」でDNAの秘密に迫ろうとしていた。そしてDNAが複製するとき、二重らせんの分子が2本の鎖にほどけ、それぞれが遺伝の「鋳型」となってDNAをつくっていることを突きとめた。複製が終了すると、古い鎖と新しい鎖が二重らせんをつくることになる。半保存的なこの複製法は、1953年にDNAの二重らせんモデルをつくったワトソンとクリックが提唱していたものだった。

このDNA複製を実用面に活かしたのが、イギリスの生物学者フレデリック・スチュワード（1904～1993年）とジョン・ガードン（1933年生）である。彼らは成熟した生物から細胞を採取し──ガードンはオタマジャクシから、スチュワードはニンジンから──、遺伝的にまったく同じクローンをつくりだした。分化した組織からクローンをつくった最初の例である。

電子工学の分野では、アメリカの技術者ジャック・キルビー（1923～2005年）とロバート・ノイス（1927～1990年）が電子回路を1枚のシリコン板に集積させることをそれぞれ独自に着想し、マイクロチップを発明した。

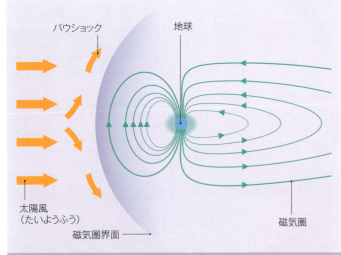

磁気圏

磁気圏はいわば地球を包む磁気の「毛布」で、地球の奥深くの磁気がつくりだしている。太陽から飛んでくる高エネルギーの有害粒子は、磁気圏界面に生じるバウショックという衝撃波面によって偏向する。バウショックがないと、太陽風の直撃を受けて地球上の生命は死滅する。

1959年

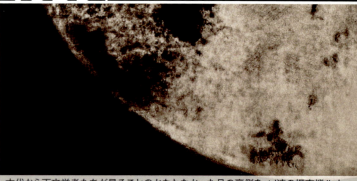

古代から天文学者たちが見ることのかなわなかった月の裏側を、ソ連の探査機ルナ3号が初めて撮影することに成功した。

アメリカではミサイル「ジュピターAM-18」が打ちあげられ、2匹のサル、エイブルとベイカーは宇宙飛行から帰還した最初の霊長類となった。ソ連は3機の探査機を打ちあげ、ルナ1号と3号は接近飛行を行なった。さらにルナ3号は月の裏側を撮影した。

ケンブリッジ大学の分子生物学者マックス・ペルーツ（1914～2002年）はヘモグロビンを研究していた。酸素を運び、赤い色素を持つ血液中の物質である。DNAと同じ方法を使って分析したところ、ヘモグロビンは4本のタンパク質鎖を持ち、それぞれに酸素と結合する鉄原子が存在することがわかった。

考古学者のルイスとメアリーの

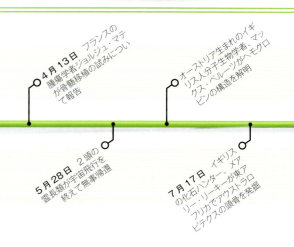

アウストラロピテクスの頭骨
175万年前のアウストラロピテクスの頭骨化石。臼歯が大きいので「ナッツクラッカー・マン」の愛称でも呼ばれた。

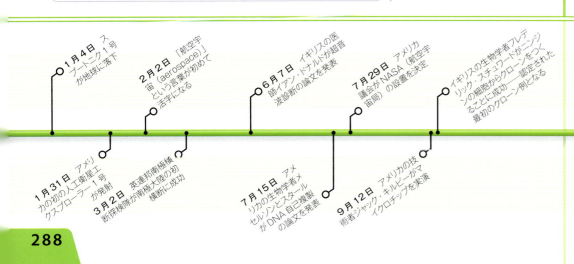

1960年

1万911m
潜水艇トリエステの到達深度

マリアナ海溝最深部の水圧に耐えられるよう設計された潜水艇トリエステ。2012年までは、有人でこの深さに到達できる唯一の潜水艇だった。

ルイス・リーキー（1903～1972年）

イギリスの考古学者。人類の進化の解明に大きな役割を果たした。妻メアリーとともに東アフリカの化石発掘を続け、人類の起源はアフリカにあることを示した。のちにはジェーン・グドールやダイアン・フォッシーによる霊長類研究にも刺激を与えた。

1月23日正午過ぎ、アメリカ海軍の潜水艇トリエステ号が地球の最深部――西太平洋のマリアナ海溝にあるチャレンジャー海淵――に到達した。ドン・ウォルシュ（1931年生）とジャック・ピカール（1922～2008年）を乗せたトリエステ号はその場に20分留まり、これほどの深海にも動物が適応していることを確認した。

アメリカの地質学者ハリー・ヘス（1906～1969年）は第2次世界大戦中に海の深さを研究していた。1960年、彼は海底全体が動いていると指摘。海嶺から噴出する溶岩が冷えて膨張し、海洋プレートを押しひろげていると主張した。ヘスの説は地質学界では認められている。また海嶺で新しいマントルが形成されるとき、古いマントルが別の場所で地中に落ちこむとされている。50年近く前にアルフレート・ヴェーゲナー（[1914～15年] 参照）が提唱した大陸移動は、この作用が引きおこしたと考えられる。

4月、NASAが初の気象衛星TIROS-1（テレビジョン赤外線観測衛星計画-1）を打ちあげた。搭載されたテレビカメラは78日間にわたって、雲などの気象現象を宇宙空間から数千枚も撮影した。

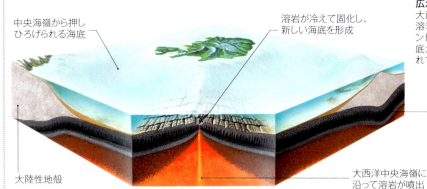

広がる海底
大西洋中央海嶺に沿って溶岩が噴出し、新たなマントルが形成されて、海底が両側に押しひろげられている。

中央海嶺から押しひろげられる海底／溶岩が冷えて固化し、新しい海底を形成／海洋性地殻／大陸性地殻／大西洋中央海嶺に沿って溶岩が噴出

8月、アメリカの物理学者セオドア・メイマン（1927～2007年）が、光を集約させた「ペンシルビーム」、その名もレーザー（輻射の誘導放出による光増幅、[1957年] 参照）を開発した。人造ルビーの棒でレーザーパルスをつくりだすのがメイマンの考案した方法だったが、その後改良が加えられて連続的な光線が出せるようになった。レーザーは眼科手術からコンパクトディスクプレーヤー、スーパーマーケットのレジまで幅広く活用されている。

アメリカの化学者ロバート・ウッドワード（1917～1979年）は、コレステロールやキニーネといった複雑な生体物質の化学構造を10年にわたって研究してきた。そして構造化学の規則を使えば、これらの物質を生成できると考えた。1960年、ウッドワードは葉緑素II――植物の緑の色素の主成分であり、光合成に必要な光エネルギーを受けとる――の合成に成功した。

10月、第11回国際度量衡総会で国際単位系（SI）が採用されることが決まった。

同じく10月、イギリスの外科医マイケル・ウッドラフ（1911～2001年）が国内初の腎臓移植を実施する。拒絶反応のリスクを最小限に抑えるため、移植は一卵性双生児のあいだで行なわれ、提供者と患者はその後長く生きることができた。

初の気象衛星
TIROS-1はテレビカメラを備え、高度700kmから地球の気象パターンを撮影した。

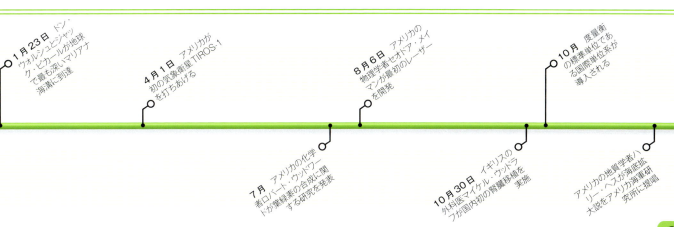

- 8月 中国系アメリカ人生物学者ミン・チュー・チャンがウサギの試験管受精に成功
- 10月7日 ソ連のルナ3号が月の裏側の撮影に成功
- 1月23日 ドン・ウォルシュとピカールが地球で最も深いマリアナ海溝に到達
- 4月1日 アメリカが初の気象衛星TIROS-1を打ちあげる
- 7月 アメリカの化学者ロバート・ウッドワードが葉緑素の合成に関する研究を発表
- 8月6日 アメリカの物理学者セオドア・メイマンが最初のレーザーを開発
- 10月30日 イギリスの外科医マイケル・ウッドラフが国内初の腎臓移植を実施
- 10月 度量衡の標準単位である国際単位系が導入される
- アメリカの地質学者ハリー・ヘスが海底拡大説をアメリカ海軍研究所に提唱

1961年

108分
ユーリイ・ガガーリンの宇宙滞在時間

ソ連のパイロット、ユーリイ・ガガーリンは初の宇宙飛行士候補20名のなかから選ばれた。

2月、カリフォルニア大学でカリホルニウムの試料にホウ素の原子核を衝突させて新しい重元素をつくることに成功。アメリカの物理学者でサイクロトロンの発明者であるアーネスト・ローレンスにちなんでローレンシウムと命名された。原子番号103のローレンシウムはアクチニドと呼ばれる放射性金属に属する最後の、そして最も重い元素になった。

4月12日、ソ連のパイロット、ユーリイ・ガガーリン（1934～1968年）が初の宇宙飛行士としてヴォストーク1号に搭乗、宇宙空間に飛びだした。ガガーリンは地球の軌道を1周して無事帰還し、「ソ連の英雄」という称号を与えられた。その後は宇宙飛行士育成に力を尽くした。

ソ連は金星探査のためのヴェネラ計画を開始した。探査機ヴェネラ1号は金星から10万kmのところまで到達したと思われる。人工物が地球以外の惑星に接近した最初の例だった。

4月、アフリカなどで野生生物が危機にさらされている現状を受けて、生物学者ジュリアン・ハクスリー（1887～1975年）や鳥類学者ピーター・スコット（1909～1989年）が野生生物保護の国際組織をつくることを提唱した。こうしてスイスに誕生したのが生まれたのが世界野生生物基金（WWF）、現在の世界自然保護基金である。WWFは世界各地に事務局を置いて、絶滅の危機にある種の保護に科学的立場から取りくんでいる。

ソ連のヴェネラ宇宙探査機
ソ連が開発した最先端の惑星間探査機のひとつ。ソ連は金星への探査機着陸を10回成功させている。

アンテナ
高圧に耐えられる強化機体

1962年

殺虫剤として開発されたDDTは、人体と環境には無害という触れこみだった。

6月、《ニューヨーカー》誌がアメリカの海洋生物学者レイチェル・カーソンの《沈黙の春》の連載を開始した。カーソンは、人間の活動、とりわけDDT（ジクロロジフェニルトリクロロエタン）が環境を毒し、破壊していると主張した。人類の食料需要を満たし、害虫を殺すための集約的な技術がかつてない規模で環境に悪影響を与えており、広範での殺虫剤の使用は野生生物、ひいては人間自身を損ねることになるとカーソンは訴えた。第2次世界大戦中、昆虫由来の病気の蔓延を防ぐために開発されたDDTは、農薬として広く普及した。しかし食物連鎖に蓄積すると、野生生物を死に至らしめる。WWF創設の翌年に発表された《沈黙の春》がきっかけとなって、とくにアメリカでは環境意識が高まり、ついにDDTなど毒性の強い薬品は使用禁止となった。

7月、国際協力でつくられた通信衛星テルスターが、NASAのロケットで宇宙空間に打ちあげられた。テルスターによって、大西洋を越えて生中継のテレビ信号が伝送できるようになった。最初の放送がテレビ画面に映ったのは7月10日である。テルスターを基本形として、その後より効率的な通信衛星が次々とつくられた。

アメリカの生物学者ジェラルド・エデルマン（1929年生）と

レイチェル・カーソン（1907～1964年）

海洋生物学を学んだあと、一般向けに博物学を紹介する著作で知られるようになった。代表作《沈黙の春》をきっかけに、アメリカでは環境保護局が設置された。死後の1980年、大統領自由勲章を授与される。

- 2月14日 ローレンシウムの合成に成功
- 4月12日 ソ連のパイロット、ユーリイ・ガガーリンが初の有人宇宙飛行で地球の軌道を周回する
- 4月29日 世界野生生物基金が設立される
- 5月19日 ヴェネラ1号が金星に接近
- 5月25日 アメリカ議会が有人月面着陸をめざすアポロ計画を発表
- 11月9日 動物の命名を標準化するための「国際動物命名規約」第1版が発表される
- 2月20日 ジョン・グレンがアメリカ人として初めて地球周回軌道を飛行
- 6月 《ニューヨーカー》でレイチェル・カーソン「沈黙の春」の連載開始
- 7月10日 通信衛星テルスターが打ちあげられる

1963年

> "人間も自然の一部なのだから、自然との戦争は、自らに戦いをしかけているのと同じだ。"
>
> レイチェル・カーソン（海洋生物学者）《沈黙の春》（1962年）

1963年に火山の噴火で誕生したスルツェイ島。その後4年間の噴火で現在の形となった。浸食を受けながらも、60種以上の植物が見られる。

テルスター
初の通信衛星で、1962年から1963年初頭まで断続的に信号を伝達した。通信衛星としての役割を終えたいまも、軌道を周回している。

イギリスの生化学者ロドニー・ポーター（1917～1985年）が独自に大発見を行ない、2人ともその後ノーベル賞の栄誉に浴することになる。抗体とは抗原と呼ばれる有害な異物にねらいを定めて「無力化」し、免疫系を助ける分泌物のことだが、エデルマンらは抗体の成分を化学的に分離して、Y字形の分子がタンパク質の鎖であることを突きとめた。彼らの研究によって抗体の化学構造が明らかになり、さらには人体が抗原によって異なる抗体をつくりだし、感染物に対抗している仕組みも解明された。

ベル・カンパニーが初のプッシュ式電話を開発したこの年、科学の世界では壮大なスケールでの前進がいくつもあった。

ソ連ではワレンチナ・テレシコワ（1937年生）が女性・民間人として初めて宇宙飛行を行なった。スカイダイビングの愛好家だった彼女は、ソ連空軍の募集に応じてヴォストーク6号のパイロット養成訓練を受ける。テレシコワの宇宙飛行は、女性の身体が宇宙空間で示す反応を知る貴重な機会となった。

物体の性質を探る試みも、この年に大きな転換点を迎えた。1950年代の実験で、陽子や中性子といった亜原子粒子が爆発すると、さらに小さな物体ができることはわかっていたが、それが何なのかは謎だった。1963年、アメリカの物理学者マリー・ゲル＝マン（1929年生）とジョージ・ツワイク（1937年生）がそれぞれ独自に物質の「クォーク・モデル」を提唱し、クォークと呼ばれるさまざまな物体が組みあわさって亜原子粒子をつくっていると主張した。それからわずか数年後には、粒子物理学の実験でクォーク理論が基本的に正しいことが証明された。

アメリカの数学者エドワード・ローレンツ（1917～2008年）は、気象をはじめとする各種の系を巨視的にとらえなおす理論を打ちたてた。一見すると些細な変化が、長期的に大規模な影響を与える。たとえばかすかな羽ばたきがハリケーンを引きおこすこともある──ローレンツはそれをバタフライ効果と呼んだ。これがカオス理論の基礎となった。11月には地理的な大変動が起こった。大西洋中央海嶺にある火山が噴火し、アイスランドの近くにスルツェイ島が出現したのだ。地球の地質活動を目の当たりにできるまたとない機会だった。科学者たちはスルツェイ島が生物学的なプロセスの舞台となり、新しい生態系が形成される過程も観察することができた。

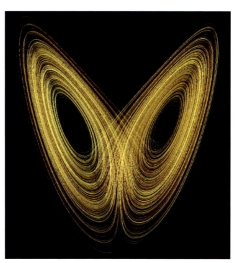

バタフライ効果
カオス系を記述する数式に基づいて視覚化した「ローレンツ・アトラクター」。

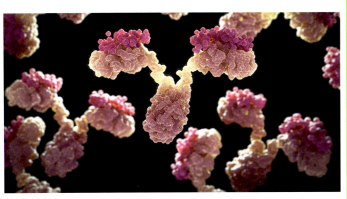

抗体の構造
抗体分子は、軽鎖と重鎖が2本ずつY字形につながっている。

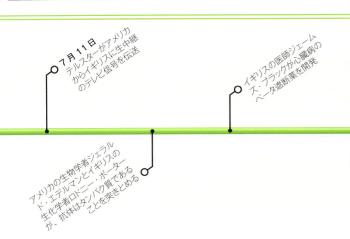

48回
テレシコワが地球を周回した回数

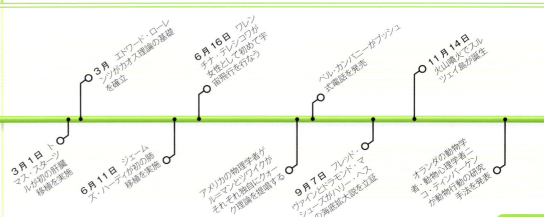

- 7月11日　テルスターがアメリカからイギリスに生中継のテレビ信号を伝送
- アメリカの生物学者ジェラルド・エデルマンとイギリスの生化学者ロドニー・ポーターが、抗体はタンパク質であることを突きとめる
- イギリスの医師ジェームス・ブラックが心臓病のベータ遮断薬を開発
- 3月1日　トーマス・スターツルが初の肝臓移植を実施
- 3月　エドワード・ローレンツがカオス理論の基礎を確立
- 6月11日　ジェームス・ハーディが初の肺移植を実施
- 6月16日　ワレンチナ・テレシコワが女性として初めて宇宙飛行を行なう
- アメリカの物理学者ゲルーマンとツワイクがそれぞれ独自にクォーク理論を提唱する
- 9月7日　フレッド・ヴァインとドラモンド・マシューズがハリー・ヘスの海底拡大説を立証
- ベル・カンパニーがプッシュ式電話を発売
- 11月14日　火山噴火でスルツェイ島が誕生
- オランダの動物学者・動物心理学者ニコ・ティンバーゲンが動物行動の研究手法を発表

291

1946～2013年 | 情報の時代

海洋学の話

世界に残された未踏の領域も少しずつベールがはがされようとしている。

海は地球のなかで最も知られていない領域だった。しかし海洋生物や海底地形の知識が少しずつ積みあがり、近年では新しい探査技術が重要な発見を導きだしている。

海洋探検の最も古い記録は3000年前。フェニキア人が航海用の海図を作成し、重りを使って水深を測定した。古代ギリシアの哲学者アリストテレスは海洋生物について考察した最初の人物で、ギリシアでは海岸線から遠く離れた船が位置を知るための計器も開発された。

それでも西洋人にとって長いあいだ外洋は未踏の領域だった。しかし1400年代、クリストファー・コロンブスが最果ての陸地を見つけようと大西洋を西に向かって出発した。これをきっかけに探検航海が始まり、フェルディナンド・マゼランは世界一周航海を成しとげ、海の広がりを把握したことで、海図の製作が進んだ。

海面から下を科学的に探る試みは、19世紀以降に始まった。当初は測鎖や採集網が使われていたが、第2次世界大戦後にソナーが登場して海底の地図づくりが進む。最近は精度を増したソナーに加えて衛星技術も活用され、さまざまな潜水艇が海洋生物や海流、海洋地形の情報を収集している。

ソナー装置
チタン製の外殻で乗員を守る
ビデオカメラ用照明
海底の物体をつかみとるアーム

ノティール号
全長わずか8mという超小型潜水調査艇。外殻は頑丈で水深6000mにも耐えられる。ロボットアーム、ビデオカメラ、投光照明を駆使して緻密な探索を行なう。

ソナー

初期の海底地図作成に役だったのが、第2次世界大戦中に潜水艦探知のために開発されたソナー技術である。音波の反射で水中の物体を見つけだすもので魚群探知にも活用される。昨今はサイドスキャン・ソナーといった最新技術とGPSを組みあわせ、広範囲の探索が迅速にできるようになった。

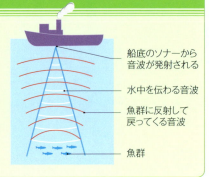

船底のソナーから音波が発射される
水中を伝わる音波
魚群に反射して戻ってくる音波
魚群

紀元前1200～250年 フェニキア商人
最古の海の民であるフェニキア人は重りを沈めて海流を見つけた。また交易の効率を上げるために硬貨をつくった。

古代フェニキァの硬貨

紀元前80年頃 アンティキテラ島の機械
古代ギリシア人はアンティキテラ島の機械などの装置で天体の動きを観測し、航海の手がかりとした。

1519～1522年 マゼラン海峡
ポルトガル人探検家フェルディナンド・マゼランは大西洋から太平洋に出るときにマゼラン海峡を発見した。

マゼラン海峡の地図

1842年 マシュー・モーリー
アメリカ海軍将校で、世界各地の海図を作成して海洋学の父と呼ばれた。

紀元前500～200年 ギリシアの海洋科学
アリストテレスは甲殻類（こうかくるい）、軟体動物、棘皮（きょくひ）動物、魚類を区別していた。

1492年 コロンブスの航海
イタリアの航海者クリストファー・コロンブスは南北アメリカに到達し、大西洋を横断して、さらに世界一周できることを示した。

1769～1771年 クック船長とエンデヴァー号
イギリスの海軍将校ジェームズ・クックは南洋を航海し、ヨーロッパ人として初めてニュージーランドとオーストラリアに上陸した。

帆船が描かれた古代ギリシアの鉢

クリストファー・コロンブス

エンデヴァー号

海洋学の話

> "この惑星は明らかに海の星なのに、地球と呼ぶのはまちがっている。"
>
> アーサー・C・クラーク（イギリスの作家）（1917～2008年）

定員 **3**名
全長 **8**m
航続距離 **7.5**km

トリエステ号

ダンボ・オクトパス

1956年
大西洋中央海嶺
アメリカの海洋学者マリー・サープやブルース・ヘーゼンが大西洋の海底を貫く中央海嶺を発見する。

1960年
海底への降下
トリエステ号はバチスカーフと呼ばれる種類の潜水艇で、太平洋のマリアナ海溝を10,911mまで潜り、海の最深部に初めて到達した。

1984年
ノティール号
タイタニック号の船体撮影や、2009年に大西洋に墜落したエールフランス447便のフライトレコーダー回収にも活躍している。

2000～2010年
海洋センサス
世界中の海で生物多様性を記録する調査が2010年に終了した。タコの仲間などめずらしい生物も数多く発見された。

1872～1876年
チャレンジャー号
世界1周航海をしながら海洋に関する膨大な情報を収集した。

海底から採取した試料

1968年
深海掘削
大西洋中央海嶺で採取した岩石は磁気が縞状に分布しており、海底が拡大していることがわかった。

1977年
海底
マリー・サープとブルース・ヘーゼンは、ソナーで集めたデータを使って、世界中の正確な海底地図を作成した。

海底地図

2012年
ディープシー・チャレンジャー
カナダの映画監督ジェームズ・キャメロンは、潜水艇ディープシー・チャレンジャー号でマリアナ海溝を下降し、深海の様子をフィルムに記録した。

1964年

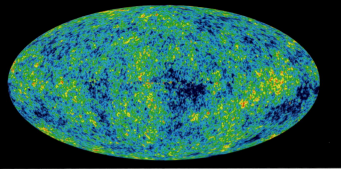

137億年前のビッグバンで宇宙が膨張を始めたあと、放出されたマイクロ波の地図。

> "やったな、大当たりだ。"
>
> ロバート・ディック（アメリカの物理学者）アーノ・ペンジアスとロバート・ウィルソンが宇宙マイクロ波背景放射を偶然発見したことについて（1965年）

1965年

アレクセイ・レオーノフの歴史的な宇宙遊泳は12分9秒続いた。

アメリカの物理学者アーノ・ペンジアス（1933年生）とロバート・ウィルソン（1936年生）は衛星からの電波を分析していた。ところが干渉の原因をすべて排除したにもかかわらず、アンテナがバックグラウンドノイズを拾う。実はそれが宇宙マイクロ波背景放射（CMB）、すなわち宇宙が形成されたビッグバンの名残りだった（p.344参照）。

物理学の世界では1世紀以上前から、光さえも逃げられない大質量の天体が存在すると考えられてきた。1964年、ついにその天体にブラック・ホールという名前がついた。6月、ロケットが地球近くの強力なX線源を発見した。それがはくちょう座X-1で、のちにブラック・ホールであることが確認された。ブラック・ホールは巨大な星が崩壊するときにできると考えられている。

イギリスの医師ロバート・マクファーレン（1907〜1987年）とアメリカの2人の科学者オスカー・ラトノフ（1916〜2008年）とアール・デイヴィ（1927年生）は、血液中のタンパク質が空気に触れると化学反応で凝固するが、それには複数の因子が関わっていることをそれぞれ独自に発見した。アメリカの生理学者ジュディス・プール（1919〜1975年）が分離した化学因子は、血液が凝固しない血友病の治療に活用された。アメリカの化学者ジェローム・ホロヴィッツ（1919〜2012年）は、DNAの成分に手を加えたアジトチミジン（AZT）を開発した。AZTでガン細胞が分裂を停止すると考えたのだ。AZTはエイズの抗ウイルス薬としても効果があることがわかった。

3月、ソ連の宇宙飛行士アレクセイ・レオーノフ（1934年生）が人類初の宇宙遊泳を行なった。ヴォスホート2号と命綱でつながったレオーノフは10分間にわたる船外活動を終えたが、真空の宇宙空間のなかで宇宙服が膨らみすぎて、危うく戻れなくなるところだった。

1959年代後半、明るい輝きを放つ天体が発見された。最初は電波しか検知できなかったのでクエーサー（準恒星状電波源）と名づけられたが、1965年、アメリカの天文学者アラン・サンデージ（1926〜2010年）が電波の弱いクエーサーを発見する。これは電波こそ弱いものの、他の種類の放射を出していた。クエーサーが銀河の核であり、その中心にブラック・ホールがあることが判明したのは20年後のことである。

ヒトの細胞は分裂をずっと続けると思われていたが、1965年3月、アメリカの生物学者レナード・ヘイフリック（1928年生）が、培養したヒトの細胞は約50回で分裂が止まると発表した。それから10年後、分裂のたびに染色体の末端が短くなっ

開口部の位置決めのための回転輪

アルミ製の開口部

受信機がある運転室

ホルムデル・ホーン・アンテナ
ニュージャージー州のベル研究所に設置された電波望遠鏡は、ビッグバンの名残りである宇宙マイクロ波背景放射を初めて検知した。現在は国定歴史建造物となっている。

- 1月18日 アメリカのジャーナリスト、アン・ユーイングが「ブラック・ホール」という言葉を初めて使う
- 5月 血液凝固の詳細が判明
- 5月 アメリカの物理学者アーノ・ペンジアスとロバート・ウィルソンが宇宙マイクロ波背景放射（CMB）を発見
- 6月16日 アメリカ海軍研究所のロケットがブラック・ホールのはくちょう座X-1を発見
- アジトチミジン（AZT）が開発され、ガン治療やのちにエイズ治療に使われる

1966年

> **" 宇宙服が地上からは想像もつかない状態になった。"**
> アレクセイ・レオーノフ（ソ連の宇宙飛行士）（1965年）

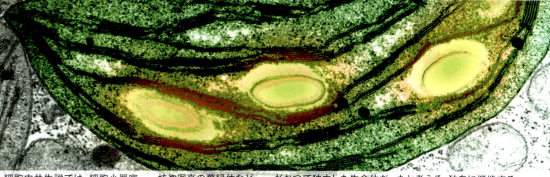

細胞内共生説では、細胞小器官——核や写真の葉緑体など——がかつて独立した生命体だったと考える。独自に機能するDNAがその根拠だ。

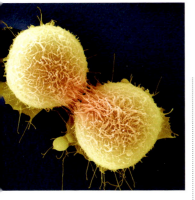

ガン細胞の分裂
ガン細胞は遺伝子異常のせいで、正常な細胞の老化プロセスをたどらず、分裂が制御不能になる。

ていき、最後に細胞として機能しなくなることがわかった。ヘイフリックの発見はガン研究に重要な意味を持っていた。ガン細胞は分裂の歯止めがきかずに腫瘍をつくりだす。最新のガン治療では、染色体の自然な短縮をうながす薬も使われている。

1960年代に遺伝子コードの解読が進んだ。DNAが二重らせん構造であり、タンパク質生成の情報が記されていることは1961年までに判明していた。DNAを構成する塩基の配列が、タンパク質をつくるアミノ酸の並びを決定する。1961年から66年のあいだに、20種類のアミノ酸をつくりだす塩基3つの組みあわせが解明された。そして1965年、アメリカの生化学者ロバート・ホリー（1922～1993年）が、DNA塩基コードとタンパク質生成の橋わたし役をするtRNA（転移RNA）の配列を突きとめた。

6月、十数回にわたって掲載を断られたある若い科学者の論文がようやく世に出た。そこには地球上の生命の起源について、それまでの概念をくつがえす学説が書かれていた。筆者はアメリカの生物学者リン・マーギュリス（当時はセーガン、［1970年］参照）は、細胞の構成要素——核や葉緑体——が元は独立した別の生物だったと考えた。何百万年も昔に細菌のような生命体がおたがいを飲みこみ、真核生物という複雑な細胞に発達したというのである。今日、すべての動植物と多くの微生物は真核細胞でできている。しかし彼女の説は、当初はまったく顧みられなかった。

7月、日本の生物学者で免疫学を研究していた石坂公成（1925年生）・照子（1926年生）夫妻が、新しい抗体である免疫グロブリンE（IgE）抗体を発見した。IgEはアレルゲンへの過剰反応で中心的な役割を果たしている。ある種の寄生体から身体を守るう

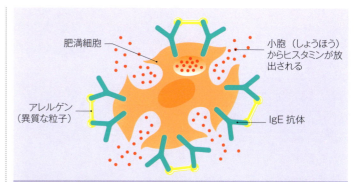

アレルギー反応

IgE抗体はアレルギー反応の基本である。アレルゲン（花粉などアレルギーを引きおこす粒子）と接触すると、白血球が放出したIgE抗体がマスト細胞（肥満細胞）と結びつく。2回目の接触が起きると、IgEの結合した肥満細胞からヒスタミンが放出され、アレルギー反応が引きおこされる。

えで役にたっているが、IgEはヒスタミンなどの化学物質を過剰に生成するため、重度の炎症を引きおこすのである。

オーストラリア、ヴィクトリア州のスキーリゾート、ハザム山で1966年に見つかったネズミのような動物は、動物学者に衝撃を与えた。この動物はプーラミスで、オーストラリア・アルプスの雪深い環境に適応した唯一の有袋類だが、化石でしか存在が知られておらず、半世紀以上前に絶滅したと考えられていた。

プーラミス
ネズミほどの大きさのプーラミスは1896年に化石が発見され、1966年にオーストラリアで生きた個体が見つかった。

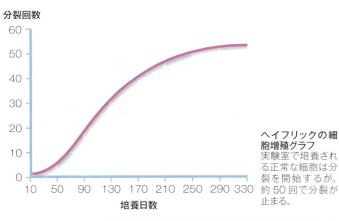

ヘイフリックの細胞増殖グラフ
実験室で培養される正常な細胞は分裂を開始するが、約50回で分裂が止まる。

- **3月18日** アレクセイ・レオーノフが初の宇宙遊泳を行なう
- **3月** ヘイフリック限界の概念が確立
- **3月** アメリカの生化学者ロバート・ホリーが、遺伝子コードの仲介をするtRNAの配列を確認
- **5月** アメリカの天文学者アラン・サンデージが電波の弱いクェーサーを発見
- **6月8日** 真核生物の起源として細胞内共生説が確立
- **7月** 日本の生物学者、石坂公成・照子夫妻がIgE抗体を発見
- プーラミスの生きた個体がオーストラリアのスキーリゾート、ハザム山で発見される

295

1967年

電波でその存在が確認されたパルサーだが、可視光線（かしこうせん）や、この写真のようにX線も出していることがわかっている。

アメリカの物理学者スティーヴン・ワインバーグ（1933年生）が1967年に発表した研究は、その後最も引用された科学論文のひとつとなったが、最初は完全に黙殺されていた。ワインバーグはそのなかで、電磁気も弱い核力も同じ「電弱力」の異なる側面であると説明し、これらの力の対称性が破れることで、基本特性——質量——が得られると説いた。1979年、ワインバーグはこの研究が評価されてノーベル物理学賞を受賞する。パキスタンの核物理学者アブドゥッサラーム（1926〜1996年）、アメリカの理論物理学者シェルドン・グラショー（1932年生）との共同受賞だった。

11月、イギリスの天文学者アントニー・ヒューイッシュ（1924年生）とジョスリン・ベル・バーネルが、空の一定地点からやってくる電波パルスを観測した。彼らは気まぐれで「緑の小人」を略したLGM-1と命名した。これはのちに、回転する中性子星（密度の高い小型の星で中性子でで

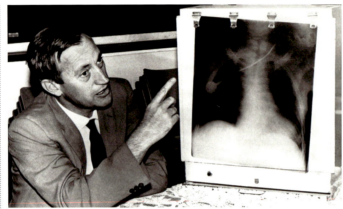

初の心臓移植
患者のX線写真を示す南アフリカの外科医クリスティアン・バーナード。54歳のルイス・ワシュカンスキーに心臓移植を行ない、成功させた。

きているとされる）からの放射であり、パルスが回転に対応していることがわかった。1968年、こうした星はパルサーと命名された。

12月、外科医クリスティアン・バーナード（1922〜2001年）はケープタウンにあるグルーテ・スキュール病院で世界初の心臓移植を成功させた。糖尿病と心臓病をわずらっていた患者は、交通事故で死亡した若い女性の心臓を移植された。患者は2週間強で肺炎のため死亡したが、バーナードは一躍時の人となり、その後も移植手術を次々と試みた。最も長生きした患者は移植後23年生きた。

ジョスリン・ベル・バーネル（1943年生）

イギリスの天体物理学者。大学院生のときに指導教官のアントニー・ヒューイッシュのもとでパルサーを発見した。ヒューイッシュはこの業績で1974年にノーベル賞を受けたが、バーネルは対象にならなかった。バーネルはロンドン物理学協会の会長を2年務めた。

1968年

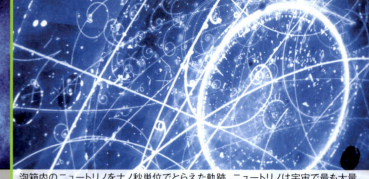

泡箱内のニュートリノをナノ秒単位でとらえた軌跡。ニュートリノは宇宙で最も大量に存在する亜原子粒子だ。

カリフォルニアにあるスタンフォード線形加速器センターには、全長3.2kmと世界最長の線形加速器がある。1968年、ここで亜原子粒子を発射、衝突させて、基本粒子であるクォークの存在を示す証拠を得た。

1968年には、太陽ニュートリノ問題の解決策も提案された。電荷を持たず、質量も無視できるほど小さいニュートリノは、太陽の核反応で生まれる。しかし地球に到達したニュートリノは推計よりはるかに少なかっ

た。イタリアの物理学者ブルーノ・ポンテコルヴォ（1913〜1993年）は、ニュートリノには明確な質量があると考えた。そのために種類が変わり、1種類にしか反応しないニュートリノ検知器ではとらえられないというのである。

アメリカの医師ヘンリー・ネイドラー（1936年生）は、羊水穿刺によって出生前のダウン症候群の診断を行なったと報告した（下［囲み］参照）。ネイドラーの判断は、胎児を直接診断して確かめられた。

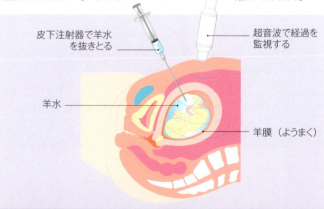

羊水穿刺

胎児が浮かぶ羊水には胎児の細胞が含まれているため、羊水の一部を採取して調べることで、異常を発見できることがある。羊水を診断手段として使えることは、1952年、イギリスの産科医ダグラス・ベヴィス（1919〜1994年）が発見した。1960年代に入ると、ダウン症候群など染色体異常の診断にも活用されるようになった。

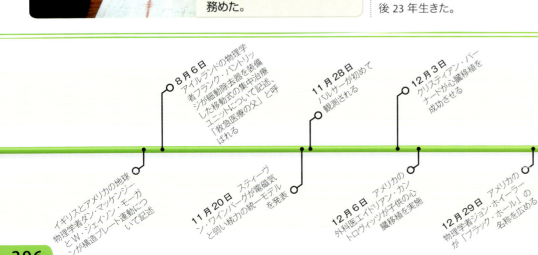

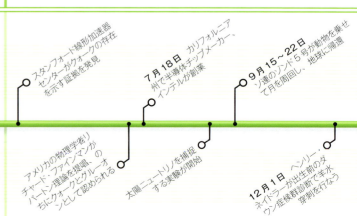

1969年

> "1人の人間にとっては小さな1歩だが、人類にとっては偉大な飛躍だ。"
>
> ニール・アームストロング（アメリカの宇宙飛行士）（1969年）

クリスティアン・バーナードの心臓移植成功（[1967年]参照）を受け、アメリカの外科医デントン・クーリー（1920年生）は4月4日に人工心臓の移植に挑戦した。提供心臓がなかなか見つからず、緊急の外科的処置を要する状態だったため、初期の人工心臓を患者につないで時間稼ぎをする必要があったのだ。そのあいだに提供者が見つかり、ほんものの心臓を移植することができた。

全世界が生中継の画像に釘づけになるなか、アメリカの宇宙飛行士ニール・アームストロング（1930～2012年）とバズ・オルドリン（1930年生）は、協

月面に立った最初の人間

月に最初に降りたニール・アームストロングに続いて、バズ・オルドリンも月面を踏んだ。この模様はテレビ中継され、世界中の6億人が見守った。

定世界時の7月21日に初めて月面に立った。彼らが乗ったアポロ11号は、静けさの海と呼ばれる広大な平地に前日に着陸していた。アームストロングとオルドリンは2時間半月面を歩きまわり、岩石を採集するとともにレーザー測距実験用の反射板も設置した。そのおかげで地球と月の距離をかつてない精度で測定することができた。宇宙飛行士たちは7月24日に太平洋に着水し、無事帰還した。完了までわずか8日間のミッションだった。

イギリスの生化学者ドロシー・ホジキン（[1945年]参照）は複雑な生体分子の構造が専門だった。ステロイド、ペニシリン、ビタミンで成功した彼女は、さらに複雑な物質に挑戦する——タンパク質ホルモンのインスリンである。インスリンの構成は1951年にフレッド・サンガーが解明していたが、10年後にホジキンは、DNAなどにも使われたX線回折技術でインスリンの3D構造を明らかにした。

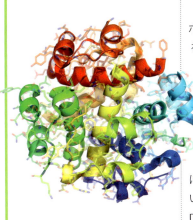

インスリンの構造
ドロシー・ホジキンはインスリンの構成物質の複雑な配置を明らかにした。

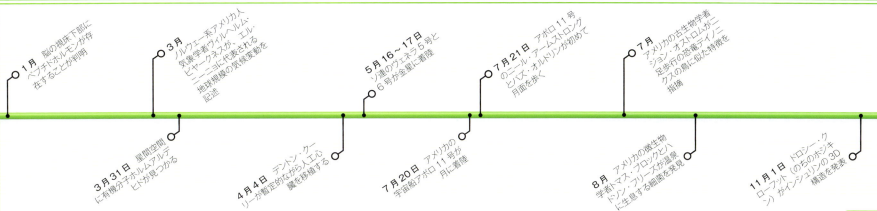

- **1月** 脳の視床下部にペプチドホルモンが存在することが判明
- **3月** ノルウェー系アメリカ人気象学者ウィル・エル・ビヤークネスが、ニニ世に代表される地球規模の気候変動を記述
- **3月31日** 星間空間に有機分子ホルムアルデヒドが見つかる
- **4月4日** デントン・クーリーが暫定的ながら人工心臓を移植する
- **5月16～17日** ソ連のヴェネラ5号と6号が金星に着陸
- **7月20日** アメリカの宇宙船アポロ11号が月に着陸
- **7月21日** アポロ11号のニール・アームストロングとバズ・オルドリンが初めて月面を歩く
- **8月** アメリカの微生物学者トマス・ブロックとハドソン・フリーズが温泉に生息する細菌を発見
- **7月** アメリカの古生物学者ジョン・オストロムが、足歩行の恐竜デイノニクスに鳥に似た特徴を指摘
- **11月1日** ドロシー・ホジキンソンがインスリンの（のちのホジキン）3D構造を発表

1946〜2013年　情報の時代

1957年　人工衛星
10月4日、ソ連の人工衛星スプートニク1号が発射され、地球周回軌道に乗った。現在地球のまわりを500個の人工衛星が回っている。

1959年　ルナ2号・3号
月に初めて到達したソ連の探査機。続くルナ3号は月面の裏側を撮影することに成功した。

ルナ2号

1962年　金星へのミッション
12月14日、マリナー2号が金星の近くを通過し、金星の状況を確認した。

1963年　初の女性宇宙飛行士
6月7日、ソ連のワレンチナ・テレシコワが女性として初めて宇宙に行った。月面の反対側にあるクレーターは彼女の名がつけられた。アメリカ人初の女性宇宙飛行士はサリー・ライドで、20年後のことである。

テレシコワ

1966年　月面着陸
2月3日、ソ連のルナ9号が月面着陸を成功させる。5月30日にはアメリカのサーベイヤー1号も軟着陸を行なった。

1949年　宇宙に飛びだす動物たち
初の宇宙飛行士は動物だった。1949年には、アカゲザルのアルバート2世がアメリカのロケットで宇宙に飛んだ。ソ連は1957年にライカ犬が地球周回軌道を飛行した。

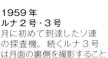
ライカ

1961年　初の有人宇宙飛行
4月12日、ソ連の宇宙飛行士ユーリイ・ガガーリンがヴォストーク1号で地球の軌道を1周した。5月にはアラン・シェバード（1923〜1998年）がアメリカ人として初めて宇宙を飛行した。

ユーリイ・ガガーリン

1965年　初の宇宙遊泳
3月18日、ソ連のアレクセイ・レオーノフが初めて宇宙船の外に出た。6月にはアメリカのエドワード・ホワイトも宇宙遊泳を行なった。

エドワード・ホワイト

宇宙探査の話

人工衛星から惑星探査を経て太陽系の端をめざす。

大気圏外への飛行はすでに行なわれていたが、1957年10月に打ちあげられたスプートニク1号が宇宙探査の始まりとされる。やがて宇宙飛行士が月面に降りたち、探査機がはるか遠い惑星をめざす。

ソ連はスプートニク1号の1か月前に、ライカ犬で初の地球の軌道周回飛行を成功させていた。初の有人宇宙飛行は1961年4月で、ヴォストーク1号に搭乗したユーリイ・ガガーリンが地球の軌道を回った。ソ連の立て続けの快挙に焦ったアメリカは宇宙開発計画を加速させる。1965年、アメリカのマリナー4号は火星の接近写真を撮影して地球に送信した。1966年、ソ連の探査機ルナ9号が月への軟着陸を成功させ、月面の写真を撮影した。アメリカのニール・アームストロングとバズ・オルドリンが月面に足を踏みいれたのは、その3年後だった。その瞬間は世界中に生中継された。1970年代に入ってからも、月面の有人探査は何度か行なわれたが、しだいに無人探査機が主流になり、太陽系のすべての惑星はもちろん、さらにその先まで到達するまでになった（右［囲み］参照）。

飛行士が出入りするハッチ

アポロ11号の司令船
1969年、歴史的なミッションを遂行した宇宙船の一部。ニール・アームストロング、バズ・オルドリン、マイケル・コリンズが乗船した。

ボイジャー1号・2号

1977年に打ちあげられた探査機で、当初は木星と土星まで到達してデータを収集・送信するのが目的だったが、ヘリオシースを通過して太陽系を抜け、星間空間に入ることが確実になった。ボイジャー1号は2012年10月には太陽系を出たと思われ、2013年3月には人工物として最も遠い185億kmの距離を飛行していた。ボイジャー2号は150億kmの距離を飛行中だ。

アポロ11号のハッチ
アポロ司令船のメインハッチは、乗員を守るために完全な機密性を保つ必要がある。しかし1967年の船内火災事故の教訓をもとに、外に向かって開く設計に変更された。

> 将来、人類の存続が危うくなるとすれば、新しい世界を切りひらくのが種に対する責任だろう。

カール・セーガン（アメリカの宇宙論者）（1934〜1996年）

宇宙探査の話

1971年　初の月面車
アメリカのアポロ15、16、17号は月面車で月の探検を行なった。

月面車

1973年　火星へのミッション
1973年、ソ連のマルス2号が火星に接近。軌道上から写真を送ることに成功したが、着陸を試みて大破した。1975年にはアメリカのヴァイキング1号が火星に着陸し、6年間にわたってデータを送りつづけた。

1990年　宇宙望遠鏡
軌道を周回する宇宙望遠鏡は、地球の大気の影響をうけることなく宇宙を観測できる。1990年に発射されたハッブル宇宙望遠鏡（HST）は最も有名だ。

ハッブル宇宙望遠鏡

1998年　ISS
16か国の共同開発で誕生した国際宇宙ステーションは1998年に打ちあげられ、14年かけて少しずつ組立が進んでいる。

ISS

1969年　人類が月面に降りたつ
7月21日、ニール・アームストロングが月に降りたった最初の人類となった。このとき彼は「1人の人間にとっては小さな1歩だが、人類にとっては偉大な飛躍だ」と言った。

1971年　初の宇宙ステーション
4月19日、ソ連が初の宇宙ステーション、サリュート1号を打ちあげる。3人の乗組員は23日間の宇宙滞在記録をつくった。

1981年　スペースシャトル
宇宙船は1回限りの使用が当たり前だったが、スペースシャトルは再利用可能で、飛行機のように着陸することができた。ソ連も同様のプラン計画を立てたが思うような成果はあげられなかった。

スペー・シャトル・チャレンジャー号

1995年　ガリレオ
NASAのガリレオ探査機は、太陽系最大の惑星、木星の軌道に乗る最初の宇宙船となった。木星の衛星や、シューメーカー・レヴィ第9彗星の写真を送ってきた。

2012年　マーズ・キュリオシティ
NASAのキュリオシティ・ローバーは自動車サイズのロボット探査車で、8月6日に火星のゲール・クレーターに着陸。火星の岩石や気候を調べ、水や微生物の痕跡を探している。

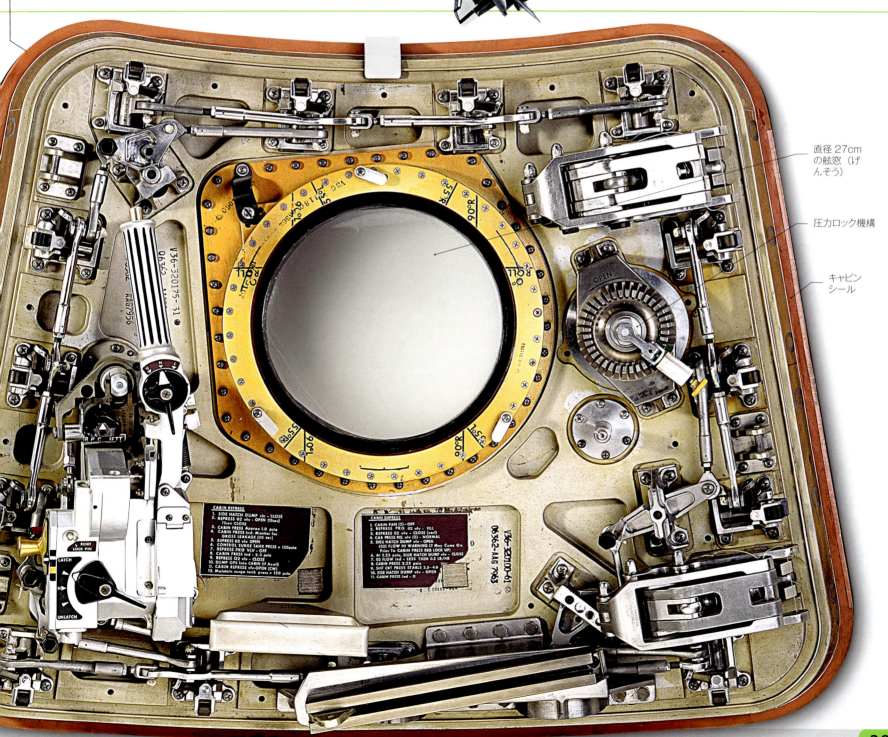

- 直径27cmの舷窓（げんそう）
- 圧力ロック機構
- キャビンシール

1970年

452人
ボーイング747-100の定員

1月22日、パンアメリカン航空ニューヨーク発ロンドン行きで商業飛行を開始したボーイング747-100。

　1月、ボーイング747ジャンボジェット機が商業飛行を開始、ワイドボディ型ジェット旅客機の時代が幕を開けた。大型定期旅客機は、各地の空港が混雑してきたこともあって、1960年代半ばから構想されていた。2013年までにボーイング747は1500機以上が製造された。

　2月、日本はソ連、アメリカ、フランスに続いてロケットの発射に成功、宇宙開発事業団（NASDA）の実験衛星おおすみが軌道に乗った。4月には中国が東方紅1号を軌道に乗せて、世界で5番目に人工衛星の打ちあげに成功した国となった。

　NASAのアポロ計画は月への有人ミッションを3回成功させたが、1970年4月のアポロ13号で重大な危機に直面した。打ちあげから55時間後、上空32万kmで2基の酸素ボンベのうちひとつが爆発。酸素は宇宙船内で呼吸するのに必要なだけでなく、発電や飲料水づくりにも不可欠だった。ミッションは中止され、アポロ13号の帰還はテレビとラジオで刻々と中継された。事故から5日後、宇宙船は南太平洋に着水した。

　同じ年、NASAはX線観測専門の天文衛星ウフルを打ちあげた。X線天文観測は高い高度、できれば軌道上でないとできない。なぜなら宇宙から降ってくるX線の大半は大気に吸収されてしまうからだ。

　地球の自然環境をあらためて評価し、環境保護のための行動を呼びかけるアースデイがこの年から始まった。1969年にアメリカの平和活動家ジョン・マッコネル（1915～2012年）が、北半球の春分の日である3月21日前後のイベントとして提唱したものだが、最初の年は4月22日だった。アースデイ宣言は環境保護の歴史のなかで重要なできごとであり、当初はアメリカを中心にさまざまなイベントが実施されていたが、1990年からは世界的な規模に拡大している。

　5月、アメリカの生物学者リン・マーギュリス（上［囲み］参照）が、真核生物（細胞膜内に複雑な構造を持つ）の起源を説きあかす細胞内共生説の論文を発表した。これは1966年に最初に提唱したもの。真核細胞には細胞小器官が存在し、特定の役割を果た

宇宙飛行士の帰還
4月17日、アポロ13号の3人の宇宙飛行士が月着陸船で地球に帰還した。

> **"ヒューストン、問題発生。"**
> ジョン・L・スワイガート（アポロ13号の宇宙飛行士）（1970年）

リン・マーギュリス（1938～2011年）

アメリカの生物学者。ボストン大学在籍中の1966年、細胞が複雑な進化を遂げたとする学説を発表する。《有糸分裂する真核細胞の起源》（1970年）では細胞内共生説をさらに発展させたが、学界からは批判を浴びた。この理論を裏づける証拠が出そろうまで30年かかった。

している（p.194-195参照）。たとえば植物には葉緑体という細胞小器官があり、光合成を行なう（［1787～88年］参照）。かつて細胞小器官は独立した単純な細胞だったが、真核細胞と共生する形で進化を遂げたというのがマーギュリスの主張だった。

　遺伝学でも重要な発展があった。遺伝情報に関わるのは、細胞内にあるDNAとRNAという、2つのよく似た化合物だ（p.284～285参照）。DNAに情報が蓄積され、RNAがそれを運んでタンパク質分子の合成に関与する。1970年まで、情報はDNAからRNAへの一方通行だというのが定説だった。ところが6月、アメ

- 1月22日　ジャンボジェット機の商業飛行開始
- 2月11日　日本が初の人工衛星、おおすみを打ちあげ
- 4月17日　NASAのアポロ13号がミッションを中断して地球に帰還
- 4月24日　中国初の人工衛星、東方紅1号が打ちあげ
- 4月22日　世界初のアースデイが宣言される
- 6月19日　2人の宇宙飛行士が有人宇宙飛行の記録を更新
- 6月27日　ハワード・マーティン・テミンとデヴィッド・ボルティモアがそれぞれ逆転写酵素を発見

> "自然を征服するのではなく、自然のなかで生きること。それが科学の正しい活用法だ。"
>
> バリー・コモナー（アメリカの生物学者）アースデイに際して（1970年）

ニューヨークのアース・デイ。持続可能なライフスタイルに切りかえるよう政策変更を訴えた。

リカの遺伝学者ハワード・テミン（1934〜1994年）とアメリカの生物学者デヴィッド・ボルティモア（1938年生）が、RNAに入っている情報をDNAに受けわたすウイルスがいることを別々に発見した。これはレトロウイルスと呼ばれ、エイズを引きおこすヒトの免疫不全ウイルス（HIV）もその仲間である（[1982年]参照）。このプロセスに関わるのが逆転写酵素だった。テミンとボルティモアはこの研究で1975年のノーベル生理学・医学賞を共同受賞する。

7月28日、DNAを決まった場所で切断するⅡ型制限酵素が発見された。制限酵素は今日の遺伝技術で中心的な役割を果たしており、たとえばDNAプロファイリング（[1984年]参照）は父子関係の鑑定、犯罪捜査、生態学研究などに活用されている。アメリカの微生物学者ハミルトン・スミス（1931年〜）とダニエル・ネイサンズ（1928〜1999年）、それにスイスの微生物学者ヴェルナー・アーバー（1929年生）は、この発見で1978年のノーベル生理学・医学賞を受賞した。ソ連の宇宙開発はこ

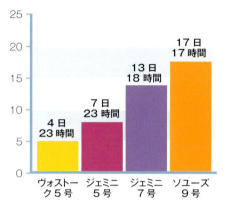

宇宙ミッション
1963〜1970年に有人宇宙飛行の日数は着実に伸びていった。ソユーズ9号の記録は、1971年にソユーズ11号が24日間を達成して更新された。

の年にめざましい実績をあげた。6月、ソユーズ9号の2人の宇宙飛行士が、17日16時間59分という宇宙滞在記録を打ちたてた。9月には無人月探査機ルナ16号が月面を掘削して試料を地球に持ちかえった。11月、やはり無人のルナ17号がルノホート月面車を月面に送りこむ。ルノホートは11か月に及ぶ月面探査を行ない、月の土壌を分析し、写真を地球に送信した。12月、ヴェネラ7号は金星に軟着陸した。信号がまったく届かないため壊れたと思われていたが、その後の分析で23分間のデータが記録されていることが判明し、金星の表面温度が475℃であることが判明した。

ルノホート1号
ソ連のルナ17号に搭載された初の月面車で、11月17日に月面に着陸した。

- 指向性アンテナ
- 全方向性アンテナ
- テレビカメラ
- 動輪

- 7月28日 Ⅱ型制限酵素の分離に成功
- 8月7日 コーニング・グラス社の研究者がドン・ケックが光ファイバーを実用化
- 9月20日 ソ連のルナ16号が月面を掘削
- 11月17日 ソ連のルノホート月面車が11か月に及ぶ月面探索を開始
- 12月12日 アメリカ×線観測専門の天文衛星ウフルを打ちあげる
- 12月15日 ソ連のヴェネラ7号が金星に着陸

1971年

7月に行なわれたNASAのアポロ15号ミッションでは月面車（LRV）が初めて投入され、28km近くを走行した。

全電子式計算機は1950年代に登場していたが、1960年代に入ると半導体素材に複雑な小型電子回路をエッチングした集積回路（チップ）が使われ、小型化が進んだ。ポータブル計算機をつくりたいと考えたビジコム社は、チップメーカー2社に打診した。ひとつがインテル、もうひとつがモステクである。結局インテルが、コンピューターの中央演算装置を小さな回路にまとめたチップを開発した。これが世界初の商業用「マイクロプロセッサー」、Intel4004である（右［囲み］参照）。しかしコストが高すぎたため、ビジコム社はモステクのもっと単純なチップを選択し、こうして初のポケット電卓LE-120A HANDYが1971年1月に発売された。

5月、アメリカのコンピューターメーカー、IBMは新方式のデータ保存装置であるフロッピーディスクを発表した。フロッピーディスクの登場でパーソナルコンピューターの開発と大衆化が進み、ユーザーは電子文書を保存して別のコンピューターに移したり、送信したりできるようになった。フロッピーディスクは薄いプラスチック板に磁性体を塗布し、プラスチックのケースに収めたもの。最初のフロッピーディスクは直径20.3cm（8インチ）で、記憶容量は80KBだった。

1971年には、電子メールも登場している。その10年ほど前から、同じコンピューターにログインしたユーザーはおたがいにメッセージを残していた。1969年にアメリカで軍用のネットワークARPANET（アーパネット）が登場し、関係機関は遠く離れていても情報をやりとりするようになった。このARPANET向けに電子メールシステムを開発し、実際に初のメールを送信したのが、アメリカのコンピュータープログラマー、レイ・トムリンソンである。

宇宙では、ソ連のサリュート1号が初の宇宙ステーションとして175日間軌道を周回した。6月にはソユーズ11号がドッキングに成功、3名の乗員が乗りこんだ。彼らはサリュート1号で3週間過ごしたが、地球に帰還する途中で死亡した。地球の大気圏外での死者は、いまのところ彼らだけである。

7月、NASAのアポロ15号が月面に到着し、乗組員は初めて月面車を運転した。

医学の分野ではCT（コンピューター断層撮影）スキャン装置が商品化され、人間の脳がスキャンされた。アメリカの発明家レイモンド・ダマディアンは、初の磁気共鳴画像（MRI、［1977年］参照）を公表した。イギリスの薬理学者ジョン・ヴェインは、鎮痛剤のアスピリンが効く仕組みを説明した――それは痛みと炎症反応のメカニズムで中心的な役割を果たす化合物、プロスタグランジンの生成を阻止するというものだった。

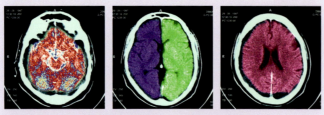

人間の脳の着色CTスキャン画像

CTスキャン

コンピューター断層撮影（CT）とは、X線源と検出器を配置した回転ドラムの内部に人が入り、X線が通過したところの平均密度を計算する。そのデータをもとに、人体を「輪切り」にした2次元画像を作成する。

ポケット電卓
ビジコム社のHANDY LEは赤いLEDで数字が表示される。小数点が固定されており、小数位を4桁、2桁、なしにすることができた。価格は395ドル。

> ほかの記号も検討したけれど、名前にはぜったい含まれない@がいちばん好都合だった。
>
> レイ・トムリンソン（アメリカのコンピュータープログラマーで電子メールの発明者）（1998年）

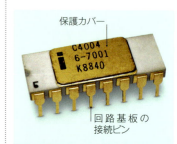

保護カバー
回路基板の接続ピン

マイクロプロセッサー

シングルチップの中央演算装置（CPU）で、結晶シリコン板に数千、最近では数十億個のトランジスタやその他の部品がエッチングされている。マイクロエレクトロニクス業界には不可欠な部品である。

- **1月** ビジコム社が初のポケット電卓LE-120Aを発売
- **2月5日** アポロ14号が月に着陸、宇宙飛行士のアラン・シェパードが月面でゴルフボールを打つ
- **3月19日** アメリカの発明家レイモンド・ダマディアンが初のMRI（磁気共鳴画像）スキャンの結果を発表
- **4月19日** サリュート1号が初の軌道周回宇宙ステーションになる
- **4月22日** MMR（麻疹、流行性耳下腺炎、風疹）混合ワクチンがアメリカで承認される
- **6月30日** サリュート1号から切りはなされた直後、ソユーズ11号の3名の乗員が死亡
- **7月30日** 月への4度目の有人飛行計画であるアポロ15号が月面に到着
- **10月1日** 商品化された初のCTスキャン装置で人間の脳のスキャンが行なわれる
- **10月4日** 化学の計測単位「モル」が国際単位系に追加される
- **秋** アメリカのコンピュータープログラマー、レイ・トムリンソンが初めて電子メールを送信
- **11月14日** NASAのマリナー9号が初めて火星の軌道に乗る
- **11月15日** インテル社の世界初のマイクロプロセッサー4004チップを開発したとエレクトロニック・ニューズが発表

1972年

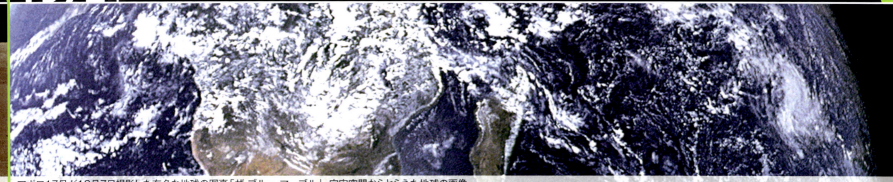

アポロ17号が12月7日撮影した有名な地球の写真「ザ・ブルー・マーブル」。宇宙空間からとらえた地球の画像は環境意識の高まりに一役買った。

成長の限界

人口は幾何級数的に増える。すなわち人口が増えるほど増加の勢いが加速するが、食料供給などの資源は一定の割合でしか増えない。つまり永遠の成長はありえないということだ。

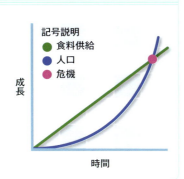

この年、マイクロエレクトロニクス業界ではいくつもの前進が見られた。アメリカのマグナヴォックス社が世界初の家庭用コンピューターゲーム機「オデッセイ」を発売。これはテレビに接続して使う仕組みだった。11月には、アタリ社がビデオ卓球ゲーム「ポン」を発売して大人気となった。

ハミルトン・ウォッチ・カンパニーが秋に売りだしたパルサーは、世界初のデジタル時計だった。同社は1970年にこの時計の開発を発表し、翌1971年に発売した。

1960年代半ばから電話回線を使った情報の送受信は行なわれていたが、12月にヴァディック・コーポレーションがモデムVA3400を発売した。送信速度は1200ビット／秒だった。

1月、世界的なシンクタンクであるローマ・クラブが「成長の限界」と題したレポートを発表する。工業の発展と人口増加がこのまま続いた場合の影響を、コンピューターシミュレーションで予測したものだ。発表直後は激しい批判を浴びたものの、経済成長が限りある天然資源を使いはたす可能性を含め、環境への意識を高めるうえで重要な役割を果たした。

アメリカの遺伝学者ウォルター・フィアーズを中心とする研究チームが、遺伝子全体のヌクレオチド配列を解明したと発表した。5月には、

人類を紹介する金属板

惑星探査機パイオニア10号に取りつけられた金属板は、地球外生命体に人間の形状と太陽系内の地球の位置を知らせるものだった。

日本生まれの進化生物学者である大野乾が、ジャンクDNAという言葉を紹介した。細胞内でDNAが複製されるときの変異で、ゲノムが持てる遺伝子の上限はおよそ3万個と決まっている。ヒトの細胞内のDNAには300万個の遺伝子があるが、その大多数はこれといった役割を持たない、すなわちガラクタ（ジャンク）のDNAということになる。しかし今日では、ジャンクDNAではなく「ノンコーディングDNA」の名称がつかわれることが多い。細胞内でタンパク質の生成に関わっていなくても、今後新たな役割が見つかる可能性があるからだ。

10月、アメリカの分子生化学者ポール・バーグの研究チームが、2種類のウイルスのDNAを結合させたと発表した。「組換えDNA」をつくるこのプロセスは遺伝子工学の中心的な柱となる。

7月、NASAがアメリカ初のランドサット衛星である地球資源探査技術衛星を打ちあげた。宇宙から

> **" ちょっとしたひらめきだった。テレビ受像機を眺めながら、「これで何ができるかな？」とふと思ったんだ。"**
>
> ラルフ・ベア（ビデオゲーム「オデッセイ」の発明者）（2007年）

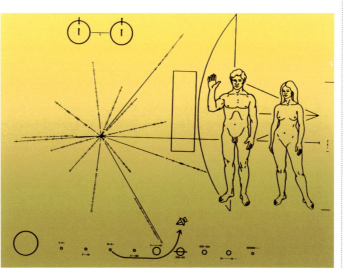

地球を探査して情報を収集し、土地利用や地質学、海洋、湖沼、河川、汚染などに役だてる衛星は7基打ちあげられている。アポロ計画の最後となる16号と17号は、計6名の宇宙飛行士を月へと運んだ。その後も3回のミッションが予定されていたが、予算が削減され、また宇宙ステーション開発に軸足を移す必要から中止になった。3月、NASAは木星探査機パイオニア10号を打ちあげた（木星接近は1974年）。

111 kg

アポロ17号が持ちかえった月の岩石の重さ

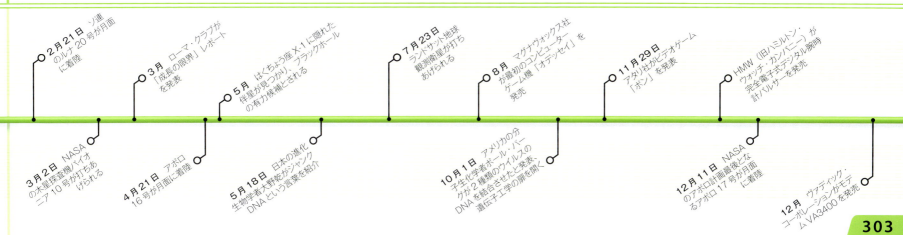

1973年

2249日
スカイラブが地球軌道を周回した日数

4月にソ連の2基目の宇宙ステーション、サリュート2号が打ちあげられ、1か月後にはアメリカがスカイラブ宇宙ステーションを打ちあげた。スカイラブは1977年まで地球の軌道周回を続けた。

同じ4月、ニューヨークにあるモトローラ社の研究者、マーティン・クーパー（1928年生）が、ハンドヘルド携帯電話で初めて発信を行なった――携帯型とはいえ重さは1.1kgあった。同じころ、スイスとフランスの国境にあるヨーロッパ原子核研究機構（CERN・セルン）では、制御室内でのコンピューターに使う世界初のタッチスクリーンを開発していた。

アメリカのコンピューター科学者ヴィントン・サーフ（1943年生）、ロバート・カーン（1938年生）は、異なるコンピューターを相互接続して通信を可能にするインターネット・プロトコル・スイートの原型をつくった。その中心となる伝送制御プロトコルおよびインターネット・プロトコル（IP/TCP）は今日のインターネットにおけるほぼすべての通信の基本となって

スカイラブ
科学・医学実験を行なえる設備があり、太陽観測の望遠鏡も装備していた。

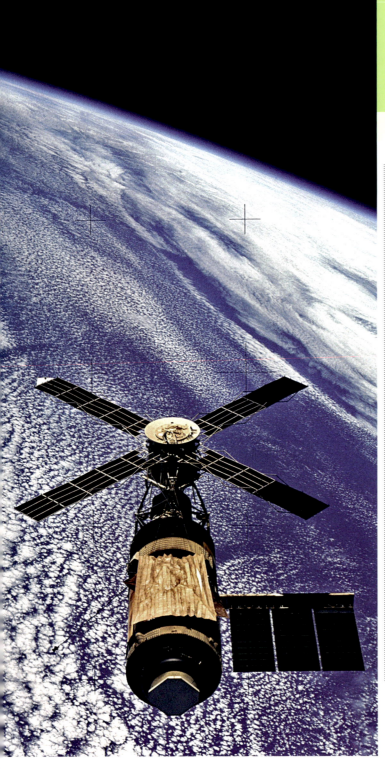

コンピューターのタッチパネル
デンマークの電子工学者ベント・ストゥンペが、イギリスの技術者フランク・ベックと共同で開発した。

いる。カリフォルニアにあるゼロックス社のパロ・アルト研究センター（PARC）は、グラフィカル・ユーザー・インタフェース（GUI）とマウスを使った初のコンピューター Alto（アルト）をつくった。

11月、アメリカの遺伝学者ハーバート・ボイヤー（1936年生）とスタンリー・コーエン（1935年生）が、初の遺伝子導入生物をつくったと発表、遺伝子工学の幕を開けた。ある細菌が持つ抗生物質耐性遺伝子を別の細菌に注入して、耐性を持たせることに成功したのである。

同じ11月、イギリスの発明家スティーヴン・ソルター（1938年生）が、代替エネルギー装置であるソルターカム式波力発電機の特許を申請した。海の波からエネルギーを取りだして発電するというものだった。

ソルターカム式波力発電機
波の力で電気を起こす発電機。装置の向こうでは水面が平坦になっており、波のエネルギーが抽出されたことがわかる。

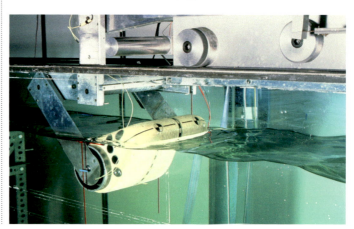

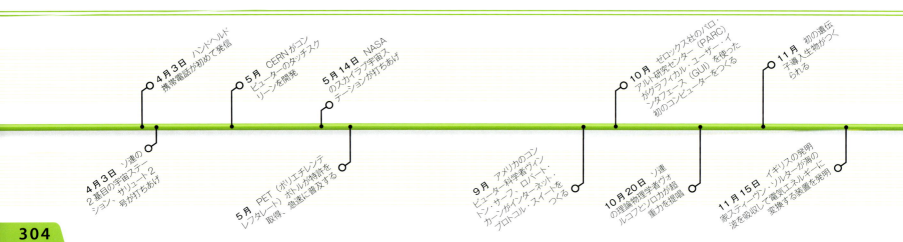

1974年

イエローストーン国立公園にある硫黄分の多い温泉で発見されたのが、極端な生育環境を好む微生物だった。こうした生命体は極限環境微生物と総称される。

スティーヴン・ホーキング（1942年生）

《ホーキング、宇宙を語る》（1988年）で知られるイギリスの理論物理学者。ブラックホール、宇宙論、量子物理学の研究で先駆的な業績をあげてきた。21歳で運動神経疾患の診断を受け、現在は全身が麻痺している。

7月、アメリカの微生物学者ロバート・マッケルロイが、酸性度や圧力、温度など極端な状況で繁栄する生物に、「極限環境微生物」という名称を考案した。これに大きな関心を寄せたのが宇宙生物学者だった。そうした生物は、地球以外の惑星の過酷な環境にも生息すると考えられているからだ。また進化生物学者も、地球の誕生からまもない時代を生きぬいた最も原始的な生物として着目した。

ドイツの遺伝学者ルドルフ・イエーニッシュ（1942年生）とアメリカの発生学者ベアトリス・ミンツ（1921年生）は、ウイルスのDNAをマウスの胎児に移植して初の遺伝子導入マウスを誕生させたと発表した。しかし遺伝学の急速な展開に世論や科学界はとまどい、遺伝子工学が環境に及ぼす影響が懸念されるようになる。

クロロフルオロカーボン（CFC）の危険性が明らかになると、科学の進歩と環境問題がさらに注目を集めた。合成化合物のCFCは、冷蔵庫やエアゾールに広く使われているが、地球を有害な紫外線放射から守ってくれるオゾン層を破壊していると科学者たちが警告したのである。

11月、アメリカの考古学者ドナルド・ジョハンソン（1943年生）がエチオピアのアファール三角地帯で、320万年前の化石人骨を発掘した。この人骨はアウストラロピテクス・アファレンシスのもので、二足歩行をするヒト科の化石人類だった。発掘作業でよく流れていたビートルズの曲にちなんでルーシーと名づけられた。同種の化石人骨では最も古いものである。

イギリスの物理学者スティーヴン・ホーキングが、ブラックホールに関する画期的なアイデアを提示した。量子物理学では、空間では仮想粒子のペアがひしきあい、次々と消滅しているとされていた。ホーキングは、ブラックホールの事象の地平面で生まれた仮想粒子のペアは、1個がブラックホール内部で消滅しうるが、残りは宇宙空間に飛びだす。すなわちブラックホールは粒子を「放射」していると考えた。当初は異論もあったが、このホーキング放射は物理学の主流に位置づけられ、それを発見する試みが続けられている。同じく物理学では、チャームクォークやジェイプサイ粒子など新たな発見があいついで11月革命と呼ばれ、標準模型が定められた亜原子粒子の理解がさらに進んだ（下［囲み］参照）。

ルーシー
アウストラロピテクス・アファレンシスの復元頭骨。二足歩行をしていた初期の類人猿だ。

素粒子物理学の標準模型

1960年代から70年代にかけてつくられた「標準模型」は、物質と力の根本的な基本要素である素粒子を最も的確に説明している。その鍵は、1974年に観察されるまで確認できなかったチャームクォークの存在を織りこんだことにある。標準模型では、素粒子は物質をつくるフェルミオンと、力を伝えるボソンの2つのグループで構成される。フェルミオンはさらにいくつものクォークに分けられるが、陽子や中性子のように2個ないしは3個が緊密に結びつく複合粒子と、単独で存在し電子に含まれるレプトンがある。

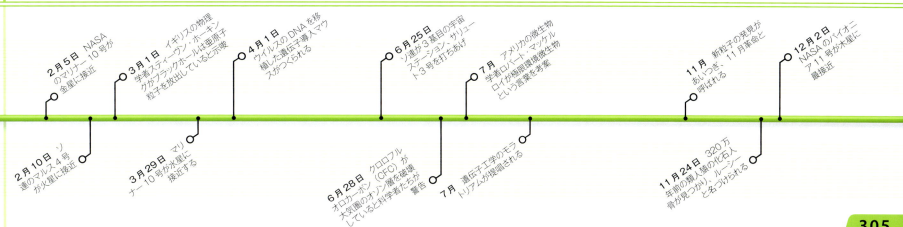

1975年

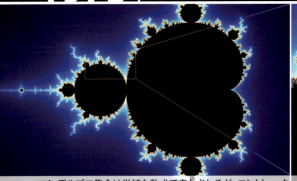
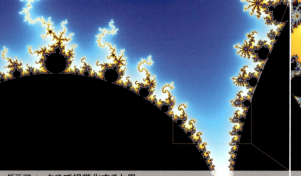
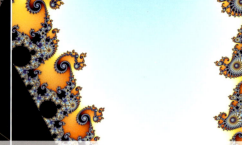

マンデルブロ集合は単純な数式で表わされるが、コンピューターグラフィックスで視覚化すると異なるスケールごとに緻密な美しさが出現する。

1975年6月、日本のソニーが家庭用ビデオテープレコーダーの規格ベータマックスを発表。ビデオカセットレコーダー（VCR）の登場で、家庭でテレビ番組を録画したり、ビデオ店で購入・レンタルした映画作品のビデオを見ることができる。VCRは1960年代から存在していたが、価格が高く、家庭にはほとんど普及していなかった。ベータマックスは多くの家庭が購入できる価格帯だった。

翌年、やはり日本のメーカーであるJVCが別のフォーマットであるVHS（ビデオ・ホーム・システム）を発表する。それから10年間、両者は「フォーマット戦争」を繰りひろげた。1980年代末になると、ベータマックス方式のVCRとカセットは家庭用ビデオ市場のわずか5％まで落ちていたが、放送局やプロのビデオ編集者のあいだでは根強い人気があり、それはデジタルビデオが隆盛になるまで続いた。

7月、多くの人が歴史的瞬間の生中継映像をかたずを飲んで見守っていた。ソ連のソユーズとアメリカのアポロ、2つの宇宙船のドッキングである。ドッキングした2機は40時間以上軌道を周回しながら、共同実験を行ない、プレゼントを交換し、切りはなしとドッキングを数度繰りかえした。

宇宙のもっと遠くでは、ソ連の無人探査機ヴェネラ9号が、初めて金星の軌道に乗った。探査機から切りはなされた球状のエントリーポッドが開き、着陸船が金星表面に降りたった。ヴェネラ9号は、地球以外の惑星表面から画像を送信した初めての探査機となった。探査機は金星と地球の中継基地の役割を果たし、着陸船は53分間データや画像を送ったあと通信が途絶した。

11月、ポーランド系フランス人数学者ブノワ・マンデルブロ（1924〜2010年）が著書《フラクタル：形と可能性と次元》のなかで「フラクタル」という言葉を使う。フラクタルを使えば、山脈や雲、雪、植物、雷光などの自然の複雑な形を、異なるスケー

53分 ヴェネラ9号の着陸船が金星表面で機能した時間

- 質量分析計
- ヘリカルアンテナ
- エアロブレーキ

ヴェネラ9号着陸船
ヴェネラ9号着陸船は金星の全景写真を撮影し、さまざまな試験を行なった。写真はその模型。

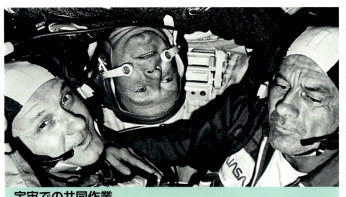

宇宙での共同作業

アメリカとソ連は1950年代から「宇宙競争」を繰りひろげて、自国の技術的優位性を誇示してきた。衛星を軌道に乗せ、人間を宇宙空間に送りこみ、月面で探査機を動かしたのはソ連が先だった。しかしアメリカも負けじと、すぐに宇宙飛行士の月面着陸という快挙を成しとげる。両国の宇宙船が軌道上でドッキングするアポロ＝ソユーズ・テスト計画は緊張緩和の産物であり、アメリカとソ連の平和と協力の象徴だった。

- 4月　IBMが初の商用レーザープリンター、IBMサーバプリンター3800を発表
- 4月19日　インドが初の人工衛星アリヤバータを打ちあげ
- 6月7日　ソニーがビデオテープレコーダーの規格ベータマックスを発表
- 7月17日　ソ連とアメリカの宇宙船が軌道上でドッキング
- 8月8日　アメリカの地球化学者ウォレス・ブロッカーが「地球温暖化」という言葉を考案
- 10月22日　ヴェネラ9号着陸船が金星表面に着陸
- 11月18日　ブノワ・マンデルブロが「フラクタル」という言葉を考案

1976年

2179km/時
コンコルドの最高速度

コンコルドは音速の2倍以上の速さで飛ぶことができた。

ルで単純なパターンの反復として理解することができた。マンデルブロの研究は、当時始まったばかりのコンピューター・グラフィックスの発達にも貢献し、コンピューターゲームのデザインから、バーチャル世界のリアルなアート表現にも応用された。フラクタル数学は、やはり新興の領域であるカオス理論と結びつき、株価や地震など予測不可能なシステムの理解に大いに役だった。

12月、アメリカの技術者スティーヴン・サッソン（1950年生）が、自ら開発したデジタルカメラの原型とも言える装置で初のデジタル写真を撮影した。この画像は0.01メガピクセルしかなかったが、磁気テープに記録するのに23秒もかかった。

同じく12月、アメリカの物理学者マーティン・パール（1927年生）が亜原子粒子を発見し、タウ粒子と名づけた。それは素粒子の標準模型（[1974年] 参照）が正しいことを裏づける新たな証拠だった。1995年、パールはこの発見でノーベル物理学賞を受賞した。

Apple 1
アップル社のコンピューター第1号。回路基板が1枚だけの構成で、キーボードやディスプレイ、プログラムを読みこむためのカセットプレーヤーはユーザーが自分で接続する必要があった。

— マザーボード
— カセットのコネクター

この年は世界初の超音速ジェット旅客機、コンコルドの処女飛行で幕を開けた。ブリティッシュ・エアロスペース（旧ブリティッシュ・エアクラフト・コーポレーション）とフランスのアエロスパシアルが10年以上をかけて開発・試験を繰りかえしたコンコルドは、1月21日、1機がロンドンからバーレーンに、もう1機がパリからリオ・デ・ジャネイロに向けて飛びたった。コンコルドは2003年まで運航した。コンコルド以外の超音速定期旅客機は、1977年に商業飛行が開始されたソ連のツポレフTu-144だけである。しかし1978年に墜落事故を起こした。

3月、イギリスの進化生物学者リチャード・ドーキンスが《利己的な遺伝子》を出版した。ドーキンスは進化を生命体全体ではなく遺伝子レベルで理解するのが正しいと主張。1960年代に培った遺伝子中心説をもとに、他では説明がつかないふるまいの理由がわかると述べた。生物が最も血縁の近い者に示す利他的行動は、同じ遺伝子をできるだけ多く次世代に伝えるためだ。ドーキンスの言う「利己的」という言葉は、比喩的ではあるが一般大衆や科学者の心をつかみ、進化生物学発展の重大なきっかけになったとされる。

4月、アメリカのコンピューター科学者スティーヴ・ジョブズ（1955〜2011年）とスティーヴ・ウォズニアック（1950年生）、電子工学の専門家ロナルド・ウェイン（1934年生）は、アップル・コンピューターズを設立した。最初の製品はアップル・コンピューターというシンプルな名前（のちにApple 1になる）の1枚の回路基板で、8キロバイトのRAMが装備され、価格は666.66ドルだった。

その数か月後、アメリカのコンピューター会社クレイ・リサーチが、スーパーコンピューターCray-1をニューメキシコ州のロス・アラモス国立研究所に納入。1960年代から、コンピューターの能力を高めるために演算装置開発に力を注いできたシーモア・クレイ（1925〜1996年）の独創が光

火星の表面
ヴァイキング1号と2号は火星表面で合計10年間にわたって活動し、多くのカラー画像を地球に届けた。

るコンピューターだった。

7月と9月、NASAの無人宇宙探査機ヴァイキング1号と2号が火星の軌道に乗り、ランダーを地表に投下。ランダーは高解像度の画像を地球に送信するほか、土壌の化学分析も行なった。しかし生命がかつて存在していた証拠は見つからなかった。

リチャード・ドーキンス（1941年生）

イギリスの進化生物学者。ケニア生まれで、1962年にオクスフォード大学で動物学の学位を取得。1960年代はもっぱら動物行動学の研究に従事し、進化、霊魂創造説批判、無神論の推進といった多彩なテーマで一般向けの著書を多く世に出している。

ガンマ線検知器

- 12月 マーティン・パールがタウ粒子を発見したと発表
- 12月 スティーヴ・サッソンが初のデジタル写真を撮影
- 1月21日 コンコルドが商業飛行を開始
- 3月16日 リチャード・ドーキンス《利己的な遺伝子》が出版
- 4月8日 ベルギーの分子生物学者ウォルター・フィエルスがウイルスのゲノム配列をすべて解明
- 6月18日 NASAのグラヴィティ・プローブAが発射
- 7月20日 ヴァイキング1号が火星に着陸
- 7月 アップル・コンピューターが発売になり、約200台が売れる
- 7月 エボラウイルスが出現、感染症で数千人が死亡する
- 9月 シュガート・アソシエイツが13.3cm（5.25インチ）のフロッピーディスクドライブを発売
- 9月3日 ヴァイキング2号が火星に着陸
- 9月9日 JVCがVHSビデオシステムを発売
- 9月21日 クレイ・リサーチが最も成功したスーパーコンピューターCray-1を納入

1977年

447秒
クレーマー賞を獲得した人力飛行機ゴッサマー・コンドルの滞空時間

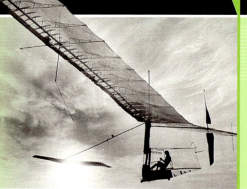

ゴッサマー・コンドルは持続飛行を行なった初の人力飛行機である。

2月、東太平洋のガラパゴス海嶺を調査していた海洋学者と地質学者のチームが熱水噴出孔を発見する——海水と熱いマグマが接触する海底の割れ目である。そこからはミネラル分が豊富な水が噴きだしており、見たことのない多様な生物の共同体を支えていた。アメリカの古植物学者エルゾー・バルクホルン（1915〜1984年）と博士課程の学生アンドリュー・ノールは34億年前の南アフリカの岩石のなかに単細胞生物の化石を発見した。それまでの証拠からさらに数億年さかのぼる最古の生物の痕跡だった。

DNAの塩基配列を分析する科学領域がゲノミクスだが、この年は大きな進展が2つあった。2月、イギリスの生化学者フレデリック・サンガーが単純なウイルスのゲノム約5000個の配列を解明した。12月には、フレデリック・サンガーがDNAの塩基配列を短時間で決定できる方法を発表した。これはサンガー法と呼ばれ、2000年代はじめに自動化技術が実現するまで、ゲノム配列を決定する基本的な方法だった。

8月、アメリカの天文学者ジェリー・エーマンが、地球外知的生命体探査（SETI・セティ）プロジェクトで、オハイオ州立大学にある電波望遠鏡、通称ビッグ・イヤーが外宇宙からと思われる強力で安定した電波を検知した。電波の強度や波長を考えると、外宇宙の知的生命体が意図的に送信していると考えられた。しかし同様の電波がその後受信されることはなかった。

同じ8月、ゴッサマー・コンドルがカリフォルニア州ミンター・フィールドで指定された8の字飛行を2回行ない、人力飛行機として初めて持続制御飛行に成功した。重量はわずか32kg、ペダルを漕いで飛行した。設計者のポール・マクレディは、イギリスの実業家ヘンリー・クレーマーが1959年に設けた人力飛行機の賞金（5万ポンド）を獲得した。

熱水噴出孔

海底の割れ目から化学物質を豊富に含んだ水が噴出するのは、中央海嶺の特徴のひとつだ。チムニーと呼ばれる円柱状の岩から高温の熱水が出る「ブラックスモーカー」と、それより温度の低い「ホワイトスモーカー」がある。ホワイトスモーカーが生命の起源と考える研究者もいる。

1978年

> 私がこの世に生まれたことが、子供を持ちたい人の助けになったと思うと、誇らしい気持ちです。
>
> ルイーズ・ブラウン（初の試験管ベビー）（1998年）

メアリー・リーキー（1913〜1996年）

ロンドンに生まれたメアリー・ニコルは、考古学者・人類学者ルイス・リーキーと結婚。人類の起源はアフリカにあると信じて発掘作業を続けた。1959年、メアリーがタンザニアで発見した175万年前のヒト科化石人骨は、人類進化の理解を深めるのに大いに役だった。

2月、アメリカ空軍が全地球測位網（GPS）を構築するために初めて24基のナヴスター（時間・範囲活用航行システム）衛星を打ちあげた。いわば地球を周回する無線標識で、原子時計を搭載し、定期的に電波を発射して位置と正確な時間を伝える。地上の受信機は、地球上のあらゆる地点で少なくとも4個の衛星からその電波を受信し、三角法で正確な位置を割りだすのである。1983年、アメリカのレーガン大統領は、第1陣の衛星の使用を終了したら一般利用を可能にすると発表。第2陣の衛星は1989年から打ちあげが始まり、精度がさらに向上した。

同じ2月、イギリスの古生物学者メアリー・リーキーの発掘チームが、タンザニアのラエトリで360万年前の二足歩行ヒト科の足跡化石を発見した。火山灰に残った足跡は3人分で24mにわたって続いていた。歩いたあとに小雨が降って灰が固まり、さらに新たな火山灰が積もったために残ったと考えられる。これ以前の最も古いヒト科の足跡は8万年前のものだった。

7月、体外受精による初の赤ん坊、ルイーズ・ブラウンが誕生した。イギリスの発生学者ロバート・エドワーズと外科医パトリック・ステップトウが10年前から研究してきた技術で受精を成功させたのである。新聞は初の「試験管ベビー」誕生と報じ、科学の進歩か、「自然への干渉」かで激しい論争が巻きおこった。ブラウン以降、体外受精で生まれた人は数百万人にのぼる。

- 2月17日 東太平洋のガラパゴス海嶺で熱水噴出孔が発見される
- 2月 イギリスの生化学者フレデリック・サンガーがDNAの塩基配列を解明した
- 4月22日 光ファイバーによる電話信号の伝送が成功する
- 7月3日 アメリカの研究者レイモンド・ダマディアンが人間の全身MRIスキャンを実施
- 8月15日 電波望遠鏡ビッグ・イヤーが外宇宙から謎の電波を受信
- 8月23日 ゴッサマー・コンドルが人力飛行機として初めて持続制御飛行を行なう
- 10月28日 エルゾー・バルクホルンとアンドリュー・ノールが34億年前の細菌の化石を発見
- 12月 フレデリック・サンガーがDNA配列を短時間で決定できる方法を開発
- 2月22日 全地球測位網（GPS）の一環として初めて24基のナヴスター衛星が打ちあげ
- 2月24日 メアリー・リーキーが、360万年前の二足歩行ヒト科の足跡化石を発見

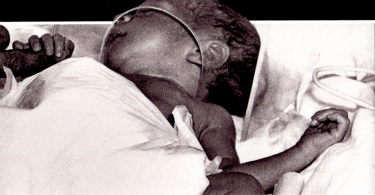

体外受精で誕生した初の赤ん坊、ルイーズ・ブラウンが父親の指を握っている。

この年、科学はもうひとつ自然の摂理を肩がわりした。アメリカのジェネテック社が、インシュリンを生成する細菌（E.coli）を遺伝子組み換えでつくったと発表したのである。自らインシュリンを生成できないⅠ型糖尿病患者は、それまでブタやウシのインシュリンで補うしかなかったが、アメリカの食品医薬品局（FDA）が1982年に承認したことで、遺伝子組み換え製品が初めて世に出ることになった。

古代の足跡
ラエトリの足跡は火山灰についた足跡が固まったもので、3人が水飲み場に向かっていたとされる。

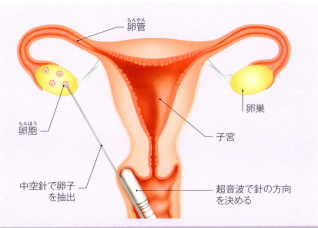

体外授精
排卵誘発剤を用いて、卵巣から複数の卵子を得る。取りだした卵子を試験管内で精子と合わせ、1〜2個の受精卵を子宮に戻して成長させる。体外受精の技術は年々発達し、受精に至る方法も多岐に渡っている。

6月19日 アメリカの物理学者デヴィッド・ワインランドのグループが、レーザーを使ってマグネシウムの原子雲を捕捉したと発表。量子コンピューターの発展に貢献する

7月25日 初の試験管ベビー、ルイーズ・ブラウンが誕生

9月6日 アメリカのジェネテック社がインシュリンを生成する細菌を遺伝子組み換えでつくったと発表

11月13日 NASAがX線観測専門のアインシュタイン衛星を打ちあげ

1979年

14万人
スリーマイル島原発事故の避難者

ペンシルヴァニア州ハリスバーグにあるスリーマイル島原子力発電所。アメリカ最悪の原発事故がここで発生した。

1970年代の終わりに向けて、宇宙開発は着実に前進していた。NASAのボイジャーは打ちあげから2年を経過し、1号はこの年の3月、2号は7月に最初の目標である木星に最接近した。送られてきた鮮明な写真とデータから、木星に最も近い衛星イオに火山が見つかるなど、新たな手がかりを得ることができた。9月にはNASAのパイオニア11号が土星を取りまく濃いガス雲から2万1000kmまで接近した。12月にはヨーロッパ宇宙機構がフランス領ギアナから初のアリアンロケットを打ちあげて大きな成果をあげた。

> **すべての結果は我々の行動が引きおこしたものだ。**
>
> ジェームズ・ラヴロック（イギリスの生物学者）《地球生命圏:ガイアの科学》（1979年）

5月、アメリカのキット・ピーク国立天文台が近い距離にある2個のクエーサー（準恒星状電波源）を発見した。クエーサーははるか遠い銀河のエネルギーの中心である。2個の特徴は似通っていたため、同じものだと判断された。これが重力レンズ（左［囲み］参照）の最初の証拠となった。クエーサーと地球のあいだに存在する巨大な銀河集団によって時空がゆがみ、それがレンズのような働きをしてクエーサーの光を曲げているのである。

3月28日早朝、アメリカのペンシルヴァニア州にあるスリーマイル島原子力発電所で最悪の事故が発生した。バルブの不具合から部分的なメルトダウンが発生し、高圧のかかった大量の水が炉心をめぐって建物内に漏れだしたのだ。その日のうちに原子炉は安定したが、放射能レベルが上昇することを懸念して半径8km以内の子供と妊婦に避難命令が出され、2日後には範囲が半径32kmに拡大した。結局、原発周辺の放射能レベルは急激に上がることはなく、人間にも環境にも重大な影響はないと結論が出された。

7月、ソニーが革新的な製品を発売する。ポータブル・オーディオ・カセット・プレーヤーのウォークマンである。ウォークマンの登

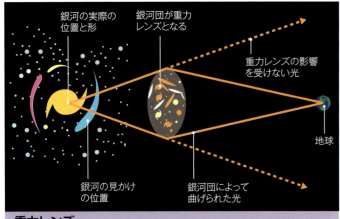

重力レンズ

宇宙のなかで重力場がレンズの役割を果たし、光が偏向する。そのため地球から天体を観察するとき、複数のひずんだ像を見ることがある。これが重力レンズで、1936年にドイツ系アメリカ人物理学者アルベルト・アインシュタインが提唱した。重力レンズの最初の証拠は1979年、同じクエーサーの2つの像を観測したことで見つかった。

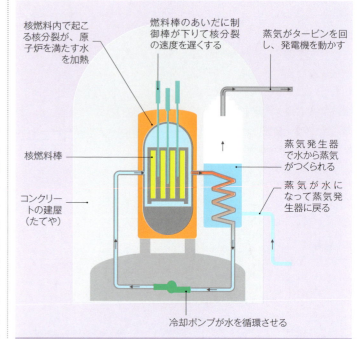

原子炉

原子炉は核分裂のエネルギーで水を蒸気に変え、巨大なタービンを回して発電する。炉心には放射性物質でできた燃料棒と、核分裂の速度を抑える制御棒が入っている。冷却回路は2つあり、炉心の熱を取りのぞく。

- 1月 ベル研究所がオペレーティングシステムUNIX Ver.7を発表
- 3月5日 宇宙探査機ボイジャー1号が木星に最接近
- 3月28日 スリーマイル島原子力発電所でメルトダウン発生
- 5月31日 重力レンズの証拠が発見される
- 6月12日 人力飛行機ゴッサマー・アルバトロスが英仏海峡を横断し、2度目のクレーマー賞を獲得
- 7月1日 ソニーがポータブル・オーディオ・カセット・プレーヤーのウォークマンを発売
- 7月9日 宇宙探査機ボイジャー2号が木星に最接近
- 9月1日 NASAのパイオニア11号が土星に接近

1980年

カナダ、アルバータ州にあるフードゥーと呼ばれる石柱に、白亜紀と古第三紀の境目が浸食で露出した。時代は6500万年前で、恐竜が絶滅したころである。

場で、カセットテープを持ちあるき、ヘッドフォンで音楽を聴けるようになった。

この年のはじめ、ベル研究所がオペレーティングシステム（OS）、UNIX（ユニックス）の最も重要なバージョンである Ver.7 を発表した。現在広く使われている 2 つの OS、Mac OS（マックオーエス）と Linux（リナックス）の前身である。

10月、イギリスの生物学者ジェームズ・ラヴロックが《地球生命圏：ガイアの科学》を出版、ガイア仮説を提唱した。地球は自己調節機能を持つひとつの生命体であり、地球上の生物は物理的な環境と相互に作用しながら、海洋や大気の状態を維持している。ラヴロックは 1960 年代初頭にこの発想を得て、それ以来証拠を集めてきた。ガイア理論は人びとの環境意識に大きな影響を与え、あらゆる生命体が相互接続・相互依存しているという認識を定着させた。

ルイス・ウォルター・アルヴァレズ（1911～1988年）

アメリカの物理学者。専門分野で数多くの業績をあげたのち、恐竜絶滅の原因について新説を提唱した。第 2 次世界大戦中はレーダー技術の発展に貢献したが、専門は亜原子粒子である。1968 年、ノーベル物理学賞を受賞した。

1月、アメリカの理論物理学者アラン・グース（1947 年生）がビッグバン理論の改良版とも言えるインフレーション理論を発表し

84分 土星から地球に電波が届くのにかかった時間

た（p.344-345 参照）。数十億年前、宇宙は極小で高密度、高温の状態で始まり、以来すさまじい速度で膨張を続けているというものだ。グースの理論は、ビッグバン理論の抱える多くの問題に解決策を見いだすものだった。天文学や粒子物理学からもそれを裏づける証拠が得られているが、まだ謎は残っている。それでも宇宙が膨張していることはほぼまちがいないようだ。

6月、ルイス・アルヴァレズ（左［囲み］参照）が 6500 万年前の恐竜絶滅に関する自説を発表した。恐竜が絶滅した時代、岩石層の組成に明らかな変化があったことはすでに知られていたが、アルヴァレズは白亜紀と古第三紀の境界を分析して、イリジウムの含有量のちがいに着目した。そして、現在でもクレーターが確認できる勢いで隕石が地球に衝突し、巻きあがった塵が何千年も太陽光線をさえぎったと考え

キノコ
写真はヒラタケ。コレステロール値を下げるロバスタチンを乾燥重量で 2%も含む。

た。この説は論議を呼んでいたが、1990 年にメキシコのユカタン半島で 6500 万年前の巨大クレーターが実際に見つかっている。

7月、カビの一種アスペルギルス・テレウスから、メビノリンという化合物を分離することに成功したと発表された。メビノリンは、心臓病のリスクを高めるコレステロールの生成を阻害する働きがあることがわかった。その後メビノリンはロバスタチンに改名され、コレステロール値を下げる初の「スタチン」系薬剤となった。1987年にはアメリカ食品医薬品局（FDA）に承認され、商品名メバコールとして発売される。その

後ロバスタチンは、ヒラタケからも発見された。

5月、第 33 回世界保健総会で天然痘の撲滅が宣言された。

11月には宇宙探査機ボイジャー 1 号が土星から 12 万 4000km まで最接近した。

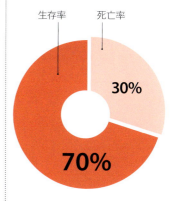

天然痘
1980 年に撲滅宣言が出された天然痘だが、それまでは感染者の 3 分の 1 が死ぬ恐ろしい病気だった。

生存率 70% / 死亡率 30%

- **10月4日** イギリスの生物学者ジェームズ・ラヴロックが《地球生命圏：ガイアの科学》を出版
- **12月24日** ヨーロッパ宇宙機関がアリアンロケットを打ちあげ
- **1月23日** アメリカの理論物理学者アラン・グースがインフレーション理論を発表
- **5月8日** 世界保健総会で天然痘の撲滅が宣言される
- **6月** アメリカのシーゲイト社が 5.25 インチハードディスクドライブ ST-506 Winchester を発売
- **6月6日** アメリカの物理学者ルイス・アルヴァレズが恐竜絶滅の自説を発表
- **7月** カビの一種アスペルギルス・テレウスから、コレステロール値を下げるロバスタチンを分離したと発表
- **11月12日** 宇宙探査機ボイジャー 1 号が土星に最接近する

1981年

- 4月 初の人工皮膚が火傷患者に試用される
- 4月3日 初のポータブルコンピューターOsborne 1が発売
- 4月12日 NASA初の再利用可能な宇宙船、スペースシャトルのコロンビア号が軌道に乗る
- 4月27日 ゼロックスがマウス、アイコン、メニューのそろった初の商用コンピューター Xerox Starを発売
- 5月 アメリカの物理学者リチャード・ファインマンが量子コンピューターの基礎を築く
- 7月9日 イギリスの科学者マーティン・エヴァンスとマシュー・カウフマンがマウスの胚から多能性幹細胞を培養したと発表

> 我々がやっているのは細胞が成長する土台づくりだ。

ジョン・バーク（アメリカの外傷外科医）《ニューヨーク・タイムズ》（1981年）

ヒトの皮膚細胞を培養し、コラーゲンの基質で成長させてつくった人工皮膚。

4月、NASA（ナサ）が開発した初の再利用可能な宇宙船、スペースシャトル・コロンビア号が初の周回軌道飛行を行なった。コロンビア号はその後28回の飛行をこなしたが、2003年、大気圏再突入の際に空中分解する。スペースシャトルは主エンジンで軌道に乗り、外部タンクから燃料を補給する。追加の推力は固体ロケットブースターから得た。燃料が空になるとタンクとブースターは切りはなされるが、ブースターは再利用のために回収された。NASAはスペースシャトルを全部で5機つくり、135回のミッションを成功させて多くの人工衛星や国際宇宙ステーションの部品を宇宙に運んだ。

アメリカのオズボーン・コンピューター・コーポレーションは、商業的に成功した初のポータブルコンピューター、Osborne 1（オズボーンワン）を発売した。続いて日本のエプソンが初のラップトップコンピューター HX-20 を発表する。これは重さわずか1.6kgで、充電可能なバッテリーが搭載されていた。ゼロックスが発売した8010情報システム、通称 Star はワークステーションで、商用コンピューターとしては初めて「ウィンドウ」フォルダーにアイコンを表示し、画面上のポインターをマウスで動かすものだった。しかしこの年のコンピューター技術の話題と言えば、IBM 5150、通称 IBM-PC の登場だろう。オペレーティングシステム（OS）は PC-DOS で、MS-DOS（マイクロソフト・ディスク・オペレーティング・システム）の1バージョンだった。マイクロソフトはこの MS-DOS を土台にした Windows（ウィンドウズ）で爆発的な成功を収める（［1985年］参照）。IBM-PC はパーソナルコンピューターの発展にはかりしれない影響を与えた。この成功に触発されて IBM 互換のコンピューターが続々と登場し、パソコン市場を支配することになる。IBM 互換マシンは既成のハードウェアを使ってつくれるが、OS はマイクロソフトのライセンスが必要で、これが同社が大成功した理由だった。

4月、スイスの物理学者ハインリヒ・ローラーとドイツの物理学者ゲルト・ビーニッヒが走査型トンネル顕微鏡（STM、下［囲み］参照）を完成させる。固体表面の原子を正確に映像化できる装置だった。同じく4月、アメリカのアメリカの外傷外科医ジョン・バークと、ギリシア生まれのアメリカ人化学工学者イオアニス・ヤナスが人工皮膚の開発に成功、重症の火傷患者に使用した。人工皮膚はサメやウシのコラーゲンにシリコンゴムの層をかぶせたもので、コラーゲンが基質となって体が独自のコラーゲンを生成していく。新しい皮膚が形成されたらシリコンゴム層を取りのぞく。

マウスを使った胚性幹細胞（ES細胞）の分離・培養は、イギリスとアメリカの研究チームがそれぞれ独自に成功した。ES細胞は多能性、すなわちあらゆる細胞に発達する能力を持っている。また無限に複製が可能である。1998年に初めて培養に成功したヒトES細胞は、再生医療の可能性に道を開くものだった。いずれは移植用の組織をつくって、病気、負傷、老化で受けた損傷を修復できるようになるだろう。

IBM-PC
IBM 5150 はディスクドライブ2基の構成で、コマンドをタイピングしてオペレーティングシステムを動かす方式だった。もちろんマウスはない。

打ちあげを待つ
フロリダ州にあるケネディ宇宙センターの発射台に据えられた NASA のスペースシャトル、コロンビア号。巨大な液体燃料タンクと、2本の固体燃料ロケットが見える。

256 KB
IBM-PC に入っている RAM メモリーの最大容量

走査型トンネル顕微鏡（STM）

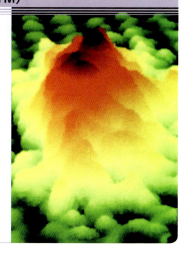

物体表面のごく近くで金属探針を動かし、電子のトンネル効果で生じる電流を測定する。右は黒鉛表面（緑色が炭素原子）にある金の原子（黄および茶）をとらえて処理した画像。

- 8月12日 IBM が初のパーソナルコンピューター IBM-PC を発売
- 8月 マイクロソフトが IBM-PC 用に開発したオペレーティングシステム PC-DOS の自社版として MS-DOS の最初のバージョンを発売
- 8月26日 宇宙探査機ボイジャー2号が土星に最接近して鮮明な画像を送信
- 11月 世界初の軽量ラップトップコンピューター、エプソン HX-20 が発売
- 12月 アメリカの分子生物学者ゲイル・マーティンがマウスの胚細胞を培養から多能性細胞にすることに成功、胚性幹細胞と名づける
- 12月4日 B型肝炎のB型ウイルスのワクチンがアメリカで承認される

313

1982年

100億ドル
1982～1983年のエル・ニーニョによる被害額

1982年のエル・ニーニョ現象は各地に大雨を降らせ、カリフォルニア州のサン・ロレンゾ川は水位が危険な高さまで上昇した。

10月、デジタルサウンド複製の画期的な技術が実用化された。コンパクトディスク（CD）である。フィリップスとソニーが共同開発したCDはポリカーボネート製ディスクのなかに、アルミニウムの薄い層を挟みこんだもの。アルミ層には無数の極小のくぼみ（ピット）が付けられ、全長5km以上にわたってらせん状に並んでいる。このピットが2進法の数字に対応し、原音を記録している。プレーヤーでCDを回転させてレーザー光線を当て、ピット部分とそうでない部分の光の反射パターンを読みとり、マイクロプロセッサーが原音を再構築するのである。CDは登場からわずか数年で、録音された音楽を売買する形式として定着した。その後は読み取り専用のデータ保存メディア（CD-ROM）や、書きこみ可能なデータディスク（CD-R）も登場した。

同じ10月、シンセサイザー開発の先駆者であるアメリカのロバート・モーグが、音楽演奏の記録と再生を行なう新しい形式、電子楽器デジタルインタフェース（MIDI、ミディ）を発表した。中身は演奏される音の単純なメッセージで、キーボードなどのMIDI楽器や、ソフトウェア操作でメッセージを生成し、音のサンプルをつくりだす。MIDIの出現で作曲、録音、演奏はかつてないほど柔軟にできるようになった。

7月、新たに確認されたばかりの病気に後天性免疫不全症候群（エイズ）という名称がついた。ニューヨークやカリフォルニアのゲイに多くの犠牲者が出ていたが、性的接触で同性愛者の男性どうしが感染しやすいものの、ゲイだけの病気ではないことが明らかになった。エイズの急速な蔓延によって衛生観念の啓蒙運動が展開され、性交時はコンドームを着ける、薬物常習者は注射針を使いまわさないといった習慣が定着した。

異常気象が各地で発生するようになり、エル・ニーニョ現象に注目が集まった。貿易風（熱帯圏を吹く東風）の変動で、太平洋の水温が長期にわたって高いままになる現象である。エル・ニーニョは一度始まると数か月続くが、この年のエル・ニーニョは7月に始まって翌年まで終わらず、甚大な被害をもたらした。ペルーでは漁獲高が激減し、オーストラリアやアフリカの一部では旱魃で森林火事が広がった。アメリカのカリフォルニア州とペルーでは記録的な豪雨となり、約2000人の死者が出た。5月、

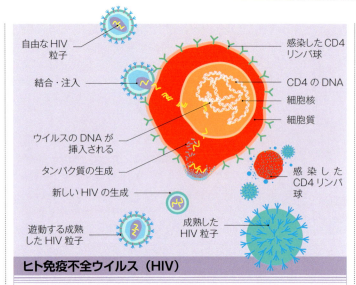

ヒト免疫不全ウイルス（HIV）
1984年にエイズの原因として確認されたウイルスは、1986年、ヒト免疫不全ウイルスと命名された。体液に混じって伝染し、免疫系に深く関わる細胞、とくにCD4リンパ球に感染して増殖に利用する。使われたCD4リンパ球は死ぬか、他の免疫系細胞によって破壊される。

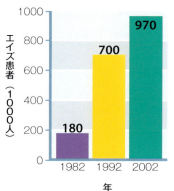

エイズとともに生きる
グラフはアメリカで生存するエイズ患者の推移を表わしたもの。世界中では2002年の時点で3000万人のエイズ患者がいた。

台湾の生物学者施嘉和（1950年生）とアメリカの生物学者ロバート・ワインバーグ（1942年生）が、ヒトの発ガン遺伝子を初めて特定したと報告した。

12月、アメリカの外科医ウィリアム・ドヴリーズ（1943年生）が、引退した歯科医バーニー・クラークに常置式人工心臓、ジャーヴィック7を埋めこむ手術を行なった。アメリカの発明家ロバート・ジャーヴィック（1946年生）が開発したこの人工心臓で、クラークは112日間生存した。

人工心臓
ユタ大学でバーニー・クラークに移植された人工心臓ジャーヴィック7。クラークは移植後112日間生存した。

- 1月 アメリカのコンピューター会社、コモドールのPC「コモドール64」が爆発的にヒット
- 2月1日 インテルが10万個以上のトランジスタを搭載したマイクロプロセッサーを発表
- 4月9日 アメリカの神経学者スタンリー・プルシナーが、牛海綿状脳症、BSE、CJDを引きおこす新発見の物質を「プリオン」と名づける
- 5月1日 ヒトの発ガン遺伝子が初めて特定される
- 7月 エル・ニーニョ現象が始まる
- 7月27日 ワシントンDCの会合でエイズの病名が決まる
- 10月1日 ソニーが世界初のコンパクトディスク・プレーヤーCDP-101を発売

1983年

> 一気に飲みこんで、その日は絶食しました。胃がゴロゴロ鳴りましたが、細菌のせいなのか、空腹だったのか。

バリー・マーシャル（オーストラリアの医師）、ノーベル賞記念講演（2005年12月8日）

胃の内壁に付着しているヘリコバクター・ピロリ。胃ガンの原因になる。

フルオーケストラ
鍵盤型MIDIコントローラーの広告。音源の楽器は標準的なものしか入っていなかったが、どんな音色も出せるとうたっている。

主要な動脈・静脈に接続する開口部

外側はポリエステル製

この年、10年前に実現した3つの技術革新が本格的に実用化された。1月1日は、世界的なネットワーク ARPANET（アーパネット）に接続しているすべてのコンピューターが、プロトコルを TCP/IP（［1973年］参照）に切りかえる最終期限だった。コンピューターの歴史では、この日をもってインターネットの運用が開始されたことになる。それまで一部のコンピューターは異なるプロトコルを使っていたが、TCP/IP がすべてのインターネット・トラフィックの基本となった。グラフィック・ユーザー・インタフェース（GUI）を初めて採用したコンピューターは、カリフォルニアにあるゼロックスの研究センターが開発したAlto（アルト）だった（［1973年］参照）。それから10年後、アップル・コンピューター・インクはGUIを用いた初のパーソナルコンピューターを発売した。

アップルのLisa（リサ）
グラフィック・ユーザー・インタフェースを導入した初のPCと開発チームの面々。

10月、アメリカのビジネスマン、デヴィッド・メイラーンが、セルラー方式の無線通信網を使って最初の通話を行なった――これも試作機で最初の通話が行なわれてから10年後のことである。

ヨーロッパ原子核研究機構（CERN・セルン）の物理学者のグループが、標準模型の正しさを裏づける3つの粒子を発見した（［1974年］参照）。それが W^+、W^-、Zボソンで、放射性崩壊に関わる「弱い相互作用」を行なう粒子だ（p.266-267参照）。これらの粒子は1968年、弱い相互作用と電磁力の統一理論で存在が予言されていたが、この年発見できたのは1976年から使われている CERN の強力な粒子加速器、スーパー陽子シンクロトロンのおかげである。

10月、第17回国際度量衡総会で、1mは真空状態で光が2億9979万2458分の1秒に移動する距離と定義された。

パースにあるウェスタン・オーストラリア大学で、オーストラリア人医師バリー・マーシャル（1951年生）と病理学者ロビン・ウォレン（1937年生）が胃潰瘍――胃腸内出血や胃ガンに進行して死に至ることもある――の最も多い原因を突きとめた。2人の研究は、ウォレンが患者の胃で新種の細菌を発見し、その数があまりに多いことに興味を持ったのがきっかけだった。胃の内部は酸性が強いので、細菌は生息できないと思われていた。しかしウォレンとマーシャルは、見つかった細菌が胃や十二指腸の内壁に感染し、炎症を起こして潰瘍をつくると仮説を立てた。マーシャルは仮説を実証するために、自ら実験台になる。自分の胃にその細菌がいないことを確かめてから、細菌入りチキンスープを飲んだのである。マーシャルの胃に炎症が起こり、仮説は正しいことが証明された。この細菌はヘリコバクター・ピロリと名づけられ、抗生物質を使った胃潰瘍治療で多くの生命が救えることになった。この発見が高く評価され、マーシャルとウォレンは2005年ノーベル生理学・医学賞を受賞した。

携帯電話
一般に発売された初の携帯電話はモトローラのDynaTAC 8000xだった。初期の携帯電話はその形状から「ブリック（れんが）」と呼ばれた。

7.5周 光が1秒間に地球を回る回数

- **10月** MIDI（電子楽器デジタルインタフェース）が発表される
- **12月2日** アメリカのバーニー・クラークが常置式人工心臓を埋めこんだ最初の患者となる
- **1月1日** インターネットの運用が開始される
- **1月19日** アップルがグラフィック・ユーザー・インタフェース（GUI）を用いた初のホームコンピューター、Lisaを発売
- **1月** CERNが弱い核力を起こす2種類のWボソンを発見
- **5月** CERNが弱い核力を起こすZボソンを発見
- **6月** 胃ガンの原因となる新種の細菌ヘリコバクター・ピロリが初めて記述される
- **10月13日** 一般に売りだされた世界初の携帯電話、モトローラのDynaTAC 8000xで無線通話が行なわれる
- **10月21日** 1mは真空状態で一定時間に光が移動する距離と定義される

1946〜2013年 ｜ 情報の時代

楔形文字の碑文
紀元前3200年頃
世界最古の書き文字は、柔らかい粘土に尖筆（せんぴつ）で刻み目を入れる楔形（くさびがた）文字だった。

初期の郵便
1635年
通信文は長いあいだ商人か特使が運ぶものだった。1635年、イギリス国王チャールズ1世が自らの郵便制度を公に解放した。

伝書鳩用の通信筒
20世紀初頭
特別に訓練されたハトに通信文を運ばせる試みはペルシアに起源がある。通信文は金属の筒に入れ、ハトの脚に装着した。

手旗信号用の旗
1792年
手旗信号はフランスの技術者クロード・シャップが開発した。通信塔の信号を読みとって伝えていくが、天候に左右される部分が大きかった。

イヤーピース

コミュニケーション

遠く離れた相手と会話をしたり、メッセージをやりとりする技術が現代社会を支える。

言語で複雑な概念を相手に伝えられることが、ヒトと動物を区別する大きなちがいだ。技術の発展によって、人が物理的に移動するより短時間でメッセージを伝えられるようになった。

先史時代の文明は話し言葉のみで意思疎通を図り、伝統を伝えるのも、大切な情報を記録するのも口承だった。紀元前4世紀に文字が出現して人類社会のありかたは根本的に変わったが、書かれた文字の伝達は手渡しするしかなかった。現在のような瞬時のコミュニケーションが可能になったのは、19世紀に入って電気が使われるようになってからである。

ベルの電話機
1876年
アレグザンダー・グラハム・ベルの電話は電気信号で音声を送るものだった。信号が届くと金属盤が振動して音声に変換される。

ハンドルを回すと高圧信号が交換所に届く

チッカーテープが入ってきた信号を記録する

電流を流すための鍵

クック＝ホイートストン電信機
1837年
電気を使って信号を送る。グリッド中央に並ぶ5本の針のうち2本が文字を差す。

よく使われる20種類の文字が示されている

初期の公衆電話
1905年
20世紀に入るころには、公共の場所に公衆電話が設置された。数台の電話が接続されており、単座席の交換手が通話の制御を行なう。

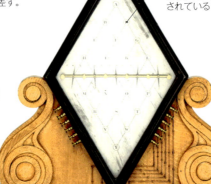

モールス信号機
1836年
アメリカの発明家サミュエル・モールスがつくった電信装置は1本の電線で長距離の送受信を可能にした。同僚のアルフレッド・ヴェイルが考案した符号は、短点と長点の2種類の組みあわせでアルファベットの文字を表わすものだった。

コミュニケーション

卓上電話機
1890 年
送話口とスピーカーがひとつになった初めてのデザイン。ハンドルを回して交換手を呼びだし、「回線開放」を要求する。

- スピーカー兼送話口
- 交換所からの受信を知らせるベル

ウェブカメラ
2000 年代
インターネットを使ったビデオ通話を可能にした。いまでは通信の大半はコンピューター経由に移っている。

iPhone
2012 年
デジタル技術によってセルラーホンも劇的に変わった。2007 年に発売されたアップルのiPhone（アイフォーン）は、当時のコンピューターと電話技術を詰めこんだ精密機器だった。

セルラー方式電話
1983 年
アンテナを立ててセルラー電話網を形成し、電波で無線通話を行なう。モトローラの DynaTAC 8000x は初の携帯型セルラーホンだった。

ファクシミリ・テレグラフ
1956 年
画像の電送は 1865 年から行なわれていたが、電話回線を使う最初の装置はゼロックスが開発し、1964 年に特許を取得した。ファクシミリは広く普及したが、現在は電子メールに取って替わられている。

- 光電子センサーが画像を読みとって電気信号に変換
- キーボード

ウォーキートーキー
1940 年
小型の単距離無線電話で、第 2 次世界大戦中に急いで開発された。主に AM 波を使う。

ダイヤル式電話機
1931 年
20 世紀半ばに広く使われていたダイヤル式電話機は、数字の入ったダイヤルで電気パルスを送り、交換台でスイッチが自動的に接続された。

- 数字入りダイヤル

1984年

512×342ピクセル
初代Macintoshのディスプレイ解像度

カリフォルニア州フリーモントにあるアップルの組立工場で完成したMacintoshをきれいに拭く従業員。

前年のLisa（リサ）で成功を収めたアップル・コンピューター・インクが画期的なパーソナルコンピューター、Macintosh（マッキントッシュ）を発売した。モダンなデザインと使いやすさを売りに、派手な広告キャンペーンを展開したMacintoshは、勢力を広げていたIBM互換機（[1981年]参照）の牙城を崩すことをねらっていた。しかし翌年マイクロソフト社はオペレーティングシステムのWindows（ウィンドウズ）を発売、IBM互換機ユーザーもグラフィック・ユーザー・インタフェースを使えるようになり、ますます優勢になった。

2月、アメリカの宇宙飛行士ブルース・マッカンドレス2世とロバート・スチュワートが、命綱なしの宇宙遊泳を行なった。彼らが背負っていたのは船外活動用推進装置（MMU）で、これは24個の小型逆推進ロケットが窒素を噴射することで、移動や方向転換を可能にするものだった。マッカンドレスは宇宙船から遊泳しながら100m近く離れた。アメリカのマーガレット・ヘックラー保健福祉長官が、アメリカのウイルス学者ロバート・ギャロ（1937年生）がエイズ（[1982年]参照）の原因菌を発見したようだと発表した。ギャロが共同研究していたフランスのウイルス学者リュック・

> " 朝はたった1個のDNA分子でも……PCRなら午後には1000億個に複製できる。"
> キャリー・マリス（アメリカの生化学者）《サイエンティフィック・アメリカン》（1990年）

モンタニエの研究チームは、エイズに関連するらしい新型ウイルスをすでに発見していた。6月、ギャロとモンタニエはこの2つの菌が同一であると発表し、1986年にヒト免疫不全ウイルス（HIV）と命名された。

この年、遺伝学では2つの研究チームが同じ発見をしたと発表した。ショウジョウバエのDNAにある、形態的特徴を制御する遺伝子コードである。これはホメオボックスと呼ばれ、胚の段階で他の遺伝子のスイッチを入れたり切ったりするタンパク質をコード化する。その後ホメオボックス遺伝子は、ヒトからイースト菌まであらゆる種類の生物に存在することがわかった。

9月、イギリスの遺伝学者アレック・ジェフリーズ（1950年生）がDNAプロファイリングを開発した。血液や唾液など、DNAを含む試

命綱なしの宇宙遊泳
2月、アメリカの宇宙飛行士ブルース・マッカンドレス2世は命綱なしの宇宙遊泳を初めて成功させ、人間衛星になった。

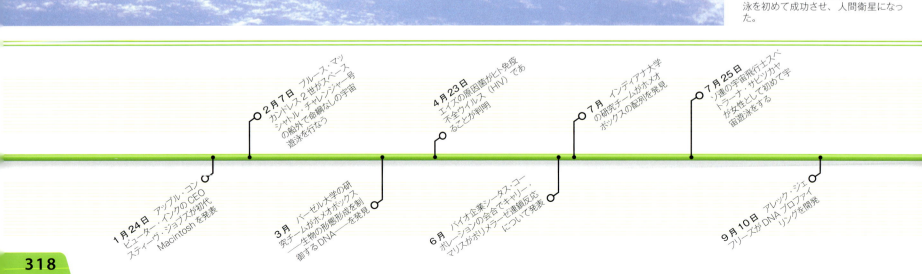

1985年

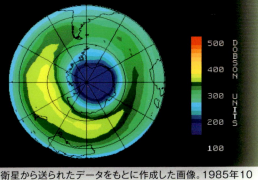

66%
南極大陸上空で毎年春に失われるオゾンの割合

衛星から送られたデータをもとに作成した画像。1985年10月の南極大陸上空にできたオゾンホールを示している。

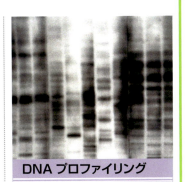

DNA プロファイリング

すべての人でおおむね共通しているDNAだが、ゲノムのなかには個人差が顕著な領域がある。そこを切りだして、ゲルのなかで長さ順に並べなおすとまるでバーコードのようになり、高い精度で個人を識別できる。

料から個人を識別する手法である。その後ジェフリーズは、6月にアメリカの生化学者キャリー・マリス（1944年生）が報告したポリメラーゼ連鎖反応（PCR）を導入してさらに精度を向上させた。ごくわずかなDNAの断片を無限に複製できるPCRは、DNAシークエンシング、クローニング、プロファイリングと多くのDNA技術に欠かせないものとなっている。

高齢者の神経細胞が変質するアルツハイマー病は、1906年にドイツの精神科医アロイス・アルツハイマーが報告したものの、それ以降ほとんど理解が進んでいなかった。患者の脳を調べると、神経細胞のあいだにタンパク質の「プラーク」ができていることがわかった。1985年、オーストラリアの神経病理学者コリン・マスターズ（1947年生）の研究チームが、このタンパク質をくわしく分析した。そこで存在が明らかになったAベータアミロイドは、前年にアメリカの病理学者ジョージ・グレナー（1927〜1995年）が報告したばかりのタンパク質だった。それから2年後、タウ（チューブリン結合ユニット）という別のタンパク質もアルツハイマー病の進行に関係していることがわかった（[1986〜87年]参照）。

5月、イギリス南極研究所（BAS）が南極上空のオゾン濃度が下降していると発表した。大気圏のオゾンは上空20〜30kmに存在しており、南極と北極の上空が最も層が厚い。オゾン層は有害な紫外線放射から地球上の生物を守る重要な役目を果たしている。2年後、オゾン層破壊の原因が確かめられる。冷蔵庫やエアゾール缶に広く使われている合成化合物、クロロフルオロカーボン（CFC）だった（[1986〜87年]参照）。

炭素は鎖状や環状と自在に形を変えてさまざまな化合物をつくる元素だ。純粋な同素体でも、ダイヤモンドのように炭素原子が四面体になったり（[1797年]参照）、黒鉛のように平たい六角形になったりする。9月、イギリスの

アルツハイマー病のタンパク質
ベータアミロイド分子。ねじれた形のせいで凝集しやすく、プラークを形成する。

ねじれ構造

サセックス大学とアメリカのライス大学が、60個の炭素原子で構成される安定した同素体を発見した。炭素原子は六角形と五角形が交互につながった構造をしており、アメリカの建築家リチャード・バックミンスター・フラーの設計したジオデシック・ドームにそっくりだったため、バックミンスターフラーレンと命名された。この同位体の存在は以前から予想されており、その後自然界でも見つかることがわかった。フラーレンで総称される新しい物質への関心も高まった（[1990〜91年]参照）。

60
バックミンスターフラーレン分子にある炭素原子の数

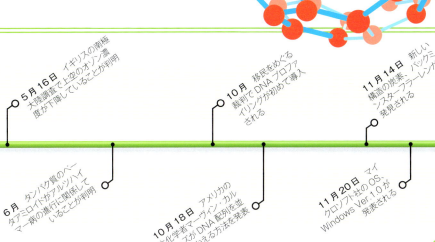

炭素原子

バッキーボール
バックミンスターフラーレン（別名バッキーボール）は五角形と六角形が交互につながっており、サッカーボールに似ている。

- **5月16日** イギリスの南極大陸調査で上空のオゾン濃度が下降していることが判明
- **6月** タンパク質のベータアミロイドがアルツハイマー病の進行に関係していることが判明
- **10月** 移民をめぐる裁判でDNAプロファイリングが初めて導入される
- **10月18日** アメリカの生化学者マーヴィン・カルサーズがDNA配列を並べかえる方法を発表
- **11月14日** 新しい炭素構造のバックミンスターフラーレンが発見される
- **11月20日** マイクロソフト社のOS、Windows Ver.1.0が発表される

319

1986~87年

> "チェルノブイリとは……私たちの命を支える地球と空気と水が毒された世界なのです。"
>
> サティヤ・ダス（カナダの作家）アルバータ大学での講演（1986年）

チェルノブイリ原子力発電所。世界最悪の原子力事故のあとも修復作業が続く。

1986年の科学技術は、2つの悲しい話題が中心となる。1月、NASAのスペースシャトル・チャレンジャー号が打ちあげ直後に爆発を起こして空中分解、民間人宇宙飛行士だった教師のクリスタ・マコーリフを含む7名の乗組員は全員死亡した。スペースシャトル計画は2年以上中断を余儀なくされた。それから3か月後、ソ連のウクライナにあるチェルノブイリ原子力発電所で動作試験中に電圧が急上昇、爆発が起きた。作業員2名が即死、その後の数週間で28名が死亡した。原発周辺地域は高濃度の放射性物質で汚染された。爆発とその後の火災で炉心の約5%が空中に露出し、放射性物質はウクライナよりはるかに広い地域を汚染した。事故原因は原子炉の設計上の欠陥と、人員の訓練不足と結論づけられた。

ソ連のプロトンKロケットが、宇宙ステーション「ミール」の最初の部品を打ちあげて軌道に乗せた。それから10年間に6基のモジュールが追加され、宇宙の長期滞在の影響など、さまざまな実験がミールで行なわれることになった。ミールは15年間稼働して役割を終えたが、そのあいだ12か国の宇宙飛行士を受けい

73秒
スペースシャトル・チャレンジャー号が発射から爆発するまでの時間

スペースシャトルの悲劇
NASAのスペースシャトル・チャレンジャー号は発射後まもなく爆発を起こし、空中分解した。乗組員7名は全員死亡した。

- 1986年1月24日　宇宙探査機ボイジャー2号が天王星に最後近
- 1986年1月28日　スペースシャトル・チャレンジャー号事故
- 1986年2月20日　宇宙ステーション、ミールの軌道上組立て作業が開始
- 1986年3月　フランスで遺伝子組み換え植物の栽培実験開始
- 1986年3月　5機の宇宙探査機がハレー彗星を調査
- 1986年4月26日　ウクライナでチェルノブイリ原発事故発生
- 1986年5月5日　アルツハイマー病に関係する神経原繊維変化の主成分がタウタンパク質であることが判明
- 1986年9月　IBMが高温超電導体を開発
- 1986年12月5日　IBMが原子間力顕微鏡を発明

遺伝子組み換えで除草剤に耐性を持たせた菜種畑。国によっては遺伝子組み換えの菜種が90%を占めるところもある。

宇宙ステーション「ミール」
ソ連の宇宙ステーション「ミール」は太平洋上約360kmの軌道を周回していた。この写真は1995年にNASAのスペースシャトル・ディスカバリー号が撮影したもの。

れ、無人の期間はほとんどなかった。

同じく宇宙では、太陽系内部に向かっていたハレー彗星に5機の探査機が接近した。ヨーロッパ宇宙機関のジオットは彗星の中心から600kmの距離を通過し、彗星の核部分を初めて撮影した。

アルツハイマー病の謎に挑む研究者たちは、患者の脳の神経細胞内部に神経原繊維変化（NFT）を発見する。その主成分はタウ（チューブリン結合ユニット）というタンパク質で、細胞の構造を維持するうえで不可欠な微小管を安定させる働きがある。神経細胞間のプラークがベータアミロイドであることはすでにわかっていたが（[1985年]参照）、これはアルツハイマー病理解を大きく前進させる第2の発見だった。

フランスとアメリカで、遺伝子組み換え（GM）によって除草剤耐性をつけたタバコの栽培実験が始まった。1986年以降、綿、ジャガイモ、菜種などさまざまな

66.9 km/時
ソーラーカー「サンレイサー」の平均速度

GM作物が導入されることになるが、当初から環境への予想外の影響が指摘され、自然を「いじる」ことへの抵抗もあって論議を呼んだ。

1987年2月、南半球で裸眼でも見えるほどの強い光源が観測された。これは超新星、すなわち巨大な星が一生を終える大爆発で、SN1987aと命名された。爆発が起きたのは、約17万光年離れた大マゼラン雲である。裸眼でも見られる超新星は300年以上ぶりの出

ソーラーカー
ゼネラル・モーターズが開発したサンレイサーは、真夏のオーストラリアで開かれたレース「ソーラー・チャレンジ」で優勝した。

眼科のレーザー治療
眼科医がレーザー手術に備えて患者の眼球の曲率（きょくりつ）を測定する。

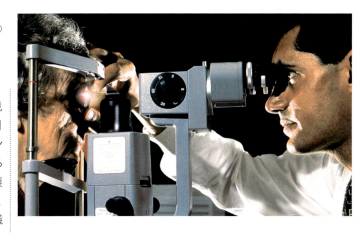

現だった。

南極上空にオゾンホールが見つかったことから（[1985年]参照）、クロロフルオロカーボン（CFC）の影響をくわしく調べる研究が始まった。国連はCFC製造を制限する国際条約を提案し、1987年9月にモントリオール議定書が採択され、1989年に発効した。

ベルリンの眼科医テオ・ザイラー（1949年生）は初めて眼科のレーザー外科手術を実施した。視力矯正のための放射角膜切開術は1970年代から始まり、1983年にはアメリカの眼科医スティーヴン・トロケル（1934年生）が紫外線レーザーで角膜組織を焼く手法を開発した。ザイラーが行なったのは、光学的角膜除去術（PRK）である。これをさらに改良したLASIK（レーシック、レーザー原位置角膜切開術）は1989年に特許が取得され、1991年から一般への施術が始まった。

11月、ソーラー技術の自動車への応用を促進するために、世界初のソーラーカーのレース、ワールド・ソーラー・チャレンジがオーストラリアで開催され、ゼネラル・モーターズのサンレイサーが優勝した。

- 1987年2月 裸眼でも23日観測できる超新星SN1987aが観測
- 1987年3月 アルツハイマー病患者の脳細胞にタウタンパク質が見つかる
- 1987年3月 エイズ治療薬AZTがアメリカで承認される
- 1987年10月 中国生まれのアメリカ人生物工学者バート・ファンが「再生医学」という言葉を考案
- 1987年11月 ソーラーカーのレース、ワールド・ソーラー・チャレンジでサンレイサーが優勝
- 1987年11月 世界初の眼科レーザー手術が行なわれる

1988~89年

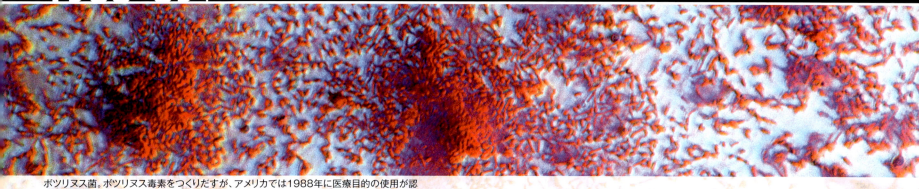

ボツリヌス菌。ボツリヌス毒素をつくりだすが、アメリカでは1988年に医療目的の使用が認められた。

1988年6月、ニューヨークにあるNASAのゴダード宇宙科学研究所所長ジェームズ・ハンセン（1941年生）が上院エネルギー・天然資源委員会で証言を行ない、地球の温度が通常の気候変動の範囲を逸脱して上昇していると報告した。100年前に体系的な記録が開始されて以来、過去に例のない上昇幅であり、気温上昇が熱波など異常気象を引きおこすと述べた。その原因としてハンセンが指摘したのが温室効果（p.326-327参照）で、これは化石燃料を燃やして大気中に大量の二酸化炭素が放出されたことで引きおこされる。

気象の専門家は、すでに地球温暖化の実情を認識し、このまま温暖化が続けば世界が大変な問題に直面すると危惧していた。1986年、世界気象機関と国連環境計画は温室効果ガスに諮問グループを設ける。そこから発展したのが、1988年後半に設置された気候変動に関する政府間パネル（IPCC）だった。IPCCは2年後に最初の評価報告書を発表した（[1990年] 参照）。

11月、オランダのコンピューター科学者ピート・ベールテマ（1943年生）が、アメリカの全米科学財団ネットワーク（NSFnet）に接続した。これは研究者向けにコンピューターを相互接続する全国規模のネットワークで、初期インターネットのバックボーンでもあった。すぐにオランダのみならずヨーロッパ

> "……地球温暖化は進行しており、温室効果が原因であると考えられる。"
>
> ジェームズ・ハンセン（アメリカの気候科学者）、アメリカ上院エネルギー・天然資源委員会での証言（1988年）

の他の組織も次々と接続を開始する。しかしオランダがインターネットに接続するわずか2週間前、初のウイルスがインターネット上に出現していた。それはコーネル大学の学生ロバート・モリスがつくったモリス・ワームで、NSFnetに接続していた数千台のコンピューターが感染し、動作が遅くなった。システムの遅延や、ウイルス除去の労力などで生じた損害は約100万ドルだったとも言われている。モリスはコンピューター詐欺・不正使用取締法違反で有罪となった。

1989年2月、全地球測位網（GPS、[1978年] 参照）を改良するために新世代の衛星が初めて打ちあげられ、10年間に18個の衛星が軌道に乗った。GPSはアメリカ軍の事業として始まったもので、敵国に利することのないよう高精度のGPS信号は軍事使用に限定されていた。しかし1990年代後半にこの制限が撤廃されて民間もGPSを活用できることになり、カーナビや携帯電話など測位サービスの新しい市場が生まれた。ソ連にも同様の衛星測位システムGLONASSがあり、1970年代に開発が始まって1993年から完全運用が行なわれていた。2000年代後半からは、測位装置の多くはGPSとGLONASSを併用している。

12月、ボツリヌス菌を目の周辺の筋肉の治療に使うことがアメリカで承認された。この細菌がつくりだす毒素は致死力が強いが、注射によって3か月間顔の筋肉を麻痺させる効果がある。同じ年、アメリカの整形外科医リチャード・クラークが、片側顔面麻痺の患者に注射したところ、

衛星測位システム

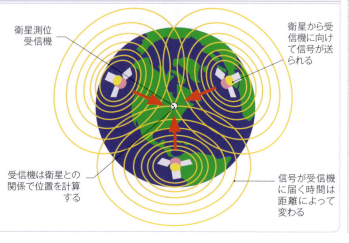

衛星測位システムは、地球の軌道上にある衛星が発する信号をとらえる。各衛星は精密な原子時計を搭載しており、3基以上の衛星から受信する時間信号の差から、各衛星までの距離を割りだし、地上の位置を計算するのである。

- 衛星測位受信機
- 衛星から受信機に向けて信号が送られる
- 受信機は衛星との関係で位置を計算する
- 信号が受信機に届く時間は距離によって変わる

- 1988年4月1日 スティーヴン・ホーキング《ホーキング、宇宙を語る》が出版
- 1988年5月16日 アメリカの公衆衛生総監がニコチンにはヘロインやコカイン並みの依存性があると発表
- 1988年6月23日 ジェームズ・ハンセンが「地球温暖化」という言葉で啓発を図る
- 1988年11月2日 モリス・ワームがインターネットに感染する初のウイルスとなる
- 1988年11月17日 オランダが世界で2番目にインターネットに接続する
- 1988年12月6日 国連が気候変動に関する政府間パネルを設置

8分割

遺伝子診断で細胞を取りだすときの胚の段階

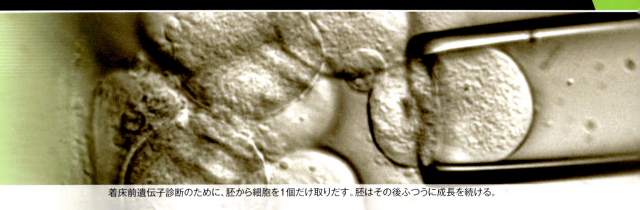

着床前遺伝子診断のために、胚から細胞を1個だけ取りだす。胚はその後ふつうに成長を続ける。

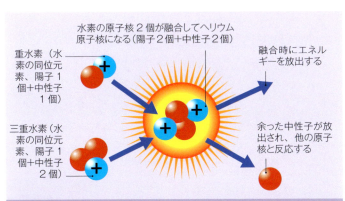

核融合

核融合では原子核がひとつにまとまり別の核種になる。重水素と三重水素の原子核が融合しヘリウムの原子核になるのが最も一般的だ。融合するときにすさまじいエネルギーが生じ、星は内部で起こる核融合がエネルギー源になっている。核融合は実験段階では成功しているが、いまの時点では、発生するエネルギーよりも、融合を引きおこすのに要した熱や圧力のほうが多い。

ら着床させるのが一般的だったため、親が遺伝性疾患を持つ場合、胚の遺伝子診断が行なわれるようになる。体外受精では胚を複数つくるので、疾患を発症する可能性がある胚を排除するのである。イギリスのアラン・ハンディサイド（1951年生）、ロバート・ウィンストン（1940年生）を中心とする医師のチームは、この着床前遺伝子診断（PGD）を初めて実施した。しかしこれは論議を呼び、障害者団体は優生学のハイテク版と厳しく非難した。

アメリカの物理学者スタンレー・ポンズ（1943年生）、イギリスの物理学者マーティン・フライシュマン（1927～2012年）がユタ大学で行なった研究も論争の的になった。化学反応だけでは説明のつかないエネルギーが実験で発生したことから、通常は超高温・超高圧下でしか起こらない原子核融合が起きたと発表したのである（左[囲み]参照）。この「常温核融合」には大きな関心が集まったが、多くの科学者は懐疑的で、実験を再現することもできず、結局は誤りであるという結論に達した。

8月、NASAのボイジャー2号が海王星に最接近し、鮮明な画像を撮影して地球に送信したあと太陽系を離脱した。

海王星
NASAのボイジャー2号がとらえた海王星の雲。青いのはメタンが存在しているためだ。

目の上にあったしわがなくなったと報告した。加齢の顕著な表われであるしわがなくなるということで、美容整形の患者がボツリヌス菌に注目しはじめる。当初は美容目的での使用は違法で、こっそり注射を受ける患者もいたが、2002年にアメリカが承認すると、他の国々も追随した。

体外受精で初めての赤ん坊が誕生してから11年たち（[1978年]参照）、生殖支援技術は飛躍的な進歩を遂げていた。体外受精の胚は3日間成長させてか

12年

ボイジャー2号が海王星に到達するのにかかる年数

- 1989年2月14日 GPS衛星のブロックIIが打ちあげられる
- 1989年3月 イギリスのコンピューター科学者ティム・バーナーズ＝リーがワールド・ワイド・ウェブの青写真を描く
- 1989年3月1日 巨大磁気抵抗効果が発見され、高密度のデータ記録が可能になる
- 1989年3月23日 常温核融合に成功したと発表されたが、その後誤りであることが判明
- 1989年4月14日 アメリカの腫瘍学者バート・ヴォーゲルスタインがp53ががガン抑制遺伝子であることを発見
- 1989年5月11日 インテルが100万個のトランジスタを載せたCPU、80486を発表
- 1989年8月25日 宇宙探査機ボイジャー2号が海王星に最接近し、鮮明な画像を撮影
- 1989年10月 アラン・ハンディサイドが着床前遺伝子診断を初めて実施、体外受精の胚で遺伝子疾患の有無を調べた

1990〜91年

180km
チクシュルーブ・クレーターの直径

チクシュルーブ・クレーターの一部をとらえたレーダー写真。恐竜絶滅の原因である可能性が認識されたのは、見つかってから約20年後のことだ。

1990年、気候変動に関する政府間パネル（[1988年] 参照）が最初の評価報告書を発表した。二酸化炭素など温室効果ガスの排出によって、地球の平均気温は年0.3℃ずつ上昇しているという内容だった（p.326-327 参照）。さらに地球温暖化は、海面上昇を招き、生物多様性を脅かすと警鐘を鳴らしていた。その後も科学的な裏づけに基づいた評価報告書が定期的に発表されている。

イギリスのコンピューター科学者、ティム・バーナーズ＝リーが世界初のウェブブラウザー、ワールドワイドウェブをつくった。インターネットは急速に発展していたが、まだ研究者が中心で、電子掲示板と呼ばれるシステムにコマンドを打ちこんで、ソフトウェアを交換したり、メッセージを投稿するのが主流だった。使用されるオペレーティングシステムも何種類かあり、共通のプログラムや文書フォーマットはほとんど存在していなかった。そこでバーナーズ＝リーは、どのコンピューターでも使える情報ページを作成するためのハイパーテキスト・マークアップ言語（html）を考案する。そうしたページには、サーバーというインターネットにつながったコンピューターへのリンクを含むことができた。こうして情報が「クモの巣（ウェブ）」のように張りめぐらされるので、このソフトウェアはウェブと呼ばれるようになり、さらにはワールド・ワイド・ウェブという名称になった。バーナーズ＝リーは当時勤めていたスイスのCERNに初のウェブサーバーを設置した。

1990年4月、NASAのスペースシャトル・ディスカバリー号がハッブル宇宙望遠鏡（HST）を地球の低軌道に乗せた。アメリカの天文学者エドウィン・ハッブル（[1923年] 参照）にちなんで命名されたこの望遠鏡は、赤外線、紫外線、可視光線を検知する機器を搭載していた。HSTは宇宙空間の広い範囲を撮影し、天文学、天文物理学、宇宙論に役だつ大量の情報を地球に向けて送信した。

ティム・バーナーズ＝リー（1955年生）

イギリスのコンピューター科学者。オクスフォード大学で物理学を学び、ヨーロッパ原子核研究機構（CERN）時代にウェブの概念を導いた。1994年にはウェブの基準を定める国際組織、ワールド・ワイド・ウェブ・コンソーシアム（W3C）を設立した。

ウェブサイトの増加
ビジネスや家庭にインターネットが普及すると、ウェブサイトの数も急速に増えた。

日本の小川誠二（1934年生）は、血流中の酸素の有無を区別できる磁気共鳴画像法（MRI）をさらに発展させ、最も活発な領域を明らかにする技術を開発した。それが機能的磁気共鳴画像法（fMRI）で、脳の活動を測定するために活用されるようになった。小川は1990年にラットで、1992年には人のfMRI画像を生成した。

1990年6月、アメリカで世界初の遺伝子治療の治験が実施された。遺伝子を導入した形質転換の白血球を、重度の免疫障害の少女に注入したのである。

水素自動車
1991年、マツダが水素を燃やしてエンジンを動かすHR-Xコンセプトカーを発表した。

- 1990年2月14日 ボイジャー1号が水星と火星をのぞく「太陽系家族写真」を撮影
- 1990年4月 ヒトゲノムプロジェクトが開始
- 1990年4月24日 ハッブル宇宙望遠鏡が打ちあげ
- 1990年6月 アメリカのゼネラル・インスツルメンツがデジタル高精細テレビを発売
- 1990年9月10日 初のインターネット検索エンジン、アーチーが発表される
- 1990年9月14日 初の遺伝子治療が実施される
- 1990年9月15日 NASAの探査機マゼランが金星表面の詳細な3D地図を作成
- 1990年10月26日 IPCCが気候変動に関する最初の評価報告書を発表
- 1990年12月 脳の活動をリアルタイムで画像化するfMRIの技術が開発される
- 1990年12月25日 世界初のウェブブラウザー、ワールドワイドウェブがつくられる

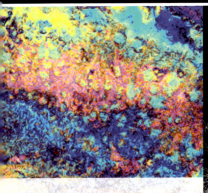

1991年、カナダの地球物理学者アラン・ヒルデブランド（1955年生）が、ユカタン半島中央部の沿岸にあるチクシュルーブ・クレーターは、アメリカの物理学者ルイス・アルヴァレズが恐竜絶滅の原因と仮説を立てていた（[1980年] 参照）小惑星衝突の跡であると発表した。岩石の年代やクレーターの大きさが、アルヴァレズの仮説と一致したのである。

11月、日本の物理学者、飯島澄男（1939年生）が純粋な炭素のナノスケールチューブ、カーボンナノチューブの研究を発表した。以前から観察はされていたが、飯島はフラーレンと呼ばれる炭素同素体の研究に触発されて、それをさらに発展させた。

アメリカの発明家ロジャー・ビリングズ（1948年生）が水素燃料電池で走る電気自動車を公開した。同じ年、日本の自動車メーカー、マツダは内燃機関で水素を燃やす水素自動車のコンセプトカーを発表している。

グローバル・コネクション
2000年代はじめのコンピューターネットワークのイメージ図。ワールド・ワイド・ウェブは、相互につながりあう情報の集成で、複雑な相互接続ネットワーク上にあるサーバーに保存されている。

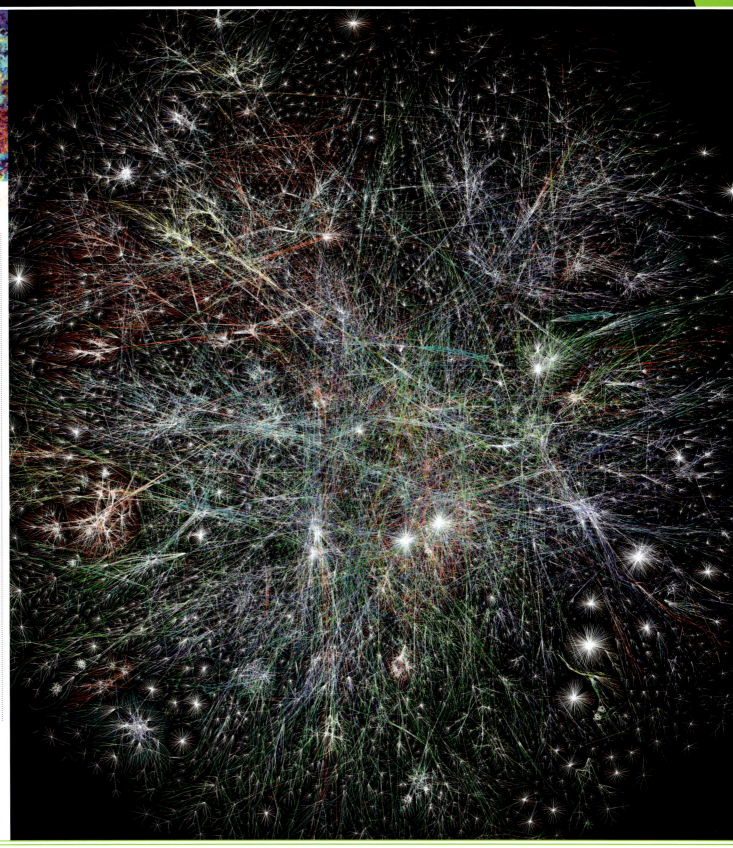

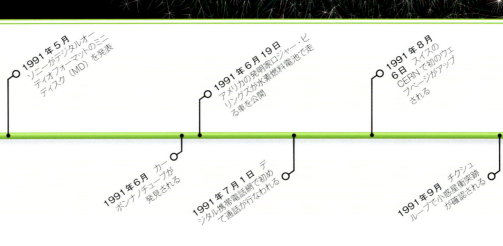

1991年5月 ソニーがデジタルオーディオフォーマットのミニディスク（MD）を発表

1991年6月19日 アメリカの発明家ロジャー・ビリングズが水素燃料電池で走る車を公開

1991年8月6日 スイスのCERNで初のウェブページがアップされる

1991年6月 カーボンナノチューブが発見される

1991年7月1日 デジタル携帯電話網で初めて通話が行なわれる

1991年9月 チクシュルーブで小惑星衝突跡が確認される

325

地球温暖化

効果を促進し、大気の温度を上げている。

この200年間、地球全体は冷却に向かう傾向にあるにもかかわらず、平均気温は急速に上昇している。これは自然の気候変動ではなく、人類の活動によるものだとわかってきた。地球温暖化は深刻な影響を及ぼす可能性がある。

太陽からのエネルギーは電磁放射の形で地球に届き、可視光線と赤外線と紫外線がそのほとんどを占める。エネルギーの一部は吸収されるが、残りは反射して宇宙に戻る。吸収されたエネルギーは地球を暖めるが、暖められた物体は赤外線を出すので、地球は熱も宇宙に放出している。地球が放射するエネルギーと、吸収するエネルギーは一定温度で釣りあう（平衡温度）。

温室効果

地球に大気が存在しなければ、平衡温度は−18℃である。しかし大気が出入りするエネルギーの一部を吸収して温度が上昇する。暖められた大気はそれ自体も赤外線を出し、それが地表に吸収される。その結果平衡温度は14℃前後になる。これは温室効果と呼ばれる。温室は熱を逃がさないようにして、内部の気温を上げるからだ。

温室効果ガス

温室効果の実験を初めて行なったのはアイルランドの物理学者ジョン・ティンダルだ。1850年代、ティンダルはさまざまな気体で赤外線吸収率を調べた。最も強力な「温室効果ガス」は水蒸気だったが、メタン、二酸化炭素、オゾンも吸収率が高かった。20世紀に入ると、二酸化炭素濃度が上昇すると温室効果が強まり、平衡温度が高くなることがわかった。自動車や発電所などで化石燃料を燃やすと、二酸化炭素濃度が上がる。

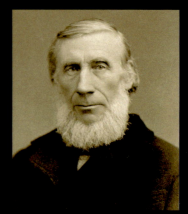

ジョン・ティンダル（1820〜1893年）
アイルランドの物理学者。磁気と大気物理学を研究し、科学を積極的に大衆に紹介した。

> "地球温暖化は経済と国の安全を脅かす。"
>
> コフィー・アナン（前国際連合事務総長）（2009年）

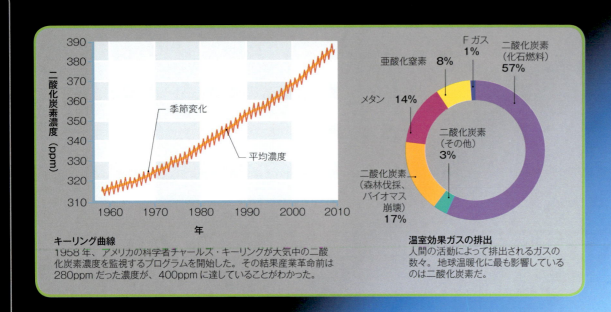

キーリング曲線
1958年、アメリカの科学者チャールズ・キーリングが大気中の二酸化炭素濃度を監視するプログラムを開始した。その結果産業革命前は280ppmだった濃度が、400ppmに達していることがわかった。

温室効果ガスの排出
人間の活動によって排出されるガスの数々。地球温暖化に最も影響しているのは二酸化炭素だ。

全体の30%（52PW）は吸収されずに反射する
4%は大気が反射
20%は雲が反射
6%は地表が反射
地表の反射は状態によって変わる。土より雪のほうが反射率が高い
大気と雲

地球温暖化の影響

地球温暖化が人為的なものであることは、研究者のあいだで意見が一致している。京都議定書などの国際協定で、温室効果ガスの排出を減らす努力も始まっている。気温が上昇すると、氷が融けて海面が上昇し、洪水が増え、異常気象が増加する。

20~60cm
21世紀末までに予測される海面上昇幅

異常気象
地球温暖化で気候システムに入りこむエネルギーと湿度が増えると、ハリケーンの頻度と規模が増大すると思われる。

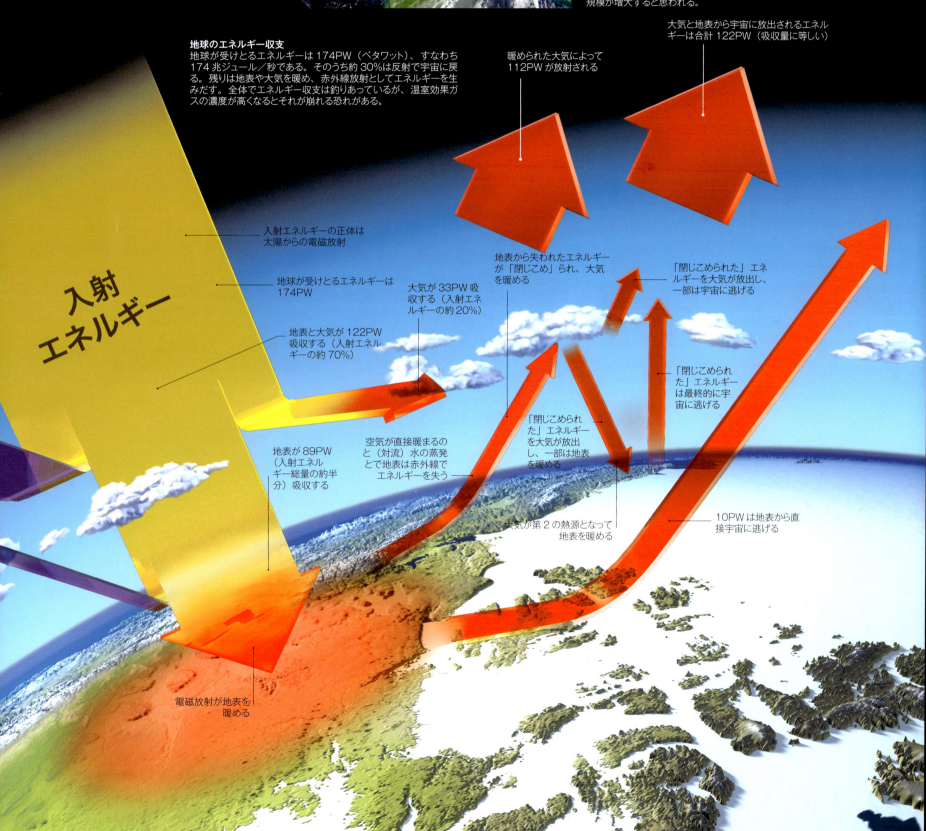

地球のエネルギー収支
地球が受けとるエネルギーは174PW（ペタワット）、すなわち174兆ジュール／秒である。そのうち約30％は反射で宇宙に戻る。残りは地表や大気を暖め、赤外線放射としてエネルギーを生みだす。全体でエネルギー収支は釣りあっているが、温室効果ガスの濃度が高くなるとそれが崩れる恐れがある。

- 入射エネルギーの正体は太陽からの電磁放射
- 地球が受けとるエネルギーは174PW
- 大気が33PW吸収する（入射エネルギーの約20％）
- 地表と大気が122PW吸収する（入射エネルギーの約70％）
- 地表が89PW（入射エネルギー総量の約半分）吸収する
- 電磁放射が地表を暖める
- 空気が直接暖まるのと（対流）水の蒸発とで地表は赤外線でエネルギーを失う
- 地表から失われたエネルギーが「閉じこめ」られ、大気を暖める
- 「閉じこめられた」エネルギーを大気が放出し、一部は地表を暖める
- 大気が第2の熱源となって地表を暖める
- 暖められた大気によって112PWが放射される
- 大気と地表から宇宙に放出されるエネルギーは合計122PW（吸収量に等しい）
- 「閉じこめられた」エネルギーを大気が放出し、一部は宇宙に逃げる
- 「閉じこめられた」エネルギーは最終的に宇宙に逃げる
- 10PWは地表から直接宇宙に逃げる

1992〜93年

1個
卵細胞質内精子注入で使われる精子の数

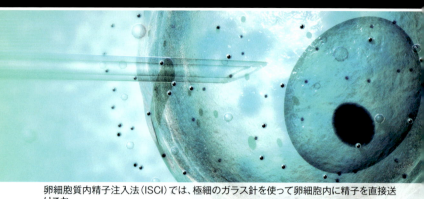

卵細胞質内精子注入法（ISCI）では、極細のガラス針を使って卵細胞内に精子を直接送りこむ。

太陽系外にも惑星が存在するのではないか——天文学者たちは何十年も前からそう考え、いくつか候補も見つかったが、確証はなかった。しかし1992年、パルサー——回転しながら電波を発する中性子星——のまわりで軌道を描く惑星が見つかった。3年後には、主系列星——星の一生の大部分を占める段階——の軌道上にある惑星も見つかった（［1995年］参照）。

宇宙背景放射探査機（COBE・コービー）が収集したデータから、宇宙背景放射（CMB、［1964年］参照）以来の天文学の重要な進展が得られた。COBEが実施した全天CMB探査によって、放射にかすかな変異があることが判明したのだ。初期宇宙にわずかながら温度変化があったということである。温度のちがいは密度差でもある。もし密度が完全に均一であれば、物質が凝集して星や銀河、銀河団が形成されることもなかったはずだ。

1992年6月、各国政府および非政府組織（NGO）の代表がリオ・デ・ジャネイロに集まり、環境と開発に関する国連会議、通称国連地球サミットが開かれた。工業化と人口増が急速に進む世界で、天然資源の持続可能な活用をどう進めるかが議題だった。この会議から2つの条約が生まれた。ひとつは1993年の生物多様性条約（右ページ参照）、もうひとつは国連気候変動に関する枠組み条約（UNFCCC）である。そしてUNFCCCからは、気候変動への意欲的な取りくみとして京都議定書（［1997年］参照）が2005年に発効した。

1992年9月末、南極大陸上空のオゾンホール（［1985年］参照）が1年で15％も広がり、北アメリカの面積に匹敵していると報告された。

女性の不妊に対処するために発達してきた体外受精だが（［1978年］参照）、1990年代初頭にはその技術がさらに拡大し、男性不妊のための卵細胞質内精子注入法（ISCI）が開発された。精子の数や運動性が低い場合に、1個の精子を卵子に直接注入して受精させるという画期的な技術である。開発したのは、ブリュッセル自由大学のイタリア人研究者ジャンピエロ・パレルモとベルギー人医師アンドレ・ヴァン・スタルトゲムである。この方法での妊娠・出産例は1992年に確認された。

小型でシンプルなLCD（液晶ディスプレイ）は1970年代からあり、電卓やデジタル時計、ビデオカセットレコーダーなどに使われていた。1992年、日立がインプレイン・スイッチング（IPS）という新しい技術を開発したことで、テレビ画面にもなる大型のLCDを製造することが可能になった。2007年、LCDテレビの販売

> "メリー・クリスマス。"
>
> ニール・パップワース（イギリスの技術者）が送った初のSMS（1992年）

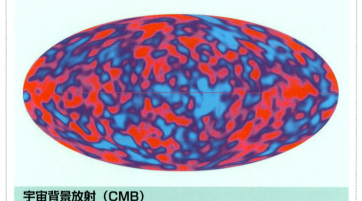

宇宙背景放射（CMB）

ビッグバン（p.342-343参照）から38万年後の宇宙を満たした熱放射で、その当時の宇宙の温度の記録になっている。等方性がきわめて高いが、わずかな変動を色づけしたのがこの画像である。赤い部分は青い部分より少し温度が高い。

オゾンホール
1992年9月末、南極上空のオゾンホールが1年で15％も広がったと発表された（［1985年］参照）。

人工義足
マイクロプロセッサー制御で、装着者の歩きかたに自動的に対応する。
- 油圧サスペンション
- カーボンファイバー製

- 1992年1月9日　太陽系外に惑星の存在を確認
- 1992年4月23日　宇宙背景放射探査機（COBE）のデータから、宇宙誕生初期の銀河の種を発見
- 1992年6月3日　リオ・デ・ジャネイロで国連地球サミットが開幕、172か国が持続可能性について議論
- 1992年9月29日　NASAが南極上空のオゾンホールが急速に拡大していると報告
- 1992年　日立が初の実用的な高解像度LCD（液晶ディスプレイ）を開発
- 1992年12月3日　GSMネットワークを経由して初のSMSを送信
- 1992年　精子を卵子に直接注入して受精させた赤ん坊が誕生
- 1993年　ブラッチフォード社がマイクロプロセッサー制御の義足を発売

1994年

木星に衝突する2か月前のシューメーカー・レヴィ第9彗星をハッブル宇宙望遠鏡がとらえた写真。太陽以外の軌道で観察された初めての彗星である。

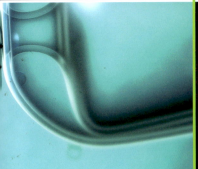

真菌類 29万8000
植物 61万1000
動物 770万

生物多様性
現在わかっている動植物・真菌類は800万種類以上。知られていないものはさらに多い。

台数はそれまでのブラウン管を抜いた。

1993年、国連生物多様性条約が発効した。地球サミットのときに署名準備が開始されたこの条約は生物多様性を保ち、伝統的知識を活用してその恩恵を共有することがうたわれていた。イギリスのブラッチフォード社がマイクロプロセッサ制御で装着者の動きに合わせて自動的に調節する義足を発表。1993年から発売された。

遺伝子組み換え作物の栽培実験が始まって8年後（[1986年]参照）、アメリカのカルジーン社が開発したトマト「フレーバーセーバー」が食品医薬品局の承認を得て初めて販売された。細胞壁を破壊したり、果肉を柔らかくしたりする酵素生成を疎外する遺伝子をトマトのゲノムに加えたものだ。フレーバーセーバーは長期間鮮度を保つことができ、当初はよく売れたが、その後人気が下火になって1997年に販売中止になった。

7月、世界中の天文学者が木星に望遠鏡を向けた。1個が巨大な山ほどもあるシューメーカー・レヴィ第9彗星の断片21個が木星の大気圏に突入したのである。彗星は木星の引力にとらえられ、20年以上周回軌道に乗っていたと思われる。1993年、アメリカの天文学者ユージン・シューメーカー（1928〜1997年）とキャロライン・シューメーカー（1929年生）、カナダの天文学者デヴィッド・レヴィ（1948年生）が発見した。1992年に木星に接近したときに崩壊し、断片の連なりは1万kmにもなった。彗星の衝突で起きた爆発は木星の大気に痕跡を残した。宇宙探査機ガリレオ（[1995年]参照）は木星に向かう途中だったため、このときの画像を撮影し、データを収集した。

12月、アメリカの医学研究者ジェフリー・フリードマン（1954年生）が食欲と肥満に関係する遺伝子を発見したと発表した。ギリシア語のレプトス（やせている）からレプチンと命名されたこのホルモンは、脳で飢餓感をつかさどる視床下部（下［囲み］参照）に働きかける。突然変異の遺伝子を持つマウスが、すさまじい食欲を見せたのが発見のきっかけだった。こうした突然変異マウス自体は1950年に見つかっていた。レプチンを肥満マウスに注射すると食欲が落ちて急速に体重が落ちた。レプチンで病的な肥満が解消できると期待がもたれたが、まだ決定的な治療薬は登場していない。

遺伝子組み換え作物
右3個は、遺伝子組み換えでつくられた新品種のトマト「フレーバーセーバー」。しおれている左3個より張りがあって新鮮に見える。
遺伝子組み換えトマト
有機栽培トマト

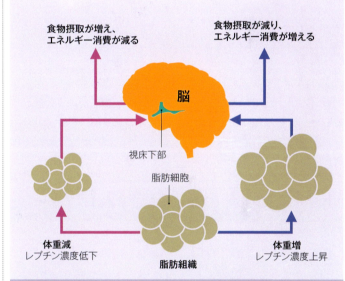

食物摂取が増え、エネルギー消費が減る｜食物摂取が減り、エネルギー消費が増える
脳
視床下部
脂肪細胞
体重減 レプチン濃度低下｜脂肪組織｜体重増 レプチン濃度上昇

レプチンと食欲

レプチンはエネルギー消費を調節するホルモンで、脂肪細胞でつくられる。レプチンの分泌を制御するのは脳の視床下部だ。脂肪細胞が多くの脂肪をためこんで体重が増えると、脂肪細胞からレプチンが盛んに生成され、視床下部が食欲を抑えて体重を減らそうとする。体重が減るとレプチン濃度が下がり、食欲が増進する。

- 1993年12月29日　生物多様性条約が発効
- 3月14日　オープンソースのコンピューターOS、Linux 1.0.0が発表
- 3月21日　国連の気候変動に関する枠組み条約が発効
- 5月21日　遺伝子組み換えトマト「フレーバーセーバー」が初めて市販される
- 7月　シューメーカー・レヴィ第9彗星の巨大な断片が木星に衝突
- 7月　ドイツのフラウンホーファーがMP3（エムピースリー）フォーマットでデジタル音声をコード化するソフトウェアを発表
- 12月1日　脂肪細胞がつくるホルモン・レプチンが発見される

1995〜96年

7000光年
わし星雲までの距離

1995年4月、ハッブル宇宙望遠鏡が撮影した32枚の写真から、「創生の柱」と名づけられた画像がつくられた。これは星間ガスや塵の雲が、近くの星からの強力な紫外線で数光年の長さの柱となってたちのぼっているもので、新しい星がそのなかで形成されていた。

NASAの宇宙探査機ガリレオが木星の大気圏に突入した。1984年に南極大陸で発見され、火星から落下したとされる隕石ALH84001を分析した結果、細菌化石に似た微小構造の存在が明らかになった。地球外生命体の決定的証拠だと話題になったが、さらにくわしい分析でその可能性はほぼ否定された。

1995年10月、ペガスス座51番星の周りで軌道を描く惑星が発見された。51番星の運動のぶれが、惑星の存在によるものだと確認されたのである。太陽以外の主系列星で惑星が確認されたのは初めてだった。

イスラエルの発明家ガヴリエル・イッダンが1995年にピルカムの特許を取得した。これは小型カメラを内蔵したカプセル型内視鏡で、飲みこんだ患者の体内の様子を撮影し、無線で画像を送る。一般の内視鏡では届かない消化器の働きや異常を知ることのできる、安全で低コストの手段が登場した。

1995年は物理学に新たな展開が3つも起こった年だった。当時の理論物理学では、5種類の超弦理論が混在していた。物質と力の粒子は、振動する一次元の極小物体であると考えるのが超弦理論である。5種類の超弦理論は、日常的な3つの空間次元に加えて、複数次元の存在を想定していたが、それらは小さく丸まっていて直接とらえることはできない。どの理論にも矛盾が含まれていたのだが、南カリフォル

わし星雲
わし星雲の合成画像。雲柱の頂点に光る小さな領域が星の生まれるところだ。

カプセル内視鏡
ピルカムは極小カメラとフラッシュ、発信器を仕込んだカプセルで、飲み込んで体内の様子を撮影する。

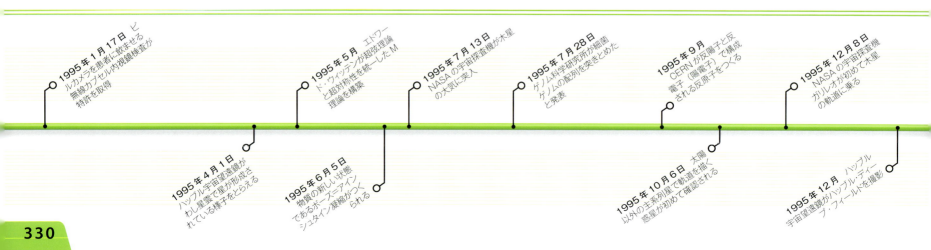

1995年1月17日 ピルカメラを患者に飲ませる無線カプセル内視鏡検査が特許を取得

1995年4月1日 ハッブル宇宙望遠鏡がわし星雲で星が形成されている様子をとらえる

1995年5月 エドワード・ウィッテンが超弦理論と超対称性を統一したM理論を構築

1995年6月5日 物質の新しい状態であるボース・アインシュタイン凝縮がつくられる

1995年7月13日 NASAの宇宙探査機が木星の大気に突入

1995年7月28日 ゲノム科学研究所が細菌ゲノムの配列を突きとめたと発表

1995年9月 CERNが反陽子と反電子（陽電子）で構成される反原子をつくる

1995年10月6日 太陽以外の主系列星で軌道を描く惑星が初めて確認される

1995年12月 ハッブル宇宙望遠鏡がハッブル・ディープ・フィールドを撮影

1995年12月8日 NASAの宇宙探査機ガリレオが初めて木星の軌道に乗る

すべての核爆発を即時禁止する包括的核実験禁止条約の投票結果を見守る各国代表。

71か国
核実験禁止条約に署名した国の数

ニア大学で開かれた学会で、理論物理学者エドワード・ウィッテン（1951年生）がこれらを統一する単一理論を提唱し、のちにM理論と呼ばれるようになった。標準模型（[1974年] 参照）の粒子の存在を説明できる「万物の理論」として最も完全なのは、いまのところこのM理論であるが、その有効性を立証するのは難しい。

1995年6月、コロラド大学で、物質の新しい状態であるボーズ＝アインシュタイン凝縮を創出することに成功した。絶対零度（[1847〜48年] 参照）よりわずかに高い温度で、複数の粒子がまったく同じ量子状態を帯び、単一の系としてふるまう状態で、1920年代から予測はされていた。

1995年9月、スイスとフランスの国境にあるヨーロッパ原子核研究機構（CERN）が反陽子と反電子（陽電子）で構成される反原子をつくった。反物質粒子は宇宙線の衝突などで自然につくられるが、粒子と出会うと両方が消滅する。なぜ宇宙を支配したのが反物質ではなく物質だったのか、現代物理学ではその答えがまだ見つかっていない。

1995年、メリーランドにあるゲノム科学研究所が細菌ゲノムの配列を突きとめた。

1996年、世界各国の生物学者が協力して、真核生物のゲノム配列を初めて解明することができた。ゲノムの分野でもうひとつ前進があった。スコットランドのロスリン研究所でクローンヒツジのドリーが誕生したのである。哺乳類を含めてさまざまな動物のクローンはすでにつくられていたが、ドリーは成体の細胞から核を取りだし、そのDNAを卵子に移す体細胞核移植（上［囲み］参照）で生まれた。

9月、国連があらゆる核爆発を禁じる包括的核実験禁止条約を採択した。しかしいまだに批准はされていない。1996年には、コンピューター機器にUSB接続（USB1.0）が導入され、日本でDVDプレーヤーが発売された。同年11月には、日本の発明家中村修二（1954年生）が連続波低出力の青色発光ダイオード（LED）を発明した。青色光は、DVDに使われる赤色光より波長が短いため、中村の発明によって情報量がはるかに多いディスクがつくれるようになった。

クローンをつくる

ドリー誕生のプロセスはこうだ。おとなのヒツジの細胞から核を取りだす。DNAが入っているその核を、やはり核を取りだした別のヒツジの卵細胞に注入する。卵細胞を受精させ、成長させると、最初のヒツジとまったく同じゲノムを持つヒツジになる。

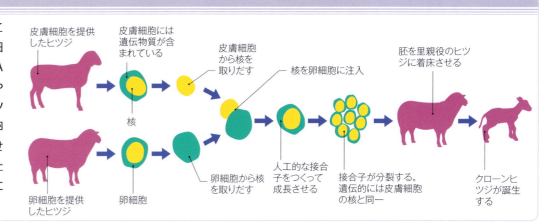

> コーンのアイスクリームと同じで、新しく見つかった星は……いわばてっぺんのチェリーだ。

ジェフ・ヘスター（アメリカの物理学者）（1995年）

中村修二（1954年生）

愛媛県の伊方町生まれ。徳島大学で電子工学を学ぶ。窒化ガリウムを使った実用的なLED（発光ダイオード）を初めてつくり、より明るいLEDや、青色のLEDを開発した。とくに青色LEDは家電の世界を大きく変えた。

- 1996年1月 コンピューター機器にUSB接続（USB1.0）が導入される
- 1996年2月23日 成体の細胞からつくった最初の哺乳動物のクローン、ドリーが誕生する
- 1996年4月19日 IPCCが第2次評価報告書を発表
- 1996年4月24日 細胞核を持つ生物のゲノム配列が公表される
- 1996年6月 世界初の全人工心臓の埋めこみ手術が行われる
- 1996年8月6日 NASAが火星からの隕石 ALH84001に生物の証拠があると発表
- 9月10日 国連が包括的核実験禁止条約を採択
- 11月 中村修二が低出力の青色レーザーを発明
- 11月 DVDディスクとDVDプレーヤーが発売され、一般に入手できるようになる

1997年

6人 1997年の鳥インフルエンザを発症した18人のうち死亡した人の数

空気感染するH5N1ウイルス、通称鳥インフルエンザを避けるため、マスクをかけたままの香港の取材チーム。

チェスをするコンピュータープログラムが最初に登場したのは1950年代後半だ。それ以降、コンピューターの能力向上とともにプログラムも高度になっていった。そして1997年、ついにコンピューターがチェスのチャンピオンに勝利する。IBMのディープ・ブルーが、グランドマスターであるソ連のガルリ・カスパロフと対戦し、6戦2勝したのである。カスパロフは1勝しかできなかった。

インターネットの検索エンジンGoogle（グーグル）は、この年にこの名称になった。それまではBackRub（バックラブ）と呼ばれていた。Googleという名称は数学用語で10を100乗した数を表わすgoogolに由来する。製作者はアメリカのコンピューター科学者ラリー・ペイジ（1973年生）とロシア生まれのコンピューター科学者セルゲイ・ブリン（1973年生）で、スタンフォード大学で検索エンジンを開発していた。2人は1998年にグーグル・インクを設立する。

毒性の強いインフルエンザウイルスH5N1は、1950年代から鳥に感染することがわかっていた。しかし種の垣根を越えて人間への感染が起こり、香港では6人が死亡した。世界的流行になることを恐れた保健当局は、海外旅行者や家禽業者に衛生管理の徹底を呼びかけた。その後も他のウイルスによる鳥インフルエンザが何度か発生しているが、爆発的な流行には至っていない。

12月に地球温暖化防止京都会議が開かれ、国連気候変動に関する枠組み条約（UNFCCC、［1992年］参照）に関連する京都議定書が採択された。署名・批准した国は温室効果ガス、なかでも化石燃料を燃やして出る二酸化炭素（p.326-327参照）の排出を、2008〜2012年に基準年（ほとんどの場合1990年）より削減することが求められ、国ごとに目標が設定されていた。ただし排出量の算出には飛行機や国際貨物輸送は含まれていない。2012年12月にドーハで開かれた会議では、UNFCCC加盟国は2013〜2020年の新しい目標値を設定することに合意した。

日本の遺伝学者、岡部勝が中心となった研究チームは、紫外線を当てると緑色に光るマウスを遺伝子組み換えでつくることに成功し、注目を集めた。これは緑色螢光タンパク質（GFP）によるもので、自然界では一部のクラゲが持っている物質だ。GFPをコード化する遺伝子は1994年に配列が決定しており、分子生物学で重要なツールとして使われていた。クラゲから取りだしたGFPコード遺伝子を他の生物のゲノムに入れると、ゲノムが活性化する時期と場所を確認できる。岡部はマウスの精子細胞の発達を追跡するために胚にこの遺伝子を注入したのだが、結果として全身が緑色に光るマウスができたのである。

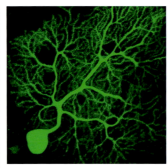

光るタンパク質
緑色螢光タンパク質（GFP）を生成するマウスの脳細胞の顕微鏡写真。GFPは遺伝子発現の追跡に活用されている。

> "ディープ・ブルーに知性があるとすれば、時刻設定ができる目覚まし時計にだって知性があることになる。とはいえ1000万ドルの目覚まし時計に負けていい気持ちはしない。"
>
> ガルリ・カスパロフ（ロシアのチェス・グランドマスター）（1997年）

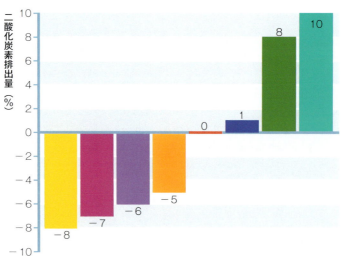

京都議定書の排出量目標
京都議定書の第1約束期間（2008〜2012年）を対象とした目標値。ほとんどの国は削減が求められるが、排出量に余裕がある国もあった。アメリカは署名したが批准はしていない。

説明
- オーストリア、ベルギー、ブルガリア、チェコ共和国、デンマーク、エストニア、フィンランド、フランス、ドイツ、アイルランド、イタリア、ラトヴィア、リヒテンシュタイン、リトアニア、ルクセンブルク、モナコ、オランダ、ポルトガル、ルーマニア、スロヴァキア、スロヴェニア、スペイン、スウェーデン、スイス、イギリス、北アイルランド
- アメリカ合衆国
- カナダ、ハンガリー、日本、ポーランド
- クロアチア
- ニュージーランド、ロシア連邦、ウクライナ
- ノルウェー
- オーストラリア
- アイスランド

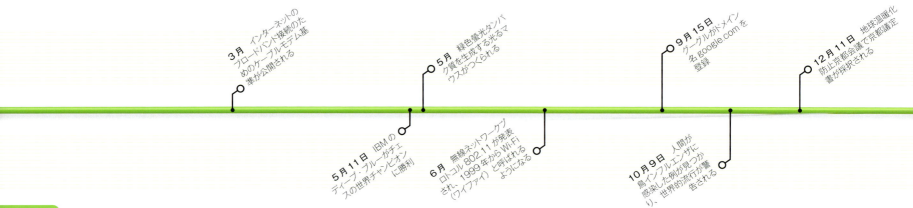

3月 インターネットのブロードバンド接続のためのケーブルモデム基準が公開される

5月11日 IBMのディープ・ブルーがチェスの世界チャンピオンに勝利

5月 緑色螢光タンパク質を生成する光るマウスがつくられる

6月 無線ネットワークプロトコル802.11が発表され、1999年からWi-Fi（ワイファイ）と呼ばれるようになる

9月15日 グーグルがドメイン名google.comを登録

10月9日 人間が鳥インフルエンザに感染した例が見つかり、世界的流行が警告される

12月11日 地球温暖化防止京都会議で京都議定書が採択される

1998年

"我々と天の川銀河の中心のあいだには膨大な量の物質があって、視界を悪くしている。"

テリー・オズワルト（アメリカ国立科学財団恒星天文学・天体物理学プログラムマネージャー）（1998年）

いて座A*とその周囲を写したX線写真に着色したもの。銀河中心に超大質量ブラックホールがあり、小惑星などの物質が蒸発した結果、X線フレアがつねに発生している。

インターネットの利用が爆発的に広がったこの年、電話線を使った新しい高速接続技術が登場した。それが非対称デジタル加入者線（ADSL）で、毎秒8MB（800万ビット）の情報を受信することができた。前年には、家庭用のもうひとつのブロードバンド技術としてケーブルモデムが登場していた。テレビ信号を送る既存の同軸ケーブルでインターネットに接続するものだ。こうした新しい技術のおかげで、MP3の音楽ファイルなど大容量のファイルが簡単にダウンロードできるようになった。この年、世界初のポータブルMP3プレーヤー、MPMan F10は韓国のセハン・インフォメーション・システムズから発売された。

9月、アメリカの天文学者アンドレア・ゲッズ（1965年生）は銀河系の中心に超大質量ブラックホールを発見したと発表した。それ以降、天文学者たちはほとんどの銀河の中心に超大質量ブラックホールが存在する証拠を探している。

はるか遠くの銀河にある超新星を研究していた天体物理学者たちが、宇宙の膨張は加速していると結論づけた。これは宇宙定数――ダークエネルギーとも呼ばれ、加速しながら時空を膨張させる（p.344-345参照）――の存在を裏づける初の具体的な証拠である。ダークエネルギーは宇宙の質量とエネルギー全体の約4分の3を占めていると思われる。

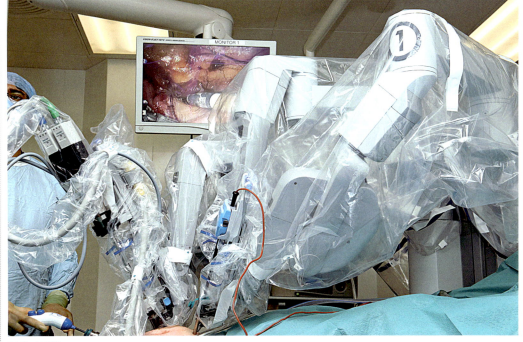

ロボット手術
ダ・ヴィンチ・サージカル・システムは4本のアームを外科医が操作する。アームのひとつには、高精細の3Dビジョンシステムも搭載されている。

11月、ロシアのプロトンロケットが国際宇宙ステーション（ISS）の最初のモジュールを軌道に乗せた。ISSは2000年11月以降かならず乗組員が常駐しており、16か国が参加する5つの宇宙開発機関がプロジェクトを実施している。

アメリカの細胞生物学者ジェームズ・トムソン（1958年生）が、ヒト胚性幹細胞（hESC）をつくることに成功した。この細胞はあらゆる組織に成長することができるため、移植用の臓器をつくれる可能性もある。ただしヒトの胚から採った細胞で培養したため、倫理的な議論が起こった。その後トムソンは、胚ではなく成人の細胞をリプログラミングして、hESCと同様の幹細胞をつくることに成功した（[2007年]参照）。

ゲノム科学（[1977年]、[1995年]参照）の分野ではもうひとつ大きな成果があった。初めて多細胞生物のゲノム配列が決定された。それから2年後には、ヒトゲノムのドラフト配列も決定する（[2000年]参照）。

5月、ドイツの外科医フリードリヒ=ヴィルヘルム・モール（1951年生）がロボットを使った初の心臓バイパス手術を実施した。コンピューター援用機器は手の震えや疲労とは無縁なので、外科医が受ける恩恵は大きい。インターネットで情報や画像を送ると、外科ロボットを遠隔地から操作して手術することも可能になる。

ワームのゲノム
線虫類（せんちゅうるい）のカエノラブディティス・エレガンスは初めてゲノム全解読が行なわれた多細胞生物である。土壌に生息し、成長しても約1mmにしかならない。

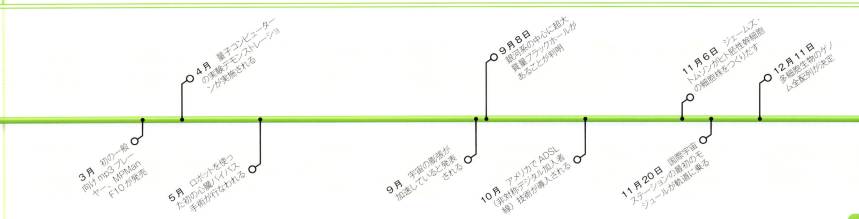

1946〜2013年 | 情報の時代

ロボット工学の話

単純な機械的工具やおもちゃから始まったロボットが、いまや現代社会を支えている。

ロボットと言ってもその形状はさまざまで、すべてを網羅できる定義はない。ただしほとんどは電気機械式の装置で、あらかじめ決められた指示に従って仕事や操作を行なう。

ロボットは形も機能も実に幅広い。関節のあるアーム形の工具があるかと思えば、SF愛好者が喜ぶ人間の形をした「アンドロイド」もある。

クレプシドラと呼ばれる古代エジプトの水時計や、パンチカードで模様を指定するジャカード織機は、いわば形と機能が直結したロボットだ。いっぽう宇宙探査ロボットのように数多くの作業をこなし、外からの刺激にも反応するロボットもある。

現代のロボット

「ロボット」という言葉が最初に登場したのは、チェコの作家カレル・チャペックが1920年に書いたSF戯曲《R.U.R.（ロッサム万能ロボット会社）》で、労働を意味するチェコ語からの造語だ。たしかにロボットは、設計に組みこまれたり、ソフトウェアという制御プログラムが出す指示に従って仕事をこなす。反復作業や、複雑な作業、あるいは緻密な作業を高速で遂行し、しかも疲れ知らずだ。ダ・ヴィンチ・サージカル・システムは、人間のオペレーターが直接操作し、危険だったり、複雑な状況下で、カメラなどを使ってロボットの「見るもの」を伝えるテレプレゼンスの技術も活用されている。人工知能を搭載したロボットは、自ら決定を下すこともできる。

人工知能

人間とそっくりにふるまえる知能を開発することが、ロボット工学の究極の目標だ。現在使われている人工知能（AI）は、あらかじめプログラミングされ、コンピューターが理解できる一連の規則に従って、認識や反応を行なうというものだ。AI研究はチェスコンピューターなどの応用を土台に、大きく前進している。

> " ロボット工学は、その歴史に関する論文や書籍が出るほど発達したテクノロジーとなった。その進展ぶりに私は驚嘆するとともに、いささか信じられない思いでもある。なぜなら発明者は私自身だからだ。もちろんテクノロジーではなく、名称ということだが。 "
>
> アイザック・アシモフ（アメリカの作家）《アジモフ博士の地球の誕生》（1983年）

紀元前250年頃　古代のロボット
エジプトの水時計のような自動機械は最古のロボットと考えられる。

クテシビオスの水時計

1801年　プログラムできる織機
織物の模様をプログラミングできるジャカード織機が開発された。

ジャカード織機

1942年　アシモフのロボット工学三原則
アメリカの作家アイザック・アシモフが《われはロボット》で示した三原則は現実のロボット開発にも影響を与えた。

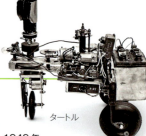
タートル

1949年　教育用ロボット
ウィリアム・グレイ・ウォルターが開発したタートル型のロボットは各種センサーが組みこまれ、環境に反応することができた。

1206年頃　アル＝ジャザリの自動楽団
アラブの発明家アル＝ジャザリの業績のひとつに、さまざまな音楽を演奏できる自動楽団があった。

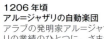
自動楽団

19世紀　からくり人形
ルネサンス期以降、オートマタと呼ばれるからくり人形の収集が金持ちの趣味となった。

ドラムを叩くオートマタ

1961年　工業用ロボット
初めての製造業用ロボットアーム、ユニメイトはアメリカのゼネラル・モーターズの工場に導入された。

ロボットアーム

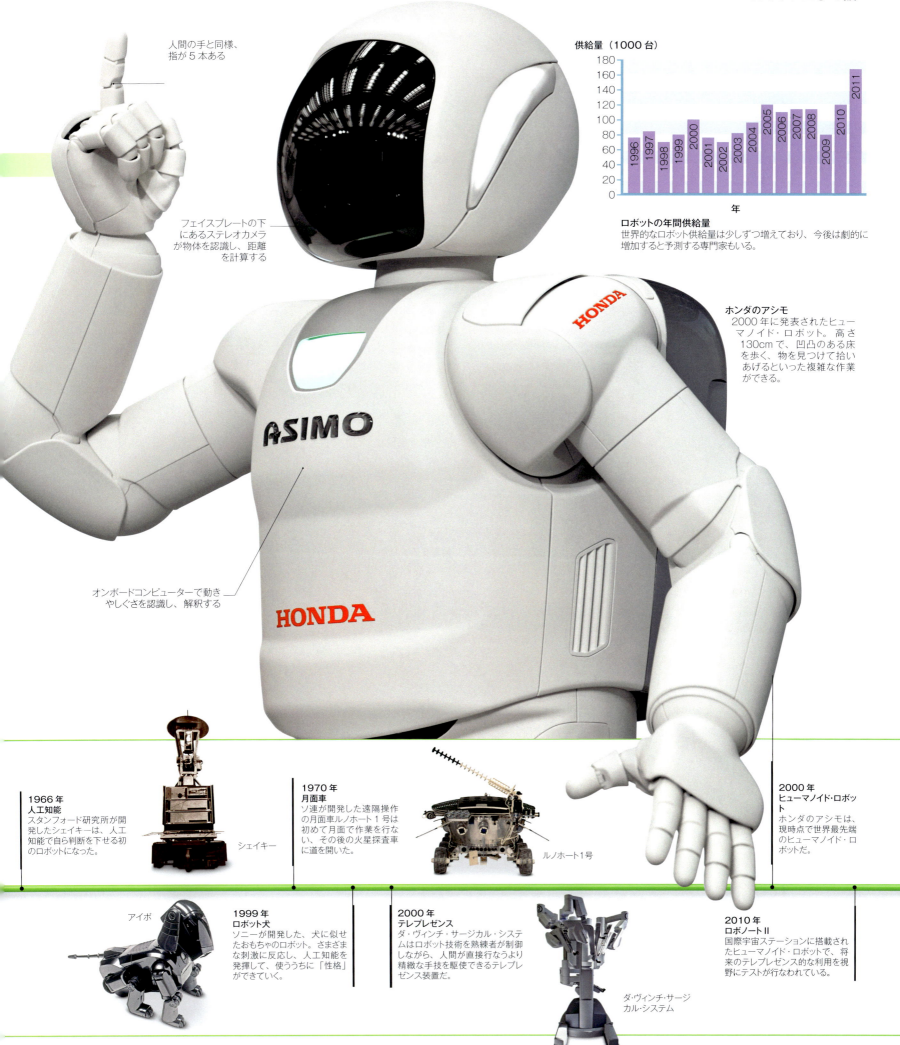

ロボット工学の話

人間の手と同様、指が5本ある

フェイスプレートの下にあるステレオカメラが物体を認識し、距離を計算する

オンボードコンピューターで動きやしぐさを認識し、解釈する

ロボットの年間供給量
世界的なロボット供給量は少しずつ増えており、今後は劇的に増加すると予測する専門家もいる。

ホンダのアシモ
2000年に発表されたヒューマノイド・ロボット。高さ130cmで、凹凸のある床を歩く、物を見つけて拾いあげるといった複雑な作業ができる。

1966年 人工知能
スタンフォード研究所が開発したシェイキーは、人工知能で自ら判断を下せる初のロボットになった。
シェイキー

1970年 月面車
ソ連が開発した遠隔操作の月面車ルノホート1号は初めて月面で作業を行ない、その後の火星探査車に道を開いた。
ルノホート1号

2000年 ヒューマノイド・ロボット
ホンダのアシモは、現時点で世界最先端のヒューマノイド・ロボットだ。

アイボ
1999年 ロボット犬
ソニーが開発した、犬に似せたおもちゃのロボット。さまざまな刺激に反応し、人工知能を発揮して、使ううちに「性格」ができていく。

2000年 テレプレゼンス
ダ・ヴィンチ・サージカル・システムはロボット技術を熟練者が制御しながら、人間が直接行なうより精緻な手技を駆使できるテレプレゼンス装置だ。
ダ・ヴィンチ・サージカル・システム

2010年 ロボノートII
国際宇宙ステーションに搭載されたヒューマノイド・ロボットで、将来のテレプレゼンス的な利用を視野にテストが行なわれている。

1999年

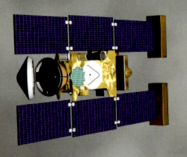

> " 5年に及ぶこの旅で、46億年前から変わらない粒子を採取することができた。"
>
> トム・ダクスベリー（スターダスト計画のプロジェクトマネージャー）（2004年）

NASAの探査機スターダストはヴィルト第2彗星を探査し、格納式のエアロゲルパネルでコマ（星雲状の部分）から塵を採取した。

2月、NASAの探査機スターダストが過去に例のないミッションを開始した。彗星の核を取りかこむ星雲（コマ）の標本を採取するのである。さらに小惑星の塵も採取し、2006年に地球の近くを通ったとき、標本カプセルを放出して地球に届けた。

胚細胞の中身を空の卵細胞に移す形で、成体のヤギから3匹のクローンがつくられた。胚細胞には、血液凝固因子をつくりだす遺伝子がはいっており、その乳を治療薬として活用する可能性も開かれた。

家庭用デジタル機器が増えるにつれて、無線データ通信も高速化してきた。最も広く使われる通信プロトコル IEEE 802.11（[1997年]参照）には、親しみやすい Wi-Fi（ワイファイ）という名称がついた。1対1の通信には、Bluetooth（ブルートゥース）という新しいプロトコルが登場された。スウェーデンのエリクソン社が1994年に開発したもので、ワイヤレスのヘッドフォンやスピーカーでよく使われるように

ホッケースティック曲線
過去1000年間の地球の平均気温を表わしたグラフ。エラーバーを除いて単純化してある。

なった。アメリカの気候学者マイケル・マン（1965年生）とレイモンド・ブラッドリー（1948年生）、それにアメリカの年輪年代学者マルコム・ヒューズ（1943年生）は、過去1000年間の地球の平均気温を推測してグラフを作成した。過去の気象データや、歴史的記録、樹木の年輪に基づいたグラフは、ゆるやかな右肩上がりを続けたあと、人口増大と工業化が始まったころに急激に上昇していた。アメリカの気象科学者ジェリー・マールマン（1940〜2012年）がこのカーブをホッケースティックと呼んだ。これは人間の活動が気象に及ぼした影響を如実に示しており、二酸化炭素の排出量削減を強く訴えるものだと言われたが、グラフの正確さが疑わしいとする立場もある。

成長ホルモンを研究していたグループが、胃の内壁細胞が分泌するタンパク質、グレリンを発見した。グレリンは脳の食欲中枢に働きかける（[1994年]参照）。胃の内壁にある伸長受容体がグレリン分泌の引き金となる。つまり満腹になるとグレリンが減り、胃が空っぽになるとグレリンの血中濃度が上昇して飢餓感を引きおこすのである。

イギリスの物理学者ジョン・ペンドリー（1943年生）が、特殊な性質を持つ物質の総称、メタマテリアルについて発表した。メタマテリアルのひとつを使うと、透明マントが将来実現するかもしれない（左[囲み]参照）。

3匹 成体クローニングでつくられたヤギの数

メタマテリアル

自然界の物質にはない特性を持つ人工物質。右は小さな金属コイルを埋めこんだもので、マイクロ波を曲げる性質があるため、マイクロ波から「見えなく」なる。可視光線で同じ働きをする素材で、透明マントをつくることができる。

2000年

コンピューターのオペレーティングシステムは西暦を下2桁で表わすため、2000年に切りかわるときに内部時計が1900年に戻ってしまい、電子装置やシステムが誤作動を起こす可能性が指摘された。人びとの生活や安全を守るシステムがコンピューター化された今日にあっては、その影響ははかりしれず、2000年問題として世界が危機感を募らせた。ソフトウェア技術者はそうした不安が杞憂に終わるよう懸命に対応し、実際影響を受けたシステムはごく少数に過ぎなかった。

胚を構成する細胞は、その後

ショウジョウバエ
1910年から遺伝研究の標準的生物として使われてきたショウジョウバエは、ゲノム配列解析の対象にも選ばれた。

- 1月22日 イタリアのアンジェロ・ヴェスコヴィがマウスの脳細胞生物学者アンジェロ・ヴェスコヴィ幹細胞から血液細胞を生成したと発表
- 2月7日 小惑星アンネフランク5535やヴィルト第2彗星をめざすNASAの探査機スターダストが打ちあげ
- 4月23日 地球平均気温の上昇を示すグラフが発表され、議論を呼ぶ
- 4月27日 成体のヤギから3匹のクローンがつくられる
- 7月31日 NASAのルナ・プロスペクターが月の北極にわざと衝突し、岩屑から氷を得ようとする
- 11月 初のメタマテリアルの詳細が公表され、透明マントの可能性が示される
- 12月1日 エリクソン社が1994年に開発していた無線通信プロトコル Bluetooth を発表
- 12月9日 食欲にかかわるホルモン、グレリンが発見される
- 1月14日 ビタミンA含有量の多い遺伝子組み換え米が開発される

336

18億
ミレニアム・シード・バンクに保存されている種子の数

ミレニアム・シード・バンク・パートナーシップの一環で採取され、分類された種子。2020年までに世界の全植物の25%の種子を集めることをめざしている。

どんな細胞にも成長する可能性を持っている（[1981年] 参照）。幹細胞も同様の潜在能力があるが、分化する細胞の種類が限られている。1999年、イタリアの研究者アンジェロ・ヴェスコヴィ（1962年生）はマウスの脳から幹細胞を取りだして血液中に注入すると、さまざまな血液細胞に成長することを発見した。さらに2000年には、ガラス器具内で筋肉細胞と接触させただけで、脳の幹細胞が筋肉細胞に変化したと報告した。この一連の実験で、非胚性幹細胞がそれまで思われていた以上に柔軟性が高いことがわかった。また胚性幹細胞を破壊する必要がないため、幹細胞研究それ自体にとっても福音となった。

国際的な協力体制のもとで進められていたヒトゲノム計画で、全ヒトゲノムのドラフトが決定されたと発表された。遺伝研究の標準植物として広く使われているシロイヌナズナのゲノム配列解析も完了した。やはり研究ではおなじみのショウジョウバエも同年にゲノム配列が決定している。

ヒトゲノム計画

1990年に始まったヒトゲノム上の30億塩基対をすべて決定し、そこに含まれる約2万5000ともされる遺伝子を明らかにすることが目的だった。医学のみならず、人類の進化や遺伝学にも重要な知識が得られる試みで、2003年に完了した。

> いままで誰も経験したことのない、自分自身に分けいる旅がひとつの通過点を迎えたことを喜びたいと思います。
>
> フランシス・コリンズ（アメリカの遺伝学者）（2000年6月26日）

ドイツの生物工学者インゴ・ポトリクス（1933年生）とドイツの生物学者ペーター・ベイヤー（1952年生）は、ビタミンA前駆体のベータカロテンを生成するよう遺伝子を組み換えた（GM）米を開発した。ビタミンA欠乏症は発展途上国が抱える深刻な問題で、毎年200万人が死亡し、視力を失う人も多数いる。この米はベータカロテンの色から「ゴールデンライス」と呼ばれた。バイオテクノロジー企業は年収1万ドルに満たない農家に無料でこの米の種籾を配布することを決め、人道支援団体も協力した。ところがGM反対派（および反資本主義者）は、多国籍企業が貧しい農民を経済的に支配すると反発する。論議が過熱して栽培実験や承認が遅れ、2013年にようやくフィリピンで農民への配布が実現した。他にも検討している国がいくつかある。

11月、イギリスの王立植物園、通称キュー・ガーデンでミレニアム・シード・バンク・パートナーシップが発足した。地球上の数万種類の植物の種子を収集・保存する試みで、50か国以上が参加している。採集した種子は洗浄・乾燥し、温度と湿度が管理された地下冷凍庫で保存される。気候変動や土地利用の変化で、多くの植物が絶滅の危機にあるが、シード・バンクで種子を保存しておけば、再生できる可能性がある。

11月、自動車メーカー、ホンダがヒューマノイド・ロボット、アシモ（「革新的モビリティへの第一歩」の意）が公開された。歩いたり走ったり、しゃべったりできるアシモはたちまち人気者になった。

アシモ
ホンダが開発したヒューマノイド・ロボット、アシモ。高さ1.2m、重さは48kg。

- 3月24日 ショウジョウバエのゲノム解析が完了
- 6月26日 ヒトゲノム計画が全ヒトゲノムのドラフトを発表
- 10月 アンジェロ・ヴェスコヴィがマウスの幹細胞を筋肉細胞に変化させたと報告
- 11月20日 イギリスのキュー・ガーデンにミレニアム・シード・バンクが開設
- 11月20日 ホンダのヒューマノイド・ロボット、アシモが公開される
- 12月14日 シロイヌナズナのゲノム配列解析が完了

2001〜02年

IPCCが第3次評価報告書を発表し、過去数百年間の氷河と氷冠の減少——地球温暖化の明確な徴候——を詳細に分析した。

2001年、気候変動に関する政府間パネル（IPCC）が第3次評価報告書を発表した。前回までの報告書（[1990年]、[1995年]参照）の結論を裏打ちするとともに、今後の気候変動をさらに詳細に予測した内容だった。また2年前に気候学者が作成したホッケースティックグラフも収録されていた（[1999年]参照）。

ユーザー自身がウェブ上でコンテンツを作成するWeb 2.0の時代を実感させたのが、オンライン百科事典Wikipedia（ウィキペディア）の登場である。非営利のウィキメディア財団が運営し、誰でも執筆や編集ができる。2007年には項目数が200万を超え、古今を通じて世界最大の百科事典となった。

2001年10月23日　アップルが携帯型のデジタル音楽プレーヤーiPod（アイポッド）を発売した。同様の製品はすでにあったが、おしゃれなデザインと直感的に使えるインタフェース、それにアップルの音楽ライブラリーとソフトウェアiTunes（アイチューンズ）がひとつになって爆発的な人気となった。

カナダにあるサドベリー・ニュートリノ観測所がニュートリノ振動の明らかな証拠を発見した。ニュートリノは核反応で生じる基本粒子で、ミューニュートリノ、タウニュートリノ、電子ニュートリノの3種類がある。標準模型（[1974年]参照）では、ニュートリノに質量はないことになっていた。1960年代、アメリカの物理学者レイモンド・デイヴィス（[1968年]参照）は太陽ニュートリノを研究していて、予測の3分の1しか検知できないことに気づいた。デイヴィスの実験では電子ニュートリノしか拾えなかったのだ。ニュートリノはフレーバーが変化する、すなわち振動していれば説明がつくが、サドベリーの実験はまさにそれを証明するものだった。ニュートリノは質量があるからこそ振動するのである。標準模型ではまだこの説明がついていない。

2002年、NASAのオデッセイ探査機が火星の北極に大量の水を発見した。大部分は粘土状の鉱物に閉じこめられている。2008年にNASAのフェニックス・マーズ・ランダーがその地域に到達してオデッセイの観測が正しいことを確かめた。

中国の広東省で肺炎のような症状で呼吸が苦しくなり、重症化すると死に至る病気がはやりはじめる。抗生物質は効かず、原因となる細菌もウイルスもわからない。この病気はSARS（サーズ、重症急性呼吸器症候群）と呼ばれ、感染性が強いためにたちまち患者数は急速に増え、爆発的感染が危惧された。しかし検疫や飛行機搭乗時の検査などを徹底することで流行はおさまり、いまのところ2004年5月を最後に患者は確認されていない。SARSは8273例発生し、そのうち775人が死亡した。ほとんどが中国人と香港人だった。

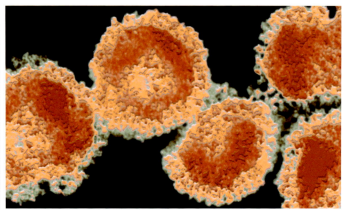

SARSウイルス
重症急性呼吸器症候群の病原体として特定されたSARSコロナウイルスの電子顕微鏡写真。

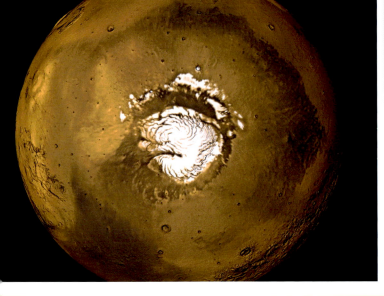

火星の水
火星の極にある凍った水。表面を二酸化炭素の氷におおわれている。NASAのマーズ・オデッセイは大量の地下水層も発見した。

> すべての人が……人類のあらゆる知識を参照できる世界を想像してほしい。私たちがやろうとしているのはそういうことだ。
>
> ジミー・ウェールズ（Wikipediaの創設者）（2004年）

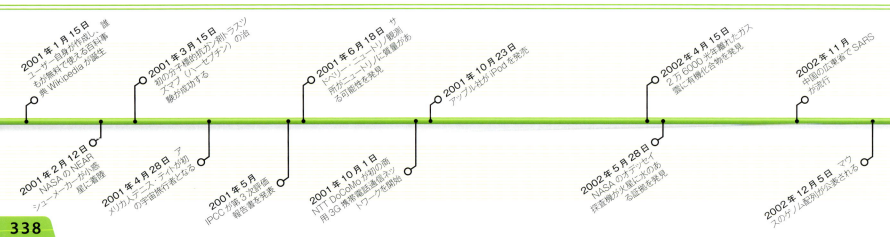

2003年

137億5000万年前
宇宙が誕生した年

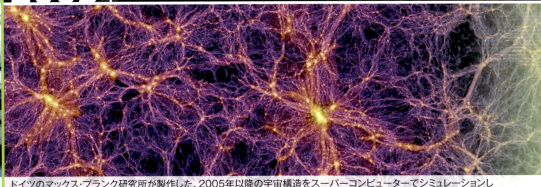

ドイツのマックス・プランク研究所が製作した、2005年以降の宇宙構造をスーパーコンピューターでシミュレーションした画像。ダークマターが分布しているのがわかる。

この年、中国が有人宇宙船神舟5号を打ちあげた。宇宙飛行士、楊利偉の宇宙滞在時間は21時間23分で、地球を14周した。

2月、アメリカのスペースシャトル・コロンビア号が大気圏に再突入の際に空中分解した。この事故でスペースシャトル計画は2年間中断し、チャレンジャー号事故（[1986年] 参照）以来の空白が生じた。

同じ2月、ウィルキンソン・マイクロ波異方性探査機（WMAP）の1年目の観測結果が発表された。この計画はCOBE衛星（[1992年] 参照）より詳細な宇宙背景放射地図を作成することが目的のひとつだった。宇宙背景放射は、初期宇宙の密度差、すなわち物質が凝集して銀河や銀河団が形成されていった過程を明らかにするものだ。WMAPの地図をもとに、宇宙生成を物語る新しいΛ-CDMモデル（p.345 参照）もつくられた。Λ（ラムダ）は宇宙定数、すなわち宇宙の膨張を加速する斥力である。宇宙定数、別名ダークエネルギーの存在は、他の銀河にある超新星の研究から明らかになっていた（[1998年] 参照）。コールドダークマター（CDM）は、電磁放射を生みださず、相互作用もしない物質のことで、こちらは通常の物質との重力相互作用によってのみ、存在を推測することができる。WMAPの観測で宇宙が誕生した年代が137億年前とかなりの精度で明らかになった（その後138億2000万年前に修正された）。

ヒトゲノム配列のドラフトが発表されて3年後、国際ヒトゲノム・シーケンシング・コンソーシアムがついに30億のDNA塩基対の解析を終えた。チンパンジーのゲノム解析ドラフトも2003年に明らかになり、99％ヒトと一致することがわかった。チンパンジーは現生動物ではヒトに最も近く、両者のゲノムを比較することで、霊長類進化の研究に新たな光が当たることが期待される。

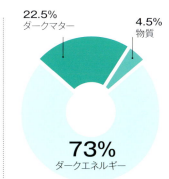

宇宙の構成
WMAPの観察によると、通常の物質は宇宙全体の質量エネルギーのごくわずかな部分しか占めていない。

22.5% ダークマター
4.5% 物質
73% ダークエネルギー

中国はアメリカ、ロシアに続いて3番目に宇宙に飛行士を送りこんだ。写真は神舟5号に乗りこんだ宇宙飛行士、楊利偉。

> 宇宙はとても快適だ。ここはすばらしいところだ。

楊利偉（中国の宇宙飛行士）、宇宙からの電話で妻に話した言葉（2003年）

- 2月1日 スペースシャトル・コロンビア号事故で乗組員7名が全員死亡
- 2月11日 ウィルキンソン・マイクロ波異方性探査機（WMAP）が宇宙背景放射の地図を作成
- 3月 イタリアで発見された35万年前の直立足跡化石が人類の直接の祖先による最古の足跡と確認
- 4月14日 ヒトゲノム計画の完了が発表される
- 10月15日 中国人初の宇宙飛行士、楊利偉が神舟5号に搭乗
- 12月12日 チンパンジーのゲノム配列の初のドラフトが発表される
- 12月20日 ヨーロッパ宇宙機構初の火星探査機マーズ・エクスプレスが火星に到達

2004年

1万個
ハッブル・ウルトラ・ディープ・フィールドで見える銀河の数

ハッブル・ウルトラ・ディープ・フィールドの一部。これまで観測されたなかで最も遠い銀河が写っている。全体では約1万個の銀河が入っており、なかには130億年前に発した光で見えている銀河もある。

3月、ハッブル宇宙望遠鏡（HST）が1995年のハッブル・ディープ・フィールドに続き、宇宙のごく小さな一部を撮影したハッブル・ウルトラ・ディープ・フィールドが公表された。2002年に搭載された天体カメラを使い、長時間露光を800回、計280時間露光してとらえた画像には、数千もの銀河が写っていた。その多くが発している光は、宇宙がまだ若かった数十億年前のものだ。画像の分析はいまも続いており、銀河形成の貴重な情報源となっている。2012年、HSTは宇宙の同じ領域をさらに精密な画像で撮影することに成功した。それはエクストリーム・ディープ・フィールドと呼ばれ、ウルトラ・ディープ・フィールドよりさらに5500個も多く銀河が写っていた。

10月、オーストラリアとインドネシアの古人類学者チームが、ヒトに似ためずらしい骨の化石を発見した。身長が1mほどのおとなで、頭骨はとても小さい。場所はインドネシア、バリ島の西に位置するフローレス島で、高度な道具や動物の骨も近くで出土した。1万8000年前のこの骨は、現生人類に最も近い祖先であるホモ・エレクトスや、我々ホモ・サピエンスと同じホモ属に属する新種として、ホモ・フローレシエンシスと名づけられた。見つかった骨は全部で7人分である。フローレス島の先住民には、毛むくじゃらのこびとが独自の言葉をしゃべっていたという伝承が残っており、ホモ・フローレシエンシスと現生人類が共存していた可能性もある。

同じ10月、マンチェスター大学の研究者がかつてない純粋な炭素の形態であるグラフェン（上［囲み］参照）をつくることに成功した。炭素原子1個分の厚みしかなく、透明だがきわめて強靭で、のちには室温で伝導性があることも判明した。

グラフェン

炭素原子の1枚の層であるグラフェンの電子顕微鏡写真（着色）。グラファイト（炭素）から命名された。グラファイトでは炭素原子層がたがいに動くため滑りやすいが、グラフェンは炭素原子が六角形格子構造で結合しているので強靭である。

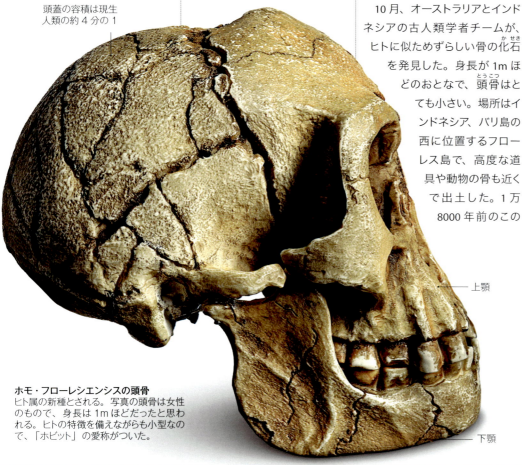

ホモ・フローレシエンシスの頭骨
ヒト属の新種とされる。写真の頭骨は女性のもので、身長は1mほどだったと思われる。ヒトの特徴を備えながらも小型なので、「ホビット」の愛称がついた。

頭蓋の容積は現生人類の約4分の1
上顎
下顎

> "これは現生人類の奇形ではない。"
>
> クリス・ストリンガー（イギリスの人類学者）（2004年）

- **3月9日** NASAがハッブル・ウルトラ・ディープ・フィールドを発表
- **5月17日** 残留性有機汚染物質に関するストックホルム条約が発効、一部の環境汚染物質が禁止される
- **6月21日** 初の民間宇宙船スペースシップワンが宇宙飛行に成功
- **6月22日** アメリカの四肢麻痺患者マシュー・ネイグルの脳とコンピューターを接続し、思考でコンピューターを操作する実験が行なわれる
- **9月** 超新星爆発の徴候であるニュートリノを検出する超新星早期警報システムの打ちあげ
- **10月22日** ロシア生まれの物理学者アンドレ・ガイムとコンスタンチン・ノボセロフがグラフェンを開発
- **10月28日** 現生人類に近いホモ・フローレシエンシスの1万8000年前の骨が見つかる

2005年

> "航空史に新しい1ページが記された。"
>
> ジャック・シラク（フランスの政治家）（2005年）

2005年4月27日、トゥールーズの工場から飛びたつエアバスA380。世界最大の旅客機で定員853名。

1月、ヨーロッパ宇宙機構の探査機ホイヘンスがパラシュートで土星の最大の衛星タイタンに着陸した。太陽系外で宇宙船が着陸したのは初であり、月を含めた衛星への着陸としてもやっと2度目である。これはNASAと共同で行なったカッシーニ＝ホイヘンス計画の一環で、ホイヘンスをタイタンに送りとどけたカッシーニはタイタンの軌道上に留まり、収集したデータや画像、さらにはホイヘンスからの信号を地球に送信した。タイタンの大気には炭素を多く含む有機化合物が存在しており、生命の源を形成できることから、天文生物学者はタイタンに注目していた（下［囲み］参照）。ホイヘンスは着陸に向けて降下するとき、タイタン表面の写真を300枚以上撮影した。着陸後の画像では、砂地に岩が転がっているように見えるが、実際はすべて氷である。

翌2月、銀河に匹敵する大きさの水素質量、VIRGOHI21の分析が発表された。これは5000万光年離れたところに存在し、2004年に電波天文学者が発見した。その動きから、冷たいダークマターが大半を占めていることがわかった。ダークマターとは、光やその他の電磁放射と相互作用しないが、重力効果はもたらす不思議な物質のことだ（［2003年］参照）。現在の天文物理理論では、すべての銀河にダークマターが存在することになっており、それが銀河内の星の動きや分布を説明できる唯一の方法である。VIRGOHI21はダークマターが主体の暗黒銀河ではないかと推測されている。

3月、アメリカの古生物学者メアリー・シュヴァイツァーが、化石化したティラノサウルスの大腿骨から鉱物部分を溶解させ、6800万年前の柔らかい組織を取りだしたと発表した。生体の骨から組織を抽出するのと同じ方法を化石に使ったわけだが、多くの化石は完全に鉱物化しているため、ふつうなら全体が溶けてしまう。ところがこの標本では、コラーゲン主体と思われる伸縮性のある基質を得ることができた。シュヴァイツァーは顕微鏡で血管と骨細胞と思われる構造も確認し、現生の近縁種であるダチョウの大腿骨と比較した。さらに他の2点の標本からも組織を得ることに成功した。多くの科学者は彼女の分析に懐疑的で、有機物はあとから汚染で付着したものだと考えたが、2008年と2011年に行なわれた詳細な調査で、シュヴァイツァーの解釈が正しいことが裏づけられた。

4月、ボーイング747（［1970年］参照）をしのいで世界最大の旅客機となったエアバスA380が処女飛行を行なった。ヨーロッパのエアバス社が設計・製造したA380は全長73mのワイドボディ機で、2階建て構造になっていた。商業運航は2007年に開始された。

年末も近い11月、6か月前に犬に顔を噛みちぎられたフランスの38歳の女性イザベル・ディノワールが初の部分顔面移植手術を受け、顔の皮膚、血管、筋肉を取りもどした。全顔面移植は2010年にスペインで実施されている。

タイタンに生命が？

土星の第6衛星タイタンでは炭素化合物メタンの雨が降る。また宇宙探査機カッシーニがメタンとエタンの湖があることも確認した（レーダー画像で青に着色された部分）。2012年には地表下に巨大な海があることも判明し、単純な生命体が存在するのではないかと言われている。

新しい顔
世界初の顔面移植手術を受けたイザベル・ディノワールが2006年2月に記者会見で新しい顔を披露した。

5150km
土星の最大の衛星タイタンの直径

- 1月5日 海王星の周囲で軌道を描き、冥王星より大きい準惑星エリスが発見される
- 1月14日 探査機ホイヘンスが土星の衛星タイタンに着陸
- 2月23日 暗黒銀河と思われるVIRGOHI21が発見される
- 3月25日 アメリカの古生物学者メアリー・シュヴァイツァーが恐竜の柔らかい組織を発見
- 4月27日 世界最大の旅客機エアバスA380が初フライトを行なう
- 11月27日 フランスで初の部分顔面移植が実施される
- 12月8日 イヌのゲノム配列解析が完了

2006年

探査機スターダストのエアロゲル採取パネルに残った彗星の微小粒子──写真右側の斑点──の痕跡。パネルに飛びこんだときの速度は秒速数kmだった。

2006年の始まりの時点では、太陽系の惑星は正式に9個であった。太陽系の最も外側にある冥王星は、他とは異なる特徴を持っている。他の惑星の軌道はほぼ同一面上に納まるが、冥王星の軌道は角度があり、偏心で、海王星の軌道を横切っている。1970年代に冥王星と似た物体が発見されてから、冥王星の位置づけは疑問視されていた。2005年、海王星の軌道の外側に、冥王星より質量が大きい岩石状の物体が見つかる。国際天文学連合は多くの議論を重ねた結果、2006年に冥王星は小惑星であり、カイパーベルト（［1949年］参照）上にある小惑星様の物体のひとつであると結論を出した。

NASAのスターダスト探査機は宇宙に飛びだしてから7年後、試料回収カプセルを地球に向けて発射した。ユタ州の砂漠にパラシュートで着地したカプセルには、ヴィルト第2彗星（［1999年］参照）と遭遇したときに採取した無数の塵が入っていた。

1月、世界最大級となったアイスキューブ・ニュートリノ観測所が初めてニュートリノを検知した。毎秒何兆個ものニュートリノがセンサーを通過しているが、ニュートリノは物質との相互作用がとても弱いためにセンサーが反応しづらい。しかし原子核との相互作用でわずかな光を発する。観測所では南極大陸の地下深くに岩と氷の穴を掘り、その光をとらえることにした。超新星やガンマ線バーストといった高エネルギーの現象から生まれるニュートリノは、宇宙を研究するうえで貴重な手がかりとなる。観測所の建設は2005年に始まり、2010年に完了した。

DVDが登場（［1995～96年］参照）してから10年たったこの年、高画質のビデオを再生できる2つの新たなフォーマットが登場した。HD DVDとブルーレイは従来のDVDの10倍の情報量があり、エレクトロニクスやエンタテイメント企業のあいだで支持が分かれた。日本の東芝はHD DVDを、ソニーはブルーレイを強力に推進していた。このフォーマット戦争は2年後にブルーレイの勝利で決着がつく。勝因は多くの支持を集めたこともあるが、ソニーが2006年11月に発売したゲーム機、プレイステーション3に搭載したことが大きかった。

8月、オーストラリアが初めてヒトパピローマウイルス（HPV）ワクチンの投与を行なった。HPVは多くの系統があり、性的接触で感染するものは性器疣贅や子宮頸ガンの最大の原因となる。オーストラリアはこのワクチンを定期的に青少年に投与し、子宮頸ガンやその他のガンの発生を抑えようとしたが、若年層のセックスを助長するという反発も激しかった。しかし今日では、多くの国がワクチン投与を行なうようになっている。

古人類学者のチームが科学誌《ネイチャー》に重要な発見を発表した。330万年前に生息し、二足歩行をしていた人類の祖先の骨が見つかったのである。

8個
2006年8月24日以降の、太陽系に存在する惑星の数

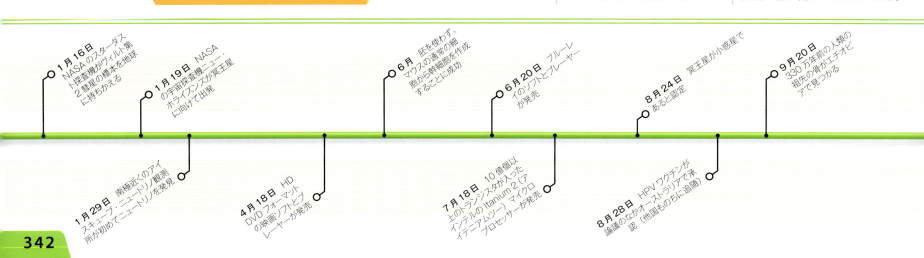

2007年

26 ギガワット
2007年時点の世界の風力発電能力

IPCCは気候変動を緩和するために、風力など再生可能エネルギーを使った発電割合を増やすことを提唱している。

セラムの頭
ルーシーズ・チャイルドと呼ばれる化石人骨。保存状態がとても良い。二足歩行をしていたと考えられる。

この化石人骨は3歳ぐらいの女の子で、2000年にエチオピアのディキカで発掘されていた――ルーシーが見つかった場所に近い（[1974年]参照）。女の子はルーシーと同じアウストラロピテクス・アファレンシスと確認され、ルーシーズ・チャイルドと名づけられたが、年代は彼女のほうがルーシーよりも12万年ほど古い。

気候変動に関する政府間パネル（IPCC）の第4次評価報告書は、過去の報告書（[1990年]、[1995年]、[2001年]参照）で示した地球の気候変動をさらに広範囲に、また詳細に分析していた。そして人間の活動、とりわけ化石燃料を燃やすことで排出される二酸化炭素が温室効果を引きおこし（p.326-327参照）、地球の平均気温を上昇させていると強く訴えた。

先進国では携帯電話が普及しつつあったが、機能としてはSMS（テキストメッセージ）ができるぐらいだった。しかしアップル・インクがiPhone（アイフォーン）を発売したことで、携帯電話の世界に革命が起こる。通話とSMSだけでなく、ウェブを閲覧する、アプリをダウンロードして使う、音楽を聴く、動画や写真を撮影するといったことが自由にできた。iPhoneは世界的なヒットとなり、すぐに他社も同様のスマートフォンを発売した。

幹細胞研究は医学にとって大きな希望である。たとえば幹細胞から脳細胞を生成すれば認知症の治療に使える。そんな可能性のひとつとして、イギリスで2007年に骨髄幹細胞から心臓組織をつくることに成功した。ただし、どんな細胞にも成長できる幹細胞は、胚にしか存在しないため、胚を壊すことへの批判もあった。しかし2007年、2つの研究チームが通常細胞（下［囲み］参照）のリプログラミングで幹細胞に変えることにそれぞれ成功した（マウスではすでに成功していた）。さらにこの年、DNA塩基を使って細菌の染色体複製も成功している。

アップル iPhone
アップル社が発売したiPhoneは、画面を叩いたりつまんだりする使いやすいタッチインタフェースで操作する携帯電話だ。

細胞プログラミング

幹細胞研究は、皮膚や結合組織にある繊維芽細胞で大きく進展することになった。繊維芽細胞は皮膚を修復するコラーゲンなどのタンパク質を生成する。この細胞に、特定の遺伝子のスイッチを入れる化合物を追加して、どんな種類の細胞にも成長しうる多能性幹細胞につくりかえ、全細胞に共通の初期状態に戻す。

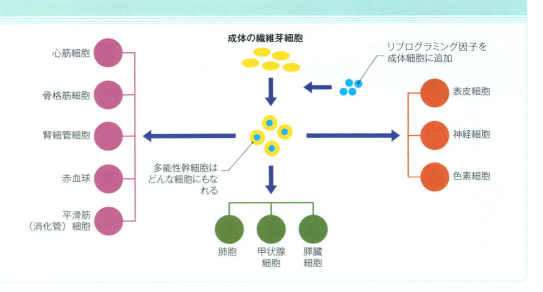

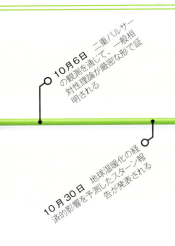

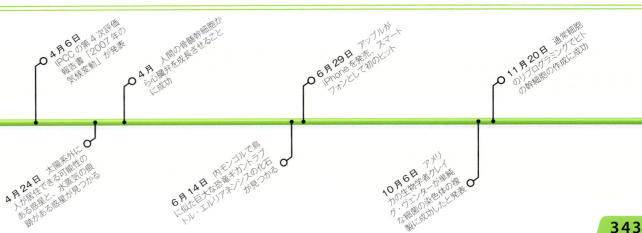

宇宙論

宇宙の起源を説明する理論は20世紀初頭に誕生した。

宇宙論（コスモロジー）は宇宙全体を科学的に探究する学問で、ギリシア語で宇宙を意味するコスモスに由来する。宇宙論者たちが関心を寄せるのは、宇宙がどのようにして始まり、巨視的に見てどんなことが起こっているのか、これからどうなるのか、宇宙に終わりはあるのかといったことだ。

自分たちのいる銀河系のほかにも銀河が存在することがわかったのは、1920年代に入ってからだ。ベルギーの天文学者で司祭でもあったジョルジュ・ルメートル（1894～1966年）がアインシュタインの相対性理論の数式を宇宙に当てはめてみたところ、宇宙は膨張していることを示唆する結果が出た。これが正しいのなら、最初のころの宇宙はとても小さくて密度が高く、高温だったとルメートルは考え、「原始的原子の仮説」と名づけた。

始まりは

1929年、アメリカの天文学者エドウィン・ハッブルは、銀河があらゆる方向に遠ざかっていることから、宇宙はほんとうに膨張しており、ルメートルの仮説は正しいのではないかと考えた。イギリスの天文学者フレッド・ホイルはこの考えを否定したものの、1950年にビッグバンという言葉を考案した。ビッグバン理論は、宇宙の始まりを最も正しく説明していると考えられる。

ジョルジュ・ルメートル
イエズス会の学校で学んだのち、土木工学、物理学、数学を修めた。1923年に司祭となった。

宇宙の始まり

ビッグバン後の宇宙は、膨張しながら温度が下がりつづけている。エネルギーの一部は素粒子となり、基本的な力も出現した。

直径	10^{-26}m	10m	10^5m（100km）
温度	10^{27}k（10^{26}℃）	10^{27}k（10^{26}℃）	10^{22}k（10^{20}℃）
	宇宙のインフレーション ビッグバンが起きたとき、宇宙は原子核よりもはるかに小さかった。1秒に満たない一瞬のうちに宇宙のインフレーションと呼ばれる急速な膨張が起きた。	**素粒子スープ** 宇宙のインフレーションが終わったが、時間はまだ1秒もたっておらず、宇宙は極小で高温である。粒子と反粒子のペアが生じたと思うまもなく、対消滅（ついしょうめつ）した。	**力の分離** 電磁気力、重力、弱い核力、強い核力はもともとひとつの力だった。宇宙のインフレーションのあとそれが分離して、今日知られている自然法則が生じた。
時間	1ヨクト秒の10億分の100 （10^{-35}k秒）	1ヨクト秒の100万分の100 （10^{-32}k秒）	1ヨクト秒 （10^{-24}k秒）

想像を絶する密度で時間と空間とエネルギーが生じる

宇宙のインフレーション──宇宙の劇的な大膨張

初期の宇宙はクォーク、グルーオン、力を伝えるボソンなど素粒子のスープだった

クォークがグルーオン場で結合してできた陽子と中性子が、最も軽い元素の核となる

膨張する宇宙

ビッグバン理論の裏づけとなる最初の証拠は、宇宙背景放射の発見だった。ビッグバンから30万年後に起こった放射は、宇宙がいまよりずっと小さく、高温だったことを示している。宇宙の膨張とともに放射も伸びていき、現在は波長の長いマイクロ波が大半になっている。宇宙の膨張は、球体が膨らむときの表面を考えるとわかりやすい。膨張の速度がしだいに増しているのは、ダークエネルギー（右および［1998年］参照）と呼ばれる質量エネルギーのためだとされるが、ダークエネルギー自体はまだ謎の存在である。膨張速度やその他の変数を測定したところ、ビッグバンは138億年前に起こったと考えられる。

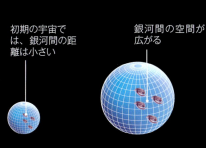

初期の宇宙では、銀河間の距離は小さい

銀河間の空間が広がる

ハッブルの法則

エドウィン・ハッブルは、銀河が遠ざかるほど速度を増していくことを発見した。そして銀河の距離と速度のあいだに見られる数学的関係をハッブルの法則としてまとめた。その理由としては、宇宙が膨張しているからと考えるのが最も合理的である。

球体に模した宇宙

銀河どうしはますます離れていく

終焉

宇宙を支配するのはダークマターとダークエネルギーだ。どちらも直接観測されたことはないが、重力に及ぼす影響からその存在が推測され、宇宙の膨張速度を左右していると考えられる。これが正しいとすれば、観測可能物とダークマターのあいだに相互に働く重力によって膨張速度が落ち、場合によってはダークエネルギーによって膨張の動きが逆転することも考えられる。

宇宙の運命

宇宙の最終シナリオは3通りある。物質とダークマター間の重力で膨張速度が低下しながら、最大限まで到達することも考えられるが、収縮に転じるか、永遠に膨張を続けるほうが可能性が高い。

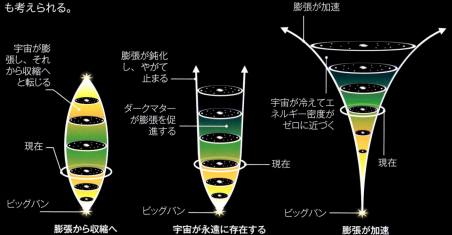

宇宙が膨張し、それから収縮へと転じる／現在／ビッグバン／**膨張から収縮へ**

膨張が鈍化し、やがて止まる／ダークマターが膨張を促進する／現在／ビッグバン／**宇宙が永遠に存在する**

膨張が加速／宇宙が冷えてエネルギー密度がゼロに近づく／現在／ビッグバン／**膨張が加速**

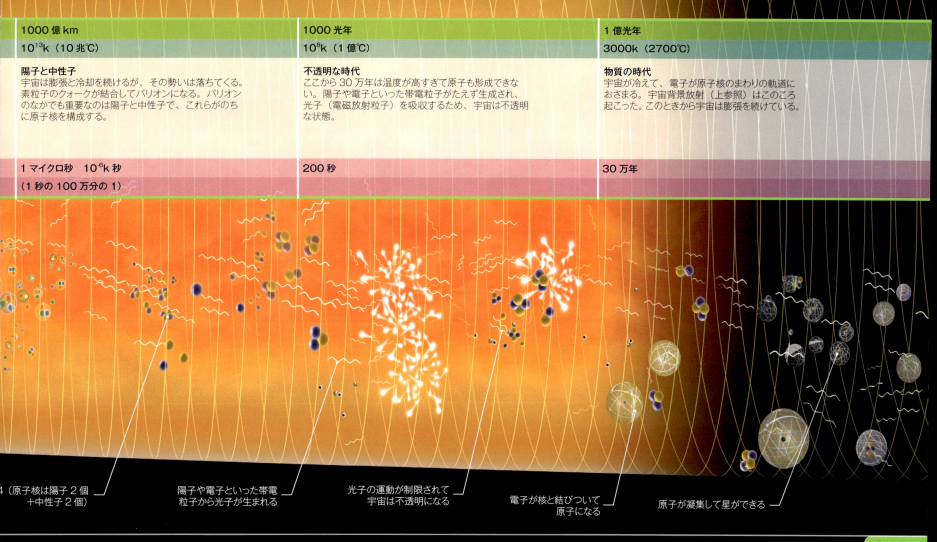

1000億km	1000光年	1億光年
10^{13} k（10兆℃）	10^8 k（1億℃）	3000 k（2700℃）
陽子と中性子 宇宙は膨張と冷却を続けるが、その勢いは落ちてくる。素粒子のクォークが結合してバリオンになる。バリオンのなかでも重要なのは陽子と中性子で、これらがのちに原子核を構成する。	**不透明な時代** ここから30万年は温度が高すぎて原子も形成できない。陽子や電子といった帯電粒子がたえず生成され、光子（電磁放射粒子）を吸収するため、宇宙は不透明な状態。	**物質の時代** 宇宙が冷えて、電子が原子核のまわりの軌道におさまる。宇宙背景放射（上参照）はこのころ起こった。このときから宇宙は膨張を続けている。
1マイクロ秒　10^{-6} k 秒 （1秒の100万分の1）	200秒	30万年

4（原子核は陽子2個＋中性子2個）／陽子や電子といった帯電粒子から光子が生まれる／光子の運動が制限されて宇宙は不透明になる／電子が核と結びついて原子になる／原子が凝集して星ができる

345

2008～09年

27km
LHCの直径

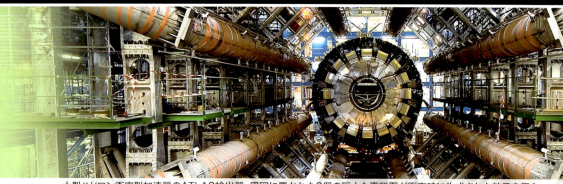

大型ハドロン衝突型加速器のATLAS検出器。周囲に置かれた8個の巨大な電磁石が衝突時に生成された粒子を偏向させることで、質量や電荷を決定できる。

2008年2月、北極海に浮かぶノルウェーのスピッツベルゲン島にスヴァールバル世界種子貯蔵庫が開設された。気候変動、戦乱、自然災害などで植物が絶滅するのを避けるために、種子を保存しておく種子銀行だ（［2000年］参照）。しかし種子銀行それ自体も絶対に安全とは言えない。2004年にはイラクのアブ・グレイブにあった種子銀行が戦争で消滅した。フィリピンにあった種子銀行は2006年の台風で壊滅的な被害を受けた。氷におおわれた山中につくられたスヴァールバル世界種子貯蔵庫は450万粒の保管能力がある。

氷のなかで種子が眠る
ノルウェーのスピッツベルゲン島にあるスヴァールバル世界種子貯蔵庫。450万粒の種子を−18℃で保管する能力がある。

2008年9月、世界最大にして最強の加速器、大型ハドロン衝突型加速器（LHC）が稼働開始した。LHCはフランスとスイスの国境、ヨーロッパ原子核研究機構（CERN）の地下に掘られた巨大な円形トンネルに置かれている。陽子線（実験によってはイオン）が検知器内を内部を高速で周回して衝突する。衝突のエネルギーで新しい粒子が発生すると飛びちったその粒子の軌跡を記録する。それを高速コンピューターで分析して特定の粒子、なかでもヒッグス粒子の証拠を探すのである。ヒッグス粒子は粒子に質量を与えているヒッグス場と関連がある。科学者たちはヒッグス粒子、すなわちヒッグス場が存在する確かな証拠を明らかにしつつある（［2011〜12年］参照）。

ダーウィニウス・マシラエ
4700万年前に生息していた、ヒトの直接の祖先と思われる初期霊長類の化石。「イダ」の愛称で呼ばれている。

太陽系外惑星は最初の例が発見されてから（［1992〜93年］参照）、すでに数百個が確認されていた。2009年3月、NASAは比較的近くの星のなかに地球と同規模の惑星を見つけ、その割合を推測するために宇宙探査機ケプラーを打ちあげた。ケプラーは2012年までに候補を2000個以上見つけた。

2009年5月、ノルウェーの古生物学者イェルン・フルム（1967年生）が驚くべき標本を明らかにした。4700万年前に生息したキツネザル様の動物のほぼ完全な化石骨格である。これはキツネザルのような下等な霊長類と、サルや類人猿、ヒトといった高等霊長類をつなぐ「失われた環」に位置づけられると言われた。化石が最初に発見されたのは1983年、ドイツの砕石場跡だった。フルムは2006年にこの化石と出会い、ヒトのような爪、他4本と向きの異なる親指など、人間と共通する特徴に興味を惹かれた。この骨格はイギリスの博物学者

- 2008年2月26日 スピッツベルゲン島にスヴァールバル世界種子貯蔵庫が開設
- 2008年9月10日 大型ハドロン衝突型加速器が稼働開始
- 2008年9月20日 Google主導のコンソーシアムがオペレーティングシステム Android の最初のバージョンを発表
- 2008年10月7日 人間の体内に生息する細菌を調査するヒト・マイクロバイオーム・プロジェクト始動
- 2009年3月7日 太陽系外に地球に似た惑星を見つけるため、宇宙探査機ケプラーが打ちあげられる
- 2009年5月19日 4700万年前のヒトの祖先、ダーウィニウス・マシラエが発見
- 2009年7月 ETH チューリヒが単分子トランジスタの製作に成功
- 2009年8月 彗星を構成する物質内にアミノ酸が見つかる

2010年

> "永久飛行も夢ではない。"
>
> ベルトラン・ピカール（ソーラー・インパルス・プロジェクトの共同創設者）（2010年）

ソーラー・インパルス。200m²のソーラーパネルで発電し、プロペラのモーターを動かす。

で、進化論の先駆者であるチャールズ・ダーウィン（［1859年］参照）にちなんでダーウィニウス・マシラエと命名された。同年10月には、440万年のヒト科化石人骨アルディピテクス・ラミドゥスがこれまで見つかったなかで最古であることが判明した。

人間自身を深く知るための2つのプロジェクトも始まった。2008年10月開始のヒト・マイクロバイオーム・プロジェクトはアメリカ国立衛生研究所の主導で、人体のさまざまな部分に生息する細菌を調査し、健康や疾病にどんな役割を果たしているか明らかにするものだ。1年後には国際的なヒトエピゲノムが開始された。エピゲノムとはどの遺伝子のスイッチをいつ入れるかという情報で、初のヒトエピゲノム地図も作成された。

2010年、IBMとインテルが32nm（ナノメートル）トランジスタのチップ開発を開始した。集積回路の発明以降（［1958年］参照）、半導体メーカーは1枚のチップにできるだけ多くのトランジスタを載せる技術を開発し、それによって電子機器の処理速度や携帯性が向上し、価格が下がるという恩恵が生まれた。2010年にはアップルがiPad（アイパッ

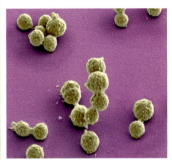

人工細菌
人工合成ゲノムを持つ細菌「シンシア」の顕微鏡写真（着色）。正式名称はマイコプラズマ・ミコイデスJCVI-syn1.0。

ド）を発売し、タブレット型コンピューターとして初の大ヒットとなった。すぐにAndroid（アンドロイド）オペレーティングシステムを搭載したタブレット端末も登場する。AndroidはGoogle主導のコンソーシアムが開発したもので、2008年に最初のバージョンが発表され、スマートフォン用

OSとしてすでに普及していた。

従来型トランジスタの小型化は限界が近づいており、研究者たちはシリコンに代わる素材を探していた。2010年2月、IBMがグラフェンを使った（［2004年］参照）高速トランジスタの開発に成功する。2009年7月にはスイスのETHチューリヒが単分子トランジスタを製作、2010年5月にはオーストラリアのニューサウスウェールズ大学がわずか7個のリン原子でトランジスタをつくった。

5月、アメリカの生物学者クレイグ・ヴェンター（右［囲み］参照）が初めて人工生命体をつくった。ヴェンターのチームは、コンピューターに保存したDNA配列からオリゴヌクレオチドを合成する手法で、すでにウイルスゲノム（2003年）、人工染色体（2007年）を手がけていた。そして2010年、マイコプラズマ・ミコイデスという細菌のゲノムを複製し、いくつかの変化を加えて（「透かし」を入れるなど）、

クレイグ・ヴェンター（1946年～）

アメリカの生物学者クレイグ・ヴェンターは、ゲノム研究と合成生物学の第一人者である。1998年、民間企業セレラ・ジェノミクスの設立に協力し、ヒトゲノム配列決定を加速させた（［2000年］参照）。2006年にはカリフォルニアにJ.クレイグ・ヴェンター研究所を創設、初の生命体の合成に成功した。

DNAを取りのぞいた別の細菌に注入した。新しいゲノムは正常に機能し、タンパク質を生成したり、細胞の繁殖を引きおこしたりした。すでにある生体系を切りわけるのではなく、一からつくりだすことで、多くの情報が得られることが期待されている。また人工生命体技術を使って、たとえば流出原油の分解やバイオ燃料生成など、有益な生命体をつくることも可能になる。

100万 人工合成ゲノムで初の生命体をつくるのに要した塩基の数

7月、太陽光発電を利用した飛行機ソーラー・インパルスが、26時間連続飛行を達成した。昼間にソーラーパネルで発電した電気をバッテリーにためることで、夜間飛行も可能になった。この試みはスイスの気球飛行家ベルトラン・ピカール（1958年生）とスイスの実業家アンドレ・ボルシュベルク（1958年生）の発案で、再生可能エネルギーの開発を促進することが狙いだった。同じ年、アメリカのスペースX社が初めて民間所有の商用宇宙船ドラゴンを打ちあげて軌道に乗せた。2012年、ドラゴンは国際宇宙ステーションに物資を届ける任務を予定どおり完了した。

- 2009年10月1日 アルディピテクス・ラミドゥスが最古のヒト科化石人骨と判明
- 2009年10月 ヒトエピゲノムの初の地図が発表される
- 2010年2月 IBMが高速グラフェントランジスタを開発
- 2010年3月20日 スペインで初の全顔面移植手術が行なわれる
- 2010年4月3日 アップルがタブレット型コンピューターiPadを発売
- 2010年5月 オーストラリアの物理学者チームが7個のリン原子でトランジスタをつくる
- 2010年5月7日 ネアンデルタール人のゲノム配列解析が完了
- 2010年5月21日 人工合成のゲノムを使った初の人工生命体が誕生
- 2010年7月8日 ソーラー・インパルスが太陽光発電を使った初の飛行機として26時間連続飛行を達成
- 2010年9月29日 居住可能な太陽系外惑星の候補、グリーゼ581gが発見される
- 2010年12月8日 アメリカのスペースX社が初めて商用宇宙船を軌道に乗せる

347

2011〜13年

火星にあるキュリオシティが謎の光る物体を見つけて、初のX線回折を行なった。

2011年5月、NASAは重力観測衛星グラヴィティ・プローブBの観測結果を発表した。これは1916年に発表されたアルベルト・アインシュタインの一般相対性理論を検証するために2004年に打ちあげられた衛星で、地球近くでの時空のひずみ（p.244-245参照）や、地球の回転による時空の引きずりを測定していた。これらの検証は、いまのところ一般相対性理論の正しさを裏づける最も有力な証拠となっている。

6月、南極大陸の氷床下の地図が作成された。これは南極大陸の地質を調べる長期プロジェクトの一環で、アイスレーダーなど複数の測量機器から得たデータが活用された。氷河の地質学的特徴のほか、3000万年前に始まった氷冠形成の情報も得ることができた。8月、オーストラリアとイギリスの研究者チームが、34億年前の微化石を発見し、地球最古の生命の年代を一気に数百万年押しもどした。化石となった原始的な細胞は、代謝に酸素ではなく硫黄を使っていたことも判明した。

翌2012年、科学史のなかで記念すべき発見があった。CERNの大型ハドロン衝突型加速器（LHC、[2008年] 参照）では、宇宙が形成されたビッグバン直後（p.344-345参照）、わずか何分の1秒かのエネルギーと条件を再現することをめざしていた。そして7月4日、ヒッグス粒子の強力な証拠を発見したのである。ヒッグス粒子は素粒子物理学の標準模型の大黒柱的存在で（[1974年] 参照）、ヒッグス場と密接な関係がある。イギリスの物理学者ピーター・ヒッグスら

地球にデータを送信するためのアンテナ

高解像度カラー画像を撮影できるデジタルカメラ

火星を行く

NASAの火星探査車キュリオシティはファミリーカーほどの大きさで、さまざまな機器を搭載しており、生命誕生につながる化学化合物も検知できる。

が1960年代に提唱した理論によると、ヒッグス場は空間全体に存在しており、クォークやレプトンといった素粒子に質量を与えているのは、このヒッグス場との相互作用であるという。

2012年8月、NASAの火星探査車キュリオシティが火星のゲール・クレーターに着陸し、過去に例のない総合的なミッションを開始した。着陸は地球との交信がとだえた「恐怖の7分間」に自動的に行なわれた。着陸の最終段階で4基のロケットが噴射して宇宙船の速度を落とし、空中停止状態でキュリオシティをゆっくりとおろす。塵が巻きあがると機器を痛めるので、キュリオシティはケーブルの上に置かれた。着陸したキュリオシティは、すぐに火星のパノラマとクローズアップ写真を高解像度で撮影し、地球に送信した。さらに表土や岩石の試料も採取し、分析を行なった。レーザーで岩石試料を蒸発させ、蒸気が発する光のスペクトルを分光器で分析して組成を決定する。X線回折で鉱物の結晶構造を明らかにしたり、気温、風速、気圧、湿度も測定した。2012年末までに、キュリオシティは500m以上移動し、30か所以上で表土の分析を行なった。

899 kg キュリオシティの重量
2.9 m キュリオシティの全長
2.2 m キュリオシティの高さ

ピーター・ヒッグス（1929年生）

ニューカッスル＝アポン＝タイン生まれの理論物理学者。1960年代初頭、粒子が質量を持つ理由について理論的なメカニズムを考案した（他の物理学者も同様の提案をしていた）。1964年、そのメカニズムに基づいた粒子の存在を予測した。

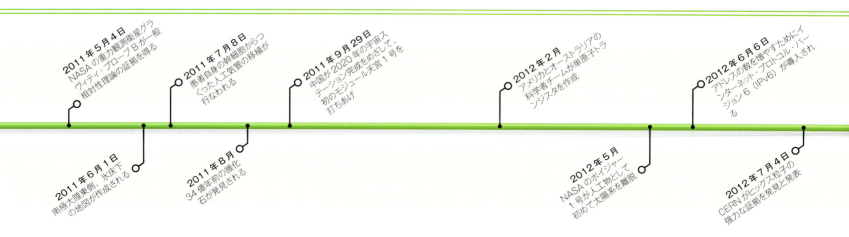

- 2011年5月4日 NASAの重力観測衛星グラヴィティ・プローブBが一般相対性理論の証拠を得る
- 2011年6月1日 南極大陸東側、氷床下の地図が作成される
- 2011年7月8日 患者自身の幹細胞からつくった人工気管の移植が行なわれる
- 2011年8月 34億年前の微化石が発見される
- 2011年9月29日 中国が2020年の宇宙ステーション完成をめざして、初のモジュール天宮1号を打ちあげ
- 2012年2月 アメリカとオーストラリアの科学者チームが単原子トランジスタを作成
- 2012年5月 NASAのボイジャー1号が人工物として初めて太陽系を離脱
- 2012年6月6日 アドレスの数を増やすためにインターネット・プロトコル・バージョン6（IPv6）が導入される
- 2012年7月4日 CERNがヒッグス粒子の強力な証拠を発見と発表

> " おそれ多くも「神の粒子」を発見した。"

ロルフ・ホイヤー（CERN所長）（2012年7月4日）、ヒッグス粒子発見を発表

2012年9月、NASAは現時点で最も遠い深宇宙の詳細な画像であるエクストリーム・ディープ・フィールドを公開した（［2004年］参照）。火星では2013年2月にキュリオシティが深さ6.4cmの穴を掘り、地表下にある岩石の分析を開始した。

再生医療は2013年初頭に2つの大きな進展を見た。アメリカの科学者チームが実験室でつくりだした腎臓をラットに移植し、ボリビアでは脳卒中を起こした直後のラットに幹細胞を注射して脳の機能を回復させることに成功したのである。

中国では新型鳥インフルエンザH7N9が初めて人間に感染したことが確認され、爆発的蔓延が懸念された（［1997年］参照）。

2013年3月、ヨーロッパ宇宙機構の人工衛星プランクから送られたデータをもとに宇宙の年代を計算しなおしたところ、138億2000万年という結果が出た──従来の数字より1億年ほど古いことになる。

ヒッグス粒子を探す
大型ハドロン衝突型加速器の内部で起こる粒子衝突の軌跡を描いたコンピューターグラフィクス。この軌跡を分析して、ヒッグス粒子の証拠をつかんだ。

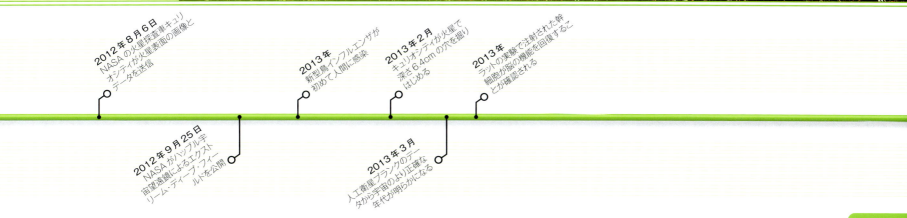

352	SI 基本単位	**360**	分類階級
	SI 接頭語		ドメインと界
	SI 組立単位		菌
	物性		植物
	SI 換算係数		動物
			ヒトの祖先
355	ニュートンの法則		
	力に関する公式	**364**	太陽系の惑星
	熱力学の法則		ケプラーの惑星運動の法則
	温度の単位		恒星のスペクトル分類
	気体の法則		星の等級
	圧力と密度		ヘルツシュプルング＝ヘンリー・
	アインシュタインの相対性理論		ラッセル図
	マクスウェルの方程式		
	電気と回路の法則	**366**	地質時代区分
	亜原子粒子		鉱物の分類
	基本的な4つの力		岩石の種類
	物理学の公式		構造プレート
358	周期表		
	元素		

参考資料

計測と単位

SI 基本単位

SI（国際単位系）はメートル法系をより近代的に発展させたものであり、世界のほとんどの国で採用されている。物理的性質の異なる7つの基本単位で構成されており、ほかのすべての単位はここから派生している。

単位	記号	定義
メートル	m	長さの単位。1秒の299,792,458分の1の時間に光が真空中を伝わる行程の長さ。
キログラム	kg	質量の単位。国際キログラム原器の質量に等しい。
秒	s	セシウム133原子の基底状態の2つの超微細構造準位間の遷移に対応する放射の9,192,631,770周期の継続時間。
アンペア	A	真空中に1メートルの間隔で平行に置かれた無限に小さい円形の断面をもつ、無限に長い2本の直線状導体のそれぞれを流れ、これらの導体の長さ1メートルごとに2×10^{-7}ニュートンの力を及ぼし合う一定の電流。
ケルビン	K	熱力学温度の単位。水の三重点の熱力学温度の273.16分の1。
カンデラ	cd	放射強度が683分の1ワット毎ステラジアンで、周波数540×10^{12}ヘルツの単色放射を放出する光源の、その方向における光度。
モル	mol	0.012キログラムの炭素12に含まれる原子の数に等しい数の、原子、分子、イオン、電子などの粒子、またはその集合体で構成された系の物質量。

SI 接頭語

SI単位の十進法の倍量・分量を表現する場合、きわめて大きな数字や小さな数字を表わすのに使用される。

大きさ	接頭語	記号	大きさ	接頭語	記号
10^{18}	エクサ	E	10^{-1}	デシ	d
10^{15}	ペタ	P	10^{-2}	センチ	c
10^{12}	テラ	T	10^{-3}	ミリ	m
10^{9}	ギガ	G	10^{-6}	マイクロ	μ
10^{6}	メガ	M	10^{-9}	ナノ	n
10^{3}	キロ	k	10^{-12}	ピコ	p
10^{2}	ヘクト	h	10^{-15}	フェムト	f
10^{1}	デカ	da	10^{-18}	アト	a

SI 組立単位

測定技術と精度の向上にともない、7つの基本単位を組みあわせて新しい単位や定義がつくられている。

補助単位	記号	定義
ラジアン	rad	平面角。円周上でその円の半径と同じ長さの弧を切りとる2本の半径がつくる角の値。
ステラジアン	sr	立体角。球面上で、球の半径の平方と等しい面積が中心に対してつく立体角。

組立単位	記号	定義
ヘルツ	Hz	周波数の単位。1ヘルツは1秒間に1回の周波数・振動数。
ニュートン	N	力の単位。1キログラムの質量をもつ物体に1メートル毎秒毎秒の加速度を生じさせる力。
パスカル	Pa	圧力・応力の単位。1平方メートルの面積につき1ニュートンの力が作用する圧力または応力。
ジュール	J	エネルギー、仕事、熱量、電力量の単位。1ジュールは1ニュートンの力がその方向に物体を1メートル動かすときの仕事。
ワット	W	1ワットは毎秒1ジュールに等しいエネルギーを生じさせる仕事率。1アンペアの電流が1オームの電気抵抗を流れるときに消費される電力。
クーロン	C	電荷の単位。1クーロンは1秒間に1アンペアの電流が運ぶ電荷。
ボルト	V	電圧の単位。1アンペアの電流が流れる導体の2点間で消費される電力が1ワットであるときの、その2点間の電圧。
ファラド	F	静電容量の単位。1クーロンの電気量を充電したときに1ボルトの直流の電圧を生ずる2導体間の静電容量。
オーム	Ω	電気抵抗の単位。1オームは1ボルトの電圧を加えて1アンペアの電流が流れたときの電気抵抗。
ジーメンス	S	コンダクタンスの単位。1アンペアの直流電流が流れる導体の二点間の直流電圧が1ボルトであるときの二点間の電気のコンダクタンス。

参考資料 | 計測と単位

組立単位	記号	定義
ウェーバー	Wb	磁束の単位。1秒間で消滅する割合で減少するときにこれと鎖交する1回巻きの閉回路に1ボルトの起電力を生じさせる磁束。
テスラ	T	磁束密度の単位。磁束の方向に垂直な面の1平方メートルにつき1ウェーバの磁束密度。
ヘンリー	H	インダクタンスの単位。1ヘンリーは、1秒間に1アンペアの割合で変化する直流電流が流れるときに1ボルトの起電力を生ずる閉回路のインダクタンス。
セルシウス度	℃	温度の単位。ケルビン（K）で表わした熱力学温度の値から273.15を減じたもの。
ルーメン	lm	光束の単位。すべての方向に対して1カンデラの光度を持つ点光源が1ステラジアンの立体角内に放出する光束。
ルクス	lx	1平方メートルの面が1ルーメンの光束で照らされるときの照度。
ベクレル	Bq	放射性物質が1秒間に崩壊する原子の個数を表わす単位。
グレイ	Gy	吸収線量の単位。1グレイは電離放射線の照射により物質1キログラムにつき1ジュールに相当するエネルギーが与えられるときの吸収線量。
シーベルト	Sv	線量当量の単位。吸収線量に線質係数を掛けたもの。
カタール	kat	触媒活性の単位。1秒につき1モルの基質の化学反応を促進する触媒は、1カタールの酵素活性を有している。

物性

公式を用いた定義には記号が使われるが、一般的な物性とその記号を以下に紹介する。物性を測定した単位は、SI単位とそれに該当する記号で表わされる。

物性	記号	SI単位	SI単位による表し方
加速度、減速度	a	メートル／秒^2 キロメートル／時／秒	m s^{-2} km h^{-1} s^{-1}
角速度	ω	ラジアン／秒	rad s^{-1}
密度	ρ	キログラム／メートル^3 キログラム／ミリメートル	kg m^{-3} kg ml^{-1}
電荷	Q, q	クーロン	C
電流	I, i	アンペア（クーロン／秒）	A (C s^{-1})
電気エネルギー	–	メガジュール キロワット時	MJ kWh
電力	P	ワット（ジュール／秒）	W (J s^{-1})
起電力	E	ボルト（ワット／アンペア）	V (W A^{-1})
コンダクタンス	S	ジーメンス（オーム$^{-1}$）	A V^{-1}
電気抵抗	R	オーム（ボルト／アンペア）	Ω (V A^{-1})
周波数	f	ヘルツ（サイクル／秒）	Hz (s^{-1})
力	F	ニュートン（キログラムメートル／秒^2）	N (kg m s^{-2})
重力、場の強さ	–	ニュートン／キログラム	N kg^{-1}
磁場	H	アンペア／メートル	A m^{-1}
磁束	Φ	ウェーバー	Wb
磁束密度	B	テスラ（ウェーバー／メートル^2）	T (Wb m^{-2})
質量	m	キログラム	kg
仕事率	P	ワット（ジュール／秒）	W (J s^{-1})
慣性モーメント	I	キログラムメートル^2	kg m^2
運動量	p	キログラムメートル／秒	kg m s^{-1}
圧力	P	パスカル（ニュートン／メートル^2）	Pa (N m^{-2})
物質量	n	モル	mol
比熱容量	Cまたはc	ジュール／キログラム／ケルビン	J kg^{-1} K^{-1}
比エネルギー	L	ジュール／キログラム	J kg^{-1}
力のモーメント	τ	ニュートンメートル	N m
速度	u, v	メートル／秒 キロメートル／時	m s^{-1} km h^{-1}
体積	V	メートル^3 ミリメートル	m^3 ml
波長	λ	メートル	m
重さ	W	ニュートン	N
仕事、エネルギー	W	ジュール（ニュートンメートル）	J (N m)

参考資料 | 計測と単位

SI換算係数

非SI単位の測定単位と、それをSI単位に換算するための係数を表にまとめた。非SI単位→SI単位に換算するときは「換算係数」を、その逆は「逆数」を用いる。

単位	記号	性質	換算係数	SI単位	逆数
エーカー		面積	0.405	hm^2	2.471
オングストローム	Å	長さ	0.1	nm	10
天文単位	AU	長さ	0.150	Tm	6.684
原子質量単位	amu	質量	1.661×10^{-27}	kg	6.022×10^{26}
バール	bar	圧力	0.1	MPa	10
バレル（米）＝42米ガロン	bbl	体積	0.159	m^3	6.290
カロリー	cal	エネルギー	4.187	J	0.239
立方フィート	cu ft	体積	0.028	m^3	35.315
立方インチ	cu in	体積	16.387	cm^3	0.061
立方ヤード	cu yd	体積	0.765	m^3	1.308
キュリー	Ci	放射能	37	GBq	0.027
摂氏	°C	温度	1	K	1
華氏	°F	温度	0.556	K	1.8
電子ボルト	eV	エネルギー	0.160	aJ	6.241
エルグ	erg	エネルギー	0.1	μJ	10
ファゾム（6フィート）		長さ	1.829	m	0.547
フェルミ	fm	長さ	1	fm	1
フット	ft	長さ	30.48	cm	0.033
フット／秒	ft s^{-1}	速さ	0.305 1.097	m s^{-1} km h^{-1}	3.281 0.911
ガロン（英）	gal	体積	4.546	dm^3	0.220
ガロン（米）＝231立方インチ	gal	体積	3.785	dm^3	0.264
ガウス	Gs, G	磁束密度	100	μT	0.01
グレーン	gr	質量	1	g	15.432
ヘクタール	ha	面積	0.746	hm^2	1
馬力	hp	仕事率	2.54	kW	1.341
インチ	in	長さ	9.807	cm	0.394
キログラム重	kgf	力	1.852	N	0.102
ノット	kn	速さ	9.461×10^{15}	km h^{-1}	0.540
光年	ly	長さ	1	m	1.057×10^{-16}
リットル	l	体積	1,193.3	dm^3	1
マッハ数	Ma	速さ	10	km h^{-1}	8.380×10^{-4}
マクスウェル	Mx	磁束	1	nWb	0.1
ミクロン	μ	長さ	1.852	μm	1
海里		長さ	1.609	km	0.540
法定マイル		長さ	1.609	km	0.621
マイル／時（mph）	mile h^{-1}	速度	2.91×10^{-4}	km h^{-1}	0.621
オンス（常衡）	oz	質量	31.103	g	0.035
オンス（トロイ）＝480グラム		質量	30,857	g	0.032
パーセク	pc	長さ	10	Tm	0.0000324
パイント（英）	pt	体積	0.1	dm^3	1.760
ポンド	lb	質量	4.448	kg	2.205
ポンダル	lbf	力	6.895	N	0.225
ポンダル／インチ		圧力	0.138	kPa	0.145
ポンド／平方インチ	psi	圧力	0.01	kPa	0.145
レントゲン	R	被曝量	0.258	mC kg^{-1}	3.876
秒（1/60°）	″	平面角	4.85×10^{-6}	mrad	2.063×10^5
太陽質量	M	質量	1.989×10^{30}	kg	5.028×10^{-31}
平方フィート	sq ft	面積	9.290	dm^2	0.108
平方インチ	sq in	面積	6.452	cm^2	0.155
平方マイル（法定）	sq mi	面積	2.590	km^2	0.386
平方ヤード	sq yd	面積	0.836	m^2	1.196
ステール	st	体積	1	m^3	1
サーム＝105英国熱量単位		エネルギー	0.105	GJ	9.478
トン＝2240ポンド		質量	1.016	Mg	0.984
トンフォース	tonf	力	9.964	kN	0.100
トンフォース／平方インチ		圧力	15.444	MPa	0.065
トン	t	質量	1	Mg	1

物理学

ニュートンの法則

イギリスの物理学者アイザック・ニュートンが代表作《プリンキピア》（[1698～99年]参照）で提唱した一連の法則で、物体の運動と静止、他の物体との相互作用、力を説明している。さらにニュートンは、物体間に働く引力に関する万有引力の法則も定めた。

法則名	内容
運動の第1法則	物体は力が作用しないかぎり、静止または等速直線運動する。
運動の第2法則	物体の加速度は、そのとき物体に作用する力に比例し、質量に反比例する。
運動の第3法則	すべての作用には、それに等しく反対向きの反作用がある。

万有引力の法則

$$F = \frac{Gm_1 m_2}{r^2}$$

F ＝力
G ＝万有引力定数
m_1、m_2 ＝質量
r ＝質量間の距離

力に関する公式

力は物体をまっすぐ動かしたり、回転させたりする。力は単独でも複数でも作用し、機械をより効率的に動かすよう制御することもできる。動く物体の特性——時間、距離、方向、速度——は公式で求めることができる。

運動の公式

求める量	説明	公式
速さ	距離／時間	$S = \frac{d}{t}$
時間	距離／速度	$t = \frac{d}{S}$
距離	速度×時間	$d = St$
速度	変位（一定方向の距離）／時間	$v = \frac{s}{t}$
加速度	速度変化／かかった時間	$a = \frac{(v-u)}{t}$
合力	質量×加速度	$F = ma$
運動量	質量×速度	$p = mv$

等加速度運動の公式

等加速度運動は次の4つの公式で表現できる。

$$s = \frac{(u+v)}{2}$$
$$v = u + at$$
$$v^2 = u^2 + 2as$$
$$s = ut + \tfrac{1}{2}at^2$$

s ＝変位
u ＝初速度
v ＝最終速度
a ＝加速度
t ＝かかった時間

フックの法則

$$F_s = -kx$$

F_s ＝ばねの力
k ＝ばね定数（ばねの強さ）
x ＝ばねの伸び

回転する力

力の種類	説明	公式	記号
慣性モーメント	軸を中心に回転する物体の質量に等しい	$I = mr^2$	I ＝慣性モーメント m ＝質量 r ＝軸からの距離
角速度	軸を中心に回転する物体の速度	$\omega = \frac{\Delta\theta}{\Delta t}$	ω ＝角速度 Δθ ＝角度の変位 Δt ＝時間
角運動量	軸を中心に回転する物体の運動量	$L = I\omega$	L ＝角運動量 I ＝慣性モーメント ω ＝角速度

熱力学の法則

熱と仕事と内部エネルギーの相互関係を扱うのが熱力学だ。熱力学の法則は、熱力学的系でエネルギーが変化したとき何が起きるかを記述する。第1法則で定められているように、エネルギーはつくることも壊すこともできないが、別の形に変換することはできる。

法則	説明
第1法則	エネルギーはつくることも壊すこともできない。
第2法則	断熱系のエントロピーは時間とともに増大する。
第3法則	物質の粒子の運動が停止する理論的な最低温度が存在する。
第0法則	2つの物体（固有の系）がそれぞれ第3の物体と熱平衡の状態にあれば、2つの物体どうしも熱平衡にある。

温度の単位

熱は運動エネルギーの一形態である。物体の温度は、すなわち物体が持つエネルギー量であり、3種類の単位で表わされる。ケルビン（K）は国際単位系のひとつ、セルシウス度は国際単位系の組立単位、ファーレンハイト度は物理学者ダニエル・ガブリエル・ファーレンハイトが提唱したものだ（[1724年]参照）。絶対零度（0K）は物質が熱エネルギーを持たず、まったく振動しない温度である。

ケルビン	セルシウス度	ファーレンハイト度
373K	100℃	212°F
300K	27℃	81°F
273K	0℃	32°F
255K	−18℃	0°F
200K	−73℃	−99°F
100K	−173℃	−279°F
絶対零度 0K	−273℃	−460°F

気体の法則

密度と粘度が比較的低く、圧力や温度が変わりやすく、拡散しやすく、容器内で均一に分布する——気体とはそんな状態の物質のことだ。以下に紹介する気体の法則は、分子の運動から容積、圧力、温度までさまざまな性質と、それぞれが変化したときの対応を記述したものだ。法則の多くは発見者の名前が付けられている。

法則	説明	公式	記号
アヴォガドロの法則	温度と圧力が一定のもとでは、気体の種類に関係なく分子数は体積に比例する。	$V \propto n$	V＝体積 n＝分子数 ∝＝比例
ボイルの法則	温度が一定のとき、気体の体積は圧力に反比例する。すなわち体積が2倍になると、圧力は半減する。	$PV =$ 一定	P＝圧力 V＝体積
シャルルの法則	圧力が一定のとき、気体の体積は絶対温度に比例する。	$V/T =$ 一定	V＝体積 T＝(絶対)温度
ゲイ＝リュサックの法則	一定の質量と一定の体積の気体の圧力は、気体の絶対温度に比例する。	$P/T =$ 一定	P＝圧力 T＝(絶対)温度
理想気体の状態方程式	理想気体は、粒子が衝突しても分子間力が働かない仮想的な気体である。理想気体の状態方程式は、さまざまな状態の気体のふるまいを知るのに役だつ。	$PV = nRT$	P＝全圧 n＝分子数 R＝気体定数 T＝(絶対)温度
ドルトンの（分圧の）法則	混合気体の全体としての圧力（全圧）は、各気体成分それぞれの圧力（分圧）の和に等しい。スキューバダイビングのタンク用空気の混合比を割りだすときなどに使う。	$P = \Sigma p$ または$P = p_1 + p_2 + p_3 \cdots$	P＝全圧 Σp＝分圧の和

圧力と密度

圧力とは単位面積当たりにかかる力であり、力を加える物体の密度によって変化する。圧力と密度は次のような式で表わすことができる。

内容	説明	等式
圧力	力／面積	$P = F/A$
密度	質量／体積	$p = m/V$
体積	質量／密度	$V = m/p$
質量	体積×密度	$m = Vp$

アインシュタインの相対性理論

ドイツの物理学者アルベルト・アインシュタインは1905年から1915年にかけて、それまでの重力理論をくつがえす画期的な理論を発表した。

理論名	内容
特殊相対性理論	1）すべての物理法則はすべての慣性系において同等である。 2）真空中における光の速度は光源や観測者の速度にかかわらず一定である。
一般相対性理論	時空は曲がる。強い重力が時間と質量にゆがみを生じ、大きな物体（星など）は周辺の時空を曲げる。

マクスウェルの方程式

スコットランドの物理学者ジェームズ・クラーク・マクスウェル（［1855年］参照）が導いた、電磁波のふるまいを記述する一連の法則であり方程式である。電磁場がいかにして生成され、電磁場の変化の速度がその源と関連しているかを示している。

法則	内容	応用
ガウスの電場の法則	電場内の閉曲面を貫く電束はその閉曲面内の電荷に比例する。	帯電物体周辺の電場を計算するのに用いる。
ガウスの磁場の法則	閉曲面を持つ磁気双極子（同じ大きさの正負の単極子）では、内側のS極に向かう磁束とN極から外側に向かう磁束は等しく、正味の磁束はつねにゼロになる。	磁場の源について記述し、つねに閉じた回路になることを示す。
ファラデーの電磁誘導の法則	閉じた回路に誘起された起電力（EMF）の大きさは、回路を貫く磁束変化の負数に等しい。	磁場の変化が電場を生みだすことを示している。発電機、誘電子、変圧器の原理。
アンペール＝マクスウェルの法則	静電場において、閉じた回路の磁場の線積分は、回路を流れる電流に比例する。	磁場計算に用いられる。磁流が電流によって、また電場の変化によって生じることを示す。

電気と回路の法則

電気は電流となって流れる。電流は電池などの起電力（EMF）源から生みだし、回路を流れて電気装置の動力源となる。電流の流れかたは、方向が変化する交流（AC）と、一定方向にのみ流れる直流（DC）がある。ここでは回路を通る電流に関する法則を紹介する。

法則	内容	公式	説明
クーロンの法則	2個の荷電粒子間で働く引力または反発力は電荷の積に比例し、距離の2乗に反比例する。	$F = k\dfrac{q_1 q_2}{r^2}$	k ＝クローン定数 q_1、q_2 ＝荷電粒子の電荷量 r ＝距離
オームの法則	電圧、抵抗、電流の関係を述べたもので、表現がいくつかある。	$I = \dfrac{V}{R}$ $R = \dfrac{V}{I}$ $V = IR$	R ＝抵抗 I ＝電流 V ＝電位差（電圧）
キルヒホッフの第1法則	回路の節点に流れこむ電流の和は流れだす電流の和に等しい。	$\Sigma I = 0$	Σ ＝和分記号 I ＝電流
キルヒホッフの第2法則	閉じた回路に沿った電圧の変化の総和は0である。	$\Sigma V = 0$	Σ ＝和分記号 V ＝電位差（電圧）

亜原子粒子

亜原子粒子は物質を構成する基本要素だ。物理学では素粒子（下部構造を持たない）と複合粒子（小さな構造の集まり）を区別している。素粒子は宇宙に存在する万物の構成要素である。すべての粒子には反粒子があり、2つが合わせると対消滅し、光のパッケージ（光子）が生じる。

素粒子	複合粒子（ハドロン）
クォーク 陽子および中性子を構成する。アップ、ダウン、チャーム、ストレンジ、トップ、ボトムという6種類の「フレーバー」がある。	**バリオン** 3つのクォークで構成される。代表的なものは陽子（アップクォーク1個＋ダウンクォーク1個）と中性子（アップクォーク1個＋ダウンクォーク2個）。
レプトン 電子、ミュー粒子、タウ粒子およびそれぞれと関連の強いニュートリノ（電子ニュートリノ、ミューニュートリノ、タウニュートリノ）の6種類で構成される素粒子グループ。	
ゲージ粒子 基本的な4つの力（下参照）に関係する粒子。重力と関連のある「重力子」はあくまで仮説上の存在であり、いまだ確認されていない。	**中間子** 反クォークとクォークで構成される。正電荷パイ中間子（アップクォーク＋ダウンの反クォーク）や負電荷K中間子（ストレンジクォーク＋アップの反クォーク）など種類が多い。

基本的な4つの力

宇宙にあるすべての物質は、重力、電磁力、強い核力、弱い核力の影響を受けている。4つの力のそれぞれには、「メッセンジャー」である亜原子粒子が存在する。最初はひとつの統一された力だったが、ビッグバン後の一瞬に分かれたと考えられている。特定の力に影響を受ける粒子は、その力を伝えるフォースキャリアを生みだし、吸収する。

粒子	力	相対的な強さ	範囲（m）
重力子	重力	10^{-41}	無限大
光子	電磁力	1	無限大
グルーオン	強い核力	25	10^{-15}
W、Zボソン	弱い核力	0.8	10^{-18}

物理学の公式

物理学で用いられる主な公式は以下のとおり。

属性	説明	公式
運動エネルギー	1/2 質量 × 速さの2乗	$E_k = \frac{1}{2}mv^2$
重さ	質量 × 重力場の強さ	$W = mg$
力	なされた仕事／かかった時間 もしくは 移動したエネルギー／かかった時間	$P = \dfrac{W}{t}$
速さ	移動距離／かかった時間	$s = \dfrac{d}{t}$
速度	変位／かかった時間	$v = \dfrac{s}{t}$
加速度	速度変化／かかった時間	$a = \dfrac{(v-u)}{t}$
合力	質量 × 加速度	$F = ma$
運動量	質量 × 速度	mv
屈折率	真空での光の速さ／媒体内の光の速さ	$n = \dfrac{c}{v}$
位相速度	周波数 × 波長	$v = f\lambda$
電荷	電流 × かかった時間	$q = It$
電位差（電圧）	電流 × 抵抗 あるいは 移動したエネルギー／電荷	$V = IR$ $V = \dfrac{W}{q}$
抵抗	電圧／電流	$R = \dfrac{V}{I}$
電気エネルギー	電位差（電圧） × 電流 × かかった時間	$E = VIt$
仕事量	力 × 力の方向に移動した距離	$W = Fs$
効率	仕事のアウトプット／仕事のインプット ×100％	$\dfrac{W_o}{W_i} \times 100\%$

参考資料 | 化学

化学

周期表

現在の周期表には118種類の元素が含まれており、そのうち90種類は自然界に存在するものだ。元素は原子構造によって大きくグループ分けされる。並びは原子番号（原子核内の陽子の数）の小さい順で、電子の配列によっても分類され、周期表の位置から元素の特徴が把握できるようになっている。

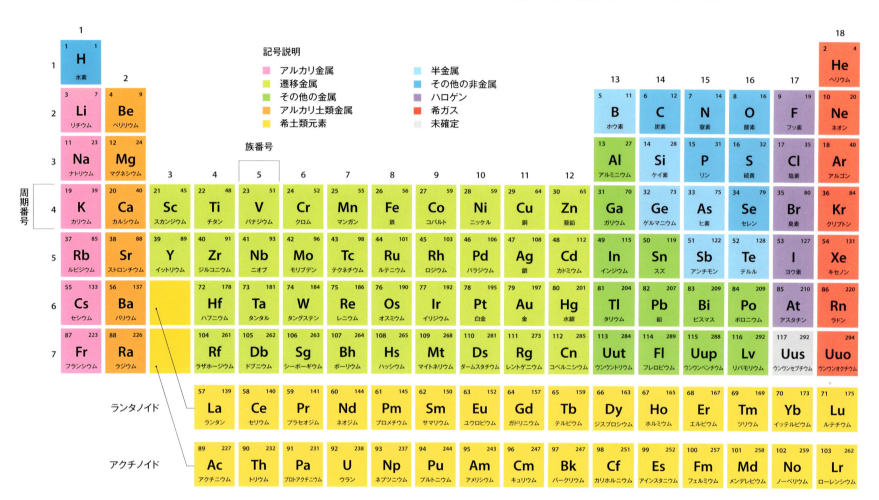

各元素の説明

周期表はブロックごとにひとつの元素が入っている。相対原子質量とは原子核内の陽子と中性子の平均で、ここでは小数点以下を切り捨てた数になっている。

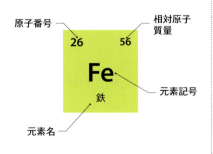

周期表の見かた

周期表は縦列に族番号、横列に周期番号が振られており、さらに似かよった性質の元素をグループにまとめて色分けしている。左から右に行くにつれて半金属、非金属と反応性は低くなり、右端は反応性のほとんどないガスになる。

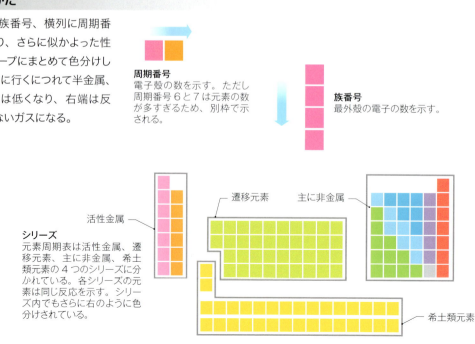

周期番号
電子殻の数を示す。ただし周期番号6と7は元素の数が多すぎるため、別枠で示される。

族番号
最外殻の電子の数を示す。

シリーズ
元素周期表は活性金属、遷移元素、主に非金属、希土類元素の4つのシリーズに分かれている。各シリーズの元素は同じ反応を示す。シリーズ内でもさらに右のように色分けされている。

元素

存在が知られている元素の基本情報は以下の通り。元素には、原子核内の陽子の数である原子番号が振られる。ここでは各元素の記号、相対原子質量（小数点第2位まで）、原子価（原子が他の原子と結合できる数）を示している。

原子番号	元素名	元素記号	原子量	融点 °C	°F	沸点 °C	°F	原子価
1	水素	H	1.00	-259	-434	-253	-423	1
2	ヘリウム	He	4.00	-272	-458	-269	-452	0
3	リチウム	Li	6.94	179	354	1340	2440	1
4	ベリリウム	Be	9.01	1283	2341	2990	5400	2
5	ホウ素	B	10.81	2300	4170	3660	6620	3
6	炭素	C	12.01	3500	6332	4827	8721	2,4
7	窒素	N	14.01	-210	-346	-196	-321	3,5
8	酸素	O	16.00	-219	-362	-183	-297	2
9	フッ素	F	19.00	-220	-364	-188	-306	1
10	ネオン	Ne	20.18	-249	-416	-246	-410	0
11	ナトリウム	Na	22.99	98	208	890	1634	1
12	マグネシウム	Mg	24.31	650	1202	1105	2021	2
13	アルミニウム	Al	26.98	660	1220	2467	4473	3
14	ケイ素	Si	28.09	1420	2588	2355	4271	4
15	リン	P	30.97	44	111	280	536	3,5
16	硫黄	S	32.07	113	235	445	832	2,4,6
17	塩素	Cl	35.45	-101	-150	-34	-29	1,3,5,7
18	アルゴン	Ar	39.95	-189	-308	-186	-303	0
19	カリウム	K	39.10	64	147	754	1389	1
20	カルシウム	Ca	40.08	848	1558	1487	2709	2
21	スカンジウム	Sc	44.96	1541	2806	2831	5128	3
22	チタン	Ti	47.87	1677	3051	3277	5931	3,4
23	バナジウム	V	50.94	1917	3483	3377	6111	2,3,4,5
24	クロム	Cr	52.00	1903	3457	2642	4788	2,3,6
25	マンガン	Mn	54.94	1244	2271	2041	3706	2,3,4,6,7
26	鉄	Fe	55.85	1539	2802	2750	4980	2,3
27	コバルト	Co	58.93	1495	2723	2877	5211	2,3
28	ニッケル	Ni	58.69	1455	2651	2730	4950	2,3
29	銅	Cu	63.55	1083	1981	2582	4680	1,2
30	亜鉛	Zn	65.41	420	788	907	1665	2
31	ガリウム	Ga	69.72	30	86	2403	4357	2,3
32	ゲルマニウム	Ge	72.63	937	1719	2355	4271	4
33	ヒ素	As	74.92	817	1503	613	1135	3,5
34	セレン	Se	78.96	217	423	685	1265	2,4,6
35	臭素	Br	79.90	-7	19	59	138	1,3,5,7
36	クリプトン	Kr	83.80	-157	-251	-152	-242	0
37	ルビジウム	Rb	85.47	39	102	688	1270	1
38	ストロンチウム	Sr	87.62	769	1416	1384	2523	2
39	イットリウム	Y	88.91	1522	2772	3338	6040	3
40	ジルコニウム	Zr	91.22	1852	3366	4377	7911	4
41	ニオブ	Nb	92.91	2467	4473	4742	8568	3,5
42	モリブデン	Mo	95.96	2610	4730	5560	10040	2,3,4,5,6
43	テクネチウム	Tc	97.91	2172	3942	4877	8811	2,3,4,6,7
44	ルテニウム	Ru	101.07	2310	4190	3900	7052	3,4,6,8
45	ロジウム	Rh	102.91	1966	3571	3727	6741	3,4
46	パラジウム	Pd	106.42	1554	2829	2970	5378	2,4
47	銀	Ag	107.87	962	1764	2212	4014	1
48	カドミウム	Cd	112.41	321	610	767	1413	2
49	インジウム	In	114.82	156	313	2028	3680	1,3
50	スズ	Sn	118.71	232	450	2270	4118	2,4
51	アンチモン	Sb	121.76	631	1168	1635	2975	3,5
52	テルル	Te	127.60	450	842	990	1814	2,4,6
53	ヨウ素	I	126.90	114	237	184	363	1,3,5,7
54	キセノン	Xe	131.29	-112	-170	-107	-161	0
55	セシウム	Cs	132.91	29	84	671	1240	1
56	バリウム	Ba	137.33	725	1337	1640	2984	2
57	ランタン	La	138.91	921	1690	3457	6255	3
58	セリウム	Ce	140.12	799	1470	3426	6199	3,4
59	プラセオジム	Pr	140.91	931	1708	3512	6354	3
60	ネオジム	Nd	144.24	1021	1870	3068	5554	3
61	プロメチウム	Pm	144.91	1168	2134	2700	4892	3
62	サマリウム	Sm	150.36	1077	1971	1791	3256	2,3
63	ユウロピウム	Eu	151.96	822	1512	1597	2907	2,3
64	ガドリニウム	Gd	157.25	1313	2395	3266	5911	3
65	テルビウム	Tb	158.93	1356	2473	3123	5653	3
66	ジスプロシウム	Dy	162.50	1412	2574	2562	4644	3
67	ホルミウム	Ho	164.93	1474	2685	2695	4883	3
68	エルビウム	Er	167.26	1529	2784	2863	5185	3
69	ツリウム	Tm	168.93	1545	2813	1947	3537	2,3
70	イッテルビウム	Yb	173.04	819	1506	1194	2181	2,3
71	ルテチウム	Lu	174.97	1663	3025	3395	6143	3
72	ハフニウム	Hf	178.49	2227	4041	4602	8316	4
73	タンタル	Ta	180.95	2996	5425	5427	9801	3,5
74	タングステン	W	183.84	3410	6170	5660	10220	2,4,5,6
75	レニウム	Re	186.21	3180	5756	5627	10161	1,4,7
76	オスミウム	Os	190.23	3045	5510	5090	9190	2,3,4,6,8
77	イリジウム	Ir	192.22	2410	4370	4130	7466	3,4
78	白金	Pt	195.08	1772	3222	3827	6921	2,4
79	金	Au	196.97	1064	1947	2807	5080	1,3
80	水銀	Hg	200.59	-39	-38	357	675	1,2
81	タリウム	Tl	204.38	303	577	1457	2655	1,3
82	鉛	Pb	207.20	328	622	1744	3171	2,4
83	ビスマス	Bi	208.98	271	520	1560	2840	3,5
84	ポロニウム	Po	208.98	254	489	962	1764	2,3,4
85	アスタチン	At	209.99	300	572	370	698	1,3,5,7
86	ラドン	Rn	222.02	-71	-96	-62	-80	0
87	フランシウム	Fr	223.02	27	81	677	1251	1
88	ラジウム	Ra	226.02	700	1292	1200	2190	2
89	アクチニウム	Ac	227.03	1050	1922	3200	5792	3
90	トリウム	Th	232.04	1750	3182	4787	8649	4
91	プロトアクチニウム	Pa	231.04	1597	2907	4027	7281	4,5
92	ウラン	U	238.03	1132	2070	3818	6904	3,4,5,6
93	ネプツニウム	Np	237.05	637	1179	4090	7394	2,3,4,5,6
94	プルトニウム	Pu	244.06	640	1184	3230	5850	2,3,4,5,6
95	アメリシウム	Am	243.06	994	1821	2607	4724	2,3,4,5,6
96	キュリウム	Cm	247.07	1340	2444	3190	5774	2,3,4
97	バークリウム	Bk	247.07	1050	1922	710	1310	2,3,4
98	カリホルニウム	Cf	251.08	900	1652	1470	2678	2,3,4
99	アインスタイニウム	Es	252.08	860	1580	996	1825	2,3
100	フェルミウム	Fm	257.10	不明	不明	不明	不明	2,3
101	メンデレビウム	Md	258.10	不明	不明	不明	不明	2,3
102	ノーベリウム	No	259.10	不明	不明	不明	不明	2,3
103	ローレンシウム	Lr	262.11	不明	不明	不明	不明	3
104	ラザホージウム	Rf	261.11	不明	不明	不明	不明	不明
105	ドブニウム	Db	262.11	不明	不明	不明	不明	不明
106	シーボーギウム	Sg	263.12	不明	不明	不明	不明	不明
107	ボーリウム	Bh	264.13	不明	不明	不明	不明	不明
108	ハッシウム	Hs	265.13.	不明	不明	不明	不明	不明
109	マイトネリウム	Mt	268.14	不明	不明	不明	不明	不明
110	ダームスタチウム	Ds	281.16	不明	不明	不明	不明	不明
111	レントゲニウム	Rg	273.15	不明	不明	不明	不明	不明
112	コペルニシウム	Cn	[285]	不明	不明	不明	不明	不明
113	ウンウントリウム	Uut	[284]	不明	不明	不明	不明	不明
114	フレロビウム	Fl	[289]	不明	不明	不明	不明	不明
115	ウンウンペンチウム	Uup	[288]	不明	不明	不明	不明	不明
116	リバモリウム	Lv	[293]	不明	不明	不明	不明	不明
117	ウンウンセプチウム	Uus	[292]	不明	不明	不明	不明	不明
118	ウンウンオクチウム	Uuo	[294]	不明	不明	不明	不明	不明

参考資料 ｜ 生物学

生物学

分類階級

生物学では、進化上の関係を示すために特徴ごとに生物を分類している。すべての生命は何十億年も昔に存在したひとつの祖先から、進化によって枝分かれしてきた。分類階級のなかで最も上位にあるのがドメインで、異なるドメインどうしは最も関係が薄い。分類が下るにつれて、属する生命体はしだいに関係が近くなる。どの階級であっても、すなわち同一の祖先を持つ生物すべてをひとつにまとめた単系統群が分類の基本である。最下位階級の種では、近縁度が強いため交雑が起こりやすい。右ページ以降の図では、非公式の分類を点線で囲んでいる。これは進化で生じたグループではないが、生物の分類に好都合であるために用いられている。

ドメイン	界	門	綱	目	科	属	種
1990年代、細胞生物学での数々の発見を受けて新設された。地球上に存在した最も古い生命の分類で、40億年前に明確なグループとして出現し、細菌やより複雑な多細胞生物が含まれる。	ドメインの下に位置する分類。10億年前に進化し、我々になじみのある動物、植物、真菌のほか、単細胞生物および藻に分けられる。	同一門に属する生物は共通の体制を有している。動植物に関しては、海に生命があふれ、陸にも生物が生息しはじめた5億～10億年前に誕生したグループが入る。	身体構造と生活環で分類される。たとえば陸生の脊椎動物は、両生綱、爬虫綱、鳥綱、哺乳綱に分かれる。植物は単子葉植物綱と双子葉植物綱に分かれる。	動物の目は身体構造を軸に分類するが、植物は組織内で生成される化学物質が基準になる。たとえば哺乳動物はサル目、ネズミ目、コウモリ目などに分かれる。植物の目にはキンポウゲ目やシソ目などがある。	植物、藻、真菌の科名には接尾辞「aceae」をつけるのが慣例。ユリ科はliliaceaeとなる。いっぽう動物の接尾辞は「idae」で、リス科はSciuridaeとなる。	学名の前半にあるのが属名。ヒョウ属だと、ライオンはPanthera leo、トラはPanthera tigrisとなる。属名と種名はかならずイタリックで表記する。	生物学的な用語で定義しうる唯一の分類。同一種であれば交雑可能とも言われるが、ほとんどの種は有性生殖を行なえないもの、生殖メカニズムがわかっていないものも含めて、身体的な特徴で定義される。

ドメインと界

生物はまず動物と植物に分けるのが生物学の基本だったが、生物多様化の出発点ははるかに複雑であることがわかってきた。最も初期の生命体は単細胞生物として多様化を開始した。無数に生まれた系統のうち、わずか2つがそれぞれ動物、植物になっていった。つまりドメインと界に位置するほとんどのグループは単細胞生物だということだ。やがて最初期の生命体のあいだで基本的な相違が生じ、3つのドメインに分かれていく。単細胞の真正細菌、同じく単細胞の古細菌、そして真核生物である。真核生物は前の2つよりいくらか複雑で、遺伝物質が細胞核内にまとまっていた。真核生物の多くは単細胞のままだったが、多細胞に進化したものがその後菌、植物、動物に発展していった。

地球上の生命

真正細菌ドメイン
BACTERIA
単細胞生物で、丈夫なムレインでできた細胞壁を持っているものが多い。遺伝物質（DNA）は核内に納まっておらず、他の細胞小器官（ミトコンドリアといった細胞膜内の構造体）も存在していない。
8000種以上

古細菌ドメイン
ARCHAEA
単細胞生物で、遺伝物質（DNA）がヒストンというタンパク質で強化されているものの、細胞核など細胞小器官はない。高温で酸性度の高い池など、過酷な環境に適応するものが多い。
2000種以上

真核生物ドメイン
EUKARYA
単細胞と多細胞があり、遺伝物質は細胞核内にまとめられ、ヒストンで強化されている。細胞分裂の際には、このヒストンが染色体になる。またミトコンドリアや葉緑体といった他の細胞小器官も存在する。
200万種以上

菌界
FUNGI
単細胞と多細胞があり、胞子で生殖する。死骸の分解や寄生体となって栄養分を吸収する。多細胞のものは、菌糸体と呼ばれる微細繊維で構成される。
7万種以上

植物界
PLANTAE
多細胞で、光合成という光を吸収するプロセスで養分をつくりだす。枝を伸ばし、葉を茂らせることも多い。原始的な植物は精子を泳がせたり、胞子を飛ばすなどして生殖するが、高等植物は種子を形成する。
29万種以上

動物界
ANIMALIA
多細胞で、他の生命体やその死骸を食べて栄養分を得る。電気信号を伝達して筋肉を収縮させる神経系を有し、反応時間が短いため動きが敏捷。
160万種以上

他の界
他の真核生物は、かつて原生生物という単一の界だったが、現在では自然進化グループは形成せず、代わりに単細胞・多細胞生物を幅広く含む少なくとも7つの界に分けられた。藻や海藻など、植物同様に光合成を行なうものが多い。アメーバなどは動物のように捕食体、寄生体になり、粘菌は菌類のような成長を見せる。
7万種以上

参考資料 | 生物学

菌

単純な菌（微胞子虫とツボカビ門）と、菌糸体（微細な単繊維網）を生成する「高等な」菌に分類できる。ツボカビ門に共通するのは、鞭毛を動かして泳ぐ胞子をつくること。子嚢菌類やホウキタケの仲間のなかには、特定の藻や細菌と共生し、光合成で養分を補うものもある。

菌 FUNGI
7万種以上

- **ツボカビ門 CHYTRIDIOMYCOTA** — 土壌や水のなかで分解を行なったり、動物に寄生する（両生類に感染するものもある）。**700種以上**
- **ネオカリマスティクス NEOCALLIMASTIGOMYCOTA** — 草食性脊椎動物（ウシなど）の内臓に生息し、植物繊維の消化を助ける。**20種以上**
- **接合菌門 ZYGOMYCOTA** — 菌糸体をつくるが隣接する細胞核とのあいだに壁がない。**1100種以上**
- **子嚢菌門 ASCOMYCOTA** — 小さな嚢に胞子を形成する。菌糸体を持つものと、単細胞の酵母がある。**3万3000種以上**
- **微胞子虫 MICROSPORIDIA** — 動物の細胞内に寄生する微小な単細胞生物。昆虫に感染するものが。**1200種以上**
- **コウマクキン門 BLASTOCLADIOMYCOTA** — 土壌内で分解を行なったり、植物や無脊椎動物に寄生する。**180種以上**
- **グロムス門 GLOMEROMYCOTA** — 土壌内で植物の根に付着して養分を交換する。**230種以上**
- **担子菌門 BASIDIOMYCOTA** — いわゆるキノコの類で、柄と傘から成る子実体をつくる。**3万2000種以上**

菌糸体を持たない寄生単細胞・多細胞菌

ほとんどが多細胞の菌糸体を形成する。

植物

植物の分類は生殖と生活環が大きな基準となり、精子と卵をつくる（配偶体）世代と胞子をつくる（胞子体）世代が交互に現われる。コケのような単純な配偶体は湿潤な環境を必要とするが、種子植物はどちらの世代も生殖シュート（球果や花）内部で起こるので、乾燥していても生活環は継続できる。

植物 PLANTAE
29万種以上

- **苔類 MARCHANTIOPHYTA** — 平たい葉のような形で卵と自由に泳ぐ精子をつくる。傘のようなシュートに胞子ができる。**8000種以上**
- **ツノゴケ類 ANTHOCEROTOPHYTA** — 平たい形で卵と自由に泳ぐ精子をつくる。直立する角のような構造に胞子ができる。**100種以上**
- **シダ植物門 PTERIDOPHYTA** — 独特の葉とブラシのような輪生で、胞子をつくる。微小な卵をつくる段階もある。**1万2000種以上**
- **ソテツ類 CYCADOPHYTA** — 熱帯限定の木で、球果に種子をつくる。**300種以上**
- **グネツム綱 GNETOPHYTA** — 多くが熱帯生息の木性植物で、球果に種子をつくる。道管は針葉樹より開放されている。**70種以上**
- **蘚類 BRYOPHYTA** — 葉や房を茂らせ、卵と自由に泳ぐ精子をつくる。直立する蒴に胞子ができる。**1万2000種以上**
- **ヒカゲノカズラ植物門 LYCOPODIOPHYTA** — 葉を茂らせ、直立に伸びて胞子をつくる。卵生成は地下で行なわれるとされる。**1200種以上**
- **球果植物門 PINOPHYTA** — 球果をつくるほとんど木が含まれる。寒さや乾燥に耐えるため針葉になるものが多い。**630種以上**
- **イチョウ植物門 GINKGOPHYTA** — 球果や果実なしに種子をつくる木。中国原産。**1種**
- **被子植物 MAGNOLIOPHYTA** — 花から成長する果実に種子ができる。草本から大樹まで幅広い。**26万種以上**

- **スイレン属など NYMPHAEA など** — 表面が柔らかい水生植物で、水中に沈むか、水面に浮く葉をつける。**100種以上**
- **単子葉類 MONOCOTYLEDONEAE** — 葉脈のないひも状態の葉を茂らせる。花粉粒は発芽口があり、単子葉を持つ。**5万8000種以上**
- **アムボレラ科 AMBORELLA** — 小さな花をつけ、開放された道管を持たない低木。ニューカレドニア。**1種**
- **トウシキミなど ILLICIUM など** — ベリー様の果実をつける高木、低木、つる性植物。北アメリカとインド＝太平洋原産。**100種以上**
- **モクレン亜綱 MAGNOLIIDAE** — 双子葉植物に似た木性植物だが、花粉粒の発芽口はひとつのみ。**7100種以上**
- **進化した双子葉植物 EUDICOTYLEDONEAE** — 葉の形はさまざまで、網状の葉脈が走る。花粉粒の発芽口は3つで、双子葉。**19万種以上**

基本的な被子植物

参考資料 | 生物学

動物

動物は臓器と体腔に従って門に分かれる。最も単純な動物は消化管に開口部がひとつあるだけで、血液循環系も存在しない。もう少し高等な動物では、呼吸や排泄の器官と、発達した脳がある。ほとんどの動物は卵と自由遊動する精子によって有性生殖を行なうが、無性生殖の動物もいる。30あまりの門に分類される動物の90%以上は無脊椎である。ヒトを含む脊椎動物は脊索動物門という単一の門に属するが、この門には無脊椎動物も入っている。

海綿動物門 PORIFERA
濾過摂食を行ない、大半が海生で、細胞が結合した群体で発生するが、明らかな組織や臓器はない。二酸化珪素や石灰質の骨格を持つことが多い。
1万種以上

刺胞動物門 CNIDARIA
放射状の形を持ち、触手を持つ捕食者。生活環はクラゲ世代とポリプ世代がある。
1万1000種以上

輪形動物門 ROTIFERA
微小な水生奏物で、繊毛で泳いだり食餌をする。オスの存在が知られていない種も多い。
2000種以上

緩歩動物門 TARDIGRADA
微小な水生動物で鉤爪のついた短い4対の脚を持つ。体表を覆うクチクラのおかげで乾燥を生きのびる。湿った蘚類に生息。
1000種以上

有爪動物門 ONYCHOPHORA
イモムシ様の捕食動物で関節のない柔らかい身体と鉤爪のついた付属肢がある。頭部の腺から粘液を噴出して獲物を動けなくする。温暖で湿潤な森林に生息。
180種以上

有櫛動物門 CTENOPHORA
遊泳する海洋捕食動物で、粘ついた触手を持つ。繊毛が生えた櫛板列を動かす。
200種以上

扁形動物門 PLATYHELMINTHES
循環系またはえらを持たない平らな身体の渦虫。消化管は退化しているか、開口部が1つだけある。水生（プラナリア）か寄生虫（サナダムシ）が大半を
2万種以上

線形動物門 NEMATODA
消化管の両端が開口した筒形の動物。体腔は筋肉でできており、丈夫な表皮に覆われている。多彩な環境に生息。
2万種以上

節足動物門 ARTHROPODA
体節に分かれ、脚に関節を持つ。多様な種がある。丈夫な外骨格は成長とともに脱皮する。
130万種以上

毛顎動物門 CHAETOGNATHA
海生の捕食動物。口の周囲のとげで獲物を捕らえ、毒を注入して無力化させる。
150種以上

ウミグモ目 PYCNOGONIDA
クモに似た海生捕食動物で、3～4対の脚を持つ。身体は頭部、胸部、腹部が合着している。
1330種以上

クモ綱 ARACHNIDA
主に陸生の捕食動物で4対の脚と、口に鋏角という器官を持つ。頭部と胸部は合着。
10万3000種以上

ヤスデ綱 MILLIPEDES
多くの節に分かれた長い身体を持つ。ほとんどが草食。体節1個につき1対の足がある。
1万種以上

エダヒゲムシ綱 PAUROPODS
微小で目のない節足動物。土壌中に生息し、腐敗物から栄養を得る。
500種以上

ムカデ綱 CHILOPODA
多くの節に分かれた長い身体を持つ。ほとんどが肉食。体節1個につき1対の足がある。
3150種以上

コムカデ綱 SYMPHYLA
微小で目のない節足動物。土壌中に生息し、植物や腐敗物から栄養を得る。
200種以上

昆虫綱 INSECTA
頭部、胸部、腹部を持つ節足動物。胸部に肢が3対6本ある。
110万種以上

多足類

カブトガニ綱 MEROSTOMATA
捕食動物で4対の脚と鋏角を持ち、身体は甲殻で覆われている。
4種
鋏角亜門

貝虫綱 OSTRACODA
遊泳または匍匐する甲殻類で、ちょうつがいの付いた2枚の殻に覆われている。
5400種以上

顎脚綱および蔓脚類 MAXILLOPODA
カイアシは遊泳する。殻に覆われたフジツボは固着性。
1万8000種以上

ムカデエビ綱 REMIPEDIA
小さくて長い甲殻類。仰向けで泳ぎ、毒を獲物に注入して動かなくさせる。
20種

軟甲綱 MALACOSTRACA
鉱物で強化されることも多い甲殻に包まれた多肢の甲殻類グループ。
3万8000種以上

カシラエビ綱 CEPHALOCARIDA
小さくて細長い海生甲殻類で、頭が馬蹄形をしている。
15種

鰓脚綱 BRANCHIOPODA
淡水に生息する小さな甲殻類で、付属肢がひれに似ている。
1000種以上

甲殻類

ヒトの祖先

ヒト属の一員であるヒトは、200万年前に地球に出現した。その祖先はパラントロプスやアウストラロピテクスといった類人猿に近い属である。ホモ属には、かつてホモ・ネアンデルターレンシスなど何種類かが存在し、比較的最近まで生息していたが、現在はホモ・サピエンスが生きているのみである。ヒトおよび類人猿は、霊長目ヒト科に属している。

- アウストラロピテクス・アナメンシス（420～390万年前）
- サヘラントロプス・チャデンシス（700～600万年前）
- アルディピテクス・カダッバ（580～520万年前）
- オロリン・トゥゲネンシス（620～560万年前）
- アルディピテクス・ラミドゥス（450～430万年前）

600万年前 　 500万年前 　 400万年前

参考資料 | 生物学

動物界 ANIMALIA
160万種以上

内肛動物門 ENTOPROCTA
群体を形成する濾過摂食の海生動物で、外肛動物門に似ているが口と肛門が触手冠の内側にある。
150種以上

環形動物門 ANNELIDA
体節構造で内部に体腔と血管があり、泳いだり穴を掘ったりするための筋肉も持つ。ミミズはここに属する。
2万1000種以上

軟体動物門 MOLLUSCA
柔らかい身体に筋肉質の足を持ち、殻である外套をかぶっている。イガイやカタツムリが属する。
11万種以上

半索動物門およびその他 HEMICHORDATA AND OTHER FAMILIES
穴を掘り、濾過摂食を行なう海生動物。脊椎動物と同じく背側に神経索を持つ。
130種以上

18以上の小さな門 MINOR PHYLA
動物門のおよそ半数は、100前後の種しか属していない。そのほとんどは海生で、過去20年間に発見されたものである。
1000種以上

外肛動物門 ECTOPROCTA
群体を形成する濾過摂食の海生中心の動物で、肛門が触手冠の外側にある。
6000種以上

ヒモムシ門 NEMERTEA
海生の捕食動物で、吻のとげで獲物を刺し、毒を注入する。動物のなかで最大の体長を持つものもある。
1400種以上

腕足動物門 BRACHIOPODA
外見は軟体動物に似ている。2枚の殻で岩に固定する。繊毛の生えた触手を使って濾過摂食を行なう。
400種以上

棘皮動物門 ECHINODERMATA
五放射相称の海洋動物で、全体がとげで覆われ、無数の小さな管足が並ぶ。移動は水の流れに任せる。ヒトデがここに属する。
7000種以上

脊索動物門 CHORDATA
固い脊索を持つ動物で、成長すると脊椎骨に変化して軟骨あるいは硬い骨格の一部になる。
7万種以上

無脊椎脊索動物

タリア綱 THALIACEA
漂流しながら水を吸いこんで濾過摂食を行なう。巨大な群体を形成することがある。
80種

ホヤ綱 ASCIDIACEA
嚢のような形態で岩に付着し、水を吸いこんで濾過摂食を行なう。幼生は脊索を持つ。
2900種以上

ナメクジウオ綱 LEPTOCARDII
魚の幼生を思わせる小さな形態で濾過摂食を行なう。泳ぐための鰓裂と筋肉を持つ。
30種

脊椎脊索動物

円口類 CYCLOSTOMATA
単純な頭骨と不完全な軟骨様の脊椎を持つ。吸盤を思わせる口には「歯」のような突起がある。
130種

条鰭綱 ACTINOPTERYGII
骨格を持ち、ひれは鰭条で支えられる。
3万1000種以上

両生類 AMPHIBIA
4本の肢を持ち(ただしハダカヘビは脚がない)、肺呼吸で皮膚が湿っている脊椎動物。
6640種以上

鳥類 AVES
体表が羽毛で覆われ、翼を持つ2本脚の脊椎動物。殻の固い卵を産む。
1万200種以上

軟骨魚綱 CHONDRICHTHYES
軟骨の骨格を持つ。サメなど捕食性が大半を占める。
1200種

肉鰭綱 SARCOPTERYGII
ひれが強靭な筋肉で支えられた魚。陸上を匍匐できるものもいる。
8種

爬虫類 REPTILIA
4本の肢を持ち(ヘビや一部のトカゲは脚がない)、皮膚にうろこのある動物。ほとんどは殻の固い卵を産む。
9400種以上

哺乳類 MAMMALIA
4本の肢を持ち、血液が温かい脊椎動物。皮膚が毛で覆われ、ほとんどは幼生である。
5400種以上

- ホモ・ハビリス（240〜160万年前）
- アウストラロピテクス・アファレンシス（370〜300万年前）
- ホモ・ルドルフェンシス（180〜190万年前）
- アウストラロピテクス・アフリカヌス（330〜210万年前）
- パラントロプス・エチオピクス（270〜230万年前）
- ホモ・エルガステル（190〜150万年前）
- ホモ・エレクトゥス（180〜3万年前）
- アウストラロピテクス・ガルヒ（250〜230万年前）
- ホモ・アンテセッサー（120〜50万年前）
- ホモ・ハイデルベルゲンシス（60〜20万年前）
- パラントロプス・ボイセイ（230〜140万年前）
- ホモ・ネアンデルターレンシス（35〜3万年前）
- パラントロプス・ロブストス（200〜120万年前）
- ホモ・サピエンス（20万年前〜）
- アウストラロピテクス・セディバ（200〜180万年前）
- ホモ・フローレシエンシス（10〜1万年前）

300万年前　　200万年前　　100万年前　　現在

天文学と宇宙

太陽系の惑星

太陽系を構成するのは我々の地球と太陽、そして太陽を中心とする軌道を描く8つの惑星と、その他たくさんの天体である。太陽に近い水星、金星、地球、火星は岩石でできており、外側にある木星、土星、天王星、海王星は巨大ガス惑星と呼ばれる。

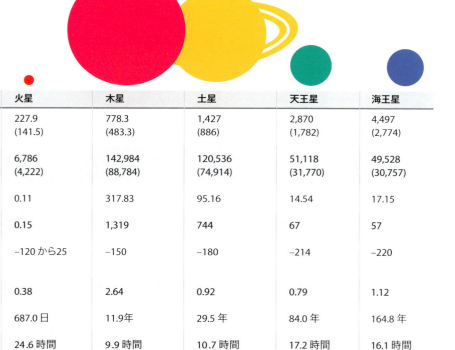

惑星名	水星	金星	地球	火星	木星	土星	天王星	海王星
太陽からの距離（100万km）	57.9 (36.0)	108.2 (67.2)	149.6 (93)	227.9 (141.5)	778.3 (483.3)	1,427 (886)	2,870 (1,782)	4,497 (2,774)
赤道部分の直径（km）	4,879 (3,033)	12,104 (7,523)	12,756 (7,928)	6,786 (4,222)	142,984 (88,784)	120,536 (74,914)	51,118 (31,770)	49,528 (30,757)
質量（地球＝1とする）	0.06	0.82	1	0.11	317.83	95.16	14.54	17.15
体積（地球＝1とする）	0.056	0.86	1	0.15	1,319	744	67	57
表面温度（℃）	−180 から 430	480	−70 から 55	−120 から 25	−150	−180	−214	−220
表面重力（地球＝1とする）	0.38	0.91	1	0.38	2.64	0.92	0.79	1.12
公転周期（年）	87.9日	224.7日	365.3日	687.0日	11.9年	29.5年	84.0年	164.8年
自転周期（日）	58.6日	243.0日	23.9時間	24.6時間	9.9時間	10.7時間	17.2時間	16.1時間
軌道速度（km／秒）	47.9	35.0	29.8	24.1	13.1	9.6	6.8	5.4
確認された衛星の数	0	0	1	2	64	62	27	13

ケプラーの惑星運動の法則

17世紀の天文学者ヨハネス・ケプラー（1571〜1630年）が提唱した、宇宙のまわりを回る惑星の動きに関する法則。惑星の描く軌道が円ではなく楕円であること（p.100-101 参照）、太陽から遠ざかるほど軌道速度が遅くなることを示している。

法則	内容
第1法則	楕円軌道の法則とも呼ばれ、惑星は太陽をひとつの焦点とする楕円軌道を描くというもの。楕円は長軸上に2つの焦点があり、どちらかいっぽうの焦点と円周上の任意の1点、さらに残りの焦点を結んだ距離はつねに一定である。
第2法則	面積速度一定の法則とも呼ばれ、惑星が軌道上を進む速度は変化することを示している。太陽の中心と惑星の中心を結ぶ線分が単位時間に描く面積は一定、すなわち太陽に近いほど惑星の速度は速く、遠ざかるほど遅くなる。
第3法則	調和の法則とも呼ばれ、太陽からの距離と公転周期の関係を数学的に示している。公転周期の2乗は、太陽からの平均距離の3乗に比例する。これを使えば、惑星ごとの公転周期と距離を計算できる。

恒星のスペクトル分類

恒星が発する光をスペクトルという波長ごとの帯に分けると、暗線や輝線の位置関係から恒星の大気の化学組成がわかる。これに基づいて恒星は7つの型に分類される。

型	色	主要スペクトル線	平均温度	代表的な恒星
O	青	He^+, He, H, O^{2+}, N^{2+}, C^{2+}, Si^{3+}	45,000℃	ほ座ガンマ星
B	青〜青白	He, H, C^+, O^+, N^+, Fe^{2+}, Mg^{2+}	30,000℃	リゲル
A	白	H, イオン化金属	12,000℃	シリウス
F	黄白	H, Ca^+, Ti^+, Fe^+	8,000℃	プロキオン
G	黄	H, Ca^+, Ti^+, Mg, H, 分子バンド	6,500℃	太陽
K	橙	Ca^+, H, 分子バンド	5,000℃	アルデバラン
M	赤	TiO, Ca, 分子バンド	3,500℃	ベテルギウス

星の等級

星の明るさを表わす尺度と等級と呼ぶ。下図は地球からの見かけの明るさを示したもの。明るい星なのに等級はマイナスだったりする。等級は1段階変わるごとに明るさが2.5倍増減するので、5等級上がると明るさは約100倍になる。今日の天文学では、100分の1等級まで区別している。下図では比較をわかりやすくするため、空を見たときに最も明るい星である金星を入れた。

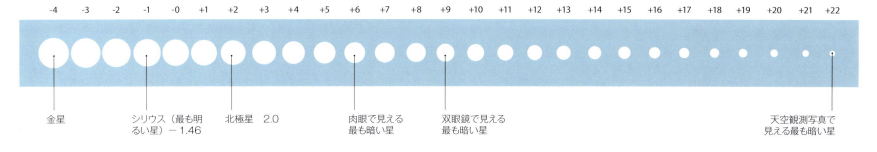

ヘルツシュプルング=ヘンリー・ラッセル図

ヘルツシュプルング=ヘンリー・ラッセル図（H-R図）は、デンマークとアメリカの天文学者、アイナー・ヘルツシュプルングとヘンリー・ノリス・ラッセルが、恒星の明るさ、表面温度、等級、スペクトル型をもとに作成した図。ほとんどの星で、高度と温度の単純な関係（温度が高い星ほど明るい）が成りたっていることがわかり、天文学の世界で最も使われている図である。この図からは、赤色矮星と青色巨星を結ぶ対角線上の主系列に、大多数の星が入ることもわかる。星の寿命はとても長いが、人間の一生のあいだで見る星は、この図のどこかの位置に過ぎない。星の核にある水素が尽きて寿命が終わりに近づくと、主系列をはずれて別の位置に移動する。移動先は星の質量で決まる。

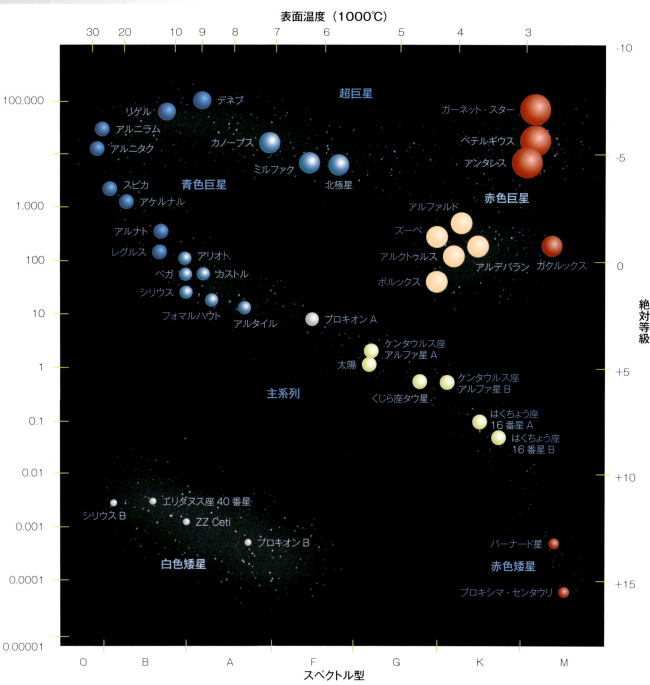

地球科学

地質時代区分

この年表は国際的に認められた時代区分で、40億年前からの地球の歴史を示している。最も大きい区分名称は累代で、そのあとに代、紀、世、期と続く（下図では期は省略）。世界のどの場所でも、岩石層やそこで見つかる化石の年代はこの区分を当てはめる。

時代区分は、沈積岩の分析からわかる海洋や大気の化学変化など、いくつかの根拠をもとに決められている。岩相層序は沈積岩の種類や化学成分に着目し、生層位は化石を基準にする――世界中どこでも、同じ地層から発見される化石は時代が同じものである。年代層序は放射年代測定を行ない、特定の鉱物が結晶化した時代を算出する。地磁気層序は地球磁場の極性変化を調べる。

累代	先カンブリア時代							
代	始生代				原生代			
代	原始生代	古始生代	中始生代	新始生代	古原生代	中原生代	新原生代	
年代（100万年前）	4,000.0	3,600.0	3,200.0	2,800.0	2,500.0	1,600.0	1,000.0	541.0

累代	顕生代													
代	古生代									中生代				
紀	石炭紀					ペルム紀			三畳紀			ジュラ紀		
世	ミシシッピアン紀			ペンシルバニアン紀			シスウラリアン	グアダルピアン	ロービンジアン	前期	中期	後期	前期	中期	後期
	前期	中期	後期	前期	中期	後期									
年代（100万年前）	358.9	346.7	330.9	323.2	315.2	307.0	298.8	272.3	259.9	252.2	247.2	237.0	201.3	174.1	163.5

鉱物の分類

鉱物とは天然に産した無機質結晶質のことで、種類によって化学組成が定まっている。鉱物は4000種類以上あるが、豊富に産出するものは100種類程度。化学組成に従って大きく次のように分類されている。

分類	およその種類	例
硫化鉱物	600	黄鉄鉱、方鉛鉱
ケイ酸塩鉱物	500	カンラン石、石英、長石、ざくろ石
酸化鉱物および水酸化鉱物	400	クロム鉄鉱、赤鉄鉱
リン酸塩鉱物およびバナジン酸塩鉱物	400	燐灰石、カルノー石
硫酸塩鉱物	300	硬石膏、重晶石、石膏
炭酸塩鉱物	200	方解石、アラレ石、苦灰石
ハロゲン化鉱物	140	蛍石、岩塩、カリ岩塩
ホウ酸塩鉱物および硝酸塩鉱物	125	ホウ砂、灰硼鉱、クルトナイト、チリ硝石
モリブデン酸塩鉱物およびタングステン酸塩鉱物	42	モリブデン鉛鉱、鉄マンガン重石
元素	20	自然金、プラチナ、自然銅、自然硫黄、炭素

岩石の種類

岩石とは鉱物が自然に固結したもの。地球上のすべての岩石は、火成岩、堆積岩、変成岩に大別され、さらにそのなかで細分化されている。岩石の大半は長い時間のあいだに再生され、新たな岩石になる。

種類	説明
火成岩	溶岩やマグマが冷えて結晶化してできたもの。溶岩が急速に冷えると粒が細かくなり、ゆっくり冷えたものは粒が粗くなる。
堆積岩	地球上の堆積物が固結してできた。堆積岩が風化や浸食を受けて内陸に移動し、地層をつくる。動植物の化石は堆積岩内で見つかる。
変成岩	火成岩や堆積岩が高熱や高圧を受けて地殻に押しこめられ、流動や再結晶化が起こったもの。

参考資料 | 地球科学

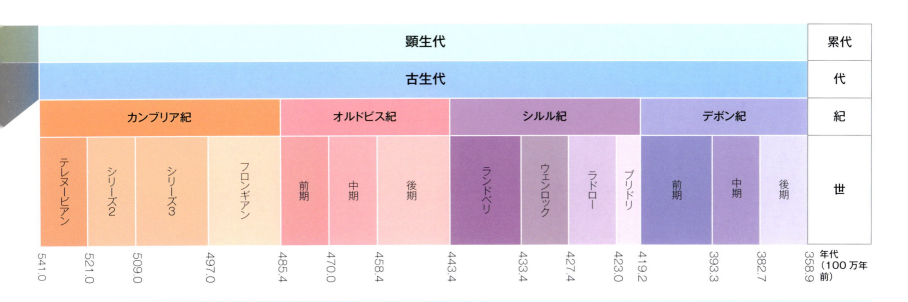

構造プレート

地球の岩石圏（地殻とマントル層上部）は、9つの巨大プレートと6～7枚の中程度プレート、それに無数のマイクロプレートで構成されている。
プレートの境界には、たがいに遠ざかる発散型と、近づこうとする収束型、断層面で横ずれするトランスフォーム型がある。発散型と収束型の運動が大陸を移動させ、内海や山脈を形成する。

主な構造プレート

1. 北アメリカプレート
2. 太平洋プレート
3. ナスカプレート
4. 南アメリカプレート
5. アフリカプレート
6. アラビアプレート
7. ユーラシアプレート
8. 南極プレート
9. インド＝オーストラリアプレート

人名一覧

本書に登場する主な人物をまとめた。本文［囲み］で紹介した人物は該当ページを記載している。

アークライト，リチャード（1732 ～ 1792 年）
イギリスの発明家。綿糸を自動で紡ぐ水力紡績機を開発。この紡績機を並べた専用の工場は大量生産の最初の例で、産業革命のきっかけとなった。

アインシュタイン，アルベルト
ドイツ生まれのアメリカ人物理学者（1879 ～ 1955 年）p.242 参照

アヴィセンナ（イブン・スィーナーを参照）

アヴォガドロ，アメデオ（1776 ～ 1856 年）
イタリアの数理物理学者。温度と圧力と体積が一定であれば、どんな気体も分子数は同じだと唱えた。1molの物質に含まれる素粒子の数はアヴォガドロ定数と呼ばれる。

アニング，メアリー
イギリスの化石ハンター（1799 ～ 1847 年）p.17 参照

アブドゥッサラーム（1926 ～ 1996 年）
パキスタンの核物理学者。弱い核力と素粒子の電磁相互作用を統一する電弱理論で 1979 年のノーベル物理学賞を共同受賞する。ロンドンで理論物理学の教授を務めていたが、イスラム教徒の科学者としては初の受賞だった。

アリスタルコス，サモスの（紀元前 310 ～ 230 年頃）
ギリシアの天文学者。地球は太陽の周囲を回っていると初めて唱えた。著書《太陽と月の大きさと距離について》のなかで、地球から太陽までの距離は地球から月までの 20 倍、太陽の大きさは地球の 20 倍と計算した。結果は誤りだが、先駆的な試みは後世の天文学研究に道を開いた。

アリストテレス
ギリシアの哲学者（紀元前 384 ～ 322 年）p.29 参照

アルヴァレズ，ルイス・ウォルター
アメリカの物理学者（1911 ～ 1988 年）p.311 参照

アルキメデス（紀元前 290 ～ 212 年頃）
ギリシアの発明家・哲学者・数学者。流体に沈めた物体には、押しのけられた流体の重さに等しい上向きの力がかかることを発見。数論、幾何学、力学の著書があり、ローマに攻められたシュラクサイを守るための攻城兵器をつくり、揚水ポンプであるアルキメデスのねじも考案した。

アル＝キンディー（アブ・ユースフ・ヤアクーブ・イブン・アル＝キンディー）（801 頃～ 873 年頃）p.46 参照

アルハゼン（965 ～ 1040 年）
アラブの数学者・天文学者・物理学者で、光学の父と呼ばれる。光は目が発するのではなく、外から目に入ってくると考え、《光学の書》では反射と屈折、人間の目の構造について記した。現実的な宇宙モデルの考案者でもある。

アル＝フワーリズミー（780 頃～ 850 年頃）
ペルシアの数学者・地理学者・天文学者。アラビア・インド数字と代数学を西洋に伝えた。バグダードにあった知恵の館で翻訳と研究に従事し、2 冊の数学指導書を執筆、プトレマイオス著《ゲオグラフィア》を改訂した。世界中の場所を座標で表わす方法を考案した。アルゴリズムという言葉は、アル＝フワーリズミーのラテン語読みに由来する。

アル・ラーズィー（ラーゼス）
アラブの哲学者（865 頃～ 925 年頃）p.48 参照

アレニウス，スヴァンテ・アウグスト（1859 ～ 1927 年）
スウェーデンの物理学者・化学者。電解質解離の理論でノーベル化学賞を受賞。大気中の二酸化炭素が温室効果を引きおこすことを最初に認識した。月面には彼にちなんだクレーター、アレニウスがある。

アンペール，アンドレ＝マリ
フランスの数学者・物理学者（1775 ～ 1836 年）p.181 参照

イシドールス，セビーリャの
スペインの神学者（560 頃～ 636 年）p.42 参照

イブン・スィーナー（アヴィセンナ）
ペルシアの医師（980 ～ 1037 年）p.50 参照

インゲンホウス，ヤン
オランダの医師（1730 ～ 1799 年）p.155 参照

ヴァールブルク，オットー・ハインリヒ（1883 ～ 1970 年）
ドイツの生化学者・医師。悪性腫瘍と細胞の呼吸に関する研究で 1931 年ノーベル医学・生理学賞を受賞。カイザー・ヴィルヘルム研究所長を務め、黄色酵素の性質とふるまいを発見した。自らの研究を《腫瘍の代謝》（1931 年）にまとめた。

ヴァイスマン，アウグスト（1834 ～ 1914 年）
ドイツの生物学者。近代遺伝学の創始者。すべての生物は独自の安定した遺伝物質を持って生まれてくるという生殖細胞系列理論にある。ダーウィン進化論を支持していたヴァイスマンは、獲得形質の継承という発想に異を唱えた。

ウィリアム，オッカムの
ドイツの哲学者（1285 頃～ 1349 年頃）p.65 参照

ウィルヒョー，ルドルフ・カール（1821 ～ 1902 年）
ドイツの医師。現代病理学の基礎を築いた。「すべての細胞は他の細胞に由来する」という言葉で知られ、病気は正常な細胞の変化で引きおこされると考えた。社会医学にいち早く着目し、公衆衛生の向上に努めた。

ヴェーゲナー，アルフレート
ドイツの地球物理学者・気象学者（1880 ～ 1930 年）p.252 参照

ヴェーラー，フリードリヒ（1800 ～ 1882 年）
ドイツの化学者。シアン酸アンモニウムから有機化合物を初めて合成。ゲッティンゲン大学の化学教授として、炭化カルシウムを発見したほか、シリコンとベリリウムを分離し、アルミニウム製造法を開発した。

ヴェサリウス，アンドレアス（1514 ～ 1564 年）
フランドルの医師。パドヴァ大学で近代解剖学の基礎を築いた。解剖から得た知識をまとめた《人体の構造》には、人体内部の詳細な図版が収録されていた。また人体を使って綿密な観察を行なう方法を重視し、解剖学指導にも革命を起こした。

ヴェンター，クレイグ
アメリカの生物学者（1946 年生）p.347 参照

ヴォルタ，アレッサンドロ（1745 ～ 1827 年）
イタリアの物理学者。電流を発生させる初の電池であるヴォルタ電堆を発明した。パヴィア大学教授時代に静電気を発生させる電気盆を開発し、メタンを分離した。電位の単位ボルトは彼の名前に由来する。

ウォレス，アルフレッド・ラッセル
イギリスの博物学者（1823 ～ 1913 年）p.203 参照

エールリヒ，パウル
ドイツの細菌学者（1854 ～ 1915 年）p.247 参照

エウクレイデス（紀元前 330 頃～ 260 年頃）
ギリシアの優れた数学者。幾何学の父と呼ばれる。アレクサンドリアで数学教師をしており、全 13 巻の幾何学書《原論》を著わした。これは古代における最も重要な数学指導書とされ、19 世紀まで広く使われていた。

エジソン，トマス・アルヴァ
アメリカの発明家（1847 ～ 1931 年）p.221 参照

エディントン，アーサー
イギリスの天文学者・数学者・天文物理学者（1882 ～ 1944 年）p.257 参照

エラトステネス，キュレネの（紀元前 276 頃～ 194 年頃）
ギリシアの数学者・天文学者。地球の大きさを初めて算出した。図書館長を務めていたアレクサンドリアで地軸の傾きを測定し、地球の円周を 25 万スタディオンとはじきだした。1 スタディオンの長さははっきりしないが、実際の値との差は小さい。また閏年を入れた暦をつくり、経度と緯度の概念を導入した。

エルステッド，ハンス・クリスティアン（1777 ～ 1851 年）
デンマークの化学者・物理学者。磁気コンパスに電流を通した電線を近づけると針が動くことから、電気と磁気の関連を示した。磁場の強さを示す単位エルステッドは彼にちなむ。

オーウェン，リチャード（1804 ～ 1892 年）
イギリスの解剖学者・古生物学者。恐竜（dinosauria）という言葉を考案した。恐竜に関する著作を発表するとともに、他の爬虫類とは異なる分類を行なった。ロンドンにある自然史博物館の設立に尽力する。進化論を支持していたが、ダーウィンの理論は真っ向から批判した。

オートレッド，ウィリアム（1574 ～ 1660 年）
イギリスの数学者・教師。計算尺を発明。著作《数学の鍵》（1631 年）で乗法を表わす「×」を初めて用いた。

オーム，ゲオルク・ジモン（1789 ～ 1854 年）
ドイツの物理学者。電流と電圧のあいだに成りたつオームの法則を発見。当初は批判が激しく、オームは教授職を辞したが、後年価値が認められた。

オイラー，レオンハルト
スイスの数学者（1707 ～ 1783 年）p.152 参照

オットー，ニコラウス・アウグスト（1832 ～ 1891 年）
ドイツの技術者。4 ストローク内燃機関を発明して賞も受賞した。オットー・サイクルと呼ばれる理論を用いたこのエンジンは蒸気機関に代わるもので、カール・ベンツやゴットフリート・ダイムラーが最初の自動車に採用した。

オッペンハイマー，ロバート（1904 ～ 1967 年）
アメリカの物理学者。原爆の父と呼ばれる。亜原子粒子の研究者で、1941 年からグローヴズ准将率いるマンハッタン計画に参加。1946 年には大統領功労賞を授与される。1953 年に共産主義活動で公職追放されたが、1963 年にエンリコ・フェルミ賞を受賞した。

オルバース，ハインリヒ・ヴィルヘルム（1758 ～ 1840 年）
ドイツの天文学者・物理学者。彗星に関する理論的な研究を行ない、小惑星 2 個と彗星 5 個を発見した。なぜ夜空は暗いのかというオルバースのパラドックスが解決したのは、彼の死後のことだった。

オングストローム，アンデルス（1814 ～ 1874 年）
スウェーデンの物理学者。気体が放射・吸収する光の波長は温度に関係ないことを発見。熱、磁気、光学、太陽光スペクトルに関する論文を執筆、北極光のスペクトルを初めて分析した。オングストロームは長さの単位で 10^{-10}m を表わす。

カーソン，レイチェル・ルイーズ
アメリカの海洋生物学者（1907 ～ 1964 年）p.290 参照

ガイガー，ハンス（1882 ～ 1945 年）
ドイツの物理学者。放射線を検知・測定するガイガー計測器を開発した。マンチェスター大学でアーネスト・ラザフォードに師事していたガイガーは、アーネスト・マースデンの協力を得ながら原子に核があることを実証する実験を行なった。のちに学生のヴァルター・ミュラーとともにガイガー計測器の精度を向上させた。

ガウス，カール・フリードリヒ
ドイツの数学者・物理学者（1777 ～ 1855 年）p.163 参照

郭守敬（1231 ～ 1316 年）
中国の技術者・天文学者・数学者。1 年を 365 日とする正確な授時暦で知られる。また天文羅針儀や水力時計を製作し、北京に昆明湖を建設したほか、球体三角法を考案した。

参考資料 | 人名一覧

ガッサンディ, ピエール（1592〜1655年）
フランスの聖職者・数学者・哲学者。エピクロス主義に基づいた原子論とキリスト教義の融合を試みた。自然の調和は神の存在証明であるととらえ、1642年に《反デカルト研究》を著わす。1631年に水星通過を最初に観測した。

カッシーニ, ジョヴァンニ（1625〜1712年）
イタリア生まれのフランスの天文学者。土星の環に隙間（カッシーニの隙間）があることを発見する。土星の4つの衛星と、木星の大赤点も発見している。黄道光は気象ではなく天文現象であることを突きとめたのも彼だった。

カメルリング・オネス, ヘイケ（1853〜1926年）
オランダの物理学者。低温物性の研究と液体ヘリウム生成の業績で1913年のノーベル物理学賞を受賞。低温学の研究から超伝導を発見した。

ガモフ, ジョージ（1904〜1968年）
ソ連生まれのアメリカ人原子物理学者・宇宙論者。ビッグバン理論の形成に貢献した。またDNA内のパターンが遺伝コードであると提唱した。《トムキンス》シリーズなど一般向けの科学書でも知られる。

ガリレイ, ガリレオ
イタリアの自然哲学者・天文学者・数学者（1564〜1642年）p.97参照

ガルヴァーニ, ルイジ（1737〜1798年）
イタリアの医師。死んだカエルの脚を使い、神経末端に金属片を当てると筋肉が痙攣する実験を行なった。このことから神経伝達は「動物電気」が行なうとされ、のちにふつうの電気と同じであることが判明した。錆を防ぐための亜鉛めっきをガルバニゼーションと呼ぶのは彼にちなんでいる。

カルノー, ニコラ・レオナール・サディ（1796〜1832年）
フランスの物理学者、軍事技術者。熱力学の父と称される。1824年の著作《火の動力およびその動力機械に関する考察》で紹介したカルノー・サイクルは、物理法則が許す最も効率的な熱機関である。業績が評価され、熱力学第2法則の発見者として認められたのは死後のことである。

ガレノス, クラウディウス
ローマの医師・外科医・哲学者（130頃〜210年頃）p.37参照

カント, イマヌエル（1724〜1804年）
ドイツの哲学者。知識、倫理、美学に関する考察はその後の哲学思想に大きな影響を与えた。「私は何を知ることができるのか？」という問いかけのもと、合理主義（自らの精神が構築しうるものだけを知りうる）と経験主義（感覚が示すものだけを知りうる）の融合をめざした。

キャヴェンディッシュ, ヘンリー（1731〜1810年）
イギリスの物理学者・化学者。「燃える空気」こと水素の研究で知られる。人間嫌いで、莫大な遺産を使って化学、電気学などさまざまな科学実験に生涯を捧げた。とくに地球の重さを測る実験は有名。

キュヴィエ, ジョルジュ（1769〜1832年）
フランスの動物学者。化石と現生動物を比較する研究で比較解剖学および古生物学を確立した。あらゆる種の生物が過去のどこかで絶滅していたことを示し、大量絶滅は大災害によるという天変地異説を唱えた。

キュリー, マリー
ポーランド系フランス人物理学者・化学者（1867〜1934年）p.233参照

ギルバート, ウィリアム（1544〜1603年）
イギリスの物理学者。国王の侍医も務めた。磁気研究の父とも呼ばれる。地球の磁気的性質を明らかにし、電気的引力、電気力、磁極といった言葉を考案した。

グース, アラン（1947年生）
アメリカの理論物理学者・宇宙論学者。ビッグバン中の急速なインフレーション期が、極小だった宇宙を拡大していったというインフレーション理論を発表した。

グーテンベルク, ヨハネス
ドイツの発明家（1395頃〜1468年頃）p.69参照

グールド, スティーヴン・ジェイ（1941〜2002年）
アメリカの古生物学者・進化生物学者。ナイルズ・エルドレッジと共同で、進化には静止期と突発的な変化の時期があるという断続平衡説を提唱した。ハーヴァード大学教授で、進化論をわかりやすく伝えるグールドは、特殊創造説に異を唱え、科学と宗教はまったく別個の領域だと主張した。

グドール, ジェーン（1934年生）
イギリスの動物行動学者。タンザニアのゴンベ・ストリーム国立公園で45年にわたってチンパンジーの観察を行なった。人類学者ルイス・リーキーの助手だった彼女は、1960年にゴンベ・ストリームにキャンプを設置した。チンパンジーが雑食性であり、道具をつくる能力があり、複雑な社会行動をとることはすべてグドールの発見である。

グリーン, ブライアン（1963年生）
アメリカの物理学者・数学者。相対性理論と量子理論の統合を試みる弦理論を提唱し、宇宙内のすべての粒子と力は微小なひもが生みだしたと主張した。科学を親しみやすく伝える著書《エレガントな宇宙》はピューリッツァー賞の最終選考に残った。

クリック, フランシス（1916〜2004年）
イギリスの生物物理学者・神経科学者。ジェームズ・ワトソンと共同で、デオキシリボ核酸（DNA）の構造を突きとめた。これによりDNAには生命が受けついだ情報がおさめられていることがわかった。クリックとワトソン、それに生物物理学者モーリス・ウィルキンズは1962年ノーベル生理学・医学賞を受賞した。

クルックス, ウィリアム（1832〜1919年）
イギリスの化学者・物理学者。真空管の研究とタリウムの発見で知られる。莫大な遺産を相続した彼は科学研究に没頭し、陰極線を調べるためにクルックス管を発明した。学術雑誌《ケミカル・ニューズ》を創刊し、光の放射を回転運動に変換させる放射計を発明した。

クレブス, ハンス（1900〜1981年）
ドイツ生まれのイギリス人医師・生化学者。生体におけるクエン酸サイクル（クレブス回路）を発見、フリッツ・リップマンとともに1953年のノーベル医学・生理学賞を受賞。哺乳動物がアンモニアを尿素に変換する尿素回路も発見した。

ゲイ=リュサック, ジョゼフ=ルイ（1778〜1850年）
フランスの化学者・物理学者。気体の研究で知られる。化学者ベルトレの助手として、ときには熱気球に乗って気体、蒸気、温度、地磁気の実験を行なった。気体の体積に関する法則のほか、ホウ素の発見も行なった。

ゲーリケ, オットー・フォン（1602〜1686年）
ドイツの物理学者・工学家・哲学者でマグデブルクの市長。気圧を測り、真空の特性を調べるための真空ポンプを発明、のちにフェルディナント3世の前で披露した。1663年には、硫黄球を回転し摩擦することで静電気を発生させた。

ケクレ, フリードリヒ・アウグスト（1829〜1896年）
ドイツの化学者。有機化学における分子構造理論の創始者。ゲント大学、ボン大学で教授を務め、炭素原子が鎖状につながることを示し、その後ベンゼン環を発見した。

ゲッパート=メイヤー, マリア（1906〜1972年）
ドイツ生まれのアメリカ人理論物理学者。原子核の殻構造理論を提唱して、1963年のノーベル物理学賞を受賞。量子電気力学と分光学でも業績を残し、夫であるアメリカ人化学者ジョゼフ・メイヤーと有機分子の研究も行なった。マンハッタン計画ではウラン同位体の分離に取りくんだ。

ケプラー, ヨハネス
ドイツの天文学者（1571〜1630年）p.95参照

ケルヴィン卿（ウィリアム・トムソン参照）

コーエン, スタンリー・ノーマン（1935年生）
アメリカの遺伝学者・微生物学者・遺伝子工学の先駆者。1972年、スタンフォード大学の同僚であるハーバート・ボイヤー、ポール・バーグと遺伝子の結合と移植を行なった。これがのちに、カエルのリボゾームRNAを細菌の細胞に移すという遺伝子工学の初の実験へとつながった。

コーシー, オギュスタン=ルイ（1789〜1857年）
フランスの数学者・著述家・分析の先駆者。極限算法、確率、数理物理学などの分野で5冊の指導書と800を超える論文を発表した。

コープ, エドワード・ドリンカー（1840〜1897年）
アメリカ古生物学の先駆者。第三紀の脊椎動物の化石を1000点以上発見して、古生物学の礎を築いた。絶滅した魚や恐竜などに関する論文も1200本以上執筆。1877年からはライバルのオスニエル・マーシュと「骨戦争」を繰りひろげ、膨大な数の化石を発掘したものの、その激しさに両者は社会的評価を落とし、財産も使いはたした。

ゴダード, ロバート・H（1882〜1945年）
アメリカの物理学者。液体燃料ロケットを最初につくった。クラーク大学教授だったゴダードが書いた《極限高度に到達する一方法》（1919年）は、20世紀ロケット科学の古典的論文と評価されている。3軸制御、回転儀、操縦可能な推力装置を開発し、1926〜1941年に34基のロケットを発射させた。

コッホ, ロベルト（1843〜1910年）
ドイツの医師。結核菌を発見して1905年のノーベル医学・生理学賞を受賞。微生物学・細菌学の創始者のひとり。炭疽とこれらの病原菌も発見した。病原菌と疾病の関係を確立するための4原則を提唱している。

コペルニクス, ニコラウス
ポーランドの天文学者（1473〜1543年）p.76参照

コリオリ, ガスパール=ギュスターヴ（1792〜1843年）
フランスの技術者・数学者。コリオリの力で知られる。地球の周囲の気団のように、回転する物体にかかる力である。コリオリは生涯を応用力学、摩擦と水力学の研究に捧げ、「仕事」「運動エネルギー」といった用語を導入した。

ゴルジ, カミッロ（1843〜1926年）
イタリアの生物学者・病理学者。中枢神経系の研究で1906年のノーベル医学・生理学賞を共同受賞。硝酸銀を使った神経組織着色法、通称「黒い反応」を開発し、ゴルジ体を発見した。

サマヴィル, メアリー（1780〜1872年）
スコットランドの天文学者・地理学者。正規教育はほとんど受けていないが、1831年にラプラス《天体力学概論》を翻訳して高く評価される。科学の普及にも努めて数多くの著作を発表、「科学の女王」と呼ばれた。1835年、キャロライン・ハーシェルとともに王立天文学協会の初の女性会員となった。

サンガー, フレデリック（1918年生）
イギリスの生化学者。ノーベル化学賞を2度受賞した唯一の人物。1958年はタンパク質の一種インシュリンの構造解明で、1980年はDNA分子の配列決定法で受賞した。後者はゲノムDNAの配列解明に活用された。

ジーメンス, ヴェルナー・フォン（1816〜1892年）
ドイツの電気技術者。電信産業の発展に大きな役割を果たした。発電機と電気めっき法を発明した。ドイツに初の電信線を敷設し、電信会社を共同設立した（現在のジーメンスAG）。電気伝導率の単位は彼の名にちなんでいる。

ジーンズ, ジェームズ（1877〜1946年）
イギリスの物理学者・数学者・天文学者。渦巻星雲、多重連星系、巨星、矮星を研究し、宇宙全体で物質がたえず創出されていると仮説を立てた。天文学知識の紹介にも努め、1929年に《我々のまわりの宇宙》を出版した。

ジェンナー, エドワード（1748〜1823年）
イギリスの医師。乳搾りの女たちに天然痘患者が少ないのは、牛痘に感染していたからだと考え、天然痘ワクチンを開発した。5年後には牛痘接種が普及した。天然痘は1980年に撲滅が宣言された。

シャップ, クロード（1763〜1805年）
フランスの発明家。腕木通信を発明してフランス本土の通信網を整備し、ナポレオン・ボナパルトの遠征のニュースを伝えた。1772年に兄のイニャスとパリ=リール間の腕木通信実験に成功。1774年にはフランス全土とヨーロッパの地域513か所に通信塔が設置された。腕木通信は1846年に電信に取って替わられた。

シャトレ, エミリー・デュ（1706〜1749年）
フランスの物理学者・数学者。アイザック・ニュートン《自然哲学の数学的諸原理》をフランス語に訳した。いまなお同書の完全仏語訳として使われている。愛人のヴォルテールと暮らし、科学、

369

参考資料 | 人名一覧

哲学、宗教に重要な著作を残した。

シャルガフ，エルヴィン
オーストリア人生化学者（1905～2002年）p.279参照

ジュール，ジェームズ・プレスコット（1818～1889年）
イギリスの物理学者。エネルギーは形態を変えるだけで、創出も破壊もできないというエネルギー保存理論の基礎を築いた。熱はエネルギーであることを示し、熱の仕事当量の確立に貢献した。

シュタール，ゲオルク（1660～1734年）
ドイツの医師・化学者。燃焼するすべての物質には燃素が含まれているという説を提唱。のち否定されたが、この燃素説はとりわけ鉱業で実用性が高かったために長年支持された。

シュレーディンガー，エルヴィン（1887～1961年）
オーストリアの理論物理学者。量子力学への貢献で1933年にノーベル物理学賞を共同受賞した。波動力学の方程式を導きだしたほか、著書《生命とは何か？》で分子生物学にも大いに影響を与えた。

シュヴァン，テオドール（1810～1882年）
ドイツの生理学者。すべての生物は細胞で構成されていると提唱して組織学の基礎を築いた。消化酵素ペプシンと、神経の軸索を囲む細胞も発見した。自然発生説を否定し、「代謝」という言葉を考案した。

ショックリー，ウィリアム・ブラッドフォード（1910～1989年）
アメリカの物理学者。トランジスタを発明して1956年にノーベル物理学賞をジョン・バーディーン、ウォルター・ブラッテンと共同受賞した。スタンフォード大学工学部教授を務めながらトランジスタを商品化し、それがカリフォルニアのシリコン・バレーの発展につながった。後年は優生学を支持し、低IQ者の断種を主張して物議をかもした。

沈括（1031～1095年）
中国の博識家。地磁気の偏角を発見し、磁気コンパスをつくった。著書《夢溪筆談》には、可動活字、化石に関する地質学的仮説のほか、星図作成の野心的な発想も記されている。

スネル，ヴィレブロルト（1580～1626年）
オランダの物理学者・数学者。屈折の法則を発見する。1617年に三角測量による地球の測定手法を提案、1621年に屈折の法則を発見。

スノウ，ジョン（1813～1858年）
イギリスの医師。近代疫学の先駆者。1839年にコレラが飲料水媒介であるとする説を発表、コレラが発生したロンドンのブロード・ストリートを調査して自説を立証した。ヴィクトリア女王にクロロホルムを使った麻酔を行ない、ガス麻酔法を推進した。

スパランツァーニ，ラザロ（1729～1799年）
イタリアの生物学者・生理学者。動物の生殖と身体機能に関する実験的研究を行なった。自然発生説に疑問を抱き、生きた細胞が酸素を消費し、二酸化炭素を排出することを示した。哺乳動物の生殖には精子と卵子が必要であることを実証し、犬の人工授精を行なった。

スピッツァー，ライマン（1914～1997年）
アメリカの理論物理学者・天文学者。星間物質、プラズマ物理学、星団力学の研究に貢献した。1946年に行なった宇宙望遠鏡の提案が、ハッブル宇宙望遠鏡に結実した。自身も紫外線天文衛星コペルニクスの設計に協力した。

スミス，ウィリアム（1769～1839年）
イギリスの地質学者・技術者。層序学の基礎をつくった。イギリス各地で運河予定地の測量を行ない、岩層と化石で年代が判断できることに気づいた。1815年にイングランドとウェールズの地質図を作成した。

スワン，ジョゼフ（1828～1914年）
イギリスの物理学者・化学者。トマス・エディソンに先駆けて白熱電球をつくった。化学メーカーの助手時代に写真技術の重要な開発を行なった。電球をめぐってはエディソンと裁判になったが、その後エディソン＆スワン・ユナイテッド・エレクトリック・ライト・カンパニーが設立された。

スワンメルダム，ヤン（1637～1680年）
オランダの顕微鏡研究者。比較解剖学および昆虫学の分野で貢献した。解剖顕微鏡を設計し、昆虫の構造を観察して分類を行ない、変態について記述した。赤血球も最初に観察し、リンパ管のスワンメルダム弁を発見した。

セルヴェトゥス，ミカエル
スペインの医師（1511～1553年）p.80参照

セルシウス，アンデルス
スウェーデンの天文学者（1701～1744年）p.140参照

センメルヴェイス，イグナーツ（1818～1865年）
ハンガリーの医師。産褥熱による死亡を防ぐために消毒を行なった。分娩時の高い死亡率は医師の手洗いで減らせると考えたが、この習慣が定着したのは後年のことだった。

ソーク，ジョナス・エドワード（1914～1995年）
アメリカの医師・医療研究者。ポリオの有効なワクチンを発見。ミシガン大学でインフルエンザワクチンを研究していたが、1952年にポリオワクチンの人体実験を開始した。このワクチンは1955年からアメリカで使用が開始され、ポリオの実質的な撲滅につながった。

ソーレンセン，ソレン・ペーダー・ラウリッツ（1868～1939年）
デンマークの生化学者。水素イオン濃度で酸性度を測るpHスケールを開発した。化学的技術でデンマークの酒類および爆薬産業を後押しした。

ダ・ヴィンチ，レオナルド
イタリアの画家・建築家・植物学者・数学者・技術者（1452～1519年）p.71参照

ダーウィン，エラズマス（1731～1802年）
イギリスの医師・詩人・発明家。チャールズ・ダーウィンの祖父。科学を扱った詩や自由思想、機械の発明で知られる。著書《ゾーノミア》には進化に関する進歩的な理論が記されている。

ダーウィン，チャールズ
イギリスの博物学者（1809～1882年）p.206参照

ダゲール，ルイ（1787～1851年）
フランスの画家・物理学者。薄い銅板に画像を定着させる手法を開発、ダゲレオタイプと名づけた。

タル，ジェスロ
イギリスの農学者・発明家（1674～1741年）p.126参照

タルボット，ウィリアム・ヘンリー・フォックス（1800～1877年）
イギリスの化学者。写真技術の先駆者。カロタイプ写真で、プリントが何枚も焼けるネガをつくった。自らの名前を冠した特許を12件取得し、数学、天文学、物理学の分野で50本以上の論文を発表した。著書《自然の鉛筆》は世界初の写真解説書である。

タンズリー，アーサー（1871～1955年）
イギリスの環境学者・自然保護活動家。生態系という言葉を考案した。自然群落の植物を研究し、近代環境学の基本的な研究姿勢を確立した。1939年出版の《イギリス諸島とその植生》が知られる。

チェレンコフ，パーヴェル・アレクセイヴィチ（1904～1990年）
ソ連の物理学者。チェレンコフ放射の発見で1958年のノーベル物理学賞をイーゴリ・タム、イリヤ・フランクと共同受賞。電子が水などの媒質を光より高速で通過するとき、青い光を発することを発見した。原子物理学、粒子物理学の実験で使われるチェレンコフ検出器はこの現象を利用している。

チェンバーズ，ロバート（1802～1871年）
スコットランドの出版業者。匿名で出版し、死後ようやく筆者が明かされた《創造の自然史の痕跡》（1844年）は大いに物議をかもした。歴史や文学、地質学の著作のほか、《エディンバラ・ジャーナル》《チェンバーズ百科事典》を出版した。

チャドウィック，ジェームズ（1891～1974年）
イギリスの物理学者。原子核内にある電荷を持たない粒子、中性子を発見して1935年にノーベル物理学賞を受賞。マンハッタン計画に参加し、1945年に騎士号を授与される。

チャンドラセカール，スブラマニアン（1910～1995年）
インド生まれのアメリカの天文物理学者。白色矮星の質量は太陽の1.44倍と上限があることを示し（チャンドラセカール限界）、1983年にノーベル物理学賞を受賞。当初は否定されたが、この発見は中性子性、超新星、ブラックホールの理解に役だった。

チューリング，アラン（1912～1954年）
イギリスの数学者。コンピューター科学の父と呼ばれる。第2次世界大戦中、電子コンピューターの原型「ボンブ」を開発、ドイツの暗号解読に一役買った。仮想計算機チューリング・マシン、オートマチック・コンピューティング・エンジン、それにフェランティ・マークIが近代コンピューターへの道を開いた。

張衡（78～139年）
中国の地理学者・数学者・天文学者。龍が落とした球がカエルの口に飛びこんで音を立てる仕組みで、半径500km以内で起こった地震を記録する装置を発明した。πの値を計算したほか、総合的な星図を作成し、日月食を説明した。

デーヴィー，ハンフリー（1778～1829年）
イギリスの化学者。電気化学の先駆者で、ナトリウムやカリウム、バリウム、マグネシウムを電気分解で分離・発見した。炭坑用のデーヴィー安全ガスランプを発明。1818年に准男爵に叙せられる。

デーネシュ，ガーボル（1900～1979年）
ハンガリー系イギリス人技術者・物理学者。3D写真技術であるホログラフィーの発明で1971年のノーベル物理学賞を受賞。ベルリンで研究技術者をしていたが1933年にロンドンに移り、光学、オシロスコープ、テレビの研究を行なった。ホログラムが実現したのはレーザーが発明されてからである。

ディーゼル，ルドルフ（1858～1913年）
ドイツ人技術者。4ストローク、垂直シリンダー圧縮エンジンの発明で巨万の富を築いた。蒸気船から転落して行方不明になり、溺死したと思われる。

ディオファントス，アレクサンドリアの（200頃～284年頃）
アレクサンドリアで活躍したギリシアの数学者。代数学の父と呼ばれる。唯一残っている著書《算術》は最古の代数学論文で、イスラムの学者たちに影響を与えた。フランスの数学者ピエール・ド・フェルマーも《算術》を研究して数論を構築した。

ディラック，ポール
イギリスの理論物理学者（1902～1984年）p.262参照

デカルト，ルネ（1596～1650年）
フランスの数学者で、近代哲学の父と呼ばれる。「我思う、ゆえに我あり」という言葉は、たしかな知識に拠って物事を判断する姿勢を象徴している。デカルト幾何学を創始し、光学分野にも貢献した。

テスラ，ニコラ（1856～1943年）
セルビアの技術者。電気および電波送信の分野で先駆的な発明を行なった。1884年にアメリカに移住し、トマス・エディソンのもとで働いて、各種特許をジョージ・ウェスティングハウスに売却。テスラ変圧器、誘導電動機を発明し、回転磁場を発見した。磁気遊動の単位にその名が使われている。

デュシェンヌ，ギョーム（1806～1875年）
フランスの神経学者。神経および筋肉障害を研究し、変質した神経や萎縮した筋肉への電気両方を開発した。深組織生検、臨床写真撮影、神経伝導試験を初めて実施した。

デルブリュック，マックス（1906～1981年）
ドイツ生まれのアメリカ人物理生物学者。分子生物学の先駆者。物理学を学び、1937年にナチスドイツからアメリカに移住してから化学に取りくんだ。細菌に感染して増殖するバクテリオファージの研究で1969年ノーベル生理学・医学賞をアルフレッド・デイ・ハーシェイ、サルヴァドール・ルリアと共同受賞。

ド・フリース，ユーゴー（1848～1935年）
オランダの植物学者。植物の品種改良で突然変異について研究した。アムステルダム大学教授を務めむ、「変異」「等浸透圧」「パンゲン（のちに遺伝子に変更）」といった言葉を考案。当時は完全に忘れられていたメンデルの遺伝の法則を再発見した。

ドーキンス，リチャード
イギリスの動物学者・進化生物学者（1941年生）

参考資料 ｜ 人名一覧

p.307 参照

ドップラー，クリスティアン・ヨハン（1803 ～ 1853 年）
オーストリアの数学者・物理学者。対象物が観測者に接近して遠ざかるとき、音および光の振動数が変わるドップラー効果で知られる。1850年、ウィーン大学の実験物理学教授に就任した。

トムソン，ウィリアム（ケルヴィン卿）（1824 ～ 1907 年）
スコットランドの物理学者。熱力学の先駆者で、絶対零度の正確な値を決定した。22 歳でグラスゴー大学の教授となり、熱力学第 2 法則を定めたほか、光の電磁理論を構築、絶対零度の値を決定した。また大西洋横断電信ケーブルの敷設にも協力した。信仰心が篤く、自ら試算した地球の年齢をもとに、自然選択による進化論に反論した。

トムソン，ジョゼフ・ジョン（1856 ～ 1940 年）
イギリスの物理学者。電子の発見者。ケンブリッジ大学実験物理学教授として、電気と磁気の数学的理論を構築し、カリウムの天然放射能を発見、質量分析器を発明した。気体の電気伝導に関する研究で 1906 年のノーベル物理学賞を受賞。

ドルトン，ジョン
イギリスの化学者・物理学者（1766 ～ 1844 年）p.172 参照

トレヴィシック，リチャード（1771 ～ 1833 年）
イギリスの技術者・発明家。初の実用的な蒸気機関車を完成させた。彼の蒸気機関は当初は工場や炭鉱で使われていたが、1801 年に自走式車両を、1803 年に鉄道機関車をつくった。

ドロンド，ジョン（1706 ～ 1761 年）
イギリスの光学者、天文機器製作者。ユグノー教徒の絹織物業者の家に生まれた。無色レンズを使って色収差を減らすのに成功した。星間の距離を測る太陽儀も発明した。

ナイチンゲール，フローレンス（1820 ～ 1910 年）
イギリスの看護師。病院の改革を行ない、近代看護法を確立した。クリミア戦争中の献身的な看護活動から「ランプの貴婦人」と呼ばれた。1861 年にロンドンの聖トマス病院に看護師養成学校を設立。インドの公衆衛生改善に尽力したほか、新しい統計手法も導入した。

中村修二
日本のエレクトロニクス技術者・発明家（1954 年生）p.331 参照

ニューコメン，トマス（1663 ～ 1729 年）
イギリスの技術者・発明家。初めて実用的な蒸気エンジンを開発した。トマス・セイヴァリーと共同で開発した蒸気エンジンは、スタッフォードシャーのダドリーにある炭鉱で水を汲みだすことが目的だった。それから 75 年間、ニューコメンの蒸気エンジンのおかげでイギリスの石炭生産能力は大きく伸び、工業化に貢献した。

ニュートン，アイザック
イギリスの物理学者・数学者（1642 ～ 1727 年）p.118 参照

ネーター，エミー（1882 ～ 1935 年）
ドイツの数学者。抽象代数学の先駆者。1919 年にゲッティンゲン大学講師となり、非可換代数と環論の研究で高い評価を受けた。ナチスの弾圧を逃れてアメリカに移住。

ネイピア，ジョン（1550 ～ 1617 年）
スコットランドの数学者。対数を考案した。マーチストンの大地主だったネイピアは、小数点を導入し、対数を考案し、ネイピアの骨と呼ばれる計算棒を発明した。スコットランドをカトリック勢力の攻撃から守るために秘密兵器も設計した。

ノーベル，アルフレッド（1833 ～ 1896 年）
スウェーデンの化学者。ニトログリセリンより安定したダイナマイトを発明し、巨額の財産のほとんどを投じて、物理学、化学、医学、文学、平和の各部門でノーベル賞を創設した。

ハーヴィー，ウィリアム
イギリスの医師（1578 ～ 1657 年）p.103 参照

パーキン，ウィリアム（1838 ～ 1907 年）
イギリスの化学者。キニーネを合成中に見つけた初の合成染料アニリンパープルは大人気を博し、特許を取得して製造にも乗りだしたパーキンは巨額の利益を得て 35 歳で引退した。

バーグ，ポール（1926 年生）
アメリカの分子生化学者。異なる生物の DNA を接合・組み換える技術を開発して 1980 年にノーベル化学賞を共同受賞。現代の遺伝子工学に道を開いた。

ハーシェル，ウィリアム（1738 ～ 1822 年）
ドイツ生まれのイギリス人天文学者。1781 年に天王星を発見した。音楽教師だったハーシェルは天文学にのめりこみ、巨大な望遠鏡を製作した。星雲と星の成長に関する理論を構築し、多くの星を観測して目録を作成した。また太陽系が宇宙空間を移動していることも証明した。

ハーシェル，カロライン（1738 ～ 1822 年）
ドイツ生まれのイギリス人天文学者。兄ウィリアムと協力して研究を行なった。オペラ歌手をめざしていたが、22 歳のときイギリスの兄のもとに移り、3 つの星雲と 8 つの彗星を発見するとともに、星表を完成させた。

バーディーン，ジョン（1908 ～ 1991 年）
アメリカの物理学者。ノーベル物理学賞受賞。1956 年にトランジスタを共同発明。1972 年に超伝導理論を提唱した。トランジスタはエレクトロニクスの発展で、超伝導は MRI（磁気共鳴画像）など医学分野に貢献した。1951 ～ 1975 年までイリノイ大学電気工学・物理学の教授を務めた。

バーナーズ＝リー，ティム
イギリスのコンピューター科学者（1955 年生）p.324 参照

バーナード，クリスチャン・ニースリング（1922 ～ 2001 年）
南アフリカの外科医。世界初の心臓移植を行なった。直視下心臓手術を導入してまずは犬で心臓移植を実施、人工心臓弁を設計した。1967 年にルイス・ワシュカンスキーに心臓を移植した。ワシュカンスキーはその後肺炎で死亡。

ハーバー，フリッツ（1868 ～ 1934 年）
ドイツの化学者。爆発物や肥料に不可欠なアンモニアの合成法で 1918 年のノーベル化学賞を受賞した。カール・ボッシュとともに開発した肥料用アンモニアの大量生産法は今日でも広く使われている。化学戦争の父として知られ、第 1 次世界大戦で用いられた毒ガスを開発した。

ハーン，オットー（1879 ～ 1968 年）
ドイツの化学者。放射能と放射化学の先駆的存在。1917 年、リーゼ・マイトナーとともに放射性元素のプロトアクチニウムを発見した。1938 年には核分裂を発見し、1944 年にノーベル化学賞を受賞している。後年は核兵器に反対する発言を積極的に行なった。

ハイゼンベルク，ヴェルナー
ドイツの物理学者（1901 ～ 1976 年）p.259 参照

ハイヤーム，ウマル
ペルシアの数学者・天文学者（1048 ～ 1131 年）p.53 参照

パウリ，ヴォルフガング（1900 ～ 1958 年）
オーストリア生まれのアメリカの物理学者。2 個以上の電子は同一の量子状態に同時に存在できないというパウリの排他律で 1945 年のノーベル物理学賞を受賞。金属の熱的性質を示す原子モデルを考案し、ニュートリノの存在を初めて提唱した。

パヴロフ，イワン・ペトロヴィッチ（1849 ～ 1936 年）
ロシアの生理学者。犬を使った実験で、餌をもらえると期待するだけで、実際に餌を見る前に犬が唾液を出すことから、条件反射を発見した。1904 年にノーベル医学・生理学賞を受賞し、1926 年に業績を《条件反射講義》にまとめた。

ハクスリー，トマス・ヘンリー（1825 ～ 1895 年）
イギリスの生物学者・外科医。ダーウィン進化論の擁護者。比較解剖学の研究から、鳥は恐竜が進化したものだと結論づけた。1860 年に進化論をめぐってサミュエル・ウィルバーフォースと論争になり、「ダーウィンの犬」と呼ばれた。不可知論という言葉を考案し、自ら不可知論者と名乗った。

パスカル，ブレーズ
フランスの数学者・物理学者（1623 ～ 1662 年）p.107

バッシ，ラウラ
イタリアの物理学者（1711 ～ 1778 年）p.137 参照

ハットン，ジェームズ
イギリスの地理学者（1726 ～ 1797 年）p.157 参照

ハッブル，エドウィン（1889 ～ 1953 年）
アメリカの天文学者。宇宙が膨張していることを確かめる銀河系外天文学の創始者とされる。ウィルソン山天文台時代、それまで天の川星雲だと思われていたものが別の銀河で、太陽系から遠ざかっていることを確認した。宇宙の膨張率はハッブル定数で表わされる。

ハドリー，ジョージ（1685 ～ 1768 年）
イギリスの物理学者・気象学者。北半球の貿易風が北から、南半球では南東から吹く理由を説明した。ハドリー循環と呼ばれるが、1735 年以降、ジョン・ダルトンが 1793 年に再発見するまで認められていなかった。

パパン，ドニ（1647 ～ 1712 年頃）
フランスの物理学者・発明家。開発した蒸し煮釜は蒸気エンジンに発展した。蒸気安全弁や圧縮ポンプ、外輪船も発明した。

バベッジ，チャールズ（1791 ～ 1871 年）
イギリスの数学者。イギリスでは近代的コンピューターの発明者と評価されている。階差機関を含む 2 つの計算機開発に生涯を捧げた。階差機関はパンチカードを記憶媒体として複雑な計算をこなすものだったが、結局どれも完成しなかった。

パラケルスス（1493 ～ 1541 年）
スイスの物理学者・錬金学者。医療に化学知識を活用した先駆者。ヨーロッパを広く旅行して医学を実践した。アヘンチンキ、硫黄、鉛、水銀を治療薬として用い、梅毒を臨床的に記述した。大学医療に批判的で、ドイツ語で著述・発言を行なって多大な影響力を発揮した。

ハリソン，ジョン（1693 ～ 1776 年）
イギリスの大工・時計職人。最初の海洋クロノメーターを発明し、海上で現在位置を知ることを可能にした。1714 年、海上で経度を正確に知る方法に政府が 2 万ポンドの賞金を出すことになり、ハリソンは 4 台のクロノメーターを製作した。それは高い精度を実現したにもかかわらず、ハリソンが賞金全額を受けとったのは 1773 年のことだった。

ハレー，エドモンド（1656 ～ 1742 年）
イギリスの天文学者・数学者。自らの名がついた彗星の軌道を計算し、1758 年にふたたび地球に接近すると予測した。その後王室天文官に任命され、磁気変動、貿易風と季節風などに関する論文を執筆。アイザック・ニュートン《プリンキピア》の出版にも尽力した。

バンクス，ジョゼフ（1743 ～ 1820 年）
イギリスの植物学者・博物学者。王立協会長を務め、オーストラリア初の科学者とも称される。クック船長のエンデヴァー号で世界各地を旅し、多くの植物を西洋に紹介した。彼にちなんだ地理学用語や植物名も多い。ロンドンのキューに王立植物園を設立し、科学目的の探検を政府に働きかけた。

ビオ，ジャン＝バティスト（1774 ～ 1862 年）
フランスの物理学者。隕石の存在を確認し、科学調査のための気球飛行を行なった。偏光の研究で王立協会の賞を受賞、砂糖溶液を分析する検糖計の開発に寄与した。フェリックス・サヴァールと共同で、電磁気理論の基礎となるビオ＝サヴァールの法則を確立した。

ヒッグス，ピーター
イギリスの物理学者（1929 年生）p.348 参照

ヒッパルコス（紀元前 170 頃～ 120 年頃）
ギリシアの天文学者・数学者。三角測量の創始者とも称される。日食を研究し、春分点歳差を発見、太陽と月の軌道および地球からの距離を記述した。

ヒポクラテス（紀元前 460 頃～ 377 年頃）
ギリシアの医師。医学の父と呼ばれる。医術実践家として、身体と病気の症状、その対処法を研究し、実践した。さまざまな病気を初めて記述し、「急性」「慢性」「再発」といった用語を考案した。医学生に示した倫理規範は、「ヒポクラテスの誓い」として知られる。

ビヤークネス，ヴィルヘルム（1862 ～ 1951 年）
ノルウェーの気象学者・物理学者。現代気象予測の基礎を築いた。ストックホルム大学教授として流体力学と熱力学、および大気運動との関係を研究し、気団の理論を確立した。地球物理学協会とベルゲン気象サービスを設立。

371

参考資料 ｜ 人名一覧

ピュタゴラス（紀元前 580 ～ 500 年）
ギリシアの哲学者・数学者。数学と合理主義哲学の発展に貢献した。自然と世界は数で理解できると考え、プラトンとアリストテレスに大きな影響を与えた。音階や、幾何学でピュタゴラスの定理を発見したことでも知られる。

ビュフォン，ジョルジュ（1707 ～ 1788 年）
フランスの博物学者・数学者。全36巻の《博物誌》（1749 ～ 1788 年）で知られる。法律、医学、数学を修めたのちに博物学に専心し、初期の進化論を唱えた。

ビリャサンテ，マヌエル・ロサダ（1929 年生）
スペインの生物学者・生化学者。窒素の光合成吸収を研究した。太陽エネルギーを化学エネルギーに変える生化学・生物学的システムが研究の柱である。

フーコー，ジャン・ベルナール・レオン（1819 ～ 1868 年）
フランスの物理学者。光の速さを測定し、空気中よりも水中を通るときに遅くなることを突きとめた。回転儀の発明でも知られ、巨大な振り子で地球の自転を証明した。

フーリエ，ジョゼフ
フランスの数学者（1768 ～ 1830 年）p.183 参照

ブール，ジョージ（1815 ～ 1864 年）
イギリスの数学者。ブール代数で記号を使った論理とその規則を確立した。その発想は現代のコンピューター科学に不可欠なものとなっている。

ファーレンハイト，ガブリエル・ダニエル（1686 ～ 1736 年）
ドイツの物理学者・技術者。アルコールおよび水銀の温度計をつくった。オランダでガラス職人・化学教師をしていた彼は気圧計、高度計、温度計を製作。温度目盛りの華氏を考案したほか、水は凝固点以下になっても液体を維持しうることを発見した。

ファインマン，リチャード（1918 ～ 1988 年）
アメリカの物理学者。光と物質の相互作用を扱う量子電磁力学を確立させて、1965 年のノーベル物理学賞を共同受賞。粒子の相互作用を図示したファインマン・ダイアグラムも作成し、超低温液体ヘリウムの物理的特性を説明した。マンハッタン計画にも参加した。

ファブリキウス，ヒエロニムス
イタリアの外科医（1537 ～ 1619 年）p.93 参照

ファラデー，マイケル
イギリスの化学者・物理学者（1791 ～ 1867 年）p.192 参照

ファロッピオ，ガブリエレ
イタリアの解剖学者（1523 ～ 1562 年）p.83 参照

ファン・デル・ワールス，ヨハネス・ディーデリク（1837 ～ 1923 年）
オランダの物理学者。気体と流体の状態方程式を発見し、1910 年にノーベル物理学賞を受賞した。実際の流体が高圧下では理想気体の法則に従わないことを示し、水素やヘリウムの液化を可能にした。また絶対零度の研究も行なった。

フィボナッチ，レオナルド
イタリアの数学者（1170 頃～ 1250 年頃）p.59 参照

フェルマー，ピエール・ド
フランスの数学者（1601 ～ 1665 年）p.104 参照

フェルミ，エンリコ（1901 ～ 1954 年）
イタリアの物理学者。原子力エネルギーを導きだしたことで知られる。ローマ大学の理論物理学教授だった1938年、放射能遊動の研究でノーベル物理学賞を受賞。原爆製造のマンハッタン計画で中心的存在となり、アメリカ初の原子炉を設計した。

フォッシー，ダイアン（1932 ～ 1985 年）
アメリカの動物学者。ルワンダで18年間にわたってマウンテンゴリラの観察を行なった。人類学者ルイス・リーキーの強い勧めで1967年に観察を開始し、ゴリラたちに混じって生活することで、彼らの生態を誰よりも深く理解した。1985年、ゴリラの密猟が世界中に報道されたあと、何者かに殺害された。

フック，ロバート（1635 ～ 1703 年）
イギリスの発明家・自然哲学者。ロバート・ボイルの助手を経て、ロンドンに新設された王立協会の実験監督に任命される。天文学理論を研究するほか、複式（2 枚レンズ）顕微鏡を発明して観察を行ない、王立協会初の出版物《顕微鏡図譜》を世に出した。初めて生物の細胞を記録したのもフックである。科学に幅広く貢献したことから、イギリスのダ・ヴィンチと称される。

プティ，アレクシス=テレーズ（1791 ～ 1820 年）
フランスの物理学者。ピエール・デュロンとともにデュロン＝プティの法則を発見。すべての固体元素では、比熱と原子量の積が一定であるというもの。金属の膨張係数を測定する温度計も考案した。

プトレマイオス（クラウィウス・プトレマイウス）（100 頃～ 170 年頃）
ギリシアの天文学者・地理学者。地球を宇宙の中心とするプトレマイオス系を考案し、周転円を設定した。アレクサンドリアで活躍し、世界地図を作成し、百科事典《アルマゲスト》を執筆した。

ブラーエ，ティコ
デンマークの天文学者（1546 ～ 1574 年）p.87 参照

フラウンホーファー，ヨゼフ・フォン（1787 ～ 1826 年）
ドイツの物理学者。太陽光スペクトルに暗線（フラウンホーファー線）を発見、のちに太陽大気の化学組成解明に役だった。暗線を観測するために巨大透明レンズを設計・製作した。ドイツ光学産業の生みの親と呼ばれる。

ブラック，ジョゼフ（1728 ～ 1799 年）
スコットランドの化学者・医師。大気中に安定気体（二酸化炭素）が存在することを示した。氷が融けるときに温度を変えることなく熱を吸収することから、潜熱を発見した。

プラトン
ギリシアの哲学者（紀元前 424 ～ 348 年）p.25 参照

ブラマー，ジョゼフ（1748 ～ 1814 年）
イギリスの錠前師。液圧プレス、水洗便器、紙幣印刷機、平削り機を発明。安全性の高い錠を考案し、自分の店に展示していたが67年間破られることはなかった。

フラムスティード，ジョン（1646 ～ 1719 年）
初代王室天文官で、グリニッジ天文台の設立に尽力した。ケンブリッジ大学に学び、聖職者となった。1725 年に 3000 個の星を収録した《天球図譜》が出版される。フラムスティードの観測記録は、アイザック・ニュートンの重力理論を立証するのに役だった。

プランク，マックス
ドイツの物理学者（1858 ～ 1947 年）p.236 参照

フランクリン，ベンジャミン
アメリカの発明家・科学者（1706 ～ 1790 年）p.143 参照

フランクリン，ロザリンド
イギリスの化学者・生物物理学者（1920 ～ 1958 年）p.283 参照

プリーストリー，ジョゼフ（1733 ～ 1804 年）
イギリスの化学者・聖職者。のちに酸素と確認されるものを含め、数種類の気体を発見する。ベンジャミン・フランクリンから電気理論を学び、独自の電気実験を行なって、1767 年に《電気学の歴史と現状》を発表する。その後気体の実感にも着手して重要な発見を行なったが、燃素説は後年否定された。

ブルースター，デヴィッド（1781 ～ 1868 年）
スコットランドの物理学者。偏光、反射、屈折、光の吸収など光学分野の研究で知られる。万華鏡を発明し、立体鏡を改良したことで知られ、煙草のパッケージに肖像画が使われている。

プルースト，ジョゼフ=ルイ（1754 ～ 1826 年）
フランスの化学者。化合物は元素の割合が重さで決まるというプルーストの法則を唱えた。

ブルネル，イザムバード・キングダム（1806 ～ 1859 年）
イギリスの技術者。彼の設計した橋、鉄道、蒸気船は工学分野に革命を起こした。父を手伝ってテムズ川の地下トンネル掘削を手がけた。その後エイヴォン川のクリフトン吊り橋、ロンドンとコーンウォールを結ぶグレート・ウェスタン鉄道を建設した。初の太平洋横断定期客船であるグレート・ウェスタン号など、3 隻の蒸気船も手がけた。

フレネル，オーギュスタン=ジャン
フランスの技術者（1788 ～ 1827 年）p.179 参照

フレミング，アレグザンダー（1881 ～ 1955 年）
スコットランドの細菌学者。ペニシリンの発見で 1945 年のノーベル医学・生理学賞を受賞。リゾチームの防腐作用を発見し、チフスワクチンを人体に初めて使用した。

ブローカ，ポール（1824 ～ 1880 年）
フランスの外科医。脳の前頭葉に発話中枢があることを発見、その後ブローカ野と呼ばれるようになった。この部分を損傷すると失語症になることを突きとめた。ブローカの脳研究は形質人類学の確立にも貢献した。

フローリー，ハワード・ウォルター（1898 ～ 1968 年）
オーストラリアの病理学者。エルンスト・B・チェインと共同でペニシリンの精製、分離、生産を行ない、その業績で 1945 年ノーベル医学・生理学賞を受賞。ペニシリンの生産は 1943 年に始まり、戦場で数えきれない命を救った。

フロイト，ジークムント（1856 ～ 1939 年）
オーストリアの神経学者。精神分析学の創始者。患者との対話と「自由連想」を通じ、子供時代の夢や記憶、乳幼児期の性的関心を解釈する手法は、つねに論議の的だった。第 1 次世界大戦後、とくにアメリカで大きな支持を集めたが、ヒトラーが精神分析を禁じたことからフロイトはイギリスに亡命した。

フンボルト，アレクサンダー・フォン（1769 ～ 1859 年）
プロイセンの博物学者・探検家。生物地理学の先駆者として、フランスの植物学者エメ・ボンプランとともにラテンアメリカの地勢と動植物相を調査したことで知られる。科学知識の普及にも尽力し、宇宙の構造を説く大著《コスモス》を 25 年かけて執筆し、出版した。

ベークランド，レオ・ヘンドリク（1863 ～ 1944 年）
ベルギー生まれのアメリカ人化学者。人工光でも現像できる印画紙ヴェロックスを開発。1899 年にはこの権利をアメリカのジョージ・イーストマンに 100 万ドルで売却、その利益を投じてベークライトを発明した。ベークライトは初の合成プラスチックで、型に流しこんで自由に成形でき、固まると頑丈だった。

ベーコン，フランシス
イギリスの哲学者（1561 ～ 1626 年）p.98 参照

ベーコン，ロジャー
イギリスの科学者（1220 頃～ 1292 年）p.60 参照

ベアード，ジョン・ロジー（1888 ～ 1946 年）
スコットランドの技術者・発明家。1924 年に初めてテレビ映像を公開し、1926 年には動く物体を映像化した。1928 年にカラー映像の送受信に成功。1936 年に BBC がテレビ放送を開始することになり、ベアードの機械式走査システムとマルコーニの EMI 電子システムが競合したが、1937 年には完全に後者に軍配が揚がった。

ヘイルズ，スティーヴン（1677 ～ 1761 年）
イギリスの植物学者・聖職者。動植物の生理学研究で先駆的な業績をあげ、《植物の静力学》を発表した。植物の樹液が下から上に移動することを指摘し、蒸散量を測定したほか、動物の血圧や心臓から送出される血液量を測った。人工呼吸器や気体生成用の水槽を発明した。

ヘヴェリウス，ヨハネス（1611 ～ 1687 年）
ポーランドの天文学者。月地形学の創始者で、詳細な月面地図を作成した。グダニスクの議員を務め、自宅の屋根に天文台をつくって夜空の観測を行なった。1500 個以上の星の目録を作成した。また星座も設定し、月面の特徴に名称をつけた。

ベクレル，アントワーヌ=アンリ（1852 ～ 1908 年）
フランスの物理学者。放射能を発見し、1903 年にキュリー夫妻とノーベル物理学賞を受賞。ウラン塩などの燐光性物質の実験をしていて偶然放射線を発見した。ここからラジウムの分離につながり、現代の原子物理学の道が開かれた。

ヘッケル，エルンスト（1834 ～ 1919 年）
ドイツの動物学者。あらゆる生命形態を関連づ

ける系統樹を描いた。イェナ大学で海洋生物を研究し、数千の新種を記載・命名するとともに、「個体発生は系統発生を繰りかえす」（進化は胚の発達に見ることができる）という、現在では否定されている発生論を唱えた。

ベッセマー, ヘンリー（1813 ～ 1898 年）
イギリスの技術者。溶かした鉄に空気を吹きこむ安価な製鋼法を開発。冶金学者を父に持つ。金色の粉末塗料、サトウキビ圧搾機などを発明し、クリミア戦争では鋳鉄砲を開発した。

ベル・バーネル, ジョスリン
イギリスの天体物理学者（1943 年生）p.296 参照

ベル, アレグザンダー・グラハム
アメリカの発明家（1847 ～ 1922 年）p.217 参照

ベルセリウス, イェンス・ヤコブ（1779 ～ 1848 年）
スウェーデンの化学者。現代化学の父とされる。電気化学理論の構築、原子量一覧の作成、化学記号の確立に寄与した。医学部教授、スウェーデン王立科学アカデミー会員。いくつかの元素を発見・分離したほか、分析手法を開発し、異性と触媒を研究した。

ヘルツ, ハインリヒ
ドイツの物理学者（1857 ～ 1894 年）p.224 参照

ヘルツシュプルング, アイナー（1873 ～ 1967 年）
デンマークの天文学者。1913 年にヘンリー・ノリス・ラッセルとつくった星の等級を示す H-R 図は今日でも使われている。これは星の明るさとスペクトル型を基準にしたものだ。また散開星団や変光星の研究を行ない、二重星の位置を決定する方法を考案した。

ベルヌーイ, ダニエル（1700 ～ 1782 年）
スイスの物理学者・数学者。流体の速度が上昇すると圧力が低下するというベルヌーイの定理を発見した。1738 年の著書《水力学》は気体と流体の運動理論書として重要である。また水車、プロペラ、ポンプといった実用化の提案も行なった。医学、生物学、天文学、海洋学の研究も行なった。

ベルヌーイ, ヨハン
スイスの数学者（1667 ～ 1748 年）p.124 参照

ベンツ, カール（1844 ～ 1929 年）
ドイツの発明家。ゴットフリート・ダイムラーと共同で初のガソリン自動車を発明。1886 年に 4 ストロークシリンダーの 3 輪車、モートルワーゲンで特許を取得。1893 年に 4 輪自動車を製作した。自動車産業の基礎を整え、1899 年に Benz & Co. は世界初のレーシングカーの製造を開始した。

ヘンリー, ジョゼフ（1797 ～ 1878 年）
アメリカの物理学者。電気回路の基本原理である自己インダクタンス現象を発見。初の電磁モーターを製作、サミュエル・モースと電信装置を共同開発、初期の天気予報システム導入など業績も多い。

ボーア, ニールス（1885 ～ 1962 年）
デンマークの物理学者。原子構造を説明する量子理論で 1922 年にノーベル物理学賞を受賞。1913 年に提唱した原子モデルは、原子核のまわりで電子が軌道を描くものだった。第 2 次世界大戦中にマンハッタン計画に参加したが、その後は原子力の平和利用を推進した。

ホーキング, スティーヴン
イギリスの理論物理学者（1942 年生）p.305 参照

ボース, サティエンドラ（1894 ～ 1974 年）
インドの数学者・物理学者。アルベルト・アインシュタインと量子力学の共同研究を行ない、ボース粒子（スピン角運動量が整数の粒子で、ボースにちなんで命名）のふるまいを探り、レーザーや超流動ヘリウムの活用に重要な役割を果たすボース＝アインシュタイン統計を導きだした。

ボーデ, ヨハン・エレルト（1747 ～ 1826 年）
ドイツの天文学者。太陽と惑星の相対的位置関係を予測するティティウス・ボーデの法則を提唱。

ポーリング, ライナス
アメリカの化学者（1901 ～ 1994 年）p.271 参照

ポアンカレ, アンリ
フランスの数学者（1854 ～ 1912 年）p.227 参照

ホイヘンス, クリスティアン（1629 ～ 1695 年）
オランダの物理学者・数学者・天文学者。光は波であるとするホイヘンス＝フレネルの原理で知られる。また土星の環と 4 個目の衛星タイタンを発見したほか、振り子時計の発明など計時技術の発展にも貢献した。

ホイル, フレッド
イギリスの数学者・天文学者（1915 ～ 2001 年）p.280 参照

ボイル, ロバート
イギリスの化学者、物理学者、発明家（1627 ～ 1691 年）p.111 参照

ホジキン, ドロシー
イギリスの化学者（1910 ～ 1994 年）p.275 参照

ボッシュ, カール（1874 ～ 1940 年）
ドイツの化学者。高圧アンモニア合成のハーバー＝ボッシュ法で 1931 年のノーベル化学賞を受賞。この方法は窒素固定に使われている。

ホッパー, グレース（1906 ～ 1992 年）
アメリカの数学者。コンピュータープログラミングの先駆者。アメリカ海軍准将。ハーヴァード I のプログラマーのひとりで、初の商用コンピューター UNIVAC I の開発にも携わった。コンピューター言語 COBOL の開発にも参加し、「バグ」という言葉を使ったことでも知られる。アメリカ海軍のミサイル駆逐艦ホッパーは彼女にちなんでいる。

ボネ, シャルル
スイスの博物学者・哲学者（1720 ～ 1793 年）p.148 参照

ホワイト, ギルバート（1720 ～ 1793 年）
イギリスの博物学者・聖職者。自宅庭園の観察日誌《セルボーンの博物誌》は古典的名著となった。

マーギュリス, リン
アメリカの生物学者（1938 ～ 2011 年）p.300 参照

マーチソン, ロデリック・インピー（1792 ～ 1871 年）
スコットランドの地質学者。地質時代のシルル紀、二畳紀、デボン紀を確立したことは、19 世紀地質学最大の業績とされる。1831 年に地質学協会会長に就任した。

マイケルソン, アルバート・エイブラハム（1852 ～ 1931 年）
ポーランド系アメリカ人物理学者。光速を正確に測定した。エドワード・モーリーと行なった、エーテルの流れを検知する実験は、アインシュタインの相対性理論を理解するうえで重要だった。1907 年にノーベル物理学賞を受賞し、アメリカ初の科学系受賞者となった。

マイブリッジ, エドワード（1830 ～ 1904 年）
イギリスの写真家。風景写真家として知られていた彼は、シャッター速度が速いカメラを 24 台使って馬の速足の動きを撮影することに成功した。さらに、馬があたかも動いているように見えるズープラクシスコープを開発した。

マイヤー, ユリウス・ロベルト・フォン（1814 ～ 1878 年）
ドイツの物理学者、医師。熱力学の創始者のひとり。熱の仕事当量をいち早く発表したにもかかわらず、ジェームズ・ジュールが最初とされてしまった。生命体の主たるエネルギー源は酸化であると指摘した。

マクスウェル, ジェームズ・クラーク
イギリスの物理学者（1831 ～ 1879 年）p.209 参照

マルコーニ, グリエルモ（1874 ～ 1937 年）
イタリアの物理学者・発明家。無線電信を発明した。1896 年にイギリス海峡の両岸で初の無線通信を行ない、1902 年には大西洋間の通信に成功した。1909 年、フェルディナント・ブラウンとノーベル物理学賞を共同受賞。短波無線通信の発展に尽力した。

マルサス, トマス・ロバート（1766 ～ 1834 年）
イギリスの経済学者・聖職者・哲学者。人口の自然増は食料供給をかならず上回ると主張した。また人間性を保持するために生殖を厳しく制限するべきであり、そうでなければ戦争や飢餓で人口過多を解消するしかないと考えた。このマルサス主義は、社会、政治、経済の思潮に多大な影響を与えた。

マルピーギ, マルチェロ（1628 ～ 1694 年）
イタリアの医師・生物学者。動植物の組織を調べ、顕微鏡的解剖学を確立した。教皇インノケンティウス 12 世の侍医を務め、脳解剖の先駆者でもあり、毛細血管を命名した。また発生学に貢献するほか、味蕾を発見し、カエルの肺の解剖も行なった。

マンデルブロ, ブノワ（1924 ～ 2010 年）
ポーランド生まれのフランス系アメリカ人数学者。マンデルブロ集合と、複雑な視覚的パターンが単純な形から生まれるフラクタル幾何学を提唱する。イェール大学教授を務め、海岸線のぎざぎざがどの距離からでも同じに見えるなど、さまざまな現象を説明した。

ミシェル, ジョン（1724 ～ 1793 年）
イギリスの聖職者・天文学者。地震学の創始者。1760 年、地震は地殻が波のように動いたものだと主張した。1790 年には地球の密度を測定するためのねじり天秤を開発した。

ミッチェル, マリア（1818 ～ 1889 年）
アメリカの天文学者。女性として初めて専門の天文学者となり、彗星を発見して自らの名前をつけた。1865 年にヴァッサー女子大学天文台長に就任、また女性地位向上協会を設立した。

ミリカン, ロバート（1868 ～ 1953 年）
アメリカの物理学者。油滴実験で電子の電気量を測定し、1923 年のノーベル物理学賞を受賞。アインシュタインの光電方程式を立証し、宇宙線、X 線、電気定数の研究を行なった。

メルカトル, ゲラルドゥス
フランドル生まれの地図製作者（1512 ～ 1594 年）p.73 参照

メンデル, グレゴール（1822 ～ 1884 年）
オーストリアの修道士・植物学者。近代遺伝学の基礎を成す実験を行なった。エンドウマメの形質が遺伝要因（遺伝子）で制御されていることを突きとめたが、その業績が認められたのは 20 世紀初頭になってからである。

メンデレーエフ, ドミトリ
ロシアの化学者（1834 ～ 1907 年）p.211 参照

モーガン, トマス・ハント（1866 ～ 1945 年）
アメリカの遺伝学者・生物学者。キイロショウジョウバエ属を使った研究で遺伝学を確立した。遺伝子が染色体上に配列されており、特徴の継承に関わっていることが明らかになった。1993 年にノーベル医学・生理学賞を受賞。

モーズリー, ヘンリー Maudslay, Henry（1771 ～ 1831 年）
イギリスの発明家・技術者。工作機械産業の父と呼ばれる。錠前師の徒弟から出発し、産業革命期に金属旋盤や船舶用機関をつくり、海水の淡水化技術、キャラコ地捺染技術を開発した。

モーズリー, ヘンリー Moseley, Henry（1887 ～ 1915 年）
イギリスの物理学者。X 線分光法で原子番号の理論を実証した。マンチェスター大学でアーネスト・ラザフォードに師事し、化学的に導きだされた元素の原子番号を物理学の側面から確認したのである。メンデレーエフと同様、周期表の隙間を埋める元素の存在を予測した。第 1 次世界大戦で戦死。

モンタギュー, レディ・メアリー・ワートリー
イギリスの文筆家（1689 ～ 1762 年）p.131 参照

ヤロー, ロザリン・サスマン（1921 ～ 2011 年）
アメリカの医学物理学者。放射免疫測定技術の開発で、1977 年にノーベル医学・生理学賞を共同受賞した。これは血液中の微量なホルモン、酵素、ビタミンを測定する手法である。バーソン研究所所長を務め、この分野では女性で 2 人目のノーベル賞を受賞した。

湯川秀樹（1907 ～ 1981 年）
日本の物理学者。素粒子論で 1949 年のノーベル物理学賞を受賞。電子の 100 倍の重さを持つ中間子の存在を予言し、核物理学、高エネルギー物理学の研究を導いた。1955 年、他の研究者とともに核兵器廃絶を訴えるラッセル＝アインシュタイン宣言に署名した。

ラーゼス（アル・ラーズィー参照）

参考資料 ｜ 人名一覧

ライエル，チャールズ（1797 〜 1875 年）
スコットランドの地質学者。地質的特徴を形成する活動は継続的・漸次的であると主張した。《地質学原理》（1830 〜 1833 年）で示した斉一説は地球の歴史を大きく押しひろげるもので、ダーウィンの進化論に重要な役割を果たした。

ライプニッツ，ゴットフリート（1646 〜 1716 年）
ドイツの哲学者・数学者。物理学、形而上学、光学、論理学、統計学、力学、技術の分野で多大な貢献を行なった。アイザック・ニュートンとは別に微積分法を編みだし、計算機を製作し、2 進法を改良してデジタル技術の基礎を形成した。哲学の分野では主たる著作を残していない。

ラウエ，マックス・フォン（1879 〜 1960 年）
ドイツの物理学者。結晶内の X 線回折研究で 1914 年のノーベル物理学賞を受賞。X 線結晶学、固体物理学、電子工学に大きな貢献をした。マックス・プランク研究所所長、理論物理学研究所の所長を務め、超電導や量子理論、光学の研究も行なった。

ラヴォアジェ，アントワーヌ・ローラン
フランスの化学者（1743 〜 1794 年）p.160 参照

ラヴレース，エイダ
イギリスの数学者（1815 〜 1852 年）p.197 参照

ラヴロック，ジェームズ（1919 年生）
イギリスの化学者。1979 年に発表したガイア仮説は、地球は「表面の生命体が維持し、調節している」大きな生命体だというもの。環境保護活動にも熱心で、大気中のフロンを検出する電子捕獲型検知器を発明した。

ラザフォード，アーネスト
ニュージーランド生まれの化学者・物理学者（1871 〜 1937 年）p.248 参照

ラッセル，ヘンリー・ノリス（1877 〜 1957 年）
アメリカの天文学者。理論天文物理学の確立に貢献した。星の光度とスペクトル型の関係を発見し、1910 年にヘルツシュプルング＝ラッセル図を提唱した。星間大気に水素が豊富に存在していると仮説を立て、それが現代宇宙論の基本となった。

ラプラス，ピエール＝シモン（1749 〜 1827 年）
フランスの天文学者・数学者。太陽系の安定性の研究で知られ、「フランスのニュートン」と呼ばれた。全 5 巻の《世界の体系》で天文学計算に微積分法を用い、ニュートン説に決定論を持ちこんだ。演算子や変換にその名を残している。

ラマルク，ジャン＝バティスト
フランスの生物学者（1744 〜 1829 年）p.169 参照

ラマン，チャンドラシェーカル・ヴェンカタ（1888 〜 1970 年）
インドの物理学者。光の拡散（ラマン効果）の研究で 1930 年のノーベル物理学賞を受賞。光が透明な物質を通りすぎるとき、偏向した光の一部は波長（すなわちエネルギー）が変動することを示した。

ラムジー，ウィリアム（1852 〜 1916 年）
スコットランドの化学者。不活性ガスのアルゴン、ネオン、キセノン、クリプトンを発見して 1904 年のノーベル化学賞を受賞。希ガスのラドンを発見し、液化した空気からヘリウムを分離した。

ラムフォード，ベンジャミン・トンプソン（1753 〜 1814 年）
アメリカ生まれのイギリス人物理学者・発明家・軍人・行政官。熱の研究で知られる。熱は、それまで考えられていたような流体ではなく、粒子の運動で生じると仮説を立てた。1799 年の王立科学研究所設立にも尽力した。

ラモン・イ・カハール，サンティアゴ
スペインの組織学者・神経科学者（1852 〜 1934 年）p.229 参照

リーヴィット，ヘンリエッタ・スワン（1868 〜 1921 年）
アメリカの天文学者。ケフェイド変光星の変光周期と光度の相関関係を発見。ハーヴァード大学天文台に勤務し、写真板から星の明るさを分析するとともに、ケフェイド変光星の観測を行ない、地球との他の銀河との距離測定に重要な役割を果たした。

リーキー，メアリー
イギリスの考古学者・古生物学者（1913 〜 1996 年）p.308 参照

リーキー，ルイス
イギリスの考古学者・人類学者（1903 〜 1972 年）p.289 参照

リービヒ，ユストゥス・フォン（1803 〜 1873 年）
ドイツの化学者。有機化学、生物化学、農業の分野で優れた研究を行ない、肥料産業の確立に貢献した。21 歳でギーセン大学の教授になり、そこで確立した実験室を中心とする指導法はアメリカやヨーロッパで広く採用された。

リスター，ジョゼフ（1827 〜 1912 年）
イギリスの外科医。消毒剤を考案。王立協会会長で大学教授だったリスターは、手術中の細菌感染予防を唱え、石炭酸で器具を消毒し、術後の患部を清潔に保った。

李政道（1926 年生）
中国生まれのアメリカ人物理学者。パリティ保存の法則が成立しないことを発見して 1957 年にノーベル物理学賞を受賞。素粒子物理学を大きく前進させた。また量子場理論の解決可能なモデル（李モデル）を考案し、時間反転不変性の破れの研究にも貢献した。

リッペルスハイ，ハンス（1570 頃 〜 1619 年頃）
オランダの望遠鏡発明者。1608 年には、戦争で活用できるようオランダ政府に自らの発明を売却した。ガリレオをはじめとする天文学者らが、科学研究での望遠鏡の重要性を認識した。惑星や月のクレーターにその名を残す。

リヒター，チャールズ（1900 〜 1985 年）
アメリカの物理学者・地震学者。地震の震源地での強さを測るリヒター・スケールを作成した。またアメリカの地震多発地帯の地図もつくった。

リンド，ジェームズ（1716 〜 1794 年）
スコットランドの医師。イギリス海軍の悩みの種だった壊血病を防ぐため、航海中の食事に柑橘類の果汁を取りいれた。リンドは船室の燻煙消毒や水兵の衛生管理のほか、海水を蒸留して飲料水にするなどの試みを行なったが、海軍は彼のアイデアをなかなか採用しなかった。

リンネ，カール・フォン（カロルス・リンナエウス）
スウェーデンの博物学者（1707 〜 1778 年）p.139 参照

レーウェンフック，アントニ・ファン（1632 〜 1723 年）
オランダの顕微鏡学者。微生物学の父とも称される。織物商を営んでいたが、顕微鏡の製作・活用に熱中し、細菌や原生動物といった単細胞生物、筋肉線維、毛細血管の血流を初めて観察した。

レーナルト，フィリップ（1862 〜 1947 年）
ドイツの物理学者。陰極線の研究で 1905 年のノーベル物理学賞を受賞。ドイツの 4 つの大学で教授を務め、ナチスを支持して、アインシュタインの相対性理論をはじめとするユダヤ人の科学業績を厳しく批判した。

レーマー，オーレ・クリステンセン（1644 〜 1710 年）
デンマークの天文学者。光の速度が有限であることを証明し、秒速 22 万 5000km と算出した。現在の数値より 7 万 5000km ほど少ない。レーマー度と呼ばれる独自の温度計を製作したほか、デンマークの度量衡を定めた。

レイ，ジョン（1627 〜 1705 年）
イギリスの博物学者・植物学者。近代分類学の基礎を築いた。ケンブリッジ大学トリニティ・カレッジのフェローだったが王政復古でその地位を追われ、ヨーロッパ各地で植物学・動物学の研究を行なった。《植物誌》で植物の分類を行ない、分類法の基本単位を種に定めた。

レオミュール，ルネ・ド
フランスの物理学者・昆虫学者（1683 〜 1757 年）p.134 参照

レントゲン，ヴィルヘルム（1845 〜 1923 年）
ドイツの物理学者。X 線の発見で 1901 年にノーベル物理学賞を受賞。物理学教授として弾性、毛管現象、極光、比熱を研究。1895 年の X 線の発見は、医学と現代物理学にはかり知れない役割を果たした。

ローレンス，アーネスト（1901 〜 1958 年）
アメリカの物理学者。亜原子粒子の相互作用を調べるための粒子加速器、サイクロトロンの発明で 1939 年のノーベル物理学賞を受賞。放射性のヨウ素やリンなど、医療用の同位体の生成にも成功した。カリフォルニア大学バークリー校教授になり、のちにマンハッタン計画に参加。元素ローレンシウムは彼にちなむ。

ローレンツ，コンラート（1903 〜 1989 年）
オーストリア出身で、動物行動学を創始した。動物行動の研究で 1973 年にノーベル医学・生理学賞を共同受賞。鳥の刷りこみの研究で有名だが、動物の攻撃行動は純粋に生存目的であることを示した。

ローレンツ，ヘンドリック・アントーン（1853 〜 1928 年）
オランダの物理学者。電磁放射の研究でピーター・ゼーマンとともに 1902 年のノーベル物理学賞を受賞。電磁場内の帯電粒子の力を初めて記述し、時間と基準座標系によって現象がいかに異なるかを分析し、アインシュタインの相対性理論を実証する変換式を導きだした。

ロッキャー，ノーマン（1836 〜 1920 年）
イギリスの天文学者。太陽大気にヘリウムを発見し、命名した。元は公務員だが、太陽彩層の紅炎を観測し、黒点を分光器で観察した。科学誌《ネイチャー》を創刊。

ロッジ，オリヴァー（1851 〜 1940 年）
イギリスの物理学者。無線電信研究の先駆者。受信したモールス信号を紙に記録する装置の改良を行なった。心霊主義の信奉者だった彼は、無線装置の発明で特許を取得している。

ロモノーソフ，ミハイル
ロシアの科学者・物理学者・地理学者・天文学者（1711 〜 1765 年）p.145 参照

ロンズデール，キャスリーン（1903 〜 1971 年）
アイルランドの結晶学者。化学構造を探るための X 線技術を開発。ベンゼンの炭素原子が六方晶であることを確認し、ヘキサフルオロベンゼンの構造を確定した。1945 年に女性として初めて王立協会フェローに選ばれた。

ワインバーグ，スティーヴン（1933 年生）
アメリカの物理学者。電弱力理論で 1979 年のノーベル物理学賞を共同受賞。1967 年に発表した論文《レプトンの 1 モデル》で、電磁気と弱い核力がビッグバンのような超高温では区別がつかないことを示した。

ワット，ジェームズ
イギリスの技術者・発明家（1736 〜 1819 年）p.150 参照

ワトソン，ジェームズ・デューイ（1928 年生）
アメリカの遺伝学者。デオキシリボ核酸（DNA）の二重らせん構造の共同発見者。この発見で、1962 年のノーベル医学・生理学賞をフランシス・クリック、モーリス・ウィルキンスと共同受賞した。コールド・スプリング・ハーバー研究所長に就任し、ヒトゲノム計画の中心となって活躍した。

用語集

別項目で説明されている用語は太ゴシック体で示した。

亜原子粒子 原子や原子核より小さい粒子。陽子、中性子、電子など。

アストロラーベ 天文学者や船員が太陽、月、惑星、星の位置を計算するのに使った天体観測機器。

圧電効果 石英などの結晶に機械的圧力をかけて電気を発生させること。

圧力 物体を継続的に押す物理的な力。単位面積当たりの力で考える。

アヘン剤 アヘンを用いた薬物。強力な鎮痛作用があるが副作用も多い。

アミノ酸 タンパク質の構成単位となる分子。体内でさまざまな役割を果たす。

アーミラリ天球儀 太陽・星・惑星など天体の動きを地球から見る形で再現する天文模型。

アルカリ 水に溶解する**塩基**。

アルカリ性 pHが7より大きい水溶液。

アルゴリズム 機械で自動的に計算を行なって結果を出すための手順。

アンペア 電流のSI基本単位。

イオン 1個以上の電子を失い、電荷を帯びた原子もしくは分子。

イオン結合 原子間で電子が移動し、反対の電荷を持つ2個のイオンがたがいに引きつけあう化学結合。

移植 身体のある部分から取りだした組織や臓器を別の部分、もしくは別の個体に移すこと。

異性体 化学式としては同じでも構造が異なる化合物。

位置エネルギー 物体の位置や内的状態によって蓄えられるエネルギー。

一次方程式 変数に冪数を持たない(x^2、x^3などのない)方程式。グラフで表わすと直線になる。

遺伝 形質がある世代から次の世代に受けつがれること。

遺伝子 生物の遺伝を受けもつ基本単位。DNA(一部のウイルスはRNA)にタンパク質生成情報がコード化されており、さらにスイッチの役目を果たす機能も備わっている。

遺伝子型 生物の遺伝子構成。

遺伝子工学 遺伝物質を操作して形質を人為的に変える技術。

遺伝子コード DNA配列が特定のタンパク質を生成する手順を「読みとる」ためのコード。**コドン**参照。

遺伝子地図 DNAの全2本鎖にある遺伝子配列の地図。

遺伝子配列決定 特定遺伝子のDNAの塩基配列を明らかにすること。

遺伝的浮動 自然選択ではなく無作為の事象の結果、集団の遺伝子構成全体が変化すること。

緯度 赤道からの距離。極は90度、赤道は0度である。緯度線は赤道に平行に引かれた仮想線。

陰イオン 負の電荷を帯びた**イオン**。

陰極 電子の流れが始まる、つまり電子が放出される負の**電極**。

陰極線管 螢光面の入った真空管で、テレビのブラウン管や、液晶登場前のPCモニターに使われている。

隕星体 小惑星より小さく、太陽系内を自由に動く岩石の天体。地球に落下し、燃えつきなかったものは隕石となる。

インターネット 世界中のコンピューターを結ぶ電子情報ネットワーク。

引力 宇宙の基本的な4つの力のひとつ。

ウイルス (1) 細胞を持たない微小な寄生体で、保護膜に覆われ、ほかの細胞を乗っとって自らの複製をつくる。(2) コンピューターソフトウェアの一種で、生物学的なウイルスと同じようにコンピューターシステムに入りこんで増殖する。

ウォーム歯車 円筒に溝を彫りこんだ歯車。

宇宙 かつては存在する万物の総体を意味していた。現在はビッグバンの結果生まれたすべてのものを指しており、そのため別の宇宙が存在する可能性もある。

宇宙原理 太陽系と地球は宇宙の中心でもなければ、特別な位置にあるわけでもないという考え。

宇宙ステーション 人が乗って実験や観測を行なう軌道周回の構造物。

宇宙線 宇宙から地球に大量に降りそそぐ高エネルギー粒子。

宇宙探査 宇宙の探索を行なう無人機(地球衛星を除く)。

宇宙背景放射 外宇宙のあらゆる方向から届くマイクロ波放射。ビッグバンの名残り。

宇宙論 宇宙を最大限のスケールで研究する科学分野。

運動エネルギー 物体の運動にともなうエネルギー。

運動神経 中枢神経系からの信号を伝えて筋肉を動かしたり、腺を制御する神経。

永久機関 仕事をしてエネルギーが失われても、新たなエネルギーを追加することなく動きつづける、理論的にはありえない機械。

衛星 惑星のまわりで軌道を描く物体。月のような天然の衛星もあれば、電波を中継するなどの目的で打ちあげられる人工衛星もある。

栄養分 生命体が成長・維持・生殖のために活用する物質。

エネルギー 仕事をする力と表現されているが、厳密な定義は難しい。宇宙のなかで変化を引きおこしうる作用因と考えることもできる。

エネルギーの保存 エネルギーは創出も破壊もできず、形を変えるだけということ。

塩基対 DNA分子を構成する塩基のうち2個が対になったもの。

円周 物体や形状の周の長さ。

円周率 円周と直径の比。おおよそ22/7で得られ、3.14159が近似値となる。

遠心機 濃度の異なる物質を高速で回転させて分離する装置。

円錐曲線 円錐を任意の平面で切断してできる曲線と断面で、数学的に重要な意味を持つ。

凹 内側にくぼんだり、へこんだりしていること。

おしべ 花の雄性器官。**葯**も参照。

オシロスコープ 電気信号を波形で表示する装置。

オゾン 酸素の同素体で原子が2個ではなく3個あり、反応性が高い。

オーム 電気抵抗を表わすSI単位。

オールトの雲 太陽系の境界付近に存在すると考えられる、彗星を含む巨大な球殻状の領域。

温室効果 地面からの熱が大気中の一部の気体に吸収されて気温が上昇する現象。

温室効果ガス 温室効果を引きおこす気体。水蒸気、二酸化炭素、メタンなど。

温度 熱さ、冷たさの尺度。

ガイア仮説 すべての生物と地球の物理的構成は相互作用しており、ひとつの巨大生命体のような複雑な自己調節系を成立させているという説。

ガイガー計数器 放射能を検知・測定する装置。

回折 波が障害物を回りこんだり、狭い開口部を通るときに広がったりする現象。

開閉器 電気を流したり止めたりする装置。ある状態と別の状態を切りかえる装置にも使われる。

解剖学 生物の内部構造を探る学問分野。

回路 **電気回路**を参照。

カオス理論 気象のように、初期状態に大きく左右される複雑な系のふるまいを分析する数学理論。

核 (1) 原子の中心にあり、陽子と中性子で構成される部分。(2) 真核細胞のなかで染色体が入っている部分。

核型 種や個体が持つ染色体の数、大きさ、構造の特徴。およびそれを示した図。

拡散 ある物質が原子や分子の任意の運動で別の物質のなかを広がっていくこと。

核小体 細胞核の内部にある、小さくて密度の高い球体。

核反応 原子核に起こる変化。

核分裂 **分裂**を参照。

萼片 花弁や葉に似た構造物で、花弁の外側、花の周縁や基底部分にあることが多い。

核融合 水素などの軽い原子の核が融合して重い原子核を形成し、エネルギーを放出する反応。

確率 起こりやすさ。0から1のあいだの値をとる。

化合物 2種類以上の元素の原子が結合している分子または化学物質。

可視光線 目で見ることができて、光と認識される波長の電磁放射。

化石 生物の痕跡が石化して長く保存されたもの。

画像化 X線分析、磁気反応など間接的な手段で画像を生成する方法。

加速 速度変化の割合。

花柱 柱頭を支える茎。

花粉学 生きている、あるいは化石の花粉粒や胞子を研究する科学分野。

花粉管 花粉粒によって形成され、胚珠に伸びて受精を行なう管。

花弁 花の生殖器を取りかこむ一連の構造物。授粉動物を引きよせる形と色をしている。

感覚神経 環境に関する情報(触感、味覚など)を中枢神経系に伝える神経。

環境 生物を取りまく状況。ときに生物自身を含めることもある。

還元 本来は物質が酸素を失う反応のことだった。現在は範囲が広がり、物質が電子を獲得するすべての反応を指す。反意語が酸化。

幹細胞 分裂し、他の特殊細胞に成長できる種類の細胞。

干渉 2つあるいはそれ以上の波が重なって信号が乱れること。

干渉法 波の干渉パターンを分析する技

375

術。

慣性 静止している、もしくは直線運動をしている物体が、新たな力が加わらないかぎりその状態を続けようとする性質。

岩石圏 地球の外側で地殻とマントル最上部で構成される部分。

気圧 地表近くの大気の通常の圧力。

気圧計 気圧を想定する装置。

希ガス ヘリウムやネオンなど最外殻電子が閉殻になっており、不活性度の高い気体。

器官 組織が集まって一定の構造体となり、独自の機能を果たすもの。脳など。

気候 ある地域の長期的な気象状況。

輝線 星が放射する光のスペクトルに現われる明るい線。特定元素の存在を示す。

起電力（emf） 電池や発電機が電流を回路に「押しだす」電位差。

軌道 物体が他の物体の周囲をめぐるときの通り道。

希薄化 濃縮の反意語。とくに気体で密度が下がること。

逆行 別の運動と反対方向の運動。惑星の軌道上を、惑星の回転と反対方向に動く衛星は逆行していることになる。惑星が恒星に対して逆向きに動いているように見えるのは、地球が太陽をめぐる公道上で惑星を追いこすからである。

吸収 （1）ある物質が別の物質を取りこむこと。（2）物質が電磁放射を捕捉すること。

球面三角法 平面ではなく球面に適用できるよう修正を加えた三角法。

凝固点 液体が凍結する温度。圧力に左右される。

凝集力 同じ物質の2個の粒子が引きよせあう力。

京都議定書 気候変動に関する国際協定。工業化諸国は温室効果ガスの排出削減目標を設定されている。

共鳴 物体が固有周波数で振動することで、震動が増幅されること。

共有結合 原子が1個もしくはそれ以上の電子を共有する化学結合。

極光 振動面がひとつしかない光。

曲線 数学で2つの量のグラフ上の線。もしくは特定の幾何学的形状を表わす線。

虚数 −1の平方根の倍数。実数としては存在しない。

巨石 先史時代に何らかの目印や記念物として建立された巨大な石。

気力学 物理学の一領域で空気や他の気体の力学的特性を研究する。

霧箱 亜原子粒子を検知するために初期に使われた装置。

銀河 星、塵、ガスが重力で緩やかに集合した巨大な天体。地球のある銀河は天の川銀河と呼ばれる。

筋原線維 筋肉内にあって収縮を可能にする微細な組織。

金属 光沢があり、曲げて成形することが可能で、熱と電気の伝導性が高いといった特性を持つ物質。化学元素の大半は金属である。また合金も何千種類と存在する。

空間曲率 空間は3つの次元がまっすぐ広がるのではなく、それ自体が曲がっているという相対性理論から生まれた発想。

クェーサー 銀河系外に存在する強力な放射源。ほかの銀河の中心的な領域であり、天の川の中心よりはるかに多くの放射を生みだしていると考えられる。

クォーク 単独では存在しないが、陽子、中性子など亜原子粒子を構成する素粒子グループ。

楔形文字 粘土に楔様の刻み目を入れる、古代文明独特の文字。

屈折 空気から水のように異なる媒質に角度をつけて入った光が曲がること。

屈折率 ある媒質内での光の速さと、別の媒質内での光の速さの比。

駆動力 機械的な運動と力を伝える機構。

グルーオン 陽子と中性子の内部でクォークを結びつけている粒子。

クローン 複製。文脈によって、複製されたDNA分子や、細胞の子孫、もしくは成体の細胞核から人工的につくりだした動物を指す。

クーロン 電気量のSI単位。

経緯儀 回転式望遠鏡で角度を測定する測量器具。

系外惑星 太陽以外の星に軌道を持つ惑星。太陽系外惑星とも。

計算尺 可動式の尺を滑らせて、対数を使った計算がすばやくできる計算用具。

継承 遺伝形質が伝えられるパターンや方法。

珪素 炭素と関係の強い半金属的な元素。地球上の岩石の主成分である。

経度 地球上の位置を決定する基準で、ロンドンのグリニッジを通って北極と南極を結ぶ仮想線（本初子午線）からの角度で表わす。経線はすべて北極から南極に向かう。

血液型 赤血球表面の化学組成で血液を分類したもの

血管 動脈、静脈、毛細血管。循環系を参照。

結合 原子どうしが結びつくこと。

結晶 原子、イオン、もしくは分子が幾何学的なパターンを規則的に繰りかえす固体。

血小板 血液中にある不規則な円盤状の成分。血液を凝固させ、出血を止める役割がある。

月食 食を参照。

結節腫 神経細胞体が中枢神経系以外の場所に集まったもの。

結膜 まぶたの内側と眼球の前面を覆う粘膜。

ゲノム 生物の全遺伝子。

ケルヴィン目盛り 絶対目盛りを参照。

圏界面 地球の対流圏と成層圏の境界面。

原核細胞 細菌など微小生物の細胞。真核細胞より小さく、独立した核がない。

原子 元素の最も小さな構成要素。その元素の化学的特性を備える。原子は陽子と中性子から成る核のまわりで電子が軌道を描いている。

原子価 原子が別の原子と結合できる数。

原子質量 原子量とも呼ばれ、異なる種類の原子の相対的な物質量を表わす。

原子数 原子核内の陽子の数。同じ元素であれば原子数は同じ。

原子量 原子質量を参照。

原子論 物質は原子で構成されているという理論。

減数分裂 2段階で行なわれ、半数体の性細胞がつくられる細胞分裂（正確には核分裂）。

元素 すべて同じ種類（原子核内の陽子数が等しい）の原子で構成される物質。

懸濁物質 媒質内にある個体の微小な粒子、あるいは液体の小滴。

検電器 電荷の存在を検知する機器。

検波器 ラジオ受信機に入っている回路で、電波から音声信号を分離する。

顕微鏡 きわめて小さい対象物の拡大画像が得られる器具。

光学 光のふるまいと、レンズや鏡などで受ける影響を探る科学分野。

後期 染色体または染色分体が分裂する有糸分裂もしくは減数分裂の一段階。

合金 2種類以上の元素（非金属も含む）を混合した金属。

抗原 抗体生成を働きかける物質。侵入した微生物の外膜など。

光合成 植物や藻類が太陽からエネルギーを得て水と二酸化炭素をつくる過程。

交雑 同種の異なる植物で受精させること。

光子 光をはじめとする電磁放射を構成する粒子。

光周性 生物の生命活動が昼間の長さに影響を受ける性質。

恒星 イオン化ガス（プラズマ）の巨大な球で、中核部分で起きる核反応から得たエネルギーを放射する。

抗生物質 感染を引きおこす細菌を殺したり、成長を阻害する物質。

酵素 生化学反応を加速させる生物内の触媒。数千種類あり、そのほとんどがタンパク質である。

抗体 侵入した細菌などを識別・攻撃するタンパク質。

光電効果 光が当たった物体表面から電子が放出される現象。

公転周期 天体がひとつの軌道を1周するのにかかる時間。

黄道 太陽と惑星が1年かけて移動する道で、太陽系の面を示している。

合同算術 設定した段階に到達したら最初に戻る計算法。時計算術と呼ばれることもある。

交流 周期的に向きが変化する電流。

交流発電機 交流の電気を生成する発電機。

呼吸 （1）息をすること。（2）細胞呼吸とも呼ばれる生化学的プロセス。食べ物を分解し、その分子と酸素を結びつけることでエネルギーを生じさせる。

コークス 石炭を乾留して得られる炭素主体の固形燃料。

黒体 あらゆる電磁放射を吸収するとともに、温度しだいであらゆる波長の光を放射できる仮想の物体。

骨格 脊椎動物が持つ骨および軟骨の枠組みで、身体を支え、臓器を守る役割を持つ。無脊椎動物でも、同様の機能を果たす構造を指す。

コドン 遺伝コードを構成する隣接する3個の塩基のこと。ほとんどのコドンは、細胞内で合成されるタンパク質にアミノ酸を追加するコードになっている。

コリオリ効果 風や潮流が地球の自転によって偏向すること。

コロナ 太陽やその他の星の大気の外側の層。

混植 相互の効果を期待して異なる植物を植えること。

コンデンサー 電荷を一時的に保存する装置。

細菌 核を持たない単細胞微生物。**原核生物**も参照。

細胞分裂 1個の細胞が2個の娘細胞に分かれること。

殺菌 食品を加熱して病原菌を殺すこと。

酸 水素を含む化合物で、水中で反応性水素イオンを放出する。

酸化 物質が酸素と結びつく反応が元の意味だが、現在では電子を失う反応すべてを指す。反意語は還元。

三角測量 三角形の数学的特性を利用して角度や距離を測る測量手法。

三角法　三角形の辺と角度の計算に関する数学の一領域。

酸化剤　酸化を引きおこす化合物。

酸化物　酸素と別の元素の化合物。

3次元（3D）　幅・奥行・高さ。

三次方程式　少なくとも1個の変数が3乗されるが（x³）、それより大きい冪数を持つ変数のない等式。

酸素　地球の大気の21％を占め、生命に不可欠な反応性の気体。

至　年に2回、真夏と真冬に正午の太陽が最も高く、あるいは低くなるとき。

ジオプター　レンズの屈折率の単位。屈折も参照。

紫外線　電磁放射のひとつで、可視光線より波長が短い。

磁気圏　星や惑星の周囲にある磁場。

磁極　（1）磁石で磁気の影響が最も強い2つの部分。（2）地球の磁場が最も強く、羅針盤の針が向く地点。一定ではない。

軸　（1）惑星などの物体が回転する仮想の中心線。（2）グラフの基準線。

時空　空間の3次元と時間の連続体。

視差　遠くの丘を背景にして眺める手前の木など、観察者の移動とともに対象が見かけ上移動すること。天文学ではこの原理を利用して近隣の星の距離を計測する。

地震学　地震を研究する科学分野。

地震計 seismograph　地震波を測定・記録する装置。

地震計 seismometer　地震波を測定する装置。現代の seismometer は測定結果を記録するので、seismograph と同義。

地震波　地中を波が移動すること。

沈み込み境界　深海で地殻プレートが別のプレートの下に入りこむ境界線。

自然選択　生存と生殖の可能性を高め、継承可能な形質が次世代に受けつがれるプロセス。

失語症　発話ができない、あるいは発話が理解できない障害。

質量　物体における物質の量。

シナプス　2つの神経細胞、もしくは神経細胞と筋肉や腺細胞との接合部分。

四分儀　航海用の機器。

車軸　車輪を回転させる、もしくは車輪とともに回転する棒状の構造物。

種　生物の特定の種類。生殖を行なって子孫を生みだす能力で分けられることも多いが、すべてに当てはまるわけではない。

終期　有糸分裂の最終段階、および減数分裂の各段階の最終期。分裂した染色体が核膜に包みこまれる。

周期表　化学元素を原子番号順に配列した表。縦列は似た性質の元素が並んでいる。

収差　レンズや鏡がつくりだす像に生じる欠陥。

集積回路　シリコンチップ上に部品を配置した小さな電気回路。

収束型境界　2つの地殻プレートが接近するときの境界線。プレートテクトニクスを参照。

集団　生物学では交配できる同じ種の個体の集まりを指す。

重力　質量を持つ物体が他の物体を引きつける力。

重力レンズ　巨大な天体の重力によって背後にある別の天体からの光が曲げられ、さらに遠い天体の複数の像が見えたりすること。

収斂進化　無関係の種が環境や生態的地位に適応した結果、同じような特徴を持つ現象。

受精　2個の生殖体がひとつになって新しい生命体を生みだす最初の段階。

種虫　一部の微小寄生体の生活環の一段階。

授粉　胚珠が受精し、種子を形成できるよう花粉が花に付着すること。

ジュール　仕事やエネルギーを表わす SI 単位。

循環　循環系を参照。

循環系　血液が血管（動脈、毛細血管、静脈）をめぐって心臓に戻る循環。

春分・秋分　1年に2回、太陽が天の赤道を通過し、北半球と南半球で1日の長さが同じになる。

蒸散　植物、とくに葉の表面から水分が失われること。

焼灼　高熱で組織を破壊すること。小さい腫瘍の除去や止血のためにかつて行なわれていた。

常分数　分子と分母がともに整数の分数。

静脈　血液を心臓に送りかえす血管。循環系も参照。

小惑星　太陽の周囲で軌道を描く小天体。隕星体も参照。

食　ある天体が別の天体の陰に一時的に隠れること。地球から見て、太陽が月の陰に隠れる現象を日食、地球が月と太陽のあいだに入って、地球の影が月にかかる現象を月食と呼ぶ。

触媒　化学反応を加速させるが、自らは変化しない物質。

植物　生物の分類でひとつの界を形成する種類。光合成で栄養をつくりだす。樹木や花、シダや苔など幅広いが、ほとんどの藻類は含まれない（藻類を参照）。

植物学　植物を研究する科学分野。

磁力　磁場がつくりだす目に見えない引力や反発力。

進化　生物が長い年月のあいだに少しずつ発達し、変化する過程。

真核細胞　遺伝子が核内にある、動植物の典型的な細胞。原核細胞も参照。

進化生物学　進化とそれに関連する生物学の領域を扱う科学分野。

真空　物質がまったく存在しない空間（実際には不完全な真空しかつくれない）。

真空管　空気を抜いて密閉したガラス管で、電極が付いている。電気を流すと陰極から電子が放出される。すでにすたれた装置を含め、電子工学ではさまざまな形で使われてきた。電子管とも。

神経　体内で情報を伝達し、制御指示を伝える組織。典型的な神経は、たがいに絶縁されている神経細胞（ニューロン）が何本も並走している。

神経系　全身を制御する神経細胞のネットワーク（脳を含む）。

人工装具　身体の部位の人工代替物。

浸透　反透過性の膜を通って、濃度の低いほうから高いほうへ水が移動すること。

振動　行ったり来たりをくりかえす規則的な運動。

振幅　波の振動または高さ。

心膜　心臓を包む二重の丈夫な膜。

水圧　流体が管を通るときなどにかかる圧力。

彗星　太陽系外に無数に存在し、岩石と氷で構成される天体。軌道が太陽に接近するとその存在が明らかになり、蒸発する氷や塵が尾のように伸びる。

水素　最も軽く、最も大量に存在する化学物質。宇宙に存在する元素の全質量の約75％を占める。

膵臓　胃の近くにあり、消化酵素とともに血糖値調節ホルモンを分泌する器官。

錐体細胞　人間および他の動物の目の網膜にある光反応性の細胞で、色の識別を可能にする。

水力学　管を通る液体を、とくに動力源として使用する場合の研究と現象。

スペクトル　本来は屈折によって波長（色）ごとに分割した光を帯状に並べたものを指す。現在は他の電磁放射にも使われ、放射の特徴的パターンを指すこともある。

星雲　もとは地球の大気圏外に遠く見える雲状の物体を指していた。現在は新しい星が形成される塵とガスの巨大な雲を指す。

星間空間　星と星のあいだの空間。物質密度がきわめて低いことが多い。

正弦（sin）　直角三角形の斜辺両端の角度の比。斜辺が円周を描いて角度が変わるときの正弦の変化を記述する関数。

星座　天空の領域を知る手がかりとして天文学者が決めた星の配置。

性細胞　生殖体を参照。

精子　オスの性細胞（生殖体）。自ら動いてメスの細胞を探しあてる。すべての動物と一部の下等植物が精子をつくる。

生殖　子孫をつくるプロセス。

生殖体　精子や卵細胞などの性細胞。染色体を半数しか持たず（半数体細胞を参照）、受精で初めて正常な数の染色体を持つ。

生殖母細胞　生殖体生成の初期段階の細胞。

成層圏界面　成層圏と中間圏の境界面。

生息地　特定の生物が自然に出現する環境。

生態学　生物と環境の関係を探る科学分野。

生態系　周囲の環境と相互作用を行なっている生物の群集。

静電気　物体が静止した電荷を帯びたときの現象。

静電場　静電気を帯びた物体の周囲にできる力の場。

生物圏　地球上で生物の存在が確認できる地表の地域。

生分解性　自然の生物学的プロセスで分解されること。

生理学　身体のさまざまなプロセスを研究する科学分野。身体のプロセス自体も指す。

製錬　鉱石から金属を取りだすこと。

積　数学では、2つの数をかけあわせた結果を意味する。

積雲　湿度の高い空気が上昇してできる綿に似た雲。

赤外線　電磁放射の一種で波長は可視光線より長く、マイクロ波より短い。熱として感じることが多い。

赤色巨星　寿命が尽きかけ、巨大化して色が赤くなった恒星。

赤方偏移　光源が観察者から急速に遠ざかっているとき、光の波長がスペクトルの赤いほうにずれること。電磁放射の他の波長でも起こる。

絶縁体　電気、熱、音の流れを遮断したり、減らしたりする素材。

接合　細菌において、細胞どうしの接触で遺伝物質が移動すること。

摂氏目盛り　温度目盛りの一種で、通常は水は0℃で凍り、100℃で沸騰する。

接種　疾病を引きおこす微生物の威力を弱めたり、無毒化したりして体内に意図的に導入し、抗体の生成をうながして将来の感染予防にすること。

絶対目盛り　ケルヴィン目盛りとも。絶対零度から始まる温度目盛り。

絶対零度 原子や分子の振動エネルギーが最低になった、最も低い温度（0K、−273.15℃）。

絶滅危惧種 絶滅のリスクが高いとされる種。

染色体 生きた細胞内にあって、遺伝子の複製を保有する構造体。ひとつの染色体には長いDNA分子と各種タンパク質が存在する。ヒトの場合、全身のほぼすべての細胞に23組の染色体がある。

染色分体 染色体を構成する2対の鎖の1本。細胞分裂では鎖が分かれそれぞれ染色体になる。

潜水艇 水中探索用の小型船。

潜熱 液体から気体、固体から液体（もしくはその逆）に変化するときに、温度変化なしに吸収・放出される熱。

選抜育種 家畜を選択して交配させ、望ましい特徴を発達させること。

旋盤 物体を回転させながら成型していく機械。

染料 着色する物質。

層位学 岩石層を研究する科学分野。

層雲 低いところに平たく広がる雲。小雨になることが多い。

相対性 真空内で光の速度は一定であるというアルベルト・アインシュタインの理論に従って記述された空間と時間、エネルギーと物質のありかた。

藻類 水生で光合成を行なう単純な生物の総称。単細胞生物から海藻まで幅広い。

速度 特定方向での速さ。

組織 おおむね同種の細胞で構成され、特定の機能を果たす生体物質。神経組織、筋肉組織など。

組織学 身体の組織を対象とする科学分野。

素数 1と自分自身以外では割りきれない正の自然数。

ソナー 音波を発射し、その反響で水中の物体を検知し、位置を確認する装置。

ソフトウェア コンピューターが使うプログラム。

素粒子 それ以上小さい粒子で構成されない電子などの亜原子粒子。陽子や中性子はクォークで構成されているので素粒子ではない。

素粒子物理学 亜原子粒子を扱う物理の一分野。

ソレノイド 円筒形のコイルで電流を流すと磁石になる。

ダイオード 電気が一定方向にしか流れない電子部品。

体細胞核移植 体細胞を使って受精卵をつくり、クローンを生みだす技術。

胎児 まだ生まれておらず、発達中の哺乳動物の子供。人間の場合は妊娠第8週から胎児と呼ぶ。

代謝 生体内で起こる化学反応の総称。

対数 ある数値を求めるために（たとえば）底の10をかけあわせる冪指数のこと。

胎生 卵とは明らかに異なる形で子供を生むこと。

堆積 浮遊していた物質が、海底や河川の底、風や氷の作用で積みかさなること。

堆積岩 海や湖沼の底に沈殿した物質が長いあいだに固化してできた岩石。

帯電粒子 正負どちらかの電荷を帯びている粒子。

大脳 哺乳動物の脳で最大の部分。人間の場合、意識的な思考と活動の大部分をつかさどる。

太陽系 太陽と各種惑星、太陽軌道をめぐる他の天体、および太陽の影響が見てとれる領域で構成される系。

太陽系儀 惑星とそれぞれの衛星の相対的な位置と軌道を示した太陽系模型。

太陽黒点 太陽表面で温度が一時的に下がり、周辺より暗く見える領域。

太陽定数 地球表面の単位面積が受ける太陽からの熱エネルギー量。

太陽フレア 太陽で突然発生する爆発現象。

大陸移動 地殻プレート活動によって、何百万年ものあいだに大陸の位置関係が変化すること。

対流 流体内の流れで熱が運ばれること。

対流圏 地球の大気の最下層で、地上から始まる。気象現象のほとんどはこの圏内で起こる。

楕円 円を平たくしたような、対称性のある平面上の曲線。

ダークエネルギー 宇宙の膨張が加速している理由として提唱された仮想の現象。くわしいことはほとんどわかっていない。

ダークマター 我々の知っているような原子でできておらず、既存の手段では検知できないが、銀河の重力特性を説明するうえで存在が確実視されている物質。

脱進機 動力を解放して正確な動きを可能にする機構。

縦波 波の進行方向に対して直角ではなく、平行に振動する波。

多能性 どんな細胞にも成長できる幹細胞の性質。

タービン 水やガス、空気で回転させる動力装置。

炭化水素 炭素と水素のみで構成される化合物。

単子葉植物 顕花植物の主要な下位分類（草、ラン、ヤシを含む）で、元は種子から1枚の子葉しか出ないことで区別された。

弾性 加わっていた力がなくなったとき、元の形や体積に戻ろうとする性質。

炭素 化学元素（元素記号C、原子番号6）で、生活に不可欠な物質をはじめ最も多くの化合物をつくる。

炭素循環 地球上および大気中の生物と非生物間に成りたつ炭素の循環。

タンパク質 遺伝子でコード化されており、体内でつくられる大きな分子。数千種類もある。**アミノ酸**も参照。

力の場 磁石（磁場）あるいは電荷（電場）の周囲の空間に生まれる状態で、これらの力に影響を受ける近くの物体が動く方向を曲線で示すことができる。

地誌学 地勢を研究すること。

地質構造の 地球の地殻構造とその動きに関する。**プレートテクトニクス**も参照。

地質時代 地球が始まってからの歴史を分ける時代区分のひとつ（ジュラ紀など）。

地図作成学 地図作成を行なう科学分野。

窒素 地球の大気の大部分を占める気体であり、化合物をつくって生物に不可欠な働きをする化学元素。

地熱の 地球内部の熱、あるいはそこから得たエネルギーの。

中央海嶺 海洋プレートの間隙で起きた火山活動がつくりだした、海底の隆起。**プレートテクトニクス**も参照。

中間圏 （1）成層圏の上にある大気の層。（2）岩流圏の下にある地球のマントル層。

中間圏界面 中間圏と熱圏の境界面で、高度約80km。

中期 **有糸分裂**および**減数分裂**で**後期**に先だつ段階。染色体が細胞中央に整列する。

中性子 通常の水素をのぞくほぼすべての原子核に存在する亜原子粒子。大きさは陽子に近いが電荷は持たない。

中性子星 中性子で構成され、小さいが密度がきわめて高い星。巨星が重力崩壊してできる。

柱頭 花の雌性部分（めしべ）の先端部分。受粉のために粘性があることが多い。

超音速 音速より速い。

超音波 人間の耳では聞こえない周波数の音波。

長期暦 マヤやメソアメリカで使われていた、数千年前から始まる長期間の暦。

聴診器 体内、とくに胸腔の音を聴くための診察器具。

超新星 巨大な星が一生を終えるときに起こる大爆発。

超電導 物質の電気抵抗がほぼゼロになる現象。

直角 垂直に交わる直線がつくる角度。

沈殿物 化学反応の結果、液体内に生じる微小な固体粒子。

津波 地震や海底の地すべり、その他の地殻変動で生じる大規模な波。

抵抗器 **電気抵抗**を参照。

低周波 一定時間の振動数が比較的少ない波。

定理 数学の規則や言明、とくに自明ではないが証明可能な真理のこと。

適応 生命体が受けついでいる、環境に応じた構造や行動。そうした特徴を得るための進化過程も指す。

デジタル 情報（音や画像など）の保存や伝達に、2進法の0と1のような不連続の単位を用いる方法。

デジタルサウンド デジタル方式で録音された音。

デシベル 音の強さを表わす標準的な単位。

電圧 **電位差**を参照。

電位差 電気の圧力。電位差が高いと電気は回路を周回する。

電荷 亜原子粒子に電磁相互作用を起こさせる基本特性。正と負がある。

電解質 溶解もしくは溶液状態で電気を通す物質。

電気泳動 電流を流したときの媒質内での速度のちがいから、大きい分子と小さい分子を分析・分離する技術。

電気回路 電流を通し、スイッチや電球といった電気装置と接続する伝導素材の閉じられた環。

電気抵抗 電気の流れにくさ。通常は熱が発生する。

電気分解 電流を通すことで電解質に起きる化学的変化や分解。

電気モーター 電気の力を機械的な回転力に変換する装置。

天球 地球を中心として、星が張りついているとされていた仮想の球体。

電極 系への電気の出入りを行なう端末部分。

電子 負の電荷を持つ亜原子粒子。陽子や中性子の約1000分の1の質量しかない**レプトン**である。電子雲のなかで原子核の周囲に軌道を描き、回路内では電流となる。

電磁回転 電磁的手段がつくりだす機械的回転。

電子殻 原子核を取りまく電子軌道の層のひとつ。

電磁気学 電気と磁気の相互作用が生みだす電磁場の物理学。

電子顕微鏡 光の代わりに電子ビームを使って拡大画像を得る顕微鏡。

電子顕微鏡写真 電子顕微鏡を使って拡

大した画像。

電磁スペクトル ガンマ線、X線、紫外線、可視光線、赤外線、マイクロ波、電波（周波数とエネルギーが高い順）を含む電磁放射のすべての帯域。

電磁放射 電場と磁場がたがいに直角に振動する形でのエネルギー波。

電子ボルト 亜原子粒子のエネルギーに用いられる単位。

電磁誘導 誘導（2）（3）を参照。

天体 惑星や星など宇宙空間にある物体。

伝達 何かをある場所から別の場所に伝えること。

電池 元は2個以上のボルタ電池を接続したものだが、現在は単一のボルタ電池も指す。

伝導体 電気や熱を容易に通す構造や物質。

天然磁石 天然の磁性を持つ磁鉄鉱。

電波 電磁スペクトルのなかで最も低周波数の目に見えない波。その波長は数cm（マイクロ波）から数kmに及ぶ。

天文学 地球の大気圏外の空間および宇宙を調べる科学分野。

天文台 天文学者が宇宙を観測する建物または施設。

天文単位 地球と月の距離を基準とする天文学の距離単位。

電離層 地球の大気の上層部で電波を反射する層。

電流 電気エネルギーの流れ。

同位体 同じ元素だが原子核内の中性子の数が異なるもの。

統合 別個の部分や異なる理論をひとつにまとめること。

等差数列 隣接する数の差がつねに同じ数列。

同心球 共通の中心を持つ中空の球。

同素体 同一元素だが化学的・物理的性質が異なるもの。黒鉛とダイアモンドは炭素の同素体。

動脈 心臓から血液を送りだす血管。**循環系**も参照。

透明な 光などの放射を通過させる性質。

時計学 時計製作と計時を研究する科学分野。

凸 外側にくぼんだり、へこんだりしていること。

トランジスタ 開閉器、増幅器、整流器の役目を果たす半導体装置。

トルク ねじる力。

内視鏡 体内を直接観察する各種器具。

内分泌学 ホルモンや内分泌腺を調べる科学分野。

ナノ 10億分の1を意味する接頭辞。

ナノメートル 1mの10億分の1。

二次方程式 少なくとも1個の変数が2乗されるが（x^2）、それより大きい冪数を持つ変数のない等式。

二重らせん DNA分子の鎖が撚りあった状態を指す。

日食 食を参照。

2倍体細胞 同一染色体を2個ずつ持つ細胞。

二名法 生物につける学名の命名体系。ヒトはホモ・サピエンスとなる。

入射角 表面に当たる光線と、その表面の仮想垂直線が成す角度。

ニュートリノ 小さくてほとんど質量を持たず、帯電もしていない亜原子粒子。宇宙に豊富に存在するが、他の物質との相互作用はあまり見られない。

ニュートン 力を表わすSI単位。

ニューロン 神経細胞。

尿 動物が廃棄物や余剰水分を排出するための液体。

ネアンデルタール人 現生人類と近縁の絶滅種。

熱圏 地球の大気で中間圏の上にある層。

熱帯 北回帰線（赤道の北23.5度）と南回帰線（赤道の南23.5度）のあいだの高温地帯、あるいはこの地域に典型的な気候。

熱電効果 電気回路内の温度差がもたらすさまざまな効果。

熱容量 物質の単位質量の温度を1度上昇させるのに必要な熱量。

熱力学 物理学の一分野で、熱と他のエネルギーとの関係を研究する。

ネフロン 腎臓に数百万個存在し、浄化や濾過を行なう機能単位。

燃焼 物体が酸素と結びついて熱エネルギーを放出する化学反応。

燃素説 燃焼によって燃素という物質が放出されたとする説。18世紀に提唱されたが、現在は否定されている。

能動輸送 生物学用語。エネルギーを使って、細胞膜を隔てた先に物質を届ける輸送方法。

灰 鉱物や金属を燃やしたあとの粉状あるいはもろい物質。

胚 新しい個体（動物または植物）が発達する初期段階。ヒトの場合、8週間を超えた胚は胎児と呼ばれる。

バイオマス （1）特定種類、または一定面積内の生体物質の量。（2）燃料として使える、木材などの非化石植物資源。

背景放射 宇宙背景放射を参照。

倍数 xに2、3、4といった整数をかけて得た数は、xの倍数と呼ぶ。

バイト コンピューターや通信で情報を保存・伝達するときの単位。1000バイトが1キロバイト、100万バイトが1メガバイト、10億バイトが1ギガバイトになる。

胚盤胞 胚形成の初期段階にできる中空の構造。

白色矮星 小さくて暗く、密度の高い星。一定質量以下の恒星の進化の最終段階とされる。

バクテリオファージ 細菌を引きよせるウイルス。たんにファージとも言う。

波長 波の最高点を結んだ距離。

白血球 血液に含まれる細胞成分のひとつ。

発信器 特定振動数の交流を生成する回路または装置。

発電機 直流を発生させる装置。

発熱の 熱の放出を引きおこす化学反応の。

ハッブルの法則 銀河の距離は遠ざかる速度に比例する。銀河との距離が開くほど、後退速度も速くなる。つまり宇宙は膨張している。

波動 強度や濃度の規則的な振幅。一定方向に進んでエネルギーを運ぶ。

ハドリーセル 熱帯の大気循環パターン。地表では貿易風が赤道に向かい、上空では西風になって戻る。

バーニヤスケール 計算尺に付ける可動式の副尺で、目盛りが刻まれており、より精密な計測に用いる。名称はピエール・ヴェルニエに由来。

速さ ものが動く速さ。速度も参照。

鍼 中国発祥の治療法で、微細な針を皮膚の特定の点に刺しこむ。

パルサー 回転が高速でパルス状の放射を発生する中性子星。

半減期 （1）放射性物質の放射線放射が半分になるのにかかる時間。（2）体内の薬物が当初の濃度の半分になるのに要する時間。

反射 自動的な反応。

反射角 表面で反射する光線と、その表面の仮想垂直線が成す角度。

半数体細胞 染色体数が半数の細胞。

反芻動物 牛や鹿など胃の内容物を口に戻して噛む動物。

半導体 伝導体と絶縁体の中間の性質を持つ物質。半導体装置は特性を厳密に制御・変更でき、現在のエレクトロニクスに不可欠な存在である。

反応体 化学反応に関わる物質。

反粒子 通常と反対の電荷を持つ亜原子粒子。

比 2つの数のあいだの比例関係。

火打ち石式発火装置 火打ち石を金属に当て、生じた火花で弾を発射させる機構。

光ファイバー 光を通す細いガラス繊維で、通信に活用される。

被食者 捕食者を参照。

ピストン 密着した円盤と短い円筒を軸に固定してエンジンのシリンダー内を上下させ、力を生みだす仕組み。

微生物 顕微鏡でしか見ることのできない微細な生物。

微生物病原説 感染性のある病原体が病気を引きおこすという説。

ビタミン 健康を保つために微量の摂取が必要な有機化合物。

ビッグバン 推定138億年前、極小の点から大爆発と膨張で現在の宇宙が始まったとされる瞬間。

ピッチ （1）音の高低を決定する属性。（2）飛行機の翼、プロペラの角度。

ビット コンピューターにおける情報の基本単位。値は2進法同様0か1しかない。

非天測位置推測法 天体観測などの手段を用いず、速度と方向だけを推測する航行法。

ヒトゲノム計画 ヒトのDNAにある遺伝子配列をすべて決定する国際プロジェクトで、2003年に完了した。

ヒト上科 霊長目の一分類。ヒトも含まれる。

微分 calculus（1）を参照

微分法 微分で行なう計算。

氷河作用 地面が氷河や氷冠で覆われること。

病原体 病気を引きおこす微生物。

標準模型 素粒子物理学の理論的枠組みとなる原理。4つの基本的な力のうち3つ（電磁相互作用、強い核力、弱い核力）と12の基本粒子（6種類のクォークと6種類のレプトン）の相互作用に関する理論を記述している。

表面張力 液体表面の分子が結合することで、伸縮性のある「皮膚」ができたように見える現象。

微量元素 生物がごく微量必要とする元素。

ファヤンス焼き 釉薬で装飾した陶器。

ファーレンハイト目盛り ガブリエル・ファーレンハイトにちなんだ温度目盛り。通常は32度で水が凍り、212度で沸騰する。

ファンデルワールス結合 比較的弱い化学結合。

フェルミ粒子 ボソンのように力を伝える粒

子ではなく、電子やクォーク、陽子と関わる亜原子粒子のグループ。

フェレルセル 中緯度帯での大気循環。地表近くでは西風が吹き、上空で東風になって戻る。

不確実性原理 亜原子粒子のレベルでは、ひとつの粒子を観察するともうひとつの粒子に変化が生じるため、物体の位置と運動を正確に測定することは不可能だとする量子力学の原理。

副腎 左右の腎臓それぞれの上部に位置する腺。

負数 ゼロより小さい数。引き算がつねに可能となるように自然数を拡張したもの。−1のように、先頭にマイナスをつけて表記。

伏角 自由に動く羅針盤が指す下向きの角度で、地球の磁極を指している。

物質 いわゆる「もの」。

物体 質量を持ち、一定の空間を占めるもの。

沸点 液体が気体に変化する温度。

不定方程式 解が2つ以上ある方程式。

ブラウン運動 流体や気体内で微小粒子が見せる任意の運動。分子の衝突が引きおこす。

フラウンホーファー線 太陽などの星のスペクトルに表われる暗線。星の最外層に存在する元素が光を吸収するためにできる。

プラスミド 細菌や原生動物に見られるDNAの環状2本鎖。

ブラックホール 超高密度で重力が強く、光さえも逃げられない物体。

プランク定数（h） 電磁放射の光子1個とその振動数の比。量子力学の基本となる定数。

プランクトン 水中に生息する植物、動物、およびその他の生命体で強い泳力はなく、流れに乗って漂う。ほとんどは微小で、顕微鏡でしか見えないものもある。

プリズム (1) 面が平行四辺形になる多面体。(2) プリズムの形をしたガラス。とくに面が三角形で、光をスペクトルの色に分けるもの。

浮力 物体が流体（液体または気体）より密度が低いときに上昇する力。

プレートテクトニクス 地球の**岩石圏**が巨大なプレートに分割されて移動するという理論・現象。プレートは大陸やその一部であったり、深海の海底を構成したりする。

分解 (1) 有機物が腐敗すること。(2) 大きな分子が小さい分子に分かれる反応。

分光学 スペクトルの研究と測定を行なう科学分野。

分光器 スペクトルを測定し、分析する装置。

分子 元素や化合物の単位で、最低2個の原子から成る。

分泌 生体の細胞が物質を放出すること。

分類学 生物の分類、および分類の背景にある原理を研究する科学分野。

分裂 ある種のウランなどに中性子を撃ちこむことで、原子核が2等分されること。

分裂小体 微小な寄生虫の生活環の一段階。

平方根 平方すると元の値に等しくなる数。

平面図形 2次元の図形。

並列回路 電源に戻る独立した経路が最低2つはある回路。

ベータ崩壊 ベータ粒子（高速で動く電子または陽電子）が放出される放射性崩壊。

ペプチド 構造はタンパク質に似ているが、タンパク質より小さい分子。

ヘモグロビン 鉄を含むタンパク質で、血液中で酸素を運ぶ。

ヘルツ（Hz） 振動数のSI単位。1ヘルツは1秒間に1回の振動数。

変圧器 電圧を上げて電流を減らす、あるいはその逆を行なう装置。交流でのみ使用できる。

変異 細胞の染色体に起きる無作為の変化。特定の遺伝子だけ、あるいはもっと大規模に起きることもある。

変調 電波（搬送波と呼ばれる）もしくはその他の波に特殊なパターンを重ねあわせて情報を伝達すること。

貿易風 赤道地域で南東もしくは北東から一年中吹く風。

放射 粒子や波の光速の流れ。

放射性 高エネルギーの亜原子粒子を放出すること。もしくは放射性崩壊で起こる放射。

放射性炭素年代測定 特定同位体の放射性崩壊を調べることで、岩石の年代を測定する手法。

放射性トレーサー 放射性原子を持ち、検知と測定が容易な物質。

放射性崩壊 不安定な原子核が高エネルギー粒子を放出、すなわち放射を行なって、崩壊または変換すること。

放射能 放射性崩壊ともなう現象。

捕食者 他の動物、とくに自らの体格に比して大型の動物（被食者）を攻撃して食べる動物。

保存 当初の状態を保ったり、損傷、浸食、腐敗から守ること。

北極光 北極地域の夜空に現われる光。太陽からの電荷を帯びた粒子が地球の大気とぶつかって生じる。

ホメオボックス 動植物やその他の生命体で身体発達を制御する遺伝子のDNA配列。

ポリマー 同一、もしくは類似の分子が結合してできる細長い分子。そうした分子ができる物質も指す。

ボルタ電池 化学反応を電気に変える装置。たんに電池とも言う。**電池**参照。

摩擦 接触している物体どうしの運動を阻止したり、停止させたりする力。空気や水など流体と物体の摩擦は抗力と呼ぶ。

麻酔 感覚または意識を喪失させて苦痛を取りのぞくこと。麻酔効果を引きおこす薬物を麻酔薬と呼ぶ。

ミエリン 一部の神経細胞を包む脂肪性の物質。信号伝達の速度を上げる。

無機化学 有機化合物（炭素-水素結合を持つ）以外の化学物質を扱う化学の一分野。

無理数 整数の分数で表わせない数。

明度 星などの物体が発する光の量。

命名法 名称の体系。

メガバイト **バイト**を参照。

めしべ 花の雌性生殖器官。

メルカトル投影図法 地球の表面を地図に表現する方法。経線と緯線が直角に交わる。

免疫化 接種によって免疫系の働きを促進し、将来の感染を予防すること。

免疫系 身体が持つ防衛メカニズム。微生物などの異物に反応し、炎症を起こしたり抗体を生成する。

面積 平面の大きさ。

毛細血管 組織に血液を供給し、動脈・静脈と接続する細い血管。**循環系**も参照。

もつれ 量子力学において、2個の粒子が離れていても、いっぽうの変化が瞬時に他方の変化を引きおこす状態。

モデル生物 他の生物の理解にも応用できると考えて研究対象に選ばれる生物。

葯 花粉を生成する器官。花糸とあわせておしべを構成する。

薬理学 薬物とその体内作用を研究する科学分野。

有機 (1) 炭素を含む化合物。二酸化炭素など単純な分子をのぞく。(2) 化学肥料や農薬を使わずに生産された食品。

有糸分裂 核が分割され、「娘」核のそれぞれが親と同じ数の染色体を持つ通常の細胞分裂。

有性生殖 2個の生殖体（性細胞）が融合して新たな個体をつくる生殖。

誘導 (1) 帯電した物体の近くで、別の物体も帯電すること。(2) 電流が生成したものも含めて、磁場に置いた物体が磁気を帯びること。(3) 変化する磁場が回路内に電流を発生させること。

輸血 血液を提供者から受血者に移すこと。

溶液 別の物質の原子、分子、イオンが（固体粒子とは異なる状態で）均一に分散している液体。

溶解性 溶質の溶けやすさ。

陽極 電位の高いほうの**電極**。

陽子 原子核内にあって正電荷を持つ粒子。

溶質 溶媒に溶けて溶液をつくる物質。

羊水穿刺 母体に麻酔をかけ、子宮内の羊水を中空の針で採取すること。

陽電子 電子と反対に正電荷を帯びた粒子。

溶媒 他の物質を溶解できる物質、とくに液体。

葉緑素 植物内に見られる緑の色素で、光を吸収して光合成のエネルギーを供給する。

葉緑体 植物や藻類の細胞内で葉緑素を持つ構造体で、光合成が行なわれる。

抑制体 化学や生物学で、化学反応や生理学的反応を防いだり、止めたりする物質。

余弦（cos） 直角三角形の底辺と斜辺の比。斜辺が円を描いて角度が変化するとき、この比がどう変わるかを表わす関数。

横波 進行方向に対して直角に振動する波。光がその例。

弱い核力 ベータ崩壊を引きおこす原子核の力。強い核力と対比される。

弱い相互作用 弱い核力のこと。

ライデン瓶 **コンデンサー**。18世紀に発明された、電気ショックを与える装置。

羅針儀 北と南を示す各種装置。

ラマルク説 個体の一生のなかで獲得した形質が進化に影響するという説。

卵 (1) メスの性細胞で、卵子とも言う。(2) 鳥類その他の動物で胚を保護する構造体。

卵子 卵細胞。

力学 物理学の一分野で、力の影響下にあるときの物体の運動を研究する。

力線 力の場を表現する仮想的な線のひとつ。

リヒター・スケール 地震の大きさを放出されたエネルギーで表わす指標。

粒子 物理学では亜原子粒子を指す。

粒子加速器 電磁石を使って亜原子粒子を加速させ、超高速で衝突させる巨大な装置。

流体 流動性のある物体。固体、液体、プラズマも含まれる。

流体静力学 物理学の一領域で、静止状態の液体の圧力と平衡を研究する。

量子電磁力学 電子、陽電子、光子の相互作用を扱う量子力学理論。

量子力学 亜粒子原子とエネルギーの相互作用を、量子と呼ばれるエネルギーの最小

単位で考える科学分野。

量子論 光をはじめとする電磁放射は光子の流れであり、一定のエネルギー量を運ぶとする理論。

リンパ球 免疫系で専門的な役割を果たす白血球。

リンパ系 リンパと呼ばれる液体を組織から血流に運ぶ管や小器官のネットワーク。

レーザー 平行な光線を集約して放射する装置。

レーダー 電波を発射し、戻ってくる「こだま」を集めて物体を探知する方法。

レトロウイルス HIVなどのRNAウイルスで、自らの遺伝子のDNA複製を宿主細胞に挿入して増殖する。

レプッセー 金属を裏から叩いて模様を打ちだす歴史的な技法。

レプトン 電子を含む素粒子のグループ。クォークやクォークで構成される粒子と異なり、強い核力の影響を受けない。

錬金術 他の金属から金を生みだす方法を探る中世の科学分野。

連鎖反応 ひとつの段階の結果が次の段階の引き金となり、さらに次の段階へと続くような化学反応や核反応。

レンズ 光を屈折させて鮮明な像を結ぶ透明な物体。

六分儀 正午の太陽など、高度を測定するための航海用機器。

ロボット （1）高い知能を持つヒト型機械（主にフィクションで登場する）。（2）プログラム可能で、複雑な一連の動きを遂行できる機械。

矮星 自ら重力を持つ程度には大きいが、周辺空間に他の物体を寄せつけないほど大きくはない天体。

惑星 星のまわりで軌道を描く大きな天体、もしくは天体に近い物体。**矮星**も参照。

ワクチン 免疫反応を引きおこすよう特別に処理された物質で、接種に使われる。

ワールド・ワイド・ウェブ インターネット上でハイパーテキストリンクを使ってデータや文書を収集・交換するネットワーク。

ADP アデノシン二リン酸。ATPがエネルギーを放出する際に生成される化合物。

ATP アデノシン三リン酸。生きた細胞内でエネルギーを運ぶ重要な物質。

DNA デオキシリボ核酸の略。生命体の遺伝情報を伝える大きな分子（RNAを使う一部のウイルスは除く）。

DNA型鑑定 DNAサンプルを分析して人物を特定すること。

FM 周波数変調。電波など搬送波の周波数を変えることで信号を伝達する。

H-R図 ヘルツシュプルング＝ラッセル図。星の進化を示す。

html ハイパーテキスト・マークアップ言語の略。多くのウェブサイトで使われるコンピューター言語。

http ハイパーテキスト・トランスファー・プロトコルの略。ウェブサイトとインターネットをつなぐ呼応システム。

IVF 体外受精。体外で精子を卵に受精させたあと、初期の胚を子宮に戻す技術。この方法で生まれた子供は試験管ベビーとも呼ばれる。

P波 地殻を伸縮させながら進む速度の速い地震波。

pH 溶液の酸性とアルカリ性の単位。pH7は中性で、それ未満は酸性、8以上はアルカリ性となる。

RAM ランダム・アクセス・メモリーの略。情報の保存と読みだしができるメモリーチップ。

RNA リボ核酸。DNAに似た分子で、DNAと他の細胞の仲介などさまざまな役割を果たす。

S波 第2波。水平方向に振動しながら地面を移動する地震波。

SI単位 国際的な単位系に定められた基本的な単位。メートル、キログラム、秒、アンペア、ケルビン、カンデラ、モル。

valve 流体や電気の流れを一定方向に制限する装置や構造。電気では真空管の一種を指す。

X線 高エネルギー・高周波の電磁波。

X線回折 X線を対象物に照射して生じる回折パターンから、内部構造を探る技術。X線結晶構造解析とも言う。

acoustics （1）音響学　音を研究する学問。（2）コンサートホールなど特定空間における音の届きかたの特性。

atmosphere （1）大気　太陽、地球、および一部の惑星を覆う気体。（2）圧力の大きさ。

base （1）塩基　酸と反応して塩をつくる物質（水に溶解する塩基はアルカリと呼ばれる）。（2）DNAに繰りかえし現われる4つの分子で、その配列が遺伝情報となる。（3）数の表記をわかりやすくするための基本の数。

calculus （1）微積分法　無限小の変化を計算する数学の一分野。変化の割合を対象とするのが微分、面積や体積などに用いられるのが積分。（2）結石　腎臓など体内に沈着する硬い石。

calendar round cycle マヤ文明で用いられた2種類の暦は52年周期だった。

cell （1）「生命の単位」とも呼ばれる極小構造で、遺伝子とその周囲でさまざまな化学反応を起こす液体、さらに全体を包む細胞膜で構成される。**真核細胞**、**原核細胞**も参照。（2）電池　**ボルタ電池**を参照。

formula （1）化学式　物質の組成を表わす化学記号。（2）公式　規則や原理、解法を表わす数式。

fuse （1）ヒューズ　電気回路の安全装置。一定以上の電流が流れると融ける細い針金など。（2）導火線　点火や活性化を行なって、爆発物を起爆させるコード。

geostationary 地球の軌道上にあり、地球の自転と同じ周期で動く衛星に用いる。地上からは空の一点で静止しているように見える。

lock and key 錠と鍵のように適合し、相互作用で変化を起こす状態の表現（生体分子など）。

mode （1）振動のパターン。（2）データ集合に最も多く現われる値。

MRI 磁気共鳴画像。非侵襲性の医療画像技術。

ovary （1）卵巣　動物でメスの性細胞（生殖体）を生成する器官。（2）子房　花のなかで胚珠を含む雌性部分。

power （1）仕事率　エネルギーの変化の割合。（2）累乗　ひとつの数どうしをかけあわせる回数。たとえばx^3はxを3回かけあわせる。

reaction （1）反作用　強さは同じで方向が反対の力。すべての力には反作用がある。（2）物質の化学的特性が変質したり、新しい物質が生成されたりする変化。

stade （1）スタディオン　古代ギリシアの長さの単位。（2）亜氷期　氷河の後退が一時的に止まった地質時代の期間。

sterilization （1）殺菌　有害な細菌などの生命体を特殊な処置や器具で殺すこと。（2）断種　手術や放射線使用などで動物を不妊にすること。

thermal （1）熱の（2）サーマル　大気中を上昇する熱せられた気塊。

translocation （1）転座　染色体の一部が同じ染色体の別の場所に移動したり、別の染色体と結合したりすること。（2）転流　植物の内部を物質が移動すること。

transmutation （1）変移　進化である種から別の種に変わること。（2）変換　核反応である原子が別の原子に変わること。

volume （1）体積　物体が空間内に占める割合。（2）音量　音の大きさ。

索引

ページ番号の太字は主要な言及箇所を示す。

【あ行】

アイアース、水洗トイレ 93
アイアンブリッジ 154
アイオロスの球 33, 170
IGファルベン社 261
アイスキューブ・ニュートリノ観測所 342
iTunes（アイチューンズ） 338
アイテル 28
iPad（アイパッド） 347
アイビー作戦のマイク実験 282
iPhone（アイフォーン） 317, 343
アイボ 335
iPod（アイポッド） 338
アインコルン 13
アインシュタイン，アルベルト 235, **242**, 257, 369
　一般相対性理論 242, **244-45**, 254
　奇跡の年 **242**
　重力レンズ 310
　――と宇宙論 344
　特殊相対性理論 242, **244-45**
　――と原子爆弾 271
　――と相対性理論 244, 252, 356
　ノーベル賞 255
アインシュタイン衛星 309
アイントホーフェン，ウィレム 238
アインホルン，アルフレート 242
アヴィセンナ **50**, 56
アヴィセンナ→イブン・スィーナーを見よ
アヴェロエス 57
アヴェンソアル 78
アヴォガドロ，アメデオ 176
　生涯 368
アヴォガドロの法則 356
アウストラロピテクス 12
　アファレンシス 305, 343
　頭骨 288, 289
　→ルーシー、セラムも見よ
アエギナのパウロス 42
アエティウス 41
亜鉛 14, 93, 359
青色レーザー 331
アガシー，ルイ 192
アカデミア・デイ・リンチェイ 95
アガラス海流 154
アキレス腱 123
アギレラ，ディエゴ・マリン 162
アクアラング 274
アクィナス，聖トマス 57
悪魔の足の爪 169
アークライト，リチャード 151
　生涯 368
アグリコラ，ゲオルギウス 80, 82
アクロマティック顕微鏡 114, 115
亜原子粒子 357, 374
亜酸化窒素 152
　――と地球温暖化 326
足跡、化石 165, 339
アジトチミジン（AZT） 294
　エイズ治療用 321
足踏み式機械 36
アシモ 335, 337
アシモフ，アイザック 334
アシモフの三原則 334
アシュール石器 12
アースデイ 300, 301

アステカ人 21
アストベリー，ウィリアム 270
アストラリウム 67
アストロラーベ 43, 46, 48, 87, 132
アスピリン 149, 232, 233
　効く仕組み 302
　登録 236
アスペルガー，ハンス 274
アスペルギルス・テレウス 311
アセチルコリン 252, 255
アセチルサリチル酸 232, 233
アセチレン 191
アダムズ，ジョン・クーチ 198
アーダーン，ジョン 67
アーチ、建築における 37
アチソン，エドワード・グッドリッチ 228
アーチャー，フレデリック・スコット 200
アッシャー，リチャード 281
圧電効果 221
アッピア街道 29
アップル
　アップル・コンピューター・インク 318
　コンピューターの名称 185
　→iPad、iPhoneを見よ
アッベ，エルンスト 115
圧力
　計測の単位 352, 353, 354
　水圧 **92**
　――の公式 356
圧力鍋 117, 122
アデニン 284, 285
アデノシン三リン酸（ATP） 272
アデール・エオール 226
アデール，クレマン 226
アトキンソン，ロバート 263
アドレナリン 229
　ストレス 248
　→エピネフリンも見よ
アナク・クラカタウ山 262
アナクシマンドロス 24
アナログ音 219
アニング，メアリー 165, **176**, 182, 187
　生涯 368
アネロイド気圧計 146
アーノルド，ジョン 154
アーバー，ヴェルナー 301
アーバスノット，ジョン 122
アパメイアのイアンブリコス 38
アパメイアのポシドニウス 32
アピアヌス 73
アブ・カミル 48
アブドゥッサラーム 296, 368
アブ・ユースフ・ヤアクーブ・イブン・アル=キンディー→アル=キンディーを見よ
アフリカ睡眠病 237, 239
　治療薬 243
アペイロン 24
アベルソン，フィリップ 272
アペール，ニコラ 163, 177
アヘンチンキ 73
アポロ計画 290, 298-99
　アポロ11号 297
　アポロ13号 300
　アポロ17号 303
　最後のミッション 303
アポロ=ソユーズ・テスト計画 **306**
アポロドロス 36

アーマー天文台 161
天の川 235, 256, 257
　円盤状 142, 143
　大きさ 253, 254
　回転 206
　銀河としての―― 263
編み機 92
アミサドゥカの金星板 19
アミーチ，ジョヴァンニ 188, 189
アミノ酸 285
　鎖 **281**
　抽出 173
　――と遺伝子コード 295
　――とタンパク質 243
アームストロング，ニール 297, 298, 299
アムンゼン，ロアール 248
アメリカ大陸、命名 72
アメリシウム 275, 359
アモントン，ギヨーム 125
アモントンの摩擦の法則 125
アーユルヴェーダ 43
アラゴ・スポット 134
アラゴ，フランソワ 179
アラビア数字 58
アラブ医学 59
アリアンロケット 310, 311
アリエル 200
アリギエーリ，ダンテ 64
アリストテレス 28, **29**
　海洋生物 292
　――学問の禁止 58, 59
　生涯 368
　発射体 120
有馬頼徸 150
アリヤバータ 39, 306
アリューシャン列島 140
アル=アスマイ 43
アル=アッパス，アブ・イブン 49
アルヴァレズ，ルイス **278**, 311, 325
　生涯 368
アル=ヴェーン，ハンス 273
RNA（リボ核酸） 285, 301
アル=カイサラニ 57
アル=カジーニ，アブー 49, 56
アル=カラサディ，アル 68, 69
アルガン，アミ 155
アルキゲネス 36
アルキメデス 30, 31, 34
　生涯 368
アルキメデスの鉤爪 30
アルキメデスの原理 31
アルキメデスのねじ 24, 30
アルキメデスの立体 26
アル=キンディー **46**, 368
アル=クハンジー 49
アル=クービー，アブ・サフル 50
アルコール 47, 79
アルゴン 229, 232, 359
　ラムジー 86
アル=サーティ，リドワン 57
アル=ザフラウィー，アブ・アル=カシム 49
アル=シジー 49
アル=カシ，ジャムシード 68
アル=ジャヤニ，アブダラー・イブン・ムアド 51
アル=ジャザリ，イブン・イスマイル 58, 62
アルセナーレ 56

アル=ダクワル 59
アルツハイマー，アロイス 237, 319
アルツハイマーについての報告書 243
アルツハイマー病 237, 319, 320, 321
アル=ディン，タキ 81, 88
アルディピテクス・ラミドゥス 347
アルドゥイノ，ジョヴァンニ 148
アルドロヴァンディ，ウリッセ 94
アル=ナサウィ 51
アル=ナフィス，イブン 59
アル=ハイサム，イブン 50
アル=バイタール，イブン 59
アルハゼン 50, 60, 61
　生涯 368
アル=バッターニー 48
アルビーニ，プロスペロ 88
アルビヌス，ベルンハルト・ジークフリート 142
アル=ビルーニ 51
アル=ファーラビー 48
アル=ファザーリ，イブラヒム 43, 48
アル=フワーリズミー 46, 56, 58, 368
アルファー，ラルフ 279
アルファ崩壊 267
アルファ粒子（放射線） 246, 250, 253, 266, 267
　ヘリウム核としての 246
　命名 236
アルフェドソン，ヨアン 179
《アルフォンス天文表》 61
アルブカシス→アル=ザフラウィー，アブ・アル=カシムを見よ 49
アルペトラギウス 58
アルベルティ，フリードリヒ 191
アルベルティ，レオン・バッティスタ 68, 70
アル=マリンディ，マスイヤー 50
アルミニウム 186, 359
　ヴェーラー 374
　電気分解による 224
アル=ラーズィー，ムハンマド・イブン・ザカリヤ（ラーゼス） 43, 47, **48**, 368, 373
アル=ラーズィー（ラーゼス） 43, 47, **48**, 368, 373
アレクサンドリアのクテシビオス 30
アレクサンドリアのテオン 39
アレクサンドリアのパップス 38
アレクサンドリアのヘロン 33, 34, 170
アレクサンドリアのメネラウス 36
アレクサンドリアのエウクレイデス 28, 29, 68
　生涯 368
　――と幾何学 26
アレクサンドリアのディオファントス 38, 46
アレニウス，スヴァンテ 256
　生涯 368
アレルギー 295
アレン，チャールズ 118
アロマタリのジョセフ 102
アングイッラーラ 80
アンクル脱進機 110
暗号機 254
暗号法 70
安全灯 178
安全弁 117

青銅製の歯車 184
天文計算機 21
難破船からの回収 63
日食・月食の予測 32
歯車 62
アンドリ，ニコラ 126
アンドロイドオペレーティングシステム 347
アンドロイド・ロボット 334
アンドロメダ星雲／銀河 256, 257
アンペア、定義 352
アンペール，アンドレ=マリ **181**
　生涯 368
　法則 356
アンペール=マクスウェルの方程式 208, 209, 356
アンモナイト 80, 164
アンモニア 242, 249
庵 17
飯島澄男 261, 325
イェーガー，チャールズ 278
ES細胞（胚性幹細胞） 313
イェドリク，アーニョシュ 187
イェーニッシュ，ルドルフ 305
イオ 97, 150, 310
イオン 174, 175
イオン結合 174
胃潰瘍 315
医学
　アラブの 48, 49, 50
　古代ギリシアの 28, 29
　パラケルスス 373
　ヒポクラテス 371
　リスター 372
　歴史 **90**
《医学概論》 60
《医学集成》 48
《医学典範》 50
イ・カハール，ラモン 229, 373
《イギリスの医者》 107
イギリス南極研究所 319
イグアノドン 182, 196
イクチオサウルス 176
　化石 165
石坂公成・照子 295
移植
　顔面 341
　骨髄 288
　心臓 368
　腎臓 283, 289
　臓器 291
　バーナード 368
イーストマン，ジョージ 225
イスラムの「黄金時代」 46, 50
イスラムの黄金時代 46, 50
異性体 189
位相幾何学 27
位相差顕微鏡 115
《偉大なる術》 80
イダ、化石 346, 347
一次方程式 22, 37, 38
1年、測定 61
1年、惑星の 101
一輪車 21, 37
一般相対性理論 242, **244-45**
　証明 254
いて座 A* 333
遺伝 215
　ヴァイスマン 374
　獲得形質 169
　ド・フリース 374

法則 236, 237
メンデル 210, 373
遺伝学
　ヴァイスマン 368
　最初の業績 202
　造語 242
　メンデル 373
　モーガン 373
遺伝コード 295
遺伝子 210, 284
　造語 247
　DNA でできている 274
　──と進化 204
　ド・フリース 370
　配列決定、最初の 303
　命名 237
　優性と劣性 202
遺伝子組み換え（GM）
　ゴールデンライス 336, 337
　食品 329
　植物 320, 321
　緑色に光るマウス 332
遺伝子工学 303
　遺伝子組み換え植物 320, 321
　インシュリン 309
　コーエン 369
　挑戦 349
　バーグ 368
　モラトリアム 304
遺伝子中心説 307
Wikipedia（ウィキペディア）338
遺伝子導入生物 303
遺伝子導入マウス 304
遺伝子療法 324
緯度・緯線 37, 132
胃の内視鏡検査 182
イブン・サール 49
イブン・スィーナー 50, 368
イブン＝ハイヤーン，ジャービル 43
イブン＝ブトラーン 51
イブン・ルシュド 57
e-mail 302
イーリアス 20
色消しレンズ 136
引火性のあるガス 178
陰極線 232
　クルックス 369
陰極線管 233, 248
陰極、二極真空管 239
インゲンホウス，ヤン 154, 155, 157, 368
印刷 69
　可動活字 51, 69, 373
　ステロ版 135
　木版── 40, 41, 56
　ライノタイプ行鋳植機 224
印刷機 178
印刷書籍、最初の 47
インシュリン 255, 297
　遺伝子工学 309
　構造 281
隕石、起源 163
隕石 ALH84001 330, 331
インダクタンス 371
インターネット
　運用開始 315
　グローバル・コネクション 325
　最初の検索エンジン 324
　初期の 322
　成長 333
　ブロードバンド 332, 333
インターネット・プロトコル・スイート 303
インターネット・プロトコル・バージョン 6 349
インディコプレウステス，コスマス 40, 41
インテル・マイクロプロセッサー 404

302
インド・アラビア数字 49, 58
インド医学、古代の 33
インド大三角測量 203
陰と陽 28
インペトゥス（起動力）理論 66, 120
引力定数 176
ヴァイキング・ランダー 307
ヴァイキング 1 号 299
ヴァイゲルト，カール 221
ヴァイスマン，アウグスト 226
　生涯 368
ヴァイン，フレッド 291
ヴァーミング，ユーゲン 232
ヴァルター，フレミング 221
ヴァルダイエル，ハインリヒ 225
ヴァルトゼーミュラー，マルティン 72
ヴァールブルク，オットー・ハインリヒ 368
ヴァロ，マルクス・テレンティウス 42
ヴァンケル，フェリクス 171
ヴァンサン，ジャン・ヤサント 247
ヴァン・スタルトゲム，アンドレ 328
ヴァン・ディーマンズ・ランド 105
ヴァン・デル・シュピーゲル，アドリアン 93, 102
ヴィエタ，フランシスクス→ヴィエト，フランソワを見よ
ヴィエト，フランソワ 87, 92
ウォーリア号 207
ウォリス，ジョン 110, 113
ウォルコット，チャールズ 246, 247
ウォルシュ，アラン 282
ウォルシュ，ドン 289
ヴォルタ，アレッサンドロ 155, 161, 167
　生涯 368
ヴォルタのパイル 167
ウォルトン，アーネスト 264, 265
ヴォルフ，マックス 227, 242
ウォレス，アルフレッド・ラッセル 203, 205, 216, 221, 225, 368
ウォレス線 205
ウォレン，ロビン 315
ウガリット文字 22
ウサイ・ビーアー，イブン・アビ 59
ウサギ、オーストラリアの 280, 281
宇宙
　運命 345
　大きさ 263
　構成 279
　──探査の話 298 99
　年齢 339, 349
　始まり 344-45
　膨張 259, 263, 333, 339, 344-45
　ラムダ、コールドダークマター 339
宇宙競争 306
宇宙ステーション 299
　最初の 302
　中国の 348
　2 度目の 303
　ミール 368
宇宙船、民間 340
宇宙探査の話 298-99
宇宙定数 339
宇宙におけるサル 279, 280, 288
宇宙のインフレーション 311, 344
宇宙のインフレーション理論 370
宇宙背景放射（CMB）294, 328, 339, 345
宇宙背景放射探査機 328
宇宙飛行士
　アームストロング 297, 298, 299
　オルドリン 297, 298
　ガガーリン 290
　最初の中国人 339
　シェパード 298
　→アポロ、ジェミニ、ヴォストークも

ヴィットルヴィウス 32
ヴィーナスの土偶 13
ウィラビイ，フランシス 118
ヴィラール，ポール 236, 238
ウィリス，トマス 110, 111
ウィルキンソン・マイクロ波異方性探査機 339
ウィルキンス，モーリス 282
ヴィルケ，ヨハン・カール 149
ヴィルズング，ヨハン・ゲオルク 105
ウィルソン，エドマンド 242
ウィルソン，ロバート 294
ヴィルト第 2 彗星 336, 342
ウィルバーフォース主教，サミュエル 206
ウィルヒョー，ルドルフ・カール 368
ヴィーン，ヴィルヘルム 228, 233
ヴィンクラー，クレメンス・アレクサンダー 175
ウィンクラー，ハンス 255
Windows（ウィンドウズ）318, 319
ヴェイル，アルフレッド 316
ウェイン，ロナルド 307
ヴェイン，ジョン 302
ヴェーゲナー，アルフレート 249, 252, 289, 368
ヴェサリウス，アンドレアス 76, 79, 93
　生涯 368
ヴェスコヴィ，アンジェロ 336
ウェスティングハウス，ジョージ 210, 211
ヴェスプッチ，アメリゴ 72
「ヴェーダ」25
ウェッジウッド，ジョサイア 150
ウェッジウッド，ジョン 172
ウェッジウッド，トマス 161, 169
ウェッジウッド，レイフ 173
上中啓三 236
ヴェネラ宇宙探査機 297, 301, 306
ヴェネラ計画 290
ヴェーバー，ヴィルヘルム 190
ウェブカメラ 317
Web 2.0 338
ヴェーラー合成 187

ヴェーラー，フリードリヒ 187
　生涯 368
ウェルズ，ウィリアム・チャールズ 178
ウェールズ，ジミー 338
ウェルズ，ホレス 199
ヴェルソリウム検電器 95
ヴェルナー，アブラハム 153, 156
ヴェルナー・ジーメンス機関車 220
ヴェルナドスキー，ウラジミール 216, 259, 268
ヴェルニエ，ピエール（ヴァーニア，ポール）85, 103
ヴェルニッケ，カール 216
ヴェルヌ，ジュール 208
ヴェルヘイエン，フィリップ 123
ヴェン，ジョン 221
ヴェンター，クレイグ 343, 347, 368
ヴェント，フリッツ 262
ウォーキートーキー 317
ウォークマン、ソニー 219, 310, 311
ヴォゲルスタイン，バート 323
ヴォストーク 298, 301
ヴォストーク 6 号 291
ヴォストーク 1 号 290
ウォズニアック，スティーヴ 307
ヴォート F4U コルセア 241
ウォラストン，ウィリアム・ハイド 168, 169, 172, 173

見よ
宇宙飛行、商用 347
宇宙望遠鏡 299
宇宙ミッション、日数 301
宇宙遊泳 294, 298, 318, 319
宇宙旅行、初期の理論 238
宇宙論 304, 344
ウッド，アレグザンダー 201
ウッドラフ，マイケル 289
ウッド，ロバート・W 247
ウッドワード，ロバート 274, 289
ウニ、化石 164
ウフル（天文衛生）300, 301
馬の家畜化 23
《ウマル・ハイヤームのルバイヤート》53
ウマ暦 19
ウミユリの化石 164
ウラニボリ天文台 88
ウラム，スタニスワフ 281
ウラン 266, 359
　原子炉 273
　分裂 270
雨量計 147
ウラーゼ 258
ウラン 282
ウルグ・ベク 68
運河、中国の 41
運動エネルギー 188, 199
　──の公式 357
運動学 104
運動の第 1 法則 120
運動の第 2 法則 121
運動の第 3 法則 121
運動の法則 119, 120-21, 355
　ニュートンの 120-21
運動量 121
　──保存の法則 113
運動理論、初期の 57
ウンブリエル 200
エアバス A380 241, 300, 341
エアブレーキ 211
エアリー，ジョージ 201
エイヴリー，オズワルド 274
AM 波 317
映画作品、初の 225
映画スタジオ、初の 228
永久機関 43, 56, 61
エイクマン，クリスティアーン 233
英国王立科学研究所 167
エイズ 301, 318
　命名 314
衛星
　気象── 289
　スプートニク 1 号 287, 288
　静止── 275
　→個々の衛星の名前も見よ
衛星測位システム 322
H3 クロノメーター 145
H4 クロノメーター 148
H5N1 ウイルス 332
H-R 図 247, 365, 371, 373
英仏海峡、最初の横断飛行 246, 247
エイブラハム，エドワード 272
エイブル作戦、核実験 278
エイブル、サルの 288
エイベル，ジョン 233
エイベル，フレデリック 225
エヴァンズ，オリヴァー 161
エヴァンズ，トマス 206
エヴァンズ，マーティン 312
エウスタキオ管 81
エウスタキオ，バルトロメオ 81
エウパリノス 24, 25
エウパリノスのトンネル 25
エウロパ 97, 150
液圧プレス、ブラマー 372
疫学、スノウ 370

液晶ディスプレイ（LCD）178, 328, 329
X 線撮影 232
エクストリーム・ディープ・フィールド 340, 349
エクスプローラー 1 号 288
エクセター運河 86
エシェリヒ，テオドール 223
SI 接頭語の十進法 352
SMS メッセージ、最初の 328
s 軌道 251
S 波 242, 243
エスマルク，モルテン 187
X 線
　CT スキャン 302
　電磁放射 234, 235
　発見 91, 232
　レントゲン 373
X 線回折 249
X 線解剖学 79
X 線観測 300, 309
X 線結晶構造解析 259, 284
　DNA 282, 283
　ラウエ 371
　ロンズデール 374
エッセン，ルイス 286
エッフェル，ギュスターヴ 225
エッフェル塔 225
エディソン，トマス・アルヴァ 218, 220, 221, 228, 368
　蓄音機 217
　白熱灯 176
エディソン効果 221
エディントン，アーサー 242, 245, 254, 255, 256, 257
　生涯 368
エーテル 224, 244
エデルマン，ジェラルド 291
エドウィン・スミス・パピルス 22
エドモントサウルスの化石 165
エドワーズ，ロバート 308
エナメル技法 16, 23
《淮南子》33
エニウェトク環礁 282
エニグマ暗号機 254
エヌビック，フランソワ 227
エネルギー
　計測の単位 352, 353, 354, 370
　ジュール 352, 370
　ダーク── 333
　──と化学反応 256
　──と質量 242, 244
　──保存の法則 199
エネルギー収支、地球 327
エネルギーのパッケージ、量子 236
エネルギー反応 174
エネルギー保存 199
A・B・O の血液型 237
エピダウロス劇場 29
エピネフリン 233
　抽出 236
　→アドレナリンも見よ
AB の血液型 238
エビングハウス，ヘルマン 223
エフェソスのソラヌス 36
エフェソスのルフス 36
F ガス 326
f 軌道 251
エプソン HX-20 313
エーベルス・パピルス 22
エボラウイルス 307
エーマン，ジェリー 308
MMR 混合ワクチン 302
M 理論 330
エラトステネスのふるい 31
エリコ 14
エリス 341
エルステッド，ハンス・クリスティアン

181, 182, 186
生涯 368
エル・ニーニョ 297
　最悪の被害 314
エルー，ポール・ルイ・トゥーサン 224
エルヤル，ホセとファウスト 156
エルラン，クリスティアン 87
エールリヒ，パウル 221, 232, 233, 243, **247**, 368
　梅毒 246
エレクトロニクスの始まり 239
エレバス号 198, 207
エレベーター，最初の 203
塩基対，DNA の 284, 285
遠近法 68
エンケラドス 160
円周率 22, 36, 39, 68, 150
　張衡 370
　∏の最初の使用 127
エンジン 170-71
　ガソリン 368
　ジェット── 271
　蒸気機関 125, 372, 373, 374
　大気圧機関 122
　ディーゼル── 370
　内燃機関 173, 373
円錐曲線 31
塩素 359
　元素としての 176
　発見 153
エンデヴァー号 151, 292
エントロピー 209, 220
円盤車輪 20, 21
掩蔽，惑星の 139
エンペドクレス 25
エンマーコムギ 13
オイラー，レオンハルト 137, 141, 150, 151, **152**, 368
　虚数 154
　三体問題 144
　偏微分方程式 142
オーウェン，リチャード 187, 196, 197
　生涯 368
王疹 66
王孝通 42
黄金数 71, 135
黄金のらせん 135
黄熱病 236
オウムガイ 135
凹面レンズ 50
応用数学 72
王立協会 110, 111, 126
王立グリニッジ天文台 109, 116, 223
王立植物園 104
王立薬草園 162
オオウミガラス 201
大型ハドロン衝突型加速器（LHC） 346, 348, 349
おおすみ，人工衛星 300
オートマタ 334
大野乾 303
大麦 13, 15
オーガスタ・サクス＝コバーグ 148
オカピ 237
岡部勝 332
小川誠二 324
オーキシン 262
オグラカン，ニール 103
遅れ，時計の 244
オシロスコープ 232
オスタペリ，グスタフ 209
オストロム，ジョン 297
オズボーン，ヘンリー 236
オズボーン1，ポータブルコンピューター 312, 313
オズワルト，テリー 333

オゾン層 304
オゾンホールの広がり 328
　検知 287
　──と地球温暖化 326-27
　破壊 319
　命名 193
　モントリオール議定書 321
オッカムのウィリアム **65**, 368
オッカムの剃刀 65
オットー・サイクル 368
オットー，ニコラウス 171, 216
　生涯 368
オッペンハイマー，ロバート 368
オディエルナ，ジョヴァンニ 105
オーティス，イライシャ 203
オデッセイ号 338
オーデュボン，ジョン・ジェームズ 187
オートクローム 243
オートバイ，初期の 210
オートマタ 58, 87, 334
オードリー，ユージン 270
オードリング，ウィリアム 202
オートレッド，ウィリアム 99, 103, 184
　生涯 368
オネス，ヘイケ・カメルリング 246, 247
　生涯 369
斧 12
オパーリン，アレクサンドル 256
オーベル，ジェフリー 279
オベロン 157
オーム，ゲオルク・ジモン 373
オーム，定義 352
オームの法則 357, 368
重さ
　──の公式 357
　──の測定 64
重り
　鉛と翡翠 84
　標準 84
オリヴァー，ジョージ 229
オリオン大星雲 96, 97, 151
織機，半自動 138
オリゴヌクレオチドの合成 347
オルター，デヴィッド 202
オールダム，リチャード 242
オルテリウス，アブラハム 86, 93
オールトの雲 281
オルドビス紀 367
オール輪船 157
オールト，ヤン 265, 280, 281
オルドリン，バズ 297, 298
オルドワン石器 12
オルバース，ヴィルヘルム 169
オルバース，ハインリヒ 183
　生涯 368
オルバースのパラドックス 183, 368
オールバット，トマス 91
オレリー 127
オーロラ 288
　──と地磁気 134
音楽記譜法 51
音楽療法 48
オングストローム，アンデルス 202, 208, 210
　生涯 368
温室効果ガスに関する諸問グループ 322
温室効果 183, 322
　アレニウス 368
　──と地球温暖化 326-27
　IPCC 報告書 343
温室効果ガスと地球温暖化 326-27
音速 124, 125
　音速の壁 278
温度、計測の単位 352, 353, 354
温度目盛り 140, 355
音波 219

【か行】
蚊
　──と黄熱病 236
　──とマラリア 130, 131
榷
ガイア理論 311, 372
海王星 364
　軌道 100, 101
　発見 198
　ボイジャー2号 323
ガイガー，ハンス 246
　生涯 370
《懐疑的化学者》 111
壊血病 142, 144, 243
カイコ 214
階差機関 182, 184, 185, 190, 191, 197
カイザー，コンラート 67
ガイスラー管 202
解析幾何学 26, 27
回折現象 179, 224
開創器，手術用の 213
階段ピラミッド 19
獲得形質の継承 169
角度、計測の単位 352, 354
懐中時計 72
海底 281
海底の拡大 289, 291
《海島算経》 38
カイパー，ジェラルド 279, 280
カイパーベルト 280, 342
界、分類学 360
解剖 93
　初期の **64**, 65
解剖学 43
　アルビヌス 142
　ヴェサリウス 76, 368
　ヴェルヘイエン 123
　エジプトの 22
　古代ギリシアの 31
　コロンボ 82
　中世アラブの 49
　──の話 78-79
　マルピーギ 372
《解剖学》 83
解剖劇場 93
ガイム，アンドレ 340
海洋クロノメーター 132
海洋センサス 293
海洋学の話 292-93
外輪船 157
カヴェントゥ，ジョゼフ・ビヤンネメ 181
ガウス，カール・フリードリヒ **163**, 168, 176, 190, 368
ガウスの電場の法則 356
カウフマン，マシュー 312
カエノラブディティス・エレガンス 333
火炎放射器 59
カオス理論 291
カオリン石 141
化学
　アラブの 43
　ヴェーラー 368
　科学としての 160
　キャヴェンディッシュ 369
　周期表 358
　ベルセリウス 373
　有機── 187
　リービヒ 374
化学化合物 174-75
化学記号 160
　確立 176
化学結合 174
化学式 174
化学天秤 85
化学反応 **174-75**
化学反応の生成物 174
化学療法 246
ガガーリン，ユーリ 290, 298

科学者、造語 190
科学手法 59, 96
書き文字 18, 316
核（原子）250, 251
　最初の証拠 246
　──と放射能 266, 267
　命名 248
核（細胞）194, 195
　──と遺伝 223
　命名 189
楽音 104
拡散適応 204
核酸 284
核子 266
核磁気共鳴（NMR）**278**
核実験、第 2 次大戦後の 278
核種 266
核種変換 237, 238
郭守敬 61, 374
核小体 194, 195
核爆弾 268
核分裂 268
核分裂 270, **271**
核分裂の連鎖反応 268, 270, 271, 273, 275
核融合 263, **323**
　星における── 54, 55, 271
角膜切開術 321
確率論 107, 110, 122, 129
かご 14
化合物
　化学── **174-75**
　プルースト 372
過去の文書の翻訳 **56**
傘歯車 63
火山 60
過酸化水素 180
火山噴火 178
華氏 140, 372
舵柄、ボートの 19
カシオペア座 87
カシュニー，アーサー 253
ガスエンジン 171, 220
ガスタービン 161
ガス灯 161
カスパロフ，ガルリ 332
ガスール銘板 18, 19
火星 364
　軌道 100, 101
　キュリオシティ・ローバー 299, 348, 349
　ケプラーの観測 96
　最初の地図 188
　水路 217
　探査 299
　──の生命 307
　──の水 338
　氷冠 112
火成岩 366
化石 40, 72, **164-65**, 182, 187, 204
　細菌 330
　最古のヒト科── 347
　人類の 183, 340, 342, 343
　生物の痕跡としての 80
　セラム 342, 343
　──とキュヴィエ 369
　──とコープ 369
　──と沈括 53, 370
　──とステノ 113
　──とメアリー・アニング 176
　バージェス貢岩 247
　ヒトの祖先イダ 346, 347
　ルイドの目録 125
　ルーシー 305

レイの説 122
化石燃料と気候変動 332
風のパターン 118
カセリウス，ユリウス 93
ガゼル蒸気機関車 21
仮想変位 59
加速（度）56, 353
　──と運動法則 121
　──と重力 245, 252
　──の公式 355, 357
ガソリン 170, 171
ガソリン自動車、ベンツ 373
カーソン，レイチェル **290**, 291, 368
カタパルト 84
カタール、定義 353
賈耽 43
家畜化
　動物の 13, 14
脚気 233
ガッサンディ，ピエール 106
　生涯 369
カッシオドルス，フラウィウス 40
カッシーニ，ジョヴァンニ 111, 112, 113, 116, 117
　生涯 369
カッシーニ探査機 341
カッシニ3世 141
カッシーニの隙間 116, 369
カッシニの地図図法 141
カッシーニ＝ホイヘンス計画 341
カッシーニ，ジャック、地球の大きさ 138
滑車、単純機械 34, 35
滑車装置 35
ガッデスデンのジョン 64
カッパドキアのアレタイオス 36
カップ型重り 84
滑面小胞体（SER）194, 195
カーティス，ヒーバー 257
ガーディング本、初の 103
可動活字 69
　沈括 373
　中国と朝鮮半島の 51
カドミウム 179, 359
カートライト，エドモンド 156, 157
ガードン，ジョン 288
ガニアン，エミール 274
かに星雲 52
ガニメデ 97, 150
カニンガム，バリス 275
カノープスの壺 78
カハール，ラモン・イ **229**, 374
カピッツァ，ピョートル 270
かぶと、初期の 17
花粉 123
　受粉 88
　年代測定のための 253
花粉学 253
花粉管 188, 189
科、分類学 360
カペッラ，マルティアヌス 38, 39
カポジ，モーリツ 215
カーボランダム 228
ガーボル，デーネシュ 279
カーボン紙 173
カーボンナノチューブ 325
窯 13, 14, 15
カマン，ジョージ 90
紙の発明 31, 37
カム軸 58
カメラ
　コダック 225
　初の 192
　→写真も見よ
カメラ・オブスクラ 61, **86**, 87, 186
カメラリウス，ルドルフ 123
カメラ・ルシダ 173

カメルリング・オネス , ヘイケ 246, 247
　生涯 369
仮面、銅の 17
カーメン , マーティン 272
カモノハシ 167
ガモフ , ジョージ 279
　生涯 369
火薬 59, 60
　発見 47
　ヨーロッパにおける 67
カヤック 31
カーライル , アンソニー 167
カーライル , ハリー 275
カラー写真
　最初の 208
　商用 243
ガラス
　色付き 43
　初期の生産 23
　窓―― 33
ガラスづくり
　ネリの 97
　ローマの 32
ガラパゴス海嶺 308
ガラパゴス諸島 191, 207
　フィンチ 204
ガランボス , ロバート 270
カリウム 267, 359
　デーヴィー 370
　分離 173
ガリウム 210, 211, 359
　発見 216
カリスト 97, 150
カリストスのディオクレス 29
カリホルニウム 280, 359
加硫ゴム 193
ガリレイ , ガリレオ 89, 92, 95, 96, **97**, 104, 120, 369
　《二大世界体系に関する対話》 103
ガリレオ衛星 97
ガリレオ探査機 299, 329, 330
ガルヴァーニ , ルイジ 369
　初期の実験 155
ガルヴァーニ電気 168
カルヴィン , メルヴィン 280
カルクス 124
カルケドンのヘロフィロス 29
カルサーズ , マーヴィン 319
カルシウム 359
　化合物 175
カルダーノ , ジェロラモ 80, 88
カルノー , ニコラ・レオナール・サディ 183, 190
　カルノーサイクル 183, 369
　生涯 369
ガル , フランツ・ヨーゼフ 161
カルペパー , エドマンド 114
カルペパー , ニコラス 107
カルマン・ライン 279
カルメット・ゲラン桿菌（BCG） 243
カルメット , アルベール 242
　最初の BCG 実験 255
ガレノス , クラウディウス 37, 48, 78, 79, 369
ガレ , ヨハン・ゴットフリート 198
カロザース , ウォレス 261, 268, 270
カロタイプ 191
がん
　ヴァールブルク 368
　細胞 295
　発ガン遺伝子 314
　標的抗ガン剤 338
　放射線治療 267
灌漑 14, 15, 18, 41
緩下剤 102
幹細胞 349

ヒト 333
　ヒト胚性―― 333
　非胚性―― 336, 337, 343
　プログラミング 343
　マウス 313
鉗子、手術用 212, 213
干渉計 228
慣性 40, 41, 97
観星台 61
岩石の種類 366
岩石、放射性炭素年代測定 243, **286**
桿体 210, 269
ガンター , エドマンド 99
カンデラ、定義 352
カント , イマヌエル 144, 145, 149, 163
　生涯 369
カントール , ゲオルク 216
カントロヴィッツ , エイドリアン 296
カンブリア紀 367
ガンマ線 234, 235
ガンマ放射線 236, 238, 267
顔面移植 341, 347
ガン抑制遺伝子 323
観覧車 228
カーン , ロバート 304
気圧
　ゲーリケ 369
　測定 106
　――と高度 118
気圧計 106, 118
　携帯型―― 123
　最初の 105
　種類 146
機械
　航空機 240–41
　単純―― **34–35**
機械的倍率 34, 35, 63
機械時計 62, 109
幾何学
　エウクレイデス 368
　基礎 29
　古代ギリシアの 31
　――の話 **26–27**
　ピュタゴラス 372
　マンデルブロ 373
希ガス 229, 232, 233, 358
機関車
　ジーメンス 220
　蒸気 168, 178
　トレヴィシック 371
ギガントラプトル 343
気球
　水素―― 156
　熱―― 128, 156, 240
　モンゴルフィエ兄弟 156, 240
気候変動 322, 328, 331
　会議 328, 329, 332
　IPCC の報告書 342, 343
気候変動に関する政府間パネル→ IPCC を見よ
キジ 204
気象
　観測用具 **146–47**
　計算機 147
気象衛星 289
気象学 162
気象観測装置 **146–47**
気象台 147
キセノン 233, 359, 373
気体
　ゲイ=リュサックの法則 356, 369
　プリーストリー 372
　ワールス 374
　気体の法則 169, 356
　アヴォガドロ 368
北里柴三郎 226
亀甲船 94

起電力 190
軌道周期 101
軌道上の速度 100
軌道上の電子 250, 251
軌道、惑星の 96, 100–101, 364
キニーネ 103, 181, 274
ギニャール , ジャン・ルイ 226
絹 128–29, 135, 223
キネトグラフィック・シアター 228
機能的 MRI 324
帰納法 96, 99
　数学的―― 88
木の化石 165
キビ 13
ギブス , ジョサイア・ウィラード 220, 256
ギブソン , レジナルド 261
キャヴェンディッシュ , ヘンリー 150, 166, 229
　生涯 369
　――と水 156
逆転写酵素 300, 301
キャメロン , ジェームズ 293
ギャロ , ロバート 318
求愛行動 269
キュヴィエ , ジョルジュ 163, 186
　生涯 369
　進化論 181
　大変動説 177
　トカゲの化石 180
牛疫 226
牛痘 163
球面幾何学 27
キュー・ガーデンズ 148
キューネ , ヴィルヘルム 217
キュノー , ニコラ=ジョゼフ 151
キュービット 15
キュリオシティ火星探査車 348, 349
キュリー , ピエール 221, 233, 266
　――とラドン 236
キュリー , ポール=ジャック 221
キュリー , マリー **233**, 247, 266, 369
　――とラドン 236
キュレネのエラトステネス 31, 32
　生涯 368
教育 39
強化コンクリート 227
共進化 205
京都議定書 327, 328, 332
共有結合 174, 253, 254
恐竜 182, 183
　オーウェン 368
　化石 165
　絶滅 311, 324, 325
　命名 196
　やわらかい組織 341
極限環境微生物 304
曲線 124
極微生物 116
虚数 87, 154
巨石 14, 18
魚雷 210
ギリシア火薬 42
ギリシア文字 23
キーリング , チャールズ 326
ギルバート , ウィリアム 94
　生涯 369
キルビー , ジャック 288
キルヒ , ゴットフリート 119
キルヒホッフ , グスタフ・ロベルト 169, 206, 207
キルヒホッフの法則 357
ギルベルトゥス・アングリクス 60
キログラム 84
　原器 166
　定義 352
金 359

銀河 54
　電波 271
キングズリー , メアリー 228
金星 364
　ヴェネラ 9 号 306
　大きさと距離の初期の計算法 104
　軌道 100, 101
　日面通過 151
　マゼラン探査機 324
金属加工、初期の **16–17**
筋肉の収縮 117
金箔実験 246
クアッガ 222
グアニン 284, 285
クィア , ダニエル 123
グヴォズデフ , ミハイル 137
空間
　――のひずみ 214
空気タイヤ 21, 225
　取りはずせる 227
空気力学 30
空中輸送機 240
空胞 195
クエーサー 294, 310
クエン酸回路 270
クォーク 244, 291, 296, 357
　チャーム 304
クォーツ時計 109, 259
クォレク , ステファニー 261
Google 332
楔形文字 18, 316
くさび、単純機械 34
グース , アラン 311
　生涯 369
クストー , ジャック 274
クック , ウィリアム 192
クック , ジェームズ 124, 151, 152, 292
クック=ホイートストン電信機 316
クックワージー , ウィリアム 141
靴下編み機 92
屈折 49
　スネル 374
　ニュートンのプリズム 112
　――の法則 95, 99
屈折率 99
屈折の法則 99
グッドイヤー , チャールズ 21, 193
グーテンベルク聖書 70
グーテンベルク , ヨハネス 69, 70
　生涯 369
グドール , ジェーン 369
クニドスのエウドクソス 28
クニドスのエウリュポーン 28
グーネル , E 200
クノール , マックス 264
クーパー , アーチボルド 202
組み立てライン 149
クモ
　化石 164
　絹 128–29
雲の形状 172
グライダー
　ケイリーの 201
クライトン , ハリエット 264
クライン , フェリックス 27
位取り記数法 58
グライパー号 181
ギルバート , ウィリアム 94
　生涯 369
クライン , フェリックス 27
クラヴィウス , クリストファー 103
グラヴィティ・プローブ A 307
グラヴィティ・プローブ B 348
クラウジウス , ルドルフ 200, 209
グラウバー塩 102
クラウバー , ヨハン 102
クラーク , アーサー・C 275, 293
クラーク , アルヴァン・グレアム 208
クラーク , ウィリアム・E 196
クラーク , デュガルド 220

クラーク , バーニー 314, 315
クラーク , リチャード 322
グラショー , シェルドン 296
グラップ , エミール 232
クラドニ , エルンスト 163
グラハム , ジョージ 127, 130, 134
グラフィカル・ユーザー・インターフェース 303
　コンピューター 315
グラフェン **340**
　トランジスタ 347
グラフの使用 65
クラプロート , マルティン 161, 162
クラペイロン , エミール 190
グラモフォン 218, 224
クラーモント号 173
クランク軸 58, 62
グラント , ジョン 111, 123
グラント , ロバート 186
グリコーゲン 201
グリーゼ 581g 347
グリソン , フランシス 107
クリック , フランシス 282, 284
　生涯 369
クーリー , デントン 297
グリニッジ天文台 116
グリニッジ標準時（GMT） 109, 116
グリフィス , フレデリック 262
グリフィン , ドナルド 270, 274
クリフォード , ウィリアム・キングダム 214
クリプトン 233, 359
　ラムジー 373
クリンケンベルク , ディルク 141
グリーン , ジョージ 187
グリンネル , ジョセフ 253
グリーン , ブライアン 369
グルーオン , と宇宙論 344
クルシウス , カロルス→ド・レクリューズ , シャルルを見よ
クルックシャンク , ウィリアム 162
クルックス管 214, 220, 369
クルックス , ウィリアム 215, 220
　生涯 369
　放射計 216
グールド , ゴードン 287
グールド , スティーヴン・ジェイ 369
クルトワ , ベルナール 177
グルー , ネヘミア 117
くる病 255
グルーベンマン兄弟 145
グレイ , イライシャ 216
クレイ , シーモア 307
グレイ , スティーヴン 136, 137
グレイ、定義 353
《グレイの解剖学》 203
グレイ , ヘンリー 203
クレインクイン 51
グレゴリオ暦 89
グレゴリー , ジェームズ 111, 112
グレゴリー , デヴィッド 126
グレゴール , ウィリアム 161
グレート・ウェスタン号 192
グレート・ブリテン号 197, 198
「グレート・ムーン・ホークス」 191
グレナー , ジョージ 319
クレバー号 192
クレプス回路 371
クレブス , ハンス 265, 270
　生涯 369
クレペリン , エミール 228
クレーマー賞 310
クレメント , フレデリック 253, 268
クレモナのジェラルド 56, 57
グレリン、と空腹 336
クレロー , アレクシス・クロード 145
クレーン、古代ギリシアの 33
グレン , ジョン 290

グレンデニン，ローレンス 274
グローヴ，ウィリアム 193
グロステスト，ロバート 59
クロード，ジョルジュ 252
クロトンのアルクメオン 28
クロノメーター 109, 148
　海洋── 132, 139, 145
　ハリソン 371
　命名 154
　H3── 145
　H4── 148
クロフォード，アデア 162
クロマトグラフィー 238
クロマニヨン人 211
クロム 166, 359
クロロフォルム
クロロフルオロカーボン 287, 304, 319
　クロロフォルム・エーテル点滴器 213
　検知 287
　制限 321
　麻酔 199
　モントリオール議定書 321
　ラヴロック 374
クローン 288, 319, **331**
　ヤギ 336
クーロン、定義 352
クーロンの法則 357
クローンヒツジ 331
クロンプトン，サミュエル 154
クロンメリン，アンドリュー 254
ケア，ジェームズ 153
経緯儀 31
経緯儀 72, 81, 84
螢光タンパク質（GFP） 332
　オートレッド 368
計算尺 99, 184
計算機
　──の話 **184–85**
　パスカル 105
　バベッジ 185
　ポケット電卓 302
　ライプニッツ 113
計算盤 184
　最初の言及 41
　ヨーロッパにおける 49
ゲイジ，フィニアス 199
傾斜 34
ケイ，ジョン 138, 151
計数器 184
珪素 157, 359, 374
計測単位 352–53
　換算表 354
携帯型デジタル音楽プレーヤー、iPod 338
携帯電話 304
　iPhone 343
　最初の商用通話 315
　3G 338
　デジタル網 325
ケイズビー，マーク 136, 137
経度（経線） 37, 130
ケイド，ジョン 280
ケイリー，ジョージ 201
ゲイ＝リュサック，ジョゼフ 169, 356
　生涯 369
　ゲイ＝リュサックの法則 356
ケイル，ジョン 129
ケヴラー 261
《ゲオグラフィア》、プトレマイオス 37
《外科》 64, 65
外科病理学 103
ケクレ，フリードリヒ 202, 209
　生涯 369
ゲシャー・ベノット・ヤーコヴ遺跡 12
ゲスナー，エイブラハム・ピネオ 199
ケーソン，ウィレム 246

ゲタール，ジャン＝エティエンヌ 141
血圧 91
　最初の測定 135
血圧計 91
血液
　──型 236, **237**
　凝固 294
　──銀行システム 253
　細胞と血管 110, 111
　循環 59, 98, **102**
　輸血用、手術袋 212
結核 222, **242**
　最初のBCG実験 255
　ワクチン 242
ケック，ドン 301
ゲッズ，アンドレア 333
血糖値調節 255
ゲッパート＝メイヤー，マリア 369
月面車 299, 302
月面着陸 297
血友病 294
ゲド，ウィリアム 135
ゲノミクス 308
ゲノム
　イヌ 341
　合成 347
　細菌 330, 331
　最初の植物 337
　最初の配列解明 307
　ショウジョウバエ 336
　線虫類 333
　チンパンジー 339
　ネアンデルタール人 347
　配列決定 308
　ヒト 337, 339
　マウス 338
　命名 255
ゲノム科学研究所 330, 331
ケプラー探査機 346
ケプラーの法則 96, 100, 101, 364
ケプラー，ヨハネス 26, 93, **95**, 96, 98, 100, 117, 364, 369
　──と化合物 174
　──と光学 97
　ルドルフ表 102
ケーラー，フェルディナント・アドルフ 221
ケラー，ヘレン 224
ゲラン，カミーユ 242
　最初のBCG実験 255
ゲーリケ，オットー・フォン 106, 107
　生涯 369
ケルスス 32
ケルト人 20
ケルビン
　温度単位 140
　単位の採用 283
　定義 352
ケルビン卿→トムソン，ウィリアムを見よ
ゲルベルト 49
ゲルマニウム 210, 211, 359
ゲル＝マン，マリー 291
検疫 66, 67
原カナン文字 23
検眼鏡 91
言語 316
幻肢 123
原子
　構造 **250–51**
　──と宇宙論 345
　──と化合物 174
　土星型モデル 239
　プラムプディング・モデル 239
　ボーアの量子モデル 249
　──を分割する **265**
　→原子の構造、原子論も見よ
原子価、元素表 359
原子間力顕微鏡 115, 320

原子核の核力
　アブドゥッサラーム 368
　ワインバーグ 374
原子吸光分析法 282
剣、初期の 16
原始星 54
原子時計 109, 286
原シナイ文字 23
原子の構造 **250–51**
　ゲッパート＝メイヤー 369
　チャドウィック 370
　パウリ 371
　ボーア 373
原子の質量 250, 251, 266
　元素表 359
原子の土星型モデル 239
原子の半径 250
原子番号 **249**
　元素表 359
原子量 187
　確認 180
原子炉 **310**
　フェルミ 372
　最初の 273
原子論
　ガッサンディ 106, 107
　初期の 24
　ドルトン 172
　ボスコヴィッチ 145
　→原子の構造も見よ
減数分裂 194, **226**, 237, 238
顕生代 366–67
原生生物 210
原生代 366
ケンゼット，トマス 177
元素 358–59
　基本情報 359
　原子説 178
　四元素説 25
　周期表 210, 211, 358
　超ウラン── 268
　──と化合物 174
　──と原子 250
　ドルトンの表 172
　表 160, 358, 359
　分類 48
　ベルセリウス 373
　モーズリー 373
元素表 359
　ドルトン 172
建築におけるアーチ 37
検電器 95
原爆 271, **275**
　オッペンハイマー 368
　核実験、第2次大戦後の 278
　フェルミ 372
原発事故
　スリーマイル島 310
　チェルノブイリ 320
顕微鏡 79, 110–11, **114–15**, 116
　原子間力── 320
　最初の図解 112
　スワンメルダム 370
　染色 196
　走査型トンネル── **313**
　電子 264, 265
　ファン・レーウェンフック 124, 374
　複合 92
顕微解剖学 79, 117
《顕微鏡図譜》 112
甄鸞 41
紅炎、太陽の 55
航海
　世界 **71**
　──とコルテス 89
　──の計器 **132–33**
航海案内書 132

光学 50, 51, 60, 61
　アルハゼン 368
《光学》 127
　ブルースター 372
《光学の書》 50
工学、ブルネル 372
硬貨、リュディアの 17
光球、太陽の 54, 55
工業機械 151
合金 **14**, 180
航空機 **240–41**
　アデール・エオール 226
　種類 240–41
　ストリングフェローの 196, 199
　ライト兄弟 238, 239
　レオナルド・ダ・ヴィンチ 70, 71
抗原抗体反応 **232**
光行差 135, 136
光合成 154, **157**, 172
　初期の理論 136
　炭素の使用 280
　──と葉緑素 192
　ピリャサンテ 372
光子 251
　──と宇宙論 345
　──と電磁放射 234, 235
　命名 258, 259
公衆衛生 66
光周性 271
公衆電話 316
洪水と地球温暖化 327
後生学 176
恒星のスペクトル 364
合成染料、パーキン 371
合成反応 175
合成物質 272
抗生物質
　カプセル剤 90
　耐性 272, 278
　ペニシリン 262
酵素 190, **229**, 232, 273
　造語 217
　タンパク質としての 258
構造プレート 296
地図 367
抗体 226, 291, 295
剛体 150
交通信号灯 211
《黄帝内経》 29
光電効果 224, 235, 242, **255**
光度計
　吸光── 282
光波 122, 134, 168, 373
　ホイヘンス 373
　ラマン 374
鉱物学
　創始 81
　──の父 82
鉱物、分類 366
《巧妙な機械装置に関する知識の書》 62
コウモリ、反響定位 270, 274
交流 224
コカイン 223
呼吸作用 195, 374
五行 29
コグ 21
　歯車 63
黒鉛 340
　炭素 166
国際原子力機関（IAEA） 287
国際単位系（SI） 283, 289, 352–53, 354
黒死病 66

黒体 236
　放射 220, 228
黒点 55, 97, 229
　周期 197
　追跡 139
穀物 13
穀類の計量 84
国連気候変動に関する枠組み条約 328, 329, 332
賈憲 52
賈憲三角形 52
《古今図書集成》 135
古細菌ドメイン、分類 360
コーシー，オギュスタン＝ルイ 369
コスのエラシストラトス 31
コスのヒポクラテス 28, 78
　生涯 371
古生代 366
古生物学 164
コープ 369
枯草熱 48
古第三紀 367
コダックカメラ 225
コダック社 261
ゴダード，ロバート 171, 252, 255
　最初の発射 258
　生涯 370
コッククロフト，ジョン 264, 265
コックス，リチャード 186
ゴッサマー・アルバトロス 310
ゴッサマー・コンドル 308
骨髄移植 288
コッホの原則 223
コッホ，ハインリヒ 221
コッホ，ロベルト 223, 242
　生涯 369
　──と牛疫 226
　──と結核 222
　──と炭素 217
コートニー＝ラティマー，マージョリー 270
ゴドフリー，トマス 137
コドン 285
コニビア，ウィリアム 182
コーニンググラス社 301
コーニング，コルネリウス 239
コバルト 138, 359
コヒーラー 229
コープ，エドワード・ドリンカー
　生涯 369
コーベル技法 14
コペルニクス，ニコラウス 72, **76**, 100, 369
《ルドルフ表》 102
コーミック，サイラス 190
コミュニケーション 316–17
小麦 13
ゴム、発見 139
米 13, 336, 337
コモドオオトカゲ 247
コモドール社 64, 314
コモナー，バリー 301
暦 108
　イスラム暦 53
　改定 61
　郭守敬 374
　グレゴリオ暦 89
　最初の 19
　マヤ暦 25, 32, 39
　ユリウス暦 89
コラー，カール 223
コリエル，チャールズ 274
コリオリ，ガスパール＝ギュスターヴ・ド 188, 191
　生涯 369
コリオリの力 191, 369
ゴリー，ジョン 200

コリ，カールとゲルティー 263
ゴルジ，カミッロ 214, 233
　生涯 369
ゴルジ体 194, 233
コルダイト火薬 225
コルテス・デ・アルバカル，マルティン 89
ゴールデンライス 337
コルト，サミュエル 191
ゴルトン，フランシス 211, 216, 222
　指紋 226
コルメラ 33
コレステロール 275
　スタチン 311
コレラ 105, 201
転がり抵抗 21
コロッサス 274
コロナ，太陽の 54, 55
コロンビウム 168
コロンブス，クリストファー 71, 72, 292
コロンボ，マテオ 102
コロンボ，レアルド 82, 83
コワルスキー，マリアン 206
コワレフスカヤ，ソフィア 216
コンクリート 31
　強化—— 227
《金剛経》 47, 56
コンコルド 241, 307
コンタクトレンズ 224
昆虫学 138, 141
昆虫の生活 113
コンティ，ピエロ 239
ゴンドワナランド 209
コンパクトディスク 219, 314
コンパス，磁気 53, 61
　郭守敬 368
　最初の 30
　種類 132
　初期の 51
　沈括 370
　天然磁石 132
　ビナクル 132
コンピューター
　コロッサス 274
　タブレット 347
　チューリング 370
　パーソナル 302
　バベッジ 371
　ホッパー 373
　ラップトップ 313
コンピューター・グラフィックス 307
コンピューターゲーム機 303
コンピューター・プログラム，最初の 197
ゴンボウ，アントワーヌ 107

【さ行】
細菌
　分類 360
　メタンを合成する 243
サイクロイド曲線 98
サイクロトロン 264, 371
《サイクロペディア》 136
細菌学
　コッホ 371
　デルブリュック 370
採鉱，アグリコラの 82
歳差運動 31
再生医学 321
細石器 12
彩層，太陽の 55
サイドスキャン・ソナー 292
栽培，植物の 13
細胞 112, **194–95**
　シュワン 370
　真核生物 295, 300

　生命の基本単位としての 193
　多能性—— 312, 313, 343
　胚性幹—— 313
　→減数分裂、有糸分裂も見よ
細胞遺伝学 286
細胞質 195, 222
細胞小器官 194, 300
細胞説 194
細胞内共生説 295, 300
細胞プログラミング **343**
細胞分裂 194, 285
　→減数分裂、有糸分裂も見よ
細胞壁 195
細胞膜 194, 195
サイミントン，ウィリアム 157, 172
ザイラー，テオ 321
蔡倫 37
サヴァナ号蒸気船 181
サヴェッジ，アーサー 21
魚
　化石 165
　分類 363
SARS（重症急性呼吸器症候群）338
サターンV型ロケット 121
サッカリン 220
殺菌 58
　手術の 210
　消毒剤、リスター 374
　センメルヴェイス 370
　リスター 209
サッソン，スティーヴン 306
サットン，ウォルター 238
サットン，トマス 208
サットン，フー 17
サドベリー・ニュートリノ観測所 338
サバソルダ 56
サビツカヤ，スベトラーナ 319
座標系 26, 27
サーフ，ヴィントン 303
サープ，マリー 281, 293
サフル海棚 205
サーベイヤー号 298
サマヴィル，メアリー 369
サマルカンド天文台 68, 69
サムナー，ジェームズ 258
サムラート・ヤントラ 136
サーモスコープ 92
サーモスタット 96
サモスのアリスタルコス 28, 30
　生涯 368
作用・反作用 121
サラバ，ニコラ 136
サリケのウィリアム 61
サリチル酸 149
サリュート1号宇宙ステーション 299, 302
サリュート2号宇宙ステーション 304
サリュート3号宇宙ステーション 305
サール，イブン 95, 99
サルヴァルサン 247
サルンブリノ，アゴスティーノ 103
酸塩基
　——反応 175
　——理論 256
酸化 113
　シュタール 124, 370
　論争 152, 154
三角関数表 87, 93
三角小間 41
三角定規 84
三角測量 73, 141
三角法 36, 51, 68
　郭守敬 368
　ヒッパルコス 371
サンガー，フレデリック 281, 297, 308
　生涯 369
三極管 243

産業革命 63
サンクトペテルブルク科学アカデミー 135
サンクトペテルブルクのパラドックス 129
サンクトリウス→サントリオ・サントリオを見よ
サンクロウのウィリアム 61
三原色 **208**
サンゴ 129
　化石 164
三次方程式 42, 53
三畳紀 366
産褥熱 110
酸性度、ソーレンセン 370
酸素 359
　呼吸 195
　発見 152
　プリーストリー 372
三体問題 144, 152
サンタ・マリア号 71
サンデージ，アラン 294
サントリオ・サントリオ 98, 102
三葉虫 164
三葉虫の化石 164
ジアスターゼ 190
シアノバクテリアの化石 164
シーモン，ワルド 259, 261
シェイキー 335
J・クレイグ・ヴェンター研究所 331, 347
ジェイプサイ粒子 304
ジェヴォンズ，ウィリアム・スタンレー 216
ジェットエンジン 170, 171, 271
　ボーイング 283
ジェット旅客機就航 287
シェパード，アラン 298
ジェファーソン，トマス 166
ジェフリーズ，アレック 318, 319
ジェフリーズ，ジョン 157
ジェミニ 301
ジェームズ，ウィリアム 226
シェリントン，チャールズ 257
シェルビウス，アルトゥール 254
シェーレ，カール・ヴィルヘルム 152, 153, 154
ジェンキン，フリーミング 210
ジェンナー，エドワード 131, 163, 166
　生涯 369
シェーンハイマー，ルドルフ 268, 269
シェーンバイン，クリスチャン・フリードリヒ 193
紫外線 251
　電磁放射として 234, 235
紫外線写真 247
歯科医療 118
　近代の 136
視覚 60
シカゴ・パイル1 273
時間
　計測の単位 352
　——の計測 108–109
時間帯 109
時間の遅れ 244
磁器 42, 128
磁気 61
　ギルバート，ウィリアム 94, 369
　計測の単位 353, 354
　沈括 370
　——とオーロラ 134
　発見 30
色覚異常 162, 163
自記気圧計 146
磁気共鳴画像（MRI）79, 278, 302
　機能的——（fMRI）324

磁気圏 288
磁気圏界面 **288**
磁気コンパス 53, 61
　郭守敬 368
　最初の 30
　初期の 51
　沈括 370
　天然磁石 132
　ビナクル・コンパス 132
　類型 132
磁気偏差 43, 126
磁気誘導 374
時空 245, 252, 256
　ブラックホール 55
ジグラト 19
止血帯、手術用 212
試験管ベビー 309
試験管受精
　ウサギ 289
　着床前遺伝子診断 323
　初の試験管ベビー 308, **309**
視差 95
指示針 108
脂質、命名 258
《磁石および磁性体ならびに大磁石としての地球の生理》94
磁石 94
視床下部と肥満 329
地震 36, 148, 221, 268
　科学の考察対象 126
　波 242, 243
　リスボン 144, 145
地震学 221, 272
　ミシェル 373
　リヒター 374
地震感知器（地震計）36, 37, 137
地震計 126, 268
地震波 144, 242
システム・パナール 227
始生代 366
自然選択 178, 204, 206
自然哲学 96
《自然哲学の数学的諸原理（プリンキピア）》 118
《自然の体系》 138, 139
自然の秘密アカデミー 83
自然発生 112, 113
始祖鳥 202
　化石 165
　ベルリン標本 208, 209
シソン，ジョナサン 131
シダ 165, 361
四体液説 **37**, 72
実験学会 110
湿電池 167
湿度計 147
湿板写真 200
質量分析法 233
質量保存 144, 155
質量
　計測の単位 352, 353, 354
　原子の 250, 251
　——と運動法則 120, 121
　——とエネルギー 242, 244
質量エネルギー 244
質量分析法 233, 252
CD（コンパクトディスク）219, 314
CTスキャン **302**
支点 35, 59
磁電管 234, 279
自転車 179
　実用的——，最初の 210
　歯車 63
　ペダル式——，最初の 193
自動車
　最初の 223
　蒸気—— 238

水素—— 324, 325
　ダ・ヴィンチの 62–63
　ベンツ 368
自動ピアノ 218
シトロン 284, 285
シナプス 229
指南車 62, 63
磁場と電磁放射 234, 235
ジファール，アンリ 201
ジフテリア 142, 186, 187, 223
ジップファスナー 228
四分儀 130, 133
紙幣 46
自閉症 274
シーベルト、定義 353
シーボーグ，グレン・セオドア 272
ジーメンス，ヴェルナー・フォン 220, 221
　生涯 374
指紋 226
ジャイ・シン2世，マハラジャ 136
シャイナー，クリストフ 102
ジャイロスコープ，航海用 133
ジャーヴィク7，人工心臓 314, 315
ジャカード織機 184, 334
ジャカール，ジョゼフ＝マリー 168, 184
車軸 21
　単純機械 34
写真 169, 186
　ガーボル 370
　カラー、商用の 243
　最初のカラー—— 208
　湿板 200
　赤外線と紫外線 247
　ダゲール 370
　タルボット 370
　デジタル 306, 307
　初の技術 192
　ベークランド 372
　マイブリッジ 373
写真のネガ 191
シャチ 204
シャップ，クロード 161, 316
　生涯 369
ジャドソン，ウィリアム 228
シャトレ，エミリー・デュ 369
シャービー＝シェイファー，エドワード 229
シャプリー，ハーロー 253, 254, 257
写本 39
写本づくり 40
ジャラール，シャルル 202
車輪の話 **20–21**
　開発 15
　スポーク付き 23
　単純機械 34
　ろくろ 15
シャルガフ，エルヴィン **279**, 370
シャルル，ジャック 156, 169
シャルルの法則 356
シャーロット・ダンダス号 172
ジャワ原人 227
ジャンサン，ジュール 210, 214
ジャンスキー，カール 264
ジャンタル・マンタル 136
ジャンボジェット機 300
種
　最初の定義 118
　ダーウィン 206
　分類学 360
　レイ 374
シュヴァイガー，アウグスト 186
シュヴァイツァー，メアリー 341
シュヴァイツァー 300C ヘリコプター 240
シュヴァルツ，ベルトルト 67

シュヴァルツシルト，カール 242
シュヴァーベ，ハインリヒ 189, 197
シュヴァン，テオドール 191, 193, 194, 370
シュウィンガー，ジュリアン 279
シュヴェッペ，ヨハン・ヤコプ 151
自由技芸 38, 39
周期表 210, 211, 358
重金属中毒 286
集合論 216
終身年金表 123
重心 38, 56, 101
重水素 264
雌雄選択 204
臭素 186, 187, 359
集団遺伝学 246
周転円 31, 61
周髀算経 25
自由落下 66, 81
　──とガリレオ 95
重力
　位置── 59
　引力定数 176
　計測の単位 353
　初期の理論 56
　──と運動法則 120–21
　──と加速 252
　──と軌道 100–101
　──と時空 245
　ニュートンの最初の洞察 112
重力井戸 245
重力レンズ 310
収斂進化 204
シュガー，オスカー 282
主系列星 247
種子銀行 346
手術 212–13
　初期の 64
　心臓切開 282
　中世の 42
　パレ 83
　ロボット── 333
ジュース，エドアルト 208, 216, 228
シュタール，ゲオルク 124, 126, 370
十進法 47, 92
　ヨーロッパにおける 49
十進記数法 37
十進法の位取り 29
十進法の数字 184
十進法の度量衡 163
シュテファン，ヨーゼフ 220
シュテラー，ゲオルク 140
シュテラーの動物 140
シュテリ，アドリアノ 238
種痘法 131
受動拡散 195
シュトラースブルガー，エードゥアルト 216, 222, 223
シュトロマイヤー，フリードリヒ 179
シュナイダー，アントン 215
《種の起源》 206, 207
受粉 88
シューメーカー・レヴィ第9彗星 329
シューメーカー，ユージンとキャロライン 329
シュメルリング，フィリップ＝シャルル 188
シュライハー ASK13 241
ジュラ紀 163, 366
ジュール，ジェームズ 196, 201
　生涯 371
シュルツェ，マックス 210, 269
シュルテス，H 268
ジュール，定義 352
ジュール＝トムソン効果 201
《ジュルナル・デ・サヴァン》 112
シュレーディンガー，エルヴィン 258,

259, 262
生涯 370
錠、安全性の高い 156
錠、ブラマー 372
常温核融合 323
蒸気機関 150, 170, 171
　組み立てライン 149
　高圧 161
　最初の 129
　実用的な 129
　初期の 102, 103, 122
　大西洋横断 181
　地熱 239
　トレヴィシック 371
　ニューコメンによる原型 127
蒸気機関車 168, 178
　トレヴィシックの 172
　ロケット号 188
蒸気自動車 238
蒸気船
　最初の 172, 173
　ヨーロッパの 177
蒸気船、ブルネルの 372
蒸気と蒸気の力 63, **125**
　アイオロスの球 33
　飛行機 226
蒸気ハンマー 196
蒸気ポンプ 125
条件反射 243, 371
常衡 64
蒸散作用 136
焼灼器 212
ショウジョウバエ 318
　ゲノム配列 337
　遺伝学 247, **248**
　ゲノム配列 336, 337
小像、青銅の 17
章動、地球の 142
小児科学 36, 119
小児麻痺 246
《常微分方程式──天体力学の新しい方法》 227
小氷期 229
小胞 195
消防車 134
消耗性疾患（結核） 242
縄文土器 13
蒸留 47, 48
小惑星
　恐竜の絶滅 311, 324, 325
　トロヤ群── 242
　323 ブルース 227
徐岳 40
初期の音響（実験） 29
食 43
　最初の写真 207
　太陽光線 61
　張衡 370
職業病 126
食菌作用 222
食餌療法 38
食品保存
　缶詰 177
　瓶詰 163, 177
織布 15
植物
　遺伝子組み換え 320, 321
　最初のゲノム配列 337
　作物化 13
　生殖 **189**
　生理学 372
　バンクス 371
　プルミエ 126
　分類 13, 30, 89, 126, 160, 360–63
　ヘイルズ 372
植物学 88, 94
植物学、バンクス 371

植物の性 88, 123
植物の根の圧力 136
食欲
　グレリン 336
　ホルモン **329**
　→空腹を見よ
食欲とグレリン 336
助産婦 36
ショー，ジョージ 167
ショックリー，ウィリアム 281, 370
ジョット 68, 321
ジョハンソン，ドナルド 304
ジョブズ，スティーヴ 307, 318
除法、数学の 40
ジョリオ＝キュリー，イレーヌとフレデリック 268
ジョーンズ，ウィリアム 127
ジョンストン，サー・ハリー 237
ジョンソン，ベン 83
シーラカンス 271
シラード，レオ 268, 275
ジラール，ピエール＝シモン 153
シリウスA 197
シリウスB 197
シリンジ 91, 106
シリンダー，フォノグラフ 218
シルヴィウス，フランシスクス 105
シルル紀 367
シロイヌナズナ 337
シロイヌナズナのゲノム配列 337
深宇宙空間の温度 272
深宇宙の画像 349
進化 178, **204–205**
　遺伝子の 307
　グールド 252
《種の起源》 206, 207
　初期の理論 24, 141
　ダーウィン 206, 207
　ダーウィンとウォレスの論文 203
　分類学 360
　ラマルク 176
　論争 210, 211
深海掘削 293
真核細胞 295, 300
真核生物ドメイン、分類 360
進化生物学 270
沈括 53, 373
真菌
　──と分解 239
　分類 360, 361
真空 106
　初期の理論 29
　真空二極管 239
　電気掃除機 237
　魔法瓶 227
真空管
　電子 239
　三極管 243
神経インパルス 287
神経科学 229
神経学、デュシェンヌ 370
神経系研究、ゴルジ 369
神経細胞 214
　構造 209
　→ニューロンも見よ
神経繊維 161
神経伝達、ガルヴァーニ 369
人工義足 328, 329
人工心臓 297, 314, 315, 331
人工生命体 347
人口増加 303
　マルサス 166
人工装具
　義手 83
　義足、マイクロプロセッサー制御の 328, 329
人工知能（AI） 280, 281, **334**, 335

人工皮膚 312
真珠の養殖 228
神舟 5 号 339
ジーンズ，ジェームズ 369
心臓
　人工── 314, 315
　──と肺のあいだの循環 59
　ペースメーカー 262, 281
心臓移植 296
心臓切開手術 282, 368
心臓弁、人工 282
腎臓移植 285, 289
腎臓の機能 253
人体解剖学の話 **78–79**
新第三紀 367
新代数学 92
《人体の構造》 76, 79
診断手法 128
心電計 128
振動の法則 104
シン2世，マハラジャ・ジャイ 136
シンパー，アンドレアス 232
心拍計 128
シンプソン，ジェームズ 199, 213
新プラトン主義 38
《心理学の諸原理》 226
心理学 226
人力飛行機 308
人類の進化 214, 362–63
水圧 **92**
水銀 359
　気圧計 106
　中毒 287
　──と水 49
　振り子 134
錐細胞 210, 269
水車 20, 32
水車と歯車 63
水蒸気、地球温暖化 326–27
推進力 40
彗星
　ヴィルト第2彗星 336, 342
　カイパーベルト 280, 342
　雲 280
　クレローの理論 145
　シューメーカー・レヴィ第9彗星 329
　大彗星 141
　ハレーの予測 127
　ハレー── 52, 53, 96, 117, 127
　1910 年の── 247
　1986 年の── 320, 321
　→個々の彗星の名称も見よ
水生甲虫、化石 164
水成論 153
水洗トイレ 93
水素 150, 359
　基本粒子としての 178
　キャヴェンディッシュ 369
　原子 250
　重── **264**
　分離 113
水素気球 156
水素自動車 324, 325
水素爆弾 280
　実験 282, 283
水道 24, 25
水道橋 32
水力 106, 107
《水力学》 139
水力による製粉 21, 57, 62
水力機械、特許 163
水力紡績機 151

人工皮膚 312
人工知能（AI） 280, 281, **334**, 335

水路学 143
数 24, 46
　──の発達 **49**
スヴァールバル世界種子貯蔵庫 346
スヴェーデンボリ，エマヌエル 138, 144
スヴェデベリ，テオドール 243
駆衍 29
数学
　アル＝フワーリズミー 368
　英語で書かれた 76, 77
　オートレッド 368
　コーシー 369
　古代中国の 38, 39
　古代ローマの 39
　最初に印刷された 70
　数学記号 71
　ネイピア 371
　ネーター 371
　ライプニッツ 374
　→ニュートン，アイザックも見よ
《数学全書（アルマゲスト）、アレクサンドリアのプトレマイオス 37
数学的帰納法 88
数字 368
数論 39, 93
　初期の 29
スエズ運河 210, 211
スカイラブ 304
スカリゲル，ユリウス・カエサル 82
スカレルモ，ルイジ 80
スカンジウム 210, 211, 359
スガン，マルク 186
鋤 15
　火── 12
ロザラム犂 136, 137
スキアパレッリ，ジョヴァンニ 217
スキャン
　コンピューター断層撮影（CT） **302**
　磁気共鳴画像（MRI） 302
スコウ，イェンス 287
スコット，エドアール＝レオン 218
スコット，ピーター 290
スコット，マイケル 58
スコット，ロバート 238, 248
スコープス，ジョン 258
スズ 14, 359
スタイロフォーム 272
スタージョン，ウィリアム 186
スターダスト探査機 336, 342
スタチン系薬剤 311
スタツル，トマス 291
スタブルフィールド，ネイサン 238
スターリング・エンジン 180
スターリング，ロバート 171, 179, 180
スタール，フランクリン 288
スタンフォード線形加速器 296
スターン報告、地球温暖化の 342
スタンリー，ウェンデル・メレディス 269
スタンレー・ジュニア，ウィリアム 224
スタンレー・スチーマー 238
スチュワード，フレデリック 288
スチュワート，ロバート 318
スチロール 261
スティーヴンソン，ジョージ 178, 186
スティーヴンソン，ロバート 188
ステヴィン，シモン 92, 93
ステップトウ，パトリック 308
ステノ，ニコラウス 111, 112, 113
ステファン・ボルツマンの法則 220, 223
ステルス機 241
ステレオスコープ 193
ステレオベルト 219
ステロ版 135
ステンセン，ニールス 111
ステンレス鋼 248

ストウニー, ジョージ・ジョンストン 227
ストックトン・アンド・ダーリントン鉄道 186
ストライキング・クロック 57
ストリンガー, クリス 340
ストリングフェロー, ジョン 196, 199, 240
ストレス 269
ストロウジャー, アルモン 225
ストロマトライト, 化石 164
ストロンチウム 162, 359
ストーン, エドワード 149
ストーンヘンジ 14, 18, 19, 108
スヌビエ, ジャン 157
スネル, ヴィレブロルト 95, 98, 99, 370
スネルの法則 95, **99**
スノウ, ジョン 201, 370
スーパーコンピュータ 339
　最初の 307
スーパーマリン・ウォーラス 241
スーパー陽子シンクロトロン 315
スパランツァーニ, ラザロ 151, 270, 370
スピーク, ジョン 203
スピッツァー, ライマン 370
スピル, ダニエル 260
スプートニク 1 号 287, 288, 298
スペイン風邪 254
スペクトル, 電磁放射 234–35
スペース X 347
スペースシップワン 340
スペースシャトル・チャレンジャー号事故 320
スペースシャトル・コロンビア号事故 339
スペンサー, パーシー 279
スペンサー, ハーバート 206
スペースシャトル 241, 299
　コロンビア号 339
　チャレンジャー号 320
　初の飛行 312
スポーク入り車輪 15, 20, 21
スマートフォン 343
スミス, ウィリアム 178
　生涯 374
スミス, ジェームズ 271
スミス, ハミルトン 301
スミートン, ジョン 144, 145
スメリー, ウィリアム 212
スリーマイル島 310
スルツェイ島 291
スルホンアミド 246, 268
スロータス (アーユルヴェーダ医学) 33
スワインズヘッド, リチャード 65
スワン, ジョゼフ 207, 220
　生涯 370
　白熱灯 176
スワンメルダム, ヤン 79, 110, 113
　生涯 370
スンダ海棚 205
斉一説 188
　ライエル 374
セイヴァリー, トマス 125, 129, 170
星雲
　ハレーの解釈 130
　惑星状—— 54
星雲説 138, 149
　科学的 163
生化学 190
　基礎 137
制限酵素, II 型 301
星座 19, 25, 119
静止衛星 275
生殖, スパランツァーニ 370
精神障害 99

精神分析 228
　フロイト 372
成層圏 238
生息場所ニッチ 253
生態 232, 374
生態系 268
生体力学 117
静電気 **128**
　ゲーリケ 369
　電気盆 153
　ホークスビー 127
静電気力 266
青銅 14, 15
　初期の 16, 17
　普及 18
生物学 169
生物圏 **216**, 259
生物多様性 328, 329
生物多様性条約 328
生物地理学 216
生命
　起源 256, 282, 283
　初期の 308, 348
生命の起源、ミラーとユーリーの実験 282, 283
生命表 111, 123
整流子 187
製錬技術 15, 16
製錬 14, 16, **22**, 23
　るつぼ 18
セヴェリーノ, マルコ 103
世界地図、初の近代的な 86
世界保健機関 (WHO) 279, 280
世界野生生物基金 (WWF) 290
赤外線
　電磁放射としての 234, 235
　——と地球温暖化 326–27
　発見 167
　予言 139
赤外線写真 247
脊索動物門 363
赤色巨星 54, 247
石造建築物 14
石炭紀 366
石炭酸 209
石炭酸の噴霧, 手術での 213
青方偏移 **263**
赤方偏移 249, **263**
施嘉和 314
セグレ, エミリオ 270
セジウィック, アダム 191
セシウム 359
　原子 250
　時を計る 109
　発見 207
背杖 133
セシル・ドラモンド, ジャック 255
石器 **12–13**
接合, 細菌の 278
摂氏 140
接種
　ジェンナー 163, 369
　ソーク 370
接触分解法 270
節足動物門, 分類 362
絶対零度 125, 199
Z ボソン 315
絶滅
　キュヴィエ 163, 369
　恐竜 311, 324, 325
セビーリャ大司教イシドールス **42**, 368
ゼーベック, トマス・ヨハン 182
セラウニア石 134, 135
セリアック病 36
セルヴェトゥス, ミカエル 77, **80**, 81, 373
セリエ, ハンス 269

セルシウス, アンデルス **140**, 370
セルシウス度, 定義 353
ゼルチュルネル, フリードリヒ 172
セルベート, ミゲル→セルヴェトゥス, ミカエルを見よ
セルラー方式電話 317
　→携帯電話も見よ
セルロイド 211, 260, 261
セルロース 261
セレス 168, 169
セレラ・ジェノミクス 347
セレン 179, 359
セロファン 246, 260
線
　アルファ—— 236
　ガンマ—— 236, 238
繊維芽細胞 343
線遠近法 68
船外活動 (宇宙遊泳) 294, 298
船外活動用推進装置 (MMU) 318
戦艦
　装甲 94
ゼーンゲン, ニコラス 243
閃光 246
線細工 16
戦車 20, 23, 62, 63
戦車, 最初の 252
染色質 221
染色体 194, 215, 222, 226, **284**
　遺伝形質としての 238
　人工—— 343
　性—— 242
　対合 237, 238
　ヒトの本数 286
　命名 225
染色分体 284
潜水艦 98, 99, 153
潜水球 268
潜水鐘, 最初の 131
選択
　自然—— 204
　雌雄—— 204
セント＝ジェルジ, アルベルト 262
潜熱 149
　ブラック 368
旋盤, 古代ギリシアの 33
腺ペスト 41, 66, 67
肺ペスト 67
ぜんまい仕掛け 63
　太陽や惑星の運行を再現 127
ぜんまい時計 72, 109
ぜんまい, フックの法則 116
センメルヴェイス, イグナーツ 199, 370
宋応星 104
宋王朝 59
双曲幾何学 186
巣宇方 42
走査型トンネル顕微鏡 (STM) 115, 313
宋慈 59
層序学, スミス 370
創生の柱 330
相対性 **244–45**
　一般相対性理論 242, 252, **254**, 256
　宇宙論 344
　グラヴィティ・プローブ B 348
　特殊相対性理論 242, 356
早発性痴呆 228
側鎖 85
側鎖論 232, 233
ソーク, ジョナス 283, 370
速足機 63
測地学 98, 138
属, 分類法 123, 360
ソクラテス 25
組織学
　シュワン 370

発達 196
蘇頌 43, 49, 108
素数 31, 143
　メルセンヌ—— 152
素数の定理 163
祖沖之 39
ソディ, フレデリック 237, 238, 249
ソナー 254, **292**
ソナー装置 253
ソノルミネッセンス 268
ソーホー工場 149
粗面小胞体 194, 195
ソユーズ 301, 302
　アポロとのドッキング **306**
ソーラー・インパルス 347
ソルヴェイ, エルネスト 248
ソルヴェイ物理学会議 236, 248
ソルター, スティーヴン 303
ソーレンセン, ソレン 246, 374
《算盤の書》 58
ソロモン, アイザーク・ベン 49
ゾンド 5 号 296

【た行】
ダイアナ計画 278
ダイアル式電話機 317
体温計・温度計
　ガラスの密封式—— 105
　気象 146–47
　デジタル 91
　人間の体温の測定、最初の 102
　ファーレンハイト 128, 372
　目盛り **140**
　臨床用 91
大気
　——層 238
　高さ 51
　——と地球温暖化 326–27
　→クロロフルオロカーボン, 気候変動, 地球温暖化も見よ
大気圧機関 122, 125
《大外科書》 67
体細胞核移植 331
大三角測量
　インドの 169
胎児, 人間の 102
代謝 98, 269, 272
　クレブス 369
　シュワン 370
大彗星 141
対数 98, 184
　ネイピア 371
代数学 58, 68, 72, 80
　アル＝フワーリズミー 368
　記号 103
　基礎 46
　最初の英語の論文 82
　新—— 92
　ディオファントス 370
　ネーター 371
　発見 38
　ブール 372
　ボンベリの著作 87
《代数学》 71
代数記号の導入 103
対数尺 99
大数の法則 129
大西洋横断電信ケーブル 286, 287
大西洋電信, 最初の 203
大西洋中央海嶺 258
堆積岩, 説明 366
大赤点 111, 189
タイソン, エドワード 124
タイタニック号 293
ダイダロス 240
タイタン 110, 341
《大著作》 60

ダイテルス, オットー・フリードリヒ・カール 209
ダイナマイト 210
　ノーベル 371
タイプライター 188
大プリニウス 36
大砲
　ヨーロッパにおける 65, 67
　記録に残る初期の 61
タイヤ, 取り外せる空気 227
ダイヤモンド 166
太陽
　大きさ 32
　時空 245
　地球温暖化 326–27
　内部 55
　——における水素の発見 202, 208
　フラウンホーファー 372
　星としての 54
太陽系 100
　星雲説 138, 144, 145
　プトレマイオス 37
太陽系外 328, 330, 346, 347
　水蒸気 343
太陽系外の惑星 328, 330, 346, 347
　水蒸気 343
太陽系形成の星雲説 144, 145
太陽中心説 100
　宇宙 93
　ガリレオ 103
　太陽系 30, 76, 87
太陽定数 193
太陽ニュートリノ 296
太陽の紅炎 55
第四紀 188
大陸移動 93, 209, 249, **252**, 289
対立形質 202, 248
対流圏 238
対流層, 太陽の 55
ダーウィン, エラズマス 150, 160
　生涯 369
ダーウィン, ジョージ 239
ダーウィン, チャールズ 178, 204, 205, **206**, 207, 210, 211, 214, 370
　《乳児の生物学的小論》 217
　進化論についての最初の論文 203
　ガラパゴス島 191
　《種の起源》 206, 207
ダ・ヴィンチ, レオナルド 63, **71**, 370
　解剖学 78, 79
　自動車 62–63
　はばたき飛行機 240
ダ・ヴィンチ, ロボット手術 333, 334, 335
ダーウィニウス・マシラエ 346, 347
タウタンパク質 320, 321
タウ粒子 307
タウンリー, リチャード 111
　楕円軌道の法則 364
楕円軌道 100, 101
タカへ 279
ダ・ガマ, ヴァスコ 72
高峰譲吉 236
ダ・カルピ, ベレンガリオ 73, 78
ダークエネルギー 333, 339, 345
卓上電話機 317
卓状氷山 126
ダクスベリー, トム 336
ダークマター 265, 339, 341, 345
ダグラス, アンドリュー 263
ダゲール, ルイ 191, 192
　生涯 369
ダゲレオタイプ 191, 192, 370
ダシポディウス, コンラート 87
タスマニア 105
タスマン, アベル 105
脱穀機 156, 157

脱進機　43, 130
脱進・振り子機構　109
タッチスクリーン　304
ダットン，ジョゼフ・エヴェレット　237
盾　17
ダドリー，ロバート　106
タートル型ロボット　334
タートル潜水艦　153
棚田農業　14
多能性細胞　312
多能性幹細胞　343
タバコ　82
タバコモザイク病ウイルス　233
ダービー，エイブラハム　128
ダ・ピサ，ジョルダーノ　61
タービン　161
Wボソン　315
WHO（世界保健機関）　279, 281
タブレット缶、応急　90
タブレット型コンピューター　347
ターボジェット　171
卵，哺乳動物の　107, 186
ダマディアン，レイモンド　302
ダム　14
多面体　26
ダランベール，ジャン・ル・ロン　140, 142, 143
タリウム　359, 369
ダリバール，ジャン＝フランソワ　143
タル，ジェスロ　126, 137, 183
タルタリア，ニッコロ・フォンターナ　76, 80
タルボット，ヘンリー・フォックス　191
　生涯　370
ダルランド侯爵　156
ダレッツォ，グイード　51
タングステン　156, 359
探査機ホイヘンス　341
炭酸水　151
単純機械　34-35
タンスリー，アーサー　268, 269
　生涯　370
炭疽　217, 221
炭素　359
　純粋な　166
炭素14　272
断続平衡説　370
炭素研究，ケクレ　369
炭素循環　259
タンパク質
　アミノ酸 243, 281
　構造　373
　DNA　285
　命名　193
ダンピア，ウィリアム　124
ダンブルトンのジョン　65
ダンボ・オクトパス　293
タンボラ山　178
ダンロップ，ジョン・ボイド　225
チェイス，マーサ　282
チェイン，エルンスト・B　272
チェザルピーノ，アンドレア　89
チェシ，フェデリコ　95
チェス，コンピューター　332
チェスをするコンピューター　332
知恵の館　46
智恵の館（バイト・アル＝ヒクマ）　46
チェリッロ，ニコラス　137
チェルノブイリ原発事故　320
チェレンコフ，パーヴェル・アレクセイヴィチ　370
チェンバーズ，イーフレイム　136
チェンバーズ，ロバート　370
力
　アルキメデス　368
　計測の単位　352, 353, 354
　公式　357

コリオリ　369
　——と宇宙論　344
　——と運動の法則　120-21, 355
　——と軌道　100, 101
　——と歯車　63
力の場、磁石や電流の　192
置換反応　175
地球
　大きさ　31, 32, 138
　重さ　166
　回転　65, 67
　核の手がかり　242
　軌道　100, 101
　最古の生命　348
　磁極　94
　層　272
　測定　98
　太陽までの距離　113
　地質学的年代　148
　地理的極　94
　年齢　130, 156, 209, 249, 286
　平均気温　336
　密度　166, 201
　惑星　364
地球温暖化　326-27
　グラフ　336
　最初の兆候　322
　スターン報告　342
　造語　306
　IPCC報告書　324, 343
地球外生命体　330
地球外生命体探査　308
地球儀　73
地球サミット、リオ　328
地球＝太陽中心の宇宙モデル　92
地球中心説　100
地球の核　272
地球の地質学的年代　148
　初期の理解　242
《地球の理論》　156
蓄音機　217, 218-219
チクシュルーブ・クレーター　324, 325
地形　156, 157
知識の館　50
地質学
　基礎　81
　沈括　370
　スミス　370
　マーチソン　373
　ライエル　374
地質時代区分　178, 366-67
地質図　178
地質年代　182
地図作成
　コルテス　89
　メルカトル　86
　→地図と地図製作も見よ
地図と地図製作　71, 73
　石に彫られた地図、中国の　57
　緯線の入った最初の　31
　カッシニ　141
　航海案内書　132
　最古の　18, 19
　最初の印刷　57
　最初の地質図　141
　初期の世界の　24, 25
　初期の中国　24
　世界地図　71
　中国における最古の　43
　メルカトル　86
　→地図作成も見よ
地図、棒による　22, 23
チタン　161, 359
窒素　359
　原子　250
　固定　368
　最初の分離　152

チフスの発熱　88
ワクチン　247
地平測角器　84
痴呆症　237
　アルツハイマーの報告書　243
チミン　284, 285
着床前遺伝子診断（PGD）　323
チャドウィック，ジェームズ　264, 265
　生涯　370
チャペック，カレル　334
チャランジャー海淵　289
チャレンジャー号、帆船　147, 215, 217, 293
チャンドラセカール限界　370
チャンドラセカール，スブラマニアン　370
中央演算装置（CPU）　302
中間圏　238
中間子　357, 374
中国
　宇宙計画　300
　最初の有人宇宙飛行　339
中国の剰余定理　39
中心体　194
中性子　250, 251, 266, 267
　核反応における　268
　——と宇宙　344
　発見　264
　標準模型　304
中性子星　54, 55, 268, 296
中生代　366
鋳鉄　22, 128
鋳鉄こんろ　140, 143
鋳鉄の型　16
チューリング，アラン　274, 280, 281
　生涯　370
超ウラン元素　268, 272
超音速　217
超音波　268
　診断　288
張丘建　40
長期暦　32
超弦理論　330
　グリーン　369
張衡　36, 37, 49, 62
張思訓　49
超重力　303
聴診器
　双耳型　90
　発明　180
　木製——　90
超新星　50
　早期警報システム　340
　造語　87
　1054年の　52
　SN1987a　321
潮汐、記録　144
超大質量ブラックホール　333
超伝導　248
　カメルリング・オネス　369
　バーディーン　371
超伝導体　320
超流動性　270
鳥類学　118
調和の法則　364
直進脱進機　130
チリコフ，アレクセイ　140
チンパンジー
　ゲノム　339
　最初の解剖　125

ツァイス，カール　115
ツァイドラー，オトマール　216
ツィオルコフスキー，コンスタンチン　238
ツヴィッキー，フリッツ　265, 268
ツヴェット，ミハイル　238
ツヴォルキン，ウラジミール　248, 259, 265
ツェツェバエ　239
ツェッペリン号、処女飛行　236
月
　裏側　289
　運行表　145
　大きさ　32
　クレーター　183
　最初のスケッチ　97
　重力　142
　大気　144
　探査　298
　——の地図　106
　——の水　332
　レーダーの反射　278
ツポレフ Tu-144　307
強い核力　250, 266
吊り橋　179
ツワイク，ジョージ　291
デイヴィス，レイモンド　338
DNA（デオキシリボ核酸）　194, 279, 282, 284-85
　遺伝子コード　295
　X線結晶構造解析　270
　組替え——　303
　クリック　369
　クローンをつくる　331
　サンガー　369
　ジャンク——　303
　性質の変化　274
　二重らせん構造　282
　ヌクレオチド構造　254
　ノンコーディング——　303
　配列の並べかえ　319
　発見　211, 369, 374
　複製　288
　ワトソン　374
DNAプロファイリング　301, 318, 319
DNAの転写　285
DNAの翻訳　285
帝王切開　221
ディオスコリデス　33
ディオネ　117
低温殺菌　214
T型フォード　21
d軌道　251
ティグリス川　14
ティジョ，ジョー・ヒン　286
ティソ，サミュエル＝オーギュスト　154
ティタニア　157
テイタム，エドワード　273, 278
ディック，ノレン　115
ディッグズ，レオナルド　81, 131
ティティウス・ボーデの法則　373
ティーデマン，フリードリヒ　186
ディドロ，ドニ　143
ディノワール，イザベル　341
DVD　342
DVDプレイヤー　331
ディープシー・チャレンジャー　293
ティプー・スルターン　161
ディープ・フィールド／ウルトラ・ディープ・フィールド　340
ディープ・ブルー、チェスコンピューター　32
デイモス　217

ディラック，ポール　258, **262**, 263, 264, 370
ティラノサウルス　238
　柔らかい組織　341
デイリー，レジナルド・アルドワース　272
デイル，ヘンリー　252
ティンダル，ジョン　326
ティンバーゲン，ニコ　281, 291, 269
デーヴィー，エドマンド　191
デーヴィー，ハンフリー　162, 169, 178
　アーク灯　176
　生涯　369
　電気分解　173, **307**, 369
デオキシリボ核酸→DNAを見よ
手鎌　16
デカルト
　幾何学　370
　座標　**104**
　座標系　27
デカルト，ルネ　26, 27, 104, 106
　生涯　370
《哲学原理》　105
適応放散　204, 236
デ・グスマン，バルトロメウ　128
テクネチウム　270, 359
てこ　34, 35, 59
てこの均衡　59
デジタル音　219
デジタル写真　306, 307
デジタル時計　109, 303
デジタル録音　218
テスラ・タリスマン・ラジオ　260
テスラ，ニコラ　224, 225
　生涯　370
デソルモ，アントワーヌ　201
テチス海　228
鉄　359
　初期の　134
　ステンレス　248
　製鋼　134
　製錬　**22**, 23
　ベッセマー　202, 373
　るつぼ鋼　140
哲学者、古代ギリシアの　24
鉄道時代　186
鉄板で覆う軍船　94
テッポウエビ　268
テッラ・ポルタ，ジャンバティスタ　83, 86
鉄枠の車輪　20, 21
テテュス（土星の衛星）　117
デ・テュリ，セザール＝フランソワ・カッシニ　141
テトラクティス　25
デ・ドンディ，ジョヴァンニ　65, 67
テナール，ルイ・ジャック　180
テナント，スミソン　166
デニ，ジャン＝バティスト　112
デノアイエ，ジュール　188
手旗信号　316, 369
テープレコーダー　219
テフロン　261
デボン紀　367
テミン，ハワード　300, 301
デ・ムンク，ヤン　141
デモクリトス　24, 99
デモステネス・フィラリテス　36
デュコロ，エミール　221
デュシェンヌ，ギヨーム　370
デュ・シャトレ，エミリー　139
デュトロシェ，アンリ　192
デュ・フェ，シャルル・フランソワ・システルニ　138
デュボワ，ウジェーヌ　227
デューラー，アルブレヒト　72
デュランド，ピーター　177

デュルケム, エミール　229
デュロン, ピエール　180
デュロン=プティの法則　180, 189, 372
デュワー, ジェイムズ　225, 227
デュワー瓶　227
テラー, エドワード　281
テラー号　198, 207
デ・ラ・ルー, ウォレン　207
テリー, イーライ　178
デ・リヴァ, フランソワ・イザーク　173
デーリング, ウィリアム　274
テルスター通信衛星　290, 291
デ・ルッツィ, モンディーノ　64, 65, 78
テルフォード, トマス　172
デルブリュック, マックス　273
　生涯　369
テレグラフォン　219
テレシコワ, ワレンチナ　291, 298
テレビ
　高解像度　269
　電子式　259
　ベアード　258, 259, 372
　LCD　329
テレプレゼンス　334, 335
デレル, フェリクス　253
電気
　ヴォルタ　368
　オーム　368
　化学――　161
　計測の単位　352, 353, 354
　静――　128
　速度　200
　と脳　214
　2種類の　138
　――の法則　357
　発見　161
電気腕時計　287
電気盆　153
電気機関車　220, 221
電気装置, 最初の　127
電気通信, 創始　192
電気伝導　136, 137
電気分解　167, 175, 190, 191
　カリウムの――　173
　デーヴィ　370
　水の――　173
電気盆　149, 153
電球　176, 207, 220
　エディソン　176
　最初の　207
　スワン　370
　白熱――　176, 207
天宮1号　348
天球儀
　郭守敬　61, 368
　張思訓　49
　張衡　36, 62
　時計を取りつけた――　43
天気予報
　コンピューター　280
　ビヤークネス　371
電子　250, 251, 266, 267
　造語　227
　電気量　243
　――と宇宙論　345
　――と粒子と波動の二重性　257
　発見　232
　標準模型　304
電磁気　215
　エルステッド　181, 368
　トムソン　371
　マクスウェルの研究　208
電磁気理論, ビオ　371
電子計算機　185, 302
電磁石　181, 186
　ヘンリー　188
電磁スペクトル　234-35

ケルヴィン　369
　初期の理解　198
電子線型加速器　278
電磁場　192
電子顕微鏡　114, 115, 264, 265
電子捕獲型検出器（ECD）　287
電磁放射　234-35
　ローレンツ　374
電子メール　302
電弱力　296
電弱理論
　アブドゥッサラーム　368
　ワインバーグ　374
電磁誘導　188, 189
伝書鳩　316
電子レンジ　279
電信　109, 161, 190
　最初の　192
　最初の長距離――　197
　ジーメンス　369
　初期の　153
　ヘンリー　373
伝染病　80
天体の運行　28
《天体の回転について》　76
天体の調和　93, 98
電池　167
　ヴォルタ　368
　湿　167
電動機　182, 187
　原理　182
　誘導――　224, 225
天然磁石　51
　羅針盤としての　132
天然痘　36, 42, 48, 126
　種痘　131
　――とジェンナー　163
　撲滅　311
天王星　157
　軌道　100, 101
　発見　155
　ボイジャー2号　320
電場　234
　――と電磁放射　234, 235
電波
　天の川からの　264
　――銀河　271
　最初の無線送信機　229
　大西洋横断無線通信　232, 239
　電磁放射としての　234, 235
　――望遠鏡　234, 270
　マルコーニ　373
天秤　85
天変地異説　186, 188, 369
　キュヴィエ　369
天文学　193, 364-65
　アリスタルコス　368
　オルバース　368
　カッシーニ　369
　カロライン & ウィリアム・ハーシェル　371
　古代ギリシアの　28, 31
　古代の　18
　コペルニクス　76
　ジーンズ　369
　スピッツァー　370
　チャンドラセカール　370
　ハッブル　371
　ハレー　371
　ヒッパルコス　371
　ヘヴェリウス　372
　ヘルツシュプルング　373
　ホイヘンス　373
　ボーデ　373
　マヤの　39
　ミッチェル　373
　リーヴィット　374

ロッキャー　374
　→ハッブル宇宙望遠鏡も見よ
天文単位　116
天文時計　87, 108, 109
天文物理学, ラッセル　374
電離放射線　236, 266
伝令RNA（tRNA）　285
電話　291, 316, 317
　携帯――　315
　大西洋間　259
　発明　216, 217
電話交換機　225
《電気と磁気に関する論文》　215
デーヴィ安全ガスランプ　370
弩　51
トイレ, 水洗　93
銅　14, 359
同位体　237, 250
　放射性　268
　命名　249
同位体標識　268, 269
等価原理, 相対性理論　245
陶器　13
　――とガラス　23
道具
　手術の――　212-13
　測る――　84-85
等号（=）　82
統合失調症　176, 228
瞳孔反射　143
等差級数　40
同素体　193
灯台用レンズ　179
糖, DNA　285
糖尿病　36, 225
動物
　宇宙の　298
　分類　360, 362-63
　レイの分類　123
動物園　187
動物学　43
　――とアルドロヴァンディ　94
動物行動　269, 307
　ティンバーゲン　269, 281, 292
　ローレンツ　269, 374
　→動物行動学も見よ
動物行動学　269, 307
　ローレンツ　269, 374
　ティンバーゲン　269, 281, 292
　→動物行動も見よ
動物の家畜化　13, 14
東芳紅1号　300
透明マント　336
トウモロコシ収穫機　190
灯油　198, 199
ドヴリーズ, ウィリアム　314
道路, ローマの　29
ド・オートフィーユ, ジャン　126
時を計る話　108-109
特殊相対性理論　242, 244-45
ドクチャエフ, ヴァシリー　220
毒物　57
ド・クーロン, シャルル　156, 157
時計　108-109
　郭守敬　368
　機械――　62
　クォーツ　259
　クロノメーター　148
　経度測定用　154
　原子――　286
　ストライキング・クロック　57
　蘇頌の水銀――　49
　デジタル　303
　電気　287
　天文　67, 87
　振り子――　64, 67
　ホイヘンス　373

量産型――　178
床屋医者　83
　手術の道具　213
ド・コルマー, トマ　184
ド・シェゾー, ジャン=フィリップ　141
都市, 初期の　18
ド・シャルドンネ, イレール　223
ド・ジュシュー, アントワーヌ　134, 135, 160
土壌学　220
ド・ショーリアック, ギー　67
トスカネッリ, パオロ　68, 70
土星　110, 116, 364
　軌道　100, 101
　パイオニア11号　310
　ボイジャー　311, 313
　環　200
ド・ソシュール, ニコラ=テオドール　172
ドーソン, チャールズ　249
特許　68
ドップラー, クリスティアン　196, 197
　生涯　369
ドップラー効果　196, 225, 371
凸レンズ　50
ドードー　94
ド・トゥルヌフォール, ジョゼフ・ピトン　123
ド・フリース, ユーゴー　236, 237
　生涯　370
ドナルド, イアン　288
飛び杵　138
ド・フェルマー, ピエール　104, 107, 372
　フェルマーとオイラー　143
　フェルマーの最終定理　38, 104
ド・フォシー, グランジャン　137
ド・フォレスト, リー　243, 247
ドブジャンスキー, テオドシウス　270
ド・ブロイ, ルイ　256, 257
ド・ペーレスク, ニコラ=クロード・ファブリ　97
ド・ボアボードラン, ポール=エミール・ルコック　216
ド・ボール, レオン・ティスラン　238
ド・マーク, ゲルハルト　268
ド・マリクール, ピエール　61
ド・マルタンヴィル, エドゥアール=レオン　207
トムソン, ウィリアム（ケルヴィン卿）　199, 201, 209, 235
　温度目盛り　199
　生涯　371
トムソン, J・J　232
　原子構造モデル　239
　生涯　371
トムソン, ジェームズ　333
トムソン, ロバート　21
トムリンソン, レイ　302
ドメイン, 分類学　360
ド・モンドヴィル, アンリ　64, 65
トラヴァース, モリス　233
ドラゴン宇宙船　347
ド・ラ・コンダミーヌ, シャルル=マリー　139, 143
トラスツズマブ　338
トラレスのアレクサンドロス　41
トラレスのアンテミウス　40
トランジスタ　281
　ショックリー　373
　単原子――　349
　単分子――　347
　バーディーン　371
ドリー　331
鳥インフルエンザ　332, 349
トリウム　187, 266, 359
トリエステ号　289, 293

トリチェリ, エヴァンジェリスタ　105, 106
トリチェリの真空　105
トリトン　198
トリニティ実験　275
トリパノソーマ属　237
トリプシン　217
ドリル, ジョゼフ=ニコラ　139
トルク　63
ドルトン, ジョン　168, 172, 371
　気象学　162
　色覚異常　162, 163
ドルトンの（分圧の）法則　356
《トレヴィーゾ算術書》　70, 71
トレヴィシック, リチャード　168, 170, 171, 172
　生涯　371
ド・レオミュール, ルネ・アントワーヌ・フェルショー　128, 134, 138, 374
ド・レクリューズ, シャルル　88
ドレスデン・コデックス　39
トレフィラヌス, ゴットフリート・ラインホルト　169
ドレベル, コルネリウス　96, 98, 99
トロケル, スティーヴン　321
ド・ロジェ, ピラートル　156
トロトゥーラ　56
ドロンド, ジョン　371
トンピオン, トマス　127
トンプソン, スタンリー　280
トンプソン, ベンジャミン　166
ドンベルガー, ヴァルター　273
トンボー, クライド　263

【な行】
内視鏡　201
　真鍮製　91
内視鏡検査　182
　無線――　330
ナイチンゲール, フローレンス　371
ナイト, J・P　211
内燃機関　170, 171, 173, 186
　オットー　368
　4ストローク　216
　→ディーゼルエンジンも見よ
ナイル川　14
　源流　203
ナイロメーター　18
ナイロン　261, 268, 270
ナヴスター　308
長岡半太郎　239
長崎　275
長さ, 計測の単位　352, 354
中村修二　331, 371
NASA, 設置　288
ナスカの地上絵　31
ナストゥルス　48
ナスミス, ジェームズ　196
ナトリウム　359
　デーヴィ　370
ナトロン（炭酸塩鉱物）　23
ナノチューブ　261
　カーボン――　325
ナノテクノロジー　63
鉛　267, 359
波
　エネルギー　303
　音　219
　計測の単位　352, 353
　地震　144, 242, 243
　電磁気の　234, 235
　ラジオ――　224
　ドップラー　371
　光　122, 134, 168, 371, 373
南極　148
　アムンゼンとスコット　248
　最初の目撃　181

氷床下の地図　348
南極収束線　126
軟着陸、もうひとつの惑星への最初の　301
ニエプス兄弟の内燃機関　173
ニエプス，ジョゼフ・ニセフォール　186, 187
ニオブ　168, 359
ニカイアのヒッパルコス　31
　生涯　371
2価分子　174
二極管　243
二極管、フレミングの　239
にぎりばさみ、鉄製の　16
ニコ，ジャン　82, 83
ニコチン中毒　322
ニコマコス　40
ニコラウス・クザーヌス　68, 69, 70
ニコラ・オレーム　65, 67
ニコル，シャルル　247
ニコルソン，ウィリアム　167
二酸化炭素
　呼吸　195
　固定空気　151
　──と地球温暖化　324, 326–27
　排出量　332
　発見　144
　ブラック　372
虹　64
二次方程式　22, 38, 46, 93
二重らせん（DNA）　284, 285
二進数　117, **184**
2000年問題　336
《二大世界体系に関する対話》　103
日射計　146
ニッピング，パウル　249
ニーニャ号　71
2倍体細胞　226
日本の宇宙計画　300
二名法　139
乳がん　42
ニューコメン，トマス　127, 129
　生涯　372
ニューコメンの蒸気ポンプ　170
ニューシャム，リチャード　134
ニュートリノ　296, 340, 342
　提唱　263
ニュートリノ振動　338
ニュートン，アイザック　**118**, 120, 121, 371
　《光学》　127
　星表　129
　高まる名声　126
　地球の大きさ　138
　──と音　124, 125
　──と軌道　100
　──と光　116
　──と惑星の運行　117
　虹　113
　プリズムの実験　112
　望遠鏡　112, 113
ニュートン、定義　352
ニュートンの運動の法則　**120–21**, 355
ニュートンのプリズム　112
ニュー・ホライズンズ号　342
ニューヨーク植物園　227
ニューランズ，ジョン　209
ニューロン　229
　造語　227
　→神経細胞も見よ
尿素　265
ヌクレイン　214
ヌクレオチド（DNA）　254
ヌース，ジョン・マーヴィン　151
布　13
ネアンデルタール人　12, 188
　化石　165

ゲノム　347
最初の発見　203
ネイグル，マシュー　340
ネイサンズ，ダニエル　301
《ネイチャー》創刊　211
ネイドラー，ヘンリー　296
ネイピア，ジョン　98, 184
　生涯　371
ネイピアの骨　98, 184, 371
ネオプレン　263
ネオン　252
ネオン（元素）　233, 359
　ラムジー　374
ネオン放電管　252
ねじ切り旋盤　167
ねじ、単純機械　34
ねじ山、ホイットワースの　196
ネーター，エミー　371
熱核反応爆弾　281
熱可塑性　261
熱気球　128, 156, 240
熱圏　238
熱水噴出孔、海底　**308**
熱素　166, 167
熱帯医学　105
ネッダーマイヤー，セス　269
熱電効果　182
熱電子二極管　239
熱電対、最初の　189
熱、ラムフォード　374
熱力学　183, 200
　カルノー　369
　ケルヴィン　369
　トムソン　371
　──の法則　190, 196, 199, 209, 215, 256, 355, 371
　マイヤー　372
熱力学の法則　190, 196, 199, 209, 215, 256, 355, 374
ネプツニウム　272, 359
ネモのヨルダヌス　59
ネリ，アントニオ　97
ネレイド　280
粘液腫症　280
撚糸　13
燃料電池
　水素　324, 325
　理論　193
年輪年代学　336
年輪年代測定法　263
ノイス，ロバート　288
ノイマン，フランツ・エルンスト　189
脳
　──と電気　214
　──の働き　**247**
　ブローカ　372
　役割　32
農業　13
農業革命、初期の　137
農芸化学　149
能動輸送　195
脳とコンピューターの接続　340
脳のスキャン　302
ノギス　85
ノティール号　292–93
ノーベル，アルフレッド　210, 371
ノボセロフ，コンスタンチン　340
ノーマン，ロバート　80
ノール，アンドリュー　308

【は行】
ハイアット，ジョン　211, 260, 261
胚、遺伝子診断　323
パイオニア10号探査機　303
パイオニア11号探査機　305
肺、血液の循環　59

肺結核　36
肺循環　81
胚性幹細胞、ヒト　333
ハイゼンベルク，ヴェルナー　**259**, 264, 371
排他原理　257, 258
梅毒　246
　特効薬　247
ハイパーテキスト・マークアップ言語（html）　324
ハイヤーム，オマル　**53**, 371
バイユーのタペストリー　52
ハインケルHe178　271
ハヴァース，クロプトン　122
ハーヴィー，ウィリアム　98, 102, **103**, 107, 111, 371
ハウ，ウィリアム　106
パヴェル，アンドレアス　219
パウエル，ゲオルク　81, 82
ハウターマンス，フリッツ　263
バウマン，オイゲン　215, 260
パウリ，ヴォルフガング　257, 258
　生涯　371
　ニュートリノ　263
パウリの排他律　371
パヴロフ，イワン　225, 243
　生涯　371
測る道具　**84–85**
ハギア・ソフィア大聖堂　40
パーキン，ウィリアム　371
ハギンズ，ウィリアム　208
パーキンソン，ジェームズ　161
パーキンソン，ジョン　103
　植物学の業績　104
パーキンソン病　161
馬具　22, 23
白亜紀　367
バクシャーリー写本　37
バーク，ジョン　313
白色矮星　54, 247
バークシン　203, 260, 261
バークス，アレグザンダー　203, 260, 261
ハクスリー，ジュリアン　290
ハクスリー，トマス　207
　生涯　371
爆弾
　核　268
　原子　271, **275**
　実験　282, 283
　水素　281
　熱核反応　281
　武器　59
羽口　22
はくちょう座X-1　294
バクティシュ，ジュリシュ・イブン　43
バクテリオファージ　253, 273
白熱　251
白熱灯　176, 207
博物学　118
　ビュフォン　372
　《博物誌》　36
バーグ，ポール　303
　生涯　371
ハーグリーヴズ，ジェームズ　149
バークリー，ジョージ　138
ハクルート，リチャード　89
歯牙　21, 34
　初期の使用　**32**
　──の話　**62–63**
バーコフ，ジョージ　256
橋
　アイアンブリッジ鉄橋　154
　初期の　37
　初期の中国の　41
　ブルックリン──　222
　吊り橋　168, 179, 186

ハーシー，アルフレッド　282
バージェス頁岩　247
ハーシェル，カロライン　371
ハーシェル，ジョン　190, 191
ハーシェル，ウィリアム　157, 160, 167, 169
　生涯　371
　天王星　155
ハシリグモ　164
バースカラ2世　56
パスカル、定義　352
パスカルの計算機（パスカリーヌ）　105, 184
パスカルの三角形　52, 73, 107
パスカルの定理　104
パスカルの法則　107
パスカル＝フェルマー理論　107
パスカル，ブレーズ　105, 106, **107**, 184, 371
　初期の業績　104
パストゥール，ルイ　**214**
　狂犬病　223
　産褥熱　209
　炭疽菌　221
　醸酵　203
バースのアデラード　56
はすば歯車　63
ハスラム，ジョン　176
バーゼル，エドワード　278
バーゼル問題　105
パーソナルコンピューター　185, 302
　IBM-PC　313
　ポータブル　312, 313
バゾフ，ニコライ　283
秦佐八郎　246
パターソン，クレア　286
バタフライ効果　291
ハチェット，チャールズ　168
八分儀　137
バチョーリ，ルカ　71
発ガン遺伝子　314
バッキーボール　319
バックミンスター・フラー，リチャード　319
バックミンスターフラーレン　319
バックランド，ウィリアム　180, 182, 183
バックルガン　131
バックル，ジェームズ　131
バッシ，ラウラ　**137**
　生涯　371
発疹チフス　247, 273
発生学　95, 102, 187
ハッチンソン，ミラー・リース　237
発電機　149, 189, 224
ハットン，ジェームズ　156, **157**, 371
ハッブル定数　371
ハッブル，エドウィン　256, 257, 263, 269
　宇宙望遠鏡　324
　生涯　371
　と宇宙論　344
ハッブル宇宙望遠鏡　299, 330, 340
　打ち上げ　324
　エクストリーム・ディープ・フィールド　349
ハッブルの法則　263, 345
発話、ブローカ野　208
ハーディ，ジェームズ　291
バーディーン，ジョン　371
バーデ，ウォルター　268
バート，ウィリアム　188
馬頭星雲　130
波動と粒子の二重性　235, 257
ハードディスクドライブ　287, 311
ハドリー循環　371
ハドリー，ジョージ　139
　生涯　371

ハドリー，ジョン　137
ハドリーセル　**139**
パトリッジ，フランク　296
バートン，オーティス　268
バートン，リチャード　203
バートン，ロバート　99
華岡青洲　172
バーナーズ＝リー，ティム　323, **324**, 371
バーナード，クリスティアン　296, 297
　生涯　371
バーナル，ジョン　259
パナール車
花を咲かせる植物、分類　123, 361
バーニヤスケール　103
はねつるべ　18, 19
発条秤　85
ばね、フックの法則　116
ハーネマン，ザムエル　90
パノポリスのゾシモス　43
パーバー，ジョン　161, 170
ハバース管　122
はばたき飛行機　240
ハーバー，フリッツ　242
　生涯　371
ハーバー＝ボッシュ法　249
パパン，ドニ　117, 122, 170
　生涯　371
パピルス　22
パフィング・デヴィル号　168
パフィング・ビリー号　178
ハフナゲル，チャールズ　282
ハブレヒト，イザークとヨシアス　87
バベッジ，チャールズ　182, 184
　階差機関　190, 191
　計算機の構想　185
　生涯　371
　──とラヴレース　197
ハマー，カール　271
ハマダラカ　131, 228, 229
パーマー，ナサニエル　181
ハミルトン・エレクトリック500　287
速さ
　計測の単位　353
　公式　355, 357
パヤン，アンセルム　190
パーライン，チャールズ・ディロン　239
バラカト・アル＝バグダディ，アブル　56
パラケルスス　72, 86
　生涯　371
パラジウム　359
　発見　172
パラシュート　71, 156, 157
パラ，スティーヴン　89
パラス，ペーター・シモン　152, 169
パラフィン　199, 200
バラール，アントワーヌ　186, 187
パリー，ウィリアム　181
バリウム　359
　デーヴィー　370
　発見　153
ハリオット，トマス　95, 96, 99
バリオン、宇宙論　345
ハリケーンと地球温暖化　327
パリー，ジェームズ　177
ハリス，ウォルター　119
ハリソン，ジョン　109, 139, 148
　H3クロノメーター　145
　H4クロノメーター　148
　生涯　371
鍼療法　32, 90
ハリントン，サー・ジョン　93
バルクホルン，エルゾー　308
バルサー　296
　二重　343
ハルトヴィヒ，エルンスト　223

ハルトマン, ゲオルク　80
バルトリン, トマス　107
バルトロメウス・アングリクス　59
バルバロ, モラオ　71
パール, マーティン　307
バルマー, ヨハン　223
パルミエリ, ルイジ　222
パレ, アンブロワーズ　83
ハレー, エドモンド　116, 117, 118, 119, 123
　生涯　371
　星表　129
　——と彗星　127
　——と潜水鐘　131
　——と地球の年齢　130
　南極収束線　126
パレルモ, ジャンピエロ　328
バロウズ1世, ウィリアム・シュワード　225
ハワード, ルーク　172
ハーン, オットー　270
　生涯　371
　——と原爆　271
反響定位　270
バンクス, ジョゼフ　151
　生涯　371
パンゲア　252
半径, 原子の　250
反原子　330, 331
半減期　267
　概念　237
　放射能　246
パンゲン　237, 374
パンゲン説　143, 211
反作用　121
半自動機械, 最初の　135
反射弓　190
播種機　126
半数体細胞　226
ハンセン病　60, 215
帆船　19
ハンセン, ウィリアム　278
ハンセン, ゲルハール　215
ハンセン, ジェームズ　322
ハンター, ジョン　154
パンチカード式集計器　224
ハンツマン, ベンジャミン　140
ハンディサイド, アラン　323
バンティング, フレデリック　255
半導体　302
ハンドレッドウェイト, 単位　64
反応力　174
反物質　262, 263, 331
万物の理論　330
万有引力の法則　100, **119**
ピアッツィ, ジュゼッペ　168
B型肝炎ワクチン　313
火打石式　96
ヒエログリフ　18
ビオ, ジャン=バティスト　178
　生涯　371
比較解剖学　79
微化石　348
皮下注射器　201
皮下注射針　91
光
　色　151
　エネルギーのパケットとしての　242
　計測の単位　352, 353
　速度　116, 136, 200, 220–21, 224, 244, 245, 370, 372, 373
　伝わり方　136
　電磁放射　234, 235
　波としての　122, 134, 168, 371, 373
　白熱　251
　マイケルソン=モーリー　224
　粒子と波動の二重性　257

燐光　251
ルミネッセンス　251
光の速さ　116, 200, 220–21
　初期の測定　136
　——と相対性理論　244, 245
　フーコー　372
　マイケルソン　373
　マイケルソン=モーリー　224
　レーマー　374
光ファイバー　301
ピカール, ジャック　289
ピカール, ベルトラン　347
p軌道　251
ビキニ環礁　278, 283
ビギラ　49
火鑽　12
ピクシー, ヒポリット　189
ビーグル号　191, 206
ひげぜんまい　110
飛行　**240–41**
　アデール・エオール号　226
　気球　156
　人力による　308
　世界初の有人重航空機　226
　ライト兄弟　238, 239
飛行場のレーダー　133
飛行船500HL　240
飛行船　240
　最初の　201
熱気空中船　128
　ツェッペリン　236
　ピサーノ, レオナルド　58, **59**
BCGワクチン　242, 243
　最初の接種　255
ビスコースレーヨン　260
ヒスタミン　295
ヒポクラテスの誓い　371
ピストン式蒸気機関　122
ビスマス　267, 359
火, 先史時代の　12
ヒ素　14, 359
　サルヴァルサン　247
ビタミンA, ゴールデンライス　337
ビタミンB12　286
ビタミンC　142, 262
　——と壊血病　243
　合成　265
ビタミンD　255
ビタミン, 命名　249, 255
ヒツィヒ, エドワルド　214
ピック, アルノルト　228
ヒッグス, ピーター　348, 371
ヒッグス場　346, 348
ヒッグス粒子　346, 348
　証拠　348, 349
ビッグバン
　インフレーション理論　311
　宇宙背景放射探査機（COBE）　328
　宇宙マイクロ波背景放射　294
　ガモフ　369
　グース　369
　元素　279
　初期の言及　259
　造語　280, 344
　→宇宙の起源も見よ
羊海綿状脳症　314
畢昇　51
ヒッポダモス　25
ビデオカセットレコーダー　306
ピテカントロプス　227
ビテュニアのアスクレピアデス　32
ピトー, アンリ　137
ヒトエピゲノム計画　347
ヒト科　362
ピトー管　137
日時計　108, 89
　最大の　136
　磁気　89

ヒトゲノム
　計画の完了　339
　ドラフト　337
ヒトゲノム計画　**337**
　開始　324
ヒトの化石　340
　セラム　342, 343
　ルーシー　304
　→アウストラロピテクス, ホモ, ピテカントロプスも見よ
ヒトパピローマウイルス（HPV）　342
ヒト・マイクロバイオーム・プロジェクト　346, 347
ヒト免疫不全ウイルス→HIVを見よ
ヒートリー, ノーマン　272
ビードル, ジョージ　273
ビナクル・コンパス　132
ビーニッヒ, ゲルト　313
泌尿器科学　42, 67
ビニル（ビニール）　259, 261
ビニルレコード　218
比熱　181, 189
ピネル, フィリップ　176
P波　242, 243
皮膚, 人工　312, 313
微積分学
　初期のかたち　57
　先取権についての議論　129
　ニュートン　112, 129
　批判　138
　ライプニッツ　129
　ラグランジュ　157, 166
ピペット　84
ヒペリオン　199
ヒポクラテスの誓い　371
ヒマリア　239
肥満, ホルモン　**329**
ビヤークネス, ヴィルヘルム　297
　生涯　371
百分目盛り　140
ヒューイッシュ, アントニー　296
ビューイック, トマス　166
非ユークリッド幾何学　27, 183, 201
ヒューズ, マルコム　336
ピュタゴラス　25, 26
　生涯　372
　ピュタゴラスの定理　22, 24, **25**, 372
ヒュッケル, エーリヒ　264
ビュフォン, ジョルジュ・ド　142
　生涯　372
ヒューム, デヴィッド　139
ビュリダン, ジャン　56, 66
氷河期　182
　アガシー　192
氷河作用　**192**
病原菌理論　214
標準模型　304, 307, 315, 331, 338
　——とヒッグス粒子　348
秒, 定義　109, 352
秤動　149
表面張力　227
病理解剖　162
病理学　374
肥沃な三日月地帯　13
ピョートル大帝　134
避雷針　144
平歯車　63
ピラミッド　18, 19
ピラリ, ジアコモ　131
ピトー, アンリ　137
ビリャサンテ, マヌエル・ロサダ　374
肥料　249
ビリングズ, ロジャー　325
ビール　167
ピルカム　330, 331
ヒル, 瀉血　32
ヒルデガルト・フォン・ビンゲン　57

ヒルデブランド, アラン　324
ピルトダウン人の頭蓋骨　249
　偽物　283
ヒルベルト, ダヴィド　26
ピレオロフォール　173
広島　275
ピロポノス, ヨハネス　40, 41
ピンタ号　71
ヒンデンブルク号　236, 270
ピンホールカメラ　61, 86, 95
ファインマン・ダイアグラム　279, 369
ファインマン, リチャード　279, 296, 312
　生涯　372
ファクシミリ　317
ファージ　273
ファブリキウス, ヒエロニムス　88, **93**, 95, 372
ファヤンス焼き　16, 18, 19, 23
ファラデー, マイケル　182, 186, 190, **192**, 370
　合金　180
　力の場　192
　電磁スペクトル　198
　電磁誘導　189
ファラデーディスク　189
ファラデーの電磁誘導の法則　190, 356
ファラド, 定義　352
ファールベルク, コンスタンティン　220
ファーレンハイト, ガブリエル・ダニエル　128
　生涯　372
ファロスの灯台, アレクサンドリアの　29
ファロッピオ（ファロピウス）, ガブリエレ　**83**, 372
ファロピウス管　83
ファーンズワース, フィロ　259
ファン・ディーマーブローク, イスブランディス　106
ファン・デル・ワールス, ヨハネス・ディーデリク　215
　生涯　372
ファンデルワールス力　215
ファン・デン・ブローク, アントニウス　248
ファン, バート　321
ファン・ヘルモント, ヤン・バプティスタ　106
ファン・ミュッセンブルーク, ピーテル　141
ファン・ミュッセンブルーク, ヨハン　114
ファン・レーウェンフック, アントニ　116, 124
　生涯　374
フィアーズ, ウォルター　303, 307
ピュエ, クロード　193
フィゾー, イッポリート　200
V2ロケット　273
フィック, アドルフ　224
フィッシャー, エミール　229, 243
フィッチ, ジョン　157
フィッツジェラルド, ジョージ　225
フィボナッチ　58, **59**, 372
フィボナッチ数列　58, 135
フィリップス, ウィリアム　182
フィレンツェ大聖堂のドーム　68, 69
フィンチ, ガラパゴスの　204
フィンリー, ジェームズ　168
ブーヴェ島　139
風車　42, 62
　構造　57
　排水の　65
風速計　146
風力　343
フェスティバル・オブ・ブリテン　281

フェッセンデン, レジナルド　242
フェナー, フランク　280, 281
フェニキア人　292
フェニキア文字　23
フェニックス・マーズ・ランダー　338
フェネッツ, イグナッツ　182
フェリス・ジュニア, ジョージ・ワシントン・ゲイル　228
フェル, ジェシー　173
フェルディナンド2世　105
フェルマー, ピエール・ド　**104**, 107, 372
フェルマーの最終定理　38, 104
フェルミ, エンリコ　258, 268, 270, 273
　原爆　271
　生涯　372
フェルミオン　304
　初期の言及　258
フェレル, ウィリアム　203
フェレル循環　203
フォーザーギル, ジョン　142
フォシャール, ピエール　136
4ストロークエンジン　171, 173, 216
フォーセット, エリック　261
フォックス・タルボット, ヘンリー　191
フォックスグローブ　107
フォッケ, ハインリヒ　269
フォッシー, ダイアン　372
フォノグラフ　207, 218
フォボス　217
フォルスカル, ペール　153
フォル, ヘルマン　217
フォン・ヴァイツゼッカー, カール　271
フォン・ヴァルダイエル=ハルツ, ハインリヒ・ヴィルヘルム・ゴットフリート　227
フォン・オスト, レナート　253
フォン・オハイン, ハンス　171, 271
フォン・クライスト, エヴァルト・ゲオルク　141
フォン・グイトゥイゼン, フランツ　183
フォン・ケリカー, アルブレヒト　196
フォン・ケルン, ルドルフ　223
フォン・ゲスナー, コンラート　81
フォン・ゲーリケ, オットー　106, 107
　生涯　369
フォン・ジーメンス, ヴェルナー　220, 221
　生涯　369
フォン・ゼンメリンク, ザムエル　154
フォン・ゾルトナー, ヨハン・ゲオルク　168
フォン・チルンハウス, エーレンフリート・ヴァルター　128
フォン・ツェッペリン, フェルディナント　236
フォン・デカステロ, アルフレート　238
フォン・ドライス, カール　179
フォン・バッシュ, ザムエル・リッター　91
フォン・ブーフ, クリスティアン　186
フォン・ブラウン, ヴェルナー　273
フォン・フラウンホーファー, ヨゼフ　178
　生涯　372
フォン・フンボルト, アレクサンダー　166
《コスモス》　198
　生涯　372
　——と地磁気　172
フォン・ベーア, カール　186, 187
フォン・ベーリング, エミール　226
フォン・ヘルムホルツ, ヘルマン　190, 201
　エネルギー保存の法則　199
フォン・ホーエンハイム, テオフラストゥス　72

393

フォン・マイヤー, ユリウス　196, 199
　生涯　373
フォン・メーリンク, ヨゼフ　225
フォン・ラウエ, マックス　249
フォン・リンデ, カール　215
不確定性原理　259
複滑車　35
複式顕微鏡　114
副腎　81
複スリットの実験　168
複製, DNA の　285
フクロオオカミ　269
ブーゲ, ピエール　136, 142, 143
フーコー, ジャン　200
　生涯　372
ブシャール, ピエール　166, 167
ブション, バジル　135
婦人科学　36
負数　42
ブース, エドガー　262
ブース, ヒューバート・セシル　237
双子　216
　結合双生児　282
伏角　80
フッカー, ジョゼフ　207
フッカー望遠鏡　253
フック, 手術用　212
フックス, レオンハルト　73
フックの顕微鏡　79
フックの法則　116, 355
フック, ロバート　110, 111, 112, 116, 117
　顕微鏡　79, 114
　生涯　372
物質の時代, 宇宙の　345
ブッシュネル, デヴィッド　152, 153
プッシュ式電話　291
フッ素　251, 359
物体落下の法則　95
物理学の標準模型　305, 307
プティ, アレクシス　180
　生涯　372
プティ, ルイ　212
ブドウ糖　195
ブドウ糖の代謝　263
不透明な時代, 宇宙の　345
プトレマイオス, アレクサンドリアの　28, 37, 71
　生涯　372
船　19, 22
　板を縫いあわせた――　18, 19
　亀甲――　94
　軍船　94, 207
　蒸気船　369
　初期の中国の　33
　チャレンジャー号　147, 215, 217, 293
ブノワ, J・R　229
ブフナー, エドゥアルト　232
踏み輪　63
腐葉土　239
フョドロフ, イワン　137
フライシュマン, マーティン　323
ブライソン, ビル　250
スライファー, ヴェスト　249
フライベルクのテオドリック　64
フライヤー号　240
ブライユ, ルイ　183
プラヴァ, シャルル　201
プラウト, ウィリアム　178, 187
ブラウン運動　186, 187, 242, 243
ブラウン, バーナム　238
ブラウン, ルイーズ　308, 309
ブラウン, ロバート　186, 187, 189
ブラウン, カール・フェルディナント　232
フラウンホーファー線　169, 178, 372
フラウンホーファー, ヨゼフ・フォン　178

生涯　372
ブラーエ, ティコ　87, 88, 92, 94, 372
フラカストロ, ジローラモ　72, 80, 81
フラクタル幾何学　26, 27, 372
　造語　306
フラスコ, ガラス製　84
プラスチック
　最初の合成　243
　――の話　260-61
　ベークライト　372
　PET（ポリエチレンテレフタレート）　304
プラズマ, 星の　54, 55
プラチナ　359
　最初の記述　82
ブラッグ, ウィリアム・ローレンス　249
ブラック, ジェームズ　291
ブラック, ジョゼフ　144, 149, 150
　生涯　372
ブラックスモーカー　308
ブラック・ホール　54, 55, 296
　超大質量　333
　ニエロ　16
　はくちょう座 X-1　294, 303
　ホーキング　304
　命名　294
　予言　156
プラッター, フェリックス　89
フラッド, ロバート　140
ブラッドリー, ジェームズ　135, 136, 142
ブラッドリー, レイモンド　336
プラトン　25, 28
　生涯　372
　――と幾何学　26, 27
プラトンの立体　26, 27, 29
プラネタリウム　65
ブラーマグプタ　42
ブラマー, ジョゼフ　156
　生涯　372
　水力学　163
ブラーマスプタシッダーンタ　42
プーラミス　295
ブラームス, アルベルト　144
フラムスティード, ジョン　116, 129
　生涯　372
プラムプディング・モデル, 原子構造の　239
フラーレン　319, 325
ブランカ, ジョヴァンニ　102, 103
プランク, 人工衛星　349
プランク, マックス　236, 242, 373
　量子論　236, 237, 258
フランクリン, ジョン　198
フランクリン, ベンジャミン　143, 157, 372
　ストーブ　140
　避雷針の実験　143, 144
フランクリン, ロザリンド　283, 372
ブラン計画　299
プランケット, ロイ　261
ブランシャール, ジャン　156, 157, 246
ブランスフィールド, エドワード　181
ブランデル, ジェームズ　180
ブランデンブルガー, ジャック・E　246
ブラント, ゲオルク　138
ブラント, ヘニッヒ　113
フーリエ解析　183
フーリエ, ジョゼフ　183, 372
プリオン　314
ブリキ缶　177
振り子　89
振り子時計　109, 110
　水銀の重り　134
フリシウス, ゲンマ　73
プリーストリー, ジョゼフ　150, 151, 152

生涯　372
フリーズ, ハドソン　297
フリース, ユーゴー・ド　236, 237
　生涯　372
プリチャード, トマス　154
フリッシュ, オットー　271
フリッチュ, グスタフ・テオドル　214
フリードマン, アレクサンドル　256
フリードマン, ジェフリー　329
フリードリヒ, ヴァルター　249
ブリュースター角
ブリュースター, デヴィッド　179
プリュミエ, シャルル　126
ブリュッヘル号　178
プリュッカー, ユリウス　202
浮力　30-31
《プリンキピア》（ニュートン）　118
ブリン, セルゲイ　332
フリンダース, マシュー　172
フルガルディ, ルッジェーロ　60
フルジャム, ジョゼフ　136, 137
プール, ジュディス　294
ブール, ジョージ　201
　生涯　372
ブルース・ダブルアストログラフ　227
ブルース, デヴィッド　239
プルースト, ジョゼフ＝ルイ　372
プルーストの法則　372
ブルックリン橋　222
ブルートゥース　336
プルトニウム　272, 359
ブルトノー, ピエール　186, 187
フルトン, ロバート　172, 173
ブルネル, イザムバード・キングダム
　イギリス
　グレート・ウェスタン号　192, 193
　生涯　372
ブルネル, マーク・イザムバード　197
ブルネレスキ, フィリッポ　68, 69
ブルーノ, ジョルダーノ　94, 95
プールバッハ, ゲオルク　70
ブールハーフェ, ヘルマン　91, 128
フルム, イェルン　346
ブルーレイ　342
フールロット, ヨハン　203
ブール論理・代数　201
ブルンフェルス, オットー　73
プレイステーション 3　342
プレイフェア, ジョン　169
プレヴォー, ピエール　161
プレシオサウルス　176, 182
プレストウィッチ, ジョゼフ　206, 207
フレネル, オーギュスタン＝ジャン　179, 182, 372
フレネルレンズ　179, 183
「フレーバーセーバー」トマト　329
フレミング, アレグザンダー　262, 272
　生涯　372
フレミング, ジョン・アンブローズ　239
ブレリオ, ルイ　246, 247
フレーリヒ, アルフレート　243
ブレンステッド, ヨハンス　256
フレンツェル, H　268
ブロア, ウォルター　258
ブロイアー, ヨゼフ　228
フロイト, ジークムント　228
　生涯　372
フロイヤー, ジョン　128
プロカイン　242
ブローカ, ポール　208
フロギストン説　124
　提唱　126
　否定　152, 154
プロクルス　39

プロコピオス　40, 41
プロコプ, ディヴィシュ　144
ブロッカー, ウォレス　306
ブロック, トマス　297
ブロッホ, フェリックス　278
プロティノス　38
プロトアクチニウム　266, 359
プロトスパタリオス, テオフィロス　42
ブロードマン, コルビニアン　247
プロメチウム　274, 359
　発見　372
フローリー, ハワード・W　272
　生涯　372
フローレス島　340
プロントジル　268
分圧の法則　168
分解反応　175
分割, 原子の　265
分割と構成　59
分岐論　281
フンク, カシミール　249
分光学　178, 223
　オングストローム　368
　初期の　143, 206, 207
分光器, 最初の　206
分子　106
　――構造理論　202
　――と化合物　174
ブンゼン, ロベルト　169, 202, 206, 207
フンボルト, アレクサンダー・フォン　166
《コスモス》　198
　地磁気　172
分類　122, 123, 360
　動植物の　118, 199, 360-63
　リンネ　138, 139
　レイ　374
　レイの動物　123
分類学　360
分裂
　核　270, 271
　核――　268
　原爆　275
VHS ビデオ　306, 307
ベーア, ヴィルヘルム　188
ベアード, ジョン・ロジー　258, 259, 262
　生涯　372
ベア, ラルフ　303
ベイエリンク, マルティヌ　233
ベイカー, サルの　288
ヘイ, ジェームズ・スタンリー　273
ペイジ, ラリー　332
ベイトソン, ウイリアム　242
ヘイフリック限界　295
ヘイフリック, レナード　294, 295
平方根　56, 57
　計算法　39, 52
ベイヤー, ペーター　337
ベイリー, マシュー　162
ヘイル, ジョージ　279
ヘイルズ, スティーヴン　129, 135, 136
　生涯　372
ヘイル望遠鏡　279
ペイン, ジョージ　263
ペイン, セシリア　257
ベヴィス, ジョン　139
ベヴィス, ダグラス　296
ヘヴェリウス, ヨハネス　106, 119
　生涯　372
北京原人　259
ベークライト　243, 260, 372
　特許　247
ヘクラ号　181
ベークランド, レオ　243, 260

生涯　372
　特許出願　247
ベクレル, アントワーヌ＝アンリ　232, 233, 236, 266
　生涯　372
ベクレル, 定義　353
ベーコン, フランシス　96, 98, 99, 102
　生涯　372
ベーコン法　96
ベーコン, ロジャー　60
　生涯　372
ヘスター, ジェフ　331
ペスト　66, 67, 103, 106
　腺――　41
　肺――　67
ペスト菌　66
ベスト, チャールズ　255
ヘス, ハリー　289
ヘーゼン, ブルース　281, 293
ベーダ　43
ベータ
　――線, 命名　236
　――崩壊　267
　――粒子　266, 267
ベータアミロイド　319, 321
ベータ遮断薬　291
ベータマックス・ビデオ　306
ヘッケル, エルンスト　210
　生涯　372
ベッセマー, ヘンリー　202
　生涯　373
ベッセル, フリードリヒ　193, 197
ベッヒャー, ヨハン　124
ペティヴァー, ジェームズ　131
ベーテ, ハンス　54
ベドーズ, トマス　167
ヘドリー, ウィリアム　178
ペナダレン号　171
ペニシリン　262, 272
　経口投与法　274
　構造　275, 280
　最初の使用　263
フレミング　372
フローリー　372
ヘニッヒ, ヴィリ　281
ベネデッティ, ジャンバティスタ　81
pH スケール　246
　ソーレンセン　370
ペプシン　191
ヘモグロビン　208, 209
　構造　288, 289
ペラカーニ, ビアージョ　68
ヘラクレイトス　25
ヘラパス, ジョン　181
ロッキャー　374
ヘリウム　214, 359
　液化　246
　観測　222
　原子　264
　固体――　246
　発見　211
ペリエ, カルロ　270
ベリエ, フローラン　106
ペリカン, 抜糸器具　64
ヘリコバクター・ピロリ　315
ヘリコプター　240, 269
ペリーニ, ロレンツォ　111
ベリリウム　166, 359
　ヴォルタ　368
ベリングスハウゼン, ファビアン　181
ベーリング, ヴィトゥス　136, 140
ベーリング海峡　137
ベル X-1　278
ベル, アレグザンダー・グラハム　216, 217, 316
　生涯　373
ベルガのアポロニウス　31

ペルガモンのオリバシウス 38, 39
ベルセリウス, イェンス・ヤコブ 176, 179, 187, 189
　生涯 373
　タンパク質 193
　同素体 193
ベル, チャールズ 177
ヘルツシュプルング, アイナー 242, 247, 365
　生涯 373
ヘルツ, 定義 352
ヘルツ, ハインリヒ 224, 234, 235
　生涯 373
ペルーツ, マックス 288
ベールテマ, ピート 322
ベルドゥンのベルナール 61
ヘルトヴィヒ, ヴィルヘルム 223
ヘルトヴィヒ, オスカー 226
ベルナール, クロード 201, 269
ベルヌーイ, ダニエル 135
　《水力学》 139
ベルヌーイ, ニコラス 129
ベルヌーイの定理 139
ベルヌーイ, ヤコブ 129
ベルヌーイ, ヨハン 124, 373
ベル・バーネル, ジョスリン 296
　生涯 373
ペルム紀 366
ヘルムホルツ, ヘルマン 190, 201
　エネルギー保存の法則 199
ベルリナー, エミール 218
　──とグラモフォン 224
ペレティエ, ピエール＝ジョゼフ 181
ヘロドトス 36
ペロー, ルイ・ギヨーム 210
変異
　──と進化 204
　ド・フリース 370
変換
　元素 237, 238
　人為的 **253**
　リチウム 265
偏光 178, **179**, 182
偏光顕微鏡 115
ペンジアス, アーノ 294
ベン図 221
偏頭痛 154
変成岩 366
ベンゼン 186, 209
ヘンソン, ウィリアム 196, 199
ヘンソン空中輸送機 240
ベンダ, カール 233
ヘンダーソン, トマス 193
ベンツ, カール 220
　生涯 373
　──と自動車 223
扁桃切除器, 手術用 212
ペンドリー, ジョン 336
偏微分方程式 142
ベン＝マイモーン, モーシェ 57
ヘンライン, ペーター 72
ヘンリー, ジョゼフ 188, 189
　生涯 373
ボーア, ニールス 249
　生涯 373
　量子論 258
ポアンカレ, アンリ **227**, 373
ボイジャー 1 号 120, 311
　太陽系家族写真 324
　太陽系を離脱 348
ボイジャー 2 号 313, 320
　海王星 323
ボイジャー号 **298**, 310
ホイストン, ウィリアム 124
ホイットニー, イーライ 162
ホイットル, フランク 171
ホイットワース, ジョゼフ 63, 196
ホイット, ロバート 143
ホイートストーン, チャールズ 192
ホイヘンス, クリスティアン 107, 109, 110, 122, 127
　最後の著作 124
　生涯 373
　振り子 113
ボイヤー, ハーバート 304
ホイヤー, ロルフ 349
ホイーラー, ジョン 296
ボイルの法則 111, 356
ホイル, フレッド 280, 344, 373
ホイールロック機構 72
ボイル, ロバート 110, **111**, 373
　気体の法則 169
　水素の分離 113
ボーイング 367-80/707 283
ボーイング 707 287
ボーイング 747 241, 300, 341
法医学 59
貿易風 139
　ハドリー 371
ボヴェット, ダニエル 268
ボヴェリ, テオドール 226, 238
望遠鏡 111
　2 枚のレンズ 96
　ニュートンの反射式── 112, 113
　ハーシェルの 160
　発明 92, 96
　リッペルスハイ 372
包括的核実験禁止条約 331
忘却曲線 223
放射
　アルファ線とベータ線 236
　イオン化 236
　ガンマ線 236, 238
　チェレンコフ 370
　電磁── **234–35**
　熱 161
放射計 215, 216
放射性核種 266, 267
放射性炭素年代測定 243, **286**
放射性同位体熱電気転換器 267
放射性崩壊 237, 266–67
放射線治療 232, 267
放射線崩壊 237
放射層, 太陽の 55
放射能 232, 236, **266–67**
　ガイガー 368
　計測の単位 353, 354
　人為的誘発 268
　地球の加熱 239
　ハーン 371
　フェルミ 372
　ベクレル 372
放射能, 造語 233
放射免疫測定, ヤロー 373
防水壁 37
宝石の舐剤 50
紡績 15, 368
　アークライト 368
　──機 151
　ジェニー 149
　──車 21
膨張する宇宙 256, 333, 339
方程式
　三次── 53
　代数 38, **46**, 80
　物理学の公式 357
放電管, 最初の 202
ボエティウス 40
《ホーキング, 宇宙を語る》 304, 322
ホーキング, スティーヴン **305**, 373
《ホーキング, 宇宙を語る》 322
ホーキング放射 305
北磁極と南磁極 126

ホークスビー, フランシス 127, 128
北西航路 181, 198
ポケット電卓 185
星
　明るさ 365
　大きさ 54
　形態と一生 **54–55**
　最初の距離の測定 193
　沈括 370
　スペクトル 364
　星表 92, 94, 119
　チャンドラセカール 370
　張衡 370
　超新星 52
　伴星 197
　ヘルツシュプルング 242
　リーヴィット 374
　連星 155, 169
　H-R 図 247
　→個々の星の名前も見よ
星の光と時空 245
ホジキン, トマス 189
ホジキン, ドロシー 275, 280, 287, 297
　生涯 373
ホジキンリンパ腫 189
ボス＝アインシュタイン統計 373
ボーズ＝アインシュタイン凝縮 330, 331
ボスコヴィッチ, ルジェル 144, 145
ボース, サティエンドラ 257, 373
ボース粒子（ボソン） 257, 304, 357
　初期の言及 258
　──と宇宙論 344
ヒッグス 346
W── 315
Z── 315
保存, 解剖標本の **79**
ボタニー湾 151
ポータブル・オーディオ・カセット・プレーヤー 311
ポーター, ロドニー 291
補聴器, 電気 237
北極と南極 80, **94**
ホッケースティックグラフ
　警告 336, 338
ボッケルス, アグネス 227
ボッシュ, カール 242, 248, 249
　生涯 373
ボッツィーニ, フィリップ 91
ポッパー, エルヴィン 246
ホッパー, グレース 373
ホップス, ジョン 281
ホッペ＝ザイラー, フェリクス 208, 209
ボツリヌス菌 322
ボツリヌス菌, ボトックス 322
ボーデ, ヨハン・エレルト 373
ポトリクス, インゴ 337
ホートン, ジェームズ 259
ボナー, ジェームズ 271
ボニトゥス, ヤコブス 105
ボロニウム 233, 266, 267, 359
ボロホロフ, アレクサンダー 283
ホワイト, エドワード 298
ホワイト, ギルバート 374
ホワイトスモーカー 308
ホワイトヘッド, ロバート 210
ポワソン, シメオン・ドニ 192
ポワソン分布 192
本初子午線 223
ポンズ, スタンレー 323
本草書 90
ボネ, シャルル 141, 144, **148**, 373
骨の解剖学 22
骨切鋸 212
「ホビット」の化石 340
ホビング 63
ホプキンズ, サミュエル 161
ホプキンズ, フレデリック 249
ホープ, トマス・チャールズ 162
ホフマン窯 203
ホフマン, フェリクス 232, 233
ホフマン, フリードリヒ 203
ホホジロザメ 204
ホームズ, アーサー 249
ホームズ・シニア, オリヴァー・ウェンデル 198
ホメオパシー 90

ホメオボックス遺伝子 318
ホメロス 20
ホモ・エレクトゥス 227, 340
ホモ・サピエンス 340
ホモ・ハビリス 12
ホモ・フローレシエンシス 340
ボーモント, ウィリアム 182
ボーヤイ, ヤーノシュ 183
堀 14
ポリエステル 268
ポリエチレン 261
ポリ塩化ビニル（PVC） 215, 258, 260, 261
ポリオワクチン 282, 283
ポリスチレン 261, 272, 273
ポリプロピレン 261
ポリマー 261
ポリメラーゼ連鎖反応（PCR） 318, 319
ホリー, ロバート 295
ボーリン, アンデルス・ビルガー 259
ポーリング, ライナス **271**, 373
ホール, アサフ 217
ホール, エドウィン 220
ホール効果 220
ボルゴニョーニ, ウーゴとテオドリーコ 60
ボルシェベルク, アンドレ 347
ホルスト, アクセル 243
ポールセン, ヴォルデマール 219
ホルターヨーク 23
ホール, チェスター・ムーア 136
ホール, チャールズ・マーティン 224
ボルツマン, ルートヴィヒ 211, 215, 220, 223
ボルティモア, デヴィッド 300, 301
ホールデン, B・S 265
ボルトウッド, バートラム 243
ボルト, 定義 352
ボールトン, マシュー 150
ボルトン, エルマー 263
ボールペン 225
ホール, マーシャル 190
ホルマリン 79
ホルムデル・ホーン・アンテナ 294
ボレ, アメデー 227
ボレッリ, ジョヴァンニ 117
ホレリス・タビュレーター 185
ホレリス, ハーマン 185, 224
ホロヴィッツ, ジェローム 294
ホログラフィー **278**, 279
　ガーボル 370
ホロックス, エレミア 104
ホワイト, エドワード 298
ホワイト, ギルバート 374
ホワイトスモーカー 308
ホワイトヘッド, ロバート 210
ポワソン, シメオン・ドニ 192
ポワソン分布 192
本初子午線 223
ポンズ, スタンレー 323
本草書 90
ポンテコルヴォ, ブルーノ 296
ポンド, ウィリアム 199
ポンスのヘラクレイデス 28
ポンドの重さ 64, 84
ポン, ビデオゲーム 303
ポンプ 185
ポンプ, クテシビオスの 30
ボンベリ, ラファエル 87

【ま行】

マイクロコンピューター 185
マイクロチップ 185, 288, 302
マイクロソフト MS-DOS 313

マイクロ波、電磁放射としての 234, 235
マイクロフォン 219
マイクロプロセッサー 185, **302**, 342
マイクロメーター 85
マイケルソン, アルバート・エイブラハム 220-21, 224, 228, 229
　生涯 373
マイコプラズマ・ミコイデス 347
マイトナー, リーゼ 271
マイブリッジ, エドワード 217
　生涯 373
マイヤー, クリスティアン 155
マイヤー, トビアス 145
マイヤー, ユリウス・ロバート・フォン 196, 199
　生涯 373
マウス, 遺伝子組み換え 332
マウス, コンピューターの 304
マウロリコ, フランチェスコ 88
マウンダー, エドワード 229
マウンダー極小期 229
マカーティ, マクリン 274
巻揚げ機 34, 51
マーギュリス, リン 216, 295, **300**, 373
マキンタイア, レイ 272
マクスウェル, ジェームズ・クラーク 208, 209, 220, 221, 234, 373
　初期の考え 202
　電磁気学 208, 209
　論文 215
マグデブルクの半球 106
マグヌス, アルベルトゥス 60, 72
マグネシウム 359, 369
マグネットフォン 219
マクファーレン, ロバート 294
マクミラン, エドウィン・M 272
マクミラン, カークパトリック 193
マクラウド, コリン 274
マクリントック, バーバラ 264
マクレディ, ポール 308
マーゲンターラー, オットマー 224
マコーリフ, クリスタ 320
摩擦 12
　アモントンの法則 125
　単純機械 34
　──と運動の法則 120
　──と車輪 21
マーシャル, バリー 315
マーシュ, オスニエル・チャールズ 165
マシューズ, ドラモンド 291
麻疹 48
マシンガン 131
麻酔
　クロロホルム 199
　最初の局部── 223
　最初の全身── 172
　初期の 60
　全身── 172, **198**, 199
　スワン 374
　ロング 196, 199
マーズ・エクスプレス号 339
マスターズ, コリン 319
マスタバ 19
マースデン, アーネスト 246
マースデンの金箔実験 246
マゼラン海峡 292
マゼラン探査機 324
マゼラン, フェルディナンド 72, 292
マダバ地図 41
マーチソン, ロデリック 191, 373
マッカンドレス, ブルース 318
マッキントッシュ・コンピューター 318
マッキントッシュ, チャールズ 183
Mac OS X（マックオーエステン） 311
マッケラー, アンドリュー 272

マッケルロイ，ロバート　304
マッケンジー，アレグザンダー　160, 162
マッケンジー，ダン　296
マッコネル，ジョン　300
マツダ HR-X　324, 325
マッハ，エルンスト　217
マーティン，ゲイル　313
マテ，ジョルジュ　288
マードック，ウィリアム　63, 161
マードック，コリン　91
マニョル，ピエール　119
マヌルネコ　152
魔方陣　25
マラリア（マラリア熱）　49, 130, 232, 233, 273
　イタリアにおける　103
　蚊媒介説　228, 229
マラルディ，ジャコモ・フィリッポ　134
マリアナ海溝　289, 293
マリス，キャリー　318, 319
マリナー 4 号　298, 302, 304
マリンスキー，ジェイコブ　274, 278
マルクグラーヴ，ゲオルク　106
マルコーニ，グリエルモ　229, 232, 233, 234
　生涯　373
　大西洋横断の電信　237, 239
マルサス，トマス・ロバート　166
　生涯　373
マルサス主義　373
マルシリ，ルイジ・フェルナンド　129
マルス 2 号　299
マルス 4 号　305
丸太　20, 21
マルチオキュラー顕微鏡　115
マルチシリンダーのミュージックボックス　218
マルピーギ，マルチェロ　79, 111, 116, 117
　生涯　373
マールマン，ジェリー　336
マレー，ジョゼフ　283
マンガン　153, 359
マンセル車輪　21
マンソン，パトリック　229
マンテル，ギデオン　182, 196
マンデルブロ集合　306
　フラクタル　27
マンデルブロ，ブノワ　306
　生涯　373
マントル，地球の　272
マンハッタン計画　271, 273, 275
マン，マイケル　336
マンモス，永久凍土層の　165
ミイラづくり　23, 78
御木本幸吉　228
ミークル，アンドリュー　156, 157
ミクロトーム　79
ミシェル，ジョン　144, 148, 156
　生涯　373
ミシェル，フリードリヒ　211
ミシェル，ヨハン・フリードリヒ　214
ミシュラン兄弟　227
ミショー，ピエール　210
水、化合物としての　174
水タービン　153, 161
水時計　58, 108, 334
水漏れの防止　14
未知の惑星　206
ミッチェル，マリア　199
　生涯　373
密度
　計測の単位　353
　——の公式　356
密閉サイクル蒸気機関　171
MIDI（電子楽器デジタルインターフェイ
ス）　314, 315
ミトコンドリア　194, 195, 233, 239, 273
水俣病　286
ミニディスク，ソニー　325
ミマス　160
ミュージックボックス　218
ミュラー，パウル　271
ミュラー，ヘルマン　273
ミュラー，ヨハネス　70
ミュー粒子　269
ミュール紡績機、クロンプトンの　154
ミュンヒハウゼン症候群　281
ミラー，スタンリー　256, 282, 283
ミリカン，ロバート　243
　生涯　373
ミール、宇宙ステーション　320, 321
ミルン，ジョン　221
ミレトスのイシドロス　40
ミレトスのタレス　24, 26
ミレトスのヘカタイオス　24, 25
ミレニアム・シード・バンク　337
ミンコフスキー，オスカー　225
ミンコフスキー，ヘルマン　245
ミンツ，ベアトリス　305
無煙炭　173
無限　110, 216
蒸し煮釜　117
ムスティエ石器　12
無脊椎動物　169
無線信号　238 →電波も見よ
ムルデル，ゲラルドゥス　193
目
　アルハゼン　368
　構造　60
　視覚　50
　レーザー手術　321
冥王星　263
　最初の写真撮影　252
　小惑星　342
メイマン，セオドア　289
　生涯　373
メイヨー，ジョン　113
メイラーン，デヴィッド　315
眼鏡　61
メガロサウルス　183
メガロニクス　166
メキシコ湾流　143, 157
メーザー　283
《星雲・星団表》　155
メシエ，シャルル　151, 152
メス、手術用　212, 213
メセルソン，マシュー　288
メソポタミア　20
メタマテリアル　336
メタン　174
　タイタン　341
　——と地球温暖化　326–27
メチニコフ，イリヤ　222
滅菌、手術用　213
メドラー，ヨハン・ハインリヒ　188
メートル、定義　229, 315, 352
メートル法　177, 352–53
メトロポリタン・ヴィッカーズ EM2 電子顕微鏡　115
メビウスの輪　27
メビノリン　311
メーフェス，フリードリヒ　239
メヘルガル　14
メランビー，エドワード　255
メーリアン，マリア・ジビーラ　127
メルヴィル，トマス　143
メルカトル，ゲラルドゥス　71, 73, 80, 86, 373
メルカトル投影法　86
メルセンヌ，マラン　98, 104, 152
メローニ，マセドニオ　189
免疫グロブリン E 抗体　295
免疫系　232

免疫蛍光　194
綿織物　43
メンゴリ，ピエトロ　105
面積速度一定の法則　364
メンデル，グレゴール　202, 210, 236, 237, 238
　生涯　373
メンデレーエフ，ドミトリ　210, 211
　生涯　373
毛細管現象　71
毛細血管　110, 111
網膜　89, 210, 269
モーガン，トマス・ハント　247, 248, 373
モーガン，W・ジェイソン　296
木星　111, 330, 364
　衛星　150
　ガリレオの観測　96, 97
　軌道　100, 101
　シューメーカー・レヴィ第 9 彗星　329
　大赤点　189
　ボイジャー探査機　310
木版印刷　40, 41, 47
目、分類学　360
モーグ，ロバート　314
文字、初期の　23
モース硬度　177
モース，サミュエル　191, 192, 197, 316
モース，フリードリヒ　177
モーズリー，ヘンリー（発明家・技術者）　167
　生涯　373
モーズリー，ヘンリー（物理学者）　249
　生涯　373
モデム、最初の　303
モトローラ DynaTAC 8000x　317
モートン，ウィリアム　199
モートン，トマス　104
モニス，エガス　269
モーペルチュイ，ピエール＝ルイ・モロー・ド　138, 141, 143
モーリー，エドワード　224
モーリー，サミュエル　186
モリス，ロバート　322
モリス・ワーム　322
モリソン，ウォレン　259
モリブデン　154, 359
モーリー，マシュー　292
モル
　国際単位系（SI）　302
　定義　352
　分子理論、初期の　65
モールス式符号　191, 232
モールス信号機　316
　ロッジ　374
モルヒネ、抽出　172
モル，フリードリヒ＝ヴィルヘルム　333
モールベケのウィリアム　61
モンゴメリー，トマス　203, 237
モンゴルフィエ兄弟　156, 240
モンタギュー，レディ・メアリー・ワートリー　131, 373
モンタニエ，リュック　318
モントリオール議定書　321
モンナルツ，フィリップ　248

【や行】
約束手形　46
《薬用植物総覧》　107
薬局方、最初の　33
ヤード尺　85
ヤナギの樹皮　149
ヤナス，イオア＝ス　313

ヤペトゥス　117
槍　12
ヤロー，ロザリン・サスマン　373
柔らかい組織、化石からの　341
ヤング，ジェイムズ　373
ヤング，トマス　116, 168
ヤンセン，ツァハリアス　92
有機化学　187
有糸分裂　194, 221
有人宇宙飛行、中国の　339
優生学　209, 211, 222
　PGD（着床前遺伝子診断）　323
遊星歯車機構　63
誘導電動機　224, 225
郵便制度　316
USB　331
USB 顕微鏡　115
湯川秀樹　373
輸血　112, 113, 252
　最初の　180
ユージオメーター　156
ユスタン，アルベール　252
UNIX（ユニックス）　310, 311
ユニメイト　334
弓　12–13, 51
　複合——　22
《夢》　97
ユリウス暦　89
ユーリー，ハロルド　264, 282, 283
　生涯　369
楊利偉　339
葉酸　275
陽子　178, 250, 251, 253, 266, 267
　——と宇宙論　344
　——とラザフォード　252
　標準模型　305
　命名　254, 255
陽子線型加速器　278, 279
揚水ポンプ、アルキメデス　368
羊水穿刺　296
ヨウ素　177, 359
陽電子　265
葉緑素　117, 157, 192
　人工——　289
葉緑体　117, 195
翼竜　187
ヨセミテ国立公園　208, 209, 226
ヨハンセン，ヴィルヘルム　247
よろい張りの船　28
ヨーロッパ宇宙機構　349
四色定理　27
四輪車　15

【ら行】
ライエル，チャールズ　188
　生涯　372
ライカ犬　298
らい菌　215
ライデン瓶　141
ライト兄弟　226, 240
　最初の飛行　238, 239
　ヨーロッパにおける　246
　ライト兄弟のフライヤー号　240
ライド，サリー　298
ライト，トマス　142, 143, 149
ライノタイプ　224
ライヒスタイン，タデウシュ　265
ライプニッツ，ゴットフリート　113, 117
　生涯　374
ライモンド，トレド司教　56
ラウエ，マックス・フォン　374
ラヴォアジェ，アントワーヌ　157, 160, 374
　酸素　152, 153, 154
　質量保存の法則　155

炭素　166
ラウド，ジョン　225
ラウドスピーカー　218
ラウフマシーネ　179
ラヴレース，エイダ　184, 197, 374
ラヴロック，ジェームズ　216, 287, 311
　生涯　374
ラエトリの足跡　308, 309
ラエンネック，ルネ　90, 180
ラオディキアのテミソン　32
ラグランジュ，ジョゼフ・ルイ　149, 150, 152, 157, 166
ラザフォード，アーネスト　246, 248, 250, 374
　原子核変換　236, 237, 238, 253
　原子理論　248
　陽子の命名　254
ラザフォード，ダニエル　152
ラジアルタイヤ　21
ラジウム　233, 236, 247, 266, 359
ラジオ
　通信　372
　最初の番組　242
ラジオ波　224
　ロッジ　374
ラスコー洞窟　13
ラーゼス（アル＝ラーズィー）　43, 47, 48, 368, 373
らせん構造、星雲　198
ラック・アンド・ピニオン式歯車　63
ラッセル，ウィリアム　198, 199, 200
ラッセル，ヘンリー　247, 365, 374
ラップトップコンピューター、最初の　313
ラッラ　43
ラトノフ，オスカー　294
ラドン　236, 266, 359
ラピタ人　22
ラプラス，ピエール＝シモン　154, 163, 166, 167
　生涯　371
ラマツィーニ，ベルナルディーノ　126
ラマルク，ジャン＝バティスト　168, 169, 176, 181, 204
　生涯　374
ラマルク説　169, 222
ラマン効果　374
ラマン，チャンドラシェーカル　262
　生涯　374
ラムジー，ウィリアム　229, 232, 233, 374
ラムジー，ジェームズ　157
ラムズデン，ジェームズ　161
ラムダ、宇宙定数　339
ラムダ・コールドダークマター　339, 345
ラムフォード，ベンジャミン・トンプソン　374
ラモン・イ・カハール　229, 374
ラリッサのドムニヌス　39
ラルテ，ルイ　211
卵管　83
ランキン，ウィリアム　201
ラングミュア，アーヴィング　253, 254
ラングランジュ点　152
ランケスター，レイ　237
ランゲルハンス島　255
ランゲルハンス，パウル　211
卵細胞質内精子注入法（ICSI）　328
ランジュヴァン，ポール　253, 254
ランダム仮説　216
ランチシ，ジョヴァンニ　130
ランドサット衛星　303
ラントシュタイナー，カール　236, 237, 246
ランドル，メール　256
ランビキ　43

ランプサコスのストラト　29
ランベルト，ヨハン・ハインリヒ　149
ラーン，ヨハン　110
リーヴィット，ヘンリエッタ・スワン　374
リー，ウィリアム　92
リヴィングストン，デヴィッド　203
リオ国連地球サミット　328
力学　28
力織機　156, 157
リーキー，メアリー　288, 289, **308**, 374
リーキー，ルイス　**289**, 374
リケッツ，ハワード　247
《利己的な遺伝子》　307
リサイクル，プラスチックの　**261**
Lisa（リサ）、アップル　315, 318
李時珍　40
李春　41
李舜臣　94
リスター，ジョゼフ　114, 210, 213
　殺菌法　209
　生涯　374
リストン，ロバート　199
リスボン大地震　144, 145
李政道　371
理想気体の状態方程式　356
リソゾーム　194
リチウム　179, 359
リチャードソン，ルイス　147
リック天文台　224
リップマン，フリッツ・アルベルト　272
リッペルスハイ，ハンス　92, 96
　生涯　374
リドウェル，マーク　262
リード，ウォルター　236
リドワーン，アリ・イブン　50
Linux（リナックス）　311
リバヴィウス，アンドレアス　93
リヒターススケール　268, 374
リヒター，チャールズ　268, 374
リービヒ，ユストゥス・フォン　374
リビー，レイモンド・L　274
リボ核酸（RNA）　285, 301
リボゾーム　194, 195, 285
リボルバー　191
リーマン幾何学　201
リーマン，ベルンハルト　201
リモコン　234
李モデル　374
粒金法　18, 19
龍骨座　54
硫酸ナトリウム　102
粒子加速　244, 264, 278, 279
流体の圧力　368
流体静力学　92
　基礎　30
リュミエール兄弟　243
量子コンピューター　309, 312, 333
量子、造語　236, 237
量子電磁力学　279, 370
量子物理学　251
　プランク　236
量子力学　248, 258, 259, 368–69, 373
量子論　**258**, 259
緑色蛍光タンパク質　332
リレハイ，ウォルトン　282
リン　113, 359
　同素体　193
燐光　232, 251
リン酸、DNA　285
リンド，ジェームズ　142, 144
　生涯　374
リンド数学パピルス　22
リンネ，カール　138, **139**, 140, 144, 374
リンナエウス→リンネ，カールを見よ
リンパ系　107
ルイス，ギルバート　253, 256, 258, 259

ルイス・クラーク探検隊　172, 173
ルイス，ジョン　282
ルイド，エドワード　125
ルヴァロア技法　12, **13**
ルー，ヴィルヘルム　222
ル・ヴェリエ，ユルバン　198, 206
ルカ，クスタ・イブン　48
ルクス、定義　353
ルサージュ，ジョルジュ＝ルイ　153
ルーシー、化石　304, 343
ルスカ，エルンスト　264
ルッカのウーゴ　58
ルドルフ，クリストフ　72
ルドルフ表　70
ルナ計画　303
ルナ号、探査機　288, 289
ルナ・プロスペクター　336
ルノアール，エティエンヌ　171, 206
ルノホート1号、月面車　301, 335
ルビジウム　207, 359
ル・ブランス，ルイ　225
ル・ブールジョワ，マラン　96
ル・ブロン，ヤコブ・クリストフ　128
ルーベン，サムエル　272
ルミネセンス　251
ルメートル，ジョルジュ　256, 259, 344
ルーメン、定義　353
ルリア，サルヴァドール　273
レア　117
零
　最初の印　24
　最初の使用　37, 42
　初期の使用　47
　張衡　374
冷間加工　14, 16
レイ，ジョン　112, 118, 119, 122, 123, 374
冷蔵　200, 201, 215
霊長目　362
レイノルズ，オズボーン　222
レイノルズ数　222
レイリー卿　214, 220, 227, 232
レイリー散乱　214
レヴァン，アルベルト　286
レーヴィ，オットー　255
レヴィ，デヴィッド　329
レヴィーン，フィーバス　254, 284
レーウェンフック，アントニ・ファン　116, 124
　顕微鏡　114
　生涯　374
レオーノフ，アレクセイ　294, 295
レオミュール，ルネ　128, **134**, 138, 374
レギオモンタヌス　70, 71
瀝青　14, 19
レコードプレーヤー　219
レコード，ロバート　76, 77, 82
レーザー　287, 331
レーザー距離計　85
レーザー手術、眼科　321
レーザー水平器　84
レーザープリンター　306
レーザー捕捉、原子　309
レーシック、レーザー原位置角膜切開術　321
レスボスのテオプラストス　30
レーダー　133, 279
レーダーバーグ，ジョシュア　278
レティクス，ゲオルク　76, 93
レディ，フランチェスコ　112, 113
レトロウイルス　301
レナード＝ジョーンズ，ジョン　257
レーナルト，フィリップ　374
レネル，ジェームズ　154
レーバー，グロート　270, 271
レプチン・ホルモン　**329**
レプトン　304, 357

レフラー，フリードリヒ　223, 226
レーマー，オーレ・クリステンセン　116, 374
レーヨン　223, 260
れんが　43, 46, 48, 86, 93
錬金術　43, 46, 48, 86, 93
レン，クリストファー　110, 112
レンズ　**50**
　──とカメラ・オブスクラ　87
　ドロンド　369
　フラウンホーファー　372
連星　155, 169
連星 J0806　169
連続の法則　70
レンツの法則　190
レンツ，ハインリヒ　190
レントゲン，ヴィルヘルム　79, 91, 232, 374
ルノアール，エティエンヌ　171, 206
ローウェル天文台　229
蠟管　219
漏刻　108
ろうそく時計　108
録音　**218–19**
録音の話　**218–19**
ログ、航海計器　133
ログ・フロート　133
六分儀　133
ろくろ　20, 21
ロケット　59, 121, 170, 171
　固体燃料──　252, 313
　ゴダード　255, 258, 369
　ツィオルコフスキー　238
　鉄筒──　161
　ヨーロッパにおける　67
ロケット号、蒸気機関車　188
ロザラム犂　136, 137
ロジウム　172, 359
ロシュ，エドゥアール　200
ロシュ限界　200
ロージング，ボリス　248
ロス，ジェームズ・クラーク　196
ロス伯　198
ロス，ロナルド　229, 232, 233
ロゼッタストーン　166, 167, 168
ロータリーエンジン　171
ロッキー山紅斑熱　247
ロッキード F-117A ナイトホーク　241
ロッキャー，ノーマン　210, 214
　生涯　374
ロッジ，オリヴァー　229
　生涯　374
ロバスタチン　311
ロバチェフスキー，ニコライ　186
ロバートソン，オズワルド　253
ロビケ，ピエール＝ジャン　173
ロビンソン，ジョン　146
ロビンソン，リチャード　161
炉辺蓄音機　218–19
ロベール，ノエル　156
ロボット手術　333
ロボットとロボット工学　334–35, 337
ロボトミー　269
ロボノートⅡ　335
路面電車　221
ロモノソフ，ミハイル　**145**, 148, 374
ローラー，ハインリヒ　313
ローランド，ヘンリー・オーガスタス　224
ローリー，マーティン　256
ローレンシウム　290, 359
ローレンス，アーネスト　264, 290
　生涯　374
ローレンツ・アトラクター　291
ローレンツ，エドワード　291
ローレンツ，コンラート　269
　生涯　374

ローレンツ，ヘンドリック　225, 227
　生涯　374
ロング，クロフォード　196, 199
ロンズデール，キャスリーン　374
ロンドン動物園　187
論理学　65

【わ行】
矮星　168
　冥王星　342
Wi-Fi（ワイファイ）　332, 336
ワインバーグ，スティーヴン　296
　生涯　374
ワインバーグ，ロバート　314
ワインベルク，ヴィルヘルム　246
ワインランド，デヴィッド　309
惑星運動の法則　96, 100, 101
惑星
　太陽系外　328, 346, 347
惑星運動の法則　96, 98
惑星状星雲　54
惑星の1年　101, 364
惑星の軌道　37, **100–101**, 364
ワクチン　221
　結核　242
　B型肝炎　313
　ヒトパピローマウイルス（HPV）　342
　ポリオ　282, 283
　MMR（麻疹、流行性耳下腺炎、風疹）　302
　わし星雲　330
綿繰り機　162
ワット，ジェームズ　149, **150**, 170, 171, 374
ワット、定義　352
ワットの蒸気機関　161
ワトソン，ジェームズ　282, 284
　生涯　374
ワーナー，ルイス　275
ワーム、インターネット　322
ワラセア　205
ワールス，ヨハネス・ディーデリク・ファン・デル　215
　生涯　374
ワールド・ソーラー・チャレンジ　321
ワールド・ワイド・ウェブ　323, 324
《われはロボット》　334
ワレリウス，ヨハン・ゴッドシャルク　149
腕足動物　40
ウイルス
　結晶化　269
　鳥インフルエンザ　332
　発見　233
　ヒトパピローマ──　342
　HIV　314
ヴォークラン，ルイ　166, 173

【英数字】
A380 エアバス　241, 300, 341
ADSL（非対称デジタル加入者線）　333
ARPANET（アーパネット）　302
ASDICS（援用ソナー探知等号分類システム）　254
ATP　195, 272, 273
BackRub（バックラブ）　332
BSE　314
CJD　314
CNRP　261
CPU（中央演算装置）　302
Cray-1　307
DDT　271, 273, 290
　検知　287
　合成　216
DynaTAC 8000x 携帯電話　315
E = mc2　242, 244
EDSAC コンピューター　280

ENIAC コンピューター　280
GM（遺伝子組み換え）
　ゴールデンライス　336, 337
　食品　329
　植物　320, 321
　緑色に光るマウス　332
GPS（全地球測位網）　133, 308, 322
　衛星測位　322
HIV　301, **314**, 318
HD DVD　342
HST →ハッブル宇宙望遠鏡を見よ
H7N9　349
IBM　256
IBM 5150　313
IBM-PC　313
IPCC　322, 324
　第3次評価報告書　338
　第4次評価報告書　343
ISS（国際宇宙ステーション）　299, 313, 333, 335
　最初のモジュール　333
Itanium 2 マイクロプロセッサー　342
LE-120A ポケット電卓　302
LGM-1、電波パルス　296
MMU（船外活動用推進装置）　318
MP3　218, 219
　ソフトウェア　329
　ポータブルプレーヤー　333
MRI（磁気共鳴画像）　79, 278, 302
　f──（機能的磁気共鳴画像）　324
mRNA　285
MS-DOS　313
NACA　252
NEAR シューメーカー　338
NMR（核磁気共鳴）　**278**
NSFnet　322
PCR（ポリメラーゼ連鎖反応）　318, 319
PGD（着床前遺伝子診断）　323
PVC（ポリ塩化ビニル）　215, 258, 260, 261
《R.U.R.（ロッサム万能ロボット会社）》　334
SETI（地球外知的生命体探査）　308
TCP/IP　315
TIROS-1 気象衛星　289
tRNA　295
UV（紫外線）　234
VIRGOHI21　341
WMAP　339
WWF（世界野生生物基金）　290
Xerox Star　312

謝辞

Dorling Kindersley would like to thank the following people:
Irene Lyford and Steve Setford for proofreading; Nikki Sims and Kathryn Hennessy for additional editorial assistance; Lili Bryant and Rhiannon Carroll for assistance with photography.

Smithonian Institution: Deborah Warner, Roger Sherman (**National Museum of American History**); Robert F. van der Linden, Paul Ceruzzi, Andrew K. Johnston, Hunter Hollins (**National Air and Space Museum**); Alex Nagel (**Freer Gallery of Art and the Arthur M. Sackler Gallery**); Michael Brett-Surman, Salima Ikram (**National Museum of Natural History**).

New photography:
The Whipple Museum of the History of Science, Cambridge, UK. The Whipple Museum holds an internationally important collection of scientific instruments and models, dating from the Middle Ages to the present. DK is thankful for the help offered by Professor Liba Taub and Dr. Claire Wallace for assistnce with photography at the museum.

Leeds University Museum for the History of Science: Thanks to Dr. Emily Winterburn, curator at the Leeds University Museum for the History of Science, Technology and Medicine, Professor Denis Greig for help with objects in the physics department of the University and Dr. Claire Jones, museum director.

DK India would like to thank Rupa Rao for editorial assistance; Priyabrata Roy Chowdhury, Parul Gambhir, Supriya Mahajan, Ankita Mukherjee, Neha Sharma, Shefali Upadhyay for design assistance; Neeraj Bhatia and Arvind Kumar for repro assistance

The publisher would like to thank the following for their kind permission to reproduce their photographs:

(Key: a-above; b-below/bottom; c-centre; f-far; l-left; r-right; t-top)

12 Alamy Images: The Art Gallery Collection (cr). SWNS.com Ltd: Pedro Saura (t). **13** Corbis: Sakamoto Photo Research Laboratory (c). Dorling Kindersley: Museum of London (cra, crb). Dreamstime.com: Joe Gough (t). **14** The Bridgeman Art Library: Heini Schneebeli (br). Corbis: EPA (t); Michel Gounot / Godong (cl). **15** Corbis: Minden Pictures / Jim Brandenburg (t). Dorling Kindersley: Museum of London (cl). Getty Images: DEA Picture Library (br). **16** Corbis: Roger Wood (br). Dorling Kindersley: The Trustees of the British Museum (bl); Museum of London (c); University Museum of Archaeology and Athropology, Cambridge (tl, ca, cb, crb, bc). Getty Images: De Agostini (tc); SSPL (tr). **17** Alamy Images: UK Alan King (cla). Dorling Kindersley: The Trustees of the British Museum (tr, c, cr, bc, bl); Courtesy of Museo Tumbas Reales de Sipan (br); Courtesy of the Board of Trustees of the Royal Armouries (tc). **18** Corbis: Nik Wheeler (t); Visuals Unlimited (c). Dorling Kindersley: The Trustees of the British Museum (b). **19** Alamy Images: The Art Archive (c). Dorling Kindersley: University Museum of Archaeology and Athropology, Cambridge (t). **20-21** Photo SCALA, Florence: DeAgostini Picture Library (c). 20 Alamy Images: World History Archive (bl). Corbis: Werner Forman (br, crb). **21** Dorling Kindersley: National Motor Museum, Beaulieu (bc). Getty Images: Universal Images Group (clb). Science Museum / Science & Society Picture Library: National Railway Museum (cb). Fu Xinian: "Zhongguo meishu quanji, huihua bian 3: Liang Song huihua, shang" (Beijing: Wenwu chubanshe, 1988), pl. 19, p. 34, Collection of the National Palace Museum, Beijing (bl). **22** ChinaFotoPress: akg / Erich Lessing (t). from S. Percy Smith, "Hawaiki, The Original Home of the Maori; with a sketch of Polynesian History" , Whitcombe & Tombs Ltd, 1904: (cr). **23** Getty Images: De Agostini (l); Werner Forman (t). **24** Alamy Images: The Art Gallery Collection (cr). Getty Images: Universal Images Group (t). **25** Alamy Images: imagebroker (t); The Art Archive (br). Getty Images: Bridgeman Art Library (c). **26-27** Getty Images: SSPL (cb). Museum of the History of Science, University of Oxford: (t). **26** Fotolia: Pedrosala (br); Sculpies (clb). Getty Images: British Library / Robana (bl). Science Photo Library: (cl). **27** Fotolia: Andreas Nilsson (crb). Getty Images: SSPL (bc, tr). **28** Getty Images: De Agostini (cl). University of Pennsylvania Museum: (t). **29** Alamy Images: Mary Evans Picture Library (cr). Getty Images: De Agostini (bl). **30** Alamy Images: Hans-Joachim Schneider (bl). Getty Images: Universal Images Group (t). Wikipedia: (cr). **31** Alamy Images: The Art Gallery Collection (t). **32** Corbis: Araldo de Luca (cr). Getty Images: De Agostini (br). from "Vitruvius Teutsch" (German edition by Walther Ryff), Peter Flotner, 1548, p645: (t). **33** Alamy Images: Interfoto (t). Corbis: Sygma (cl). Dorling Kindersley: The Science Museum, London (br). **34** Science Photo Library: Sheila Terry (cl). **36** Alamy Images: The Art Gallery Collection (t). Dorling Kindersley: The Science Museum, London (b). **37** Alamy Images: Ian Macpherson Europe (t). Corbis: Bettmann (clb); (cl). **38** Getty Images: De Agostini (cr). Pedro Szekely: (br). **38-39** Corbis: (t). **39** Getty Images: Universal Images Group (r). **40** Corbis: Heritage Images (clb). Getty Images: (t). **41** Getty Images: De Agostini (t); (cr, clb). **42** Alamy Images: Patrick Forget / Sagaphoto.com (cr); Sonia Halliday (t). Getty Images: Alireza Firouzi (clb). **43** Dorling Kindersley: National Maritime Museum, London (cl). Science Photo Library: (t). **46** ChinaFotoPress: De Agostini Picture Library (crb). Getty Images: De Agostini (tl). **46-47** Walter Callens: (t). **47** Getty Images: Hulton Archive (cb); Universal Images Group (tr). **48** Alamy Images: Art Directors & TRIP (l). Science Photo Library: Sheila Terry (tr). 49 Fotolia: Charles Taylor (cla). Getty Images: DEA / M Seemuller (tr). **50** Alamy Images: The Art Gallery Collection (tl). Getty Images: De Agostini (br). Photos.com: (bl). **51** Alamy Images: ImagesClick, Inc. (t). Dorling Kindersley: Courtesy of the Board of Trustees of the Royal Armouries (cr). **52-53** Getty Images: De Agostini. **53** Alamy Images: Art Directors & TRIP (cr). ChinaFotoPress: R. u. S. Michaud (tr). **54** Alamy Images: Keystone Pictures USA (tr). Corbis: (cr). NASA: ESA, M. Livio and the Hubble 20th Anniversary Team (STScl) (c). **56** Alamy Images: The Art Archive (c); The Art Gallery Collection (crb). Corbis: Alfredo Dagli Orti / The Art Archive (tl). Getty Images: SSPL (clb). **57** Science Photo Library: Sheila Terry (t). Wikipedia: Drawing from treatise "On the Construction of Clocks and their Use" , Ridhwan al-Saati, 1203 C.E. (cl). **58** Getty Images: De Agostini (l). **59** Corbis: Stefano Bianchetti (cr). NASA: (c). Science Photo Library: Mehau Kulyk (tl). **60** ChinaFotoPress: British Library (r). Getty Images: De Agostini (t). Photos.com: (clb). **61** Corbis: Heritage Images (cb). Flickr.com: http://www.flickr.com/photos/takwing/5066964602 (cla). Getty Images: De Agostini (tr). **62** Getty Images: De Agostini (br); SSPL (clb); Feng Wei Photography (bl). Mark Heers (http://www.travel-wonders.com): courtesy Parc Leonardo da Vinci au Château du Clos Lucé (t). **63** Dorling Kindersley: The Science Museum, London (bl). Getty Images: SSPL (cb). Science Photo Library: David Parker (crb). **64** Getty Images: (cr); SSPL (bl). **64-65** Getty Images: (t). **65** Alamy Images: Photos 12 (bl). Jeff Moore (jeff@jmal.co.uk): (cr). **66** Corbis: (bl). Getty Images: Hulton Archive (tl). **67** Corbis: Christel Gerstenberg (cr). Getty Images: Bridgeman Art Library (tl); SSPL (c). **68** Corbis: Sandro Vannini (tl). Fotolia: Zechal (tr). **69** Alamy Images: Interfoto (tr). Fotolia: Georgios Kollidas (cl). Photo SCALA, Florence: White Images (r). **70** Corbis: Baldwin H. & Kathryn C. Ward (r). Dorling Kindersley: Glasgow City Council (Museums) (tl). **71** Corbis: Bettmann (tr). Getty Images: De Agostini (cl); Universal Images Group (cb). **72** Alamy Images: Antiquarian Images (tl). Getty Images: SSPL (cb); Universal Images Group (cr). **72-73** Dorling Kindersley: National Museum of Wales (t). **73** Getty Images: Bridgeman Art Library (c); De Agostini (crb). National Library of Medicine: Jacopo Berengario da Carpi, Isagogae breues, perlucidae ac uberrimae, in anatomiam humani corporis a communi medicorum academia usitatam, Bologna, Beneditcus Hector 1523 (clb). **76** Corbis: Bettmann (cl). Getty Images: Universal Images Group (crb). Science Photo Library: SOHO-EIT / NASA / ESA (tl). **77** Corbis: Stefano Bianchetti. **78** Alamy Images: Lebrecht Music & Arts Photo Library (bc). The Bridgeman Art Library: The Royal Collection © 2011 Her Majesty Queen Elizabeth II (t). Dorling Kindersley: The Trustees of the British Museum (clb). Getty Images: Universal Images Group (bl); (br). **79** Corbis: Bettmann (br). Dorling Kindersley: The Science Museum, London (bl); University College, London (bc). Getty Images: AFP (cra); CMSP (crb); SSPL (cb, cl). Wikipedia: Andreas Vesalius, De Humani Corporis Fabrica, 1543, page 178 (clb). **80** Corbis: Heritage Images (c); David Lees (tl). Dorling Kindersley: Natural History Museum (crb). **81** Getty Images: De Agostini (tl). Science Photo Library: (tc). **82-83** Getty Images: Hulton Archive (t). **82** Dorling Kindersley: Natural History Museum (cb). National Library of Medicine: IHM / Realdo Colombo, De Re Anatomica, 1559, title page (crb). David Nicholls: courtesy St Mary' s Tenby (t). **83** Corbis: Sygma (crb). Getty Images: Universal Images Group (tr). Science Photo Library: Science Source (cl). **84** Dorling Kindersley: The Trustees of the British Museum (tl); Judith Miller / Branksome Antiques (r); The Science Museum, London (cb, br). Dreamstime.com: Erierika (bl). Paul Marienfeld GmbH & Co. KG: (fbl). **85** Dorling Kindersley: The Trustees of the British Museum (cr); National Maritime Museum, London (tl). Fotolia: Coprid (cra). Getty Images: Ryoichi Utsumi (bc). Schuler Scientific (www.schulersci.com): (crb). **86** Fotolia: Jenny Thompson (tl). Science Photo Library: Science Source (clb). **86-87** Corbis: Mike Agliolo (t). **87** ChinaFotoPress: Massimiliano Pezzolini (cb). Getty Images: Universal Images Group (cr). NASA: ESA, D. Lennon and E. Sabbi (ESA / STScl), J. Anderson, S. E. de Mink, R. van der Marel, T. Sohn, and N. Walborn (STScl), N. Bastian (Excellence Cluster, Munich), L. Bedin (INAF, Padua), E. Bressert (ESO), P. Crowther (University of Sheffield), A. de Koter (University of Amsterdam), C. Evans (UKATC / STFC, Edinburgh), A. Herrero (IAC, Tenerife), N. Langer (AifA, Bonn), I. Platais (JHU), and H. Sana (University of Amsterdam) (t). **88** Corbis: Heritage Images (tl). Getty Images: Bridgeman Art Library (c). **89** Alamy Images: Matthew Johnston (crb). Getty Images: Bridgeman Art Library (clb). Science Photo Library: Sheila Terry (c). **90** Dorling Kindersley: The Trustees of the British Museum (tr); The Science Museum, London (br, bl). SuperStock: Marka (tl). **91** Photos.com: Lyudmyla Nesterenko (tr). **92** Alamy Images: Interfoto (tr). Getty Images: SSPL (c). Science Photo Library: (tl). **93** Corbis: Bettmann (tr). Dorling Kindersley: Natural History Museum (br). Getty Images: Bridgeman Art Library (bl); SSPL (tl); Universal Images Group (r). **94** Corbis: EPA (clb). **94-95** Science Photo Library: Sheila Terry (t). **95** Getty Images: (clb). Science Photo Library: New York Public Library (tr). **96** Corbis: Bettmann (clb). **96-97** NASA: ESA, M. Robberto (STScl / ESA) and the Hubble Space Telescope Orion Treasury Project Team (t). **97** Dorling Kindersley: The Science Museum, London (cb). Getty Images: Hulton Archive (cr); SSPL (cl). **98-99** Alamy Images: Charistoone-Images (t). **98** Science Photo Library: Maria Platt-Evans (crb). **99** Alamy Images: Pictorial Press (tr). **100** Corbis: Bettmann (c). **102** Science Photo Library: Sidney Moulds (tl). SuperStock: Science Faction / Jay Pasachoff (cl). **102-103** Getty Images: SSPL (t). **103** Alamy Images: World History Archive (cl); The Art Gallery Collection (tr). **104** Corbis: Lebrecht Music & Arts (ca). Getty Images: Hulton Archive (tl). NASA: SDO, AIA (tr). **105** Corbis: David Lees (cr). Dorling Kindersley: The Science Museum, London (cb). Science Photo Library: AMI Images (tl). **106** Corbis: Bettmann (cr). Library Of Congress, Washington, D.C.: Image No 3c10457u / Louis Figuier, Les merveilles de la science ou description populaire des inventions modernes, Vol 1 p33 fig 18, Paris 1867 (tl). **107** Alamy Images: Science Photo Library (cb). Corbis: Bettmann (tl). Getty Images: Bridgeman Art Library (cr); SSPL (tr). **108** Alamy Images: The Art Archive (bc); Stefano Cavoretto (clb). Getty Images: De Agostini (bl); Diane Macdonald (cr); SSPL (br). 108-109 Getty Images: James Strachan. **109** Getty Images: (tr); SSPL (bc, cb, bl). 110 Alamy Images: North Wind Picture Archives (cl). NASA: JPL (tl). **110-111** Getty Images: Hulton Archive (t). **111** Dorling Kindersley: NASA (tr). Getty Images: (cr); SSPL (cl). **112** Corbis: Heritage Images (tl). NASA: Steve Lee University of Colorado, Jim Bell Cornell UniversityNASA, Steve Lee University of Colorado, Jim Bell Cornell University (ca). Science Photo Library: (clb). **112-113** Dorling Kindersley: The Science Museum, London (c). **113** Corbis: The Gallery Collection (c). Getty Images: Universal Images Group (tr). Science Photo Library: (tl). **114** Dorling Kindersley: Judith Miller / Branksome Antiques (bl); The Science Museum, London (tl). Getty Images: SSPL (tc). **115** Dorling Kindersley: Natural History Museum (tr). Getty Images: Doyeol Ahn (ca); SSPL (bl, br). www.antique-microscopes.com: (clb). Science Photo Library: Andy Crump (bc). **116** Corbis: Blue Lantern Studio (crb); Michael Jenner (clb). **117** Getty Images: Bridgeman Art Library (l). NASA: JPL / Space Science Institute (tr). Science Photo Library: Mehau Kulyk (ca). **118** Corbis: Bettmann (clb). Getty Images: Bridgeman Art Library (tc, cr); SSPL (c). 118-119 NASA: (t). **119** Florida Center for Instructional Technology: (cl). **120** Getty Images: FPG (cl). **121** Alamy Images: NASA (cr). Dreamstime.com: Jiawangkun (tl). **122** Corbis: Bettmann (c). Getty Images: Photodisc / Siede Preis (l). **123** Getty Images: SSPL (cr). **124** Corbis: Science Faction / David Scharf (tl). Getty Images: SSPL (clb). **124-125** Corbis: Shah Rogers Photography / Fiona Rogers (t). **125** Getty Images: SSPL (cr). **126** Alamy Images: The Art Archive (tl). Corbis: Bettmann (tr). Getty Images: Time & Life Pictures (clb). Science Photo Library: (c). **127** Getty Images: Bridgeman Art Library (cr); Digital Vision (tl); SSPL (clb). **128** Getty Images: SSPL (clb); Universal Images Group (tl). **128-129** Corbis: Minden Pictures / Flip Nicklin (t). **129** Alamy Images: Prisma Archivo (cr). Corbis: Minden Pictures / Scott Leslie (clb). Getty Images: SSPL (tr). **130** Canada-France-Hawaii Telescope: Coelum / Jean-Charles Cuillandre / Giovanni Anselmi (tl). 130-131 Corbis: Science Faction / David Scharf (t). **131** Getty Images: Universal Images Group (clb). Science Photo Library: Science Source / NYPL (c); Paul D. Stewart (tr). **132** Dorling Kindersley: The Trustees of the British Museum (tl); National Maritime Museum, London (c, bl); Judith Miller / Branksome Antiques (bc). **133** Alamy Images: Ian Dagnall (br). Dorling Kindersley: By kind permission of The Trustees of the Imperial War Museum, London (tr); National Maritime Museum, London (cla, cl, tl); The Science Museum, London (bl, cr). **134** Alamy Images: James Jackson (l); Interfoto (c). Dorling Kindersley: Natural History Museum (crb). NASA: (tl). **134-135** Alamy Images: Mikhail Yurenkov (t). **135** Corbis: Bettmann (crb). Getty Images: SSPL (tr). **136** Getty Images: SSPL (tl). **137** Corbis: The Gallery Collection (tr). Getty Images: Bridgeman Art Library (crb); Field Museum Library (cl). Photos.com: (tl). Science Photo Library: Sheila Terry (cr). **138** Fotolia: Mikhail Olykainen (tl). **138-138** Getty Images: Dan Rosenholm (t). **138-139** Wikipedia: (c). **139** Dorling Kindersley: Linnean Society of London (cr). **140** Alamy Images: Mary Evans Picture Library (t). Getty Images: (c). **141** Corbis: (cl). Dorling Kindersley: The Science Museum, London (crb). Getty Images: SSPL (tl, tr). **142** Corbis: Bettmann (clb); Christie' s Images (crb). Science Photo Library: US National Library of Medicine (tl). **142-143** NASA: ESA / The Hubble Heritage Team (STScl / AURA) (t). **143** Corbis: Bettmann (cr). Getty Images: Hulton Archive (tr). Photos.com: (c). 144 Alamy Images: Pictorial Press Ltd. (tl). Dorling Kindersley: The Science Museum, London (cl). **144-145** Corbis: Bettmann (b). NASA: JPL-Caltech / UCLA (t). **145** Corbis: The State Hermitage Museum, St. Petersburg, Russia (ca). Science Photo Library: Royal Astronomical Society (br). **146** Dorling Kindersley: Judith Miller / Lawrence' s Fine Art Auctioneers (bl). **147** Dorling Kindersley: The Science Museum, London (cla). **148** Corbis: Michael Nicholson (crb). Dorling Kindersley: National Maritime Museum, London (cl). **149** Getty Images: SSPL (crb). Photos.com: (tc). **150** Corbis: Bettmann (cr). Dorling Kindersley: The Science Museum, London (cl). NASA: (t). **151** Corbis: Historical Picture Archive (cr). Dorling Kindersley: The Science Museum, London (cl). Getty Images: Universal Images Group (tr). **152** Alamy Images: Interfoto (tc). Getty Images: (clb). **152-153** Getty Images: Universal Images Group (t). **153** Dorling Kindersley: Courtesy of the National Trust (tr). Getty Images: SSPL (c). **154** Getty Images: Chris Hepburn (t); SSPL (clb, cr). **155** Corbis: Hulton-Deutsch Collection (cl). Science Photo Library: (crb); Science Source (tr). **156 157** Alamy Images: Ivy Close Images (t). **156** Corbis: Bettmann (r). Science Museum / Science & Society Picture Library: (cl). **157** The Bridgeman Art Library: Christie' s Images (clb). **160** Alamy Images: North Wind Picture Archives (cr). Corbis: (l). **161** Corbis: Design Pics (tl). Getty Images: SSPL (tr); Universal Images Group (cr). 162 Alamy Images: incamerastock (ca). Getty Images: SSPL (crb). **162-163** Corbis: Photononstop / Gérard Labriet (t). **163** Corbis: Bettmann (ca). Getty Images: Hulton Archive (crb). NASA: JPL-Caltech / UIUC (tr). **164** Dorling Kindersley: Hunterian Museum (University of Glasgow) (cla); The Oxford University Museum of Natural History (tl); Natural History Museum (cb); Courtesy of The Oxford Museum of Natural History (tr). **164-165** Dorling Kindersley: Oxford University Museum of Natural History (c). **165** Dorling Kindersley: National Museum of Wales (crb); Courtesy of The Oxford Museum of Natural History (tl, br); Natural History Museum (tc); Senckenberg Nature Museum, Frankfurt (tr). **166** Alamy Images: Pictorial Press Ltd. (tl). Dorling Kindersley: The Science Museum, London (cr). **166-167** Dorling Kindersley: The Trustees of the British Museum (t). **167** Corbis: Michael Maslan Historic Photographs (t). Dorling Kindersley: The Science Museum, London (r). **168** Library Of Congress, Washington, D.C.: LC-USZ62-110377 (tr). Science Photo Library: Sheila Terry (cl). **169** Getty Images: Leemage (cl). NASA: Tod Strohmayer (GSFC) / Dana Berry (Chandra X-Ray Observatory) (t). **170** Dorling Kindersley: The Science Museum, London (clb, br). Fotolia: Volker Witt (cl). Getty Images: Bridgeman Art Library (bl); SSPL (bc, cb). **170-171** Getty Images: SSPL (t). **171** Alamy Images: Marc Tielemans (bc). Getty Images: SSPL (crb). Library Of Congress, Washington, D.C.: LC-USZ62-110411 (clb). Courtesy of Mazda: (br). Matthias Serfling: (cb). **172** Corbis: Design Pics / Robert Bartow (t). Getty Images: SSPL (clb); Time & Life Pictures (crb). National Library of Medicine: Hanaoka Seishu' s Surgical Casebook, Japan, c1825 (cra). **173** Corbis: Blue Lantern Studio (tl). Getty Images: SSPL (cr); Hulton Archive (tr). **176** Corbis: Theo Allofs (tl). Getty Images: Bridgeman Art Library (c); Universal Images Group (tr). **177** Getty Images: Bridgeman Art Library (ca); SSPL (tc). **178** British Geological Survey: (cr). Getty Images: SSPL (cb). NASA: Earth Observatory (tr). **179** Getty Images: SSPL (tr); Hulton Archive (cr). Michael Morgan (www.flickr.com/photos/morgamic/) : (cl). **180** Alamy Images: Gavin Thorn (c). Corbis: Bettmann (tl). **180-181** Corbis: Stapleton Collection (t). **181** Alamy Images: The Art Archive (cr). **182** Corbis: Bettmann (tr). **183** Science Photo Library: Paul D. Stewart (cr). SuperStock: Science Faction (t). Wikipedia: "Portraits et Histoire des Hommes Utiles, Collection de Cinquante Portraits," Societe Montyon et Franklin, 1839-1840. (http://web.mit.edu/2.51/www/fourier.jpg) (cl). **184** Corbis: ZUMA Press / Aristidis Vafeiadakis (cla). Dorling Kindersley: The Science Museum, London (tc). Getty Images: SSPL (tr, cra). Photos.com: (cr). **185** Dorling Kindersley: The Science Museum, London (b). Getty Images: SSPL (tr, cra); Hulton Archive (tl). **186** Alamy Images: Hemis (tl). Corbis: (tr). Getty Images: SSPL (cl). Wikipedia: J.B. Perrin, "Mouvement brownien et réalité moléculaire," Ann. de Chimie et de Physique (VIII) 18, 5-114, (1909) (cr). **187** Alamy Images: Mary Evans Picture Library (t). **188** Getty Images: SSPL (tl, c). **188-189** Getty Images: Grant Dixon (t). **189** Science Photo Library: Dr David Furness, Keele University (tr). **190** Corbis: Bettmann (tl). Getty Images: SSPL (tr, c). **191** Alamy Images: Mary Evans Picture Library (tr). Corbis: Stefano Bianchetti (cb). **192** Getty Images: SSPL (cla); Hulton Archive (clb). **193** Getty Images: SSPL (cl); Hulton Archive (tr). **194** Library Of Congress, Washington, D.C.: LC-USZ62-48656 (cra). Science Photo Library: Dr Torsten Wittmann (cb). **195** Science Photo Library: Don Fawcett (br). **196** Getty Images: SSPL (tr); Hulton Archive (clb). **196-197** Dorling Kindersley: Courtesy of the Senckenberg Nature Museum, Frankfurt (c). **197** Getty Images: SSPL (crb, ca). NASA: H.E. Bond and E. Nelan (Space Telescope Science Institute, Baltimore, Md.); M. Barstow and M. Burleigh (University of Leicester, U.K.); and J.B. Holberg (University of Arizona) (tr). **198-199** NASA: (t). **198** Eon Images: (tl). Getty Images: SSPL (cr, clb). **199** Alamy Images: Everett Collection Historical (tr). **200** Alamy Images: The Art Archive (cr). Science Photo Library: NASA (tl). **201** Getty Images: SSPL (tl). Science Photo Library: James Cavallini (tr). **202** Corbis: Bettmann (tl). **202-203** Getty Images: Michael Mellinger (t). **203** Alamy Images: VintageMedStock (cr). Getty Images: (tr); Hulton Archive (cl). **205** Alamy Images: Natural History Museum, London (tr). **206** Corbis: adoc-photos (cra). Getty Images: Jessie Reeder (t). **207** Getty Images: SSPL (t, c, clb). **208-209** Corbis: (t). **209** Alamy Images: Everett Collection Historical (tr). Corbis: Stefano Bianchetti (cla). **210** Getty Images: AFP (cr); Steve Gschmeissner / SPL (ca); SSPL (clb). **210-211** Getty Images: De Agostini (t). **211** Dorling Kindersley: The Science Museum, London (cr). Getty Images: SSPL (cl). **212** Dorling Kindersley: Army Medical Services Museum (c, bc, br); The Science Museum, London (t); Old Operating Theatre Museum, London (cb). Getty Images: SSPL (crb). **213** Dorling Kindersley: Gettysburg National Military Park (cr); The Science Museum, London (bl, tl, cra); Collection of Jean-Pierre Verney (tr). Getty Images: Joseph Clark (br). **214** Corbis: Image Source (t). Photos.com: (cr). Science Photo Library: Paul D. Stewart (clb). **215** Corbis: Visuals Unlimited (t). Getty Images: Time & Life Pictures (cr). Linde AG: (crb). **216** Corbis: Visuals Unlimited (c). Getty Images: SSPL (tc). **216-217** Getty Images: Time & Life Pictures (t). **217** Dorling Kindersley: The Science Museum, London (cb). Getty Images: Time & Life Pictures (cl). **218** Dorling Kindersley: Judith Miller / Hamptons (tl). Getty Images: Photodisc / C Squared Studios (cla); SSPL (tc). Library Of Congress, Washington, D.C.: LC-DIG-cwpbh-04044 (bl). **218-219** Getty Images: SSPL (c). **219** Alamy Images: D. Hurst (cr). Dorling Kindersley: Judith Miller / Manic Attic (ca); The Science Museum, London (cla). Getty Images: SSPL (tl, tc); Time & Life Pictures (tr). **220** Corbis: Hulton-Deutsch Collection (t). Dorling Kindersley: The Science Museum, London (cl, c). **221** Getty Images: SSPL (c); Universal Images Group (tr); Hulton Archive (crb). Library Of Congress, Washington, D.C.: LC-DIG-det-4a25922 (cl). **222** Corbis: (tr). Dorling Kindersley: Natural History Museum (cr). Science Photo Library: Biology Media (clb). **223** Corbis: Visuals Unlimited (t). Getty Images: Universal Images Group (cra). **224** Alamy Images: Bilwissedition Ltd. & Co. KG (cra). Library Of Congress, Washington, D.C.: LC-DIG-ppmsca-17974 (t). **225** Getty Images: De Agostini (tr); SSPL (c). **226** Corbis: Bettmann (cla). Photos.com: (tr). **227** Alamy Images: Mary Evans Picture Library (cr). Getty Images: National Geographic (clb); Hulton Archive (c). Science Photo Library: CNRI (tr). **228** Corbis: John Springer Collection (clb). Getty Images: Time & Life Pictures (tr). **229** Corbis: Visuals Unlimited (t). Wikipedia: http://en.wikipedia.org/wiki/File:Cajal-Restored.jpg (c). **232** Corbis: Bettmann (clb); Minden Pictures / Tim Fitzharris (tl). **232-233** Getty Images: SSPL (cb). **233** Corbis: Hulton-Deutsch Collection (tl, crb). Science Photo Library: London School of Hygiene & Tropical Medicine (tr). **234** Fotolia: cbpix (bl). **235** Corbis: Roger Ressmeyer (c). Fotolia: Monkey Business (bc). Science Photo Library: Martin Bond (br); Tony McConnell (tr). **236** Corbis: DPA (tl). Getty Images: SSPL (cb). **236-237** Alamy Images: Mary Evans Picture Library (t). **237** Corbis: Bettmann (bl). Science Photo Library: C. Powell, P. Fowler & D. Perkins (tr). **238** Corbis: NASA (tl). Dr James LaFountain, Dept of Biological Sciences, University at Buffalo, The State University of New York and Dr Rudolf Oldenbourg, Marine Biological Laboratory, Woods Hole, Mass: (cl). **238-239** Getty Images: SSPL (t). **239** Corbis: Bettmann (cl, tr). Dorling Kindersley: The Science Museum, London (crb). **240** Corbis: Image Source (bl). **241** Dorling Kindersley: Old Flying Machine Company (tl). **242** Getty Images: Roger Viollet (clb). Science Photo Library: Du Cane Medical Imaging Ltd (cr). **242-243** Corbis: Bettmann (t). **243** Corbis: Bettmann (tr). Getty Images: Hulton Archive (crb). **244** © CERN: Maximilien Brice (bc). Corbis: Bettmann (tr). **245** Corbis: Science Faction / William Radcliffe (cr). **246** Corbis: Ocean (tr). Getty Images: Hulton Archive (tl). **247** Corbis: Visuals Unlimited (tr). Getty Images: SSPL (cr). **248** Corbis: Bettmann (cl). Getty Images: SSPL (tl). **249** Science Photo Library: Natural History Museum, London (tl). **250** Getty Images: SSPL (cra). **252** Corbis: Bettmann (c). Getty Images: SSPL (t, cr). **253** Dorling Kindersley: EMU Unit of the Natural History Museum, London (clb). Getty Images: SSPL (crb). NASA: ESA / The Hubble Heritage Team (STScl / AURA) (t). **254** Alamy Images: Everett Collection Historical (tl). Corbis: National Geographic Society / US Naval Observatory (ca). Getty Images: SSPL (r). **255** Corbis: Visuals Unlimited (t). Science Photo Library: (ca). **256** Alamy Images: Pictorial Press Ltd. (tc). **256-257** NASA: ESA; Z. Levay and R. van der Marel, STScl; T. Hallas; and A. Mellinger (t); Yves Grosdidier (University of Montreal and Observatoire de (b). **257** Corbis: Hulton-Deutsch Collection (crb). Science Photo Library: Andrew Lambert Photography (cra). **258** American Institute of Physics, Emilio Segre Visual Archives: Esther C. Goddard (cr). Corbis: Hulton-Deutsch Collection (t). Science Photo Library: NOAA (cl). **259** Corbis: Bettmann (cr). Science Photo Library: ArSciMed (cb); Cern (t). **260** Alamy Images: Interfoto (t, cb). Getty Images: SSPL (clb). Photos.com: Lisa Ison (bl). Science Photo Library: (bc). **261** Corbis: Science Photo Library / Laguna Design (br). Fotolia: Albert Lozano-Nieto (bc). Getty Images: AFP (cra). Science Photo Library: Edward Kinsman (crb). **262** Corbis: Bettmann (cr); Clouds Hill Imaging Ltd (tl). **262-263** NASA: ESA / The Hubble Heritage Team (STScl / AURA) (t). **263** Courtesy of AT&T Archives and History Center: (clb). Science Museum / Science & Society Picture Library: (crb). **264** Alamy Images: Interfoto (tc). Lawrence Berkeley National Laboratory: Roy Kaltschmidt (c). **264-265** NASA: ESA, CFHT, CXO, M.J. Jee (University of California, Davis), and A. Mahdavi (San Francisco State University) (t). **265** Science Photo Library: Goronwy Tudor Jones, University of Birmingham (r). **266** Corbis: Bettmann (cr). **267** Getty Images: Boston Globe (cr). **268** Corbis: Bettmann (tl). FLPA: Steve Trewhella (clb). **269** Corbis: John Carnemolla (crb); Science Photo Library / Photo Quest Ltd (cl). Getty Images: Time & Life Pictures (tr). **270** Corbis: Bettmann (tl). NRAO : AUI (cl). **270-271** Science Photo Library: Peter Scoones (t). **271** Getty Images: (cr). Science Photo Library: (tr). **272-273** Science Photo Library: US Department of Energy (t). **273** Corbis: Bettmann (tc); (crb). Getty Images: Ron Boardman (cl). **274** Getty Images: SSPL (tl). **274-275** Science Photo Library: Los Alamos National Laboratory (c). **275** Corbis: Bettmann (cr). Science Photo Library: Pasieka (tr). **278** Fotolia: David Woods (tl). **278-279** NASA: Dryden Flight Research Center (t). **279** American Institute of Physics, Emilio Segre Visual Archives: Photo courtesy of Berkeley Lab (cl). Corbis: Roger Ressmeyer (tr). Science Photo Library: (cr). **280** Corbis: John Carnemolla (tr); Hulton-Deutsch Collection (ca). Getty Images: SSPL (tl). National Air and Space Museum, Smithsonian Institution: (cl). **281** Getty Images: SSPL (tr, cra). **282** Corbis: (tl). Science Photo Library: (cb, crb). **282-283** Corbis: Roger Ressmeyer (ca). Science Photo Library: A.B. Dowsett (t). **283** Corbis: Reuters (tr). National Library of Medicine: From the personal collection of Jenifer Glynn, photo Vittorio Luzzati (clb). **284** Science Photo Library: A. Barrington Brown (cra); James Cavallini (bc). **286** Getty Images: SSPL (cr). **287** Corbis: Bettmann (tl). Science Photo Library: Anthony Howarth (cr). **288-289** Alamy Images: ITAR-TASS Photo Agency (t). **288** Alamy Images: Chad Ehlers (tl). Dorling Kindersley: Courtesy of The Oxford Museum of Natural History (cr). **289** Corbis: Jonathan Blair (cl). Getty Images: National Geographic (tr). NASA: (cb). **290-291** Corbis: Bettmann (t). **290** Getty Images: Time & Life Pictures (cr). Science Photo Library: Ria Novosti (tl). **291** Alamy Images: FLPA (tr); RGB Ventures LLC dba SuperStock (clb). Dorling Kindersley: The Science Museum,

London (ca). Wikipedia: Wikimol (http://en.wikipedia.org/wiki/File:Lorenz_system_r28_s10_b2-6666.png) (cr). 292 Corbis: Michael Brennan (br); Historical Picture Archive (crb). Getty Images: Universal Images Group (clb); (bl). Library Of Congress, Washington, D.C.: LC-DIG-highsm-02106 / Carol M. Highsmith (cr). 292–293 Courtesy of IFREMER, Paris (t). 293 David Shale Deep Sea Images: (crb). Marie Tharp: (br). 294 Alamy Images: Everett Collection Historical (c). NASA: WMAP Science Team (tl). 294–295 Science Photo Library: Ria Novosti (t). 295 Dr. Linda Broome: (cb). Getty Images: Visuals Unlimited (b). Science Photo Library: Steve Gschmeissner (cl). 296 Corbis: Bettmann (cb); Science Faction / Dan McCoy (t). Science Photo Library: Robin Scagell (clb). 297 Getty Images: Oxford Scientific / Laguna Design (l). Alamy Images: Index Stock / NASA (cra). Corbis: Hulton-Deutsch Collection (r). Getty Images: Hulton Archive (ca); SSPL (cb). NASA: (tl, crb). 299 NASA: (tc, tr). National Air and Space Museum, Smithsonian Institution: (SI-99-15152) (b). 300 Flickr.com: Aero Icarus (t). Getty Images: Nancy R. Schiff / Archive Photos (r). NASA: (cl). 301 Corbis: Sygma (t). Getty Images: Gamma–Keystone (c). 302 Corbis: Ocean (ca). Yann Mousseaux: (www.flickr.com/photos/ymousseaux/4756622927/) (cr). NASA: Apollo 17 / Arizona State University (M. Furst) (c). www.vintagecalculators.com: (clb). 303 NASA: Johnson Space Center (tl). 304 © CERN: (cra). Dorling Kindersley: NASA (cl). Science Photo Library: Martin Bond (crb). 305 Corbis: Michael S Yamashita (cl). Dorling Kindersley: Courtesy of The Oxford Museum of Natural History (cr). Fotolia: dotypicture (t). 306 Dr. Wolfgang Beyer: (tl, tc, tr). Corbis: Bettmann (cl). Dorling Kindersley: Courtesy of ESA (t). 307 Dr. Wolfgang Beyer: (tl). Corbis: Richard Baker (tr); Kim Kulish (c). Dorling Kindersley: NASA (b). Getty Images: Time & Life Pictures (cr). 308 Corbis: Bettmann (tl, cr). NOAA: WHOI, UCSB, Univ. S. Carolina (t). 309 Alamy Images: Images of Africa Photobank (r); Trinity Mirror / Mirrorpix (tl). 310–311 Corbis: Bettmann (t). 311 Alamy Images: Michelle Gilders (tr). Corbis: Bettmann (cb). Fotolia: Yves Roland (cra). 312 NASA: KSC. 313 Getty Images: SSPL (cl). Science Photo Library: Philippe Plailly (crb); J.C. Revy (tr). 314–315 Corbis: Frans Lanting (t). Getty Images: AFP (cb). 315 Corbis: Roger Ressmeyer (ca); Visuals Unlimited (tc). Dorling Kindersley: Judith Miller / Graham Cooley (t). Fairlight CMI: advertisement from Keyboard Magazine, February 1982 page 15 (cl). 316–317 Dorling Kindersley: The Science Museum, London (c). 316 Dorling Kindersley: National Museums of Scotland (cla); University Museum of Archaeology and Anthropology, Cambridge (tl); The Science Museum, London (c); National Maritime Museum, London (cra). Getty Images: SSPL (crb). 317 Dorling Kindersley: Imperial War Museum, London (cr). Fotolia: Volodymyr Krasyuk (ftr); SSPL (crb). 318–319 Corbis: Sygma (t). 318 NASA: (c). 319 Getty Images: SSPL (cl). Science Photo Library: NASA / GSFC (tc); Pasieka (c). 320 Corbis: (clb). Getty Images: AFP (t); Time & Life Pictures (c). 321 Corbis: Firefly Productions (cra). Fotolia: (t). Used with permission, GM Media Archives: (crb). 322 Getty Images: CMSP / Wood (t). 323 Advanced Cell Technology: (tr). 324 © CERN (c). Corbis: Car Culture (b). 324–325 NASA: JPL / Caltech (t). 325 The Opte project: http://blyon.com/blyon-cdn/opte/maps/static/1069646562.LGL.2D_4000x4000.png (r). 326 Corbis: (cra). 327 Corbis: NASA (c). 328–329 Corbis: (t). 328 Chas. A. Blatchford & Sons Ltd: (r). NASA: (ca). 329 NASA: Dr. Hal Weaver and T. Ed Smith (STScI) (tc). Science Photo Library: (bc). 330 Getty Images: Alan Crawford (clb). NASA: ESA, STScI, J. Hester and P. Scowen (Arizona State University) (t). 331 Corbis: Reuters (cr). Getty Images: AFP (t). 332 Corbis: Visuals Unlimited (crb). Press Association Images: AP (t). 333 Corbis: Visuals Unlimited (ca). NASA: CXC / MIT / F.K. Baganoff et al. (t). Science Photo Library: Dr P. Marazzi (c). 334 Getty Images: AFP (tr); Time & Life Pictures (clb, crb); De Agostini (bl, bc); Bloomberg (br). Photos.com: (cb). 335 Alamy Images: Aflo Co. Ltd. (t). Corbis: ABK / BSIP (bc). Getty Images: Time & Life Pictures (c). 336 Isaac Ehrenberg and Dylan Erb: (clb). Getty Images: Visuals Unlimited (c). NASA: JPL (tl). 336–337 Corbis: Frans Lanting (t). 337 Science Photo Library: James King-Holmes (c). 338 Getty Images: Visuals Unlimited (ca). NASA: JPL / GSFC (clb). 339 Getty Images: AFP (bl). Max Planck Institute for Astrophysics: (t). 340 Dorling Kindersley: Swedish Museum of Natural History (cl). Getty Images: MCT (cra); NASA: ESA, R. Ellis (Caltech), and the UDF 2012 Team (t). 341 Corbis: Reuters (c). Getty Images: Bloomberg (cra). NASA: JPL-Caltech / ASI (c). 342 NASA: JPL / University of Washington (t). 343 Corbis: Reuters (cl). Fotolia: Sergiy Serdyuk (t). 344 Corbis: Bettmann (c). 346 Corbis: Reuters (cr). Global Crop Diversity Trust (www.croptrust.org): Cary Fowler (t). 346–347 © CERN: Maximilien Brice (t). 347 Corbis: Visuals Unlimited (c). Getty Images: Bloomberg (tr, cra). 348 Getty Images: (crb). NASA: JPL-Caltech / MSSS (t); JPL / Caltech (c). 349 Science Photo Library: (r)

Jacket images:

Front: Alamy Images: Guy Croft SciTech (MRI scan); Dennis Hallinan (Galileo), D. Hurst (Solar cells), Image Source (Sundial), Les Polders (Abacus); American Institute of Physics, Emilio Segre Visual Archives: W.F. Meggers Gallery of Nobel Laureates (Curie); Corbis: adoc-photos (Darwin), Bettmann (da Vinci), (Feynman), Alfredo Dagli Orti / The Art Archive (Pythagoras), James Leynse (Goodall); Dorling Kindersley: Natural History Museum (Boisduval's false acraea), The Science Museum, London (Cloud chamber), (Spectroscope), (Babbage's engine), (Antiseptic spray), (Bubble chamber), (Ellipsograph), (Hero's engine), (Microprocessor), (Newton's telescope), (Orrery), (Plasma ball), (Telstar), (Watt's engine), (Wimshurst); Getty Images: Dan Rosenholm (Einstein), SSPL (De Dondi's clock); National Maritime Museum, London (Flamsteed's catalogue); Pearson Asset Library: Coleman Yuen / Pearson Education Asia Ltd. (Molecular model); Science Photo Library: Laguna Design (Buckminsterfullerene), (Nano gearbox); SuperStock: Marka (Medicinal herbs); Back: Alamy Images: Guy Croft SciTech (MRI scan), Dennis Hallinan (Galileo), D. Hurst (Solar cells), Image Source (Sundial), Les Polders (Abacus); American Institute of Physics, Emilio Segre Visual Archives: W.F. Meggers Gallery of Nobel Laureates (Curie); Corbis: adoc-photos (Vesalius diagram), (Darwin), Bettmann (da Vinci), (Feynman), Alfredo Dagli Orti / The Art Archive (Pythagoras), James Leynse (Goodall); Dorling Kindersley: National Maritime Museum, London (Flamsteed's catalogue), Natural History Museum (Boisduval's false acraea), The Science Museum, London (Cloud chamber), (Spectroscope), (Antiseptic spray), (Ellipsograph), (Babbage's engine), (Microprocessor), (Hero's engine), (Wimshurst), (Watt's engine), (Bubble chamber), (Plasma ball), (Newton's telescope), (Orrery), (Telstar); Getty Images: Dan Rosenholm (Einstein), SSPL (De Dondi's clock); Pearson Asset Library: Coleman Yuen / Pearson Education Asia Ltd. (Molecular model); Science Photo Library: Laguna Design (Buckminsterfullerene), (Nano gearbox); SuperStock: Marka (Medicinal herbs); Spine: Dorling Kindersley: The Science Museum, London ca, b; Getty Images: Dan Rosenholm b; Science Photo Library: Laguna Design t

All other images © Dorling Kindersley
For further information see: www.dkimages.comAll other images © Dorling Kindersley
For further information see: www.dkimages.com

日本語版監修者あとがき

歴史の階段を通して見た「サイエンス」の大パノラマ

「科学」ということばを聞くと、まず思いつくのは「進歩」である。その進歩も、時間が現代に近づけば近づくほど進んでいく、という印象がある。私が監修者として本書を一読したときにも、そう思い込んでいた。

きっと古代は科学が未発達で、ひとの生活も危険で不便だったのだろう、と思いながら読み始めたところ、印象が一変した。古代人もまた現代以上に興味深い発見や発明をしていたことがわかったからだった。ひょっとすると、原子力や宇宙といった21世紀的な関心事すら、古代人は共有していたのではないか。たとえば古代イタリアで発掘された「にぎりばさみ」だが、西洋では現在ほとんど見かけず、日本にしか残っていないと言われている。しかし古代には地中海地域にも存在しており、広く使われていたことが本書に示されているではないか。その使用目的も「ヒツジの毛を刈る」ためだという。また、中国で使用された磁石が、単に方位探知でなく宇宙の運行からひとの運命までも明示してくれる万能器具として活用されたことは、現代よりもはるかに冒険的な話といえる。

もっとすごい例が、古代ギリシアで製作されたと言われる2100年ほど前の「計算器」こと「アンティキテラの器械」だろう。これは天文観測などに使用されたと考えられるが、未だに詳細が不明であり、計算機としては時間を飛び越えて古く、次なる展開は17世紀ごろ発展する機械式計算装置まで待たねばならないのである。

古代から中世にかけては、欧米よりもむしろエジプトやアフリカ、中国、イスラム圏といった地域の貢献がすばらしかった。一例を挙げれば、起源500年頃中国では「化石動物」が記述され、あの南方熊楠も大きな関心を寄せた「燕石」すなわちツバメの形をした生物化石への言及も、本書は忘れていないのである。石から出て飛びまわり、これを酢に溶かして薬にしたという「石のツバメ」が、本書には述べられている。これだけ見ても、従来の科学史年表との違いはあきらかであろう。

本書の構成でもっとも楽しめる要素の一つは、著名な科学者の名言やおもしろい発言が見出しとして引かれていることである。難しい文章もあるが、おおむねおもしろく、気の利いた発言が選ばれている。モナリザを描いたダ・ヴィンチの言葉としては、「人間の足は工学的な傑作であり、芸術作品でもある」という思いがけない足への讃美が選ばれている。実際、いまロボットを製作する上でもっとも複雑・困難をきわめる部分は、二足歩行できる足なのである。

本書は、上に挙げたように、読者の想像力を刺激する仕掛けに満ち溢れている。考えてみれば、科学とは、ひとが想像力を働かせて考えだした「知的世界観の大系」だった。したがって、古代には古代の、中世には中世の科学が存在したといえる。それが、じつにセンスよくまとめられているところが読みどころといえる。近年の思潮を反映して、これまでは無視されてきた本草学や博物学も数多く取り上げられている。すぐれた年表がいつもそうであるように、本書もまた、どこから読んでも想像力が刺激され、さまざまなアイデアが浮かんでくるように仕組まれている。それをどう楽しむかは、ひとえに読者の特権であるが、私は、この書籍が何年にもわたって読者に愛読していただける価値を有するものと、信じて疑わない。

最後に監修者として一言しておきたい。本書は世界同時発売という方針を採用しており、短期間で翻訳を完成させねばならぬ制約の下に製作が進行した。しかも、本書が扱うあまりに広い領域のために、私たちスタッフはみずからの翻訳能力を超える問題に多々遭遇することとなった。たとえば人物は世界にまたがっており、名前の読み方すら分からない場合も出た。さらに、記述されている著作が日本では現物を見ることさえ困難である場合も多かった。監修者は編集者とともに手許にある資料を総動員してチェックを行い、訳者の方々にも最大限の奮闘をしていただいたのであるが、行き届かなかった部分は当然ながら残されたにちがいない。不明を恥じるとともに、賢明なる読者のご叱正をいただければ、これほどありがたいことはない。

荒俣 宏

【編集総括】
ロバート・ウィンストン（Robert Winston）
インペリアル・カレッジ・ロンドン名誉教授、科学・社会の教授。再生・発達生物学研究所で研究プログラムを主導している。さまざまな著作の著者であり、テレビ番組のキャスターも務めた。また世界中で放映されているポピュラーサイエンスの番組の制作に関わり、番組ホストも務めている。
DKでは、受賞書籍『What Makes Me Me?』、『Science Experiments』、『Human』などを執筆している。

【日本語版監修者】
荒俣 宏（あらまた ひろし）
1947年、東京生まれ。博物学研究家、作家。慶應義塾大学法学部卒業。幻想文学、図像学、博物学、産業考古学、妖怪学など幅広い分野で著作活動を続ける。
著書に『サイエンス異人伝』（講談社ブルーバックス）、『新装版 世界大博物図鑑』（全5巻・平凡社）、監修書に『世界を変えた技術革新大百科』（東洋書林）など。

【訳者】
藤井留美（ふじい るみ）
翻訳家。上智大学外国語学部卒業。
訳書に『ビジュアル版 人類の歴史大年表』（柊風舎）、『〈わたし〉はどこにあるのか』（紀伊國屋書店）、『ビジュアル ダ・ヴィンチ全記録』（日経ナショナル ジオグラフィック社）など。

ビジュアル版

世界科学史大年表

2015年8月10日　第1刷

編　者	ロバート・ウィンストン
日本語版監修者	荒俣　宏
訳　者	藤井留美
装　丁	古村奈々
発行者	伊藤甫律
発行所	株式会社　柊風舎

〒161-0034 東京都新宿区上落合 1-29-7 ムサシヤビル 5F
TEL 03-5337-3299 ／ FAX 03-5337-3290

ISBN978-4-86498-025-8

Japanese Text © Hiroshi Aramata

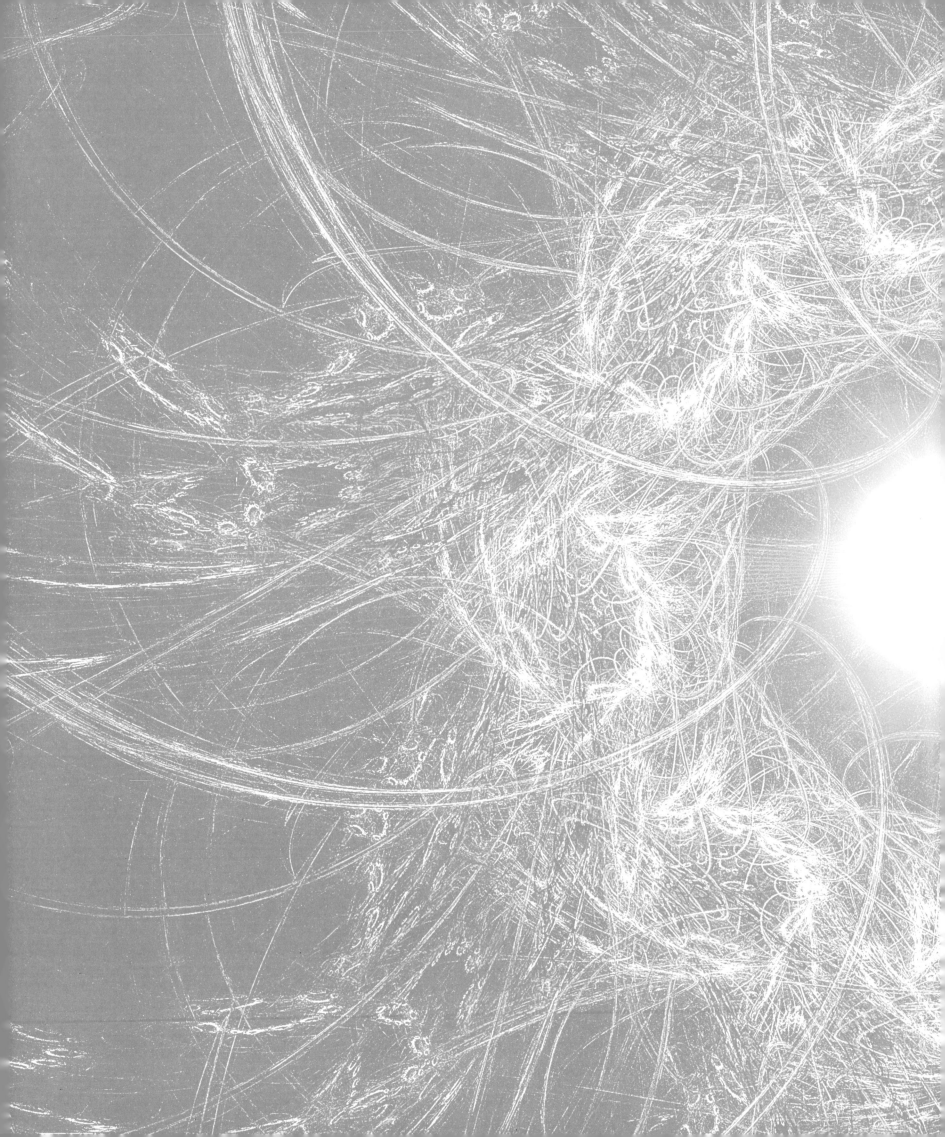